化工熱力學 第八版

Introduction to
Chemical Engineering Thermodynamics, 8e

J. M. Smith
H. C. Van Ness
M. M. Abbott
M. T. Swihart
著

黃孟槺
譯

McGraw Hill

東華書局

國家圖書館出版品預行編目(CIP)資料

化工熱力學 / J. M. Smith 等著；黃孟棣譯. – 初版. -- 臺北市：
麥格羅希爾, 臺灣東華, 2019.12
面； 公分
譯自：Introduction to chemical engineering thermodynamics, 8th ed.
ISBN 978-986-341-446-9 (平裝)

1. 化工熱力學

460.131 108022164

化工熱力學 第八版

作　　者　J. M. Smith, H. C. Van Ness, M. M. Abbott, M. T. Swihart
譯　　者　黃孟棣
合作出版　美商麥格羅希爾國際股份有限公司台灣分公司
暨發行所　台北市 10488 中山區南京東路三段 168 號 15 樓之 2
客服專線：00801-136996

臺灣東華書局股份有限公司
10045 台北市重慶南路一段 147 號 3 樓
TEL: (02) 2311-4027　FAX: (02) 2311-6615
郵撥帳號：00064813
門市：10045 台北市重慶南路一段 147 號 1 樓
TEL: (02) 2371-9320
總 經 銷　臺灣東華書局股份有限公司
出版日期　西元 2019 年 12 月 初版一刷

ISBN：978-986-341-446-9

譯者簡介

黃孟槺

學歷
國立臺灣科技大學化學工程所博士

經歷
國立臺北科技大學化學工程與生物科技系副教授

研究專長
電子材料、電子構裝

譯者序

本書是提供大學化工系學生學習基礎熱力學課程而編寫的教科書，也可以作為生化、農化、材料、紡織、冶金、地質等專業的基礎熱力學教材或參考書。

鑒於溶液和相平衡理論在化工分離過程中的重要作用，本書在第 10 章溶液熱力學的架構、第 12 章相平衡和第 14 章化學反應平衡，補充了近年來國際上出版的專書、教材和最新的科學文獻。對溶液理論、汽 / 液平衡、液 / 液平衡、氣體的溶解度和超臨界流體相平衡計算都提供內容豐富、有一定深度的習題，如熱力學模型參數的求取，泡點、露點的計算，以及二成分交互作用參數的回歸等。

本書簡明扼要地介紹基本理論和主要公式，對於學生掌握熱力學理論的工業應用以及研究生階段的科研工作都有一定的啟發和借鑑。

譯者才疏學淺，錯誤和疏漏之處在所難免，懇請國內外讀者和專家批評指教，俾臻盡善盡美。

黃孟棟

序

熱力學是科學和工程學許多領域的重要組成部分，它的內容是基於普遍適用的定律。但是，這些定律最重要的應用以及最令人關注的物質和程序，從科學或工程的一個分支到另一個分支都不同。因此，我們認為從化學工程的角度介紹這種資訊是有價值的，重點是將熱力學原理應用於化學工程師最可能遇到的物質和程序。

的確，沒有辦法使熱力學變得簡單。剛接觸該學科的學生會發現，艱鉅的任務擺在面前。新的概念、新詞和符號以令人迷惑的速度出現，因此需要一定程度的記憶力和精神組織。一個更大的挑戰是，在熱力學的背景下發展推理能力，從而使人們能夠將熱力學原理應用於求解實際問題。在保持熱力學分析的嚴格特徵的同時，我們已盡一切努力避免不必要的數學複雜性。此外，我們以簡單主動時態、現在式的方式來撰寫，目標是鼓勵理解。我們幾乎無法提供讀者學習所需的動力，但是就像所有以前的版本一樣，我們的目標是使任何願意付出努力的讀者都可以理解本書。

本書的結構在熱力學原理的發展與熱力學性質的相關和使用之間，以及理論與應用之間進行交替。本書的前兩章介紹熱力學第一定律的基本定義和發展。第 3 章和第 4 章討論流體的壓力 / 體積 / 溫度行為，以及與溫度變化、相變和化學反應相關的熱效應，從而將第一定律應用於實際問題。第 5 章介紹第二定律，以及其最基本的應用。第 6 章對純流體的熱力學性質進行全面探討，從而可以應用第一定律和第二定律，並且在第 7 章中可以對流動程序進行擴展處理。第 8 章和第 9 章討論功率的產生和冷凍程序。本書的其餘部分涉及流體混合物，這是化工熱力學獨特的領域。第 10 章介紹溶液熱力學的架構，此架構在以下各章中的應用奠定基礎。第 12 章以定性的方式描述了相平衡的分析。第 13 章提供充分處理汽 / 液平衡。第 14 章詳細介紹化學反應平衡。第 15 章討論相平衡的主題，包括液 / 液、固 / 液、固 / 汽、氣體吸附和滲透平衡。第 16 章討論真實程序的熱力學分析，並回顧許多熱力學的實際主題。

這 16 章的內容對於一學年的本系課程來說已經足夠，在選擇涵蓋的內容時，需要根據其他課程的內容來酌情決定。前 14 章包含任何化學工程師接受培訓所需的材料。如果僅提供化工熱力學的一學期課程，則前 14 章的內容就已足夠。

本書的內容是全面的，足以為研究生課程和專業練習提供有用的參考。但是，由於篇幅的考慮，需要謹慎的選擇。因此，本書不涉及某些值得關注但具有專門性質的主題。這些包括應用於聚合物、電解質和生物材料。

我們感謝許多人，包括學生、教授、審稿人，經由提問和評論、讚美和批評，歷經 65 年以上的七個先前版本，他們以不同方式直接或間接地為第八版的內容做出了貢獻。

我們要感謝 McGraw-Hill Education 和為該計畫的開發和支持做出貢獻的所有團隊。特別要感謝以下編輯和製作人員對第八版的重要貢獻：Thomas Scaife、Chelsea Haupt、Nick McFadden 和 Laura Bies。還要感謝 Bharat Bhatt 教授在準確的檢查過程中提出寶貴意見和建議。我們要向所有人表示感謝。

J. M. Smith

H. C. Van Ness

M. M. Abbott

M. T. Swihart

目錄

符號列表

A	面積
A	莫耳或比 Helmholtz 能量 $\equiv U - TS$
A	經驗方程式中的參數，例如 (4.4) 式、(6.89) 式、(13.29) 式中的參數
a	加速度
a	被吸附相的莫耳面積
a	立方狀態方程式中的參數
$\bar{a}_i$	立方狀態方程式中的部分參數
B	密度展開式中的第二維里係數
B	經驗方程式中的參數，例如 (4.4) 式、(6.89) 式中的參數
$\hat{B}$	(3.58) 式定義的對比第二維里係數
B'	壓力展開式中的第二維里係數
B^0, B^1	廣義第二維里係數關聯式中的函數
B_{ij}	第二維里係數中的交互作用
b	立方狀態方程式中的參數
$\bar{b}_i$	立方狀態方程式中的部分參數
C	密度展開式中的第三維里係數
C	經驗方程式中的參數，例如 (4.4) 式、(6.90) 式中的參數
$\hat{C}$	(3.64) 式定義的對比第三維里係數
C'	壓力展開式中的第三維里係數
C^0, C^1	廣義第三維里係數關聯式中的函數
C_P	恆壓下的莫耳熱容量或比熱容量
C_V	恆容下的莫耳熱容量或比熱容量
C_P°	恆壓下的標準狀態熱容量
ΔC_P°	反應的標準熱容量變化
$\langle C_P \rangle_H$	焓計算中的平均熱容量
$\langle CP \rangle_S$	熵計算中的平均熱容量
$\langle C_P^\circ \rangle_H$	焓計算中的平均標準熱容量
$\langle C_P^\circ \rangle_S$	熵計算中的平均標準熱容量

c	音速
D	密度展開式中的第四維里係數
D	經驗方程式中的參數，例如 (4.4) 式、(6.91) 式中的參數
D'	壓力展開式中的第四維里係數
E_K	動能
E_P	重力位能
F	自由度，相律
F	力
$\mathcal{F}$	法拉第常數
f_i	純物種 i 的逸壓
f_i°	標準狀態的逸壓
$\hat{f}_i$	溶液中物種 i 的逸壓
G	莫耳或比吉布斯能量 $\equiv H - TS$
G_i°	物種 i 的標準狀態吉布斯能量
$\bar{G}_i$	溶液中物種 i 的部分吉布斯能量
G^E	過剩吉布斯能量 $\equiv G - G^{id}$
G^R	剩餘吉布斯能量 $\equiv G - G^{ig}$
ΔG	混合的吉布斯能變化
ΔG°	反應中的標準吉布斯能量變化
ΔG_f°	生成反應中的標準吉布斯能量變化
g	局部重力加速度
g_c	因次常數 $= 32.1740(\text{lb}_\text{m})(\text{ft})(\text{lb}_\text{f})^{-1}(s)^{-2}$
H	莫耳焓或比焓 $\equiv U + PV$
$\mathcal{H}_i$	溶液中物種 i 的亨利常數
H_i°	純物種 i 的標準狀態焓
$\bar{H}_i$	溶液中物種 i 的部分焓
H^E	過剩焓 $\equiv H - H^{id}$
H^R	剩餘焓 $\equiv H - H^{ig}$
$(H^R)^0$, $(H^R)^1$	廣義剩餘焓關聯適中的函數
ΔH	混合的焓變 (「熱」)；或相變潛熱
$\widetilde{\Delta H}$	溶解熱
ΔH°	反應的標準焓變
ΔH_0°	參考溫度 T_0 下的標準反應熱
ΔH_f°	生成反應的標準焓變
I	代表積分，例如由 (13.71) 式定義的積分

K_j	化學反應 j 的平衡常數
K_i	物種 i 的汽 / 液平衡比 $\equiv y_i / x_i$
k	Boltzmann 常數
k_{ij}	實驗交互作用參數，(10.71) 式
$\mathcal{L}$	系統中液相的莫耳分率
l	長度
l_{ij}	狀態方程式交互作用參數，(15.31) 式
M	馬赫數
$\mathscr{M}$	莫耳質量 (分子量)
M	莫耳或比值，外延熱力學性質
$\bar{M}_i$	溶液中物種 i 的部分性質
M^E	過剩性質 $\equiv M - M^{id}$
M^R	剩餘性質 $\equiv M - M^{ig}$
ΔM	混合的性質變化
ΔM°	反應的標準性質變化
ΔM_f°	生成反應的標準性質變化
m	質量
$\dot{m}$	質量流率
N	化學物種的數目，相律
N_A	Avogadro 數
n	莫耳數
$\dot{n}$	莫耳流率
$\tilde{n}$	每莫耳溶質的溶劑莫耳數
n_i	物種 i 的莫耳數
P	絕對壓力
P°	標準狀態壓力
P_c	臨界壓力
P_r	對比壓力
P_r^0, P_r^1	蒸汽壓廣義關聯式的函數
P_0	參考壓力
P_i	物種 i 的分壓
P_i^{sat}	物種 i 的飽和蒸汽壓
Q	熱
$\dot{Q}$	熱傳速率
q	體積流率

q	立方狀態方程式參數
q	電荷
$\bar{q}_i$	立方狀態方程式的部分參數
R	通用氣體常數 (表 A.2)
r	壓縮比
r	獨立化學反應的數目，相律
S	莫耳熵或比熵
$\bar{S}_i$	溶液中物種 i 的部分熵
S^E	過剩熵 $\equiv S - S^{id}$
S^R	剩餘熵 $\equiv S - S^{ig}$
$(S^R)^0$, $(S^R)^1$	剩餘熵廣義關聯式中的函數
S_G	每單位流體量的熵生成
$\dot{S}_G$	熵生成率
ΔS	混合熵變
ΔS°	反應的標準熵變
ΔS_f°	生成反應的標準熵變
T	絕對溫度，kelvins 或 rankines
T_c	臨界溫度
T_n	正常沸點溫度
T_r	對比溫度
T_0	參考溫度
T_σ	外界的絕對溫度
T_i^{sat}	物種 i 的飽和溫度
t	溫度，℃ 或 (℉)
t	時間
U	莫耳內能或比內能
u	速度
V	莫耳體積或比容
$\mathcal{V}$	系統中汽相的莫耳分率
$\bar{V}_i$	溶液中物種 i 的部分體積
V_c	臨界體積
V_r	對比體積
V^E	過剩體積 $\equiv V - V^{id}$
V^R	剩餘體積 $\equiv V - V^{ig}$
ΔV	混合體積變化；或相變的體積變化

W	功
$\dot{W}$	功率 (動力)
W_{ideal}	理想功
W_{ideal}	理想功率
$\dot{W}_{\text{lost}}$	損失功
$\dot{W}_{\text{lost}}$	損失功率
W_s	流動程序中的軸功
$\dot{W}_s$	流動程序中的軸功率
x_i	物種 i 在液相或一般情況中的莫耳分率
x^v	乾度
y_i	物種 i 在汽相中的莫耳分率
Z	壓縮係數 $\equiv PV/RT$
Z_c	臨界壓縮係數 $\equiv P_cV_c/RT_c$
Z^0, Z^1	壓縮係數的廣義關聯式函數
z	吸附相壓縮係數，由 (15.38) 式定義
z	高於基準位置的高度
z_i	固相的總莫耳分率或莫耳分率

上標

E	表示過剩熱力學性質
av	表示從被吸附相到汽相的相變
id	表示理想溶液的數值
ig	表示理想氣體的數值
l	表示液相
lv	表示從液相到汽相的相變
R	表示剩餘熱力學性質
s	表示固相
sl	表示從固態到液態的相變
t	表示廣泛的熱力學性質的總值
v	表示汽相
∞	表示無限稀釋時的值

希臘字母

α	立方狀態方程式中的函數 (表 3.1)
α, β	作為上標，確定相

$\alpha\beta$	作為上標，表示從相 α 到相 β 的相變
β	體積膨脹率
β	立方狀態方程式參數
Γ_i	積分常數
γ	熱容量 C_P/C_V 之比
γ_i	溶液中物種 i 的活性係數
δ	多變指數
ε	立方狀態方程式常數
ε	反應坐標
η	效率
κ	等溫壓縮率
Π	被吸附相的散佈壓力
Π	滲透壓
π	相的數目，相律
μ	Joule/Thomson 係數
μ_i	物種 i 的化勢
ν_i	物種 i 的化學計量數
ρ	莫耳密度或比密度 $\equiv 1/V$
ρ_c	臨界密度
ρ_r	對比密度
σ	立方狀態方程式常數
Φ_i	逸壓係數比，由 (13.14) 式定義
ϕ_i	純物種 i 的逸壓係數
$\hat{\phi}_i$	溶液中物種 i 的逸壓係數
ϕ^0, ϕ^1	逸壓係數廣義關聯式中的函數
Ψ, Ω	立方狀態方程式常數
ω	離心係數

註記

cv	作為下標，表示控制體積
fs	作為下標，表示流動股流
°	作為上標，表示標準狀態
-	上方橫線表示部分性質
.	上方的點表示時間率
^	表示溶液中的一種性質
Δ	差值運算子

Chapter 1

緒論

本章中，我們概述了熱力學的起源及其目前的範圍，並回顧與熱力學有關的重要且基本的科學概念：

- 因次和測量單位。
- 力和壓力。
- 溫度。
- 功和熱。
- 機械能及其守恆。

1.1 熱力學的範圍

熱力學這門科學發展自 19 世紀，是為了描述新發明的蒸汽機的基本操作原理，並提供一個將所產生的功與供應的熱量聯繫起來的基礎。因此，熱力學一詞的意思是由熱產生的功率。從蒸汽機的研究中，出現兩個主要的科學概括：**熱力學第一和第二定律** (First and Second Laws of Thermodynamics)。所有的古典熱力學都隱含在這些定律中。它們的陳述很簡單，但含義是深遠的。

第一定律簡單地說**能量** (energy) 是守恆的，這意味著它既不會被創造也不會被毀滅。它沒有提供通用和精確的能量定義。然而，在科學和工程環境中，能量被認為是以各種形式出現，因為每種形式都具有數學定義，作為現實世界裡可識別和可測量的特徵的**函數** (function)。因此，動能定義為速度的函數，並且重力位能定義為高度的函數。

守恆意味著將一種形式的能量轉化為另一種形式。風車長期以來一直致力於將風的動能轉化為功，用於從海平面以下的土地汲取地下水，總體效果是將風的動能轉換為水的位能。風能現在更廣泛地轉換為電能；同理，水的位能長期以來已轉變為用於磨碎穀物或鋸木材的功。水力發電廠是現今重要的電力來源。

第二定律較難以理解，因為它與**熵** (entropy) 有關，而熵不是日常會使用的字和概念。它在日常生活中對於環境保護和能源的有效利用方面具有重要意義。熵的正式論述將到我們奠定了適當的基礎後再討論。

熱力學的兩個定律在數學意義上沒有證明，但人們普遍認為是要遵循。大量的實驗證據證明它們是成立的。因此，熱力學與力學和電磁學共享原始定律的基礎。

這些定律透過數學推導得到一個方程式網路，可以應用於科學和工程的所有分支。包括物理、化學與生物過程的熱量和功要求的計算，以及化學反應的平衡條件確定和相之間化學物質的轉移。這些方程式的實際應用幾乎是需要有關物質性質的資訊。因此，熱力學的研究和應用與物質性質的製表、相關性和預測密不可分。圖 1.1 圖示說明兩個熱力學定律如何與物質性質資訊相結合，以產生物理、化學與生物系統的有用分析和預測，並顯示本書中涉及每個成分的章節。

可以根據熱力學定律和性質資訊來回答的問題包括：

- 燃燒 (或代謝) 1 升乙醇時釋放多少能量？
- 乙醇在空氣中燃燒時，最高火焰溫度是多少？
- 乙醇火焰釋放的熱量可以轉換為電能或功的最大分率是多少？
- 如果乙醇是用純氧而不是空氣燃燒，前兩個問題的答案如何變化？
- 在燃料電池中，當 1 升乙醇與 O_2 反應生成的 CO_2 和水時，可以產生最大的電能量是多少？
- 在乙醇 / 水混合物的蒸餾中，蒸汽和液體組成的關係為何？
- 當水和乙烯在高壓和高溫下反應生成乙醇時，會產生哪些相的組成？

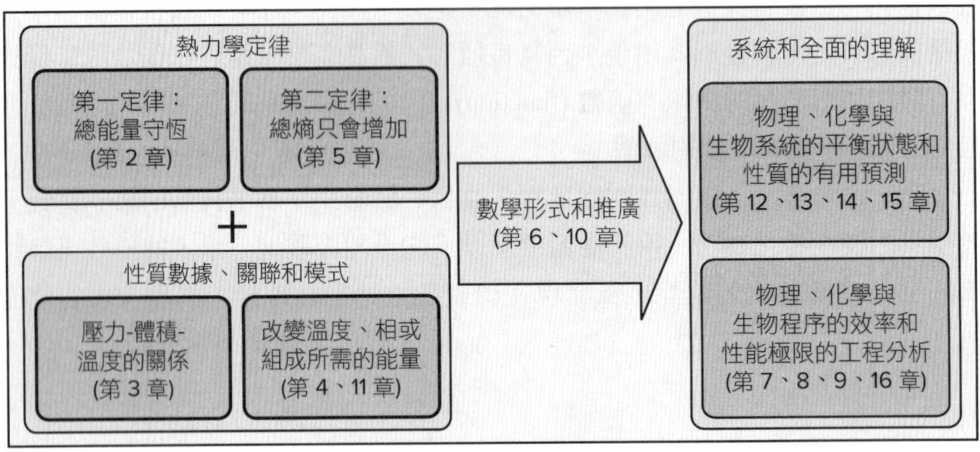

▶圖 1.1　示意圖說明熱力學定律與材料性質數據的結合，以產生有用的預測和分析。

- 在給定溫度、壓力和體積的情況下，高壓氣瓶中含有多少乙烯？
- 當乙醇加入含有甲苯和水的兩相系統時，每相中會加入多少乙醇？
- 如果水 / 乙醇混合物部分冷凍，液相和固相的組成是什麼？
- 將 1 升乙醇與水混合後會產生多少溶液？(它不完全是 2 升！)

將熱力學應用在任何實際問題始於指定特定空間區域或物質體為**系統** (system)。系統外的一切都稱為**外界** (surroundings)。系統和外界透過跨越系統邊界的物質和能量的轉移進行交互作用，但系統是關注的焦點。許多不同的熱力學系統是令人感興趣的。諸如蒸汽的純蒸汽是發電廠的工作介質、燃料和空氣的反應混合物為內燃機提供動力、汽化液體提供冷凍、噴嘴中的氣體膨脹推動了火箭、食物的新陳代謝為生命提供營養。

選擇系統後，我們必須描述其**狀態** (state)。有兩種可能的觀點：**宏觀** (macroscopic) 和**微觀** (microscopic)。前者涉及諸如組成、密度、溫度和壓力的量。這些**宏觀坐標** (macroscopic coordinates) 不需要關於物質結構的假設，它們的數量很少，可以藉由我們的感知來表達，並且相對容易地進行測量。因此，宏觀描述需要指定一些基本的可測量性質。在古典熱力學中採用的宏觀觀點，沒有揭示物理、化學或生物過程的微觀 (分子) 機制。

微觀描述取決於分子的存在和行為，與我們的感官認知沒有直接關係，並且通常處理不能直接測量的量。然而，它提供對物質行為的深入了解，並有助於評估熱力學性質。在分子的微觀行為與宏觀世界之間架設長度和時間尺度是**統計力學** (statistical mechanics) 或**統計熱力學** (statistical thermodynamics) 的主題，將量子力學和古典力學的定律應用於原子、分子或其他基本物體的大型集合來預測並解釋宏觀行為。雖然我們偶爾參考觀察到的物質性質的分子基礎，但本書並未討論統計熱力學的主題。[1]

1.2 國際單位制

熱力學狀態的描述取決於科學的基本**因次** (dimension)，其中長度、時間、質量、溫度和物質的量是最重要的。這些因次是**原始的** (primitive)，經由我們的感官認知得到認可，並且不能用更簡單的方式來定義。但是，它們的使用需要定義任意度量的尺度，並將其劃分為特定的尺寸單位。主要單位已經由國際協

1 有許多關於統計熱力學導論的參考書籍。有興趣的讀者可參見 *Molecular Driving Forces: Statistical Thermodynamics in Chemistry & Biology*, by K. A. Dill and S. Bromberg, Garland Science, 2010，以及其中引用的許多書籍。

議確定，並編纂為**國際單位制** (簡稱 SI，即 Système International)。[2] 這是本書中使用的主要單位系統。

秒 (second)，符號為 s，時間的 SI 單位，是與銫原子的特定躍遷相關的 9,192,631,770 個輻射週期的持續時間。**米** (meter)，符號 m，是長度的基本單位，定義為光在真空中於 1/299,792,458 秒內行進的距離。**千克** (kilogram)，符號 kg，是質量的基本單位，定義為在法國塞夫勒 (Sèvres) 國際度量衡局保存的鉑 / 銥圓柱的質量。[3] [**克** (gram)，符號 g，為 0.001 kg。] 溫度是熱力學的一個特徵因次，並且以**凱氏溫標** (Kelvin scale) 測量，如第 1.4 節所述。**莫耳** (mole)，符號 mol，定義為 0.012 kg 碳 -12 所含原子的數量。

力的 SI 單位是**牛頓** (newton)，符號 N，源自牛頓第二定律，它表示力 F 為質量 m 和加速度 a 的乘積：$F = ma$。因此，牛頓是當施加到 1 kg 的質量時，產生 1 $\text{m}\cdot\text{s}^{-2}$ 的加速度的力，因此是 1 $\text{kg}\cdot\text{m}\cdot\text{s}^{-2}$ 的單位。這說明 SI 系統的一個關鍵特徵，即**衍生單位** (derived units) 可化為主要單位的組合。壓力 P (第 1.5 節)，定義為流體施加在表面單位面積上的法向力，用 pascals 表示，符號為 Pa。以牛頓為力的單位而平方米為面積的單位，1 Pa 相當於 1 $\text{N}\cdot\text{m}^{-2}$ 或 1 $\text{kg}\cdot\text{m}^{-1}\cdot\text{s}^{-2}$。對熱力學至關重要的是能量的衍生單位，**焦耳** (joule)，符號 J，定義為 1 N·m 或 1 $\text{kg}\cdot\text{m}^2\cdot\text{s}^{-2}$。

SI 單位的倍數和小數部分由字首指定，帶有符號縮寫，如表 1.1 所示。它們使用的常見例子是厘米，1 cm = 10^{-2} m；**千帕** (kilopascal)，1 kPa = 10^3 Pa；千焦耳，1 kJ = 10^3 J。

工程中有兩個廣泛使用而不屬於 SI 的單位，但可以接受使用，其一為 bar，它是壓力的單位等於 10^2 kPa；另一為升，它是體積的單位等於 10^3 cm^3。bar 非常接近大氣壓力。其他可接受的單位是分鐘，符號 min；小時，符號 h；一天，符號 d；公噸，符號 t；等於 10^3 kg。

重量 (weight) 確切地是指身體上的重力，以牛頓表示，而不是指以千克表示的身體的質量。當然，力和質量經由牛頓定律直接相關，體重定義為質量乘以當地的重力加速度。藉由均衡進行質量比較稱為「稱重」，因為它也比較了重力。只有在其校準的重力場中使用時，彈簧秤才能提供正確的質量讀數。

---

2 有關 SI 更深入的資訊由美國國家標準與技術研究院 (National Institute of Standard and Technology, NIST) 線上提供，網址為 http://physics.nist.gov/cuu/Units/index.html。

3 在撰寫本文時，國際度量衡委員會 (International Committee on Weights and Measures) 已建議進行修改，以消除對標準參考千克的需求，並將包括基本物理常數在內的所有單位 (包括質量) 作為基礎。

➡ **表 1.1** SI 單位的字首

倍數	字首	符號
10^{-15}	femto (飛)	f
10^{-12}	pico (皮)	p
10^{-9}	nano (奈)	n
10^{-6}	micro (微)	μ
10^{-3}	milli (豪)	m
10^{-2}	centi (厘)	c
10^{2}	hecto (百)	h
10^{3}	kilo (千)	k
10^{6}	mega (百萬)	M
10^{9}	giga (十億)	G
10^{12}	tera (兆)	T
10^{15}	peta (千兆)	P

雖然 SI 已被世界大部分地區所接受，但在美國的日常商業中仍然使用美國慣用單位。儘管全球化是一個主要的激勵因素，但即使在科學和工程領域，轉換為 SI 也是不完整的。美國慣用單位藉由固定轉換因子與 SI 單位相關。最可能有用的單位在附錄 A 中定義。轉換因子列於表 A.1。

例 1.1

一名太空人在德州休士頓的重量為 730 N，當地的重力加速度為 $g = 9.792\ \text{m·s}^{-2}$。求太空人在月球上的質量和重量，其中月球的 $g = 1.67\ \text{m·s}^{-2}$。

解

根據牛頓定律，加速度等於重力加速度 g，

$$m = \frac{F}{g} = \frac{730\ \text{N}}{9.792\ \text{m·s}^{-2}} = 74.55\ \text{N·m}^{-1}\text{·s}^{2}$$

因為 $1\ \text{N} = 1\ \text{kg·m·s}^{-2}$，

$$m = 74.55\ \text{kg}$$

這位太空人的質量與他所在的位置無關，但重量與當地的重力加速度有關。因此，在月球上太空人的重量是：

$$F(\text{月亮}) = mg(\text{月亮}) = 74.55\ \text{kg} \times 1.67\ \text{m·s}^{-2}$$

或

$$F(\text{月亮}) = 124.5\ \text{kg·m·s}^{-2} = 124.5\ \text{N}$$

1.3 數量或大小的量度

均質材料的量或大小的三種常用量度是：

• 質量，m　　• 莫耳數，n　　• 總體積，V^t

對於特定系統的這些量度彼此成正比。質量可除以**莫耳質量** (molar mass) $\mathscr{M}$ (以前稱為分子量) 以產生莫耳數：

$$n = \frac{m}{\mathscr{M}} \qquad \text{或} \qquad m = \mathscr{M} n$$

表示系統大小的總體積是以三種長度的乘積給出的定義量。它可除以系統的質量或莫耳數，以產生**比** (specific) 體積或**莫耳** (molar) 體積：

• 比體積：　$V \equiv \dfrac{V^t}{m}$　或　$V^t = mV$

• 莫耳體積：　$V \equiv \dfrac{V^t}{n}$　或　$V^t = nV$

比密度或莫耳密度定義為比體積或莫耳體積的倒數：$\rho \equiv V^{-1}$。

這些量 (V 和 ρ) 與系統的大小無關，是內含 (intensive) 熱力學變數的例子。對於給定的物質狀態 (固體、液體或氣體)，它們是溫度、壓力和組成的函數，附加量與系統大小無關。本書中，莫耳量和比量 (specific quantities) 通常會用相同的符號。大多數熱力學方程式適用於兩者，並且當需要時，可以基於上下文進行區分。為每個量引入單獨符號的替代方法，將導致變數的增加而超過化學熱力學研究中固有的變數。

1.4 溫度

基於對熱和冷的感官認知的溫度概念不需要解釋，這是一個共同的經驗問題。然而，賦予溫度科學作用需要一個能夠將數字與熱和冷的感知聯繫起來的溫標，這個溫標還必須遠超出日常經驗和感知的溫度範圍。建立這樣的溫標，並根據這種溫標設計測量儀器具有漫長而有趣的歷史。常見的玻璃液體溫度計是一種簡單的儀器，當加熱時液體會膨脹。因此，均勻的管，部分填充汞、酒精或一些其他流體，並連接到含有大量流體的球形物 (bulb)，以流體柱長度表示熱的程度。

溫標需要定義，儀器需要校準。攝氏[4]溫標是早期建立的，並且仍然是世界大部分地區常用的。它的溫標定義為固定零作為**冰點** (ice point) (標準大氣壓下飽和水的凝固點)，而 100 作為**蒸汽點** (steam point) (在標準大氣壓下純水的沸點)。因此，浸入冰浴中的溫度計標記為零，當浸入沸水時，標記為 100。將這些標記之間的長度分成 100 個相等的間隔，每個間隔稱為 1 **度** (degree)，這就產生一個溫標，此溫標可使用零以下和 100 以上的相等間隔進行擴展。

科學和工業的實際應用取決於 1990 年的國際溫標 (ITS-90)。[5]這是凱氏溫標，基於指定的溫度值，用於許多可重複的固定點，即冰點和蒸汽點等純物質的狀態，以及在這些溫度下校準的標準儀器。固定點溫度之間的插值由公式提供，這些公式確定標準儀器的讀數與 ITS-90 上的值之間的關係。鉑電阻溫度計是標準儀器的一個例子；它用於 −259.35°C (氫的三相點) 到 961.78°C (銀的凝固點) 的溫度。

凱氏溫標，我們用符號 T 表示，提供 SI 溫度。**絕對溫標** (absolute scale) 基於溫度的下限，稱為絕對零的概念。它的單位是凱氏 (kelvin)，符號為 K。攝氏溫度，符號為 t，與凱氏溫度的關係為：

$$t°\text{C} = T\ \text{K} - 273.15$$

攝氏溫度的單位是攝氏度，°C，其大小與凱氏相等。[6]但是，攝氏溫標的溫度比凱氏溫標低 273.15 度。因此，攝氏溫度的絕對零度發生在 −273.15°C。凱氏溫度用於熱力學計算。攝氏溫度只能用於涉及溫度差的熱力學計算，當然溫度差在攝氏度和凱氏度是相同的。

1.5 壓力

測量壓力的主要標準裝置是靜重儀 (dead-weight gauge)，其中已知的力與作用在已知面積的活塞上的流體壓力互相平衡：$P \equiv F/A$。基本設計如圖 1.2 所示。將已知質量 (「重物」) 的物體放置在盤子上，直到使活塞上升的油的壓力恰與施加在活塞及其上方物體的重力達到平衡。利用牛頓定律給出這種力，油所施的壓力是：

$$P = \frac{F}{A} = \frac{mg}{A}$$

4 Anders Celsius，瑞典天文學家 (1701-1744)，參見 http://en.wikipedia.org/wiki/Anders_Celsius。

5 描述 ITS-90 的英文文本可參見 H. Preston-Thomas, *Metrologia*, vol. 27, pp. 3-10, 1990，也可以在 http://www.its-90.com/its-90.html 上找到。

6 注意，度和度數符號都不用於凱氏溫度，而且 kelvin 這個字作為單位時不需要大寫。

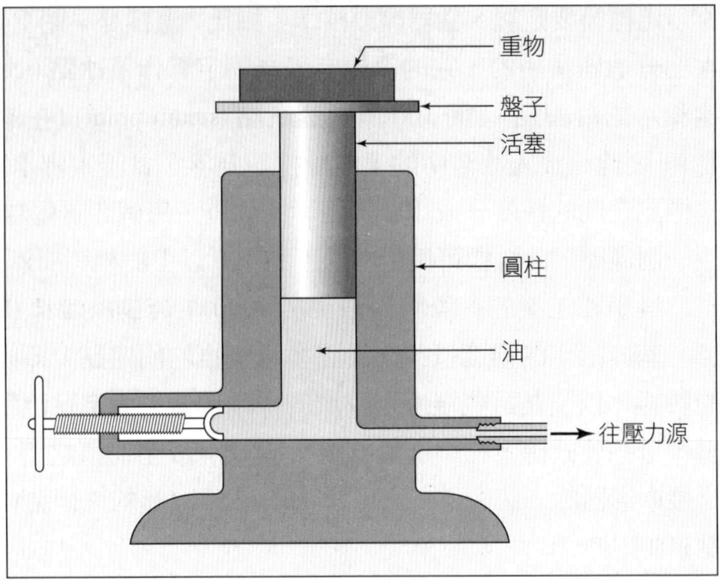

▶圖 1.2 靜重儀。

其中 m 是活塞、盤子和「重物」的質量；g 是當地的重力加速度；A 是活塞的截面積。此公式產生**表壓** (gauge pressure)，即系統絕對壓力與周圍大氣壓力之間的差值；亦即相對於當地大氣壓力 (即高於大氣壓) 的壓力。表壓加上當地的大氣壓即為**絕對壓力** (absolute pressure)。通常使用的儀表，如 Bourdon 儀表，是藉由與靜重儀進行比較來校準。絕對壓力用於熱力學計算。

因為在重力影響下的垂直流體柱在底部施加與其高度成正比的壓力，所以壓力可以表示為流體柱的高度。這是使用壓力計進行壓力測量的基礎。高度與壓力的轉換遵循牛頓定律，該定律應用在作用於柱中流體質量的重力。質量由下式給出：$m = Ah\rho$，其中 A 是柱的截面積，h 是其高度，ρ 是流體密度。因此，

$$P = \frac{F}{A} = \frac{mg}{A} = \frac{Ah\rho g}{A}$$

即

$$P = h\rho g \tag{1.1}$$

流體高度對應的壓力由流體的密度 (取決於其特性和溫度) 與當地的重力加速度決定。

常用壓力的單位 (但不是 SI 單位) 是**標準大氣壓** (standard atmosphere)，代表地球大氣層在海平面上施加的平均壓力，定義為 101.325 kPa。

例 1.2

活塞直徑為 1 cm 的靜重儀用於精確測量壓力。若 6.14 kg (包括活塞和盤子) 的質量與流體壓力達到平衡，且若 $g = 9.82\ \text{m·s}^{-2}$，則測得的表壓是多少？若大氣壓為

0.997 bar，則絕對壓力是多少？

解

重力施加在活塞、盤子和「重物」上的力是：

$$F = mg = 6.14\ \text{kg} \times 9.82\ \text{m·s}^{-2} = 60.295\ \text{N}$$

$$\text{表壓} = \frac{F}{A} = \frac{60.295}{(1/4)(\pi)(0.01)^2} = 7.677 \times 10^5\ \text{N·m}^{-2} = 767.7\ \text{kPa}$$

因此絕對壓力是：

$$P = 7.677 \times 10^5 + 0.997 \times 10^5 = 8.674 \times 10^5\ \text{N·m}^{-2}$$

或

$$P = 867.4\ \text{kPa}$$

例 1.3

在 27°C 時，一個充滿水銀的壓力計讀數為 60.5 cm。當地的重力加速度為 9.784 m·s^{-2}。這個水銀的高度對應的壓力是多少？

解

如上所述，並總結在 (1.1) 式中：$P = h\rho g$。在 27°C 時，汞的密度為 13.53 g·cm^{-3}。因此，

$$\begin{aligned} P &= 60.5\ \text{cm} \times 13.53\ \text{g·cm}^{-3} \times 9.784\ \text{m·s}^{-2} = 8009\ \text{g·m·s}^{-2}\text{·cm}^{-2} \\ &= 8.009\ \text{kg·m·s}^{-2}\text{·cm}^{-2} = 8.009\ \text{N·cm}^{-2} \\ &= 0.8009 \times 10^5\ \text{N·m}^{-2} = 0.8009\ \text{bar} = 80.09\ \text{kPa} \end{aligned}$$

1.6 功

每當力作用一段距離時，就會作功 W。根據定義，功可由下式求出：

$$dW = F\,dl \tag{1.2}$$

其中 F 是沿位移線 dl 作用的力的分量。功的 SI 單位是牛頓・米或焦耳，符號 J。當積分時，(1.2) 式產生有限過程的功。按照規定，當位移與施加的力方向相同時，功為正，當它們處於相反的方向時，功為負。

當壓力作用在表面上並位移一定體積的流體時，就完成了功。一個例子是活塞在圓筒中的運動，使得包含在圓筒中的流體引起壓縮或膨脹。活塞施加在流體上的力等於活塞面積和流體壓力的乘積。活塞的位移等於流體的總體積變

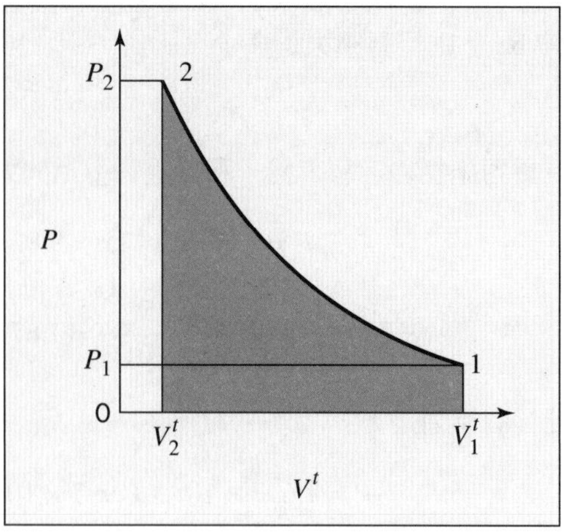

▶圖 1.3 顯示 P 對 V^t 的路徑圖。

化除以活塞的面積。因此，(1.2) 式變為：

$$dW = -PA\,d\frac{V^t}{A} = -P\,dV^t \tag{1.3}$$

積分可得

$$W = -\int_{V_1^t}^{V_2^t} P\,dV^t \tag{1.4}$$

由功所採用的符號規定，這些方程式中的負號是必要的。當活塞移動到圓筒中以便壓縮流體時，施加的力與其位移方向一致；因此功是正的。因為體積變化是負值，所以加上負號使功為正。對於膨脹過程，施加的力與其位移方向相反。在這種情況下，體積變化是正值，需要加上負號使功為負。

(1.4) 式表示有限壓縮或膨脹過程完成的功。[7] 圖 1.3 顯示從點 1 到點 2 的壓縮氣體的路徑，其中壓力 P_1 處的初始體積為 V_1^t，壓力 P_2 處的體積 V_2^t。該路徑將過程中任何點的壓力與體積相關聯，所需的功由 (1.4) 式給出，並與圖 1.3 曲線下的面積成正比。

1.7 能量

能量守恆的一般原理建立於約 1850 年。伽利略 (Galileo, 1564-1642) 和牛頓 (Isaac Netwon, 1642-1726) 的研究為此一原理在力學上的應用起源。實際上，一旦功被定義為力和位移的乘積，就直接遵循牛頓的第二運動定律。

7 但是如第 2.6 節所述，其使用有重要限制。

動能

當由力 F 作用於質量為 m 的物體，在微小的時間間隔 dt 移位距離 dl 時，所作的功可由 (1.2) 式求出。結合牛頓第二定律，這個方程式變成：

$$dW = ma\,dl$$

根據定義，加速度是 $a \equiv du/dt$，其中 u 是物體的速度。因此，

$$dW = m\frac{du}{dt}dl = m\frac{dl}{dt}du$$

因為速度的定義是 $u \equiv dl/dt$，所以這個功的表達式可化為：

$$dW = mu\,du$$

將上式從 u_1 到 u_2 積分可得：

$$W = m\int_{u_1}^{u_2} u\,du = m\left(\frac{u_2^2}{2} - \frac{u_1^2}{2}\right)$$

或

$$W = \frac{mu_2^2}{2} - \frac{mu_1^2}{2} = \Delta\left(\frac{mu^2}{2}\right) \tag{1.5}$$

在 (1.5) 式中，每一個 $\frac{1}{2}mu^2$ 所代表的意義就是所謂的**動能** (kinetic energy)，是 Lord Kelvin[8] 於 1856 年提出的術語。因此，根據定義，

$$E_K \equiv \frac{1}{2}mu^2 \tag{1.6}$$

(1.5) 式顯示，對物體將其從初始速度 u_1 加速到最終速度 u_2 所作的功等於物體動能的變化。相反地，如果移動體在阻力的作用下減速，則由物體所作的功等於其動能的變化。若質量的單位為千克，速度的單位為米 / 秒，則動能 E_K 的單位為焦耳，其中 1 J = 1 kg·m^2·s^{-2} = 1 N·m。根據 (1.5) 式，這是功的單位。

位能

當質量為 m 的物體從初始高度 z_1 升高到最終高度 z_2 時，向上施加至少等於

8 Lord Kelvin 或 William Thomson (1824-1907) 是一位英國物理學家，與德國物理學家 Rudolf Clausius (1822-1888) 一起為現代熱力學科學奠定基礎，參見 http://en.wikipedia.org/wiki/William_Thomson,_1st_Baron_Kelvin；另參見 http://en.wikipedia.org/wiki/Rudolf_Clausius。

物體重量的向上力，並且該力移動通過距離 $z_2 - z_1$。因為物體的重量是其上的重力，所需的最小力由牛頓定律給出：

$$F = ma = mg$$

其中 g 是當地的重力加速度。提升物體所需的最低功是此力和高度變化的乘積：

$$W = F(z_2 - z_1) = mg(z_2 - z_1)$$

或

$$W = mz_2g - mz_1g = mg\Delta z \tag{1.7}$$

我們從 (1.7) 式中看到，在提升物體時對物體所作的功等於 mzg 的變化；反之，如果物體對抗等於其重量的阻力下降時，則由物體所作的功等於 mzg 的變化。(1.7) 式中的每個 mzg 是一種**位能** (potential energy)。[9] 因此，根據定義，

$$E_P = mzg \tag{1.8}$$

若質量的單位為 kg，上升高度的單位為 m，以及重力加速度的單位為 m·s^{-2}，則 E_P 的單位為焦耳，其中 $1\text{ J} = 1\text{ kg·m}^2\text{·s}^{-2} = 1\text{ N·m}$。根據 (1.7) 式，這是功的單位。

能量守恆

第 1.1 節提到能量守恆原理的實用性。前一節的動能和重力位能的定義提供有限的定量應用。(1.5) 式顯示對加速體作功會產生動能的變化：

$$W = \Delta E_K = \Delta\left(\frac{mu^2}{2}\right)$$

同理，(1.7) 式顯示，提高物體而對物體所作的功會產生位能的變化：

$$W = E_P = \Delta(mzg)$$

這些定義的簡單結果是，在高處的物體可自由下落 (即沒有摩擦或其他阻力) 獲得動能，而損失位能。在數學上，

$$\Delta E_K + \Delta E_P = 0$$

或

9 此術語由蘇格蘭工程師 William Rankine (1820-1872) 於 1853 年提出，參見 http://en.wikipedia.org/wiki/William_John_Macquorn_Rankine。

$$\frac{mu_2^2}{2}-\frac{mu_1^2}{2}+mz_2g-mz_1g=0$$

無數實驗證實這個方程式是成立的。因此，能源概念的發展在邏輯上導出對所有純機械過程 (即沒有摩擦或傳熱的過程) 的能量守恆原理。

其他形式的機械能被認可。其中最明顯的是組態的位能。當彈簧被壓縮時，外力對彈簧作功。因為彈簧可以在以後執行此功對抗阻力，所以具有組態的位能。相同形式的能量存在於拉伸的橡皮筋中或在彈性區域變形的金屬棒中。

若我們把功本身看作一種能量形式，則力學中能量守恆原理的普遍性就會增加。這顯然是允許的，因為動能和位能變化都等於產生它們所作的功 [(1.5) 式和 (1.7) 式]。然而，功是運輸中的能量，並且從不被視為停留在物體內。當功完成後而不在其他地方同時出現時，會轉換成另一種形式的能量。

以我們所關注的物體或組合作為**系統**，而系統以外的作為**外界**，功代表從外界傳遞到系統的能量，反之亦然。只有在這種轉移過程中，才會存在稱為功的能量形式。相反地，動能和位能存在於系統中。然而，它們的值是參考外界來衡量的；也就是說，動能取決於相對於外界的速度，而位能取決於相對於基準水平的高度。動能和位能的變化與這些參考條件無關，只要它們是固定的。

例 1.4

質量為 2500 kg 的電梯位於電梯井底上方 10 m 處。當上升到井底上方 100 m 時，固定它的電纜斷裂。電梯自由地落到井底並撞擊強大的彈簧。彈簧設計成能使電梯靜止，並且藉由卡扣裝置將電梯保持在最大彈簧壓縮位置。假設整個過程無摩擦，並取 $g = 9.8\ \mathrm{m{\cdot}s^{-2}}$，試計算：

(a) 電梯相對於其基底的初始位置的位能。

(b) 升高電梯所作的功。

(c) 電梯處於最高位置的位能。

(d) 電梯撞擊彈簧之前的速度和動能。

(e) 壓縮的彈簧的位能。

(f) 在下列情況中，求由電梯和彈簧組成的系統的能量：(1) 在過程開始時；(2) 當電梯達到其最大高度時；(3) 在電梯撞擊彈簧之前；(4) 電梯停下來之後。

解

設下標 1 表示初始狀態；下標 2 為電梯處於最大高度時的狀態；下標 3 為電梯撞擊彈簧之前的狀態，如圖所示。

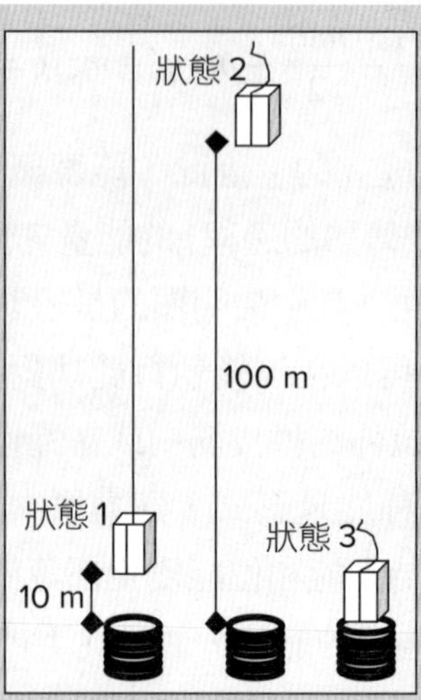

(a) 位能由 (1.8) 式定義：

$$E_{P_1} = mz_1g = 2500\ \text{kg} \times 10\ \text{m} \times 9.8\ \text{m·s}^{-2}$$
$$= 245{,}000\ \text{kg·m}^2\text{·s}^{-2} = 245{,}000\ \text{J}$$

(b) 功由 (1.7) 式計算。單位與前面的計算相同：

$$W = mg(z_2 - z_1) = (2500)(9.8)(100 - 10)$$
$$= 2{,}205{,}000\ \text{J}$$

(c) 利用 (1.8) 式，

$$E_{P_2} = mz_2g = (2500)(100)(9.8) = 2{,}450{,}000\ \text{J}$$

注意，$W = E_{P_2} - E_{P_1}$。

(d) 從狀態 2 到狀態 3 的過程中動能和位能變化的總和為零；也就是，

$$\Delta E_{K_{2\to3}} + \Delta E_{P_{2\to3}} = 0 \quad \text{或} \quad E_{K_3} - E_{K_2} + E_{P_3} - E_{P_2} = 0$$

但是，E_{K_2} 和 E_{P_3} 為零；因此 $E_{K_3} = E_{P_2} = 2{,}450{,}000$ J

因為 $E_{K_3} = \frac{1}{2}mu_3^2$，所以

$$u_3^2 = \frac{2E_{K_3}}{m} = \frac{2 \times 2{,}450{,}000\ \text{J}}{2500\ \text{kg}} = \frac{2 \times 2{,}450{,}000\ \text{kg·m}^2\text{·s}^{-2}}{2500\ \text{kg}} = 1960\,\text{m}^2\text{·s}^{-2}$$

因此

$$u_3 = 44.272\ \text{m·s}^{-1}$$

(e) 彈簧位能的變化和電梯動能的變化，其總和必須為零：

$$\Delta E_P(\text{彈簧}) + \Delta E_K(\text{電梯}) = 0$$

彈簧的初始位能和電梯的最終動能為零；因此，彈簧的最終位能等於電梯撞擊彈簧之前的動能。因此彈簧的最終位能是 2,450,000 J。

(f) 以電梯和彈簧為系統，初始能量是電梯的位能，或 245,000 J。系統的唯一能量變化發生在作功使電梯升高。這相當於 2,205,000 J，當電梯處於最大高度時，系統的能量為 245,000 + 2,205,000 = 2,450,000 J。隨後的變化完全發生在系統內，沒有與外界相互作用，系統的總能量保持恆定在 2,450,000 J。它僅從電梯位置 (高度) 的位能變為電梯的動能，變為彈簧結構的位能。

這個例子說明機械能的守恆。然而，假設整個過程在沒有摩擦的情況下發生，並且獲得的結果僅對於這種理想化過程是精確的。

例 1.5

某個來自無國界工程師的團隊替位於海拔 1800 m 山腰上村莊建造供水系統，該泉水位於海拔 1500 m 的山谷中。

(a) 當從泉水到村莊的管道充滿水，但沒有水流動時，泉水的管道末端與村莊的管道末端之間的壓力差是多少？

(b) 當從泉水泵入村莊時，1 升水的重力位能變化是多少？

(c) 將 1 升泉水泵入村莊所需的最低功是多少？

解

(a) 取水密度為 1000 $kg{\cdot}m^{-3}$，重力加速度為 9.8 $m{\cdot}s^{-2}$。由 (1.1) 式：

$$P = h\rho g = 300\ m \times 1000\ kg{\cdot}m^{-3} \times 9.8\ m{\cdot}s^{-2} = 29.4 \times 10^5\ kg{\cdot}m^{-1}{\cdot}s^{-2}$$

因此 $P = 29.4$ bar 或 2940 kPa

(b) 1 升水的質量約為 1 kg，其位能變化為：

$$\Delta E_P = \Delta(mzg) = mg\Delta z = 1\ kg \times 9.8\ m{\cdot}s^{-2} \times 300\ m = 2940\ N{\cdot}m = 2940\ J$$

(c) 經由 300 m 的高度變化提升每升水所需的最低功等於水的位能變化。這是一個最小值，因為它不考慮有限速度管路流動產生的流體摩擦。

1.8 熱量

在出現機械能守恆原理時，熱被認為是一種叫作**卡路里** (caloric) 的堅不可摧的流體。這個概念是根深蒂固的，它限制在無摩擦機械過程中能量守恆的應用。這種限制現在已不復存在。像功一樣，熱量被認為是輸送中的能量。一個簡單的例子為汽車制動。當藉由施加制動器來降低其速度時，由摩擦產生的熱量以等於車輛動能變化的量傳遞到外界。[10]

從經驗中可知，與冷物體接觸的熱物體會變得更冷，而冷物體則會變得更暖。一個合理的觀點是某些東西從熱的物體轉移到冷的物體，我們把這些東西稱為熱量 Q。[11] 因此，我們說熱量是從較高溫度流向較低溫度。這導致溫度作為以熱量傳遞能量的**驅動力** (driving force) 的概念。當不存在溫差時，不會發生自發熱傳遞，這是熱平衡的條件。在熱力學意義上，熱量從未被視為儲存在體內。就像功一樣，它只是從一個物體到另一個物體的過渡能量；亦即，在熱力學中，由系統到外界的能量。當熱量形式的能量被添加到系統中，它不被儲存作為熱量，但作為構成系統的原子和分子的動能與位能。

以電能運行的廚房冰箱必須將這種能量作為熱量傳遞給外界。這似乎違反直覺，因為冰箱的內部保持在低於外界的溫度，導致熱量傳遞到冰箱中。但隱藏在視野之外 (通常) 是一個熱交換器，它將熱量傳遞給外界，其量等於供應到冰箱的電能與傳遞到冰箱中的熱量的總和，因此最終的結果是廚房加熱。以相同方式操作的室內空調則是從房間吸取熱量，但熱交換器在外部，向外部空氣排出熱量，從而冷卻房間。

儘管存在熱的瞬態特性，但它通常與轉入或轉出系統的影響有關。直到大約 1930 年，熱量單位的定義是基於單位質量水的溫度變化。因此，卡路里定義為當傳遞到 1 克水中時，使水溫升高攝氏一度的熱量。[12] 熱量被認為是一種能量形式，其 SI 單位是焦耳。SI 的功率單位是瓦特，符號為 W，定義為每秒一焦耳的能量率。附錄 A 的表提供相關的轉換因子。

1.9 概要

在研究本章 (包括章末習題) 後，我們應該能夠：

- 定性描述熱力學的範圍和結構。
- 解決涉及流體柱施加的壓力的問題。
- 解決涉及機械能守恆的問題。
- 使用 SI 單位，並將美國慣用單位轉換為 SI 單位。
- 將功的概念應用為能量轉移，即力透過一定距離的作用，並推廣到壓力 (每面積的力) 對體積 (距離乘以面積) 的作用。

10 許多現代電動或混合動力汽車採用再生制動 (regenerative braking)，該過程將車輛的一些動能轉換成電能，並儲存在電池或電容器中以供以後使用，而不是只是作為熱量傳遞到外界。

11 同樣合理的觀點是，某些東西從冷的物體轉移到熱的物體，我們稱為冷卻 (cool)。

12 一種卡路里熱量單位但不與 SI 系統一起使用。營養學家用來測量食物能量含量的卡路里是 1000 倍大。

1.10 習題

1.1. 電流的單位為安培 (A)。以基本 SI 單位的組合，求以下各量的單位。
(a) 電功率；(b) 電荷；(c) 電位差；(d) 電阻；(e) 電容。

1.2. 液體 / 蒸汽飽和壓力 P^{sat} 通常可利用 Antoine 方程式：

$$\log_{10} P^{sat}/(\text{torr}) = a - \frac{b}{t/°\text{C} + c}$$

表示為溫度的函數，其中參數 a、b 和 c 是物質特定的常數。若將此方程式以下列形式表示：

$$\ln P^{sat}/\text{kPa} = A - \frac{B}{T/\text{K} + C}$$

求兩式中參數間的關係式。

1.3. 附錄 B 的表 B.2 提供藉由 Antoine 方程式 (參見習題 1.2) 計算許多物質的蒸汽壓的參數。對於這些物質中的一種，在參數有效的溫度範圍內準備兩個 P^{sat} 對 T 的圖。一個圖以線性標度呈現 P^{sat}，另一個圖則以對數標度呈現 P^{sat}。

1.4. 攝氏溫度和華氏溫度在什麼絕對溫度下會有相同的數值？其值為何？

1.5. 發光強度 (luminous intensity) 的 SI 單位是坎德拉 (candela) (縮寫為 cd)，它是主要單位。衍生的 SI 光通量 (luminous flux) 單位是流明 (lumen) (縮寫為 lm)。這些是基於人眼對光的敏感度。光源通常根據其發光效率進行評估，發光效率定義為光通量除以消耗的功率，並以 lm·W^{-1} 測量。在實體或線上商店中，求製造商對具有相似光通量的代表性白熾燈、鹵素燈、高溫放電燈、LED 燈和螢光燈的規格，並比較它們的發光效率。

1.6. 使用靜重儀可測量高達 3000 bar 的壓力。若活塞直徑為 4 mm，則所需重物的質量 (kg) 是多少？

1.7. 使用靜重儀可測量高達 3000(atm) 的壓力。若活塞直徑為 0.17(in)，則所需重物的質量 (lb_m) 是多少？

1.8. 水銀壓力計在 25°C 的讀數 (一端與大氣相通) 為 56.38 cm。若當地的加速度為 $9.832\ \text{m·s}^{-2}$，大氣壓為 101.78 kPa，則絕對壓力是多少 kPa？汞在 25°C 的密度為 $13.534\ \text{g·cm}^{-3}$。

1.9. 水銀壓力計在 70(°F) 的讀數 (一端與大氣相通) 為 25.62(in)。若當地的重力加速度為 $32.243(\text{ft})·(\text{s})^{-2}$，大氣壓為 29.86(in Hg)，則絕對壓力是多少 (psia)？汞在 70(°F) 的密度為 $13.543\ \text{g·cm}^{-3}$。

1.10. 絕對壓力表浸沒在海洋表面下方 50 m (1979 吋) 處，讀數為 $P = 6.064$ bar。根據特定計算器內置的單位轉換，這是 $P = 2434$(吋 H_2O)。解釋壓力測量值與實際浸入深度之間的明顯差異。

1.11. 在較低溫度下沸騰的液體通常在其蒸汽壓下作為液體儲存，其蒸汽壓在環境溫度下可能會非常大。因此，作為液體/蒸汽系統儲存的正丁烷在 300 K 溫度下的壓力為 2.581 bar。這種大規模儲存 (> 50 m^3) 有時在球形槽中完成。試提出兩個理由。

1.12. 高壓氣體性質的第一次精確測量是由法國的 E. H. Amagat 於 1869 年到 1893 年間完成。在開發靜重儀之前，他在礦井中工作，並使用水銀壓力計測量超過 400 bar 的壓力。估算所需壓力計的高度。

1.13. 用於測量火星上重力加速度的儀器由彈簧構成，懸掛在彈簧的質量為 0.40 kg。在地球上重力加速度為 9.81 $m \cdot s^{-2}$ 的地方，彈簧伸長量為 1.08 cm。當儀器包降落在火星上時，會發出彈簧伸長量為 0.40 cm 的資訊，則火星上的重力加速度是多少？

1.14. 流體壓力隨高度的變化可由下列微分方程式描述：

$$\frac{dP}{dz} = -\rho g$$

其中，ρ 是比密度，g 是當地的重力加速度。對於理想氣體，$\rho = \mathscr{M}P/RT$，其中 $\mathscr{M}$ 是莫耳質量，R 是氣體常數。將大氣模擬為 10°C 的理想氣體等溫柱，試估算丹佛的環境壓力，其中當地的高度相對海平面為 $z = 1$(哩)。對於空氣，取 $\mathscr{M} = 29\ g \cdot mol^{-1}$；$R$ 的值參見附錄 A。

1.15. 一群工程師登陸月球，希望確定一些岩石的質量。他們具有校準的彈簧秤，以在重力加速度為 32.186(ft)(s)$^{-2}$ 的位置讀取磅質量。其中一塊月球岩石的讀數為 18.76，則此岩石的質量是多少？它在月球上的重量是多少？取 g(月球) = 5.32(ft)(s)$^{-2}$。

1.16. 在醫學背景下，血壓 (blood pressure) 通常僅以沒有單位的數字給出。
(a) 在量血壓時，實際測量的物理量為何？
(b) 通常報告血壓的單位是什麼？
(c) 報告的血壓是絕對壓力還是表壓？
(d) 假設一個雄心勃勃的動物園管理員測量一隻成年雄性長頸鹿 (18 英尺高) 的前腿，正好在蹄上方，以及頸部，正好在下顎下方的血壓。兩個讀數預計會有多大差異？
(e) 長頸鹿彎腰喝水時，血壓會發生什麼變化？
(f) 長頸鹿有什麼適應能力來容納與身高相關的壓力差？

1.17. 一個 70 W 的室外安全燈平均每天要開 10 小時。一個新的燈泡售價 \$5.00，可使用約 1000 小時。若電費為每千瓦小時 \$0.10，則一個室外「安全」燈每年的花費是多少？

1.18. 以活塞將氣體限制在直徑為 1.25(ft) 的圓筒中，活塞上置一重物，活塞和重物的質量為 250(lb_m)。若當地的重力加速度為 32.169(ft)(s)$^{-2}$，大氣壓力為 30.12(in Hg)。試求下列各項：
(a) 大氣、活塞和重物對氣體施加的力 (lb_f) 是多少？假設活塞和圓筒之間沒有摩擦。
(b) 氣體的壓力是多少 psia？
(c) 如果圓筒中的氣體受熱膨脹，推動活塞和重物上升。若活塞和重物上升 1.7(ft)，則氣體所作的功是多少 (ft)(lb_f)？活塞和重物的位能變化是多少？

1.19. 以活塞將氣體限制在直徑為 0.47 m 的圓筒中，活塞上置一重物。活塞和重物的質量為 150 kg。若當地的重力加速度為 9.813 $m \cdot s^{-2}$，大氣壓為 101.57 kPa。試求下列各項：

(a) 大氣、活塞和重物對氣體施加的力是多少牛頓？假設活塞和圓筒之間沒有摩擦。

(b) 氣體的壓力是多少 kPa？

(c) 如果圓筒中的氣體受熱膨脹，推動活塞和重物上升。活塞和重物上升 0.83 m，則氣體所作的功是多少 kJ？活塞和重物的位能變化是多少？

1.20. 驗證動能和位能的 SI 單位是焦耳。

1.21. 質量為 1250 kg 的汽車以 40 $m \cdot s^{-1}$ 的速度行駛。汽車的動能是多少 kJ？需作多少功才能使汽車停止？

1.22. 由 50 m 高落下的水，驅動水力發電廠的渦輪機。假設位能轉換為電能的效率為 91%，並且在傳遞中產生的功率損失為 8%，則給一個 200 W 的燈泡供電所需的水的質量流率是多少？

1.23. 轉子直徑為 77 m 的風力渦輪機在風速為 12 $m \cdot s^{-1}$ 時產生 1.5 MW 的電力。通過渦輪機的空氣其動能有多少分率轉換為電力？在操作條件下，假設空氣密度為 1.25 $kg \cdot m^{-3}$。

1.24. 紐約州水牛城的固定太陽能電池板的年平均日照 (每單位面積的日照能量) 為 200 $W \cdot m^{-2}$，而在亞利桑那州鳳凰城則為 270 $W \cdot m^{-2}$。在每個位置，太陽能電池板將 15% 的入射能量轉換為電能。水牛城的平均年用電量為 6000 kW·h，平均成本為 \$0.15 kW·h，而鳳凰城的平均用電量為 11,000 kW·h，成本為 \$0.09 kW·h。

(a) 在每個城市，需要多少太陽能電池板面積才能滿足住宅的平均電力需求？

(b) 在每個城市，目前的年平均電費是多少？

(c) 若太陽能電池板的壽命為 20 年，則每個位置的每平方米太陽能電池板的價格是多少？假設未來電價上漲抵消了初次購買的借款成本，因此你無須在此分析中考慮貨幣的時間價值。

1.25. 以下是近似的換算因子，對「粗略估計」非常有用。它們不是非常準確，但誤差在 ±10% 以內。利用表 A.1 (附錄 A) 建立正確的換算因子。

- 1(atm) ≈ 1 bar
- 1(Btu) ≈ 1 kJ
- 1(hp) ≈ 0.75 kW
- 1(inch) ≈ 2.5 cm
- $1(lb_m) \approx 0.5$ kg
- 1(mile) ≈ 1.6 km
- 1(quart) ≈ 1 liter
- 1(yard) ≈ 1 m

你可以將自己的項目添加到列表中。我們的想法是保持轉換因子簡單易記。

1.26. 考慮以下十進位曆法 (decimal calendar) 提案。基本單位是十進制年 (Yr)，等於地球繞太陽一圈所需的傳統 (SI) 秒數。其他單位在下表中定義。在可能的情況下，將十進位曆法單位轉換為傳統日曆單位。討論該提案的利弊。

十進位曆法單位	符號	定義
秒	Sc	10^{-6} Yr
分	Mn	10^{-5} Yr
時	Hr	10^{-4} Yr
日	Dy	10^{-3} Yr
週	Wk	10^{-2} Yr
月	Mo	10^{-1} Yr
年	Yr	

1.27. 能源成本因來源不同而異：煤價 @ \$35.00/ton，汽油 @ 泵價 \$2.75/gal，電價 @ \$0.100/kW·h。傳統做法是將它們放在一個共同的基礎上，用 $\$\cdot GJ^{-1}$ 來表達它們。以此目的，假設煤的總熱值為 29 $MJ\cdot kg^{-1}$，汽油的總熱值為 37 $GJ\cdot m^{-3}$。

(a) 按照 $\$\cdot GJ^{-1}$ 對能源成本的三種來源排序。

(b) 解釋 (a) 部分數值結果的巨大差異。討論三種來源的優缺點。

1.28. 化工廠的設備成本很少與尺寸成比例變化。在最簡單的情況下，根據異速生長 (allometric) 方程式：

$$C = \alpha S^{\beta}$$

成本 C 隨尺寸 S 而變化。尺寸指數 β 通常在 0 和 1 之間。對於各種設備類型，β 大約為 0.6。

(a) 對於 $0 < \beta < 1$，證明每單位尺寸的成本隨著尺寸的增加而減小。(「規模經濟。」)

(b) 考慮一個球形儲槽的情況。尺寸通常以內部體積 V_i^t 來測量。證明球形儲槽的 $\beta = 2/3$。α 與哪些參數或性質有關？

1.29. 實驗室提出下列特定有機化合物的蒸汽壓 (P^{sat}) 數據：

t/°C	P^{sat}/kPa
−18.5	3.18
−9.5	5.48
0.2	9.45
11.8	16.9
23.1	28.2
32.7	41.9
44.4	66.6
52.1	89.5
63.3	129.
75.5	187.

若數據滿足 Antoine 方程式：

$$\ln P^{sat}/\text{kPa} = A - \frac{B}{T/\text{K} + C}$$

求數據間的關係式；也就是說，利用適當的迴歸程序求參數 A、B 和 C 的數值。討論方程式解與實驗值的比較。該化合物的正常沸點 (即蒸汽壓為 1 atm 的溫度) 是多少？

Chapter 2

第一定律和其他基本概念

在本章中，我們介紹並應用熱力學第一定律，這是所有熱力學所依賴的兩個基本定律之一。 因此，在本章中：

- 介紹內能的概念；即儲存在物質中的能量。
- 提出熱力學第一定律，它反映能量既不能創造也不能毀滅的見解。
- 開發系統的熱力學平衡、狀態函數和熱力學狀態的概念。
- 發展連接平衡狀態的可逆程序概念。
- 介紹**焓** (enthalpy)，儲存在物質中的另一種能量度量，在分析開放系統時特別有用。
- 利用熱容量將物質內能和焓的變化與溫度變化聯繫起來。
- 說明開放系統的能量平衡結構。

2.1 焦耳的實驗

現在的熱量概念是 James P. Joule 於 1840 年代進行重要實驗之後形成的。[1] 在最著名的一系列測量中，他將已知量的水、油或汞分別放入絕熱容器中，並用旋轉攪拌器攪拌流體。精確測量攪拌器對流體所作的功，以及由此產生的流體溫度變化。焦耳證明，對於每一種流體，欲使每單位質量的流體溫度升高一度，需要固定量的功，而升溫後的流體如果與冷物體接觸，也可經由熱傳而使流體恢復到原始溫度。這些實驗證明功和熱之間存在定量關係，因此證明熱是能量的一種形式。

1 http://en.wikipedia.org/wiki/James_Prescott_Joule. 亦可參見 Encyclopaedia Britannica, 1992, vol. 28, p. 612.

2.2 內能

在焦耳的實驗中，能量以功的形式加到流體，隨後以熱的形式從流體轉出。這種能量在加入流體之後，從流體轉出之前，存在於何處？這個問題的合理答案是，能量以另一種形式儲存在流體中，我們稱之為**內能** (internal energy)。

物質的內能不包括由於其總體位置或整體運動而可能擁有的能量，而是指的構成該物質的分子的能量。由於它們不斷運動，所有分子都具有平移動能 (透過空間運動)；除單原子物質外，它們還具有旋轉動能和內部振動。向物質添加熱量會增加分子運動，從而導致物質內能的增加。如焦耳實驗所示，對該物質作功也可以產生同樣的效果。物質的內能還包括與分子間力相關的位能。分子彼此吸引或排斥，並且經由這些相互作用儲存位能，正如構型的位能儲存在壓縮或拉伸的彈簧中一樣。在次分子範圍內，能量與電子和原子核的相互作用有關，包括將原子結合在一起的化學鍵能。

這種能量命名為**內能**，以區別於與物質相關的動能和位能，因為它的宏觀位置、構型或運動，所以動能和位能可以認為是能量的**外觀**形式。

內能沒有簡明的熱力學定義。它是一種熱力學原始語，無法直接測量；沒有內能計。結果，絕對的數值是未知的。然而，這在熱力學分析中不是缺點，因為僅需要內能的**變化量**。在古典熱力學的背景下，內能儲存的細節並不重要。這是統計熱力學的範疇，它探討宏觀性質 (例如內能) 與分子運動和相互作用的關係。

2.3 熱力學第一定律

將熱和內能視為能量的形式，可以推廣機械能守恆原理 (第 1.7 節)，不僅包括功、位能及動能，還包括熱能和內能。實際上，推廣可以擴展到其他形式，例如表面能、電能和磁能。關於這種推廣成立的壓倒性證據已經將其地位提升到自然定律，即熱力學第一定律。它正式的陳述是：

雖然能量採取多種形式，但能量的總量是恆定的，當能量以一種形式消失時，它會同時以其他形式出現。

在將此定律應用於給定過程時，過程的影響範圍分為兩部分，即**系統** (system) 及其**外界** (surroundings)。過程發生的區域稱為系統；與系統交互作用的一切都是外界。系統可以是任何大小；它的邊界可以是真實的或虛構的、剛性的或彈性的。系統通常由單一物質組成；在其他情況下，它可能很複雜。在任何情況下，熱力學方程式都是參照定義明確的系統編寫的。這將注意力集中在特定的過程，以及過程中直接參與的設備和物質上。但是，第一定律適用於系統及外界；而不是只適用於系統。對於任何過程，第一定律要求：

$$\Delta(\text{系統的能量}) + \Delta(\text{外界的能量}) = 0 \tag{2.1}$$

其中差值運算子「Δ」表示括號中的數是有限變化。系統可以改變其內能、位能或動能，以及其有限部分的位能或動能。

在熱力學的背景下，熱和功代表跨越邊界 (將系統與外界分開) 的能量，並且不儲存或包含在系統中。另一方面，位能、動能和內能與物質共存，並與物質一起儲存。熱和功代表能量流入或流出系統，而位能、動能和內能則表示與系統相關的能量。在實用上，可將 (2.1) 式假設為適合特定應用的特殊形式。這些形式的開發及其後續應用是本章其餘部分的主題。

2.4 封閉系統的能量平衡

如果系統的邊界不允許系統與其外界有物質轉移，則稱此系統為**封閉** (closed) 系統，並且其質量必須是恆定的。經由仔細觀察封閉系統，可促進熱力學基本概念的發展。基於這個原因，接下來將詳細介紹封閉系統。對於工業應用來說，較重要的是物質橫跨系統邊界的過程，即物質進入和離開程序設備的過程。這種系統稱為**開放** (open) 系統，當我們提供必要的基礎知識後，開放系統將在本章後面進行討論。

因為沒有物質進入或離開封閉系統，所以沒有與物質相關的能量通過邊界輸送。封閉系統與其外界之間的所有能量交換都是以熱或功的形式進行的，並且外界的總能量變化等於傳遞給它的熱和功的淨能量。因此，(2.1) 式的第二項可以用熱和功的變數代替，得到

$$\Delta(\text{外界的能量}) = \pm Q \pm W$$

系統的熱 Q 和功 W，其符號的選擇取決於能量傳遞的方向，我們採用這樣的慣例，從外界傳遞到系統的能量為正，即進來系統的熱和功以 $+Q$ 和 $+W$ 表示，而從系統出去的熱和功則以 $-Q$ 和 $-W$ 表示。設 Q_{surr} 和 W_{surr} 為外界的熱與功，由於外界獲得的能量，等於從系統出去的能量，因此 $Q_{surr} = -Q$ 且 $W_{surr} = -W$。有了這樣的認知後，上式可寫為：

$$\Delta(\text{外界的能量}) = Q_{surr} + W_{surr} = -Q - W$$

(2.1) 式現在變為：[2]

$$\Delta(\text{系統的能量}) = Q + W \tag{2.2}$$

此方程式顯示，封閉系統的總能量變化等於傳遞到其中的熱和功的淨能量。

封閉系統通常經歷的過程只有系統的*內*能發生變化。對於這樣的過程，(2.2) 式可化簡為：

$$\boxed{\Delta U^t = Q + W} \tag{2.3}$$

其中 U^t 是系統的總內能。(2.3) 式適用於系統內能的*有限*變化過程。對於 U^t 的*微分*變化，則為：

$$\boxed{dU^t = dQ + dW} \tag{2.4}$$

在 (2.3) 式和 (2.4) 式中的符號 Q、W 和 U^t 都是屬於整個系統，這個系統可以是任何大小，但必須明確定義。所有項都需要以相同的能量單位表達。在 SI 系統中，單位是焦耳。

系統的總體積 V^t 和總內能 U^t 與系統中物質的數量有關，稱為**外延** (extensive) 性質。相對而言，與系統物質的數量無關的性質，稱為**內含** (intensive) 性質。例如，溫度和壓力 (純均勻流體的主要熱力學坐標)。對於均勻系統，外延性質的另一種表達方式，以 V^t 和 U^t 為例，可寫成：

$$V^t = mV \quad \text{或} \quad V^t = nV \qquad \text{且} \qquad U^t = mU \quad \text{或} \quad U^t = nU$$

其中 V 和 U 表示每單位的體積和內能，可以是每單位質量或每莫耳。它們分別是**比** (specific) 性質或**莫耳** (molar) 性質，而這些性質因為與系統物質的量無關，所以是內含性質。

儘管 V^t 和 U^t 對於任意大小的均勻系統是外延性質，但是比體積和莫耳體積 V 及比內能和莫耳內能 U 是內含性質。

注意，內含性質 T 和 P 沒有對應的外延性質。

對於含有 n 莫耳物質的封閉系統，(2.3) 式和 (2.4) 式現在可以寫成：

$$\boxed{\Delta(nU) = n\,\Delta U = Q + W} \tag{2.5}$$

$$\boxed{d(nU) = n\,dU = dQ + dW} \tag{2.6}$$

---

2 此處使用的符號規定由國際純化學暨應用化學聯合會 (International Union of Pure and Applied Chemistry) 推薦。本書前四版所使用功的符號與現在相反，即 (2.2) 式的右邊寫成 $Q - W$。

在這種形式中，這些方程式可以明確地顯示構成該系統物質的量。

熱力學方程式通常用於描述單位量的物質，即描述的是單位質量或每莫耳的情況。因此，對於 $n = 1$ 時，(2.5) 式和 (2.6) 式成為：

$$\Delta U = Q + W \qquad \text{且} \qquad dU = dQ + dW$$

Q 和 W 是由與能量方程式左邊相關的質量或莫耳數決定。

這些方程式沒有顯示內能的定義。實際上，它們假設事先肯定內能的存在，如下面的公理所示：

公理 1：世上存在一種稱為內能 U 的能量形式，它是系統的固有性質，而描述系統的各種可測量性質與其有函數關係。對於靜止的封閉系統，內能的變化可由 (2.5) 式和 (2.6) 式求得。

(2.5) 式和 (2.6) 式不僅提供由實驗測量計算內能變化的方法，而且還讓我們能夠推導出進一步的性質關係，從而提供與易於測量的特徵 (如溫度和壓力) 的聯繫。此外，它們具有雙重目的，因為一旦知道內能值，就可以為實際過程計算熱和功。接受了前面的公理和系統及其外界的相關定義後，我們可以將熱力學第一定律簡潔地陳述如下：

公理 2：(熱力學第一定律) 任何系統及其外界的總能量都是守恆的。

這兩個公理無法證明，也不能以更簡單的方式表達。當根據公理 1 計算內能的變化時，公理 2 被普遍認為是真的。這些公理的重要性在於，它們是制定適用於大量過程的能量平衡的基礎。沒有例外，它們也預測真實系統的行為。[3]

例 2.1

尼加拉河 (Niagara river) 將美國與加拿大分開，從伊利湖 (Lake Erie) 流向安大略湖 (Lake Ontario)。這些湖泊的高度差約為 100 m。這種下降大部分發生在尼加拉大瀑布和瀑布上下的急流中，為水力發電創造一個自然的機會。Robert Moses 水力發電廠從瀑布上方的河流中取水，並在遠低於它們之處排放。它的最大容量為 2,300,000 kW，最大水流量為 3,100,000 $\text{kg}\cdot\text{s}^{-1}$。在下文中，取 1 kg 水作為系統。

(a) 相對於安大略湖的表面，流出伊利湖的水的位能是多少？

(b) 在最大容量下，Robert Moses 發電廠中這種位能有多少分率轉換為電能？

3 對於幫助學生克服熱力學初期階段的困難的實際方法，參見 H. C. Van Ness, *Understanding Thermodynamics*; Dover Publications.com 的精簡平裝本。

(c) 如果整個過程中水的溫度沒有變化，有多少熱量流入或流出？

解

(a) 重力位能與高度的關係可由 (1.8) 式得知。當 g 等於其標準值時，此方程式產生：

$$E_P = mzg = 1\text{ kg} \times 100\text{ m} \times 9.81\text{ m}\cdot\text{s}^{-2}$$
$$= 981\text{ kg}\cdot\text{m}^2\cdot\text{s}^{-2} = 981\text{ N}\cdot\text{m} = 981\text{ J}$$

(b) 回顧 $1\text{ kW} = 1000\text{ J}\cdot\text{s}^{-1}$，我們發現每千克水產生的電能是：

$$\frac{2.3 \times 10^6\text{ kW}}{3.1 \times 10^6\text{ kg}\cdot\text{s}^{-1}} = 0.742\text{ kW}\cdot\text{s}\cdot\text{kg}^{-1} = 742\text{ J}\cdot\text{kg}^{-1}$$

轉換為電能的位能的分率為 $742/981 = 0.76$。

這種轉換效率會更高，但會消耗發電廠上游和下游中的位能。

(c) 如果水在與其進入的相同溫度下離開過程，則其內能不變。忽略動能的任何變化，我們以 (2.2) 式的形式寫出第一定律：

$$\Delta(\text{系統的能量}) = \Delta E_p = Q + W$$

對於每千克水，$W = -742$ J 且 $\Delta E_P = -981$ J，因此

$$Q = \Delta E_p - W = -981 + 742 = -239\text{ J}$$

這是系統散失的熱量。

例 2.2

對於 $9\text{ m}\cdot\text{s}^{-1}$ 的風速，典型的工業規模風力渦輪機具有約 0.44 的峰值效率；也就是說，它將風的大約 44% 的動能轉換成可用的電能。對於給定的風速，撞擊在這種轉子直徑為 43 m 的渦輪機上的總空氣流量約為 $15{,}000\text{ kg}\cdot\text{s}^{-1}$。

(a) 當 1 kg 空氣通過渦輪機時會產生多少電能？

(b) 渦輪機的輸出功率是多少？

(c) 如果沒有熱量傳遞到空氣中，並且若其溫度保持不變，則通過渦輪機時，其速率變化是多少？

解

(a) 以 1 kg 空氣為基礎的風的動能為：

$$E_{K_1} = \frac{1}{2}mu^2 = \frac{(1\text{ kg})(9\text{ m}\cdot\text{s}^{-1})^2}{2} = 40.5\text{ kg}\cdot\text{m}^2\cdot\text{s}^{-2} = 40.5\text{ J}$$

因此，每千克空氣產生的電能為 $0.44 \times 40.5 = 17.8$ J。

(b) 輸出功率為：

$$17.8\ \text{J·kg}^{-1} \times 15{,}000\ \text{kg·s}^{-1} = 267{,}000\ \text{J·s}^{-1} = 267\ \text{kW}$$

(c) 如果空氣的溫度和壓力不變，則其內部能量不變。引力位能的變化也可以忽略不計。 因此，沒有熱傳，第一定律就變成：

$$\Delta(\text{系統的能量}) = \Delta E_K = E_{K_2} - E_{K_1} = W = -17.8\ \text{J·kg}^{-1}$$

$$E_{K_2} = 40.5 - 17.8 = 22.7\ \text{J·kg}^{-1} = 22.7\ \text{N·m·kg}^{-1} = 22.7\ \text{m}^2\text{·s}^{-2}$$

$$E_{K_2} = \frac{u_2^2}{2} = 22.7\ \text{m}^2\text{·s}^{-2} \qquad \text{且} \qquad u_2 = 6.74\ \text{m·s}^{-1}$$

空氣速率降低：$9.00 - 6.74 = 2.26\ \text{m·s}^{-1}$。

2.5 平衡和熱力學狀態

平衡 (equilibrium) 是一個表示沒有變化的靜止狀態。在熱力學中，它不僅意味著沒有變化，而且在宏觀尺度上沒有任何變化的**趨勢**。因為任何變化趨勢都是由某種或另一種驅動力引起的，所以沒有此趨勢也表明沒有任何驅動力。因此，對於處於平衡狀態的系統，所有力都是平衡的。

不同種類的驅動力往往會帶來不同類型的變化。驅動力可以是機械力的不平衡，如活塞上的壓力會導致能量轉移；溫差會引起熱流；化勢[4]的差異會導致物質從一相轉移到另一相。在平衡時，所有這些驅動力的值為零。

在不平衡的系統中實際發生的變化與阻力和驅動力有關。系統受到明顯的驅動力，如果變化阻力非常大，可能會以微不足道的速率變化。例如，由於形成水需要驅動力，所以混合氫和氧時，不會使它們處於化學平衡狀態。但是，如果沒有啟動化學反應，則該系統可以長期處於熱和機械平衡中，此時可以分析純物理過程，而不考慮可能的化學反應。

同樣地，生物體本質上遠離整體熱力學平衡。它們經常受到競爭性生化反應速率控制的動態變化，這些變化超出熱力學分析的範圍。儘管如此，生物體內的許多局部平衡都適用於熱力學分析。例子包括蛋白質的變性 (展開) 和酶與其基質或受質的結合。

化學技術中最常見的系統是流體，其主要特徵 (性質) 是溫度 T、壓力 P、比容或莫耳體積 V 和組成。這種系統稱為 PVT 系統。當它們的性質在整個系統中是均勻時，就達到內部平衡，並符合以下公理：

4 化勢是第 10 章探討的熱力學性質。

公理 3：均勻 *PVT* 系統在內部平衡時的宏觀性質，可以表示為其溫度、壓力和組成的函數。

這個公理規定一種理想化，一種排斥場 (如電、磁和重力) 的影響，以及表面效應和其他不太常見影響的模式。它在許多實際應用中令人滿意。

與內部平衡概念相關的是熱力學狀態的概念，其中 *PVT* 系統具有一組可識別和可再現的性質，不僅包括 P、V 和 T，還包括內能。然而，(2.3) 式到 (2.6) 式中，左邊所表示的與右邊不同。左邊反映系統的熱力學狀態的變化，這會反映在其性質上。對於均勻相的純物質，我們從經驗中知道，固定其中兩個性質就可以固定所有其他性質，從而確定其熱力學狀態。例如，溫度為 300 K，壓力為 10^5 Pa (1 bar) 的氮氣具有固定的比容或密度和固定的莫耳內能。的確，它有完整的一組內含熱力學性質。如果這種氮氣被加熱或冷卻、壓縮或膨脹，然後回到其初始溫度和壓力，其內含性質也會回到初始值。這些內含性質與物質過去的歷史及到達給定狀態的方式無關，僅與當時在什麼狀態有關，因此稱為**狀態函數** (state function)。對於均勻相的純物質，如果兩個狀態函數保持在固定值，則物質的熱力學狀態被完全確定。[5] 這意味著狀態函數 (如比內能) 在每種狀態下均具有相應的值；因此，可以在數學上表示為諸如溫度和壓力，或溫度和密度之類的函數，並且其值可以用曲線圖上的點來識別。

另一方面，(2.3) 式到 (2.6) 式右邊的項表示熱和功，這些項不是性質；它們解釋在外界發生的能量變化。熱和功與過程的性質有關，而且可能與面積相關，而不是圖形上的點，如圖 1.3 所示。雖然時間不是熱力學坐標，但每當傳遞熱或作功都需要時間。

狀態函數的微分表示其值的微小變化。將這些微小變化積分可得兩個值之間的有限差，例如：

$$\int_{V_1}^{V_2} dV = V_2 - V_1 = \Delta V \qquad \text{且} \qquad \int_{U_1}^{U_2} dU = U_2 - U_1 = \Delta U$$

熱和功的微分值，並不是微小的狀態變化，而是微小的量。當積分時，這些微小的量不是產生有限的變化，而是產生有限量。因此，

$$\int dQ = Q \qquad \text{且} \qquad \int dW = W$$

5 對於更複雜的系統，為了定義系統的狀態，必須指定的狀態函數的量可能不是兩個。確定這個數字的方法參見第 3.1 節。

對於藉由多個過程達到相同的狀態變化的封閉系統，實驗證明，不同過程所需的熱和功不同，但總和 $Q + W$ [(2.3) 式和 (2.5) 式] 對於所有過程都是相同的。

這是將內能識別為狀態函數的基礎。無論過程如何，只要系統的變化在相同的初始狀態和最終狀態之間，由 (2.3) 式計算得到的 ΔU^t 值都是相同的。

例 2.3

氣體藉由活塞儲存在圓筒中，氣體的初始壓力為 7 bar，體積為 0.10 m^3。活塞由栓子固定。

(a) 將整個裝置置於完全真空中。如果移除栓子，使得氣體膨脹到其初始體積的兩倍，此時再將活塞栓住，則裝置的能量變化是多少？

(b) 重複 (a) 中描述的過程，如果把裝置放在 101.3 kPa 的空氣中，而不是在真空中。裝置的能量變化是多少？假設與過程發生的速率相比，裝置與外界空氣之間的熱交換速率較慢。

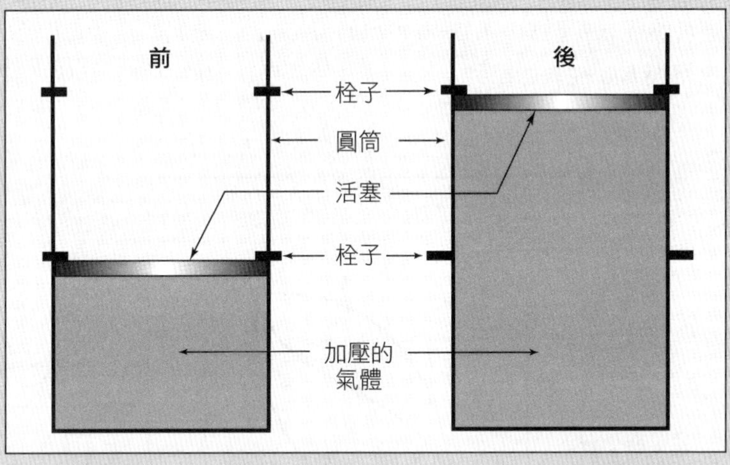

解

因為問題涉及整個裝置，所以系統可視為氣體、活塞和圓筒。

(a) 因為沒有外力，所以在此過程中沒有作功，並且真空環境中沒有熱量傳遞，因此 Q、W 為零，系統的總能量不變。沒有進一步的資訊，我們無法說明系統各部分之間的能量分布。

(b) 在這裡，系統推動大氣層而作功。而功為力 $F = P_{atm} A$ 與活塞位移 $\Delta l = \Delta V^t/A$ 的乘積，其中 P_{atm} 為活塞背面的大氣壓力，A 是活塞的面積，ΔV^t 是氣體的體積變化。這是系統對外界所作的功，是負值；因此，

$$W = -F\,\Delta l = -P_{atm}\,\Delta V^t = -(101.3)(0.2-0.1)\ \text{kPa}\cdot\text{m}^3 = -10.13\,\frac{\text{kN}}{\text{m}^2}\cdot\text{m}^3$$

或

$$W = -10.13\ \text{kN}\cdot\text{m} = -10.13\ \text{kJ}$$

在這種情況下，系統和外界之間也可能有熱傳，但是本題假設過程發生的速率與熱傳速率相差很大，在有明顯熱傳發生之前，氣體已經膨脹。因此，在 (2.2) 式中假設 Q 為零，得到：

$$\Delta(\text{系統的能量}) = Q + W = 0 - 10.13 = -10.13\ \text{kJ}$$

系統總能量減少的量等於對外界所作的功。

例 2.4

當系統沿著路徑 *acb* 從附圖中的狀態 *a* 到達狀態 *b* 時，有 100 J 的熱量流入系統，而且系統對外界作功 40 J。

(a) 若系統沿著路徑 *aeb* 到 *b*，系統作功 20 J，則流入系統的熱量是多少？

(b) 若系統沿路徑 *bda* 從 *b* 返回到 *a*，外界對系統作功 30 J，則系統吸收或釋放的熱量是多少？

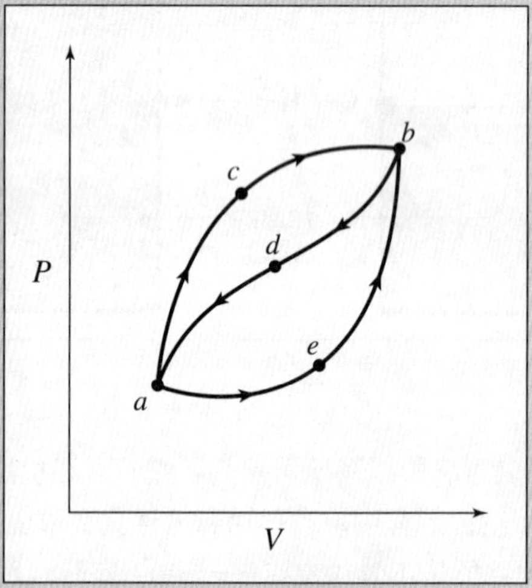

解

假設系統僅內能改變且 (2.3) 式適用。對於路徑 *acb*，因此對於從 *a* 到 *b* 的任何路徑，

$$\Delta U^t_{ab} = Q_{acb} + W_{acb} = 100 - 40 = 60\ \text{J}$$

(a) 對於路徑 aeb，

$$\Delta U^t_{ab} = 60 = Q_{aeb} + W_{aeb} = Q_{aeb} - 20 \qquad \text{因此} \qquad Q_{aeb} = 80\ \text{J}$$

(b) 對於路徑 bda，

$$\Delta U^t_{ba} = -\Delta U^t_{ab} = -60 = Q_{bda} + W_{bda} = Q_{bda} + 30$$

而

$$Q_{bda} = -60 - 30 = -90\ \text{J}$$

因此，熱量從系統傳遞到外界。

2.6 可逆程序

在封閉系統中，引入一種具有可逆性的特殊過程，可促進熱力學的發展：

若一程序，當外界極微小的變化可以隨時逆轉其方向時，則此程序是可逆的。

可逆程序是理想的，因為它可以產生最好的結果；從指定過程，它產生輸入所需的最小功或可獲得最大功輸出。它代表從未完全實現的實際過程的性能極限。通常以假設的可逆程序來計算功。然後，可以將可逆功作為極限值而與適當的**效率**相結合，以合理近似實際過程所需的功或產生的功。[6]

可逆程序的概念在推導熱力學關係中也扮演著關鍵角色。在這種情況下，我們通常是沿著假設的可逆程序路徑來計算熱力學狀態函數的變化。若結果僅涉及狀態函數的關係，則此關係對於導致相同**狀態變化**的**任何**過程都成立。實際上，可逆程序概念的主要用途是推導狀態函數之間通常成立的關係。

氣體的可逆膨脹

圖 2.1 中的活塞將氣體限制在足以平衡活塞及其所有支撐物重量的壓力下。在這種平衡條件下，系統沒有變化的趨勢。假設質量 m 從活塞滑到架子上 (在同一水平面上)。活塞組件向上加速，當活塞的向上力與活塞上的重量平衡時，達到最大速度。然後動量將活塞帶到更高的高度，然後上升方向反轉。如果活塞保持在最大高度位置，其位能增加將幾乎等於氣體所作的膨脹功。然而，當不受約束時，活塞以減小的幅度振盪，最終停留在原高度上方 Δl 的新的平衡位置。

6　對效率與不可逆性之間關係的定量分析需要使用熱力學第二定律，將在第 5 章中探討。

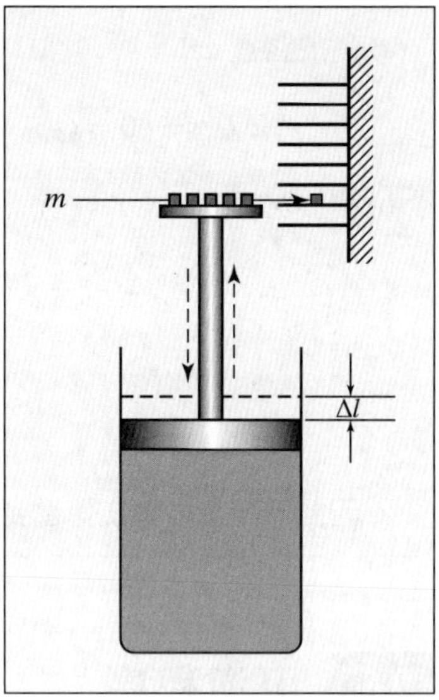

▶圖 2.1 氣體的膨脹。可逆程序的性質藉由理想化活塞 / 圓筒裝置中的氣體膨脹來說明。想像所示裝置存在於真空空間中。選擇圓筒內的氣體作為系統；其餘一切都是外界。當從活塞移除質量時會產生膨脹。為簡單起見，假設活塞在圓筒內滑動而沒有摩擦，並且活塞和圓筒既不吸收也不傳遞熱量。而且由於圓筒內的氣體密度低，質量小，我們忽略重力對圓筒的影響。這意味著重力引起的氣體壓力梯度相對於其總壓力非常小，並且與活塞元件的位能變化相比，氣體位能的變化可以忽略不計。

振盪被抑制是因為氣體的黏性逐漸將分子的定向運動轉換成無方向性的混沌分子運動。在這種耗散過程中，氣體將活塞升高所作的一部分功轉為氣體內能。一旦發生這個過程，就不可能藉著外界的**無限小** (infinitesimal) 變化而使過程逆轉；也就是所謂的**不可逆** (irreversible) 程序。

該程序的耗散效應源於突然從活塞中移除有限質量，由此產生的作用在活塞上力的不平衡，導致其加速及其隨後的振盪。突然去除較小的質量會減少但不能消除這種耗散效應，即使去除無限小的質量也會導致活塞振幅無限小的振盪和隨之產生的耗散效應。然而，可以假想一種過程，其中以一定速率一個接一個地移除微小質量，使得活塞的上升是連續的，僅在過程結束時具有微小振盪。

從活塞上方移走一系列無限小質量的極限情況可用下列方法來近似，即圖 2.1 中的質量 m 被一堆粉末代替，將活塞上面的粉末以非常細流的方式吹到旁邊的架子上。在此過程中，活塞以均勻但非常慢的速率上升，粉末收集在更高的架子上儲存。系統永遠不會偏離內部平衡或偏離與外界的平衡。如果停止從活塞上方除去粉末，而將粉末的傳遞方向反轉，則該過程會反轉方向並沿其原始路徑逆向進行。系統及其外界最終都恢復到初始狀態。原過程接近**可逆性** (reversibility)。

若去除無摩擦的假設，則將無法得到一個可逆程序。若活塞受摩擦力而停滯，則必須移除有限質量才能克服摩擦力。這樣就不能保持可逆性所必需的平衡條件。此外，兩個滑動元件之間的摩擦是將機械能轉為內能的耗散機構。

這個討論集中在一個封閉系統過程，即圓筒中的氣體膨脹。相反的過程，即圓筒中的氣體壓縮也可以用完全相同的方式來描述。然而，有許多過程是由機械力以外的不平衡驅動的。例如，當存在溫差時，會有熱流發生，電流在電動勢的影響下流動，由於分子中化學鍵的強度和構型的差異引起的驅動力而發生化學反應。化學反應和物質之間物質轉移的驅動力是溫度、壓力和組成的複雜函數，將在後面的章節中詳細描述。通常當驅動過程的淨力為無限小時，程序是可逆的。因此，當熱量從溫度為 T 的有限物體流向溫度為 $T - dT$ 的另一個物體時，熱量可逆地傳遞。

可逆化學反應

利用固體碳酸鈣的分解以形成固體氧化鈣和二氧化碳氣體，來說明可逆化學反應的概念。當平衡時，在給定溫度下，該系統施予特定的 CO_2 分解壓力。化學反應藉由 CO_2 的壓力保持均衡 (平衡)。條件的任何變化，無論多麼微小，都會擾亂平衡，並使反應在一個方向或另一個方向上進行。

如果圖 2.2 中的質量 m 微幅增加，則 CO_2 壓力升高，CO_2 與 CaO 結合形成 $CaCO_3$，使重物下降。利用該反應釋放的熱量升高圓筒中的溫度，並且熱量流向恆溫槽。若減少活塞上的重量，則程序以逆向進行。如果升高或降低槽的溫度，可獲得相同的結果。稍微升高恆溫槽的溫度會導致熱量傳遞到圓筒中，使得碳酸鈣分解，產生的 CO_2 導致壓力上升，從而升高活塞和重物。這一直持續到 $CaCO_3$ 完全分解。降低恆溫槽的溫度導致系統返回其初始狀態。微小變化的實施僅導致系統從平衡中微小的位移，而過程非常緩慢且可逆。

一些化學反應可以在電解槽中進行，在這種情況下，它們可以利用施加的電位差保持平衡。例如，當兩個電極 (一個鋅和另一個鉑) 組成的電池，浸入鹽酸水溶液中時，發生的反應是：

$$Zn + 2HCl \rightleftharpoons H_2 + ZnCl_2$$

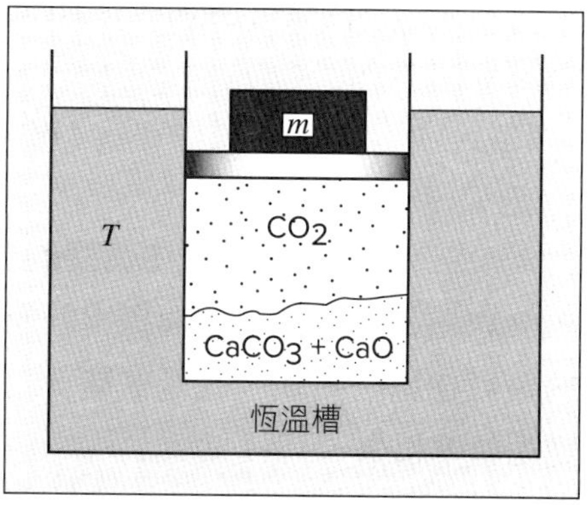

▶**圖 2.2** 可逆化學反應。圓筒配有無摩擦的活塞，平衡時含有 $CaCO_3$、CaO 和 CO_2。將其浸入恆溫槽中，熱平衡確保系統溫度與槽的溫度相等。將溫度調節到分解壓力剛好足以平衡活塞上的重量，這是機械平衡的條件。

將電池保持在固定的溫度和壓力條件下，並將電極外部連接到電位計。如果電池產生的電動勢 (emf) 與電位計的電位差恰好平衡，則反應達到平衡。可以藉由相對電位差的略微降低使反應正向進行，並且可以藉由增加高於電池電動勢的電位差使反應反向進行。

關於可逆程序的摘要說明

一個可逆程序：

- 可以藉由外部條件的無限小變化在任何時候反轉。
- 離開平衡狀態是以微量的方式進行。
- 經歷一系列平衡狀態。
- 無摩擦。
- 由無限小的不平衡力驅動。
- 無限緩慢地進行。
- 當反轉時，回溯其路徑，可恢復系統和外界的初始狀態。

計算可逆程序的功

(1.3) 式給出由活塞在圓筒中位移引起的氣體壓縮或膨脹所作的功：

$$dW = -P\,dV^t \tag{1.3}$$

事實上，只有當實現可逆程序的某些特徵時，才能利用此式計算對系統所作的功。第一個要求是系統只能從內部平衡狀態作無限小的位移，平衡狀態的特徵在於溫度和壓力的均勻性。系統具有一組包含壓力 P 的可識別的性質。第二個要求是系統與外界處於極趨近機械平衡的狀態。在這種情況下，內部壓力 P 與外力幾乎處於平衡，我們可以用 $F = PA$ 將 (1.2) 式轉換為 (1.3) 式。滿足這些要求的過程稱為**機械可逆** (mechanically reversible)，將 (1.3) 式積分：

$$W = -\int_{V_1^t}^{V_2^t} P\,dV^t \tag{1.4}$$

上式給出活塞 / 圓筒裝置中流體的機械可逆膨脹或壓縮功。它的計算顯然取決於 P 和 V^t 之間的關係，即與指定的過程的「路徑」有關。為了找到與 V^t 相同變化的不可逆程序的功，我們需要一種**效率** (efficiency)，而此效率可將實際功與可逆功聯繫起來。

例 2.5

將水平活塞 / 圓筒裝置放置在恆溫槽中。活塞在圓筒中滑動時的摩擦力可以忽略不計，並且外力將其保持在原位，抵抗 14 bar 的初始氣體壓力。初始氣體體積為 0.03 m^3。活塞上的外力逐漸減小，氣體等溫膨脹至原體積的兩倍。若氣體的體積與其壓力的關係為 $PV^t = k$，k 為常數，則氣體移動外力所作的功是多少？

解

所描述的程序是機械可逆的，並且 (1.4) 式適用。若 $PV^t = k$，k 為常數，則 $P = k/V^t$。過程的路徑已確定，可得

$$W = -\int_{V_1^t}^{V_2^t} P\,dV^t = -k\int_{V_1^t}^{V_2^t} \frac{dV^t}{V^t} = -k\ln\frac{V_2^t}{V_1^t}$$

k 的值由下式給出：

$$k = PV^t = P_1V_1^t = 14\times 10^5\,\text{Pa}\times 0.03\,\text{m}^3 = 42{,}000\ \text{J}$$

$V_1^t = 0.03\ \text{m}^3$ 且 $V_2^t = 0.06\ \text{m}^3$，

$$W = -42{,}000\ln 2 = -29{,}112\ \text{J}$$

最後的壓力是

$$P_2 = \frac{k}{V_2^t} = \frac{42{,}000}{0.06} = 700{,}000\ \text{Pa} \qquad \text{或} \qquad 7\ \text{bar}$$

如果已知此類過程的效率約為 80%，我們可以將可逆功乘以此效率，以估計不可逆功，即 −23,290 J。

2.7 封閉系統的可逆程序；焓

在這裡，我們對封閉系統的機械可逆程序進行分析——這種過程並不常見。事實上，實際應用對它們沒什麼興趣。它們的價值在於為特定狀態變化計算狀態函數變化提供簡單性。對於導致狀態發生特定變化的複雜工業過程，我們不使用實際程序的路徑來計算狀態函數變化。而是針對簡單的封閉系統的可逆程序進行的，只要此可逆程序具有相同的狀態變化。這是可能的，因為狀態函數的變化與過程無關。對於此目的，封閉系統機械可逆程序是有用且重要的，即使在實際應用上不會經常遇到這種假想過程。

對於封閉系統中包含的 1 莫耳均勻流體，(2.6) 式的能量平衡為：

$$dU = dQ + dW$$

封閉系統的機械可逆程序的功可由 (1.3) 式給出，這裡寫為：$dW = -PdV$。將此式代入上式可得：

$$dU = dQ - PdV \tag{2.7}$$

這是在經歷機械可逆程序的封閉系統中，1 莫耳或單位質量的均勻流體的總能量平衡。

對於恆容的狀態變化，唯一可能的機械功是與攪拌或混合有關的功，這被排除在外，因為它本身是不可逆。因此，

$$dU = dQ \qquad (\text{恆容}) \tag{2.8}$$

將上式積分得到：

$$\Delta U = Q \qquad (\text{恆容}) \tag{2.9}$$

對於機械可逆、恆容程序，封閉系統中的內能變化等於傳遞到系統中的熱量。

對於恆壓的狀態變化：

$$dU + PdV = d(U + PV) = dQ$$

$U + PV$ 在此處和許多其他應用中會自然出現。為方便起見，建議將該組合定義為新的熱力學性質。因此，焓[7] 的數學定義 (也是唯一定義) 是：

$$\boxed{H \equiv U + PV} \tag{2.10}$$

其中 H、U 和 V 是莫耳或單位質量值。代入前面的能量平衡式可得：

$$dH = dQ \qquad (\text{恆壓}) \tag{2.11}$$

將上式積分得到：

$$\Delta H = Q \qquad (\text{恆壓}) \tag{2.12}$$

對於機械可逆、恆壓程序，封閉系統中的焓變等於傳遞到系統中的熱量。(2.11) 式和 (2.12) 式與 (2.8) 式和 (2.9) 式的比較顯示，焓在恆壓過程中扮演的角色，類似於恆容過程中的內能。

這些方程式表明焓的有用性，但它的最大用途是顯而易見的，因為它出現在熱交換器、化學和生化反應器、蒸餾塔、泵、壓縮機、渦輪機、發動機等用於計算熱和功的**流動程序**的能量平衡中。

---

7 最初和最恰當的發音是 en-**thal**′-py 將它與熵清楚地區分開來，熵是第 5 章介紹的性質，發音為 **en**′-tro-py。焓一詞是由 H. Kamerlingh Onnes 提出的，他獲得 1913 年諾貝爾物理學獎 (參見 http://nobelprize.org/nobel_prizes/physics/laureates/1913/onnes-bio.html)。

因為程序可以有無限多個，所以我們不可能列出每一個程序的 Q 和 W。然而，內含狀態函數，例如莫耳或比容、內能和焓，是物質的固有性質。一旦確定特定物質，就可以將它們的值列為 T 和 P 的函數，以便將來用於計算涉及該物質任何過程的 Q 和 W。在後面的章節中，將討論這些狀態函數的數值及其相關性和用途。

(2.10) 式的所有項必須以相同的單位表示。乘積 PV 具有每莫耳或每單位質量的能量單位，U 也是如此；因此，H 的單位為每莫耳或每單位質量的能量。在 SI 系統中，壓力的基本單位是 pascal ($= 1\ \text{N}\cdot\text{m}^{-2}$)，而莫耳體積的單位是每莫耳立方米 ($= 1\ \text{m}^3\cdot\text{mol}^{-1}$)。對於 PV 乘積，我們有 $1\ \text{N}\cdot\text{m}\cdot\text{mol}^{-1} = 1\ \text{J}\cdot\text{mol}^{-1}$。

因為 U、P 和 V 都是狀態函數，所以由 (2.10) 式定義的 H 也是狀態函數。像 U 和 V 一樣，H 是物質的內含性質。(2.10) 式的微分式為：

$$dH = dU + d(PV) \tag{2.13}$$

上式適用於任何微量的狀態變化。積分後，它成為狀態為有限變化的方程式：

$$\Delta H = \Delta U + \Delta(PV) \tag{2.14}$$

(2.10) 式、(2.13) 式和 (2.14) 式適用於單位質量或單位莫耳的物質。

例 2.6

在 100°C 的恆溫和 101.33 kPa 的恆壓下，計算蒸發 1 kg 水的 ΔU 和 ΔH。在這些條件下，水和蒸汽的比容分別為 0.00104 和 1.673 $\text{m}^3\cdot\text{kg}^{-1}$。蒸發過程中給予水 2256.9 kJ 的熱量。

解

我們以 1 kg 水為系統，假想系統是藉由無摩擦活塞包含在圓筒中，活塞施加 101.33 kPa 的恆壓。隨著熱量的增加，水蒸發，從最初的體積膨脹到最終體積。對於 1 kg 系統，(2.12) 式可寫為：

$$\Delta H = Q = 2256.9\ \text{kJ}$$

由 (2.14) 式，

$$\Delta U = \Delta H - \Delta(PV) = \Delta H - P\,\Delta V$$

對於上式中的最後一項：

$$\begin{aligned} P\,\Delta V &= 101.33\ \text{kPa} \times (1.673 - 0.001)\ \text{m}^3 \\ &= 169.4\ \text{kPa}\cdot\text{m}^3 = 169.4\ \text{kN}\cdot\text{m}^{-2}\cdot\text{m}^3 = 169.4\ \text{kJ} \end{aligned}$$

因此

$$\Delta U = 2256.9 - 169.4 = 2087.5\ \text{kJ}$$

2.8 熱容量

我們認為熱量是運輸過程中的能量，而這個觀念一開始源自於氣體、液體和固體具有熱**容量** (capacity)。將定量的熱傳遞於物質中，若物質的溫度變化越小，則其**熱容量** (heat capacity) 越大。的確，一個熱容量可以定義為 $C \equiv dQ/dT$。這樣做的困難在於，它使 C 像 Q 一樣與過程有關，而不是狀態函數。但是，有兩種熱容量的定義使熱容量成為狀態函數，而與其他狀態函數明確相關。這裡是初步討論，將在第 4 章做完整論述。

恆容的熱容量

物質的恆容熱容量**定義**為：

$$C_V \equiv \left(\frac{\partial U}{\partial T}\right)_V \tag{2.15}$$

請仔細觀察此處使用偏導數的符號。括號和下標 V 表示是在體積保持不變的情況下取的導數；即 U 視為是 T 和 V 的函數。本書廣泛使用此符號，並且在熱力學中更普遍地被使用。這是必要的，因為像 U 這樣的熱力學狀態函數可以寫成不同組自變數的函數。因此，我們可以寫 $U(T, V)$ 和 $U(T, P)$。通常在多變數微積分中，有一組明確的自變數，並且關於某一變數的偏導數意味著其他變數必須固定。因為熱力學反映物理現實，當處理一組自變數時，保持不變的變數必須明確指定，否則求偏導數時會產生模糊性。

(2.15) 式的定義同時適用於莫耳熱容量和比熱容量 (通常稱為比熱)，這取決於 U 是莫耳內能或比內能。雖然這個定義沒有提到任何過程，但卻以一種特別簡單的方式與封閉系統中的恆容過程相關，其中 (2.15) 式可以寫成：

$$dU = C_V\,dT \qquad \text{(恆容)} \tag{2.16}$$

將上式積分可得：

$$\Delta U = \int_{T_1}^{T_2} C_V\,dT \qquad \text{(恆容)} \tag{2.17}$$

對於機械可逆、恆容的程序 (排除攪拌功的條件)，(2.9) 式的結果給出：

$$Q = \Delta U = \int_{T_1}^{T_2} C_V\,dT \qquad \text{(恆容)} \tag{2.18}$$

如果在過程中體積發生變化，但在過程結束時返回到其初始值，則即使 $V_2 = V_1$ 且 $\Delta V = 0$，也不能稱為恆容過程。然而，狀態函數的變化由初始條件和最終條件決定，與路徑無關，因此不管實際過程如何，只要 $V_2 = V_1$，我們就可以藉由真正恆容過程的方程式來計算狀態函數的變化。因為 U、C_V、T 和 V 都是狀態函數，因此 (2.17) 式具有一般有效性。另一方面，Q 和 W 取決於路徑，因此僅在恆容過程時，可由 (2.18) 式計算 Q，而 W 通常為零。這就是強調狀態函數和路徑相關量 (如 Q 和 W) 之間的區別。狀態函數與路徑和過程無關的原理是熱力學中的一個基本概念。

> 對於性質變化的計算，但不適用於 Q 和 W，實際過程可以由完成相同狀態變化的任何其他過程替換。選擇是基於便利性，加上簡單性是一個很大的優勢。

恆壓下的熱容量

恆壓熱容量**定義**為：

$$C_P \equiv \left(\frac{\partial H}{\partial T}\right)_P \tag{2.19}$$

同樣地，該定義適用於莫耳熱容量和比熱容量，這取決於 H 是莫耳焓或比焓。這種熱容量以一種特別簡單的方式與恆壓、封閉系統過程相關，(2.19) 式可寫成：

$$dH = C_P\,dT \qquad (\text{恆壓}) \tag{2.20}$$

因此

$$\Delta H = \int_{T_1}^{T_2} C_P\,dT \qquad (\text{恆壓}) \tag{2.21}$$

對於機械可逆的恆壓 P 過程，上式可以與 (2.12) 式結合：

$$Q = \Delta H = \int_{T_1}^{T_2} C_P\,dT \qquad (\text{恆壓}) \tag{2.22}$$

因為 H、C_P、T 和 P 是狀態函數，所以 (2.21) 式適用於 $P_2 = P_1$ 的任何過程，無論它是否實際在恆壓下進行。然而，僅對於機械可逆的恆壓過程，可以藉由 (2.22) 式計算傳遞的熱量，並且藉由 (1.3) 式計算功，對於 1 莫耳，$W = -P\,\Delta V$。

例 2.7

在封閉系統中，利用兩種不同的機械可逆程序，將 1 bar 和 298.15 K 的空氣壓縮至 3 bar 和 298.15 K：

(a) 在恆壓下冷卻，然後在恆容下加熱。

(b) 在恆容下加熱，然後在恆壓下冷卻。

計算每條路徑的熱和功，以及空氣的 ΔU 和 ΔH。假設以下空氣的熱容量與溫度無關：

$$C_V = 20.785 \quad 且 \quad C_P = 29.100\ \text{J}\cdot\text{mol}^{-1}\cdot\text{K}^{-1}$$

又假設無論經歷何種變化，空氣仍然是 PV/T 恆定的氣體。在 298.15 K 和 1 bar 下，空氣的莫耳體積為 $0.02479\ \text{m}^3\cdot\text{mol}^{-1}$。

解

在每種情況下，取系統為假想的活塞 / 圓筒裝置中的 1 mol 空氣。因為這些過程是機械可逆的，所以活塞在圓筒中移動而沒有摩擦。空氣最後的體積為：

$$V_2 = V_1 \frac{P_1}{P_2} = 0.02479\left(\frac{1}{3}\right) = 0.008263\ \text{m}^3$$

這兩條路徑顯示在圖 2.3(I) 的 V 對 P 圖和圖 2.3(II) 的 T 對 P 圖上。

(a) 在此路徑的第一步驟中，空氣在 1 bar 的恆定壓力下冷卻，直至達到 $0.008263\ \text{m}^3$ 的最終體積。該冷卻步驟結束時的空氣溫度為：

$$T' = T_1 \frac{V_2}{V_1} = 298.15\left(\frac{0.008263}{0.02479}\right) = 99.38\ \text{K}$$

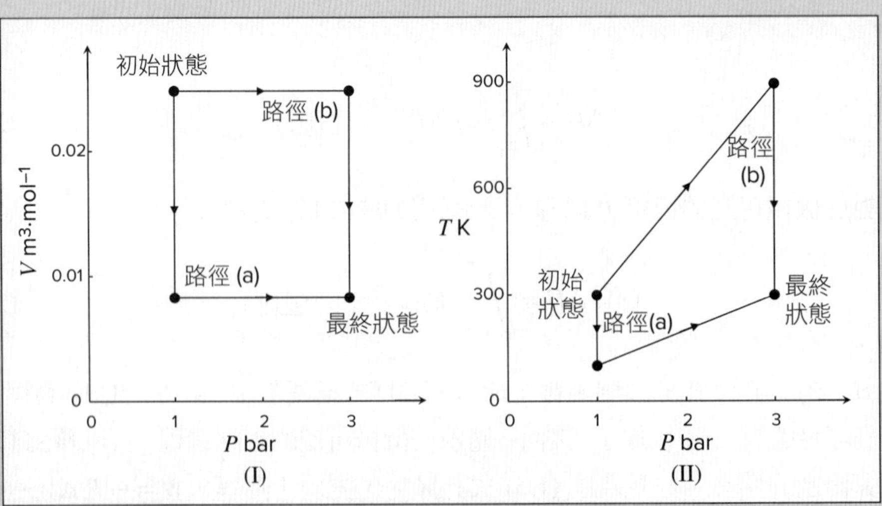

圖 2.3 例 2.7 中，V 對 P 和 T 對 P 的圖。

因此，對於第一步驟，

$$Q = \Delta H = C_P \, \Delta T = (29.100)(99.38 - 298.15) = -5784 \text{ J}$$
$$W = -P \, \Delta V = -1 \times 10^5 \text{ Pa} \times (0.008263 - 0.02479) \text{ m}^3 = 1653 \text{ J}$$
$$\Delta U = \Delta H - \Delta(PV) = \Delta H - P \, \Delta V = -5784 + 1653 = -4131 \text{ J}$$

第二步驟是在恆定的 V_2 下加熱到最終狀態。功 $W = 0$，對於此步驟：

$$\Delta U = Q = C_V \, \Delta T = (20.785)(298.15 - 99.38) = 4131 \text{ J}$$
$$V \, \Delta P = 0.008263 \text{ m}^3 \times (2 \times 10^5) \text{ Pa} = 1653 \text{ J}$$
$$\Delta H = \Delta U + \Delta(PV) = \Delta U + V \, \Delta P = 4131 + 1653 = 5784 \text{ J}$$

對於整個過程：

$$Q = -5784 + 4131 = -1653 \text{ J}$$
$$W = 1653 + 0 = 1653 \text{ J}$$
$$\Delta U = -4131 + 4131 = 0$$
$$\Delta H = -5784 + 5784 = 0$$

注意，第一定律 $\Delta U = Q + W$ 適用於整個過程。

(b) 路徑的兩個不同步驟產生相同的最終空氣狀態。在第一步驟中，空氣以等於 V_1 的恆容加熱，直到達到 3 bar 的最終壓力。該步驟結束時的空氣溫度為：

$$T' = T_1 \frac{P_2}{P_1} = 298.15 \left(\frac{3}{1} \right) = 894.45 \text{ K}$$

對於第一個恆容步驟，$W = 0$，且

$$Q = \Delta U = C_V \, \Delta T = (20.785)(894.45 - 298.15) = 12{,}394 \text{ J}$$
$$V \, \Delta P = (0.02479)(2 \times 10^5) = 4958 \text{ J}$$
$$\Delta H = \Delta U + V \, \Delta P = 12{,}394 + 4958 = 17{,}352 \text{ J}$$

在第二步驟中，將空氣在 $P = 3$ bar 下冷卻至其最終狀態：

$$Q = \Delta H = C_P \, \Delta T = (29.10)(298.15 - 894.45) = -17{,}352 \text{ J}$$
$$W = -P \, \Delta V = -(3 \times 10^5)(0.008263 - 0.02479) = 4958 \text{ J}$$
$$\Delta U = \Delta H - \Delta(PV) = \Delta H - P \, \Delta V = -17{,}352 + 4958 = -12{,}394 \text{ J}$$

對於兩個步驟的組合，

$$Q = 12{,}394 - 17{,}352 = -4958 \text{ J}$$
$$W = 0 + 4958 = 4958 \text{ J}$$
$$\Delta U = 12{,}394 - 12{,}394 = 0$$
$$\Delta H = 17{,}352 - 17{,}352 = 0$$

此例說明狀態函數的變化 (ΔU 和 ΔH) 與給定的初始和最終狀態的路徑無關。另一方面，Q 和 W 與路徑有關。還要注意，ΔU 和 ΔH 的總變化為零。這是因為所提供的輸入資訊使 U 和 H 僅為溫度的函數，而 $T_1 = T_2$。雖然此例的過程不具有實際意義，但是對於實際流動過程的狀態函數變化 (ΔU 和 ΔH) 可如本例中所示的過程進行計算。這是可能的，因為這裡使用的可逆程序的狀態函數變化與連接相同狀態的實際過程相同。

例 2.8

如果空氣從 5°C 和 10 bar 的初始狀態 (其莫耳體積為 2.312×10^{-3} m^3·mol^{-1}) 變化為最終狀態60°C 和1 bar，計算內能和焓變化。假設空氣仍然是 PV/T 恆定的氣體，且 $C_V = 20.785$，$C_P = 29.100$ J·mol^{-1}·K^{-1}。

解

由於性質變化與過程無關，因此計算可以基於完成變化的任何過程。在這裡，我們選擇兩個步驟，機械可逆程序其中 1 莫耳空氣 (a) 以恆容冷卻至最終壓力，和 (b) 在恆壓下加熱至最終溫度。當然，選擇其他路徑可產生相同的結果。

$$T_1 = 5 + 273.15 = 278.15 \text{ K} \qquad T_2 = 60 + 273.15 = 333.15 \text{ K}$$

在 $PV = kT$ 的情況下，步驟 (a) 的比率 T/P 是恆定的。因此，兩個步驟之間的中間溫度為：

$$T' = (278.15)(1/10) = 27.82 \text{ K}$$

這兩個步驟的溫度變化是：

$$\Delta T_a = 27.82 - 278.15 = -250.33 \text{ K}$$
$$\Delta T_b = 333.15 - 27.82 = 305.33 \text{ K}$$

對於步驟 (a)，由 (2.17) 式和 (2.14) 式，

$$\Delta U_a = C_V \Delta T_a = (20.785)(-250.33) = -5203.1 \text{ J}$$
$$\Delta H_a = \Delta U_a + V \Delta P_a$$
$$= -5203.1 \text{ J} + 2.312 \times 10^{-3} \text{ m}^3 \times (-9 \times 10^5) \text{ Pa} = -7283.9 \text{ J}$$

對於步驟 (b)，空氣的最終體積為：

$$V_2 = V_1 \frac{P_1 T_2}{P_2 T_1} = 2.312 \times 10^{-3} \left(\frac{10 \times 333.15}{1 \times 278.15} \right) = 2.769 \times 10^{-2} \text{ m}^3$$

由 (2.21) 式和 (2.14) 式，

$$\Delta H_b = C_P\,\Delta T_b = (29.100)(305.33) = 8885.1\text{ J}$$
$$\Delta U_b = \Delta H_b - P\,\Delta V_b$$
$$= 8885.1 - (1\times 10^5)(0.02769 - 0.00231) = 6347.1\text{ J}$$

聯合這兩個步驟，

$$\Delta U = -5203.1 + 6347.1 = 1144.0\text{ J}$$
$$\Delta H = -7283.9 + 8885.1 = 1601.2\text{ J}$$

對於導致相同狀態變化的任何程序，這些值都是相同的。[8]

2.9 開放系統的質量和能量平衡

雖然前面幾節的重點是封閉系統，但所提出的概念卻有更廣泛的應用。質量和能量守恆定律適用於開放系統和封閉系統所有過程。事實上，開放系統包括封閉系統，封閉系統是開放系統的一個特例。因此，本章的接下來將致力於開放系統的探討，從而開發廣泛實際應用的方程式。

流量的測量

開放系統的特點是具有流動股流；有四種常見的流量測量方法：

- 質量流率，$\dot{m}$
- 莫耳流率，$\dot{n}$
- 體積流率，q
- 速度，u

流量的測量是相互關聯的：

$$\dot{m} = \mathscr{M}\dot{n} \qquad \text{和} \qquad q = uA$$

其中 $\mathscr{M}$ 是莫耳質量，A 是流動的截面積。重要的是，質量流率和莫耳流率與速度有關：

$\dot{m} = uA\rho$	(2.23a)	$\dot{n} = uA\rho$	(2.23b)

流量的面積 A 是導管的截面積，ρ 是比密度或莫耳密度。雖然速度是向量，但其純量值 u 在此用作股流在垂直於 A 的方向上的平均速度。流率 $\dot{m}$、$\dot{n}$ 和 q 表示每單位時間的流量，而速度 u 在性質上是完全不同的，因為它沒有表明流量的大小。然而，它是一個重要的設計參數。

8 你可能會擔心這裡選擇的路徑經歷一個中間狀態，即空氣不會是氣體，而是凝結的中間狀態。熱力學計算的路徑通常經由這樣的假設狀態進行，這些狀態不能在物理上實現，但仍然有用且適合於計算。在後面的章節中將重複地遇到此類狀態。

例 2.9

在內徑為 5 mm 的主要人體動脈中，心動週期內平均的血流量為 5 $cm^3 \cdot s^{-1}$。動脈分叉 (分裂) 成兩個相同的血管，每條血管直徑為 3 mm。分叉上游和下游的平均速度與質量流率是多少？血液的密度為 1.06 $g \cdot cm^{-3}$。

解

平均速度是體積流率除以流動面積。因此，在分叉的上游，血管直徑為 0.5 cm，

$$u_{up} = \frac{q}{A} = \frac{5\ cm^3 \cdot s^{-1}}{(\pi/4)(0.5^2\ cm^2)} = 25.5\ cm \cdot s^{-1}$$

在分叉的下游，每條血管中的體積流率為 2.5 $cm^3 \cdot s^{-1}$，血管直徑為 0.3 cm。因此，

$$u_{down} = \frac{2.5\ cm^3 \cdot s^{-1}}{(\pi/4)(0.3^2\ cm^2)} = 35.4\ cm \cdot s^{-1}$$

上游血管中的質量流率為體積流率乘以密度：

$$\dot{m}_{up} = 5\ cm^3 \cdot s^{-1} \times 1.06\ g \cdot cm^{-3} = 5.30\ g \cdot s^{-1}$$

同樣地，對於每條下游血管：

$$\dot{m}_{down} = 2.5\ cm^3 \cdot s^{-1} \times 1.06\ g \cdot cm^{-3} = 2.65\ g \cdot s^{-1}$$

這當然是上游值的一半。

開放系統的質量平衡

確定用於分析開放系統的空間區域稱為**控制體積** (control volume)；它由**控制表面** (control surface) 與外界隔開。控制體積內的流體是熱力學系統，為其寫出質量和能量平衡。因為質量是守恆的，所以控制體積內的質量變化率 dm_{cv}/dt 等於質量流入控制體積的淨流率。我們以流入控制體積的流量為正，而流出控制體積的流量為負。質量平衡的數學表達式為：

$$\boxed{\frac{dm_{cv}}{dt} + \Delta(\dot{m})_{fs} = 0} \tag{2.24}$$

對於圖 2.4 的控制體積，第二項是：

$$\Delta(\dot{m})_{fs} = \dot{m}_3 - \dot{m}_1 - \dot{m}_2$$

差值運算子 Δ 在此表示出口和入口流量之間的差異，下標「fs」表示該項適用於所有流動的股流。注意，與前一節相比，這是此運算子的不同用法，前一節

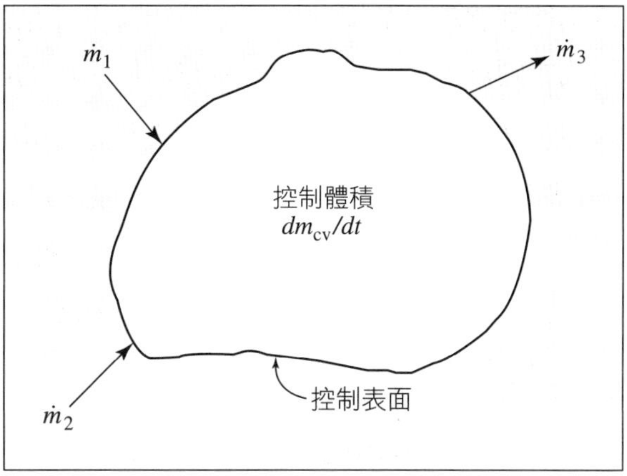

▶圖 2.4　控制體積的示意圖。它由可擴展的控制表面與其外界隔離。流率為 $\dot{m}_1$ 與 $\dot{m}_2$ 的兩股流進入控制體積，而流率為 $\dot{m}_3$ 的股流流出。

的差值運算子是指初始狀態和最終狀態之間的差。差值運算子的兩種用法都是常見的，必須注意確保理解正確的意義。

當質量流率 $\dot{m}$ 由 (2.23a) 式給出時，(2.24) 式變成：

$$\frac{dm_{cv}}{dt} + \Delta(\rho u A)_{fs} = 0 \tag{2.25}$$

在這種形式中，質量平衡方程式通常稱為**連續方程式** (continuity equation)。

穩態 (steady-state) 流動過程是控制體積內的狀況不隨時間變化的過程。這些是實際上經常遇到的一種重要過程。在穩態過程中，控制體積包含恆定質量的流體，並且 (2.24) 式的第一項或**累積** (accumulation) 項為零，因此 (2.25) 式可化簡為：

$$\Delta(\rho u A)_{fs} = 0$$

「穩態」並不一定意味著流率是恆定的，僅是質量流入與質量流出完全匹配。

當只有單一入口和單一出口流時，兩個流的質量流率 $\dot{m}$ 是相同的；因此，

$$\dot{m} = \text{常數} = \rho_2 u_2 A_2 = \rho_1 u_1 A_1$$

因為比容是密度的倒數，所以

$$\boxed{\dot{m} = \frac{u_1 A_1}{V_1} = \frac{u_2 A_2}{V_2} = \frac{uA}{V}} \tag{2.26}$$

這種形式的連續方程式經常被使用。

總能量平衡

因為能量與質量一樣是守恆的，所以控制體積內的能量變化率等於能量傳

遞到控制體積中的淨速率。流入和流出控制體積的股流都與內能、位能和動能形式相關聯，並且這些都可能有助於系統的能量變化。股流的每個單位質量帶有總能量 $U+\frac{1}{2}u^2+zg$，其中 u 是股流的平均速度，z 是其高於基準水平的高度，g 是當地的重力加速度。因此，每個股流以 $\left(U+\frac{1}{2}u^2+zg\right)\dot{m}$ 的速率輸送能量。由流動股流輸送到系統中的淨能量為 $-\Delta\left[\left(U+\frac{1}{2}u^2+zg\right)\dot{m}\right]_{\text{fs}}$，其中 $-\Delta$ 表示輸入 - 輸出。控制體積內的能量累積速率除了熱傳速率 $\dot{Q}$ 和功的速率外，還包括輸送到系統中的淨能量：

$$\frac{d(mU)_{\text{cv}}}{dt}=-\Delta\left[\left(U+\frac{1}{2}u^2+zg\right)\dot{m}\right]_{\text{fs}}+\dot{Q}+\text{作功速率}$$

功的速率包括幾種形式的功。首先，功與移動的流動股流通過入口和出口相關聯。任何入口或出口處的流體都具有一組平均性質，P、V、U、H 等。想像具有這些性質的單位質量流體存在於入口或出口處，如圖 2.5 所示。該單位質量的流體受到額外流體的作用，此處的額外流體是由施加恆壓 P 的活塞代替。該活塞通過入口將單位質量的流體移入所作的功是 PV，功的速率為 $(PV)\,\dot{m}$。因為 Δ 表示出口和入口量之間的差，所以當考慮所有入口和出口部分時，對系統作的淨功為 $-\Delta[(PV)\,\dot{m}]_{\text{fs}}$。

另一種形式的功是軸功 (shaft work)，[9] 如圖 2.5 所示，其速率為 $\dot{W}_s$。此外，功與整個控制體積的膨脹或收縮有關。這些功的形式都包含在由 $\dot{W}$ 表示的速率項中。現在前面的方程式可以寫成：

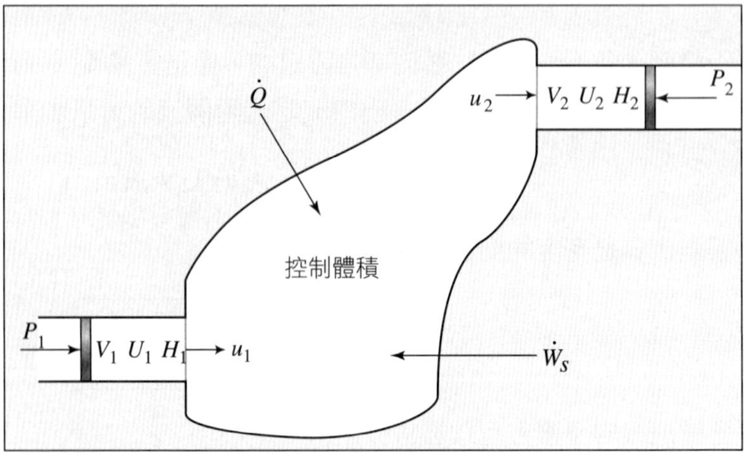

▶圖 2.5　具有一個入口和一個出口的控制體積。

9　在不傳遞質量的情況下，添加到系統或從系統中移除的機械功稱為軸功，因為它通常藉由如渦輪機或壓縮機中的旋轉軸傳遞。然而，該術語更廣泛地用於包括藉由其他機械手段轉移的功。

$$\frac{d(mU)_{cv}}{dt} = -\Delta\left[\left(U + \frac{1}{2}u^2 + zg\right)\dot{m}\right]_{fs} + \dot{Q} - \Delta[(PV)\dot{m}]_{fs} + \dot{W}$$

利用焓的定義，$H = U + PV$，將項合併，導致：

$$\frac{d(mU)_{cv}}{dt} = -\Delta\left[\left(H + \frac{1}{2}u^2 + zg\right)\dot{m}\right]_{fs} = \dot{Q} + \dot{W}$$

上式通常寫成：

$$\boxed{\frac{d(mU)_{cv}}{dt} + \Delta\left[\left(H + \frac{1}{2}u^2 + zg\right)\dot{m}\right]_{fs} = \dot{Q} + \dot{W}} \tag{2.27}$$

動能項中的速度 u 是由方程式 $u = \dot{m}/(\rho A)$ 定義的整體平均速度。在管道中流動的流體表現出速度分布，其速度是從管壁處的零 (無滑動的情況) 上升到管道中心處的最大值。管道中流體的動能取決於其速度分布。對於層流的情況，速度分布是拋物線的，並且橫過整個管道的積分證明動能項應恰當地為 u^2。在完全發展的亂流中，更常見的實際情況是，管道主要部分的速度大致是均勻分布，能量方程式中使用的表達式 $u^2/2$ 幾乎是正確的。

雖然 (2.27) 式是一種合理通用的能量平衡，但是它有局限性，特別是它反映了默認的假設；亦即，它假設控制體積的質心是靜止的。因此，不包括控制體積中流體的動能和位能變化。對於幾乎所有化學工程師感興趣的應用，(2.27) 式就足夠。對於許多 (但不是全部) 應用，在流動股流中，動能和位能變化也可以忽略不計，而 (2.27) 式可簡化為：

$$\frac{d(mU)_{cv}}{dt} + \Delta(H\dot{m})_{fs} = \dot{Q} + \dot{W} \tag{2.28}$$

例 2.10

證明對於封閉系統的情況，(2.28) 式可簡化為 (2.3) 式。

解

在沒有流動股流的情況下，省略 (2.28) 式的第二項：

$$\frac{d(mU)_{cv}}{dt} = \dot{Q} + \dot{W}$$

對時間積分可得

$$\Delta(mU)_{cv} = \int_{t_1}^{t_2} \dot{Q}\,dt + \int_{t_1}^{t_2} \dot{W}\,dt$$

或

$$\Delta U^t = Q + W$$

Q 和 W 項由前面方程式的積分定義。

注意，Δ 表示隨時間的變化，而不是從入口到出口的變化。讀者必須意識到其背景，以辨別其含義。

例 2.11

一個隔熱的熱水電熱槽中在 60°C 時含有 190 kg 液態水。發生停電時，假設水槽中的水以 $\dot{m} = 0.2\ \text{kg·s}^{-1}$ 的穩定速率排出，冷水在 10°C 時進入水槽，且水槽的熱量損失可以忽略不計，則水槽中的水溫從 60°C 降至 35°C 需要多長時間？假設液態水的 $C_v = C_p = C$，且與 T 和 P 無關。

解

這是將 (2.28) 式應用於 $\dot{Q} = \dot{W} = 0$ 的瞬態過程的例子。我們假設槽內的水完全混合；這意味著離開槽的水的性質與槽內的水的性質相同。進入槽的質量流率等於離開槽的質量流率，m_{cv} 是恆定的；此外，入口和出口動能和位能之間的差可以忽略不計。因此，(2.28) 式可寫成：

$$m\frac{dU}{dt} + \dot{m}(H - H_1) = 0$$

其中無下標的量是指槽內 (即離開槽的水) 的性質，而 H_1 是進入槽的水的比焓。因為 $C_V = C_P = C$，所以

$$\frac{dU}{dt} = C\frac{dT}{dt} \qquad 且 \qquad H - H_1 = C(T - T_1)$$

經過重新整理，能量平衡變為

$$dt = -\frac{m}{\dot{m}} \cdot \frac{dT}{T - T_1}$$

從 $t = 0$ (其中 $T = T_0$) 到任意時間 t 的積分，產生：

$$t = -\frac{m}{\dot{m}}\ln\left(\frac{T - T_1}{T_0 - T_1}\right)$$

對於這個問題的條件，將數值代入上式，可得

$$t = -\frac{190}{0.2}\ln\left(\frac{35 - 10}{60 - 10}\right) = 658.5\ \text{s}$$

因此，約 11 分鐘後，水槽中的水溫將從 60°C 降至 35°C。

穩定流動程序的能量平衡

(2.27) 式的累積項 $d(mU)_{cv}/dt$ 為零的流動過程稱為在**穩態** (steady state) 下發生。正如關於質量平衡所討論的，這意味著控制體積內的系統質量是恆定的；它還意味著在控制體積內及其入口和出口處的流體性質不會隨時間發生變化。在這些情況下，控制體積不可能膨脹。該過程的唯一功是軸功，而一般能量平衡，(2.27) 式變為：

$$\Delta\left[\left(H+\frac{1}{2}u^2+zg\right)\dot{m}\right]_{\text{fs}}=\dot{Q}+\dot{W}_s \tag{2.29}$$

雖然「穩態」並不一定意味著「穩定流動」，但這個方程式通常應用於穩態、穩定流動程序，因為這些過程代表工業規範。[10]

進一步的特例是當控制體積具有一個入口和一個出口時。兩個股流具有相同的質量流量 $\dot{m}$，而 (2.29) 式簡化為：

$$\Delta\left(H+\frac{1}{2}u^2+zg\right)\dot{m}=\dot{Q}+\dot{W}_s \tag{2.30}$$

其中下標「fs」在這個簡單的情況下被省略，Δ 表示從入口到出口的變化。除以 $\dot{m}$ 可得：

$$\Delta\left(H+\frac{1}{2}u^2+zg\right)=\frac{\dot{Q}}{\dot{m}}+\frac{\dot{W}_s}{\dot{m}}=Q+W_s$$

或

$$\Delta H+\frac{\Delta u^2}{2}+g\Delta z=Q+W_s \tag{2.31}$$

此方程式是第一定律的數學表達式，適用於一個入口和一個出口之間的穩態、穩定流動程序。所有項表示每單位質量流體的能量。能量單位通常是焦耳。

在許多應用中，動能和位能項被省略，因為與其他項相比，它們可以忽略不計。[11] 對於這種情況，(2.31) 式簡化為：

$$\Delta H=Q+W_s \tag{2.32}$$

10 不穩定流動的穩態程序的一個例子是熱水器，其中流率的變化藉由熱傳速率的變化精確地補償，使得整個溫度保持恆定。

11 值得注意的例外包括噴嘴、計量裝置、風洞和水力發電站的應用。

這種穩態、穩定流動程序的第一定律的表達式類似於非流動過程的 (2.3) 式。然而，在 (2.32) 式中，焓是重要的熱力學性質而不是內能，Δ 是指從入口到出口的變化，而不是從事件之前到之後的變化。

測量焓的流動卡計

利用 (2.31) 式和 (2.32) 式解實際問題需要焓值。因為 H 是一個狀態函數，它的值僅與點條件有關；一旦確定，它們可製成表格，以便隨後用於相同的條件組。為此，(2.32) 式可以應用於為焓測量設計的實驗室過程。

簡單的流動卡計如圖 2.6 所示。其基本特徵是浸入流動流體中的電阻加熱器。該設計提供從第 1 段到第 2 段的最小速度和高度變化，使得流體的動能和位能變化可忽略不計。在沒有軸功進入系統的情況下，(2.32) 式簡化為 $\Delta H = H_2 - H_1 = Q$。傳遞到流體的熱量由加熱器的電阻和通過它的電流決定。在實際應用上，需要特別注意許多細節，但原則上流動卡計的操作很簡單。測量熱傳率和流率可計算第 1 段和第 2 段之間的 ΔH 變化。

例如，若要測量液體和蒸汽 H_2O 的焓。恆溫槽放置碎冰和水的混合物，以保持 0°C 的溫度。向裝置供應液態水，並且水經足夠長的管線通過恆溫槽，使水在恆溫槽出口處的溫度達到與極溫槽相同的 0°C 溫度。第 2 段的溫度和壓力利用合適的儀器測量。第 2 段中各種條件下 H_2O 的焓值可由下式得到：

$$H_2 = H_1 + Q$$

其中 Q 是每單位質量水增加的熱量。

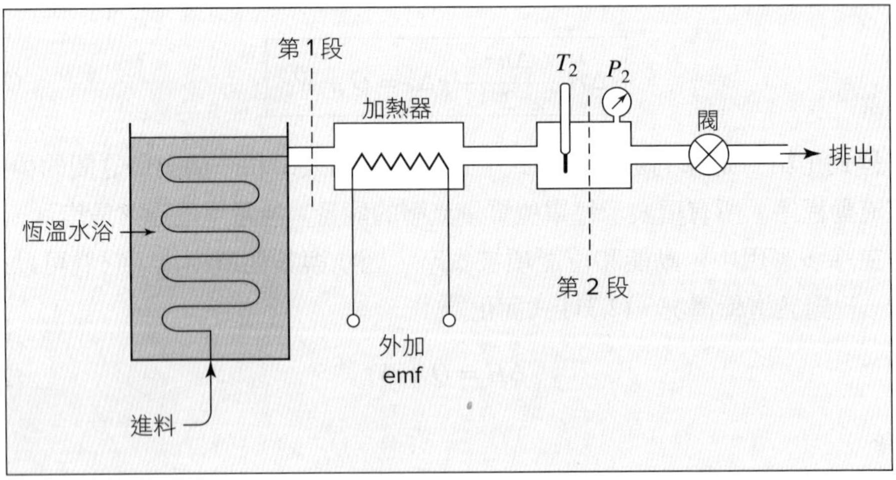

▶圖 2.6 流動卡計。

壓力可以隨著操作而變化，但是在這裡遇到的範圍內，它對進入的水的焓影響不大，而實際上 H_1 是常數。焓的絕對值，如內能的絕對值，是未知的。因此可以將任意值指定給 H_1 作為所有其他焓值的基礎。令液態水在 0°C 的 $H_1 = 0$，可得：

$$H_2 = H_1 + Q = 0 + Q = Q$$

對於大量操作，存在於第 2 段的溫度和壓力可以將焓值製成表格。此外，在這些相同條件下，可以將測量的比體積列入表中，以及利用 (2.10) 式，$U = H - PV$ 計算內能的相應值。以這種方式，在整個有用的條件範圍內彙編熱力學性質表。最廣泛使用的這種製表是 H_2O，稱為**蒸汽表** (steam tables)。[12]

對於某些其他狀態而不是 0°C 的液體，焓也可以取為 0。選擇是任意的。(2.31) 式和 (2.32) 式等熱力學方程式適用於狀態的變化，其焓差與零點的位置無關。

然而，一旦選擇焓的零點，就不能對內能進行任意選擇，因為內能是由 (2.10) 式與焓相關。

例 2.12

對於剛才討論的流動卡計，以下數據是用水作為測試液：

流率 $= 4.15\ \text{g·s}^{-1}$　　$t_1 = 0°\text{C}$　　$t_2 = 300°\text{C}$　　$P_2 = 3$ bar

電阻加熱器的加熱速率 = 12,740 W

在此過程中水完全蒸發。基於液態水在 0°C 時的 $H = 0$，計算在 300°C 和 3 bar 的蒸汽的焓。

解

若 Δz 和 Δu^2 可以忽略不計，且若 W_s 和 H_1 為零，則 $H_2 = Q$，因此

$$H_2 = \frac{12{,}740\ \text{J·s}^{-1}}{4.15\ \text{g·s}^{-1}} = 3070\ \text{J·g}^{-1} \qquad \text{或} \qquad 3070\ \text{kJ·kg}^{-1}$$

例 2.13

1 bar 和 25°C 的空氣以低速進入壓縮機，在 3 bar 下排出，並進入噴嘴，在初始壓力和溫度的條件下，膨脹至最終速度 600 m·s^{-1}。若空氣的壓縮功為 240 kJ/kg，則壓縮過程中必須除去多少熱量？

12 附錄 E 列出適用於多種用途的蒸汽表。NIST 的 Chemistry WebBook 包括一個流體性質計算器，可以作為產生水和其他 75 種物質的表格：http://webbook.nist.gov/chemistry/fluid/。

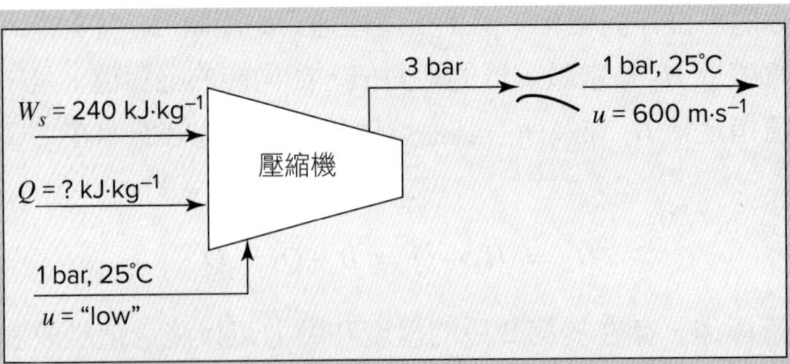

解

由於空氣返回到 T 和 P 的初始條件，整個過程不會產生空氣的焓變化。此外，空氣的位能變化可以忽略不計，也忽略空氣的初始動能，我們將 (2.31) 式寫成：

$$\Delta H + \frac{\Delta u^2}{2} + g\Delta z = 0 + \frac{u_2^2}{2} + 0 = Q + W_s$$

因此

$$Q = \frac{u_2^2}{2} - W_s$$

動能項的估算如下：

$$\frac{1}{2}u_2^2 = \frac{1}{2}\left(600\frac{\mathrm{m}}{\mathrm{s}}\right)^2 = 180{,}000\frac{\mathrm{m}^2}{\mathrm{s}^2} = 180{,}000\frac{\mathrm{m}^2}{\mathrm{s}^2}\cdot\frac{\mathrm{kg}}{\mathrm{kg}}$$
$$= 180{,}000\ \mathrm{N{\cdot}m{\cdot}kg^{-1}} = 180\ \mathrm{kJ{\cdot}kg^{-1}}$$

因此

$$Q = 180 - 240 = -60\ \mathrm{kJ{\cdot}kg^{-1}}$$

壓縮 1 kg 空氣必須除去 60 kJ 的熱量。

例 2.14

將 90°C 的水以 3 $\mathrm{L{\cdot}s^{-1}}$ 的速率從儲槽中泵出。泵的馬達供應功的速率為 1.5 $\mathrm{kJ{\cdot}s^{-1}}$。水通過熱交換器，以 670 $\mathrm{kJ{\cdot}s^{-1}}$ 的速率放出熱量，然後輸送到高於第一個儲槽 15 m 的第二個儲槽。輸送到第二個儲槽的水溫是多少？

解

這是一個穩態、穩定流動的過程，(2.31) 式適用。儲槽中水的初始速度和最終速度可忽略不計，並且可省略 $\Delta u^2/2$ 項。所有剩餘項均以 $\mathrm{kJ{\cdot}kg^{-1}}$ 為單位表示。在 90°C 時，水的密度為 0.965 $\mathrm{kg{\cdot}L^{-1}}$，質量流率為：

$$\dot{m} = (3)(0.965) = 2.895 \text{ kg}\cdot\text{s}^{-1}$$

對於熱交換器，

$$Q = -670/2.895 = -231.4 \text{ kJ}\cdot\text{kg}^{-1}$$

對於泵的軸功，

$$W_s = 1.5/2.895 = 0.52 \text{ kJ}\cdot\text{kg}^{-1}$$

如果 g 的值為 9.8 $\text{m}\cdot\text{s}^{-2}$，則位能項為：

$$g\Delta z = (9.8)(15) = 147 \text{ m}^2\cdot\text{s}^{-2}$$
$$= 147 \text{ J}\cdot\text{kg}^{-1} = 0.147 \text{ kJ}\cdot\text{kg}^{-1}$$

(2.31) 式現在產生：

$$\Delta H = Q + W_s - g\Delta z = -231.4 + 0.52 - 0.15 = -231.03 \text{ kJ}\cdot\text{kg}^{-1}$$

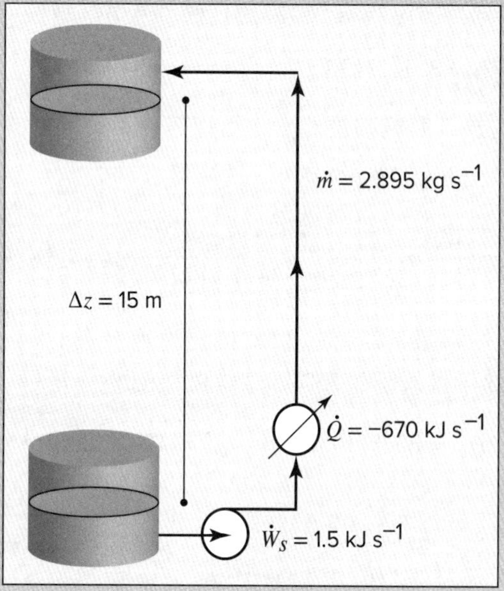

由蒸汽表查出液態水在 90°C 的焓值為：

$$H_1 = 376.9 \text{ kJ}\cdot\text{kg}^{-1}$$

因此，

$$\Delta H = H_2 - H_1 = H_2 - 376.9 = -231.0$$

而

$$H_2 = 376.9 - 231.0 = 145.9 \text{ kJ·kg}^{-1}$$

具有這種焓的水的溫度可從蒸汽表中找到：

$$t = 34.83°\text{C}$$

在此例中，與 Q 相比，W_s 和 $g\Delta z$ 很小，可以忽略。

例 2.15

蒸汽渦輪機絕熱操作，功率輸出為 4000 kW。蒸汽在 2100 kPa 和 475°C 下進入渦輪機。排氣是 10 kPa 的飽和蒸汽，進入冷凝器，在冷凝器中冷凝並冷卻至 30°C。如果水在 15°C 進入並加熱到 25°C，則蒸汽的質量流率是多少，冷卻水必須以多大的速率供給冷凝器？

解

進入渦輪機和離開渦輪機的蒸汽的焓可從蒸汽表中找到：

$$H_1 = 3411.3 \text{ kJ·kg}^{-1} \text{ 且 } H_2 = 2584.8 \text{ kJ·kg}^{-1}$$

對於設計合理的渦輪機，動能和位能變化可以忽略不計，對於絕熱操作，$Q = 0$。(2.32) 式變成只是 $W_s = \Delta H$。即 $W{\cdot}s = \dot{m}(\Delta H)$，且

$$\dot{m}_{\text{steam}} = \frac{\dot{W}_s}{\Delta H} = \frac{-4000 \text{ kJ·s}^{-1}}{(2584.8 - 3411.3) \text{ kJ·kg}^{-1}} = 4.840 \text{ kg·s}^{-1}$$

對於冷凝器，離開的蒸汽冷凝液是 30°C 的過冷水，其 (來自蒸汽表) $H_3 = 125.7$ kJ·kg^{-1}。對於在 15°C 下進入並在 25°C 下離開的冷卻水，焓是

$$H_{\text{in}} = 62.9 \text{ kJ·kg}^{-1} \text{且 } H_{\text{out}} = 104.8 \text{ kJ·kg}^{-1}$$

此時 (2.29) 式簡化為

$$\dot{m}_{\text{steam}}(H_3 - H_2) + \dot{m}_{\text{water}}(H_{\text{out}} - H_{\text{in}}) = 0$$
$$4.840(125.7 - 2584.8) + \dot{m}_{\text{water}}(104.8 - 62.9) = 0$$

解出

$$\dot{m}_{\text{water}} = 284.1 \text{ kg·s}^{-1}$$

2.10 概要

在研究本章 (包括章末習題) 後，我們應該能夠：

- 使用適當的符號規定，陳述並應用熱力學第一定律。
- 解釋並運用內能、焓、狀態函數、平衡和可逆程序的概念。
- 解釋狀態函數和路徑相關量 (如熱量和功) 之間的差異。
- 計算實際過程的狀態變數的變化是以連接相同狀態的假設可逆程序來替代。
- 將物質的內能和焓變化與溫度變化聯繫起來，並根據適當的熱容量計算。
- 為開放系統建構並應用質量和能量平衡。

2.11 習題

2.1. 在 20°C 下裝有 25 kg 水的非導電容器配有攪拌器，該攪拌器藉由重力作用於 35 kg 的重物而轉動。在驅動攪拌器時，重物緩慢下降 5 m 的距離。假設所有對重物所作的功都轉移到水中，並且當地的重力加速度為 9.8 $m{\cdot}s^{-2}$，求：

(a) 對水所作的功。

(b) 水的內能變化。

(c) 水的最終溫度，其中 $C_P = 4.18\ kJ{\cdot}kg^{-1}{\cdot}°C^{-1}$。

(d) 欲使水溫恢復到初始溫度，必須從水中除去的熱量。

(e) 宇宙的總能量變化是由於 (1) 降低重物的過程；(2) 將水冷卻回其初始溫度的過程；以及 (3) 兩個過程組合在一起。

2.2. 重做習題 2.1，其中隔熱容器的溫度隨水變化，並具有相當於 5 kg 水的熱容量。在下列情況下，求解此題：

(a) 水和容器作為系統。(b) 單獨用水作為系統。

2.3. 最初處於靜止狀態的蛋落在混凝土表面上並破碎。將蛋作為系統處理，

(a) W 的符號是什麼？(b) ΔE_P 的符號是什麼？(c) ΔE_K 為何？(d) ΔU^t 為何？

(e) Q 的符號是什麼？

在對這個過程進行模擬時，假設經過足夠的時間讓破蛋返回其初始溫度。(e) 部分的熱傳來源是什麼？

2.4. 穩定負載下的電動馬達在 110 伏特下消耗 9.7 安培的電流，提供 1.25(hp) 的機械能。馬達的熱傳率是多少 kW？

2.5. 電動手動攪拌器在 110 伏特下消耗 1.5 安培的電流。它用於混合 1 kg 曲奇餅乾 5 分鐘。混合後，發現曲奇餅乾的溫度增加 5°C。若曲奇餅乾的熱容量是 $4.2\ kJ{\cdot}kg^{-1}{\cdot}K^{-1}$，則混合器使用的電能有多少分率轉化為曲奇餅乾的內能？討論剩餘能量的結果。

2.6. 封閉系統中的 1 莫耳氣體，經歷四個步驟的熱力循環。使用下表中的數據，求問號所指的數值。

步驟	ΔU^t/J	Q/J	W/J
12	−200	?	−6000
23	?	−3800	?
34	?	−800	300
41	4700	?	?
1234	?	?	−1400

2.7. 評論在夏天打開電冰箱的門來冷卻廚房的可行性。

2.8. 在 20°C 下裝有 20 kg 水的水槽配有攪拌器，該攪拌器以 0.25 kW 的功率向水中輸送功。如果沒有熱量從水中流失，水溫升至 30°C 需要多長時間？對於水，$C_P = 4.18$ $\text{kJ}\cdot\text{kg}^{-1}\cdot{}^\circ\text{C}^{-1}$。

2.9. 將 7.5 kJ 的熱量添加到封閉系統中，同時其內能減少了 12 kJ。有多少能量以功的形式傳遞？對於導致相同狀態變化但功為零的過程，熱傳量是多少？

2.10. 重 2 kg 的鑄鋼其初始溫度為 500°C；最初 40 kg 水在 25°C 時，裝在一個重 5 kg 的完全絕緣的鋼槽中。將鑄鋼浸入水中，使系統達到平衡。它的最終溫度是多少？忽略膨脹或收縮的影響，並假設水的恆定比熱為 4.18 $\text{kJ}\cdot\text{kg}^{-1}\cdot\text{K}^{-1}$，鋼為 0.50 $\text{kJ}\cdot\text{kg}^{-1}\cdot\text{K}^{-1}$。

2.11. 不可壓縮流體 (ρ = 常數) 裝在配有無摩擦活塞的絕緣圓筒中。能量是否可以用功的形式傳遞到流體？當壓力從 P_1 增加到 P_2 時，流體內能的變化是多少？

2.12. 在 25°C 下 1 kg 液態水，其中 $C_P = 4.18$ $\text{kJ}\cdot\text{kg}^{-1}\cdot{}^\circ\text{C}^{-1}$：

(a) 若溫度升高 1 K，則 ΔU^t 為多少 kJ？

(b) 若高度變化 Δz，位能的變化 ΔE_P 與 (a) 部分的 ΔU^t 相同，則 Δz 為多少 m？

(c) 若從靜止加速到最終速度 u，動能的變化 ΔE_K 與 (a) 部分的 ΔU^t 相同，則 u 為多少 $\text{m}\cdot\text{s}^{-1}$？

比較並討論前三部分的結果。

2.13. 由於內部不可逆性，電動馬達在負載下操作時發「熱」，已經建議將馬達外殼絕熱來最小化相關的能量損失，嚴謹地評論這個建議。

2.14. 水力渦輪機利用 50 m 落差的水操作。入口和出口的導管直徑為 2 m。若出口速度為 5 $\text{m}\cdot\text{s}^{-1}$，估算渦輪機產生的機械功率。

2.15. 當風速為 8 $\text{m}\cdot\text{s}^{-1}$ 時，轉子直徑為 40 m 的風力渦輪機產生 90 kW 的電功率。撞擊渦輪機的空氣密度為 1.2 $\text{kg}\cdot\text{m}^{-3}$。撞擊在渦輪機上的風的動能有多少分率轉換成電能？

2.16. 筆記型電腦中的電池供電 11.1 V，容量為 56 W·h。在一般使用中，它在 4 小時後放電。筆記型電腦消耗的平均電流是多少？平均散熱率是多少？你可以假設電腦的溫度保持不變。

2.17. 假設習題 2.16 的筆記型電腦被放置在帶有充滿電的電池的絕緣公事包中，但它沒有進入「睡眠」模式，並且電池放電就像筆記型電腦在使用中一樣。如果沒有熱量離開公事包，公事包本身的熱容量可以忽略不計，筆記型電腦的質量為2.3 kg，平均比熱為0.8 $kJ\cdot kg^{-1}\cdot{}^{\circ}C^{-1}$，電池完全放電後，估算筆記型電腦的溫度。

2.18. 除了熱量和功的流動之外，能量可以光的形式傳遞，如在光伏元件 (太陽能電池) 中。光的能量含量取決於其波長 (顏色) 和強度。當太陽光照射在太陽能電池上時，一些被反射、一些被吸收並轉換成電能，還有一些被吸收並轉化為熱量。考慮一組面積為 3 m^2 的太陽能電池陣列。照射在它上面的陽光的功率是 1 $kW\cdot m^{-2}$。陣列將 17% 的入射功率轉換為電能，並反射 20% 的入射光。在穩定狀態下，太陽能電池陣列的散熱率是多少？

2.19. 180°C 和 1002.7 kPa 的液態水的內能 (任意比例) 為 762.0 $kJ\cdot kg^{-1}$，比容為 1.128 $cm^3\cdot g^{-1}$。

(a) 它的焓是多少？

(b) 水在 300°C 和 1500 kPa 下達到蒸汽狀態，其內能為 2784.4 $kJ\cdot kg^{-1}$，比容為 169.7 $cm^3\cdot g^{-1}$。計算過程的 ΔU 和 ΔH。

2.20. 將初始溫度為 T_0 的固體浸入初始溫度為 Tw_0 的水槽中。熱量以 $\dot{Q} = K\cdot(T_w - T)$ 的速率從固體傳遞到水中，其中 K 是常數，T_w 和 T 是水與固體的瞬間溫度。寫出 T 為時間 τ 的函數表達式。對於 $\tau = 0$ 和 $\tau = \infty$ 的極限情況，檢查你的結果。忽略膨脹或收縮的影響，並假設水和固體的比熱為恆定。

2.21. 常見的單元操作列表如下：

(a) 單管熱交換器；(b) 雙管熱交換器；(c) 泵；(d) 氣體壓縮機；(e) 氣體渦輪機；(f) 節流閥；(g) 噴嘴

導出適合每項操作的一般穩態能量平衡的簡化形式。謹慎地說明你做出的任何假設。

2.22. 雷諾數 Re 是一個無因群次，用來表徵流動的強度。對於大的 Re，流動是亂流；對於小 Re，它是層流。對於管內的流動，$Re \equiv u\rho D/\mu$，其中 D 是管的直徑，μ 是動態黏度。

(a) 如果 D 和 μ 是固定的，增加質量流率 $\dot{m}$ 對 Re 的影響是什麼？

(b) 如果 $\dot{m}$ 和 μ 是固定的，增加 D 對 Re 的影響是什麼？

2.23. 不可壓縮的 (ρ = 常數) 液體穩定地流過圓形且直徑漸增的管中。在位置 1，直徑是 2.5 cm，而速度為 2 $m\cdot s^{-1}$；在位置 2，直徑為 5 cm。

(a) 在位置 2 的速度是多少？

(b) 位置 1 和 2 之間的流體的動能變化 ($J\cdot kg^{-1}$) 是多少？

2.24. 將 1.0 $kg\cdot s^{-1}$ 的 25°C 冷水與 0.8 $kg\cdot s^{-1}$ 的 75°C 熱水混合，在穩定流動混合程序中產生溫水流。在混合期間熱量以 30 $kJ\cdot s^{-1}$ 的速率流失到外界。溫水流的溫度是多少？假設水的比熱固定在 4.18 $kJ\cdot kg^{-1}\cdot K^{-1}$。

2.25. 氣體從儲槽中排出。忽略氣體和儲槽之間的熱傳，證明質量和能量平衡產生下列的微分方程式：

$$\frac{dU}{H' - U} = \frac{dm}{m}$$

其中 U 和 m 指的是槽中剩餘的氣體；H' 是離開槽的氣體的比焓。在什麼條件下可以假設 $H' = H$？

2.26. 28°C 的水在筆直的水平管中流動，水平管與外界沒有熱或功的交換。水在內徑為 2.5 cm 的管道中，其速度為 14 m·s^{-1}，直到它流入管徑突然增大的部分。如果下游管徑為 3.8 cm，水的溫度變化是多少？如果是 7.5 cm，則變化又如何？管道擴大的最大溫度變化是多少？

2.27. 在穩流壓縮機中，每小時 50 kmol 的空氣從 $P_1 = 1.2$ bar 壓縮到 $P_2 = 6.0$ bar。傳送的機械功率為 98.8 kW。溫度和速度是：

$$T_1 = 300 \text{ K} \qquad T_2 = 520 \text{ K}$$
$$u_1 = 10 \text{ m·s}^{-1} \qquad u_2 = 3.5 \text{ m·s}^{-1}$$

估算壓縮機的熱傳速率。假設空氣的 $C_P = (7/2)R$ 且焓與壓力無關。

2.28. 氮氣在穩定狀態下通過內徑為 1.5(in) 的水平絕熱管流動。流過部分打開的閥門產生壓力降。在閥的上游，壓力為 100(psia)，溫度為 120(°F)，平均速度為 20(ft)·s^{-1}。如果閥的下游壓力是 20(psia)，則溫度是多少？假設氮氣的 PV/T 恆定，$C_V = (5/2)R$，$C_P = (7/2)R$。(理想氣體常數 R 的值可參見附錄 A。)

2.29. 空氣通過內徑為 4 cm 的水平絕熱管以穩定狀態流動。流過部分打開的閥門產生壓力降。在閥的上游，壓力為 7 bar，溫度為 45°C，平均速度為 20 m·s^{-1}。如果閥的下游壓力是 1.3 bar，則溫度是多少？假設空氣的 PV/T 恆定，$C_V = (5/2)R$，$C_P = (7/2)R$。(理想氣體常數 R 的值參見附錄 A。)

2.30. 水流經一水平線圈，此線圈由高溫煙道氣從外部加熱。當水通過線圈時，水從 200 kPa 和 80°C 的液體變為 100 kPa 和 125°C 的蒸汽。其進入速度為 3 m·s^{-1}，出口速度為 200 m·s^{-1}，求每單位質量水流經線圈的熱傳量。入口和出口股流的焓是：

入口：334.9 kJ·kg^{-1}；出口：2726.5 kJ·kg^{-1}

2.31. 蒸汽在穩定狀態下流經會聚的絕熱噴嘴，噴嘴長 25 cm，入口直徑為 5 cm。在噴嘴入口 (狀態 1)，溫度和壓力為 325°C 和 700 kPa，速度為 30 m·s^{-1}。在噴嘴出口處 (狀態 2)，蒸汽溫度和壓力分別為 240°C 與 350 kPa。性質的值是：

$$H_1 = 3112.5 \text{ kJ·kg}^{-1} \qquad V_1 = 388.61 \text{ cm}^3\text{·g}^{-1}$$
$$H_2 = 2945.7 \text{ kJ·kg}^{-1} \qquad V_2 = 667.75 \text{ cm}^3\text{·g}^{-1}$$

噴嘴出口處的蒸汽速度是多少？出口直徑是多少？

2.32. 在下面各題中，對於氮氣，取 $C_V = 20.8$ 和 $C_P = 29.1$ J·mol^{-1}·°C^{-1}：

(a) 將包含在剛性容器中的 30°C 的 3 莫耳氮氣加熱至 250°C。如果容器的熱容量可以忽略不計，需要多少熱量？如果容器重 100 kg，熱容量為 0.5 kJ·kg^{-1}·°C^{-1}，需要多少熱量？

(b) 活塞 / 圓筒裝置中含有 200°C 的 4 莫耳氮氣。在恆壓下，將氮氣冷卻至 40°C，如果忽略活塞和圓筒的熱容量，必須從系統中提取多少熱量？

2.33. 在下面各題，對於氮氣，取 $C_V = 5$ 和 $C_P = 7(\text{Btu})(\text{lb mole})^{-1}\,(^\circ\text{F})^{-1}$：

(a) 將容納在剛性容器中的 70(°F) 的 3 磅莫耳氮加熱至 350(°F)。如果容器的熱容量可以忽略不計，需要多少熱量？若容器的重量為 $200(\text{lb}_\text{m})$ 且熱容量為 $0.12(\text{Btu})\,(\text{lb}_\text{m})^{-1}\,(^\circ\text{F})^{-1}$，則需要多少熱量？

(b) 活塞 / 圓筒裝置中含有 400(°F) 的 4 磅莫耳氮氣。若在恆壓下，將其冷卻至 150(°F)，如果忽略活塞和圓筒的熱容量，則必須從此系統中提取多少熱量？

2.34. 如果氣體的莫耳體積為：

$$V = \frac{RT}{P} + b$$

其中 b 和 R 是正的常數，1 mol 氣體在活塞 / 圓筒裝置中進行可逆等溫壓縮，求此過程的功的方程式。

2.35. 200(psia) 和 600(°F) 的蒸汽 [狀態 1] 以 $10(\text{ft})\cdot\text{s}^{-1}$ 的速度通過直徑為 3 in 的管道進入渦輪機。來自渦輪機的廢氣通過 10 in 直徑的管道，並且在 5(psia) 和 200(°F) [狀態 2]。渦輪機輸出的功率是多少？

$$H_1 = 1322.6(\text{Btu})(\text{lb}_\text{m})^{-1} \qquad V_1 = 3.058(\text{ft})^3(\text{lb}_\text{m})^{-1}$$
$$H_2 = 1148.6(\text{Btu})(\text{lb}_\text{m})^{-1} \qquad V_2 = 78.14(\text{ft})^3(\text{lb}_\text{m})^{-1}$$

2.36. 1400 kPa 和 350°C 的蒸汽 [狀態 1] 以 $0.1\ \text{kg}\cdot\text{s}^{-1}$ 的質量流率通過直徑為 8 cm 的管道進入渦輪機。來自渦輪機的廢氣通過直徑為 25 cm 的管道，並且在 50 kPa 和 100°C [狀態 2]。渦輪機輸出的功率是多少？

$$H_1 = 3150.7\ \text{kJ}\cdot\text{kg}^{-1} \qquad V_1 = 0.20024\ \text{m}^3\cdot\text{kg}^{-1}$$
$$H_2 = 2682.6\ \text{kJ}\cdot\text{kg}^{-1} \qquad V_2 = 3.4181\ \text{m}^3\cdot\text{kg}^{-1}$$

2.37. 二氧化碳氣體在 $P_1 = 1$ bar 和 $T_1 = 10$°C 的條件下進入水冷式壓縮機，並在 $P_2 = 36$ bar 和 $T_2 = 90$°C 的條件下排出。進入的 CO_2 流經 10 cm 直徑的管道，平均速度為 $10\ \text{m}\cdot\text{s}^{-1}$，並通過 3 cm 直徑的管道排出。供給壓縮機的功率為 $12.5\ \text{kJ}\cdot\text{mol}^{-1}$。壓縮機的熱傳速率是多少？

$$H_1 = 21.71\ \text{kJ}\cdot\text{mol}^{-1} \qquad V_1 = 23.40\ \text{L}\cdot\text{mol}^{-1}$$
$$H_2 = 23.78\ \text{kJ}\cdot\text{mol}^{-1} \qquad V_2 = 0.7587\ \text{L}\cdot\text{mol}^{-1}$$

2.38. 二氧化碳氣體在 $P_1 = 15$(psia) 和 $T_1 = 50$(°F) 的條件下進入水冷式壓縮機，並在 $P_2 = 520$(psia) 和 $T_2 = 200$(°F) 的條件下排出。進入的 CO_2 流經直徑為 4 in 的管道，速度為 $20(\text{ft})\cdot\text{s}^{-1}$，並通過 1 in 直徑的管道排出。供給壓縮機的軸功為 $5360(\text{Btu})(\text{lb mole})^{-1}$。壓縮機的熱傳速率是多少 $(\text{Btu})\cdot\text{h}^{-1}$？

$$H_1 = 307(\text{Btu})(\text{lb}_m)^{-1} \qquad V_1 = 9.25(\text{ft})^3(\text{lb}_m)^{-1}$$

$$H_2 = 330(\text{Btu})(\text{lb}_m)^{-1} \qquad V_2 = 0.28(\text{ft})^3(\text{lb}_m)^{-1}$$

2.39. 證明任意機械可逆非流動程序的 W 和 Q 為：

$$W = \int V\,dp - \Delta(PV) \qquad Q = \Delta H - \int V\,dp$$

2.40. 1 公斤空氣在恆壓下經可逆地加熱，從 300 K 和 1 bar 的初始狀態，直至其體積增為三倍。計算此過程的 W、Q、ΔU 和 ΔH。假設空氣的 $PV/T = 83.14$ bar·cm^3·mol^{-1}·K^{-1} 且 $C_P = 29$ J·mol^{-1}·K^{-1}。

2.41. 在穩定流動程序中，氣體的狀態由 20°C 和 1000 kPa 變化至 60°C 和 100 kPa。設計可逆的非流動程序 (任意數量的步驟) 以實現這種狀態變化，並基於 1 mol 的氣體，計算此過程的 ΔU 和 ΔH。假設氣體的 PV/T 恆定，$C_V = (5/2)R$，且 $C_P = (7/2)R$。

2.42. 使用如圖 2.6 所示的流動卡計，流率為 20 g·min^{-1} 的待測流體，恆溫為 0°C，離開恆溫槽。測量第 2 段 (T_2) 的穩態溫度作為提供給加熱器 (P) 的功率的函數，以獲得下表所示的數據。在 0°C 到 10°C 的溫度範圍內測試物質的平均比熱是多少？從 90°C 到 100°C 的平均比熱是多少？整個測試範圍內的平均比熱是多少？描述如何使用此數據導出比熱為溫度的函數的表達式。

T_2/°C	10	20	30	40	50	60	70	80	90	100
P/W	5.5	11.0	16.6	22.3	28.0	33.7	39.6	45.4	51.3	57.3

2.43. 與圖 2.6 中的流動卡計一樣，特定的單杯咖啡機使用電加熱元件將穩定的水流從 22°C 加熱到 88°C。它在 60 秒內加熱 8 液量盎司的水 (質量為 237 克)。在此過程中，估算加熱器的功率要求。你可以假設水的比熱恆為 4.18 J·g^{-1}·°C^{-1}。

2.44. (a) 不可壓縮流體 (ρ = 常數) 流過恆定截面積的管道。如果流量穩定，證明速度 u 和體積流率 q 都是恆定的。

(b) 化學反應性氣流穩定地流過具有恆定截面積的管道。溫度和壓力隨管道長度而變化。以下哪個量必須是常數：$\dot{m}$、$\dot{n}$、q、u？

2.45. 機械能平衡為估算由於流體流動中的摩擦引起的壓降提供基礎。對於不可壓縮流體在恆定截面積的水平管道中的穩定流動，機械能平衡可以寫成：

$$\frac{\Delta P}{\Delta L} + \frac{2}{D} f_F \rho u^2 = 0$$

其中 f_F 是 Fanning 摩擦係數。Churchill[13] 給出亂流 f_F 的以下表達式：

13 *AIChE J.*, vol. 19, pp. 375–376, 1973.

$$f_F = 0.3305\left\{\ln\left[0.27\frac{\in}{D} + \left(\frac{7}{\text{Re}}\right)^{0.9}\right]\right\}^{-2}$$

其中，Re 是雷諾數，$\in/D$ 是無因次的管壁粗糙度。對於管內流體的流動，$\text{Re} \equiv u\rho D/\mu$，其中 D 是管的直徑，μ 是動態黏度。對於 $\text{Re} > 3000$，流動是亂流。

考慮 25°C 時液態水的流動。對於下面給出的每一組條件，求 $\dot{m}$ (以 kg·s^{-1} 為單位) 和 $\Delta P/\Delta L$ (以 kPa·m^{-1} 為單位)。假設 $\in/D = 0.0001$。對於 25°C 的液態水，$\rho = 996$ kg·m^{-3}，$\mu = 9.0 \times 10^{-4}\ \text{kg·m}^{-1}\text{·s}^{-1}$。證明流動是亂流。

(a) $D = 2$ cm，$u = 1\ \text{m·s}^{-1}$；(b) $D = 5$ cm，$u = 1\ \text{m·s}^{-1}$；(c) $D = 2$ cm，$u = 5\ \text{m·s}^{-1}$；(d) $D = 5$ cm，$u = 5\ \text{m·s}^{-1}$。

2.46. 10 bar 和 450 K 的乙烯進入渦輪機，並在 1(atm) 和 325 K 下排氣。對於 $\dot{m} = 4.5$ kg·s^{-1}，求渦輪機的成本 C，陳述你做出的任何假設。

數據：$H_1 = 761.1$　　$H_2 = 536.9\ \text{kJ·kg}^{-1}$　　$C/\$ = (15{,}200)\left(|\dot{W}|/\text{kW}\right)^{0.573}$

2.47. 屋內加熱以提高其溫度必須模擬為開放系統，因為在恆壓下，屋內空氣的膨脹會導致空氣洩漏到屋外。假設離開屋內的空氣的莫耳性質與屋內空氣的莫耳性質相同，證明能量和莫耳平衡可產生以下微分方程式：

$$\dot{Q} = -PV\frac{dn}{dt} + n\frac{dU}{dt}$$

其中 $\dot{Q}$ 是屋內空氣的熱傳速率，t 是時間，數量 P、V、n 和 U 指的是屋內的空氣。

2.48. (a) 水流過花園水管的噴嘴。根據管路壓力 P_1，環境壓力 P_2，內部軟管直徑 D_1 和噴嘴出口直徑 D_2，求 $\dot{m}$ 的表達式。假設穩定流動和等溫絕熱操作。對於模擬為不可壓縮流體的液態水，於恆溫下，$H_2 - H_1 = (P_2 - P_1)/\rho$。

(b) 事實上，水流不可能真正等溫：由於流體摩擦，我們可以預料 $T_2 > T_1$。因此，$H_2 - H_1 = C(T_2 - T_1) + (P_2 - P_1)/\rho$，其中 C 是水的比熱。若包含溫度的變化，(a) 部分中的 $\dot{m}$ 值將有何影響？

Chapter 3

純流體的體積性質

前一章的方程式提供計算與各種過程相關的熱和功的方法，但是在不了解內能或焓的性質的情況下，它們是無用的。這些性質因物質而異，熱力學定律本身並未提供任何物質行為的描述或模型。性質的值來自實驗，或來自實驗的相關結果，或來自實驗的基礎和驗證的模型。由於沒有內能或焓的量測計，間接測量是慣例。對於流體，最全面的程序需要測量與溫度和壓力有關的莫耳體積。得到的壓力 / 體積 / 溫度 (*PVT*) 數據可藉**狀態方程式** (equations of state) 形成最有效地關聯，經由該方程式，莫耳體積 (或密度)、溫度和壓力在函數上是相關的。

在本章中，我們：

- 提出相律 (phase rule)，相律將固定系統的熱力學狀態所需獨立變數的數目與存在的化學物質和相的數目相關聯。
- 定性描述純物質 *PVT* 行為的一般性質。
- 提供理想氣體狀態的詳細探討。
- 探討狀態方程式，這是流體 *PVT* 行為的數學式。
- 引入廣義相關性，可以預測缺乏實驗數據的流體的 *PVT* 行為。

3.1 相律

如第 2.5 節所示，只要將兩個內含熱力學性質設定為特定值，就可以固定純均勻流體的狀態。相反地，當相同純物種的**兩個**相於平衡狀態時，當僅指定單一性質時，系統的狀態是固定的。例如，在 101.33 kPa 下平衡的蒸汽和液態水系統只能在 100°C 存在。如果要保持蒸汽和液相之間的平衡，則在不改變壓力的情況下改變溫度是不可能的，因為只有一個獨立變數。

對於處於平衡狀態的多相系統，必須任意固定以建立其內含狀態的獨立變數的數目稱為系統的**自由度** (degrees of freedom) 數。這個數由 J. Willard Gibbs 的相律給出。[1] 在這裡所呈現的是適用於非反應系統的形式的相律：[2]

$$\boxed{F = 2 - \pi + N} \tag{3.1}$$

其中 F 是自由度數，π 是相數，N 是系統中存在化學物質的數目。

當系統的溫度、壓力和所有相的組成都是固定的時候，系統在平衡狀態的內含狀態就建立了。這些是相律的變數，但它們並非都是獨立的。相律給出必須指定的該集合中的變數數目，以固定所有剩餘的內含變數，從而確定系統的內含狀態。

相 (phase) 是物質的均勻區域。氣體或氣體混合物、液體或液態溶液和結晶固體是相的例子。性質的突然變化是發生在相之間的邊界。各個相可以共存，但它們必須處於平衡狀態才能應用相律。一個相不必是連續的；不連續相的例子是在液體中作為氣泡分散的氣體，液體以液滴的形式分散在與其不互溶的另一種液體中，以及分散在氣體或液體中的固體晶體。在每種情況下，分散相分布在整個連續相中。

例如，相律可以應用於與其蒸汽平衡的乙醇水溶液。這裡 $N = 2$，$\pi = 2$，且

$$F = 2 - \pi + N = 2 - 2 + 2 = 2$$

這是一個汽 / 液平衡系統，它有兩個自由度。如果系統存在於指定的 T 和 P (假設這是可能的)，則其液相和汽相組成由這些條件固定。更常見的規格是 T 和液相組成，在這種情況下，P 和汽相組成是固定的。

內含變數與系統和各個相的大小無關。因此，相律為大型系統提供與小型系統相同的資訊以及相的不同相對量。此外，相律僅適用於單相組成，而不適用於多相系統的總組成。還要注意，對於相僅 $N - 1$ 組成是獨立的，因為相的莫耳或質量分率必須總和為 1。

任何系統的最小自由度為零。當 $F = 0$ 時，系統是**不變的** (invariant)；(3.1) 式變為 $\pi = 2 + N$。π 的值是包含 N 種化學物質的系統在平衡時可以共存的最大相數。當 $N = 1$，達到 $\pi = 3$ 的這個極限，這是三相點的特徵 (第 3.2 節)。例如，H_2O 的三相點，其中液體、蒸汽和常見形式的冰在平衡狀態下共存，發生在 0.01°C 和 0.0061 bar。這些條件的任何變化都會導致至少一個相消失。

---

1 Josiah Willard Gibbs (1839-1903)，美國數學物理學家，於 1875 年推導出相律，參見 http://en.wikipedia.org/wiki/Willard_Gibbs。

2 第 12.2 節給出非反應系統相律的理論依據。反應系統的相律將在第 14.8 節中討論。

例 3.1

必須指定多少個相律變數來固定以下每個系統的熱力學狀態？

(a) 液態水與其蒸汽平衡。

(b) 與水蒸汽和氮氣混合物平衡的液態水。

(c) 在其沸點的飽和鹽水溶液中有過量鹽晶體的三相系統。

解

(a) 此系統含有作為兩相 (一種液體和一種蒸汽) 存在的單一化學物質，且

$$F = 2 - \pi + N = 2 - 2 + 1 = 1$$

此結果與以下事實一致：對於給定的壓力，水僅具有一個沸點。對於由與其蒸汽平衡的水組成的系統，可以指定溫度或壓力，但不是兩者。

(b) 存在兩種化學物種。有兩相，且

$$F = 2 - \pi + N = 2 - 2 + 2 = 2$$

與水蒸汽平衡的水系統中添加惰性氣體會改變該系統的特性。現在溫度和壓力可以獨立變化，但是一旦固定下來，所描述的系統就只能在特定的汽相組成下處於平衡狀態。(如果氮被認為幾乎不溶於水，則液相是純水。)

(c) 三相 ($\pi = 3$) 是結晶鹽、飽和水溶液和在沸點產生的蒸汽。兩種化學物質 ($N = 2$) 是水和鹽。對於這個系統，

$$F = 2 - 3 + 2 = 1$$

3.2 純物質的 *PVT* 行為

圖 3.1 顯示純物質的固相、液相和氣相存在的 P 與 T 的平衡條件。線 1-2 和線 2-C 表示固相和液相與汽相平衡存在的條件。這些**蒸汽壓** (vapor pressure) 對溫度線描述固 / 汽 (線 1-2) 和液 / 汽 (線 2-C) 平衡的狀態。如例 3.1(a) 所示，這種系統只有一個自由度。同理，固 / 液平衡以線 2-3 表示。這三條線顯示兩相共存的 P 和 T 的條件，並且將圖分成單相區。線 1-2 是**昇華曲線** (sublimation curve)，分離固相和氣相區域；線 2-3 是**熔解曲線** (fusion curve)，分離固相和液相區域；線 2-C 是**蒸發曲線** (vaporization curve)，分離液相和氣相區域。點 C 稱為**臨界點** (critical point)；其坐標 P_c 和 T_c 是觀察到純化學物質以汽 / 液平衡存在的最高壓力與最高溫度。

▶圖 3.1 純物質的 *PT* 圖。

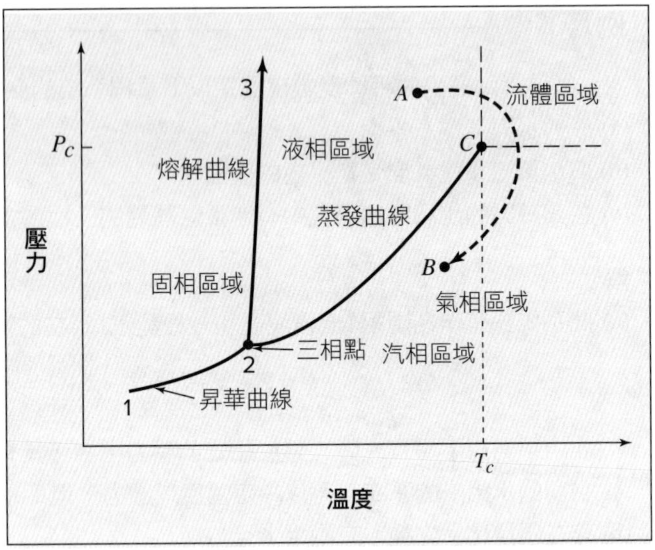

熔解線 (2-3) 的正斜率代表絕大多數物質的行為。水是一種非常常見的物質，具有一些非常罕見的特性，並且具有負斜率的熔解線。

這三條線相交於**三相點**，在此點三相平衡且共存。根據相律，三相點是不變的 ($F = 0$)。如果系統沿著圖 3.1 的任何兩相線存在，則它是單變量的 ($F = 1$)，而在單相區域中，它是雙變量的 ($F = 2$)。不變量、單變量和雙變量狀態在 *PT* 圖上分別顯示為點、曲線和面積。

狀態的變化可以用 *PT* 圖上的線表示：等溫 T 的變化以垂直線表示，而等壓 P 的變化以水平線表示。當這樣的線越過兩相邊界時，流體性質的突然變化發生在恆定的 T 和 P；例如，從液體到蒸汽的相變的蒸發。

打開燒瓶中的水顯然是與空氣接觸的液體。如果將燒瓶密封而抽出空氣，則會有水蒸發以替換被抽出的空氣，燒瓶內充滿 H_2O。儘管燒瓶中的壓力大大降低，但一切都沒有改變。液態水位於燒瓶底部，因為其密度遠大於水蒸汽 (蒸汽) 的密度，並且兩相在由圖 3.1 的曲線 2-C 上的點表示的條件下處於平衡狀態。遠離點 C，液體和蒸汽的性質非常不同。然而，如果溫度升高使得平衡狀態沿曲線 2-C 向上進展，則兩相的性質變得越來越相似；在點 C，它們變成相同，兩相間的半月形界面消失。從液體到蒸汽的轉變也可以沿著不穿過蒸發曲線 2-C 的路徑發生，即從 A 到 B。這種從液體到氣體的轉變是漸進的，並且不包括通常的蒸發步驟。

溫度大於 T_c 且壓力大於 P_c 的區域如圖 3.1 中所標出的虛線；這些虛線並不代表相界，而是液體和氣體**含義**的極限。如果在恆溫下減壓導致蒸發，則通常視為液相；如果在恆壓下降溫導致冷凝，則視為氣相。由於這兩個過程都不能在虛線以外的區域中啟動，因此溫度大於 T_c 且壓力大於 P_c 的區域稱為**流體區域**

(fluid region)。

氣相區域有時被圖 3.1 的垂直虛線分成兩部分。這條線左邊的氣體可以藉由恆溫壓縮或恆壓冷卻來冷凝，稱為蒸汽。溫度大於 T_c 的流體被認為是**超臨界的** (supercritical)。大氣是一個例子。

PV 圖

圖 3.1 沒有提供有關體積的任何資訊；只顯示單相區域之間的邊界。在 *PV* 圖上 [圖 3.2(a)] 這些邊界依次形成區域，即兩相——固相 / 液相，固相 / 汽相和液相 / 汽相平衡共存的區域。概述這兩相區域的曲線表示處於平衡狀態的單相。它們的相對量決定兩相區域內的莫耳體積或比體積。圖 3.1 中的三相點變為三相線，其中具有不同 *V* 值的三個相在單一溫度和壓力下共存。

圖 3.2(a) 與圖 3.1 一樣，代表絕大多數物質的行為，其中從液體到固體的轉變 (冷凍) 伴隨著比容減少 (密度增加)，固相沉入液體中。在這裡，水顯示出異常的行為，因為冷凍導致比容增加 (密度降低)，而在圖 3.2(a) 中，對水而言，標記為固相和液相的線互換。因此，冰漂浮在液態水上。如果不是這樣，地球表面的條件就會大不相同。

圖 3.2(b) 是 *PV* 圖的液體、液體 / 汽體和汽體區域的展開圖，其中含有四條等溫線 (恆定 *T* 的路徑)。圖 3.1 中的等溫線是垂直線，並且在大於 T_c 的溫度下不會越過相界。在圖 3.2(b) 中，因此標記為 $T > T_c$ 的等溫線是平滑的。

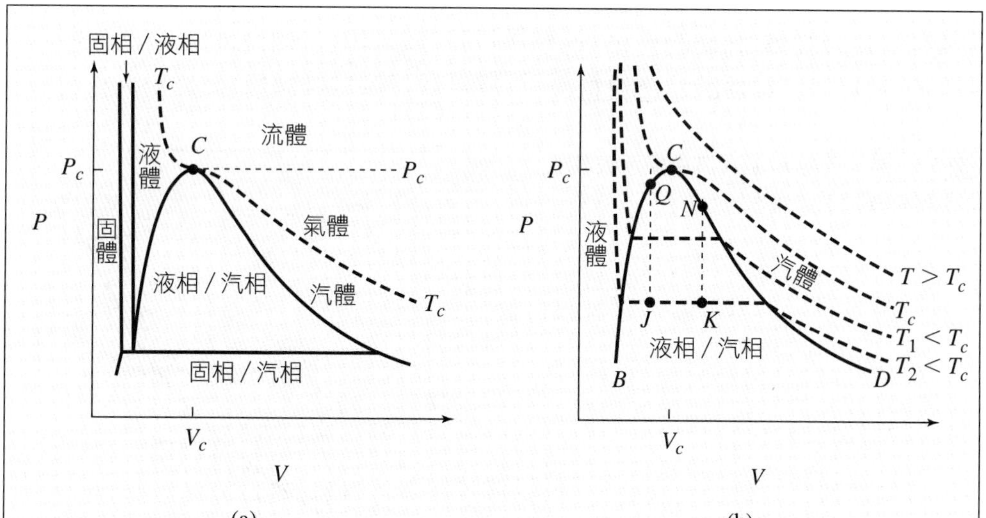

▶圖 3.2　純物質的 *PV* 圖。(a) 表示固體、液體和氣體區域；(b) 表示液體、液體 / 汽體和汽體區域的等溫線。

標記為 T_1 和 T_2 的線用於次臨界溫度，並且由三個區段組成。每條等溫線的水平段表示平衡的液體和蒸汽的所有可能混合物，範圍從左端的 100% 液相到右端的 100% 汽相。這些端點的軌跡是標記為 *BCD* 的圓頂形曲線，其左半部分 (從 *B* 到 *C*) 表示在其汽化 (沸騰) 溫度下的單相液體，而右半部分 (從 *C* 到 *D*) 表示在其冷凝溫度下的單相蒸汽。由 *BCD* 表示的液體和蒸汽是**飽和的**，並且共存相藉由等溫線的水平段在等溫線特定的**飽和**壓力下連接。此飽和壓力也稱為蒸汽壓，它可由圖 3.1 中的點得知，亦即為等溫線 (垂直線) 與蒸發曲線的交點。

兩相液體 / 汽體區域位於圓頂 *BCD* 下方；**過冷液體**區域位於飽和液體曲線 *BC* 的左邊，**過熱蒸汽**區域位於飽和蒸汽曲線 *CD* 的右邊。在給定壓力下，過冷液體可以在**低於**沸點的溫度存在，而過熱蒸汽可以在**高於**沸點的溫度存在。過冷液體區域的等溫線非常陡峭，因為液體體積有小變化，壓力變化就很大。

兩相區域中等溫線的水平段在高溫下逐漸變短，最終縮為點 *C*。因此，標記為 T_c 的臨界等溫線在圓頂頂部的臨界點 *C* 處呈現水平反曲點，亦即液相和汽相變得無法區分的地方。

臨界行為

描述在恆定體積的密封直立管中加熱純物質時發生的變化，可以了解臨界點的性質。圖 3.2(b) 的虛線垂直線表示這種過程，也可以在圖 3.3 的 *PT* 圖上描繪，其中實線是蒸發曲線 (圖 3.1)，虛線是單相區域中的恆容路徑。如果管子充滿液體或蒸汽，加熱過程會產生沿圖 3.3 虛線的變化，例如，從 *E* 到 *F* (過冷液體) 的變化，以及從 *G* 到 *H* 的變化 (過熱蒸汽)。圖 3.2(b) 中相應的垂直線未顯示，但它們分別位於 *BCD* 的左邊和右邊。

▶**圖 3.3** 純流體的 *PT* 圖，其中顯示蒸汽壓曲線和單相區內的恆容線。

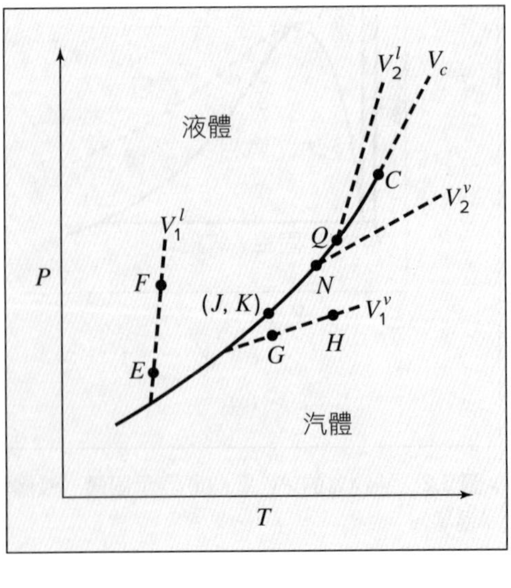

如果管僅部分充滿液體 (其餘部分是與液體平衡的蒸汽)，則首先加熱引起的變化可由蒸汽壓曲線描述 (圖 3.3 的實線)。對於圖 3.2(b) 中的線 *JQ* 所示的過程，彎液面最初靠近管的頂部 (點 *J*)，並且液體在加熱時充分膨脹以填充管 (點 *Q*)。在圖 3.3 中，該過程沿著從 (*J*, *K*) 到 *Q* 的路徑，並且隨著進一步的加熱，沿著恆定莫耳體積 V_2^l 的線離開蒸汽壓曲線。

圖 3.2(b) 中線 *KN* 表示的過程是從靠近管底部的彎液面 (點 *K*) 開始，並且加熱使液體蒸發，使彎液面退回到底部 (點 *N*)。在圖 3.3 中，該過程沿著從 (*J*, *K*) 到 *N* 的路徑。隨著進一步加熱，路徑沿著恆定莫耳體積 V_2^v 的線繼續前進。

對於管的獨特填充，具有特定的中間彎液面，加熱過程遵循圖 3.2(b) 中穿過臨界點 *C* 的垂直線。實際上，加熱不會對彎液面產生太大變化。當接近臨界點時，彎液面變得模糊不清，然後變得朦朧，最後消失。在圖 3.3 中，路徑首先遵循蒸汽壓曲線，從點 (*J*, *K*) 到臨界點 *C*，再進入單相流體區域，然後沿 V_c，即沿著恆定莫耳體積等於流體的臨界體積的線前進。[3]

PVT 曲面

對於作為單相存在的純物質，相律說明必須指定兩個狀態變數來確定物質的內含狀態。可以選擇 *P*、*V* 和 *T* 中的任何兩個作為指定的或獨立的變數，然後可以將第三個視為這兩個變數的函數。因此，純物質的 *P*、*V* 和 *T* 之間的關係可以表示為三維曲面。如圖 3.1、圖 3.2 和圖 3.3 中所示的 *PT* 與 *PV* 圖表示三維 *PVT* 曲面的切片或投影。圖 3.4 顯示包括液體、蒸汽和超臨界流體狀態的區域上的二氧化碳 *PVT* 曲面的視圖。等溫線疊加在這個表面上。汽 / 液平衡曲線以白色顯示，其蒸汽和液體部分由等溫線的垂直線段連接。注意，為了便於觀察，莫耳體積採用對數標度，因為低壓下的蒸汽體積比液體體積大幾個數量級。

單相區域

對於圖中的單相區域，存在連接 *P*、*V* 和 *T* 的唯一關係，其表達式為 $f(P, V, T) = 0$，這種關係稱為 *PVT* **狀態方程式** (equation of state)，涉及平衡時純均勻流體的壓力、莫耳體積或比容和溫度。最簡單的例子是，理想氣體狀態方程式 $PV = RT$，近似適用於低壓氣體區域，在下一節中將詳細討論此方程式。

3　線上學習中心 (http://highered.mheducation.com/sites/1259696529) 中提供了說明此行為的視訊。

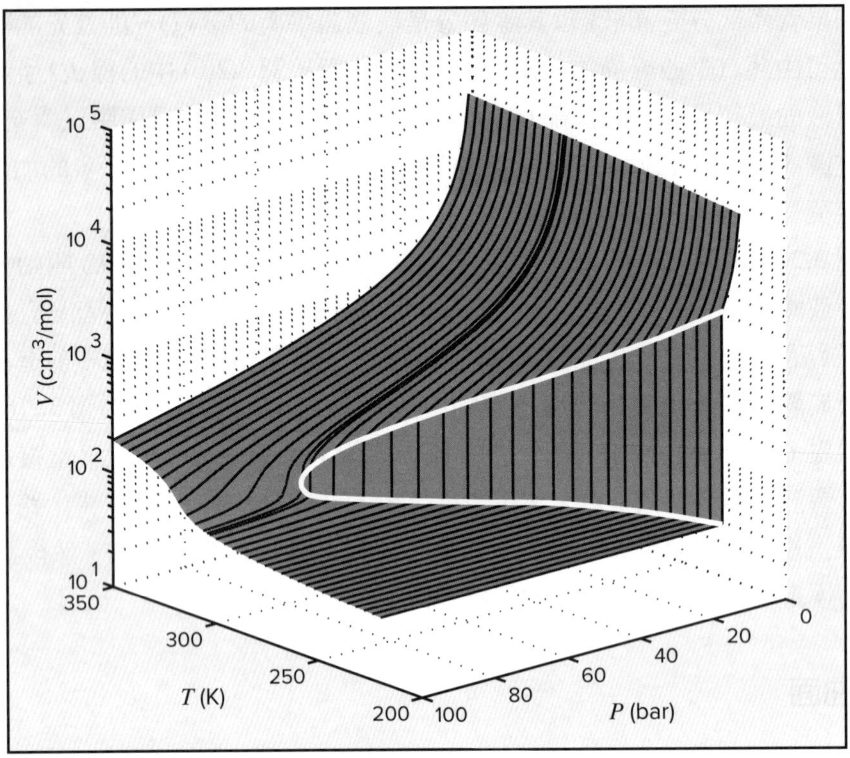

▶圖 3.4 二氧化碳的 *PVT* 曲面，黑線為等溫線，白線為汽 / 液平衡線。

利用狀態方程式可求解 P、V 或 T 中的任何一個值，只要 P、V 或 T 中的其他兩個值為已知。例如，若 V 是 T 和 P 的函數，則 $V = V(T, P)$，且

$$dV = \left(\frac{\partial V}{\partial T}\right)_P dT + \left(\frac{\partial V}{\partial P}\right)_T dP \tag{3.2}$$

上式中的偏導數具有明確的物理意義，並且與液體的兩種性質有關，**定義**如下：

- **體積膨脹係數：**

$$\beta \equiv \frac{1}{V}\left(\frac{\partial V}{\partial T}\right)_P \tag{3.3}$$

- **等溫壓縮係數：**

$$\kappa \equiv -\frac{1}{V}\left(\frac{\partial V}{\partial P}\right)_T \tag{3.4}$$

結合 (3.2) 式到 (3.4) 式可得：

$$\frac{dV}{V} = \beta\, dT - \kappa\, dP \tag{3.5}$$

圖 3.2(b) 左邊液相的等溫線非常陡且間距很小。因此，$(\partial V/\partial T)_P$ 和 $(\partial V/\partial P)_T$ 都很小。亦即，β 和 κ 都很小。液體的這種特徵行為 (在臨界區域之外) 意味著一種理想化，通常用於流體力學，稱為**不可壓縮流體** (incompressible fluid)，其 β 和 κ 均為零。沒有真正的流體是真正不可壓縮的，但理想化是有用的，因為它為許多實際目的提供足夠真實的液體行為模型。不可壓縮流體沒有狀態方程式，因為 V 與 T 和 P 無關。

對於液體，β 幾乎都是正的 (0°C 和 4°C 之間的液態水是例外)，κ 必然是正的。在不接近臨界點的條件下，β 和 κ 是溫度和壓力的弱函數。因此，對於 T 和 P 的微小變化，若假定 β 和 κ 是常數，則產生的誤差很小。將 (3.5) 式積分可得：

$$\ln\frac{V_2}{V_1}=\beta(T_2-T_1)-\kappa(P_2-P_1) \tag{3.6}$$

與不可壓縮流體的假設相比，這是一種限制性較小的近似。

例 3.2

對於 20°C 和 1 bar 的液體丙酮，

$$\beta=1.487\times10^{-3}\ {}^\circ\text{C}^{-1}\quad \kappa=62\times10^{-6}\ \text{bar}^{-1}\quad V=1.287\ \text{cm}^3\cdot\text{g}^{-1}$$

對於丙酮，求：

(a) 在 20°C 和 1 bar 時 $(\partial P/\partial T)_V$ 的值。

(b) 在恆容 V 下，由 20°C 和 1 bar 加熱至 30°C 後的壓力。

(c) 當 T 和 P 從 20°C 和 1 bar 變為 0°C 和 10 bar 時的體積變化。

解

(a) 欲求導數 $(\partial P/\partial T)_V$ 可將 (3.5) 式應用於 V 為常數且 $dV=0$ 的情況，即：

$$\beta dT-\kappa dP=0\quad (V\text{ 為常數})$$

或

$$\left(\frac{\partial P}{\partial T}\right)_V=\frac{\beta}{\kappa}=\frac{1.487\times10^{-3}}{62\times10^{-6}}=24\ \text{bar}\cdot{}^\circ\text{C}^{-1}$$

(b) 若假設 β 和 κ 在 10°C 溫度區間內是常數，則在恆容下，(3.6) 式可以寫成：

$$P_2=P_1+\frac{\beta}{\kappa}(T_2-T_1)=1\ \text{bar}+24\ \text{bar}\cdot{}^\circ\text{C}^{-1}\times10^\circ\text{C}=241\ \text{bar}$$

(c) 直接代入 (3.6) 式可得：

$$\ln\frac{V_2}{V_1} = \left(1.487 \times 10^{-3}\right)(-20) - \left(62 \times 10^{-6}\right)(9) = -0.0303$$

$$\frac{V_2}{V_1} = 0.9702 \quad 且 \qquad V_2 = (0.9702)(1.287) = 1.249\ \text{cm}^3\cdot\text{g}^{-1}$$

因此，

$$\Delta V = V_2 - V_1 = 1.249 - 1.287 = -0.038\ \text{cm}^3\cdot\text{g}^{-1}$$

前面的例子說明加熱完全充滿密閉容器的液體會導致壓力顯著升高的事實。另一方面，隨著壓力上升，液體體積減小非常緩慢。因此，在恆容下，加熱過冷液體而產生的非常高的壓力，可以用非常小的體積增加或恆容容器中的非常小的洩漏來減輕。

3.3 理想氣體和理想氣體狀態

在 19 世紀，科學家開發一種粗略的實驗知識，即氣體在中等溫度和壓力條件下的 PVT 行為，導致方程式 $PV = RT$，其中 V 是莫耳體積，R 是通用常數。對於接近 T 和 P 的環境條件的許多實際用途，該方程式充分描述氣體的 PVT 行為。但是，更精確的測量結果證明，如果壓力明顯高於環境條件，溫度明顯低於環境條件，則偏差變得很顯著。另一方面，隨著壓力降低和溫度升高，偏差變得越來越小。

方程式 $PV = RT$ 現在被認為是定義**理想氣體** (ideal gas)，並且表示或多或少近似於真實氣體行為的行為模型。它被稱為**理想氣體定律** (ideal gas law)，但實際上僅於壓力接近零和溫度接近無窮大時成立。因此，它僅在極限條件下成為定律。當接近這些極限時，構成氣體的分子變得越來越分散，並且分子本身的體積變得越來越小，占氣體總體積的一小部分。此外，由於它們之間的距離增加，分子之間的吸引力變得越來越小。在零壓力極限中，分子以無限距離分開。與氣體的總體積相比，它們的體積可以忽略不計，分子間力接近於零。可將理想氣體行為的概念外推到所有溫度和壓力的狀況。

真實氣體的內能與壓力和溫度有關。內能隨壓力的變化是由分子間力引起的。如果不存在這樣的力，則不需要能量來改變分子間距離，並且不需要能量來使恆溫下的氣體產生壓力和體積變化。因此，在沒有分子間力的情況下，內能僅與溫度有關。

這些觀察結果是物質的假想狀態概念的基礎，此假想狀態稱為**理想氣體狀態** (ideal-gas state)。它是由真實分子組成的氣體狀態，其在所有溫度和壓力下可忽略分子體積，並且沒有分子間力。雖然與理想氣體有關，但它提出不同的觀點。它不是理想氣體，而是狀態，這具有實際優勢。兩個方程式為這種狀態的基礎，即「理想氣體定律」和顯示內能僅與溫度有關的表達式：

- 狀態方程式：

$$\boxed{PV^{ig} = RT} \tag{3.7}$$

- 內能：

$$\boxed{U^{ig} = U(T)} \tag{3.8}$$

上標 ig 表示理想氣體狀態的性質。

此狀態的性質關係非常簡單，並且在 T 和 P 的適當條件下，它們可以作為直接應用於真實氣體狀態的合適近似值。然而，它們作為計算真實氣體性質變化的一般三步驟程序的一部分具有更大的重要性，其中的主要步驟包括理想氣體狀態。這三個步驟如下：

1. 對於將初始真實氣體狀態轉換為相同 T 和 P 的理想氣體狀態的數學轉換，進行評估性質變化。
2. 對於過程的 T 和 P 變化，計算理想氣體狀態的性質變化。
3. 對於理想氣體狀態回到最終 T 和 P 的真實氣體狀態的數學轉換，評估其性質變化。

此過程由簡單但精確的理想氣體狀態方程式計算，由 T 和 P 變化產生的主要性質變化。真實和理想氣體狀態之間的轉換其性質變化通常是相對較小的修正。這些轉換計算會在第 6 章中探討。在這裡，我們開發理想氣體狀態的性質計算。

理想氣體狀態的性質關係

恆容熱容量的定義，(2.15) 式，對於理想氣體狀態得出 C_V^{ig} 僅是溫度的函數的結論：

$$C_V^{ig} \equiv \left(\frac{\partial U^{ig}}{\partial T}\right)_V = \frac{dU^{ig}(T)}{dT} = C_V^{ig}\,(T) \tag{3.9}$$

應用於理想氣體狀態的焓定義方程式 (2.10) 式，得出結論 H^{ig} 也僅是溫度的函數：

$$H^{ig} \equiv U^{ig} + PV^{ig} = U^{ig}(T) + RT = H^{ig}(T) \tag{3.10}$$

恆壓下的熱容量 C_P^{ig}，由 (2.19) 式定義，與 C_V^{ig} 一樣，僅是溫度的函數：

$$C_P^{ig} \equiv \left(\frac{\partial H^{ig}}{\partial T}\right)_P = \frac{dH^{ig}(T)}{dT} = C_P^{ig}(T) \tag{3.11}$$

理想氣體狀態的 C_P^{ig} 和 C_V^{ig} 之間的有用關係來自 (3.10) 式的微分：

$$C_P^{ig} \equiv \frac{dH^{ig}}{dT} = \frac{dU^{ig}}{dT} + R = C_V^{ig} + R \tag{3.12}$$

上式並不意味著 C_P^{ig} 和 C_V^{ig} 本身對理想氣體狀態是常數，它們會隨溫度變化，而它們的差值等於 R。理想氣體狀態的任何變化，由 (3.9) 式和 (3.11) 式可導出：

$dU^{ig} = C_V^{ig} dT$ (3.13a)	$\Delta U^{ig} = \int C_V^{ig} dT$ (3.13b)
$dH^{ig} = C_P^{ig} dT$ (3.14a)	$\Delta H^{ig} = \int C_P^{ig} dT$ (3.14b)

因為理想氣體狀態的 U^{ig} 和 C_V^{ig} 僅是溫度的函數，所以不論引起變化的過程如何，理想氣體狀態的 ΔU^{ig} 都可由 (3.13b) 式求得。如圖 3.5 所示，其顯示在兩個不同溫度下，內能為 V^{ig} 的函數的圖。

連接點 a 和 b 的虛線表示恆容過程，其中溫度從 T_1 增加到 T_2，而內能改變 $\Delta U^{ig} = U_2^{ig} - U_1^{ig}$。內能的這種變化由 (3.13b) 式的 $\Delta U^{ig} = \int C_V^{ig}\, dT$ 求得。連接點 a 和點 c 以及點 a 和點 d 的虛線，表示從初始溫度 T_1 到最終溫度 T_2 的非恆容過程。

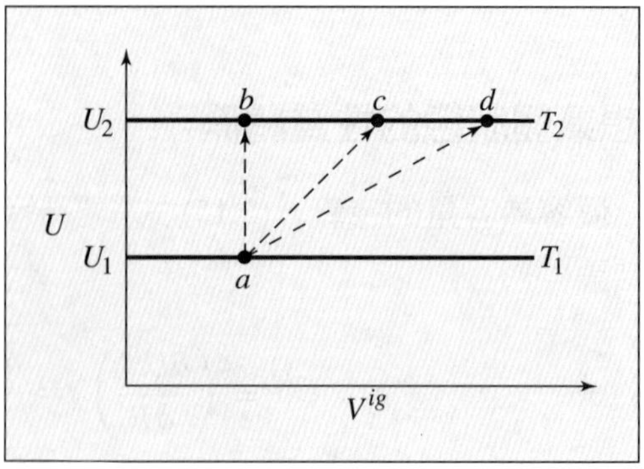

▶圖 3.5 理想氣體狀態的內能變化。由於 U^{ig} 與 V^{ig} 無關，因此在恆溫下，U^{ig} 對 V^{ig} 的關係圖是一條水平線。對於不同的溫度，U^{ig} 具有不同的值，每個溫度都有一條單獨的線。圖中示出兩條線，一條用於溫度 T_1，另一條用於較高的溫度 T_2。

該圖顯示，這些非恆容過程的 U^{ig} 變化與恆容過程相同，可由相同的方程式求得，即 $\Delta U^{ig} = \int C_V^{ig}\, dT$。但是，這些過程的 ΔU^{ig} 不等於 Q，因為 Q 不僅與 T_1 和 T_2 有關，還取決於過程的路徑。完全類似的討論適用於理想氣體狀態下的焓 H^{ig}。

理想氣體狀態的程序計算

程序計算提供功和熱。機械可逆封閉系統程序的功可由 (1.3) 式求得，亦即：

$$dW = -P\,dV^{ig} \tag{1.3}$$

對於任何封閉系統程序中的理想氣體狀態，可將 (2.6) 式的第一定律改為每單位質量或每莫耳的形式，並與 (3.13a) 式結合得到：

$$dQ + dW = C_V^{ig}\,dT$$

用 (1.3) 式代替 dW，可產生一個在任何機械可逆封閉系統程序中理想氣體狀態成立的方程式：

$$dQ = C_V^{ig}dT + PdV^{ig} \tag{3.15}$$

上式包含變數 P、V^{ig} 和 T，其中只有兩個是獨立的。dQ 和 dW 方程式的形式與選擇哪些是獨立變數有關；即可利用 (3.7) 式消去 dQ 和 dW 中的一個變數，得到不同形式的方程式。我們考慮兩種情況，首先消去 P，其次消去 V^{ig}。當 $P = RT/V^{ig}$ 時，(3.15) 式和 (1.3) 式變為：

$dQ = C_V^{ig}dT + RT\dfrac{dV^{ig}}{V^{ig}}$ (3.16)	$dW = -RT\dfrac{dV^{ig}}{V^{ig}}$ (3.17)

對於 $V^{ig} = RT/P$，將 $dV^{ig} = \dfrac{R}{P}(dT - T\dfrac{dP}{P})$ 與 $C_V^{ig} = C_P^{ig} - R$ 代入 (3.15) 式和 (1.3) 式，則方程式可轉換為：

$dQ = C_P^{ig}dT - RT\dfrac{dP}{P}$ (3.18)	$dW = -RdT + RT\dfrac{dP}{P}$ (3.19)

這些方程式適用於理想氣體狀態的各種程序計算。其推導中隱含的假設是系統是封閉的，並且該程序是機械可逆的。

恆溫程序

由 (3.13b) 式和 (3.14b) 式，

$$\Delta U^{ig}=\Delta H^{ig}=0 \quad (\text{恆溫 } T)$$

由 (3.16) 式和 (3.18) 式，$Q=RT\ln\dfrac{V_2^{ig}}{V_1^{ig}}=RT\ln\dfrac{P_1}{P_2}$

式由 (3.17) 式和 (3.19) 式，$W=RT\ln\dfrac{V_1^{ig}}{V_2^{ig}}=RT\ln\dfrac{P_2}{P_1}$

因為 $Q=-W$，此結果也來自 (2.3) 式，我們可以寫成：

$$\boxed{Q=-W=RT\ln\frac{V_2^{ig}}{V_1^{ig}}=RT\ln\frac{P_1}{P_2} \quad (\text{恆溫 } T)} \tag{3.20}$$

恆壓程序

由 (3.13b) 式和 (3.19) 式，$dP=0$，

$$\Delta U^{ig}=\int C_V^{ig}dT \quad \text{且} \quad W=-R(T_2-T_1)$$

由 (3.14b) 式和 (3.18) 式，

$$\boxed{Q=\Delta H^{ig}=\int C_P^{ig}dT \quad (\text{恆壓 } P)} \tag{3.21}$$

恆容 (等體積 *V*) 程序

當 $dV^{ig}=0$，$W=0$，並且由 (3.13b) 式和 (3.16) 式，

$$\boxed{Q=\Delta U^{ig}=\int C_V^{ig}dT \quad (\text{恆容 } V^{ig})} \tag{3.22}$$

絕熱程序；恆定的熱容量

絕熱程序是系統與外界之間沒有熱傳；即 $dQ=0$。等式中的每一個。因此，(3.16) 式和 (3.18) 式可令為零。當 C_V^{ig} 和 CP_P^{ig} 為常數時進行積分產生變數 T、P

和 V^{ig} 之間的簡單關係，對於在具有恆定熱容量的理想氣體狀態下進行機械可逆絕熱壓縮或膨脹是成立的。例如，(3.16) 式變成：

$$\frac{dT}{T} = -\frac{R}{C_V^{ig}}\frac{dV^{ig}}{V^{ig}}$$

當 C_V^{ig} 為常數時，將上式積分可得：

$$\frac{T_2}{T_1} = \left(\frac{V_1^{ig}}{V_2^{ig}}\right)^{R/C_V^{ig}}$$

同理，由 (3.18) 式可得：

$$\frac{T_2}{T_1} = \left(\frac{P_2}{P_1}\right)^{R/C_P^{ig}}$$

這些方程式也可表示為：

$T(V^{ig})^{\gamma-1} = $ 常數　(3.23a)	$TP^{(1-\gamma)/\gamma} = $ 常數　(3.23b)	$P(V^{ig})^{\gamma} = $ 常數　(3.23c)

其中 (3.23c) 式由組合 (3.23a) 式和 (3.23b) 式得到，而 γ **定義**為：[4]

$$\gamma \equiv \frac{C_P^{ig}}{C_V^{ig}} \tag{3.24}$$

(3.23) 式適用於具有恆定熱容量的理想氣體狀態，並且限於機械可逆絕熱膨脹或壓縮。

封閉系統中絕熱程序的第一定律結合 (3.13a) 式可得：

$$dW = dU = C_V^{ig}\,dT$$

對於恆定的 C_V^{ig}，

$$W = \Delta U^{ig} = C_V^{ig}\,\Delta T \tag{3.25}$$

如果將 C_V^{ig} 以熱容比 γ 表示，則可產生 (3.25) 式的替代形式：

4　若 C_P^{ig} 和 C_V^{ig} 是常數，則 γ 必然是常數。恆定 γ 的假設等同於熱容量本身是恆定的假設。這是 C_P^{ig}/C_V^{ig} 和 $C_P^{ig} - C_V^{ig} = R$ 都可以是常數的唯一方法。除了單原子氣體外，C_P^{ig} 和 C_V^{ig} 實際上都隨溫度升高而增加，但 γ 對溫度的敏感性低於熱容量本身。

$$\gamma \equiv \frac{C_P^{ig}}{C_V^{ig}} = \frac{C_V^{ig} + R}{C_V^{ig}} = 1 + \frac{R}{C_V^{ig}} \quad 或 \quad C_V^{ig} = \frac{R}{\gamma - 1}$$

且

$$W = C_V^{ig} \Delta T = \frac{R\Delta T}{\gamma - 1}$$

因為 $RT_1 = P_1V_1^{ig}$ 且 $RT_2 = P_2V_2^{ig}$，所以上式可寫成：

$$W = \frac{RT_2 - RT_1}{\gamma - 1} = \frac{P_2V_2^{ig} - P_1V_1^{ig}}{\gamma - 1} \tag{3.26}$$

無論是否可逆，(3.25) 式和 (3.26) 式對於封閉系統中的絕熱壓縮與膨脹過程是通用的，因為 P、V^{ig} 和 T 是狀態函數，與路徑無關。然而，T_2 和 V_2^{ig} 通常是未知的。利用 (3.23c) 式從 (3.26) 式中消去 V_2^{ig}，可得表達式：

$$W = \frac{P_1V_1^{ig}}{\gamma - 1}\left[\left(\frac{P_2}{P_1}\right)^{(\gamma-1)/\gamma} - 1\right] = \frac{RT_1}{\gamma - 1}\left[\left(\frac{P_2}{P_1}\right)^{(\gamma-1)/\gamma} - 1\right] \tag{3.27}$$

上式僅對機械可逆程序成立。將 (3.23c) 式給出的 P 和 V^{ig} 之間的關係用於 $W = -\int P dV^{ig}$ 時，可得相同的結果。

(3.27) 式僅適用於恆定熱容量的理想氣體狀態，以及絕熱、機械可逆的封閉系統程序。

當應用於真實氣體時，(3.23) 式到 (3.27) 式通常會產生令人滿意的近似值，前提是真實氣體與理想氣體的偏差要小。對於單原子氣體，$\gamma = 1.67$；對於雙原子氣體，γ 的近似值為 1.4，對於簡單的多原子氣體，如 CO_2、SO_2、NH_3 和 CH_4，則為 1.3。

不可逆程序

本節中的所有方程式都是針對理想氣體狀態的機械可逆封閉系統程序推導出來的。然而，無論程序如何，性質變化 dU^{ig}、dH^{ig}、ΔU^{ig} 和 ΔH^{ig} 的方程式對理想氣體狀態都是成立的。它們同樣適用於封閉系統和開放系統中的可逆和不可逆程序，因為性質的變化僅與系統的初始和最終狀態有關。另一方面，Q 或 W 的方程式，除非等於性質變化，否則受其推導的限制。

不可逆程序的功通常以兩步驟程序計算。首先，在機械可逆程序完成與實際不可逆程序相同的狀態變化下，求機械可逆程序的 W。其次，將此結果乘以或除以效率以求出實際的功。如果該程序產生功，則可逆程序求得的功的絕對值大於實際不可逆程序的值，因此必須乘以效率。如果該程序需要功，則可逆程序所需的功小於實際不可逆程序的值，所以必須除以效率。

下面的例子說明本節的概念和方程式的應用，特別是在例 3.5 中討論不可逆程序的功。

例 3.3

在封閉系統中，利用三種不同的機械可逆程序將空氣從 1 bar 和 298.15 K 的初始狀態壓縮至 3 bar 和 298.15 K 的最終狀態：

(a) 在恆容下加熱，然後在恆壓下冷卻。

(b) 恆溫壓縮。

(c) 絕熱壓縮，然後在恆容下冷卻。

這些程序如圖所示。我們假設空氣處於理想氣體狀態，並假設恆定的熱容量，C_V^{ig} = 20.785 和 C_P^{ig} = 29.100 J·mol^{-1}·K^{-1}。計算每個程序所需的功、熱傳量及內能和焓的變化。

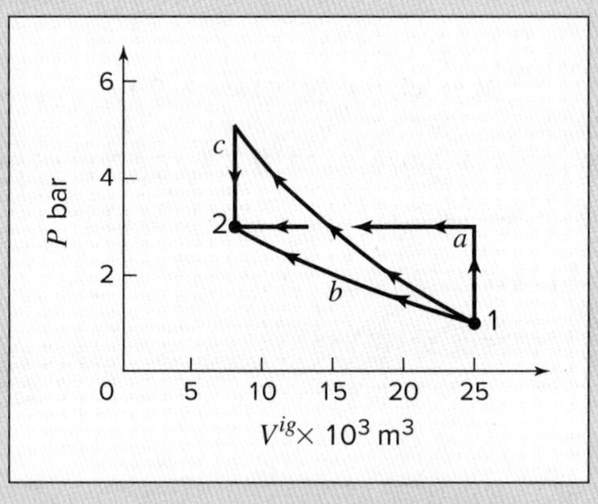

解

選擇 1 mol 空氣為系統，空氣的初始和最終狀態與例 2.7 的相同，因此莫耳體積為

$$V_1^{ig} = 0.02479 \text{ m}^3 \qquad V_2^{ig} = 0.008263 \text{ m}^3$$

因為在程序的開始和結束時，T 是相同的，所以在所有情況下，

$$\Delta U^{ig} = \Delta H^{ig} = 0$$

(a) 這裡的程序正是例 2.7(b) 的程序，其中：

$$Q = -4958 \text{ J} \text{ 且 } W = 4958 \text{ J}$$

(b) 應用 (3.20) 式於恆溫壓縮。這裡 R 的適當值 (來自附錄 A 的表 A.2) 是 $R = 8.314$ $\text{J·mol}^{-1}\text{·K}^{-1}$。

$$Q = -W = RT \ln \frac{P_1}{P_2} = (8.314)(298.15) \ln \frac{1}{3} = -2723 \text{ J}$$

(c) 絕熱壓縮的第一步驟，使空氣達到其最終體積 0.008263 m^3。由 (3.23a) 式，此時的溫度為：

$$T' = T_1 \left(\frac{V_1^{ig}}{V_2^{ig}} \right)^{\gamma - 1} = (298.15) \left(\frac{0.02479}{0.008263} \right)^{0.4} = 462.69 \text{ K}$$

對於此步驟，$Q = 0$，並且由 (3.25) 式，壓縮功為：

$$W = C_V^{ig} \Delta T = C_V^{ig}(T' - T_1) = (20.785)(462.69 - 298.15) = 3420 \text{ J}$$

對於恆容步驟，不作任何功；所以熱傳量為：

$$Q = \Delta U^{ig} = C_V^{ig}(T_2 - T') = 20.785\,(298.15 - 462.69) = -3420 \text{ J}$$

因此對於程序 (c)，

$$W = 3420 \text{ J} \text{ 且 } Q = -3420 \text{ J}$$

儘管每個程序的 ΔU^{ig} 和 ΔH^{ig} 均為零，但 Q 和 W 與路徑有關，並且 $Q = -W$。該圖顯示 PV^{ig} 圖上的每個程序。因為這些機械可逆程序中的每一個功都是由 $W = -\int P dV^{ig}$ 求得，所以每個程序的功與 PV^{ig} 圖上從 1 到 2 的路徑下方的總面積成正比，這些面積的相對大小對應於 W 的值。

例 3.4

處於理想氣體狀態的氣體在封閉系統中經歷以下一系列機械可逆程序：

(a) 從 70°C 和 1 bar 的初始狀態，將氣體絕熱壓縮至 150°C。

(b) 然後在恆壓下，從 150°C 冷卻至 70°C。

(c) 最後，恆溫膨脹到初始狀態。

計算三個程序中的每一個及整個循環的 W、Q、ΔU^{ig} 和 ΔH^{ig}。取 $C_V^{ig} = 12.471$，$C_P^{ig} = 20.785$ $\text{J·mol}^{-1}\text{·K}^{-1}$。

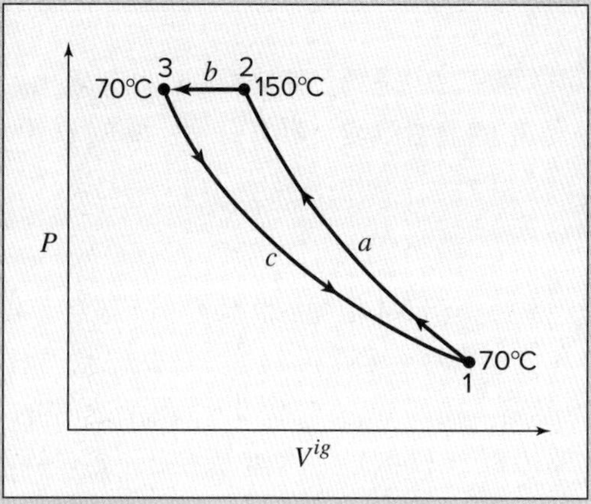

解

以 1 莫耳氣體為基礎。

(a) 對於絕熱壓縮，$Q = 0$，且

$$\Delta U^{ig} = W = C_V^{ig}\,\Delta T = (12.471)(150 - 70) = 998\text{ J}$$
$$\Delta H^{ig} = C_P^{ig}\,\Delta T = (20.785)(150 - 70) = 1663\text{ J}$$

壓力 P_2 可從 (3.23b) 式中求出：

$$P_2 = P_1\left(\frac{T_2}{T_1}\right)^{\gamma/(\gamma-1)} = (1)\left(\frac{150 + 273.15}{70 + 273.15}\right)^{2.5} = 1.689\text{ bar}$$

(b) 對於這個恆壓程序，

$$Q = \Delta H^{ig} = C_P^{ig}\,\Delta T = (20.785)(70 - 150) = -1663\text{ J}$$
$$\Delta U = C_V^{ig}\,\Delta T = (12.471)(70 - 150) = -998\text{ J}$$
$$W = \Delta U^{ig} - Q = -998 - (-1663) = 665\text{ J}$$

(c) 對於這個恆溫程序，ΔU^{ig} 和 ΔH^{ig} 為零；由 (3.20) 式可得：

$$Q = -W = RT\ln\frac{P_3}{P_1} = RT\ln\frac{P_2}{P_1} = (8.314)(343.15)\ln\frac{1.689}{1} = 1495\text{ J}$$

在整個循環中，

$$Q = 0 - 1663 + 1495 = -168\text{ J}$$
$$W = 998 + 665 - 1495 = 168\text{ J}$$
$$\Delta U^{ig} = 998 - 998 + 0 = 0$$
$$\Delta H^{ig} = 1663 - 1663 + 0 = 0$$

由於初始和最終狀態相同，因此在整個循環中 ΔU^{ig} 和 ΔH^{ig} 均為零。另請注意，循環的 $Q = -W$，這是從 $\Delta U^{ig} = 0$ 的第一定律得出的。

例 3.5

如果例 3.4 是不可逆程序，但是為了完成相同的狀態變化，則 P、T、U^{ig} 和 H^{ig} 的改變量不變，而 Q 和 W 的值會改變。計算每個步驟的 Q 和 W，其中功的效率為 80%。

解

如果以不可逆程序進行與例 3.4 相同的狀態變化，則各步驟的性質變化與例 3.4 的相同。但是，Q 和 W 的值會發生變化。

(a) 對於機械可逆絕熱壓縮，功為 $W_{rev} = 998$ J。如果此程序的效率為 80%，則實際功較大，且 $W = 998/0.80 = 1248$ J。這個步驟在此不再是絕熱。根據第一定律，

$$Q = \Delta U^{ig} - W = 998 - 1248 = -250 \text{ J}$$

(b) 機械可逆冷卻程序所需的功是 665 J。對於不可逆程序，$W = 665/0.80 = 831$ J。從例 3.4(b)，$\Delta U^{ig} = -998$ J，且

$$Q = \Delta U^{ig} - W = -998 - 831 = -1829 \text{ J}$$

(c) 在此步驟中，由於系統對外界作功，不可逆功的絕對值小於可逆功 −1495 J 的絕對值，而實際所作的功為：

$$W = (0.80)(-1495) = -1196 \text{ J}$$
$$Q = \Delta U^{ig} - W = 0 + 1196 = 1196 \text{ J}$$

對於整個循環程序，ΔU^{ig} 和 ΔH^{ig} 為零，而

$$Q = -250 - 1829 + 1196 = -883 \text{ J}$$
$$W = 1248 + 831 - 1196 = 883 \text{ J}$$

下表中列出這些結果和例 3.4 的結果；表中各數值以焦耳為單位。

	機械可逆，例 3.4				**不可逆，例 3.5**			
	ΔU^{ig}	ΔH^{ig}	Q	W	ΔU^{ig}	ΔH^{ig}	Q	W
(a)	998	1663	0	998	998	1663	−250	1248
(b)	−998	−1663	−1663	665	−998	−1663	−1829	831
(c)	0	0	1495	−1495	0	0	1196	−1196
循環	0	0	−168	168	0	0	−883	883

這是一個需要加入功，並產生相同熱量的循環程序。表中所示的比較其顯著特徵是，即使假定每個不可逆步驟的效率為 80%，當循環由三個不可逆步驟組成時所需的總功，是機械可逆步驟時所需的總功的五倍以上。

例 3.6

空氣以穩定的速率通過水平管流向部分關閉的閥。離開閥的管道比入口管道大很多，以至於空氣流過閥時的動能變化可以忽略不計。閥和連接管絕熱良好。閥上游的空氣狀況為 20°C 和 6 bar，下游壓力為 3 bar。若空氣處於理想氣體狀態，則閥下游一段距離的空氣溫度是多少？

解

通過部分關閉的閥的流動稱為**節流程序** (throttling process)。系統是絕熱的，使得 Q 可以忽略不計；此外，位能和動能變化可以忽略不計。沒有作軸功，$W_s = 0$。因此，(2.31) 式簡化為：$\Delta H^{ig} = H_2^{ig} - H_1^{ig} = 0$。因為 H^{ig} 僅是溫度的函數，所以 $T_2 = T_1$。$\Delta H^{ig} = 0$ 是節流程序所獲得的一般結果，因為假設熱傳、位能和動能的變化可忽略通常是成立的。對於處於理想氣體狀態的流體，不會發生溫度變化。節流程序本質上是不可逆的，但這對計算來説並不重要，因為無論程序如何，(3.14b) 式對於理想氣體狀態都是成立的。[5]

例 3.7

若在例 3.6 中，空氣流速為 1 mol·s^{-1}，且若上游和下游管道的內徑均為 5 cm，空氣的動能變化是多少？它的溫度變化是多少？對於空氣，$C_P^{ig} = 29.100$ J·mol^{-1}，莫耳質量 $\mathscr{M} = 29$g·mol^{-1}。

解

由 (2.23b) 式，

$$u = \frac{\dot{n}}{A\rho} = \frac{\dot{n}V^{ig}}{A}$$

其中

$$A = \frac{\pi}{4}D^2 = \left(\frac{\pi}{4}\right)(5 \times 10^{-2})^2 = 1.964 \times 10^{-3}\ \text{m}^2$$

用於計算上游莫耳體積的氣體常數的適當值是 $R = 83.14 \times 10^{-6}$ bar·m^3· mol^{-1}·K^{-1}。所以

$$V_1^{ig} = \frac{RT_1}{P_1} = \frac{(83.14 \times 10^{-6})(293.15\ \text{K})}{6\ \text{bar}} = 4.062 \times 10^{-3}\ \text{m}^3\text{·mol}^{-1}$$

因此，

5 對真實氣體的節流可能導致較小的溫度升高或降低，稱為 Joule/Thomson 效應。更詳細的討論參見第 7 章。

$$u_1 = \frac{(1\ \text{mol}\cdot\text{s}^{-1})(4.062\times10^{-3}\ \text{m}^3\cdot\text{mol}^{-1})}{1.964\times10^{-3}\,\text{m}^2} = 2.069\ \text{m}\cdot\text{s}^{-1}$$

若溫度從上游到下游變化很小，則可作下列的估計：

$$V_2^{ig} = 2V_1^{ig} \quad \text{且} \quad u_2 = 2u_1 = 4.138\ \text{m}\cdot\text{s}^{-1}$$

因此，動能的變化率是：

$$\begin{aligned}\dot{m}\Delta\left(\frac{1}{2}u^2\right) &= \dot{n}\mathscr{M}\,\Delta\left(\frac{1}{2}u^2\right)\\ &= (1\times29\times10^{-3}\ \text{kg}\cdot\text{s}^{-1})\frac{(4.138^2-2.069^2)\text{m}^2\cdot\text{s}^{-2}}{2}\\ &= 0.186\ \text{kg}\cdot\text{m}^2\cdot\text{s}^{-3} = 0.186\ \text{J}\cdot\text{s}^{-1}\end{aligned}$$

在沒有熱傳和功的情況下，能量平衡方程式 (2.30) 式變為：

$$\Delta\left(H^{ig}+\frac{1}{2}u^2\right)\dot{m} = \dot{m}\Delta H^{ig} + \dot{m}\Delta\left(\frac{1}{2}u^2\right) = 0$$

$$(\dot{m}/\mathscr{M})C_P^{ig}\Delta T + \dot{m}\Delta\left(\frac{1}{2}u^2\right) = \dot{n}C_P^{ig}\,\Delta T + \dot{m}\Delta\left(\frac{1}{2}u^2\right) = 0$$

因此

$$(1)(29.100)\Delta T = -\dot{m}\Delta\left(\frac{1}{2}u^2\right) = -0.186$$

且

$$\Delta T = -0.0064\ \text{K}$$

顯然地，流過閥之後，溫度變化可以忽略不計的假設是合理的。即使對於 10 bar 的上游壓力和 1 bar 的下游壓力，並且對於相同的流率，溫度變化僅為 −0.076 K。我們得到結論，除了非常特殊的狀況之外，$\Delta H^{ig} = 0$ 是令人滿意的能量平衡。

3.4 維里狀態方程式

流體的體積數據可用於許多目的，從流體計量到槽的尺寸。V 為 T 和 P 的函數，其數據當然可以用表格列出。然而，以方程式表達函數關係 $f(P, V, T) = 0$ 更加簡潔和方便。氣體的維里狀態方程式 (virial equation of state) 特別適用於此目的。

位於圖 3.2(b) 中飽和蒸汽曲線 CD 右邊的氣體和蒸汽的等溫線是相對簡單的曲線，其中 V 隨著 P 的增加而減小。對於給定的 T，乘積 PV 的變化比其任一成員慢得多，因此更容易在分析上表示為 P 的函數。這表明可以用 P 的冪級數表示等溫線的 PV：

$$PV = a + bP + cP^2 + \ldots$$

若我們定義，$b \equiv aB'$，$c \equiv aC'$ 等，則：

$$PV = a\left(1 + B'P + C'P^2 + D'P^3 + \ldots\right) \tag{3.28}$$

其中 B'、C' 等，對於已知溫度和已知物質而言均為常數。

理想氣體溫度；通用氣體常數

(3.28) 式中的參數 B'、C' 等是溫度的函數且會隨物種而變，但是由實驗發現參數 a 對所有化學物種而言只是溫度的函數。這可經由各種氣體在恆溫測量 V 為 P 的函數獲得證實。將 PV 乘積外推至零壓力，其中 (3.28) 式簡化為 $PV = a$，證明 a 對於所有氣體均相同且為 T 的函數。用星號表示這個零壓力極限，得到：

$$(PV)^* = a = f(T)$$

這種氣體性質可作為絕對溫標的基礎。它由函數關係 $f(T)$ 的任意指定值和指定特定值到溫標上的單個點來定義。最簡單的程序，就是國際上採用定義凱氏溫標的程序 (第 1.4 節)：

- 使 $(PV)^*$ 與 T 成正比，R 為比例常數：

$$(PV)^* = a \equiv RT \tag{3.29}$$

- 令 273.16 K 為水的三相點的溫度 (由下標 t 表示)：

$$(PV)_t^* = R \times 273.16\ \text{K} \tag{3.30}$$

將 (3.29) 式除以 (3.30) 式可得：

$$T\,\text{K} = 273.16\frac{(PV)^*}{(PV)_t^*} \tag{3.31}$$

此方程式為整個溫度範圍內的**理想氣體溫標** (ideal-gas temperature scale) 提供實驗基礎，其中 $(PV)^*$ 的值可由實驗獲得。定義凱氏溫標，以便與此溫標盡可能接近。

(3.29) 式和 (3.30) 式中的比例常數 R 是**通用氣體常數** (universal gas constant)，其值可從 (3.30) 式中求得：

$$R = \frac{(PV)_t^*}{273.16\ \text{K}}$$

$(PV)_t^*$ 的公認實驗值為 22,711.8 bar·cm^3·mol^{-1}，由此可得：[6]

$$R = \frac{22{,}711.8\ \text{bar·cm}^3\text{·mol}^{-1}}{273.16\ \text{K}} = 83.1446\ \text{bar·cm}^3\text{·mol}^{-1}\text{·K}^{-1}$$

使用轉換因子，R 可用各種單位表示，其常用值參見附錄 A 的表 A.2。

維里方程式的兩種形式

下式**定義**一種有用的熱力學性質：

$$\boxed{Z \equiv \frac{PV}{RT} = \frac{V}{V^{ig}}} \tag{3.32}$$

這種無因次比率稱為**壓縮係數** (compressibility factor)，它是真實氣體莫耳體積與理想氣體值之間偏差的量度。對於理想氣體狀態，$Z = 1$。在中等溫度下，其值通常 < 1；但在高溫下，它可能 > 1。圖 3.6 顯示二氧化碳的壓縮係數與 T 和 P 的函數關係。該圖顯示與圖 3.4 相同的資訊，不同之處在於它是用 Z 而不是 V 繪製的，它顯示在低壓下，Z 接近 1；在中等壓力下，Z 隨壓力大致呈線性下降。

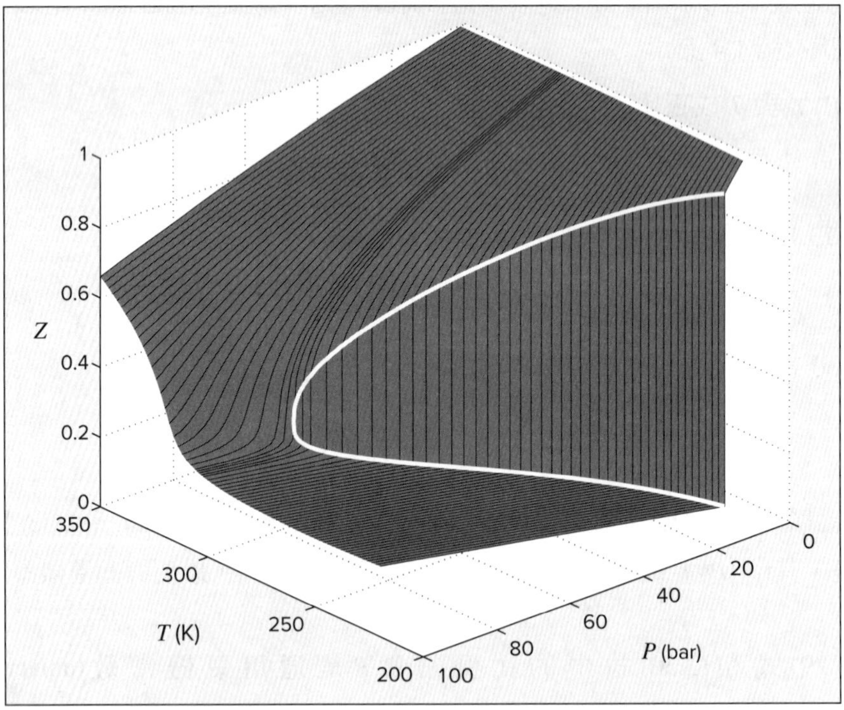

▶圖 3.6　二氧化碳的 PZT 曲面，黑線為等溫線，白線為汽 / 液平衡線。

6　參見 http://physics.nist.gov/constants。

在 Z 由 (3.32) 式定義且 $a = RT$ [(3.29) 式] 的情況下，(3.28) 式變為：

$$\boxed{Z = 1 + B'P + C'P^2 + D'P^3 + \ldots} \tag{3.33}$$

Z 的另一種表達方式也是常用的：[7]

$$\boxed{Z = 1 + \frac{B}{V} + \frac{C}{V^2} + \frac{D}{V^3} + \ldots} \tag{3.34}$$

這兩個方程式都稱為**維里展開式** (virial expansion)，參數 B'、C'、D' 等及 B、C、D 等稱為**維里係數** (virial coefficient)。參數 B' 和 B 是第二維里係數；C' 和 C 是第三個維里係數，依此類推。對於給定的氣體，維里係數只是溫度的函數。

(3.33) 式和 (3.34) 式中的兩組係數其關係如下：

$B' = \dfrac{B}{RT}$ (3.35a)	$C' = \dfrac{C - B^2}{(RT)^2}$ (3.35b)	$D' = \dfrac{D - 3BC + 2B^3}{(RT)^3}$ (3.35c)

為了得到這些關係，我們在 (3.34) 式中令 $Z = PV/RT$ 並求解 P。這可消去 (3.33) 式右邊的 P。得到的方程式可簡化為 $1/V$ 的冪級數，再與 (3.34) 式逐項比較，以產生給定的關係。它們只對兩個維里展開式為無限級數時成立，但對於在實際使用的截取形式，它們仍是可接受的近似值。

已經提出許多其他狀態方程式用於氣體，但維里方程式是唯一基於統計力學的方程式，統計力學為維里係數提供物理意義。因此，對於 $1/V$ 的展開，B/V 是由於分子對之間的相互作用而產生；C/V^2 項是由於三體相互作用；因為在類似氣體的密度下，雙體相互作用比三體相互作用更常見，並且三體相互作用比四體相互作用多出許多倍，連續更高階的項對 Z 的貢獻迅速減少。

3.5 維里方程式的應用

由 (3.33) 式和 (3.34) 式給出的兩種形式的維里展開式是無窮級數，出於工程目的，它們的使用僅在收斂非常迅速的情況下才是實用的，即只要兩項或三項就足以合理地近似於該級數的值。這適用於低壓至中等壓力的氣體和蒸汽。

圖 3.7 顯示甲烷的壓縮係數圖。所有等溫線都來自 $Z = 1$ 和 $P = 0$，並且在低壓下幾乎是直線。因此，等溫線在 $P = 0$ 的切線，是從 $P \to 0$ 到某個有限壓力

7 由 H. Kamerlingh Onnes 提出，"Expression of the Equation of State of Gases and Liquids by Means of Series," *Communications from the Physical Laboratory of the University of Leiden*, no. 71, 1901。

▶圖 3.7 甲烷的壓縮係數圖。圖中為壓縮係數 Z 的等溫線，由 $Z = PV/RT$ 根據甲烷的 PVT 數據計算得出，在多個恆溫下，將它們繪成與壓力的關係曲線，並以圖形方式顯示以 P 的維里展開在分析上所代表的意義。

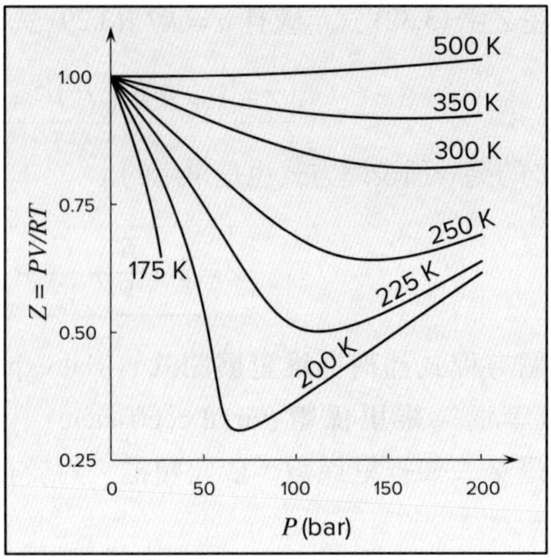

的等溫線的良好近似。對於給定溫度，將 (3.33) 式微分可得：

$$\left(\frac{\partial Z}{\partial P}\right)_T = B' + 2C'P + 3D'P^2 + \ldots$$

從上式中，

$$\left(\frac{\partial Z}{\partial P}\right)_{T;P=0} = B'$$

因此，切線的方程式為 $Z = 1 + B'P$，這也是將 (3.33) 式截取兩項得到的結果。該方程式的更常見形式是以 (3.35a) 式代替 B'：

$$\boxed{Z = \frac{PV}{RT} = 1 + \frac{BP}{RT}} \tag{3.36}$$

上式表示 Z 和 P 之間的直接線性，並且通常應用於次臨界溫度直至其飽和壓力的蒸汽。在較高溫度下，它通常為氣體提供合理的近似壓力，壓力可達幾 bar，壓力範圍隨溫度的升高而增加。

(3.34) 式也可以截取為兩項，以便在低壓下應用：

$$Z = \frac{PV}{RT} = 1 + \frac{B}{V} \tag{3.37}$$

然而，(3.36) 式在應用中更方便，並且通常至少與 (3.37) 式一樣精確。因此，當維里方程式被截取為兩項時，選用 (3.36) 式較佳。

第二維里係數 B 取決於物質且為溫度的函數。實驗值可用於許多氣體。[8] 此外，在沒有可用數據的情況下，可以估算第二維里係數，如第 3.7 節所述。

對於高於 (3.36) 式的適用範圍但低於臨界壓力的壓力，截取為三項的維里方程式通常提供優異的結果。在這種情況下，以 $1/V$ 展開的 (3.34) 式優於 (3.33) 式。因此，當維里方程式被截取為三項時，適當的形式是：

$$\boxed{Z = \frac{PV}{RT} = 1 + \frac{B}{V} + \frac{C}{V^2}} \tag{3.38}$$

上式在壓力上是明確的，但體積是立方的。V 的解析解是可能的，但是如例 3.8 中所示，以迭代法求解通常更方便。

C 的值與 B 的值一樣，與氣體和溫度有關。儘管在文獻中發現許多氣體的數據，但是第三維里係數的資料比第二維里係數少很多。因為很少人知道維里係數超過第三的，並且因為超過三項的維里展開式變得難以處理，所以它的使用並不常見。

圖 3.8 說明溫度對氮的維里係數 B 和 C 的影響；雖然其他氣體的維里係數的數值不同，但趨勢是相似的。圖 3.8 的曲線顯示 B 隨 T 單調增加；然而，在遠高於所示的溫度下，B 達到最大值，然後緩慢下降。C 隨溫度的變化更難以由實驗建立，但其主要特徵是明確的：C 在低溫下為負，在臨界溫度附近的溫度下通過最大值，然後隨著 T 的增加而緩慢下降。

▶圖 3.8 氮的維里係數 B 和 C。

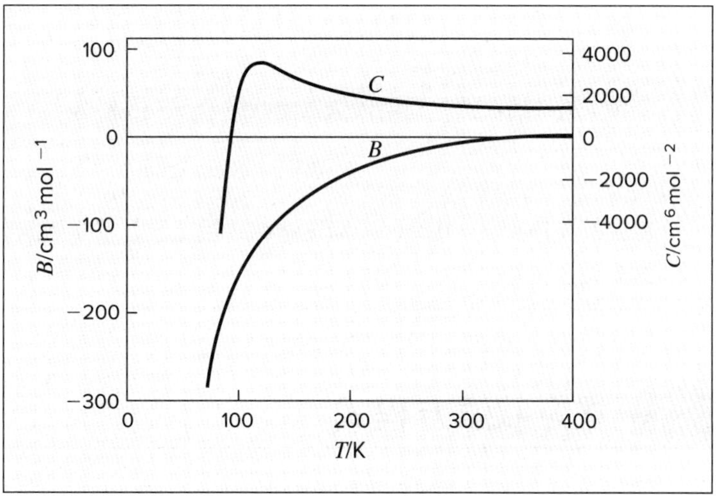

8 J. H. Dymond and E. B. Smith, *The Virial Coefficients of Pure Gases and Mixtures*, Clarendon Press, Oxford, 1980.

例 3.8

在 200°C 下，異丙醇蒸汽的維里係數的報告值為：

$$B = -388\ \text{cm}^3\cdot\text{mol}^{-1} \qquad C = -26{,}000\ \text{cm}^6\cdot\text{mol}^{-2}$$

由下列各方法計算在 200°C 和 10 bar 下異丙醇蒸汽的 V 和 Z：
(a) 理想氣體狀態；(b) 使用 (3.36) 式；(c) 使用 (3.38) 式。

解

絕對溫度為 $T = 473.15$ K，氣體常數的適當值為 $R = 83.14\ \text{bar}\cdot\text{cm}^3\cdot\text{mol}^{-1}\cdot\text{K}^{-1}$。
(a) 對於理想氣體狀態，$Z = 1$，且

$$V^{ig} = \frac{RT}{P} = \frac{(83.14)(473.15)}{10} = 3934\ \text{cm}^3\cdot\text{mol}^{-1}$$

(b) 從 (3.36) 式，我們得到：

$$V = \frac{RT}{P} + B = 3934 - 388 = 3546\ \text{cm}^3\cdot\text{mol}^{-1}$$

和

$$Z = \frac{PV}{RT} = \frac{V}{RT/P} = \frac{V}{V^{ig}} = \frac{3546}{3934} = 0.9014$$

(c) 如果希望用迭代求解，則可以將 (3.38) 式寫成：

$$V_{i+1} = \frac{RT}{P}\left(1 + \frac{B}{V_i} + \frac{C}{V_i^2}\right)$$

其中 i 是迭代次數。利用理想氣體狀態值 V^{ig} 啟動迭代。得到解為：

$$V = 3488\ \text{cm}^3\cdot\text{mol}^{-1}$$

由此計算得到 $Z = 0.8866$。與這個結果相比，理想氣體狀態值高估了 13%，(3.36) 式高估了 1.7%。

3.6 立方狀態方程式

如果狀態方程式同時要表示液體和蒸汽的 PVT 行為，則必須涵蓋廣泛的溫度、壓力和莫耳體積。但它也絕不能太複雜，以免在應用中出現過多的數值或分析上的困難。莫耳體積為立方的多項方程式在通用性和簡單性之間做出折衷，可滿足廣泛的要求。方程式實際上是最簡單的方程式，能夠代表液體和蒸汽的行為。

凡得瓦方程式

第一個實用的立方狀態方程式由凡得瓦 (J. D. van der Waals)[9]於1873年提出：

$$\boxed{P = \frac{RT}{V - b} - \frac{a}{V^2}} \tag{3.39}$$

其中 a 和 b 是特定種類特有的正的常數；當它們為零時，上式恢復到理想氣體狀態方程式。a/V^2 的目的是解釋分子之間的吸引力，這使得壓力低於在理想氣體狀態下施加的壓力。常數 b 的目的是考慮分子的有限大小，這使得體積大於理想氣體狀態。

給定特定流體的 a 和 b 的值，可以針對各種 T 值計算 P 作為 V 的函數。圖 3.9 為三條這樣的等溫線的示意 PV 圖。疊加的深色曲線是代表飽和液體和飽和蒸汽狀態的「圓頂」。[10] 對於等溫線 $T_1 > T_c$，壓力隨著莫耳體積的增加而降低。臨界等溫線 (標記為 T_c) 包含 C 處的水平反曲點，它是臨界點的特徵。對於等溫線 $T_2 < T_c$，隨著 V 的增加，過冷液體區域的壓力迅速降低；穿過飽和液體線後，它會經過最小值，再上升到最大值，然後下降，穿過飽和蒸汽線，並繼續向下進入過熱蒸汽區域。

實驗量測的等溫線並沒有表現出從飽和液體到飽和蒸汽的平滑轉變，這是狀態方程式所描述的特徵；相反地，它們在兩相區域內是一個水平段，其中飽和液體與飽和蒸汽在飽和 (或蒸汽) 壓力下以不同比例共存。這種行為如圖 3.9 中的虛線所示，不能用狀態方程式表示，我們接受兩相區域中狀態方程式的不切實際行為是不可避免的。

實際上，由適當的立方狀態方程式在兩相區域中預測的 PV 行為並非完全虛構。如果在精心控制的實驗中在沒有蒸汽成核位點 (vapor nucleation sites) 的飽和液體上降低壓力，則不會發生汽化，並且液體單獨持續到遠低於其蒸汽壓的壓力。類似地，在合適的實驗中升高飽和蒸汽的壓力也不會引起冷凝，並且蒸汽在遠高於蒸汽壓的壓力下持續存在。這些非平衡或亞穩態的過熱液體和過冷蒸汽在 PV 圖上位於緊鄰飽和液體與飽和蒸汽的兩相區域。[11]

立方狀態方程式中，體積有三個根，其中兩個可能是複數。具有物理意義的 V 值是實數、正數，且大於常數 b。對於 $T > T_c$ 處的等溫線，參考圖 3.9 顯示

---

9 凡得瓦 (Johannes Diderik van der Waals, 1837-1923)，荷蘭物理學家，獲得 1910 年諾貝爾物理學獎，參見 http://www.nobelprize.org/nobel_prizes/physics/laureates/1910/waals-bio.html。

10 雖然遠非顯而易見，但狀態方程式還為計算確定「圓頂」位置的飽和液相與汽相體積提供基礎。這將在第 13.7 節中解釋。

11 在微波爐中加熱液體會導致過熱液體的危險狀態，這種液體會爆炸性地「驟沸」。

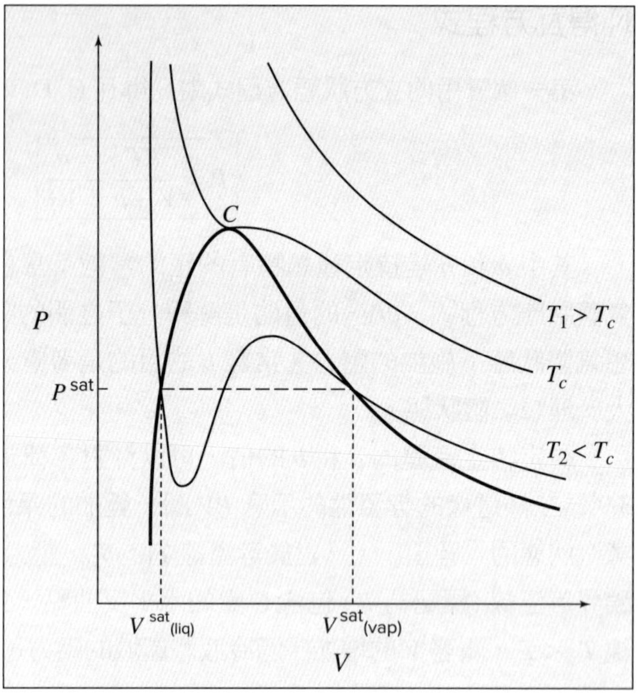

▶圖 3.9 立方狀態方程式給出高於、等於和低於臨界溫度的 *PV* 等溫線。深色曲線顯示飽和蒸氣與液體體積的軌跡。

在任何 P 值下只有一個 V 的根。對於臨界等溫線 ($T = T_c$)，這也是正確的，除了在臨界壓力，有三個根都等於 V_c。對於 $T < T_c$ 的等溫線，方程式可以表現出一個或三個實根，這取決於壓力。雖然這些根是正實數，但是對於位於飽和液體與飽和蒸汽 (在「圓頂」下) 的等溫線部分，它們不是物理穩定狀態。只有在飽和壓力 P^{sat} 時解出的根是穩定狀態的 V^{sat} (liq) 和 V^{sat} (vap)，其位於真實等溫線的水平部分的末端。對於 P^{sat} 以外的任何壓力，只有一個物理上有意義的根，對應於液體或蒸汽莫耳體積。

一般的立方狀態方程式

20 世紀中期，立方狀態方程式的發展始於 1949 年，發表 Redlich/Kwong (RK) 方程式：[12]

$$P = \frac{RT}{V-b} - \frac{a(T)}{V(V+b)} \tag{3.40}$$

隨後的增強產生一種重要類型的方程式，由**一般的立方狀態方程式** (generic cubic equation of state) 表示：

$$\boxed{P = \frac{RT}{V-b} - \frac{a(T)}{(V+\varepsilon b)(V+\sigma b)}} \tag{3.41}$$

12 Otto Redlich and J. N. S. Kwong, *Chem. Rev.*, vol. 44, pp. 233–244, 1949.

指定適當的參數不僅導致凡得瓦 (vdW) 方程式和 Redlich/Kwong (RK) 方程式，而且導致 Soave/Redlich/Kwong (SRK) 方程式[13]和 Peng/Robinson (PR) 方程式。[14]對於給定的方程式，ε 和 σ 是常數，即對於所有物質都是相同的，而參數 $a(T)$ 和 b 是隨物質而變。$a(T)$ 的溫度變化對於每個狀態方程式是特定的。除了 $a(T)$ 不同之外，SRK 方程式與 RK 方程式相同。PR 方程式對 ε 和 σ 採用不同的值，如表 3.1 所示。

狀態方程式參數的確定

(3.41) 式的參數 b 和 $a(T)$ 原則上可以從 PVT 數據中找到，但是很少有足夠的數據可用。事實上，它們通常可以從臨界常數 T_c 和 P_c 的值中找到。由於臨界等溫線在臨界點處呈現水平反曲點，因此我們可以施加數學條件：

$$\left(\frac{\partial P}{\partial V}\right)_{T;\text{cr}} = 0 \quad (3.42) \qquad \left(\frac{\partial^2 P}{\partial V^2}\right)_{T;\text{cr}} = 0 \quad (3.43)$$

下標「cr」表示臨界點。將 (3.41) 式微分得到兩個導數的表達式，在 $P = P_c$、 $T = T_c$ 和 $V = V_c$，令其等於零。狀態方程式本身可以針對臨界條件編寫。這三個方程式包含五個常數：P_c、V_c、T_c、$a(T_c)$ 和 b。在處理這些方程式的幾種方法中，最合適的是消去 V_c，以 P_c 和 T_c 來表示 $a(T_c)$ 和 b。原因是 P_c 和 T_c 比 V_c 更廣泛可用且更準確。

代數是複雜的，但它最終導致參數 b 和 $a(T_c)$ 的以下表達式：

$$b = \Omega \frac{RT_c}{P_c} \qquad (3.44)$$

表 3.1 狀態方程式的參數值

狀態方程式	$\alpha(T_r)$	σ	ε	Ω	Ψ	Z_c
vdW (1873)	1	0	0	1/8	27/64	3/8
RK (1949)	$T_r^{-1/2}$	1	0	0.08664	0.42748	1/3
SRK (1972)	$\alpha_{SRK}(T_r;\omega)^\dagger$	1	0	0.08664	0.42748	1/3
PR (1976)	$\alpha_{PR}(T_r;\omega)^\ddagger$	$1+\sqrt{2}$	$1-\sqrt{2}$	0.07780	0.45724	0.30740

$^\dagger\alpha_{SRK}(T_r;\omega) = \left[1 + (0.480 + 1.574\,\omega - 0.176\,\omega^2)(1 - T_r^{1/2})\right]^2$

$^\ddagger\alpha_{PR}(T_r;\omega) = \left[1 + \left(0.37464 + 1.54226\,\omega - 0.26992\,\omega^2\right)\left(1 - T_r^{1/2}\right)\right]^2$

---

13 G. Soave, *Chem. Eng. Sci.*, vol. 27, pp. 1197–1203, 1972.

14 D.-Y. Peng and D. B. Robinson, *Ind. Eng. Chem. Fundam.*, vol. 15, pp. 59–64, 1976.

且

$$a(T_c) = \Psi \frac{R^2 T_c^2}{P_c}$$

藉由導入在臨界溫度下變為 1 的無因次函數 $\alpha(T_r; \omega)$ 將此結果擴展到 T_c 以外的溫度：

$$\boxed{a(T) = \Psi \frac{\alpha(T_r; \omega) R^2 T_c^2}{P_c}} \tag{3.45}$$

在這些方程式中，Ω 和 Ψ 是常數，與物質無關，但與特定的狀態方程式有關。函數 $\alpha(T_r; \omega)$ 是經驗表達式，其中根據定義 $T_r \equiv T/T_c$，而 ω 是特定於化學物質的參數，接下來將進一步定義和討論。

這個分析還證明，每個狀態方程式都意味著臨界壓縮係數 Z_c 的值對於所有物質都是相同的。對於不同的方程式，找到不同的值。不幸的是，根據 T_c、P_c 和 V_c 的實驗值計算的 Z_c 值在不同物種之間是不同的，並且它們通常與一般的立方狀態方程式預測的固定值都不一致。實驗值幾乎都小於任何預測值。

一般的立方狀態方程式的根

通常將狀態方程式轉換為壓縮係數的表達式。藉由代入 $V = ZRT/P$ 獲得等效於 (3.41) 式的 Z 的方程式。此外，我們**定義**兩個無因次的數，進行簡化：

$\beta \equiv \dfrac{bP}{RT}$ (3.46)	$q \equiv \dfrac{a(T)}{bRT}$ (3.47)

利用這些代換，(3.41) 式的無因次形式為：

$$Z = 1 + \beta - q\beta \frac{Z - \beta}{(Z + \epsilon\beta)(Z + \sigma\beta)} \tag{3.48}$$

儘管可以利用分析找到此方程式的三個根，但它們通常是以內建於數學軟體中的迭代過程來計算。當方程式被安排成適合解特定根的形式時，要避免無法收斂的問題。

(3.48) 式特別適用於求解蒸汽和類似蒸汽 (vapor-like) 的根。迭代解是從 $Z = 1$ 代入右邊開始。將左邊計算出來的 Z 值代回到右邊，並且過程繼續，直至收斂為止。由 Z 的最終值代入 $V = ZRT/P = ZV^{ig}$，計算出體積。

對 (3.48) 式最右邊的分數的分子，求解 Z，可得 Z 的替代方程式：

$$Z = \beta + (Z + \epsilon\beta)(Z + \sigma\beta)\left(\frac{1 + \beta - Z}{q\beta}\right) \tag{3.49}$$

上式特別適用於求解液體和類似液體的根。迭代解從 $Z = \beta$ 開始代入上式。一旦知道 Z，則體積根再次為 $V = ZRT/P = ZV^{ig}$。

由實驗壓縮係數的數據顯示，當 Z 作為**對比溫度** (reduced temperature) T_r 和**對比壓力** (reduced pressure) P_r 的函數時，不同流體的 Z 值表現出相似的行為，其中 T_r 和 P_r 的**定義**分別為 $T_r \equiv T/T_c$ 和 $P_r \equiv P/P_c$。因此，經由這些無因次變數評估狀態方程式參數是很常見的。因此，(3.46) 式和 (3.47) 式結合 (3.44) 式和 (3.45) 式可得：

$\beta = \Omega\frac{P_r}{T_r}$　(3.50)	$q = \frac{\Psi\alpha(T_r;\omega)}{\Omega T_r}$　(3.51)

以這些方程式計算參數 β 和 q，Z 成為 T_r 和 P_r 的函數，並且由於其對所有氣體和液體的一般適用性，因此認為狀態方程式是一般化的。方程式中的參數 ϵ、σ、Ω 和 Ψ 的數值彙整於表 3.1。對於 SRK 和 PR 方程式，還給出 $\alpha(T_r;\omega)$ 的表達式。

例 3.9

正丁烷在 350 K 的蒸汽壓為 9.4573 bar，求 (a) 飽和蒸汽與 (b) 飽和液體的莫耳體積。正丁烷在這些條件下滿足 RK 方程式。

解

由附錄 B 中查出正丁烷的 T_c 和 P_c 值，計算出：

$$T_r = \frac{350}{425.1} = 0.8233 \quad 且 \quad P_r = \frac{9.4573}{37.96} = 0.2491$$

由 (3.51) 式求出參數 q，而 RK 方程式中的 Ω、Ψ 和 $\alpha(T_r)$ 可由表 3.1 中查得：

$$q = \frac{\Psi T_r^{-1/2}}{\Omega T_r} = \frac{\Psi}{\Omega}T_r^{-3/2} = \frac{0.42748}{0.08664}(0.8233)^{-3/2} = 6.6048$$

參數 β 可以從 (3.50) 式中求得：

$$\beta = \Omega\frac{P_r}{T_r} = \frac{(0.08664)(0.2491)}{0.8233} = 0.026214$$

(a) 對於飽和蒸汽，將表 3.1 中 RK 的 ϵ 和 σ 的值代入 (3.48) 式，得到：

$$Z = 1 + \beta - q\beta\frac{(Z - \beta)}{Z(Z + \beta)}$$

或

$$Z = 1 + 0.026214 - (6.6048)(0.026214)\frac{(Z - 0.026214)}{Z\,(Z + 0.026214)}$$

將 $Z = 1$ 代入上式右邊開始進行迭代，求出 $Z = 0.8305$，因此

$$V^v = \frac{ZRT}{P} = \frac{(0.8305)(83.14)(350)}{9.4573} = 2555\ \text{cm}^3\cdot\text{mol}^{-1}$$

實驗值為 2482 $\text{cm}^3\cdot\text{mol}^{-1}$。

(b) 對於飽和液體，將表 3.1 中 RK 的 ε 和 σ 的值代入 (3.49) 式，得到：

$$Z = \beta + Z(Z + \beta)\left(\frac{1 + \beta - Z}{q\beta}\right)$$

或

$$Z = 0.026214 + Z(Z + 0.026214)\,\frac{(1.026214 - Z)}{(6.6048)(0.026214)}$$

將 $Z = \beta$ 代入上式右邊開始進行迭代，求出 $Z = 0.04331$，因此

$$V^l = \frac{ZRT}{P} = \frac{(0.04331)(83.14)(350)}{9.4573} = 133.3\ \text{cm}^3\cdot\text{mol}^{-1}$$

實驗值為 115.0 $\text{cm}^3\cdot\text{mol}^{-1}$。

為了比較，利用這裡考慮的所有四個立方狀態方程式，對例 3.9 進行計算，將求得的 V^v 和 V^l 的值總結如下：

$V^v/\text{cm}^3\cdot\text{mol}^{-1}$					$V^l/\text{cm}^3\cdot\text{mol}^{-1}$				
實驗值	vdW	RK	SRK	PR	實驗值	vdW	RK	SRK	PR
2482	2667	2555	2520	2486	115.0	191.0	133.3	127.8	112.6

對應狀態；離心係數

無因次熱力學坐標 T_r 和 P_r 為最簡單的對應狀態關聯式提供基礎：

當在相同的對比溫度和對比壓力下進行比較時，所有流體具有大致相同的壓縮係數，並且所有流體都偏離理想氣體行為至大約相同的程度。

Z 的雙參數對應狀態關聯式僅需要使用兩個對比參數 T_c 和 P_c。儘管這些關聯式對於簡單流體 (氬氣、氪氣和氙氣) 非常精確，但對於更複雜的流體則觀察到系

統偏差。導入第三對應狀態參數 (除了 T_c 和 P_c 之外)，亦即，分子結構的特徵，得到可觀的改善。最受歡迎的參數是由 K. S. Pitzer 及其同事提出的**離心係數** (acentric factor) ω。[15]

純化學物質的離心係數是參考其蒸汽壓來定義的。純流體的蒸汽壓的對數與絕對溫度的倒數近似為線性，這種線性可以表示為：

$$\frac{d\log P_r^{\text{sat}}}{d(1/T_r)} = S$$

其中 P_r^{sat} 是對比蒸汽壓，T_r 是對比溫度，S 是 $\log P_r^{\text{sat}}$ 對 $1/T_r$ 的曲線的斜率。注意，這裡的「log」表示以 10 為底的對數。

如果雙參數對應狀態關聯式通常是成立的，則對於所有純流體，斜率 S 將是相同的。這並不是真的；在有限的範圍內，每種流體都有其自身的 S 值，這個值原則上可以作為第三種對應狀態參數。然而，Pitzer 指出，簡單流體 (氬氣、氪氣和氙氣) 的所有蒸汽壓數據當繪製為 $\log P_r^{\text{sat}}$ 對 $1/T_r$ 時，均位於同一條線上，並且該線在 $T_r = 0.7$ 時通過 $\log P_r^{\text{sat}} = -1.0$，如圖 3.10 所示。其他流體的數據定義其他線，其位置相對於簡單流體 (SF) 的線可藉由下列的差值固定：

$$\log P_r^{\text{sat}}(\text{SF}) - \log P_r^{\text{sat}}$$

離心係數定義為在 $T_r = 0.7$ 時的這個差值：

$$\boxed{\omega \equiv -1.0 - \log(P_r^{\text{sat}})_{T_r = 0.7}} \qquad (3.52)$$

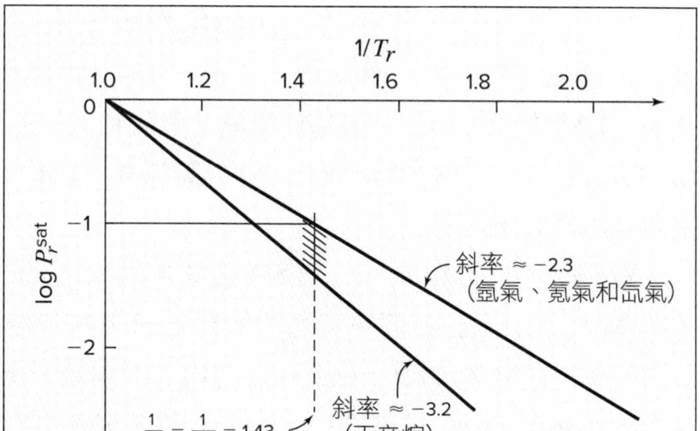

▶圖 3.10 對比蒸汽壓的近似溫度函數。

15 完全描述於 K. S. Pitzer, *Thermodynamics*, 3rd ed., App. 3, McGraw-Hill, New York, 1995。

因此，任何流體的 ω 值可由 T_c、P_c 以及在 $T_r = 0.7$ 時進行的單一蒸汽壓測量決定。許多物質的 ω 值與臨界常數 T_c、P_c 和 V_c 列於附錄 B。

由 ω 的定義可知氬氣、氪氣和氙氣的離心係數為零，並且當 Z 被繪製為 T_r 和 P_r 的函數時，實驗數據產生所有三種流體的壓縮係數，這些係數由相同的曲線互相關聯。這是三**參數對應狀態關聯式** (three-parameter corresponding-states correlations) 的基本前提：

當在相同的對比溫度和對比壓力下進行比較時，具有相同離心係數的所有流體具有大致相同的壓縮係數，並且都偏離理想氣體行為到大約相同的程度。

將 Z 表示為僅是 T_r 和 P_r 的函數的狀態方程式可產生兩個參數的對應狀態關聯式，凡得瓦和 RK 方程式就是例子。SRK 方程式和 PR 方程式，其中離心係數經由函數 $\alpha(T_r; \omega)$ 作為附加參數進入，產生三參數對應狀態關聯式。

3.7 氣體的廣義關聯式

廣義關聯式得到廣泛使用。最受歡迎的是 Pitzer 及其同事所開發的壓縮係數 Z 和第二維里係數 B 的關聯式。[16]

壓縮係數的 Pitzer 關聯式

Z 的關聯式為：

$$Z = Z^0 + \omega Z^1 \tag{3.53}$$

其中 Z^0 和 Z^1 是 T_r 和 P_r 的函數。當 $\omega = 0$ 時，與簡單流體的情況一樣，第二項消失，Z^0 等於 Z。因此，僅基於氬氣、氪氣和氙氣的數據，Z 作為 T_r 和 P_r 的函數的廣義關聯式提供 $Z^0 = F_0(T_r, P_r)$ 的關係式。就其本身而言，這表示 Z 的雙參數對應狀態關聯式。

對於給定的 T_r 和 P_r 值，(3.53) 式是 Z 和 ω 之間的簡單線性關聯式。在恆定的 T_r 和 P_r 下，對於非簡單流體的實驗數據 Z 對 ω 繪圖確實產生近似直線，並且由斜率可求得 Z^1 的值，由此可以建構廣義函數 $Z^1 = F^1(T_r, P_r)$。

在可用的 Pitzer 關聯式中，由 Lee 和 Kesler[17] 開發的關聯式是最廣泛使用的。它採用表格的形式，將 Z^0 和 Z^1 的值表示為 T_r 和 P_r 的函數。這些列於附錄 D 的表 D.1 到表 D.4 中。使用這些表需要插值，如附錄 E 開頭所示。圖 3.11 是

16 參見 Pitzer, OP. CIT。

17 B. I. Lee and M. G. Kesler, *AIChE J.*, vol. 21, pp. 510–527, 1975.

六條等溫線的 Z^0 對 P_r 的關係圖，圖中指出關聯式的性質。

圖 3.12 為 Z^0 對 P_r 和 T_r 的三維曲面圖，其中等溫線和等壓線疊加。Z 中有不連續性的飽和曲線在該圖中沒有精確定義，該曲線是基於表 D.1 和表 D.3 的數據。在飽和曲線附近應用 Lee/Kesler 表時，應謹慎行事。雖然表中包含液相和汽相的值，這些值之間的邊界通常與給定真實物質的飽和曲線不同。表不應用於預測某種物質在給定條件下是蒸汽還是液體。相反地，必須知道物質的相，然後注意僅從表中代表適當相的點進行內插或外推。

Lee/Kesler 關聯式能為非極性或略微極性的氣體提供可靠結果；對於這些氣體，通常不會超過 2% 或 3% 的誤差。當應用於高極性氣體或與之相關的氣體時，可以預期會有較大的誤差。

量子氣體 (如氫氣、氦氣和氖氣) 不會與正常流體具有相同的對應狀態行為。通常使用與溫度相關的**有效**臨界參數來處理這些氣體的關聯式。[18] 對於化學處理中最常見的量子氣體氫氣，推薦的方程式為：

$$T_c/\mathrm{K} = \frac{43.6}{1 + \dfrac{21.8}{2.016T}} \text{ (適用於 } H_2) \tag{3.54}$$

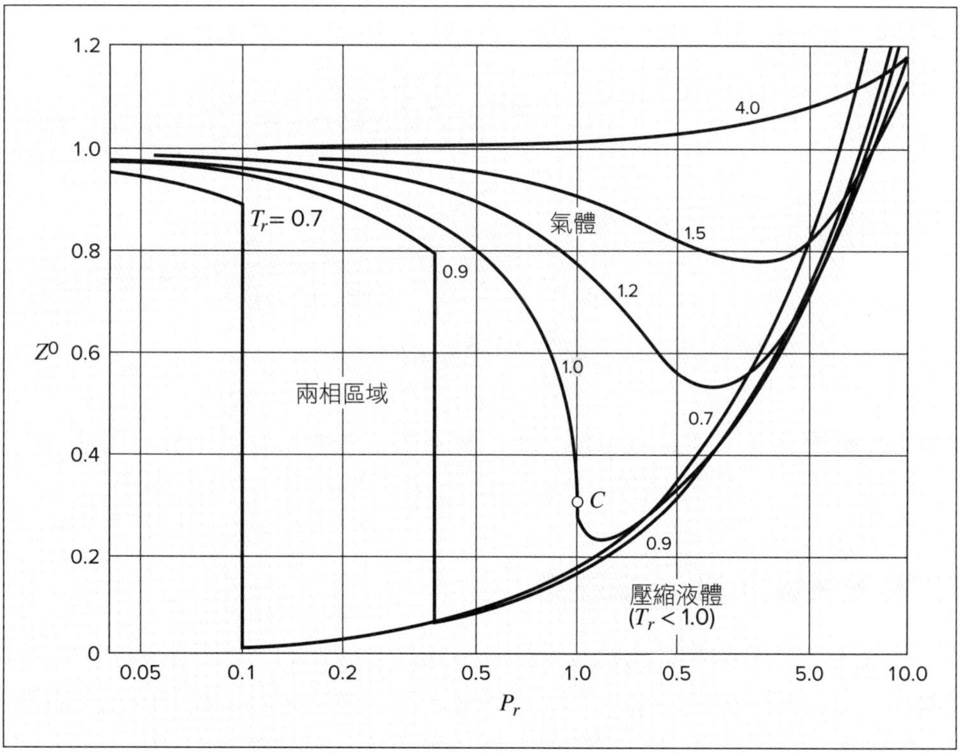

▶圖 3.11 Lee/Kesler 關聯式 $Z^0 = F^0(T_r, P_r)$。

18 J. M. Prausnitz, R. N. Lichtenthaler, and E. G. de Azevedo, *Molecular Thermodynamics of Fluid-Phase Equilibria*, 3d ed., pp. 172–173, Prentice Hall PTR, Upper Saddle River, NJ, 1999.

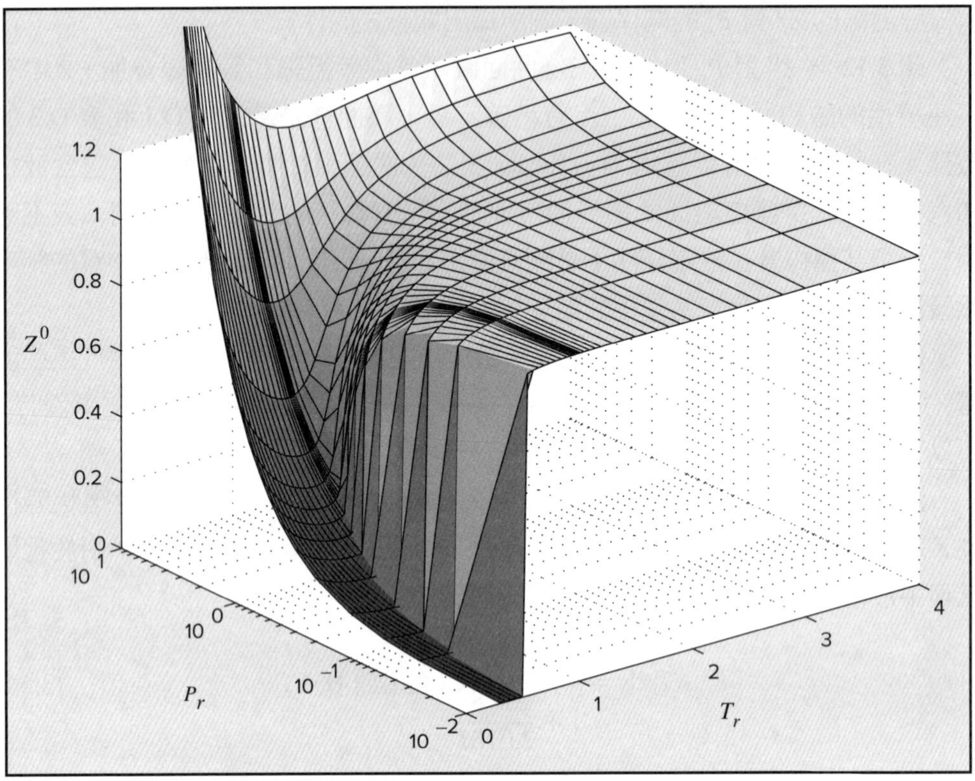

▶圖 3.12　Lee/Kesler 關聯式的三維圖，由表 D.1 和表 D.3 可得 $Z^0 = F^0(T_r, P_r)$。

$$P_c/\text{bar} = \frac{20.5}{1 + \dfrac{44.2}{2.016T}} \text{（適用於 } H_2\text{）} \tag{3.55}$$

$$V_c/\text{cm}^3\cdot\text{mol}^{-1} = \frac{51.5}{1 - \dfrac{9.91}{2.016T}} \text{（適用於 } H_2\text{）} \tag{3.56}$$

其中 T 是絕對溫度，以 K 為單位。使用氫氣的這些**有效**臨界參數需要進一步指定 $\omega = 0$。

第二維里係數的 Pitzer 關聯式

用表列的方式表達廣義壓縮係數關聯式是有缺點的，但是函數 Z^0 和 Z^1 的複雜性，使它們無法以簡單的方程式精確表示。儘管如此，我們可以在有限的壓力範圍內，對這些函數給出近似的解析表達式。其基礎是 (3.36) 式，亦即最簡單的維里方程式：

$$Z = 1 + \frac{BP}{RT} = 1 + \left(\frac{BP_c}{RT_c}\right)\frac{P_r}{T_r} = 1 + \hat{B}\frac{P_r}{T_r} \tag{3.57}$$

對比 (和無因次) 的第二維里係數及其 Pitzer 關聯式為：

$\hat{B} \equiv \frac{BP_c}{RT_c}$ (3.58)	$\hat{B} = B^0 + \omega B^1$ (3.59)

結合 (3.57) 式和 (3.59) 式可得：

$$Z = 1 + B^0\frac{P_r}{T_r} + \omega B^1\frac{P_r}{T_r}$$

將上式與 (3.53) 式比較，可得下列等式：

$$Z^0 = 1 + B^0\frac{P_r}{T_r} \tag{3.60}$$

以及

$$Z^1 = B^1\frac{P_r}{T_r}$$

第二維里係數只是溫度的函數；同理，B^0 和 B^1 僅是對比溫度的函數。它們以 Abbott 方程式表示如下：[19]

$B^0 = 0.083 - \frac{0.422}{T_r^{1.6}}$ (3.61)	$B^1 = 0.139 - \frac{0.172}{T_r^{4.2}}$ (3.62)

維里方程式的最簡單形式僅在低壓到中等壓力下成立，其中 Z 是壓力的線性函數。因此，只有在 Z^0 和 Z^1 至少近似為對比壓力的線性函數情況下，廣義維里係數關聯式才是有用的。圖 3.13 是將 (3.60) 式和 (3.61) 式給出的 Z^0 與 P_r 的線性關係，與附錄 D 的表 D.1 和表 D.3 來自 Lee/Kesler 壓縮係數關聯式的 Z^0 值作一比較。在該圖的虛線上方區域中，兩個關聯式相差小於 2%。對於大於 $T_r \approx 3$ 的對比溫度，壓力似乎沒有限制。對於較低的 T_r 值，允許的壓力範圍隨著溫度的降低而減少。然而，在 $T_r \approx 0.7$ 時達到一個點，其中壓力範圍受飽和壓力的限制。[20] 這由最左邊的虛線線段表示。此處忽略 Z^1 對關聯式的微小貢獻。鑑於與任何廣義關聯式相關的不確定性，Z^0 中不超過 2% 的偏差不顯著。

19 這些關聯式最初出現在 1975 年的本書第三版中，歸因於開發它們的 M. M. Abbott 的個人交流。

20 雖然附錄 D 的 Lee/Kesler 表列出過熱蒸汽和過冷液體的值，但沒有提供飽和狀況的數值。

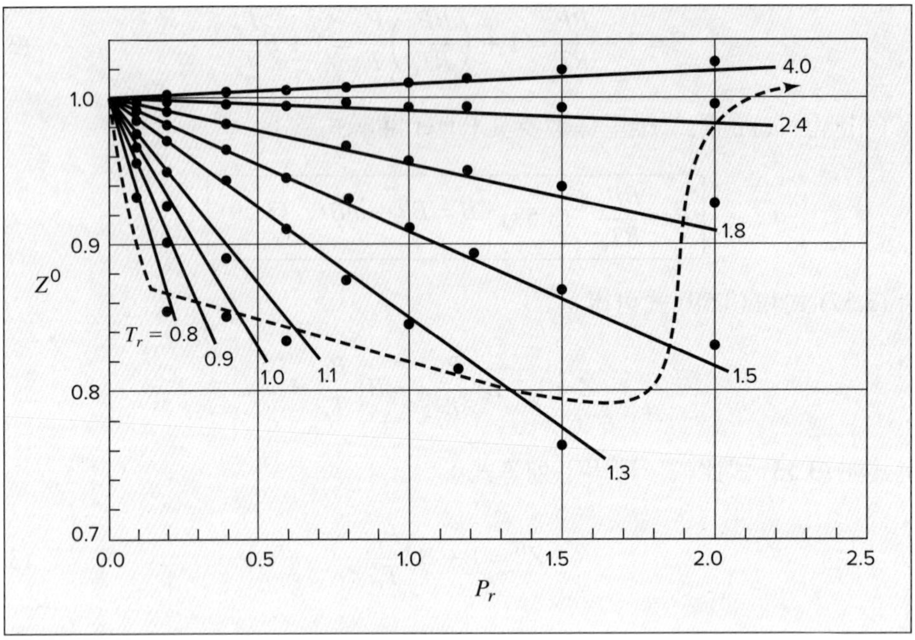

▶圖 3.13 Z^0 關聯式的比較。維里係數關聯式以直線表示；Lee/Kesler 關聯式以點表示。虛線上方區域表示兩關聯式的相差小於 2%。

廣義第二維里係數關聯式的相對簡單性很值得推薦。此外，許多化學處理操作的溫度和壓力位於適合壓縮係數關聯式的區域內。與壓縮係數關聯式一樣，維里係數關聯式對於非極性物種最準確，對於高極性和結合分子最不準確。

第三維里係數的關聯式

第三維里係數的準確數據遠不如第二維里係數那麼常見。然而，文獻中出現第三維里係數的廣義關聯式。

(3.38) 式可以用對比形式寫成：

$$Z = 1 + \hat{B}\frac{P_r}{T_r Z} + \hat{C}\left(\frac{P_r}{T_r Z}\right)^2 \tag{3.63}$$

其中對比第二維里係數 $\hat{B}$ 由 (3.58) 式定義。對比 (和無因次) 第三維里係數及其 Pitzer 關聯式為：

$\hat{C} \equiv \frac{CP_c^2}{R^2T_c^2}$ (3.64)	$\hat{C} = C^0 + \omega C^1$ (3.65)

Orbey 和 Vera 給出 C^0 作為對比溫度函數的表達式：[21]

21 H. Orbey and J. H. Vera, *AIChE J.*, vol. 29, pp. 107–113, 1983.

$$C^0 = 0.01407 + \frac{0.02432}{T_r} - \frac{0.00313}{T_r^{10.5}} \tag{3.66}$$

Orbey 和 Vera 給出的 C^1 的表達式在這裡被替換為一個較簡單的代數形式，但數值相同：

$$C^1 = -0.02676 + \frac{0.05539}{T_r^{2.7}} - \frac{0.00242}{T_r^{10.5}} \tag{3.67}$$

(3.63) 式為 Z 的立方，並且它不能以 (3.53) 式的形式表示。指定 T_r 和 P_r，可以利用迭代找到 Z。以初始值 $Z = 1$ 代入 (3.63) 式中的右邊，通常會導致快速收斂。

理想氣體狀態作為一個合理的近似

經常出現的問題是，理想氣體狀態何時可能是真實氣體的合理近似？圖 3.14 可以作為指南。

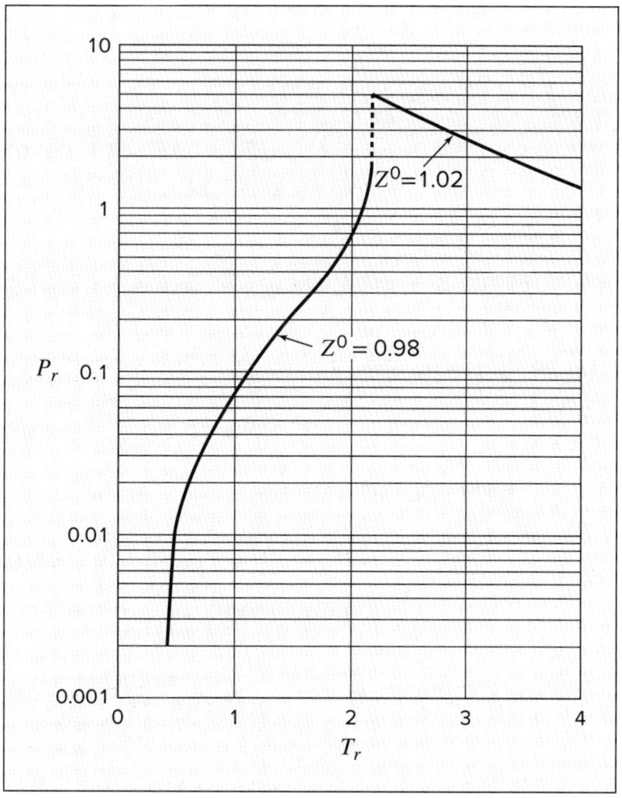

▶圖 3.14　在位於曲線下方的區域中，Z^0 位於 0.98 和 1.02 之間，理想氣體狀態是合理的近似。

例 3.10

根據以下各項方法，求正丁烷在 510 K 和 25 bar 下的莫耳體積：

(a) 理想氣體狀態。

(b) 廣義壓縮係數關聯式。

(c) (3.57) 式及 $\hat{B}$ 的廣義關聯式。

(d) (3.63) 式及 $\hat{B}$ 和 $\hat{C}$ 的廣義關聯式。

解

(a) 對於理想氣體狀態，

$$V = \frac{RT}{P} = \frac{(83.14)(510)}{25} = 1696.1 \text{ cm}^3\cdot\text{mol}^{-1}$$

(b) 由附錄 B 的表 B.1 中查出 T_c 和 P_c 值，

$$T_r = \frac{510}{425.1} = 1.200 \qquad P_r = \frac{25}{37.96} = 0.659$$

表 D.1 和表 D.2 中的內插可得：

$$Z^0 = 0.865 \qquad Z^1 = 0.038$$

利用 (3.53) 式及 $\omega = 0.200$，得到

$$Z = Z^0 + \omega Z^1 = 0.865 + (0.200)(0.038) = 0.873$$
$$V = \frac{ZRT}{P} = \frac{(0.873)(83.14)(510)}{25} = 1480.7 \text{ cm}^3\cdot\text{mol}^{-1}$$

如果忽略第二項 Z^1，則 $Z = Z^0 = 0.865$。利用雙參數對應狀態關聯式產生可得 $V = 1467.1 \text{ cm}^3\cdot\text{mol}^{-1}$，此值比由三參數關聯式算出的值小不到 1%。

(c) B^0 和 B^1 的值可由 (3.61) 式和 (3.62) 式得到：

$$B^0 = -0.232 \qquad B^1 = 0.059$$

由 (3.59) 式和 (3.57) 式可得：

$$\hat{B} = B^0 + \omega B^1 = -0.232 + (0.200)(0.059) = -0.220$$
$$Z = 1 + (-0.220)\frac{0.659}{1.200} = 0.879$$

其中 $V = 1489.1 \text{ cm}^3\cdot\text{mol}^{-1}$，比壓縮係數關聯式給出的值高不到 1%。

(d) C^0 和 C^1 的值可由 (3.66) 式和 (3.67) 式求得：

$$C^0 = 0.0339 \qquad C^1 = 0.0067$$

由 (3.65) 式可得：

$$\hat{C} = C^0 + \omega C^1 = 0.0339 + (0.200)(0.0067) = 0.0352$$

利用上式的 $\hat{C}$ 值和 (c) 部分中的 $\hat{B}$ 值，(3.63) 式變成：

$$Z = 1 + (-0.220)\left(\frac{0.659}{1.200Z}\right) + (0.0352)\left(\frac{0.659}{1.200Z}\right)^2$$

解出 $Z = 0.876$ 和 $V = 1485.8\ \text{cm}^3\cdot\text{mol}^{-1}$。$V$ 的值與 (c) 部分的值相差約 0.2%。V 的實驗值為 1480.7 $\text{cm}^3\cdot\text{mol}^{-1}$。值得注意的是，(b)、(c) 和 (d) 部分的結果非常一致。圖 3.13 顯示這些狀況下的相互一致性。

例 3.11

在 50°C 下以 0.06 m^3 的體積儲存 500 mol 甲烷，會產生多少壓力？以下列各方式進行計算：

(a) 理想氣體狀態。

(b) RK 方程式。

(c) 廣義關聯式。

解

甲烷的莫耳體積為 $V = 0.06/500 = 0.0012\ \text{m}^3\cdot\text{mol}^{-1}$。

(a) 對於理想氣體狀態，$R = 8.314 \times 10^{-5}\ \text{bar}\cdot\text{m}^3\cdot\text{mol}^{-1}\cdot\text{K}^{-1}$：

$$P = \frac{RT}{V} = \frac{(8.314 \times 10^{-5})(323.15)}{0.00012} = 223.9\ \text{bar}$$

(b) RK 方程式給出的壓力為：

$$P = \frac{RT}{V-b} - \frac{a(T)}{V(V+b)} \tag{3.40}$$

b 和 $a(T)$ 的值來自 (3.44) 式和 (3.45) 式，其中 Ω、Ψ 和 $\alpha(T_r) = T_r^{-1/2}$ 來自表 3.1。使用表 B.1 中的 T_c 和 P_c 值，我們得到：

$$T_r = \frac{323.15}{190.6} = 1.695$$

$$b = 0.08664\,\frac{(8.314 \times 10^{-5})(190.6)}{45.99} = 2.985 \times 10^{-5}\ \text{m}^3\cdot\text{mol}^{-1}$$

$$a = 0.42748\,\frac{(1.695)^{-0.5}(8.314 \times 10^{-5})^2(190.6)^2}{45.99} = 1.793 \times 10^{-6}\ \text{bar}\cdot\text{m}^6\cdot\text{mol}^{-2}$$

將這些數值代入 RK 方程式得到：

$$P = \frac{(8.314 \times 10^{-5})(323.15)}{0.00012 - 2.985 \times 10^{-5}} - \frac{1.793 \times 10^{-6}}{0.00012(0.00012 + 2.985 \times 10^{-5})} = 198.3 \text{ bar}$$

(c) 由於這裡的壓力很高，採用廣義壓縮係數關聯式是正確的選擇。在 P_r 為未知的情況下，迭代過程基於以下方程式：

$$P = \frac{ZRT}{V} = \frac{Z(8.314 \times 10^{-5})(323.15)}{0.00012} = 223.9\ Z$$

因為 $P = P_c P_r = 45.99\ P_r$，這個方程式變為：

$$Z = \frac{45.99\ P_r}{223.9} = 0.2054\ P_r \quad \text{或} \quad P_r = \frac{Z}{0.2054}$$

現在假設 Z 的起始值，如 $Z = 1$。求得 $P_r = 4.68$，利用表 D.3 和表 D.4，在 $T_r = 1.695$ 且 $P_r = 4.68$ 條件下，用內插法求得 Z^0 和 Z^1，再由 (3.53) 式和 $\omega = 0.012$ 計算出新的 Z 值。利用 Z 的這個新值，代入上式計算出 P_r 的新值，並且繼續此過程，直到從一個步驟到下一個步驟沒有發生顯著變化。如此發現 Z 的最終值在 $P_r = 4.35$ 時為 0.894。這個結果可利用以下方法確認，在 $P_r = 4.35$ 和 $T_r = 1.695$ 時，由表 D.3 和表 D.4 內插法求出 Z^0 和 Z^1 的值代入 (3.53) 式。因為 $\omega = 0.012$，故

$$Z = Z^0 + \omega Z^1 = 0.891 + (0.012)(0.268) = 0.894$$
$$P = \frac{ZRT}{V} = \frac{(0.894)(8.314 \times 10^{-5})(323.15)}{0.00012} = 200.2 \text{ bar}$$

由於離心係數很小，因此兩參數和三參數壓縮係數關聯式差別不大。RK 方程式和廣義壓縮係數關聯式得出的答案在實驗值 196.5 bar 的 2% 以內。

例 3.12

在 30,000 cm^3 體積的容器中裝入質量為 500 g 的氣態氨，並浸入 65°C 的恆溫槽中。利用以下方式計算氣體壓力：

(a) 理想氣體狀態；(b) 廣義關聯式。

解

容器中氨的莫耳體積為：

$$V = \frac{V^t}{n} = \frac{V^t}{m/\mathscr{M}} = \frac{30{,}000}{500/17.02} = 1021.2 \text{ cm}^3\text{·mol}^{-1}$$

(a) 理想氣體狀態

$$P=\frac{RT}{V}=\frac{(83.14)(65+273.15)}{1021.2}=27.53\text{ bar}$$

(b) 由於對比壓力低 ($P_r \approx 27.53/112.8 = 0.244$)，廣義維里係數關聯式應該足夠。當 $T_r = 338.15/405.7 = 0.834$ 時，B^0 與 B^1 的值由 (3.61) 式和 (3.62) 式算出，

$$B^0=-0.482 \qquad B^1=-0.232$$

代入 (3.59) 式又由表 B.1 查出 $\omega = 0.253$，得到：

$$\hat{B}=-0.482+(0.253)(-0.232)=-0.541$$

$$B=\frac{\hat{B}RT_c}{P_c}=\frac{-(0.541)(83.14)(405.7)}{112.8}=-161.8\text{ cm}^3\cdot\text{mol}^{-1}$$

由 (3.36) 式：

$$P=\frac{RT}{V-B}=\frac{(83.14)(338.15)}{1021.2+161.8}=23.76\text{ bar}$$

因為 B 與壓力無關，所以不需要用迭代求解。計算 P 對應的對比壓力為 $P_r = 23.76/112.8 = 0.211$。參考圖 3.13 證實廣義維里係數關聯式的適用性。

實驗數據證明在給定條件下壓力為 23.82 bar。因此，理想氣體狀態產生的結果高估約 15%，即使氨是極性分子，維里係數關聯式得到與實驗值一致的答案。

3.8 液體的廣義關聯式

儘管液體的莫耳體積可以由廣義立方狀態方程式計算，但結果通常不具有高精確度。然而，Lee/Kesler 關聯式包括過冷液體的數據，圖 3.11 顯示液體和氣體的曲線。兩相的值列於附錄 D 的表 D.1 到表 D.4 中。然而，回想一下，這種關聯式最適合於非極性和輕微極性流體。

此外，廣義方程式可用於估算**飽和**液體的莫耳體積。例如，由 Rackett 提出的最簡單方程式：[22]

$$V^{sat}=V_cZ_c^{(1-T_r)^{2/7}} \tag{3.68}$$

這個方程式的另一種形式有時是有用的：

$$Z^{sat}=\frac{P_r}{T_r}Z_c^{[1+(1-T_r)^{2/7}]} \tag{3.69}$$

22 H. G. Rackett, *J. Chem. Eng. Data*, vol. 15, pp. 514–517, 1970；亦可參見 C. F. Spencer and S. B. Adler, *ibid*., vol. 23, pp. 82–89, 1978，其中列出可供使用的方程式。

唯一需要的數據是臨界常數，參見附錄 B 的表 B.1。計算的結果通常精確到 1% 或 2%。

Lydersen、Greenkorn 和 Hougen[23] 開發一個雙參數對應狀態關聯式，用於估算液體體積。它提供對比密度 ρ_r 為對比溫度和對比壓力的函數關係。根據定義，

$$\rho_r \equiv \frac{\rho}{\rho_c} = \frac{V_c}{V} \tag{3.70}$$

其中 ρ_c 是臨界點的密度。廣義關聯式如圖 3.15 所示。如果已知臨界體積的值，則該圖可直接與 (3.70) 式一起用於確定液體體積。更好的方法是由下列等式和已知的液體體積 (狀態 1) 求解，

$$V_2 = V_1 \frac{\rho_{r_1}}{\rho_{r_2}} \tag{3.71}$$

其中

$$V_2 = \text{欲求的體積}$$
$$V_1 = \text{已知的體積}$$
$$\rho_{r_1}, \rho_{r_2} = \text{從圖 3.15 中讀取的對比密度}$$

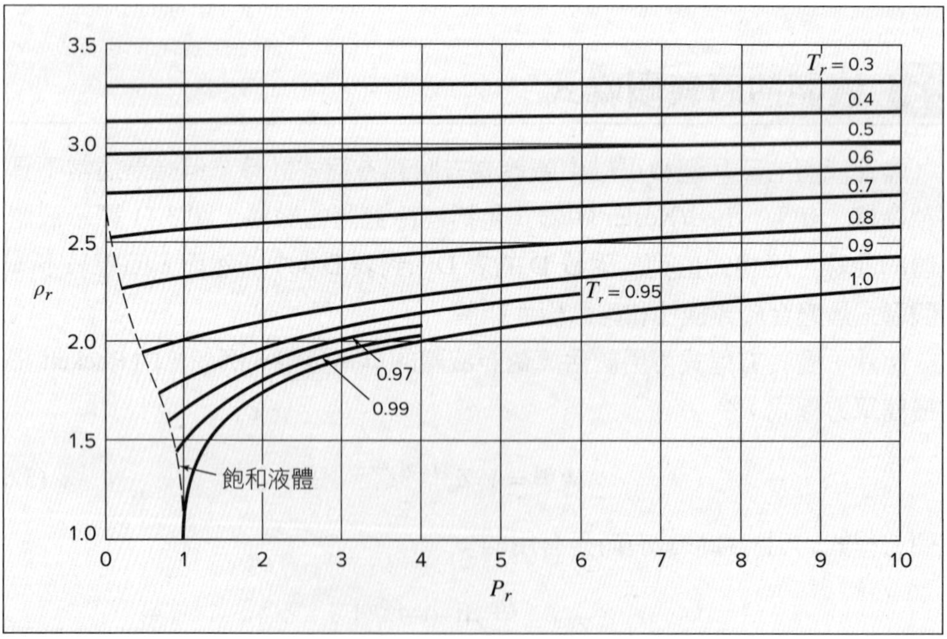

▶圖 3.15 液體密度的一般關聯結果。

23 A. L. Lydersen, R. A. Greenkorn, and O. A. Hougen, "Generalized Thermodynamic Properties of Pure Fluids," *Univ. Wisconsin, Eng. Expt. Sta. Rept. 4*, 1955.

這個方法給出良好的結果，並且僅需要通常可用的實驗數據。圖 3.15 清楚地顯示，當接近臨界點時，溫度和壓力對液體密度的影響越來越大。

Daubert 及其同事給出許多純液體的莫耳密度與溫度函數的關聯式。[24]

例 3.13

對於 310 K 的氨，在下列情況下估算其密度：
(a) 氨為飽和液體；(b) 氨為 100 bar 下的液體。

解

(a) 應用 Rackett 方程式，對比溫度為 $T_r = 310/405.7 = 0.7641$。由表 B.1 查出 $V_c = 72.47$，$Z_c = 0.242$，因此，

$$V^{sat} = V_c Z_c^{(1-T_r)^{2/7}} = (72.47)(0.242)^{(0.2359)^{2/7}} = 28.33 \text{ cm}^3\cdot\text{mol}^{-1}$$

與實驗值 29.14 $\text{cm}^3\cdot\text{mol}^{-1}$ 相比，誤差為 2.7%。

(b) 對比條件是：

$$T_r = 0.764 \qquad P_r = \frac{100}{112.8} = 0.887$$

將 $\rho_r = 2.38$ (來自圖 3.15) 和 V_c 代入 (3.70) 式得到：

$$V = \frac{V_c}{\rho_r} = \frac{72.47}{2.38} = 30.45 \text{ cm}^3\cdot\text{mol}^{-1}$$

與實驗值 28.6 $\text{cm}^3\cdot\text{mol}^{-1}$ 相比，此結果高出 6.5%。

如果我們從 310 K 的飽和液體的實驗值 29.14 $\text{cm}^3\cdot\text{mol}^{-1}$ 開始，則可以使用 (3.71) 式。對於 $T_r = 0.764$ 的飽和液體，$\rho_{r_1} = 2.34$ (來自圖 3.15)。將已知值代入 (3.71) 式可得：

$$V_2 = V_1 \frac{\rho_{r_1}}{\rho_{r_2}} = (29.14)\left(\frac{2.34}{2.38}\right) = 28.65 \text{ cm}^3\cdot\text{mol}^{-1}$$

此結果與實驗值是一致的。

直接應用 Lee/Kesler 關聯式與表 D.1 和表 D.2 中內插得到的 Z^0 與 Z^1 值導致值為 33.87 $\text{cm}^3\cdot\text{mol}^{-1}$，這個顯著的誤差無疑是由於氨的高極性。

---

24 T. E. Daubert, R. P. Danner, H. M. Sibul, and C. C. Stebbins, *Physical and Thermodynamic Properties of Pure Chemicals: Data Compilation*, Taylor & Francis, Bristol, PA, extant 1995.

3.9 概要

在研究本章 (包括章末習題) 後，我們應該能夠：

- 陳述並應用非反應系統的相律。
- 解釋純物質的 *PT* 和 *PV* 圖，識別固體、液體、氣體和流體區域；熔解 (熔化)，昇華和蒸發曲線；以及臨界點和三相點。
- 在 *PV* 圖上繪製溫度高於和低於臨界溫度的等溫線。
- 定義等溫壓縮率和體積膨脹率，並將其用於液體和固體的計算。
- 利用理想氣體狀態 U^{ig} 和 H^{ig} 僅取決於 T (不是 P 和 V^{ig})，並且 $C_P^{ig} = C_V^{ig} + R$ 的事實。
- 計算理想氣體狀態下機械可逆等溫、等壓、等容和絕熱程序所需的熱和功，以及性質變化。
- 定義並使用壓縮係數 Z。
- 選擇適當的狀態方程式或廣義關聯式，以便在給定情況下應用，如下圖所示：

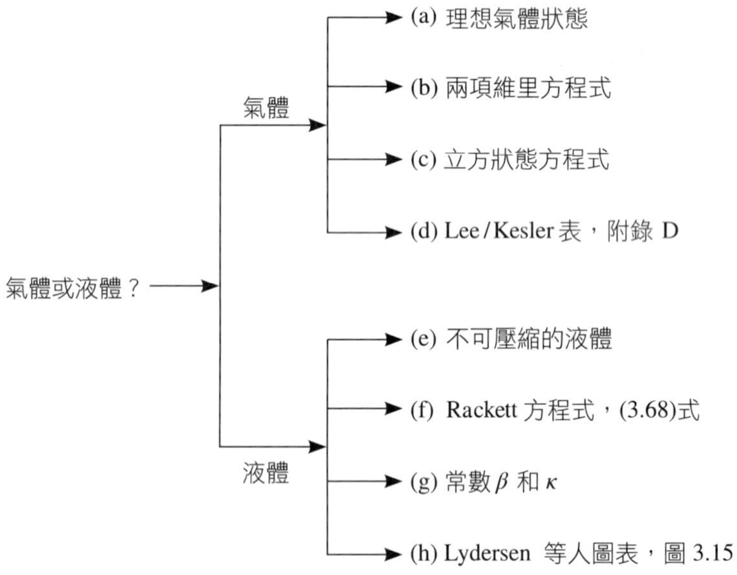

- 應用以壓力或莫耳密度表示的兩項維里狀態方程式。
- 將第二和第三維里係數與壓縮係數對莫耳密度的曲線的斜率和曲率相關聯。
- 寫出凡得瓦方程式和一般立方狀態方程式，並解釋狀態方程式參數如何與臨界性質相關。
- 定義並使用 T_r、P_r 和 ω。
- 解釋兩參數和三參數對應狀態關聯式的基礎。
- 從臨界性質計算 Redlich/Kwong、Soave/Redlich/Kwong 和 Peng/Robinson 狀態方程式的參數。

- 在給定的 T 和 P 下，在適當的情況求解任何立方狀態方程式，用於蒸汽或蒸汽狀和 / 或液體或液體狀莫耳體積。
- 將 Lee/Kesler 關聯式與附錄 D 中的數據一起應用。
- 在給定的 T 和 P 下，確定第二維里係數的 Pitzer 關聯式是否適用，並在適當時使用。
- 利用廣義關聯式估算液相莫耳體積。

3.10 習題

3.1. 必須指定多少個相律變數來固定以下每個系統的熱力學狀態？

(a) 一個密封的燒瓶，含有與其蒸汽平衡的液體乙醇 - 水混合物。

(b) 一個密封的燒瓶，含有與其蒸汽和氮氣平衡的液體乙醇 - 水混合物。

(c) 一個密封的燒瓶，含有乙醇、甲苯和水作為兩個液相加蒸汽。

3.2. 一個著名的實驗室報告 10.2 Mbar 和 24.1°C 的四點坐標，用於外來化學 β-miasmone 的同素異形固體形式的四相平衡。評估此說法。

3.3. 封閉的非反應系統包含汽 / 液平衡的物種 1 和 2。物種 2 是非常輕的氣體，基本上不溶於液相。氣相含有物種 1 和 2。系統中添加一些額外莫耳的物質 2，然後將其恢復到初始 T 和 P。由於這個過程，液體的總莫耳數是增加、減少還是保持不變？

3.4. 由氯仿、1,4- 二噁烷和乙醇組成的系統在 50°C 和 55 kPa 下係以兩相汽體 / 液體系統存在。加入一些純乙醇後，在初始 T 和 P 下系統可以恢復到兩相平衡。系統在哪些方面發生變化，在哪些方面沒有改變？

3.5. 對於習題 3.4 中描述的系統：

(a) 除了 T 和 P 之外，還必須選擇多少相律變數以固定兩相的組成？

(b) 如果溫度和壓力保持不變，系統的整體組成是否可以改變 (由添加或去除物質) 而不影響液相和汽相的組成？

3.6. 將體積膨脹係數和等溫壓縮係數表示為密度 ρ 及其偏導數的函數。對於 50°C 和 1 bar 的水，$\kappa = 44.18 \times 10^{-6}$ bar^{-1}。在 50°C 時，欲使水的密度改變 1%，則壓力的變化是多少？假設 κ 與 P 無關。

3.7. 通常體積膨脹係數 β 和等溫壓縮係數 κ 均與 T 和 P 有關。證明：

$$\left(\frac{\partial \beta}{\partial P}\right)_T = -\left(\frac{\partial \kappa}{\partial T}\right)_P$$

3.8. 液體的 Tait 方程式用等溫線寫成：

$$V = V_0\left(1 - \frac{AP}{B+P}\right)$$

其中 V 是莫耳體積或比容，V_0 是零壓力下的假設莫耳體積或比容，A 和 B 是正的常數。求與此方程式一致的等溫壓縮係數的表達式。

3.9. 對於液態水，等溫壓縮係數可由下式得到：

$$\kappa = \frac{c}{V(P+b)}$$

其中 c 和 b 僅是溫度的函數。若 1 kg 水在 60°C 時從 1 bar 等溫可逆壓縮到 500 bar，則需作多少功？在 60°C，$b = 2700$ bar，$c = 0.125$ $cm^3 \cdot g^{-1}$。

3.10. 在 32(°F) 恆溫下，將 $1(ft)^3$ 的汞從 1(atm) 壓縮到 3000(atm)，計算所作的可逆功。汞在 32(°F) 時的等溫壓縮係數為：

$$\kappa/(\text{atm})^{-1} = 3.9 \times 10^{-6} - 0.1 \times 10^{-9}\, P/(\text{atm})$$

3.11. 5 kg 液態四氯化碳在 1 bar 下經歷機械可逆的等壓狀態變化，在此期間溫度從 0°C 變化到 20°C。求 ΔV^t、W、Q、ΔH^t 和 ΔU^t。在 1 bar 和 0°C 下液態四氯化碳的性質可以假設與溫度無關：$\beta = 1.2 \times 10^{-3} K^{-1}$，$C_P = 0.84$ $kJ \cdot kg^{-1} \cdot K^{-1}$，$\rho = 1590$ $kg \cdot m^{-3}$。

3.12. 各式各式的盲鰻或黏液鰻魚生活在海底，在海裡，牠們在其他魚洞裡挖洞，從內而外吃掉牠們，並分泌大量的黏液。牠們的皮膚廣泛用於製作鰻魚皮錢包和配件。假設一隻盲鰻在海洋表面以下 200 m 深處，水溫為 10°C 的陷阱中被捕獲，然後帶到溫度為 15°C 的表面。如果假設等溫壓縮係數和體積膨脹係數為恆定且等於水的值，

$$\left(\beta = 10^{-4} K^{-1} \text{ 且 } \kappa = 4.8 \times 10^{-5} \text{ bar}^{-1}\right)$$

當盲鰻浮到水面時，其體積分率的變化是多少？

表 3.2 提供在習題 3.13 到習題 3.15 中使用的幾種液體在 20°C 和 1 bar[25] 下的比容、等溫壓縮係數體積膨脹係數，其中 β 和 κ 假定為常數。

表 3.2 液體在 20°C 下的體積性質

分子式	化學名稱	比容 $V/L \cdot kg^{-1}$	等溫壓縮係數 $\kappa/10^{-5}$ bar^{-1}	體積膨脹係數 $\beta/10^{-3} \cdot °C^{-1}$
$C_2H_4O_2$	Acetic Acid	0.951	9.08	1.08
C_6H_7N	Aniline	0.976	4.53	0.81
CS_2	Carbon Disulfide	0.792	9.38	1.12
C_6H_5Cl	Chlorobenzene	0.904	7.45	0.94
C_6H_{12}	Cyclohexane	1.285	11.3	1.15
$C_4H_{10}O$	Diethyl Ether	1.401	18.65	1.65
C_2H_5OH	Ethanol	1.265	11.19	1.40
$C_4H_8O_2$	Ethyl Acetate	1.110	11.32	1.35
C_8H_{10}	*m*-Xylene	1.157	8.46	0.99
CH_3OH	Methanol	1.262	12.14	1.49
CCl_4	Tetrachloromethane	0.628	10.5	1.14
C_7H_8	Toluene	1.154	8.96	1.05
$CHCl_3$	Trichloromethane	0.672	9.96	1.21

25 *CRC Handbook of Chemistry and Physics*, 90th Ed., pp. 6-140-6-141 and p. 15–25, CRC Press, Boca Raton, Florida, 2010.

3.13. 對於表 3.2 中的一種物質，計算當 1 kg 物質在 1 bar 的恆壓下從 15°C 加熱到 25°C 時的體積變化和所作的功。

3.14. 對於表 3.2 中的一種物質，計算當 1 kg 物質在 20°C 的恆溫下從 1 bar 壓縮到 100 bar 時的體積變化和所作的功。

3.15. 對於表 3.2 中的一種物質，在恆容下，計算物質從 15°C 和 1 bar 加熱到 25°C 時的最終壓力。

3.16. κ 為常數的物質經歷從初始狀態 (P_1, V_1) 到最終狀態 (P_2, V_2) 的等溫、機械可逆程序，其中 V 是莫耳體積。

(a) 從 κ 的定義開始，證明這個過程的路徑可以描述如下：

$$V = A(T)\exp(-\kappa P)$$

(b) 求這種恆定的 κ 物質 1 mol 進行等溫功的精確表達式。

3.17. $C_P = (7/2)R$ 和 $C_V = (5/2)R$ 的 1 莫耳理想氣體，從 $P_1 = 8$ bar 和 $T_1 = 600$ K 經由以下各路徑膨脹到 $P_2 = 1$ bar：

(a) 恆容；(b) 恆溫；(c) 絕熱。

假設機械可逆性，計算每個過程的 W、Q、ΔU 和 ΔH，在同一 PV 圖上繪出每條路徑。

3.18. $C_P = (5/2)R$ 和 $C_V = (3/2)R$ 的 1 莫耳理想氣體，從 $P_1 = 6$ bar 和 $T_1 = 800$ K 經由以下各路徑膨脹到 $P_2 = 1$ bar：

(a) 恆容；(b) 恆溫；(c) 絕熱。

假設機械可逆性，計算每個程序的 W、Q、ΔU 和 ΔH。在同一 PV 圖上繪出每條路徑。

3.19. 最初在 600 K 和 10 bar 的理想氣體，在封閉系統中經歷四個步驟的機械可逆循環。在步驟 12 中，壓力在恆溫下降至 3 bar；在步驟 23 中，壓力在恆容下降至 2 bar；在步驟 34 中，體積在恆壓下減少；在步驟 41 中，氣體絕熱地返回到它的初始狀態。取 $C_P = (7/2)R$ 和 $C_V = (5/2)R$。

(a) 在 PV 圖上繪製循環程序。

(b) 求狀態 1、2、3 及 4 的 T 和 P。

(c) 計算循環程序中每個步驟的 Q、W、ΔU 和 ΔH。

3.20. 最初在 300 K 和 1 bar 的理想氣體，在封閉系統中經歷三個步驟的機械可逆循環。在步驟 12 中，壓力在恆溫下增加至 5 bar；在步驟 23 中，壓力在恆容下增加；在步驟 31 中，氣體絕熱地返回到它的初始狀態。取 $C_P = (7/2)R$ 和 $C_V = (5/2)R$。

(a) 在 PV 圖上繪製循環程序。

(b) 求狀態 1、2 及 3 的 V、T 和 P。

(c) 計算循環程序中每個步驟的 Q、W、ΔU 和 ΔH。

3.21. $C_P = (5/2)R$ 的理想氣體狀態，經由以下機械可逆程序，從 $P = 1$ bar 和 $V_1^t = 12$ m^3 變為 $P_2 = 12$ bar 和 $V_2^t = 1$ m^3：

(a) 等溫壓縮。

(b) 絕熱壓縮，然後在恆壓下冷卻。

(c) 絕熱壓縮，然後在恆容下冷卻。

(d) 恆容加熱，然後在恆壓下冷卻。

(e) 恆壓冷卻，然後在恆容下加熱。

計算每個過程的 Q、W、ΔU^t 和 ΔH^t，在同一 PV 圖上繪出所有過程的路徑。

3.22. **環境垂直遞減率** (environmental lapse rate) dT/dz 是描述地球大氣層中當地溫度隨高度上升而遞減的幅度。根據流體靜力學公式，大氣壓力隨高度而變化，

$$\frac{dP}{dz} = -\mathscr{M}\rho g$$

其中 $\mathscr{M}$ 是莫耳質量，ρ 是莫耳密度，g 是當地的重力加速度。假設大氣是理想氣體，T 與多變的公式有關：

$$TP^{(1-\delta)/\delta} = \text{常數}$$

建立一個與 $\mathscr{M}$、g、R 和 δ 相關的環境垂直遞減率的表達式。

3.23. 抽真空的儲槽中充滿來自恆壓管線的氣體。建立一個關於槽內氣體溫度與管線中氣體溫度 T' 的表達式。假設氣體是具有恆定熱容量的理想氣體，並忽略氣體和儲槽之間的熱傳遞。

3.24. 體積為 0.1 m^3 的槽含有 25°C 和 101.33 kPa 的空氣。該槽連接到壓縮空氣管線，該空氣管線在 45°C 和 1500 kPa 的恆定條件下供應空氣。管路中的閥有裂縫，使空氣緩慢流入槽內，直至槽內壓力等於管線壓力。若過程進行得很慢，使槽內的溫度保持在 25°C，則槽會損失多少熱量？假設空氣是理想氣體，其 $C_P = (7/2)R$ 和 $C_V = (5/2)R$。

3.25. 供應管線中含有 T 和 P 恆定的氣體，管線經由閥連接到一個密閉槽，而槽內含有較低壓力的相同氣體。打開閥以允許氣體流入槽，然後再次關閉。

(a) 建立一個在過程開始和結束時，槽內氣體的莫耳數 (或質量) n_1 和 n_2，與在過程開始和結束時，槽內氣體的內能 U_1 和 U_2，供應管線中的氣體焓 H'，以及在該過程中傳遞給槽內物質的熱量 Q 相關的一般方程式。

(b) 對於具有恆定熱容量的理想氣體的特殊情況，將一般方程式化簡為最簡單的形式。

(c) 對於 $n_1 = 0$ 的情況，進一步化簡 (b) 的方程式。

(d) 對於其中 $Q = 0$ 的情況，進一步化簡 (c) 的方程式。

(e) 將氮氣視為 $C_P = (7/2)R$ 的理想氣體進行處理，當供應管線中 25°C 和 3 bar 的氮氣以穩態流入 4 m^3 體積的真空槽中，在下列兩種情況下，將適當的公式應用於計算當槽內壓力等於管線壓力時流入槽內的氮氣莫耳數：

1. 假設沒有熱量從氣體流到槽或通過槽壁。
2. 假設槽重 400 kg，完全絕熱，初始溫度為 25°C，比熱為 0.46 kJ·kg^{-1}·K^{-1}，並且槽一直被氣體加熱，以使其溫度始終與槽內氣體溫度相同。

3.26. 當氣體由儲槽內流出，槽從初始壓力 P_1 降到最終壓力 P_2，建立可以求解的方程式，以求出槽內剩餘氣體的最終溫度。已知量是初始溫度、槽的體積、氣體的熱容量、儲槽的總熱容量、P_1 和 P_2。假設槽是完全絕熱，而其溫度始終與槽內剩餘氣體的溫度相同。

3.27. 體積為 4 m^3 的剛性非導電槽由薄膜分成兩個不相等的部分。膜的一側，占槽的 1/3，含有 6 bar 和 100°C 的氮氣，而另一側，占槽的 2/3，是真空。當膜破裂，氣體充滿槽。
(a) 氣體的最終溫度是多少？作了多少功？這個過程是否為可逆？
(b) 設想一個可逆程序，氣體可以返回其初始狀態，此時作了多少功？
假設氮是理想氣體，其 $C_P = (7/2)R$ 且 $C_V = (5/2)R$。

3.28. 初始狀態為 30°C 和 100 kPa 的理想氣體在封閉系統中經歷以下循環過程：
(a) 在機械可逆程序中，首先將其絕熱壓縮至 500 kPa，然後在 500 kPa 的恆壓下冷卻至 30°C，最後等溫膨脹至其初始狀態。
(b) 循環經歷完全相同的狀態變化，但與相應的機械可逆程序相比，每個步驟都是不可逆的，效率為 80%。注意：初始步驟不再是絕熱的。
對於過程的每個步驟和整個循環，計算 Q、W、ΔU 和 ΔH。取 $C_P = (7/2)R$ 和 $C_V = (5/2)R$。

3.29. 在 600 K 和 1000 kPa 下，一立方米的理想氣體經下列各程序膨脹至其初始體積的五倍：
(a) 機械可逆的等溫程序。
(b) 機械可逆的絕熱程序。
(c) 絕熱、不可逆程序，其中膨脹抵抗 100 kPa 的抑制壓力。
對於每種情況，計算最終溫度、壓力和氣體所作的功。取 $C_P = 21\ \text{J·mol}^{-1}\text{·K}^{-1}$。

3.30. 最初在 150°C 和 8 bar 下的 1 莫耳空氣經歷以下機械可逆變化。它以等溫膨脹至一定壓力後，再以恆容冷卻至 50°C 時，其最終壓力為 3 bar。假設空氣是 $C_P = (7/2)R$ 和 $C_V = (5/2)R$ 的理想氣體，計算 W、Q、ΔU 和 ΔH。

3.31. 理想氣體在穩定狀態下流經一水平管。沒有熱量加入，也沒有軸功。管的截面積隨長度而變化，這導致速度改變。導出一個與氣體溫度和速度有關的方程式。如果 150°C 的氮氣以 2.5 m·s^{-1} 的速度流過管子的一段，而以 50 m·s^{-1} 的速度流過另一段，則另一段的溫度是多少？假設 $C_P = (7/2)R$。

3.32. 最初在 30°C 和 1 bar 的 1 莫耳理想氣體經歷三種不同的機械可逆程序變為 130°C 和 10 bar：
- 首先將氣體以恆容加熱至 130°C；然後將其恆溫壓縮至 10 bar。
- 首先將氣體以恆壓加熱至 130°C；然後將其恆溫壓縮至 10 bar。
- 首先將氣體以恆溫壓縮至 10 bar；然後將其恆壓加熱至 130°C。

在每種情況下，計算 Q、W、ΔU 和 ΔH。取 $C_P = (7/2)R$ 和 $C_V = (5/2)R$，或者取 $C_P = (5/2)R$ 和 $C_V = (3/2)R$。

3.33. 初始狀態為 30°C 和 1 bar 的 1 莫耳理想氣體經歷以下機械可逆變化。將其恆溫壓縮至某狀態，使得當其以恆容加熱至 120°C 時，其最終壓力為 12 bar。計算這個過程的 Q、W、ΔU 和 ΔH。

3.34. 最初在 25°C 和 10 bar 下，封閉系統中的 1 莫耳理想氣體首先絕熱膨脹，然後等溫加熱以達到 25°C 和 1 bar 的最終狀態。假設這些過程是機械可逆的，在絕熱膨脹後計算 T 和 P，並計算每個步驟的 Q、W、ΔU 和 ΔH 及整個過程。取 $C_P = (7/2)R$ 和 $C_V = (5/2)R$。

3.35. 某一程序包括兩個步驟：(1) 在 $T = 800$ K 和 $P = 4$ bar 的 1 莫耳空氣以恆容冷卻至 $T = 350$ K；(2) 然後在恆壓下加熱空氣，直至其溫度達到 800 K。若將這兩步驟的程序替換為空氣從 800 K 和 4 bar 等溫膨脹到最終壓力為 P 的單一程序，則 P 值是多少才能使兩個程序所作的功相同？假設機械可逆程序，並將空氣作為理想氣體處理，其中 $C_P = (7/2)R$ 且 $C_V = (5/2)R$。

3.36. 1 立方米的氬氣經由以下的兩步驟路徑，從 1 bar 和 25°C 變化至 10 bar 和 300°C。對於每個路徑，計算每個步驟和整個過程的 Q、W、ΔU 和 ΔH。假設機械可逆程序並將氬氣作為理想氣體處理，其中 $C_P = (5/2)R$ 且 $C_V = (3/2)R$。

(a) 等溫壓縮，然後進行等壓加熱。

(b) 絕熱壓縮，然後進行等壓加熱或冷卻。

(c) 絕熱壓縮，然後進行等容加熱或冷卻。

(d) 絕熱壓縮，然後進行等溫壓縮或膨脹。

3.37. 用於求出圓筒的內部容積 V_B^t 的方案包括以下步驟。圓筒充滿氣體至低壓 P_1，並經由小線和閥連接到已知體積 V_A^t 的真空儲槽。閥打開後，氣體通過管線流入槽中。在系統返回其初始溫度後，靈敏壓力傳感器提供圓筒內的壓力變化 ΔP 的值。根據以下數據求圓筒的容積 V_B^t：

- $V_A^t = 256\ \text{cm}^3$
- $\Delta P/P_1 = -0.0639$

3.38. 一個封閉的、不導電的水平圓筒裝有一個不導電的、無摩擦的浮動活塞，將圓筒分成 A 和 B 部分。兩個部分包含相同質量的空氣，最初狀態均為 $T_1 = 300$ K，$P_1 = 1$(atm)。當 A 部分中的電加熱元件啟動後，空氣的溫度緩慢增加：A 部分中的溫度 T_A 由於熱傳而增加，B 部分中的溫度 T_B 由於緩慢移動活塞的絕熱壓縮而增加。將空氣視為理想氣體，$C_P = \frac{7}{2}R$，令 n_A 為 A 部分的空氣莫耳數。對於所述過程，計算下列各情況下的值：

(a) 若 P(最終) = 1.25(atm)，求 T_A、T_B 和 Q/n_A。

(b) 若 $T_A = 425$ K，求 T_B、Q/n_A 和 P(最終)。

(c) 若 $T_B = 325$ K，求 T_A、Q/n_A 和 P(最終)。

(d) 若 $Q/n_A = 3\ \text{kJ·mol}^{-1}$，求 T_A、T_B 和 R(最終)。

3.39. 具有恆定熱容量的 1 莫耳理想氣體經歷任意的機械可逆程序。證明：

$$\Delta U = \frac{1}{\gamma - 1}\Delta(PV)$$

3.40. 推導出 1 mol 氣體從初始壓力 P_1 到最終壓力 P_2 的機械可逆、等溫壓縮功的方程式，其中狀態方程式是維里展開式 [(3.33) 式] 的截取式：

$$Z = 1 + B'P$$

此與理想氣體的相應方程式進行比較結果如何？

3.41. 某氣體由下列狀態方程式描述：

$$PV = RT + \left(b - \frac{\theta}{RT}\right)P$$

其中 b 是常數，θ 僅是 T 的函數。對於這種氣體，求恆溫壓縮係數 κ 和熱壓係數 $(\partial P/\partial T)_V$ 的表達式。這些表達式應僅包含 T、P、θ、$d\theta/dT$ 和常數。

3.42. 對於 100°C 的氯甲烷，第二和第三維里係數為：

$$B = -242.5 \text{ cm}^3\cdot\text{mol}^{-1} \qquad C = 25{,}200 \text{ cm}^6\cdot\text{mol}^{-2}$$

在 100°C 下，1 mol 氯甲烷從 1 bar 經機械可逆、恆溫壓縮到 55 bar，求所作的功。計算係基於以下形式的維里方程式：

(a) $$Z = 1 + \frac{B}{V} + \frac{C}{V^2}$$

(b) $$Z = 1 + B'P + C'P^2$$

其中 $$B' = \frac{B}{RT} \quad 且 \quad C' = \frac{C - B^2}{(RT)^2}$$

為什麼兩個方程式不能得到完全相同的結果？

3.43. 對於氣體而言，在零壓力極限中成立的任何狀態方程式都意味著包含完整的維里係數。證明一般立方狀態方程式 (3.41) 式的第二和第三維里係數是：

$$B = b - \frac{a(T)}{RT} \qquad C = b^2 + \frac{(\varepsilon + \sigma)ba(T)}{RT}$$

針對 RK 狀態方程式表示 B，以對比形式表示，並將數值與簡單流體 B 的廣義關聯式 (3.61) 式進行比較，並討論所得的結果。

3.44. 由下列方程式計算乙烯在 25°C 和 12 bar 時的 Z 與 V：

(a) 具有下列維里係數實驗值的截取維里方程式 [(3.38) 式]：

$$B = -140 \text{ cm}^3\cdot\text{mol}^{-1} \quad C = 7200 \text{ cm}^6\cdot\text{mol}^{-2}$$

(b) 截取的維里方程式 [(3.36) 式]，其中 B 值來自廣義 Pitzer 關聯式 [(3.58) 式到 (3.62) 式]。

(c) RK 方程式。

(d) SRK 方程式。

(e) PR 方程式。

3.45. 由下列方程式計算乙烷在 50°C 和 15 bar 時的 Z 與 V：

(a) 具有下列維里係數實驗值的截取維里方程式 [(3.38) 式]：

$$B = -156.7 \text{ cm}^3\cdot\text{mol}^{-1} \quad C = 9650 \text{ cm}^6\cdot\text{mol}^{-2}$$

(b) 截取的維里方程式 [(3.36) 式]，其中 B 值來自廣義 Pitzer 關聯式 [(3.58) 式到 (3.62) 式]。

(c) RK 方程式。

(d) SRK 方程式。

(e) PR 方程式。

3.46. 由下列方程式計算六氟化硫在 75°C 和 15 bar 時的 Z 與 V：

(a) 具有下列維里係數實驗值的截取維里方程式 [(3.38) 式]：

$$B = -194\ \text{cm}^3\cdot\text{mol}^{-1} \quad C = 15{,}300\ \text{cm}^6\cdot\text{mol}^{-2}$$

(b) 截取的維里方程式 [(3.36) 式]，其中 B 值來自廣義的 Pitzer 關聯式 [(3.58) 式到 (3.62) 式]。

(c) RK 方程式。

(d) SRK 方程式。

(e) PR 方程式。

對於六氟化硫，$T_c = 318.7$ K，$P_c = 37.6$ bar，$V_c = 198\ \text{cm}^3\cdot\text{mol}^{-1}$，且 $\omega = 0.286$。

3.47. 由下列方程式計算氨在 320 K 和 15 bar 時的 Z 與 V：

(a) 具有下列維里係數值的截取維里方程式 [(3.38) 式]：

$$B = -208\ \text{cm}^3\cdot\text{mol}^{-1} \quad C = 4378\ \text{cm}^6\cdot\text{mol}^{-2}$$

(b) 截取的維里方程式 [(3.36) 式]，其中 B 值來自廣義的 Pitzer 關聯式 [(3.58) 式到 (3.62) 式]。

(c) RK 方程式。

(d) SRK 方程式。

(e) PR 方程式。

3.48. 由下列方程式計算三氯化硼在 300 K 和 1.5 bar 時的 Z 與 V：

(a) 具有下列維里係數值的截取維里方程式 [(3.38) 式]：

$$B = -724\ \text{cm}^3\cdot\text{mol}^{-1} \quad C = -93{,}866\ \text{cm}^6\cdot\text{mol}^{-2}$$

(b) 截取的維里方程式 [(3.36) 式]，其中 B 值來自廣義的 Pitzer 關聯式 [(3.58) 式到 (3.62) 式]。

(c) RK 方程式。

(d) SRK 方程式。

(e) PR 方程式。

對於 BCl_3，$T_c = 452$ K，$P_c = 38.7$ bar，$\omega = 0.086$。

3.49. 由下列方程式計算三氟化氮在 300 K 和 95 bar 時的 Z 與 V：

(a) 具有下列維里係數值的截取維里方程式 [(3.38) 式]：

$$B = -83.5\ \text{cm}^3\cdot\text{mol}^{-1} \quad C = -5592\ \text{cm}^6\cdot\text{mol}^{-2}$$

(b) 截取的維里方程式 [(3.36) 式]，其中 B 值來自廣義的 Pitzer 關聯式 [(3.58) 式到 (3.62) 式]。

(c) RK 方程式。

(d) SRK 方程式。

(e) PR 方程式。

對於 NF_3，$T_c = 234$ K，$P_c = 44.6$ bar，$\omega = 0.126$。

3.50. 由下列方法計算水蒸汽在 250°C 和 1800 kPa 時的 Z 和 V：

(a) 具有下列維里係數值的截取維里方程式 [(3.38) 式]：

$$B = -152.5 \text{ cm}^3\cdot\text{mol}^{-1} \quad C = -5800 \text{ cm}^6\cdot\text{mol}^{-2}$$

(b) 截取的維里方程式 [(3.36) 式]，其中 B 值來自廣義的 Pitzer 關聯式 [(3.58) 式到 (3.62) 式]。

(c) 蒸汽表 (附錄 E)。

3.51. 由 (3.33) 式和 (3.34) 式的維里展開式，證明：

$$B' = \left(\frac{\partial Z}{\partial P}\right)_{T,P=0} \quad \text{且} \quad B = \left(\frac{\partial Z}{\partial \rho}\right)_{T,\rho=0}$$

其中 $\rho \equiv 1/V$。

3.52. 截取到四項時的 (3.34) 式可精確地表示 0°C 時甲烷氣體的體積數據，其中：

$$B = -53.4 \text{ cm}^3\cdot\text{mol}^{-1} \quad C = 2620 \text{ cm}^6\cdot\text{mol}^{-2} \quad D = 5000 \text{ cm}^9\cdot\text{mol}^{-3}$$

(a) 使用這些數據繪出在 0°C 下，由 0 到 200 bar 甲烷的 Z 對 P 的關係圖。

(b) 壓力要達到多少，(3.36) 式和 (3.37) 式才能提供良好的近似值？

3.53. 由 RK 方程式計算飽和液體的莫耳體積與飽和蒸汽的莫耳體積，並將結果與合適的廣義關聯式得到的值進行比較。

(a) 40°C 的丙烷，其中 $P^{sat} = 13.71$ bar。

(b) 50°C 的丙烷，其中 $P^{sat} = 17.16$ bar。

(c) 60°C 的丙烷，其中 $P^{sat} = 21.22$ bar。

(d) 70°C 的丙烷，其中 $P^{sat} = 25.94$ bar。

(e) 100°C 的正丁烷，其中 $P^{sat} = 15.41$ bar。

(f) 110°C 的正丁烷，其中 $P^{sat} = 18.66$ bar。

(g) 120°C 的正丁烷，其中 $P^{sat} = 22.38$ bar。

(h) 130°C 的正丁烷，其中 $P^{sat} = 26.59$ bar。

(i) 90°C 的異丁烷，其中 $P^{sat} = 16.54$ bar。

(j) 100°C 的異丁烷，其中 $P^{sat} = 20.03$ bar。

(k) 110°C 的異丁烷，其中 $P^{sat} = 24.01$ bar。

(l) 120°C 的異丁烷，其中 $P^{sat} = 28.53$ bar。

(m) 60°C 的氯，其中 $P^{sat} = 18.21$ bar。

(n) 70°C 的氯，其中 $P^{sat} = 22.49$ bar。

(o) 80°C 的氯，其中 $P^{sat} = 27.43$ bar。

(p) 90°C 的氯，其中 $P^{sat} = 33.08$ bar。

(q) 80°C 的二氧化硫，其中 $P^{sat} = 18.66$ bar。

(r) 90°C 的二氧化硫，其中 $P^{sat} = 23.31$ bar。

(s) 100°C 的二氧化硫，其中 $P^{sat} = 28.74$ bar。

(t) 110°C 的二氧化硫，其中 $P^{sat} = 35.01$ bar。

(u) 400 K 的三氯化硼，其中 $P^{sat} = 17.19$ bar。

對於 BCl_3，$T_c = 452$ K，$P_c = 38.7$ bar，$\omega = 0.086$。

(v) 420 K 的三氯化硼，其中 $P^{sat} = 23.97$ bar。

(w) 440 K 的三氯化硼，其中 $P^{sat} = 32.64$ bar。

(x) 430 K 的三甲基鎵，其中 $P^{sat} = 13.09$ bar。

對於 $Ga(CH_3)_3$，$T_c = 510$ K，$P_c = 40.4$ bar，$\omega = 0.205$。

(y) 450 K 的三甲基鎵，其中 $P^{sat} = 18.27$ bar。

(z) 470 K 的三甲基鎵，其中 $P^{sat} = 24.55$ bar。

3.54. 對於習題 3.53 給出的物質和條件，使用 SRK 方程式計算飽和液體與飽和蒸汽的莫耳體積，並將結果與適當的廣義關聯式得到的值進行比較。

3.55. 對於習題 3.53 給出的物質和條件，使用 PR 方程式計算飽和液體與飽和蒸汽的莫耳體積，並將結果與適當的廣義關聯式得到的值進行比較。

3.56. 估計以下各值：

(a) 在 55°C 和 35 bar 下，18 kg 乙烯占有的體積。

(b) 在 50°C 和 115 bar 下，0.25 m^3 圓筒中含有的乙烯質量。

3.57. 特定化合物的氣相莫耳體積在 300 K 和 1 bar 下為 23,000 $cm^3 \cdot mol^{-1}$。若沒有其他數據可用，且在不假設理想氣體行為的情況下，求 300 K 和 5 bar 下蒸汽莫耳體積的合理估計值。

3.58. 試估算乙醇蒸汽在 480°C 和 6000 kPa 的莫耳體積是多少？這個結果與理想氣體值相比如何？

3.59. 使用 0.35 m^3 的容器在丙烷的蒸汽壓下儲存液體丙烷。安全考慮要求在 320 K 的溫度下，液體必須不超過容器總容積的 80%。在這些條件下，求容器中蒸汽的質量和液體的質量。在 320 K，丙烷的蒸汽壓為 16.0 bar。

3.60. 一個 30 m^3 的儲槽含有 14 m^3 的液體正丁烷，在 25°C 下與其蒸汽平衡。估算槽內正丁烷蒸汽的質量。在給定溫度下，正丁烷的蒸汽壓為 2.43 bar。

3.61. 估算：

(a) 在 60°C 和 14,000 kPa 下，0.15 m^3 容器中含有的乙烷質量。

(b) 儲存在 0.15 m^3 容器中的 40 kg 乙烷，壓力為 20,000 kPa 時的溫度。

3.62. D 型壓縮圓筒的內部容積為 2.40 升。如果在 20°C 下，圓筒含有 454 g 以下半導體程序氣體之一，則估算 D 型圓筒中的壓力：

(a) 磷，PH_3，其中 $T_c = 324.8$ K，$P_c = 65.4$ bar，$\omega = 0.045$。

(b) 三氟化硼，BF_3，其中 $T_c = 260.9$ K，$P_c = 49.9$ bar，$\omega = 0.434$。

(c) 矽烷，SiH_4，其中 $T_c = 269.7$ K，$P_c = 48.4$ bar，$\omega = 0.094$。

(d) 鍺烷，GeH_4，其中 $T_c = 312.2$ K，$P_c = 49.5$ bar，$\omega = 0.151$。

(e) 砷，AsH_3，其中 $T_c = 373$ K，$P_c = 65.5$ bar，$\omega = 0.011$。

(f) 三氟化氮，NF_3，其中 $T_c = 234$ K，$P_c = 44.6$ bar，$\omega = 0.120$。

3.63. 對於習題 3.62 中的一種物質，估算 D 型圓筒中包含的物質在 20°C 和 25 bar 時的質量。

3.64. 使用空氣的休閒水肺潛水限制在 40 m 的深度。技術潛水員使用不同深度的不同氣體混合物，使其更深入。假設肺容量為 6 升，估計肺部的空氣質量：

(a) 大氣條件下的人。

(b) 休閒潛水員在海面以下 40 m 處呼吸空氣。

(c) 近距離世界紀錄的技術潛水員，海面以下 300 m 深處，呼吸 10 mol% 氧氣，20 mol% 氮氣，70 mol% 氦氣。

3.65. 在 25°C 下，將 40 kg 的乙烯儲存於 0.15 m^3 的容器中，則壓力是多少？

3.66. 若將 0.4 m^3 容器中的 15 kg H_2O 加熱到 400°C，則產生的壓力是多少？

3.67. 0.35 m^3 的容器在 25°C 和 2200 kPa 下含有乙烷蒸汽，若將其加熱到 220°C，則產生的壓力是多少？

3.68. 0.5 m^3 容器在 30°C 下加入 10 kg 二氧化碳，則壓力是多少？

3.69. 有一剛性容器，用正常沸點的液態氮填充其體積的一半，並將其加熱至 25°C，則產生的壓力是多少？在正常沸點下，液態氮的莫耳體積為 34.7 $cm^3 \cdot mol^{-1}$。

3.70. 異丁烷液體在 300 K 和 4 bar 下的比容為 1.824 $cm^3 \cdot g^{-1}$，估算在 415 K 和 75 bar 下的比容。

3.71. 液態正戊烷的密度在 18°C 和 1 bar 下為 0.630 $g \cdot cm^{-3}$，估算其在 140°C 和 120 bar 下的密度。

3.72. 估算液態乙醇在 180°C 和 200 bar 下的密度。

3.73. 估算在 20°C 下氨汽化的體積變化。在此溫度下，氨的蒸汽壓為 857 kPa。

3.74. *PVT* 數據可藉由以下步驟獲得：將質量為 m 且莫耳質量為 $\mathscr{M}$ 的物質引入已知總體積為 V^t 的恆溫容器中。使系統平衡後，測量溫度 T 和壓力 P。

(a) 若計算的壓縮係數 Z 中的最大允許誤差為 ±1%，則測量變數 (m、$\mathscr{M}$、V^t、T 和 P) 中允許的誤差百分比大約是多少？

(b) 若第二維里係數 B 的計算值中的最大允許誤差為 ±1%，則測量變數中允許的誤差百分比大約是多少？假設 $Z \simeq 0.9$ 且 B 的值由 (3.37) 式計算。

3.75. 對於由 RK 方程式描述的氣體且對於溫度大於 T_c 時，推導出兩個極限斜率的表達式：

$$\lim_{P \to 0} \left(\frac{\partial Z}{\partial P} \right)_T \qquad \lim_{P \to \infty} \left(\frac{\partial Z}{\partial P} \right)_T$$

注意，當 $P \to 0$ 時，$V \to \infty$，當 $P \to \infty$ 時，$V \to b$。

3.76. 若在 60(°F) 和 1(atm) 下 $140(\text{ft})^3$ 的甲烷氣體，相當於汽車引擎中 1(gal) 的汽油燃料，則在 3000(psia) 和 60(°F) 下需要多少體積的甲烷，才相當於 10(gal) 的汽油？

3.77. 求 25 K 和 3.213 bar 飽和氫蒸汽的壓縮係數 Z 的良好估計值，與實驗值 $Z = 0.7757$ 相比較。

3.78. **波義耳溫度** (Boyle temperature) 是滿足：

$$\lim_{P \to 0} \left(\frac{\partial Z}{\partial P} \right)_T = 0$$

的溫度。

(a) 證明第二維里係數 B 在波義耳溫度時為零。

(b) 使用 B 的廣義關聯式，(3.58) 式到 (3.62) 式，估算簡單流體的對比波義耳溫度。

3.79. 天然氣 (假設為純甲烷) 經由管線以每天 1.5 億標準立方英尺的體積流率輸送到城市。平均輸送條件為 50(°F) 和 300(psia)。求：

(a) 體積輸送率，以每天實際立方英尺為單位。

(b) 莫耳輸送率，以每小時 kmol 為單位。

(c) 輸送條件下的氣體速度，以 $\text{m}\cdot\text{s}^{-1}$ 為單位。

管線為 24(in) schedule-40 的鋼管，內徑為 22.624(in)。標準狀況是 60(°F) 和 1(atm)。

3.80. 有些對應狀態關聯式使用臨界壓縮係數 Z_c，而不是使用離心係數 ω 作為第三參數。兩種類型的關聯式 (一種基於 T_c、P_c 和 Z_c；另一種基於 T_c、P_c 和 ω) 在 Z_c 和 ω 之間存在一對一的對應關係。附錄 B 的數據可測試這種對應關係。將 Z_c 對 ω 作圖，觀察 Z_c 與 ω 的關聯程度。建立非極性物質的線性關聯式 ($Z_c = a + b\omega$)。

3.81. 圖 3.3 表明恆容線 (恆定體積的路徑) 在 PT 圖上近似為直線。證明以下模型意味著線性恆容線。

(a) β、κ 恆定的液體方程式；(b) 理想氣體方程式；(c) 凡得瓦方程式。

3.82. 最初在 25°C 和 1 bar 的理想氣體在封閉系統中經歷以下循環過程：

(a) 在機械可逆程序中，首先將其絕熱壓縮至 5 bar，然後在 5 bar 的恆壓下冷卻至 25°C，最後恆溫膨脹至其初始壓力。

(b) 循環是不可逆，與相應的機械可逆程序相比，每個步驟的效率為 80%。此循環仍然包括絕熱壓縮步驟、恆壓冷卻步驟和恆溫膨脹。

計算每個步驟和整個循環的 Q、W、ΔU 和 ΔH。取 $C_P = (7/2)R$ 和 $C_V = (5/2)R$。

3.83. 證明經由下列表達式：

$$B = \lim_{\rho \to 0} (Z - 1)/\rho \qquad \rho(\text{莫耳密度}) \equiv 1/V$$

可以從等溫體積數據導出密度級數的第二維里係數。

3.84. 使用前面習題的方程式和附錄 E 的表 E.2 中的數據，求下列溫度的水的 B 值：

(a) 300°C；(b) 350°C；(c) 400°C。

3.85. 對於下列狀態方程式，導出表 3.1 中給出的 Ω、Ψ 和 Z_c 的值。

(a) RK 狀態方程式。

(b) SRK 狀態方程式。

(c) PR 狀態方程式。

3.86. 假設在恆定 T_r 下有可供使用的 Z 對 P_r 數據。證明利用此數據經由以下表達式可導出對比密度級數的第二維里係數：

$$\hat{B} = \lim_{P_r \to 0} (Z - 1) Z T_r / P_r$$

建議：基於密度的完全維里展開式，(3.34) 式。

3.87. 使用前面習題的結果和附錄 D 的表 D.1 中的數據，得到 $T_r = 1$ 時簡單流體的 B 值，將結果與 (3.61) 式所計算的值進行比較。

3.88. 在一家大型工程公司的走廊裡聽到以下對話。

新手工程師：「嗨，老大。為何如此開心？」

老手：「我和哈利打賭，最後贏得賭注。他打賭我無法對 30°C 和 300 bar 的氫氣莫耳體積進行快速而準確的估算。那沒什麼；我使用理想氣體方程式，得到約 83 $cm^3 \cdot mol^{-1}$。哈利搖了搖頭，但還是付了錢。你覺得怎麼樣？」

新手工程師 (查他的熱力學教科書)：「我認為你一定是對的。」

在所給條件下的氫氣不是理想氣體。以數字顯示為什麼資深前輩贏得賭注。

3.89. 在封閉的、剛性的 1800 cm^3 內部空體積的高壓容器中，將 5 mol 的碳化鈣與 10 mol 的水混合。乙炔氣體是由下列反應產生的：

$$CaC_2(s) + 2H_2O(l) \rightarrow C_2H_2(g) + Ca(OH)_2(s)$$

容器包含孔隙率為 40% 的填料，以防止乙炔的爆炸性分解。初始狀態為 25°C 和 1 bar，達到反應完全。反應是放熱的，但由於有熱傳，所以最終溫度僅 125°C。求容器中的最終壓力。

注意：在 125°C 時，$Ca(OH)_2$ 的莫耳體積為 33.0 $cm^3 \cdot mol^{-1}$。忽略最初存在於容器中的任何氣體 (如空氣) 的影響。

3.90. 需要儲存 35,000 kg 丙烷，進料是 10°C 和 1(atm) 的氣體。提出下列兩項提案：

(a) 直接以 10°C 和 1(atm) 的氣體儲存。

(b) 以 10°C 和 6.294(atm) 的液體與其蒸汽平衡狀態儲存。對於這種儲存模式，液體占儲槽容積的 90%。

比較兩個提案，討論每個提案的優缺點。盡可能以定量表示。

3.91. 壓縮係數 Z 的定義，(3.32) 式，可以用更直觀的形式寫出：

$$Z \equiv \frac{V}{V(\text{理想氣體})}$$

其中兩個體積處於相同的 T 和 P。回想一下，理想氣體的模型是物質所含的粒子沒有分子間力。使用 Z 的直觀定義來證明：

(a) 分子間吸引力促進 $Z < 1$ 的值。

(b) 分子間排斥力促進 $Z > 1$ 的值。

(c) 吸引力和排斥力的平衡意味著 $Z = 1$。(注意：理想氣體是一種特例，因為它沒有吸引力或排斥力。)

3.92. 將狀態方程式的一般形式寫為：

$$Z = 1 + Z_{rep}(\rho) - Z_{attr}(T, \rho)$$

其中 $Z_{rep}(\rho)$ 代表來自排斥力的貢獻，而 $Z_{attr}(T, \rho)$ 代表來自吸引力的貢獻。凡得瓦狀態方程式的排斥力的貢獻和吸引力的貢獻是什麼？

3.93. 下面給出凡得瓦狀態方程式的四個提出的修改。這些修改是否合理？請仔細解釋；諸如「它不是體積的立方」之類的陳述是不合格的。

(a) $P = \dfrac{RT}{V-b} - \dfrac{a}{V}$；(b) $P = \dfrac{RT}{(V-b)^2} - \dfrac{a}{V}$；(c) $P = \dfrac{RT}{V(V-b)} - \dfrac{a}{V^2}$；(d) $P = \dfrac{RT}{V} - \dfrac{a}{V^2}$

3.94. 參考習題 2.47，假設空氣是理想氣體，推導室內空氣溫度為時間函數的表達式。

3.95. 關閉水閥並關閉噴嘴的花園軟管在陽光下充滿液態水，最初水為 10°C 和 6 bar。一段時間後，水溫升至 40°C。由於溫度和壓力的增加及軟管的彈性，軟管內徑增加 0.35%。估算軟管中水的最終壓力。

數據：β(平均值) $= 250 \times 10^{-6}$ K^{-1}；κ(平均值) $= 45 \times 10^{-6}$ bar^{-1}

Chapter 4

熱效應

熱效應 (heat effects) 是指與向系統或從系統傳遞熱量或導致系統內溫度變化，或兩者相關的物理和化學現象。最簡單的熱效應例子是藉由向流體或從流體的純物理直接熱傳來加熱或冷卻流體。發生的溫度變化稱為**顯熱** (sensible) 效果，因為它們可能經由我們對溫度的感知來檢測。相變，在恆定溫度和壓力下純物質發生的物理過程伴隨著**潛** (latent) 熱。化學反應的特徵在於**反應熱** (heats of reaction)，其對於燃燒反應產生熱量。每種化學或生化過程都與一種或多種熱效應有關。例如，人體的新陳代謝產生熱量，該熱量或者轉移到外界，或者用於維持或增加體溫。

化學製造過程包括許多熱效應。乙二醇 (冷卻劑和防凍劑) 是由乙烯的催化部分氧化形成環氧乙烷，然後進行水合反應製成的：

$$C_2H_4 + \tfrac{1}{2}O_2 \rightarrow C_2H_4O$$
$$C_2H_4O + H_2O \rightarrow C_2H_4(OH)_2$$

氧化反應在接近 250°C 時進行，反應物必須加熱到這個溫度，這是一種顯熱效應。氧化反應傾向於升高溫度，並且從反應器中除去反應熱，以保持溫度接近 250°C。環氧乙烷在水合反應中吸收水，而水合成乙二醇。相變、溶解，以及水合反應都產生熱量。最後，經由蒸餾、蒸發和冷凝的過程純化二醇，導致乙二醇從溶液中分離。幾乎所有重要的熱效應都包含在這個過程中。在第 10 章將介紹溶液熱力學之後，儘管與混合過程相關的熱效應必須延遲到第 11 章，但大部分的熱效應都在本章中進行探討。本章將考慮以下重要的熱效應：

- 顯熱效應，以溫度變化為特徵。
- 熱容量作為溫度的函數，以及經由定義的函數使用它們。
- 相變的熱量，即純物質的潛熱。
- 反應熱、燃燒熱和生成熱。

- 作為溫度函數的反應熱。
- 計算工業反應的熱效應。

4.1 顯熱效應

當熱傳至系統或由系統傳出時，沒有相變、沒有化學反應，且組成沒有變化的系統會引起顯熱效應，即引起系統溫度的變化。這裡需要的是傳遞的熱量與所產生的溫度變化之間的關係。

當系統是具有恆定成分的均勻物質時，由相律可知，只要固定兩個內含性值的值就可以確定其狀態。因此，物質的莫耳內能或比內能可以表示為**兩個其他狀態變數的函數**。關鍵的熱力學變數是溫度。我們任意選擇溫度和莫耳體積或比容為變數，得到 $U = U(T, V)$。因此

$$dU = \left(\frac{\partial U}{\partial T}\right)_V dT + \left(\frac{\partial U}{\partial V}\right)_T dV$$

由 (2.15) 式提供的 C_V 的定義，上式變成：

$$dU = C_V dT + \left(\frac{\partial U}{\partial V}\right)_T dV$$

在下列兩種情況下，上式最後一項為零：

- 對於任何封閉系統的恆容過程。
- 當內能與體積無關時，例如理想氣體狀態和不可壓縮液體。

在上述的任何一種情況下，

$$dU = C_V dT$$

且

$$\Delta U = \int_{T_1}^{T_2} C_V dT \qquad (4.1)$$

雖然真正的液體在某種程度上是可壓縮的，但若遠低於其臨界溫度，則它們通常可視為不可壓縮的流體。理想氣體狀態也是有意義的，因為低壓下的真實氣體接近理想狀態。唯一可能的機械可逆恆容程序是簡單的加熱 (攪拌功本質上是不可逆的)，其中 $Q = \Delta U$，並且以單位質量或莫耳寫的 (2.18) 式變為：

$$Q = \Delta U = \int_{T_1}^{T_2} C_V dT$$

焓可以類似地處理，將莫耳焓或比焓表示為溫度和壓力的函數。$H = H(T, P)$，且

$$dH = \left(\frac{\partial H}{\partial T}\right)_P dT + \left(\frac{\partial H}{\partial P}\right)_T dP$$

由 (2.19) 式提供的 C_P 的定義，

$$dH = C_P dT + \left(\frac{\partial H}{\partial P}\right)_T dP$$

同樣地，在下列兩種情況下，上式最後一項為零：

- 對於任何恆壓過程。
- 當焓與壓力無關時，無論過程如何。這對於理想氣體狀態是完全正確的，並且對於低壓和高溫下的真實氣體幾乎是正確的。

在上述的任何一種情況下，　$dH = C_P\,dT$

且

$$\Delta H = \int_{T_1}^{T_2} C_P dT \tag{4.2}$$

此外，$Q = \Delta H$ 適用於機械可逆、恆壓、封閉系統程序 [(2.22) 式]，並且適用於穩定流動程序中的熱傳，其中 ΔE_P 和 ΔE_K 可忽略，且 $W_s = 0$ [(2.32) 式]。 在上述任一情況下，

$$Q = \Delta H = \int_{T_1}^{T_2} C_P dT \tag{4.3}$$

上式常應用於簡單加熱和冷卻氣體、液體與固體的流動程序設計。

熱容量隨溫度的變化

要計算 (4.3) 式的積分，需要知道熱容量隨溫度的變化。這通常由經驗式給出；在實用價值上有兩個最簡單的表達式是：

$$\frac{C_P}{R} = \alpha + \beta T + \gamma T^2 \qquad \text{和} \qquad \frac{C_P}{R} = a + bT + cT^{-2}$$

其中 α、β 和 γ 以及 a、b 和 c 是特定物質的特徵常數。除了最後一項外，這些方程式具有相同的形式。因此，我們將它們結合起來得到單一表達式：

$$\frac{C_P}{R} = A + BT + CT^2 + DT^{-2} \tag{4.4}$$

其中 C 或 D 通常為零，取決於所考慮的物質。[1] 因為 C_P/R 是無因次的，C_P 的單位由 R 的選擇決定。參數與溫度無關，但至少在原則上，取決於恆壓的值。然而，對於液體和固體，壓力的影響通常非常小。所選固體和液體常數的值列於附錄 C 的表 C.2 和表 C.3 中。固體和液體的熱容量通常可由直接測量求得。Perry 和 Green 及 DIPPR Project 801 彙集給出許多固體和液體的熱容量的關聯式。[2]

理想氣體狀態的熱容量

我們在第 3.3 節中注意到，當 $P \to 0$ 時，氣體接近理想氣體狀態，其中分子體積和分子間的力可忽略不計。如果想像隨著壓力的增加，這些狀況持續存在，則在有限壓力下產生假想的理想氣體狀態。理想狀態的氣體仍然具有反映其內部分子構型的性質，就像真實的氣體一樣，但沒有分子間相互作用的影響。因此，由 C_P^{ig} 和 C_V^{ig} 表示的理想氣體狀態熱容量是溫度的函數，而與壓力無關。圖 4.1 說明幾種代表性物質的 C_P^{ig} 隨溫度的變化。

統計力學提供理想氣體狀態內能隨溫度變化的基本方程式：

$$U^{ig} = \frac{3}{2}RT + f(T)$$

(3.10) 式，對於理想氣體狀態，$H^{ig} = U^{ig} + RT$，變為：

$$H^{ig} = \frac{5}{2}RT + f(T)$$

根據 (2.19) 式，

$$C_P^{ig} \equiv \left(\frac{\partial H^{ig}}{\partial T}\right)_P = \frac{5}{2}R + \left(\frac{\partial f(T)}{\partial T}\right)_P$$

1　NIST Chemistry Webbook，http://webbook.nist.gov/ 使用 Shomate 方程式求熱容量，其中還包括 T^3 項及 (4.4) 式的所有四項。

2　R. H. Perry and D. Green, *Perry's Chemical Engineers' Handbook*, 8th ed., Sec. 2, McGraw-Hill, New York, 2008; Design Institute for Physical Properties, Project 801, http://www.aiche.org/dippr/projects/801.

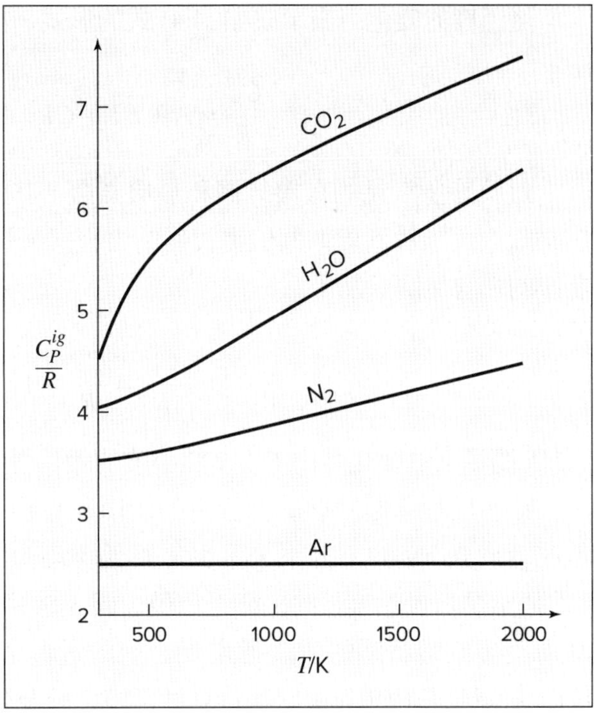

▶圖 4.1 氬、氮、水和二氧化碳的理想氣體狀態熱容量。理想氣體狀態的熱容量隨著溫度的升高而逐漸趨於上限，而當分子運動的所有平移、旋轉和振動模式都被完全激發時，則達到該上限。

右邊的第一項代表分子的平移動能，而第二項結合與分子相關的所有旋轉和振動動能。因為單原子氣體的分子沒有旋轉或振動能量，所以前面方程式中的 $f(T)$ 為零。因此，在圖 4.1 中，氬氣的 C_P^{ig}/R 值恆定為一個值 5/2。對於雙原子和多原子氣體，$f(T)$ 在所有具有實際重要性的溫度下發揮重要作用。雙原子分子從它們的兩種旋轉運動模式中，具有等於 RT 的貢獻。因此，在圖 4.1 中，N_2 的 C_P^{ig}/R 在中等溫度下約為 7/2 R，隨著分子內振動開始發揮作用，C_P^{ig}/R 在較高溫度下增加。非線性多原子分子從它們的三種旋轉運動模式中貢獻 3/2 R；此外，通常具有低頻振動模式，其在中等溫度下做出額外貢獻。分子越複雜，隨著溫度單調增加，貢獻就越大，從圖 4.1 中 H_2O 和 CO_2 曲線可以明顯看出。分子大小和複雜性的趨勢可由附錄 C 的表 C.1 中 298 K 的 C_P^{ig}/R 值來說明。

C_P^{ig} 或 C_V^{ig} 隨溫度的變化可由實驗求得，最常見的是利用光譜數據和分子結構知識，經由基於統計力學的計算而得。[3] 越來越多地使用量子化學計算，而不是光譜實驗來提供分子結構 ，它們通常可計算熱容量，其精確度與實驗測量相當。如果無法獲得實驗數據，並且無法保證量子化學可計算，則採用 Prausnitz、Poling 和 O'Connell 所述的估算方法。[4]

3 D. A. McQuarrie, *Statistical Mechanics*, pp. 136–137, HarperCollins, New York, 1973.

4 B. E. Poling, J. M. Prausnitz, and J. P. O'Connell, *The Properties of Gases and Liquids*, 5th ed., chap. 3, McGraw-Hill, New York, 2001.

隨溫度的變化可表示成如 (4.4) 式的形式，亦即：

$$\frac{C_P^{ig}}{R} = A + BT + CT^2 + DT^{-2} \tag{4.5}$$

對於許多常見的有機氣體和無機氣體，其常數值列於附錄 C 的表 C.1 中。在文獻中可以找到更準確但更複雜的方程式。[5] 由 (3.12) 式可知，兩種理想氣體狀態的熱容量關係為：

$$\frac{C_V^{ig}}{R} = \frac{C_P^{ig}}{R} - 1 \tag{4.6}$$

C_V^{ig}/R 隨溫度的變化可由 C_P^{ig}/R 隨溫度的變化得知。

雖然理想氣體狀態的熱容量對於僅在零壓力下的真實氣體是完全正確的，但在低於幾 bar 的壓力下，真實氣體偏離理想氣體狀態並不顯著，此時 C_P^{ig} 和 C_V^{ig} 通常是真實熱容量的良好近似值。圖 3.14 顯示在 $P_r < 0.1$ 時的大範圍條件，其中理想氣體狀態的假設通常是合適的近似值。對於大多數物質，P_c 超過 30 bar，這意味著理想氣體狀態行為通常接近於至少 3 bar 的壓力。

例 4.1

附錄 C 的表 C.1 中列出的參數要求使用 (4.5) 式時要用凱氏溫度，也可以導出相同形式的方程式用於以 °C 表示的溫度，但是參數值是不同的。理想氣體狀態下，甲烷的莫耳熱容量的凱氏溫度函數為：

$$\frac{C_P^{ig}}{R} = 1.702 + 9.081 \times 10^{-3}T - 2.164 \times 10^{-6}T^2$$

其中參數值來自表 C.1。導出 C_P^{ig}/R 的方程式，其中溫度以 °C 為單位。

解

兩個溫標之間的關係是：$T\,\text{K} = t\,°\text{C} + 273.15$。

因此，作為 t 的函數，

$$\frac{C_P^{ig}}{R} = 1.702 + 9.081 \times 10^{-3}(t + 273.15) - 2.164 \times 10^{-6}(t + 273.15)^2$$

或 $$\frac{C_P^{ig}}{R} = 4.021 + 7.899 \times 10^{-3}t - 2.164 \times 10^{-6}t^2$$

---

5 參見 F. A. Aly and L. L. Lee, *Fluid Phase Equilibria*, vol. 6, pp. 169–179, 1981 及其所列文獻；也可以參見 Design Institute for Physical Properties, Project 801, http://www.aiche.org/dippr/projects/801, and the Shomate equation employed by the NIST Chemistry Webbook, http://webbook.nist.gov。

恆定組成的氣體混合物表現與純氣體完全相同。在理想氣體狀態下，混合物中的分子彼此沒有影響，並且每種氣體獨立於其他氣體。因此，混合物的理想氣體狀態熱容量是各種氣體的熱容量的莫耳分率加權總和。因此，對於氣體 A、B 和 C，理想氣體狀態下混合物的莫耳熱容量為：

$$C^{ig}_{P_{\text{mixture}}} = y_A C^{ig}_{P_A} + y_B C^{ig}_{P_B} + y_C C^{ig}_{P_C} \tag{4.7}$$

其中 $C^{ig}_{P_A}$、$C^{ig}_{P_B}$ 和 $C^{ig}_{P_C}$ 是理想氣體狀態下純 A、B 和 C 的莫耳熱容量，y_A、y_B 和 y_C 是莫耳分率。因為熱容量多項式，(4.5) 式，係數是線性的，氣體混合物的係數 A、B、C 和 D 可由純物質的係數的莫耳分率加權總和得到。

顯熱積分的估算

將 (4.4) 式代入 $\int C_P dT$，然後進行形式積分。對於 T_0 和 T 的溫度極限，結果是：

$$\int_{T_0}^{T} \frac{C_P}{R} dT = A(T - T_0) + \frac{B}{2}(T^2 - T_0^2) + \frac{C}{3}(T^3 - T_0^3) + D\left(\frac{T - T_0}{TT_0}\right) \tag{4.8}$$

已知 T_0 和 T，可直接求出 Q 或 ΔH。在已知 T_0 和 Q 或 ΔH 的情況下，求解 T 較不直接。可用迭代法。從 (4.8) 式右邊的每個項中提出 $(T - T_0)$ 可得：

$$\int_{T_0}^{T} \frac{C_P}{R} dT = \left[A + \frac{B}{2}(T + T_0) + \frac{C}{3}(T^2 + T_0^2 + TT_0) + \frac{D}{TT_0}\right](T - T_0)$$

令中括號內的數為 $\langle C_P \rangle_H / R$，其中 $\langle C_P \rangle_H$ 定義為溫度範圍從 T_0 到 T 的**平均熱容量** (mean heat capacity)：

$$\frac{\langle C_P \rangle_H}{R} = A + \frac{B}{2}(T + T_0) + \frac{C}{3}(T^2 + T_0^2 + TT_0) + \frac{D}{TT_0} \tag{4.9}$$

因此 (4.2) 式可寫成：

$$\Delta H = \langle C_P \rangle_H (T - T_0) \tag{4.10}$$

C_P 外圍的尖括號表示平均值；下標 H 表示平均值是特別用來計算焓的，並將這個平均熱容量與下一章中介紹的類似熱容量區分開來。

求解 (4.10) 式的 T 可得：

$$T = \frac{\Delta H}{\langle C_P \rangle_H} + T_0 \tag{4.11}$$

首先使用 T 的起始值，利用 (4.9) 式估算 $\langle C_P \rangle_H$，將此值代入 (4.11) 式可得一個新的 T 值，再重新估算 $\langle C_P \rangle_H$。迭代繼續，直至收斂於 T 的最終值。當然，這種迭代很容易由試算表或數值分析軟體中的內建函數自動完成。

例 4.2

在穩定流動程序中，在極低的壓力下，計算將 1 mol 甲烷的溫度從 260°C 升至 600°C 所需的熱量，在此壓力下，可視甲烷為理想氣體狀態。

解

(4.3) 式和 (4.8) 式一起提供所需的結果。C_P^{ig}/R 的參數來自表 C.1；$T_0 = 533.15$ K，$T = 873.15$ K。

因此

$$Q = \Delta H = R\int_{533.15}^{873.15} \frac{C_P^{ig}}{R}\,dT$$

$$Q = (8.314)\left[1.702(T - T_0) + \frac{9.081 \times 10^{-3}}{2}(T^2 - T_0^2) - \frac{2.164 \times 10^{-6}}{3}(T^3 - T_0^3)\right] = 19{,}778 \text{ J}$$

使用定義的函數

積分 $\int (C_P/R)dT$ 經常出現在熱力學計算中。因此，為求方便起見，我們將 (4.8) 式的右邊定義為函數 ICPH(T_0, T; A, B, C, D)，並假設計算機程式具有估算的可用性，[6] 則 (4.8) 式變成：

$$\int_{T_0}^{T} \frac{C_P}{R}dT \equiv \text{ICPH}(T_0, T; \text{A, B, C, D})$$

函數名稱為 ICPH (I 表示積分)，括號中的數為變數 T_0 和 T，隨後是參數 A、B、C 和 D。當這些數分配數值時，函數符號就表示積分的一個值。因此，對於估算例 4.2 中的 Q：

$$Q = 8.314 \times \text{ICPH}(533.15, 873.15; 1.702, 9.081 \times 103^{-3}, -2.164 \times 10^{-6}, 0.0) = 19{,}778 \text{ J}$$

對於無因次平均值 $\langle C_P \rangle_H/R$，由 (4.9) 式給出的定義函數也是有用的，函數

6 線上學習中心 (http://highered.mheducation.com:80/sites/1259696529) 提供的 Microsoft Excel, Matlab, Maple, Mathematica 和 Mathcad 中實現的這些已定義函數的例子。

名稱為 MCPH (M 表示平均值)，右邊定義為函數 MCPH(T_0, T ; A, B, C, D)。根據此定義，(4.9) 式變成：

$$\frac{\langle C_P \rangle_H}{R} = \text{MCPH}(T_0, T\,;\,\text{A, B, C, D})$$

此函數的特定數值是：

$$\text{MCPH}(533.15, 873.15; 1.702, 9.081 \times 103^{-3}, -2.164 \times 10^{-6}, 0.0) = 6.9965$$

此值即是例 4.2 的計算中甲烷的 $\langle C_P \rangle_H / R$。由 (4.10) 式，

$$\Delta H = (8.314)(6.9965)(873.15 - 533.15) = 19{,}778 \text{ J}$$

例 4.3

在 1 bar 的穩定流動程序中，最初在 530 K 時，將 400×10^6 J 的熱量加到 11×10^3 mol 的氨中，最終溫度是多少？

解

若 ΔH 是 1 mol 的焓變，則 $Q = n\Delta H$，且

$$\Delta H = \frac{Q}{n} = \frac{400 \times 10^6}{11{,}000} = 36{,}360 \text{ J·mol}^{-1}$$

則對於任何 T 值，參數來自表 C.1 且 $R = 8.314$ J·mol^{-1}·K^{-1}：

$$\frac{\langle C_P \rangle_H}{R} = \text{MCPH}(530, T; 3.578, 3.020 \times 10^{-3}, 0.0, -0.186 \times 10^5)$$

上式和 (4.11) 式可以一起求解 T，得到 $T = 1234$ K。

試驗程序是求解此問題的另一種方法。將 (4.3) 式和 (4.8) 式組合建立 Q 的方程式，在右邊用 T 作為未知。在 Q 已知的情況下，只需用 T 的值代入，直到再產生 Q 的值。Microsoft Excel 的目標搜尋 (Goal Seek) 是此過程自動化版本的例子。

4.2 純物質的潛熱

在恆壓下，當純物質從固態液化或從液體或固體中蒸發時，不會發生溫度變化；但是，這些過程需要對物質傳遞有限的熱量。這種熱效應稱為熔解、蒸發和昇華的**潛熱** (latent heat)。同理，物質從一種同素異形固態轉變到另一種時，伴隨著這種變化也會有熱效應發生；例如，在 95°C 和 1 bar，斜方晶系硫變為單斜結構時吸收的熱量為 11.3 J·g^{-1}。

所有這些過程的特徵是兩相共存。根據相律，由單一物種組成的兩相系統的內含狀態僅需一個內含性質來確定。因而伴隨相變的潛熱僅是溫度的函數，並由下列精確的熱力學方程式與其他系統性質相互關聯：

$$\boxed{\Delta H = T\Delta V \frac{dP^{sat}}{dT}} \tag{4.12}$$

對於溫度為 T 的純物種，

ΔH = 潛熱 = 伴隨相變的焓變化

ΔV = 伴隨相變的體積變化

P^{sat} = 飽和壓力，即發生相變的壓力，其僅是 T 的函數

(4.12) 式稱為 Clapeyron 方程式，此方程式的推導在第 6.5 節中給出。

當 (4.12) 式應用於純液體的蒸發時，dP^{sat}/dT 是在某溫度下蒸汽壓對溫度的曲線的斜率，ΔV 是飽和蒸汽與飽和液體的莫耳體積之間的差值，而 ΔH 是蒸發潛熱。因此，ΔH 可以根據蒸汽壓和體積數據計算，產生以壓力 × 體積為單位的能量值。

還可以藉由卡計測量潛熱。對於許多物質在選定的溫度下有實驗值發表。[7] Perry 和 Green 及 DIPPR Project 801 彙集給出許多化合物潛熱作為溫度函數的經驗關聯式。[8] 當無法獲得所需數據時，近似方法可以提供伴隨相變的熱效應的估算。因為蒸發熱是迄今為止在實用上最重要的，它們受到最多的關注。蒸發熱的估算通常以官能基貢獻法 (group-contribution) 的方法進行。[9] 其他替代的經驗方法具有以下兩個目的之一：

- 估算正常沸點下的蒸發熱，正常沸點定義為在 1 標準大氣壓 (101,325 Pa) 的壓力下發生沸騰的溫度。
- 根據單一溫度下已知蒸發熱估算任何溫度下的蒸發熱。

Trouton 法則 (Trouton's rule) 給出純液體在其正常沸點 (由下標 n 表示) 下蒸發潛熱的粗略估算：

$$\frac{\Delta H_n}{RT_n} \sim 10$$

7　V. Majer and V. Svoboda, IUPAC Chemical Data Series No. 32, Blackwell, Oxford, 1985; R. H. Perry and D. Green, *Perry's Chemical Engineers' Handbook*, 8th ed., Sec. 2, McGraw-Hill, New York, 2008.

8　R. H. Perry and D. Green, *Perry's Chemical Engineers' Handbook*, 8th ed., Sec. 2, McGraw-Hill, New York, 2008; Design Institute for Physical Properties, Project 801, http://www.aiche.org/dippr/projects/801.

9　參見如 M. Klü ppel, S. Schulz, and P. Ulbig, *Fluid Phase Equilibria*, vol. 102, pp. 1–15, 1994。

其中 T_n 是正常沸點的絕對溫度。選擇 ΔH_n、R 和 T_n 的單位，使得 $\Delta H_n/RT_n$ 是無因次。這個定律的歷史可以追溯到 1884 年，它可以簡單地檢驗用其他方法計算的數值是否合理。該比值的代表性實驗值是 Ar, 8.0；N_2, 8.7；O_2, 9.1；HCl, 10.4；C_6H_6, 10.5；H_2S, 10.6 和 H_2O, 13.1。水具有較高的值反映在蒸發過程中需要破壞分子間的氫鍵。

同樣對於正常沸點，Riedel 提出較複雜的方程式：[10]

$$\frac{\Delta H_n}{RT_n} = \frac{1.092(\ln P_c - 1.013)}{0.930 - T_{r_n}} \tag{4.13}$$

其中 P_c 是臨界壓力，單位為 bar，T_{r_n} 是在 T_n 的對比溫度。對於經驗表達式，(4.13) 式令人驚訝地準確；誤差很少超過 5%。若應用於水，可得：

$$\frac{\Delta H_n}{RT_n} = \frac{1.092(\ln 220.55 - 1.013)}{0.930 - 0.577} = 13.56$$

因此 $$\Delta H_n = (13.56)(8.314)(373.15) = 42{,}065 \text{ J·mol}^{-1}$$

這相當於 2334 J·g^{-1}；蒸汽表值 2257 J·g^{-1} 比此值低 3.4%。

根據單一溫度下已知的蒸發熱，估算純液體在任何溫度下的蒸發熱，可利用 Watson 的方法估算。[11] 方法是基於已知的實驗值或利用 (4.13) 式估計的值：

$$\frac{\Delta H_2}{\Delta H_1} = \left(\frac{1 - T_{r_2}}{1 - T_{r_1}}\right)^{0.38} \tag{4.14}$$

這個經驗式簡單且相當準確；它的用法如下例所示。

例 4.4

已知 100°C 水的蒸發潛熱為 2257 J·g^{-1}，估計 300°C 時的潛熱。

解

令 ΔH_1 = 100°C 時的潛熱 = 2257 J·g^{-1}

ΔH_2 = 300°C 時的潛熱

$T_{r_1} = 373.15/647.1 = 0.577$

$T_{r_2} = 573.15/647.1 = 0.886$

由 (4.14) 式可得，

10 L. Riedel, *Chem. Ing. Tech.*, vol. 26, pp. 679–683, 1954.

11 K. M. Watson, *Ind. Eng. Chem.*, vol. 35, pp. 398–406, 1943.

$$\Delta H_2 = (2257)\left(\frac{1-0.886}{1-0.577}\right)^{0.38} = (2257)(0.270)^{0.38} = 1371\ \text{J}\cdot\text{g}^{-1}$$

蒸汽表中給出的值為 1406 $\text{J}\cdot\text{g}^{-1}$。

4.3 標準反應熱

化學過程的熱效應與物理過程的熱效應完全一樣重要。化學反應伴隨著熱量的傳遞、反應期間溫度的變化，或兩者兼而有之。最終原因在於生成物和反應物的分子構型之間的差異。對於**絕熱** (adiabatic) 燃燒反應，反應物和生成物具有相同的能量，要求生成物的溫度升高。對於相應的**等溫** (isothermal) 反應，熱量必然傳遞到外界。在這兩個極端之間，可以實現無限的效果組合。以特定方式進行的每個反應都伴有特定的熱效應。列出熱效應的完整表格是不可能的。因此，我們的目的是設計反應熱的計算方法，利用標準狀態下進行的反應數據，亦即**標準反應熱** (standard heats of reaction)，計算不同方式進行的反應熱效應，這可將所需數據降至最低。

反應熱是基於實驗測量。由於反應的本質，最容易測量的是**燃燒熱** (heats of combustion)。流動卡計提供簡單的程序。燃料在溫度 T 下與空氣混合，混合物流入發生反應的燃燒室。燃燒生成物進入水套區，而被冷卻到溫度 T。因為沒有產生軸功且卡計的位能和動能變化可忽略不計，整體能量平衡 (2.32) 式簡化為

$$\Delta H = Q$$

因此，由燃燒反應引起的焓變量的大小與從生成物流向水的熱量相等，並且可以根據水的溫度升高和流率計算。反應的焓變 ΔH 稱為**反應熱** (heat of reaction)。如果反應物和生成物處於其**標準狀態** (standard state)，則熱效應是標準反應熱。

標準狀態的定義很簡單。對於給定的溫度，

> **標準狀態定義為在特定壓力、組成和物理條件下 (如氣體、液體或固體) 的物質狀態。**

全世界使用的標準狀態已經由普遍協議確定。它們基於 1 bar (10^5 Pa) 的**標準狀態壓力** (standard-state pressure)。關於組成，本章中使用的標準狀態是純物種的狀態。對於液體和固體，它是標準狀態壓力下純物質的實際狀態。沒有比這更簡單的。然而，對於氣體而言，由於所選擇的物理狀態是理想氣體狀態，

其中我們已經建立熱容量，因此稍微複雜。總之，本章中使用的標準狀態是：

- 氣體：1 bar 壓力下理想氣體狀態的純物質。
- 液體和固體：1 bar 壓力下真實的純液體或純固體。

我們必須明白標準狀態適用於任何溫度。任何標準狀態都沒有溫度規格。與反應熱一起使用的參考溫度，完全獨立於標準狀態。

關於化學反應，$aA + bB \rightarrow lL + mM$，在溫度 T 的標準反應熱定義為標準狀態、溫度 T 的 a 莫耳 A 和 b 莫耳 B 反應形成標準狀態、相同溫度 T 的 l 莫耳 L 和 m 莫耳 M 的焓變化。在這種變化的機制對於焓變的計算並不重要。我們可以將圖 4.2 中所示的過程視為「技巧之盒」。如果在標準狀態下的反應物和生成物的性質，與實際反應物和生成物的性質沒有顯著差異，則標準反應熱為合理的近似實際反應熱。如果不是這樣，則必須將額外的步驟納入計算方案以解決任何差異。最常見的差異是由高於理想氣體狀態的壓力引起的 (如氨合成反應)。解決在這種情況下，需要從真實氣體狀態轉變為理想氣體狀態的焓變，反之亦然。這些很容易完成，如第 6 章所示。

標準狀態下的值以上標符號 ° 表示。例如，C_P° 是標準狀態下的熱容量。由於氣體的標準狀態是理想氣體狀態，因此 C_P° 與 C_P^{ig} 相同，表 C.1 的數據適用於氣體的標準狀態。

除溫度外，標準狀態的所有條件都是固定的，溫度始終是指系統的溫度。因此，標準狀態下的性質僅是溫度的函數。

選擇用於氣體的標準狀態是假想的或虛構的，因為在 1 bar 時，真實氣體偏離理想氣體狀態。但是，它們偏離很少，真實氣體狀態在 1 bar 壓力下的焓與理想氣體狀態下的焓差異不大。

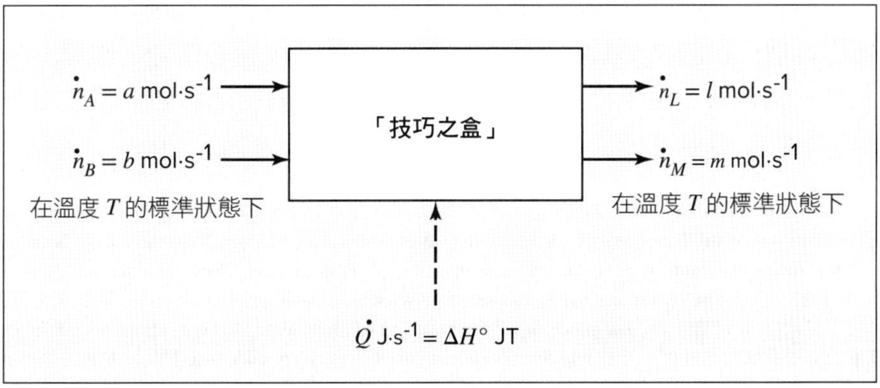

▶圖 4.2　溫度 T 下標準反應熱的示意圖。

當對特定反應給出反應熱時，反應熱與所寫的化學計量係數有關。如果每個化學計量係數加倍，則反應熱加倍。例如，寫出兩種版本的氨合成反應：

$$\tfrac{1}{2}N_2 + \tfrac{3}{2}H_2 \rightarrow NH_3 \qquad \Delta H^\circ_{298} = -46{,}110\ \text{J}$$
$$N_2 + 3H_2 \rightarrow 2NH_3 \qquad \Delta H^\circ_{298} = -92{,}220\ \text{J}$$

符號 ΔH°_{298} 表示反應熱是在 298.15 K (25°C) 溫度和所寫反應的標準值。

4.4 標準生成熱

僅針對一個溫度及針對所有大量可能反應的標準反應熱的數據列表是不切實際的。幸運的是，如果參與反應的化合物在相同溫度 T 的**標準生成熱** (standard heats of formation) 為已知，則可以計算任何反應在溫度 T 的標準反應熱。**生成** (formation) 反應定義為由其構成元素形成單一化合物的反應。例如，反應 $C + \tfrac{1}{2}O_2 + 2H_2 \rightarrow CH_3OH$ 是甲醇的生成反應。反應 $H_2O + SO_3 \rightarrow H_2SO_4$ 不是生成反應，因為它不是由元素，而是由其他化合物生成硫酸。生成反應是指產生 1 mol 的生成物；因此，生成熱是基於生成 1 莫耳的化合物。

如果已知某個溫度的反應熱，則可以根據熱容量數據計算在任何溫度下的反應熱；因此，數據列表可以簡化為列出單一溫度下的標準生成熱。通常的選擇參考溫度為 298.15 K 或 25°C。在該溫度下，化合物的標準生成熱用符號 $\Delta H^\circ_{f_{298}}$ 表示。上標 ° 表示標準狀態的值，下標 f 表示生成熱，298 是凱氏絕對溫度。普通物質生成熱的列表參見標準手冊，但是最廣泛的編輯可以在專業參考書中找到。[12] 附錄 C 的表 C.4 列出在 298.15 K 溫度下化合物的標準生成焓，許多其他化合物的標準生成焓參見公開的線上數據庫。[13]

當化學反應相互加減組合時，也可將其標準反應熱相互加減，以得到最後所得反應的標準反應熱。這是可能的，因為焓是一個狀態函數，對於給定的初始和最終狀態，焓的改變與路徑無關。特別地，可以組合生成反應和標準生成熱以產生任何所需的反應 (本身不是生成反應) 及其伴隨的標準反應熱。反應式通常包括一些符號，用來標示每種反應物和生成物的物理狀態，即在化學式之

12 例如，參見 *TRC Thermodynamic Tables—Hydrocarbons and TRC Thermodynamic Tables—Non-Hydrocarbons*, serial publications of the Thermodynamics Research Center, Texas A & M Univ. System, College Station, Texas; "The NBS Tables of Chemical Thermodynamic Properties," *J. Physical and Chemical Reference Data*, vol. 11, supp. 2, 1982，以及 DIPPR Project 801 Database, http://www.aiche.org/dippr/projects/801. 如果沒有可用的數據，則可以利用 S. W. Benson, *Thermochemical Kinetics*, 2nd ed., John Wiley & Sons, New York, 1976 的方法找到僅基於分子結構的估計值。可在 http://webbook.nist.gov/chemistry/grp-add/ 線上實現該方法的改進版本。

13 超過 7000 種化合物的值，請參考 Values for more than 7000 compounds are available at http://webbook.nist.gov/。

後將字母 g、l 或 s 放在括號中，以顯示它是氣體、液體或固體。這似乎是不必要的，因為在特定溫度和 1 bar 下的純化學物質通常只能在一種物理狀態下存在。然而，為了方便起見，進行計算時，通常也採用假想的狀態 (如理想氣體狀態)。

25°C 時的水煤氣轉化反應，$CO_2(g) + H_2(g) \rightarrow CO(g) + H_2O(g)$，在化學工業中經常遇到。雖然它僅在遠高於 25°C 的溫度下發生，但我們有的數據是在 25°C，要計算這個反應的熱效應，必須先求 25°C 時的標準反應熱。相關的生成反應和相應的生成熱可由表 C.4 查出：

$$CO_2(g): \quad C(s) + O_2(g) \rightarrow CO_2(g) \qquad \Delta H^\circ_{f_{298}} = -393{,}509 \text{ J}$$

$$H_2(g): \quad \text{因為氫是元素} \qquad \Delta H^\circ_{f_{298}} = 0$$

$$CO(g): \quad C(s) + \tfrac{1}{2}O_2(g) \rightarrow CO(g) \qquad \Delta H^\circ_{f_{298}} = -110{,}525 \text{ J}$$

$$H_2O(g): \quad H_2(g) + \tfrac{1}{2}O_2(g) \rightarrow H_2O(g) \qquad \Delta H^\circ_{f_{298}} = -241{,}818 \text{ J}$$

雖然水在 25°C 和 1 bar 下不以氣態存在，但因為反應實際上是在高溫下完全在氣相中進行，所以將所有生成物和反應物在 25°C 的標準狀態定為是 1 bar 的理想氣體狀態較方便。[14]

首先，將 CO_2 的生成反應反向書寫；並且改變標準生成熱的符號，然後將各生成反應相加，以使它們的總和為所需的反應，亦即：

$$\begin{array}{rl}
CO_2(g) \rightarrow C(s) + O_2(g) & \Delta H^\circ_{298} = 393{,}509 \text{ J} \\
C(s) + \tfrac{1}{2}O_2(g) \rightarrow CO(g) & \Delta H^\circ_{298} = -110{,}525 \text{ J} \\
H_2(g) + \tfrac{1}{2}O_2(g) \rightarrow H_2O(g) & \Delta H^\circ_{298} = -241{,}818 \text{ J} \\
\hline
CO_2(g) + H_2(g) \rightarrow CO(g) + H_2O(g) & \Delta H^\circ_{298} = 41{,}166 \text{ J}
\end{array}$$

這個結果的含義是，1 mol CO 加 1 mol H_2O 的焓比 1 mol CO_2 加 1 mol H_2 的焓大 41,166 J。其中每種生成物和反應物都是 1 bar 和 25°C 下的理想氣體狀態純氣體。

在這個例子中，H_2O 的標準生成熱是使用其在 25°C 時的假想理想氣體狀態。我們期待列出在 1 bar 和 25°C 下實際狀態為液體的水的生成熱。事實上，這兩種狀態的值均列在表 C.4 中，因為它們經常都會使用到。對於許多通常在 25°C 和 1 bar 條件下以液體形式存在的化合物都是如此。然而，確實存在這樣

14 我們可能想知道這些假想狀態的數據來源，因為看起來難以對不存在的狀態進行測量。對於在 25°C 和 1 bar 的理想氣體狀態下水蒸汽的情況，獲得焓是直截了當的。雖然在這些條件下，水不能作為氣體存在，但在足夠低的壓力下，它是 25°C 的氣體。在理想氣體狀態下，焓與壓力無關，因此在低壓極限下測量的焓恰好是所需假想狀態下的焓。

的情況，例如，某物質在標準狀態為液態，而在計算時卻需要氣態的數據，反之亦然。假設前面的例子就是這種情況，如果只知道液態 H_2O 的標準生成熱，則必須將標準狀態的液態水轉換為理想氣體狀態的水蒸汽的方程式包含在內。這個物理過程的焓變化是兩種標準狀態下水的生成熱的差：

$$-241{,}818-(-285{,}830)=44{,}012\ \mathrm{J}$$

這個值大約是 25°C 時水的蒸發潛熱。現在的步驟順序如下：

$$\begin{array}{rlr}
CO_2(g)\rightarrow C(s)+O_2(g) & & \Delta H^\circ_{298}=393{,}509\ \mathrm{J}\\
C(s)+\tfrac{1}{2}O_2(g)\rightarrow CO(g) & & \Delta H^\circ_{298}=-110{,}525\ \mathrm{J}\\
H_2(g)+\tfrac{1}{2}O_2(g)\rightarrow H_2O(l) & & \Delta H^\circ_{298}=-285{,}830\ \mathrm{J}\\
H_2O(l)\rightarrow H_2O(g) & & \Delta H^\circ_{298}=44{,}012\ \mathrm{J}\\
\hline
CO_2(g)+H_2(g)\rightarrow CO(g)+H_2O(g) & & \Delta H^\circ_{298}=41{,}166\ \mathrm{J}
\end{array}$$

這個結果當然與之前的答案一致。

例 4.5

計算下列反應在 25°C 的標準反應熱：

$$4HCl(g)+O_2(g)\rightarrow 2H_2O(g)+2Cl_2(g)$$

解

由表 C.4 中查得 298.15 K 時的標準生成熱為：

$HCl(g)$:−92,307 J　　　$H_2O(g)$:−241,818 J

將下列反應式相加，即得所要的答案：

$$\begin{array}{rlr}
4HCl(g)\rightarrow 2H_2(g)+2Cl_2(g) & & \Delta H^\circ_{298}=(4)(92{,}307)\\
2H_2(g)+O_2(g)\rightarrow 2H_2O(g) & & \Delta H^\circ_{298}=(2)(-241{,}818)\\
\hline
4HCl(g)+O_2(g)\rightarrow 2H_2O(g)+2Cl_2(g) & & \Delta H^\circ_{298}=-114{,}408\ \mathrm{J}
\end{array}$$

4.5 標準燃燒熱

只有一些**生成**反應能實際進行測量，因此生成反應的標準生成熱數據必須由間接方法得到。可進行測量的實驗方法大多是燃燒反應，許多標準生成熱的數據，都是用卡計測量標準燃燒熱獲得的。燃燒反應**定義**為元素或化合物與氧氣反應形成特定的燃燒生成物。對於僅由碳、氫和氧組成的有機化合物，生成物是二氧化碳和水，但水的狀態可以是蒸汽或液體。液態水生成物的值稱為較高的燃燒熱 (higher heat of combustion)，而以水蒸汽為生成物的值則是較低的燃燒熱 (lower heat of combustion)。數據是基於 1 mol 燃燒的物質。

如正丁烷的生成反應：

$$4C(s) + 5H_2(g) \rightarrow C_4H_{10}(g)$$

這個反應在實際上是不可行的，但是這個方程式可由以下燃燒反應的組合產生：

$$\begin{array}{ll}
4C(s) + 4O_2(g) \rightarrow 4CO_2(g) & \Delta H^\circ_{298} = (4)(-393{,}509) \\
5H_2(g) + 2\tfrac{1}{2}O_2(g) \rightarrow 5H_2O(l) & \Delta H^\circ_{298} = (5)(-285{,}830) \\
4CO_2(g) + 5H_2O(l) \rightarrow C_4H_{10}(g) + 6\tfrac{1}{2}O_2(g) & \Delta H^\circ_{298} = 2{,}877{,}396 \\
\hline
4C(s) + 5H_2(g) \rightarrow C_4H_{10}(g) & \Delta H^\circ_{298} = -125{,}790\ \text{J}
\end{array}$$

這個結果就是附錄 C 的表 C.4 中列出的正丁烷的標準生成熱。

4.6 ΔH° 隨溫度的變化

在前面的章節中，討論的標準反應熱都是在 298.15 K 的參考溫度。在本節中，我們根據在參考溫度下的已知值來計算其他溫度下的標準反應熱。

一般化學反應可寫成：

$$|\nu_1|A_1 + |\nu_2|A_2 + \ldots \rightarrow |\nu_3|A_3 + |\nu_4|A_4 + \ldots$$

其中 ν_i 是化學計量係數，A_i 代表化學式。左邊的物種是反應物；右邊為生成物。ν_i 的符號規定如下：

生成物為正 (+)，反應物為負 (−)

例如，當寫出氨的合成反應時：

$$N_2 + 3H_2 \rightarrow 2NH_3$$

則 $\nu_{N_2} = -1 \quad \nu_{H_2} = -3 \quad \nu_{NH_3} = 2$

有了這個符號規定，則標準反應熱的定義，可由下列簡單的方程式表示：

$$\Delta H^\circ \equiv \sum_i \nu_i H_i^\circ \tag{4.15}$$

其中 H_i° 是物種 i 在其標準狀態下的焓，並且是對所有生成物和反應物求和。化合物的標準狀態焓等於其生成熱加上其組成元素的標準狀態焓。若將所有元素的標準狀態焓設定為零，作為計算的基礎，則每種化合物的標準狀態焓就是其生成熱。在這種情況下，$H_i^\circ = \Delta H_{f_i}^\circ$，而 (4.15) 式變為：

$$\Delta H^\circ = \sum_i \nu_i \Delta H_{f_i}^\circ \tag{4.16}$$

上式是對所有生成物和反應物求和。這將前一節中描述的程序標準化，由標準生成熱計算其他反應的標準反應熱。將上式應用於下列反應：

$$4\mathrm{HCl}(g) + \mathrm{O_2}(g) \rightarrow 2\mathrm{H_2O}(g) + 2\mathrm{Cl_2}(g)$$

(4.16) 式可寫成：

$$\Delta H^\circ = 2\Delta H_{f_{\mathrm{H_2O}}}^\circ - 4\Delta H_{f_{\mathrm{HCl}}}^\circ$$

根據附錄 C 的表 C.4 中 298.15 K 的數據，可得：

$$\Delta H_{298}^\circ = (2)(-241{,}818) - (4)(-92{,}307) = -114{,}408 \text{ J}$$

此與例 4.5 的結果一致。注意，對於通常以二聚體形式存在的純元素氣體 (如 O_2、N_2、H_2)，其標準狀態焓為零。

對於標準反應，生成物和反應物是處於 1 bar 的標準狀態壓力下。因此，標準狀態焓僅是溫度的函數，並且由 (2.20) 式，

$$dH_i^\circ = C_{P_i}^\circ \, dT$$

其中下標 i 表示特定的生成物或反應物。上式乘以 ν_i，並對所有生成物和反應物求和得出：

$$\sum_i \nu_i \, dH_i^\circ = \sum_i \nu_i C_{P_i}^\circ \, dT$$

因為 ν_i 是常數，所以它可放在微分內：

$$\sum_i d(\nu_i H_i^\circ) = \sum_i \nu_i C_{P_i}^\circ \, dT \quad \text{或} \quad d\sum_i \nu_i H_i^\circ = \sum_i \nu_i C_{P_i}^\circ \, dT$$

$\sum_i \nu_i H_i^\circ$是標準反應熱，由 (4.15) 式定義為 ΔH°。反應的標準熱容量變化可類似定義如下：

$$\Delta C_P^\circ \equiv \sum_i \nu_i C_{P_i}^\circ \tag{4.17}$$

根據這些定義，

$$\boxed{d\Delta H^\circ = \Delta C_P^\circ dT} \tag{4.18}$$

這是將反應熱與溫度相關聯的基本方程式。

將 (4.18) 式積分可得：

$$\Delta H^\circ - \Delta H_0^\circ = \int_{T_0}^{T} \Delta C_P^\circ dT$$

其中 ΔH° 和 ΔH_0° 分別是溫度 T 與參考溫度 T_0 下的標準反應熱。上式可更方便地表示為：

$$\Delta H^\circ = \Delta H_0^\circ + R\int_{T_0}^{T} \frac{\Delta C_P^\circ}{R} dT \tag{4.19}$$

參考溫度 T_0 必須是已知反應熱的溫度，或者可按前兩節所述計算，最常見的是 298.15 K。(4.19) 式提供的是從已知溫度 T_0 計算在溫度 T 的反應熱的方法。

若每個生成物和反應物的熱容量隨溫度的變化由 (4.5) 式給出，則類似 (4.8) 式，積分為：

$$\int_{T_0}^{T} \frac{\Delta C_P^\circ}{R} dT = \Delta A(T - T_0) + \frac{\Delta B}{2}(T^2 - T_0^2) + \frac{\Delta C}{3}(T^3 - T_0^3) + \Delta D\left(\frac{T - T_0}{TT_0}\right) \tag{4.20}$$

其中根據定義，

$$\Delta A \equiv \sum_i \nu_i A_i$$

ΔB、ΔC 和 ΔD 具有類似的定義。

當反應的平均熱容量變化類似於 (4.9) 式定義時，可得另一結果：

$$\frac{\langle \Delta C_P^\circ \rangle_H}{R} = \Delta A + \frac{\Delta B}{2}(T + T_0) + \frac{\Delta C}{3}(T^2 + T_0^2 + TT_0) + \frac{\Delta D}{TT_0} \tag{4.21}$$

(4.19) 式變為：

$$\Delta H^\circ = \Delta H_0^\circ + \langle \Delta C_P^\circ \rangle_H (T - T_0) \tag{4.22}$$

(4.20) 式的積分與 (4.8) 式的積分形式相同，並且可以用類似的方式令其等於下列定義的函數：[15]

$$\int_{T_0}^{T} \frac{\Delta C_P^\circ}{R} dT = \mathrm{IDCPH}(T_0, T; \mathrm{DA}, \mathrm{DB}, \mathrm{DC}, \mathrm{DD})$$

其中「D」表示「Δ」。類比需要簡單地用 ΔC_P° 替換 C_P 和以 ΔA、ΔB 替換 A、B 等。相同的計算機程式用於估算任一積分，唯一的區別在於函數名稱。

15 此外，這些已定義函數的範本參見線上學習中心 http://highered.mheducation.com:80/sites/1259696529。

正如函數 MCPH 被定義為計算 $\langle C_P\rangle_H/R$，因此同樣的函數 MDCPH 被定義為計算 $\langle\Delta C_P^\circ\rangle_H/R$；因此，

$$\frac{\langle\Delta C_P^\circ\rangle_H}{R} = \text{MDCPH}(T_0, T; \text{DA, DB, DC, DD})$$

(4.19) 式和 (4.22) 式的計算如圖 4.3 所示。

▶**圖 4.3** 由參考溫度 T_0 計算溫度 T 的標準反應熱的路徑。

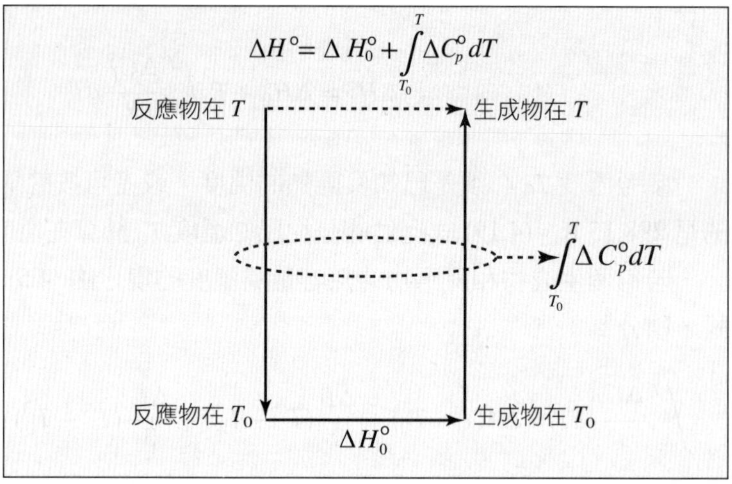

例 4.6

在 800°C 下，計算甲醇合成反應的標準反應熱：

$$CO(g) + 2H_2(g) \rightarrow CH_3OH(g)$$

解

將 (4.16) 式應用於該反應，參考溫度 $T_0 = 298.15$ K，並使用表 C.4 中生成熱的數據：

$$\Delta H_0^\circ = \Delta H_{298}^\circ = -200{,}660 - (-110{,}525) = -90{,}135 \text{ J}$$

由表 C.1 取得數據，計算 (4.20) 式中的參數：

i	ν_i	A	10^3B	10^6C	10^{-5}D
CH_3OH	1	2.211	12.216	−3.450	0.000
CO	−1	3.376	0.557	0.000	−0.031
H_2	−2	3.249	0.422	0.000	0.083

由定義可知，

$$\Delta A = (1)(2.211) + (-1)(3.376) + (-2)(3.249) = -7.663$$

同理，

$$\Delta B = 10.815 \times 10^{-3} \qquad \Delta C = -3.450 \times 10^{-6} \qquad \Delta D = -0.135 \times 10^{5}$$

對於 $T = 1073.15$ K，(4.20) 式的積分值可表示為：

IDCPH(298.15, 1073.15; −7.663, 10.815 × 10^{-3}, −3.450 × 10^{-6}, −0.135 × 10^{5})

這個積分值為 −1615.5 K，並且利用 (4.19) 式，可得：

$$\Delta H^\circ = -90{,}135 + 8.314(-1615.5) = -103{,}566 \text{ J}$$

4.7 工業反應的熱效應

前一節中探討標準反應熱。工業反應很少在標準狀態條件下進行。此外，在實際反應中，反應物可能不以化學計量比例存在，反應可能不完全，並且最終溫度也可能與初始溫度不同。此外，可能存在惰性物質，並且可能同時發生幾種反應。然而，實際反應的熱效應計算是基於已經研究過的原理，並以下列例子說明，**其中對於所有氣體均假設為理想氣體狀態**。

例 4.7

甲烷與 20% 過量空氣燃燒，可以達到的最高溫度是多少？甲烷和空氣都在 25°C 時進入燃燒器。

解

反應為 $CH_4 + 2O_2 \rightarrow CO_2 + 2H_2O(g)$，其中，

$$\Delta H^\circ_{298} = -393{,}509 + (2)(-241{,}818) - (-74{,}520) = -802{,}625 \text{ J}$$

因為欲求最高可達到的溫度 [稱為**理論火焰溫度** (theoretical flame temperature)]，所以假設燃燒反應完全且為絕熱 ($Q = 0$)。若動能和位能的變化可以忽略不計，並且如果 $W_s = 0$，則過程的總能量平衡可簡化為 $\Delta H = 0$。為了計算最終溫度，可以使用初始狀態和最終狀態之間的任何方便的路徑。本題選擇的路徑如附圖所示。

當 1 mol 甲烷燃燒是所有計算的基礎時，進入的空氣提供氧氣和氮氣的量為：

需要 O_2 的莫耳數 = 2.0

O_2 過量的莫耳數 = (0.2)(2.0) = 0.4

N_2 進入的莫耳數 = (2.4)(79/21) = 9.03

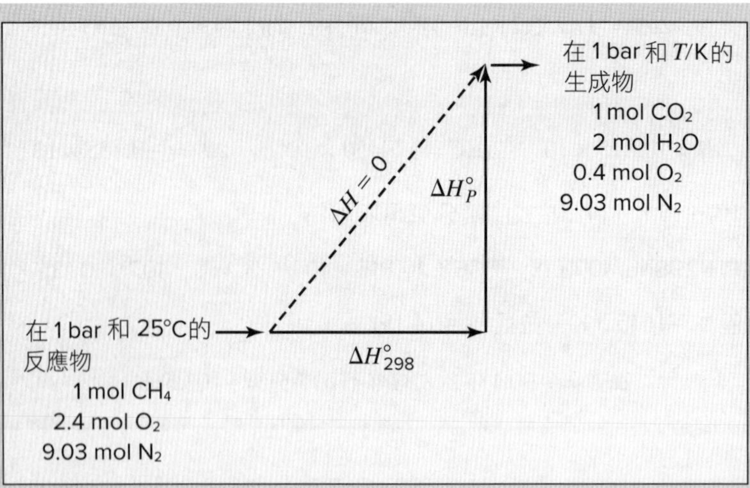

離開燃燒器的生成物流中的氣體，含有 1 mol CO_2、2 mol $H_2O(g)$、0.4 mol O_2 和 9.03 mol N_2。因為焓變與路徑無關，所以

$$\Delta H^\circ_{298} + \Delta H^\circ_P = \Delta H = 0 \tag{A}$$

所有焓都是在 1 mol CH_4 燃燒的基礎上進行的。當生成物從 298.15 K 加熱到 T 時，生成物的焓變為：

$$\Delta H^\circ_P = \langle C^\circ_P \rangle_H (T - 298.15) \tag{B}$$

其中我們將 $\langle C^\circ_P \rangle_H$ 定義為總生成物的平均熱容量：

$$\langle C^\circ_P \rangle_H \equiv \sum_i n_i \langle C^\circ_{P_i} \rangle_H$$

上式是對生成物的平均熱容量乘以適當的莫耳數後再求總和。由於每種生成物氣體的 $C = 0$ (表 C.1)，由 (4.9) 式可得：

$$\langle C^\circ_P \rangle_H = \sum_i n_i \langle C^\circ_{P_i} \rangle_H = R\left[\sum_i n_i A_i + \frac{\sum_i n_i B_i}{2}(T - T_0) + \frac{\sum_i n_i D_i}{T T_0}\right]$$

由表 C.1 中的數據可知：

$$A = \sum_i n_i A_i = (1)(5.457) + (2)(3.470) + (0.4)(3.639) + (9.03)(3.280) = 43.471$$

同理，$B = \sum_i n_i B_i = 9.502 \times 10^{-3}$ 和 $D = \sum_i n_i D_i = -0.645 \times 10^5$

生成物的 $\langle C^\circ_P \rangle_H / R$ 可由下式算出：

MCPH(298.15T; 433471, 9.502 × 10^{-3}, 0.0, −0.645 × 10^5)

(A) 式和 (B) 式聯立求解 T：

$$T = 298.15 - \frac{\Delta H^\circ_{298}}{\langle C^\circ_P \rangle_H}$$

因為平均熱容量取決於 T，所以首先假設一個 $T > 298.15$ 的溫度，估算 $\langle C_P^\circ \rangle_H$，然後將結果代入上式，產生一個新的 T 值，再重新估算 $\langle C_P^\circ \rangle_H$。程序繼續，直至收斂為止，

$$T = 2066 \text{ K} \qquad \text{或} \qquad 1793°\text{C}$$

同樣地，求解可以利用試算表中的目標搜尋或規劃求解 (Solver) 函數或其他軟體中的類似解程式輕鬆實現自動化。

例 4.8

製造「合成氣」(CO 和 H_2 的混合物) 的一種方法是在高溫和大氣壓下用蒸汽催化重組 CH_4：

$$CH_4(g) + H_2O(g) \rightarrow CO(g) + 3H_2(g)$$

唯一需要考慮的其他反應是水煤氣變換反應：

$$CO(g) + H_2O(g) \rightarrow CO_2(g) + H_2(g)$$

反應物以 2 mol 蒸汽與 1 mol H_4 的比例供應，並將熱量加入反應器中，以使生成物達到 1300 K 的溫度。CH_4 完全轉化，生成物含有 17.4 mol-% CO。假設將反應物預熱至 600 K，計算反應器的熱量需求。

解

根據表 C.4 的數據，計算兩個反應在 25°C 下的標準反應熱：

$$CH_4(g) + H_2O(g) \rightarrow CO(g) + 3H_2(g) \qquad \Delta H_{298}^\circ = 205{,}813 \text{ J}$$

$$CO(g) + H_2O(g) \rightarrow CO_2(g) + H_2(g) \qquad \Delta H_{298}^\circ = -41{,}166 \text{ J}$$

將這兩個反應相加，以產生第三個反應：

$$CH_4(g) + 2H_2O(g) \rightarrow CO_2(g) + 4H_2(g) \qquad \Delta H_{298}^\circ = 164{,}647 \text{ J}$$

三個反應中的任兩個都構成一組獨立的反應。第三個反應不是獨立的；它可以由另外兩個反應的組合獲得。這裡最方便計算的反應是第一個和第三個反應：

$$CH_4(g) + H_2O(g) \rightarrow CO(g) + 3H_2(g) \qquad \Delta H_{298}^\circ = 205{,}813 \text{ J} \qquad (A)$$

$$CH_4(g) + 2H_2O(g) \rightarrow CO_2(g) + 4H_2(g) \qquad \Delta H_{298}^\circ = 164{,}647 \text{ J} \qquad (B)$$

首先，必須計算這些反應中 CH_4 轉化的分率。將 1 mol CH_4 和 2 mol 蒸汽加入反應器中作為計算的基礎。若 (A) 式中反應 x mol CH_4，則 (B) 式中反應 $1 - x$ mol CH_4。在此基礎上，生成物為：

$$\begin{aligned}
&CO: && x\\
&H_2: && 3x + 4(1-x) = 4 - x\\
&CO_2: && 1 - x\\
&H_2O: && 2 - x - 2(1-x) = x\\
\hline
&\text{總共：5 mol 生成物}
\end{aligned}$$

生成物中 CO 的莫耳分率為 $x/5 = 0.174$；所以 $x = 0.870$。因此，在所選擇的基礎上，(A) 式中有 0.870 mol CH_4 反應，(B) 式中有 0.130 mol CH_4 反應。此外，生成物中物種的量為：

$$\begin{aligned}
CO\ \text{莫耳數} &= x = 0.87\\
H_2\ \text{莫耳數} &= 4 - x = 3.13\\
CO_2\ \text{莫耳數} &= 1 - x = 0.13\\
H_2O\ \text{莫耳數} &= x = 0.87
\end{aligned}$$

為了計算的目的，我們現在設計一條路徑，從 600 K 的反應物到 1300 K 的生成物。由於可查得的數據是 25°C 的標準反應熱，最方便的路徑是包含 25°C (298.15 K) 時的反應。這個路徑的示意圖如附圖，虛線表示焓變為 ΔH 的實際路徑。因為這種焓變與路徑無關，所以

$$\Delta H = \Delta H_R^\circ + \Delta H_{298}^\circ + \Delta H_P^\circ$$

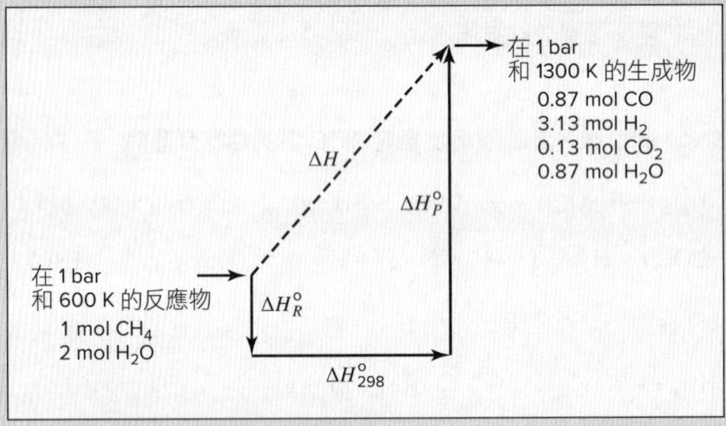

對於 ΔH_{298}° 的計算，必須同時考慮反應 (A) 和 (B)。因為 (A) 式中有 0.87 mol CH_4 反應，而 (B) 式中有 0.13 mol CH_4 反應，因此

$$\Delta H_{298}^\circ = (0.87)(205{,}813) + (0.13)(164{,}647) = 200{,}460\ \text{J}$$

反應物從 600 K 冷卻到 298.15 K 的焓變為：

$$\Delta H_R^\circ = \left(\sum_i n_i \langle C_{P_i}^\circ \rangle_H\right)(298.15 - 600)$$

其中下標 i 表示反應物。$\langle C_{P_i}^\circ \rangle_H / R$ 的值為：

CH_4 : MCPH(298.15, 600; 1.702, 9.081 × 10^{-3}, −2.164 × 10^{-6}, 0.0) = 5.3272

H_2O : MCPH(298.15, 600; 3.470, 1.450 × 10^{-3}, 0.0, 0.121 × 10^5) = 4.1888

因此

$$\Delta H_R^\circ = (8.314)[(1)(5.3272) + (2)(4.1888)](298.15 - 600) = -34{,}390\ \text{J}$$

可類似地計算生成物從 298.15 K 加熱到 1300 K 時的焓變：

$$\Delta H_P^\circ = \left(\sum_i n_i \langle C_{P_i}^\circ \rangle_H\right)(1300 - 298.15)$$

其中下標 i 表示生成物。$\langle C_{P_i}^\circ \rangle_H / R$ 的值為：

CO : MCPH(298.15, 1300; 3.376, 0.557 × 10^{-3}, 0.0, −0.031 × 10^5) = 3.8131

H_2 : MCPH(298.15, 1300; 3.249, 0.422 × 10^{-3}, 0.0, −0.083 × 10^5) = 3.6076

CO_2 : MCPH(298.15, 1300; 5.457, 1.045 × 10^{-3}, 0.0, −1.157 × 10^5) = 5.9935

H_2O : MCPH(298.15, 1300; 3.470, 1.450 × 10^{-3}, 0.0, 0.121 × 10^5) = 4.6599

因此，

$$\begin{aligned}\Delta H_P^\circ &= (8.314)[(0.87)(3.8131) + (3.13)(3.6076) \\ &\quad + (0.13)(5.9935) + (0.87)(4.6599)] \times (1300 - 298.15) \\ &= 161{,}940\ \text{J}\end{aligned}$$

因此，

$$\Delta H = -34{,}390 + 200{,}460 + 161{,}940 = 328{,}010\ \text{J}$$

這個過程是穩定流動的過程之一，其中 W_s、Δz 和 $\Delta u^2/2$ 均假設可忽略不計。因此，

$$Q = \Delta H = 328{,}010\ \text{J}$$

這個結果是基於將 1 mol CH_4 加入反應器中求出的。

例 4.9

太陽能級矽可以藉由流體化床反應器，在中等壓力下熱分解矽烷來製造，其中總反應是：

$$SiH_4(g) \rightarrow Si(s) + 2H_2(g)$$

當將純矽烷預熱至 300°C，並將反應器加熱以促進合理的反應速率時，80% 的矽烷轉化為矽，生成物在 750°C 時離開反應器。每生產 1 kg 矽，需加入多少熱量於反應器中？

解

對於沒有軸功且動能和位能變化可忽略不計的連續流動過程，能量平衡式只是 $Q = \Delta H$，並且加入的熱量是從 300°C 的反應物到 750°C 的生成物的焓變化。計算焓變的便利途徑是：(1) 將反應物冷卻至 298.15 K；(2) 在 298.15 K 下進行反應；和 (3) 將生成物加熱至 750°C。

在 1 mol SiH_4 的基礎上，生成物由 0.2 mol SiH_4、0.8 mol Si 和 1.6 mol H_2 組成。因此，對於三個步驟，我們有：

$$\Delta H_1 = \int_{573.15\text{K}}^{298.15\text{K}} C_P^\circ(\text{SiH}_4)\,dT$$

$$\Delta H_2 = 0.8 \times \Delta H_{298}^\circ$$

$$\Delta H_3 = \int_{298.15\text{K}}^{1023.15\text{K}} [0.2 \times C_P^\circ(\text{SiH}_4) + 0.8 \times C_P^\circ(\text{Si}) + 1.6 \times C_P^\circ(\text{H}_2)]\,dT$$

附錄 C 中並不包括本例所需的數據，但很容易從 NIST Chemistry WebBook (http://webbook.nist.gov) 中獲得。這裡的反應與矽烷的生成反應相反，其在 298.15 K 的標準反應熱為 $\Delta H_{298}^\circ = -34{,}310$ J。因此，反應溫和地放熱。

NIST Chemistry WebBook 中的熱容量可由 Shomate 方程式表示，此式與本文中使用的多項式不同。它包含 T^3 項，以 $T/1000$ 表示，T 以 K 為單位：

$$C_P^\circ = A + B\left(\frac{T}{1000}\right) + C\left(\frac{T}{1000}\right)^2 + D\left(\frac{T}{1000}\right)^3 + E\left(\frac{T}{1000}\right)^{-2}$$

由這個方程式的形式積分可得焓變：

$$\Delta H = \int_{T_0}^{T} C_P^\circ\,dT$$

$$\Delta H = 1000\left[A\left(\frac{T}{1000}\right) + \frac{B}{2}\left(\frac{T}{1000}\right)^2 + \frac{C}{3}\left(\frac{T}{1000}\right)^3 + \frac{D}{4}\left(\frac{T}{1000}\right)^4 - E\left(\frac{T}{1000}\right)^{-1}\right]_{T_0}^{T}$$

下列表中的前三列是 SiH_4、結晶矽和氫的莫耳參數。最後一列是生成物，例如：

$$A(\text{生成物}) = (0.2)(6.060) + (0.8)(22.817) + (1.6)(33.066) = 72.3712$$

與 B、C、D 和 E 的對應值。

物種	A	B	C	D	E
$SiH_4(g)$	6.060	139.96	−77.88	16.241	0.1355
$Si(s)$	22.817	3.8995	−0.08289	0.04211	−0.3541
$H_2(g)$	33.066	−11.363	11.433	−2.773	−0.1586
生成物	72.3712	12.9308	2.6505	−1.1549	−0.5099

對於這些參數，而 T 以 K 為單位，ΔH 的方程式產生以焦耳為單位的值。對於構成此問題的求解三步驟，獲得以下結果：

1. 將 1 mol SiH_4 的參數代入 ΔH 的方程式中，得到：$\Delta H_1 = -14{,}860$ J
2. $\Delta H_2 = (0.8)(-34{,}310) = -27{,}450$ J
3. 將總生成物的參數代入 ΔH 的方程式中，得到：$\Delta H_3 = 57{,}560$ J

對於這三個步驟，總和是：

$$\Delta H = -14{,}860 - 27{,}450 + 58{,}060 = 15{,}750 \text{ J}$$

該焓變等於每莫耳 SiH_4 加入反應器時的熱輸入。莫耳質量為 28.09 的 1 kg 矽為 35.60 mol。因此，生產 1 kg 矽需要 35.60/0.8 或 44.50 mol 的 SiH_4。因此，產生每千克矽的熱量需求為 (15,750)(44.5) = 700,900 J。

例 4.10

鍋爐用高級燃料油 (僅由烴組成) 燃燒，其在 25°C 的標準燃燒熱為 −43,515 $J \cdot g^{-1}$，$CO_2(g)$ 和 $H_2O(l)$ 為生成物。進入燃燒室的燃料和空氣的溫度為 25°C。假設空氣為乾燥氣體。煙道氣在 300°C 下離開，其平均分析 (乾基) 為 11.2% CO_2、0.4% CO、6.2% O_2 和 82.2% N_2。計算燃料油的燃燒熱傳給鍋爐的分率。

解

以 100 mol 乾燥煙道氣為基礎，其組成包括：

CO_2	11.2 mol
CO	0.4 mol
O_2	6.2 mol
N_2	82.2 mol
總共	100.0 mol

在乾燥的基礎上，該分析沒有考慮煙道氣中存在的 H_2O 蒸汽。燃燒反應生成的 H_2O 的量可由氧平衡得到。在空氣中供應的 O_2 占空氣的 21 mol-%，剩餘的 79% 是 N_2，N_2 在燃燒過程中不變。因此，在 100 mol 乾燥煙道氣中，有 82.2 mol N_2 來自進料的空氣，伴隨該 N_2 的 O_2 為：

$$\text{進料空氣中 } O_2 \text{ 的莫耳數} = (82.2)(21/79) = 21.85$$

而

$$\text{乾燥煙道氣中 } O_2 \text{ 的總莫耳數} = 11.2 + 0.4/2 + 6.2 = 17.60$$

以上兩個數字之間的差異是反應形成 H_2O 的 O_2 的莫耳數。因此，基於 100 mol 的乾燥煙道氣，

$$\text{形成 } H_2O \text{ 的莫耳數} = (21.85 - 17.60)(2) = 8.50$$

燃料中 H_2 的莫耳數 = 形成的水莫耳數 = 8.50

燃料中的 C 含量可由碳平衡求出：

煙道氣中 C 的莫耳數 = 燃料中 C 的莫耳數 = 11.2 + 0.4 = 11.60

由這些 C 和 H_2 的莫耳數可得：

燃燒的燃料質量 = (8.50)(2) + (11.6)(12) = 156.2 g

如果這種燃料量在 25°C 時完全燃燒成 $CO_2(g)$ 和 $H_2O(l)$，則燃燒熱為：

$$\Delta H^\circ_{298} = (-43{,}515)(156.2) = -6{,}797{,}040 \text{ J}$$

然而，實際發生的反應並未達到完全燃燒，並且生成的 H_2O 是蒸汽而不是液體。156.2 g 的燃料由 11.6 mol 的 C 和 8.5 mol 的 H_2 組成，可用經驗式 $C_{11.6}H_{17}$ 表示。省略進入和離開反應器的 6.2 mol O_2 和 82.2 mol N_2，而將反應寫成：

$$C_{11.6}H_{17}(l) + 15.65\,O_2(g) \rightarrow 11.2\,CO_2(g) + 0.4\,CO(g) + 8.5\,H_2O(g)$$

上式可由以下反應相加獲得，每一反應在 25°C 的標準反應熱為已知：

$$C_{11.6}H_{17}(l) + 15.85\,O_2(g) \rightarrow 11.6\,CO_2(g) + 8.5\,H_2O(l)$$
$$8.5\,H_2O(l) \rightarrow 8.5\,H_2O(g)$$
$$0.4\,CO_2(g) \rightarrow 0.4\,CO(g) + 0.2\,O_2(g)$$

這些反應的總和產生實際反應，ΔH°_{298} 值的總和給出在 25°C 下的標準反應熱：

$$\Delta H^\circ_{298} = -6{,}797{,}040 + (44{,}012)(8.5) + (282{,}984)(0.4) = -6{,}309{,}740 \text{ J}$$

從 25°C 的反應物到 300°C 的生成物的實際過程由附圖中的虛線表示。為了計算這個過程的 ΔH，我們可以使用任何方便的路徑。用實線繪製的路徑是合乎邏輯的路徑：因為已經計算出 ΔH°_{298}，並且容易估算 ΔH°_P。

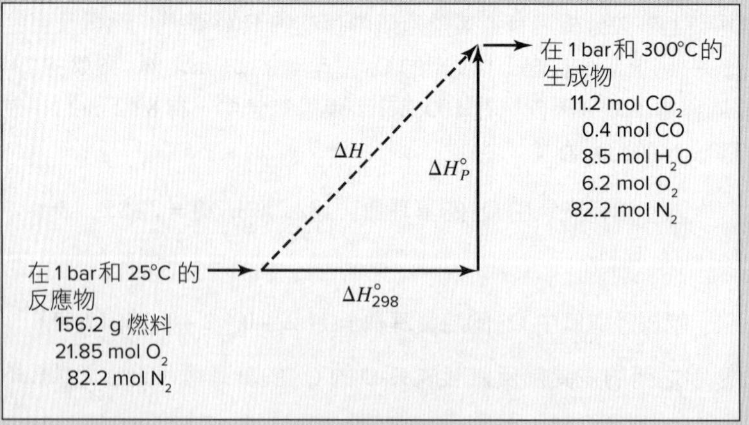

將生成物從 25°C 加熱至 300°C 引起的焓變為：

$$\Delta H_P^\circ = \left(\sum_i n_i \langle C_{P_i}^\circ \rangle_H\right)(573.15 - 298.15)$$

其中下標 i 表示生成物。$\langle C_{P_i}^\circ \rangle_H / R$ 值為：

CO_2 : MCPH(298.15, 573.15; 5.457, 1.045 × 10^{-3} , 0.0, −1.157 × 10^5) = 5.2352
CO : MCPH(298.15, 573.15; 3.376, 0.557 × 10^{-3} , 0.0, −0.031 × 10^5) = 3.6005
H_2O : MCPH(298.15, 573.15; 3.470, 1.450 × 10^{-3}, 0.0, 0.121 × 10^5) = 4.1725
O_2 : MCPH(298.15, 573.15; 3.639, 0.506 × 10^{-3} , 0.0, −0.227 × 10^5) = 3.7267
N_2 : MCPH(298.15, 573.15; 3.280, 0.593 × 10^{-3} , 0.0, 0.040 × 10^5) = 3.5618

因此，

$$\Delta H_P^\circ = (8.314)[(11.2)(5.2352) + (0.4)(3.6005) + (8.5)(4.1725) + (6.2)(3.7267) + (82.2)(3.5618)](573.15 - 298.15) = 940{,}660 \text{ J}$$

且

$$\Delta H = \Delta H_{298}^\circ + \Delta H_P^\circ = -6{,}309{,}740 + 940{,}660 = -5{,}369{,}080 \text{ J}$$

因為這個過程是穩定流動的，其中能量平衡中的軸功和動能、位能項 [(2.32) 式] 為零或可忽略不計，所以 $\Delta H = Q$。因此，$Q = -5369$ kJ，這個熱量傳遞到鍋爐而生成 100 mol 的乾燥煙道氣。傳遞到鍋爐的熱量占燃料燃燒熱的分率為：

$$\frac{5{,}369{,}080}{6{,}797{,}040}(100) = 79.0\%$$

在前述的例子中，反應約在 1 bar 發生，我們默認無論氣體是混合的還是純的，反應的熱效應都是相同的，這是在低壓下可接受的程序。對於高壓下的反應，情況並非如此，且可能需要考慮壓力和混合對反應熱的影響。但是，這些影響通常很小。對於液相中發生的反應，混合的影響更重要。將在第 11 章詳細介紹。

對於在水溶液中發生的生物反應，混合的影響尤為重要。生物分子在溶液中的焓和其他性質通常不僅與溫度和壓力有關，還與溶液中的特定離子的 pH、離子強度和濃度有關。附錄 C 的表 C.5 提供在零離子強度下，在稀水溶液中形成各種分子的焓。這些可用於估算涉及此類物種的酶或生物反應的熱效應。 然而，對 pH、離子強度和有限濃度的影響的校正可能是顯著的。[16] 這些物種的熱容量通常是未知的，但在稀水溶液中，總比熱通常很接近水的比熱。而且生物反應所關注的溫度範圍非常窄。以下例子說明對生物反應的熱效應的估算。

16 有關這些影響的分析，參見 Robert A. Alberty, *Thermodynamics of Biochemical Reactions*, John Wiley & Sons, Hoboken, NJ, 2003。

例 4.11

稀釋的葡萄糖溶液進入連續發酵過程，其中酵母細胞將其轉化為乙醇和二氧化碳。進入反應器的含水股流在 25°C 下含有 5 wt% 的葡萄糖。假設該葡萄糖完全轉化為乙醇和二氧化碳，並且生成物在 35°C 下離開反應器，估算產生每千克乙醇需加入或除去的熱量。假設二氧化碳保持溶解在生成物中。

解

對於沒有軸功的這種恆壓過程，熱效應只是等於從進料到生成物的焓變。發酵反應是：

$$C_6H_{12}O_6(aq) \rightarrow 2C_2H_5OH(aq) + 2CO_2(aq)$$

使用表 C.5 中稀水溶液的生成熱，獲得 298 K 的標準反應焓為：

$$\Delta H^\circ_{298} = (2)(-288.3) + (2)(-413.8) - (-1262.2) = -142.0 \text{ kJ·mol}^{-1}$$

1 kg 乙醇為 $1/(0.046069 \text{ kg·mol}^{-1}) = 21.71$ mol 乙醇。每莫耳葡萄糖產生 2 mol 乙醇，因此必須發生 10.85 mol 反應以產生 1 kg 乙醇。然後，每 kg 乙醇的標準反應焓為 $(10.85)(-142.0) = -1541 \text{ kJ·kg}^{-1}$。生產 1 kg 乙醇所需的葡萄糖質量為 10.85 mol $\times$ $0.18016 \text{ kg·mol}^{-1} = 1.955$ kg 葡萄糖。若進料是 5 wt% 葡萄糖，則欲產生每 kg 的乙醇，進料到反應器的溶液的總質量是 $1.955/0.05 = 39.11$ kg。假設生成物具有約 $4.184 \text{ kJ·kg}^{-1}\text{·K}^{-1}$ 的比熱，則用於將生成物從 25°C 加熱到 35°C 的每 kg 乙醇的焓變為：

$$4.184 \text{ kJ·kg}^{-1}\text{·K}^{-1} \times 10 \text{ K} \times 39.11 \text{ kg} = 1636 \text{ kJ}$$

將其加入到每 kg 乙醇的反應熱中，可以得到從進料到生成物的總焓變，這也是總熱效應：

$$Q = \Delta H = -1541 + 1636 = 95 \text{ kJ·(kg 乙醇)}^{-1}$$

這個估算得出的結論是，必須向反應器中加入少量的熱量，因為反應放熱不足以將進料加熱到生成物溫度。在實際過程中，葡萄糖不會完全轉化為乙醇，必須將一部分葡萄糖導向其他細胞代謝的生成物，這意味著生產每 kg 的乙醇需要略多於 1.955 kg 的葡萄糖。其他反應的熱釋放可能比乙醇的生產稍高或低，這會改變乙醇的生產估算。若一些 CO_2 作為氣體離開反應器，則熱量需求將略高，因為 $CO_2(g)$ 的焓高於 $CO_2(aq)$ 的焓。

4.8 概要

在研究本章 (包括章末習題) 後，我們應該能夠：

- 定義顯熱效應、潛熱、反應熱、生成熱和燃燒熱。
- 制定熱容量積分，決定是否使用 C_P 或 C_V，並將熱容量表示為溫度的多項式進行估算。
- 在能量平衡中使用熱容量積分，來確定實現給定溫度變化所需的能量輸入，或確定給定能量輸入所產生的溫度變化。
- 查找或估算相變的潛熱並將其應用於能量平衡。
- 應用 Clapeyron 方程式。
- 根據生成熱和熱容量計算任意溫度下的標準反應熱。
- 由標準燃燒熱計算標準反應熱。
- 計算具有特定化學反應與特定入口和出口溫度的過程的熱量需求。

4.9 習題

4.1. 在近似大氣壓下熱交換器中的穩定流動，求下列情況所需的熱量：

(a) 10 mol SO_2 從 200°C 加熱至 1100°C。 (b) 12 mol 丙烷從 250°C 加熱至 1200°C。

(c) 20 kg 甲烷從 100°C 加熱至 800°C。 (d) 10 mol 正丁烷從 150°C 加熱至 1150°C。

(e) 1000 kg 空氣從 25°C 加熱至 1000°C。 (f) 20 mol 氨從 100°C 加熱至 800°C。

(g) 10 mol 水從 150°C 加熱至 300°C。 (h) 5 mol 氯從 200°C 加熱至 500°C。

(i) 10 kg 乙苯從 300°C 加熱至 700°C。

4.2. 在近似大氣壓下穩定地流過熱交換器，求下列情況的最終溫度：

(a) 800 kJ 的熱量加到最初在 200°C 的 10 mol 乙烯中。

(b) 2500 kJ 的熱量加到最初在 260°C 的 15 mol 1-丁烯中。

(c) 10^6(Btu) 的熱量加到最初在 500(°F) 的 40(lb mol) 乙烯中。

4.3. 對於進料溫度為 100°C 的穩流式熱交換器，在下列物質中加入 12 $kJ \cdot mol^{-1}$ 的熱量時，計算出口溫度。

(a) 甲烷；(b) 乙烷；(c) 丙烷；(d) 正丁烷；(e) 正己烷；(f) 正辛烷；(g) 丙烯；(h) 1-戊烯；(i) 1-庚烯；(j) 1-辛烯；(k) 乙炔；(l) 苯；(m) 乙醇；(n) 苯乙烯；(o) 甲醛；(p) 氨；(q) 一氧化碳；(r) 二氧化碳；(s) 二氧化硫；(t) 水；(u) 氮；(v) 氰化氫。

4.4. 在 122(°F) 和近似大氣壓下，250$(ft)^3(s)^{-1}$ 的空氣在燃燒過程中被預熱到 932(°F)，則所需的熱傳速率是多少？

4.5. 10,000 kg 的 $CaCO_3$ 在大氣壓下，由 50°C 加熱至 880°C 需要多少熱量？

4.6. 如果某物質的熱容量形式為，

$$C_P = A + BT + CT^2$$

當假定 $\langle C_P \rangle_H$ 等於在初始和最終溫度的算術平均值下估算的 C_P 時，證明產生的誤差是 $C(T_2 - T_1)^2/12$。

4.7. 如果某物質的熱容量形式為：

$$C_P = A + BT + DT^{-2}$$

當假定 $\langle C_P \rangle_H$ 等於在初始和最終溫度的算術平均值下估算的 C_P 時，證明產生的誤差是：

$$\frac{D}{T_1 T_2}\left(\frac{T_2 - T_1}{T_2 + T_1}\right)^2$$

4.8. 根據以下資訊計算氣體樣品的熱容量：樣品在 25°C 和 121.3 kPa 的燒瓶中達到平衡。短暫打開瓶塞，使壓力降至 101.3 kPa。在瓶塞關閉的情況下，燒瓶升溫，返回到 25°C，測得壓力為 104.0 kPa。計算 C_P 為多少 $J \cdot mol^{-1} \cdot K^{-1}$，假設氣體是理想氣體，並且保留在燒瓶中的氣體膨脹是可逆和絕熱的。

4.9. 將程序中的氣流在恆壓 P 下從 25°C 加熱至 250°C。從 (4.3) 式可獲得能量需求的快速估算，其中 C_P 視為恆定且等於其在 25°C 下的值。Q 的估算可能是低還是高？為什麼？

4.10. (a) 對於附錄 B 的表 B.2 中列出的化合物之一，由 (4.13) 式估算蒸發熱 ΔH_n。將結果與表 B.2 列出的值相比。

(b) 表中給出四種化合物在 25°C 下的蒸發潛熱的手冊值。對於其中之一，使用 (4.14) 式計算 ΔH_n，並將結果與表 B.2 中給出的值進行比較。

在 25°C 下的蒸發潛熱 ($J \cdot g^{-1}$)

正戊烷	366.3	苯	433.3
正己烷	366.1	環己烷	392.5

4.11. 表 9.1 列出四氟乙烷飽和液體與蒸汽的熱力學性質。利用蒸汽壓作為溫度的函數，以及飽和液體與飽和蒸汽的體積，在下列各溫度下，利用 (4.12) 式計算蒸發潛熱，並將結果與由表中給出的焓值計算的蒸發潛熱進行比較。

(a) −16°C；(b) 0°C；(c) 12°C；(d) 26°C；(e) 40° C 。

4.12. 表中給出在 0°C 下三種純液體的蒸發潛熱的手冊值，單位為 $J \cdot g^{-1}$。

	ΔH^{lv} 在 0°C
氯仿	270.9
甲醇	1189.5
四氯甲烷	217.8

對於其中一種物質，計算：

(a) 已知 0°C 的潛熱，利用 (4.14) 式得到 T_n 下的潛熱。

(b) 利用 (4.13) 式得到 T_n 下的潛熱。

這些結果與附錄 B 的表 B.2 中列出的值比較，其百分誤差為何？

4.13. 附錄 B 的表 B.2 提供一個方程式的參數，該方程式給出許多純化合物的 P^{sat} 與 T 的函數關係。對於其中之一，應用 (4.12) 式的 Clapeyron 方程式求其正常沸點下的蒸發熱。從給定的蒸汽壓方程式估算 dP^{sat}/dT，並使用第 3 章中的廣義關聯式來估算 ΔV。將計算值與表 B.2 中列出的 ΔH_n 值進行比較。注意，正常沸點列於表 B.2 的最後一欄。

4.14. 用於計算純氣體的第二維里係數方法是基於 Clapeyron 方程式和蒸發潛熱 ΔH^{lv} 的測量值、飽和液體的莫耳體積 V^l 及蒸汽壓 P^{sat}。根據以下數據，求 75°C 時甲基乙基酮的 B 值為多少 $cm^3 \cdot mol^{-1}$：

$$\Delta H^{lv} = 31{,}600 \text{ J}\cdot\text{mol}^{-1} \qquad V^l = 96.49 \text{ cm}^3\cdot\text{mol}^{-1}$$

$$\ln P^{sat}/\text{kPa} = 48.158 - 5623/T - 4.705 \ln T \qquad [T = \text{K}]$$

4.15. 在 300 K 和 3 bar 下，每小時 100 kmol 的過冷液體在穩流式熱交換器中過熱至 500 K。估算以下其中一項的熱交換器負荷 (以 kW 為單位)：

(a) 甲醇，其 3 bar 時的 $T^{sat} = 368.0$ K。

(b) 苯，其 3 bar 時的 $T^{sat} = 392.3$ K。

(c) 甲苯，其 3 bar 時的 $T^{sat} = 426.9$ K。

4.16. 對於以下每種物質，計算在 25°C、大氣壓下向過冷液體中加入 60 $kJ \cdot mol^{-1}$ 的熱量時的最終溫度。

(a) 甲醇；(b) 乙醇；(c) 苯；(d) 甲苯；(e) 水。

4.17. 壓力 $P_1 = 10$ bar ($T_1^{sat} = 451.7$ K) 的飽和 - 液態苯在穩定流動程序中，被節流至壓力 P_2 =1.2 bar ($T_2^{sat} = 358.7$ K) 的液體 / 汽體混合物。估算出口流中蒸汽的莫耳分率。液體苯的 $C_P = 162 \text{ J}\cdot\text{mol}^{-1}\cdot\text{K}^{-1}$。忽略壓力對液態苯的焓的影響。

4.18. 對於以下化合物之一，在 25°C 下作為液體，估算 ΔH°_{298}。

(a) 乙炔；(b) 1,3- 丁二烯；(c) 乙苯；(d) 正己烷；(e) 苯乙烯。

4.19. 在活塞 / 圓筒裝置中可逆地壓縮 1 mol 理想氣體導致壓力從 1 bar 增加到 P_2，並且溫度從 400 K 增加到 950 K。壓縮過程中，氣體所遵循的路徑為 $PV^{1.55}$ = 常數，且氣體的莫耳熱容量由下式給出：

$$C_P/R = 3.85 + 0.57 \times 10^{-3}\, T \qquad [T = \text{K}]$$

求過程中的熱傳量和最終壓力。

4.20. 烴類燃料可以藉由如下反應由甲醇生產，得到 1- 己烯：

$$6CH_3OH(g) \rightarrow C_6H_{12}(g) + 6H_2O(g)$$

將 25°C 下 $6CH_3OH(g)$ 的標準燃燒熱與 25°C 下 $C_6H_{12}(g)$ 的標準燃燒熱比較。得到的反應生成物為 $CO_2(g)$ 和 $H_2O(g)$。

4.21. 計算 25°C 乙烯與下列物質燃燒時的理論火焰溫度：

(a) 25°C 時，理論量的空氣。 (b) 25°C 時，25% 過量空氣。

(c) 25°C 時，50% 過量空氣。 (d) 25°C 時，100% 過量空氣。

(e) 預熱至 500°C 的 50% 過量空氣。 (f) 理論量的純氧。

4.22. 若燃燒生成物是 $H_2O(l)$ 和 $CO_2(g)$，則在 25°C 下，下列每種氣體的標準燃燒熱是多少？在每種情況下，計算莫耳燃燒熱和比燃燒熱。

(a) 甲烷；(b) 乙烷；(c) 乙烯；(d) 丙烷；(e) 丙烯；(f) 正丁烷；(g) 1- 丁烯；(h) 環氧乙烷；(i) 乙醛；(j) 甲醇；(k) 乙醇。

4.23. 在 25°C 下，計算以下每個反應的標準反應熱：

(a) $N_2(g) + 3H_2(g) \rightarrow 2NH_3(g)$

(b) $4NH_3(g) + 5O_2(g) \rightarrow 4NO(g) + 6H_2O(g)$

(c) $3NO_2(g) + H_2O(l) \rightarrow 2HNO_3(l) + NO(g)$

(d) $CaC_2(s) + H_2O(l) \rightarrow C_2H_2(g) + CaO(s)$

(e) $2Na(s) + 2H_2O(g) \rightarrow 2NaOH(s) + H_2(g)$

(f) $6NO_2(g) + 8NH_3(g) \rightarrow 7N_2(g) + 12H_2O(g)$

(g) $C_2H_4(g) + \frac{1}{2}O_2(g) \rightarrow \langle(CH_2)_2\rangle O(g)$

(h) $C_2H_2(g) + H_2O(g) \rightarrow \langle(CH_2)_2\rangle O(g)$

(i) $CH_4(g) + 2H_2O(g) \rightarrow CO_2(g) + 4H_2(g)$

(j) $CO_2(g) + 3H_2(g) \rightarrow CH_3OH(g) + H_2O(g)$

(k) $CH_3OH(g) + \frac{1}{2}O_2(g) \rightarrow HCHO(g) + H_2O(g)$

(l) $2H_2S(g) + 3O_2(g) \rightarrow 2H_2O(g) + 2SO_2(g)$

(m) $H_2S(g) + 2H_2O(g) \rightarrow 3H_2(g) + SO_2(g)$

(n) $N2(g) + O_2(g) \rightarrow 2NO(g)$

(o) $CaCO_3(s) \rightarrow CaO(s) + CO_2(g)$

(p) $SO_3(g) + H_2O(l) \rightarrow H_2SO_4(l)$

(q) $C_2H_4(g) + H_2O(l) \rightarrow C_2H_5OH(l)$

(r) $CH_3CHO(g) + H_2(g) \rightarrow C_2H_5OH(g)$

(s) $C_2H_5OH(l) + O_2(g) \rightarrow CH_3COOH(l) + H_2O(l)$

(t) $C_2H_5CH{:}CH_2(g) \rightarrow CH_2{:}CHCH{:}CH_2(g) + H_2(g)$

(u) $C_4H_{10}(g) \rightarrow CH_2{:}CHCH{:}CH_2(g) + 2H_2(g)$

(v) $C_2H_5CH{:}CH_2(g) + \frac{1}{2}O_2(g) \rightarrow CH_2{:}CHCH{:}CH_2(g) + H_2O(g)$

(w) $4NH_3(g) + 6NO(g) \rightarrow 6H_2O(g) + 5N_2(g)$

(x) $N_2(g) + C_2H_2(g) \rightarrow 2HCN(g)$

(y) $C_6H_5C_2H_5(g) \rightarrow C_6H_5CH{:}CH_2(g) + H_2(g)$

(z) $C(s) + H_2O(l) \rightarrow H_2(g) + CO(g)$

4.24. 計算習題 4.23 的反應之一在下列溫度下的標準反應熱：(a) 600°C；(b) 50°C；(f) 650°C；(i) 700°C；(j) 590(°F)；(1) 770(°F)；(m) 850 K；(n) 1300 K；(o) 800°C；(r) 450°C；(t) 860(°F)；(u) 750K；(v) 900 K；(w) 400°C；(x) 375°C；(y) 1490(°F)。

4.25. 根據習題 4.23 的 (a)、(b)、(e)、(f)、(g)、(h)、(j)、(k)、(l)、(m)、(n)、(o)、(r)、(t)、(u)、(v)、(w)、(x)、(y) 和 (z) 部分給出的反應之一，建立標準反應熱的一般方程式作為溫度的函數。

4.26. 計算在以零離子強度的稀水溶液中，在 298.15 K 下發生的以下每個反應的標準反應熱。

(a) D- 葡萄糖 + ATP^2 → D- 葡萄糖 6- 磷酸$^-$ + ADP^-

(b) D- 葡萄糖 6- 磷酸 → D- 果糖 6- 磷酸$^-$

(c) D- 果糖 6- 磷酸$^-$ + ATP^2 → D- 果糖 1,6- 二磷酸$^{2-}$ + ADP^-

(d) D- 葡萄糖 + 2 ADP^- + $2H_2PO_4^-$ + 2 NAD^+ → 2 丙酮酸$^-$ + 2 ATP^{2-} + 2 NADH + $4H^+$ + $2H^2O$

(e) D- 葡萄糖 + 2 ADP^- + $2H_2PO_4^-$ → 2 乳酸$^-$ + 2 ATP^{2-} + $2H^+$ + $2H_2O$

(f) D- 葡萄糖 + 2 ADP^- + $2H_2PO_4^-$ → $2CO_2$ + 2 乙醇 + 2 ATP^{2-} + $2H_2O$

(g) 2 NADH + O_2 + $2H^+$ → 2 NAD^+ + $2H_2O$

(h) ADP^- + $H_2PO_4^-$ → ATP^{2-} + H_2O

(i) 2 NADH + 2 ADP^- + 2 H_2PO^- + O_2 + $2H^+$ → 2 NAD^+ + 2 ATP^{2-} + $4H_2O$

(j) D- 果糖 + 2 ADP^- + $2H_2$ PO_4^- → $2CO_2$ + 2 乙醇 + 2 ATP^{2-} + $2H_2O$

(k) D- 半乳糖 + 2 ADP^- + 2 $H_2PO_4^-$ → $2CO_2$ + 2

(l) 乙醇 + 2 ATP^{2-} + $2H_2O$

NH_4^+ + L- 天門冬胺酸$^-$ + ATP^{2-} → L- 天門冬胺酸 + ADP^- + H_2 PO_4^-

4.27. 乙醇代謝的第一步是與煙酰胺腺嘌呤二核苷酸 (NAD) 反應脫氫：

$$C_2H_5OH + NAD^+ \rightarrow C_2H_4O + NADH$$

從典型的雞尾酒代謝 10 g 乙醇時，這種反應的熱效應是什麼？10 g 乙醇完全代謝為 CO_2 和水的總熱效應是多少？如果有的話，如何感受乙醇的消耗與這些熱效應有關？為了計算熱效應，你可以忽略反應焓隨溫度、pH 和離子強度的變化 (即在生理條件下，應用附錄 C 的表 C.5 中的生成焓)。

4.28. 天然氣 (假設為純甲烷) 經由管線以每天 1.5 億標準立方英尺的體積流率輸送到城市。若天然氣的售價是每 GJ 高熱值 \$5.00，則每天的預期收入是多少美元？標準狀況是 60(°F) 和 1(atm)。

4.29. 天然氣很少是純甲烷；通常還含有其他輕質烴和氮。對含有甲烷、乙烷、丙烷和氮的天然氣，將其標準燃燒熱表示為組成的函數。假設液態水是燃燒生成物。下列天然氣何者具有最高的燃燒熱？

(a) $y_{CH_4} = 0.95$，$y_{C_2H_6} = 0.02$，$y_{C_3H_8} = 0.02$，$y_{N_2} = 0.01$。

(b) $y_{CH_4} = 0.90$，$y_{C_2H_6} = 0.05$，$y_{C_3H_8} = 0.03$，$y_{N_2} = 0.02$。

(c) $y_{CH_4} = 0.85$，$y_{C_2H_6} = 0.07$，$y_{C_3H_8} = 0.03$，$y_{N_2} = 0.05$。

4.30. 若在 25°C 時，尿素 $(NH_2)_2CO(s)$ 燃燒的生成物為 $CO_2(g)$、$H_2O(l)$ 和 $N_2(g)$，且其燃燒熱為 631,660 J·mol^{-1}，則尿素的 $\Delta H^\circ_{f_{298}}$ 是多少？

4.31. 燃料的高熱值 (HHV) 是其在 25°C 下的標準燃燒熱，其中以液態水作為生成物；低熱值 (LHV) 則以水蒸汽作為生成物。

(a) 解釋這些術語的起源。

(b) 將天然氣視為純甲烷，計算其 HHV 和 LHV。

(c) 將家用加熱油視為純液態正癸烷，計算其 HHV 和 LHV。液態正癸烷的

$$\Delta H^\circ_{f_{298}} = -249{,}700 \text{ J}\cdot\text{mol}^{-1}$$

4.32. 平均化學組成為 $C_{10}H_{18}$ 的輕質燃料油在彈卡計中與氧氣燃燒。對於在 25°C 下的反應，放出的熱量測量為 43,460 $\text{J}\cdot\text{g}^{-1}$。計算燃料油在 25°C 下的標準燃燒熱，其中 $H_2O(g)$ 和 $CO_2(g)$ 為生成物。注意，彈卡計中的反應在恆容下發生，產生液態水作為生成物，並且反應完全。

4.33. 甲烷氣體在大約大氣壓下與 30% 過量空氣完全燃燒。甲烷與含有飽和水蒸汽的空氣在 30°C 下進入爐內，並且煙道氣在 1500°C 時離開爐子。然後煙道氣通過熱交換器，於 50°C 時離開。對每莫耳甲烷而言，爐中損失的熱量有多少，以及在熱交換器中的熱傳量為多少？

4.34. 氨氣進入硝酸裝置的反應器中，並與 30% 過量的乾空氣混合完全轉化為一氧化氮和水蒸汽。若氣體在 75°C 時進入反應器，轉化率為 80%，沒有發生副反應，反應器絕熱運行，則離開反應器的氣體溫度是多少？假設氣體為理想氣體。

4.35. 將 320°C 和大氣壓下的乙烯氣體和蒸汽作為等莫耳混合物加入反應過程中。此過程經由下列反應產生乙醇：

$$C_2H_4(g) + H_2O(g) \rightarrow C_2H_5OH(l)$$

液態乙醇在 25°C 下離開此過程。計算生成一莫耳乙醇時，整個過程的熱傳量是多少？

4.36. 將甲烷和蒸汽的氣體混合物在大氣壓與 500°C 下進入反應器，其中發生以下反應：

$$CH_4 + H_2O \rightarrow CO + 3H_2 \quad \text{和} \quad CO + H_2O \rightarrow CO_2 + H_2$$

生成物在 850°C 下離開反應器，其組成 (莫耳分率) 為：

$$y_{CO_2} = 0.0275 \quad y_{CO} = 0.1725 \quad y_{H_2O} = 0.1725 \quad y_{H_2} = 0.6275$$

計算生成一莫耳氣體生成物所需加入反應器的熱量。

4.37. 由 75 mol-% 甲烷和 25 mol-% 乙烷組成的燃料，在 30°C 下進入具有 80% 過量空氣的爐子中。如果 8×10^5 $\text{kJ}\cdot\text{kmol}^{-1}$ 燃料作為熱量傳遞給鍋爐管，煙道氣離開爐子的溫度是多少？假設燃料為完全燃燒。

4.38. 來自硫燃燒器的氣流由 15 mol-% 的 SO_2、20 mol-% 的 O_2 和 65 mol-% 的 N_2 組成。在大氣壓和 400°C 的氣流進入觸媒轉化器，其中 86% 的 SO_2 進一步氧化成 SO_3。以 1 mol 氣體進入為基準，必須在轉化器中添加或移除多少熱量，以便氣體生成物在 500°C 下離開？

4.39. 經由下列反應產生氫：$CO(g) + H_2O(g) \rightarrow CO_2(g) + H_2(g)$。

進入反應器的進料是等莫耳的一氧化碳和蒸汽的混合物，它在 125°C 和大氣壓下進入反應器。如果 60% 的 H_2O 轉化為 H_2，且生成物在 425°C 離開反應器，必須將多少熱

量傳遞到反應器或從反應器傳出？

4.40. 直燃式乾燥器燃燒的燃料油的熱值較低，為 19,000(Btu)(lb$_m$)$^{-1}$。[燃燒生成物是 $CO_2(g)$ 和 $H_2O(g)$。] 燃料油的重量百分組成為 85% 碳、12% 氫、2% 氮和 1% 水。煙道氣於 400(°F) 時離開乾燥器，在乾基下，部分分析顯示它們含有 3 mol-% CO_2 和 11.8 mol-% CO。燃料、空氣和欲乾燥的材料於 77(°F) 進入乾燥器。若進入的空氣含有飽和的水分，並且如果允許油的淨熱值的 30% 用於熱損失 (包括由乾燥生成物帶出的顯熱)，則每 (lb$_m$) 燃料油燃燒乾燥器中有多少水蒸發？

4.41. 氮氣和乙炔的等莫耳混合物在 25°C 和大氣壓下進入穩流反應器。發生的唯一反應是：$N_2(g) + C_2H_2(g) \rightarrow 2HCN(g)$。氣體生成物在 600°C 下離開反應器，並含有 24.2 mol-% 的 HCN。產生一莫耳氣體時，必須供應反應器多少熱量？

4.42. 由下列反應產生氯：$4HCl(g) + O_2(g) \rightarrow 2H_2O(g) + 2\,Cl_2(g)$。進入反應器的進料由 60 mol-% HCl、36 mol-% O_2 和 4 mol-% N_2 組成，並在 550°C 下進入反應器。若 HCl 的轉化率為 75%，並且該過程是等溫的，則對每莫耳進入的氣體混合物而言，必須有多少熱量傳遞到反應器或從反應器傳出？

4.43. 使煙道氣和空氣的混合物通過白熾焦炭床 (假設為純碳)，來製備僅由 CO 和 N_2 組成的氣體。下列發生的兩個反應都是完全反應：

$$CO_2 + C \rightarrow 2CO \quad 和 \quad 2C + O_2 \rightarrow 2CO$$

煙道氣的組成為 12.8 mol-% CO、3.7 mol-% CO_2、3.4 mol-% O_2 和 78.1 mol-% N_2。煙道氣 / 空氣混合物的比例可調整，使得兩個反應的反應熱量互相抵消，因此焦炭床的溫度是恆定的。若該溫度為 875°C，進料也預熱至 875°C，且若過程是絕熱的，則煙道氣的莫耳數與空氣的莫耳數之比為何？所產生的氣體的組成是多少？

4.44. 由 94 mol-% 甲烷和 6 mol-% 氮氣組成的燃料氣體，在連續式熱水器中用 35% 過量空氣燃燒。燃氣和空氣都在 77(°F) 時進入。水以 75(lb$_m$)(s)$^{-1}$ 的流率從 77(°F) 加熱至 203(°F)。煙道氣在 410(°F) 離開加熱器。在進入的甲烷中，70% 燃燒成二氧化碳，30% 燃燒成一氧化碳。若沒有熱量逸散至外界，則燃料氣體的體積流率為何？

4.45. 一種生產 1,3- 丁二烯的方法，是在大氣壓下的 1- 丁烯催化脫氫反應，亦即：

$$C_4H_8(g) \rightarrow C_4H_6(g) + H_2(g)$$

為了抑制副反應，用蒸汽稀釋 1 - 丁烯的進料，其比例為稀釋每莫耳 1 - 丁烯需要 10 莫耳蒸汽。反應在 525°C 等溫下進行，在此溫度下，有 33% 的 1 - 丁烯轉化為 1,3 - 丁二烯。若進入的 1 - 丁烯為 1 mol，則有多少熱量傳遞到反應器或從反應器傳出？

4.46. (a) 風冷式冷凝器以 12(Btu)·s^{-1} 的速率將熱量傳遞給 70(°F) 的外界空氣。若空氣溫度升高 20(°F)，則所需的空氣體積流率是多少？

(b) 若 (a) 部分的熱傳速率為 12 kJ·s^{-1}，外界空氣溫度為 24°C，溫度升高 13°C。重做 (a) 部分。

4.47. (a) 某一空調裝置將 50(ft)^3·s^{-1} 的空氣由 94(°F) 冷卻至 68(°F)，則其熱傳速率是多少？

(b) 若 (a) 部分的流率為 1.5 $m^3 \cdot s^{-1}$，溫度從 35°C 變化到 25°C，單位為 $kJ \cdot s^{-1}$。重做 (a) 部分。

4.48. 丙烷燃燒的熱水器將丙烷的標準燃燒熱的 80% [在 25°C 時，生成物為 $CO_2(g)$ 和 $H_2O(g)$] 輸送到水中。如果在 25°C 時丙烷的價格為每加侖 \$2.20，則加熱成本為多少 \$/M(Btu)？或多少 \$/MJ？

4.49. 下面的氣體經穩定流動程序，在大氣壓力下從 25°C 加熱至 500°C，求所需的熱傳量 ($J \cdot mol^{-1}$)。(a) 乙炔；(b) 氨；(c) 正丁烷；(d) 二氧化碳；(e) 一氧化碳；(f) 乙烷；(g) 氫；(h) 氯化氫；(i) 甲烷；(j) 一氧化氮；(k) 氮；(l) 二氧化氮；(m) 一氧化二氮；(n) 氧氣；(o) 丙烯。

4.50. 如果在大氣壓下的穩定流動程序，將 30,000 $J \cdot mol^{-1}$ 的熱量傳遞到氣體，最初溫度為 25°C，求上題氣體的最終溫度。

4.51. 已經提出定量熱分析作為監測二元氣流的組成的技術。為了說明原理，計算以下問題。

(a) 甲烷 / 乙烷氣體混合物在穩定流動程序中，在 1(atm) 下，從 25°C 加熱至 250°C。如果 $Q = 11{,}500\ J \cdot mol^{-1}$，混合物的組成是多少？

(b) 苯 / 環己烷氣體混合物在穩定流動程序中，在 1(atm) 下，從 100°C 加熱至 400°C。如果 $Q = 54{,}000\ J \cdot mol^{-1}$，混合物的組成是多少？

(c) 甲苯 / 乙苯氣體混合物在穩定流動程序中，在 1(atm) 下，從 150°C 加熱至 250°C。如果 $Q = 17{,}500\ J \cdot mol^{-1}$，混合物的組成是多少？

4.52. 利用在逆流熱交換器中與熱空氣熱接觸，從 1(atm) 和 25°C 的液態水連續產生 1(atm) 與 100°C 的飽和蒸汽。空氣在 1(atm) 下穩定地流動。求兩種情況下的 $\dot{m}$(蒸汽)/$\dot{n}$(空氣) 的值：

(a) 空氣在 1000°C 時進入交換器；(b) 空氣在 500°C 時進入交換器。

對於這兩種情況，假設熱交換器的 ΔT 至少有 10°C。

4.53. 飽和水蒸汽，即蒸汽，通常用作熱交換器應用中的熱源。為什麼要用飽和蒸汽？為什麼要用飽和水蒸汽？在任何合理大小的工廠中，通常可獲得多種飽和蒸汽；例如，4.5、9、17 和 33 bar 的飽和蒸汽。但壓力越高，有用能量含量越低 (為什麼？)，單位成本也越高，那麼為何要用高壓蒸汽呢？

4.54. 葡萄糖的氧化為動物細胞提供主要的能量來源。假設反應物是葡萄糖 [$C_6H_{12}O_6(s)$] 和氧 [$O_2(g)$]，生成物是 $CO_2(g)$ 和 $H_2O(l)$。

(a) 寫出葡萄糖氧化的平衡方程式，並求 298 K 的標準反應熱。

(b) 在一天中，普通人每公斤消耗約 150 kJ 能量。假設葡萄糖是唯一的能量來源，估算 57 kg 的人每天所需的葡萄糖量 (克)。

(c) 對於 2.75 億人口，僅由呼吸每天可產生多少質量的二氧化碳 (溫室氣體)。數據：葡萄糖的 $\Delta H^\circ_{f_{298}} = -1274.4\ kJ \cdot mol^{-1}$。忽略溫度對反應熱的影響。

4.55. 天然氣燃料含有 85 mol-% 的甲烷、10 mol-% 的乙烷和 5 mol-% 的氮。

(a) 25°C 時燃料的標準燃燒熱 ($kJ \cdot mol^{-1}$) 是多少？其中以 $H_2O(g)$ 作為生成物。

(b) 燃料與 50% 過量空氣在 25°C 下進入爐子中。生成物在 600°C 下離開。如果燃燒完全且沒有發生副反應，爐內會傳遞多少熱量 (kJ/ 每 mol 燃料)？

Chapter 5

熱力學第二定律

熱力學討論能量轉換的原理，熱力學定律描述這些轉換受到的限制。第一定律敘述能量守恆原理，導出能量均衡，其中包含功和熱。然而，功和熱完全不同。功可轉換為其他形式的能量，例如用於舉重或用於加速質量，而熱在循環程序中無法完全轉換為功。顯然地，功是一種本質上比等量的熱更有價值的能量形式。這種差異反映在第二基本定律中，它與第一定律一起建構熱力學的基礎。本章的目的是：

- 介紹熵的概念，熵是一種重要的熱力學性質。
- 提出熱力學第二定律，它反映即使藉由可逆程序，對可以實現的目標，程序進行的方向有其限制。
- 將第二定律應用於一些熟悉的程序。
- 將理想氣體狀態的物質的熵變化與 T 和 P 相關聯。
- 提出開放系統的熵均衡。
- 描述流動程序的理想功和損失功的計算。
- 將熵與分子的微觀世界聯繫起來。

5.1 第二定律的公理化敘述

第 2 章中關於第一定律提出的兩個公理與第二定律有對應。它們是：

公理 4：存在一個名為 entropy[1] S 的性質，用於系統內部均衡是一種內在性質，在功能上與描述系統的可測量狀態變數相關。該性質的微分變化由下式給出：

$$\boxed{dS^t = dQ_{\text{rev}}/T} \tag{5.1}$$

其中 S^t 是系統 (而不是莫耳) 熵。

1 發音為 **en′**-tro-py 以便將其與 en-**thal′**-py 清楚地分辨。

公理 5：(熱力學第二定律) 由任何實際程序產生的任何系統及其外界的熵變化是正的，當程序接近可逆時熵變化接近於零。以數學表示為：

$$\boxed{\Delta S_{\text{total}} \geq 0} \tag{5.2}$$

第二定律確認每個過程都在這樣的方向上進行，即與之相關的總熵變是正的，零的極限值只能利用可逆程序來實現。總熵減少的程序是不可能的。藉由應用於兩個非常常見的程序來說明第二定律的實際效用：第一個證明熱量從熱到冷，與我們日常經驗一致；第二個證明任何設備將熱轉換為功是有限制的。

第二定律在簡單熱傳中的應用

首先，考慮兩個**熱源** (heat reservoir) 之間的直接熱傳，我們想像這兩個熱源能夠在沒有溫度變化的情況下吸收或排放無限多熱量。[2] 熱源熵變化的方程式來自 (5.1) 式。因為 T 是常數，所以由積分可得：

$$\Delta S = \frac{Q}{T}$$

在溫度 T，一定量的熱量 Q 傳遞到熱源或從熱源傳。從熱源的角度來看，傳遞是可逆的，因為它對熱源的影響是相同的，無論是對源點 (source) 還是匯點 (sink)。

將熱源的溫度設為 T_H 和 T_C，其中 $T_H > T_C$。從一個熱源轉移到另一個熱源的熱量 Q 對於兩個熱源都是相同的。然而，Q_H 和 Q_C 具有相反的符號：加到熱源的熱量為正，而從熱源提取熱量為負。因此，$Q_H = -Q_C$，熱源在 T_H 和 T_C 的熵變化為：

$$\Delta S_H^t = \frac{Q_H}{T_H} = \frac{-Q_C}{T_H} \qquad \text{且} \qquad \Delta S_C^t = \frac{Q_C}{T_C}$$

將這兩個熵變化相加，可得：

$$\Delta S_{\text{total}} = \Delta S_H^t + \Delta S_C^t = \frac{-Q_C}{T_H} + \frac{Q_C}{T_C} = Q_C\left(\frac{T_H - T_C}{T_H T_C}\right)$$

因為熱傳程序是不可逆的，(5.2) 式要求 ΔS_{total} 為正值，因此

$$Q_C(T_H - T_C) > 0$$

2 爐火室實際上是高溫熱源，而周圍的大氣是低溫冷源。

在溫差為正的情況下，Q_C 也必須為正，這意味著熱量流入溫度為 T_C 的低溫熱源，即從較高溫度流向較低溫度。該結果符合熱量從高溫流向低溫的普遍經驗。一個正式的聲明傳達這個結果：

沒有一個只是將熱量從低溫傳到高溫的程序。

還要注意，隨著溫度差減小，ΔS_{total} 變小。當 T_H 僅略微高於 T_C 時，熱傳是可逆的，ΔS_{total} 接近零。

第二定律在熱機上的應用

熱量可以更有效地使用，而不是簡單地從一個溫度轉移到另一個較低的溫度。實際上，有用的功是由無數的機器產生的，這些機器利用熱流作為其能源。最常見的例子是內燃機和蒸汽動力裝置。總而言之，這些是**熱機** (heat engine)。它們都依賴於高溫熱源，並且都將熱量排放到外界。

第二定律限制了它們的熱量吸入量可以轉化為多少功，我們現在的目標是定量建立這種關係。我們想像熱機從 T_H 處的高溫熱源接收熱量，並將熱量排放到溫度為 T_C 的低溫熱源。以熱機作為系統，兩個熱源構成外界。與熱機和熱源相關的功和熱，如圖 5.1(a) 所示。

關於熱機，(2.3) 式給出的第一定律變為：

$$\Delta U = Q + W = Q_H + Q_C + W$$

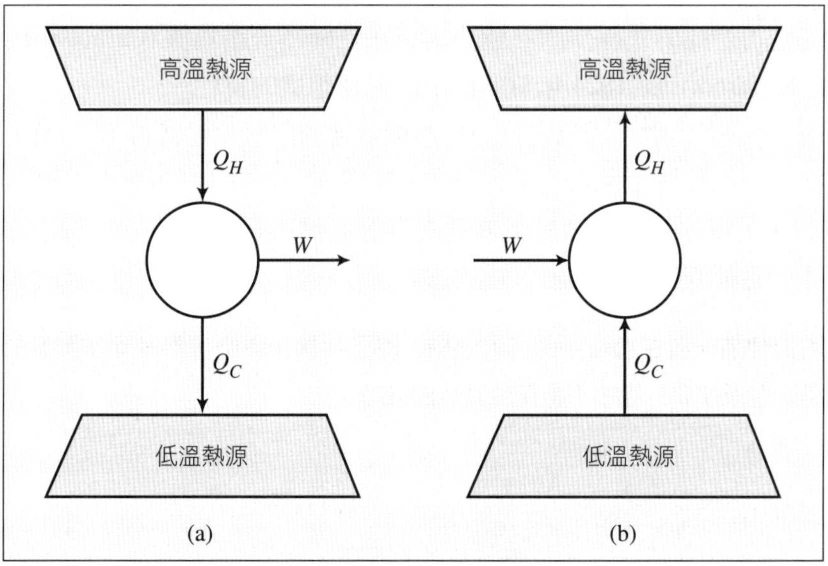

▶圖 5.1 示意圖：(a) 卡諾熱機；(b) 卡諾熱泵或冷凍機。

因為熱機不可避免地循環操作，所以它在一個循環中的性質不會改變。因此 $\Delta U = 0$，而 $W = -Q_H - Q_C$。

外界的熵變化等於熱源熵變化的總和。由於熱機在一個循環內的熵變化為零，所以總熵變化為熱源的總熵變化。因此

$$\Delta S_{\text{total}} = -\frac{Q_H}{T_H} - \frac{Q_C}{T_C}$$

注意，相對於熱機的 Q_C 是負數，而 Q_H 是正數。將此式與 W 的方程式合併，消去 Q_H，可得：

$$W = T_H \Delta S_{\text{total}} + Q_C\left(\frac{T_H - T_C}{T_C}\right)$$

此結果使熱機的功輸出在兩個範圍內。如果熱機完全無效率，則 $W = 0$；方程式可簡化為兩個熱源之間簡單熱傳所獲得的結果，即：

$$\Delta S_{\text{total}} = -Q_C\left(\frac{T_H - T_C}{T_H T_C}\right)$$

這裡的符號差異僅僅反映了 Q_C 相對於熱機的事實，而以前它是相對於低溫熱源。

如果該過程在各方面都是可逆的，則 $\Delta S_{\text{total}} = 0$，而方程式可簡化為：

$$W = Q_C\left(\frac{T_H}{T_C} - 1\right) \tag{5.3}$$

以完全可逆的方式操作的熱機非常特殊且稱為**卡諾熱機** (Carnot engine)。卡諾 (N. L. S. Carnot)[3] 於 1824 年首先提出這種理想機的特性。

注意，Q_C 是負數，因為它代表從熱機傳遞的熱量。這使得 W 為負，與功未加到熱機而是由熱機產生功的事實一致。顯然地，對於 W 的任何有限值，Q_C 也是有限的。這意味著從高溫熱源傳遞的熱量必然不可避免地有一部分排放到低溫熱源中。這種觀察可以給出正式敘述：

不可能建造一種在循環中運行的熱機，除了從熱源中吸收熱量而作等量的功之外，在系統和外界中不會產生其他的效應。

3 Nicolas Leonard Sadi Carnot (1796-1832)，法國工程師，參見 http://en.wikipedia.org/wiki/Nicolas_Leonard_Sadi_Carnot。

第二定律並不禁止從熱量中連續生產功，但它確實限制循環程序中可以將多少熱量轉化為功。

將此方程式與 $W = -Q_H - Q_C$ 合併，首先消去 W，然後消去 Q_C，得到**卡諾方程式** (Carnot's equation)：

$$\frac{-Q_C}{T_C} = \frac{Q_H}{T_H} \tag{5.4}$$

$$\frac{W}{Q_H} = \frac{T_C}{T_H} - 1 \tag{5.5}$$

注意，在應用於卡諾熱機 Q_H 時，表示傳遞到熱機的熱量是正數，使得產生的功 (W) 為負。在 (5.4) 式中，Q_C 的最小可能值為零；T_C 的對應值在凱氏溫標上是絕對零，對應於 −273.15°C。

熱機的熱效率**定義**為產生的功與提供給熱機的熱量之比，功 W 是負的。因此，

$$\eta \equiv \frac{-W}{Q_H} \tag{5.6}$$

根據 (5.5) 式，卡諾熱機的熱效率是：

$$\eta_{\text{Carnot}} = 1 - \frac{T_C}{T_H} \tag{5.7}$$

儘管卡諾熱機在各方面都可逆地運行，並且無法改進，但只有當 T_H 接近無窮大或 T_C 接近零時，其效率才接近 1。這兩種情況都不存在於地球上；因此，所有地球上熱機的熱效率均小於 1。地球上可用的低溫熱源是大氣、湖泊、河流和海洋，其 $T_C \simeq 300$ K。高溫熱源是諸如熔爐之類的物體，其中溫度由化石燃料的燃燒或放射性元素的裂變來維持，並且 $T_H \simeq 600$ K。使用這些值，$\eta = 1 - 300/600 = 0.5$，這是卡諾熱機熱效率的近似實際極限。實際的熱機是不可逆的，η 很少超過 0.35。

例 5.1

一個額定功率為 800,000 kW 的中央發電廠，在 585 K 產生蒸汽，並將熱量排放到 295 K 的河流中。若發電廠的熱效率是最大可能值的 70%，在額定功率下有多少熱量排放到河流中？

解

最大可能的熱效率可由 (5.7) 式求得。T_H 為蒸汽產生的溫度，T_C 為河流的溫度：

$$\eta_{\text{Carnot}} = 1 - \frac{295}{585} = 0.4957 \qquad 且 \qquad \eta = (0.7)(0.4957) = 0.3470$$

其中 η 是實際的熱效率。將 (5.6) 式與第一定律 (寫為 $W = -Q_H - Q_C$) 相結合，以消去 Q_H，得到：

$$Q_C = \left(\frac{1-\eta}{\eta}\right)W = \left(\frac{1-0.347}{0.347}\right)(-800{,}000) = -1{,}505{,}475 \text{ kW}$$

這種熱傳速率會使一般河流的溫度上升一些。

5.2 熱機和熱泵

以下步驟構成任何卡諾熱機的循環：

- **步驟 1：**系統的初始溫度為低溫熱源的溫度 T_c，系統經歷**可逆絕熱** (reversible adiabatic) 程序，使其溫度上升到高溫熱源的溫度 T_H。
- **步驟 2：**系統保持與溫度為 T_H 的高溫熱源接觸，並經歷**可逆等溫** (reversible isothermal) 程序，並從高溫熱源中吸收熱量 Q_H。
- **步驟 3：**系統在步驟 1 的相反方向上經歷可逆絕熱程序，使其溫度回到低溫熱源的溫度 T_C。
- **步驟 4：**系統保持與溫度為 T_C 的熱源接觸，並在步驟 2 的相反方向上經歷可逆等溫程序，使其返回其初始狀態，同時排放熱量 Q_C 到低溫熱源。

原則上，這組程序可以在任何類型的系統上執行，但只有少數 (尚未描述) 具有實際意義。

卡諾熱機在兩個熱源之間操作，使得所有吸收的熱都來自恆溫的高溫熱源，而所有排出的熱都排至恆溫的低溫熱源。任何運轉在兩個熱源之間的可逆熱機都是卡諾熱機；在不同循環下操作的熱機必須在有限的溫差之間傳遞熱量，因此是不可逆的。卡諾熱機的性質不可避免地得出兩個重要結論：

- **卡諾熱機的效率僅與溫度有關，而與熱機中的工作物質無關。**
- **對於兩個給定的熱源，沒有一種熱機的熱效率會高於卡諾熱機的熱效率。**

我們在第 8 章中進一步探討實用熱機。

因為卡諾熱機是可逆的，所以可以反過來操作；然後卡諾循環沿相反方向移動，成為一個**可逆熱泵** (heat pump)，在與熱機相同的溫度和相同的 Q_H、Q_C 和 W 值之間操作，但方向與熱機相反，如圖 5.1(b) 所示。此時，需要利用功將低溫熱源的熱量「泵送」到高溫熱源。冷凍機是熱泵，其中「冷箱」作為低溫熱源，而一些環境部分作為高溫熱源。熱泵的品質通常衡量標準是**性能係數**(coefficient of performance)，定義為在較低溫度下提取的熱量除以所需的功，兩者都是相對於熱泵的正量：

$$\omega \equiv \frac{Q_C}{W} \tag{5.8}$$

對於卡諾熱泵，可以利用 (5.4) 式和 (5.5) 式來消去 Q_H，從而獲得此係數：

$$\omega_{\text{Carnot}} \equiv \frac{T_C}{T_H - T_C} \tag{5.9}$$

對於 4°C 的冷凍機，並將熱量傳遞到 24°C 的外界，由 (5.9) 式得到：

$$\omega_{\text{Carnot}} = \frac{4 + 273.15}{24 - 4} = 13.86$$

任何實際的冷凍機都會以較低的 ω 值不可逆地操作。第 9 章討論冷凍的實際問題。

5.3 具有理想氣體狀態的工作流體的卡諾熱機

圖 5.2 中的 *PV* 圖顯示卡諾熱機中處於理想氣體狀態的工作流體所經過的循環。它由四個可逆程序組成，對應於上一節中描述的一般卡諾循環的步驟 1 到 4：

圖 5.2 以理想氣體為工作流體的卡諾循環 *PV* 圖。

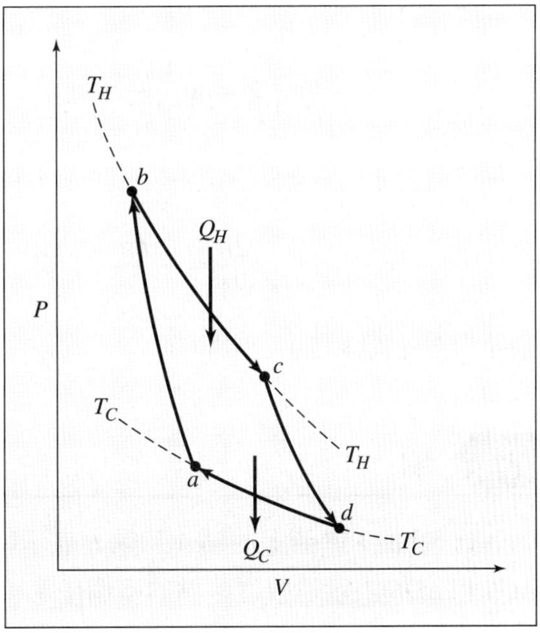

- $a \to b$ 絕熱壓縮，溫度從 T_C 升至 T_H。
- $b \to c$ 在吸收熱量 Q_H 的情況下，等溫膨脹到任意點 c。
- $c \to d$ 絕熱膨脹，溫度降至 T_C。
- $d \to a$ 等溫壓縮到初始狀態，並釋放熱量 Q_C。

在此分析中，將理想氣體狀態的工作流體視為系統。對於等溫步驟 $b \to c$ 和 $d \to a$，由 (3.20) 式可得：

$$Q_H = RT_H \ln \frac{V_c^{ig}}{V_b^{ig}} \qquad \text{且} \qquad Q_C = RT_C \ln \frac{V_a^{ig}}{V_d^{ig}}$$

將第一式除以第二式得到：

$$\frac{Q_H}{Q_C} = \frac{T_H \ln\left(V_c^{ig}/V_b^{ig}\right)}{T_C \ln\left(V_a^{ig}/V_d^{ig}\right)}$$

對於絕熱程序，$dQ = 0$ 的 (3.16) 式變為：

$$-\frac{C_V^{ig}}{R}\frac{dT}{T} = \frac{dV^{ig}}{V^{ig}}$$

對於步驟 $a \to b$ 和 $c \to d$，上式積分可得：

$$\int_{T_C}^{T_H} \frac{C_V^{ig}}{R}\frac{dT}{T} = \ln \frac{V_a^{ig}}{V_b^{ig}} \qquad \text{且} \qquad \int_{T_C}^{T_H} \frac{C_V^{ig}}{R}\frac{dT}{T} = \ln \frac{V_d^{ig}}{V_c^{ig}}$$

因為這兩個方程式的左邊是相同的，所以：

$$\ln \frac{V_d^{ig}}{V_c^{ig}} = \ln \frac{V_a^{ig}}{V_b^{ig}} \qquad \text{或} \qquad \ln \frac{V_c^{ig}}{V_b^{ig}} = -\ln \frac{V_a^{ig}}{V_d^{ig}}$$

將第二個表達式與兩個等溫步驟相關的方程式合併可得：

$$\frac{Q_H}{Q_C} = -\frac{T_H}{T_C} \qquad \text{或} \qquad \frac{-Q_C}{T_C} = \frac{Q_H}{T_H}$$

最後的方程式與 (5.4) 式相同。

5.4 熵

圖 5.3 的 PV^t 圖上的點 A 和點 B 表示特定流體的兩個平衡狀態，並且路徑 ACB 和 ADB 表示連接這些點的兩個任意可逆程序。對每個路徑，將 (5.1) 式積分可得：

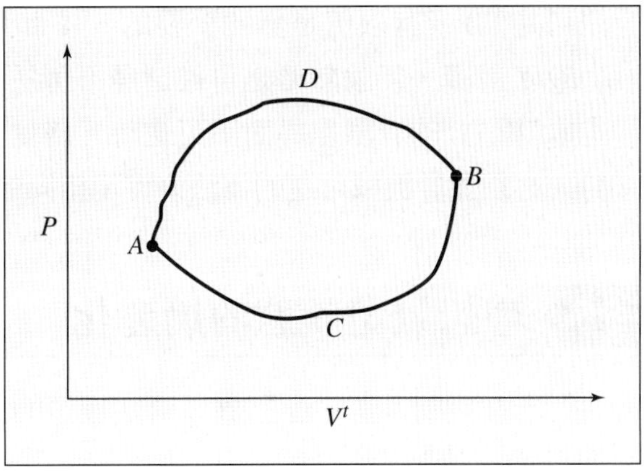

▶圖 5.3 連接平衡狀態 A 和 B 的兩條可逆路徑。

$$\Delta S^t = \int_{ACB} \frac{dQ_{\text{rev}}}{T} \qquad \text{和} \qquad \Delta S^t = \int_{ADB} \frac{dQ_{\text{rev}}}{T}$$

因為 ΔS^t 是性質變化，所以它與路徑無關，並且由 $S_B^t - S_A^t$ 給出。

若流體由不可逆程序，從狀態 A 變為狀態 B，則熵變化仍為 $\Delta S^t = S_B^t - S_A^t$，但實驗證明，我們無法用不可逆程序中的數據計算 $\int dQ/T$ 而求出熵變化，因為由這個積分計算熵變化通常必須沿著可逆路徑。

然而，熱源的熵變化可表示為 Q/T，其中 Q 是在溫度 T 下傳遞到熱源或從熱源傳出的熱量，無論傳遞是可逆還是不可逆均適用。如前所述，無論熱源的源點或匯點的溫度如何，熱傳對熱源的影響都是相同的。

如果一個程序是可逆和絕熱，則 $dQ_{\text{rev}} = 0$；由 (5.1) 式可得 $dS^t = 0$。因此，在可逆絕熱程序中，系統的熵是恆定的，這種程序稱為**等熵** (isentropic) 程序。

熵的特徵可歸納如下：

- 熵與第二定律的關聯性如同內能與第一定律的關聯性。(5.1) 式是將熵與可測量的量聯繫起來的所有方程式的最終來源。它不代表熵的定義；在古典熱力學的背景下沒有熵的定義。它提供的是計算熵變化的方法。
- 經歷有限可逆程序的任何系統的熵變化，可由 (5.1) 式的積分形式求出。當系統在兩個平衡狀態之間經歷不可逆程序時，系統的熵變化 ΔS^t 的計算是將 (5.1) 式應用於任意選擇的可逆程序，而此程序與實際程序有相同的狀態變化。不會在不可逆的路徑上進行積分。因為熵是狀態函數，所以不可逆和可逆程序的熵變化是相同的。
- 在機械可逆程序的特殊情況下 (第 2.8 節)，即使系統與外界之間的熱傳代表外部不可逆性，系統的熵變化也可以根據應用於實際程序的 $\int dQ/T$ 中正確估算。原因在於，就系統而言，引起熱傳的溫差是否是無限小 (使得程序在外部是可逆的) 或有限值是無關緊要的。**僅由熱傳產生的系統的熵變化可以利用 $\int dQ/T$ 計算，無論熱傳是可逆還是不可逆。**然而，當一個程序由於其他驅動力 (如壓力) 的有限差異而不可逆時，熵變化不僅由熱傳引起，並且對於其計算，必須設計機械可逆的方法來實現相同的狀態變化。

5.5 理想氣體狀態的熵變化

對於在封閉系統中經歷機械可逆程序的一莫耳或單位質量的流體，第一定律的 (2.7) 式變為：

$$dU = dQ_{\text{rev}} - PdV$$

將焓的定義式微分，即對 $H = U + PV$ 微分，可得：

$$dH = dU + PdV + VdP$$

消去 dU 得到：

$$dH = dQ_{\text{rev}} - PdV + PdV + VdP$$

或

$$dQ_{\text{rev}} = dH - VdP$$

對於理想氣體狀態，將 $dH^{ig} = C_P^{ig}dT$ 及 $V^{ig} = RT/P$ 代入上式，並除以 T，

$$\frac{dQ_{\text{rev}}}{T} = C_P^{ig}\frac{dT}{T} - R\frac{dP}{P}$$

由 (5.1) 式的結果，上式變為：

$$dS^{ig} = C_P^{ig}\frac{dT}{T} - R\frac{dP}{P} \qquad \text{或} \qquad \frac{dS^{ig}}{R} = \frac{C_P^{ig}}{R}\frac{dT}{T} - d\ln P$$

其中 S^{ig} 是理想氣體狀態的莫耳熵。從 T_0 和 P_0 的初始狀態積分到 T 和 P 的最終狀態可得：

$$\frac{\Delta S^{ig}}{R} = \int_{T_0}^{T}\frac{C_P^{ig}}{R}\frac{dT}{T} - \ln\frac{P}{P_0} \tag{5.10}$$

雖然此式由機械可逆程序導出，但這個方程式僅涉及性質，與引起狀態變化的程序無關，因此是用於計算理想氣體狀態熵變化的一般方程式。

例 5.2

對於理想氣體狀態和恆定熱容量，可逆絕熱 (因此也是等熵) 程序的 (3.23b) 式可以寫成：

$$\frac{T_2}{T_1}=\left(\frac{P_2}{P_1}\right)^{(\gamma-1)/\gamma}$$

證明應用 $\Delta S^{ig}=0$ 的 (5.10) 式可得相同的方程式。

解

因為 C_P^{ig} 是常數，所以 (5.10) 式變為：

$$0=\frac{C_P^{ig}}{R}\ln\frac{T_2}{T_1}-\ln\frac{P_2}{P_1}=\ln\frac{T_2}{T_1}-\frac{R}{C_P^{ig}}\ln\frac{P_2}{P_1}$$

對於理想氣體狀態，由 (3.12) 式，其中 $\gamma=C_P^{ig}/C_V^{ig}$，可得：

$$C_P^{ig}=C_V^{ig}+R \qquad \text{或} \qquad \frac{R}{C_P^{ig}}=\frac{\gamma-1}{\gamma}$$

因此，

$$\ln\frac{T_2}{T_1}=\frac{\gamma-1}{\gamma}\ln\frac{P_2}{P_1}$$

將上式的兩邊取指數可以得到給定的方程式。

將莫耳熱容量 C_P^{ig} 隨溫度變化的 (4.5) 式代入 (5.10) 式右邊的第一項並積分，結果可寫為：

$$\int_{T_0}^{T}\frac{C_P^{ig}}{R}\frac{dT}{T}=A\ln\frac{T}{T_0}+\left[B+\left(C+\frac{D}{T_0^2T^2}\right)\left(\frac{T+T_0}{2}\right)\right](T-T_0) \qquad (5.11)$$

與 (4.8) 式的積分 $\int(C_P/R)dT$ 一樣，這個積分常需要計算；我們將 (5.11) 式的右邊定義為函數 ICPS(T_0,T; A, B, C, D) 並假定附有用於估算的計算機程式 [4]，則 (5.11) 式變為：

$$\int_{T_0}^{T}\frac{C_P^{ig}}{R}\frac{dT}{T}=\text{ICPS}(T_0,T;\text{ A, B, C, D})$$

4 在 Microsoft Excel、Matlab、Maple、Mathematica 和 Mathcad 中實現這些定義函數的例子，參見線上學習中心 http://highered.mheducation.com:80/sites/1259696529。

同樣有用的是**平均熱容量** (mean heat capacity)，其**定義**為：

$$\left\langle C_P^{ig} \right\rangle_S = \frac{\int_{T_0}^{T} C_P^{ig} dT/T}{\ln(T/T_0)} \tag{5.12}$$

根據這個方程式，將 (5.11) 式除以 $\ln(T/T_0)$，得到：

$$\frac{\left\langle C_P^{ig} \right\rangle_S}{R} = A + \left[B + \left(C + \frac{D}{T_0^2 T^2}\right)\left(\frac{T + T_0}{2}\right)\right] \frac{T - T_0}{\ln(T/T_0)} \tag{5.13}$$

將上式的右邊定義為另一個函數 MCPS(T_0,T; A, B, C, D)，則 (5.13) 式變為：

$$\frac{\left\langle C_P^{ig} \right\rangle_S}{R} = \text{MCPS}(T_0, T; \text{A, B, C, D})$$

下標 S 表示熵計算特有的平均值。將這個平均值與 (4.9) 式的焓計算特有的平均值進行比較，顯示兩種方法完全不同。這是不可避免的，因為它們的定義是為了估算完全不同的積分。

求解 (5.12) 式中的積分可得：

$$\int_{T_0}^{T} C_P^{ig} \frac{dT}{T} = \left\langle C_P^{ig} \right\rangle_S \ln \frac{T}{T_0}$$

而 (5.10) 式變為：

$$\boxed{\frac{\Delta S^{ig}}{R} = \frac{\left\langle C_P^{ig} \right\rangle_S}{R} \ln \frac{T}{T_0} - \ln \frac{P}{P_0}} \tag{5.14}$$

這種形式的理想氣體狀態的熵變化方程式，在最終溫度未知的迭代計算中通常很有用。

例 5.3

550 K 和 5 bar 的甲烷氣體經歷可逆絕熱膨脹至 1 bar。假設甲烷在這些狀況下為理想氣體狀態，求其最終溫度。

解

對於此程序 $\Delta S^{ig} = 0$，而 (5.14) 式變為：

$$\frac{\langle C_P^{ig}\rangle_S}{R}\ln\frac{T_2}{T_1}=\ln\frac{P_2}{P_1}=\ln\frac{1}{5}=-1.6094$$

因為 $\langle C_P^{ig}\rangle_S$ 取決於 T_2，我們重新排列這個方程式用於迭代求解：

$$\ln\frac{T_2}{T_1}=\frac{-1.6094}{\langle C_P^{ig}\rangle_S/R}\qquad 或 \qquad T_2=T_1\exp\left(\frac{-1.6094}{\langle C_P^{ig}\rangle_S/R}\right)$$

使用附錄 C 的表 C.1 中的常數，以 (5.13) 式的函數形式進行估算 $\langle C_P^{ig}\rangle_S/R$：

$$\frac{\langle C_P^{ig}\rangle_S}{R}=\text{MCPS}\,(550,\ T_2;\ 1.702,\ 9.081\times10^{-3},\ -2.164\times10^{-6},\ 0.0)$$

對於初始值 $T_2 < 550$，計算 $\langle C_P^{ig}\rangle_S/R$ 的值並代入 T_2 的方程式。將 T_2 的新值代入上式重新計算 $\langle C_P^{ig}\rangle_S/R$，繼續此過程，直至收斂到最終值 $T_2 = 411.34$ K。

與例 4.3 一樣，試驗程序是另一種方法，Microsoft Excel 的目標搜尋提供原型自動化版本。

例 5.2

將溫度為 450°C 的 40 kg 鑄鋼 ($C_P = 0.5$ kJ·kg^{-1}·K^{-1}) 在 25°C 的 150 kg 油 ($C_P = 2.5$ kJ·kg^{-1}·K^{-1}) 中淬火。如果沒有熱量損失，求 (a) 鑄鋼；(b) 油；(c) 鑄鋼和油的熵變化？

解

利用能量平衡求出油和鑄鋼的最終溫度 t。因為油與鑄鋼的能量變化的總和必須為零，

$$(40)(0.5)(t-450)+(150)(2.5)(t-25)=0$$

解出 $t = 46.52$°C。

(a) 鑄鋼的熵變化：

$$\Delta S^t=m\int\frac{C_P\,dT}{T}=mC_P\ln\frac{T_2}{T_1}$$

$$=(40)(0.5)\ln\frac{273.15+46.52}{273.15+450}=-16.33\ \text{kJ·K}^{-1}$$

(b) 油的熵變化：

$$\Delta S^t=(150)(2.5)\ln\frac{273.15+46.52}{273.15+25}=26.13\ \text{kJ·K}^{-1}$$

(c) 總熵變化：

$$\Delta S_{\text{total}} = -16.33 + 26.13 = 9.80\ \text{kJ}\cdot\text{K}^{-1}$$

注意，雖然總熵變化為正，但是鑄鋼的熵減少了。

5.6 開放系統的熵平衡

就像對於流體進入、流出或流過控制體積 (第 2.9 節) 的程序寫出能量平衡一樣，也可以寫出熵平衡。然而，有一個重要的區別：*熵是不守恆的*。第二定律指出，與任何程序相關的總熵變化必須是正的，對於可逆程序，其極限值為零。寫出熵平衡式時，必須包括系統及其外界的熵平衡，並以**熵生成** (entropy-generation) 項來說明程序的不可逆性。此項為下列三項的總和：第一是出口和入口股流之間的熵差；第二是控制體積內的熵變化；第三是外界的熵變化。若程序是可逆，則這三項總和為零，即 $\Delta S_{\text{total}} = 0$；若程序是不可逆，則這三項總和為正數，即熵的生成項。

因此，以速率表示的熵平衡為：

$$\left\{\begin{matrix}\text{控制體積中}\\\text{熵的時間變}\\\text{化率}\end{matrix}\right\} + \left\{\begin{matrix}\text{流動股流熵}\\\text{的淨變化率}\end{matrix}\right\} + \left\{\begin{matrix}\text{外界中熵的}\\\text{時間變化率}\end{matrix}\right\} = \left\{\begin{matrix}\text{熵生成的}\\\text{總速率}\end{matrix}\right\}$$

熵平衡的等價方程式為

$$\frac{d(mS)_{\text{cv}}}{dt} + \Delta(S\dot{m})_{\text{fs}} + \frac{dS^t_{\text{surr}}}{dt} = \dot{S}_G \geq 0 \tag{5.15}$$

其中 $\dot{S}_G$ 是熵生成率。這個方程式是熵平衡*速率*的一般形式，適用於任何時刻。每一項都可以隨時間變化，第一項是控制體積內所含流體總熵的時間變化率；第二項是流動股流中熵的淨增加率，即由出口股流輸出的總熵與入口股流輸入的總熵之間的差；第三項是外界熵的時間變化率，它由系統和外界之間的熱傳引起的。

令相對於控制表面特定部分的熱傳速率 $\dot{Q}_j$ 與 $T_{\sigma,j}$ 相關聯，其中下標 σ, j 表示外界的溫度。由於這種傳遞，造成外界的熵變化率是 $-\dot{Q}_j/T_{\sigma,j}$。負號將相對於系統定義的 $\dot{Q}_j$ 轉換為相對於外界的熱傳率。因此，(5.15) 式中的第三項是所有這些量的總和：

$$\frac{dS^t_{\text{surr}}}{dt} = -\sum_j \frac{\dot{Q}_j}{T_{\sigma,j}}$$

現在寫出 (5.15) 式：

$$\frac{d(mS)_{\text{cv}}}{dt} + \Delta(S\dot{m})_{\text{fs}} - \sum_j \frac{\dot{Q}_j}{T_{\sigma,j}} = \dot{S}_G \geq 0 \tag{5.16}$$

最後一項，代表**熵生成率** (rate of entropy generation) $\dot{S}_G$，它恆為正值，也反映第二定律對不可逆程序的要求。有兩個不可逆的來源：(a) 控制體積內的不可逆性，即內部不可逆性；和 (b) 由系統和外界之間的有限溫差引起的熱傳，即外部熱不可逆性。$\dot{S}_G = 0$ 的極限情況適用於程序完全可逆，這意味著：

- 程序在控制體積內是內部可逆的
- 控制體積與外界之間的熱傳是可逆的

第二項是指包含熱源的外界，其溫度等於控制表面的溫度，或在控制表面溫度和熱源溫度之間的外界中，插入產生功的卡諾熱機。

對於穩定流動程序，控制體積中流體的質量和熵是恆定的，並且 $d(mS)_{\text{cv}}/dt$ 是零，因此 (5.16) 式變為：

$$\boxed{\Delta(\dot{S}m)_{\text{fs}} - \sum_j \frac{\dot{Q}_j}{T_{\sigma,j}} = \dot{S}_G \geq 0} \tag{5.17}$$

此外，若只有一個入口和一個出口，且 $\dot{m}$ 對於兩個股流都是相同的，則上式除以 $\dot{m}$ 可得：

$$\boxed{\Delta S - \sum_j \frac{Q_j}{T_{\sigma,j}} = S_G \geq 0} \tag{5.18}$$

(5.18) 式中的每個項都是基於流過控制體積的單位質量的流體。

例 5.5

在大氣壓下進行的穩定流動程序中，600 K、1 mol·s^{-1} 的空氣與 450 K、2 mol·s^{-1} 的空氣連續混合，產物流為 400 K 和 1 atm，此程序的示意圖如圖 5.4 所示。求此程序的熱傳速率和熵生成速率。假設空氣為理想氣體狀態且 $C_P^{ig} = (7/2)R$，外界溫度為 300 K，並且動能和位能變化可以忽略不計。

▶圖 5.4
例 5.5 所述
的程序。

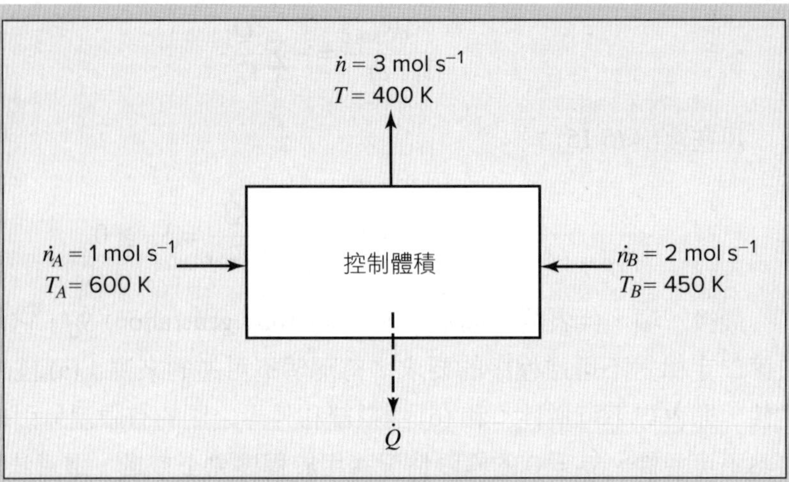

解

我們首先應用能量平衡來求熱傳速率，為了計算熵生成率，我們必須知道這一點。寫出能量平衡，(2.29) 式，將 $\dot{m}$ 換成 $\dot{n}$，然後將 $\dot{n}$ 換成 $\dot{n}_A + \dot{n}_B$，

$$\dot{Q} = \dot{n}H^{ig} - \dot{n}_A H_A^{ig} - \dot{n}_B H_B^{ig} = \dot{n}_A\left(H^{ig} - H_A^{ig}\right) + \dot{n}_B\left(H^{ig} - H_B^{ig}\right)$$

$$\dot{Q} = \dot{n}_A C_P^{ig}(T - T_A) + \dot{n}_B C_P^{ig}(T - T_B) = C_P^{ig}[\dot{n}_A(T - T_A) + \dot{n}_B(T - T_B)]$$
$$= (7/2)(8.314)[(1)(400 - 600) + (2)(400 - 450)] = -8729.7 \text{ J}\cdot\text{s}^{-1}$$

利用 (5.17) 式的穩態熵平衡，將 $\dot{m}$ 換成 $\dot{n}$，可得：

$$\dot{S}_G = \dot{n}S^{ig} - \dot{n}_A S_A^{ig} - \dot{n}_B S_B^{ig} - \frac{\dot{Q}}{T_\sigma} = \dot{n}_A\left(S^{ig} - S_A^{ig}\right) + \dot{n}_B\left(S^{ig} - S_B^{ig}\right) - \frac{\dot{Q}}{T_\sigma}$$
$$= \dot{n}_A C_P^{ig} \ln\frac{T}{T_A} + \dot{n}_B C_P^{ig} \ln\frac{T}{T_B} - \frac{\dot{Q}}{T_\sigma} = C_P^{ig}\left(\dot{n}_A \ln\frac{T}{T_A} + \dot{n}_B \ln\frac{T}{T_B}\right) - \frac{\dot{Q}}{T_\sigma}$$
$$= (7/2)(8.314)\left[(1)\ln\frac{400}{600} + (2)\ln\frac{400}{450}\right] + \frac{8729.7}{300} = 10.446 \text{ J}\cdot\text{K}^{-1}\cdot\text{s}^{-1}$$

對於任何真實程序，熵生成率的值恆為正。

例 5.6

一位發明者聲稱可設計一種方法，此方法只使用 100°C 的飽和蒸汽，經由一系列複雜的步驟，可連續產生 200°C 的熱量，他又聲稱，每 1 kg 蒸汽進入該程序，即可在 200°C 產生 2000 kJ 的能量。判斷此程序是否可行。為了使該程序成為最有利的條件，假設冷卻水在 0°C 的溫度下可以無限量供應。

解

對於理論上可行的任何程序，必須滿足熱力學第一和第二定律的要求。無須知道詳細的機制來確定這是否屬實；只需要知道整體的結果。如果發明者的聲稱滿足熱力學定律，則表示它在理論上是可行的。因此，機制的確定是一種獨創性的問題。否則，該程序是不可行的，並且不能設計出執行的機制。

在本例中，一個連續程序在 100°C 下吸收飽和蒸汽，並在 200°C 的溫度下連續產生熱量 Q。由於冷卻水可在 0°C 使用，因此如果將蒸汽冷凝並冷卻 (不冷凍) 至此出口溫度，並且在大氣壓下排出，則蒸汽獲得最大利用。這是一種極限情況 (對發明者最有利)，並且需要無限面積的熱交換面。

在這個程序中，不可能僅在 200°C 的溫度下釋放熱量，因為我們已經證明，沒有任何程序只是將熱量從一個溫度傳遞到更高的溫度，而沒有其他的效應，因此，我們必須假設一些熱量 Q_σ 傳遞到 0°C 的冷卻水，而且這個程序必須符合第一定律；因此，由 (2.32) 式：

$$\Delta H = Q + Q_\sigma + W_s$$

其中 ΔH 是蒸汽流過系統時的焓變化。因為沒有軸功伴隨此程序，所以 $W_s = 0$。外界包含冷卻水，冷卻水在 $T_\sigma = 273.15$ K 的恆溫下充當低溫熱源，另外在 $T = 473.15$ K 處有一高溫熱源，而每 1 kg 的蒸汽進入系統時，會傳遞 2000 kJ 的熱量到高溫熱源。圖 5.5 顯示此程序的總體結果。

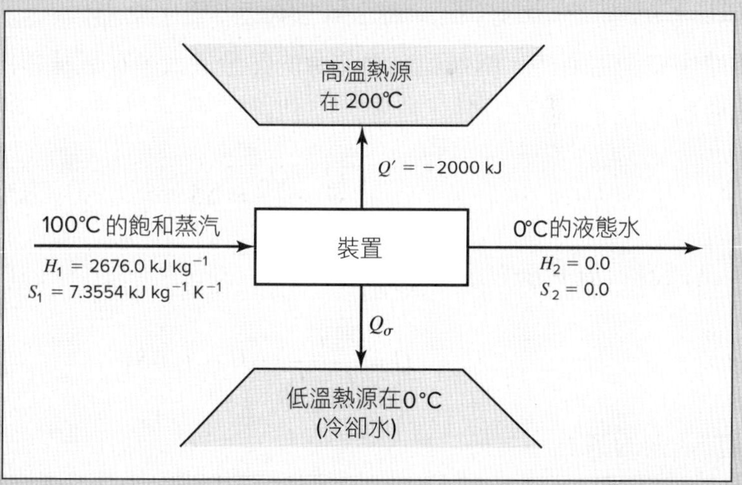

▶**圖 5.5** 例 5.6 所述的程序。

對於 0°C 的液態水和 100°C 的飽和蒸汽，圖 5.5 中所示的 H 和 S 值取自蒸汽表 (附錄 E)。注意，0°C 的液態水的值是飽和液體 ($P^{sat} = 0.61$ kPa)，但壓力增加對大氣壓的影響是微不足道的。基於每 1 kg 進入的蒸汽，第一定律變成：

$$\Delta H = H_2 - H_1 = 0.0 - 2676.0 = -2000 + Q_\sigma \qquad 因此 \qquad Q_\sigma = -676.0 \text{ kJ}$$

Q_σ 的負值表示熱傳是從系統到冷卻水。

我們現在根據第二定律檢查此結果，以確定此程序的熵生成是否大於或小於零。將 (5.18) 式寫成：

$$\Delta S - \frac{Q_\sigma}{T_\sigma} - \frac{Q}{473.15} = S_G$$

對於 1 kg 的蒸汽，

$$\Delta S = S_2 - S_1 = 0.0000 - 7.3554 = -7.3554 \text{ kJ}\cdot\text{K}^{-1}$$

因此熵生成為：

$$\begin{aligned} S_G &= -7.3554 - \frac{-676.0}{273.15} - \frac{-2000}{473.15} \\ &= -7.3554 + 4.2270 + 2.4748 = -0.6536 \text{ kJ}\cdot\text{K}^{-1} \end{aligned}$$

這種負的結果意味著所描述的程序是不可能的；(5.18) 式形式的第二定律要求 $S_G \geq 0$。

前面例子的負的結果，並不意味著這種一般性的所有程序都是不可能的；只是發明者宣稱的值太大。實際上，可以容易地計算出會傳遞到 200°C 高溫熱源的最大熱量。由能量平衡可知：

$$Q + Q_\sigma = \Delta H \tag{A}$$

當程序完全可逆時，傳遞到高溫熱源的熱量最大，在這種情況下 $S_G = 0$，(5.18) 式變為：

$$\frac{Q}{T} + \frac{Q_\sigma}{T_\sigma} = \Delta S \tag{B}$$

將 (*A*) 式和 (*B*) 式聯立求解 Q，可得：

$$Q = \frac{T}{T - T_\sigma}(\Delta H - T_\sigma \Delta S)$$

關於前面的例子，

$$Q = \frac{473.15}{200}\left[-2676.0 - (273.15)(-7.3554)\right] = -1577.7 \text{ kJ}\cdot\text{kg}^{-1}$$

這個值的絕對值小於所宣稱的 $-2000 \text{ kJ}\cdot\text{kg}^{-1}$ 的絕對值。

5.7 理想功的計算

在需要功的任何穩定流動程序中，需要絕對值最小的功，使得在流過控制體積的流體中產生所需的狀態變化。在產生功的程序中，可以從流過控制體積的流體的給定狀態變化實現絕對值最大的功。在任何一種情況下，當與程序相關的狀態變化**完全可逆地**完成時，可產生功的極限值。對於這樣的程序，熵生成為零，並且對於均勻外界溫度 T_σ，(5.17) 式變為：

$$\Delta(S\dot{m})_{\text{fs}} - \frac{\dot{Q}}{T_\sigma} = 0 \qquad \text{或} \qquad \dot{Q} = T_\sigma \Delta(S\dot{m})_{\text{fs}}$$

將上式中的 $\dot{Q}$ 代入 (2.29) 式的能量平衡式，可得：

$$\Delta\left[\left(H + \tfrac{1}{2}u^2 + zg\right)\dot{m}\right]_{\text{fs}} = T_\sigma \Delta(S\dot{m})_{\text{fs}} + \dot{W}_s(\text{rev})$$

軸功 $\dot{W}_s(\text{rev})$ 是完全可逆程序的功。如果 $\dot{W}_s(\text{rev})$ 被命名為**理想功** (ideal work)，$\dot{W}_{\text{ideal}}$，則可以重寫前面的方程式：

$$\dot{W}_{\text{ideal}} = \Delta\left[\left(H + \tfrac{1}{2}u^2 + zg\right)\dot{m}\right]_{\text{fs}} - T_\sigma \Delta(S\dot{m})_{\text{fs}} \tag{5.19}$$

在化學程序的大多數應用中，與其他項相比，動能和位能項可忽略不計；此時 (5.19) 式可簡化為：

$$\boxed{\dot{W}_{\text{ideal}} = \Delta(H\dot{m})_{\text{fs}} - T_\sigma \Delta(S\dot{m})_{\text{fs}}} \tag{5.20}$$

對於流過控制體積的單一股流的特殊情況，可以提出 $\dot{m}$。然後可以將得到的方程式除以 $\dot{m}$，以基於流過控制體積的單位流體量來表示。因此，

$\dot{W}_{\text{ideal}} = \dot{m}(\Delta H - T_\sigma \Delta S)$ (5.21)	$W_{\text{ideal}} = \Delta H - T_\sigma \Delta S$ (5.22)

一個完全可逆的程序是假想的，它只是為了求得與給定的狀態變化相關的理想功而設計的。

真實程序與用於求得理想功的假想可逆程序之間的唯一聯繫是，它們都適用於相同的狀態變化。

我們的目標是將能量平衡給出的程序的真實功 $\dot{W}_s$ (或 W_s) 與由 (5.19) 式到 (5.22) 式給出的理想功進行比較。例 5.7 描述假想程序。

當 $\dot{W}_{\text{ideal}}$ (或 W_{ideal}) 是正數時，它是使流體發生特定變化所需的最小功，其值小於 $\dot{W}_s$。在這種情況下，熱力學效率 η_t 定義為理想功與真實功的比：

$$\eta_t(\text{需求功}) = \frac{\dot{W}_{\text{ideal}}}{\dot{W}_s} \tag{5.23}$$

當 $\dot{W}_{\text{ideal}}$ (或 W_{ideal}) 是負數時，$|\dot{W}_{\text{ideal}}|$ 是從流體性質的給定變化中獲得的最大功，其值大於 $|\dot{W}_s|$。在這種情況下，熱力學效率定義為真實功與理想功的比：

$$\eta_t(\text{產生功}) = \frac{\dot{W}_s}{\dot{W}_{\text{ideal}}} \tag{5.24}$$

例 5.7

在 800 K 和 50 bar 的理想氣體狀態下，1 mol 氮氣在穩定流動程序中可獲得的最大功是多少？將外界的溫度和壓力設為 300 K 和 1.0133 bar。

解

最大功是從完全可逆的程序中獲得的，該程序將氮氣降低到外界的溫度和壓力，即 300 K 和 1.0133 bar。利用 (5.22) 式計算 W_{ideal}，其中 ΔS 與 ΔH 是氮從 800 K 和 50 bar 變化到 300 K 和 1.0133 bar 的莫耳熵變化與焓變化。對於理想氣體狀態，焓與壓力無關，其變化為：

$$\Delta H^{ig} = \int_{T_1}^{T_2} C_P^{ig} dT$$

此積分的值可以從 (4.8) 式求得，並表示為：

$$8.314 \times \text{ICPH}(800, 300; 3.280, 0.593 \times 10^{-3}, 0.0, 0.040 \times 10^{-5}) = -15{,}060 \text{ J·mol}^{-1}$$

其中氮的參數來自附錄 C 的表 C.1。

同理，熵變化可以從 (5.10) 式求得，亦即：

$$\Delta S^{ig} = \int_{T_1}^{T_2} C_P^{ig} \frac{dT}{T} - R \ln \frac{P_2}{P_1}$$

從 (5.11) 式得到的積分值表示為：

$$8.314 \times \text{ICPH}(800, 300; 3.280, 0.593 \times 10^{-3}, 0.0, 0.040 \times 10^{-5}) = -29.373 \text{ J·mol}^{-1}\text{·K}^{-1}$$

因此，$\Delta S^{ig} = -29.373 - 8.314 \ln \dfrac{1.0133}{50} = 3.042 \text{ J·mol}^{-1}\text{·K}^{-1}$

利用 ΔH^{ig} 和 ΔS^{ig} 的值，(5.22) 式變為：

$$W_{\text{ideal}} = -15{,}060 - (300)(3.042) = -15{,}973 \text{ J·mol}^{-1}$$

我們可以很容易地設計一個特定的可逆程序，來實現前面例子的給定狀態變化。假設氮氣經由以下穩定流動程序兩步驟，連續變化為 1.0133 bar 和 $T_2 = T_\sigma = 300$ K 的最終狀態：

- **步驟 1：** 從初始狀態 P_1、T_1、H_1 可逆絕熱膨脹 (如在渦輪機中) 到 1.0133 bar。設 T' 表示排出溫度。
- **步驟 2：** 在 1.0133 bar 的恆壓下冷卻 (或加熱，如果 T' 小於 T_2) 至最終溫度 T_2。

對於步驟 1，在 $Q = 0$ 的情況下，能量平衡為 $W_s = \Delta H = (H' - H_1)$，其中 H' 是中間狀態 T' 和 1.0133 bar 的焓。

欲產生最大功，步驟 2 也必須是可逆的，並且在 T_σ 與外界可逆地交換熱量。當卡諾熱機從氮氣中獲取熱量，產生 W_{Carnot} 功，並在 T_σ 將熱量排放到外界時，滿足了這一要求。因為氮的溫度從 T' 降低到 T_2，所以由 (5.5) 式所表示的卡諾熱機的功，可用微分形式寫出：

$$dW_{\text{Carnot}} = \left(\frac{T_\sigma}{T} - 1\right)(-dQ) = \left(1 - \frac{T_\sigma}{T}\right)dQ$$

其中 dQ 指的是作為系統的氮，而不是熱機。將上式積分得到：

$$W_{\text{Carnot}} = Q - T_\sigma \int_{T'}^{T_2} \frac{dQ}{T}$$

右邊的第一項是相對於氮的熱傳，由 $Q = H_2 - H'$ 給出。積分項是氮由卡諾熱機冷卻時的熵變化。因為步驟 1 在恆定熵下發生，所以積分項也表示兩個步驟的 ΔS。因此，

$$W_{\text{Carnot}} = \left(H_2 - H'\right) - T_\sigma \Delta S$$

W_s 和 W_{Carnot} 的總和給出理想功；因此，

$$W_{\text{ideal}} = \left(H' - H_1\right) + \left(H_2 - H'\right) - T_\sigma \Delta S = \left(H_2 - H_1\right) - T_\sigma \Delta S$$

或

$$W_{\text{ideal}} = \Delta H - T_\sigma \Delta S$$

這與 (5.22) 式相同。

這種推導清楚地表明渦輪機的可逆絕熱軸功 W_s 和 W_{ideal} 之間的區別。理想功不僅包括 W_s，還包括卡諾熱機在 T_σ 與外界進行可逆熱交換獲得的所有功。在實用上，渦輪機產生的功可以達到可逆絕熱功的 80%，但通常沒有機制來提取 W_{Carnot}。[5]

5 汽電共生裝置既可以從燃氣渦輪機產生動力，也可以從蒸汽渦輪機產生動力，其操作由來自燃氣渦輪機排氣的熱量產生蒸汽。

例 5.8

利用理想功的方程式，重做例 5.6。

解

當 1 kg 飽和蒸汽由 100°C 變化到 0°C 的液態水時，計算在流動程序中從 1 kg 蒸汽中產生的最大功 W_{ideal}。這個功是否足以操作卡諾冷凍機，從無限供應的 0°C 冷卻水中取出熱量，並且使 2000 kJ 的熱量排放到 200°C。從例 5.6，我們有：

$$\Delta H = -2676.0 \text{ kJ}\cdot\text{kg}^{-1} \qquad \text{和} \qquad \Delta S = -7.3554 \text{ kJ}\cdot\text{K}^{-1}\cdot\text{kg}^{-1}$$

若動能和位能項可忽略不計，則由 (5.22) 式可得：

$$W_{\text{ideal}} = \Delta H - T_\sigma \Delta S = -2676.0 - (273.15)(-7.3554) = -666.9 \text{ kJ}\cdot\text{kg}^{-1}$$

如果將這個蒸汽中獲得的最大功，用於驅動卡諾冷凍機在 0°C 和 200°C 的溫度之間運行，則由 (5.5) 式可求出排放的熱量 Q_H：

$$Q_H = W_{\text{ideal}}\left(\frac{T}{T_\sigma - T}\right) = 666.9\left(\frac{200 + 273.15}{200 - 0}\right) = 1577.7 \text{ kJ}$$

如同例 5.6 中所計算，這是可排放至 200°C 的最大可能熱量；它低於例 5.6 中所聲稱的 2000 kJ 的值。如同在例 5.6 中，我們得出結論，所描述的程序是不可能的。

5.8 損失功

由於程序中的不可逆性而浪費的功稱為**損失功** (lost work)，W_{lost}，並且定義為狀態變化的真實功與相同狀態變化的理想功之間的差異。因此，根據定義，

$$W_{\text{lost}} \equiv W_s - W_{\text{ideal}} \tag{5.25}$$

以速率表示：

$$\dot{W}_{\text{lost}} \equiv \dot{W}_s - \dot{W}_{\text{ideal}} \tag{5.26}$$

真實功的速率來自 (2.29) 式的能量平衡，理想功的速率可使用 (5.19) 式獲得：

$$\dot{W}_s = \Delta\left[\left(H + \frac{1}{2}u^2 + zg\right)\dot{m}\right]_{\text{fs}} - \dot{Q}$$

$$\dot{W}_{\text{ideal}} = \Delta\left[\left(H + \frac{1}{2}u^2 + zg\right)\dot{m}\right]_{\text{fs}} - T_\sigma \Delta(S\dot{m})_{\text{fs}}$$

由 (5.26) 式可知上兩式之差為：

$$\boxed{\dot{W}_{\text{lost}} = T_\sigma \Delta(S\dot{m})_{\text{fs}} - \dot{Q}} \tag{5.27}$$

對於單一外界溫度 T_σ 的情況，(5.17) 式的穩態熵平衡變為：

$$\dot{S}_G = \Delta(S\dot{m})_{\text{fs}} - \frac{\dot{Q}}{T_\sigma} \tag{5.28}$$

上式乘以 T_σ 可得： $T_\sigma \dot{S}_G = T_\sigma \Delta(S\dot{m})_{\text{fs}} - \dot{Q}$

這個方程式的右邊和 (5.27) 式是相同的；因此，

$$\boxed{\dot{W}_{\text{lost}} = T_\sigma \dot{S}_G} \tag{5.29}$$

由第二定律的結果可知，$\dot{S}_G \geq 0$；因此，$\dot{W}_{\text{lost}} \geq 0$。當一個程序完全可逆時，等式成立，$\dot{W}_{\text{lost}} = 0$。對於不可逆程序，不等式成立，而 $\dot{W}_{\text{lost}}$，亦即無法變為功的能量是正的。

這個結果的工程意義很明顯：程序的不可逆性越大，熵產生的速率越快，無法變為功的能量越多。因此，每一次不可逆都要付出代價。減少熵的產生，對於保護地球資源至關重要。

對於流過控制體積的單一股流的特殊情況，可將 (5.27) 式和 (5.28) 式中的 $\dot{m}$ 因子提出，除以 $\dot{m}$ 可將所有項轉換為以單位質量的流體為基礎的表達式。因此，

$\dot{W}_{\text{lost}} = \dot{m} T_\sigma \Delta S - \dot{Q}$ (5.30)	$W_{\text{lost}} = T_\sigma \Delta S - Q$ (5.31)
$\dot{S}_G = \dot{m}\Delta S - \dfrac{\dot{Q}}{T_\sigma}$ (5.32)	$S_G = \Delta S - \dfrac{Q}{T_\sigma}$ (5.33)

回想一下，$\dot{Q}$ 和 Q 代表與外界的熱交換，但符號是指系統。將 (5.31) 式和 (5.33) 式合併，對單位質量的流體可得：

$$W_{\text{lost}} = T_\sigma S_G \tag{5.34}$$

同樣地，因為 $\dot{S}_G \geq 0$，所以 $W_{\text{lost}} \geq 0$。

例 5.9

兩種基本類型的穩流式熱交換器的特徵在於它們的流動模式：**並流** (concurrent) 和**逆流** (countercurrent)。兩種類型的溫度曲線如圖 5.6 所示。在並流流動中，熱流從左向右流動，把熱量傳送給同方向流動的冷流，如箭頭所示；在逆流，冷流仍然是從左向右流動，從沿相反方向流動的熱流接收熱量。

這些線分別將熱流溫度 T_H 和冷流溫度 T_C 與 $\dot{Q}_C$ 相關聯，$\dot{Q}_C$ 是冷流通過交換器從左端到任意下 0。游位置所獲得的熱量。以下數據適用於這兩種情況：

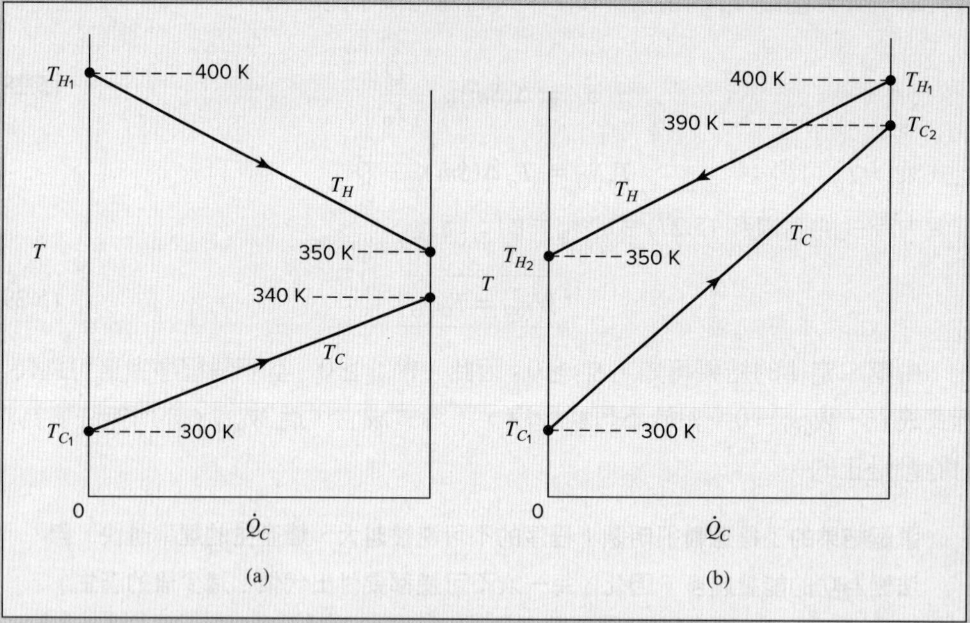

圖 5.6　熱交換器。(a) 情況 I，並流；(b) 情況 II，逆流。

$$T_{H_1} = 400\text{ K}\quad T_{H_2} = 350\text{ K}\quad T_{C_1} = 300\text{ K}\quad \dot{n}_H = 1\text{ mol·s}^{-1}$$

流動股流之間的最小溫差為 10 K。假設兩種股流均為理想氣體，其 $C_P = (7/2)R$。求兩種情況下的損失功。取 $T_\sigma = 300$ K。

解

假設動能和位能變化可忽略不計，$\dot{W}_s = 0$，$\dot{Q} = 0$ (與外界沒有熱交換)，能量平衡 [(2.29) 式] 可以寫成：

$$\dot{n}_H(\Delta H^{ig})_H + \dot{n}_C(\Delta H^{ig})_C = 0$$

具有恆定的莫耳熱容量，上式變為：

$$\dot{n}_H C_P^{ig}\left(T_{H_2} - T_{H_1}\right) + \dot{n}_C C_P^{ig}\left(T_{C_2} - T_{C_1}\right) = 0 \tag{A}$$

流動股流的總熵變化率為：

$$\Delta\left(S^{ig}\dot{n}\right)_{\text{fs}} = \dot{n}_H(\Delta S^{ig})_H + \dot{n}_C(\Delta S^{ig})_C$$

利用 (5.10) 式，假設流動股流中的壓力變化可忽略不計，上式可寫為

$$\Delta(S^{ig}\dot{n})_{\text{fs}} = \dot{n}_H C_P^{ig}\left(\ln\frac{T_{H_2}}{T_{H_1}} + \frac{\dot{n}_C}{\dot{n}_H}\ \ln\frac{T_{C_2}}{T_{C_1}}\right) \tag{B}$$

最後，利用 (5.27) 式，且 $\dot{Q} = 0$，

$$\dot{W}_{lost} = T_\sigma \Delta \left(S^{ig}\dot{n} \right)_{fs} \qquad (C)$$

這些方程式適用於這兩種情況。

- **情況 I：**並流。分別利用 (*A*) 式、(*B*) 式和 (*C*) 式：

$$\frac{\dot{n}_C}{\dot{n}_H} = \frac{400-350}{340-300} = 1.25$$

$$\Delta(S^{ig}\dot{n})_{fs} = (1)(7/2)(8.314)\left(\ln\frac{350}{400} + 1.25\ln\frac{340}{300} \right) = 0.667\ \text{J}\cdot\text{K}^{-1}\cdot\text{s}^{-1}$$

$$\dot{W}_{lost} = (300)(0.667) = 200.1\ \text{J}\cdot\text{s}^{-1}$$

- **情況 II：**逆流。分別利用 (*A*) 式、(*B*) 式和 (*C*) 式：

$$\frac{\dot{n}_C}{\dot{n}_H} = \frac{400-350}{390-300} = 0.5556$$

$$\Delta(S^{ig}\dot{n})_{fs} = (1)(7/2)(8.314)\left(\ln\frac{350}{400} + 0.5556\ln\frac{390}{300} \right) = 0.356\ \text{J}\cdot\text{K}^{-1}\cdot\text{s}^{-1}$$

$$\dot{W}_{lost} = (300)(0.356) = 106.7\ \text{J}\cdot\text{s}^{-1}$$

儘管兩種熱交換器的總熱傳速率相同，但逆流中冷流的溫度升高是並流的兩倍以上。因此，其每單位質量的熵增加大於並流的情況。然而，其流率小於並流中冷流的流率的一半，因此冷流的總熵增加對於逆流而言是較小的。從熱力學的角度來看，逆流情況較有效率。因為 $\Delta(S^{ig}\dot{n})_{fs} = \dot{S}_G$，逆流情況下的熵生成率和損失功僅為並流情況的一半左右。基於圖 5.6 可以預期逆流情況下的效率較高，這證明在逆流情況下，熱量以較小的溫差 (不可逆性較小) 傳遞。

5.9 熱力學第三定律

在非常低的溫度下測量熱容量，可提供數據以利用 (5.1) 式計算低至 0 K 的熵變化。當對相同化學物種的不同結晶形式進行這些計算時，0 K 處的熵對於所有形式似乎是相同的。當該形式是非結晶的，例如無定形或玻璃狀時，計算證明無序形式的熵大於結晶形的熵。在其他文獻中概述的這種計算，[6] 導出下列的假設：**絕對零度溫度下所有完全結晶物質的絕對熵值為零**。雖然 Nernst 和 Planck 在 20 世紀初提出這一基本概念，但最近在極低溫度下的研究增加對這一假設的信心，現在被認為是熱力學第三定律。

6 K. S. Pitzer, *Thermodynamics*, 3d ed., chap. 6, McGraw-Hill, New York, 1995.

如果在 $T = 0$ K 時熵為零，則 (5.1) 式有助於計算絕對熵。當 $T = 0$ 作為積分的下限時，基於量熱數據，氣體在溫度 T 的絕對熵是：

$$S = \int_0^{T_f} \frac{(C_P)_s}{T} dT + \frac{\Delta H_f}{T_f} + \int_{T_f}^{T_v} \frac{(C_P)_l}{T} dT + \frac{\Delta H_v}{T_v} + \int_{T_v}^{T} \frac{(C_P)_g}{T} dT \qquad (5.35)$$

這個方程式[7]是基於以下假設：不發生固態轉變，因此不需要出現轉變熱。唯一的恆溫熱效應是在 T_f 的熔解和在 T_v 的蒸發。當發生固相轉變時，需加入 $\Delta H_t/T_t$。

注意，雖然第三定律意味著可以獲得熵的絕對值，但是對於大多數熱力學分析，只需要相對值。結果，通常使用 0 K 以外的完全結晶體的參考狀態。例如，在附錄 E 的蒸汽表中，將 273.16 K 的飽和液態水作為參考狀態並指定零熵。然而，飽和液態水在 273.16 K 的絕對或「第三定律」熵為 3.515 kJ·kg^{-1}·K^{-1}。

5.10 來自微觀觀點的熵

因為理想氣體狀態的分子不相互作用，它們的內能存在於個別分子中。熵並非如此，熵本質上是大量分子或其他實體的集體性質。下面的例子提出熵的微觀解釋。

假設一個絕熱容器分成兩個相等的體積，其中一體積含有 Avogadro 的分子數 N_A，而在另一體積中沒有分子。當分隔物被取出時，分子在整個體積中快速均勻地分布。這個程序是絕熱膨脹，不會作任何功。因此，

$$\Delta U = C_V^{ig} \Delta T = 0$$

而且溫度不會改變。然而，氣體的壓力減少一半，並且由 (5.10) 式得到熵的變化為：

$$\Delta S^{ig} = -R \ln \frac{P_2}{P_1} = R \ln 2$$

因 為這是總熵變化，所以這個程序顯然是不可逆。

在分隔物被移除的瞬間，分子僅占據它們可用空間的一半。在這種瞬時初始狀態下，分子不是隨機分布在它們可以進入的總體積上，而是只侷限於總體積的一半。從這個意義上來講，它們比整個體積均勻分布的最終狀態更具規則性。因此，最終狀態被認為是比初始狀態更隨機或更不規則性的狀態。從這個

7 對於結晶物質，右邊第一項的估算不是問題，因為 C_P/T 在 $T \to 0$ 時仍然是有限的。

例子和許多其他類似的觀察中推廣，一種觀點認為，在分子層次上不規則性的增加 (或結構性降低) 對應於熵的增加。

L. Boltzmann 和 J. W. Gibbs 利用 Ω 開發以定量方式表達不規則性的方法，Ω 定義為微觀粒子分布在可能的「狀態」下不同方式的數量，它由下列通式表示：

$$\Omega = \frac{N!}{(N_1!)(N_2!)(N_3!)\ldots} \tag{5.36}$$

其中 N 是粒子的總數，N_1、N_2、N_3 等分別表示「狀態」1、2、3 等的粒子數。術語「狀態」表示微觀粒子的狀態，而引號則是將這種狀態概念與應用於宏觀系統的通常熱力學意義區分開來。

就我們的例子而言，每個分子只有兩個「狀態」，表示分子在容器的一半或另一半中的位置。粒子的總數是 N_A，並且最初都處於單一「狀態」。因此

$$\Omega_1 = \frac{N_A!}{(N_A!)(0!)} = 1$$

這個結果證實，最初分子僅以一種方式分布在兩個可能的「狀態」之間。它們都處於其中的一個「狀態」，亦即僅在容器的一半。假設最終的情況是分子均勻分布於容器的兩半，$N_1 = N_2 = N_A/2$，並且

$$\Omega_2 = \frac{N_A!}{\left[(N_A/2)!\right]^2}$$

這個表達式可以得到 Ω_2 的非常大的數，表明分子可以用許多不同的方式在兩個「狀態」之間均勻分布。Ω_2 具有許多其他可能值，每一個都與容器的兩半之間的分子的不均勻分布相關聯。特定 Ω_2 與所有可能值之和的比值是該特定分布的機率。

由 Boltzmann 在熵 S 和 Ω 之間建立的關係式為：

$$S = k \ln \Omega \tag{5.37}$$

其中 k 為 Boltzmann 常數，其值等於 R/N_A。狀態 1 和 2 之間的熵差是：

$$S_2 - S_1 = k \ln \frac{\Omega_2}{\Omega_1}$$

將上述中的 Ω_1 和 Ω_2 的值代入上式可得：

$$S_2 - S_1 = k \ln \frac{N_A!}{\left[(N_A/2)!\right]^2} = k[\ln N_A! - 2 \ln (N_A/2)!]$$

因為 N_A 非常大，我們利用 Stirling 公式得出大數階乘的對數：

$$\ln X! = X \ln X - X$$

因此，

$$S_2 - S_1 = k\left[N_A \ln N_A - N_A - 2\left(\frac{N_A}{2}\ln\frac{N_A}{2} - \frac{N_A}{2}\right)\right]$$
$$= kN_A \ln\frac{N_A}{N_A/2} = kN_A \ln 2 = R\ln 2$$

這個膨脹程序所得的熵變化的值與 (5.10) 式得到的值相同，(5.10) 式為理想氣體狀態的古典熱力學公式。

(5.36) 式和 (5.37) 式提供將宏觀熱力學性質與分子的微觀構型相關聯的基礎。在這裡，我們將它們應用於理想氣體狀態的分子，以便簡單說明分子構型和宏觀性質之間的關係。致力於研究和利用這種聯繫的科學和工程領域稱為**統計熱力學** (statistical thermodynamics) 或統計力學。統計熱力學方法得到很好的發展，現在經常應用於結合分子行為的計算模擬，無須借助實驗即可對實物的熱力學性質進行有用的預測。[8]

5.11 概要

在研究本章 (包括章末習題) 後，我們應該能夠：

- 理解熵作為狀態函數的存在，與系統的可觀察性質相關，其變化由以下公式計算：

$$dS^t = dQ_{\text{rev}}/T \tag{5.1}$$

- 用詞語表示熱力學第二定律，且用熵的不等式表示。
- 定義並區分熱效率和熱力學效率。
- 計算可逆熱機的熱效率。
- 計算理想氣體狀態的熵變化，其熱容量表示為溫度的多項式。
- 建構並應用開放系統的熵平衡。
- 判斷指定的程序是否違反第二定律。
- 計算程序的理想功、損失功和熱力學效率。

8 許多關於統計熱力學的介紹文章，有興趣的讀者可參見 *Molecular Driving Forces: Statistical Thermodynamics in Chemistry & Biology*, by K. A. Dill and S. Bromberg, Garland Science, 2010，以及其中引用的許多書籍。

5.12 習題

5.1. 證明在 PV 圖上表示可逆絕熱程序的兩條線不可能相交。(提示：假設它們相交，並用一條表示可逆等溫程序的線完成循環程序，證明此循環的性能違反第二定律。)

5.2. 卡諾熱機從 525°C 的高溫熱源獲得 250 $kJ \cdot s^{-1}$ 的熱量，並排放到 50°C 的低溫熱源。此熱機所作的功和排出的熱量是多少？

5.3. 以下熱機產生 95,000 kW 的功率。在每種情況下，計算從高溫熱源吸收熱量並排放到低溫熱源的速率。

(a) 在 750 K 和 300 K 的熱源之間操作的卡諾熱機。

(b) 在與 (a) 相同熱源之間操作的實際熱機，但熱效率 $\eta = 0.35$。

5.4. 某特定的發電廠在 350°C 的高溫熱源和 30°C 的低溫熱源之間操作，它的熱效率相當於相同溫度下卡諾熱機熱效率的 55%。

(a) 此工廠的熱效率是多少？

(b) 若要將工廠的熱效率提高到 35%，則高溫熱源的溫度必須升高到多少？其中 η 是卡諾熱機的 55%。

5.5. 最初處於靜止狀態的蛋，落在混凝土表面而破裂，證明這個程序是不可逆的。在模擬程序中，將蛋視為系統，並假設蛋經歷足夠時間後，可恢復至其初始溫度。

5.6. 下列哪種方法可以提高卡諾熱機的熱效率：在 T_C 恆定時增加 T_H，或在 T_H 恆定時減少 T_C？對真實機器而言，何者是更實用的方法？

5.7. 大型液化天然氣 (LNG) 由海運油輪運輸。在卸貨港，LNG 被蒸發，以便在管路中用氣體輸送。LNG 在油輪運抵時為大氣壓力和 113.7 K，它代表熱機中的低溫熱源。在卸貨時，LNG 蒸汽的速率在 25°C 和 1.0133 bar 下測得為 9000 $m^3 \cdot s^{-1}$，假設在 30°C 時有足夠的高溫熱源，則可獲得的最大可能功率是多少？高溫熱源的熱傳速率是多少？假設在 25°C 和 1.0133 bar 時 LNG 是理想氣體，其莫耳質量為 17。又假設 LNG 在 113.7 K 時只發生蒸發，且只吸收其潛熱 512 $kJ \cdot kg^{-1}$。

5.8. 對於 1 kg 的液態水而言：

(a) 最初在 0°C，與 100°C 的熱源接觸將其加熱至 100°C。水的熵變化是多少？熱源的熵變化是多少？ΔS_{total} 是多少？

(b) 最初在 0°C，首先與 50°C 的熱源接觸加熱至 50°C，然後與 100°C 的熱源接觸加熱至 100°C，ΔS_{total} 是多少？

(c) 解釋如何將水從 0°C 加熱到 100°C，並且使 $\Delta S_{total} = 0$。

5.9. 體積為 0.06 m^3 的剛性容器，含有 500 K 和 1 bar 且 $C_V = (5/2)R$ 的理想氣體。

(a) 如果將 15,000 J 的熱量傳遞到氣體中，求其熵變化。

(b) 若容器裝有一個軸旋轉的攪拌器，對氣體作功 15,000 J，且若程序是絕熱的，則氣體的熵變化是多少？ΔS_{total} 是多少？此程序的不可逆的特徵是什麼？

5.10. 具有 $C_P = (7/2)R$ 的理想氣體，在穩流式熱交換器中，被另一股進入溫度為 320°C 的理想氣體由 70°C 加熱至 190°C。兩個股流的流率是相同的，並且來自交換器的熱損失可以忽略不計。

(a) 計算交換器中並流和逆流兩種氣流的莫耳熵變化。

(b) 在各情況下，ΔS_{total} 是多少？

(c) 若加熱流進入溫度為 200°C，對於逆流熱交換器，重做 (a) 和 (b) 部分。

5.11. 對於具有恆定熱容量的理想氣體，證明：

(a) 對於從 T_1 到 T_2 的溫度變化，氣體在恆壓下發生變化的 ΔS 大於在恆容下發生變化的 ΔS。

(b) 當壓力由 P_1 變化到 P_2 時，恆溫變化的 ΔS 符號與恆容變化的 ΔS 符號相反。

5.12. 對於理想氣體，證明：

$$\frac{\Delta S}{R} = \int_{T_0}^{T} \frac{C_V^{ig}}{R}\frac{dT}{T} + \ln\frac{V}{V_0}$$

5.13. 卡諾熱機在總熱容量分別為 C_H^t 和 C_C^t 的兩個有限熱源之間操作。

(a) 推導在任何時間下，T_C 與 T_H 的關係式。

(b) 求獲得的功的表達式，將此表達式以 C_H^t、C_C^t、T_H 與初始溫度 T_{H_0} 和 T_{C_0} 的函數來表示。

(c) 可獲得的最大功是多少？這對應於經過無限長的時間，熱源達到相同溫度時。

求解這個問題時，使用微分形式的卡諾方程式，

$$\frac{dQ_H}{dQ_C} = -\frac{T_H}{T_C}$$

和熱機能量平衡的微分式，

$$dW - dQ_C - dQ_H = 0$$

其中 Q_C 和 Q_H 指的是熱源。

5.14. 卡諾熱機在無限高溫熱源和總熱容量為 C_C^t 的有限低溫熱源之間操作。

(a) 求獲得的功的表達式，將此表達式以 C_C^t、T_H (= 常數)、T_C 和初始低溫熱源 T_{C_0} 的函數來表示。

(b) 可獲得的最大功是多少？這對應於經過無限長的時間，T_C 變為等於 T_H 時。

求解此題的方法與習題 5.13 相同。

5.15. 可以假設在外太空操作的熱機，等同於在溫度為 T_H 和 T_C 的熱源之間操作的卡諾熱機。可以從熱機中排放熱量的唯一方法是輻射，其速率 (大約) 為：

$$|\dot{Q}_C| = kAT_C^4$$

其中 k 是常數，A 是輻射器的面積。證明對於固定功率輸出 $|\dot{W}|$ 且對於固定溫度 T_H，當溫度比 T_C/T_H 為 0.75 時，散熱器面積 A 最小。

5.16. 假想穩定流動的流體可作為無限多的卡諾熱機的熱源，每個熱機從流體中吸收微量的熱，導致流體溫度降低一個微量，每一熱機排放微量的熱到溫度為 T_σ 的熱源。由於卡諾熱機的操作，流體的溫度從 T_1 降低到 T_2。此時可應用 (5.8) 式的微分形式，其中 η 定義為：

$$\eta \equiv dW/dQ$$

其中 Q 是相對於流動流體的熱傳。證明卡諾熱機所作的總功為：

$$W = Q - T_\sigma \Delta S$$

其中 ΔS 和 Q 都指流體。在特定情況下，流體是理想氣體，$C_P = (7/2)R$，溫度為 $T_1 =$ 600 K，$T_2 = 400$ K。若 $T_\sigma = 300$ K，則 W 的值是多少 J·mol^{-1}？多少熱量被排放至溫度為 T_σ 的熱源？熱源的熵變化是多少？ΔS_{total} 是多少？

5.17. 卡諾熱機在 600 K 和 300 K 的溫度範圍內操作。它驅動一個卡諾冷凍機，可提供 250 K 的冷卻，並將熱量排放至 300 K，求由冷凍機提取的熱量 (「冷卻負載」) 與輸送到熱機的熱量 (「加熱負載」) 的比值。

5.18. 具有恆定熱容量的理想氣體，經歷從狀況 T_1、P_1 到狀況 T_2、P_2 的狀態變化，求下列情況之一的 ΔH (J·mol^{-1}) 和 ΔS (J·mol^{-1}·K^{-1})。

(a) $T_1 = 300$ K，$P_1 = 1.2$ bar，$T_2 = 450$ K，$P_2 = 6$ bar，$C_P/R = 7/2$。

(b) $T_1 = 300$ K，$P_1 = 1.2$ bar，$T_2 = 500$ K，$P_2 = 6$ bar，$C_P/R = 7/2$。

(c) $T_1 = 450$ K，$P_1 = 10$ bar，$T_2 = 300$ K，$P_2 = 2$ bar，$C_P/R = 5/2$。

(d) $T_1 = 400$ K，$P_1 = 6$ bar，$T_2 = 300$ K，$P_2 = 1.2$ bar，$C_P/R = 9/2$。

(e) $T_1 = 500$ K，$P_1 = 6$ bar，$T_2 = 300$ K，$P_2 = 1.2$ bar，$C_P/R = 4$。

5.19. 某理想氣體的 $C_P = (7/2)R$ 和 $C_V = (5/2)R$，經歷由以下機械可逆步驟組成的循環：

- 從 P_1、V_1、T_1 絕熱壓縮到 P_2、V_2、T_2。
- 從 P_2、V_2、T_2 等壓膨脹到 $P_3 = P_2$、V_3、T_3。
- 從 P_3、V_3、T_3 絕熱膨脹到 P_4、V_4、T_4。
- 從 P_4、V_4、T_4 經恆容程序到 P_1、$V_1 = V_4$、T_1。

在 PV 圖上繪製此循環，若 $T_1 = 200$°C、$T_2 = 1000$°C、$T_3 = 1700$°C，求其熱效率。

5.20. 無限熱源是抽象的，在工程應用中通常用大量空氣或水來近似。將封閉系統的能量平衡 [(2.3) 式] 應用於這樣的熱源，並將其視為恆容系統。為什麼傳遞到熱源或從熱源傳出的熱量不為零，但熱源的溫度可保持恆定？

5.21. 1 莫耳理想氣體的 $C_P = (7/2)R$ 且 $C_V = (5/2)R$，在活塞 / 圓筒裝置中從 2 bar 和 25°C 絕熱壓縮至 7 bar。此程序是不可逆，並且所需要的功比從相同初始狀態可逆絕熱壓縮到相同最終壓力多 35%，求此氣體的熵變化。

5.22. 溫度為 T_1 且質量為 m 的液態水與溫度為 T_2 的等質量的液態水恆壓絕熱混合。假設 C_P

為定值，證明

$$\Delta S^t = \Delta S_{\text{total}} = S_G = 2mC_P \ln \frac{(T_1 + T_2)/2}{(T_1 T_2)^{1/2}}$$

並證明上式的值為正。如果水的質量不同，例如 m_1 和 m_2，結果會是什麼？

5.23. 可逆絕熱程序是**等熵** (isentropic) 的。等熵程序是否必為可逆且絕熱？如果為真，解釋原因；如果不為真，請舉例說明。

5.24. 證明無論 $T > T_0$ 或 $T < T_0$，平均熱容量 $\langle C_P \rangle_H$ 和 $\langle C_P \rangle_S$ 本質上是正的，解釋為什麼它們在 $T = T_0$ 時可得到明確定義。

5.25. 1 mol 理想氣體的 $C_P = (5/2)R$ 且 $C_V = (3/2)R$，此理想氣體執行的可逆循環包含以下步驟：

- 從 $T_1 = 700$ K 和 $P_1 = 1.5$ bar 開始，氣體在恆壓下冷卻至 $T_2 = 350$ K。
- 從 350 K 和 1.5 bar，將氣體等溫壓縮至壓力 P_2。
- 氣體沿著 $PT =$ 常數的路徑返回其初始狀態。

循環的熱效率是多少？

5.26. 在活塞 / 圓筒裝置中，1 莫耳理想氣體於 130°C 的恆溫下，從 2.5 bar 不可逆壓縮到 6.5 bar。所需的功比可逆等溫壓縮功大 30%。在壓縮程序中從氣體傳遞的熱量流到 25°C 的熱源。計算氣體、熱源的熵變化，以及 ΔS_{total}。

5.27. 在一大氣壓下的穩定流動程序中，氣體的熵變化是多少？

(a) 10 mol SO_2 從 200°C 加熱到 1100°C。

(b) 12 mol 丙烷從 250°C 加熱到 1200°C。

(c) 20 kg 甲烷從 100°C 加熱到 800°C。

(d) 10 mol 正丁烷從 150°C 加熱到 1150°C。

(e) 1000 kg 空氣從 25°C 加熱到 1000°C。

(f) 20 mol 氨從 100°C 加熱到 800°C。

(g) 10 mol 水從 150°C 加熱到 300°C。

(h) 5 mol 氯從 200°C 加熱到 500°C。

(i) 10 kg 乙苯從 300°C 加熱到 700°C。

5.28. 在一大氣壓下的穩定流動程序中，氣體的熵變化是多少？

(a) 800 kJ 加到最初在 200°C 的 10 mol 乙烯。

(b) 2500 kJ 加到最初在 260°C 的 15 mol 1-丁烯。

(c) 10^6(Btu) 加到最初在 500(°F) 的 40(lb mol) 乙烯。

5.29. 一個沒有活動元件的裝置可在 25°C 和 1 bar 下提供穩定的冷空氣流。裝置的進料是 25°C 和 5 bar 的壓縮空氣。除了冷空氣流之外，第二股熱空氣流在 75°C 和 1 bar 下從裝置流出。假設絕熱操作，裝置產生的冷空氣與熱空氣的比例是多少？假設空氣是 $C_P = (7/2)R$ 的理想氣體。

5.30 發明者設計一種複雜的非流動程序，其中 1 mol 空氣是工作流體。該程序的淨效應聲稱是：

- 空氣狀態從 250°C 和 3 bar 變化到 80°C 和 1 bar。
- 產生 1800 J 的功。
- 將未知的熱量傳遞到 30°C 的熱源。

判斷聲稱的程序是否與第二定律一致。假設空氣是 $C_P = (7/2)R$ 的理想氣體。

5.31. 考慮以火爐加熱房屋，火爐可視為溫度為 T_F 的高溫熱源。房屋充當低溫熱源 T，並且熱量 $|Q|$ 必須在特定時間間隔內添加到房屋中以保持此溫度。熱量 $|Q|$ 當然可以像通常的做法那樣，直接從火爐傳遞到房屋。然而，若有第三個熱源可利用，即溫度為 T_σ 的外界，就可以減少火爐所需供給的熱量。假設 $T_F = 810$ K，$T = 295$ K，$T_\sigma = 265$ K，$|Q| = 1000$ kJ，求由溫度為 T_F 的高溫熱源 (火爐) 所需供應的最小熱量 $|Q_F|$。假設沒有其他能源可供使用。

5.32. 考慮使用太陽能作為屋內的空調。在一個特定的位置，實驗證明，太陽輻射可以使儲槽內大量的加壓水保持在 175°C。在特定的時間間隔內，當外界溫度為 33°C 時，必須從屋內取出 1500 kJ 的熱量，以保持其溫度在 24°C。將槽內的水、房屋和外界視為熱源，求從槽內水中必須移出的最小熱量，以完成屋內所需的冷卻。假設沒有其他能源可供使用。

5.33. 某冷凍系統以 20 kg·s^{-1} 的速率將鹽水從 25°C 冷卻至 −15°C。並將熱量排放到 30°C 的大氣中。若系統的熱力學效率為 0.27，則需要多少功率？鹽水的比熱為 3.5 kJ·kg^{-1}·°C^{-1}。

5.34. 穩定負載下的電動機在 110 伏特電壓下消耗 9.7 安培；它提供 1.25(hp) 的機械能。外界的溫度是 300 K。熵生成的總速率是多少 W·K^{-1}？

5.35. 25 歐姆的電阻在穩態時的電流為 10 安培，它的溫度是 310 K；外界溫度為 300 K。熵生成率 $\dot{S}_G$ 是多少？它的來源是什麼？

5.36. 證明對於封閉系統的情況，(5.16) 式的熵平衡的一般速率式可簡化為 (5.2) 式。

5.37. 常見的單元操作列表如下：

(a) 單管熱交換器；(b) 雙管熱交換器；(c) 泵；(d) 氣體壓縮機；(e) 氣體渦輪機 (膨脹機)；(f) 節流閥；(g) 噴嘴。

導出適合於每個操作的一般穩態熵平衡的簡化形式，謹慎地說明你做出的任何假設。

5.38. 每小時 10 kmol 的空氣從 25°C 和 10 bar 的上游節流至壓力為 1.2 bar 的下游。假設空氣是理想氣體其 $C_P = (7/2)R$。

(a) 下游溫度為多少？

(b) 空氣的熵變化為多少 J·mol^{-1}·K^{-1}？

(c) 熵生成率為多少 W·K^{-1}？

(d) 若外界溫度為 20°C，則損失功為多少？

5.39. 穩流絕熱渦輪 (膨脹機) 在 T_1、P_1 時吸入氣體，在 T_2、P_2 時排放。假設氣體為理想氣體，對於下列情況之一，計算每莫耳氣體的 W、W_{ideal}、W_{lost} 和 S_G。取 $T_\sigma = 300$ K。

(a) $T_1 = 500$ K，$P_1 = 6$ bar，$T_2 = 371$ K，$P_2 = 1.2$ bar，$C_P/R = 7/2$。

(b) $T_1 = 450$ K，$P_1 = 5$ bar，$T_2 = 376$ K，$P_2 = 2$ bar，$C_P/R = 4$。

(c) $T_1 = 525$ K，$P_1 = 10$ bar，$T_2 = 458$ K，$P_2 = 3$ bar，$C_P/R = 11/2$。

(d) $T_1 = 475$ K，$P_1 = 7$ bar，$T_2 = 372$ K，$P_2 = 1.5$ bar，$C_P/R = 9/2$。

(e) $T_1 = 550$ K，$P_1 = 4$ bar，$T_2 = 403$ K，$P_2 = 1.2$ bar，$C_P/R = 5/2$。

5.40. 考慮從 T_1 熱源到 T_2 熱源的直接熱傳遞，其中 $T_1 > T_2 > T_\sigma$。因為外界沒有參與實際的熱傳程序，所以為什麼這個程序的損失功應該與外界溫度 T_σ 有關，這一點並不明顯。適當使用卡諾熱機公式，證明當熱傳量等於 $|Q|$ 時，

$$W_{lost} = T_\sigma |Q| \frac{T_1 - T_2}{T_1 T_2} = T_\sigma S_G$$

5.41. 在 2500 kPa 的理想氣體以 20 mol·s^{-1} 的流率絕熱節流至 150 kPa。若 $T_\sigma = 300$ K，求 S_G 和 $\dot{W}_{lost}$。

5.42. 發明者宣稱已經設計一種循環機器與 25°C 和 250°C 的熱源進行熱交換，而由熱源提取每 kJ 熱量，可產生 0.45 kJ 的功，此宣稱是否可信？

5.43. 150 kJ 的熱量直接從 $T_H = 550$ K 的高溫熱源傳遞到 $T_1 = 350$ K 和 $T_2 = 250$ K 的兩個低溫熱源。外界溫度為 $T_\sigma = 300$ K。如果傳遞到 T_1 熱源的熱量是傳至 T_2 的一半，計算：(a) 熵生成為多少 kJ·K^{-1}；(b) 損失功。

如何使這個程序成為可逆？

5.44. 核電廠產生 750 MW 的功率；反應器溫度為 315°C，而河流水溫為 20°C。

(a) 核電廠的最大可能的熱效率是多少？必須將熱量排放到河流的最低速率是多少？

(b) 若核電廠的實際熱效率是最大值的 60%，則必須將熱量排放到河流的速率是多少？如果河流的流率為 165 m^3·s^{-1}，則河流的溫度升高多少？

5.45. 單一氣流在 T_1、P_1 情況下進入絕熱程序，並在壓力 P_2 下離開，證明實際 (不可逆) 絕熱程序的出口溫度 T_2 大於可逆絕熱程序的出口溫度。假設氣體是理想氣體且具有恆定的熱容量。

5.46. Hilsch 渦流管在沒有可移動的機械元件的情況下操作，並且可將氣流分成熱空氣和冷空氣，其中熱空氣的溫度比進入的股流溫度高，而冷空氣的溫度比進入的股流溫度低。據報導，有這樣的 Hilsch 渦流管可將 5 bar 和 20°C 的空氣，操作成 27°C、1(atm) 的熱空氣和 −22°C、1(atm) 的冷空氣。熱空氣的質量流率是冷空氣的六倍。這些結果可能嗎？假設在給定的條件下空氣是理想氣體。

5.47. (a) 70(°F)、1(atm) 的空氣，以冷凍機冷卻至 20(°F)，其中體積流率為 100,000(ft)^3(hr)$^{-1}$。若外界溫度為 70(°F)，則冷凍機所需的最小功率是多少 (hp)？

(b) 25°C、1(atm) 的空氣，以冷凍機冷卻至 −8°C，其中體積流率為 3000 m^3·hr^{-1}。若外界溫度為 25°C，則冷凍機所需的最小功率是多少 kW？

5.48. 煙道氣從 2000(°F) 冷卻到 300(°F)，並將熱量引入加熱器，用來產生 212(°F) 的飽和蒸

汽。煙道氣的熱容量為：

$$\frac{C_P}{R} = 3.83 + 0.000306\ T/(R)$$

水在 212(°F) 時進入加熱器並在此溫度下蒸發；其蒸發潛熱為 970.3(Btu)$(lb_m)^{-1}$。

(a) 若外界溫度 70(°F)，在此程序中，煙道氣的損失功是多少 (Btu)$(\text{lb mole})^{-1}$？

(b) 若外界溫度為 70(°F)，則飽和蒸汽僅進行冷凝程序可達到的最大功為多少？單位為 (Btu)$(\text{lb mole})^{-1}$，假設冷凝程序無過冷現象。

(c) 計算煙道氣從 2000(°F) 冷卻至 300(°F) 的理論最大功，並將結果與 (b) 部分的答案進行比較。

5.49. 將煙道氣從 1100°C 冷卻至 150°C，並將熱量引入加熱器，用來產生 100°C 的飽和蒸汽。煙道氣的熱容量為：

$$\frac{C_P}{R} = 3.83 + 0.000551\ T/K$$

水在 100°C 時進入加熱器，並在此溫度下蒸發；其蒸發潛熱為 2256.9 $kJ \cdot kg^{-1}$。

(a) 若外界溫度為 25°C，在此程序中，煙道氣的損失功是多少 $kJ \cdot mol^{-1}$？

(b) 若外界溫度為 25°C，則飽和蒸汽僅進行冷凝程序可達到的最大功為多少？單位為 $kJ \cdot mol^{-1}$，假設冷凝程序無過冷現象。

(c) 計算煙道氣從 1100°C 冷卻至 150°C 的理論最大功，並將結果與 (b) 部分的答案進行比較。

5.50. 藉由在 25°C 的溫度下將熱量直接傳遞到外界，將乙烯蒸汽在大氣壓下從 830°C 冷卻至 35°C。此程序的損失功為多少 $kJ \cdot mol^{-1}$？若有一可逆熱機以乙烯蒸汽作為熱的源點，而外界作為熱的匯點操作時，證明此熱機的損失功與前述程序所得的結果相同。乙烯的熱容量參見附錄 C 的表 C.1。

Chapter 6

流體的熱力學性質

熱力學在實際問題中的應用需要熱力學性質的數值，一個非常簡單的例子是計算穩態氣體壓縮機所需的功。如果設計為以絕熱操作方式將氣體壓力從 P_1 升高到 P_2，所需的功可以利用能量平衡 [(2.32) 式] 來計算，其中氣體微小的動能和位能變化可忽略：

$$W_s = \Delta H = H_2 - H_1$$

因此軸功只是 ΔH，即氣體入口和出口的焓差。必要的焓值必須來自實驗數據或估算。本章的目的是：

- 從第一定律和第二定律發展出基本的性質關係，它是構成恆定組成系統的應用熱力學數學結構的基礎。
- 由 PVT 和熱容量數據，導出可計算焓值和熵值的方程式。
- 說明並討論圖表的類型，用於呈現性質以便使用。
- 開發廣義關聯式，在沒有完整實驗資訊的情況下提供性質價值的估算。

6.1 基本性質關係

(2.6) 式為關於 n 莫耳物質的封閉系統的第一定律，可以針對可逆程序的特殊情況而寫成：

$$d(nU) = dQ_{\text{rev}} + dW_{\text{rev}}$$

應用於此程序的 (1.3) 式和 (5.1) 式是：

$$dW_{\text{rev}} = -P\,d(nV) \qquad dQ_{\text{rev}} = T\,d(nS)$$

將這三個方程式結合起來可得：

$$\boxed{d(nU) = T\,d(nS) - P\,d(nV)} \tag{6.1}$$

其中 U、S 和 V 分別為莫耳內能、熵和體積。所有原始熱力學性質—— P、V、T、U 和 S ——都包括在此方程式中。對於封閉 PVT 系統，它是連接這些性質的**基本性質關係** (fundamental property relation)。與此類系統性質相關的所有其他方程式都源於此。

除了 (6.1) 式中出現的之外，額外的熱力學性質可經由**定義**與這些主要性質相關聯。因此，第 2 章中定義和應用的焓，在這裡另外加入兩個。這三個都具有公認的名稱和有用的應用，亦即：

焓 $H \equiv U + PV$ (6.2)

亥姆霍茲能量 (Helmholtz energy) $A \equiv U - TS$ (6.3)

吉布斯能量 (Gibbs energy) $G \equiv U + PV - TS = H - TS$ (6.4)

亥姆霍茲能量和吉布斯能量，[1] 起源於此，可用於相平衡和化學平衡計算及統計熱力學。

將 (6.2) 式乘以 n，然後進行微分，得到一般表達式：

$$d(nH) = d(nU) + P\,d(nV) + nV\,dP$$

將 (6.1) 式中的 $d(nU)$ 代入上式，可得：

$$\boxed{d(nH) = T\,d(nS) + nV\,dP} \tag{6.5}$$

同理，將 nA 和 nG 微分，得到：

$$\boxed{d(nA) = -nS\,dT - P\,d(nV)} \tag{6.6}$$

$$\boxed{d(nG) = -nS\,dT + nV\,dP} \tag{6.7}$$

(6.1) 式和 (6.5) 式到 (6.7) 式是等價的基本性質關係，它們源於可逆過程。但是，它們僅包含系統的性質，這些性質只與系統的狀態有關，而與它們到達該狀態的路徑無關。因此，這些方程式不限於應用於可逆程序。但是，對系統性質的限制不能放鬆。

1 傳統上，將它們稱為亥姆霍茲自由能和吉布斯自由能，「自由」一詞最初的含義是在適當條件下執行有用的功所需的能量。但是，在目前用法中，「自由」沒有添加任何意義，最好省略。自 1988 年以來，IUPAC 推薦的術語省略了「自由」一詞。

應用於封閉 *PVT* 系統中的任何程序，導致從一個平衡狀態到另一個平衡狀態的微小變化。

系統可以由單相 (同質系統) 組成，也可以包括多個相 (異質系統)；它可能是化學惰性的，也可能發生化學反應。在特定應用中選擇使用哪個方程式取決於方便性。然而，吉布斯能量 G 是特殊的，因為它與 T 和 P 的獨特函數關係，由於 T 和 P 易於測量和控制而成為主要關注的變數。

這些方程式的立即應用是 1 莫耳 (或單位質量) 恆定組成的均勻流體。對於這種情況，$n = 1$，它們簡化為：

$dU = T\,dS - P\,dV$　(6.8)	$dH = T\,dS + V\,dP$　(6.9)
$dA = -S\,dT - P\,dV$　(6.10)	$dG = -S\,dT + V\,dP$　(6.11)

這些方程式中隱含的是一種函數關係，表示作為自然或特殊自變數對的函數的莫耳 (或單位質量) 性質：

$$U = U(S, V) \quad H = H(S, P) \quad A = A(T, V) \quad G = G(T, P)$$

這些變數被認為是**規範的** (canonical)，[2] 並且規範變數的函數其熱力學性質具有獨特的特徵：

可以利用簡單的數學運算，估算所有其他熱力學性質。

(6.8) 式到 (6.11) 式可導出另一組性質關係式，因為它們是**正合** (exact) 微分表達式。通常，若 $F = F(x, y)$，則 F 的全微分定義為：

$$dF \equiv \left(\frac{\partial F}{\partial x}\right)_y dx + \left(\frac{\partial F}{\partial y}\right)_x dy$$

或
$$dF = M\,dx + N\,dy \tag{6.12}$$

其中
$$M \equiv \left(\frac{\partial F}{\partial x}\right)_y \qquad N \equiv \left(\frac{\partial F}{\partial y}\right)_x$$

因此
$$\left(\frac{\partial M}{\partial y}\right)_x = \frac{\partial^2 F}{\partial y\,\partial x} \qquad \left(\frac{\partial N}{\partial x}\right)_y = \frac{\partial^2 F}{\partial x\,\partial y}$$

混合二階導數的微分次序是不重要的，將這些方程式結合起來，可得：

---

2 「規範的」在這裡意味著變數符合簡單明確的一般規則。

$$\left(\frac{\partial M}{\partial y}\right)_x = \left(\frac{\partial N}{\partial x}\right)_y \tag{6.13}$$

(6.12) 式中的 M 與 N，若滿足 (6.13) 式，則 (6.12) 式稱為**正合微分表達式** (exact differential expression)。(6.13) 式是判斷是否為正合微分的公式。例如，$y\,dx + x\,dy$ 是一個簡單的微分表達式，它是正合的，因為滿足 (6.13) 式，即 $1 = 1$，產生這個表達式的函數顯然是 $F(x, y) = xy$；另一方面，$y\,dx - x\,dy$ 也是簡單的微分表達式，但它不滿足 (6.13) 式，即 $1 \neq -1$，它不是正合，找不到 x 和 y 的函數 $F(x, y)$ 使其微分可產生原始表達式。

熱力學性質 U、H、A 和 G 是 (6.8) 式到 (6.11) 式右邊的規範變數 (canonical variable) 的函數。對於這些正合微分表達式中的每一個，我們可以寫出 (6.13) 式的關係式，產生**馬克士威關係** (Maxwell relation)。[3]

$\left(\frac{\partial T}{\partial V}\right)_S = -\left(\frac{\partial P}{\partial S}\right)_V$ (6.14)	$\left(\frac{\partial T}{\partial P}\right)_S = \left(\frac{\partial V}{\partial S}\right)_P$ (6.15)
$\left(\frac{\partial S}{\partial V}\right)_T = \left(\frac{\partial P}{\partial T}\right)_V$ (6.16)	$-\left(\frac{\partial S}{\partial P}\right)_T = \left(\frac{\partial V}{\partial T}\right)_P$ (6.17)

U、H、A 和 G 的表達式作為其規範變數的函數，並不排除應用於特定系統的其他函數關係的有效性。的確，第 2.5 節中的公理 3 聲稱，應用於*具有恆定組成的均勻 PVT 系統*隨 T 和 P 而變。這些限制不包括異質和反應系統，除了 G 以外，其中 T 和 P 是規範變數。一個簡單的例子是由純液體與其蒸汽平衡組成的系統，其莫耳內能取決於存在的液體和蒸汽的相對量，這絕不是由 T 和 P 反映的。但是，規範變數 S 和 V 也取決於相的相對量，給出其更大的通用性 $U = U(S, V)$。另一方面，T 和 P 是吉布斯能量的規範變數，$G = G(T, P)$ 是通用的。因此，無論相對量如何，G 對於給定的 T 和 P 都是固定的，並為相平衡的工作方程式提供基礎。

(6.8) 式到 (6.11) 式不僅導出馬克士威關係，而且導出許多其他與熱力學性質相關的方程式。本節的其餘部分將導出最有用的公式，以實驗數據代入公式來估算熱力學性質。

焓和熵作為 T 和 P 的函數

在工程實用上，焓和熵通常是令人感興趣的熱力學性質，並且 T 和 P 是物

3 以馬克士威 (James Clerk Maxwell, 1831–1879) 命名，參見 http://en.wikipedia.org/wiki/James_Clerk_Maxwell。

質或系統的最常見的可測量性質。因此，它們的數學聯繫表達 H 和 S 如何隨 T 和 P 變化是必要的。這些資訊可由 $(\partial H/\partial T)_P$、$(\partial S/\partial T)_P$、$(\partial H/\partial P)_T$ 和 $(\partial S/\partial P)_T$ 得到，我們可以用它們寫出：

$$dH = \left(\frac{\partial H}{\partial T}\right)_P dT + \left(\frac{\partial H}{\partial P}\right)_T dP \qquad dS = \left(\frac{\partial S}{\partial T}\right)_P dT + \left(\frac{\partial S}{\partial P}\right)_T dP$$

我們的目標是將這四個偏導數以可測量的性質表示。

恆壓下熱容量的定義是：

$$\left(\frac{\partial H}{\partial T}\right)_P = C_P \tag{2.19}$$

將 (6.9) 式在恆壓下對 T 偏微分來獲得該量的另一個表達式：

$$\left(\frac{\partial H}{\partial T}\right)_P = T\left(\frac{\partial S}{\partial T}\right)_P$$

將上式與 (2.19) 式合併可得：

$$\left(\frac{\partial S}{\partial T}\right)_P = \frac{C_P}{T} \tag{6.18}$$

熵的壓力導數直接來自 (6.17) 式：

$$\left(\frac{\partial S}{\partial P}\right)_T = -\left(\frac{\partial V}{\partial T}\right)_P \tag{6.19}$$

利用 (6.9) 式在恆溫 T 下對 P 偏微分，可求得焓對壓力的導數：

$$\left(\frac{\partial H}{\partial P}\right)_T = T\left(\frac{\partial S}{\partial P}\right)_T + V$$

將 (6.19) 式代入上式可得：

$$\left(\frac{\partial H}{\partial P}\right)_T = V - T\left(\frac{\partial V}{\partial T}\right)_P \tag{6.20}$$

用 (2.19) 式和 (6.18) 式到 (6.20) 式給出的四個偏導數的表達式，我們可以將所需的函數關係寫成：

$$\boxed{dH = C_P\, dT + \left[V - T\left(\frac{\partial V}{\partial T}\right)_P\right] dP} \tag{6.21}$$

$$dS = C_P \frac{dT}{T} - \left(\frac{\partial V}{\partial T}\right)_P dP \qquad (6.22)$$

這些是關於恆定組成的均勻流體的焓和熵與溫度和壓力相關的一般方程式。(6.19) 式和 (6.20) 式說明馬克士威關係的效用，特別是涉及熵變化的 (6.16) 式和 (6.17) 式，這些熵變化是無法利用實驗獲得的 *PVT* 數據。

理想氣體狀態

根據熱容量和 *PVT* 數據可估算 (6.21) 式和 (6.22) 式中的 dT 與 dP 的係數。理想氣體狀態 (用上標 *ig* 表示) 提供 *PVT* 行為的一個例子：

$$PV^{ig} = RT \qquad \left(\frac{\partial V^{ig}}{\partial T}\right)_P = \frac{R}{P}$$

將上式代入 (6.21) 式和 (6.22) 式可得：

$$dH^{ig} = C_P^{ig}\, dT \qquad (6.23) \qquad dS^{ig} = C_P^{ig} \frac{dT}{T} - R\frac{dP}{P} \qquad (6.24)$$

這些是第 3.3 節和第 5.5 節中給出的理想氣體狀態方程式的重述。

液體的替代形式

當 $(\partial V/\partial T)_P$ 以 βV [(3.3) 式] 取代時，會產生 (6.19) 式和 (6.20) 式的替代形式：

$$\left(\frac{\partial S}{\partial P}\right)_T = -\beta V \qquad (6.25) \qquad \left(\frac{\partial H}{\partial P}\right)_T = (1 - \beta T)V \qquad (6.26)$$

這些包含 β 的方程式雖然普遍，但通常僅適用於液體。然而，對於遠離臨界點狀況下的液體，體積和 β 都很小。因此，在大多數情況下，壓力對液體的性質幾乎沒有影響。在例 6.2 中考慮**不可壓縮流體** (incompressible fluid) 的重要理想化 (第 3.2 節)。

將 (6.21) 式和 (6.22) 式中的 $(\partial V/\partial T)_P$ 以 βV 取代，得到：

$$dH = C_P\, dT + (1 - \beta T)V\, dP \qquad (6.27) \qquad dS = C_P \frac{dT}{T} - \beta V\, dP \qquad (6.28)$$

因為 β 和 V 是液體壓力的弱函數，所以積分時將它們視為常數，取適當的平均值作計算。

內能作為 P 的函數

內能與焓的關聯式為 (6.2) 式，即 $U = H - PV$。微分可得：

$$\left(\frac{\partial U}{\partial P}\right)_T = \left(\frac{\partial H}{\partial P}\right)_T - P\left(\frac{\partial V}{\partial P}\right)_T - V$$

然後藉由 (6.20) 式，

$$\left(\frac{\partial U}{\partial P}\right)_T = -T\left(\frac{\partial V}{\partial T}\right)_P - P\left(\frac{\partial V}{\partial P}\right)_T$$

若右邊的導數以 βV [(3.3) 式] 和 $-\kappa V$ [(3.4) 式] 取代，則有：

$$\left(\frac{\partial U}{\partial P}\right)_T = (-\beta T + \kappa P)V \tag{6.29}$$

例 6.1

若水的狀態從 1 bar 和 25°C 變化到 1000 bar 和 50°C，求其焓和熵變化。下表列出水的數據。

t °C	P/bar	C_P/J·mol^{-1}·K^{-1}	V/cm^3·mol^{-1}	β/K^{-1}
25	1	75.305	18.071	256×10^{-6}
25	1000	......	18.012	366×10^{-6}
50	1	75.314	18.234	458×10^{-6}
50	1000	......	18.174	568×10^{-6}

解

為了應用所描述的狀態變化，需要將 (6.27) 式和 (6.28) 式積分。焓和熵是狀態函數，積分路徑是任意的；最適合給定數據的路徑，如圖 6.1 所示。因為數據顯示 C_P 是 T 的弱函數，並且 V 和 β 都隨 P 變化相對緩慢，所以積分時利用算術平均可得令人滿意的結果。(6.27) 式和 (6.28) 式積分後的結果為：

$$\Delta H = \langle C_P\rangle(T_2 - T_1) + (1 - \langle\beta\rangle T_2)\langle V\rangle(P_2 - P_1)$$

$$\Delta S = \langle C_P\rangle \ln\frac{T_2}{T_1} - \langle\beta\rangle\langle V\rangle(P_2 - P_1)$$

▶**圖 6.1** 例 6.1 的計算路徑。

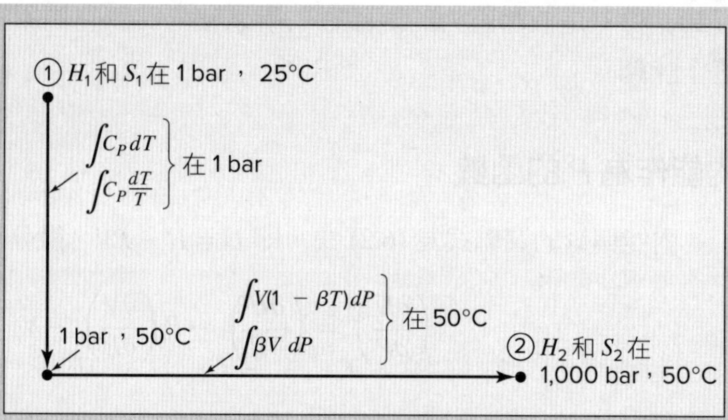

當 $P = 1$ bar 時，

$$\langle C_P \rangle = \frac{75.305 + 75.314}{2} = 75.310 \text{ J}\cdot\text{mol}^{-1}\cdot\text{K}^{-1}$$

當 $t = 50°\text{C}$ 時，

$$\langle V \rangle = \frac{18.234 + 18.174}{2} = 18.204 \text{ cm}^3\cdot\text{mol}^{-1}$$

且

$$\langle \beta \rangle = \frac{458 + 568}{2} \times 10^{-6} = 513 \times 10^{-6}\ \text{K}^{-1}$$

將這些數值代入 ΔH 的方程式中可得：

$$\begin{aligned}\Delta H &= 75.310(323.15 - 298.15)\ \text{J}\cdot\text{mol}^{-1} \\ &\quad + \frac{\left[1 - (513 \times 10^{-6})(323.15)\right](18.204)(1000 - 1)\ \text{bar}\cdot\text{cm}^3\cdot\text{mol}^{-1}}{10\ \text{bar}\cdot\text{cm}^3\cdot\text{J}^{-1}} \\ &= 1883 + 1517 = 3400\ \text{J}\cdot\text{mol}^{-1}\end{aligned}$$

同理，對於 ΔS，可得

$$\begin{aligned}\Delta S &= 75.310\ \ln \frac{323.15}{298.15}\ \text{J}\cdot\text{mol}^{-1}\cdot\text{K}^{-1} \\ &\quad - \frac{(513 \times 10^{-6})(18.204)(1000 - 1)\ \text{bar}\cdot\text{cm}^3\cdot\text{mol}^{-1}\cdot\text{K}^{-1}}{10\ \text{bar}\cdot\text{cm}^3\cdot\text{J}^{-1}} \\ &= 6.06 - 0.93 = 5.13\ \text{J}\cdot\text{mol}^{-1}\cdot\text{K}^{-1}\end{aligned}$$

注意，幾乎 1000 bar 的壓力變化對液態水的焓和熵的影響，小於僅 25°C 的溫度變化的影響。

內能和熵作為 T 和 V 的函數

在某些情況下，溫度和體積可能是比溫度和壓力更方便的獨立變數。對於內能和熵可產生最有用的性質關係。這裡需要的是導數 $(\partial U/\partial T)_V$、$(\partial U/\partial V)_T$、$(\partial S/\partial T)_V$ 和 $(\partial S/\partial V)_T$，我們可以用它來寫：

$$dU = \left(\frac{\partial U}{\partial T}\right)_V dT + \left(\frac{\partial U}{\partial V}\right)_T dV \qquad dS = \left(\frac{\partial S}{\partial T}\right)_V dT + \left(\frac{\partial S}{\partial V}\right)_T dV$$

U 的偏導數直接來自 (6.8) 式：

$$\left(\frac{\partial U}{\partial T}\right)_V = T\left(\frac{\partial S}{\partial T}\right)_V \qquad \left(\frac{\partial U}{\partial V}\right)_T = T\left(\frac{\partial S}{\partial V}\right)_T - P$$

將上式中的第一個與 (2.15) 式相結合，第二個與 (6.16) 式相結合，可得：

$$\left(\frac{\partial S}{\partial T}\right)_V = \frac{C_V}{T} \quad (6.30) \qquad \left(\frac{\partial U}{\partial V}\right)_T = T\left(\frac{\partial P}{\partial T}\right)_V - P \quad (6.31)$$

利用由 (2.15) 式、(6.31) 式、(6.30) 式和 (6.16) 式給出的四個偏導數的表達式，我們可以將所需的函數關係寫成：

$$dU = C_V\, dT + \left[T\left(\frac{\partial P}{\partial T}\right)_V - P\right] dV \qquad (6.32)$$

$$dS = C_V \frac{dT}{T} + \left(\frac{\partial P}{\partial T}\right)_V dV \qquad (6.33)$$

這些是將恆定組成的均勻流體的內能和熵與溫度和體積相關聯的一般方程式。

應用於恆容狀態變化的 (3.5) 式變成：

$$\left(\frac{\partial P}{\partial T}\right)_V = \frac{\beta}{\kappa} \qquad (6.34)$$

因此 (6.32) 式和 (6.33) 式的替代形式為：

$$dU = C_V\, dT + \left(\frac{\beta}{\kappa}T - P\right) dV \quad (6.35) \qquad dS = \frac{C_V}{T} dT + \frac{\beta}{\kappa} dV \quad (6.36)$$

例 6.2

導出適合於不可壓縮流體的性質關係，不可壓縮流體是 β 和 κ 均為零的模型流體 (第 3.2 節)。這是流體力學中的理想化。

解

對於不可壓縮流體，(6.27) 式和 (6.28) 式可寫為：

$$dH = C_P\,dT + V\,dP \tag{A}$$

$$dS = C_P \frac{dT}{T}$$

因此，不可壓縮流體的焓是溫度和壓力的函數，而熵僅是溫度的函數，與 P 無關。當 $\kappa = \beta = 0$ 時，由 (6.29) 式顯示內能也只是溫度的函數，因此得到 $dU = C_V\,dT$。將 (6.13) 式應用於 (A) 式，得出：

$$\left(\frac{\partial C_P}{\partial P}\right)_T = \left(\frac{\partial V}{\partial T}\right)_P$$

然而，由 (3.3) 式中 β 的定義可知，上式的右邊等於 βV，對於不可壓縮流體，βV 為零。這意味著 C_P 僅是溫度的函數，與 P 無關。

不可壓縮流體的 C_P 與 C_V 的關係是令人感興趣的。對於給定的狀態變化，(6.28) 式和 (6.36) 式必須給出相同的 dS 值；因此它們是相等的。重新排列後得到的表達式為：

$$(C_P - C_V)dT = \beta TV\,dP + \frac{\beta T}{\kappa}dV$$

當 V 為常數時，上式可簡化為：

$$C_P - C_V = \beta TV\left(\frac{\partial P}{\partial T}\right)_V$$

將 (6.34) 式代入，消去導數，得到：

$$C_P - C_V = \beta TV\left(\frac{\beta}{\kappa}\right) \tag{B}$$

因為 $\beta = 0$，且不確定比 β/κ 是有限的，則上式的右邊為零。對於實際流體，β/κ 確實是有限的，並且對模型流體的相反推測將是不合理的。因此，不可壓縮流體的定義已假設這個比值是有限的，我們得知這種流體在恆定 V 和恆定 P 下的熱容量是相同的：

$$C_P = C_V = C$$

吉布斯能量作為一種生成函數

$G = G(T, P)$ 的基本性質關係，

$$dG = V\,dP - S\,dT \tag{6.11}$$

有另一種形式，它來自數學恆等式：

$$d\left(\frac{G}{RT}\right) \equiv \frac{1}{RT}dG - \frac{G}{RT^2}dT$$

將 (6.11) 式的 dG 和 (6.4) 式的 G 代入上式，經代數的化簡之後，可得：

$$\boxed{d\left(\frac{G}{RT}\right) = \frac{V}{RT}dP - \frac{H}{RT^2}dT} \tag{6.37}$$

上式的優點是所有項都是無因次；此外，與 (6.11) 式相比，可知焓而不是熵出現在右邊。

當 (6.11) 式和 (6.37) 式的應用受到限制時，我們需要其他形式的方程式。因此，從 (6.37) 式可得

$$\frac{V}{RT} = \left[\frac{\partial(G/RT)}{\partial P}\right]_T \quad (6.38) \qquad \frac{H}{RT} = -T\left[\frac{\partial(G/RT)}{\partial T}\right]_P \quad (6.39)$$

已知 G/RT 是 T 和 P 的函數，V/RT 和 H/RT 可遵循簡單的微分求出。其餘的性質也可以遵循定義方程式求出。特別是，

$$\frac{S}{R} = \frac{H}{RT} - \frac{G}{RT} \qquad \frac{U}{RT} = \frac{H}{RT} - \frac{PV}{RT}$$

吉布斯能量，G 或 G/RT，當以規範變數 T 和 P 的函數表示時，可經由簡單的數學作為其他熱力學性質的生成函數，並隱含地表示完整的性質資訊。

正如 (6.11) 式可導出所有熱力學性質的表達式一樣，也可以從亥姆霍茲能量 $A = A(T, V)$ 的基本性質關係 (6.10) 式，導出所有熱力學性質的表達式。這對於將熱力學性質與統計力學聯繫起來特別有用，因為封閉系統在固定體積和溫度下，通常最適合藉由統計力學的理論方法和基於統計力學的分子模擬計算方法進行處理。

6.2 剩餘性質

遺憾的是，沒有用於測量 G 或 G/RT 的數值的實驗方法，並且與吉布斯能量相關聯的其他性質的方程式幾乎沒有直接的實際用途。然而，作為其他熱力學性質生成函數的吉布斯能量的概念，可轉移到一個很容易獲得數值的密切相關的性質。根據定義，剩餘吉布斯能量為：$G^R \equiv G - G^{ig}$，其中 G 和 G^{ig} 是在相同溫度和壓力下吉布斯能量的真實和理想氣體狀態值。其他剩餘性質以類似的方式定義。例如，剩餘體積是：

$$V^R \equiv V - V^{ig} = V - \frac{RT}{P}$$

因為 $V = ZRT/P$，剩餘體積和壓縮係數的關係為：

$$V^R = \frac{RT}{P}(Z - 1) \tag{6.40}$$

剩餘性質的通式[4]可定義如下：

$$\boxed{M^R \equiv M - M^{ig}} \tag{6.41}$$

其中 M 和 M^{ig} 是在相同 T 與 P 下的真實和理想氣態性質，它們代表任何外延熱力學性質的莫耳值，例如 V、U、H、S 或 G。

將 (6.41) 式寫成以下形式時，更容易理解該定義的基本目的：

$$M = M^{ig} + M^R$$

從實際角度來看，這個方程式將性質計算分為兩部分：第一，理想氣體狀態的性質的計算；第二，剩餘性質的計算，其具有理想氣體狀態值的校正性質。理想氣體狀態的性質反映真實的分子結構，但假設沒有分子間交互作用。剩餘性質可以解釋此類交互作用的影響。我們的目的是由 PVT 數據或由狀態方程式開發計算剩餘性質的方程式。

對於理想氣體狀態，(6.37) 式變為：

$$d\left(\frac{G^{ig}}{RT}\right) = \frac{V^{ig}}{RT}dP - \frac{H^{ig}}{RT^2}dT$$

從 (6.37) 式減去上式可得：

4 有時也稱為偏離函數。這裡的「通式」(generic) 表示具有相同特徵的一類性質。

$$d\left(\frac{G^R}{RT}\right) = \frac{V^R}{RT}dP - \frac{H^R}{RT^2}dT \tag{6.42}$$

這種**基本剩餘性質關係** (fundamental residual-property relation) 適用於具有恆定組成的流體，而有用的形式是：

$$\frac{V^R}{RT} = \left[\frac{\partial(G^R/RT)}{\partial P}\right]_T \tag{6.43}$$

$$\frac{H^R}{RT} = -T\left[\frac{\partial(G^R/RT)}{\partial T}\right]_P \tag{6.44}$$

(6.43) 式提供剩餘吉布斯能量與實驗之間的直接聯繫。

寫出

$$d\left(\frac{G^R}{RT}\right) = \frac{V^R}{RT}dP \quad (\text{恆溫 } T)$$

將上式從零壓力積分到任意壓力 P，得到：

$$\frac{G^R}{RT} = \left(\frac{G^R}{RT}\right)_{P=0} + \int_0^P \frac{V^R}{RT}dP \quad (\text{恆溫 } T)$$

為方便起見，定義：

$$\left(\frac{G^R}{RT}\right)_{P=0} \equiv J$$

利用此定義及 (6.40) 式，可得：

$$\frac{G^R}{RT} = J + \int_0^P (Z-1)\frac{dP}{P} \quad (\text{恆溫 } T) \tag{6.45}$$

正如同本章補充說明中所解釋的，J 是一個常數，與 T 無關，將上式在恆壓下對 T 偏微分，依據 (6.44) 式可得：

$$\frac{H^R}{RT} = -T\int_0^P \left(\frac{\partial Z}{\partial T}\right)_P \frac{dP}{P} \quad (\text{恆溫 } T) \tag{6.46}$$

吉布斯能量的定義方程式 $G = H - TS$ 也可以寫成理想氣體狀態，$G^{ig} = H^{ig} - TS^{ig}$；這兩式的差為，$G^R = H^R - TS^R$，而

$$\frac{S^R}{R} = \frac{H^R}{RT} - \frac{G^R}{RT} \tag{6.47}$$

將上式與 (6.45) 式和 (6.46) 式結合可得：

$$\frac{S^R}{R} = -T\int_0^P \left(\frac{\partial Z}{\partial T}\right)_P \frac{dP}{P} - J - \int_0^P (Z-1)\frac{dP}{P} \quad (\text{恆溫 } T)$$

熵在應用上總是以熵差表示。根據 (6.41) 式，我們有：$S = S^{ig} + S^R$，因此：

$$\Delta S \equiv S_2 - S_1 = \left(S_2^{ig} - S_1^{ig}\right) + \left(S_2^R - S_1^R\right)$$

因為 J 是常數，在計算上式的最後兩項時，J 會互相消去，所以它的值無關緊要。因此，將常數 J 設為零，S^R 的方程式變為：

$$\boxed{\frac{S^R}{R} = -T\int_0^P \left(\frac{\partial Z}{\partial T}\right)_P \frac{dP}{P} - \int_0^P (Z-1)\frac{dP}{P} \quad (\text{恆溫 } T)} \tag{6.48}$$

而 (6.45) 式可寫成：

$$\boxed{\frac{G^R}{RT} = \int_0^P (Z-1)\frac{dP}{P} \quad (\text{恆溫 } T)} \tag{6.49}$$

壓縮係數 $Z = PV/RT$ 和 $(\partial Z/\partial T)_P$ 的值可以從實驗 PVT 數據計算。(6.46) 式、(6.48) 式和 (6.49) 式中的積分可由數值法或圖形法求得；或者當 Z 以狀態方程式表示為 T 和 P 的函數時，這些積分也可以用解析法求得。與實驗直接聯繫可估算剩餘性質 H^R 和 S^R，進而用於計算焓值和熵值。

以剩餘性質計算焓和熵

將 (6.23) 式和 (6.24) 式從參考條件 T_0 與 P_0 的理想氣體狀態積分到 T 和 P 的理想氣體狀態，得到 H^{ig} 和 S^{ig} 的一般表達式：[5]

$$H^{ig} = H_0^{ig} + \int_{T_0}^{T} C_P^{ig}\, dT \qquad\qquad S^{ig} = S_0^{ig} + \int_{T_0}^{T} C_P^{ig}\, \frac{dT}{T} - R\ \ln\frac{P}{P_0}$$

因為 $H = H^{ig} + H^R$ 且 $S = S^{ig} + S^R$，所以

$$H = H_0^{ig} + \int_{T_0}^{T} C_P^{ig}\, dT + H^R \tag{6.50}$$

5 理想氣體狀態下有機化合物的熱力學性質可參見 M. Frenkel, G. J. Kabo, K. N. Marsh, G. N. Roganov, and R. C. Wilhoit, *Thermodynamics of Organic Compounds in the Gas State*, Thermodynamics Research Center, Texas A & M Univ. System, College Station, Texas, 1994。對於許多化合物，這些數據也可經由 NIST Chemistry WebBook (http://webbook.nist.gov) 獲得。

$$S = S_0^{ig} + \int_{T_0}^{T} C_P^{ig} \frac{dT}{T} - R \ln \frac{P}{P_0} + S^R \tag{6.51}$$

由第 4.1 節和第 5.5 節可知，為計算目的，可將 (6.50) 式和 (6.51) 式中的積分表示為：

$$\int_{T_0}^{T} C_P^{ig} dT = R \times \text{ICPH}(T_0, T; \text{A, B, C, D})$$

$$\int_{T_0}^{T} C_P^{ig} \frac{dT}{T} = R \times \text{ICPS}(T_0, T; \text{A, B, C, D})$$

在第 4.1 節和第 5.5 節介紹平均熱容量，將 (6.50) 式和 (6.51) 式中的積分項以平均熱容量表示，可得：

$$H = H_0^{ig} + \langle C_P^{ig} \rangle_H (T - T_0) + H^R \tag{6.52}$$

$$S = S_0^{ig} + \langle C_P^{ig} \rangle_S \ln \frac{T}{T_0} - R \ln \frac{P}{P_0} + S^R \tag{6.53}$$

(6.50) 式到 (6.53) 式中的 H^R 與 S^R 可由 (6.46) 式和 (6.48) 式計算。同樣地，由於計算目的，平均熱容量表示為：

$$\langle C_P^{ig} \rangle_H = R \times \text{MCPH}(T_0, T; \text{A, B, C, D})$$

$$\langle C_P^{ig} \rangle_S = R \times \text{MCPS}(T_0, T; \text{A, B, C, D})$$

熱力學的應用僅需要焓和熵的相對值，並且當值的比例移動恆定量時，這些不會改變。因此，為方便起見，選擇參考狀態 T_0 和 P_0，並且任意地將值分配給 H_0^{ig} 和 S_0^{ig}。應用 (6.52) 式和 (6.53) 式所需的唯一資訊是理想氣體狀態熱容量與 PVT 數據。一旦在給定 T 和 P 條件下的 V、H 與 S 為已知，其他熱力學性質可由它們的定義求出。

理想氣體狀態的巨大實用價值現在顯而易見，它為計算真實氣體性質提供基礎。

剩餘性質適用於氣體和液體。然而，(6.50) 式和 (6.51) 式在應用於氣體中的優點是 H^R 和 S^R (包含所有複雜計算的項) 通常是很小的剩餘項，可以作為主要項 H^{ig} 和 S^{ig} 的修正。對於液體，這種優勢很大程度上喪失，因為 H^R 和 S^R 必須包括蒸發產生的大的焓與熵變化。液體的性質變化通常可利用 (6.27) 式和 (6.28) 式的積分來計算，如例 6.1 中所示。

例 6.3

根據以下資料計算飽和異丁烷蒸汽在 360 K 的焓和熵：

1. 表 6.1 給出異丁烷蒸汽的壓縮係數數據 (Z 值)。
2. 異丁烷在 360 K 的蒸汽壓為 15.41 bar。
3. 在 300 K 和 1 bar 時，設定 $H_0^{ig} = 18{,}115.0\ \text{J·mol}^{-1}$，$S_0^{ig} = 295.976\ \text{J·mol}^{-1}\text{·K}^{-1}$ 作為參考狀態。[這些值與 R. D. Goodwin and W. M. Haynes, Nat. Bur. Stand. (U.S.), Tech. Note 1051, 1982 所採用的基礎一致。]
4. 異丁烷蒸汽的理想氣體狀態熱容量為：

$$C_P^{ig}/R = 1.7765 + 33.037 \times 10^{-3}\,T \quad (T\ \text{K})$$

➡ **表 6.1** 異丁烷的壓縮係數 Z

P bar	340 K	350 K	360 K	370 K	380 K
0.10	0.99700	0.99719	0.99737	0.99753	0.99767
0.50	0.98745	0.98830	0.98907	0.98977	0.99040
2.00	0.95895	0.96206	0.96483	0.96730	0.96953
4.00	0.92422	0.93069	0.93635	0.94132	0.94574
6.00	0.88742	0.89816	0.90734	0.91529	0.92223
8.00	0.84575	0.86218	0.87586	0.88745	0.89743
10.0	0.79659	0.82117	0.84077	0.85695	0.87061
12.0	......	0.77310	0.80103	0.82315	0.84134
14.0	......	......	0.75506	0.78531	0.80923
15.41	......	......	0.71727		

解

應用 (6.46) 式和 (6.48) 式計算 360 K 與 15.41 bar 的 H^R 和 S^R，需要估算下列兩個積分：

$$\int_0^P \left(\frac{\partial Z}{\partial T}\right)_P \frac{dP}{P} \qquad \int_0^P (Z-1)\frac{dP}{P}$$

圖形積分需要 $(\partial Z/\partial T)_P/P$ 和 $(Z-1)/P$ 對 P 的簡單圖。$(Z-1)/P$ 的值可從 360 K 的壓縮係數數據中求得。$(\partial Z/\partial T)_P/P$ 的值則需計算偏導數 $(\partial Z/\partial T)_P$，其值可由恆壓下 Z 對 T 的曲線的斜率求出。為此目的，在每個壓力下，以所給的壓縮係數 Z 對 T 作圖，並且在 360 K 時求每條曲線的斜率 (如在 360 K 作曲線的切線)。所需圖的數據，如表 6.2 所示。

表 6.2 例 6.3 中被積分項的值。括號內為外插值

P bar	$[(\partial Z/\partial T)_P/P]\times 10^4$ $K^{-1}\cdot bar^{-1}$	$[-(Z-1)/P]\times 10^2$ bar^{-1}
0.00	(1.780)	(2.590)
0.10	1.700	2.470
0.50	1.514	2.186
2.00	1.293	1.759
4.00	1.290	1.591
6.00	1.395	1.544
8.00	1.560	1.552
10.0	1.777	1.592
12.0	2.073	1.658
14.0	2.432	1.750
15.41	(2.720)	(1.835)

從圖中求得的兩個積分的值是：

$$\int_0^P \left(\frac{\partial Z}{\partial T}\right)_P \frac{dP}{P} = 26.37\times 10^{-4}\ \mathrm{K}^{-1} \qquad \int_0^P (Z-1)\frac{dP}{P} = -0.2596$$

由 (6.46) 式，

$$\frac{H^R}{RT} = -(360)(26.37\times 10^{-4}) = -0.9493$$

由 (6.48) 式，

$$\frac{S^R}{R} = -0.9493 - (-0.2596) = -0.6897$$

因為 $R = 8.314\ \mathrm{J\cdot mol^{-1}\cdot K^{-1}}$，

$$H^R = (-0.9493)(8.314)(360) = -2841.3\ \mathrm{J\cdot mol^{-1}}$$
$$S^R = (-0.6897)(8.314) = -5.734\ \mathrm{J\cdot mol^{-1}\cdot K^{-1}}$$

(6.50) 式和 (6.51) 式中的積分值為：

$$8.314\times \mathrm{ICPH}(300, 360;\ 1.7765,\ 33.037\times 10^{-3},\ 0.0,\ 0.0) = 6324.8\ \mathrm{J\cdot mol^{-1}}$$
$$8.314\times \mathrm{ICPS}(300, 360;\ 1.7765,\ 33.037\times 10^{-3},\ 0.0,\ 0.0) = 19.174\ \mathrm{J\cdot mol^{-1}\cdot K^{-1}}$$

將這些數值代入 (6.50) 式和 (6.51) 式，得到：

$$H = 18{,}115.0 + 6324.8 - 2841.3 = -21{,}598.5\ \mathrm{J\cdot mol^{-1}}$$
$$S = 295.976 + 19.174 - 8.314\ \ln 15.41 - 5.734 = 286.676\ \mathrm{J\cdot mol^{-1}\cdot K^{-1}}$$

雖然這裡僅對一個狀態進行計算，但只要有足夠的數據，就可以對任意數量的狀態進行焓和熵的估算。在完成完整計算之後，我們就不必再侷限於最初所設定的 H_0^{ig} 和 S_0^{ig} 的特定值。藉由向所有值添加常數，可以改變焓值或熵值的標度。利用這種方式，我們可以為某些特定狀態賦予 H 和 S 任意值，而使得標度便於某些特定目的。

熱力學性質的計算是一項艱鉅的任務，工程師不常用到這種計算。然而，工程師確實實際使用熱力學性質，在了解所使用的計算方法後，可知某些不確定性與每個性質相關聯。不準確性源於數據中的實驗誤差，這些數據也經常是不完整的，必須利用內插和外插來擴展。此外，即使具有可靠的 *PVT* 數據，在計算導出性質時所需的微分過程中也會發生誤差。因此，需要高準確度的數據來產生適合於工程計算的焓值和熵值。

6.3 利用維里狀態方程式計算剩餘性質

以數值或圖形估算積分，如 (6.46) 式和 (6.48) 式，通常是乏味和不精確的。一種具有吸引力的選擇是，利用狀態方程式以解析法估算。該程序取決於狀態方程式是否為**體積顯式** (volume explicit)，即在恆溫 T 下將 V (或 Z) 表示為 P 的函數；或**壓力顯式** (pressure explicit)，即在恆溫 T 下將 P (或 Z) 表示為 V (或 ρ) 的函數。[6] (6.46) 式和 (6.48) 式只能直接應用於體積顯式方程式，例如以 P [(3.36) 式] 為變數的兩項維里方程式。對於壓力顯式的方程式，例如以體積的倒數為變數的維里展開式 [(3.38) 式]，應用它們計算剩餘性質時，則必須將 (6.46) 式、(6.48) 式和 (6.49) 式重新改寫。

兩項維里狀態方程式，(3.36) 式，是體積顯式，$Z - 1 = BP/RT$，微分可得 $(\partial Z/\partial T)_P$。將求出的 $(\partial Z/\partial T)_P$ 代入 (6.46) 式和 (6.48) 式，直接積分可得 H^R/RT 和 S^R/R。另一種程序是利用 (6.49) 式估算 G^R/RT：

$$\frac{G^R}{RT} = \frac{BP}{RT} \tag{6.54}$$

根據這個結果，H^R/RT 可以從 (6.44) 式中求得，而 S^R/R 由 (6.47) 式得到。無論哪種方式，我們都可以得到：

$$\frac{H^R}{RT} = \frac{P}{R}\left(\frac{B}{T} - \frac{dB}{dT}\right) \tag{6.55}$$

$$\frac{S^R}{R} = -\frac{P}{R}\frac{dB}{dT} \tag{6.56}$$

只要有足夠的資訊來估算 B 與 dB/dT，對於給定的 T 值和 P 值，利用 (6.55) 式與 (6.56) 式可直接估算剩餘焓和剩餘熵。這些方程式的適用範圍與第 3.5 節的 (3.36) 式相同。

(6.46) 式、(6.48) 式和 (6.49) 式不適用於壓力顯式的狀態方程式，必須進行轉

6 理想氣體狀態方程式是壓力顯式，也是體積顯式。

換，使得 P 不再是積分的變數。在進行這種轉換時，莫耳密度 ρ 是更方便的積分變數，因為當 ρ 趨近於零，而不是無窮大，P 趨近於零。因此，將 $PV = ZRT$ 改寫為

$$P = Z\rho RT \tag{6.57}$$

在恆溫下，將 (6.57) 式微分可得：

$$dP = RT(Zd\rho + \rho dZ) \quad (\text{恆溫 } T)$$

將上式除以 (6.57) 式可得：

$$\frac{dP}{P} = \frac{d\rho}{\rho} + \frac{dZ}{Z} \quad (\text{恆溫 } T)$$

將 dP/P 代入 (6.49) 式可得：

$$\boxed{\frac{G^R}{RT} = \int_0^\rho (Z-1)\frac{d\rho}{\rho} + Z - 1 - \ln Z} \tag{6.58}$$

其中積分在恆溫 T 下計算。注意，當 $P \to 0$ 時，$\rho \to 0$。

將 (6.40) 式的 V^R 代入 (6.42) 式，可得：

$$\frac{H^R}{RT^2}dT = (Z-1)\frac{dP}{P} - d\left(\frac{G^R}{RT}\right)$$

在恆定 ρ 下，將上式除以 dT 得到：

$$\frac{H^R}{RT^2} = \frac{Z-1}{P}\left(\frac{\partial P}{\partial T}\right)_\rho - \left[\frac{\partial\left(G^R/RT\right)}{\partial T}\right]_\rho$$

(6.57) 式的微分提供上式右邊的第一個導數，(6.58) 式的微分提供第二個導數。將這些結果代入後，可得：

$$\boxed{\frac{H^R}{RT} = -T\int_0^\rho \left(\frac{\partial Z}{\partial T}\right)_\rho \frac{d\rho}{\rho} + Z - 1} \tag{6.59}$$

剩餘熵可以從 (6.47) 式結合 (6.58) 式和 (6.59) 式求得：

$$\boxed{\frac{S^R}{R} = \ln Z - T\int_0^\rho \left(\frac{\partial Z}{\partial T}\right)_\rho \frac{d\rho}{\rho} - \int_0^\rho (Z-1)\frac{d\rho}{\rho}} \tag{6.60}$$

我們現在將其應用於壓力顯式的三項維里方程式：

$$Z-1=B\rho+C\rho^2 \tag{3.38}$$

將上式代入 (6.58) 式到 (6.60) 式，可得：

$$\frac{G^R}{RT}=2B\rho+\frac{3}{2}C\rho^2-\ln Z \tag{6.61}$$

$$\frac{H^R}{RT}=T\left[\left(\frac{B}{T}-\frac{dB}{dT}\right)\rho+\left(\frac{C}{T}-\frac{1}{2}\frac{dC}{dT}\right)\rho^2\right] \tag{6.62}$$

$$\frac{S^R}{R}=\ln Z-T\left[\left(\frac{B}{T}-\frac{dB}{dT}\right)\rho+\frac{1}{2}\left(\frac{C}{T}+\frac{dC}{dT}\right)\rho^2\right] \tag{6.63}$$

對於高達中等壓力的氣體，這些方程式的應用需要第二和第三維里係數的數據。

6.4 氣體的廣義性質關聯式

熱容量和 *PVT* 數據是兩種用來估算熱力學性質的資料，但後者經常缺乏足夠數據。幸運的是，第 3.7 節所述的壓縮係數的廣義方法也適用於剩餘性質。

利用下列關係式，可將 (6.46) 式和 (6.48) 式寫成廣義形式：

$$P=P_cP_r \qquad T=T_cT_r$$
$$dP=P_c\,dP_r \qquad dT=T_c\,dT_r$$

得到的方程式為：

$$\frac{H^R}{RT_c}=-T_r^2\int_0^{P_r}\left(\frac{\partial Z}{\partial T_r}\right)_{P_r}\frac{dP_r}{P_r} \tag{6.64}$$

$$\frac{S^R}{R}=-T_r\int_0^{P_r}\left(\frac{\partial Z}{\partial T_r}\right)_{P_r}\frac{dP_r}{P_r}-\int_0^{P_r}(Z-1)\frac{dP_r}{P_r} \tag{6.65}$$

這些方程式右邊的項僅取決於積分的上限 P_r 和對比溫度。因此，H^R/RT_c 和 S^R/R 的值，可以在任何對比溫度和壓力下，由廣義壓縮係數數據一勞永逸地確定。

Z 的關聯式是基於 (3.53) 式：

$$Z=Z^0+\omega Z^1$$

微分可得：

$$\left(\frac{\partial Z}{\partial T_r}\right)_{P_r}=\left(\frac{\partial Z^0}{\partial T_r}\right)_{P_r}+\omega\left(\frac{\partial Z^1}{\partial T_r}\right)_{P_r}$$

將 Z 和 $(\partial Z/\partial T_r)_{P_r}$ 代入 (6.64) 式和 (6.65) 式可得：

$$\frac{H^R}{RT_c} = -T_r^2 \int_0^{P_r} \left(\frac{\partial Z^0}{\partial T_r}\right)_{P_r} \frac{dP_r}{P_r} - \omega T_r^2 \int_0^{P_r} \left(\frac{\partial Z^1}{\partial T_r}\right)_{P_r} \frac{dP_r}{P_r}$$

$$\frac{S^R}{R} = -\int_0^{P_r} \left[T_r \left(\frac{\partial Z^0}{\partial T_r}\right)_{P_r} + Z^0 - 1\right] \frac{dP_r}{P_r} - \omega \int_0^{P_r} \left[T_r \left(\frac{\partial Z^1}{\partial T_r}\right)_{P_r} + Z^1\right] \frac{dP_r}{P_r}$$

這兩個方程式右邊的第一個積分，可以用附錄 D 的表 D.1 與表 D.3 中所列在各 T_r 和 P_r 值下的 Z^0 數據，進行數值或圖形估算，含有 ω 的積分；也可以從表 D.2 和表 D.4 中給出的 Z^1 的數據，以同樣的方法求得。

如果前面方程式右邊的第一項 (包括負號) 以 $(H^R)^0/RT_c$ 和 $(S^R)^0/R$ 表示，而含有 ω 的項，包含前面的負號，以 $(H^R)^1/RT_c$ 和 $(S^R)^1/R$ 表示，則有：

$$\frac{H^R}{RT_c} = \frac{(H^R)^0}{RT_c} + \omega \frac{(H^R)^1}{RT_c} \quad (6.66) \qquad \frac{S^R}{R} = \frac{(S^R)^0}{R} + \omega \frac{(S^R)^1}{R} \quad (6.67)$$

Lee 和 Kesler 計算求得 $(H^R)^0/RT_c$、$(H^R)^1/RT_c$、$(S^R)^0/R$ 及 $(S^R)^1/R$ 的值，並以 T_r 和 P_r 的函數表示，如表 D.5 到表 D.12 所示。由這些值及 (6.66) 式和 (6.67) 式，我們可以根據 Lee 和 Kesler (第 3.7 節) 開發的三參數對應狀態原理來估算剩餘焓與熵。

$(H^R)^0/RT_c$ 的表 D.5 和表 D.7，以及 $(S^R)^0/R$ 的表 D.9 和表 D.11 (單獨使用) 提供雙參數對應狀態的關聯式，可快速得出粗略估算的剩餘性質。這些關聯式的性質，如圖 6.2 所示，圖中顯示 $(H^R)^0/RT_c$ 對 P_r 的六條等溫線。

與廣義壓縮係數關聯式一樣，函數 $(H^R)^0/RT_c$、$(H^R)^1/RT_c$、$(S^R)^0/R$ 和 $(S^R)^1/R$ 的複雜性，使它們的廣義表示法無法以簡單的方程式表示。然而，在低壓下，廣義第二維里係數的關聯式構成剩餘性質的分析關聯式的基礎。參見 (3.58) 式和 (3.59) 式：

$$\hat{B} = \frac{BP_c}{RT_c} = B^0 + \omega B^1$$

其中 $\hat{B}$、B^0 和 B^1 僅是 T_r 的函數。因此，

$$\frac{d\hat{B}}{dT_r} = \frac{dB^0}{dT_r} + \omega \frac{dB^1}{dT_r}$$

(6.55) 式和 (6.56) 式可改寫為：

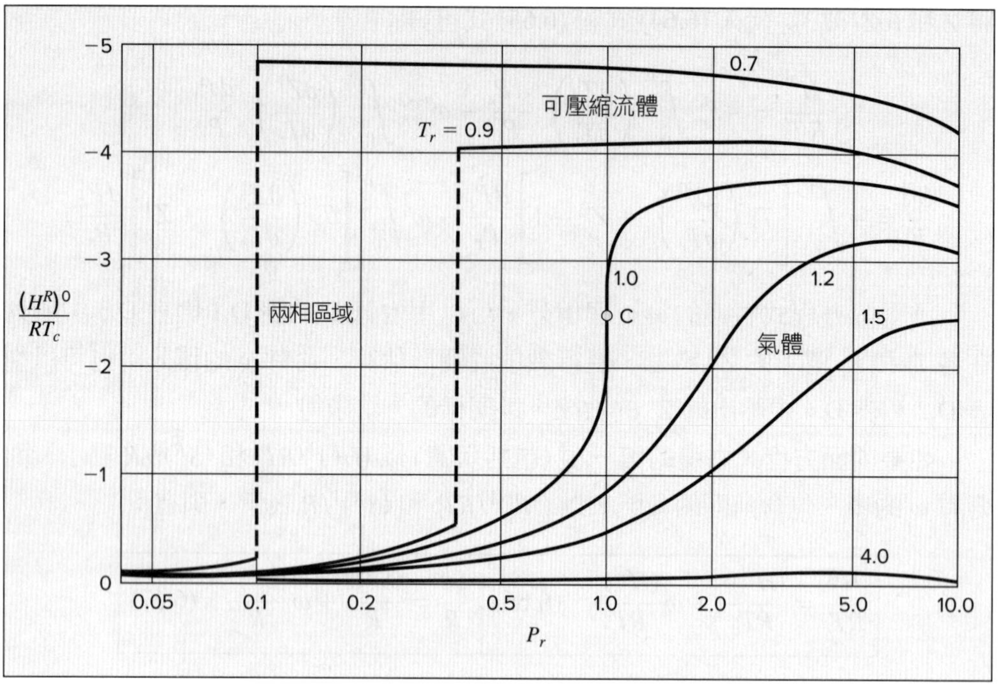

▶圖 6.2 Lee/Kesler 關聯式，將 $(H^R)^0/RT_c$ 表示為 T_r 和 P_r 的函數。

$$\frac{H^R}{RT_c} = P_r\left(\hat{B} - T_r\frac{d\hat{B}}{dT_r}\right) \qquad \frac{S^R}{R} = -P_r\frac{d\hat{B}}{dT_r}$$

將這些方程中的每一個與前兩個方程式組合，得到：

$$\frac{H^R}{RT_c} = P_r\left[B^0 - T_r\frac{dB^0}{dT_r} + \omega\left(B^1 - T_r\frac{dB^1}{dT_r}\right)\right] \tag{6.68}$$

$$\frac{S^R}{R} = -P_r\left(\frac{dB^0}{dT_r} + \omega\frac{dB^1}{dT_r}\right) \tag{6.69}$$

B^0 和 B^1 隨對比溫度的變化可由 (3.61) 式和 (3.62) 式得知。將這些方程式微分可求得 dB^0/dT_r 和 dB^1/dT_r 的表達式。因此，應用 (6.68) 式和 (6.69) 式時，所需的方程式為：

$B^0 = 0.083 - \frac{0.422}{T_r^{1.6}}$ (3.61)	$B^1 = 0.139 - \frac{0.172}{T_r^{4.2}}$ (3.62)
$\frac{dB^0}{dT_r} = \frac{0.675}{T_r^{2.6}}$ (6.70)	$\frac{dB^1}{dT_r} = \frac{0.722}{T_r^{5.2}}$ (6.71)

圖 3.10 是專門針對壓縮係數的關聯式繪製的，也可以作為基於廣義第二維里係數的剩餘性質關聯式可靠度的指南。但是，所有剩餘性質關聯式的準確度都不如它們所基於的壓縮係數關聯式，當然對強極性和結合性的分子最不可靠。

利用 H^R 和 S^R 的廣義關聯式以及理想氣體的熱容量，再利用 (6.50) 式和 (6.51) 式，即可計算任何溫度和壓力下的氣體的焓與熵值。對於從狀態 1 到狀態 2 的變化，我們可以寫出兩種狀態的 (6.50) 式：

$$H_2 = H_0^{ig} + \int_{T_0}^{T_2} C_P^{ig} dT + H_2^R \qquad\qquad H_1 = H_0^{ig} + \int_{T_0}^{T_1} C_P^{ig} dT + H_1^R$$

程序中的焓變化，$\Delta H = H_2 - H_1$，是這兩個方程式之間的差：

$$\Delta H = \int_{T_1}^{T_2} C_P^{ig}\, dT + H_2^R - H_1^R \tag{6.72}$$

同理，由 (6.51) 式，

$$\Delta S = \int_{T_1}^{T_2} C_P^{ig} \frac{dT}{T} - R \ln \frac{P_2}{P_1} + S_2^R - S_1^R \tag{6.73}$$

以另一種形式來寫，這些方程式變成：

$$\Delta H = \left\langle C_P^{ig} \right\rangle_H (T_2 - T_1) + H_2^R - H_1^R \tag{6.74}$$

$$\Delta S = \left\langle C_P^{ig} \right\rangle_S \ln \frac{T_2}{T_1} - R \ln \frac{P_2}{P_1} + S_2^R - S_1^R \tag{6.75}$$

正如我們可以定義函數來估算 (6.72) 式和 (6.73) 式中的積分，以及 (6.74) 式和 (6.75) 式中的平均熱容量，我們也可以定義函數用於估算 H^R 和 S^R。由 (6.68) 式、(3.61) 式、(6.70) 式、(3.62) 式和 (6.71) 式可得計算 H^R/RT_c 的函數，命名為 HRB(T_r, P_r, OMEGA)：[7]

$$\frac{H^R}{RT_c} = \text{HRB}\,(T_r, P_r, \text{OMEGA})$$

因此，H^R 的數值可表示為：

$$RT_c \times \text{HRB}\,(T_r, P_r, \text{OMEGA})$$

7 線上學習中心提供用於估算這些函數的樣本程式和電子表格，網址為 http://highered.mheducation.com:80/sites/1259696529。

同理，由 (6.69) 式到 (6.71) 式可得計算 S^R/R 的函數，命名為 SRB(T_r, P_r, OMEGA)：

$$\frac{S^R}{R} = \text{SRB}\ (T_r, P_r, \text{OMEGA})$$

因此，S^R 的數值可表示為：

$$R \times \text{SRB}\ (T_r, P_r, \text{OMEGA})$$

(6.72) 式到 (6.75) 式右邊的項，必須考慮從系統的初始狀態到最終狀態的計算路徑。因此，在圖 6.3 中，從狀態 1 到狀態 2 的實際路徑 (虛線)，可由三個步驟的計算路徑所取代：

- **步驟** $1 \rightarrow 1^{ig}$：在 T_1 和 P_1 下將真實氣體轉換為理想氣體的假想程序，這個程序的焓和熵變化是：

$$H_1^{ig} - H_1 = -H_1^R \qquad\qquad S_1^{ig} - S_1 = -S_1^R$$

- **步驟** $1^{ig} \rightarrow 2^{ig}$：從 (T_1, P_1) 到 (T_2, P_2) 的理想氣體狀態的變化。對於這個程序，

$$\Delta H^{ig} = H_2^{ig} - H_1^{ig} = \int_{T_1}^{T_2} C_P^{ig}\, dT \tag{6.76}$$

$$\Delta S^{ig} = S_2^{ig} - S_1^{ig} = \int_{T_1}^{T_2} C_P^{ig} \frac{dT}{T} - R \ln \frac{P_2}{P_1} \tag{6.77}$$

▶圖 6.3　ΔH 和 ΔS 的計算路徑。

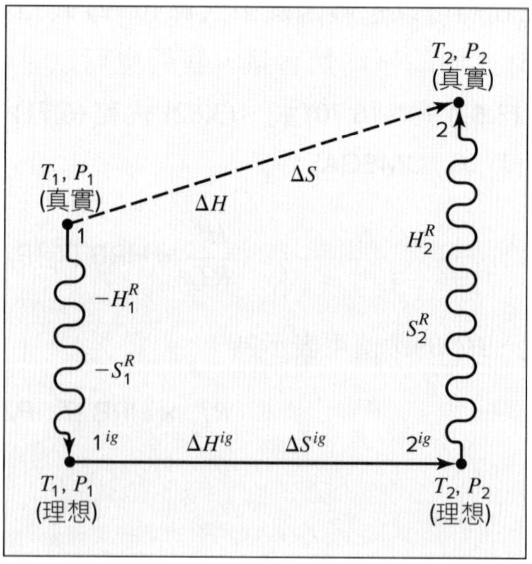

• **步驟** $2^{ig} \rightarrow 2$：另一個假想程序，將理想氣體轉換回 T_2 和 P_2 的真實氣體。

$$H_2 - H_2^{ig} = H_2^R \qquad\qquad S_2 - S_2^{ig} = S_2^R$$

(6.72) 式和 (6.73) 式是由三個步驟的焓與熵變化的相加產生。

例 6.4

超臨界二氧化碳越來越常作為清潔應用的環保溶劑，從乾洗衣物到脫脂機器配件再到光阻剝離。二氧化碳的一個關鍵優勢是，它易於分離來自「污垢」和洗滌劑。當它的溫度與壓力分別降至臨界溫度和蒸汽壓以下時，它會蒸發，留下溶解的物質。對於從 70°C 和 150 bar 到 20°C 和 15 bar 的二氧化碳狀態的變化，估算其莫耳焓和熵的變化。

解

我們遵循圖 6.3 的三步驟計算路徑：步驟 1 在相同條件下，將 70°C 和 150 bar 的實際流體轉換為理想氣體狀態；步驟 2 將理想氣體狀態的條件從 T 和 P 的初始狀態改變為最終狀態；步驟 3 將流體從其理想氣體狀態轉換為 20°C 和 15 bar 的真實氣體最終狀態。

計算步驟 1 和步驟 3 的變化所需的剩餘性質的值取決於初始狀態與最終狀態的對比條件。由附錄 B 的表 B.1 的臨界性質：

$$T_{r_1} = 1.128 \qquad P_{r_1} = 2.032 \quad T_{r_2} = 0.964 \quad P_{r_2} = 0.203$$

圖 3.10 的檢查表明 Lee/Kesler 表是初始狀態所必須的，而第二維里係數關聯式應該適合於最終狀態。

因此，對於步驟 1，Lee/Kesler 表的表 D.7、表 D.8、表 D.11 和表 D.12 中的內插值提供以下值：

$$\frac{(H^R)^0}{RT_c} = -2.709, \quad \frac{(H^R)^1}{RT_c} = -0.921, \quad \frac{(S^R)^0}{R} = -1.846, \quad \frac{(S^R)^1}{R} = -0.938$$

因此：

$$\begin{aligned}\Delta H_1 &= -H^R(343.15\text{ K, } 150\text{ bar})\\ &= -(8.314)(304.2)[-2.709 + (0.224)(-0.921)] = 7372\text{ J·mol}^{-1}\\ \Delta S_1 &= -S^R(343.15\text{ K, } 150\text{ bar})\\ &= -(8.314)[-1.846 + (0.224)(-0.938)] = 17.09\text{ J·mol}^{-1}\text{·K}^{-1}\end{aligned}$$

對於步驟 2，經由常用的熱容量積分計算焓和熵變化，其中多項式係數來自表 C.1，還必須包括由壓力變化引起的理想氣體狀態熵變化。

$$\Delta H_2 = 8.314 \times \text{ICPH}(343.15, 293.15; 5.547, 1.045 \times 10^{-3}, 0.0, -1.157 \times 10^5)$$
$$= -1978 \text{ J·mol}^{-1}$$
$$\Delta S_2 = 8.314 \times \text{ICPS}(343.15, 293.15; 5.547, 1.045 \times 10^{-3}, 0.0, -1.157 \times 10^5)$$
$$-(8.314) \ln (15/150)$$
$$= -6.067 + 19.144 = 13.08 \text{ J·mol}^{-1}\text{·K}^{-1}$$

最後，對於步驟 3，

$$\Delta H_3 = H^R(293.15 \text{ K, 15 bar})$$
$$= 8.314 \times 304.2 \times \text{HRB}(0.964, 0.203, 0.224) = -660 \text{ J·mol}^{-1}$$
$$\Delta S_3 = S^R(293.15 \text{ K, 15 bar})$$
$$= 8.314 \times \text{SRB}(0.964, 0.203, 0.224) = -1.59 \text{ J·mol}^{-1}\text{·K}^{-1}$$

三個步驟的總和產生總變化，$\Delta H = 4734$ J·mol^{-1} 和 $\Delta S = 28.6$ J·mol^{-1}·K^{-1}。因為對比壓力很高，而超臨界流體遠離其理想氣體狀態，所以最大的貢獻來自初始狀態的剩餘性質。儘管溫度顯著降低，但焓在整個程序中實際上增加了。

為了比較，經由 NIST Chemistry WebBook，NIST 流體性質資料庫中給出的性質是：

$$H_1 = 16{,}776 \text{ J·mol}^{-1} \qquad S_1 = 67.66 \text{ J·mol}^{-1}\text{·K}^{-1}$$
$$H_2 = 21{,}437 \text{ J·mol}^{-1} \qquad S_1 = 95.86 \text{ J·mol}^{-1}\text{·K}^{-1}$$

從這些值來看，結果是準確的，總變化是 $\Delta H = 4661$ J·mol^{-1} 和 $\Delta S = 28.2$ J·mol 1·K^{-1}。即使剩餘性質的變化占總數的大部分，但是從廣義關聯式的預測與 NIST 數據一致，在 2% 以內。

延伸到氣體混合物

雖然沒有將廣義關聯式延伸到混合物的基本依據，但通常可以藉由簡單的線性混合規則，獲得合理且有用的混合近似結果，根據下列定義，可得到**虛擬臨界參數** (pseudocritical parameter)：

$\omega \equiv \sum_i y_i \omega_i$ (6.78)	$T_{pc} \equiv \sum_i y_i T_{c_i}$ (6.79)	$P_{pc} \equiv \sum_i y_i P_{c_i}$ (6.80)

如此獲得的值是混合物的 ω 值和虛擬臨界溫度與壓力 T_{pc} 和 P_{pc}，它們取代 T_c 和 P_c 以定義**虛擬對比參數** (pseudoreduced parameters)：

$T_{pr} = \dfrac{T}{T_{pc}}$ (6.81)	$P_{pr} = \dfrac{P}{P_{pc}}$ (6.82)

這些值取代附錄 D 表中的 T_r 和 P_r，而由 (3.57) 式求出 Z，由 (6.66) 式求出 H^R/RT_{pc}，以及由 (6.67) 式求出 S^R/R。

例 6.5

利用 Lee/Kesler 關聯式，估算在 450 K 和 140 bar 下，二氧化碳 (1) 和丙烷 (2) 的等莫耳混合物的 V、H^R 及 S^R。

解

利用 (6.78) 式到 (6.80) 式求出虛擬臨界參數，其中臨界常數來自附錄 B 的表 B.1：

$$\omega = y_1\omega_1 + y_2\omega_2 = (0.5)(0.224) + (0.5)(0.152) = 0.188$$
$$T_{pc} = y_1 T_{c_1} + y_2 T_{c_2} = (0.5)(304.2) + (0.5)(369.8) = 337.0 \text{ K}$$
$$P_{pc} = y_1 P_{c_1} + y_2 P_{c_2} = (0.5)(73.83) + (0.5)(42.48) = 58.15 \text{ bar}$$

因此，

$$T_{pr} = \frac{450}{337.0} = 1.335 \quad P_{pr} = \frac{140}{58.15} = 2.41$$

在這些對比條件下，由表 D.3 和表 D.4 查出 Z^0 與 Z^1 的值為：

$$Z^0 = 0.697 \quad 和 \quad Z^1 = 0.205$$

由 (3.57) 式，

$$Z = Z^0 + \omega Z^1 = 0.697 + (0.188)(0.205) = 0.736$$

因此，

$$V = \frac{ZRT}{P} = \frac{(0.736)(83.14)(450)}{140} = 196.7 \text{ cm}^3\text{·mol}^{-1}$$

同理，從表 D.7 和表 D.8 查出數值，代入 (6.66) 式：

$$\left(\frac{H^R}{RT_{pc}}\right)^0 = -1.730 \quad \left(\frac{H^R}{RT_{pc}}\right)^1 = -0.169$$
$$\frac{H^R}{RT_{pc}} = -1.730 + (0.188)(-0.169) = -1.762$$

因此，

$$H^R = (8.314)(337.0)(-1.762) = -4937 \text{ J·mol}^{-1}$$

從表 D.11 和表 D.12 查出數值，代入 (6.67) 式，

$$\frac{S^R}{R} = -0.967 + (0.188)(-0.330) = -1.029$$

因此

$$S^R = (8.314)(-1.029) = -8.56 \text{ J·mol}^{-1}\text{·K}^{-1}$$

6.5 兩相系統

圖 3.1 的 PT 圖上顯示的曲線代表純物質的相界，在恆溫恆壓下，每當跨越這些曲線之一時，就會發生相變化，結果莫耳熱力學性質或比熱力學性質會突然變化。因此，在相同 T 和 P 下，飽和液體與飽和蒸汽的莫耳體積或比體積有很大的差異。對於內能、焓和熵也是如此。莫耳吉布斯能量或比吉布斯能量是例外，對於純物質而言，其在如熔化、汽化或昇華的相變期間，吉布斯能量不會發生變化。

考慮與其蒸汽平衡的純液體，並存在於活塞 / 圓筒裝置中，液體在溫度 T 和相應的蒸汽壓 P^{sat} 下經歷微量蒸發。將 (6.7) 式應用於此程序可得 $d(nG) = 0$。因為莫耳數 n 是常數，所以 $dG = 0$，也就是蒸汽的莫耳 (或比) 吉布斯能量與液體的相同。廣義而言，當純物種的 α 和 β 兩相達到平衡共存時，

$$G^\alpha = G^\beta \tag{6.83}$$

其中 G^α 和 G^β 是各相的莫耳或比吉布斯能量。

如 (4.12) 式所示的 Clapeyron 方程式，遵循這種相等性。若兩相系統的溫度發生變化，且若兩相繼續在平衡狀態下共存，則壓力也必須根據蒸汽壓和溫度之間的關係而變化。因為 (6.83) 式適用於整個變化，所以

$$dG^\alpha = dG^\beta$$

將 (6.11) 式代入 dG^α 和 dG^β，得到：

$$V^\alpha\,dP^{\text{sat}} - S^\alpha\,dT = V^\beta\,dP^{\text{sat}} - S^\beta\,dT$$

重新整理變成：

$$\frac{dP^{\text{sat}}}{dT} = \frac{S^\beta - S^\alpha}{V^\beta - V^\alpha} = \frac{\Delta S^{\alpha\beta}}{\Delta V^{\alpha\beta}}$$

熵變化 $\Delta S^{\alpha\beta}$ 和體積變化 $\Delta V^{\alpha\beta}$ 是當單位量的純化學物質，在平衡 T 和 P 下從 α 相轉移到 β 相時發生的變化。對於這種變化，(6.9) 式的積分產生相變化的潛熱：

$$\Delta H^{\alpha\beta} = T\Delta S^{\alpha\beta} \tag{6.84}$$

因此，$\Delta S^{\alpha\beta} = \Delta H^{\alpha\beta}/T$，代入上式，可得：

$$\frac{dP^{\text{sat}}}{dT} = \frac{\Delta H^{\alpha\beta}}{T\Delta V^{\alpha\beta}} \tag{6.85}$$

這是 Clapeyron 方程式。

對於從液體 l 到蒸汽 v 相變的特別重要情況，(6.85) 式可改寫成：

$$\frac{dP^{\text{sat}}}{dT} = \frac{\Delta H^{lv}}{T\Delta V^{lv}} \tag{6.86}$$

但是

$$\Delta V^{lv} = V^v - V^l = \frac{RT}{P^{\text{sat}}}\left(Z^v - Z^l\right) = \frac{RT}{P^{\text{sat}}}\Delta Z^{lv}$$

將最後兩個方程式結合，並重新整理，可得：

$$\frac{d\ln P^{\text{sat}}}{dT} = \frac{\Delta H^{lv}}{RT^2\,\Delta Z^{lv}} \tag{6.87}$$

或

$$\frac{d\ln P^{\text{sat}}}{d(1/T)} = -\frac{\Delta H^{lv}}{R\Delta Z^{lv}} \tag{6.88}$$

(6.86) 式到 (6.88) 式是用於純物種蒸發的 Clapeyron 方程式的等價、精確形式。

例 6.6

用於低壓蒸發的 Clapeyron 方程式通常可經由合理的近似來簡化，即氣相是理想氣體，並且與蒸汽的莫耳體積相比，液體的莫耳體積可忽略不計。這些假設如何改變 Clapeyron 方程式？

解

對於所做的假設，

$$\Delta Z^{lv} = Z^v - Z^l = \frac{P^{\text{sat}}V^v}{RT} - \frac{P^{\text{sat}}V^l}{RT} = 1 - 0 = 1$$

然後由 (6.87) 式可得：

$$\Delta H^{lv} = -R\frac{d\ln P^{\text{sat}}}{d(1/T)}$$

這個方程式稱為 Clausius/Clapeyron 方程式，它將蒸發熱直接與蒸汽壓曲線聯繫起來。具體而言，它表示 ΔH^{lv} 與 $\ln P^{\text{sat}}$ 對 $1/T$ 的曲線的斜率成正比。對於許多物質，這些實驗數據圖產生許多非常接近直線的線。在這種情況下，Clausius/Clapeyron 方程式意味著 ΔH^{lv} 是常數，而與 T 無關。這與實驗不符；實際上，ΔH^{lv} 隨著溫度從三相點往臨界點增加時而單調減小，到臨界點時為零。Clausius/Clapeyron 方程所依據的假設僅在低壓下才近似正確。

液體蒸汽壓隨溫度的變化

Clapeyron 方程式 [(6.85) 式] 是精確的熱力學關係，提供不同相性質之間的重要聯繫。當應用於蒸發潛熱的計算時，我們必須先知道蒸汽壓與溫度的關係。由於熱力學不會對一般物質或特定物種賦予任何物質行為模型，因此這些關係式都是經驗式。如例 6.6 中所述，ln P^{sat} 對 $1/T$ 的圖通常產生近似直線的線：

$$\ln P^{\text{sat}} = A - \frac{B}{T} \tag{6.89}$$

其中 A 和 B 是給定物種的常數。上式給出從三相點到臨界點的整個溫度範圍內，蒸汽壓與溫度的近似關係。此外，它為合理間隔的 T 值之間的內插提供良好的基礎。

對於一般用途，更令人滿意的是 Antoine 方程式：

$$\ln P^{\text{sat}} = A - \frac{B}{T + C} \tag{6.90}$$

這個方程式的主要優點是，常數 A、B 和 C 的值對於大量物種而言是容易獲得的。[8] 每組常數在指定的溫度範圍內有效，不可在這些範圍之外使用。Antoine 方程式有時會以 10 為底的對數寫出，常數 A、B 和 C 的數值取決於 T 與 P 所選擇的單位。因此，使用時必須小心謹慎來自不同來源的係數，以確保方程式和單位的形式清晰一致。所選物質的 Antoine 常數值參見附錄 B 的表 B.2。

若要在較廣的溫度範圍內精確地表示蒸汽壓的數據，則需要更複雜的方程式。Wagner 方程式是最好的方程式之一；它將對比蒸汽壓表示為對比溫度的函數：

$$\ln P_r^{\text{sat}} = \frac{A\tau + B\tau^{1.5} + C\tau^3 + D\tau^6}{1 - \tau} \tag{6.91}$$

其中

$$\tau \equiv 1 - T_r$$

A、B、C 和 D 是常數。對於許多物種，Prausnitz、Poling 和 O'Connell [9] 給出這個方程式或 Antoine 方程式的常數值。

8 S. Ohe, *Computer Aided Data Book of Vapor Pressure*, Data Book Publishing Co., Tokyo, 1976; T. Boublik, V. Fried, and E. Hala, *The Vapor Pressures of Pure Substances*, Elsevier, Amsterdam, 1984; NIST Chemistry Webbook, http://webbook.nist.gov.

9 J. M. Prausnitz, B. E. Poling, and J. P. O'Connell, *The Properties of Gases and Liquids*, 5th ed., App. A, McGraw-Hill, 2001.

蒸汽壓的對應狀態關聯式

許多對應狀態的關聯式可用於非極性、非結合液體的蒸汽壓，其中最簡單的是 Lee 和 Kesler。[10] 這是一種 Pitzer 關聯式，其形式如下：

$$\ln P_r^{sat}(T_r) = \ln\ P_r^0(T_r) + \omega\ \ln\ P_r^1(T_r) \tag{6.92}$$

其中

$$\ln P_r^0(T_r) = 5.92714 - \frac{6.09648}{T_r} - 1.28862 \ln T_r + 0.169347\, T_r^6 \tag{6.93}$$

$$\ln P_r^1(T_r) = 15.2518 - \frac{15.6875}{T_r} - 13.4721\ \ln\ T_r + 0.43577\, T_r^6 \tag{6.94}$$

Lee 和 Kesler 建議利用正常沸點，從關聯式中找到用於 (6.92) 式的 ω 值。換句話說，特定物質的 ω 由求解 ω 的 (6.92) 式確定：

$$\omega = \frac{\ln\ P_{r_n}^{sat} - \ln\ P_r^0(T_{r_n})}{\ln\ P_r^1(T_{r_n})} \tag{6.95}$$

其中 T_{r_n} 是對應於 1 標準大氣壓 (1.01325 bar) 的對比正常沸點溫度，而 $P_{r_n}^{sat}$ 是對比蒸汽壓。

例 6.7

計算液體正己烷在 0°C、30°C、60°C 和 90°C 的蒸氣壓 (kPa)：(a) 使用附錄 B.2 中的常數；(b) 使用 Lee/Kesler 關聯式 P_r^{sat}。

解

(a) 使用附錄 B.2 中的常數，正己烷的 Antoine 方程式為：

$$\ln P^{sat}/\text{kPa} = 13.8193 - \frac{2696.04}{t/°\text{C} + 224.317}$$

將溫度代入上式，產生下表中「Antoine」標題下的 P^{sat} 值。計算結果與實驗值一致。

(b) 我們首先從 Lee/Kesler 關聯式求得 ω。在正己烷的正常沸點下 (表 B.1)，

$$T_{r_n} = \frac{341.9}{507.6} = 0.6736 \qquad 且 \qquad P_{r_n}^{sat} = \frac{1.01325}{30.25} = 0.03350$$

10 B. I. Lee and M. G. Kesler, *AIChE J.*, vol. 21, pp. 510–527, 1975.

然後代入 (6.95) 式，得到使用 Lee/Kesler 關聯式的 ω 值：$\omega = 0.298$。使用此值，關聯式將產生表中顯示的 P^{sat} 值。與 Antoine 值的平均差異約為 1.5%。

t °C	P^{sat} kPa (Antoine)	P^{sat} kPa (Lee/Kesler)	t °C	P^{sat} kPa (Antoine)	P^{sat} kPa (Lee/Kesler)
0	6.052	5.835	30	24.98	24.49
60	76.46	76.12	90	189.0	190.0

例 6.8

如果在 0°C 飽和液體的 H 與 S 設定為零，則在 200°C 和 70 bar 下估算 1-丁烯蒸汽的 V、U、H 及 S。假設唯一可用的數據是：

$$T_c = 420.0 \text{ K} \quad P_c = 40.43 \text{ bar} \quad \omega = 0.191$$

$$T_n = 266.9 \text{ K} \quad (\text{正常沸點})$$

$$C_P^{ig}/R = 1.967 + 31.630 \times 10^{-3}\, T - 9.837 \times 10^{-6}\, T^2 \quad (T \text{ K})$$

解

在 200°C 和 70 bar 下的 1-丁烯蒸汽的體積可直接由方程式 $V = ZRT/P$ 計算，其中 Z 由 (3.53) 式求得，Z^0 和 Z^1 的值由表 D.3 與表 D.4 內插求出。對於對比條件，

$$T_r = \frac{200 + 273.15}{420.00} = 1.127 \qquad P_r = \frac{70}{40.43} = 1.731$$

壓縮係數和莫耳體積是：

$$Z = Z^0 + \omega Z^1 = 0.485 + (0.191)(0.142) = 0.512$$

$$V = \frac{ZRT}{P} = \frac{(0.512)(83.14)(473.15)}{70} = 287.8 \text{ cm}^3\text{·mol}^{-1}$$

對於 H 和 S，我們使用類似於圖 6.3 的計算路徑，從 0°C 的飽和液體 1-丁烯的初始狀態，其中 H 和 S 為零，到達最終狀態。在這種情況下，需要初始蒸發步驟，導致圖 6.4 所示的四步驟路徑。步驟是：

(a) 在 T_1 和 $P_1 = P^{sat}$ 的蒸發。

(b) 在 (T_1, P_1) 轉換為理想氣體狀態。

(c) 在理想氣體狀態下變為 (T_2, P_2)。

(d) 在 (T_2, P_2) 轉換到實際最終狀態。

- **步驟 (a)**：在 0°C 下蒸發飽和液體 1-丁烯。因為蒸汽壓未知，所以必須估算蒸汽壓。一種方法是基於以下方程式：

$$\ln P^{sat} = A - \frac{B}{T}$$

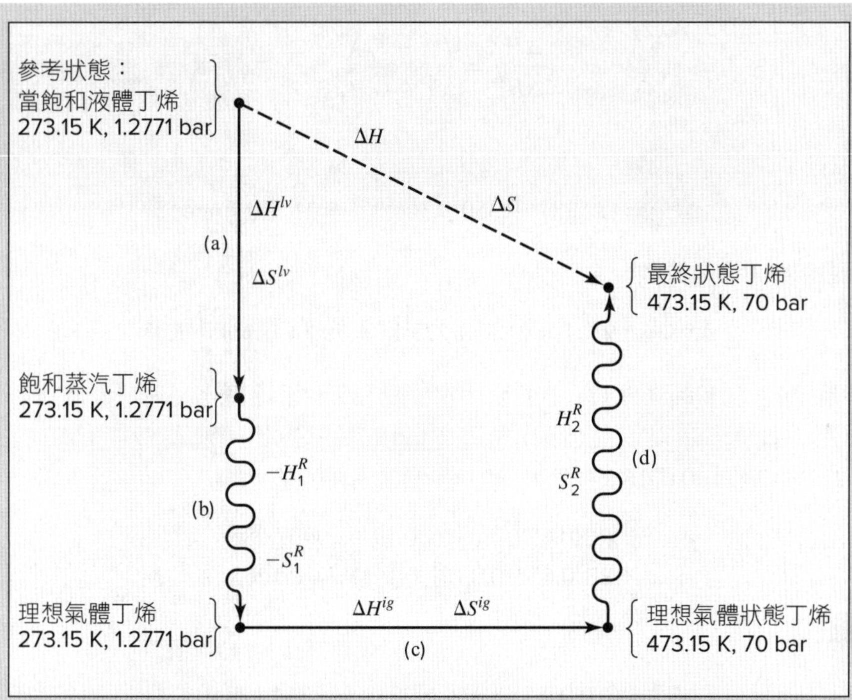

▶圖 6.4 例 6.8 的計算路徑。

蒸汽壓曲線包含在正常沸點 266.9 K 時的 $P^{sat} = 1.0133$ bar，臨界點 420.0 K 的 $P^{sat} = 40.43$ bar，對於這兩點，

$$\ln 1.0133 = A - \frac{B}{266.9} \qquad \ln 40.43 = A - \frac{B}{420.0}$$

求解得到：

$$A = 10.1260 \quad B = 2699.11$$

因此在 0°C (273.15 K) 時，$P^{sat} = 1.2771$ bar，此值會在步驟 (b) 和步驟 (c) 中使用。我們還需要蒸發潛熱，(4.13) 式可估算在正常沸點下的蒸發潛熱，其中 $T_{r_n} = 266.9/420.0 = 0.636$：

$$\frac{\Delta H_n^{lv}}{RT_n} = \frac{1.092\,(\ln P_c - 1.013)}{0.930 - T_{r_n}} = \frac{1.092\,(\ln 40.43 - 1.013)}{0.930 - 0.636} = 9.979$$

因此

$$\Delta H_n^{lv} = (9.979)(8.314)(266.9) = 22{,}137 \text{ J·mol}^{-1}$$

$T_r = 273.15/420.0 = 0.650$ 時的潛熱，可由 (4.14) 式求出：

$$\frac{\Delta H^{lv}}{\Delta H^{lv}_n} = \left(\frac{1 - T_r}{1 - T_{r_n}}\right)^{0.38}$$

或

$$\Delta H^{lv} = (22{,}137)(0.350/0.364)^{0.38} = 21{,}810 \text{ J·mol}^{-1}$$

而且，由 (6.84) 式，

$$\Delta S^{lv} = \Delta H^{lv}/T = 21{,}810/273.15 = 79.84 \text{ J·mol}^{-1}\text{·K}^{-1}$$

- **步驟 (b)：** 在初始條件 (T_1, P_1) 下，將飽和蒸汽 1-丁烯轉化為理想氣體狀態。因為壓力較低，所以可由 (6.68) 式和 (6.69) 式估算對比情況為 $T_r = 0.650$ 與 $P_r = 1.2771/40.43 = 0.0316$ 的 H_1^R 和 S_1^R 值。計算程序可表示為：

$$\text{HRB}(0.650, 0.0316, 0.191) = -0.0985$$
$$\text{SRB}(0.650, 0.0316, 0.191) = -0.1063$$

因此

$$H_1^R = (-0.0985)(8.314)(420.0) = -344 \text{ J·mol}^{-1}$$
$$S_1^R = (-0.1063)(8.314) = -0.88 \text{ J·mol}^{-1}\text{·K}^{-1}$$

如圖 6.4 所示，此步驟的性質變化為 $-H_1^R$ 和 $-S_1^R$，因為變化是從真實氣體狀態到理想氣體狀態。

- **步驟 (c)：** 理想氣體狀態從 (273.15 K, 1.2771 bar) 變化到 (473.15 K, 70 bar)。在此步驟中，ΔH^{ig} 與 ΔS^{ig} 可由 (6.76) 式和 (6.77) 式求出，其中 (第 4.1 節和第 5.5 節)：

$$8.314 \times \text{ICPH}(273.15, 473.15; 1.967, 31.630 \times 10^{-3}, -9.837 \times 10^{-6}, 0.0) = 20{,}564 \text{ J·mol}^{-1}$$
$$8.314 \times \text{ICPS}(273.15, 473.15; 1.967, 31.630 \times 10^{-3}, -9.837 \times 10^{-6}, 0.0) = 55.474 \text{ J·mol}^{-1}\text{·K}^{-1}$$

因此，可由 (6.76) 式和 (6.77) 式求得：

$$\Delta H^{ig} = 20{,}564 \text{ J·mol}^{-1}$$
$$\Delta S^{ig} = 55.474 - 8.314 \ln\frac{70}{1.2771} = 22.18 \text{ J·mol}^{-1}\text{·K}^{-1}$$

- **步驟 (d)：** 在 T_2 和 P_2 將 1-丁烯從理想氣體狀態轉換為真實氣體狀態。最終對比狀態為：

$$T_r = 1.127 \quad P_r = 1.731$$

在此步驟的較高壓力下，由 (6.66) 式和 (6.67) 式及 Lee/Kesler 關聯式可求得 H_2^R 和 S_2^R。由表 D.7、表 D.8、表 D.11 和表 D.12 中使用內插值，可得：

$$\frac{H_2^R}{RT_c} = -2.294 + (0.191)(-0.713) = -2.430$$

$$\frac{S_2^R}{R} = -1.566 + (0.191)(-0.726) = -1.705$$

$$H_2^R = (-2.430)(8.314)(420.0) = -8485 \text{ J}\cdot\text{mol}^{-1}$$

$$S_2^R = (-1.705)(8.314) = -14.18 \text{ J}\cdot\text{mol}^{-1}\cdot\text{K}^{-1}$$

四個步驟的焓與熵變化的總和給出從初始參考狀態 (其中 H 和 S 設定為零) 到最終狀態的程序的總變化：

$$H = \Delta H = 21{,}810 - (-344) + 20{,}564 - 8485 = 34{,}233 \text{ J}\cdot\text{mol}^{-1}$$

$$S = \Delta S = 79.84 - (-0.88) + 22.18 - 14.18 = 88.72 \text{ J}\cdot\text{mol}^{-1}\cdot\text{K}^{-1}$$

內能為：

$$U = H - PV = 34{,}233 - \frac{(70)(287.8) \text{ bar}\cdot\text{cm}^3\cdot\text{mol}^{-1}}{10 \text{ bar}\cdot\text{cm}^3\cdot\text{J}^{-1}} = 32{,}218 \text{ J}\cdot\text{mol}^{-1}$$

最終狀態下的剩餘性質對最終值有重要貢獻。

液 / 汽兩相系統

當系統由飽和液相與飽和汽相共存於平衡時，兩相系統的任何外延性質的總值是各相總性質的總和。以體積為例，這種關係是：

$$nV = n^l V^l + n^v V^v$$

其中 V 是含有總莫耳數 $n = n^l + n^v$ 的系統的莫耳體積。上式除以 n 得到：

$$V = x^l V^l + x^v V^v$$

其中 x^l 和 x^v 代表整個系統的液體與汽體的莫耳分率。因為 $x^l = 1 - x^v$，所以

$$V = (1 - x^v)V^l + x^v V^v$$

在這個方程式中，性質 V、V^l 和 V^v 可以是莫耳值或單位質量值。系統中汽體的質量或莫耳分率 x^v 通常稱為**乾度** (quality)，特別是當所討論的流體是水時。對於其他外延熱力學性質也可以寫出類似的方程式。所有這些關係都可由下列通式表示：

$$M = (1 - x^v)M^l + x^v M^v \tag{6.96a}$$

其中 M 代表 V、U、H、S 等。另一種形式有時是有用的：

$$M = M^l + x^v \Delta M^{lv} \tag{6.96b}$$

6.6 熱力學圖

熱力學圖是顯示特定物質的一組性質的圖，如 T、P、V、H 和 S。最常見的圖是：TS、PH (通常為 ln P 對 H) 和 HS (稱為 Mollier 圖)。名稱是指為坐標選擇的變數。其他熱力學圖也可以畫出，但很少使用。

圖 6.5 到圖 6.7 顯示這些圖的一般特徵。雖然是基於水的數據，但它們的一般特徵對於所有物質都是相似的。由圖 3.1 的 PT 圖的線表示的兩相狀態位於這些圖中的區域，並且圖 3.1 的三相點變為線。液體 / 汽體區域中的恆定乾度線直接提供兩相特性值。臨界點以字母 C 標識，穿過它的實曲線表示飽和液體 (C 的左側) 與飽和蒸汽 (C 的右側) 的狀態。Mollier 圖 (圖 6.7) 通常不包括體積數據。在蒸汽或氣體區域，出現恆溫和等過熱線。過熱是表示在相同壓力下實際溫度與飽和溫度之間的差。本書的熱力學圖是附錄 F 中的甲烷和四氟乙烷的 PH 圖，以及蒸汽的 Mollier 圖。

在特定的熱力學圖上，可以簡易地繪出某些程序路徑。例如，蒸汽發電廠的鍋爐以低於其沸點的液態水作為進料，並且以過熱蒸汽作為生成物。因此，水在恆壓 P 下加熱至其飽和溫度 (圖 6.5 和圖 6.6 中的 1-2 線)，在恆定的 T 和 P

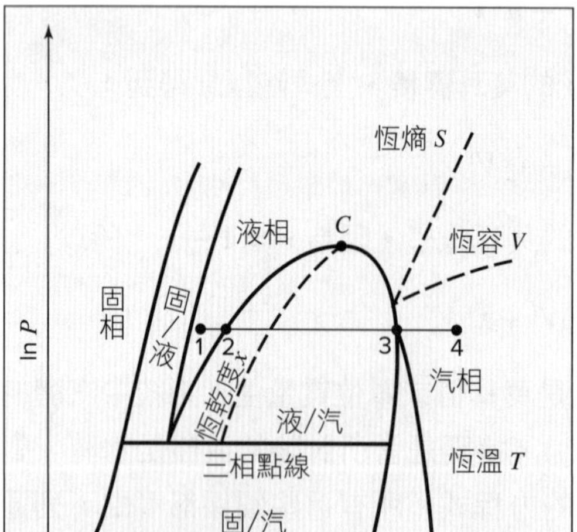

▶圖 6.5 PH 圖。

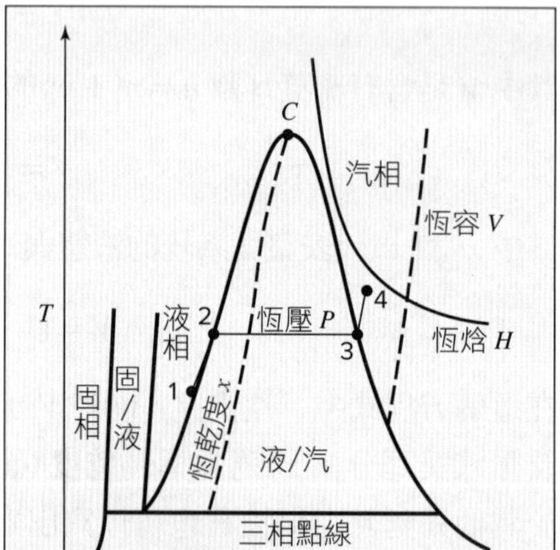

▶圖 6.6 TS 圖。

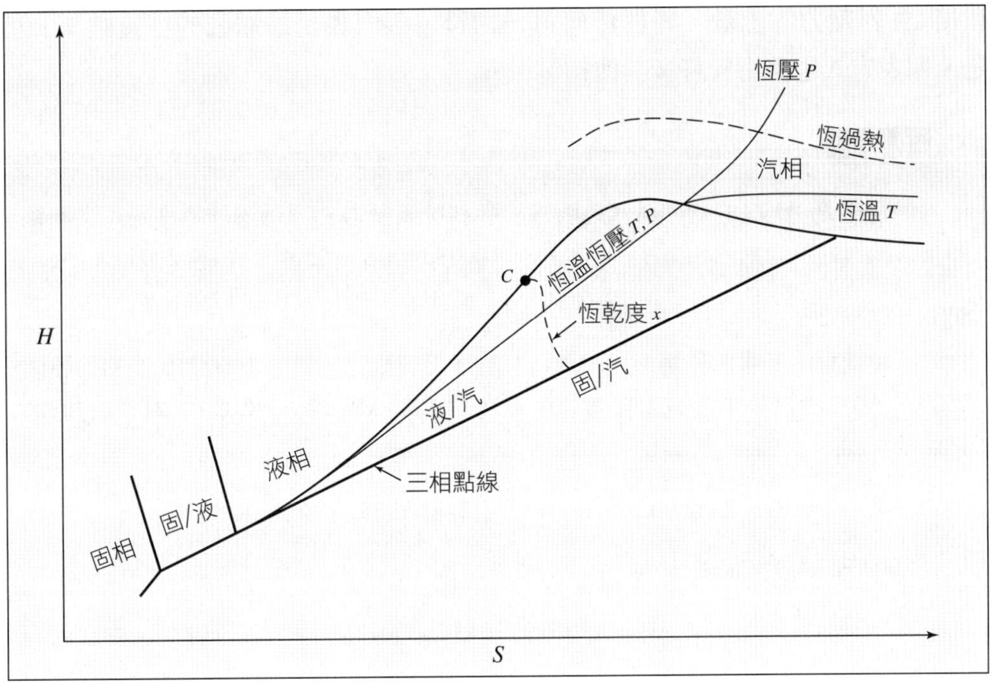

▶圖 6.7 Mollier 圖。

(線 2-3) 蒸發，並在恆定的 *P* (線 3-4) 過熱。在 *PH* 圖上 (圖 6.5)，整個程序由對應於鍋爐壓力的水平線表示。相同的程序顯示在圖 6.6 的 *TS* 圖上。對於遠低於 T_c 的溫度，液體的可壓縮性很小，並且液相性質隨壓力變化非常緩慢。因此，該圖中液體區域的恆壓 *P* 線非常靠近，並且 1-2 線幾乎與飽和液體曲線重合。可逆絕熱渦輪機或壓縮機中的流體的等熵路徑在 *TS* 和 *HS* (Mollier) 圖上由從初始壓力到最終壓力的垂直線表示。

6.7 熱力學性質表

在許多情況下，熱力學性質是以列表的方式表示。這具有以下優點：可以比熱力學圖更精確地呈現數據，但是導入對插值的需求。附錄 E 中列出飽和蒸汽從正常凝固點到臨界點，以及在相當大的壓力範圍內過熱蒸汽的熱力學表。由於數據間隔很近，所以可使用線性內插法。[11] 第一個表顯示飽和液體與飽和蒸汽在均勻溫度增量下的平衡性質。對於三相點處的飽和液態，焓和熵是任意指定的零值。第二個表是針對氣體區域，並且在給定壓力下，在高於飽和溫度的溫度下列出過熱蒸汽的性質。也列出在各種溫度下體積 (*V*)、內能 (*U*)、焓 (*H*)

11 線性內插的程序顯示在附錄 E 的開頭。

和熵 (S) 對壓力的函數。對於任何單一物質，蒸汽表是最徹底的性質彙集。但是，列表方式也適用於許多其他物質。[12]

例 6.9

最初在 P_1 和 T_1 的過熱蒸汽經噴嘴膨脹到排氣壓力 P_2。假設該程序是可逆和絕熱，求蒸汽的下游狀態和 ΔH，其中 $P_1 = 1000$ kPa，$t_1 = 250°C$，$P_2 = 200$ kPa。

解

因為此程序是可逆和絕熱，所以蒸汽的熵沒有變化。對於 1000 kPa 的初始溫度 250°C，過熱蒸汽表中沒有直接數據。但可由 1000 kPa 時，240°C 和 260°C 的值內插求得：

$$H_1 = 2942.9 \text{ kJ·kg}^{-1} \qquad S_1 = 6.9252 \text{ kJ·kg}^{-1}\text{·K}^{-1}$$

對於 200 kPa 的最終狀態，

$$S_2 = S_1 = 6.9252 \text{ kJ·kg}^{-1}\text{·K}^{-1}$$

因為 200 Pa 的飽和蒸汽的熵大於 S_2，所以最終狀態必須位於液 / 汽兩相區。因此，t_2 是 200 kPa 的飽和溫度，在過熱表中查出 $t_2 = 120.23°C$。應用於熵，(6.96a) 式變為：

$$S_2 = (1 - x_2^v)S_2^l + x_2^v S_2^v$$

因此，

$$6.9252 = 1.5301(1 - x_2^v) + 7.1268x_2^v$$

其中 1.5301 和 7.1268 分別是 200 kPa 時飽和液體與飽和蒸汽的熵。求解上式，可得：

$$x_2^v = 0.9640$$

混合物為 96.40% 蒸汽和 3.60% 液體。進一步應用 (6.96a) 式獲得其焓：

$$H_2 = (0.0360)(504.7) + (0.9640)(2706.3) = 2627.0 \text{ kJ·kg}^{-1}$$

最後，

12 R. H. Perry and D. Green, *Perry's Chemical Engineers' Handbook*, 8th ed., Sec. 2, McGraw-Hill, New York, 2008 提供了許多常見化學物質的數據。亦可參見 N. B. Vargaftik, *Handbook of Physical Properties of Liquids and Gases*, 2d ed., Hemisphere Publishing Corp., Washington, DC, 1975。冷凍劑的數據參見 *ASHRAE Handbook: Fundamentals*, American Society of Heating, Refrigerating, and Air-Conditioning Engineers, Inc., Atlanta, 2005。NIST 參考數據庫的電子版可利用 REFPROP, ver 9.1 獲得，它涵蓋了 121 種純流體、5 種虛擬純流體，以及 20 種成分的混合物。NIST Chemistry WebBook 提供許多常見氣體、製冷劑和輕烴的數據，網址為 http://webbook.nist.gov/chemistry/。

$$\Delta H = H_2 - H_1 = 2627.0 - 2942.9 = -315.9 \text{ kJ}\cdot\text{kg}^{-1}$$

對於噴嘴，在所述假設下，穩定流動能量平衡 [(2.31) 式] 變為

$$\Delta H + \frac{1}{2}\Delta u^2 = 0$$

因此，流體動能的增加精確地補償焓的減少。換句話說，流體的速度隨著流過噴嘴而增加，這是噴嘴的功能。在第 7.1 節將進一步討論噴嘴。

例 6.10

一個 1.5 m^3 的儲槽含有與純水蒸汽平衡的 500 kg 液態水，純水蒸汽充滿儲槽的其餘部分。溫度與壓力分別為 100°C 和 101.33 kPa。從溫度為 70°C 而壓力稍高於 101.33 kPa 的管線，將 750 kg 液體注入儲槽中。若儲槽中的溫度和壓力不會因程序而改變，則必須將多少熱能傳遞到儲槽中？

解

選擇儲槽作為控制體積。因為沒有作功，且動能和位能的變化可以忽略不計。因此 (2.28) 式可寫成：

$$\frac{d(mU)_{\text{tank}}}{dt} - H'\dot{m}' = \dot{Q}$$

其中上標 ′ 表示入口股流的狀態。質量平衡 $\dot{m}' = dm_{\text{tank}}/dt$，與能量平衡相結合產生：

$$\frac{d(mU)_{\text{tank}}}{dt} - H'\frac{dm_{\text{tank}}}{dt} = \dot{Q}$$

上式乘以 dt 且對時間積分 (H' 常數) 得到：

$$Q = \Delta(mU)_{\text{tank}} - H'\,\Delta m_{\text{tank}}$$

焓的定義可以應用於儲槽中的全部物質：

$$\Delta(mU)_{\text{tank}} = \Delta(mH)_{\text{tank}} - \Delta(PmV)_{\text{tank}}$$

因為總儲槽體積 mV 和 P 是恆定的，所以 $\Delta(PmV)_{\text{tank}} = 0$。然後，利用 $\Delta(mH)_{\text{tank}} = (m_2H_2)_{\text{tank}} - (m_1H_1)_{\text{tank}}$，結合前兩個方程式可得：

$$Q = (m_2H_2)_{\text{tank}} - (m_1H_1)_{\text{tank}} - H'\,\Delta m_{\text{tank}} \qquad (A)$$

其中 Δm_{tank} 是流入儲槽的 750 kg 的水，下標 1 和 2 指的是在程序開始與結束時儲槽中的狀態。在程序結束時，儲槽仍然含有在 100°C 和 101.33 kPa 下平衡的飽和液體與飽和蒸汽。因此，m_1H_1 和 m_2H_2 各自由兩項組成：一個用於液相，一個用於汽相。

數值解可利用從蒸汽表中獲得以下焓：

$$H' = 293.0\ \text{kJ}\cdot\text{kg}^{-1};\ 70°\text{C 的飽和液體}$$
$$H^l_{\text{tank}} = 419.1\ \text{kJ}\cdot\text{kg}^{-1};\ 100°\text{C 的飽和液體}$$
$$H^v_{\text{tank}} = 2676.0\ \text{kJ}\cdot\text{kg}^{-1};\ 100°\text{C 的飽和蒸汽}$$

儲槽中蒸汽的起始體積等於 1.5 m^3 減去 500 kg 液態水所占的體積。因此，

$$m^v_1 = \frac{1.5 - (500)(0.001044)}{1.673} = 0.772\ \text{kg}$$

其中 0.001044 和 1.673 $m^3\cdot kg^{-1}$ 是在 100°C 時由蒸汽表查出的飽和液體與飽和蒸汽的比容。然後，

$$(m_1 H_1)_{\text{tank}} = m^l_1 H^l_1 + m^v_1 H^v_1 = 500(419.1) + 0.722(2676.0) = 211{,}616\ \text{kJ}$$

在程序結束時，液體和蒸汽的質量可由質量平衡與儲槽體積仍為 1.5 m^3 的事實求出：

$$m_2 = 500 + 0.722 + 750 = m^v_2 + m^l_2$$
$$1.5 = 1.673\, m^v_2 + 0.001044\, m^l_2$$

解出：

$$m^l_2 = 1250.65\ \text{kg} \quad \text{且} \quad m^v_2 = 0.116\ \text{kg}$$

然後，用 $H^l_2 = H^l_1$ 且 $H^V_2 = H^V_1$,

$$(m_2 H_2)_{\text{tank}} = (1250.65)(419.1) + (0.116)(2676.0) = 524{,}458\ \text{kJ}$$

將適當的值代入 (*A*) 式可得：

$$Q = 524{,}458 - 211{,}616 - (750)(293.0) = 93{,}092\ \text{kJ}$$

在進行此處所示的嚴格分析之前，可以假設它等於從 70°C 加熱到 100°C 的 750 kg 水的焓變來合理估算熱量需求。這種方法可以提供 94,575 kJ，略高於嚴格的結果，因為它忽略冷凝水蒸汽容納添加液體的熱效應。

6.8 概要

在深入研究本章後，包括多次閱讀，並經由例題和章末習題，我們應該能夠：

- 寫出並應用內能、焓、吉布斯能量和亥姆霍茲能量的基本性質關係，以適用於任何封閉 *PVT* 系統 [(6.1) 式、(6.5) 式、(6.6) 式和 (6.7) 式] 的一般形式和適

用於 1 莫耳均質物質的形式 [(6.8) 式到 (6.11) 式]。

- 寫出馬克士威關係式 [(6.14) 式到 (6.17) 式]，並應用它們來代替涉及熵的不可測量的偏導數和可以從 *PVT* 數據求得的偏導數。
- 認識熱力學能量測量的知識，作為其規範變數的函數 [$U(S, V)$、$H(S, P)$、$A(T, V)$ 或 $G(T, P)$] 隱含地提供完整的性質資訊。
- 從 G/RT 作為 T 和 P 的函數獲得任何熱力學性質。
- 根據替代、非規範變數 [包括 $H(T, P)$、$S(T, P)$、$U(T, V)$ 和 $S(T, V)$] 寫出熱力學函數，並將這些變數應用於液體，使用等溫壓縮係數和體積膨脹率。
- 定義並應用剩餘性質和它們之間的關係 (例如，基本剩餘性質關係)。
- 利用以下方式估算剩餘性質：

  體積顯式的兩項維里狀態方程式，(6.54) 式到 (6.56) 式。

  三項壓力顯式維里狀態方程式，(6.61) 式到 (6.63) 式。

  完整的 Lee/Kesler 關聯式，(6.66) 式和 (6.67) 式及附錄 D。

  兩項維里方程式，其中係數來自 Abbott 方程式，(6.68) 式到 (6.71) 式。
- 解釋 Clapeyron 方程式的起源，並將其應用於由潛熱數據估算相變壓力隨溫度的變化，反之亦然。
- 認識吉布斯能量、溫度和壓力作為純物質相平衡的標準。
- 閱讀常見的熱力學相圖，並了解它們的程序路徑。
- 應用 Antoine 方程式和類似方程式，經由 Clapeyron 方程式求得給定溫度下的蒸汽壓和蒸發焓。
- 建構多步驟計算路徑，使我們能夠計算純物質狀態的性質變化，並利用剩餘性質、熱容量和潛熱的數據或相關性。

6.9 補充說明：在零壓力極限的剩餘性質

從 (6.46) 式、(6.48) 式和 (6.49) 式中省略的常數 J，是 G^R/RT 在 $P \to 0$ 的極限值。以下對剩餘性質的極限值處理提供背景知識。因為當 $P \to 0$ 時，氣體為理想氣體 (此時 $Z \to 1$)，我們可能會認為在此極限內所有剩餘性質都為零。這通常不正確，可由剩餘體積來說明。

在壓力趨近於零的極限下寫出 V^R，(6.41) 式變為：

$$\lim_{P \to 0} V^R = \lim_{P \to 0} V - \lim_{P \to 0} V^{ig}$$

這個方程式右邊的兩項都是無窮大，它們的差是不確定的。將 (6.40) 式取極限：

$$\lim_{P\to 0} V^R = RT \lim_{P\to 0}\left(\frac{Z-1}{P}\right) = RT \lim_{P\to 0}\left(\frac{\partial Z}{\partial p}\right)_T$$

上式中間的表達式直接來自 (6.40) 式，最右邊的表達式是應用 L'Hôpital 法則獲得的。因此，在給定的溫度 T 下，$P \to 0$ 的 V^R/RT 與 $P = 0$ 時 Z 對 P 等溫線的斜率成正比。圖 3.7 清楚地顯示這些值是有限的，通常不是零。

對於內能，$U^R \equiv U - U^{ig}$。因為 U^{ig} 僅是 T 的函數，給定 T 的 U^{ig} 對 P 的關係曲線是延伸到 $P = 0$ 的水平線。對於具有分子間力的真實氣體，等溫膨脹至 $P \to 0$ 導致 U 的有限增加，因為分子相對於分子間吸引力而移動。膨脹到 $P = 0$ $(V = \infty)$ 時，分子間吸引力將降為零，與理想氣體完全相同，因此在任何溫度下，

$$\lim_{P\to 0} U = U^{ig} \quad \text{且} \quad \lim_{P\to 0} U^R = 0$$

從焓的定義可知，

$$\lim_{P\to 0} H^R = \lim_{P\to 0} U^R + \lim_{P\to 0} (PV^R)$$

因為右邊的兩項都是零，所以對於所有溫度，$\lim_{P\to 0} H^R = 0$。

對於吉布斯能量，由 (6.37) 式，

$$d\left(\frac{G}{RT}\right) = \frac{V}{RT}dP \quad (\text{恆溫 } T)$$

對於理想氣體狀態，$V = V^{ig} = RT/P$，上式變為：

$$d\left(\frac{G^{ig}}{RT}\right) = \frac{dP}{P} \quad (\text{恆溫 } T)$$

從 $P = 0$ 積分到壓力 P 得到：

$$\frac{G^{ig}}{RT} = \left(\frac{G^{ig}}{RT}\right)_{P=0} + \int_0^P \frac{dP}{P} = \left(\frac{G^{ig}}{RT}\right)_{P=0} + \ln P + \infty \quad (\text{恆溫 } T)$$

對於 $P > 0$ 的 G^{ig}/RT 是有限值，我們必須有 $\lim_{P\to 0}(G^{ig}/RT) = -\infty$。對於 $\lim_{P\to 0}(G/RT)$，我們無法合理地預期會有不同的結果，因此得出結論：

$$\lim_{P\to 0}\frac{G^R}{RT} = \lim_{P\to 0}\frac{G}{RT} - \lim_{P\to 0}\frac{G^{ig}}{RT} = \infty - \infty$$

所以，與 V^R 一樣，G^R/RT (當然還有 G^R) 無法決定在 $P \to 0$ 的極限值。然而，在這種情況下，沒有實驗方法可求得極限值。但是，我們也沒有理由認為它是零，因此認為它像 $\lim_{P\to 0} V^R$ 一樣是有限值，而不是零。

(6.44) 式為進一步分析提供機會。將該式改寫為 $P=0$ 的極限情況：

$$\left(\frac{H^R}{RT^2}\right)_{P=0}=-\left[\frac{\partial\left(G^R/RT\right)}{\partial T}\right]_{P=0}$$

如已經證明的，$H^R(P=0)=0$，因此上式的導數是零。所以，

$$\left(\frac{G^R}{RT}\right)_{P=0}=J$$

其中 J 是積分常數，與 T 無關，證明 (6.46) 式的推導是正確的。

6.10 習題

6.1. 從 (6.9) 式開始，證明 Mollier (HS) 圖的汽體區域中的等壓線必須有正斜率和正曲率。

6.2. (a) 利用 (6.21) 式為一個正合微分式，證明：

$$(\partial C_P/\partial P)_T=-T\left(\partial^2 V/\partial T^2\right)_P$$

將這個方程式應用於理想氣體，所得的結果是什麼？

(b) 熱容量 C_V 與 C_P 分別定義為 U 和 H 的溫度導數。由於 U 和 H 的性質是相關的，因此期望熱容量也是相關的。證明 C_P 與 C_V 之間的關係是：

$$C_P=C_V+T\left(\frac{\partial P}{\partial T}\right)_V\left(\frac{\partial V}{\partial T}\right)_P$$

證明例 6.2 的 (B) 式是此關係式的另一種形式。

6.3. 若 U 可以表示為 T 和 P 的函數，則「自然」熱容量既不是 C_V，也不是 C_P，而是導數 $(\partial U/\partial T)_P$。試導出 $(\partial U/\partial T)_P$、$C_P$ 和 C_V 之間的關聯式：

$$\left(\frac{\partial U}{\partial T}\right)_P=C_P-P\left(\frac{\partial V}{\partial T}\right)_P=C_P-\beta PV$$

$$=C_V+\left[T\left(\frac{\partial P}{\partial T}\right)_V-P\right]\left(\frac{\partial V}{\partial T}\right)_P=C_V+\frac{\beta}{\kappa}(\beta T-\kappa P)V$$

對於理想氣體，如何簡化這些方程式？對於不可壓縮液體又如何？

6.4. 某種氣體的 PVT 行為可由下列狀態方程式描述：

$$P(V-b)=RT$$

其中 b 是常數。若 C_V 也是常數，證明：

(a) U 僅是 T 的函數；(b) $\gamma=$ 常數；(c) 對於機械可逆程序，$P(V-b)^\gamma=$ 常數。

6.5. 純流體可由規範狀態方程式描述：$G = \Gamma(T) + RT \ln P$，其中 $\Gamma(T)$ 是特定物質的溫度函數。導出此流體的 V、S、H、U、C_P 和 C_V 的表達式。這些結果與重要的氣相行為模式的結果一致，此模式為何？

6.6. 某純流體可由規範狀態方程式描述：$G = F(T) + KP$，其中 $F(T)$ 是特定物質的溫度函數，K 是特定物質常數。導出此流體的 V、S、H、U、C_P 和 C_V 的表達式。這些結果與重要的液相行為模式的結果一致，此模式為何？

6.7. 液態氨在 270 K，由飽和壓力 381 kPa 壓縮至 1200 kPa 時，試估算焓和熵的變化。對於飽和液態氨在 270 K，$V^l = 1.551 \times 10^{-3}\ \text{m}^3\cdot\text{kg}^{-1}$，$\beta = 2.095 \times 10^{-3}\ \text{K}^{-1}$。

6.8. 液態異丁烷經節流閥從初始狀態 360 K 和 4000 kPa 節流至最終壓力 2000 kPa，估算異丁烷的溫度變化和熵變化。液態異丁烷在 360 K 的比熱為 2.78 $\text{J}\cdot\text{g}^{-1}\cdot{}^\circ\text{C}^{-1}$。$V$ 和 β 的估計值可以從 (3.68) 式求得。

6.9. 在 25°C 和 1 bar 的活塞 / 圓筒裝置中，1 kg 的水 ($V_1 = 1003\ \text{cm}^3\cdot\text{kg}^{-1}$) 經機械可逆等溫程序壓縮至 1500 bar。在 $\beta = 250 \times 10^{-6}\ \text{K}^{-1}$ 且 $\kappa = 45 \times 10^{-6}\ \text{bar}^{-1}$ 的情況下，求 Q、W、ΔU、ΔH 和 ΔS。令人滿意的假設是，V 在其算術平均值是恆定的。

6.10. 25°C 和 1 bar 的液態水充滿剛性容器，若加熱使水溫達到 50°C，此時壓力變為多少？β 在 25°C 和 50°C 之間的平均值為 $36.2 \times 10^{-5}\ \text{K}^{-1}$。在 1 bar 和 50°C 下，$\kappa$ 的值為 $4.42 \times 10^{-5}\ \text{bar}^{-1}$，且可以假設與 P 無關。液態水在 25°C 的比容為 1.0030 $\text{cm}^3\cdot\text{g}^{-1}$。

6.11. 利用 (3.38) 式的三項維里方程式，求 G^R、H^R 和 S^R 的表達式。

6.12. 利用 (3.39) 式的凡得瓦狀態方程式，求 G^R、H^R 和 S^R 的表達式。

6.13. 利用 Dieterici 方程式，求 G^R、H^R 和 S^R 的表達式：

$$P = \frac{RT}{V-b} \exp\left(-\frac{a}{VRT}\right)$$

其中參數 a 和 b 僅是組成的函數。

6.14. 估算苯在 50°C 下蒸發的熵變化。苯的蒸汽壓可由下式得到：

$$\ln P^{\text{sat}}/\text{kPa} = 13.8858 - \frac{2788.51}{t/{}^\circ\text{C} + 220.79}$$

(a) 使用具有估計值 ΔV^{lv} 的 (6.86) 式。

(b) 使用例 6.6 的 Clausius/Clapeyron 方程式。

6.15. 令 P_1^{sat} 和 P_2^{sat} 為絕對溫度 T_1 與 T_2 下純液體的飽和蒸汽壓。證明以下內插公式可用於估算中間溫度 T 的蒸汽壓 P^{sat}：

$$\ln P^{\text{sat}} = \ln P_1^{\text{sat}} + \frac{T_2(T-T_1)}{T(T_2-T_1)} \ln \frac{P_2^{\text{sat}}}{P_1^{\text{sat}}}$$

6.16. 假設 (6.89) 式成立，導出估算離心係數的 Edmister 方程式：

$$\omega = \frac{3}{7}\left(\frac{\theta}{1-\theta}\right)\log P_c - 1$$

其中 $\theta \equiv T_n/T_c$，T_n 是正常沸點，P_c 的單位為 atm。

6.17. 極純的液態水可以在大氣壓下過冷至遠低於 0°C 的溫度。假設 1 kg 的水被冷卻至 –6°C 的液體。加入小冰晶 (質量可忽略不計) 以「種晶」過冷液體。若隨後的改變在大氣壓下以絕熱的方式發生，則系統凝結為固態冰的分率為何？最終溫度是多少？此程序的 ΔS_{total} 為何？它的不可逆特徵是什麼？水在 0°C 時的熔解潛熱為 333.4 J·g^{-1}，過冷液態水的比熱為 4.226 J·g^{-1}·°C^{-1}。

6.18. 1(lb_m) 的蒸汽從 20(psia) 的飽和蒸汽變為 50(psia) 和 1000(°F) 的過熱蒸汽，則蒸汽的焓和熵變化是多少？若蒸汽是理想氣體，則焓和熵的變化是多少？

6.19. 在 8000 kPa 平衡的液態水和水蒸汽的兩相系統由等體積的液體和蒸汽組成。若總體積 $V^t = 0.15$ m^3，則總焓 H^t 是多少，總熵 S^t 是多少？

6.20. 某容器含有 1 kg 的 H_2O，並且液體、蒸汽在 1000 kPa 時達到平衡。若蒸汽占容器體積的 70%，求 1 kg H_2O 的 H 和 S。

6.21. 某壓力容器含有在 350(°F) 下平衡的液態水和水蒸汽。液體和蒸汽的總質量為 3(lb_m)。若蒸汽體積是液體體積的 50 倍，則容器內物質的總焓是多少？

6.22. 230°C 的濕蒸汽密度為 0.025 g·cm^{-3}，求 x、H 和 S。

6.23. 體積為 0.15 m^3 的容器，含有 150°C 的飽和蒸汽，現冷卻至 30°C，求容器中液態水的最終體積和質量。

6.24. 濕蒸汽以等焓 (如在節流過程中) 膨脹，由 1100 kPa 變為 101.33 kPa，其溫度為 105°C，初始狀態下蒸汽的乾度為何？

6.25. 2100 kPa 和 260°C 的蒸汽以等焓 (如在節流過程中) 膨脹至 125 kPa。蒸汽在最終狀態的溫度和熵變化是多少？若為理想氣體，其最終溫度和熵變化是多少？

6.26. 300(psia) 和 500(°F) 的蒸汽以等焓 (如在節流程序) 膨脹至 20(psia)。蒸汽在最終狀態的溫度和熵變化是多少？若為理想氣體，其最終溫度和熵變化是多少？

6.27. 500 kPa 和 300°C 的過熱蒸汽等熵膨脹至 50 kPa。其最終的焓是多少？

6.28. 在 25°C 和 101.33 kPa 下，含有飽和水分的空氣中，水蒸汽的莫耳分率是多少？在 50°C 和 101.33 kPa 時又是多少？

6.29. 剛性容器中含有 0.014 m^3 的飽和蒸汽，在 100°C 下與 0.021 m^3 飽和液態水達到平衡。將熱量傳遞到容器中，直到一相消失，而另一相保留。所保留的相是液相或汽相？其溫度和壓力為何？在這個程序中傳遞多少熱量？

6.30. 容量為 0.25 m^3 的容器充滿 1500 kPa 的飽和蒸汽，若容器冷卻直到 25% 的蒸汽冷凝，則傳遞多少熱量，最終的壓力是多少？

6.31. 容量為 2 m^3 的容器在 101.33 kPa 下，含有 0.02 m^3 的液態水和 1.98 m^3 的水蒸汽。必須向容器內的物質加入多少熱量才能使液態水蒸發？

6.32. 體積為 0.4 m^3 的剛性容器含有 800 kPa 和 350°C 的水蒸汽。必須從蒸汽中移去多少熱量，才能使其溫度達到 200°C？

6.33. 在 800 kPa 和 200°C 下，有一活塞 / 圓筒裝置含有 1 kg 的蒸汽。

(a) 若蒸汽經歷機械可逆、等溫膨脹到 150 kPa，則它必須吸收多少熱量？

(b) 若蒸汽經歷可逆絕熱膨脹到 150 kPa，則它的最終溫度和所作的功是多少？

6.34. 將含有 6% 水分的 2000 kPa 蒸汽在恆壓下加熱至 575°C，則每公斤的蒸汽需要多少熱量？

6.35. 2700 kPa 且乾度為 0.90 的蒸汽，在非流動程序中經歷可逆絕熱膨脹至 400 kPa，然後在恆容下加熱直至其為飽和蒸汽，求此程序的 Q 和 W。

6.36. 在 400 kPa 和 175°C 的活塞 / 圓筒裝置中的 4 kg 蒸汽，經歷機械可逆等溫壓縮至最終壓力，使得蒸汽剛剛飽和，求此程序的 Q 和 W。

6.37. 蒸汽從 450°C 和 3000 kPa 的初始狀態變化到 140°C 和 235 kPa 的最終狀態，求 ΔH 和 ΔS：

(a) 利用蒸汽表數據；(b) 利用理想氣體的方程式；(c) 利用適當的廣義關聯式。

6.38. 在活塞 / 圓筒裝置中，以蒸汽作為工作流體，進行以下步驟的循環程序：

- 將 550 kPa 和 200°C 的蒸汽在恆容下加熱至 800 kPa 的壓力。
- 然後，蒸汽經可逆絕熱膨脹到 200°C 的初始溫度。
- 最後，蒸汽經機械可逆等溫壓縮至初始壓力 550 kPa。

此循環程序的熱效率是多少？

6.39. 在活塞 / 圓筒裝置中，以蒸汽作為工作流體，進行以下步驟的循環程序：

- 300(psia) 的飽和蒸汽在恆壓下加熱至 900(°F)。
- 然後，蒸汽經可逆絕熱膨脹到 417.35(°F) 的初始溫度。
- 最後，蒸汽經機械可逆等溫壓縮到初始狀態。

此循環程序的熱效率是多少？

6.40. 在 4000 kPa 和 400°C 下進入渦輪機的蒸汽進行可逆絕熱膨脹。

(a) 若出口股流是飽和蒸汽，則排放壓力為何？

(b) 若出口股流是乾度為 0.95 的濕蒸汽，則排放壓力為何？

6.41. 可逆絕熱操作的蒸汽渦輪機在 2000 kPa 吸入過熱蒸汽，並於 50 kPa 下排放。

(a) 所需的最低過熱度是多少，以使排氣不含水分？

(b) 若渦輪機在這些條件下操作，且蒸汽速率為 5 $kg{\cdot}s^{-1}$，則其輸出功率是多少？

6.42. 蒸汽渦輪機的操作測試產生以下結果。對於在 1350 kPa 和 375°C 下供應到渦輪機的蒸汽，在 10 kPa 下渦輪機的排氣是飽和蒸汽。假設絕熱操作，且忽略動能與位能的變化，求此渦輪機的效率，即由相同的初始狀況到相同的排氣壓力，渦輪機實際所作的功與在等熵操作下所作的功的比值。

6.43. 蒸汽渦輪機在絕熱下操作，蒸汽流率為 25 $kg{\cdot}s^{-1}$。蒸汽在 1300 kPa 和 400°C 下供應，並在 40 kPa 和 100°C 下排出。與從相同初始狀況到相同最終壓力可逆絕熱操作的渦輪機相比，求渦輪機的功率輸出和其操作效率。

6.44. 根據蒸汽表數據，估算 225°C 和 1600 kPa 蒸汽的剩餘性質 V^R、H^R 及 S^R 的值，並與經由適當的廣義關聯式得到的值進行比較。

6.45. 根據蒸汽表中的數據：

(a) 求 1000 kPa 下，飽和液體與蒸汽的 G^l 和 G^v 值，它們是否相等？

(b) 求 1000 kPa 下，$\Delta H^{lv}/T$ 和 ΔS^{lv} 的值，它們是否相等？

(c) 求 1000 kPa 下，飽和蒸汽的 V^R、H^R 及 S^R。

(d) 估算 1000 kPa 的 dP^{sat}/dT，並應用 Clapeyron 方程式來估算 1000 kPa 的 ΔS^{lv}，這個結果是否與蒸汽表的值一致？

應用適當的廣義關聯式來估算飽和蒸汽在 1000 kPa 的 V^R、H^R 及 S^R。這些結果是否與 (c) 中的值一致？

6.46. 根據蒸汽表中的數據：

(a) 求 150(psia) 下飽和液體和蒸汽的 G^l 和 G^v 值，它們是否相等？

(b) 求 150(psia) 下 $\Delta H^{lv}/T$ 和 ΔS^{lv} 的值，它們是否相等？

(c) 求 150(psia) 的飽和蒸汽的 V^R、H^R 及 S^R。

(d) 估算 150(psia) 的 dP^{sat}/dT，並應用 Clapeyron 方程式來估算 150(psia) 的 ΔS^{lv}，這個結果是否與蒸汽表的值一致？

應用適當的廣義關聯式來估算飽和蒸汽在 150(psia) 的 V^R、H^R 及 S^R。這些結果是否與 (c) 中的值一致？

6.47. 將 1 bar 和 35°C 的丙烷氣體壓縮至 135 bar 和 195°C 的最終狀態。估算丙烷在最終狀態下的莫耳體積，以及該程序的焓和熵變化。假設在初始狀態下，丙烷可視為理想氣體。

6.48. 將 70°C 和 101.33 kPa 的丙烷等溫壓縮至 1500 kPa。利用適當的廣義關聯式估算此程序的 ΔH 和 ΔS。

6.49. 利用從 200 bar 和 370 K 至 1 bar 的節流來部分地液化丙烷氣流。在這個程序中，氣體被液化的分率是多少？丙烷的蒸汽壓可由 (6.91) 式求得，其中的參數為：$A = -6.72219$，$B = 1.33236$，$C = -2.13868$，$D = -1.38551$。

6.50. 估算在 380 K 時，1,3 -丁二烯作為飽和蒸汽和作為飽和液體的莫耳體積、焓及熵。對於 101.33 kPa 和 0°C 的理想氣體狀態，焓和熵設定為零。1,3 -丁二烯在 380 K 的蒸汽壓為 1919.4 kPa。

6.51. 估算在 370 K 時，正丁烷作為飽和蒸汽與作為飽和液體的莫耳體積、焓及熵。對於 101.33 kPa 和 273.15 K 的理想氣體狀態，焓和熵設定為零。正丁烷在 370 K 的蒸汽壓為 1435 kPa。

6.52. 某工廠運作時的總蒸汽需求量為每小時 6000 kg，但瞬時需求量介於 4000 到 10,000 kg·h^{-1} 之間。工廠有穩定鍋爐可藉由儲存器輸出 6000 kg·h^{-1} 的蒸汽，儲存器基本上是主要包含飽和液態水的水槽，它在鍋爐和設備之間。鍋爐產生 1000 kPa 的飽和蒸汽，而廠房所需的蒸汽壓力為 700 kPa。控制閥調節儲存器上游的蒸汽壓力，第二控制閥調節儲存器下游的壓力。當蒸汽需求量低於鍋爐輸出量時，過剩的蒸汽流入儲存器，並且主要由駐留在儲存器中的液體將其冷凝，在此過程壓力會增加到大於 700 kPa 的值；當蒸汽需求量大於鍋爐輸出量時，儲存器中的水會蒸發為蒸汽輸出，而將壓力降低至小於 1000 kPa 的值。若儲存器內，最多有 95% 體積為液體，則儲存器的體積為多少？

6.53. 在 127°C 和 38 bar 的丙烯氣體在穩定流動程序中被節流至 1 bar，此時它可視為理想氣體，估算丙烯的最終溫度及其熵變化。

6.54. 在 22 bar 和 423 K 的丙烷氣體在穩定流動程序中被節流至 1 bar，估算由此程序引起的丙烷的熵變化。在最終狀態，丙烷可視為理想氣體。

6.55. 將 100°C 的丙烷氣體從 1 bar 的初始壓力等溫壓縮至 10 bar 的最終壓力，估算 ΔH 和 ΔS。

6.56. 硫化氫氣體從 400 K 和 5 bar 的初始狀態壓縮至 600 K 和 25 bar 的最終狀態，估算 ΔH 和 ΔS。

6.57. 二氧化碳從 1600 kPa 和 45°C 經等焓 (如在節流程序) 膨脹至 101.33 kPa，估算此程序的 ΔS。

6.58. 在 250°C 和 3800 kPa 的乙烯氣流在渦輪機中經等熵膨脹至 120 kPa。如果乙烯的性質可由以下方法計算：

(a) 理想氣體方程式；(b) 適當的廣義關聯式。

求膨脹後氣體的溫度和所作的功。

6.59. 在 220°C 和 30 bar 的乙烷氣流在渦輪機中經等熵膨脹至 2.6 bar。如果乙烷的性質可由以下方法計算：

(a) 理想氣體方程式；(b) 適當的廣義關聯式。

求膨脹後氣體的溫度和所作的功。

6.60. 1 mol 正丁烷經穩定流動程序，由 1 bar 和 50°C 等熵壓縮至 7.8 bar，估算其最終溫度和所需的功。

6.61. 1 kg 的蒸汽經由流動程序，從 3000 kPa 和 450°C 變化至 300 K 和 101.33 kPa 的環境條件，求可獲得的最大功。

6.62. 325 K 和 8000 kPa 的液態水以 10 $kg{\cdot}s^{-1}$ 的流率流入鍋爐並蒸發，產生 8000 kPa 的飽和蒸汽。若 $T_\sigma = 300$ K，則在初始條件下產物為水的過程中，計算鍋爐中加入水中的熱量的最大分率是多少？其餘的熱量做何使用？在此產生功的程序中，環境的熵變化率是多少？系統的又如何？總熵變化是多少？

6.63. 假設在上一題中，加到鍋爐內水中的熱量來自溫度為 600°C 的火爐，則由此加熱程序導致熵產生的總速率是多少？$\dot{W}_{lost}$ 是多少？

6.64. 某製冰廠經連續程序將 20°C (T_σ) 的水以 0.5 $kg{\cdot}s^{-1}$ 的速率製成 0°C 的冰片。若水的熔化潛熱為 333.4 $kJ{\cdot}kg^{-1}$，且此程序的熱力學效率為 32%，則此工廠的功率需求是多少？

6.65. 某人已經開發出一種在高溫下可連續產生熱量的複雜程序，而 100°C 的飽和蒸汽是唯一的能量來源。假設在 0°C 時有足夠的冷卻水可供利用，對每公斤流經此程序的蒸汽而言，可以獲得 2000 kJ 的熱量的最高溫度是多少？

6.66. 兩台鍋爐均在 200(psia) 下運轉，將等量的蒸汽排入同一蒸汽管道。來自第一個鍋爐所排放的是 420(°F) 的過熱蒸汽，而第二個鍋爐所排放的蒸汽其乾度為 96%。假設絕熱混合，而且可以忽略位能和動能的變化，則混合後的平衡狀況為何？每 lb_m 排放蒸汽的 S_G 是多少？

6.67. 容量為 $80(ft)^3$ 的剛性儲槽在 430(°F) 時含有 $4180(lb_m)$ 的飽和液態水，這些液體幾乎完全充滿槽，剩餘的小部分體積則被飽和蒸汽占據。因為需要在槽中稍微增加蒸汽空間，所以打開槽頂部的閥，並將飽和蒸汽排放到大氣中，直到槽中的溫度降至 420(°F)。假設沒有熱量傳遞到槽中，求排出的蒸汽質量。

6.68. 容量為 50 m^3 的儲槽含有 4500 kPa 和 400°C 的蒸汽，蒸汽通過安全閥從槽中排放到大氣中，直到槽中的壓力降至 3500 kPa。如果排放程序是絕熱，估算槽內蒸汽的最終溫度，以及排出的蒸汽質量。

6.69. 容量為 4 m^3 的槽含有 250°C、1500 kg 的液態水，水與其蒸汽平衡，而蒸汽充滿槽的剩餘部分。將 50°C、1000 kg 的水泵入槽中。如果槽內的溫度不改變，則在此程序中必須加入多少熱量？

6.70. 液態氮儲存在 0.5 m^3 的金屬槽中，這些槽完全絕熱。考慮將液態氮填充至真空槽的程序，槽的最初溫度為 295 K。它連接到含有液氮的管線，液態氮的正常沸點為 77.3 K，壓力為幾個 bar。在這種情況下，其焓為 $-120.8\ kJ{\cdot}kg^{-1}$。當管線中的閥打開時，流入槽中的氮氣會先蒸發而將槽冷卻。如果金屬槽的質量為 30 kg，且金屬的比熱為 $0.43\ kJ{\cdot}kg^{-1}{\cdot}K^{-1}$，當槽內溫度冷卻到恰使液態氮開始累積在槽中時，流入的氮氣質量為多少？假設氮氣和槽始終處於相同的溫度。飽和氮蒸汽在各溫度下的性質如下：

T /K	P /bar	V^v /$m^3{\cdot}kg^{-1}$	H^v /$kJ{\cdot}kg^{-1}$
80	1.396	0.1640	78.9
85	2.287	0.1017	82.3
90	3.600	0.06628	85.0
95	5.398	0.04487	86.8
100	7.775	0.03126	87.7
105	10.83	0.02223	87.4
110	14.67	0.01598	85.6

6.71. 隔熱良好 50 m^3 體積的槽，最初含有 16,000 kg 的水，在 25°C 時分成液相和汽相。將 1500 kPa 的飽和蒸汽注入槽內，直至壓力達到 800 kPa，求加入的蒸汽質量為多少？

6.72. 將 1.75 m^3 體積的隔熱真空槽連接到含有 400 kPa 和 240°C 蒸汽的管線上。蒸汽流入槽中，直到槽中的壓力達到 400 kPa。假設沒有熱量從蒸汽流到槽，準備圖表顯示槽中的蒸汽質量及其溫度與槽內壓力的關係。

6.73. 一個 2 m^3 的槽最初含有 3000 kPa 的飽和蒸汽與飽和液態水的混合物。在總質量中，10% 是蒸汽。飽和液態水經由閥從槽中排出，直到槽中的總質量為初始總質量的 40%。若在此程序中槽內的溫度保持恆定，則需傳遞多少熱量？

6.74. 在 24°C 下，將水與 400 kPa 的飽和蒸汽混合，形成流率為 5 $kg \cdot s^{-1}$ 的 85°C 水流。假設絕熱操作，則流入混合器中的蒸汽和水的流率為何？

6.75. 在減熱器中，將 3100 kPa 和 50°C 的液態水噴射到 3000 kPa 和 375°C 的過熱蒸汽流中，其量使得 2900 kPa 的單一飽和蒸汽以 15 $kg \cdot s^{-1}$ 的流率從減熱器流出。假設絕熱操作，則水的質量流率是多少？此程序的 $\dot{S}_G$ 為多少？此程序的不可逆特徵是什麼？

6.76. 將流率為 50 $kg \cdot s^{-1}$ 的 700 kPa 和 280°C 的過熱蒸汽與 40°C 的液態水混合，產生 700 kPa 和 200°C 的蒸汽。假設絕熱操作，供給混合器的水的流率是多少？此程序的 $\dot{S}_G$ 為多少？此程序的不可逆特徵是什麼？

6.77. 將 12 bar 和 900 K 的空氣流與 2 bar 和 400 K 的另一股空氣流混合，後者的質量流率為前者的 2.5 倍。若此程序是可逆絕熱完成的，則所產生的空氣流的溫度和壓力是多少？假設空氣是理想氣體，其 $C_P = (7/2)R$。

6.78. 750(°F) 和一大氣壓下的熱氮氣以 $40(lb_m)s^{-1}$ 的流率流入廢熱鍋爐，並將熱量傳遞給在 1(atm) 沸騰的水。供給鍋爐的水是 1(atm) 的飽和液體，它在 1(atm) 和 300(°F) 時以過熱蒸汽離開鍋爐。若氮氣冷卻到 325(°F)，並且每 (lb_m) 蒸汽產生時，熱量以 60(Btu) 的速率流失到外界，則蒸汽的產生率是多少？若外界溫度為 70(°F)，則此程序的 $\dot{S}_G$ 是多少？假設氮氣是理想氣體，其 $C_P = (7/2)R$。

6.79. 在 400°C 和一大氣壓下的熱氮氣以 20 $kg \cdot s^{-1}$ 的流率流入廢熱鍋爐，並將熱量傳遞給在 101.33 kPa 沸騰的水。供給鍋爐的水是 101.33 kPa 的飽和液體，它在 101.33 kPa 和 150°C 時以過熱蒸汽離開鍋爐。若氮氣冷卻到 170°C，並且每千克蒸汽產生時，熱量以 80 kJ 的速率流失到外界，則蒸汽的產生率是多少？若外界溫度為 25°C，則此程序的 $\dot{S}_G$ 是多少？假設氮氣是理想氣體，其 $C_P = (7/2)R$。

6.80. 證明等壓線和等體積線在 *TS* 圖的單相區內具有正斜率。假設 $C_P = a + bT$，其中 a 和 b 是正的常數。證明等壓線的曲率也是正的。對於指定的 T 和 S，等壓線或等體積線何者較陡峭？為什麼？請注意 $C_P > C_V$。

6.81. 從 (6.9) 式開始，證明 Mollier (*HS*) 圖的蒸汽區域中的等溫線具有由下式給出的斜率和曲率：

$$\left(\frac{\partial H}{\partial S}\right)_T = \frac{1}{\beta}(\beta T - 1) \quad \left(\frac{\partial^2 H}{\partial S^2}\right)_T = -\frac{1}{\beta^3 V}\left(\frac{\partial \beta}{\partial P}\right)_T$$

其中 β 是體積膨脹係數。若可用 (3.36) 式的兩項維里方程式描述蒸汽，則這些導數的正負號為何？假設對於正常溫度，B 為負且 dB/dT 為正。

6.82. 氮氣的第二維里係數 B 隨溫度的變化顯示在圖 3.8 中。定性而言，$B(T)$ 的形狀對於所有氣體是相同的；定量而言，對於許多氣體在 $B = 0$ 的溫度都對應於約 $T_r = 2.7$ 的對比溫度。使用這些觀察結果，利用 (6.54) 式到 (6.56) 式證明，在適度壓力和常溫下，剩餘性質 G^R、H^R 和 S^R 對於大多數氣體是負值。V^R 和 C_P^R 的正負號為何？

6.83. 甲烷與丙烷的等莫耳混合物在 5500 kPa 和 90°C 下，以 1.4 $kg{\cdot}s^{-1}$ 的流率從壓縮機中排出。若排放管線的速度不超過 30 $m{\cdot}s^{-1}$，則排放管線的最小直徑是多少？

6.84. 利用適當的廣義關聯式，估算下列之一的 V^R、H^R 和 S^R：

(a) 500 K 和 20 bar 的 1,3-丁二烯。
(b) 400 K 和 200 bar 的二氧化碳。
(c) 450 K 和 60 bar 的二硫化碳。
(d) 600 K 和 20 bar 的正癸烷。
(e) 620 K 和 20 bar 的乙苯。
(f) 250 K 和 90 bar 的甲烷。
(g) 150 K 和 20 bar 的氧氣。
(h) 500 K 和 10 bar 的正戊烷。
(i) 450 K 和 35 bar 的二氧化硫。
(j) 400 K 和 15 bar 的四氟乙烷。

6.85. 利用 Lee/Kesler 關聯式，估算以下等莫耳混合物之一的 Z、H^R 和 S^R：

(a) 650 K 和 60 bar 的苯 / 環己烷。
(b) 300 K 和 100 bar 的二氧化碳 / 一氧化碳。
(c) 600 K 和 100 bar 的二氧化碳 / 正辛烷。
(d) 350 K 和 75 bar 的乙烷 / 乙烯。
(e) 400 K 和 150 bar 的硫化氫 / 甲烷。
(f) 200 K 和 75 bar 的甲烷 / 氮氣。
(g) 450 K 和 80 bar 的甲烷 / 正戊烷。
(h) 250 K 和 100 bar 的氮 / 氧。

6.86. 對於液體的可逆等溫壓縮，假定 β 和 κ 與壓力無關，證明：

(a) $W = P_1V_1 - P_2V_2 - \dfrac{V_2 - V_1}{\kappa}$；(b) $\Delta S = \dfrac{\beta}{\kappa}(V_2 - V_1)$；(c) $\Delta H = \dfrac{1-\beta T}{\kappa}(V_2 - V_1)$。

不要假設 V 在平均值上是常數，而是使用 (3.6) 式將 V 換成 P 的函數 (V_2 用 V 代替)。將這些方程式應用於習題 6.9 中所述的條件。並與使用 V 的平均值的結果作比較。

6.87. 通常對於純物質的任意熱力學性質，$M = M(T, P)$；因此

$$dM = \left(\frac{\partial M}{\partial T}\right)_P dT + \left(\frac{\partial M}{\partial P}\right)_T dP$$

在哪兩個不同的條件下，下式為真？

$$\Delta M = \int_{T_1}^{T_2} \left(\frac{\partial M}{\partial T}\right)_P dT$$

6.88. 純理想氣體的焓僅與溫度有關。因此，H^{ig} 經常被稱為「與壓力無關」，並且寫成 $(\partial H^{ig}/\partial P)_T = 0$，求 $(\partial H^{ig}/\partial P)_V$ 和 $(\partial H^{ig}/\partial P)_S$ 的表達式，為什麼這些量不為零？

6.89. 證明

$$dS = \frac{C_V}{T}\left(\frac{\partial T}{\partial P}\right)_V dP + \frac{C_P}{T}\left(\frac{\partial T}{\partial V}\right)_P dV$$

對於具有恆定熱容量的理想氣體，使用此結果導出 (3.23c) 式。

6.90. 導數 $(\partial U/\partial V)_T$ 有時稱為內壓，乘積 $T(\partial P/\partial T)_V$ 稱為熱壓，求出下列流體的內壓、熱壓的估算方程式：

(a) 理想氣體；(b) 凡得瓦流體；(c) Redlich/Kwong 液體。

6.91. (a) 純物質可用 $G(T, P)$ 的表達式描述，利用 G、T、P 及 G 對 T 和 P 的導數，求 Z、U 和 C_V。

(b) 純物質可用 $A(T, V)$ 的表達式描述，利用 A、T 和 V 及 A 對 T 和 V 的導數，求 Z、H 和 C_P。

6.92. 使用蒸汽表來估算水的離心係數 ω 的值，將結果與表 B.1 中的值進行比較。

6.93. 四氟乙烷 (製冷劑 HFC-134a) 的臨界參數參見表 B.1，表 9.1 列出相同製冷劑的飽和性質。根據這些數據計算 HFC-134a 的離心係數 ω，並與表 B.1 中所列的值進行比較。

6.94. 如例 6.6 所示，ΔH^{lv} 並非與 T 無關；實際上，它在臨界點變為零。一般而言，飽和蒸汽也不應視為理想氣體。那麼為什麼在整個液體範圍內，(6.89) 式對蒸汽壓行為有合理的近似結果？

6.95. 合理化以下固 / 液飽和壓力的近似表達式：

(a) $P_{sl}^{\text{sat}} = A + BT$；(b) $P_{sl}^{\text{sat}} = A + B\ln T$。

6.96. 如圖 3.1 所示，昇華曲線在三相點的斜率通常大於蒸發曲線在該點的斜率，將此現象合理化。注意，三相點壓力通常很低；因此本題可假設：

$$\Delta Z^{sv} \approx \Delta Z^{lv} \approx 1$$

6.97. 證明液 / 汽平衡的 Clapeyron 方程式可以用對比形式寫出：

$$\frac{d\ln P_r^{\text{sat}}}{dT_r} = \frac{\widehat{\Delta H}^{lv}}{T_r^2 \Delta Z^{lv}} \quad \text{其中} \quad \widehat{\Delta H}^{lv} \equiv \frac{\Delta H^{lv}}{RT_c}$$

6.98. 使用上一題的結果，估算下列物質之一在正常沸點下的蒸發熱。將結果與附錄 B 的表 B.2 進行比較。

基本規則：用 (6.92) 式、(6.93) 式和 (6.94) 式表示 P_r^{sat}，其中 ω 由 (6.95) 式給出。Z^v 使用 (3.57) 式、(3.58) 式、(3.59) 式、(3.61) 式和 (3.62) 式，Z^l 使用 (3.69) 式。臨界性質和正常沸點列於表 B.1。

(a) 苯；(b) 異丁烷；(c) 四氯化碳；(d) 環己烷；(e) 正癸烷；(f) 正己烷；(g) 正辛烷；(h) 甲苯；(i) 鄰二甲苯。

6.99. Riedel 提出第三對應狀態參數 α_c，它與蒸汽壓曲線的關係為：

$$\alpha_c \equiv \left[\frac{d\ln P^{\text{sat}}}{d\ln T}\right]_{T=T_c}$$

對於簡單的流體，實驗證明 $\alpha_c \approx 5.8$；對於非簡單流體，α_c 隨著分子複雜性的增加而增加。Lee/Kesler 對 P_r^{sat} 的關聯式如何容納這些觀察結果？

6.100. 二氧化碳的三相點坐標是 $T_t = 216.55$ K 和 $P_t = 5.170$ bar。因此，CO_2 沒有正常沸點。(為什麼？) 然而，我們可以將蒸汽壓曲線外插，來定義一個假想的正常沸點。

(a) 將 P_r^{sat} 的 Lee/Kesler 關聯式與三相點坐標結合使用，估算 CO_2 的 ω，並與表 B.1 中的值進行比較。

(b) 使用 Lee/Kesler 關聯式，估算 CO_2 的假想正常沸點，評論此結果的合理性。

Chapter 7

熱力學在流動程序中的應用

流動的熱力學是基於第 2 章和第 5 章中提出的質量、能量和熵平衡。將這些平衡應用於特定程序是本章的主題。流動研究的基礎是流體力學，[1] 不僅包括熱力學的平衡，還包括由古典力學定律 (牛頓定律) 產生的動量平衡。這使得流體力學成為更廣泛的研究領域。**熱力學問題**和**流體力學**問題之間的區別，取決於是否需要應用這種動量平衡來求解。若只需質量守恆和熱力學定律即可求解的問題，則在熱力學課程中探討，而與流體力學的研究不同，流體力學討論需要應用動量平衡的廣泛問題。這種劃分雖然不嚴謹，但卻是傳統和方便的。

例如，如果已知進入和離開管道的氣體的狀態和熱力學性質，則第一定律的應用確定與外界交換的能量的量。程序的機制、流動的細節，以及入口和出口之間的氣體實際遵循的狀態路徑與計算無關。另一方面，如果我們對氣體的初始或最終狀態並不完全了解，則需要有關該程序的更詳細資訊。例如，氣體的出口壓力為未知時，在這種情況下，必須應用流體力學的動量平衡，這需要管壁剪應力的經驗或理論表達式。

流動是由流體內的壓力梯度引起的。此外，溫度、速度和甚至濃度梯度可存在於流動的流體中。這與封閉系統中平衡時的均勻狀況形成對比。流動系統中的狀態分布要求將性質歸因於流體的點質量。因此，我們假設某一點的內含性質，如密度、比焓、比熵等，僅由該點的溫度、壓力和組成決定，不受該點可能存在的梯度的影響。此外，我們也假設流體在各點位置的內含性質，與其在相同溫度、壓力和組成下的平衡性質相同。這意味著狀態方程式在流體系統的任何一點都可以局部地和瞬時地應用，我們引用局部狀態的概念，這與平衡的概念無關。經驗顯示，由**局部狀態**導致的結果與實際觀察的結果一致。

1 Noel de Nevers, *Fluid Mechanics for Chemical Engineers*, 3rd ed., McGraw-Hill, New York, 2005. R. B. Bird, W. E. Stewart, and E. N. Lightfoot in *Transport Phenomena*, 2nd ed., John Wiley, New York, 2001; 與 J. L. Plawsky in *Transport Phenomena Fundamentals*, 2nd ed., CRC Press, 2009; 以及 D. Welty, C. E. Wicks, G. L. Rorrer, and R. E. Wilson, in *Fundamentals of Momentum, Heat, and Mass Transfer*, 5th ed., John Wiley, New York, 2007. 將流體力學視為輸送程序的主要部分。

流動程序的熱力學分析通常應用於涉及氣體或超臨界流體的程序。在這些**可壓縮流動**程序中，由於壓力的變化、流體性質發生變化，熱力學分析提供這些變化之間的關係。因此，本章的目的是：

- 開發適用於可壓縮流體在管道中的一維穩定流動的熱力學方程式。
- 將這些方程式應用於管道和噴嘴中的流動 (次音速與超音速)。
- 處理節流程序，即流經有限制的裝置。
- 計算渦輪機和擴展器所作的功。
- 檢查由壓縮機、泵、鼓風機、風扇和真空泵產生的壓縮程序。

第 2 章和第 5 章中介紹開放系統的平衡方程式，總結在表 7.1 中，以便於參考，其中包括質量平衡 (7.1) 式和 (7.2) 式。這些方程式是本章和接下來兩章中**程序**的熱力學分析的基礎。當與熱力學**性質**陳述結合時，它們可以計算系統狀態和程序能量需求。

7.1 可壓縮流體在管中的流動

諸如管道大小和噴嘴成形之類的問題，需要應用流體力學的動量平衡，因此不是熱力學的一部分。但是，熱力學確實提供與流動股流的壓力、速度、截面積、焓、熵和比容的變化相關的方程式。考慮此處在沒有軸功和位能變化的情況下，可壓縮流體的絕熱、穩態和一維流動。首先，導出相關的熱力學方程式，然後將其應用於管道和噴嘴中的流動。

適當的能量平衡是 (2.31) 式。Q、W_s 和 Δz 都設為等於零，

$$\Delta H + \frac{\Delta u^2}{2} = 0$$

微分形式為：

$$dH = -u\,du \tag{7.3}$$

連續性方程式 (2.26) 式也適用。因為 $\dot{m}$ 是常數，其微分形式是：

$$d(uA/V) = 0$$

或

$$\frac{dV}{V} - \frac{du}{u} - \frac{dA}{A} = 0 \tag{7.4}$$

適合此應用的基本性質關係式為：

$$dH = T\,dS + V\,dP \tag{6.9}$$

表 7.1 均衡方程式

一般均衡方程式	穩態流動程序的均衡方程式	穩態流動程序中單一股流的均衡方程式
$\frac{dm_{\text{cv}}}{dt} + \Delta(\dot{m})_{\text{fs}} = 0$ (2.25)	$\Delta(\dot{m})_{\text{fs}} = 0$ (7.1)	$\dot{m}_1 = \dot{m}_2 = \dot{m}$ (7.2)
$\frac{d(mU)_{\text{cv}}}{dt} + \Delta\left[\left(H + \frac{1}{2}u^2 + zg\right)\dot{m}\right]_{\text{fs}} = \dot{Q} + \dot{W}$ (2.27)	$\Delta\left[\left(H + \frac{1}{2}u^2 + zg\right)\dot{m}\right]_{\text{fs}} = \dot{Q} + \dot{W}$ (2.29)	$\Delta H + \frac{\Delta u^2}{2} + g\Delta z = Q + W_s$ (2.31)
$\frac{d(mS)_{\text{cv}}}{dt} + \Delta(S\dot{m})_{\text{fs}} - \sum_j \frac{\dot{Q}_j}{T_{\sigma,j}} = \dot{S}_G \geq 0$ (5.16)	$\Delta(S\dot{m})_{\text{fs}} - \sum_j \frac{\dot{Q}_j}{T_{\sigma,j}} = \dot{S}_G \geq 0$ (5.17)	$\Delta S - \sum_j \frac{Q_j}{T_{\sigma,j}} = S_G \geq 0$ (5.18)

另外，流體的比容可視為熵和壓力的函數：$V = V(S, P)$。因此，

$$dV = \left(\frac{\partial V}{\partial S}\right)_P dS + \left(\frac{\partial V}{\partial P}\right)_S dP$$

利用下列數學恆等式將這個方程式改寫成更方便的形式：

$$\left(\frac{\partial V}{\partial S}\right)_P = \left(\frac{\partial V}{\partial T}\right)_P \left(\frac{\partial T}{\partial S}\right)_P$$

將 (3.3) 式和 (6.18) 式代入上式右邊的兩個偏導數可得：

$$\left(\frac{\partial V}{\partial S}\right)_P = \frac{\beta VT}{C_P}$$

其中 β 是體積膨脹係數。在物理學中，導出的流體中音速 c 的方程式為：

$$c^2 = -V^2 \left(\frac{\partial P}{\partial V}\right)_S \qquad \text{或} \qquad \left(\frac{\partial V}{\partial P}\right)_S = -\frac{V^2}{c^2}$$

將 dV 方程式中的兩個偏導數換掉，可得：

$$\frac{dV}{V} = \frac{\beta T}{C_P} dS - \frac{V}{c^2} dP \tag{7.5}$$

(7.3) 式、(7.4) 式、(6.9) 式和 (7.5) 式涉及六個微分 dH、du、dV、dA、dS 和 dP。我們將 dS 和 dA 視為獨立變數，其餘微分作為這兩變數的函數，可得四個方程式。首先，將 (7.3) 式和 (6.9) 式合併：

$$T\,dS + V\,dP = -u\,du \tag{7.6}$$

利用 (7.5) 式和 (7.6) 式消去 (7.4) 式中的 dV 與 du，重新整理得到：

$$(1 - \mathbf{M}^2)\,V\,dP + \left(1 + \frac{\beta u^2}{C_P}\right) T\,dS - \frac{u^2}{A}\,dA = 0 \tag{7.7}$$

其中 $\mathbf{M}$ 是馬赫數 (Mach number)，定義為管道裡流體速度與流體中音速之比，u/c。(7.7) 式將 dP 與 dS 和 dA 相關聯。

將 (7.6) 式和 (7.7) 式結合以消去 $V\,dP$：

$$u\,du - \left(\frac{\dfrac{\beta u^2}{C_p} + \mathbf{M}^2}{1 - \mathbf{M}^2}\right) T\,dS + \left(\frac{1}{1 - \mathbf{M}^2}\right) \frac{u^2}{A}\,dA = 0 \tag{7.8}$$

此式涉及 du 與 dS 和 dA。若此式結合 (7.3) 式，則將 dH 與 dS、dA 聯繫起來，若結合 (7.4) 式，則表示 dV 與這些獨立變數之間的關係。

前面的微分方程式 (7.4) 式，表示流體在其路徑上，行經一微小距離所發生的變化。若這個距離是 dx，則每個流動方程式都可以除以 dx。(7.7) 式和 (7.8) 式則變為：

$$V(1-\mathbf{M}^2)\frac{dP}{dx}+T\left(1+\frac{\beta u^2}{C_P}\right)\frac{dS}{dx}-\frac{u^2}{A}\frac{dA}{dx}=0 \tag{7.9}$$

$$u\frac{du}{dx}-T\left(\frac{\dfrac{\beta u^2}{C_P}+\mathbf{M}^2}{1-\mathbf{M}^2}\right)\frac{dS}{dx}+\left(\frac{1}{1-\mathbf{M}^2}\right)\frac{u^2}{A}\frac{dA}{dx}=0 \tag{7.10}$$

根據第二定律，在絕熱流動中，由於流體摩擦引起的不可逆性，導致流體在流動方向上的熵增加。當流動趨近於可逆時，熵增加趨近於零。因此，一般來說，

$$\frac{dS}{dx}\geq 0$$

管道中的流動

對於在恆定截面積的水平管道中，可壓縮流體的穩態絕熱流動的情況，$dA/dx=0$，因此 (7.9) 式和 (7.10) 式簡化為：

$$\frac{dP}{dx}=-\frac{T}{V}\left(\frac{1+\dfrac{\beta u^2}{C_p}}{1-\mathbf{M}^2}\right)\frac{dS}{dx} \qquad\qquad u\frac{du}{dx}=T\left(\frac{\dfrac{\beta u^2}{C_p}+\mathbf{M}^2}{1-\mathbf{M}^2}\right)\frac{dS}{dx}$$

對於次音速的流動，$\mathbf{M}^2<1$。這些方程式右邊的所有項都為正，亦即：

$$\frac{dP}{dx}<0 \qquad \text{且} \qquad \frac{du}{dx}>0$$

因此，在流動方向上壓力降低而速度增加。但是，速度不能無限增加。如果速度超過音速，則上述不等式會反轉。在具有恆定截面積的管道中不可能進行這種改變。對於次音速流動，在恆定截面的管道中可獲得的最大流速是音速，並且在管道的**出口處**達到該值。此時 dS/dx 達到零極限值。若排出壓力足夠低，以使流速變成音速，則延長管道也不會改變這種結果；音速仍然在加長管的出口處獲得。

由管道流動的方程式可知，當流動為超音速時，壓力增加，速度沿流動方

向減小。然而，這種流動狀態是不穩定的，並且當超音速流進入具有恆定截面的管道時，發生壓縮衝擊，其結果是壓力突然有限的增加，而速度降低到次音速。

例 7.1

在恆定截面積的水平管道中，對於不可壓縮液體的穩態、絕熱、不可逆流動，證明：

(a) 速度是恆定的。

(b) 溫度沿流動方向增加。

(c) 壓力沿流動方向減小。

解

(a) 此題的控制體積只是一個有限長度的水平管，入口與出口位置分別以 1 和 2 表示。利用連續性方程式，(2.26) 式，

$$\frac{u_2 A_2}{V_2} = \frac{u_1 A_1}{V_1}$$

但是，$A_2 = A_1$ (恆定截面積)，$V_2 = V_1$ (不可壓縮流體)。因此，$u_2 = u_1$。

(b) (5.18) 式的熵平衡變為只是 $S_G = S_2 - S_1$。對於熱容量為 C 的不可壓縮液體 (參見例 6.2)，

$$S_G = S_2 - S_1 = \int_{T_1}^{T_2} C \frac{dT}{T}$$

但 S_G 為正 (不可逆流動)，因此由上式可知，$T_2 > T_1$，溫度在流動方向上增加。

(c) 如 (a) 所示，$u_2 = u_1$，因此能量平衡，(2.31) 式，對於所述的條件，可簡化為 $H_2 - H_1 = 0$。將其與應用於不可壓縮液體的例 6.2 中 (A) 式的積分式相結合，可得：

$$H_2 - H_1 = \int_{T_1}^{T_2} C\, dT + V(P_2 - P_1) = 0$$

亦即

$$V(P_2 - P_1) = -\int_{T_1}^{T_2} C\, dT$$

如 (b) 所示，$T_2 > T_1$；因此由上式可知，$P_2 < P_1$，亦即壓力在流動方向上減小。

對於可逆絕熱流動的情況，重做這個例子是有益的。在可逆情況下，如前所述 $u_2 = u_1$，但 $S_G = 0$。然後熵平衡顯示 $T_2 = T_1$，在這種情況下，由能量平衡可得 $P_2 = P_1$。我們得出結論，(b) 的溫度升高和 (c) 的壓力降低源於流動的不可逆性，特別是來自與流體摩擦相關的不可逆性。

噴嘴

對於管道中可壓縮流體的流動所受到的限制，並未延伸到適當設計的噴嘴，由於改變可用於流動的截面積，而導致流體的內能和動能的交換。有效噴嘴的設計是流體力學的問題，但是通過精心設計的噴嘴的流動易受熱力學分析的影響。在設計合理的噴嘴，截面積隨長度適當的變化，使流動達到幾乎無摩擦的狀況，而趨近於可逆，此時熵增加率也趨近於零，並且 $dS/dx = 0$。在這種情況下，(7.9) 式和 (7.10) 式變為：

$$\frac{dP}{dx} = \frac{u^2}{VA}\left(\frac{1}{1 - \mathbf{M}^2}\right)\frac{dA}{dx} \qquad \frac{du}{dx} = -\frac{u}{A}\left(\frac{1}{1 - \mathbf{M}^2}\right)\frac{dA}{dx}$$

流動的特性取決於流動是次音速 ($\mathbf{M} < 1$)，還是超音速 ($\mathbf{M} > 1$)。各種情況彙整在表 7.2 中。

因此，對於會聚噴嘴 (converging nozzle) 中的次音速流動，隨著截面積的減小，速度增加，壓力減小。最大可獲得的流體速度是在出口處達到的音速。因此，會聚次音速噴嘴可用於將恆定流率輸送到可變壓力區域。假設可壓縮流體在壓力 P_1 下進入會聚噴嘴，並從噴嘴排出到可變壓力 P_2 的腔室中。當該排出壓力降低到 P_1 以下時，流率和速度增加。最終，壓力比 P_2/P_1 達到臨界值，在此臨界值噴嘴出口處的速度是音速。P_2 的進一步減少對噴嘴中的狀況沒有影響。無論 P_2/P_1 的值如何，只要它始終小於臨界值，則流率保持不變，且噴嘴出口處的速度是音速。對於蒸汽，在中等溫度和壓力下此比的臨界值約 0.55。

在適當設計的會聚 / 發散噴嘴 (diverging nozzle) 的發散部分很容易獲得超音速 (圖 7.1)。在喉部達到音速時，速度的進一步增加和壓力的降低需要增加截面積，使用一個發散部分，以適應不斷增加的流量。過渡發生在喉部，其中 $dA/dx = 0$。例 7.2 將以數值說明，會聚 / 發散噴嘴中的速度、面積和壓力之間的關係。

表 7.2 噴嘴中流動的特性

	次音速：$\mathbf{M} < 1$		超音速：$\mathbf{M} > 1$	
	會聚	發散	會聚	發散
$\frac{dA}{dx}$	−	+	−	+
$\frac{dP}{dx}$	−	+	+	−
$\frac{du}{dx}$	+	−	−	+

▶圖 7.1 會聚 / 發散噴嘴。

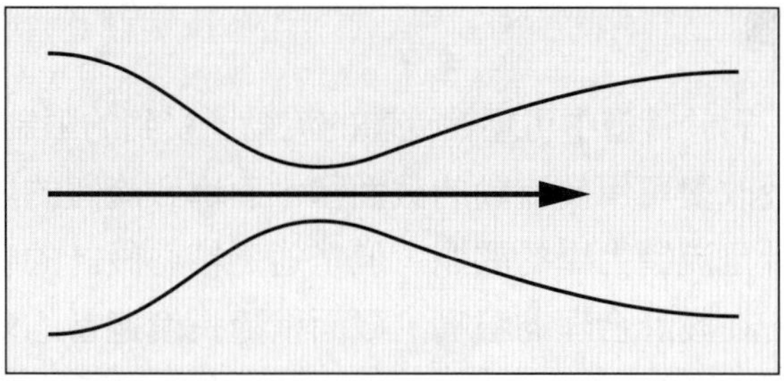

只有當喉部的壓力足夠低，以達到 P_2/P_1 的臨界值時，才能在會聚 / 發散噴嘴的喉部達到音速。如果噴嘴中的壓降不足以使速度達到音速，則噴嘴的發散部分用作擴散器。也就是說，在達到喉部後，壓力升高，速度降低；這是發散部分中次音速流動的傳統行為。當然，即使當 P_2/P_1 夠低以實現扼流 (choked flow) 時，速度也不能無限地繼續增加。最終，它將在衝擊波中恢復到次音速。隨著 P_2/P_1 的減小，這個衝擊波的位置會沿著噴嘴向下移動，遠離喉部，直到衝擊波在噴嘴外部，而離開噴嘴的流動是超音速。

對於理想氣體狀態和恆定熱容量，等熵噴嘴中的速度與壓力的關係可用分析式表示。對於等熵流動，結合 (6.9) 式和 (7.3) 式可得：

$$u\,du = -V\,dP$$

由噴嘴入口 1 積分至出口 2，可得：

$$u_2^2 - u_1^2 = -2\int_{P_1}^{P_2} V\,dP = \frac{2\gamma P_1 V_1}{\gamma - 1}\left[1 - \left(\frac{P_2}{P_1}\right)^{(\gamma-1)/\gamma}\right] \tag{7.11}$$

其中利用 (3.23c) 式 (PV^γ = 常數) 消去 V 得到最終項。

對於 u_2 達到音速的壓力比 P_2/P_1，可以求解 (7.11) 式，即其中

$$u_2^2 = c^2 = -V^2\left(\frac{\partial P}{\partial V}\right)_S$$

利用對 PV^γ = 常數的 V 進行微分來求出導數：

$$\left(\frac{\partial P}{\partial V}\right)_S = -\frac{\gamma P}{V}$$

由上二式可得：

$$u_2^2 = \gamma P_2 V_2$$

將 u_2^2 的這個值代入 (7.11) 式中，並且令 $u_1 = 0$，解出喉部的壓力比為：

$$\frac{P_2}{P_1}=\left(\frac{2}{\gamma+1}\right)^{\gamma/(\gamma-1)} \tag{7.12}$$

例 7.2

高速噴嘴設計用於 700 kPa 和 300°C 的蒸汽，在噴嘴入口處的速度為 30 m·s^{-1}。計算壓力為 600 kPa、500 kPa、400 kPa、300 kPa 和 200 kPa 時，A/A_1 的比值 (其中 A_1 是噴嘴入口的截面積) 的值。假設噴嘴是在等熵下操作。

解

所需面積比由質量守恆 [(2.26) 式] 確定，速度 u 由 (7.3) 式的積分形式求得：

$$\frac{A}{A_1}=\frac{u_1 V}{V_1 u} \qquad 且 \qquad u^2=u_1^2-2(H-H_1)$$

速度的單位為 m·s^{-1}，u_2 的單位為 m^2·s^{-2}。H 的單位為 J·kg^{-1} 與 u_2 的單位一致，因為 1 J = 1 kg·m^2·s^{-2}，所以 1 J·kg^{-1} = 1 m^2·s^{-2}。

熵、焓和比容的初始值可從蒸汽表中獲得：

$$S_1=7.2997\ \text{kJ·kg}^{-1}\text{·K}^{-1} \qquad H_1=3059.8\ \text{kJ·kg}^{-1} \qquad V_1=371.39\ \text{cm}^3\text{·g}^{-1}$$

因此，

$$\frac{A}{A_1}=\left(\frac{30}{371.39}\right)\frac{V}{u} \tag{A}$$

且

$$u^2=900-2\left(H-3059.8\times10^3\right) \tag{B}$$

因為是等熵膨脹，所以 $S=S_1$；在 600 kPa 時，由蒸汽表查出的值為：

$$S=7.2997\ \text{kJ·kg}^{-1}\text{·K}^{-1} \qquad H=3020.4\ \text{kJ·kg}^{-1} \qquad V=418.25\ \text{cm}^3\text{·g}^{-1}$$

由 (B) 式可得， $u=282.3\ \text{m·s}^{-1}$

由 (A) 式，

$$\frac{A}{A_1}=\left(\frac{30}{371.39}\right)\left(\frac{418.25}{282.3}\right)=0.120$$

其他壓力的面積比可用相同的方式估算，結果彙整在下表中。

P/kPa	V/cm^3·g^{-1}	u/m·s^{-1}	A/A_1	P/kPa	V/cm^3·g^{-1}	u/m·s^{-1}	A/A_1
700	371.39	30	1.0	400	571.23	523.0	0.088
600	418.25	282.3	0.120	300	711.93	633.0	0.091
500	481.26	411.2	0.095	200	970.04	752.2	0.104

噴嘴喉部的壓力約為 380 kPa。在較低壓力下，噴嘴明顯發散。

例 7.3

考慮例 7.2 的噴嘴，假設蒸汽為理想氣體狀態且具有恆定的熱容量。計算：

(a) 臨界壓力比和喉部的速度。

(b) 噴嘴排氣口的馬赫數為 2.0 的排放壓力。

解

(a) 蒸汽的比熱比值約為 1.3，代入 (7.12) 式，得到：

$$\frac{P_2}{P_1}=\left(\frac{2}{1.3+1}\right)^{1.3/(1.3-1)}=0.55$$

喉部的速度等於音速，可以從 (7.11) 式求得，式中包含乘積 P_1V_1。對於處於理想氣體狀態的蒸汽：

$$P_1V_1=\frac{RT_1}{\mathscr{M}}=\frac{(8.314)(573.15)}{0.01802}=264{,}511\ \mathrm{m^2{\cdot}s^{-2}}$$

在這個方程式中，$R/\mathscr{M}$ 的單位為：

$$\frac{\mathrm{J}}{\mathrm{kg{\cdot}K}}=\frac{\mathrm{N{\cdot}m}}{\mathrm{kg{\cdot}K}}=\frac{\mathrm{kg{\cdot}m{\cdot}s^{-2}\,m}}{\mathrm{kg{\cdot}K}}=\frac{\mathrm{m^2{\cdot}s^{-2}}}{\mathrm{K}}$$

因此，$RT/\mathscr{M}$ 及 P_1V_1，以 $\mathrm{m^2{\cdot}s^{-2}}$ 為單位，即速度單位為平方。代入 (7.11) 式可得：

$$u_{\text{throat}}^2=(30)^2+\frac{(2)(1.3)(264{,}511)}{1.3-1}\left[1-(0.55)^{(1.3-1)/1.3}\right]=296{,}322$$

$$u_{\text{throat}}=544.35\ \mathrm{m{\cdot}s^{-1}}$$

此結果與例 7.2 中得到的值非常一致，因為在這些狀況下，蒸汽的行為非常接近理想氣體狀態。

(b) 對於馬赫數為 2.0 (基於噴嘴喉部為音速)，排放速度為：

$$2u_{\text{throat}}=(2)(544.35)=1088.7\ \mathrm{m{\cdot}s^{-1}}$$

將此值代入 (7.11) 式可以計算壓力比：

$$(1088.7)^2-(30)^2=\frac{(2)(1.3)(264{,}511)}{1.3-1}\left[1-\left(\frac{P_2}{P_1}\right)^{(1.3-1)/1.3}\right]$$

$$\left(\frac{P_2}{P_1}\right)^{(1.3-1)/1.3}=0.4834 \qquad 且 \qquad P_2=(0.0428)(700)=30.0\ \mathrm{kPa}$$

節流程序

當流體流過限制器，例如孔口、部分關閉的閥或多孔栓塞時，動能或位能沒有任何明顯的變化，此程序的主要結果是流體中的壓力下降。這種**節流程序** (throttling process) 不會產生軸功，並且在沒有熱傳的情況下，(2.31) 式可簡化為

$$\Delta H = 0 \qquad \text{或} \qquad H_2 = H_1$$

因此，節流程序是等焓程序。

因為理想氣體狀態下的焓僅與溫度有關，所以節流程序不會改變該狀態下的溫度。對於在中等溫度和壓力狀況下的大多數真實氣體，等焓下的壓力降低導致溫度降低。例如，若 1000 kPa 和 300°C 的蒸汽被節流至 101.325 kPa (大氣壓)，

$$H_2 = H_1 = 3052.1 \text{ kJ}\cdot\text{kg}^{-1}$$

在此焓和 101.325 kPa 的壓力下，由蒸汽表中的內插得到下游溫度為 288.8°C。節流程序會使溫度降低，但效果很小。

將濕蒸汽節流至足夠低的壓力，會導致液體蒸發，並且蒸汽變得過熱。因此，若乾度為 0.96 的濕蒸汽，從 1000 kPa (t^{sat} = 179.88°C) 節流至 101.325 kPa，則

$$H_2 = H_1 = (0.04)(762.6) + (0.96)(2776.2) = 2695.7 \text{ kJ}\cdot\text{kg}^{-1}$$

在 101.325 kPa 下，具有此焓值的蒸汽其溫度為 109.8°C；因此它是過熱的 (t^{sat} = 100°C)。這個相當大的溫度下降是由液體的蒸發引起的。

若飽和液體被節流至較低壓力，則一些液體蒸發或**閃蒸** (flash)，在較低壓力下產生飽和液體與飽和蒸汽的混合物。因此，若 1000 kPa (t^{sat} = 179.88°C) 的飽和液態水閃蒸至 101.325 kPa (t^{sat} = 100°C)，則：

$$H_2 = H_1 = 762.6 \text{ kJ}\cdot\text{kg}^{-1}$$

在 101.325 kPa，所得蒸汽的乾度可從 (6.96a) 式中求得，其中 $M = H$：

$$\begin{aligned} 762.6 &= (1 - x)(419.1) + x(2676.0) \\ &= 419.1 + x(2676.0 - 419.1) \end{aligned}$$

於是　$x = 0.152$

因此，15.2% 的原始液體在此程序中蒸發。同樣地，大的溫度下降也是由液體的蒸發引起的。節流程序經常應用在冷凍 (第 9 章)。

例 7.4

20 bar 和 400 K 的丙烷氣體在穩定流動程序中被節流至 1 bar，估算丙烷的最終溫度及其熵變化。丙烷的性質可以從適當的廣義關聯式中找到。

解

首先，我們將總焓變化寫為三個部分的總和：(1) 去除狀態 1 的剩餘焓；(2) 顯熱將物質從初始溫度下的理想氣體狀態帶到最終溫度下的理想氣體狀態；和 (3) 增加狀態 2 的剩餘焓。對於這個等焓程序，這些總和必須為零：

$$\Delta H = -H_1^R + \langle C_P^{ig} \rangle_H (T_2 - T_1) + H_2^R = 0$$

如果假定丙烷在 1 bar 的最終狀態處於理想氣體狀態，則 $H_2^R = 0$，由上式求解 T_2 得到：

$$T_2 = \frac{H_1^R}{\langle C_P^{ig} \rangle_H} + T_1 \qquad (A)$$

對於丙烷，查出：　$T_c = 369.8$ K　$P_c = 42.48$ bar　$\omega = 0.152$

因此對於初始狀態，

$$T_{r_1} = \frac{400}{369.8} = 1.082 \qquad P_{r_1} = \frac{20}{42.48} = 0.471$$

在這些條件下，可基於第二維里係數的廣義關聯式 (圖 3.13)，並且利用 (6.68) 式、(3.61) 式、(6.70) 式、(3.62) 式和 (6.71) 式計算 H_1^R 由下式表示：

$$\frac{H_1^R}{RT_c} = \mathrm{HRB}(1.082, 0.471, 0.152) = -0.452$$

因此

$$H_1^R = (8.314)(369.8)(-0.452) = -1390 \text{ J·mol}^{-1}$$

(*A*) 式中還要計算 $\langle C_P^{ig} \rangle_H$。附錄 C 的表 C.1 中丙烷數據提供熱容量方程式：

$$\frac{C_P^{ig}}{R} = 1.213 + 28.785 \times 10^{-3} T - 8.824 \times 10^{-6} T^2$$

對於初始計算，假設 $\langle C_P^{ig} \rangle_H$ 等於初始溫度為 400 K 時的 C_P^{ig} 值，即 $\langle C_P^{ig} \rangle_H = 94.07$ J·mol^{-1}·K^{-1}。

由 (*A*) 式，

$$T_2 = \frac{-1390}{94.07} + 400 = 385.2 \text{ K}$$

很明顯地，溫度變化很小，因此在算術平均溫度下將 $\langle C_P^{ig} \rangle_H$ 重新估算，作為 C_P^{ig} 的極佳近似值，

$$T_{am} = \frac{400 + 385.2}{2} = 392.6 \text{ K}$$

可得：
$$\langle C_P^{ig} \rangle_H = 92.73 \text{ J·mol}^{-1}\text{·K}^{-1}$$

利用 (*A*) 式重新計算 T_2，得到最終值：$T_2 = 385.0$ K。

丙烷的熵變化可由 (6.75) 式求得，其中：

$$\Delta S = \langle C_P^{ig} \rangle_S \ln \frac{T_2}{T_1} - R \ln \frac{P_2}{P_1} - S_1^R$$

因為溫度變化很小，所以，

$$\langle C_P^{ig} \rangle_S = \langle C_P^{ig} \rangle_H = 92.73 \text{ J·mol}^{-1}\text{·K}^{-1}$$

利用 (6.69) 式到 (6.71) 式計算 S_1^R 如下：

$$\frac{S_1^R}{R} = \text{SRB}(1.082, 0.471, 0.152) = -0.2934$$

因此　$S_1^R = (8.314)(-0.2934) = -2.439 \text{ J·mol}^{-1}\text{·K}^{-1}$

且　$\Delta S = 92.73 \ln \frac{385.0}{400} - 8.314 \ln \frac{1}{20} + 2.439 = 23.80 \text{ J·mol}^{-1}\text{·K}^{-1}$

ΔS 為正，反映了節流程序的不可逆性。

例 7.5

從中等溫度和壓力的條件下，節流真實氣體通常會導致溫度降低，在什麼條件下可以預期溫度會升高？

解

溫度變化的符號由導數 $(\partial T/\partial P)_H$，即 Joule/Thomson 係數 μ 的符號決定：

$$\mu \equiv \left(\frac{\partial T}{\partial P}\right)_H$$

當 μ 為正時，節流導致溫度降低；當 μ 為負時，導致溫度升高。

因為 $H = f(T, P)$，下面的方程式將 Joule/Thomson 係數與其他熱力學性質聯繫起來：[2]

2　複習微積分的一般方程式：

$$\left(\frac{\partial x}{\partial y}\right)_z = -\left(\frac{\partial x}{\partial z}\right)_y \left(\frac{\partial z}{\partial y}\right)_x$$

$$\left(\frac{\partial T}{\partial P}\right)_H = -\left(\frac{\partial T}{\partial H}\right)_P\left(\frac{\partial H}{\partial P}\right)_T = -\left(\frac{\partial H}{\partial T}\right)_P^{-1}\left(\frac{\partial H}{\partial P}\right)_T$$

由 (2.19) 式可知，

$$\mu = -\frac{1}{C_P}\left(\frac{\partial H}{\partial P}\right)_T \tag{A}$$

因為 C_P 必為正，μ 的符號由 $(\partial H/\partial P)_T$ 的符號決定，而 $(\partial H/\partial P)_T$ 又與 PVT 行為有關：

$$\left(\frac{\partial H}{\partial P}\right)_T = V - T\left(\frac{\partial V}{\partial T}\right)_P \tag{6.20}$$

將 $V = ZRT/P$ 代入，可將上式改寫為：

$$\left(\frac{\partial H}{\partial P}\right)_T = -\frac{RT^2}{P}\left(\frac{\partial Z}{\partial T}\right)_P$$

其中 Z 是壓縮係數。將上式代入 (A) 式可得：

$$\mu = \frac{RT^2}{C_P P}\left(\frac{\partial Z}{\partial T}\right)_P$$

因此，$(\partial Z/\partial T)_P$ 和 μ 具有相同的符號。當 $(\partial Z/\partial T)_P$ 為零時，對於理想氣體狀態，則 $\mu = 0$，並且沒有伴隨節流的溫度變化。

對於真實氣體，可以局部滿足條件 $(\partial Z/\partial T)_P = 0$。這些點定義 Joule/Thomson **反轉曲線** (inversion curve)，其將正 μ 的區域與負 μ 的區域分開。圖 7.2 顯示對比反轉曲線，給出 T_r 和 P_r 之間的關係，其中 $\mu = 0$。實線與 Ar、CH_4、N_2、CO、C_2H_4、C_3H_8、CO_2 和 NH_3 的數據相關。[3] 虛線是將條件 $(\partial Z/\partial T_r)_{P_r} = 0$ 應用於 RK 狀態方程式而得。

▶圖 7.2 對比坐標的反轉曲線。各曲線皆表示 $\mu = 0$ 的軌跡。實線表示數據關聯式的結果；虛線表示由 RK 方程式計算的結果。

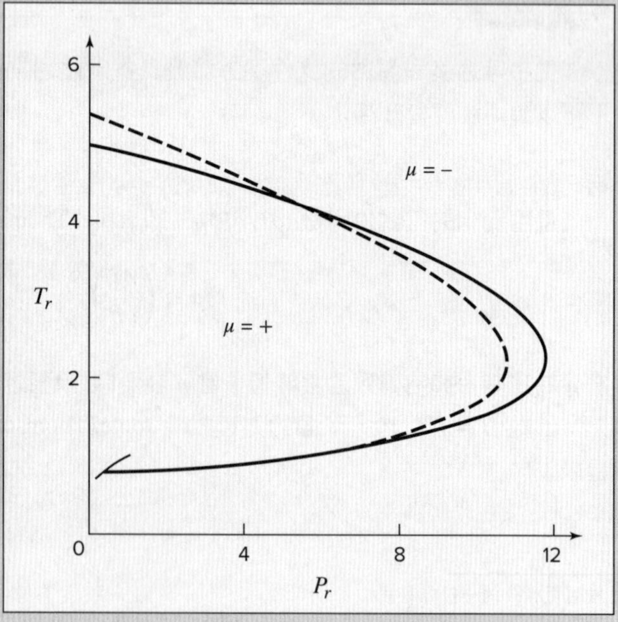

3 D. G. Miller, *Ind. Eng. Chem. Fundam.*, vol. 9, pp. 585–589, 1970.

7.2 渦輪機 (擴展器)

噴嘴中的氣體膨脹以產生高速股流是將內能轉換成動能的過程，當股流沖擊連接到旋轉軸的葉片時，該動能又轉換成軸功。渦輪機 (或擴展器) 由交替的噴嘴和旋轉葉片組成，蒸汽或氣體在穩態膨脹程序中通過這些噴嘴和旋轉葉片流動。總體結果是將高壓流的內能轉換成軸功。當蒸汽提供與大多數發電廠一樣的驅動力時，該裝置稱為渦輪機；當它是化學工廠中的高壓氣體，例如氨或乙烯時，該裝置通常稱為擴展器。此程序如圖 7.3 所示。

(2.30) 式和 (2.31) 式為擴展器上的適當能量平衡。但是，因為高度幾乎沒有變化，所以可以省略位能項。此外，在任何適當設計的渦輪機中，熱傳可忽略不計，入口和出口管的尺寸使得流體速度大致相等。對於這些條件，(2.30) 式和 (2.31) 式簡化為：

$\dot{W}_s = \dot{m}\,\Delta H = \dot{m}(H_2 - H_1)$ (7.13)	$W_s = \Delta H = H_2 - H_1$ (7.14)

通常，入口的 T_1 和 P_1 以及排放壓力 P_2 是固定的。因此，在 (7.14) 式中，只有 H_1 是已知；H_2 和 W 都是未知，僅能量平衡方程式不足以計算。但是，若渦輪機中的流體進行可逆絕熱膨脹，則程序是等熵的，並且 $S_2 = S_1$。第二個方程式確定流體的最終狀態及 H_2。對於這種特殊情況，W_s 可由 (7.14) 式求出，即：

$$W_s(\text{等熵}) = (\Delta H)_S \tag{7.15}$$

軸功 $|W_s|$(等熵) 是在給定入口條件和給定排放壓力下，從絕熱渦輪機獲得的最大值。實際的渦輪機產生的功較少，因為實際的膨脹程序是不可逆的；我們將渦輪效率定義為：

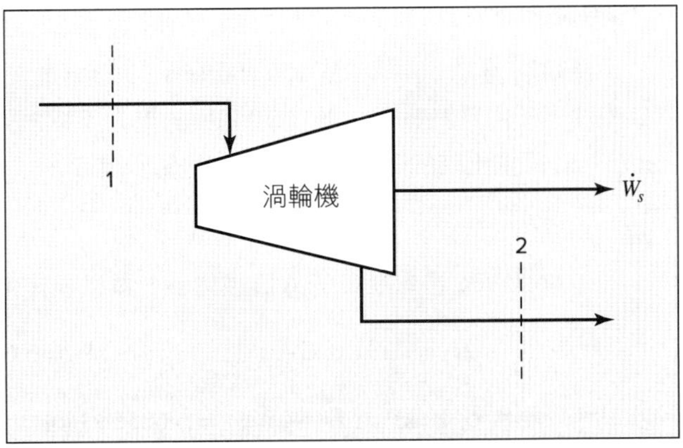

圖 7.3 渦輪機或擴展器中的穩定流動。

$$\eta \equiv \frac{W_s}{W_s(\text{等熵})}$$

其中 W_s 是實際的軸功。由 (7.14) 式和 (7.15) 式，

$$\eta = \frac{\Delta H}{(\Delta H)_S} \tag{7.16}$$

η 的值通常落在 0.7 到 0.8 的範圍內。圖 7.4 的 *HS* 圖說明在相同進氣狀況和相同排氣壓力下，渦輪機的實際膨脹和可逆膨脹。可逆路徑是從進氣壓力 P_1 處的點 1 到排出壓力 P_2 處的點 2′ 的垂直虛線 (恆定熵)。表示實際不可逆路徑的實線也是從點 1 開始，並在 P_2 的等壓線上的點 2 處終止。因為此程序是絕熱的，所以不可逆性導致流體的熵增加，並且該路徑指向熵增加。若程序越不可逆，則點 2 越位於 P_2 等壓線的右邊，並且程序的效率 η 越低。

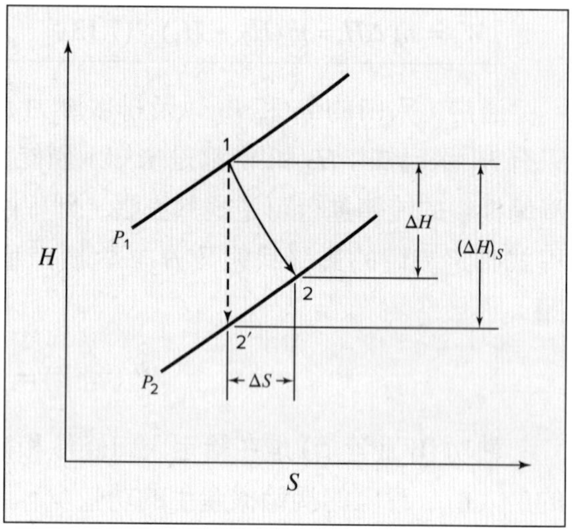

▶圖 7.4　渦輪機或擴展器的絕熱膨脹程序。

例 7.6

額定容量為 56,400 kW (56,400 kJ·s^{-1}) 的蒸汽渦輪機在 8600 kPa 和 500°C 的入口條件下使用蒸汽操作，並在 10 kPa 的壓力下排放到冷凝器中。假設渦輪機效率為 0.75，計算排出時的蒸汽狀態和蒸汽的質量流率。

解

在 8600 kPa 和 500°C 的入口條件下，蒸汽表提供：

$$H_1 = 3391.6 \text{ kJ·kg}^{-1} \qquad S_1 = 6.6858 \text{ kJ·kg}^{-1}\text{·K}^{-1}$$

若以等熵膨脹到 10 kPa，則 $S_2' = S_1 = 6.6858$ kJ·kg^{-1}·K^{-1}。在 10 kPa 下具有此熵的蒸

汽是濕的。應用「槓桿原理」(lever rule) [(6.96b) 式，其中 $M = S$ 且 $x^v = x_2'$]，乾度可如下獲得：

$$S_2' = S_2^l + x_2'(S_2^v - S_2^l)$$

因此， $6.6858 = 0.6493 + x_2'(8.1511 - 0.6493)$ $\qquad x_2' = 0.8047$

這是排放流在點 2′ 處的乾度 (蒸汽的分率)。焓 H_2' 也可由 (6.96b) 式求得，即：

$$H_2' = H_2^l + x_2'(H_2^v - H_2^l)$$

因此， $H_2' = 191.8 + (0.8047)(2584.8 - 191.8) = 2117.4\ \text{kJ·kg}^{-1}$

$$(\Delta H)_S = H_2' - H_1 = 2117.4 - 3391.6 = -1274.2\ \text{kJ·kg}^{-1}$$

由 (7.16) 式，

$$\Delta H = \eta(\Delta H)_S = (0.75)(-1274.2) = -955.6\ \text{kJ·kg}^{-1}$$

於是， $H_2 = H_1 + \Delta H = 3391.6 - 955.6 = 2436.0\ \text{kJ·kg}^{-1}$

因此，處於實際最終狀態的蒸汽也是濕的，其乾度可由下式求得：

$$2436.0 = 191.8 + x_2(2584.8 - 191.8) \qquad x_2 = 0.9378$$

而 $S_2 = 0.6493 + (0.9378)(8.1511 - 0.6493) = 7.6846\ \text{kJ·kg}^{-1}\text{·K}^{-1}$

可以將此值與 $S_1 = 6.6858$ 的初始值進行比較。

蒸汽流率 $\dot{m}$ 可由 (7.13) 式求出。當功率為 56,400 kJ·s^{-1} 時，

$$\dot{W}_s = -56{,}400 = \dot{m}(2436.0 - 3391.6) \qquad \dot{m} = 59.02\ \text{kg·s}^{-1}$$

使用來自蒸汽表的數據求解例 7.6。當工作流體沒有相當於蒸汽表的資料表可供查詢時，第 6.4 節的廣義關聯式可與 (6.74) 式和 (6.75) 式結合使用，如下例所示。

例 7.7

在 300°C 和 45 bar 的乙烯氣流在渦輪機中絕熱膨脹至 2 bar，計算在等熵情況下產生的功。由以下方式求乙烯的性質：

(a) 理想氣體方程式。

(b) 適當的廣義關聯式。

解

此程序的焓和熵變化是：

$$\Delta H = \langle C_P^{ig} \rangle_H (T_2 - T_1) + H_2^R - H_1^R \tag{6.74}$$

$$\Delta S = \langle C_P^{ig} \rangle_S \ln \frac{T_2}{T_1} - R \ln \frac{P_2}{P_1} + S_2^R - S_1^R \tag{6.75}$$

其中 $P_1 = 45$ bar、$P_2 = 2$ bar 及 $T_1 = 300 + 273.15 = 573.15$ K。

(a) 若假設乙烯處於理想氣體狀態，則所有剩餘性質都為零，前面的方程式簡化為：

$$\Delta H = \langle C_P^{ig} \rangle_H (T_2 - T_1) \qquad \Delta S = \langle C_P^{ig} \rangle_S \ln \frac{T_2}{T_1} - R \ln \frac{P_2}{P_1}$$

對於等熵程序，$\Delta S = 0$，第二個方程式變為：

$$\frac{\langle C_P^{ig} \rangle_S}{R} \ln \frac{T_2}{T_1} = \ln \frac{P_2}{P_1} = \ln \frac{2}{45} = -3.1135$$

或

$$\ln T_2 = \frac{-3.1135}{\langle C_P^{ig} \rangle_S / R} + \ln 573.15$$

因此，

$$T_2 = \exp\left(\frac{-3.1135}{\langle C_P^{ig} \rangle_S / R} + 6.3511 \right) \tag{A}$$

(5.13) 式提供 $\langle C_P^{ig} \rangle_S / R$ 的表達式，出於計算目的，將它表示為：

$$\frac{\langle C_P^{ig} \rangle_S}{R} = \text{MCPS}(573.15, \text{T2}; 1.424, 14.394 \times 10^{-3}, -4.392 \times 10^{-6}, 0.0)$$

其中乙烯的常數來自附錄 C 的表 C.1。溫度 T_2 可由迭代求出。假設用於計算 $\langle C_P^{ig} \rangle_S / R$ 的初始值，然後，由 (A) 式求出 T_2 的新值，從該值重新計算 $\langle C_P^{ig} \rangle_S / R$，直至求得最終的收斂值：$T_2 = 370.8$ K。由 (4.9) 式可得 $\langle C_P^{ig} \rangle_H / R$ 的值，為了計算目的，將它表示為：

$$\frac{\langle C_P^{ig} \rangle_H}{R} = \text{MCPH}(573.15, 370.8; 1.424, 14.394 \times 10^{-3}, -4.392 \times 10^{-6}, 0.0) = 7.224$$

因此

$$W_s(\text{等熵}) = (\Delta H)_S = \langle C_P^{ig} \rangle_H / R (T_2 - T_1)$$

$$W_s(\text{等熵}) = (7.224)(8.314)(370.8 - 573.15) = -12{,}153 \text{ J·mol}^{-1}$$

(b) 對於乙烯而言，

$$T_c = 282.3 \text{ K} \qquad P_c = 50.4 \text{ bar} \qquad \omega = 0.087$$

在初始狀態，

$$T_{r_1} = \frac{573.15}{282.3} = 2.030 \qquad P_{r_1} = \frac{45}{50.4} = 0.893$$

根據圖 3.13，可基於第二維里係數的廣義關聯式。(6.68) 式、(6.69) 式、(3.61) 式、(3.62) 式、(6.70) 式和 (6.71) 式的計算程序可由下式表示：

$$\frac{H_1^R}{RT_c} = \text{HRB}(2.030,\ 0.893,\ 0.087) = -0.234$$

$$\frac{S_1^R}{R} = \text{SRB}(2.030,\ 0.893,\ 0.087) = -0.097$$

因此，

$$H_1^R = (-0.234)(8.314)(282.3) = -549\ \text{J·mol}^{-1}$$

$$S_1^R = (-0.097)(8.314) = -0.806\ \text{J·mol}^{-1}\text{·K}^{-1}$$

對於 S_2^R 的初始估算，假設 $T_2 = 370.8$ K，即 (a) 部分中求得的溫度。然後，

$$T_{r_2} = \frac{370.8}{282.3} = 1.314 \qquad P_{r_2} = \frac{2}{50.4} = 0.040$$

而

$$\frac{S_2^R}{R} = \text{SRB}(1.314,\ 0.040,\ 0.87) = -0.0139$$

因此

$$S_2^R = (-0.0139)(8.314) = -0.116\ \text{J·mol}^{-1}\text{·K}^{-1}$$

如果擴展程序是等熵，則 (6.75) 式變為：

$$0 = \langle C_P^{ig} \rangle_S \ln \frac{T_2}{573.15} - 8.314 \ln \frac{2}{45} - 0.116 + 0.806$$

因此，

$$\ln \frac{T_2}{573.15} = \frac{-26.576}{\langle C_P^{ig} \rangle_S}$$

或

$$T_2 = \exp\left(\frac{-26.576}{\langle C_P^{ig} \rangle_S} + 6.3511\right)$$

完全類似於 (a) 部分的迭代程序產生下列結果：

$$T_2 = 365.8\ \text{K} \qquad \text{及} \qquad T_{r_2} = 1.296$$

使用此 T_{r_2} 及 $P_{r_2} = 0.040$，可得

$$\frac{S_2^R}{R} = \text{SRB}(1.296,\ 0.140,\ 0.087) = -0.0144$$

$$S_2^R = (-0.0144)(8.314) = -0.120\ \text{J·mol}^{-1}\text{·K}^{-1}$$

這個結果與初始估算的差異不大，不需要重新計算 T_2，並且在剛建立的對比狀態下估算 H_2^R：

$$\frac{H_2^R}{RT_c} = \text{HRB}(1.296, 0.040, 0.087) = -0.0262$$

$$H_2^R = (-0.0262)(8.314)(282.3) = -61.0 \text{ J·mol}^{-1}$$

由 (6.74) 式， $(\Delta H)_S = \langle C_P^{ig} \rangle_H (365.8 - 573.15) - 61.0 + 549$

如同 (a) 部分，在 $T_2 = 365.8$ K 計算可得：

$$\langle C_P^{ig} \rangle_H = 59.843 \text{ J·mol}^{-1}\text{·K}^{-1}$$

因此 $(\Delta H)_S = -11{,}920 \text{ J·mol}^{-1}$

且 $W_s(\text{等熵}) = (\Delta H)_S = -11{,}920 \text{ J·mol}^{-1}$

這與理想氣體狀態值的差異小於 2%。

7.3 壓縮程序

正如膨脹程序導致流動的流體中的壓力降低一樣，壓縮程序導致壓力增加。壓縮機、泵、風扇、鼓風機和真空泵都是為此目的而設計的裝置，它們對於流體輸送、粉粒體的流體化，使流體達到適當的壓力以進行反應或加工等至關重要。在此我們關注的不是這些裝置的設計，而是關注穩態壓縮導致流體壓力增加所需的能量。

壓縮機

氣體的壓縮可以在具有旋轉葉片的裝置 (如反向運轉的渦輪機) 或具有往復活塞的圓筒中完成。旋轉裝置用於排放壓力不太高的高容量流量。對於高壓，往往需要往復式壓縮機。能量方程式與裝置的類型無關；實際上，對於渦輪機或擴展器，能量方程式都是相同的，因為位能和動能變化也可以忽略不計。因此，(7.13) 式到 (7.15) 式適用於絕熱壓縮，其程序如圖 7.5 所示。

在壓縮程序中，由 (7.15) 式給出的等熵功，是氣體從給定的初始狀態壓縮到給定的排放壓力所需的最小軸功。因此，我們將壓縮機效率定義為：

$$\eta \equiv \frac{W_s(\text{等熵})}{W_s}$$

由 (7.14) 式到 (7.15) 式可知，上式也可以表示為：

$$\eta \equiv \frac{(\Delta H)_S}{\Delta H} \tag{7.17}$$

▶圖 7.5 穩態壓縮程序。

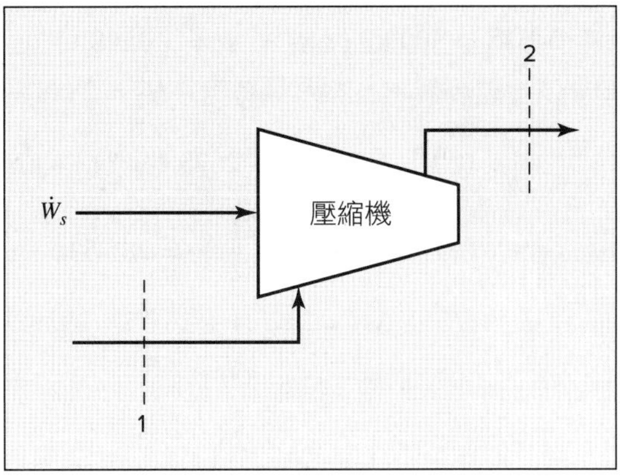

▶圖 7.6 絕熱壓縮程序。

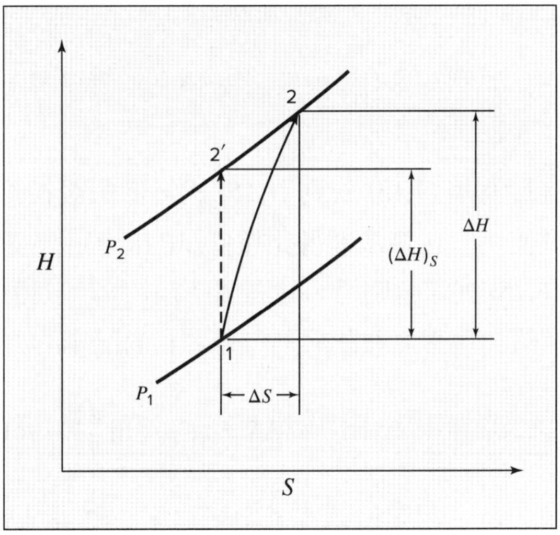

壓縮機的效率通常在 0.7 到 0.8 的範圍內。

壓縮程序如圖 7.6 中的 *HS* 圖所示。從點 1 到點 2′ 的垂直虛線表示從 P_1 可逆絕熱 (等熵) 壓縮到 P_2 的程序。實際的不可逆壓縮程序遵循從點 1 向右上方增加熵的方向的實線，終止於點 2。程序越不可逆，點 2 就越位於 P_2 等壓線的右邊，並且程序的效率 η 越低。

例 7.8

將 100 kPa (t^{sat} = 99.63°C) 的飽和蒸汽絕熱壓縮至 300 kPa。若壓縮機效率為 0.75，求所需的功及排放流的性質。

解

對於 100 kPa 的飽和蒸汽，

$$S_1 = 7.3598 \text{ kJ·kg}^{-1}\text{·K}^{-1} \qquad H_1 = 2675.4 \text{ kJ·kg}^{-1}$$

對於等熵壓縮至 300 kPa，$S_2' = S_1 = 7.3598\ \text{kJ·kg}^{-1}\text{·K}^{-1}$。由過熱蒸汽表內插求得在 300 kPa 及上述熵值時，蒸汽具有焓：$H_2' = 2888.8\ \text{kJ·kg}^{-1}$。

因此，
$$(\Delta H)_S = 2888.8 - 2675.4 = 213.4\ \text{kJ·kg}^{-1}$$

由 (7.17) 式，
$$(\Delta H) = \frac{(\Delta H)_S}{\eta} = \frac{213.4}{0.75} = 284.5\ \text{kJ·kg}^{-1}$$

並且
$$H_2 = H_1 + \Delta H = 2675.4 + 284.5 = 2959.9\ \text{kJ·kg}^{-1}$$

對於具有此焓的過熱蒸汽，由過熱蒸汽表內插產生：

$$T_2 = 246.1°\text{C} \qquad S_2 = 7.5019\ \text{kJ·kg}^{-1}\text{·K}^{-1}$$

此外，由 (7.14) 式，所需的功是：

$$W_s = \Delta H = 284.5\ \text{kJ·kg}^{-1}$$

直接應用 (7.13) 式到 (7.15) 式，係假設被壓縮流體的數據表或等效熱力學圖可供使用。在無法獲得此類資訊的情況下，第 6.4 節的廣義關聯式可與 (6.74) 式和 (6.75) 式結合使用，如同例 7.7 中所示，用於膨脹程序的計算。

假設為理想氣體狀態則可導致相對簡單的方程式。由 (5.14) 式：

$$\Delta S = \langle C_P \rangle_S \ln \frac{T_2}{T_1} - R \ln \frac{P_2}{P_1}$$

為簡單起見，在平均熱容量中省略了上標 ig。若為等熵壓縮，$\Delta S = 0$，則此方程式變為：

$$T_2' = T_1 \left(\frac{P_2}{P_1} \right)^{R/\langle C_P' \rangle_S} \tag{7.18}$$

其中 T_2' 為從 T_1 和 P_1 經等熵壓縮到 P_2 時的溫度，而 $\langle C_P' \rangle_S$ 是從 T_1 到 T_2' 的溫度範圍的平均熱容量。

應用於等熵壓縮，(4.10) 式變為：

$$(\Delta H)_S = \langle C_P' \rangle_H (T_2' - T_1)$$

根據 (7.15) 式，
$$W_s(\text{等熵}) = \langle C_P' \rangle_H (T_2' - T_1) \tag{7.19}$$

此結果可與壓縮機效率相結合，得到：

$$W_s = \frac{W_s(\text{等熵})}{\eta} \tag{7.20}$$

壓縮產生的實際排放溫度 T_2 也可以從 (4.10) 式中求得，並改寫為：

$$\Delta H = \langle C_P \rangle_H (T_2 - T_1)$$

因此，

$$T_2 = T_1 + \frac{\Delta H}{\langle C_P \rangle_H} \tag{7.21}$$

由 (7.14) 式知 $\Delta H = W_s$。其中 $\langle C_P \rangle_H$ 是從 T_1 到 T_2 的溫度範圍的平均熱容量。

對於理想氣體狀態和恆定熱容量的特殊情況，

$$\langle C_P^{ig} \rangle_H = \langle C_P \rangle_H = \langle C_P^{ig} \rangle_S = C_P$$

(7.18) 式和 (7.19) 式因此變為：

$$T_2' = T_1 \left(\frac{P_2}{P_1}\right)^{R/C_P} \qquad \text{且} \qquad W_s(\text{等熵}) = C_P(T_2' - T_1)$$

結合這些方程式可得：[4]

$$W_s(\text{等熵}) = C_P T_1 \left[\left(\frac{P_2}{P_1}\right)^{R/C_P} - 1\right] \tag{7.22}$$

對於單原子氣體，例如氬氣和氦氣，$R/C_P = 2/5 = 0.4$。對於中等溫度下的氧氣、氮氣和空氣等雙原子氣體，$R/C_P \approx 2/7 = 0.2857$。對於分子複雜度較高的氣體，理想氣體熱容量更強烈地隨溫度而變，因此 (7.22) 式較不合適。假設恆定熱容量，我們可以很容易證明且導出下列結果：

$$T_2 = T_1 + \frac{T_2' - T_1}{\eta} \tag{7.23}$$

例 7.9

若甲烷 (假設處於理想氣體狀態) 從 20°C 和 140 kPa 絕熱壓縮到 560 kPa，估算所需的功和甲烷的排放溫度。壓縮機效率為 0.75。

解

應用 (7.18) 式需要估算指數 $R/\langle C_P^{ig} \rangle_S$。由 (5.13) 式提供，針對本計算的表示為：

$$\frac{\langle C_P^{ig} \rangle_S}{R} = \text{MCPS}(93.15,\ T_2;\ 1.702,\ 9.080 \times 10^{-33},\ -2.164 \times 10^{-6},\ 0.0)$$

4 因為理想氣體的 $R = C_P - C_V$，所以：$\frac{R}{C_P} = \frac{C_P - C_V}{C_P} = \frac{\gamma - 1}{\gamma}$。因此，(7.22) 式的另一種形式是：$W_s(\text{等熵}) = \frac{\gamma R T_1}{\gamma - 1}\left[\left(\frac{P_2}{P_1}\right)^{(\gamma-1)/\gamma} - 1\right]$。雖然這是常見的形式，但 (7.22) 式較簡單且較容易應用。

其中甲烷的常數來自附錄 C 的表 C.1。我們選擇 T_2' 的值略高於初始溫度 $T_1 = 293.15$ K。(7.18) 式中的指數是 $\langle C_P' \rangle_S / R$ 的倒數。在 $P_2/P_1 = 560/140 = 4.0$ 和 $T_1 = 293.15$ K 的情況下，求出新的 T_2' 值。重複這個程序，直到 T_2' 的值不再有顯著變化。由此程序可產生以下值：

$$\frac{\langle C_P' \rangle_S}{R} = 4.5574 \qquad \text{且} \qquad T_2' = 397.37\ \text{K}$$

對於相同的 T_1 和 T_2'，可由 (4.9) 式估算 $\langle C_P' \rangle_H / R$：

$$\frac{\langle C_P' \rangle_H}{R} = \text{MCPH}(293.15, 397.37; 1.702, 9.081 \times 10^{-33}, -2.164 \times 10^{-6}, 0.0) = 4.5774$$

因此，
$$\langle C_P' \rangle_H = (4.5774)(8.314) = 38.506\ \text{J·mol}^{-1}\text{·K}^{-1}$$

然後由 (7.19) 式，

$$W_s(\text{等熵}) = (38.056)(397.37 - 293.15) = 3966.2\ \text{J·mol}^{-1}$$

實際的功可由 (7.20) 式求得：

$$W_s = \frac{3966.2}{0.75} = 5288.3\ \text{J·mol}^{-1}$$

利用 (7.21) 式計算 T_2 為：

$$T_2 = 293.15 + \frac{5288.3}{\langle C_P \rangle_H}$$

因為 $\langle C_P \rangle_H$ 取決於 T_2，我們需再次迭代。以 T_2' 為起始值，結果如下：

$$T_2 = 428.65\ \text{K} \qquad \text{或} \qquad t_2 = 155.5°\text{C}$$

以及
$$\langle C_P \rangle_H = 39.027\ \text{J·mol}^{-1}\text{·K}^{-1}$$

泵

液體通常藉由泵移動，泵一般是旋轉設備。應用於絕熱泵的方程式與絕熱壓縮機的方程式相同。因此，(7.13) 式到 (7.15) 式和 (7.17) 式是成立的。然而，應用 (7.14) 式計算 $W_s = \Delta H$ 時需要壓縮 (過冷) 液體的焓值，而這些很少可供使用。(6.9) 式的基本性質關係提供另一種選擇。對於等熵程序，

$$dH = V dP \qquad (\text{等熵 } S)$$

將其與 (7.15) 式相結合可得：

$$W_s(\text{等熵}) = (\Delta H)_S = \int_{P_1}^{P_2} V\, dP$$

通常假設液體的 V 與 P 無關 (在遠離臨界點的條件下)。上式積分後得到：

$$W_s(\text{等熵}) = (\Delta H)_S = V(P_2 - P_1) \tag{7.24}$$

以下來自第 6 章的方程式也很有用：

$dH = C_P\,dT + V(1 - \beta T)dP$ (6.27)	$dS = C_P\dfrac{dT}{T} - \beta V\,dP$ (6.28)

其中體積膨脹係數 β 由 (3.3) 式定義。因為由泵輸送流體的溫度變化非常小，並且因為液體的特性對壓力不敏感 (在不接近臨界點的條件下)，這些方程式通常在 C_P、V 和 β 恆定的假設下積分。因此，以下二式可得良好的近似結果

$\Delta H = C_P\Delta T + V(1 - \beta T)\,\Delta P$ (7.25)	$\Delta S = C_P \ln\dfrac{T_2}{T_1} - \beta V\,\Delta P$ (7.26)

例 7.10

45°C 和 10 kPa 的水進入絕熱的泵，並在 8600 kPa 的壓力下排出。假設泵的效率為 0.75，計算泵所需的功、水的溫度變化和水的熵變化。

解

以下是 45°C (318.15 K) 飽和液態水的性質：

$$V = 1010\ \text{cm}^3\cdot\text{kg}^{-1} \qquad \beta = 425 \times 10^{-6}\ \text{K}^{-1} \qquad C_P = 4.178\ \text{kJ}\cdot\text{kg}^{-1}\cdot\text{K}^{-1}$$

由 (7.24) 式，可得

$$W_s(\text{等熵}) = (\Delta H)_S = (1010)(8600 - 10) = 8.676 \times 10\ 6\ \text{kPa}\cdot\text{cm}^3\cdot\text{kg}^{-1}$$

因為 $1\ \text{kJ} = 10^6\ \text{kPa}\cdot\text{cm}^3$，

$$W_s(\text{等熵}) = (\Delta H)_S = 8.676\ \text{kJ}\cdot\text{kg}^{-1}$$

由 (7.17) 式，$$\Delta H = \frac{(\Delta H)_S}{\eta} = \frac{8.676}{0.75} = 11.57\ \text{kJ}\cdot\text{kg}^{-1}$$

並且 $$W_s = \Delta H = 11.57\ \text{kJ}\cdot\text{kg}^{-1}$$

泵輸送過程中，水的溫度變化可由 (7.25) 式求得：

$$11.57 = 4.178\ \Delta T + 1010\left[1 - (425 \times 10^{-6})(318.15)\right]\frac{8590}{10^6}$$

求解 ΔT 得到：

$$\Delta T = 0.97\ \text{K} \qquad \text{或} \qquad 0.97°\text{C}$$

水的熵變化可由 (7.26) 式求出：

$$\Delta S = 4.178 \ln \frac{319.12}{318.15} - (425 \times 10^{-6})(1010)\frac{8590}{10^6} = 0.0090 \text{ kJ·kg}^{-1}\text{·K}^{-1}$$

7.4 概要

在深入研究本章後，包括經由例題和章末習題，我們應該能夠：

- 將熱力學量之間的關係應用於流動程序，例如流過管道和噴嘴。
- 了解扼流 (choked flow) 的概念，以及會聚 / 發散噴嘴產生超音速流動的機制。
- 分析節流程序，定義並應用 Joule/Thomson 係數。
- 計算由給定效率的渦輪機 (擴展器) 產生的功，將流體從已知的初始狀態擴展到已知的最終壓力。
- 對於產生功和需要輸入功的程序，定義和應用等熵效率。
- 使用已知效率的壓縮機，計算將氣體從給定的初始狀態壓縮到最終壓力所需的功。
- 計算壓縮和膨脹程序的所有熱力學狀態變數的變化。
- 計算泵輸送液體的功需求。

7.5 習題

7.1. 空氣經噴嘴從可忽略的初始速度絕熱膨脹到最終速度 325 m·s^{-1}。若空氣是 $C_P = (7/2)R$ 的理想氣體，則空氣的溫度下降多少？

7.2. 在例 7.5 中，求得 Joule/Thomson 係數 $\mu = (\partial T/\partial P)_H$ 的表達式，此係數與熱容量和狀態方程式資訊相關聯。對於下列導數，導出類似的表達式：
(a) $(\partial T/\partial P)_S$；(b) $(\partial T/\partial V)U$。
這些導數的正負號為何？這些導數在哪些類型的程序有重要應用？

7.3. 熱力學音速 c 在第 7.1 節中定義。證明：

$$c = \sqrt{\frac{VC_P}{\mathscr{M}C_V\kappa}}$$

其中 V 是莫耳體積，$\mathscr{M}$ 是莫耳質量。上式對於：(a) 理想氣體；(b) 不可壓縮的液體可作如何簡化？對於音速在液體與氣體，這些結果在定性上表現什麼？

7.4. 蒸汽於 800 kPa 和 280°C 進入噴嘴，入口速度可忽略不計，並在 525 kPa 的壓力下排出。假設蒸汽在噴嘴內為等熵膨脹，則排出速度是多少？若流率為 0.75 kg·s^{-1}，則噴嘴出口處的截面積是多少？

7.5. 蒸汽於 800 kPa 和 280°C 進入會聚噴嘴，入口速度可忽略不計。若為等熵膨脹，則在這種噴嘴中可以達到的最低壓力是多少？在此壓力與 0.75 $kg \cdot s^{-1}$ 的流率下，噴嘴喉部的截面積是多少？

7.6. 氣體於壓力 P_1 進入會聚噴嘴，速度可忽略不計。氣體在噴嘴中進行等熵膨脹，並於壓力 P_2 排放至腔室。繪出喉部速度和質量流率為壓力比 P_2/P_1 的函數的草圖。

7.7. 對於入口速度可忽略不計的會聚 / 發散噴嘴中的等熵膨脹，繪出質量流率 $\dot{m}$、速度 u 和面積比 A/A_1 對壓力比 P/P_1 的示意圖。其中 A 是噴嘴中壓力為 P 的截面積，下標 1 表示噴嘴入口。

7.8. 具有恆定熱容量的理想氣體，進入會聚 / 發散噴嘴，入口速度可忽略不計。若氣體在噴嘴內進行等熵膨脹，證明喉部速度為：

$$u^2_{\text{throat}} = \frac{\gamma R T_1}{\mathscr{M}} \left(\frac{2}{\gamma + 1}\right)$$

其中 T_1 是進入噴嘴的氣體溫度，$\mathscr{M}$ 是莫耳質量，R 是氣體莫耳常數。

7.9. 蒸汽在會聚 / 發散噴嘴中從 1400 kPa，325°C 等熵膨脹至排放壓力 140 kPa，入口速度可忽略不計。喉部截面積為 6 cm^2。計算蒸汽的質量流率和噴嘴出口處的蒸汽狀態。

7.10. 蒸汽在 130(psia)、420(°F) 和 230(ft)$(s)^{-1}$ 的入口條件下，絕熱膨脹至排放壓力 35(psia)，其速度為 2000(ft)$(s)^{-1}$。噴嘴出口處的蒸汽狀態為何？此程序的 $\dot{S}_G$ 為何？

7.11. 空氣於 15°C 以 580 $m \cdot s^{-1}$ 的速度由絕熱噴嘴排出。若入口速度可以忽略不計，則空氣在噴嘴入口處的溫度是多少？假設空氣是 $C_P = (7/2)R$ 的理想氣體。

7.12. 15°C 的冷水從 5(atm) 經節流到 1(atm)。水的溫度變化是多少？對每公斤的水而言，其損失功是多少？在 15°C 和 1(atm) 下，液態水的體積膨脹係數 β 約為 1.5×10^{-4} K^{-1}。外界溫度 T_σ 為 20°C。仔細說明你所做的任何假設。蒸汽表是數據來源。

7.13. 對於壓力顯式的狀態方程式，證明 Joule/Thomson 反轉曲線是狀態的軌跡，其中：

$$T\left(\frac{\partial Z}{\partial T}\right)_\rho = \rho\left(\frac{\partial Z}{\partial \rho}\right)_T$$

將此方程式應用於 (a) 凡得瓦方程式；(b) RK 方程式，並討論結果。

7.14. 兩個熱容量可忽略且體積相等的非導體槽，最初在相同的 T 和 P 下含有等量的相同理想氣體。A 槽的氣體經由小型渦輪機等熵膨脹至大氣中；B 槽的氣體經由多孔塞排放到大氣中。兩槽都操作至排放結束為止。

(a) 當排放停止時，A 槽中的溫度是否小於、等於或大於 B 槽中的溫度？

(b) 當兩槽中的壓力皆降至其初始壓力的一半時，則從渦輪機排出的氣體的溫度是否小於、等於或大於從多孔塞排出的氣體溫度？

(c) 在排放程序中，離開渦輪機的氣體溫度是否小於、等於或大於同一時刻離開 A 槽的氣體溫度？

(d) 在排放程序中，離開多孔塞的氣體溫度是否小於、等於或大於同一時刻離開 B 槽的氣體的溫度？

(e) 當排放停止時，A 槽中剩餘的氣體質量是否小於、等於或大於 B 槽中剩餘的氣體質量？

7.15. 蒸汽渦輪機以 3500 kW 的功率絕熱操作。蒸汽在 2400 kPa 和 500°C 下進入渦輪機，並以 20 kPa 的飽和蒸汽從渦輪機排出。通過渦輪機的蒸汽速率為何？渦輪機的效率是多少？

7.16. 渦輪機以絕熱方式操作，其中過熱蒸汽在 T_1 和 P_1 下，以質量流率 $\dot{m}$ 進入渦輪機。排氣壓力為 P_2，渦輪效率為 η。對於以下其中一組的操作情況，計算渦輪機的功率輸出，以及排出蒸汽的焓和熵。

(a) $T_1 = 450$°C，$P_1 = 8000$ kPa，$\dot{m} = 80$ kg·s^{-1}，$P_2 = 30$ kPa，$\eta = 0.80$。

(b) $T_1 = 550$°C，$P_1 = 9000$ kPa，$\dot{m} = 90$ kg·s^{-1}，$P_2 = 20$ kPa，$\eta = 0.77$。

(c) $T_1 = 600$°C，$P_1 = 8600$ kPa，$\dot{m} = 70$ kg·s^{-1}，$P_2 = 10$ kPa，$\eta = 0.82$。

(d) $T_1 = 400$°C，$P_1 = 7000$ kPa，$\dot{m} = 65$ kg·s^{-1}，$P_2 = 50$ kPa，$\eta = 0.75$。

(e) $T_1 = 200$°C，$P_1 = 1400$ kPa，$\dot{m} = 50$ kg·s^{-1}，$P_2 = 200$ kPa，$\eta = 0.75$。

(f) $T_1 = 900$(°F)，$P_1 = 1100$(psia)，$\dot{m} = 150(\text{lb}_\text{m})(\text{s})^{-1}$，$P_2 = 2$(psia)，$\eta = 0.80$。

(g) $T_1 = 800$(°F)，$P_1 = 1000$(psia)，$\dot{m} = 100(\text{lb}_\text{m})(\text{s})^{-1}$，$P_2 = 4$(psia)，$\eta = 0.75$。

7.17. 最初在 8.5 bar 的氦氣，經等熵膨脹至 1 bar 和 150°C。假設氦氣是理想氣體，計算其初始溫度和每莫耳氦氣產生的功。

7.18. 來自燃燒器的燃燒產物在 10 bar 和 950°C 下進入氣體渦輪機，並在 1.5 bar 下排出。渦輪機為絕熱操作，效率為 77%。假設燃燒產物是理想氣體混合物，其熱容量為 32 J·mol^{-1}·K^{-1}，則每莫耳氣體的渦輪機的輸出功是多少？從渦輪機排出的氣體溫度是多少？

7.19. 異丁烷在渦輪機中從 5000 kPa 和 250°C 絕熱膨脹至 500 kPa，其流率為 0.7 kg mol·s^{-1}。若渦輪機效率為 0.80，則渦輪機的輸出功率是多少？離開渦輪機的異丁烷的溫度是多少？

7.20. 用於可變輸出的渦輪機的蒸汽流率由入口管線中的節流閥控制。蒸汽在 1700 kPa 和 225°C 下供給節流閥。在測試期間，渦輪機入口處的壓力為 1000 kPa，蒸汽的排氣壓力為 10 kPa，其乾度為 0.95，蒸汽的流率為 0.5 kg·s^{-1}，渦輪機的輸出功率為 180 kW。

(a) 渦輪機的熱損失是多少？

(b) 若供給節流閥的蒸汽等熵膨脹到最終壓力，則輸出功率是多少？

7.21. 二氧化碳氣體在 8 bar 和 400°C 下進入絕熱膨脹器，並在 1 bar 下排出。若渦輪機的效率為 0.75，則排出溫度是多少？每莫耳 CO_2 所輸出的功是多少？在這些情況下，假設

CO_2 是理想氣體。

7.22. 對絕熱氣體渦輪機 (擴展器) 的測試，得出入口狀況 (T_1, P_1) 和出口狀況 (T_2, P_2) 的值。假設氣體為理想氣體且具有恆定的熱容量，計算以下其中一項的渦輪機效率：

(a) $T_1 = 500$ K，$P_1 = 6$ bar，$T_2 = 371$ K，$P_2 = 1.2$ bar，$C_P/R = 7/2$。

(b) $T_1 = 450$ K，$P_1 = 5$ bar，$T_2 = 376$ K，$P_2 = 2$ bar，$C_P/R = 4$。

(c) $T_1 = 525$ K，$P_1 = 10$ bar，$T_2 = 458$ K，$P_2 = 3$ bar，$C_P/R = 11/2$。

(d) $T_1 = 475$ K，$P_1 = 7$ bar，$T_2 = 372$ K，$P_2 = 1.5$ bar，$C_P/R = 9/2$。

(e) $T_1 = 550$ K，$P_1 = 4$ bar，$T_2 = 403$ K，$P_2 = 1.2$ bar，$C_P/R = 5/2$。

7.23. 特定系列的絕熱氣體渦輪機 (擴展器) 的效率與輸出功率的經驗關聯式為：$\eta = 0.065 + 0.080 \ln |\dot{W}|$，其中 $|\dot{W}|$ 是實際輸出功率的絕對值，單位為 kW。氮氣從 550 K 和 6 bar 的入口狀態膨脹到 1.2 bar 的出口壓力。若莫耳流率為 175 mol·s^{-1}，則輸送功率為多少 kW？渦輪機的效率是多少？熵的產生率 $\dot{S}_G$ 為何？假設氮氣是 $C_P = (7/2)R$ 的理想氣體。

7.24. 渦輪機在絕熱下操作，其中過熱的蒸汽 45 bar 和 400°C 下進入。若排出的蒸汽必須是「乾」蒸汽，且渦輪機效率為 $\eta = 0.75$，則最小排氣壓力是多少？假設效率為 0.80，最小排氣壓力是較低還是較高？為什麼？

7.25. 渦輪機可用於從高壓液體流中回收能量，但是當高壓流是飽和液體時則不使用，為什麼？5 bar 的飽和液態水經等熵膨脹到最終壓力為 1 bar，利用計算其下游狀態來說明。

7.26. 液態水在 5(atm) 和 15°C 時進入絕熱渦輪機，並於 1(atm) 時排出。若渦輪機效率為 $\eta = 0.55$，則估算渦輪機的功率輸出為多少 J·kg^{-1}？水的出口溫度是多少？假設水是不可壓縮的液體。

7.27. 氮氣在 T_1 和 P_1 下進入絕熱擴展器，莫耳流率為 $\dot{n}$。排氣壓力為 P_2，擴展器的效率為 η。對於以下其中一組操作情況，估算擴展器的功率輸出和排氣流的溫度。

(a) $T_1 = 480$°C，$P_1 = 6$ bar，$\dot{n} = 200$ mol·s^{-1}，$P_2 = 1$ bar，$\eta = 0.80$。

(b) $T_1 = 400$°C，$P_1 = 5$ bar，$\dot{n} = 150$ mol·s^{-1}，$P_2 = 1$ bar，$\eta = 0.75$。

(c) $T_1 = 500$°C，$P_1 = 7$ bar，$\dot{n} = 175$ mol·s^{-1}，$P_2 = 1$ bar，$\eta = 0.78$。

(d) $T_1 = 450$°C，$P_1 = 8$ bar，$\dot{n} = 100$ mol·s^{-1}，$P_2 = 2$ bar，$\eta = 0.85$。

(e) $T_1 = 900$(°F)，$P_1 = 95$(psia)，$\dot{n} = 0.5$(lb mol)(s)$^{-1}$，$P_2 = 15$(psia)，$\eta = 0.80$。

7.28. 例 7.6 的膨脹程序的理想功率是多少？這個程序的熱力學效率是多少？熵的產生率 $\dot{S}_G$ 為何？$\dot{W}_{lost}$ 為何？取 $T_\sigma = 300$ K。

7.29. 來自內燃機的 400°C 和 1 bar 的廢氣以 125 mol·s^{-1} 的流率流入廢熱鍋爐，並在 1200 kPa 的壓力下產生飽和蒸汽。水以 20°C (T_σ) 進入鍋爐，廢氣冷卻到在蒸汽溫度 10°C 內。廢氣的熱容量為 $C_P/R = 3.34 + 1.12 \times 10^{-3}\, T$/K。蒸汽流入絕熱渦輪機，並在 25 kPa 的壓力排出。若渦輪機效率 η 為 72%，

(a) 渦輪機的輸出功率 $\dot{W}_S$ 為何？

(b) 鍋爐與渦輪機組合的熱力學效率是多少？

(c) 計算鍋爐和渦輪機的 $\dot{S}_G$。

(d) 將 $\dot{W}_{lost}$(鍋爐) 和 $\dot{W}_{lost}$(渦輪機) 表示為此程序理想功 $|\dot{W}_{ideal}|$ 的分率。

7.30. 一個小型絕熱空氣壓縮機，用於將空氣泵入 20 m^3 的隔熱槽。該槽最初含有 25°C 和 101.33 kPa 的空氣，此狀態恰好是空氣進入壓縮機的狀態。泵送的程序繼續，直到槽中的壓力達到 1000 kPa。若此程序是絕熱並且壓縮是等熵的，則壓縮機的軸功為何？假設空氣是理想氣體，其 $C_P = (7/2)R$ 且 $C_V = (5/2)R$。

7.31. 將 125 kPa 的飽和蒸汽在離心壓縮機中絕熱壓縮至 700 kPa，流率為 2.5 $kg{\cdot}s^{-1}$。壓縮機效率為 78%。壓縮機需要多少功率？蒸汽在最終狀態下的焓和熵是多少？

7.32. 壓縮機絕熱操作，空氣於 T_1 和 P_1 進入，莫耳流率為 $\dot{n}$。排放壓力為 P_2，壓縮機效率為 η。對於以下其中一組操作情況，估算壓縮機所需的功率和排放流的溫度。

(a) $T_1 = 25°C$，$P_1 = 101.33$ kPa，$\dot{n} = 100\ mol{\cdot}s^{-1}$，$P_2 = 375$ kPa，$\eta = 0.75$。

(b) $T_1 = 80°C$，$P_1 = 375$ kPa，$\dot{n} = 100\ mol{\cdot}s^{-1}$，$P_2 = 1000$ kPa，$\eta = 0.70$。

(c) $T_1 = 30°C$，$P_1 = 100$ kPa，$\dot{n} = 150\ mol{\cdot}s^{-1}$，$P_2 = 500$ kPa，$\eta = 0.80$。

(d) $T_1 = 100°C$，$P_1 = 500$ kPa，$\dot{n} = 50\ mol{\cdot}s^{-1}$，$P_2 = 1300$ kPa，$\eta = 0.75$。

(e) $T_1 = 80(°F)$，$P_1 = 14.7$(psia)，$\dot{n} = 0.5(lb\ mol)(s)^{-1}$，$P_2 = 55$(psia)，$\eta = 0.75$。

(f) $T_1 = 150(°F)$，$P_1 = 55$(psia)，$\dot{n} = 0.5(lb\ mol)(s)^{-1}$，$P_2 = 135$(psia)，$\eta = 0.70$。

7.33. 在絕熱壓縮機中，將氨氣從 21°C 和 200 kPa 壓縮至 1000 kPa，效率為 0.82，估算氨的最終溫度、所需的功和熵變化。

7.34. 丙烯從 11.5 bar 和 30°C 絕熱壓縮至 18 bar，流率為 1 kg $mol{\cdot}s^{-1}$。若壓縮機效率為 0.8，則壓縮機所需的功率是多少？丙烯的排放溫度是多少？

7.35. 甲烷在管道泵站中，由 3500 kPa 和 35°C 絕熱壓縮至 5500 kPa，流率為 1.5 kg $mol{\cdot}s^{-1}$。若壓縮機效率為 0.78，則壓縮機所需的功率是多少？甲烷的排放溫度是多少？

7.36. 例 7.9 中壓縮程序的理想功是多少？這個程序的熱力學效率是多少？S_G 和 W_{lost} 為何？取 $T_\sigma = 293.15$ K。

7.37. 風扇 (實際上) 是一種氣體壓縮機，可在低壓 (1 到 15 kPa) 壓力差下移動大量空氣。通常的設計方程式為：

$$\dot{W} = \dot{n}\,\frac{RT_1}{\eta P_1}\,\Delta P$$

其中下標 1 表示入口的狀況，η 是相對於等熵操作的效率。證明這個方程式，並且說明它是如何從壓縮具有恆定熱容量的理想氣體的常用方程式得出的。

7.38. 對於絕熱氣體壓縮機，其相對於等熵操作的效率 η 是內部不可逆性的量度；無因次的熵產生率 $S_G/R \equiv \dot{S}_G/(\dot{n}R)$ 也是如此。假設氣體是恆定熱容量的理想氣體，證明 η 和 S_G/R 的關聯式為：

$$\frac{S_G}{R} = \frac{C_P}{R} \ln\left(\frac{\eta + \pi - 1}{\eta\pi}\right)$$

其中

$$\pi \equiv (P_2/P_1)^{R/C_P}$$

7.39. 1(atm) 和 35°C 的空氣在多段往復式壓縮機 (具有中間冷卻) 中，壓縮至最終壓力 50(atm)。對於每個階段，入口氣體溫度為 35°C，最高允許出口溫度為 200°C。所有階段的機械功率都是相同的，每個階段的等熵效率為 65%。在第一階段入口處空氣的體積流率為 $0.5\ m^3 \cdot s^{-1}$。

(a) 需要多少個階段？

(b) 每個階段所需的機械功率是多少？

(c) 每個中間冷卻器的熱負荷是多少？

(d) 水是中間冷卻器的冷卻劑。它在 25°C 進入並在 45°C 離開，每個中間冷卻器的冷水流率是多少？

假設空氣是 $C_P = (7/2)R$ 的理想氣體。

7.40. 證明壓縮氣體所需的功率越小，氣體越複雜。假設 $\dot{n}$ 、η、T_1、P_1 和 P_2 的值固定，並且氣體是具有恆定熱容量的理想氣體。

7.41. 由絕熱氣體壓縮機的測試，得到入口情況 (T_1, P_1) 和出口情況 (T_2, P_2) 的值。假設理想氣體具有恆定的熱容量，計算下列其中之一的壓縮機效率：

(a) $T_1 = 300$ K，$P_1 = 2$ bar，$T_2 = 464$ K，$P_2 = 6$ bar，$C_P/R = 7/2$。

(b) $T_1 = 290$ K，$P_1 = 1.5$ bar，$T_2 = 547$ K，$P_2 = 5$ bar，$C_P/R = 5/2$。

(c) $T_1 = 295$ K，$P_1 = 1.2$ bar，$T_2 = 455$ K，$P_2 = 6$ bar，$C_P/R = 9/2$。

(d) $T_1 = 300$ K，$P_1 = 1.1$ bar，$T_2 = 505$ K，$P_2 = 8$ bar，$C_P/R = 11/2$。

(e) $T_1 = 305$ K，$P_1 = 1.5$ bar，$T_2 = 496$ K，$P_2 = 7$ bar，$C_P/R = 4$。

7.42. 空氣在穩流壓縮機中壓縮，在 1.2 bar 和 300 K 進入，而在 5 bar 和 500 K 離開。操作是非絕熱的，有熱量傳至 295 K 的外界。對於相同狀態變化的空氣，對於非絕熱操作，每莫耳空氣所需的機械功率是否大於或小於絕熱操作？為什麼？

7.43. 鍋爐房產生大量過量的低壓 [50(psig)，5(°F) - 過熱] 蒸汽，一種改善方法是將此低壓蒸汽經由絕熱穩流壓縮機操作，以產生中壓 [150(psig)] 蒸汽。一位年輕的工程師擔心壓縮會導致液態水的形成，而損壞壓縮機。此顧慮是否會引起關注？建議：參見附錄 F 的圖 F.3 Mollier 圖。

7.44. 泵以絕熱方式操作，液態水於 T_1 和 P_1 進入泵，質量流率為 $\dot{m}$，排放壓力為 P_2，泵的效率為 η。對於以下其中之一的操作情況，計算泵所需的功率及從泵排出的水的溫度。

(a) $T_1 = 25$°C，$P_1 = 100$ kPa，$m = 20\ kg \cdot s^{-1}$，$P_2 = 2000$ kPa，$\eta = 0.75$，$\beta = 257.2 \times 10^{-6}\ K^{-1}$。

(b) $T_1 = 90$°C，$P_1 = 200$ kPa，$m = 30\ kg \cdot s^{-1}$，$P_2 = 5000$ kPa，$\eta = 0.70$，

$\beta = 696.2 \times 10^{-6}\ \mathrm{K}^{-1}$。

(c) $T_1 = 60°\mathrm{C}$，$P_1 = 20\ \mathrm{kPa}$，$m = 15\ \mathrm{kg{\cdot}s^{-1}}$，$P_2 = 5000\ \mathrm{kPa}$，$\eta = 0.75$，$\beta = 523.1 \times 10^{-6}\ \mathrm{K}^{-1}$。

(d) $T_1 = 70(°\mathrm{F})$，$P_1 = 1(\mathrm{atm})$，$m = 50(\mathrm{lb_m})(\mathrm{s})^{-1}$，$P_2 = 20(\mathrm{atm})$，$\eta = 0.70$，$\beta = 217.3 \times 10^{-6}\ \mathrm{K}^{-1}$。

(e) $T_1 = 200(°\mathrm{F})$，$P_1 = 15(\mathrm{psia})$，$m = 80(\mathrm{lb_m})(\mathrm{s})^{-1}$，$P_2 = 1500(\mathrm{psia})$，$\eta = 0.75$，$\beta = 714.3 \times 10^{-6}\ \mathrm{K}^{-1}$。

7.45. 例 7.10 的泵程序的理想功為何？這個程序的熱力學效率是多少？S_G 為何？W_{lost} 為何？取 $T_\sigma = 300\ \mathrm{K}$。

7.46. 證明 Joule/Thomson 反轉曲線上的點 $[\mu = (\partial T/\partial P)_H = 0]$ 亦可由以下各項描述：

(a) $\left(\dfrac{\partial Z}{\partial T}\right)_P = 0$；　(b) $\left(\dfrac{\partial H}{\partial P}\right)_T = 0$；　(c) $\left(\dfrac{\partial V}{\partial T}\right)_P = \dfrac{V}{T}$；　(d) $\left(\dfrac{\partial Z}{\partial V}\right)_P = 0$；

(e) $V\left(\dfrac{\partial P}{\partial V}\right)_T + T\left(\dfrac{\partial P}{\partial T}\right)_V = 0$

7.47. 根據習題 7.3，熱力學音速 c 取決於 PVT 狀態方程式。證明如何使用等溫音速測量來估算氣體的第二維里係數 B。假設 (3.36) 式適用，且 C_P/C_V 值是由理想氣體值給出。

7.48. 真實氣體在渦輪機的行為，有時可用表達式 $\dot{W} = \langle Z \rangle \dot{W}^{ig}$ 來實現，其中 $\dot{W}^{ig}$ 是理想氣體機械功率，$\langle Z \rangle$ 是壓縮係數的平均值。

(a) 使這一表達式合理化。

(b) 設計經由剩餘性質結合真實氣體行為的渦輪機例子，並計算該例的 $\langle Z \rangle$ 的數值。

7.49. 操作數據取自空氣渦輪機。對於特定的操作，$P_1 = 8\ \mathrm{bar}$，$T_1 = 600\ \mathrm{K}$，且 $P_2 = 1.2\ \mathrm{bar}$。但是，出口溫度的記錄只是部分清晰；它可能是 $T_2 = 318\ \mathrm{K}$、$348\ \mathrm{K}$ 或 $398\ \mathrm{K}$。哪一個才是對的？對於給定的條件，假設空氣是理想氣體且 $C_P = (7/2)R$。

7.50. 在 25°C 和 1.2 bar 下的液態苯，在兩階段穩定流動程序中，在 200°C 和 5 bar 下轉化為蒸汽：首先用泵壓縮至 5 bar，然後在逆流熱交換器中蒸發。計算泵所需的功率及熱交換器的負荷為多少 $\mathrm{kJ{\cdot}mol^{-1}}$。假設泵效率為 70%，並將苯蒸氣視為理想氣體處理，其中 $C_P = 105\ \mathrm{J{\cdot}mol^{-1}{\cdot}K^{-1}}$。

7.51. 在 25°C 和 1.2 bar 下的液態苯，在兩階段穩定流動程序中，在 200°C 和 5 bar 下轉化為蒸汽：首先在 1.2 bar 的逆流熱交換器中蒸發，然後作為氣體壓縮至 5 bar。計算交換器的負荷和壓縮機所需的功率，單位為 $\mathrm{kJ{\cdot}mol^{-1}}$。假設壓縮機效率為 75%，並將苯蒸汽視為理想氣體處理，其中 $C_P = 105\ \mathrm{J{\cdot}mol^{-1}{\cdot}K^{-1}}$。

7.52. 在習題 7.50 和習題 7.51 中提出的程序，你會推薦哪一個？為什麼？

7.53. 25°C 下的液體 (下面給定) 在逆流熱交換器中，在 1(atm) 下完全蒸發。飽和蒸汽是加熱介質，可在四種壓力下使用：4.5 bar、9 bar、17 bar 和 33 bar。哪種蒸汽最適合每種情況？假設熱交換器的冷熱流溫差 ΔT 至少為 10°C。

(a) 苯；(b) 正癸烷；(c) 乙二醇；(d) 鄰二甲苯。

7.54. 利用電動壓縮機將 100 kmol·h^{-1} 的乙烯從 1.2 bar 和 300 K 壓縮至 6 bar，計算此單元的成本 C。將乙烯視為理想氣體處理，且 $C_P = 50.6$ J·mol^{-1}·K^{-1}。

數據：η (壓縮機) = 0.70

C (壓縮機)/\$ = 3040 $(\dot{W}_s/\text{kW})^{0.952}$

其中 $\dot{W}_s \equiv$ 壓縮機的等熵功率需求。

C (馬達)/\$ = 380 $(|\dot{W}_e|/\text{kW})^{0.855}$

其中 $\dot{W}_e \equiv$ 馬達輸出的軸功率。

7.55. 用於氣體壓縮機的四種不同類型的驅動器是：電動機、氣體擴展器、蒸汽渦輪機和內燃機，建議各驅動器何時適合。你如何估算每個驅動器的操作成本？忽略諸如維護、操作人力和開銷之類的附加費用。

7.56. 以下提出的兩種方案，可將乙烯氣體在穩定流動程序中，由 375 K 和 18 bar 降壓至 1.2 bar：

(a) 將其通過節流閥。

(b) 將其通過 70% 效率的絕熱擴展器。

對於每個方案，計算下游溫度和熵生成率 (J·mol^{-1}·K^{-1})。方案 (b) 的輸出功率是多少 kJ·mol^{-1}？討論這兩個方案的利弊。不要假設為理想氣體。

7.57. 在絕熱塔中，將烴氣流與輕油流連續組合來冷卻 500°C 的烴氣流。輕油在 25°C 下以液體形式進入；合併的股流在 200°C 下作為氣體離開。

(a) 對此程序繪製一個精心標記的流程圖。

(b) 設 F 和 D 分別表示熱烴氣體和輕油的莫耳流率。使用下面給出的數據來計算油氣比 D/F 的數值。解釋你的分析。

(c) 用液體而不是用另一種 (冷卻器) 氣體來驟冷烴類氣體有什麼好處？請說明。

數據：烴類氣體的 C_P^v(平均) = 150 J·mol^{-1}·K^{-1}。

輕油蒸汽的 C_P^v(平均) = 200 J·mol^{-1}·K^{-1}。

在 25°C 下，ΔH^{lv}(油) = 35,000 J·mol^{-1}。

Chapter 8

從熱量產生動力

在日常生活中，我們經常談到「使用」能量。例如，家中的水電費由家中「使用」的電能和化學能 (如天然氣) 的數量決定。這似乎與熱力學第一定律所表達的能量守恆相衝突。然而，仔細研究顯示，當我們說「使用」能量時，通常意味著能量的轉換；亦即，從機械功轉換為熱量或將熱量從較高溫度傳遞到較低溫度。事實上，「使用」能量的這些程序是產生熵的程序。這種熵產生是不可避免的。然而，當我們最小化熵產生時，也最有效地「使用」能量。

除核能外，太陽是人類使用的幾乎所有機械和電力的最終來源。能量以極高的速率由太陽輻射到達地球，超過當前人類能源使用的總量。當然相同數量的能量從地球輻射到太空，使得地球的溫度幾乎保持不變。然而，入射的太陽輻射具有接近 6000 K 的有效溫度，是地球的 20 倍。這種大的溫差意味著原則上大多數入射的太陽輻射可以轉換成機械能或電能。當然陽光的關鍵作用是維持植物的生長。數百萬年來，這種有機物質的一部分已經轉化為煤、石油和天然氣的沉積物。這些化石燃料的燃燒提供實現工業革命和改造文明所需的力量。到處遍布的大型發電廠取決於這些燃料的燃燒，並且少量取決於核裂變，而將熱量傳遞給蒸汽發電廠的工作流體 (H_2O)。這些是將部分熱量轉化為機械能的大型熱機。根據第二定律，這些工廠的熱效率很少超過 35%。

被陽光蒸發並經由風在陸地上運輸的水是降水的來源，最終產生大規模的水力發電。太陽輻射還為大氣風提供能量，大氣風越來越常在有利的位置用於驅動大型風力渦輪機以產生動力。由於化石燃料變得不太容易獲得且較昂貴，隨著對大氣污染和全球變暖的日益關注，開發替代能源已成為當務之急。利用太陽能的一種特別有吸引力的方法是，經由光伏電池 (photovoltaic cell) 將輻射直接轉換成電能。它們安全、簡單、耐用，可在環境溫度下操作，但是費用大幅限制它們在小規模特殊應用中的使用。未來它們在更大規模上的使用似乎是不可避免的，光伏產業正在快速成長。另一種大規模利用太陽能的選擇是太陽熱技術，其中太陽光利用鏡子聚焦以加熱驅動熱機的工作流體。

用於將化學 (分子) 能量直接轉換成電能，而不產生中間熱量的常用裝置是電化學電池，即電池。相關裝置是**燃料電池** (fuel cell)，其中反應物連續地供應到電極。原型是一種電池，其中氫氣與氧氣反應，經由電化學轉化產生水。與首先由燃燒將化學能轉化為熱的程序相比，化學能轉化為電能的效率顯著提高，這個技術在運輸中具有潛在的應用，並且可能找到其他用途。

內燃機也是熱機，其中利用將燃料的化學能直接轉換為功產生裝置內的內能來達到高溫。例如，奧圖 (Otto)、迪塞爾 (Diesel) 和氣體渦輪機。[1]

本章中，我們簡單地分析：

- 與卡諾 (Carnot) 循環、朗肯 (Rankine) 循環和再生循環有關的蒸汽發電廠。
- 與奧圖循環、迪塞爾循環、布雷登 (Brayton) 循環有關的內燃機。
- 噴射引擎和火箭引擎。

8.1 蒸汽發電廠

圖 8.1 顯示一個簡單的穩流循環程序，由鍋爐產生的蒸汽在絕熱渦輪機膨脹作功，由渦輪機排出的蒸汽流入冷凝器，從冷凝器將其絕熱地泵送回鍋爐。工作流體在循環中流動時發生的程序如圖 8.2 的 *TS* 圖上的線所示。這些線的順序符合第 5 章描述的卡諾循環，所示的操作是可逆的，包括由兩個絕熱步驟及相連的兩個等溫步驟組成。

步驟 1 → 2 是在溫度為 T_H 的鍋爐中進行等溫蒸發，其中熱量以 $\dot{Q}_H$ 的速率傳遞到飽和液態水中，並產生飽和蒸汽。步驟 2 → 3 是渦輪機中飽和蒸汽的可逆絕熱膨脹，在 T_C 產生飽和液體和蒸汽的兩相混合物，這種等熵膨脹由垂直線表示。步驟 3 → 4 是在較低溫度 T_C 下的等溫部分冷凝程序，其中熱量以 $\dot{Q}_C$ 的速率傳遞到外界。步驟 4 → 1 是泵中的等熵壓縮，以垂直線表示，它使循環回到原點，產生點 1 的飽和液態水。由渦輪機產生的功率 $\dot{W}_{\text{turbine}}$ 遠大於泵所需的功率 $\dot{W}_{\text{pump}}$，所得的淨輸出功率等於鍋爐的熱輸入率和冷凝器的排熱率之間差值。

1 蒸汽發電廠及內燃機的詳細資訊可參見 E. B. Wood ruff, H. B. Lammers, and T. S. Lammers, *Steam Plant Operation*, 9th ed., McGraw-Hill, New York, 2011; C. F. Taylor, *The Internal Combustion Engine in Theory and Practice: Thermodynamics, Fluid Flow, Performance*, 2nd ed., MIT Press, Boston, 1984; and J. Heywood, *Internal Combustion Engine Fundamentals* McGraw-Hill, New York, 1988.

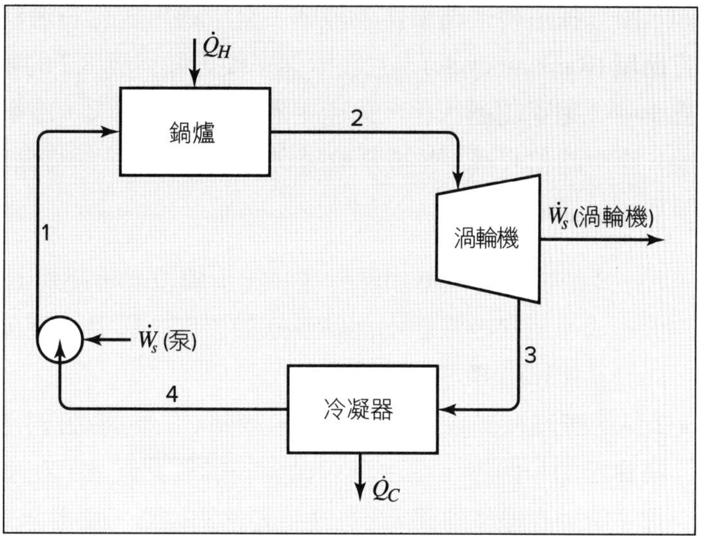

▶圖 8.1 簡單的蒸汽發電廠。

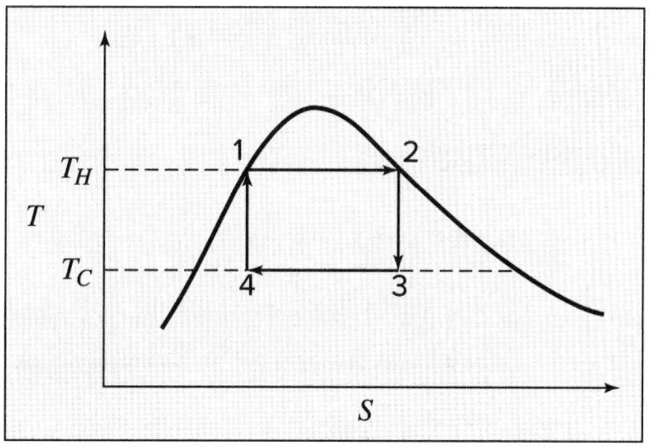

▶圖 8.2 *TS* 圖上的卡諾循環。

這個循環的熱效率是：

$$\eta_{\text{Carnot}} = 1 - \frac{T_C}{T_H} \tag{5.7}$$

顯然地，η 隨著 T_H 的增加和 T_C 的減少而增加。儘管實際熱機的效率因不可逆性而降低，但隨著鍋爐中吸熱時平均溫度的增加，以及在冷凝器中放熱時平均溫度的降低，熱機的效率仍然提高。

朗肯循環

由 (5.7) 式給出的卡諾循環的熱效率可以作為實際蒸汽發電廠的比較標準。然而，嚴重的實際困難是參與執行步驟 2 → 3 和 4 → 1 的設備的操作。吸收飽和蒸汽的渦輪機產生具有高液體含量的廢氣，導致嚴重的腐蝕問題。[2] 更難的是，泵的目的會吸收液體和蒸汽的混合物 (點 4) 並排出飽和液體 (點 1)。由於這些原

2 儘管如此，核電廠仍會產生飽和蒸汽，並與在膨脹的各個階段噴射液體的渦輪機一起操作。

因，所以採用替代循環作為標準，至少適用於化石燃料燃燒發電廠。它稱為**朗肯循環** (Rankine cycle)，且在兩個主要方面與圖 8.2 的循環不同。首先，加熱步驟 1 → 2 遠遠超過汽化，以產生過熱蒸汽；其次，冷卻步驟 3 → 4 導致完全冷凝，產生飽和液體，並被泵輸送到鍋爐。因此，朗肯循環包括圖 8.3 所示的四個步驟，並描述如下：

- 1 → 2 鍋爐中的恆壓加熱程序。此步驟位於等壓線 (鍋爐的壓力) 下，由三部分組成：將過冷液態水加熱至飽和溫度、恆溫恆壓蒸發，並將蒸汽過熱至遠高於其飽和溫度的溫度。
- 2 → 3 蒸汽在渦輪機中作可逆、絕熱 (等熵) 膨脹到冷凝器的壓力。此步驟通常穿過飽和曲線，產生汽液混合的排氣。但是，在步驟 1 → 2 中完成的過熱程序將垂直線移到圖 8.3 右邊足夠遠的位置，使得水分含量不會太大。
- 3 → 4 在冷凝器中進行恆壓恆溫程序，在點 4 產生飽和液體。
- 4 → 1 在可逆、絕熱 (等熵) 情況下，將飽和液體由泵輸送至鍋爐的壓力，並產生壓縮 (過冷) 液體。垂直線 (其長度在圖 8.3 中被誇大) 非常短，因為液體加壓時溫度升高很小。

由於膨脹和壓縮步驟的不可逆性，發電廠實際上在偏離朗肯循環的循環上操作。圖 8.4 說明這些不可逆性對步驟 2 → 3 和 4 → 1 的影響。這些線不再是垂直的，而是朝向增加的熵。渦輪機排氣通常仍然是濕的，但是只要水分含量夠低，腐蝕問題就不嚴重。可能會發生冷凝器中冷凝物的輕微過冷，但影響不大。

鍋爐用於將熱量從燃燒的燃料 (或從核反應堆，或甚至太陽能熱源) 傳遞到循環程序中，而冷凝器將熱量從循環程序傳遞到外界。忽略動能和位能的變化，(2.30) 式和 (2.31) 式簡化為：

$\dot{Q} = \dot{m}\Delta H \quad (8.1)$	$Q = \Delta H \quad (8.2)$

渦輪和泵的計算在第 7.2 節和第 7.3 節中已有詳細討論。

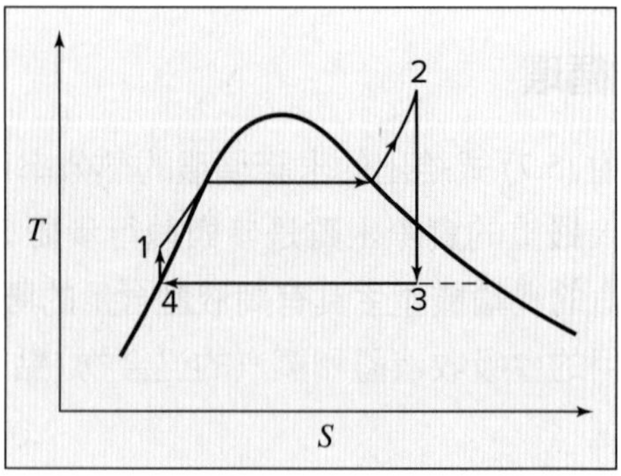

▶圖 8.3 *TS* 圖上的朗肯循環。

▶圖 8.4 簡單的實際動力循環。

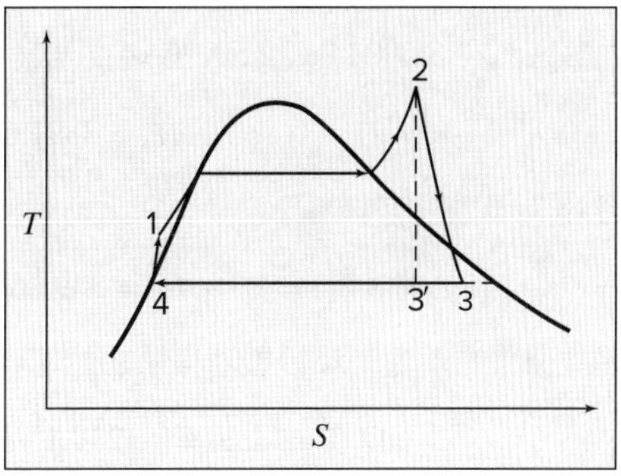

例 8.1

在 8600 kPa 的壓力和 500°C 的溫度下，將發電廠中產生的蒸汽供給到渦輪機。來自渦輪機的排氣進入 10 kPa 的冷凝器，冷凝成飽和液體，然後將其泵送到鍋爐。

(a) 在這些情況下朗肯循環操作的熱效率是多少？

(b) 若渦輪機效率和泵效率均為 0.75，則在這些情況下實際循環操作的熱效率是多少？

(c) 若 (b) 部分的動力循環額定值為 80,000 kW，則蒸汽流率及鍋爐和冷凝器的熱傳速率是多少？

解

(a) 此渦輪機的操作情況與例 7.6 的渦輪機相同，其中，基於 1 kg 蒸汽：

$$(\Delta H)_S = -1274.2 \text{ kJ}\cdot\text{kg}^{-1}$$

因此 $$W_s(\text{等熵}) = (\Delta \text{H})_S = -1274.2 \text{ kJ}\cdot\text{kg}^{-1}$$

此外，等熵膨脹結束時的焓，如例 7.6 中的 H_2' 為：

$$H_3' = 2117.4 \text{ kJ}\cdot\text{kg}^{-1}$$

下標參見圖 8.4。飽和液體冷凝物在 10 kPa (且 $t^{\text{sat}} = 45.83°\text{C}$) 下的焓為：

$$H_4 = 191.8 \text{ kJ}\cdot\text{kg}^{-1}$$

將 (8.2) 式應用於冷凝器，

$$Q(\text{冷凝器}) = H_4 - H_3' = 191.8 - 2117.4 = -1925.6 \text{ kJ}\cdot\text{kg}^{-1}$$

其中負號表示熱量由系統流出。

此泵的操作情況與例 7.10 的泵相同，其中：

$$W_s(\text{等熵}) = (\Delta H)_S = 8.7 \text{ kJ}\cdot\text{kg}^{-1}$$

因此 $$H_1 = H_4 + (\Delta H)_S = 191.8 + 8.7 = 200.5 \text{ kJ}\cdot\text{kg}^{-1}$$

過熱蒸汽在 8,600 kPa 和 500°C 時的焓為：

$$H_2 = 3391.6 \text{ kJ·kg}^{-1}$$

將 (8.2) 式應用於鍋爐，

$$Q(\text{鍋爐}) = H_2 - H_1 = 3391.6 - 200.5 = 3191.1 \text{ kJ·kg}^{-1}$$

朗肯循環的淨功是渦輪機功與泵功的總和：

$$W_s(\text{Rankine}) = -1274.2 + 8.7 = -1265.5 \text{ kJ·kg}^{-1}$$

此結果亦可由下式求得：

$$W_s(\text{Rankine}) = -Q(\text{鍋爐}) - Q(\text{冷凝器})$$
$$= -3191.1 + 1925.6 = -1265.5 \text{ kJ·kg}^{-1}$$

循環的熱效率是：

$$\eta = \frac{-W_s(\text{Rankine})}{Q} = \frac{1265.5}{3191.1} = 0.3966$$

(b) 若渦輪機效率為 0.75，由例 7.6 可知：

$$W_s(\text{渦輪機}) = \Delta H = -955.6 \text{ kJ·kg}^{-1}$$

因此 $H_3 = H_2 + \Delta H = 3391.6 - 955.6 = 2436.0 \text{ kJ·kg}^{-1}$

對於冷凝器，

$$Q(\text{冷凝器}) = H_4 - H_3 = 191.8 - 2436.0 = -2244.2 \text{ kJ·kg}^{-1}$$

對於泵，由例 7.10 可知，

$$W_s(\text{泵}) = \Delta H = 11.6 \text{ kJ·kg}^{-1}$$

因此，循環的淨功為：

$$W_s(\text{淨值}) = -955.6 + 11.6 = -944.0 \text{ kJ·kg}^{-1}$$

且 $H_1 = H_4 + \Delta H = 191.8 + 11.6 = 203.4 \text{ kJ·kg}^{-1}$

因此 $Q(\text{鍋爐}) = H_2 - H_1 = 3391.6 - 203.4 = 3188.2 \text{ kJ·kg}^{-1}$

循環的熱效率為：

$$\eta = \frac{-W_s(\text{淨值})}{Q(\text{鍋爐})} = \frac{944.0}{3188.2} = 0.2961$$

此結果可以與 (a) 部分的結果進行比較。

(c) 額定功率為 80,000 kW：

$$\dot{W}_s(\text{淨值}) = \dot{m}\, W_s(\text{淨值})$$

或 $\dot{m} = \frac{\dot{W}_s(\text{淨值})}{W_s(\text{淨值})} = \frac{-80{,}000\ \text{kJ}\cdot\text{s}^{-1}}{-944.0\ \text{kJ}\cdot\text{kg}^{-1}} = 84.75\ \text{kg}\cdot\text{s}^{-1}$

然後由 (8.1) 式可得：

$$\dot{Q}(\text{鍋爐}) = (84.75)(3188.2) = 270.2 \times 10^3\ \text{kJ}\cdot\text{s}^{-1}$$

$$\dot{Q}(\text{冷凝器}) = (84.75)(-2244.2) = -190.2 \times 10^3\ \text{kJ}\cdot\text{s}^{-1}$$

注意

$$\dot{Q}(\text{鍋爐}) + \dot{Q}\ (\text{冷凝器}) = -\dot{W}_s(\text{淨值})$$

再生循環

當壓力升高，因此鍋爐中的汽化溫度升高時，蒸汽動力循環的熱效率增加。鍋爐中的過熱度也會增加。因此，高鍋爐壓力和溫度有利於高效率。然而，這些相同的條件增加工廠的資金投入，因為它們需要更堅固和更昂貴的結構材料。而且隨著施加更嚴格的條件，這些成本會迅速增加。實際上，發電廠很少在遠高於 10,000 kPa 的壓力或遠高於 600°C 的溫度下操作。發電廠的熱效率會隨著冷凝器壓力和溫度的降低而增加。但是，冷凝溫度必須高於冷卻介質的溫度，冷卻介質通常是水，這取決於當地的氣候和地理條件。發電廠通常會在冷凝器壓力盡可能低的情況下操作。

大多數現代發電廠的操作方式是改良式的朗肯循環，該循環包含給水加熱器。來自冷凝器的水先被從渦輪機提取的蒸汽加熱，而不是直接泵送回鍋爐。這通常分幾個階段完成，蒸汽在幾個中間膨脹狀態下從渦輪機中取出。具有四個給水加熱器的裝置，如圖 8.5 所示。在圖 8.5 中指出的操作條件，以及以下段落中描述的內容是典型的，也是例 8.2 的計算基礎。

鍋爐中蒸汽產生的情況與例 8.1 中相同：8600 kPa 和 500°C。渦輪機的排氣壓力 10 kPa 也是相同的。因此，排出蒸汽的飽和溫度為 45.83°C。允許冷凝水略微過冷，我們將來自冷凝器的液態水的溫度固定在 45°C。在例 7.10 中泵的情況下操作的給水泵，導致溫度升高約 1°C，使進入一系列加熱器的給水溫度等於 46°C。

蒸汽在鍋爐壓力為 8600 kPa 時的飽和溫度為 300.06°C，加熱器中可以升高給水的溫度必定較低。這個溫度是一個設計變數，最終由經濟考慮因素決定。但是必須先選擇一個值，才能進行任何熱力學計算。因此，對於進入鍋爐的給水流，我們任意指定 226°C 的溫度，還定出所有四個給水加熱器都能達到相同的溫度上升值。因此，226 − 46 = 180°C 的總溫度上升值分為四個 45°C 的增量。所有的中間給水溫度都如圖 8.5 所示的值。

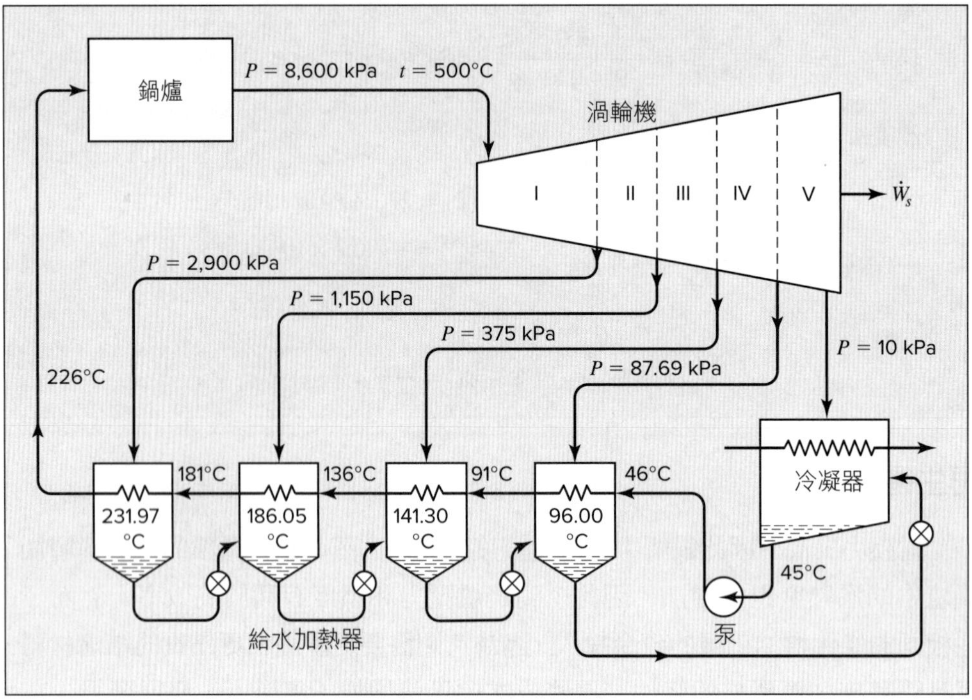

▶圖 8.5 具有給水加熱器的蒸汽發電廠。

供給給水加熱器的蒸汽必須具有夠高的壓力，使其飽和溫度高於離開加熱器的給水流的飽和溫度。我們假設熱傳的最小溫差不小於 5°C，並選擇抽汽壓力，使得給水加熱器中顯示的 t^{sat} 值比給水流的出口溫度至少高 5°C。來自每個給水加熱器的冷凝液，在下一個較低的壓力下通過節流閥閃蒸到加熱器，並且在該系列的最終加熱器中收集的冷凝液閃蒸進入冷凝器。因此，所有冷凝液經由給水加熱器從冷凝器返回鍋爐。

以這種方式加熱給水的目的是提高加熱到鍋爐中的水的平均溫度，提高了設備的熱效率，而稱此設備在**再生循環** (regenerative cycle) 中操作。

例 8.2

假設渦輪機和泵的效率為 0.75，計算圖 8.5 所示發電廠的熱效率。若額定功率為 80,000 kW，則鍋爐的蒸汽流率是多少？鍋爐和冷凝器的熱傳速率是多少？

解

以 1 kg 蒸汽從鍋爐進入渦輪機為計算基準。渦輪機實際上分為五個部分，如圖 8.5 所示。因為在每個部分的末端提取蒸汽，所以渦輪機中的流率從一個部分減小到下一個部分。由前四個部分提取的蒸汽量可由能量平衡算出。

我們需要被壓縮的給水流的焓值。恆溫下的壓力對液體的影響可由 (7.25) 式得知：

$$\Delta H = V(1 - \beta T)\,\Delta P \qquad (\text{恆溫 } T)$$

對於 226°C (499.15 K) 的飽和液態水，由蒸汽表提供：

$$P^{\text{sat}} = 2598.2 \text{ kPa} \quad H = 971.5 \text{ kJ}\cdot\text{kg}^{-1} \quad V = 1201 \text{ cm}^3\cdot\text{kg}^{-1}$$

另外，在這個溫度下，

$$\beta = 1.582 \times 10^{-3} \text{ K}^{-1}$$

因此，對於從飽和壓力到 8600 kPa 的壓力變化：

$$\Delta H = 1201[1 - (1.528 \times 10^{-3})\,(499.15)]\frac{(8600 - 2598.2)}{10^6} = 1.5 \text{ kJ}\cdot\text{kg}^{-1}$$

並且　　$H = H(\text{飽和液體}) + \Delta H = 971.5 + 1.5 = 973.0 \text{ kJ}\cdot\text{kg}^{-1}$

類似的計算可求得在其他溫度下給水的焓值。所有相關值均列於下表中。

t/°C	**226**	**181**	**136**	**91**	**46**
水在 t 和 $P = 8600$ kPa 的 H/kJ·kg^{-1}	973.0	771.3	577.4	387.5	200.0

渦輪機的第 I 階段和第一個給水加熱器如圖 8.6 所示。進入渦輪機的蒸汽的焓和熵可從過熱蒸汽表中找到。假設渦輪機第 I 階段的蒸汽等熵膨脹到 2900 kPa，結果如下：

$$(\Delta H)_S = -320.5 \text{ kJ}\cdot\text{kg}^{-1}$$

如果我們假設渦輪機效率與蒸汽膨脹的壓力無關，則由 (7.16) 式可得：

$$\Delta H = \eta(\Delta H)_S = (0.75)(-320.5) = -240.4 \text{ kJ}\cdot\text{kg}^{-1}$$

由 (7.14) 式知，

$$W_s(\text{I}) = \Delta H = -240.4 \text{ kJ}$$

此外，從渦輪機這一部分排出的蒸汽的焓是：

$$H = 3391.6 - 240.4 = 3151.2 \text{ kJ}\cdot\text{kg}^{-1}$$

我們假設給水加熱器的能量平衡式的動能和位能變化可忽略不計，又因為 $\dot{Q} = -\dot{W}_s = 0$，所以 (2.29) 式可簡化為：

$$\Delta(\dot{m}H)_{\text{fs}} = 0$$

因此，若以 1 kg 蒸汽進入渦輪機為基準 (圖 8.6)：

$$m(999.5 - 3151.2) + (1)(973.0 - 771.3) = 0$$

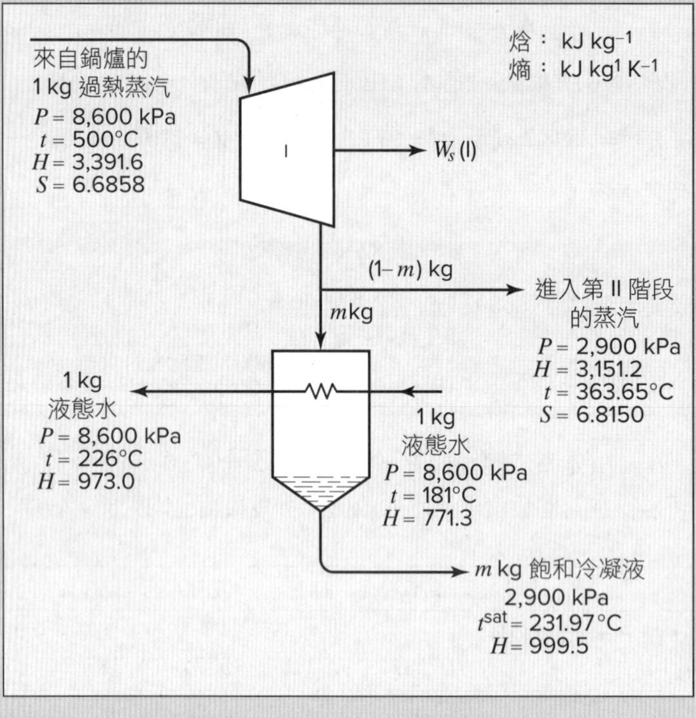

▶圖 8.6　渦輪機的第 I 階段與第一個給水加熱器。

則　$m = 0.09374\text{ kg}$　且　$1 - m = 0.90626\text{ kg}$

若進入渦輪機的蒸汽為 1 kg，則流入渦輪機第 II 階段的蒸汽質量為 $1 - m$。

渦輪機的第 II 階段和第二個給水加熱器如圖 8.7 所示。在進行與第 I 階段相同的計算時，我們假設離開第 II 階段的每公斤蒸汽從其在渦輪機入口處的狀態膨脹到第 II 階段的出口，與等熵膨脹相比其效率為 0.75。以這種方式求得的離開第 II 階段的蒸汽的焓為：

$$H = 2987.8\text{ kJ}\cdot\text{kg}^{-1}$$

因此，以 1 kg 蒸汽進入渦輪機為基準，

$$W_s(\text{II}) = (2987.8 - 3151.2)(0.90626) = -148.08\text{ kJ}$$

由給水加熱器的能量平衡 (圖 8.7) 可得：

$$(0.09374 + m)(789.9) - (0.09374)(999.5) - m(2987.8) + 1(771.3 - 577.4) = 0$$

因此　$m = 0.07971\text{ kg}$

注意，節流冷凝液不會改變其焓。

這些結果及渦輪機其餘階段的類似計算結果列於附表中。從顯示的結果可知，

$$\sum W_s = -804.0\text{ kJ} \qquad 及 \qquad \sum m = 0.3055\text{ kg}$$

▶ 圖 8.7 渦輪機的第 II 階段與第二個給水加熱器。

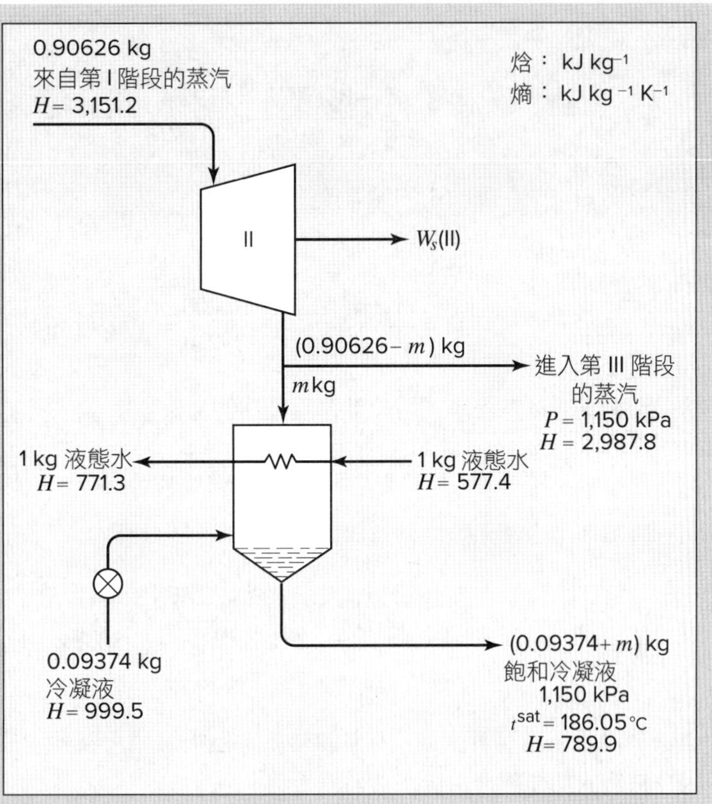

	階段出口處 H/kJ·kg^{-1}	階段 W_s/kJ	階段出口處 t/°C	狀態	m/kg 蒸汽取出量
階段 I	3151.2	−240.40	363.65	過熱蒸汽	0.09374
階段 II	2987.8	−148.08	272.48	過熱蒸汽	0.07928
階段 III	2827.4	−132.65	183.84	過熱蒸汽	0.06993
階段 IV	2651.3	−133.32	96.00	乾度為 $x = 0.9919$ 的蒸汽	0.06257
階段 V	2435.9	−149.59	45.83	乾度為 $x = 0.9378$ 的蒸汽	

因此，對於進入渦輪機的 1 kg 蒸汽，產生的功為 804.0 kJ，並且從渦輪機中提取 0.3055 kg 蒸汽用於給水加熱器。泵所需的功正是例 7.10 所得的 11.6 kJ。因此，基於鍋爐中產生的 1 kg 蒸汽，循環的淨功為：

$$W_s(\text{淨值}) = -804.0 + 11.6 = -792.4 \text{ kJ}$$

在同樣的基準上，鍋爐中添加的熱量為：

$$Q(\text{鍋爐}) = \Delta H = 3391.6 - 973.0 = 2418.6 \text{ kJ}$$

因此，循環的熱效率為：

$$\eta = \frac{-W_s(\text{淨值})}{Q(\text{鍋爐})} = \frac{792.4}{2418.6} = 0.3276$$

這是對例 8.1 的值 0.2961 的顯著改進。

因為 $\dot{W}_s(\text{淨值}) = -80{,}000\ \text{kJ}\cdot\text{s}^{-1}$，

$$\dot{m} = \frac{\dot{W}_s(\text{淨值})}{\dot{W}_s(\text{淨值})} = \frac{-80{,}000}{-792.4} = 100.96\ \text{kg}\cdot\text{s}^{-1}$$

這是渦輪機的蒸汽流率，用於計算鍋爐中的熱傳速率：

$$\dot{Q}(\text{鍋爐}) = \dot{m}\Delta H = (100.96)(2418.6) = 244.2 \times 10^3\ \text{kJ}\cdot\text{s}^{-1}$$

冷凝器中冷卻水的熱傳速率為：

$$\begin{aligned}\dot{Q}(\text{冷凝器}) &= -\dot{Q}(\text{鍋爐}) - \dot{W}_s(\text{淨值}) \\ &= -244.2 \times 10^3 - (-80.0 \times 10^3) \\ &= -164.2 \times 10^3\ \text{kJ}\cdot\text{s}^{-1}\end{aligned}$$

儘管蒸汽產生率高於例 8.1 所得的結果，但鍋爐和冷凝器中的熱傳速率明顯較低，因為它們的功能部分由給水加熱器接管。

8.2 內燃機

在蒸汽發電廠中，蒸汽是惰性介質，熱量從外部源 (如燃燒的燃料) 傳遞到惰性介質。因此，下列兩段需具有大的熱傳表面：(1) 在鍋爐中蒸汽在高溫吸收熱量；以及 (2) 在冷凝器中蒸汽在低溫排出熱量。缺點是當熱量必須透過壁傳遞時 (如透過鍋爐管的金屬壁)，壁能承受高溫和高壓的能力限制吸熱的溫度。另一方面，在內燃機中，燃料在機器本身內燃燒，燃燒產物用作工作介質，例如作用在圓筒中的活塞上。內部是高溫，不涉及熱傳表面。

在內燃機內燃燒燃料，使熱力學分析複雜化。此外，燃料和空氣穩定地流入內燃機，燃燒產物也穩定地流出內燃機；不會有工作介質經歷像蒸汽發電廠的蒸汽循環程序。然而，為了方便分析，我們想像以空氣作為工作流體的循環機，其性能與實際內燃機相當。另外，藉由向空氣中添加等量的熱量來代替燃燒步驟。在下文中，利用定性描述介紹每個內燃機。接下來是理想循環的定量分析，其中處於理想氣體狀態且具有恆定熱容量的空氣是工作介質。

奧圖熱機

最常見的內燃機是奧圖 (Otto) 熱機，因為它使用於汽車中。[3] 它的循環由四衝程組成，並以基本恆定壓力的進氣衝程開始，在此期間活塞向外移動將燃料 / 空氣混合物吸入圓筒。如圖 8.8 中的線 0 → 1 所示。在第二次衝程 (1 → 2 → 3) 期間，所有閥都關閉，燃料 / 空氣混合物在大致絕熱狀態下沿著線段 1 → 2 被壓縮；然後點燃混合物，燃燒迅速發生，此時壓力幾乎保持恆定，而壓力沿著線段 2 → 3 上升。在第三次衝程 (3 → 4 → 1) 期間產生功。燃燒的高溫高壓產物以大致絕熱沿著線段 3 → 4 膨脹；然後排氣閥打開，壓力沿著線段 4 → 1 以幾乎恆定的體積迅速下降。在第四或排氣衝程 (線 1 → 0) 期間，活塞將剩餘的燃燒氣體 (間隙容積的物質除外) 推出圓筒外。圖 8.8 中繪製的體積是活塞和圓筒中所含氣體的總體積。

提高壓縮比的效果是提高熱機的效率，即增加每單位燃料量產生的功，而壓縮比是從點 1 到點 2 的壓縮開始和結束時的體積比。我們證明這是一個理想化的循環，稱為空氣標準奧圖循環，如圖 8.9 所示。它由兩個絕熱和兩個恆容的步驟組成，形成熱機循環，其工作流體是處於理想氣體狀態的空氣，具有恆定的熱容量。步驟 *CD*，可逆絕熱壓縮，接著是步驟 *DA*，其中空氣在恆容下吸取足夠的熱量，以使其溫度和壓力升高到實際奧圖機燃燒產生的值。然後空氣進行絕熱可逆膨脹 (步驟 *AB*)，將熱傳遞到外界，在恆容下 (步驟 *BC*) 冷卻到 *C* 的初始狀態。

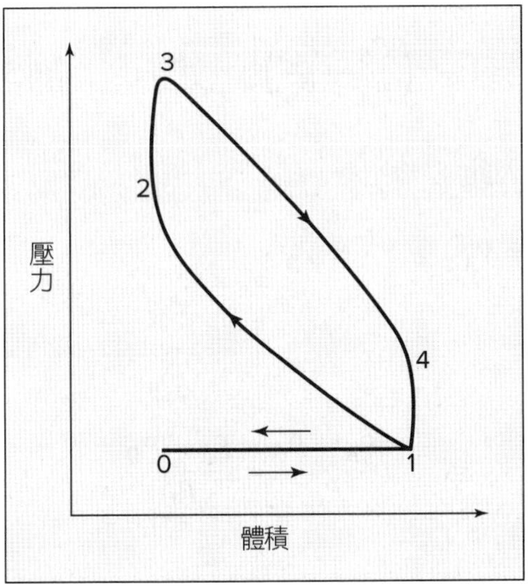

▶圖 8.8 奧圖內燃機循環。

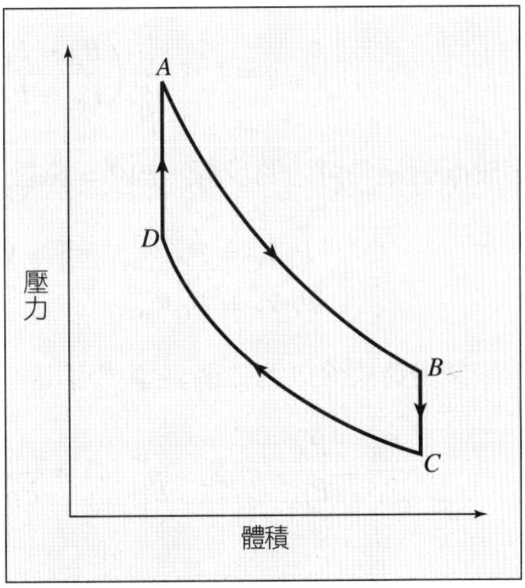

▶圖 8.9 空氣標準奧圖循環。

3 以德國工程師奧圖 (Nikolaus August Otto) 命名，他展示這種類型的第一個實用機之一。參見 http://en.wikipedia.org/wiki/Nikolaus_Otto。也稱為四衝程火花點火機。

圖 8.9 所示的空氣標準循環的熱效率 η 為：

$$\eta = \frac{-W(\text{淨值})}{Q_{DA}} = \frac{Q_{DA} + Q_{BC}}{Q_{DA}} \tag{8.3}$$

對於具有恆定熱容量的 1 mol 空氣，

$$Q_{DA} = C_V^{ig}(T_A - T_D) \quad \text{且} \quad Q_{BC} = C_V^{ig}(T_C - T_B)$$

將這些表達式代入 (8.3) 式可得：

$$\eta = \frac{C_V^{ig}(T_A - T_D) + C_V^{ig}(T_C - T_B)}{C_V^{ig}(T_A - T_D)}$$

或

$$\eta = 1 - \frac{T_B - T_C}{T_A - T_D} \tag{8.4}$$

熱效率與壓縮比 $r \equiv V_C^{ig}/V_D^{ig}$ 的關係可以簡單的方式表示。(8.4) 式中的每個溫度可用適當的 PV^{ig}/R 代替，即：

$$T_B = \frac{P_B V_B^{ig}}{R} = \frac{P_B V_C^{ig}}{R} \qquad T_C = \frac{P_C V_C^{ig}}{R}$$

$$T_A = \frac{P_A V_A^{ig}}{R} = \frac{P_A V_D^{ig}}{R} \qquad T_D = \frac{P_D V_D^{ig}}{R}$$

代入 (8.4) 式可得：

$$\eta = 1 - \frac{V_C^{ig}}{V_D^{ig}}\left(\frac{P_B - P_C}{P_A - P_D}\right) = 1 - r\left(\frac{P_B - P_C}{P_A - P_D}\right) \tag{8.5}$$

對於兩個絕熱可逆的步驟，$PV^\gamma =$ 常數。因此：

$$P_B V_C^\gamma = P_A V_D^\gamma \quad (\text{因為 } V_D = V_A^{ig} \text{ 且 } V_C^{ig} = V_B^{ig})$$
$$P_C V_C^\gamma = P_D V_D^\gamma$$

第一個表達式除以第二個表達式可得：

$$\frac{P_B}{P_C} = \frac{P_A}{P_D} \quad \text{於是} \quad \frac{P_B}{P_C} - 1 = \frac{P_A}{P_D} - 1 \quad \text{或} \quad \frac{P_B - P_C}{P_C} = \frac{P_A - P_D}{P_D}$$

因此，

$$\frac{P_B - P_C}{P_A - P_D} = \frac{P_C}{P_D} = \left(\frac{V_D}{V_C}\right)^\gamma = \left(\frac{1}{r}\right)^\gamma$$

其中我們使用關係 $P_C V_C^\gamma = P_D V_D^\gamma$。(8.5) 式現在變為：

$$\eta = 1 - r\left(\frac{1}{r}\right)^{\gamma} = 1 - \left(\frac{1}{r}\right)^{\gamma-1} \tag{8.6}$$

此式顯示，熱效率在低 r 值下隨著壓縮比 r 迅速增加，但在高壓縮比下則緩慢增加。這與奧圖熱機的實際測試結果一致。

不幸的是，壓縮比不能任意增加，而是受到燃料提前點火 (pre-ignition) 的限制。對於足夠高的壓縮比，由於壓縮引起的溫度升高將在壓縮衝程完成之前點燃燃料，這表現為熱機的「敲擊」。汽車引擎的壓縮比通常不大於 10。發生提前點火的壓縮比取決於燃料，燃料的提前點火阻力由辛烷值表示。實際上，高辛烷值汽油並未含有比其他汽油更多的辛烷值，但它確實含有醇類、醚類和芳香族化合物等添加劑，可提高其對提前點火的阻抗力。異辛烷任意指定辛烷值為 100，而正庚烷指定辛烷值為零。基於它們提前點火的壓縮比，其他化合物和燃料相對於這些標準分配辛烷值。乙醇和甲醇的辛烷值遠高於 100。燃燒這些醇類的賽車引擎可採用 15 或更高的壓縮比。

迪塞爾熱機

奧圖循環和迪塞爾循環 [4] 的基本區別在於，在迪塞爾循環中，壓縮結束時的溫度夠高，可產生自燃。這種較高的溫度是由於較高的壓縮比，導致壓縮步驟達到較高的壓力而產生的。直到壓縮步驟結束才噴射燃料，然後緩慢注入燃料，以使燃燒過程在近乎恆壓下進行。

對於相同的壓縮比，奧圖熱機的效率高於迪塞爾熱機。由於提前點火限制奧圖熱機可達到的壓縮比，因此迪塞爾熱機以較高的壓縮比操作，所以效率較高。採用間接燃料噴射的迪塞爾熱機的壓縮比可超過 20。

例 8.3

在 PV 圖上繪出空氣標準迪塞爾循環，並導出此循環的熱效率與壓縮比 r (壓縮步驟開始和結束時的體積比) 及膨脹比 r_e (絕熱膨脹步驟結束時和開始時的體積比) 之間的關係式。

解

空氣標準迪塞爾循環與空氣標準奧圖循環相同，不同之處在於，前者的吸熱步

4　以德國工程師迪塞爾 (Rudolf Diesel) 的名字命名，他開發第一台實用的壓縮點火引擎。參見 http://en.wikipedia.org/wiki/Rudolf_Diesel。

▶圖 8.10 空氣 - 標準迪塞爾循環。

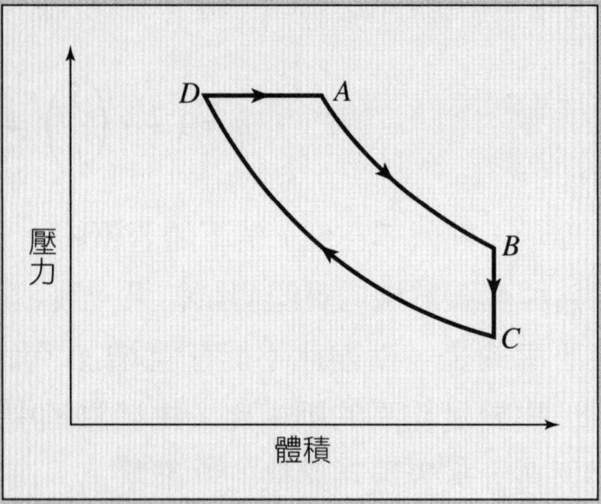

驟 (對應於實際機中的燃燒程序) 處於恆壓，如圖 8.10 中的線 DA 所示。

在理想氣體狀態下具有恆定熱容量的 1 mol 空氣的基準上，在步驟 DA 中吸收並在步驟 BC 中排出的熱量為：

$$Q_{DA} = C_P^{ig}(T_A - T_D) \qquad 且 \qquad Q_{BC} = C_V^{ig}(T_C - T_B)$$

(8.3) 式的熱效率為：

$$\eta = 1 + \frac{Q_{BC}}{Q_{DA}} = 1 + \frac{C_V^{ig}(T_C - T_B)}{C_P^{ig}(T_A - T_D)} = 1 - \frac{1}{\gamma}\left(\frac{T_B - T_C}{T_A - T_D}\right) \qquad (A)$$

對於可逆絕熱膨脹 (步驟 AB) 和可逆絕熱壓縮 (步驟 CD)，應用 (3.23a) 式：

$$T_A V_A^{\gamma-1} = T_B V_B^{\gamma-1} \qquad 且 \qquad T_D V_D^{\gamma-1} = T_C V_C^{\gamma-1}$$

根據定義，壓縮比為 $r \equiv V_C^{ig}/V_D^{ig}$，膨脹比為 $r_e \equiv V_B^{ig}/V_A^{ig}$。因此，

$$T_B = T_A\left(\frac{1}{r_e}\right)^{\gamma-1} \quad T_C = T_D\left(\frac{1}{r}\right)^{\gamma-1}$$

將這些方程式代入 (A) 式可得：

$$\eta = 1 - \frac{1}{\gamma}\left[\frac{T_A(1/r_e)^{\gamma-1} - T_D(1/r)^{\gamma-1}}{T_A - T_D}\right] \qquad (B)$$

又 $P_A = P_D$，對於理想氣體狀態，

$$P_D V_D^{ig} = RT_D \qquad 且 \qquad P_A V_A^{ig} = RT_A$$

此外，$V_C^{ig} = V_B^{ig}$，因此：

$$\frac{T_D}{T_A} = \frac{V_D^{ig}}{V_A^{ig}} = \frac{V_D^{ig}/V_C^{ig}}{V_A^{ig}/V_B^{ig}} = \frac{r_e}{r}$$

將此結果與 (*B*) 式結合可得：

$$\eta = 1 - \frac{1}{\gamma}\left[\frac{(1/r_e)^{\gamma-1} - (r_e/r)(1/r)^{\gamma-1}}{1 - r_e/r}\right]$$

或

$$\eta = 1 - \frac{1}{\gamma}\left[\frac{(1/r_e)^{\gamma} - (1/r)^{\gamma}}{1/r_e - 1/r}\right] \tag{8.7}$$

燃氣渦輪機

奧圖熱機和迪塞爾熱機直接使用作用在圓筒內活塞上的高溫高壓氣體的能量；不需要使用外部熱源進行熱傳。然而，渦輪機比往復式機 (reciprocating engine) 更有效率，燃氣渦輪機 (gas-turbine engine) 結合內燃機與渦輪機的優點。

燃氣渦輪機由來自燃燒室的高溫氣體驅動，如圖 8.11 所示。在燃燒之前，進入的空氣被壓縮 (增壓) 至幾 bar 的壓力。離心式壓縮機在與渦輪機相同的軸上操作，並且渦輪機的部分功用於驅動壓縮機。進入渦輪機的燃燒氣體的溫度越高，該單元的效率就越高；亦即，每單位燃料燃燒產生的功越大。極限溫度由金屬渦輪葉片的強度決定，並且通常遠低於燃料的理論火焰溫度 (例 4.7)。必須提供足夠的過量空氣，以使燃燒溫度保持在安全水平。

燃氣渦輪機的理想化，稱為布雷登循環，如圖 8.12 中的 *PV* 圖所示。工作流體是處於理想氣體狀態的空氣，具有恆定的熱容量。步驟 *AB* 是從 P_A (大氣壓)

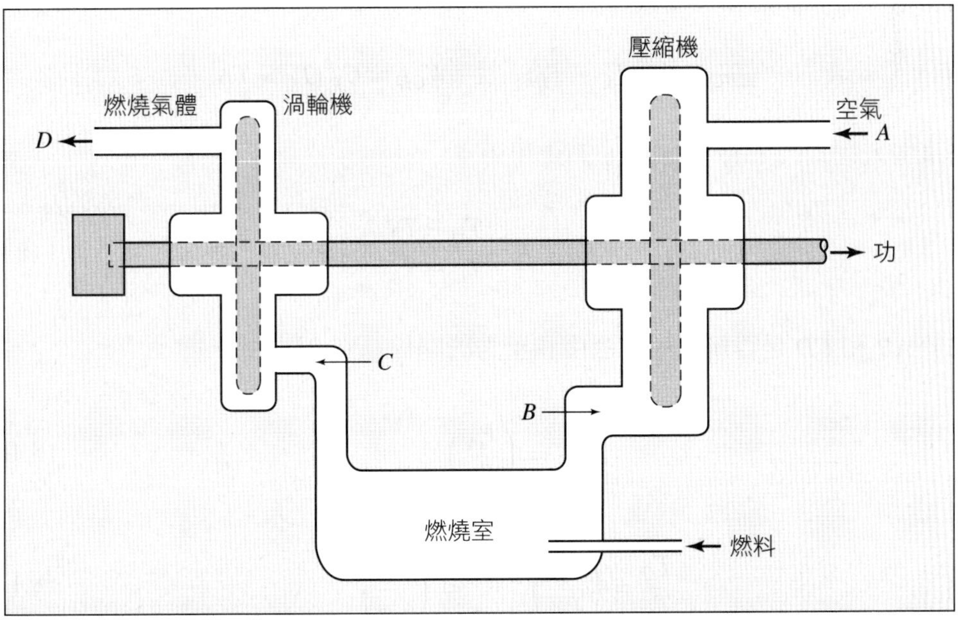

▶圖 8.11 燃氣 - 渦輪機。

▶圖 8.12　燃氣 - 渦輪機的布雷登循環。

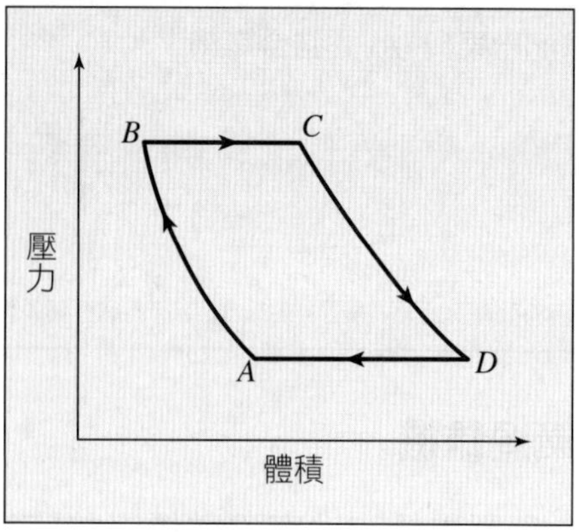

到 P_B 的可逆絕熱壓縮。在步驟 BC 中，在恆壓下加熱 Q_{BC}，代替燃燒，從而升高空氣溫度。空氣等熵膨脹從 P_C 降壓到 P_D (大氣壓) 以產生功。步驟 DA 是完成這個循環的恆壓冷卻程序。循環的熱效率是：

$$\eta = \frac{-W(\text{淨值})}{Q_{BC}} = \frac{-(W_{CD} + W_{AB})}{Q_{BC}} \tag{8.8}$$

其中每個能量數量都是基於 1 mol 空氣計算而得。

當空氣流經壓縮機時所作的功可由 (7.14) 式求得，並且對於具有恆定熱容量的理想氣體狀態的空氣：

$$W_{AB} = H_B - H_A = C_P^{ig}(T_B - T_A)$$

同樣地，對於加熱和渦輪機程序，

$$Q_{BC} = C_P^{ig}(T_C - T_B) \quad \text{且} \quad W_{CD} = C_P^{ig}(T_C - T_D)$$

將這些方程式代入 (8.8) 式，並簡化可得：

$$\eta = 1 - \frac{T_D - T_A}{T_C - T_B} \tag{8.9}$$

由於 AB 和 CD 是等熵程序，溫度和壓力的關係為 (3.23b) 式，即：

$$\frac{T_A}{T_B} = \left(\frac{P_A}{P_B}\right)^{(\gamma-1)/\gamma} \tag{8.10}$$

且

$$\frac{T_D}{T_C} = \left(\frac{P_D}{P_C}\right)^{(\gamma-1)/\gamma} = \left(\frac{P_A}{P_B}\right)^{(\gamma-1)/\gamma} \tag{8.11}$$

由 (8.10) 式求出 T_A，由 (8.11) 式求出 T_D，並將結果代入 (8.9) 式，簡化為：

$$\eta = 1 - \left(\frac{P_A}{P_B}\right)^{(\gamma-1)/\gamma} \tag{8.12}$$

例 8.4

壓縮比 $P_B/P_A = 6$ 的燃氣渦輪機在空氣進入壓縮機 25°C 時操作。如果渦輪機的最高允許溫度為 760°C，

(a) 計算這些情況下可逆空氣標準循環的熱效率 η，其中 $\gamma = 1.4$。

(b) 如果壓縮機和渦輪機進行絕熱但不可逆地操作，其效率分別為 $\eta_c = 0.83$ 及 $\eta_t = 0.86$，計算給定情況下的空氣標準循環的熱效率。

解

(a) 將數據直接代入 (8.12) 式，可求出效率：

$$\eta = 1 - (1/6)^{(1.4-1)/1.4} = 1 - 0.60 = 0.40$$

(b) 壓縮機和渦輪機的不可逆性降低循環的熱效率，因為淨功是壓縮機所需的功與渦輪機產生的功之間的差值。進入壓縮機的空氣溫度 T_A 和進入渦輪機的空氣溫度、T_C 的規定最大值，都與 (a) 部分的可逆循環相同。然而，壓縮機經不可逆壓縮後的溫度 T_B，高於等熵壓縮後的溫度 T_B'，並且渦輪機經不可逆膨脹後的溫度 T_D，高於等熵膨脹後的溫度 T_D'。

熱效率的定義如下：

$$\eta = -(W_{\text{turb}} + W_{\text{comp}})/Q_{BC}$$

這兩個功可以從等熵功的表達式中求得：

$$W_{\text{turb}} = \eta_t C_P^{ig}(T_D' - T_C)$$

$$W_{\text{comp}} = C_P^{ig}(T_B' - T_A)/\eta_c \tag{A}$$

燃燒所吸收的熱量是：

$$Q_{BC} = C_P^{ig}(T_C - T_B)$$

結合這些方程式可得：

$$\eta = \frac{\eta_t(T_C - T_D') - (1/\eta_c)(T_B' - T_A)}{T_C - T_B}$$

壓縮功的另一種表達方式是：

$$W_{\text{comp}} = C_P^{ig}(T_B - T_A) \tag{B}$$

令 (A)、(B) 兩式相等，並使用結果從 η 的方程式中消去 T_B，經簡化後可得：

$$\eta = \frac{\eta_t \eta_c (T_C/T_A - T'_D/T_A) - (T'_B/T_A - 1)}{\eta_c (T_C/T_A - 1) - (T'_B/T_A - 1)} \tag{C}$$

T_C/T_A 的比值取決於給定的條件。比值 T_B'/T_A 與壓力比值的關係可由 (8.10) 式求得。根據 (8.11) 式，比值 T_D'/T_A 可表示為：

$$\frac{T'_D}{T_A} = \frac{T_C T'_D}{T_A T_C} = \frac{T_C}{T_A}\left(\frac{P_A}{P_B}\right)^{(\gamma-1)/\gamma}$$

將這些表達式代入 (*C*) 式得到：

$$\eta = \frac{\eta_t \eta_c (T_C/T_A)(1 - 1/\alpha) - (\alpha - 1)}{\eta_c (T_C/T_A - 1) - (\alpha - 1)} \tag{8.13}$$

其中 $$\alpha = \left(\frac{P_B}{P_A}\right)^{(\gamma-1)/\gamma}$$

由 (8.13) 式可知，燃氣渦輪機的熱效率隨著進入渦輪機的空氣的溫度 (T_C) 增加而增加，並且隨著壓縮機效率 η_c 和渦輪機效率 η_t 的增加而增加。

給定的效率值如下：

$$\eta_t = 0.86 \qquad \text{及} \qquad \eta_c = 0.83$$

由其他數據可得：

$$\frac{T_C}{T_A} = \frac{760 + 273.15}{25 + 273.15} = 3.47$$

及 $$\alpha = (6)^{(1.4-1)/1.4} = 1.67$$

將這些值代入 (8.13) 式可得：

$$\eta = \frac{(0.86)(0.83)(3.47)(1 - 1/1.67) - (1.67 - 1)}{(0.83)(3.47 - 1) - (1.67 - 1)} = 0.235$$

該分析說明，即使壓縮機和渦輪機具有相當高的效率，熱效率也會從 (a) 部分的可逆循環值 40% 大幅降低至 23.5%。

8.3 噴射引擎；火箭引擎

在迄今為止的動力循環中，高溫高壓氣體在渦輪機 (蒸汽動力裝置、燃氣渦輪機) 中膨脹，或在具有往復式活塞的奧圖熱機或迪塞爾熱機的圓筒中膨脹。在任何一種情況下，都可以藉旋轉軸獲得動力。用於膨脹熱氣體的另一種裝置是噴嘴，這裡的動力可以作為離開噴嘴的廢氣射流中的動能。整個動力裝置，包括壓縮裝置和燃燒室及噴嘴，稱為噴射引擎 (jet engine)。由於廢氣的動能可直接用於推進引擎及其附件，因此噴射引擎最常用於為飛機提供動力。基於完成壓縮和膨脹程序的不同方式，而有不同類型的噴射推進引擎。因為撞擊引擎的空氣具有動能 (相對於發動機)，所以其壓力可以在擴散器中增加。

圖 8.13 所示的渦輪噴射引擎 (通常簡稱為噴射引擎)，利用擴散器來減少壓縮功。軸流式壓縮機完成壓縮的工作，然後燃料噴射到燃燒室中，並在燃燒室中燃燒。熱燃燒產物氣體首先通過渦輪機，其中膨脹提供足夠的動力來驅動壓縮機，氣體再經噴嘴膨脹到排氣壓力。其中，氣體相對於引擎的速度增加到高於進入空氣的速度。這種速度的增加提供引擎向前的推力。如果壓縮和膨脹程序是絕熱與可逆，則渦輪機遵循圖 8.12 所示的布雷登循環。唯一的區別在於，物理上壓縮和膨脹步驟在不同類型的裝置中執行。

火箭引擎與噴射引擎的不同之處為引擎內的氧化劑。火箭不是依靠周圍的空氣來支持燃燒，而是自成一體的，這意味著火箭可以在如外太空的真空中操作。實際上，在真空中性能更好，因為不需要推力來克服摩擦力。

在燃燒液態燃料的火箭中，氧化劑 (如液態氧或四氧化氮) 從槽泵送到燃燒室。同時，將燃料 (如氫氣、煤油或單甲基肼) 泵送到燃燒室並燃燒。燃燒在恆定的高壓下進行，產生的高溫氣體在噴嘴中膨脹，如圖 8.14 所示。

在燃燒固體燃料的火箭中，燃料 (如有機聚合物) 和氧化劑 (如過氯酸銨) 一起包含在固體基質中，並儲存在燃燒室的前端。燃燒和膨脹與噴射引擎大致相同 (圖 8.13)，但固體燃料火箭不需要壓縮功，而在液體燃料火箭中，壓縮功很小，因為燃料和氧化劑是以液體泵送。

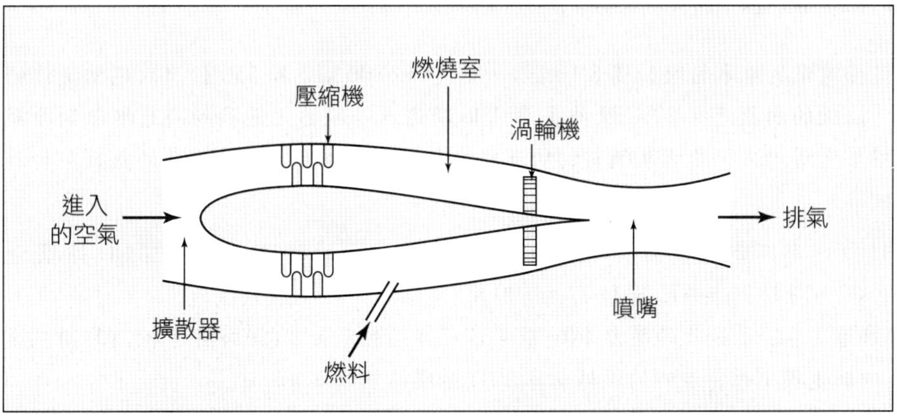

▶**圖 8.13** 渦輪噴射發電廠。

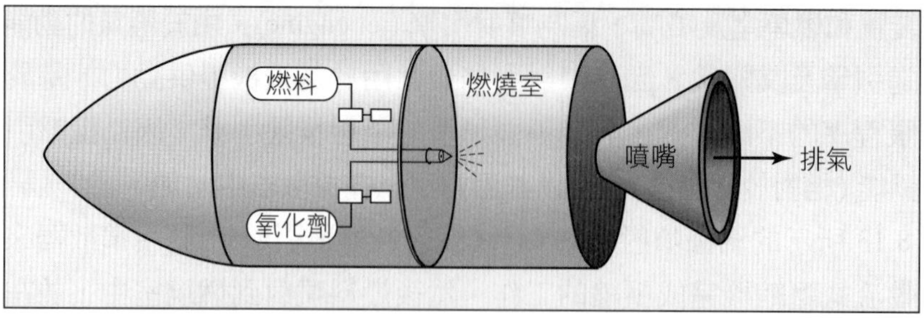

▶圖 8.14　液態 - 燃料火箭引擎。

8.4 概要

在深入研究本章後，包括經由例題和章末習題，我們應該能夠：

- 定性描述理想化的下卡諾、朗肯、奧圖、迪塞爾和布雷登循環，並在 *PV* 或 *TS* 圖上繪製每個循環。
- 對蒸汽發電廠進行熱力學分析，包括在再生循環中操作的設備，如例 8.1 和例 8.2 所述。
- 對於已知壓縮比，分析空氣標準奧圖循環或迪塞爾循環。
- 對於已知燃燒室溫度及壓縮機和渦輪機效率，計算空氣標準布雷登循環的效率、熱量和功流量。
- 簡單解釋噴射引擎和火箭引擎如何產生推力。

8.5 習題

8.1. 蒸汽發電廠的基本循環如圖 8.1 所示。蒸汽於 6800 kPa 和 550°C 進入絕熱操作的渦輪機，排放的水蒸汽在 50°C 及乾度為 0.96 時進入冷凝器，飽和的液態水離開冷凝器，並被泵送到鍋爐。忽略泵所需的功及動能和位能的改變，計算循環的熱效率和渦輪機的效率。

8.2. 以 H_2O 作為工作流體的卡諾熱機在如圖 8.2 所示的循環中操作，H_2O 循環速率為 $1\ kg{\cdot}s^{-1}$。對於 $T_H = 475$ K 和 $T_C = 300$ K，計算：
(a) 狀態 1、2、3 和 4 的壓力；(b) 狀態 3 和 4 的乾度 x^v；(c) 加熱速率；(d) 排熱速率；(e) 四個步驟中每個步驟的機械功率；(f) 循環的熱效率 η。

8.3. 蒸汽發電廠依圖 8.4 的循環操作。對於以下其中一組操作條件，計算蒸汽流率、鍋爐和冷凝器中的熱傳速率，以及工廠的熱效率。
(a) $P_1 = P_2 = 10{,}000$ kPa；$T_2 = 600$°C；$P_3 = P_4 = 10$ kPa；η (渦輪) = 0.80；η(泵) = 0.75；額定功率 = 80,000 kW。

(b) $P_1 = P_2 = 7000$ kPa；$T_2 = 550°C$；$P_3 = P_4 = 20$ kPa；η(渦輪機) = 0.75；η (泵) = 0.75；額定功率 = 100,000 kW。

(c) $P_1 = P_2 = 8500$ kPa；$T_2 = 600°C$；$P_3 = P_4 = 10$ kPa；η(渦輪) = 0.80；η(泵) = 0.80；定功率 = 70,000 kW。

(d) $P_1 = P_2 = 6500$ kPa；$T_2 = 525°C$；$P_3 = P_4 = 101.33$ kPa；η(渦輪) = 0.78；η(泵) = 0.75；額定功率 = 50,000 kW。

(e) $P_1 = P_2 = 950$(psia)；$T_2 = 1000$ (°F)；$P_3 = P_4 = 14.7$(psia)；η(渦輪) = 0.78；η(泵) = 0.75；額定功率 = 50,000 kW。

(f) $P_1 = P_2 = 1125$(psia)；$T_2 = 1100$(°F)；$P_3 = P_4 = 1$(psia)；η(渦輪) = 0.80；η(泵) = 0.75；額定功率 = 80,000 kW。

8.4. 蒸汽於 3300 kPa 進入在朗肯循環 (圖 8.3) 上操作的發電廠的渦輪機，並於 50 kPa 排出。為了顯示過熱對循環性能的影響，當渦輪機入口蒸汽溫度為 450°C、550°C 和 650°C 時，計算循環的熱效率和渦輪機排出的蒸汽乾度。

8.5. 蒸汽於 600°C 進入在朗肯循環 (圖 8.3) 上操作的發電廠的渦輪機，並於 30 kPa 排出。為了顯示鍋爐壓力對循環性能的影響，當鍋爐壓力為 5000 kPa、7500 kPa 和 10,000 kPa 時，計算循環的熱效率和渦輪機排出的蒸汽乾度。

8.6. 蒸汽發電廠採用兩個串聯的絕熱渦輪機。蒸汽在 650°C 和 7000 kPa 進入第一渦輪機，並在 20 kPa 從第二渦輪機排出。經由此系統的設計，兩台渦輪機的輸出功率相等，且每台渦輪機的效率為 78%。計算兩個渦輪機之間處於中間狀態的蒸汽的溫度和壓力。相對於蒸汽從初始狀態等熵膨脹到最終狀態，兩台渦輪機的整體效率為何？

8.7. 如圖 8.5 所示，進行再生循環操作的蒸汽發電廠僅包括一個給水加熱器。蒸汽於 4500 kPa 和 500°C 進入渦輪機，並於 20 kPa 排出。在 350 kPa 下，用於給水加熱器的蒸汽從渦輪機中取出，並且在冷凝時，將給水的溫度升高到其冷凝溫度的 6°C 以內。若渦輪機和泵的效率均為 0.78，則循環的熱效率是多少？進入渦輪機的蒸汽中有多少分率被提取用於給水加熱器？

8.8. 如圖 8.5 所示，進行再生循環操作的蒸汽發電廠僅包括一個給水加熱器。蒸汽於 650(psia) 和 900(°F) 進入渦輪機，並於 1(psia) 排出。在 50(psia) 下，用於給水加熱器的蒸汽從渦輪機中取出，並且在冷凝時，將給水的溫度升高到其冷凝溫度的 11(°F) 以內。若渦輪機和泵的效率均為 0.78，則循環的熱效率是多少？進入渦輪機的蒸汽中，被提取用於給水加熱器的分率是多少？

8.9. 如圖 8.5 所示，進行再生循環操作的蒸汽發電廠包括兩個給水加熱器。蒸汽於 6500 kPa 和 600°C 進入渦輪機，並於 20 kPa 排出。用於給水加熱器的蒸汽，在壓力下從渦輪機中取出，使得給水以兩段等量升溫後加熱到 190°C，在每段加熱過程中，給水加熱器與蒸汽冷凝溫度相差 5°C。若渦輪機和泵的效率均為 0.80，則循環的熱效率是多少？進入渦輪機的蒸汽中，被提取用於每個給水加熱器的分率是多少？

8.10. 利用內燃機廢氣的回收熱量操作的發電廠，以異丁烷作為改良的朗肯循環中的工作介質，其中壓力上限高於異丁烷的臨界壓力。因此異丁烷在進入渦輪機之前吸熱，不會發生相變化。將異丁烷蒸汽在 4800 kPa 加熱至 260°C，並在這些條件下作為超臨界流體進入渦輪機。渦輪機中的等熵膨脹產生 450kPa 的過熱蒸汽，再於恆壓下冷卻和冷凝。產生的飽和液體進入泵返回加熱器。若改良的朗肯循環的輸出功率是 1000 kW，則異丁烷的流率、加熱器和冷凝器中的熱傳速率，以及循環的熱效率是多少？異丁烷的蒸汽壓可以根據附錄 B 的表 B.2。

8.11. 利用地熱源熱量操作的發電廠，以異丁烷作為朗肯循環中的工作介質 (圖 8.3)。將異丁烷在 3400 kPa (恰低於其臨界壓力) 下加熱至 140°C，且於此狀態下進入渦輪機。渦輪機中的等熵膨脹產生 450 kPa 的過熱蒸汽，其被冷卻並冷凝成飽和液體後，被泵送到加熱器 / 鍋爐。若異丁烷的流率為 75 kg·s^{-1}，則朗肯循環的輸出功率是多少？加熱器 / 鍋爐和冷卻器 / 冷凝器的熱傳速率是多少？循環的熱效率是多少？異丁烷的蒸汽壓可由附錄 B 的表 B.2 中查出。

對於渦輪機和泵的效率均為 80% 的循環，重複這些計算。

8.12. 比較迪塞爾和奧圖熱機循環：

(a) 證明空氣標準迪塞爾循環的熱效率可表示為：

$$\eta = 1 - \left(\frac{1}{r}\right)^{\gamma-1} \frac{r_c^{\gamma} - 1}{\gamma(r_c - 1)}$$

其中 r 是壓縮比，r_c 是**截止比** (cutoff ratio)，定義為 $r_c = V_A/V_D$。(參見圖 8.10。)

(b) 證明在相同的壓縮比下，空氣標準奧圖熱機的熱效率大於空氣標準迪塞爾循環的熱效率。

提示：將 r_c^{γ} 以泰勒級數展開，取至一次導數和剩餘項，證明在前面的 η 方程式中乘以 $(1/r)^{\gamma-1}$ 的分數大於 1。

(c) 若 $\gamma = 1.4$，壓縮比為 8 的空氣標準奧圖循環的熱效率，與具有相同壓縮比且截止比為 2 的空氣標準迪塞爾循環的熱效率相比如何？如果截止比為 3，比較會如何變化？

8.13. 空氣標準迪塞爾循環吸收 1500 J·mol^{-1} 的熱量 (圖 8.10 的步驟 DA，其模擬燃燒)，壓縮步驟開始時的壓力和溫度為 1 bar 和 20°C，壓縮步驟結束時的壓力為 4 bar。假設空氣是 $C_P = (7/2)R$ 和 $C_V = (5/2)R$ 的理想氣體，則循環的壓縮比和膨脹比是多少？

8.14. 計算以壓力比為 3 操作的空氣標準燃氣渦輪機循環 (布雷登循環) 的效率。當壓力比為 5、7 和 9 時，重複此計算。取 $\gamma = 1.35$。

8.15. 利用安裝再生熱交換器來改變空氣標準燃氣渦輪機循環，將離開渦輪機的空氣的能量，傳遞到離開壓縮機的空氣。在最佳的逆流熱交換器中，離開壓縮機的空氣溫度升至圖 8.12 中 D 點的溫度，離開渦輪機的氣體溫度冷卻到圖 8.12 中點 B 的溫度。證明此循環的熱效率為：

$$\eta = 1 - \frac{T_A}{T_C}\left(\frac{P_B}{P_A}\right)^{(\gamma-1)/\gamma}$$

8.16. 考慮圖 8.13 所示的渦輪噴射發電廠的空氣標準循環。進入壓縮機的空氣的溫度與壓力為 1 bar 和 30°C。壓縮機中的壓力比為 6.5，渦輪機入口溫度為 1100°C。若噴嘴中的膨脹為等熵，並且噴嘴在 1 bar 下排氣，則噴嘴的入口壓力 (渦輪機排氣) 是多少？離開噴嘴的空氣速度是多少？

8.17. 空氣在 305 K 和 1.05 bar 下進入燃氣渦輪機 (參見圖 8.11)，並壓縮至 7.5 bar。燃料是 300 K 和 7.5 bar 的甲烷；壓縮機和渦輪機的效率均為 80%。對於下面給出的渦輪機入口溫度 T_C 之一，計算：燃料與空氣的莫耳比，每莫耳燃料所作的淨機械功率，以及渦輪機的排氣溫度 T_D。假設甲烷完全燃燒，並使渦輪機中的膨脹達到 1(atm)。

(a) $T_C = 1000$ K；(b) $T_C = 1250$ K；(c) $T_C = 1500$ K。

8.18. 美國大多數電能是在大規模的電力循環中，將熱能轉換為機械能，然後機械能轉換成電能產生的。假設熱能轉換為機械能的熱效率為 0.35，而機械能轉換為電能的效率為 0.95。配電系統中的線路損耗達 20%。如果電力循環的燃料成本為 \$4.00 GJ^{-1}，估算用戶每 kWh 的電力成本。忽略營運成本、利潤和稅收。比較計算結果與電費單上所列的數字。

8.19. 液化天然氣 (LNG) 被輸送到非常大的儲槽，作為液體儲存，與其蒸汽在近似大氣壓下保持平衡。若 LNG 基本上是純甲烷，則儲槽溫度約為 111.4 K，即甲烷的正常沸點。大量的冷液原則上可以用作熱機的冷源，丟棄到 LNG 的能量用於其蒸發。若熱源是 300 K 的外界空氣，而熱機效率是其卡諾值的 60%，試估算蒸發速率，單位為：蒸發的莫耳數產生的功 kJ。對於甲烷，$\Delta H_n^{lv} = 8.206$ kJ·mol^{-1}。

8.20. 熱帶地區的海洋具有海平面到深水的溫度梯度。根據位置，對於 500 m 到 1000 m 的深度，就有 15°C 到 25°C 的溫差。對於電力循環，可利用溫差，將冷 (深) 水作為冷源，而將溫 (表面) 水作為熱源，這種技術稱為 OTEC (海洋熱能轉換)。

(a) 若海洋某處的表面溫度為 27°C，而深度 750 m 的溫度為 6°C。在這些溫度之間操作的卡諾熱機的效率是多少？

(b) 必須使用動力循環的部分輸出，將冷水泵送到循環硬體設備所在的表面。若實際循環的固有效率是卡諾值的 0.6，且若使用 1/3 的生成功率將冷水移至表面，則循環的實際效率是多少？

(c) 選擇此循環的工作流體至關重要，請提出一些可行性。在這裡，你可能需要查閱手冊，如 *Perry's Chemical Engineers' Handbook*。

8.21. 空氣標準動力循環通常顯示在 *PV* 圖上，另一種選擇是 *PT* 圖。對於下列各循環，在 *PT* 圖上繪出空氣標準循環：

(a) 卡諾循環；(b) 奧圖循環；(c) 迪塞爾循環；(d) 布雷登循環。

為什麼 *PT* 圖無法描述涉及液相 / 汽相變化的動力循環？

8.22. 蒸汽廠的循環如圖 8.4 所示，各階段壓力分別為 10 kPa 和 6000 kPa，蒸汽離開渦輪機時為飽和蒸汽，泵效率為 0.70，渦輪效率為 0.75，計算蒸汽廠的熱效率。

8.23. 設計分析四步驟空氣標準動力循環的一般方案。將循環的每個步驟模擬為由：

$$PV^{\delta} = 常數$$

描述的多變程序，這意味著：

$$TP^{(1-\delta)/\delta} = 常數$$

具有指定值 δ。藉由 T 和 / 或 P 的值確定要部分或完全固定哪些狀態。此分析意味著確定每個步驟的初始與最終狀態的 T 和 P、每個步驟的 Q 和 W，以及循環的熱效率。分析還應包括 PT 圖上的循環圖。

Chapter 9

冷凍和液化

冷凍 (refrigeration) 一詞意味著將溫度維持在低於外界的溫度，它最廣為人知的是用於建築物的空調，以及食品的保存和飲料的冷卻。需要冷凍的大規模商業程序的例子是，製造冰和固體 CO_2、氣體的脫水和液化，以及將空氣分離成氧氣和氮氣。

我們的目的不是討論設備設計的細節，這些細節留給專業書籍。[1] 我們考慮的是：

- 模擬冷凍，在逆卡諾循環下操作。
- 經由蒸汽壓縮循環進行冷凍，如普通家用冰箱和空調。
- 冷凍劑的選擇受其性質的影響。
- 基於蒸汽吸收的冷凍，蒸汽壓縮的替代方案。
- 藉由熱泵加熱或冷卻，從外界提取或排出熱量。
- 由冷凍液化氣體。

9.1 卡諾冷凍機

如第 5.2 節所述，冷凍機是一種熱泵，它從溫度低於外界溫度的區域吸收熱量，並將熱量排放到外界。它在卡諾冷凍循環 (與卡諾熱機循環相反) 中以盡可能高的效率操作，如圖 5.1(b) 所示。兩個等溫步驟在低溫 T_C 下吸熱 Q_C，在高溫 T_H 下散熱 Q_H，藉由這兩個溫度之間的兩個絕熱步驟完成此循環。此循環需要向系統添加淨功 W，因為循環的所有步驟都是可逆的，所以它給出給定冷凍效果所需的最小功。

1 *ASHRAE Handbook: Refrigeration,* 2014; *Fundamentals*, 2013; *HVAC Systems and Equipment,* 2016; *HVAC Applications*, 2015; American Society of Heating, Refrigerating and Air-Conditioning Engineers, Inc., Atlanta; Shan K. Wang, *Handbook of Air Conditioning and Refrigeration, 2nd Ed.,* McGraw-Hill, New York, 2000.

工作流體在 ΔU 為零的循環中操作。因此，第一定律為：

$$W = -(Q_C + Q_H) \tag{9.1}$$

我們注意到 Q_C 是正數，Q_H(絕對值較大) 是負數。冷凍機效果的衡量標準是其**性能係數** ω，定義如下：

$$\omega \equiv \frac{\text{低溫下吸收的熱}}{\text{淨功}} = \frac{Q_C}{W} \tag{9.2}$$

將 (9.1) 式除以 Q_C，然後與 (5.4) 式結合可得：

$$-\frac{W}{Q_C} = 1 + \frac{Q_H}{Q_C} \qquad \frac{-W}{Q_C} = 1 - \frac{T_H}{T_C} = \frac{T_C - T_H}{T_C}$$

(9.2) 式變為：

$$\boxed{\omega = \frac{T_C}{T_H - T_C}} \tag{9.3}$$

例如，外界溫度為 30°C，在 5°C 的溫度下冷凍，得到：

$$\omega = \frac{5 + 273.15}{(30 + 273.15) - (5 + 273.15)} = 11.13$$

(9.3) 式僅適用於在卡諾循環上操作的冷凍機，其產生在給定的 T_H 和 T_C 值之間操作的冷凍機的最大可能值 ω。

(9.3) 式清楚地顯示，隨著吸熱溫度 T_C 的降低和排熱溫度 T_H 的增加，每單位功的冷凍效果降低。

9.2 蒸汽壓縮循環

蒸汽壓縮冷凍循環如圖 9.1 所示，圖中顯示該程序四個步驟的 *TS* 圖。在恆定的 T 和 P 下蒸發的液體冷凍劑吸收熱量 (線 1 → 2)，產生冷凍效果。產生的蒸汽經由虛線 2 → 3′ 壓縮，此為等熵壓縮 (圖 7.6)，而實際的壓縮程序為線 2 → 3，沿增加熵的方向傾斜，反映出固有的不可逆性。在這個較高的 T 和 P 下，它被冷卻並冷凝 (線 3 → 4)，而對外界放熱。來自冷凝器的液體膨脹 (線 4 → 1) 至其原始壓力。原則上，這個膨脹程序可在渦輪機中進行以獲得功。然而實際上這個膨脹程序，通常是利用部分開啟的控制閥進行節流來實現。這種不可逆程序中的壓降是由閥中的流體摩擦引起的。如第 7.1 節所示，節流程序在恆焓下發生。

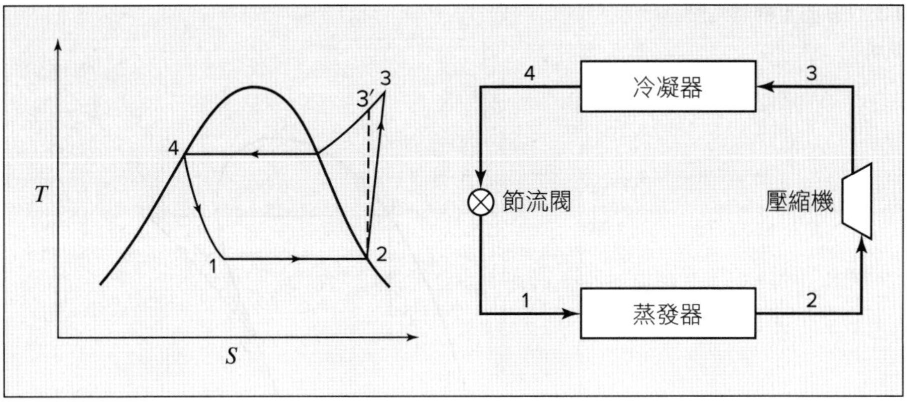

▶圖 9.1 蒸汽壓縮冷凍循環。

基於單位質量的流體，蒸發器內所吸收的熱和冷凝器中排出的熱，其方程式分別為：

$$Q_C = H_2 - H_1 \qquad \text{及} \qquad Q_H = H_4 - H_3$$

這些方程式可由 (2.31) 式忽略位能和動能的微小變化而得。壓縮功只是：$W = H_3 - H_2$，而由 (9.2) 式，性能係數為：

$$\omega = \frac{H_2 - H_1}{H_3 - H_2} \tag{9.4}$$

要設計蒸發器、壓縮機、冷凝器和輔助設備，必須知道冷凍劑的循環率 $\dot{m}$。此值可利用以下方程式由蒸發器[2]中的吸熱率求得：

$$\dot{m} = \frac{\dot{Q}_C}{H_2 - H_1} \tag{9.5}$$

圖 9.1 的蒸汽壓縮循環顯示於圖 9.2 的 *PH* 圖上，它是描述冷凍程序常用的圖，因為直接顯示所需的焓。儘管蒸發和冷凝程序以恆壓路徑表示，但由於流體摩擦，確實會發生小的壓降。

對於給定的 T_C 和 T_H，由於膨脹和壓縮的不可逆性，蒸汽壓縮冷凍導致 ω 值低於卡諾循環。以下例題提供性能係數的典型值。

2 在美國，冷凍設備常以冷凍噸來計量；一噸冷凍量定義為以 12,000(Btu)(hr)$^{-1}$ 或每小時 12,660 kJ 的速率吸熱。這相當於每天冷凝 1(噸) 最初為 32(°F) 的水所需的除熱速率。

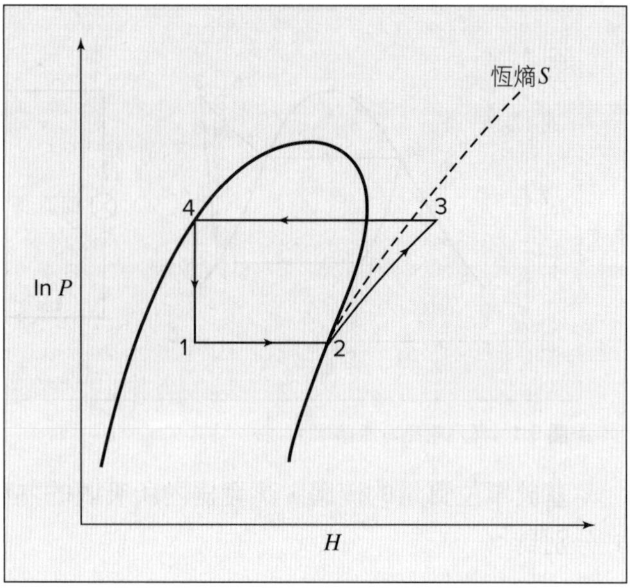

▶圖 9.2 *PH* 圖上的蒸汽壓縮冷凍循環。

例 9.1

冷凍空間保持在 −20°C，冷卻水取自 21°C。冷凍量為 120,000 kJ·h^{-1}。蒸發器和冷凝器有足夠的大小，所以熱傳時至少有 5°C 的溫差。冷凍劑是 1,1,1,2- 四氟乙烷 (HFC-134a)，其數據列於表 9.1 和圖 F.2 (附錄 F)。

(a) 卡諾冷凍機的 ω 值是多少？

(b) 若壓縮機效率為 0.80，計算圖 9.2 的蒸汽壓縮循環的 ω 和 $\dot{m}$。

解

(a) 允許 5°C 的溫差，蒸發器溫度為 −25°C = 248.15 K，冷凝器溫度為 26°C = 299.15 K。因此，對於卡諾冷凍機，由 (9.3) 式可得：

$$\omega = \frac{248.15}{299.15 - 248.15} = 4.87$$

(b) 以 HFC-134a 為冷凍劑，它在圖 9.2 狀態 2 和 4 的焓可直接從表 9.1 中讀出。由表 9.1 中在 −25°C 時，可查得 HFC-134a 在 1.064 bar 的壓力下在蒸發器中蒸發。此時飽和蒸汽的性質是：

$$H_2 = 383.45 \text{ kJ·kg}^{-1} \qquad S_2 = 1.746 \text{ kJ·kg}^{-1}\text{·K}^{-1}$$

由表 9.1 中溫度為 26°C 處，查出 HFC-134a 在 6.854 bar 下冷凝；此時飽和液體的焓是：

$$H_4 = 235.97 \text{ kJ·kg}^{-1}$$

➡ **表 9.1** 飽和 1,1,1,2- 四氟乙烷 (R134A) 的性質 †

		體積 $m^3 \cdot kg^{-1}$		焓 $kJ \cdot kg^{-1}$		熵 $kJ \cdot kg^{-1} \cdot K^{-1}$	
T(°C)	P (bar)	V^l	V^v	H^l	H^v	S^l	S^v
−40	0.512	0.000705	0.361080	148.14	374.00	0.796	1.764
−35	0.661	0.000713	0.284020	154.44	377.17	0.822	1.758
−30	0.844	0.000720	0.225940	160.79	380.32	0.849	1.752
−25	1.064	0.000728	0.181620	167.19	383.45	0.875	1.746
−20	1.327	0.000736	0.147390	173.64	386.55	0.900	1.741
−18	1.446	0.000740	0.135920	176.23	387.79	0.910	1.740
−16	1.573	0.000743	0.125510	178.83	389.02	0.921	1.738
−14	1.708	0.000746	0.116050	181.44	390.24	0.931	1.736
−12	1.852	0.000750	0.107440	184.07	391.46	0.941	1.735
−10	2.006	0.000754	0.099590	186.70	392.66	0.951	1.733
−8	2.169	0.000757	0.092422	189.34	393.87	0.961	1.732
−6	2.343	0.000761	0.085867	191.99	395.06	0.971	1.731
−4	2.527	0.000765	0.079866	194.65	396.25	0.980	1.729
−2	2.722	0.000768	0.074362	197.32	397.43	0.990	1.728
0	2.928	0.000772	0.069309	200.00	398.60	1.000	1.727
2	3.146	0.000776	0.064663	202.69	399.77	1.010	1.726
4	3.377	0.000780	0.060385	205.40	400.92	1.020	1.725
6	3.620	0.000785	0.056443	208.11	402.06	1.029	1.724
8	3.876	0.000789	0.052804	210.84	403.20	1.039	1.723
10	4.146	0.000793	0.049442	213.58	404.32	1.049	1.722
12	4.430	0.000797	0.046332	216.33	405.43	1.058	1.721
14	4.729	0.000802	0.043451	219.09	406.53	1.068	1.720
16	5.043	0.000807	0.040780	221.87	407.61	1.077	1.720
18	5.372	0.000811	0.038301	224.66	408.69	1.087	1.719
20	5.717	0.000816	0.035997	227.47	409.75	1.096	1.718
22	6.079	0.000821	0.033854	230.29	410.79	1.106	1.717
24	6.458	0.000826	0.031858	233.12	411.82	1.115	1.717
26	6.854	0.000831	0.029998	235.97	412.84	1.125	1.716
28	7.269	0.000837	0.028263	238.84	413.84	1.134	1.715
30	7.702	0.000842	0.026642	241.72	414.82	1.144	1.715
35	8.870	0.000857	0.023033	249.01	417.19	1.167	1.713
40	10.166	0.000872	0.019966	256.41	419.43	1.191	1.711
45	11.599	0.000889	0.017344	263.94	421.52	1.214	1.709
50	13.179	0.000907	0.015089	271.62	423.44	1.238	1.70
55	14.915	0.000927	0.013140	279.47	425.15	1.261	1.705
60	16.818	0.000950	0.011444	287.50	426.63	1.285	1.702
65	18.898	0.000975	0.009960	295.76	427.82	1.309	1.699
70	21.168	0.001004	0.008653	304.28	428.65	1.333	1.696
75	23.641	0.001037	0.007491	313.13	429.03	1.358	1.691
80	26.332	0.001077	0.006448	322.39	428.81	1.384	1.685

† 此表中的數據來自 E. W. Lemmon, M. O. McLinden and D. G. Friend, "Thermophysical Properties of Fluid Systems" in NIST Chemistry WebBook, NIST Standard Reference Database Number 69, Eds. P. J. Linstrom and W. G. Mallard, National Institute of Standards and Technology, Gaithersburg MD, 208 99, http://webbook.nist.gov.

若壓縮步驟為可逆及絕熱 (等熵)，從狀態 2 的飽和蒸汽到狀態 3′ 的過熱蒸汽，

$$S_3' = S_2 = 1.746 \text{ kJ} \cdot \text{kg}^{-1} \cdot \text{K}^{-1}$$

此熵值和 6.854 bar 的冷凝器壓力足以指定點 3′ 處的熱力學狀態。根據從飽和曲

線到冷凝器壓力的恆定熵曲線，可以使用圖 F.2 找到該狀態下的其他性質。但是，使用 NIST Chemistry WebBook 等電子資源可以獲得更精確的結果。在 6.854 bar 的固定壓力下改變溫度顯示在 $T = 308.1$ K 時熵為 1.746 $\text{kJ}\cdot\text{kg}^{-1}\cdot\text{K}^{-1}$。相應的焓為：

$$H_3' = 421.97\ \text{kJ}\cdot\text{kg}^{-1}$$

而焓的變化是：

$$(\Delta H)_S = H_3' - H_2 = 421.97 - 383.45 = 38.52\ \text{kJ}\cdot\text{kg}^{-1}$$

當壓縮機效率為 0.80 時，由 (7.17) 式求得步驟 2 → 3 的實際焓變化為：

$$H_3 - H_2 = \frac{(\Delta H)_S}{\eta} = \frac{38.52}{0.80} = 48.15\ \text{kJ}\cdot\text{kg}^{-1}$$

因為步驟 1 → 4 的節流程序是等焓，$H_1 = H_4$。因此，由 (9.4) 式給出的性能係數變為：

$$\omega = \frac{H_2 - H_4}{H_3 - H_2} = \frac{383.45 - 235.97}{48.15} = 3.06$$

由 (9.5) 式可得 HFC-134a 的循環率為：

$$\dot{m} = \frac{\dot{Q}_C}{H_2 - H_4} = \frac{120{,}000}{383.45 - 235.97} = 814\ \text{kg}\cdot\text{h}^{-1}$$

9.3 冷凍劑的選擇

如第 5.2 節所示，卡諾熱機的效率與熱機的工作介質無關；同理，卡諾冷凍機的性能係數也與冷凍劑無關。由於蒸汽壓縮循環中的不可逆性，導致實際冷凍機的性能係數在有限的程度上與冷凍劑有關。然而，諸如毒性、可燃性、成本、腐蝕性質和蒸汽壓的特性在冷凍劑的選擇中更為重要。此外，環境問題嚴重限制可以考慮用作冷凍劑的化合物範圍。為了使空氣不會洩漏到冷凍系統中，在蒸發器溫度下，冷凍劑的蒸汽壓應大於大氣壓。另一方面，由於高壓設備的初始成本和操作費用，冷凝器溫度下的蒸汽壓不應過高，這些要求使得冷凍劑的選擇僅限於少數流體。

氨、氯甲烷、二氧化碳、丙烷和其他烴可用作冷凍劑，特別是在工業應用中。在 1930 年代，普遍使用鹵化烴作為冷凍劑。幾十年來，全鹵化的氯氟烴是最常見的冷凍劑。然而，這些穩定的分子被發現在大氣中存在很多年，使它們在最終藉由嚴重消耗平流層臭氧的反應分解之前到達平流層，結果現在禁止它們的生產和使用。某些低於完全鹵化的碳氫化合物會造成相對較少的臭氧消耗，而氫氟碳化合物不會導致臭氧消耗，現在可以作為許多應用的替代品。一個主要的例子是 1,1,1,2- 四氟乙烷 (HFC-134a)。[3] 不幸的是，這些冷凍劑具有極高的全球暖化潛能，比二氧化碳高幾百到幾千倍，因此在許多國家被禁止使用。具有較低全球暖化潛能的新型氫氟烴冷凍劑，如 2,3,3,3- 四氟丙烯 (HFO-1234yf)，開始取代第一代氫氟烴冷凍劑，如 R134a。

1,1,1,2- 四氟乙烷 (HFC-134a) 的壓力 / 焓圖顯示在附錄 F 的圖 F.2 中。表 9.1 提供此冷凍劑的飽和性質數據。可以隨時獲得各種其他冷凍劑的表格和圖表。[4]

串級循環

對冷凍系統的蒸發器和冷凝器的操作壓力的限制，也限制溫度差 $T_H - T_C$，簡單的蒸汽壓縮循環即在此溫度間操作。在 T_H 由外界溫度固定的情況下，冷凍溫度設定在更低的溫度。這可以藉著在**串級** (cascade) 中採用不同冷凍劑的兩個或更多個冷凍循環的操作來克服。兩段串級如圖 9.3 所示。

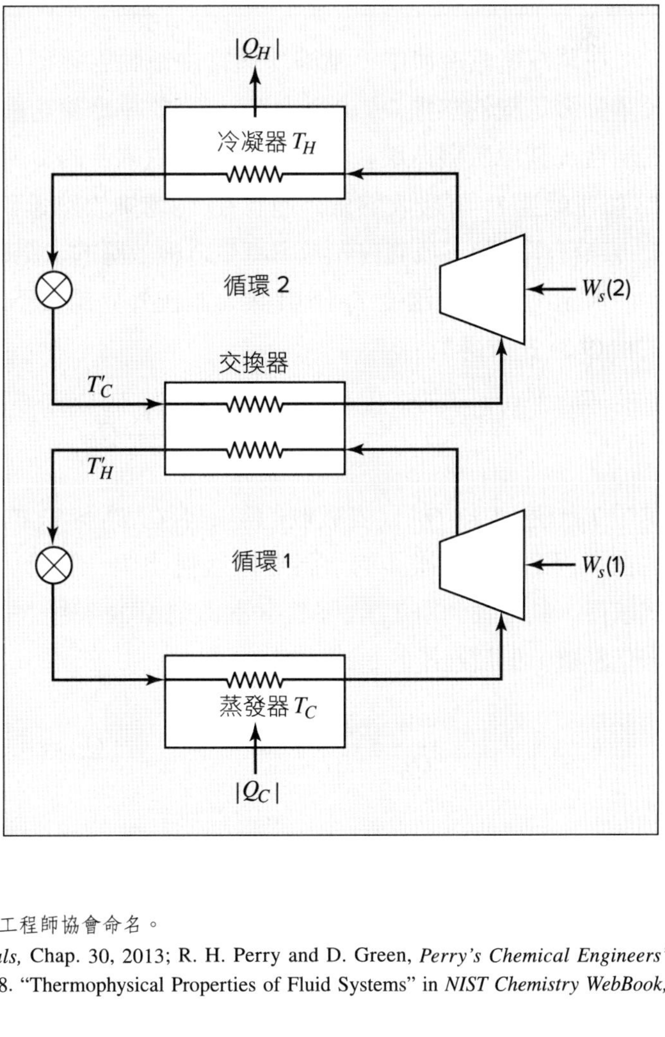

▶圖 9.3 兩段串級冷凍系統。

---

3 這些簡寫名稱是由美國冷凍空調工程師協會命名。

4 *ASHRAE Handbook: Fundamentals,* Chap. 30, 2013; R. H. Perry and D. Green, *Perry's Chemical Engineers' Handbook,* 8th ed., Sec. 2.20, 2008. "Thermophysical Properties of Fluid Systems" in *NIST Chemistry WebBook,* http://webbook.nist.gov.

在這兩個循環操作中，高溫循環 2 的冷凍劑在熱交換器中吸熱，以冷凝低溫循環 1 中的冷凍劑。我們選擇兩種冷凍劑，使每個循環在合理的壓力下操作。例如，假設以下的操作溫度 (圖 9.3)：

$$T_H = 30°C \qquad T'_C = -16°C \qquad T'_H = -10°C \qquad T_C = -50°C$$

若四氟乙烷 (HFC-134a) 是循環 2 中的冷凍劑，則壓縮機的進氣和排氣壓力約為 1.6 bar 和 7.7 bar，壓力比約為 4.9。若二氟甲烷 (R32) 是循環 1 中的冷凍劑，則這些壓力約為 1.1 和 5.8 bar，壓力比約為 5.3，這些都是合理的數值。另一方面，對於在 −50°C 到 30°C 之間以 HFC-134a 作為冷凍劑操作的單循環，進入冷凝器的進氣壓力約為 0.29 bar，遠低於大氣壓。此外，對於約 7.7 bar 的排出壓力，壓力比為 26，此值對於單級壓縮機來說太高。

9.4 吸收冷凍

在蒸汽壓縮冷凍中，壓縮功通常由電動馬達提供。但電能來源很可能是用於驅動發電機的熱機 (中央電力廠)。因此，冷凍功最終來自熱機。這表明循環的組合，其中熱機循環產生的功在內部由耦合的冷凍循環使用，該裝置在高溫 T_H 和在低溫 T_C 下吸收熱量，並且在 T_S 處排放熱量到外界。在考慮實際的吸收式冷凍程序之前，我們首先考慮產生這種效應的卡諾循環組合。

卡諾冷凍機在溫度 T_C 下吸熱，並在外界溫度下放熱，所需的功可由 (9.2) 式和 (9.3) 式求得：

$$W = \frac{T_S - T_C}{T_C} Q_C$$

其中 T_S 代替 T_H，Q_C 代表吸收的熱。若在 $T_H > T_S$ 的溫度下可獲得熱源，則可從在 T_H 和 T_S 之間操作的卡諾熱機獲得此功。生成功所需的熱量 Q_H 可由 (5.5) 式求得，其中我們用 T_S 代替 T_C，並改變 W 的符號，因為 (5.5) 式中的 W 指的是卡諾熱機，但這裡指的是冷凍機：

$$\frac{-W}{Q_H} = \frac{T_S}{T_H} - 1 \qquad 或 \qquad Q_H = W \frac{T_H}{T_H - T_S}$$

消去 W 可得：

$$\frac{Q_H}{Q_C} = \frac{T_H}{T_H - T_S} \frac{T_S - T_C}{T_C} \tag{9.6}$$

由此式所得的 Q_H/Q_C 的值當然是最小的，因為實際上無法實現卡諾循環，它為吸收式冷凍提供極限值。

典型吸收式冷凍機的示意圖如圖 9.4 所示。注意，正如在前面的推導中，W 被消去，並且 Q_H 和 Q_C 都進入系統，熱量僅排放至外界。蒸汽壓縮冷凍和吸收式冷凍之間的本質區別在於採用不同的壓縮方式。圖 9.4 中虛線右邊的吸收單元部分與蒸汽壓縮式冷凍機相同，但是左邊的部分利用熱機完成壓縮。來自蒸發器的蒸汽冷凍劑在蒸發器的壓力和相對低的溫度下，被吸收在相對非揮發性的液體溶劑中，在該過程中釋放出的熱量被排放到溫度為 T_S 的外界。來自吸收器的含有較高濃度冷凍劑的液態溶液進入泵，將液體的壓力升高到冷凝器的壓力。來自 T_H 的高溫熱源，傳遞熱量到被壓縮的液態溶液中，將溶液溫度升高並蒸發來自溶劑的冷凍劑。蒸汽從再生器進入冷凝器，而溶劑為現在含有相對低濃度的冷凍劑，通過熱交換器返回吸收器，熱交換器用於節約能量，並將股流溫度調節到最佳值。低壓蒸汽是再生器的常用熱源。

吸收 - 冷凍系統中最常使用以水作為冷凍劑，並以溴化鋰溶液作為吸收劑。此系統顯然受限於冷凍溫度必須高於水的凝固點。Perry 和 Green 對其進行詳細處理。[5] 對於較低的溫度，氨可以作為冷凍劑，而以水為溶劑；另一種系統則使用甲醇作為冷凍劑，使用聚乙二醇作為吸收劑。

考慮在 $-10°C$ ($T_C = 263.15$ K) 的溫度下使用冷凝蒸汽的熱源，在大氣壓 ($T_H = 373.15$ K) 下進行冷凍，對於 30°C ($T_S = 303.15$ K) 的外界溫度，Q_H/Q_C 的最小值可從 (9.6) 式中求出：

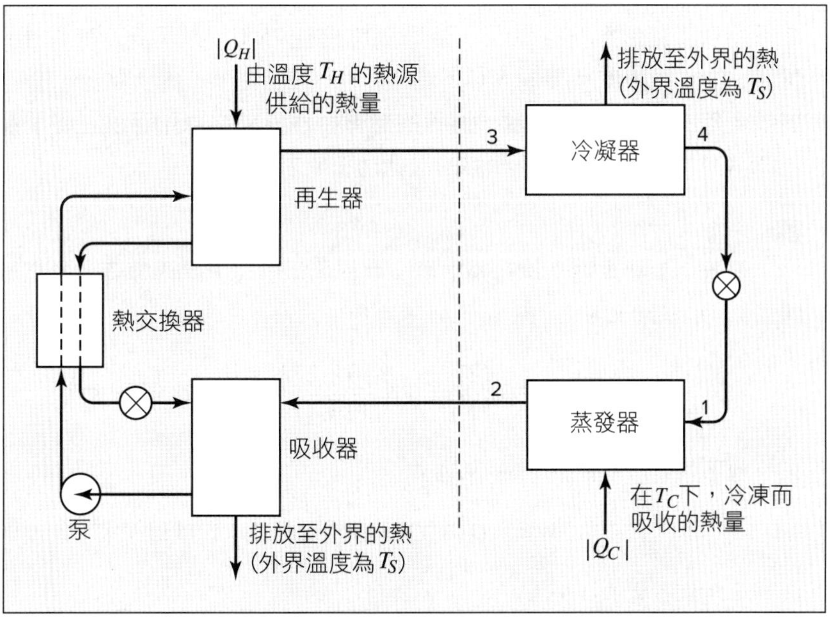

▶ 圖 9.4 吸收 - 冷凍裝置的示意圖。

5 R. H. Perry and D. Green, *op. cit.*, pp. 11–90 to 11–94.

$$\frac{Q_H}{Q_C}=\left(\frac{373.15}{373.15-303.15}\right)\left(\frac{303.15-263.15}{263.15}\right)=0.81$$

實際的吸收式冷凍機數值，是這個結果的三倍。

9.5 熱泵

熱泵是一種逆熱機，是一種在冬季為房屋和商業建築供暖，並在夏季對其進行冷卻的裝置。在冬天，它的作用是吸收外界的熱量，並將熱量排入建築物。冷凍劑以放置在地下或外部空氣中的線圈蒸發；蒸汽壓縮之後是冷凝，熱量被傳遞到空氣或水中，用於加熱建築物。蒸汽經壓縮後的壓力，必須達到使冷凍劑的冷凝溫度高於建築物所需的溫度。安裝的操作成本是壓縮機運轉所需的電力成本。如果熱泵具有 $Q_C/W=4$ 的性能係數，則可用於加熱建築物的熱量 Q_H 等於輸入壓縮機的能量的五倍。作為加熱裝置的熱泵的任何經濟優勢，取決於與石油和天然氣等燃料成本相比的電力成本。

在夏季，熱泵還可用於空調，只要將冷凍劑的流動反轉，即可從建築物吸收熱量，並經地下盤管排放至外界空氣。

例 9.2

一房屋有冬季供暖要求 30 kJ·s^{-1}、夏季降溫要求 60 kJ·s^{-1}。考慮使用熱泵裝置，冬季將房屋溫度維持在 20°C，夏季則維持在 25°C。這需要冷凍劑通過內部交換器盤管，在冬季 30°C 而夏季 5°C 下循環。地下盤管在冬季提供熱源，在夏季提供散熱。對於全年 15°C 的地下溫度，盤管的熱傳特性要求冷凍劑溫度在冬季為 10°C，夏季為 25°C。冬季供暖和夏季降溫的最低功率要求是多少？

解

最低功率要求由卡諾熱泵提供。對於冬季供暖，房內盤管處於高溫 T_H，並且熱需求為 $Q_H=30$ kJ·s^{-1}。應用 (5.4) 式可得：

$$Q_C=-Q_H\frac{T_C}{T_H}=30\left(\frac{10+273.15}{30+273.15}\right)=28.02\text{ kJ}\cdot\text{s}^{-1}$$

這是地下盤管吸收的熱。由 (9.1) 式，

$$W=-Q_H-Q_C=30-28.02=1.98\text{ kJ}\cdot\text{s}^{-1}$$

因此，功率要求為 1.98 kW。

對於夏季降溫，$Q_C=60$ kJ·s^{-1}，並且房內盤管處於低溫 T_C。結合 (9.2) 式和 (9.3) 式，並求解 W：

$$W = Q_C \frac{T_H - T_C}{T_C} = 60\left(\frac{25-5}{5+273.15}\right) = 4.31\ \mathrm{kJ{\cdot}s^{-1}}$$

因此，功率要求為 4.31 kW。實際熱泵的實際功率要求可能是此下限的兩倍以上。

9.6 液化程序

液化氣體可用於各種目的。例如，圓筒中的液態丙烷可用作家用燃料、液態氧便於火箭攜帶、天然氣液化後可用海運輸送、液態氮可用於低溫冷凍。將氣體混合物 (例如空氣) 液化，利用蒸餾分離成其成分物質。

當氣體冷卻到兩相區的溫度時，產生液化，這可以經由以下幾種方式實現：

1. 在恆壓下進行熱交換。
2. 經膨脹程序獲得功。
3. 經由節流程序。

第一種方法需要在低於氣體冷卻溫度的溫度下使用散熱器，並且最常用於在氣體利用其他兩種方法液化之前預冷氣體。當氣體溫度低於外界時，需外加冷凍機。

這三種方法如圖 9.5 所示。對於給定的溫度下降，恆壓程序 (1) 最接近兩相區域 (和液化)。除非初始狀態處於夠低的溫度和夠高的壓力，才能經由恆焓程序切入兩相區，否則節流程序 (3) 不會導致液化。例如，與點 A 溫度相同但壓力低於點 A 的點 A'，若由此點開始進行恆焓膨脹程序 (3′)，就可產生液相。從點 A 狀態變為點 A' 狀態的程序，可藉由將氣體壓縮到點 B 再經恆壓冷卻到點 A' 來實現。參考空氣[6]的 PH 圖顯示，在 160 K 的溫度下，壓力必須大於約 80 bar，以便沿恆定焓的路徑發生任何液化。因此，如果將空氣壓縮到至少 80 bar 並冷卻至 160 K 以下，則可以經節流程序達成部分液化。用於冷卻氣體的有效方法，就是利用未能在節流程序中液化完全的氣體，與進料氣體進行逆流式熱交換。

沿著程序 (2) 的等熵膨脹的液化發生在較低壓力 (對於給定溫度)，而不是經由節流。例如，從初始狀態點 A 繼續程序 (2) 最終可達成液化。

節流程序 (3) 通常用於小規模商業液化廠。大多數氣體在通常的溫度和壓力下，在膨脹期間，溫度會降低，但氫氣和氦氣除外，除非氫氣的初始溫度低於

6 R. H. Perry and D. Green, *op. cit.*, Fig. 2–5, p. 2–215.

約 100 K，而氦氣的初始溫度低於 20 K，否則經節流後，它們的溫度反而升高。利用節流來液化這些氣體，必須將氣體先冷卻至低於方法 1 或 2 所獲得的溫度。

Linde 液化程序僅與節流膨脹有關，如圖 9.6 所示。氣體經過壓縮後，先預冷至外界溫度，它甚至可以利用冷凍進一步冷卻。進入節流閥的氣體溫度越低，液化的氣體比例越大。例如，在 −40°C 的冷卻器中蒸發的冷凍劑，在節流閥處提供的溫度低於使用 20°C 的水作為冷卻介質時的溫度。

更有效的液化程序是用膨脹器代替節流閥，但將這種裝置操作到兩相區域是不切實際的。圖 9.7 所示的 Claude 程序，部分基於這個想法。來自熱交換系統的氣體於中間溫度時被提取，再通過膨脹器後，以飽和或略微過熱的蒸汽排出。剩餘的氣體進一步冷卻並通過節流閥以產生液化，如同 Linde 程序。未液化的部分，它是飽和蒸汽，與膨脹器廢氣混合，並通過熱交換器系統而回流。

▶圖 9.5 *TS* 圖上的冷卻程序。

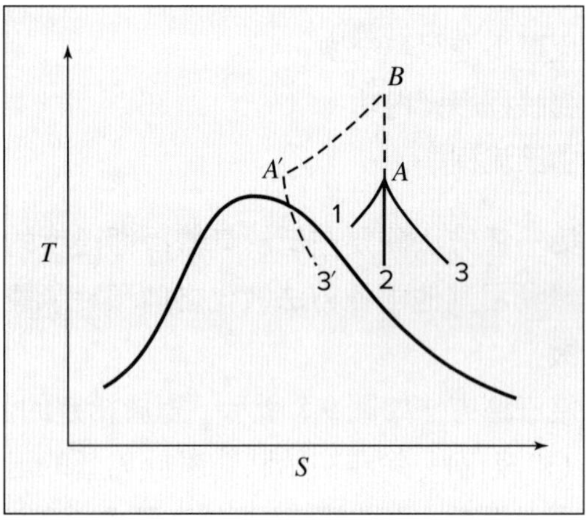

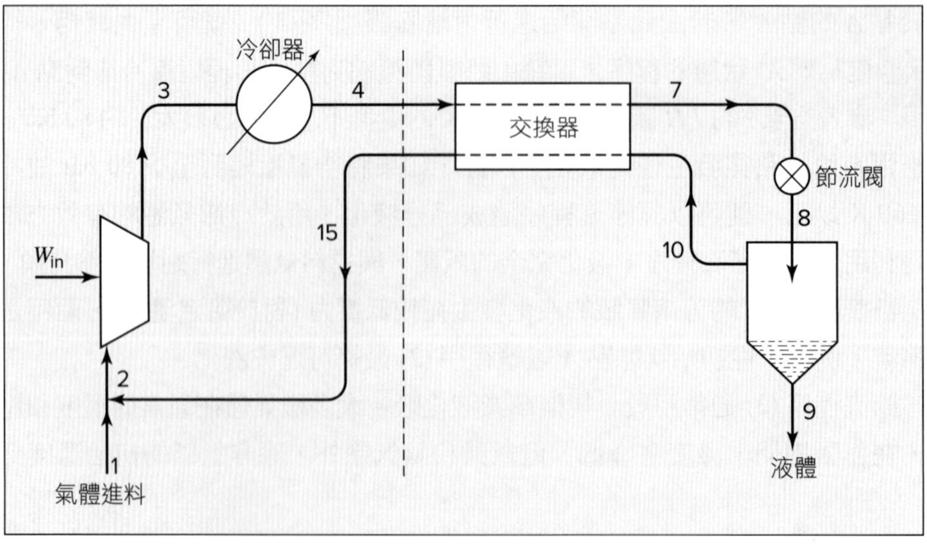

▶圖 9.6 *TS* 圖上的冷卻程序。

將能量平衡 (2.30) 式，應用在位於垂直虛線右邊的程序，得到：

$$\dot{m}_9 H_9 + \dot{m}_{15} H_{15} - \dot{m}_4 H_4 = \dot{W}_{out}$$

若膨脹機是絕熱操作，則可由 (7.13) 式求出 $\dot{W}_{out}$：

$$\dot{W}_{out} = \dot{m}_{12}(H_{12} - H_5)$$

此外，由質量平衡可知，$\dot{m}_{15} = \dot{m}_4 - \dot{m}_9$。因此，除以 $\dot{m}_4$ 之後的能量平衡變為：

$$\frac{\dot{m}_9}{\dot{m}_4} H_9 + \frac{\dot{m}_4 - \dot{m}_9}{\dot{m}_4} H_{15} - H_4 = \frac{\dot{m}_{12}}{\dot{m}_4}(H_{12} - H_5)$$

定義 $z \equiv \dot{m}_9 / \dot{m}_4$ 和 $x \equiv \dot{m}_{12} / \dot{m}_4$，上式對 z 求解得到：

$$z = \frac{x(H_{12} - H_5) + H_4 - H_{15}}{H_9 - H_{15}} \tag{9.7}$$

在這個方程式中，z 是進入熱交換器系統的氣體被液化的分率，而 x 是進入熱交換器系統的氣體在熱交換器之間被抽出的分率，且抽出後通過膨脹器。x 是一個設計變數，必須在 (9.7) 式求解 z 之前指定。注意，在 Linde 程序中，$x = 0$，並且在這種情況下，(9.7) 式簡化為：

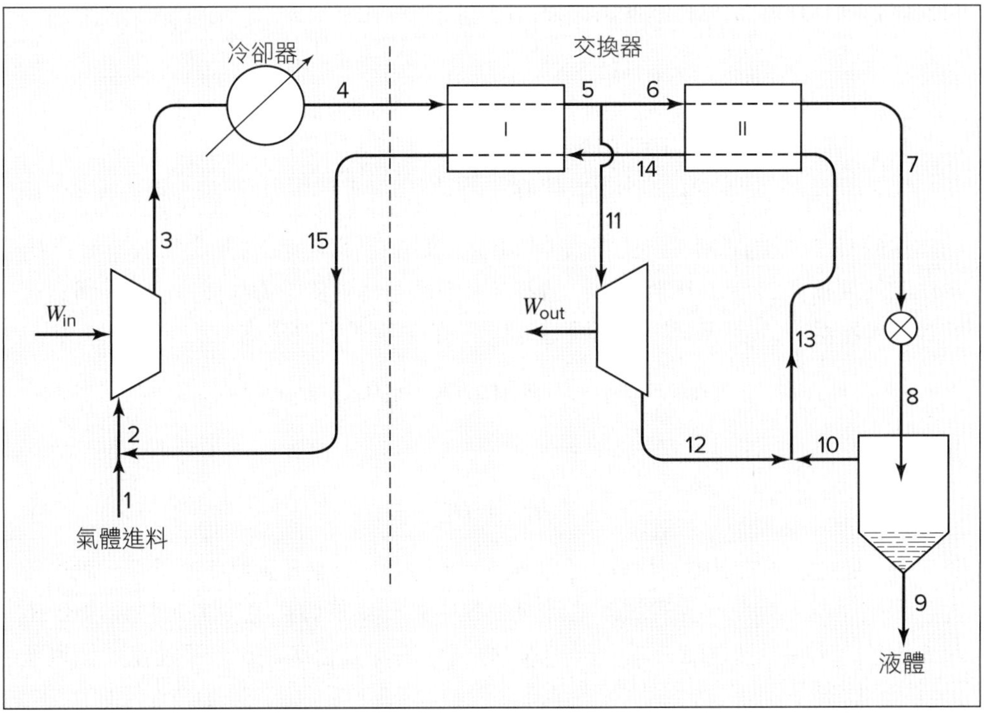

圖 9.7 Claude 液化程序。

$$z = \frac{H_4 - H_{15}}{H_9 - H_{15}} \tag{9.8}$$

因此，Linde 程序是 Claude 程序的極限情況，它是當沒有高壓氣流被送到膨脹器時獲得的。

(9.7) 式和 (9.8) 式假設沒有熱量從外界流入系統，這絕不是真的，即使使用隔熱良好的設備，當溫度很低時，熱量洩漏也很明顯。

例 9.3

假設天然氣是純甲烷，它在 Claude 程序中液化。壓縮至 60 bar，預冷至 300 K。膨脹器和節流閥都排氣至 1 bar 的壓力。此壓力下的回收甲烷在 295 K 離開熱交換器系統 (圖 9.7 中的點 15)。假設沒有熱量從外界逸散到系統中，膨脹器的效率為 75%，並排出飽和蒸汽。若進入熱交換器系統的甲烷有 25% 進入膨脹器 ($x = 0.25$)，計算甲烷液化的分率 z，以及進入節流閥的高壓流的溫度。

解

甲烷的數據可在 NIST WebBook 中獲得，[7] 從中得到以下數值：

$$H_4 = 855.3 \text{ kJ}\cdot\text{kg}^{-1} \qquad (\text{在 } 300 \text{ K 和 } 60 \text{ bar})$$
$$H_{15} = 903.0 \text{ kJ}\cdot\text{kg}^{-1} \qquad (\text{在 } 295 \text{ K 和 } 1 \text{ bar})$$

對於飽和液體與蒸汽，在 1 bar 的壓力下：

$$T^{sat} = 111.5 \text{ K}$$
$$H_9 = -0.6 \text{ kJ}\cdot\text{kg}^{-1} \qquad (\text{飽和液體})$$
$$H_{12} = 510.6 \text{ kJ}\cdot\text{kg}^{-1} \qquad (\text{飽和蒸汽})$$
$$S_{12} = 4.579 \text{ kJ}\cdot\text{kg}^{-1}\cdot\text{K}^{-1} \qquad (\text{飽和蒸汽})$$

對於 (9.7) 式的求解，熱交換器 I 和 II 之間的抽出點的焓 H_5 是必須的。由於 $H_5 = H_{11}$ (膨脹器入口焓)，而膨脹器的效率 η 及膨脹器排氣的焓 H_{12} 都是已知，所以直接計算膨脹器入口焓比較快。定義膨脹器效率的方程式可以寫成：

$$\Delta H = H_{12} - H_5 = \eta(\Delta H)_S = \eta(H'_{12} - H_5)$$

解出 H_{12}：

$$H_{12} = H_5 + \eta(H'_{12} - H_5) \tag{A}$$

其中 H'_{12} 是進入膨脹器的氣體等熵膨脹至 1 bar 的焓。一旦知道點 5 的狀態，就很容易找到這個焓。因此，採用試誤法計算，其中第一步是假設溫度 T_5，然後求出 H_5 和 S_5 的值，從中可以找到 H'_{12}。再代入 (A) 式中確認是否滿足。若不滿足，則重新

7 E. W. Lemmon, M. O. McLinden and D. G. Friend, *op. cit.*, http://webbook.nist.gov.

選擇 T_5，繼續相同的程序，直到滿足 (A) 式為止。例如，在 60 bar 和 260 K 時，焓和熵分別為 745.27 kJ·kg^{-1} 和 4.033 kJ·kg^{-1}·K^{-1}。飽和液體與蒸汽在 1 bar 分別具有 $S^l = -0.005$ 和 $S^v = 4.579$。使用這些值，從 260 K 和 60 bar 等熵膨脹到 1 bar 將得到 0.8808 的蒸汽分率。由此可得：

$$H'_{12} = H_9 + 0.8808(H_{12} - H_9) = 449.6 \text{ kJ·kg}^{-1}$$

將此值代入 (A) 式得到 H_{12} = 508.8 kJ·kg^{-1}，其低於已知值 H_{12} = 510.6 kJ·kg^{-1}。因此，T_5 必須高於 260 K 的假設值。對於 T_5 的其他值，重複此程序 (使用試算表的自動方式)，可證明下列的值滿足 (A) 式：

$$T_5 = 261.2 \text{ K} \quad H_5 = 748.8 \text{ kJ·kg}^{-1} \text{ (在 60 bar)}$$

將這些值代入 (9.7) 式可得：

$$z = \frac{0.25(510.6 - 748.8) + 855.3 - 903.0}{-0.6 - 903.0} = 0.1187$$

因此，進入熱交換器系統的甲烷有 11.9% 被液化。

點 7 處的溫度取決於其焓，而焓值可由交換器系統的能量平衡求得。因此，對於熱交換器 I，

$$\dot{m}_4(H_5 - H_4) + \dot{m}_{15}(H_{15} - H_{14}) = 0$$

由於 $\dot{m}_{15} = \dot{m}_4 - \dot{m}_9$ 且 $\dot{m}_9/\dot{m}_4 = z$，可以重新排列此式，得到：

$$H_{14} = \frac{H_5 - H_4}{1 - z} + H_{15} = \frac{748.8 - 855.3}{1 - 0.1187} + 903.0$$

因此，

$$H_{14} = 782.2 \text{ kJ·kg}^{-1} \quad T_{14} = 239.4 \text{ K (在 1 bar)}$$

藉由在 1 bar 下估算甲烷的 H，並改變溫度以匹配已知的 H_{14}，求得 T_{14}。

對於交換器 II，

$$\dot{m}_7(H_7 - H_5) + \dot{m}_{14}(H_{14} - H_{12}) = 0$$

由於 $\dot{m}_7 = \dot{m}_4 - \dot{m}_{12}$ 且 $\dot{m}_{14} = \dot{m}_4 - \dot{m}_9$，以及利用 z 和 x 的定義，上式經重新排列後變為：

$$H_7 = H_5 - \frac{1 - z}{1 - x}(H_{14} - H_{12}) = 748.8 - \frac{1 - 0.1187}{1 - 0.25}(782.2 - 510.6)$$

因此

$$H_7 = 429.7 \text{ kJ·kg}^{-1} \quad T_7 = 199.1 \text{ K (在 60 bar)}$$

隨著 x 的值增加，T_7 減小，最終接近分離器中的飽和溫度，並且需要無限大面積的熱交換器 II。因此，x 的最大值受到熱交換器系統成本的限制。

另一個極限是 $x = 0$，也就是 Linde 系統，由 (9.8) 式可知：

$$z = \frac{855.3 - 903.0}{-0.6 - 903.0} = 0.0528$$

在這種情況下，進入節流閥的氣體中只有 5.3% 以液體形式出現。點 7 處的氣體溫度再次由其焓得到，由能量平衡計算：

$$H_7 = H_4 - (1 - z)(H_{15} - H_{10})$$

將已知值代入可得：

$$H_7 = 855.3 - (1 - 0.0528)(903.0 - 510.6) = 483.6 \text{ kJ}\cdot\text{kg}^{-1}$$

進入節流閥的甲烷的溫度是 $T_7 = 202.1$ K。

9.7 概要

在深入研究本章後，包括經由例題和章末習題，我們應該能夠：

- 計算卡諾冷凍循環的性能係數，並認識到這代表任何實際冷凍程序的上限。
- 對蒸汽壓縮冷凍循環進行熱力學分析，如圖 9.1 所示。
- 描述一個實際的吸收式冷凍程序，並解釋為什麼它的使用可能是有利的。
- 繪製一個串級冷凍系統，解釋為什麼人們可以使用這樣的系統，並了解如何為這樣的系統選擇冷凍劑。
- 對 Linde 或 Claude 液化程序進行熱力學分析，如例 9.3 中所示。

9.8 習題

9.1. 用一個簡單的方法定義循環性能，是將它們視為：

$$\text{性能衡量} = \frac{\text{得到的量}}{\text{付出的量}}$$

因此，對於熱機，熱效率是 $\eta = |W|/|Q_H|$；對於冷凍機，性能係數是 $\omega = |Q_C|/|W|$。試定義熱泵的性能係數 ϕ，卡諾熱泵的 ϕ 是多少？

9.2. 家用冰箱的冷凍室溫度保持在 −20°C，而廚房的溫度為 20°C。若熱逸散量達到每天 125,000 kJ，且電費為 \$0.08/kWh，估算每年使用冰箱的費用。假設性能係數等於卡諾值的 60%。

9.3. 考慮一下冰箱的啟動。最初，冰箱內的溫度與外界溫度相同：$T_{C0}=T_H$，其中 T_H 是(恆定的)外界溫度。隨著時間的推移，由於功的輸入，冰箱內的溫度從 T_{C0} 降到其設計值 T_C。將此程序模擬為在無限熱源和總熱容量為 C_t 的有限冷源之間操作的卡諾冷凍機，試導出冰箱內溫度從 T_{C0} 降到 T_C 所需最小功的表達式。

9.4. 卡諾冷凍機以四氟乙烷作為工作流體。此循環與圖 8.2 所示的循環相同，只是方向相反。對於 $T_C=-12°C$ 和 $T_H=40°C$，計算：

(a) 狀態 1、2、3 和 4 的壓力。

(b) 狀態 3 和 4 的乾度 x_v。

(c) 每 kg 流體的加熱量。

(d) 每 kg 流體的排熱量。

(e) 四個步驟中每個步驟的每 kg 流體的機械功率。

(f) 循環的性能係數 ω。

9.5. 哪種方法可以提高卡諾冷凍機的性能係數：在 T_H 恆定下增加 T_C，或在 T_C 恆定下減少 T_H？對於真實的冷凍機，這些策略中何者有意義？

9.6. 在比較真實循環和卡諾循環的性能時，原則上可以選擇用於卡諾計算的溫度。考慮蒸汽壓縮冷凍循環，其中冷凝器與蒸發器中的平均流體溫度分別為 T_H 和 T_C。在熱傳時對應 T_H 和 T_C 的外界溫度為 T_{σ_H} 與 T_{σ_C}。基於 T_H 和 T_C 或基於 T_{σ_H} 與 T_{σ_C} 的計算，何者提供較保守的 ω_{Carnot} 估計值？

9.7. 卡諾熱機與卡諾冷凍機連接，使得熱機產生的所有功用於冷凍機從 0°C 的熱以 35 $kJ\cdot s^{-1}$ 的速率提取熱量。卡諾熱機的能量來源是一個 250°C 的熱源。若兩台設備向 25°C 的外界散熱，則熱機需從其熱源吸收多少熱量？

如果冷凍機的實際性能係數是 $\omega=0.6\,\omega_{\text{Carnot}}$ 且若熱機的熱效率是 $\eta=0.6\,\eta_{\text{Carnot}}$，則熱機需從其熱源吸收多少熱量？

9.8. 冷凍系統需要 1.5 kW 的功率，冷凍率為 4 $kJ\cdot s^{-1}$。

(a) 係數是多少？

(b) 排放至冷凝器的熱量是多少？

(c) 若排熱溫度為 40°C，則系統可維持的最低溫度是多少？

9.9. 蒸汽壓縮冷凍系統如圖 9.1 的循環操作，冷凍劑是四氟乙烷(表 9.1、圖 F.2)。對於以下其中一組操作條件，計算冷凍劑的循環速率、冷凝器中的熱傳速率、所需功率、循環性能係數，以及在相同溫度範圍內操作的卡諾冷凍循環的性能係數。

(a) 蒸發器 $T=0°C$；冷凝器 $T=26°C$；η(壓縮機) $=0.79$；冷凍速率 $=600$ $kJ\cdot s^{-1}$。

(b) 蒸發器 $T=6°C$；冷凝器 $T=26°C$；η(壓縮機) $=0.78$；冷凍速率 $=500$ $kJ\cdot s^{-1}$。

(c) 蒸發器 $T=-12°C$；冷凝器 $T=26°C$；η(壓縮機) $=0.77$；冷凍速率 $=400$ $kJ\cdot s^{-1}$。

(d) 蒸發器 $T=-18°C$；冷凝器 $T=26°C$；η(壓縮機) $=0.76$；冷凍速率 $=300$ $kJ\cdot s^{-1}$。

(e) 蒸發器 $T=-25°C$；冷凝器 $T=26°C$；η(壓縮機) $=0.75$；冷凍速率 $=200$ $kJ\cdot s^{-1}$。

9.10. 蒸汽壓縮冷凍系統的操作循環如圖 9.1 所示，冷凍劑是水。若蒸發溫度 $T=4°C$，冷凝溫度 $T=34°C$，η(壓縮機) $=0.76$，冷凍速率 $=1200$ $kJ\cdot s^{-1}$，計算冷凍劑的循環速率、冷凝器中的熱傳速率、所需功率、循環的性能係數，以及在相同溫度之間操作的卡諾冷凍循環的性能係數。

9.11. 某冷凍機以四氟乙烷為冷凍劑 (表 9.1、圖 F.2)，其蒸發溫度為 −25°C，冷凝溫度為 26°C。來自冷凝器的飽和液體冷凍劑，流過膨脹閥進入蒸發器，從蒸發器中以飽和蒸汽的形式排出。

(a) 冷卻率為 5 $kJ \cdot s^{-1}$ 時，冷凍劑的循環速率是多少？

(b) 如果節流閥由渦輪機代替，其中冷凍劑在等熵下膨脹，則循環速率會降低多少？

(c) 假設在冷凝器和節流閥之間加上逆流熱交換器來改變 (a) 的循環，其中熱量傳遞給從蒸發器返回的蒸汽。若來自冷凝器的液體在 26°C 進入熱交換器，且若蒸發器的蒸汽在 −25°C 進入熱交換器並在 20°C 離開，則冷凍劑的循環速率是多少？

(d) 對於 (a)、(b) 和 (c) 中的每一個，計算蒸汽的等熵壓縮的性能係數。

9.12. 某傳統的蒸汽壓縮冷凍系統中，裝有逆流熱交換器，來自冷凝器的液體與來自蒸發器的蒸汽進行熱交換後，得到過冷的液體。熱傳的最小溫差為5°C。四氟乙烷是冷凍劑 (表 9.1、圖 F.2)，在 −6°C 蒸發，在 26°C 冷凝。蒸發器上的熱負荷為 2000 $kJ \cdot s^{-1}$。若壓縮機效率為 75%，則所需的功率是多少？如果系統在沒有熱交換器的情況下操作，壓縮機所需的功率如何？在兩種情況下的冷凍劑循環率是多少？

9.13. 考慮圖 9.1 所示的蒸汽壓縮冷凍循環，其中使用四氟乙烷作為冷凍劑 (表 9.1、圖 F.2)。若蒸發溫度為 −12°C，當冷凝溫度分別為 16°C、28°C 和 40°C 時，計算其性能係數，並顯示冷凝溫度對性能係數的影響。

(a) 假設蒸汽為等熵壓縮。

(b) 假設壓縮機的效率為 75%。

9.14. 冬季使用熱泵為房屋供暖，並在夏季對其進行冷卻。在冬季，外部空氣作為低溫熱源；在夏季，它充當高溫散熱器。在夏季和冬季，對於房屋內外每 °C 的溫差，通過房屋牆壁及屋頂的熱傳速率為 0.75 $kJ \cdot s^{-1}$。熱泵的額定功率為 1.5 kW，計算在冬季房屋可以保持在 20°C 的最低室外溫度，以及在夏季房屋可以保持在 25°C 的最高室外溫度。

9.15. 乾燥的甲烷經由壓縮機和預冷系統，於 180 bar 和 300 K 時，供應到 Linde 液體甲烷系統的冷卻器 (圖 9.6)，低壓甲烷離開冷卻器的溫度比進入的高壓甲烷溫度低 6°C。分離器在 1 bar 下操作，並且產生在此壓力下的飽和液體。進入冷卻器的甲烷，被液化的最大分率是多少？甲烷的數據來源參見 NIST Chemistry WebBook (http://webbook.nist.gov/chemistry/fluid/)。

9.16. 重新計算上題，甲烷於 200 bar 進入，並由外界冷凍預冷至 240 K。

9.17. 農村報紙上刊登一則廣告，內容是一個乳製品穀倉裝置，將牛奶冷卻器和熱水器結合在一起使用。當然，牛奶必須冷凍，而洗滌時需要熱水。通常穀倉配備傳統的空氣冷卻電冰箱和電阻熱水器。據說這個新裝置提供必要的冷凍和所需的熱水，費用與一般裝置中的冷凍費用大致相同。為了評估這一說法，比較兩個冷凍裝置：廣告所述的裝置從 −2°C 的牛奶冷卻器中，取出 15 $kJ \cdot s^{-1}$ 的熱量，並通過冷凝器在 65°C 下放熱，將水的溫度從 13°C 升至 63°C。傳統的裝置從相同 −2°C 的牛奶冷卻器中取出相同的熱量，並通過空氣冷卻的冷凝器在 50°C 下放熱。此外，利用電將相同量的水加熱，溫度由 13°C 升至 63°C。估算兩種情況下所需的總電功率，假設兩者實際所需的功比在給定溫度之間操作的卡諾冷凍機所需的功大 50%。

9.18. 兩段串級冷凍系統 (參見圖 9.3) 在 $T_C = 210$ K 和 $T_H = 305$ K 之間操作。中間溫度為 $T_C' = 255$ K，$T_H' = 260$ K。每段的性能係數 ω 是卡諾冷凍機相應值的 65%，計算真實串級的 ω，並將其與 T_C 和 T_H 之間操作的卡諾冷凍機進行比較。

9.19. 對第 9.6 節和例 9.3 中處理的 Claude 液化程序進行參數研究，特別是改變抽出率 x 對其他程序變數的影響，以數字顯示。甲烷數據的來源參見 NIST Chemistry WebBook (http://webbook.nist.gov/chemistry/fluid/)。

9.20. 家用冰箱的冷凝器通常位於冰箱下方，因此冷凝器內的冷凍劑可與室內空氣進行熱交換，室內空氣的平均溫度約為 21°C。建議重新配置冰箱，使冷凝器位於室外，其中室外的年平均溫度約為 10°C。討論這項建議的利弊。假設冷凍機溫度為 −18°C，實際性能係數為卡諾冷凍機的 60%。

9.21. 一個常見的誤解是冰箱的性能係數必須小於 1，事實上，這種情況很少發生。為了了解原因，可以考慮使用 $\omega = 0.6\,\omega_{\text{Carnot}}$ 的真正冰箱。為了 $\omega < 1$，必須滿足什麼條件？假設 T_H 是固定的。

9.22. 一個爐子在冬天壞了，幸運的是，電力仍在繼續供電。駐地工程師告訴配偶不要擔心；他們可以搬入廚房，因為從冰箱中散發的熱量可以提供臨時舒適的生活空間，然而 (提醒工程師)，廚房會散失熱量到戶外。使用以下數據計算廚房允許的熱損失率 (kW)，以便工程師的建議有意義。

數據：所需的廚房溫度 = 290 K

冰箱的冷凍機溫度 = 250 K

輸入冰箱的平均機械功率 = 0.40 kW

性能：實際 ω = 卡諾 ω 的 65%

9.23. 在 1.2 bar 下，將 50 kmol·h^{-1} 的液體甲苯從 100°C 冷卻至 20°C 冷卻的方法可使用蒸汽壓縮冷凍循環。氨是工作流體。循環中的冷凝可利用空氣冷卻的翅片 / 風扇熱交換器來實現，其中空氣溫度可以假定維持在 20°C。計算：

(a) 冷凍循環中的低壓和高壓 (bar)。

(b) 氨的循環速率 (mol·s^{-1})。

假設熱交換的接近溫差最小為 10°C。氨的數據：

$$\Delta H_n^{lv} = 23.34 \text{ kJ mol}^{-1}$$

$$\ln P^{\text{sat}} = 45.327 - \frac{4104.67}{T} - 5.146 \ln T + 615.0 \frac{P^{\text{sat}}}{T^2}$$

其中 P^{sat} 的單位為 bar，T 的單位為 K。

Chapter 10

溶液熱力學的架構

本章的目的是為熱力學應用於氣體混合物和液態溶液奠定理論基礎。在整個化學、能源、微電子、個人護理和製藥工業中，多成分流體混合物經歷由混合和分離程序、物質從一相轉移到另一相，以及化學反應所帶來的組成變化。因此，組成的測量成為我們已經在第 6 章詳細討論的溫度和壓力的基本變數。這大幅增加熱力學性質製表和關聯的複雜性，並導致引入新的變數和它們之間的關係。將這些關係應用於實際問題，例如相平衡計算，要求我們首先繪製出這個「熱力學範圍」。因此，在本章中，我們：

- 建立適用於組成變數的開放相的**基本性質關係**。
- 定義**化勢** (chemical potential)，這是一種促進相和化學反應平衡處理的基本新性質。
- 介紹部分性質 (partial property)，數學定義的一類熱力學性質，以在混合物中存在的各個物種之間分配總混合物性質。這些隨組成而變，並且不同於純物種的莫耳性質。
- 開發理想氣體狀態混合物的性質關係，為真實氣體混合物的處理提供依據。
- 定義另一個有用的性質，即**逸壓** (fugacity)。與化勢有關，它適用於相和化學反應平衡問題的數學公式。
- 介紹一個有用的溶液性質，稱為**過剩性質** (excess property)，並結合理想化的溶液行為，稱為**理想溶液模型** (ideal-solution model)，作為真實溶液行為的參考。

組成的測量

熱力學中最常見的三種組成測量是質量分率、莫耳分率和莫耳濃度。質量分率或莫耳分率定義為，混合物中特定化學物質的質量或莫耳數，與混合物的總質量或莫耳數之比：

$$x_i \equiv \frac{m_i}{m} = \frac{\dot{m}_i}{\dot{m}} \qquad \text{或} \qquad x_i \equiv \frac{n_i}{n} = \frac{\dot{n}_i}{\dot{n}}$$

莫耳濃度定義為，混合物或溶液中特定化學物質的莫耳分率，與混合物或溶液的莫耳體積之比：

$$C_i \equiv \frac{x_i}{V}$$

該量具有每單位體積的莫耳數。對於流動程序，上式通常以速率比表示。乘以並除以莫耳流率 $\dot{n}$ 可得：

$$C_i \equiv \frac{\dot{n}_i}{q}$$

其中 $\dot{n}_i$ 是物種 i 的莫耳流率，q 是體積流率。

根據定義，混合物或溶液的莫耳質量是所有物質的莫耳質量的莫耳分率加權總和：

$$\mathscr{M} \equiv \sum_i x_i \mathscr{M}_i$$

在本章中，我們使用莫耳分率作為組成變數開發溶液熱力學的架構。對於非反應系統，幾乎所有相同的開發都可以使用質量分率完成，產生相同的定義和方程式。因此，我們可以用 x_i 來表示非反應系統中的莫耳分率或質量分率。在反應系統中，以莫耳分率計算幾乎是最好的。

10.1 基本性質關係

(6.7) 式將任何封閉系統的總吉布斯能量與其**規範** (canonical) 變數，即溫度和壓力聯繫起來：

$$d(nG) = (nV)dP - (nS)dT \tag{6.7}$$

其中 n 是系統的總莫耳數。上式適用於封閉系統中的單相流體，且系統內不發生化學反應。對於這樣的系統，組成必須是恆定的，因此：

$$\left[\frac{\partial(nG)}{\partial P}\right]_{T,n} = nV \qquad \text{且} \qquad \left[\frac{\partial(nG)}{\partial T}\right]_{P,n} = -nS$$

下標 n 表示*所有*化學物質的莫耳數保持不變。

對於單相的更一般性情況，即*開放*系統，物質可以進出系統，並且 nG 成為化學物質的莫耳數的函數，而它仍然是 T 和 P 的函數，因此我們可以寫出下列函數關係：

$$nG = g(P, T, n_1, n_2, \ldots, n_i, \ldots)$$

其中 n_i 是物種的莫耳數 i。nG 的全微分為：

$$d(nG) = \left[\frac{\partial(nG)}{\partial P}\right]_{T,n} dP + \left[\frac{\partial(nG)}{\partial T}\right]_{P,n} dT + \sum_i \left[\frac{\partial(nG)}{\partial n_i}\right]_{P,T,n_j} dn_i$$

其中總和是對所有存在的物種而言，下標 n_j 表示除第 i 個以外，其他所有物質的莫耳數保持不變。最終項的導數有自己的符號和名稱。因此，根據**定義**，混合物中物種 i 的化勢是：

$$\mu_i \equiv \left[\frac{\partial(nG)}{\partial n_i}\right]_{P,T,n_j} \tag{10.1}$$

根據這個定義，前兩個偏導數以 (nV) 和 $-(nS)$ 代替，前面的方程式變為：

$$\boxed{d(nG) = (nV)dP - (nS)dT + \sum_i \mu_i\, dn_i} \tag{10.2}$$

(10.2) 式是可變質量和成分的單相流體系統的基本性質關係。它是建構溶液熱力學結構的基礎。對於 1 莫耳溶液的特殊情況，$n = 1$ 且 $ni = x_i$：

$$dG = VdP - SdT + \sum_i \mu_i dx_i \tag{10.3}$$

這個方程式中隱含的是莫耳吉布斯能量與其規範變數 T、P 和 $\{x_i\}$ 的函數關係：

$$G = G(T, P, x_1, x_2, \ldots, x_i, \ldots)$$

(6.11) 式是 (10.3) 式的特例，適用於恆定組成的溶液。雖然 (10.2) 式的莫耳數 n_i 是獨立變數，但 (10.3) 式中的莫耳分率 x_i 卻不是，因為 $\sum_i x_i = 1$，這排除了取決於獨立變數的某些數學運算。然而，(10.3) 式確實表示：

$V = \left(\frac{\partial G}{\partial P}\right)_{T,x}$　(10.4)	$S = -\left(\frac{\partial G}{\partial T}\right)_{P,x}$　(10.5)

其他的溶液性質來自定義；例如，焓來自 $H = G + TS$。因此，由 (10.5) 式可得：

$$H = G - T\left(\frac{\partial G}{\partial T}\right)_{P,x}$$

當吉布斯能量表示為其規範變數的函數時，它可作為生成函數 (generating function)，提供以簡單的數學運算 (微分和初等代數) 計算所有其他熱力學性質的方法，並且它隱含地表示完整的性質資訊。

這是對第 6.1 節得出結論的更一般性陳述，現在擴展到組成可變的系統。

10.2 化勢和平衡

在後面討論化學和相平衡的章節中，化勢的實際應用將變得更加清晰。然而，在這一點上，我們已經可以理解它在這些分析中的作用。對於含有化學反應物種的**封閉**單相 *PVT* 系統，(6.7) 式和 (10.2) 式必須都是成立的，前者僅僅因為系統是封閉的，而第二個是因為它的一般性。此外，對於封閉系統，(10.2) 式中的所有微分 dn_i 必須來自化學反應。這兩個方程式的比較，顯示它們只有在以下情況下才成立：

$$\sum_i \mu_i \, dn_i = 0$$

因此，該方程式代表單相封閉 *PVT* 系統中化學反應平衡的一般標準，並且是開發用於求解反應平衡問題的工作方程式的基礎。

關於相平衡，我們注意到，對於由兩個平衡相組成的**封閉**非反應系統，每個單獨的相，對另一個相是**開放**的，並且可能發生相之間的質量傳遞。(10.2) 式分別適用於每個相：

$$d(nG)^\alpha = (nV)^\alpha dP - (nS)^\alpha dT + \sum_i \mu_i^\alpha dn_i^\alpha$$
$$d(nG)^\beta = (nV)^\beta dP - (nS)^\beta dT + \sum_i \mu_i^\beta dn_i^\beta$$

其中上標 α 和 β 表示兩相。為了使系統處於熱和機械平衡狀態，T 和 P 必須是均勻的。

兩相系統的總吉布斯能量的變化是各相方程式的總和。當每個全系統性質由下列形式的方程式表示時，

$$nM = (nM)^\alpha + (nM)^\beta$$

總和是：

$$d(nG) = (nV)dP - (nS)dT + \sum_i \mu_i^\alpha dn_i^\alpha + \sum_i \mu_i^\beta dn_i^\beta$$

由於兩相系統是封閉的，因此 (6.7) 式也成立。將上式與 (6.7) 式比較，可知在均衡時：

$$\sum_i \mu_i^\alpha dn_i^\alpha + \sum_i \mu_i^\beta dn_i^\beta = 0$$

dn_i^α 和 dn_i^β 的變化是由相之間的質量傳遞引起的；質量守恆要求：

$$dn_i^\alpha = -dn_i^\beta \quad 且 \quad \sum_i (\mu_i^\alpha - \mu_i^\beta) dn_i^\alpha = 0$$

dn_i^α 是獨立且任意的，並且第二個方程式的左邊通常可以為零的唯一方式是括號項為零。因此，

$$\mu_i^\alpha = \mu_i^\beta \qquad (i = 1, 2, \ldots, N)$$

其中 N 是系統中存在的物種數。將此結果連續應用於各相之間，並推廣到多個相；對於 π 個相：

$$\boxed{\mu_i^\alpha = \mu_i^\beta = \cdots = \mu_i^\pi} \qquad (i = 1, 2, \ldots, N) \tag{10.6}$$

一個類似但更全面的推導顯示 (正如我們所假設的)，平衡時，T 和 P 在所有相必相同。

因此，多相在相同的 T 和 P 處於平衡時，各物種的化勢在所有相都是相同的。

在後面的章節中，將 (10.6) 式應用於特定的相平衡問題時，需要利用溶液行為的模式，其提供 G 和 μ_i 的表達式作為溫度、壓力和組成的函數。其中最簡單的理想氣體狀態混合物和理想溶液分別在第 10.4 節和第 10.8 節中探討。

10.3 部分性質

(10.1) 式定義的化勢是 nG 對莫耳數的導數，這種類型的其他導數在溶液熱力學中很有用。因此，我們將溶液中物種 i 的部分莫耳性質 $\bar{M}_i$ **定義**為：

$$\boxed{\bar{M}_i \equiv \left[\frac{\partial (nM)}{\partial n_i}\right]_{P,T,n_j}} \tag{10.7}$$

有時稱為**響應函數** (response function)，它是在恆定 T 和 P 下，對無窮小物種 i 加到有限量溶液中，總性質 nM 的響應的測量。

符號 M 和 $\bar{M}_i$ 可以在單位質量基礎上及在莫耳基礎上表達溶液性質。若將 (10.7) 式中的莫耳數 n 用質量 m 代替，則產生部分比 (specific) 性質而不是部分

莫耳性質。為了適應任何一種，我們可以只用部分性質來談論。

這裡的興趣集中在溶液上，其中莫耳 (或單位質量) 性質由普通符號 M 表示。部分性質以 $\bar{M}_i$ 表示，下標用於標識物種。另外，在 T 和 P 的溶液內各成分的純物質性質，則以 M_i 表示。總之，使用以下符號區分溶液熱力學中使用的三種性質：

溶液性質	M，	例如：V、U、H、S、G
部分性質	$\bar{M}_i$，	例如：$\bar{V}_i$、$\bar{U}_i$、$\bar{H}_i$、$\bar{S}_i$、$\bar{G}_i$
純物種性質	M_i，	例如：V_i、U_i、H_i、S_i、G_i

(10.1) 式與吉布斯能量的 (10.7) 式的比較顯示，化勢和部分莫耳吉布斯能量是相同的；即

$$\mu_i \equiv \bar{G}_i \tag{10.8}$$

例 10.1

部分莫耳體積定義為：

$$\bar{V}_i \equiv \left[\frac{\partial(nV)}{\partial n_i}\right]_{P,\,T,\,n_j} \tag{A}$$

此式所表達的物理意義是什麼？

解

假設一開口燒杯含有等莫耳乙醇和水的混合物，此混合物在室溫 T 和大氣壓下占總體積 nV。在相同 T 和 P 下，向溶液中加入含有 Δn_w 莫耳的一滴純水，並徹底混合在溶液中，並等待足夠的時間進行熱交換，使燒杯中的溫度返回到初始溫度。我們可能會期待溶液體積增加的量等於加入的水量，即 $V_w \Delta n_w$，其中 V_w 是純水在 T 和 P 時的莫耳體積。如果這是真的，總體積變化將是：

$$\Delta(nV) = V_w \Delta n_w$$

然而，實驗觀察顯示真實的體積變化與上式相比略微減少。顯然，最終溶液中水的有效莫耳體積小於相同 T 和 P 下純水的莫耳體積。因此，我們可以寫成：

$$\Delta(nV) = \tilde{V}_w \Delta n_w \tag{B}$$

其中 $\tilde{V}_w$ 代表最終溶液中水的有效莫耳體積，其實驗值可由下式求得：

$$\tilde{V}_w = \frac{\Delta(nV)}{\Delta n_w} \tag{C}$$

在所述程序中，將一滴水與大量溶液混合，結果是溶液組成的微小但可測量的

變化。對於水的有效莫耳體積被認為是原始等莫耳溶液的性質，此程序必須達到無窮小滴的極限。因此，$\Delta n_w \to 0$，(*C*) 式變為：

$$\tilde{V}_w = \lim_{\Delta n_w \to 0} \frac{\Delta(nV)}{\Delta n_w} = \frac{d(nV)}{dn_w}$$

因為 T、P 和 n_a (乙醇的莫耳數) 是恆定的，所以這個方程式可以更恰當地寫成：

$$\tilde{V}_w = \left[\frac{\partial(nV)}{\partial n_w}\right]_{P,\,T,\,n_a}$$

與 (*A*) 式的比較顯示，在此極限下，$\tilde{V}_w$ 是等莫耳溶液中水的部分莫耳體積 $\bar{V}_w$，即總溶液體積在恆定 T、P 和 n_a 下，隨 n_w 的變化率。當 dn_w 莫耳的水加入溶液中，則 (*B*) 式變為：

$$d(nV) = \bar{V}_w\, dn_w \tag{D}$$

當 $\bar{V}_w$ 被認為是溶液中水的莫耳性質時，總體積變化 $d(nV)$ 僅是此莫耳性質乘以加入的水的莫耳數 dn_w。

若將 dn_w 莫耳的水添加到一定體積的純水中，則我們完全有理由期望系統的體積變化為：

$$d(nV) = V_w\, dn_w \tag{E}$$

其中 V_w 是純水在 T 和 P 時的莫耳體積。(*D*) 式和 (*E*) 式的比較顯示當「溶液」是純水時，$\bar{V}_w = V_w$。

關於莫耳性質和部分莫耳性質的方程式

(10.7) 式的部分莫耳性質的定義，提供從溶液性質數據計算部分性質的方法。此定義中隱含另一個同樣重要的方程式，即根據部分性質的知識計算溶液的性質。此方程式的推導始於均勻相的總熱力學性質是 T、P，以及構成相的各個物種的莫耳數的函數。[1] 因此對於性質 M，我們可以將 nM 寫成 $\mathbb{M}$ 的函數：

$$nM = \mathbb{M}(T, P, n_1, n_2, \ldots, n_i, \ldots)$$

nM 的全微分是：

$$d(nM) = \left[\frac{\partial(nM)}{\partial P}\right]_{T,\,n} dP + \left[\frac{\partial(nM)}{\partial T}\right]_{P,\,n} dT + \sum_i \left[\frac{\partial(nM)}{\partial n_i}\right]_{P,\,T,\,n_j} dn_i$$

1　單純的函數不會將一組變數變成規範變數。這些是僅適用於 $M \equiv G$ 的規範變數。

其中下標 n 表示所有莫耳數保持恆定，下標 n_j 表示除 n_i 外的所有莫耳數保持恆定。因為上式右邊前兩個偏導數是在 n 恆定下求值的。並且由於最後一項的偏導數是由 (10.7) 式給出，因此上式可簡化為：

$$d(nM) = n\left(\frac{\partial M}{\partial P}\right)_{T,\,x} dP + n\left(\frac{\partial M}{\partial T}\right)_{P,\,x} dT + \sum_i \bar{M}_i\, dn_i \tag{10.9}$$

其中下標 x 表示恆定組成下的微分。因為 $n_i = x_i n$，所以

$$dn_i = x_i\, dn + n\, dx_i$$

而且，

$$d(nM) = n\, dM + M\, dn$$

當 dn_i 和 $d(nM)$ 在 (10.9) 式中被替換時，(10.9) 式變為：

$$n\, dM + M\, dn = n\left(\frac{\partial M}{\partial P}\right)_{T,\,x} dP + n\left(\frac{\partial M}{\partial T}\right)_{P,\,x} dT + \sum_i \bar{M}_i(x_i\, dn + n\, dx_i)$$

收集含有 n 的項，並將其與含有 dn 的項分開，以產生：

$$\left[dM - \left(\frac{\partial M}{\partial P}\right)_{T,\,x} dP - \left(\frac{\partial M}{\partial T}\right)_{P,\,x} dT - \sum_i \bar{M}_i dx_i\right] n + \left[M - \sum_i x_i \bar{M}_i\right] dn = 0$$

在應用中，可以自由選擇系統 n 的大小，也可以選擇變化量 dn 的大小。因此，n 和 dn 是獨立且任意的。若上式成立，則左邊的括號項必為零。因此，

$$dM = \left(\frac{\partial M}{\partial P}\right)_{T,\,x} dP + \left(\frac{\partial M}{\partial T}\right)_{P,\,x} dT + \sum_i \bar{M}_i dx_i \tag{10.10}$$

且

$$\boxed{M = \sum_i x_i \bar{M}_i} \tag{10.11}$$

將 (10.11) 式乘以 n 得到另一種表達式：

$$\boxed{nM = \sum_i n_i \bar{M}_i} \tag{10.12}$$

(10.10) 式實際上只是 (10.9) 式的特例，亦即令 $n = 1$ 得到，這也使得 $n_i = x_i$。另一方面，(10.11) 式和 (10.12) 式是新的公式且是重要的公式，被稱為**求和關係** (summability relations)，應用它們可以從部分性質計算混合物的性質，這與 (10.7) 式的作用相反，(10.7) 式是從混合物的性質計算部分性質。

另一個重要的方程式直接來自 (10.10) 式和 (10.11) 式。(10.11) 式是 M 的一般表達式，將 (10.11) 式微分可得到 dM 的一般表達式：

$$dM = \sum_i x_i d\bar{M}_i + \sum_i \bar{M}_i dx_i$$

將此式與 (10.10) 式比較，得到 Gibbs/Duhem[2] 方程式：

$$\boxed{\left(\frac{\partial M}{\partial P}\right)_{T,x} dP + \left(\frac{\partial M}{\partial T}\right)_{P,x} dT - \sum_i x_i\, d\bar{M}_i = 0} \tag{10.13}$$

對於均勻相中發生的所有變化，必須滿足這個方程式。在恆定 T 和 P 下，組成變化的重要特殊情況，上式簡化為：

$$\boxed{\sum_i x_i d\bar{M}_i = 0} \qquad (\text{恆定 } T\text{、}P) \tag{10.14}$$

(10.14) 式顯示，部分莫耳性質不能獨立地變化。這種約束類似於對莫耳分率的約束，莫耳分率並非全部獨立，因為它們的總和必為 1。同樣地，部分莫耳性質的莫耳分率加權的總和必須產生整體溶液性質 [(10.11) 式]，這限制了部分莫耳性質隨組成的變化。

部分性質的解釋

應用於溶液熱力學，部分性質的概念意味著溶液性質代表「整體」，它是組成物種的部分性質 $\bar{M}_i$ 的總和。這是 (10.11) 式的含義，並且若我們理解 $\bar{M}_i$ 的定義方程式，則 (10.7) 式是一個分配公式，**任意地**為每個物種 i 賦予它在溶液性質中的配額。[3]

事實上，溶液的成分是緊密混合的，並且由於分子相互作用，它們不具各自的私有性質。然而，由 (10.7) 式定義的部分性質具有溶液中各個物種的所有性質特徵。因此，出於實際目的，它們可以被指定為個體物種性質的值。

部分性質，如溶液性質，是組成的函數。如果溶液趨近於純物種 i 時，M 和 $\bar{M}_i$ 都會趨近於純物種性質 M_i。在數學上，

$$\lim_{x_i\to 1} M = \lim_{x_i\to 1} \bar{M}_i = M_i$$

2 Pierre-Maurice-Marie Duhem (1861-1916)，法國物理學家，參見 http://en.wikipedia.org/wiki/Pierre Duhem。
3 其他分配方程式對溶液性質進行不同的分配是可能的，並且原則上同樣成立。

對於接近其無限稀釋極限物種的部分性質，即當其莫耳分率趨近於零的物種部分性質的值，其值來自實驗或溶液行為模型。因為它是一個重要的數值，我們給它一個符號，並定義為：

$$\bar{M}_i^{\infty} \equiv \lim_{x_i \to 0} \bar{M}_i$$

因此，本節的基本方程式總結如下：

定義：

$$\bar{M}_i \equiv \left[\frac{\partial(nM)}{\partial n_i}\right]_{P,\,T,\,n_j} \tag{10.7}$$

利用上式可從總性質中產生部分性質。

求和關係式：

$$M = \sum_i x_i \bar{M}_i \tag{10.11}$$

利用上式可從部分性質中產生總性質。

Gibbs/Duhem：

$$\sum_i x_i d\bar{M}_i = \left(\frac{\partial M}{\partial P}\right)_{T,\,x} dP + \left(\frac{\partial M}{\partial T}\right)_{P,\,x} dT \tag{10.13}$$

這證明構成溶液的物種的部分性質並不是彼此獨立的。

二成分溶液的部分性質

直接應用 (10.7) 式，可以從溶液性質的方程式導出部分性質的方程式，並表示為組成的函數。然而，對於二成分系統，另一種程序可能更方便。對於二成分溶液，求和關係式，(10.11) 式變為：

$$M = x_1 \bar{M}_1 + x_2 \bar{M}_2 \tag{A}$$

因此，

$$dM = x_1 d\bar{M}_1 + \bar{M}_1 dx_1 + x_2 d\bar{M}_2 + \bar{M}_2 dx_2 \tag{B}$$

當 M 在恆定 T 和 P 下被視為是 x_1 的函數時，Gibbs/Duhem 方程式的適當形式是 (10.14) 式，在此表示為：

$$x_1\ d\bar{M}_1 + x_2\ d\bar{M}_2 = 0 \tag{C}$$

因為 $x_1 + x_2 = 1$，所以 $dx_1 = -dx_2$。在 (B) 式中消去 dx_2，並將結果與 (C) 式組合得到：

$$\frac{dM}{dx_1} = \bar{M}_1 - \bar{M}_2 \tag{D}$$

(A) 式的兩個等價形式來自分別消去 x_1 和 x_2：

$$M = \bar{M}_1 - x_2(\bar{M}_1 - \bar{M}_2) \quad \text{且} \quad M = x_1(\bar{M}_1 - \bar{M}_2) + \bar{M}_2$$

結合 (*D*) 式，可得：

$\bar{M}_1 = M + x_2\dfrac{dM}{dx_1}$ (10.15)	$\bar{M}_2 = M - x_1\dfrac{dM}{dx_1}$ (10.16)

因此，對於二成分系統，在恆定 *T* 和 *P* 下，溶液性質只為組成的函數，可以直接從溶液性質的表達式計算部分性質。多成分系統的對應方程式更加複雜。細節可參考 Van Ness 和 Abbott 的著作。[4]

(*C*) 式的 Gibbs/Duhem 方程式，可以用導數形式寫出：

$x_1\dfrac{d\bar{M}_1}{dx_1} + x_2\dfrac{d\bar{M}_2}{dx_1} = 0$ (*E*)	$\dfrac{d\bar{M}_1}{dx_1} = -\dfrac{x_2}{x_1}\dfrac{d\bar{M}_2}{dx_1}$ (*F*)

顯然地，當 $\bar{M}_1$ 和 $\bar{M}_2$ 分別對 x_1 繪圖時，兩圖斜率的正負號一定是相反的。此外，

$$\lim_{x_1 \to 1} \frac{d\bar{M}_1}{dx_1} = 0 \quad (\text{如果} \lim_{x_1 \to 1} \frac{d\bar{M}_2}{dx_1} \text{ 是有限})$$

同樣地，

$$\lim_{x_2 \to 1} \frac{d\bar{M}_2}{dx_1} = 0 \quad (\text{如果} \lim_{x_2 \to 1} \frac{d\bar{M}_1}{dx_1} \text{是有限})$$

因此，當每個物種接近純物質時，$\bar{M}_1$ 和 $\bar{M}_2$ 對 x_1 的曲線變為水平。

最後，給定 $\bar{M}_1(x_1)$ 的表達式，將 (*E*) 式或 (*F*) 式積分可得滿足 Gibbs/Duhem 方程式的 $\bar{M}_2(x_1)$ 的表達式，這意味著不能任意指定 $\bar{M}_1(x_1)$ 和 $\bar{M}_2(x_1)$ 的表達式。

例 10.2

描述 (10.15) 式和 (10.16) 式的圖形解釋。

解

圖 10.1(a) 顯示二成分系統的 *M* 對 x_1 的代表性圖形。所示的切線在圖中延伸，在標記為 I_1 和 I_2 的點與邊緣 (在 $x_1 = 1$ 和 $x_1 = 0$ 處) 相交。從圖中可以明顯看出，此切線的斜率可表示成下列兩式：

$$\frac{dM}{dx_1} = \frac{M - I_2}{x_1} \qquad \text{且} \qquad \frac{dM}{dx_1} = I_1 - I_2$$

4 H. C. Van Ness and M. M. Abbott, *Classical Thermodynamics of Nonelectrolyte Solutions: With Applications to Phase Equilibria*, pp. 46–54, McGraw-Hill, New York, 1982.

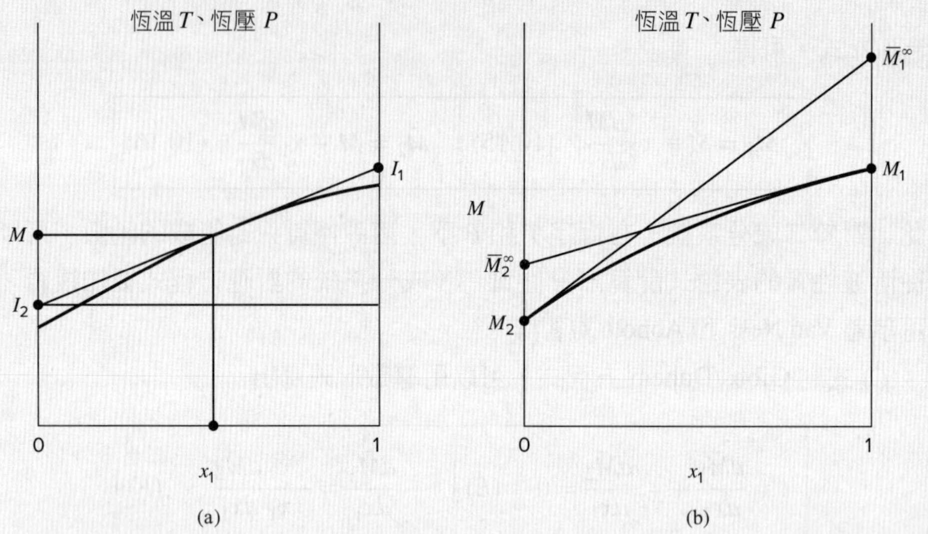

圖 10.1 (a) 例 10.2 的圖形結構；(b) 部分性質的無限稀釋值。

由第一式解出 I_2；結合第二式解出 I_1：

$$I_2 = M - x_1\frac{dM}{dx_1} \quad 且 \quad I_1 = M + (1 - x_1)\frac{dM}{dx_1}$$

將這些表達式與 (10.16) 式和 (10.15) 式進行比較可得：

$$I_1 = \bar{M}_1 \qquad 且 \qquad I_2 = \bar{M}_2$$

因此，由切線截距可直接得到兩個部分性質的值。這些截距當然隨著切點沿曲線移動而移動，其極限值如圖 10.1(b) 中所示。對於在 $x_1 = 0$ 處繪製的切線 (純物種 2)，可得 $\bar{M}_2 = M_2$，而在另一端的截距得到 $\bar{M}_1 = \bar{M}_1^{\infty}$。類似的討論適用於 $x_1 = 1$ 處繪製的切線 (純物種 1)，在這種情況下，$\bar{M}_1 = M_1$ 且 $\bar{M}_2 = \bar{M}_2^{\infty}$。

例 10.3

在實驗室中需要 2000 cm^3 的防凍液，它是由 30 mol-% 甲醇水溶液組成的。需要多少體積的純甲醇和純水在 25°C 時必須混合，形成 2000 cm^3 且為 25°C 的防凍劑？在 25°C 及 30 mol-% 甲醇溶液中，甲醇和水的部分莫耳體積及其純物質在 25°C 的莫耳體積為：

$$甲醇(1)：\bar{V}_1 = 38.632\ \text{cm}^3\cdot\text{mol}^{-1} \quad V_1 = 40.727\ \text{cm}^3\cdot\text{mol}^{-1}$$

$$水(2)：\bar{V}_2 = 17.765\ \text{cm}^3\cdot\text{mol}^{-1} \quad V_2 = 18.068\ \text{cm}^3\cdot\text{mol}^{-1}$$

解

針對二成分防凍液的莫耳體積，利用 (10.11) 式，將已知的莫耳分率和部分莫耳體積代入：

$$V = x_1\bar{V}_1 + x_2\bar{V}_2 = (0.3)(38.632) + (0.7)(17.765) = 24.025\ \text{cm}^3\cdot\text{mol}^{-1}$$

因為所需的溶液總體積為 $V^t = 2000\ \text{cm}^3$，所以所需的總莫耳數為：

$$n = \frac{V^t}{V} = \frac{2000}{24.025} = 83.246\ \text{mol}$$

其中，30% 是甲醇，70% 是水：

$$n_1 = (0.3)(83.246) = 24.974 \qquad n_2 = (0.7)(83.246) = 58.272\ \text{mol}$$

每一純物種的體積為 $V_1^t = n_iV_i$；因此，

$$V_1^t = (24.974)(40.727) = 1017\ \text{cm}^3 \qquad V_2^t = (58.272)(18.068) = 1053\ \text{cm}^3$$

例 10.4

在固定的 T 和 P，物種 1 和 2 的二成分液體系統的焓，可由下式表示：

$$H = 400x_1 + 600x_2 + x_1x_2(40x_1 + 20x_2)$$

其中 H 的單位為 $\text{J}\cdot\text{mol}^{-1}$。將 $\bar{H}_1$ 和 $\bar{H}_2$ 表示為 x_1 的函數，並求純物種 H_1 和 H_2 的數值，以及無限稀釋 $\bar{H}_1^\infty$ 和 $\bar{H}_2^\infty$ 的數值。

解

在已知的 H 方程式中，將 x_2 替換為 $1 - x_1$，並簡化為：

$$H = 600 - 180x_1 - 20x_1^3 \tag{A}$$

因此

$$\frac{dH}{dx_1} = -180 - 60x_1^2$$

由 (10.15) 式，

$$\bar{H}_1 = H + x_2\frac{dH}{dx_1}$$

然後，

$$\bar{H}_1 = 600 - 180x_1 - 20x_1^3 - 180x_2 - 60x_1^2x_2$$

用 $1-x_1$ 替換 x_2 並簡化可得：

$$\bar{H}_1 = 420 - 60x_1^2 + 40x_1^3 \tag{B}$$

由 (10.16) 式，

$$\bar{H}_2 = H - x_1\frac{dH}{dx_1} = 600 - 180x_1 - 20x_1^3 + 180x_1 + 60x_1^3$$

或

$$\bar{H}_2 = 600 + 40x_1^3 \tag{C}$$

同樣可以從已知的 H 方程式開始。因為 dH/dx_1 是全導數，x_2 不是常數。此外，$x_2 = 1 - x_1$；因此 $dx_2/dx_1 = -1$。因此，對 H 的已知方程式微分產生：

$$\frac{dH}{dx_1} = 400 - 600 + x_1x_2(40 - 20) + (40x_1 + 20x_2)(-x_1 + x_2)$$

用 $1-x_1$ 替換 x_2 會再現先前獲得的表達式。

在 (A) 式或 (B) 式中，當 $x_1 = 1$ 時，可得 H_1 的值，兩個方程式都得到 $H_1 = 400\ \text{J·mol}^{-1}$。同理，當 $x_1 = 0$ 時，從 (A) 式或 (C) 式中可求得 H_2，結果是 $H_2 = 600\ \text{J·mol}^{-1}$。當 (B) 式中的 $x_1 = 0$ 且 (C) 式中的 $x_1 = 1$ 時，從 (B) 式和 (C) 式求出無限稀釋值 $\bar{H}_1^\infty$ 和 $\bar{H}_2^\infty$。結果為：$\bar{H}_1^\infty = 420\ \text{J·mol}^{-1}$，$\bar{H}_2^\infty = 640\ \text{J·mol}^{-1}$。

習題：證明由 (B) 式和 (C) 式給出的部分性質，結合 (10.11) 式，可得 (A) 式，並且它們符合 Gibbs/Duhem 方程式的所有要求。

部分性質之間的關係

我們現在在部分性質中導出一些額外的有用關係。由於 (10.8) 式，$\mu_i \equiv \bar{G}_i$，所以 (10.2) 式可改寫為：

$$d(nG) = (nV)dP - (nS)dT + \sum_i \bar{G}_i dn_i \tag{10.17}$$

應用正合微分的準則 (6.13) 式，得到馬克士威關係式，

$$\left(\frac{\partial V}{\partial T}\right)_{P,\,n} = -\left(\frac{\partial S}{\partial P}\right)_{T,\,n} \tag{6.17}$$

加上另外兩個方程式：

$$\left(\frac{\partial \bar{G}_i}{\partial P}\right)_{T,\,n} = \left[\frac{\partial (nV)}{\partial n_i}\right]_{P,\,T,\,n_j} \qquad \left(\frac{\partial \bar{G}_i}{\partial T}\right)_{P,\,n} = -\left[\frac{\partial (nS)}{\partial n_i}\right]_{P,\,T,\,n_j}$$

其中下標 n 表示所有 n_i 保持不變，因此表示組成不變，下標 n_j 表示除第 i 個以外的所有莫耳數保持不變。由於這些方程式右邊的項是部分體積和部分熵，因此我們可以更簡單地將它們重寫為：

$\left(\frac{\partial \bar{G}_i}{\partial P}\right)_{T,x} = \bar{V}_i$ (10.18)	$\left(\frac{\partial \bar{G}_i}{\partial T}\right)_{P,x} = -\bar{S}_i$ (10.19)

由這些方程式，我們可計算 P 和 T 對部分吉布斯能量 (或化勢) 的影響。它們與 (10.4) 式和 (10.5) 式具有類比性。部分性質之間的許多其他關係，可以利用前面章節中導出的純物種性質之間的關係，以相同的方式導出。更一般地說，可以證明以下內容：

在恆定組成溶液的熱力學性質中，每個提供線性關係的方程式，都有一個連接溶液中每個物種的相應部分性質的方程式。

一個基於焓的定義式的例子：$H = U + PV$。對於 n 莫耳，

$$nH = nU + P(nV)$$

在恆定 T、P 和 n_j 下，對 n_i 微分產生：

$$\left[\frac{\partial(nH)}{\partial n_i}\right]_{P,T,n_j} = \left[\frac{\partial(nU)}{\partial n_i}\right]_{P,T,n_j} + P\left[\frac{\partial(nV)}{\partial n_i}\right]_{P,T,n_j}$$

利用部分性質的定義，(10.7) 式，上式變為：

$$\bar{H}_i = \bar{U}_i + P\bar{V}_i$$

這是 (2.10) 式的部分性質類比。

在恆定組成溶液中，$\bar{G}_i$ 是 T 和 P 的函數，因此：

$$d\bar{G}_i = \left(\frac{\partial \bar{G}_i}{\partial T}\right)_{P,x} dT + \left(\frac{\partial \bar{G}_i}{\partial P}\right)_{T,x} dP$$

由 (10.18) 式和 (10.19) 式，

$$d\bar{G}_i = -\bar{S}_i dT + \bar{V}_i dP$$

這可以與 (6.11) 式進行比較。這些例子說明恆定組成溶液的方程式與溶液中物種的部分性質的相應方程式之間存在的平行性。因此，我們可以只是利用類比來寫出許多與部分性質相關的方程式。

10.4 理想氣體狀態混合物模型

儘管描述實際混合物行為的能力有限，但理想氣體狀態混合物模型為建構溶液熱力學結構提供概念基礎。它是一個有用的性質模型，因為它：

- 以分子為基礎。
- 在明確定義的零壓力極限中逼近真實。
- 在分析上很簡單。

在分子層次上，理想氣體狀態代表一組不相互作用且不占據體積的分子。真實分子在零壓力 (這意味著零密度) 極限，接近這種理想化，因為分子間相互作用的能量和分子占據的體積分率，隨著分子分離的增加而變為零。雖然它們彼此不相互作用，但理想氣體狀態的分子確實具有內部結構；分子結構的差異會導致理想氣態熱容量 (第 4.1 節)、焓、熵和其他性質的差異。

無論氣體的性質如何，理想氣體狀態下的莫耳體積都是 $V^{ig} = RT/P$ [(3.7) 式]。因此，對於理想氣體狀態，無論是純氣體還是混合氣體，對於給定的 T 和 P，莫耳體積是相同的。理想氣體狀態混合物中，物質 i 的部分莫耳體積可以從應用於體積的 (10.7) 式中找到；令上標 ig 表示理想氣體狀態：

$$\bar{V}_i^{ig} = \left[\frac{\partial\left(nV^{ig}\right)}{\partial n_i}\right]_{T,\,P,\,n_j} = \left[\frac{\partial(nRT/P)}{\partial n_i}\right]_{T,\,P,\,n_j} = \frac{RT}{P}\left(\frac{\partial n}{\partial n_i}\right)_{n_j} = \frac{RT}{P}$$

其中最終的等式取決於方程式 $n = n_i + \sum_j n_j$。此結果意味著對於給定 T 和 P 的理想氣體狀態，部分莫耳體積、純物種莫耳體積和混合物莫耳體積是相同的：

$$\bar{V}_i^{ig} = V_i^{ig} = V^{ig} = \frac{RT}{P} \tag{10.20}$$

我們將理想氣體狀態混合物中物種 i 的分壓 (p_i)，**定義**為物種 i 施加的壓力，如果它單獨占據混合物的莫耳體積。因此，[5]

$$p_i \equiv \frac{y_i RT}{V^{ig}} = y_i P \quad (i = 1, 2, \ldots, N)$$

其中 y_i 是物種 i 的莫耳分率。顯然分壓的總和為總壓。

因為理想氣體狀態混合物模型假設分子的體積為零且不相互作用，所以組成物質的熱力學性質 (除了莫耳體積) 彼此獨立，並且每個物種都具有自己的一組私有性質。以下是**吉布斯定理** (Gibbs's theorem) 陳述的基礎：

5 注意，依此定義的分壓不為部分莫耳性質。

理想氣體狀態混合物中物質的部分莫耳性質 (體積除外)，等於純理想氣體狀態下物質的相應莫耳性質，其中溫度等於混合物溫度，而壓力等於其分壓。

這可用以下的數學式表達，其中部分性質 $\bar{M}_i^{ig} \neq \bar{V}_i^{ig}$：

$$\bar{M}_i^{ig}(T,P) = M_i^{ig}(T,p_i) \tag{10.21}$$

理想氣體狀態下的焓與壓力無關；因此

$$\bar{H}_i^{ig}(T,P) = H_i^{ig}(T,p_i) = H_i^{ig}(T,P)$$

更簡單的形式，

$$\bar{H}_i^{ig} = H_i^{ig} \tag{10.22}$$

其中 H_i^{ig} 是純物種在混合物 T 下的值。類似的方程式適用於 U^{ig} 和其他與壓力無關的性質。

理想氣體狀態下的熵與壓力有關，如 (6.24) 式所示，於恆溫下：

$$dS_i^{ig} = -Rd\ln P \qquad (\text{恆溫 } T)$$

這為計算氣體在其混合物中的分壓與在混合物的總壓之間的熵差提供基礎。從 p_i 積分到 P 可得：

$$S_i^{ig}(T,P) - S_i^{ig}(T,p_i) = -R\ln\frac{P}{p_i} = -R\ln\frac{P}{y_iP} = R\ln y_i$$

因此，

$$S_i^{ig}(T,p_i) = S_i^{ig}(T,P) - R\ln y_i$$

將此式與針對熵寫出的 (10.21) 式進行比較，得到：

$$\bar{S}_i^{ig}(T,P) = S_i^{ig}(T,P) - R\ln y_i$$

或

$$\bar{S}_i^{ig} = S_i^{ig} - R\ln y_i \tag{10.23}$$

其中 S_i^{ig} 是在混合物 T 和 P 下的純物種的值。

對於理想氣體狀態混合物中的吉布斯能量，$G^{ig} = H^{ig} - TS^{ig}$；部分性質的平行關係是：

$$\bar{G}_i^{ig} = \bar{H}_i^{ig} - T\bar{S}_i^{ig}$$

結合 (10.22) 式和 (10.23) 式，上式變為：

$$\bar{G}_i^{ig} = H_i^{ig} - TS_i^{ig} + RT\ln y_i$$

或

$$\mu_i^{ig} \equiv \bar{G}_i^{ig} = G_i^{ig} + RT\ln y_i \tag{10.24}$$

將上式微分，並根據 (10.18) 式和 (10.19) 式，證實由 (10.20) 式和 (10.23) 式表示的結果。

利用 (10.11) 式，由 (10.22) 式、(10.23) 式和 (10.24) 式可得：

$$\boxed{H^{ig} = \sum_i y_i H_i^{ig}} \tag{10.25}$$

$$\boxed{S^{ig} = \sum_i y_i S_i^{ig} - R\sum_i y_i \ln y_i} \tag{10.26}$$

$$\boxed{G^{ig} = \sum_i y_i G_i^{ig} + RT\sum_i y_i \ln y_i} \tag{10.27}$$

類似於 (10.25) 式的方程式可用 C_P^{ig} 和 V^{ig} 改寫。以前者改寫如 (4.7) 式，但若以後者改寫，則由於 (10.20) 式而會化簡為恆等式。

將 (10.25) 式寫成：

$$H^{ig} - \sum_i y_i H_i^{ig} = 0$$

左邊是一個程序的焓變化，在該程序中，適量的純物質在 T 和 P 下混合，在相同的 T 和 P 下形成一莫耳的混合物。對於理想氣體狀態，這個**混合焓變化** (enthalpy change of mixing) 為零。

將 (10.26) 式重新排列為：

$$S^{ig} - \sum_i y_i S_i^{ig} = R\sum_i y_i \ln\frac{1}{y_i}$$

左邊是理想氣體狀態的**混合熵變化** (entropy change of mixing)。因為 $1/y_i > 1$，所以上式恆為正，與第二定律一致。混合程序本質上是不可逆的，因此混合程序必增加系統和外界的總熵。對於在恆定 T 和 P 下的理想氣體狀態混合，使用 (10.25) 式及能量平衡顯示系統與外界之間不會發生熱傳。因此，系統加外界的總熵變只是混合的熵變。

將 (10.24) 式中的 G_i^{ig} 以 T 和 P 的函數表示時，可產生化勢 μ_i^{ig} 的另一種表達式。由 (6.11) 式可知，對於理想氣體狀態在恆溫 T 下：

$$dG_i^{ig} = V_i^{ig} dP = \frac{RT}{P} dP = RT\, d\ln P \quad (\text{恆溫 } T)$$

積分可得：

$$G_i^{ig} = \Gamma_i(T) + RT \ln P \tag{10.28}$$

其中 $\Gamma_i(T)$ 是在恆溫 T 的積分常數，它僅是溫度的函數。[6] 因此 (10.24) 式可寫成：

$$\boxed{\mu_i^{ig} \equiv \bar{G}_i^{ig} = \Gamma_i(T) + RT \ln(y_i P)} \tag{10.29}$$

其中對數括弧內的參數是分壓。利用 (10.11) 式的求和關係，可產生理想氣體狀態混合物的吉布斯能量的表達式：

$$\boxed{G^{ig} \equiv \sum_i y_i \Gamma_i(T) + RT \sum_i y_i \ln(y_i P)} \tag{10.30}$$

這些方程式具有簡單的形式，它們提供理想氣體狀態行為的完整描述。因為 T、P 和 $\{y_i\}$ 是吉布斯能量的規範變數，理想氣體模型的所有其他熱力學性質都可以從它們產生。

10.5 純物種的逸壓和逸壓係數

從 (10.6) 式可以看出，化勢 μ_i 為相平衡提供基本標準，對於化學反應平衡也是如此。但是，它具有阻礙其直接使用的特性。吉布斯能量和 μ_i 的定義均與內能和熵有關。因為內能的絕對值是未知的，所以 μ_i 也是如此。此外，(10.29) 式顯示當 P 或 y_i 趨近於零時，μ_i^{ig} 趨近於負無窮大。這不僅對理想氣體狀態為真，而且對任何氣體均為真。由於化勢的這種特性，所以引入**逸壓**作為促進平衡標準的應用，[7] 以逸壓取代 μ_i，因為逸壓較少不理想的特性。

逸壓的概念起源於 (10.28) 式，此式僅適用於理想氣體狀態下的純物種 i。對於一個真實的流體，我們可寫出一個類似的方程式來**定義**純物種 i 的逸壓 f_i：

$$G_i \equiv \Gamma_i(T) + RT \ln f_i \tag{10.31}$$

這個具有壓力單位的新性質 f_i 取代了 (10.28) 式中的 P。顯然地，如果將 (10.28)

6　使用 (10.28) 式及隨後的類似方程式可以看出因次的模糊度，因為 P 具有單位，而 $\ln P$ 必須是無因次。這在實際上不會有問題，因為吉布斯能量是以相對量表示，而絕對值是未知的。因此，在應用中，僅出現吉布斯能量的差，導致在對數中是具有壓力單位的量的比，唯一的要求是保持壓力單位的一致性。

7　這個量起源於美國物理化學家 Gilbert Newton Lewis (1875-1946)，他也開發部分性質和理想溶液的概念，參見 http://en.wikipedia.org/wiki/Gilbert N.Lewis。

式視為 (10.31) 式的特例，則：

$$f_i^{ig} = P \tag{10.32}$$

在理想氣體狀態下，純物種 i 的逸壓必然等於其壓力。在相同的 T 和 P 下，從 (10.31) 式減去 (10.28) 式，可得：

$$G_i - G_i^{ig} = RT \ln \frac{f_i}{P}$$

由 (6.41) 式的定義，$G_i - G_i^{ig}$ 是**剩餘吉布斯能量** (residual Gibbs energy)，G_i^{ig}；因此，

$$\boxed{G_i^R = RT \ln \frac{f_i}{P} = RT \ln \phi_i} \tag{10.33}$$

無因次比 f_i/P 被**定義**為另一個新性質，**逸壓係數** (fugacity coefficient)，以符號 ϕ_i 表示：

$$\boxed{\phi_i \equiv \frac{f_i}{P}} \tag{10.34}$$

這些方程式適用於任何條件下任何相的純物種。然而，作為特殊情況，它們對理想氣體狀態成立，其中 $G_i^R = 0$，$\phi_i = 1$，並且從 (10.31) 式恢復到 (10.28) 式。此外，我們可以為 $P = 0$ 寫出 (10.33) 式，並將其與 (6.45) 式結合起來：

$$\lim_{P \to 0} \left(\frac{G_i^R}{RT} \right) = \lim_{P \to 0} \ln \phi_i = J$$

如結合 (6.48) 式所解釋的，J 的值是無關緊要，可設其值為零。因此，

$$\lim_{P \to 0} \ln \phi_i = \lim_{P \to 0} \ln \left(\frac{f_i}{P} \right) = 0$$

且

$$\lim_{P \to 0} \phi_i = \lim_{P \to 0} \frac{f_i}{P} = 1$$

(10.33) 式中的 $\ln \phi_i$ 與 G_i^R/RT，可由 (6.49) 式的積分而改寫為：

$$\boxed{\ln \phi_i = \int_0^P (Z_i - 1) \frac{dP}{P} \qquad (\text{恆溫 } T)} \tag{10.35}$$

純氣體的逸壓係數 (以及逸壓) 可由此式從 *PVT* 數據或體積顯式的狀態方程式來估算。

例如，當壓縮係數由 (3.36) 式給出時，在此處寫有下標以表明其適用於純物質：

$$Z_i - 1 = \frac{B_{ii}P}{RT}$$

因為第二維里係數 B_{ii} 僅是純物種的溫度函數，將上式代入 (10.35) 式可得：

$$\ln \phi_i = \frac{B_{ii}}{RT}\int_0^P dP \quad (\text{恆溫 } T)$$

因此

$$\ln \phi_i = \frac{B_{ii}P}{RT} \tag{10.36}$$

純物種的汽 / 液平衡

當純物種 *i* 為同溫下的飽和蒸汽與飽和液體時，則 (10.31) 式定義的逸壓，可以寫為：

$G_i^v = \Gamma_i(T) + RT\ln f_i^v$ (10.37)	$G_i^l = \Gamma_i(T) + RT\ln f_i^l$ (10.38)

而二式的差為，

$$G_i^v - G_i^l = RT\ln\frac{f_i^v}{f_i^l}$$

此式適用於在溫度 *T* 和蒸汽壓 P_i^{sat} 下，從飽和液體到飽和蒸汽的狀態變化。根據 (6.83) 式，$G_i^v - G_i^l = 0$；因此，

$$f_i^v = f_i^l = f_i^{\text{sat}} \tag{10.39}$$

其中 f_i^{sat} 表示飽和液體或飽和蒸汽的值。飽和液體與飽和蒸汽的共存相處於平衡狀態；因此，(10.39) 式表達一個基本原理：

對於純物種，當它們具有相同的溫度、壓力和逸壓時，共存的液相和汽相處於平衡狀態。[8]

8 「逸壓」一詞是基於拉丁語，意味著逃跑或逃脫的意思，也是逃逸一詞的基礎。因此，逸壓可解釋為「逃逸趨勢」。當兩相的逃逸趨勢相同時，它們處於平衡狀態。當一個物種的逃逸趨勢在一相比另一相更高時，該物種將傾向於轉移到其逸壓較低的相。

另一種公式是基於相應的逸壓係數：

$$\phi_i^{\text{sat}} = \frac{f_i^{\text{sat}}}{P_i^{\text{sat}}} \tag{10.40}$$

因此，

$$\phi_i^v = \phi_i^l = \phi_i^{\text{sat}} \tag{10.41}$$

表示逸壓係數相等的這個方程式，亦適用於純物質的汽 / 液平衡。

純液體的逸壓

純物種 i 為壓縮 (過冷) 液體的逸壓，可以三個飽和壓力比率的乘積表示，而每個比率相對容易估算：

$$f_i^l(P) = \underbrace{\frac{f_i^v(P_i^{\text{sat}})}{P_i^{\text{sat}}}}_{(A)} \underbrace{\frac{f_i^l(P_i^{\text{sat}})}{f_i^v(P_i^{\text{sat}})}}_{(B)} \underbrace{\frac{f_i^l(P)}{f_i^l(P_i^{\text{sat}})} P_i^{\text{sat}}}_{(C)}$$

所有項都與溫度有關。由觀察可知，將相同的分子和分母消去後會產生數學恆等式。

比率 (A) 是純蒸汽 i 在其汽 / 液飽和壓力下的汽相逸壓係數，以 ϕ_i^{sat} 表示。由 (10.35) 式可得：

$$\ln \phi_i^{\text{sat}} = \int_0^{P_i^{\text{sat}}} (Z_i^v - 1) \frac{dP}{P} \qquad (\text{恆溫 } T) \tag{10.42}$$

由 (10.39) 式可知，比率 (B) 為 1。比率 (C) 反映壓力對純液體 i 逸壓的影響。這種效果通常很小。計算的基礎是 (6.11) 式，在恆溫 T 下積分求出：

$$G_i - G_i^{\text{sat}} = \int_{P_i^{\text{sat}}}^{P} V_i^l \, dP$$

此式的另一種表達式是將 (10.31) 式分別對 G_i 和 G_i^{sat} 寫出；然後相減產生：

$$G_i - G_i^{\text{sat}} = RT \ln \frac{f_i}{f_i^{\text{sat}}}$$

令 $G_i - G_i^{\text{set}}$ 的兩個表達式相等，可得：

$$\ln \frac{f_i}{f_i^{\text{sat}}} = \frac{1}{RT} \int_{P_i^{\text{sat}}}^{P} V_i^l \, dP$$

比率 (C) 則為：

$$\frac{f_i^l(P)}{f_i^l(P_i^{\text{sat}})} = \exp\left(\frac{1}{RT}\int_{P_i^{\text{sat}}}^{P} V_i^l\, dP\right)$$

將三個比率代入原方程式中可得：

$$f_i = \phi_i^{\text{sat}} P_i^{\text{sat}} \exp\left(\frac{1}{RT}\int_{P_i^{\text{sat}}}^{P} V_i^l\, dP\right) \tag{10.43}$$

因為液相莫耳體積 V_i^l 在遠低於 T_c 的溫度下是 P 的非常弱的函數，所以通常假設 V_i^l 為常數且等於飽和液體，來獲得極好的近似。在這種情況下，

$$f_i = \phi_i^{\text{sat}} P_i^{\text{sat}} \exp\frac{V_i^l(P - P_i^{\text{sat}})}{RT} \tag{10.44}$$

其中指數項稱為 Poynting[9] 因子。根據 (10.44) 式估算壓縮液體的逸壓，需要以下數據：

- 利用 (10.42) 式計算 ϕ_i^{sat} 的 Z_i^v 值。這些值可由狀態方程式、實驗或廣義關聯式求得。
- 液相莫耳體積 V_i^l，通常為飽和液體的值。
- P_i^{sat} 的值。

若 Z_i^v 以最簡單的維里方程式 (3.36) 式求得，則：

$$Z_i^v - 1 = \frac{B_{ii}P}{RT} \quad \text{且} \quad \phi_i^{\text{sat}} = \exp\frac{B_{ii}P_i^{\text{sat}}}{RT}$$

而 (10.44) 式變成：

$$f_i = P_i^{\text{sat}} \exp\frac{B_{ii}P_i^{\text{sat}} + V_i^l(P - P_i^{\text{sat}})}{RT} \tag{10.45}$$

在以下例子中，來自蒸汽表的數據構成計算蒸汽和液態水的逸壓與逸壓係數 (為壓力的函數) 的基礎。

例 10.5

對於溫度為 300°C 且壓力高達 10,000 kPa (100 bar) 的 H_2O，根據蒸汽表中的數據，計算 f_i 和 ϕ_i 的值，並對 P 作圖。

9　John Henry Poynting (1852-1914)，英國物理學家，參見 http://en.wikipedia.org/wiki/John Henry Poynting。

解

將 (10.31) 式寫成下列兩式：首先，針對壓力為 P 的狀態；第二，針對低壓參考狀態，用 * 表示，兩者溫度均為 T：

$$G_i = \Gamma_i(T) + RT \ln f_i \qquad \text{和} \qquad G_i^* = \Gamma_i(T) + RT \ln f_i^*$$

相減消去 $\Gamma_i(T)$，並且產生：

$$\ln \frac{f_i}{f_i^*} = \frac{1}{RT}(G_i - G_i^*)$$

根據定義 $G_i = H_i - TS_i$ 和 $G_i^* = H_i^* - TS_i^*$；代入上式可得：

$$\ln \frac{f_i}{f_i^*} = \frac{1}{R}\left[\frac{H_i - H_i^*}{T} - (S_i - S_i^*)\right] \tag{A}$$

蒸汽表中列出 300°C 的最低壓力為 1 kPa。假設在這些情況下，蒸汽處於理想氣體狀態，其中 $f_i^* = P^* = 1$ kPa。此狀態的數據提供以下參考值：

$$H_i^* = 3076.8 \text{ J·g}^{-1} \quad S_i^* = 10.3450 \text{ J·g}^{-1}\text{·K}^{-1}$$

對於從 1 kPa 到 8592.7 kPa 的飽和壓力的各種 P 值，現在可以將 (A) 式應用於 300°C 的過熱蒸汽狀態。例如，在 $P = 4000$ kPa 和 300°C 時：

$$H_i = 2962.0 \text{ J·g}^{-1} \quad S_i = 6.3642 \text{ J·g}^{-1}\text{·K}^{-1}$$

H 和 S 的值必須乘以水的莫耳質量 (18.015 g·mol^{-1})，以莫耳為基準，再代入 (A) 式：

$$\ln \frac{f_i}{f^*} = \frac{18.015}{8.314}\left[\frac{2962.0 - 3076.8}{573.15} - (6.3642 - 10.3450)\right] = 8.1917$$

亦即

$$f_i/f^* = 3611.0$$

$$f_i = (3611.0)(f^*) = (3611.0)(1 \text{ kPa}) = 3611.0 \text{ kPa}$$

因此，在 4000 kPa 的逸壓係數為：

$$\phi_i = \frac{f_i}{P} = \frac{3611.0}{4000} = 0.9028$$

在其他壓力下的類似計算，可得圖 10.2 中繪製的值，其中壓力可高達飽和壓力 $P_i^{sat} = 8592.7$ kPa。在此壓力下，

$$\phi_i^{sat} = 0.7843 \quad \text{且} \quad f_i^{sat} = 6738.9 \text{ kPa}$$

根據 (10.39) 式和 (10.41) 式，飽和值不會因冷凝而變化。雖然這些圖是連續的，

但它們確實顯示出斜率的不連續性。應用 (10.44) 式，可以得到高壓液態水的 f_i 和 ϕ_i 值。令 V_i^l 等於 300°C 時飽和液態水的莫耳體積：

$$V_i^l = (1.403)(18.015) = 25.28\ \text{cm}^3\cdot\text{mol}^{-1}$$

例如，在 10,000 kPa，由 (10.44) 式可得：

$$f_i = (0.7843)(8592.7)\exp\frac{(25.28)(10{,}000 - 8592.7)}{(8314)(573.15)} = 6789.8\ \text{kPa}$$

在這些情況下，液態水的逸壓係數為：

$$\phi_i = f_i/P = 6789.8/10{,}000 = 0.6790$$

這樣的計算可完成圖 10.2，其中實線表示 f_i 和 ϕ_i 如何隨壓力變化。

f_i 的曲線從原點開始，隨著壓力的升高，越來越偏離虛線的理想氣體狀態 ($f_i^{ig} = P$)。在 P_i^{sat} 處，斜率存在不連續性，隨著壓力的增加，曲線上升非常緩慢，顯示液態水在 300°C 時的逸壓是壓力的弱函數，這種行為是液體在遠低於其臨界溫度的特徵。逸壓係數 ϕ_i 在壓力為零時等於 1，然後隨壓力上升而穩定下降。它在液體區域的快速下降是逸壓本身幾乎恆定的結果。

▶**圖 10.2** 300°C 時蒸汽的逸壓和逸壓係數。

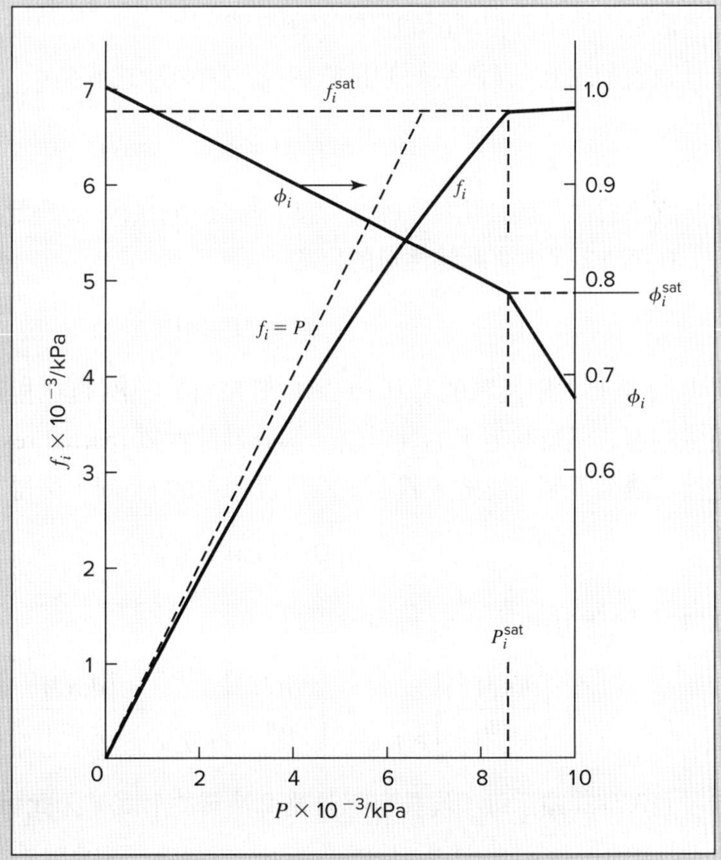

10.6 溶液中物種的逸壓和逸壓係數

溶液中物種的逸壓定義與純物種逸壓的定義類似。對於真實氣體混合物或液態溶液中的物種 i，類似於 (10.29) 式的理想氣體狀態表達式為：

$$\mu_i \equiv \Gamma_i(T) + RT \ln \hat{f}_i \tag{10.46}$$

其中 $\hat{f}_i$ 是溶液中物種 i 的逸壓，它代替分壓 $y_i P$。$\hat{f}_i$ 的這種定義並不會使其成為部分莫耳性質，因此它用 ^ 而不是用劃橫線來識別。

該定義的直接應用顯示其潛在的效用。(10.6) 式，每相中的 μ_i 相等，是相平衡的基本標準。因為平衡中的所有相都處於相同的溫度，所以緊接著 (10.46) 式，相平衡的另一種表示法為：

$$\boxed{\hat{f}_i^\alpha = \hat{f}_i^\beta = \cdots = \hat{f}_i^\pi} \qquad (i = 1, 2, \ldots, N) \tag{10.47}$$

因此，當所有相中每種成分物質的逸壓相同時，相同 T 和 P 的多相處於平衡狀態。

這是最常用於求解相平衡問題的平衡準則。

對於多成分汽 / 液平衡的具體情況，(10.47) 式成為：

$$\hat{f}_i^l = \hat{f}_i^v \quad (i = 1, 2, \ldots, N) \tag{10.48}$$

當此關係式應用於純物種 i 的汽 / 液平衡時，(10.39) 式是此式的特例。

在第 6.2 節中有剩餘性質的定義：

$$M^R \equiv M - M^{ig} \tag{6.41}$$

其中 M 是熱力學性質的莫耳 (或單位質量) 值，M^{ig} 是在相同的 T 和 P 具有相同組成的理想氣體狀態下的性質值。**部分剩餘性質** (partial residual property) $\bar{M}_i^R$ 的定義式遵循這個方程式。將上式乘以混合物的 n mol，可得：

$$nM^R = nM - nM^{ig}$$

在恆定 T、P 和 n_j 下，對 n_i 微分可得：

$$\left[\frac{\partial(nM^R)}{\partial n_i}\right]_{P,T,n_j} = \left[\frac{\partial(nM)}{\partial n_i}\right]_{P,T,n_j} - \left[\frac{\partial(nM^{ig})}{\partial n_i}\right]_{P,T,n_j}$$

參考 (10.7) 式顯示每項均具有部分莫耳性質的形式。因此，

$$\bar{M}_i^R = \bar{M}_i - \bar{M}_i^{ig} \tag{10.49}$$

由於剩餘性質是測量偏離理想氣體狀態值的程度，因此它們最合乎邏輯和最常見的應用是描述氣相性質，但它們也適用於描述液相性質。將 (10.49) 式以剩餘吉布斯能量寫出，可得：

$$\boxed{\bar{G}_i^R = \bar{G}_i - \bar{G}_i^{ig}} \tag{10.50}$$

這是**部分剩餘吉布斯能量** (partial residual Gibbs energy) 的定義式。

在相同 T 和 P 下，由 (10.46) 式減去 (10.29) 式可得：

$$\mu_i - \mu_i^{ig} = RT \ln \frac{\hat{f}_i}{y_i P}$$

這個結果與 (10.50) 式和恆等式 $\mu_i \equiv \bar{G}_i$ 可得：

$$\boxed{\bar{G}_i^R = RT \ln \hat{\phi}_i} \tag{10.51}$$

其中我們**定義**：

$$\boxed{\hat{\phi}_i \equiv \frac{\hat{f}_i}{y_i P}} \tag{10.52}$$

無因次比率 $\hat{\phi}_i$ 稱為*溶液中物種 i 的逸壓係數* (fugacity coefficient of species i in solution)。雖然它常用於氣體，但逸壓係數也可用於液體，在這種情況下，莫耳分率 y_i 由 x_i 代替，x_i 是傳統上用於液相中莫耳分率的符號。因為理想氣體狀態的 (10.29) 式是 (10.46) 式的特例，所以：

$$\hat{f}_i^{ig} = y_i P \tag{10.53}$$

因此，理想氣體狀態混合物中物種 i 的逸壓等於其分壓，此外，$\hat{\phi}_i^{ig} = 1$，並且對於理想氣體狀態，$\bar{G}_i^R = 0$。

基本剩餘性質關係

我們將基本性質關係 (10.2) 式經由數學恆等式 [也用於產生 (6.37) 式] 改為另一種形式：

$$d\left(\frac{nG}{RT}\right) \equiv \frac{1}{RT} d(nG) - \frac{nG}{RT^2} dT$$

在此式中，以 (10.2) 式消去 $d(nG)$，且 G 由其定義 $H - TS$ 代替。經過代數簡化之後，結果是：

$$d\left(\frac{nG}{RT}\right) = \frac{nV}{RT}dP - \frac{nH}{RT^2}dT + \sum_i \frac{\bar{G}_i}{RT}dn_i \tag{10.54}$$

(10.54) 式中的所有項均以莫耳為單位；此外，不同於 (10.2) 式，焓而不是熵出現在 (10.54) 式的右邊。(10.54) 式是將 nG/RT 表示為其**所有**規範變數 T、P 和莫耳數的函數的一般關係式。對於 1 mol 恆定組成相的特殊情況，它簡化為 (6.37) 式。(6.38) 式和 (6.39) 式可由它們導出，其他熱力學性質的方程式則來自適當的定義方程式。G/RT 表示為其規範變數函數的知識可估算所有其他熱力學性質，因此隱含地包含完整的性質資訊。不幸的是，我們沒有利用這一實驗手段；也就是說，我們不能直接測量 G/RT 作為 T、P 和組成的函數。然而，我們可以結合量熱和體積數據獲得完整的熱力學資訊。在這方面，關於剩餘性質的類似方程式證明是有用的。

因為 (10.54) 式是通用的，所以可針對理想氣體狀態的特殊情況寫出：

$$d\left(\frac{nG^{ig}}{RT}\right) = \frac{nV^{ig}}{RT}dP - \frac{nH^{ig}}{RT^2}dT + \sum_i \frac{\bar{G}_i^{ig}}{RT}dn_i$$

鑑於剩餘性質的定義 [(6.41) 式和 (10.50) 式]，從 (10.54) 式減去上式可得：

$$\boxed{d\left(\frac{nG^R}{RT}\right) = \frac{nV^R}{RT}dP - \frac{nH^R}{RT^2}dT + \sum_i \frac{\bar{G}_i^R}{RT}dn_i} \tag{10.55}$$

(10.55) 式是**基本剩餘性質關係**。與第 6 章中從 (6.11) 式導出 (6.42) 式相似，(10.55) 式可以從 (10.2) 式導出。實際上，(6.11) 式和 (6.42) 式是 (10.2) 式和 (10.55) 式在 1 mol 恆定組成流體的特殊情況。(10.55) 式的另一種形式是引入 (10.51) 式給出的逸壓係數：

$$\boxed{d\left(\frac{nG^R}{RT}\right) = \frac{nV^R}{RT}dP - \frac{nH^R}{RT^2}dT + \sum_i \ln\hat{\phi}_i\,dn_i} \tag{10.56}$$

如 (10.55) 式和 (10.56) 式那樣通用的方程式，在限制形式的條件下應用才是最實用的。首先，在恆溫 T 和恆定組成下，將 (10.55) 式和 (10.56) 式除以 dP，其次，在恆壓 P 和恆定組成下除以 dT，可得：

$$\frac{V^R}{RT} = \left[\frac{\partial(G^R/RT)}{\partial P}\right]_{T,x} \quad (10.57) \qquad \frac{H^R}{RT} = -T\left[\frac{\partial(G^R/RT)}{\partial T}\right]_{P,x} \quad (10.58)$$

這些方程式是 (6.43) 式和 (6.44) 式的重述，其中明確地示出，導數是在恆定組成下計算。它們可導出 (6.46) 式、(6.48) 式和 (6.49) 式，用於從體積數據計算剩餘性質。此外，(10.57) 式是 (10.35) 式直接推導的基礎，利用 (10.35) 式可從體積數據中求得逸壓係數。這種實驗資訊可藉由剩餘性質進入熱力學的實際應用。

此外，從 (10.56) 式可得：

$$\ln \hat{\phi}_i = \left[\frac{\partial(nG^R/RT)}{\partial n_i}\right]_{P,T,n_j} \quad (10.59)$$

此式顯示溶液中物種的逸壓係數的對數是 G^R/RT 的部分性質。

例 10.6

建立一個從壓縮係數數據計算 $\ln \hat{\phi}_i$ 值的通用方程式。

解

對於 n mol 的恆定組成混合物，(6.49) 式變為：

$$\frac{nG^R}{RT} = \int_0^P (nZ - n)\frac{dP}{P}$$

固定 T、P 和 n_j，根據 (10.59) 式，將上式對 n_i 微分可得：

$$\ln \hat{\phi}_i = \int_0^P \left[\frac{\partial(nZ - n)}{\partial n_i}\right]_{P,T,n_j} \frac{dP}{P}$$

因為 $\partial(nZ)/\partial n_i = \bar{Z}_i$ 且 $\partial n/\partial n_i = 1$，上式簡化為：

$$\ln \hat{\phi}_i = \int_0^P (\bar{Z}_i - 1)\frac{dP}{P} \quad (10.60)$$

其中積分是在恆定溫度和組成下進行。此式類似於 (10.35) 式。利用此式可從 PVT 數據計算 $\hat{\phi}_i$ 值。

由維里狀態方程式計算逸壓係數

溶液中物種 i 的 $\hat{\phi}_i$ 值很容易從狀態方程式中找到。維里方程式的最簡單形式提供一個有用的例子。此方程式對氣體混合物或純物種是相同的：

$$Z = 1 + \frac{BP}{RT} \tag{3.36}$$

混合物的第二維里係數 B 是溫度和組成的函數。它隨組成的變化可由統計力學導出，這使得維里方程式在低壓到中壓下較其他狀態方程式更為突出，其組成關係式為：

$$\boxed{B = \sum_i \sum_j y_i y_j B_{ij}} \tag{10.61}$$

其中 y_i 和 y_j 代表氣體混合物中的莫耳分率。下標 i 和 j 表示物種，並且都在混合物中存在的所有物種上操作。維里係數 B_{ij} 表示雙分子物種 i 和物種 j 的分子之間的相互作用，因此 $B_{ij} = B_{ji}$。雙重求和解釋所有可能的雙分子相互作用。

對於二成分混合物，$i = 1, 2$ 和 $j = 1, 2$；將 (10.61) 式展開，然後得到：

$$B = y_1 y_1 B_{11} + y_1 y_2 B_{12} + y_2 y_1 B_{21} + y_2 y_2 B_{22}$$

或

$$B = y_1^2 B_{11} + 2 y_1 y_2 B_{12} + y_2^2 B_{22} \tag{10.62}$$

出現兩種類型的維里係數：B_{11} 和 B_{22}，其連續的下標是相同的，而 B_{12} 的兩個下標是不同的。第一種是純物種的維里係數；第二種是混合特性，稱為**交叉係數** (cross coefficient)。兩者都只是溫度的函數。(10.61) 式和 (10.62) 式等表達式將混合係數與純物種和交叉係數聯繫起來，稱為**混合規則** (mixing rule)。

由 (10.62) 式可推導出符合 (3.36) 式的二成分氣體混合物的 $\ln \hat{\phi}_1$ 和 $\ln \hat{\phi}_2$ 的表達式。對於 n mol 氣體混合物，

$$nZ = n + \frac{nBP}{RT}$$

對 n_1 微分可得：

$$\bar{Z}_1 \equiv \left[\frac{\partial(nZ)}{\partial n_1}\right]_{P,T,n_2} = 1 + \frac{P}{RT}\left[\frac{\partial(nB)}{\partial n_1}\right]_{T,n_2}$$

將 $\bar{Z}_1$ 代入 (10.60) 式產生：

$$\ln \hat{\phi}_1 = \frac{1}{RT}\int_0^P \left[\frac{\partial(nB)}{\partial n_1}\right]_{T,\,n_2} dP = \frac{P}{RT}\left[\frac{\partial(nB)}{\partial n_1}\right]_{T,\,n_2}$$

上式的積分很基本，因為 B 不是壓力的函數。剩下的就是估算導數的值。

將 (10.62) 式的第二維里係數寫成：

$$\begin{aligned} B &= y_1(1-y_2)B_{11} + 2y_1y_2B_{12} + y_2(1-y_1)B_{22} \\ &= y_1B_{11} - y_1y_2B_{11} + 2y_1y_2B_{12} + y_2B_{22} - y_1y_2B_{22} \end{aligned}$$

或

$$B = y_1B_{11} + y_2B_{22} + y_1y_2\delta_{12} \quad \text{其中} \quad \delta_{12} \equiv 2B_{12} - B_{11} - B_{22}$$

乘以 n 並代入 $y_i = n_i/n$ 可得：

$$nB = n_1B_{11} + n_2B_{22} + \frac{n_1n_2}{n}\delta_{12}$$

經由微分：

$$\begin{aligned} \left[\frac{\partial(nB)}{\partial n_1}\right]_{T,\,n_2} &= B_{11} + \left(\frac{1}{n} - \frac{n_1}{n^2}\right)n_2\delta_{12} \\ &= B_{11} + (1-y_1)y_2\delta_{12} = B_{11} + y_2^2\delta_{12} \end{aligned}$$

因此，

$$\ln \hat{\phi}_1 = \frac{P}{RT}(B_{11} + y_2^2\delta_{12}) \tag{10.63a}$$

同理，

$$\ln \hat{\phi}_2 = \frac{P}{RT}(B_{22} + y_1^2\delta_{12}) \tag{10.63b}$$

(10.63) 式很容易推廣用於多成分氣體混合物；通式為：[10]

$$\ln \hat{\phi}_k = \frac{P}{RT}\left[B_{kk} + \frac{1}{2}\sum_i\sum_j y_iy_j(2\delta_{ik} - \delta_{ij})\right] \tag{10.64}$$

其中虛擬指數 i 和 j 遍布所有物種，並且

10 H. C. Van Ness and M. M. Abbott, *Classical Thermodynamics of Nonelectrolyte Solutions: With Applications to Phase Equilibria*, pp. 135–140, McGraw-Hill, New York, 1982.

$$\delta_{ik} \equiv 2B_{ik} - B_{ii} - B_{kk} \qquad \delta_{ij} \equiv 2B_{ij} - B_{ii} - B_{jj}$$

以及

$$\delta_{ii} = 0, \delta_{kk} = 0 \text{ 等} \qquad \delta_{ki} = \delta_{ik} \text{ 等}$$

例 10.7

利用 (10.63) 式，若混合物含有 40 mol-% 的 N_2，則在 200 K 和 30 bar 下計算 $N_2(1)/CH_4(2)$ 混合物中氮和甲烷的逸壓係數。維里係數的實驗數據如下：

$$B_{11} = -35.2 \quad B_{22} = -105.0 \quad B_{12} = -59.8 \text{ cm}^3\cdot\text{mol}^{-1}$$

解

根據定義，$\delta_{12} = 2B_{12} - B_{11} - B_{22}$。因此，

$$\delta_{12} = 2(-59.8) + 35.2 + 105.0 = 20.6 \text{ cm}^3\cdot\text{mol}^{-1}$$

將這些數值代入 (10.63) 式可得：

$$\ln \hat{\phi}_1 = \frac{30}{(83.14)(200)}\left[-35.2 + (0.6)^2(20.6)\right] = -0.0501$$

$$\ln \hat{\phi}_2 = \frac{30}{(83.14)(200)}\left[-105.0 + (0.4)^2(20.6)\right] = -0.1835$$

因此，

$$\hat{\phi}_1 = 0.9511 \text{ 且 } \hat{\phi}_2 = 0.8324$$

注意，混合物的第二維里係數可由 (10.62) 式求得，其值為 $B = -72.14$ cm^3·mol^{-1}，將 B 的值代入 (3.36) 式，可得混合物的壓縮係數，$Z = 0.870$。

10.7 逸壓係數的廣義關聯式

純物種的逸壓係數

第 3.7 節中對於壓縮係數 Z，和第 6.4 節中對於純氣體的剩餘焓和熵，開發的廣義方法在此應用於逸壓係數。代入下列關係式，將 (10.35) 式以廣義形式表示：

$$P = P_c P_r \qquad dP = P_c dP_r$$

因此，

$$\ln \phi_i = \int_0^{P_r} (Z_i - 1)\frac{dP_r}{P_r} \tag{10.65}$$

其中積分是在恆定的 T_r 下進行。將 (3.53) 式代入 Z_i 得到：

$$\ln \phi = \int_0^{P_r} (Z^0 - 1)\frac{dP_r}{P_r} + \omega \int_0^{P_r} Z^1 \frac{dP_r}{P_r}$$

為簡單起見，省略了下標 i。這個方程式可以寫成另一種形式：

$$\ln \phi = \ln \phi^0 + \omega \ln \phi^1 \tag{10.66}$$

其中

$$\ln \phi^0 \equiv \int_0^{Pr} (Z^0 - 1)\frac{dP_r}{P_r} \quad 且 \quad \ln \phi^1 \equiv \int_0^{Pr} Z^1 \frac{dP_r}{P_r}$$

這些方程式中的積分，可以利用表 D.1 到表 D.4 (附錄 D) 所列出在各 T_r 和 P_r 時的 Z^0 和 Z^1 的數據，以數值法或圖形法估算。另一種是 Lee 和 Kesler 將狀態方程式的關聯式擴展到逸壓係數的方法。

(10.66) 式也可以寫成：

$$\phi = (\phi^0)(\phi^1)^\omega \tag{10.67}$$

我們可以選擇提供 ϕ^0 和 ϕ^1 的關聯式，而不是它們的對數。這是這裡做出的選擇，表 D.13 到表 D.16 顯示 ϕ^0 和 ϕ^1 的值，這些值來自 Lee/Kesler 關聯式，且為 T_r 和 P_r 的函數，由此為逸壓係數提供三參數廣義關聯式。也可以單獨使用表 D.13 和表 D.15 的 ϕ^0 而為雙參數關聯式，不包括由離心係數引入的修正。

例 10.8

根據 (10.67) 式，估算 1- 丁烯蒸汽在 200°C 和 70 bar 的逸壓。

解

在這些狀態下，且由表 B.1 可知 $T_c = 420.0$ K，$P_c = 40.43$ bar，我們得到：

$$T_r = 1.127 \quad P_r = 1.731 \quad \omega = 0.191$$

在這些狀態下，由表 D.15 和表 D.16 內插可得：

$$\phi^0 = 0.627 \quad 且 \quad \phi^1 = 1.096$$

由 (10.67) 式可得：

$$\phi = (0.627)(1.096)^{0.191} = 0.638$$

和

$$f = \phi P = (0.638)(70) = 44.7 \text{ bar}$$

當最簡單的維里方程式適用時，可得到 ln ϕ 的有用廣義關聯式。結合 (3.57) 式和 (3.59) 式可得：

$$Z - 1 = \frac{P_r}{T_r}(B^0 + \omega B^1)$$

代入 (10.65) 式，積分後得到：

$$\ln \phi = \frac{P_r}{T_r}(B^0 + \omega B^1)$$

或

$$\phi = \exp\left[\frac{P_r}{T_r}(B^0 + \omega B^1)\right] \tag{10.68}$$

此式與 (3.61) 式和 (3.62) 式結合使用，可為任何非極性或輕微極性氣體提供可靠的 ϕ 值，適用於 Z 對壓力為近似線性的情況。圖 3.13 再次作為其適用性的指南。

利用廣義維里係數關聯式估算 H^R/RT_c 和 S^R/R 的命名函數 HRB(TR,PR,OMEGA) 和 SRB(TR,PR,OMEGA) 已於第 6.4 節中描述。同樣地，我們在這裡介紹一個名為 PHIB(TR,PR,OMEGA) 的函數用於估算 ϕ：[11]

$$\phi = \text{PHIB(TR,PR,OMEGA)}$$

此式將 (10.68) 式與 (3.61) 式和 (3.62) 式相結合，以估算給定對比溫度、對比壓力和離心係數的逸壓係數。例如，在例 6.4，步驟 3 的條件下，二氧化碳的 ϕ 值可表示為：

$$\text{PHIB}(0.963,0.203,0.224) = 0.923$$

推廣到混合物

剛剛描述的廣義關聯式僅用於純氣體。本節的其餘部分顯示如何推廣維里方程式以計算氣體混合物中物質的逸壓係數 $\hat{\phi}_i$。

由第二維里係數的數據來計算 ln $\hat{\phi}_k$ 的一般表達式，可由 (10.64) 式表示。純物種維里係數 B_{kk}、B_{ii} 等的值，可由 (3.58) 式、(3.59) 式、(3.61) 式和 (3.62) 式表示的一般關聯式求得。交叉係數 B_{ik}、B_{ij} 等是從相同關聯式推廣求得。為此，

11 線上學習中心提供估算這些函數的樣本程式和電子表格，http://highered.mheducation.com:80/sites/1259696529。

(3.59) 式可重寫為更一般的形式：[12]

$$\hat{B}_{ij} = B^0 + \omega_{ij} B^1 \tag{10.69a}$$

其中

$$\hat{B}_{ij} \equiv \frac{B_{ij} P_{cij}}{RT_{cij}} \tag{10.69b}$$

B^0 和 B^1 是 T_r 的函數，如 (3.61) 式和 (3.62) 式所示。Prausnitz 等人提出計算 ω_{ij}、T_{cij} 和 P_{cij} 的組合規則 (combining rules) 如下：

$$\omega_{ij} = \frac{\omega_i + \omega_j}{2} \tag{10.70}$$

$$T_{cij} = (T_{ci} T_{cj})^{1/2}(1 - k_{ij}) \tag{10.71}$$

$$P_{cij} = \frac{Z_{cij} R T_{cij}}{V_{cij}} \tag{10.72}$$

$$Z_{cij} = \frac{Z_{ci} + Z_{cj}}{2} \tag{10.73}$$

$$V_{cij} = \left(\frac{V_{ci}^{1/3} + V_{cj}^{1/3}}{2} \right)^3 \tag{10.74}$$

在 (10.71) 式中，k_{ij} 是特定於 i-j 分子對的經驗相互作用參數。當 $i = j$ 而化學上相似的物種時，$k_{ij} = 0$；否則，它是從最小 *PVT* 數據估算的小正數，或者在沒有數據的情況下，可設定為零。當 $i = j$ 時，所有的方程式都簡化為純物種的適當值。當 $i \neq j$ 時，這些方程式定義了一組交互參數，雖然它們沒有任何基本物理意義，但確實提供對中度非理想氣體混合物中逸壓係數的有用估計。每個 ij 對的對比溫度為 $T_{rij} \equiv T/T_{cij}$。對於混合物，將來自 (10.69b) 式的 B_{ij} 的值代入 (10.61) 式，得到混合物的第二維里係數 B，並且代入 (10.64) 式 [二成分的 (10.63) 式] 求得 $\ln \hat{\phi}_i$ 的值。

這裡給出的第二維里係數的廣義關聯式的主要優點是其簡單性；更準確但更複雜的關聯式可參見其他文獻。[13]

---

12 J. M. Prausnitz, R. N. Lichtenthaler, and E. G. de Azevedo, *Molecular Thermodynamics of Fluid-Phase Equilibria*, 3rd ed., pp. 133 and 160, Prentice-Hall, Englewood Cliffs, NJ, 1998.

13 C. Tsonopoulos, *AIChE J.*, vol. 20, pp. 263–272, 1974, vol. 21, pp. 827–829, 1975, vol. 24, pp. 1112–1115, 1978; C. Tsonopoulos, *Adv. in Chemistry Series* 182, pp. 143–162, 1979; J. G. Hayden and J. P. O'Connell, *Ind. Eng. Chem. Proc. Des. Dev.*, vol. 14, pp. 209–216, 1975; D. W. McCann and R. P. Danner, *Ibid.*, vol. 23, pp. 529–533, 1984; J. A. Abusleme and J. H. Vera, *AIChE J.*, vol. 35, pp. 481–489, 1989; L. Meng, Y. Y. Duan, and X. D. Wang, *Fluid Phase Equilib.*, vol. 260, pp. 354–358, 2007.

例 10.9

對於丁酮(1)/ 甲苯(2) 在 50°C 和 25 kPa 下的等莫耳混合物，利用 (10.63) 式估算 $\hat{\phi}_1$ 和 $\hat{\phi}_2$。令所有 $k_{ij}=0$。

解

所需數據如下：

ij	T_{cij} K	P_{cij} bar	V_{cij} cm^3·mol^{-1}	Z_{cij}	ω_{ij}
11	535.5	41.5	267.	0.249	0.323
22	591.8	41.1	316.	0.264	0.262
12	563.0	41.3	291.	0.256	0.293

其中最後一列中的值是由 (10.70) 式到 (10.74) 式計算而得。對每一 ij 成分，利用 (3.65) 式、(3.66) 式和 (10.69) 式計算所得的 T_{rij} 及 B^0、B^1 和 B_{ij} 的值，列於下表：

ij	T_{rij}	B^0	B^1	B_{ij} cm^3·mol^{-1}
11	0.603	–0.865	–1.300	–1387
22	0.546	–1.028	–2.045	–1860
12	0.574	–0.943	–1.632	–1611

根據 δ_{12} 的定義計算得到：

$$\delta_{12}=2B_{12}-B_{11}-B_{22}=(2)(-1611)+1387+1860=25\ \text{cm}^3\cdot\text{mol}^{-1}$$

利用 (10.63) 式得到：

$$\ln\hat{\phi}_1=\frac{P}{RT}(B_{11}+y_2^2\delta_{12})=\frac{25}{(8314)(323.15)}[-1387+(0.5)^2(25)]=-0.0128$$

$$\ln\hat{\phi}_2=\frac{P}{RT}(B_{22}+y_1^2\delta_{12})=\frac{25}{(8314)(323.15)}[-1860+(0.5)^2(25)]=-0.0172$$

因此，

$$\hat{\phi}_1=0.987 \qquad \text{且} \qquad \hat{\phi}_2=0.983$$

這些結果代表在低壓汽 / 液平衡的典型條件下對於汽相獲得的值。

10.8 理想溶液模型

由理想氣體狀態混合物模型給出的化勢，

$$\mu_i^{ig}\equiv\bar{G}_i^{ig}=G_i^{ig}(T,P)+RT\ln y_i \tag{10.24}$$

上式最後一項是與組成有關的最簡單形式。實際上，這種函數形式可以合理地用作濃氣體和液體中化勢隨組成而變的基礎。其中，隨組成而變僅源自由於不同物種的分子的隨機混合引起的熵增加。由於混合引起的熵增加在任何隨機混合物中是相同的，因此可以預期存在於液體和濃氣體中。然而，除理想氣體狀態外，$G_i^{ig}(T, P)$ 對其他純物種行為並不適用。因此，若將 (10.24) 式作自然擴展，可將 $G_i^{ig}(T, P)$ 替換為 $G_i(T, P)$，即純物種 i 在其氣體、液體或固體的**真實物理狀**態下的吉布斯能量。因此，我們將**理想溶液定義**為：

$$\boxed{\mu_i^{id} \equiv \bar{G}_i^{id} = G_i(T,P) + RT \ln x_i} \tag{10.75}$$

其中上標 id 表示理想溶液性質。莫耳分率在這裡用 x_i 表示，以反映這種方法最常用於液體的事實。然而，由這個定義可知，理想氣體狀態混合物可視為上式的特例，即理想氣體狀態的氣體的理想溶液，其中 (10.75) 式中的 x_i 被 y_i 代替。

理想溶液的所有其他熱力學性質遵循 (10.75) 式。在恆溫和恆定組成下對壓力微分，依據 (10.18) 式可得部分體積：

$$\bar{V}_i^{id} = \left(\frac{\partial \bar{G}_i^{id}}{\partial P}\right)_{T,\,x} = \left(\frac{\partial G_i}{\partial P}\right)_T$$

由 (10.4) 式可知，$(\partial G_i/\partial P)_T = V_i$；因此，

$$\boxed{\bar{V}_i^{id} = V_i} \tag{10.76}$$

同理，由 (10.19) 式的結果，

$$\bar{S}_i^{id} = -\left(\frac{\partial \bar{G}_i^{id}}{\partial T}\right)_{P,\,x} = -\left(\frac{\partial G_i}{\partial T}\right)_P - R \ln x_i$$

由 (10.5) 式可得：

$$\boxed{\bar{S}_i^{id} = S_i - R \ln x_i} \tag{10.77}$$

因為 $\bar{H}_i^{id} = \bar{G}_i^{id} + T\bar{S}_i^{id}$，將 (10.75) 式和 (10.77) 式代入可得：

$$\bar{H}_i^{id} = G_i + RT \ln x_i + TS_i - RT \ln x_i$$

或

$$\boxed{\bar{H}_i^{id} = H_i} \tag{10.78}$$

求和關係，(10.11) 式，適用於理想溶液的特殊情況，寫成：

$$M^{id} = \sum_i x_i \bar{M}_i^{id}$$

應用 (10.75) 式到 (10.78) 式可得：

$G^{id} = \sum_i x_i G_i + RT \sum_i x_i \ln x_i$ (10.79)	$S^{id} = \sum_i x_i S_i - R \sum_i x_i \ln x_i$ (10.80)

$V^{id} = \sum_i x_i V_i$ (10.81)	$H^{id} = \sum_i x_i H_i$ (10.82)

注意這些方程式與理想氣體狀態混合物的 (10.25) 式、(10.26) 式和 (10.27) 式的相似性。對於理想溶液的所有性質，組成相關性，根據定義，它與理想氣體狀態的混合物相同，對於這種混合物，這種組成相關性是明確定義的，完全由隨機混合的熵增加產生。然而，溫度和壓力相關性不是理想氣體的，而是由純物種性質的莫耳分率加權平均值給出。

如果在例 10.3 中，由甲醇(1) 和水(2) 混合形成的溶液是理想溶液，則最終體積可由 (10.81) 式求得，並且 V 對 x_1 的關係是連接純物種體積的直線，即連接 $x_1 = 0$ 的 V_2 與 $x_1 = 1$ 的 V_1。對於 $x_1 = 0.3$ 的具體計算，若使用 V_1 和 V_2 代替部分體積，可得：

$$V_1^t = 983 \qquad V_2^t = 1017 \text{ cm}^3$$

兩個值均低約 3.4%。

Lewis/Randall 規則

在理想溶液中物質的逸壓與組成的關係式特別簡單。回想 (10.46) 式和 (10.31) 式：

$\mu_i \equiv \Gamma_i(T) + RT \ln \hat{f}_i$ (10.46)	$G_i \equiv \Gamma_i(T) + RT \ln f_i$ (10.31)

兩式相減可得一般方程式：

$$\mu_i = G_i + RT \ln (\hat{f}_i / f_i)$$

對於理想溶液的特殊情況，

$$\mu_i^{id} \equiv \bar{G}_i^{id} = G_i + RT \ln (\hat{f}_i^{id}/f_i)$$

與 (10.75) 式相比可得：

$$\boxed{\hat{f}_i^{id} = x_i f_i} \tag{10.83}$$

這個方程式稱為 **Lewis/Randall 規則** (Lewis/Randall rule)，適用於在各種溫度、壓力和組成條件下的理想溶液中的每個物種。它顯示理想溶液中每一物質的逸壓與其莫耳分率成正比；比例常數是與溶液相同的物理狀態和相同的 T 和 P 下純物種 i 的逸壓。將 (10.83) 式兩邊除以 Px_i，並且以 $\hat{\phi}_i^{id}$ 取代 $\hat{f}_i^{id}/x_iP_i$ [(10.52) 式]，以 ϕ_i 取代 f_i/P [(10.34) 式]，可得另一種形式：

$$\hat{\phi}_i^{id} = \phi_i \tag{10.84}$$

因此，在理想溶液中物種 i 的逸壓係數等於在與溶液相同的物理狀態和在相同 T 和 P 下純物種 i 的逸壓係數。由分子具有相似大小和類似化學物質的液體組成的相，性質近似於理想溶液。異構體的混合物嚴格地符合這些條件。同系物 (homologous series) 的相鄰成員的混合物也是一例。

10.9 過剩性質

剩餘吉布斯能量和逸壓係數可經由 (6.49) 式、(10.35) 式和 (10.60) 式與實驗 *PVT* 數據直接關聯。在這些數據可以經由狀態方程式充分關聯的情況下，熱力學性質資訊很容易由剩餘性質提供。然而，液態溶液通常更容易經由測量其偏離理想溶液的性質來處理，不是從偏離理想氣體狀態行為來處理。因此，**過剩** (excess) 性質的數學形式類似於剩餘性質的數學形式，但是以理想溶液行為而不是理想氣體狀態行為作為基礎。

若 M 代表任何一莫耳 (或單位質量) 的外延熱力學性質 (如 V、U、H、S、G 等) 的值，則過剩性質 M^E **定義**為真實溶液性質的值，與在相同溫度、壓力和組成下的理想溶液的值之間的差異。亦即，

$$\boxed{M^E \equiv M - M^{id}} \tag{10.85}$$

例如，

$$G^E \equiv G - G^{id} \qquad H^E \equiv H - H^{id} \qquad S^E \equiv S - S^{id}$$

以及

$$G^E = H^E - TS^E \tag{10.86}$$

上式由 (10.85) 式和 G 的定義 (6.4) 式得到。

M^E 的定義類似於 (6.41) 式給出剩餘性質的定義。實際上，由 (10.85) 式減去 (6.41) 式可以得到過剩性質與剩餘性質的簡單關係：

$$M^E - M^R = -(M^{id} - M^{ig})$$

如前所述，理想氣體狀態混合物是理想氣體狀態下純氣體的理想溶液。因此，當 M_i 被 M_i^{ig} 取代時，(10.79) 式到 (10.82) 式變成 M^{ig} 的表達式。(10.82) 式變成 (10.25) 式、(10.80) 式變成 (10.26) 式、(10.79) 式變成 (10.27) 式。因此，M^{id} 和 M^{ig} 的兩組方程式提供差值的一般關係：

$$M^{id} - M^{ig} = \sum_i x_i M_i - \sum_i x_i M_i^{ig} = \sum_i x_i M_i^R$$

由此立即可得：

$$M^E = M^R - \sum_i x_i M_i^R \tag{10.87}$$

注意，過剩性質對純物種並無意義，而剩餘性質對純物質和混合物都存在。

類似於 (10.49) 式的部分性質關係式為：

$$\bar{M}_i^E = \bar{M}_i - \bar{M}_i^{id} \tag{10.88}$$

其中 $\bar{M}_i^E$是部分過剩性質。基本過剩性質關係與基本剩餘性質關係的導證完全相同，並產生類似的結果。以 (10.54) 式減去針對理想溶液的特殊情況寫出的 (10.54) 式，得到：

$$\boxed{d\left(\frac{nG^E}{RT}\right) = \frac{nV^E}{RT}dP - \frac{nH^E}{RT^2}dT + \sum_i \frac{\bar{G}_i^E}{RT}dn_i} \tag{10.89}$$

這是**基本過剩性質關係** (fundamental excess-property relation)，類似於 (10.55) 式的基本剩餘性質關係。

表 10.1 列出性質 M、剩餘性質 M^R 和過剩性質 M^E 之間存在的精確類比。出現的所有方程式都是基本性質關係，儘管之前只顯示 (10.4) 式和 (10.5) 式。

例 10.10

(a) 若 C_P^E 是一個與 T 無關的常數，試求 G^E、S^E 和 H^E 的 T 函數表達式。

(b) 根據 (a) 部分導出的方程式，在 323.15 K 下，求等莫耳苯(1) / 正己烷(2) 溶液的 G^E、S^E 和 H^E 值。等莫耳溶液於 298.15 K 的過剩性質為：

$$C_P^E = -2.86\ \mathrm{J{\cdot}mol^{-1}{\cdot}K^{-1}} \qquad H^E = 897.9\ \mathrm{J{\cdot}mol^{-1}} \qquad G^E = 384.5\ \mathrm{J{\cdot}mol^{-1}}$$

解

(a) 令 $C_P^E = a$，其中 a 是常數。從表 10.1 的最後一欄：

$$C_P^E = -T\left(\frac{\partial^2 G^E}{\partial T^2}\right)_{P,x} \quad 因此 \quad \left(\frac{\partial^2 G^E}{\partial T^2}\right)_{P,x} = -\frac{a}{T}$$

積分可得：

$$\left(\frac{\partial G^E}{\partial T}\right)_{P,x} = -a\ln T + b$$

其中 b 是積分常數。第二次積分可得：

$$G^E = -a(T\ln T - T) + bT + c \tag{A}$$

其中 c 是另一個積分常數。由 $S^E = -(\partial G^E/\partial T)_{P,x}$ (表 10.1)，可得：

$$S^E = a\ln T - b \tag{B}$$

因為 $H^E = G^E + TS^E$，結合 (A) 式和 (B) 式產生：

$$H^E = aT + c \tag{C}$$

(b) 令 $C_{P_0}^E$、H_0^E 和 G_0^E 代表 $T_0 = 298.15$ K 時的給定值，但 C_P^E是常數，因此 $a = C_{P_0}^E = -2.86\ \mathrm{J{\cdot}mol^{-1}{\cdot}K^{-1}}$。

由 (A) 式，

$$c = H_0^E - aT_0 = 1750.6$$

由 (C) 式，

$$b = \frac{G_0^E + a(T_0\ln T_0 - T_0) - c}{T_0} = -18.0171$$

將已知值代入 (A) 式、(B) 式和 (C) 式，對於 $T = 323.15$，得到：

$$G^E = 344.4\ \mathrm{J{\cdot}mol^{-1}} \qquad S^E = 1.492\ \mathrm{J{\cdot}mol^{-1}{\cdot}K^{-1}} \qquad H^E = 826.4\ \mathrm{J{\cdot}mol^{-1}}$$

◆表 10.1 吉布斯能量和相關性質的方程式摘要

M 與 G 的關係	M^R 與 G^R 的關係	M^E 與 G^E 的關係
$V=(\partial G/\partial P)_{T,x}$ (10.4)	$V^R=(\partial G^R/\partial P)_{T,x}$	$V^E=(\partial G^E/\partial P)_{T,x}$
$S=-(\partial G/\partial T)_{P,x}$ (10.5)	$S^R=-(\partial G^R/\partial T)_{P,x}$	$S^E=-(\partial G^E/\partial T)_{P,x}$
$H=G+TS$ $=G-T(\partial G/\partial T)_{P,x}$ $=-RT^2\left[\frac{\partial(G/RT)}{\partial T}\right]_{P,x}$	$H^R=G^R+TS^R$ $=G^R-T(\partial G^R/\partial T)_{P,x}$ $=-RT^2\left[\frac{\partial(G^R/RT)}{\partial T}\right]_{P,x}$	$H^E=G^E+TS^E$ $=G^E-T(\partial G^E/\partial T)_{P,x}$ $=-RT^2\left[\frac{\partial(G^E/RT)}{\partial T}\right]_{P,x}$
$C_P=(\partial H/\partial T)_{P,x}$ $=-T(\partial^2 G/\partial T^2)_{P,x}$	$C_P^R=(\partial H^R/\partial T)_{P,x}$ $=-T(\partial^2 G^R/\partial T^2)_{P,x}$	$C_P^E=(\partial H^E/\partial T)_{P,x}$ $=-T(\partial^2 G^E/\partial T^2)_{P,x}$

過剩性質的本質

在過剩性質中，液體混合物行為的特性被顯著地揭示出來，主要關注的是 G^E、H^E 和 S^E。過剩吉布斯能量來自實驗的汽 / 液平衡數據 (第 13 章)，H^E 經由混合實驗求得 (第 11 章)。過剩熵不是直接測量的，而是從 (10.86) 式求出，寫成：

$$S^E=\frac{H^E-G^E}{T}$$

過剩性質通常是溫度的強函數，但在常溫下它們不受壓力的強烈影響。過剩性質隨組成的變化如圖 10.3 所示，其中有六種二成分液體混合物，且在 50°C 和近似大氣壓下。為了以相同的單位和相同的比例呈現，圖中顯示的是 TS^E 而不是 S^E 本身。雖然系統表現出多種行為，但具有共同的特徵：

1. 當任一物種接近純物質時，所有過剩性質都變為零。
2. 雖然 G^E 對 x_1 的形狀大致呈拋物線形，但 H^E 和 TS^E 都表現出個別的組成相關性。
3. 當過剩性質 M^E 只具有單一符號時 (如六種情況中的 G^E)，M^E 的極值 (最大值或最小值) 經常發生在等莫耳組成附近。

特徵 1 是過剩性質定義，(10.85) 式的結果；當任何 x_i 趨近於 1 時，M 和 M^{id} 都趨近於純物種 i 的性質 M_i。特徵 2 和 3 是基於觀察所得的一般化結果，但也有例外 (如乙醇 / 水系統的 H^E 的行為)。

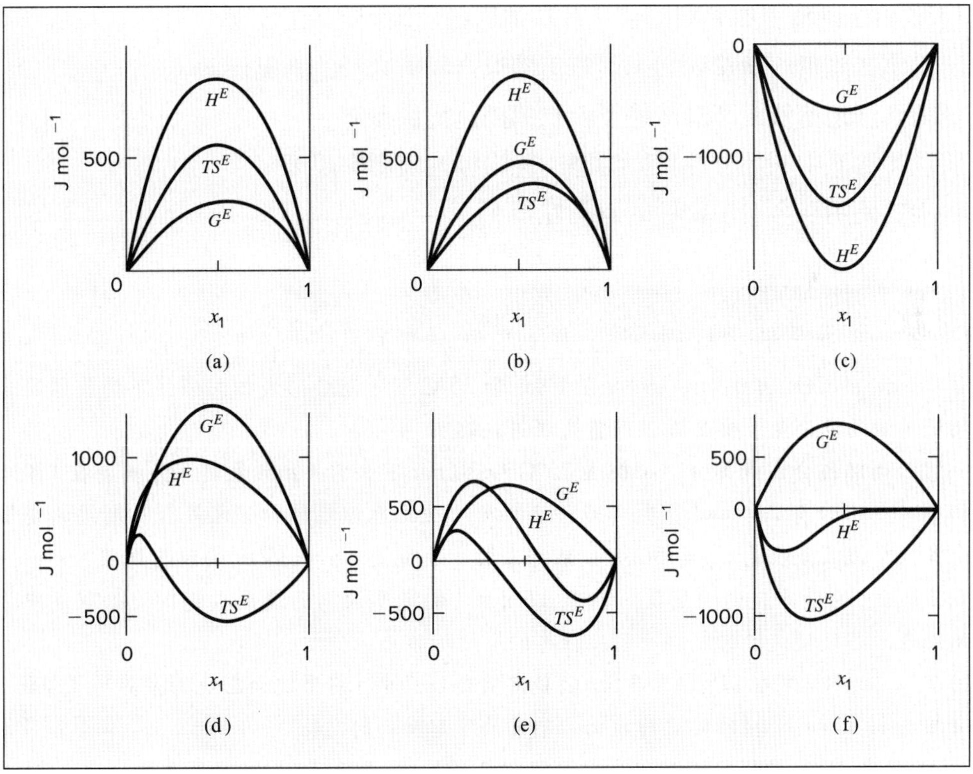

▶圖 10.3 六種二成分液體系統在 50°C 的過剩性質：(a) 氯仿 (1) / 正庚烷 (2)；(b) 丙酮 (1) / 甲醇 (2)；(c) 丙酮 (1) / 氯仿 (2)；(d) 乙醇 (1) / 正庚烷 (2)；(e) 乙醇 (1) / 氯仿 (2)；(f) 乙醇 (1) / 水 (2)。

10.10 概要

在研究本章 (包括章末習題) 後，我們應該能夠：

- 用文字和符號定義化勢和部分性質。
- 從混合物性質計算部分性質。
- 在固定的 T 和 P，當兩相的每個物種的化勢相同時，兩相處於平衡狀態。
- 應用求和關係，由部分性質計算混合性質。
- 認識到部分性質不能獨立變化，但受 Gibbs/Duhem 方程式的約束。
- 理解純物種的熱力學性質之間的所有線性關係也適用於混合物中物種的部分性質。
- 計算理想氣體狀態下混合物的部分性質。
- 為純物種和混合物中的物種定義與使用逸壓和逸壓係數，並認識到這些是為了方便求解相平衡問題而定義的。
- 根據 PVT 數據或廣義關聯式，計算純物種的逸壓和逸壓係數。
- 使用第二維里係數關聯式，估算氣體混合物中物種的逸壓係數。
- 認識到理想溶液模型為液體混合物的描述提供參考。
- 將理想溶液中的部分性質與相應的純物種性質聯繫起來。
- 定義並使用混合物中物種的過剩性質。

10.11 習題

10.1. 當 0.7 m^3 的 CO_2 與 0.3 m^3 的 N_2 在 1 bar 和 25°C 下，混合形成相同條件下的氣體混合物時，熵的變化是多少？假設氣體為理想氣體。

10.2. 一容器由隔板分成兩部分，一側在 75°C 和 30 bar 下含有 4 mol 氮氣，另一側在 130°C 和 20 bar 下含有 2.5 mol 氬氣。若移除隔板，並且氣體絕熱和完全混合，則熵的變化是多少？假設氮氣是 $C_V = (5/2)R$ 的理想氣體，氬氣是 $C_V = (3/2)R$ 的理想氣體。

10.3. 以 2 kgs^{-1} 的速率流動的氮氣，和以 0.5 kgs^{-1} 的速率流動的氫氣在穩定流動程序中絕熱混合。若氣體是理想氣體，則此程序的熵增加率是多少？

10.4. 若 $T_\sigma = 300$ K，則在 175°C 和 3 bar 的穩定流動程序中，將甲烷和乙烷的等莫耳混合物，分離成 35°C 和 1 bar 的純氣體產物，所需的理想功為何？

10.5. 在 25°C 和 1 bar 的穩定流動程序中，將空氣 (21-mol-% 氧和 79-mol-% 氮) 分離成 25°C 和 1 bar 的純氧與氮的產物，若此程序的熱力學效率為 5% 且 $T_\sigma = 300$ K，則所需的功是多少？

10.6. 什麼是部分莫耳溫度？什麼是部分莫耳壓力？表達與混合物 T 和 P 有關的結果。

10.7. 證明：

(a) 溶液中物質的「部分莫耳質量」等於其莫耳質量。

(b) 將部分莫耳 (molar) 性質除以物質的莫耳質量，可得溶液中物質的部分比 (specific) 性質。

10.8. 若二成分混合物的莫耳密度可由下列經驗表達式表示：

$$\rho = a_0 + a_1 x_1 + a_2 x_1^2$$

求 $\bar{V}_1$ 和 $\bar{V}_2$ 的對應表達式。

10.9. 對於恆定 T 和 P 的三成分溶液，莫耳性質 M 的組成相關性可由下式表示：

$$M = x_1 M_1 + x_2 M_2 + x_3 M_3 + x_1 x_2 x_3 C$$

其中 M_1、M_2 和 M_3 是純物質 1、2 和 3 的 M 值，C 是與組成無關的參數。利用 (10.7) 式求 $\bar{M}_1$、$\bar{M}_2$ 和 $\bar{M}_3$ 的表達式。作為對結果的部分檢查，驗證它們是否滿足求和關係 (10.11) 式。對於這個關聯式，無限稀釋情況下的 $\bar{M}_i$ 為何？

10.10. 氣體混合物中物種 i 的純成分壓力 p_i，可以定義為如果物種 i 單獨占據混合物體積，物種 i 所施加的壓力。因此，

$$p_i \equiv \frac{y_i Z_i RT}{V}$$

其中 y_i 是氣體混合物中物種 i 的莫耳分率，在 p_i 和 T 下估算 Z_i，V 是氣體混合物的莫耳體積。注意，除了理想氣體之外，這裡定義的 p_i 不是分壓 y_iP。道爾頓的分壓「定律」顯示，氣體混合物施加的總壓力等於其組成物種的純成分壓力的總和：$P = \sum_i p_i$。證明道爾頓的「定律」意味著 $Z = \sum_i y_i Z_i$，其中 Z_i 是在混合物溫度但在其純成分壓力下估算的純物種的壓縮係數。

10.11. 如果對於二成分溶液，將 M (或 M^R 或 M^E) 表示為 x_1 的函數，並應用 (10.15) 式和 (10.16) 式求 $\bar{M}_1$ 和 $\bar{M}_2$ (或 $\bar{M}_1^R$ 和 $\bar{M}_2^R$ 或 $\bar{M}_1^E$ 和 $\bar{M}_2^E$)，然後利用 (10.11) 式結合這些表達式，重新生成 M 的初始表達式。另一方面，如果以 $\bar{M}_1$ 和 $\bar{M}_2$ 的表達式開始，利用 (10.11) 式將它們組合，然後應用 (10.15) 式和 (10.16) 式，若且唯若這些數量的初始表達式滿足特定條件時，可重新求得 $\bar{M}_1$ 和 $\bar{M}_2$ 的初始表達式。這些特定條件是什麼？

10.12. 參考例 10.4，

(a) 將 (10.7) 式應用於 (*A*) 式，驗證 (*B*) 式和 (*C*) 式。

(b) 證明結合 (*B*) 式和 (*C*) 式與 (10.11) 式，可得 (*A*) 式。

(c) 證明 (*B*) 式和 (*C*) 式滿足 (10.14) 式，Gibbs/Duhem 方程式。

(d) 證明在恆定 T 和 P 下，

$$(d\bar{H}_1/dx_1)_{x_1=1} = (d\bar{H}_2/dx_1)_{x_1=0} = 0$$

(e) 將由 (*A*) 式、(*B*) 式和 (*C*) 計算所得的 H、$\bar{H}_1$ 和 $\bar{H}_2$ 的值對 x_1 繪圖。標記點 H_2、H_1、$\bar{H}_1^\infty$ 和 $\bar{H}_2^\infty$，並顯示它們的值。

10.13. 在 T 和 P 下，二成分液體混合物的莫耳體積 ($\text{cm}^3\cdot\text{mol}^{-1}$) 由下式給出：

$$V = 120x_1 + 70x_2 + (15x_1 + 8x_2)x_1x_2$$

(a) 在 T 和 P 下，求物種 1 和 2 的部分莫耳體積的表達式。

(b) 證明當這些表達式按照 (10.11) 式組合時，可再得到 V 的給定方程式。

(c) 證明這些表達式滿足 (10.14) 式，Gibbs/Duhem 方程式。

(d) 證明 $(d\bar{V}_1/dx_1)_{x_1=1} = (d\bar{V}_2/dx_1)_{x_1=0} = 0$。

(e) 由給定的 V 方程式和 (a) 部分中所得的方程式計算 V、$\bar{V}_1$ 和 $\bar{V}_2$，並對 x_1 繪圖。標記點 V_1、V_2、$\bar{V}_1^{\infty}$ 和 $\bar{V}_2^{\infty}$，並顯示它們的值。

10.14. 對於恆定 T 和 P 的特定二成分液態溶液，混合物的莫耳焓可由下式表示：

$$H = x_1(a_1 + b_1x_1) + x_2(a_2 + b_2x_2)$$

其中 a_i 和 b_i 是常數。因為此式具有 (10.11) 式的形式，所以可能是 $\bar{H}_i = a_i + b_ix_i$。證明這是否為真。

10.15. 類似於傳統的部分性質 $\bar{M}_i$，可定義在恆定 T、V 下的部分性質 $\tilde{M}_i$：

$$\tilde{M}_i \equiv \left[\frac{\partial(nM)}{\partial n_i}\right]_{T,V,n_j}$$

證明 $\tilde{M}_i$ 和 $\bar{M}_i$ 之間的關係為：

$$\tilde{M}_i = \bar{M}_i + (V - \bar{V}_i)\left(\frac{\partial M}{\partial V}\right)_{T,x}$$

證明 $\tilde{M}_i$ 滿足求和關係，$M = \sum_i x_i\tilde{M}_i$。

10.16. 根據以下 150°C 的 CO_2 壓縮係數數據，畫出 CO_2 的逸壓和逸壓係數對 P 的圖形，最高壓力為 500 bar，將結果與由 (10.68) 式的廣義關聯式所得的結果進行比較。

P/bar	Z
10	0.985
20	0.970
40	0.942
60	0.913
80	0.885
100	0.869
200	0.765
300	0.762
400	0.824
500	0.910

10.17. 對於 600 K 和 300 bar 的 SO_2，求逸壓和 G^R/RT 的良好估計值。

10.18. 估算異丁烯的逸壓：

(a) 在 280°C 和 20 bar。

(b) 在 280°C 和 100 bar。

10.19. 計算下列各題：

(a) 估算環戊烷在 110°C 和 275 bar 下的逸壓。在 110°C，環戊烷的蒸汽壓為 5.267 bar。

(b) 估算 1-丁烯在 120°C 和 34 bar 下的逸壓。在 120°C，1-丁烯的蒸汽壓為 25.83 bar。

10.20. 證明以下方程式：

$$\left(\frac{\partial \ln \hat{\phi}_i}{\partial P}\right)_{T,x} = \frac{\bar{V}_i^R}{RT} \qquad \left(\frac{\partial \ln \hat{\phi}_i}{\partial T}\right)_{P,x} = -\frac{\bar{H}_i^R}{RT^2}$$

$$\frac{G^R}{RT} = \sum_i x_i \ln \hat{\phi}_i \qquad \sum_i x_i d \ln \hat{\phi}_i = 0 \quad (\text{恆定 } T\text{、}P)$$

10.21. 根據蒸汽表中的數據，求 150°C 和 150 bar 時液態水的 f/f^{sat} 的值，其中 f^{sat} 是 150°C 時飽和液體的逸壓。

10.22. 對於下列情況，計算經歷等溫狀態變化的蒸汽在最終狀態下的逸壓與初始狀態下的逸壓之比：

(a) 從 9000 kPa 和 400°C 到 300 kPa。

(b) 從 1000(psia) 和 800(°F) 到 50(psia)。

10.23. 估算下列其中一種液體在正常沸點和 200 bar 下的逸壓：

(a) 正戊烷。

(b) 異丁烯。

(c) 1-丁烯。

10.24. 假設 (10.68) 式適用於汽相，且飽和液體的莫耳體積可由 (3.68) 式求出，對於下列情況，作出 f 對 P 和 ϕ 對 P 的圖：

(a) 氯仿在 200°C，壓力範圍為 0 到 40 bar。在 200°C 時，氯仿的蒸汽壓為 22.27 bar。

(b) 異丁烷在 40°C，壓力範圍為 0 到 10 bar。在 40°C 時，異丁烷的蒸汽壓為 5.28 bar。

10.25. 對於乙烯(1) / 丙烯(2) 系統，估算在 $t = 150°\text{C}$、$P = 30$ bar、$y_1 = 0.35$ 時的 $\hat{f}_1$、$\hat{f}_2$、$\hat{\phi}_1$ 和 $\hat{\phi}_2$：

(a) 應用 (10.63) 式。

(b) 假設混合物是理想溶液。

10.26. 證明 $\ln \phi \approx Z - 1$ 可在足夠低的壓力下估算逸壓係數。

10.27. 對於甲烷(1)/ 乙烷(2)/ 丙烷(3) 系統，估算在 $t = 100°\text{C}$、$P = 35$ bar、$y_1 = 0.21$ 且 $y_2 = 0.43$ 時的 $\hat{f}_1$、$\hat{f}_2$、$\hat{f}_3$、$\hat{\phi}_1$、$\hat{\phi}_2$ 和 $\hat{\phi}_3$：

(a) 應用 (10.64) 式。

(b) 假設混合物是理想溶液。

10.28. 下面給出一些等莫耳二成分液體混合物在 298.15 K 時 G^E/J·mol^{-1}、H^E/J·mol^{-1} 和 C_P^E/J·mol^{-1}·K^{-1} 的值。由下列兩個程序，估算等莫耳混合物在 328.15 K 下的 G^E、H^E 和 S^E 值：(I) 使用所有數據；(II) 假設 $C_P^E = 0$。比較並討論兩個程序的結果。

(a) 丙酮 / 氯仿：$G^E = -622$，$H^E = -1920$，$C_P^E = 4.2$。

(b) 丙酮 / 正己烷：$G^E = 1095$，$H^E = 1595$，$C_P^E = 3.3$。

(c) 苯 / 異辛烷：$G^E = 407$，$H^E = 984$，$C_P^E = -2.7$。

(d) 氯仿 / 乙醇：$G^E = 632$，$H^E = -208$，$C_P^E = 23.0$。

(e) 乙醇 / 正庚烷：$G^E = 1445$，$H^E = 605$，$C_P^E = 11.0$。

(f) 乙醇 / 水：$G^E = 734$，$H^E = -416$，$C_P^E = 11.0$。

(g) 乙酸乙酯 / 正庚烷：$G^E = 759$，$H^E = 1465$，$C_P^E = -8.0$。

10.29. 表 10.2 中的數據是在 298.15 K 和 1(atm) 下 1,3- 二氧戊環(1) 和異辛烷(2) 的二成分液體混合物的 V^E 的實驗值。

(a) 求關聯式中的參數 a、b 和 c 的數值：

$$V^E = x_1 x_2 \left(a + b x_1 + c x_1^2\right)$$

(b) 根據 (a) 部分的結果計算 V^E 的最大值。當 V^E 有最大值時，x_1 的值是多少？

(c) 從 (a) 部分的結果求 $\bar{V}_1^E$ 和 $\bar{V}_2^E$ 的表達式。作出這些數與 x_1 的關係圖，並討論其特性。

➡ **表 10.2** 1,3- 二氧戊環(1) / 異辛烷(2) 在 298.15 K 的過剩體積

x_1	V^E /10^{-3} cm^3·mol^{-1}
0.02715	87.5
0.09329	265.6
0.17490	417.4
0.32760	534.5
0.40244	531.7
0.56689	421.1
0.63128	347.1
0.66233	321.7
0.69984	276.4
0.72792	252.9
0.77514	190.7
0.79243	178.1
0.82954	138.4
0.86835	98.4
0.93287	37.6
0.98233	10.0

R. Francesconi et al., *Int. DATA Ser., Ser. A*, Vol. 25, No. 3, p. 229, 1997.

10.30. 在 75°C 和 2 bar 下，對於丙烷(1) 和正戊烷(2) 的等莫耳蒸汽混合物，估算其 Z、H^R 和 S^R。第二維里係數 (cm^3·mol^{-1}) 為：

t/°C	B_{11}	B_{22}	B_{12}
50	−331	−980	−558
75	−276	−809	−466
100	−235	−684	−399

可應用 (3.36) 式、(6.55) 式、(6.56) 式和 (10.62) 式。

10.31. 使用習題 10.30 的數據，對於 75°C 和 2 bar 的丙烷(1) 和正戊烷(2) 的二成分蒸汽混合物，將 $\hat{\phi}_1$ 和 $\hat{\phi}_2$ 表示為組成的函數。在單一圖上繪製結果。討論這個圖的特性。

10.32. 對於可由 (3.36) 式和 (10.62) 式描述的二成分氣體混合物，證明：

$$G^E = \delta_{12} P y_1 y_2 \qquad S^E = -\frac{d\delta_{12}}{dT} P y_1 y_2$$

$$H^E = \left(\delta_{12} - T\frac{d\delta_{12}}{dT}\right) P y_1 y_2 \qquad C_P^E = -T\frac{d^2\delta_{12}}{dT^2} P y_1 y_2$$

也觀察 (10.87) 式，並注意 $\delta_{12} = 2B_{12} - B_{11} - B_{22}$。

10.33. 表 10.3 中的數據是 1,2- 二氯乙烷(1) 和碳酸二甲酯(2) 在 313.15 K 和 1(atm) 的二成分液體混合物的 H^E 的實驗值。

(a) 求關聯式中的參數 a、b 和 c 的數值：

$$H^E = x_1 x_2 \left(a + b x_1 + c x_1^2\right)$$

(b) 根據 (a) 部分的結果，求 H^E 的最小值。此時 x_1 的值是多少？

(c) 從 (a) 部分的結果求 $\bar{H}_1^E$ 和 $\bar{H}_2^E$ 的表達式。繪出這些數量對 x_1 的關係圖，並討論其特性。

➡ **表 10.3** 1,2- 二氯乙烷(1) / 碳酸二甲酯(2) 在 313.15 K 下的 H^E 值

x_1	H^E/J·mol^{-1}
0.0426	−23.3
0.0817	−45.7
0.1177	−66.5
0.1510	−86.6
0.2107	−118.2
0.2624	−144.6
0.3472	−176.6
0.4158	−195.7
0.5163	−204.2
0.6156	−191.7
0.6810	−174.1
0.7621	−141.0
0.8181	−116.8
0.8650	−85.6
0.9276	−43.5
0.9624	−22.6

R. Francesconi et al., *Int. Data Ser., Ser. A*, Vol. 25, No.3, p. 225, 1997.

10.34. 利用 (3.36) 式、(3.61) 式、(3.62) 式、(6.54) 式、(6.55) 式、(6.56) 式、(6.70) 式、(6.71) 式、(10.62) 式和 (10.69) 式到 (10.74) 式，估算以下二成分蒸汽混合物的 V、H^R、S^R 和 G^R：

(a) 丙酮(1) / 1,3- 丁二烯(2)，在 $t = 60°C$，$P = 170$ kPa，莫耳分率分別為 $y_1 = 0.28$，$y_2 = 0.72$。

(b) 乙腈(1) / 乙醚(2)，在 $t = 50°C$ 和 $P = 120$ kPa，莫耳分率分別為 $y_1 = 0.37$，$y_2 = 0.63$。

(c) 甲苯(1) / 氯乙烷(2)，在 $t = 25°C$，$P = 100$ kPa，莫耳分率分別為 $y_1 = 0.45$，$y_2 = 0.55$。

(d) 氮氣(1) / 氨(2)，在 $t = 20°C$，$P = 300$ kPa，莫耳分率分別為 $y_1 = 0.83$，$y_2 = 0.17$。

(e) 二氧化硫(1) / 乙烯(2)，在 $t = 25°C$，$P = 420$ kPa，莫耳分率分別為 $y_1 = 0.32$，$y_2 = 0.68$。

注意：在 (10.71) 式中，令 $k_{ij} = 0$。

10.35. 對於苯(1) 與 1-己醇(2) 的液體混合物，實驗室 A 發表等莫耳時的 G^E 值：

$$T = 298 \text{ K 時，} G^E = 805 \text{ J·mol}^{-1} \qquad T = 323 \text{ K 時，} G^E = 785 \text{ J·mol}^{-1}$$

實驗室 B 發表同一系統的等莫耳時的 H^E 值：

$$T = 313 \text{ K 時，} H^E = 1060 \text{ J·mol}^{-1}$$

兩個實驗室的結果是否在熱力學上相互一致？請說明。

10.36. 提出以下表達式用於特定二成分混合物的部分莫耳性質：

$$\bar{M}_1 = M_1 + Ax_2 \qquad \bar{M}_2 = M_2 + Ax_1$$

其中參數 A 是常數。這些表達式是正確的嗎？請說明。

10.37. 將 2 kmol·hr^{-1} 的液態正辛烷 (物種 1) 與 4 kmol·hr^{-1} 的液態異辛烷 (物種 2) 連續混合。混合程序在恆定 T 和 P 下發生；所需的機械功率可以忽略不計。

(a) 使用能量平衡計算熱傳速率。

(b) 使用熵平衡計算熵生成率 (W·K^{-1})。

提出並說明所有假設。

10.38. 將空氣 (79 mol-% N_2、21 mol-% O_2) 與純氧氣流連續混合，可產生 50 mol·s^{-1} 的高氧空氣 (50 mol-% N_2、50 mol-% O_2)。所有股流均處於恆定條件 $T = 25°C$ 且 $P = 1.2$(atm)。沒有活動元件。

(a) 計算空氣和氧氣的流率 (mol·s^{-1})。

(b) 此程序的熱傳速率是多少？

(c) 熵生成率 $\dot{S}_G$ 是多少 W·K^{-1}？

陳述所有假設。

提示：將整個程序視為分層 (demixing) 和混合步驟的組合。

10.39. 對稱二成分系統的 M^E 的簡單表達式是 $M^E = Ax_1x_2$。然而，可以提出無數其他表現出對稱性的經驗表達式。以下兩個表達式何者適用於一般應用？

(a) $M^E = Ax_1^2 x_2^2$

(b) $M^E = A \sin(\pi x_1)$

提示：考慮部分性質 $\bar{M}_1^E$ 和 $\bar{M}_2^E$。

10.40. 對於含有任何物種的多成分混合物，證明：

$$\bar{M}_i = M + \left(\frac{\partial M}{\partial x_i}\right)_{T,P} - \sum_k x_k \left(\frac{\partial M}{\partial x_k}\right)_{T,P}$$

其中總和是對所有物種而言。證明對於二成分混合物，此結果可簡化為 (10.15) 式和 (10.16) 式。

10.41. 以下經驗雙參數表達式，可用於對稱液體混合物的過量性質的關聯式：

$$M^E = A x_1 x_2 \left(\frac{1}{x_1 + B x_2} + \frac{1}{x_2 + B x_1}\right)$$

其中 A 和 B 是與 T 有關的參數。

(a) 由已知的方程式，求 $\bar{M}_1^E$ 和 $\bar{M}_2^E$ 的表達式。

(b) 證明 (a) 部分的結果滿足部分過剩性質的所有必要限制。

(c) 從 (a) 部分的結果求出 $(\bar{M}_1^E)^\infty$ 和 $(\bar{M}_2^E)^\infty$ 的表達式。

10.42. 通常若二成分系統的 M^E 具有單一符號，則部分性質 $\bar{M}_1^E$ 和 $\bar{M}_2^E$ 在整個組成範圍內具有與 M^E 相同的符號。然而，在某些情況下，即使 M^E 有單一符號，$\bar{M}_i^E$ 也可能改變符號。事實上，M^E 對 x_1 曲線的形狀決定 $\bar{M}_i^E$ 是否會改變符號。證明 $\bar{M}_1^E$ 和 $\bar{M}_2^E$ 具有單一符號的充分條件是 M^E 對 x_1 的曲率 (curva ture) 在整個組成範圍內具有單一符號。

10.43. 工程師聲稱，理想溶液的體積膨脹係數可由下式求得：

$$\beta^{id} = \sum_i x_i \beta_i$$

這個式子成立嗎？若成立，請說明原因；若不成立，請找出 β^{id} 的正確表達式。

10.44. 以下是有機液體等莫耳混合物的 G^E 和 H^E (均為 $J \cdot mol^{-1}$) 的數據。使用所有數據估算 25°C 時，等莫耳混合物的 G^E、H^E 和 TS^E 值。

- 在 $T = 10°C$ 時：$G^E = 544.0$，$H^E = 932.1$
- 在 $T = 30°C$ 時：$G^E = 513.2$，$H^E = 893.4$
- 在 $T = 50°C$ 時：$G^E = 494.2$，$H^E = 845.9$

提示：假設 C_P^E 是常數，並使用例 10.10 中的資料。

Chapter 11

混合程序

在自然和工業程序中，形成不同化學物質的均勻混合物有許多種方式，特別是液體。此外，將混合物分離成其組成物質和純化單一化合物需要「未混合」程序。混合物的熱力學性質是分析這些混合和非混合程序所必須的。因此，在這個簡短的章節中，我們的目的是：

- 定義標準混合程序，並研究隨之而來的性質變化。
- 將混合物的性質與其純物種成分的性質相關聯。
- 將混合的性質變化與過剩性質聯繫起來。
- 詳細說明混合和「未混合」程序的熱效應。

11.1 混合的性質變化

混合程序以多種方式進行，每個程序都會導致特定的狀態變化，這取決於溫度和壓力的初始與最終條件。對於混合物的合理研究，我們必須定義一個標準混合程序，就像處理化學反應的標準性質變化時所做的。實驗可行性建議在恆定 T 和 P 下混合。因此，在 T 和 P 下，我們將純化學物種適當的量混合，以產生特定組成的均勻混合物作為標準的混合程序。純物種可說是處於其標準狀態，而它們在這種狀態下的性質是純物種性質 V_i、H_i、S_i 等。

對於混合純物質 1 和 2，圖 11.1 是標準混合程序的示意圖。[1] 在此假設的裝置中，n_1 莫耳純物質 1 與 n_2 莫耳純物質 2 混合以形成組成為 $x_1 = n_1/(n_1 + n_2)$ 的均勻溶液。伴隨混合程序的可觀察現象是膨脹 (或收縮) 和溫度變化。藉由活塞的移動來適應膨脹，以保持壓力 P，並且藉由熱傳補償溫度變化，以恢復溫度 T。

1 這個概念圖不是用於進行這種測量的實用裝置。在實用上，可以使用校準的玻璃器皿 (如有刻度的圓筒) 直接測量混合的體積變化，混合熱利用量熱法測量。

▶圖 11.1　二成分混合程序實驗的示意圖。最初在 T 和 P 的兩個純物種由隔離物分開，然後將隔離物取出使物種混合。當發生混合時，系統的膨脹或收縮伴隨活塞的移動，因此壓力是恆定的。

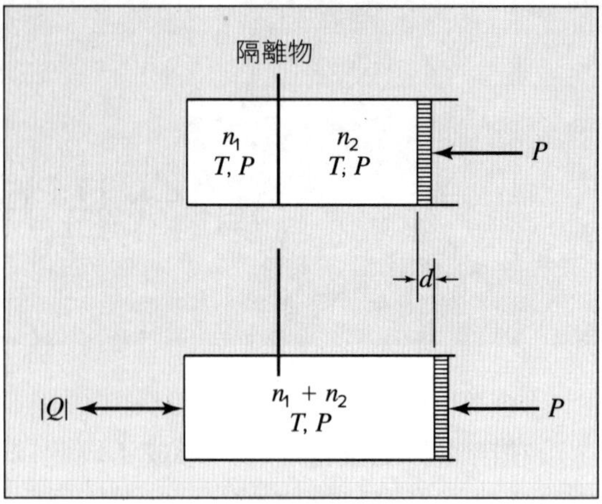

混合完成後，系統的總體積變化 (以活塞的位移 d 來測量) 為：

$$\Delta V^t = (n_1 + n_2)V - n_1 V_1 - n_2 V_2$$

由於該程序是在恆壓下發生，因此熱傳 Q 等於系統的總焓變：

$$Q = \Delta H^t = (n_1 + n_2)H - n_1 H_1 - n_2 H_2$$

將這些方程式除以 $n_1 + n_2$ 可得：

$$\Delta V \equiv V - x_1 V_1 - x_2 V_2 = \frac{\Delta V^t}{n_1 + n_2}$$

和

$$\Delta H \equiv H - x_1 H_1 - x_2 H_2 = \frac{Q}{n_1 + n_2}$$

因此，混合的體積變化 (volume change of mixing) ΔV 和混合的焓變化 (enthalpy change of mixing) ΔH，可由 ΔV^t 和 Q 求出。由於 ΔH 與 Q 有關，因此 ΔH 通常稱為**混合熱** (heat of mixing)。

類似於 ΔV 和 ΔH 的方程式可以針對任何性質書寫，並且也可以推廣應用於任意數量物種的混合：

$$\boxed{\Delta M \equiv M - \sum_i x_i M_i} \tag{11.1}$$

其中 M 可以表示混合物的任何內含熱力學性質，如 U、C_P、S、G 或 Z。因此，(11.1) 式是熱力學性質的**定義**方程式，稱為混合的性質變化 (property changes of mixing)。

混合的性質變化是 T、P 和組成的函數，並且與過剩性質直接相關。(10.79) 式到 (10.82) 式為理想溶液性質的表達式，將這些表達式結合 (10.85) 式可得：

$$M^E \equiv M - M^{id} \tag{10.85}$$

$$V^E = V - \sum_i x_i V_i \tag{11.2}$$

$$H^E = H - \sum_i x_i H_i \tag{11.3}$$

$$S^E = S - \sum_i x_i S_i + R\sum_i x_i \ln x_i \tag{11.4}$$

$$G^E = G - \sum_i x_i G_i - RT\sum_i x_i \ln x_i \tag{11.5}$$

每個方程式右邊的前兩項表示混合的性質變化，由 (11.1) 式定義。因此 (11.2) 式到 (11.5) 式可以寫成：

$V^E = \Delta V$	(11.6)	$H^E = \Delta H$	(11.7)
$S^E = \Delta S + R\sum_i x_i \ln x_i$	(11.8)	$G^E = \Delta G - RT\sum_i x_i \ln x_i$	(11.9)

對於理想溶液，每個過剩性質為零，這些方程式變為：

$\Delta V^{id} = 0$	(11.10)	$\Delta H^{id} = 0$	(11.11)
$\Delta S^{id} = -R\sum_i x_i \ln x_i$	(11.12)	$\Delta G^{id} = RT\sum_i x_i \ln x_i$	(11.13)

這些方程式是 (10.79) 式到 (10.82) 式的另一種形式，也適用於理想氣體狀態混合物及理想溶液。

由 (11.6) 式到 (11.9) 式可知，過剩性質和混合的性質變化易於彼此計算。因為混合的性質變化與實驗直接相關，所以較先引入，但過剩性質更容易融入溶液熱力學的理論架構。由於它們的直接可測量性，ΔV 和 ΔH 是主要關注的混合的性質變化，且其值與相應的過剩性質 V^E 和 H^E 相等。

圖 11.2 顯示在 30°C 到 110°C 的幾個溫度範圍內，乙醇 / 水系統的過剩焓 H^E 與組成的關係。對於較低的溫度，是**放熱** (exothermic) 行為，等溫混合需要除熱；對於較高的溫度，是**吸熱** (endothermic) 行為，等溫混合需要加熱；在中溫下，出現放熱和吸熱行為的區域。這種數據通常由莫耳分率的多項式方程式表示，乘以 x_1x_2 以確保兩個純成分的過剩性質趨近於零。

▶圖 11.2　乙醇 / 水的過剩焓。對於此系統，H^E 隨溫度快速變化，從較低溫的負值變為較高溫的正值，顯示所有過剩性質數據的行為。

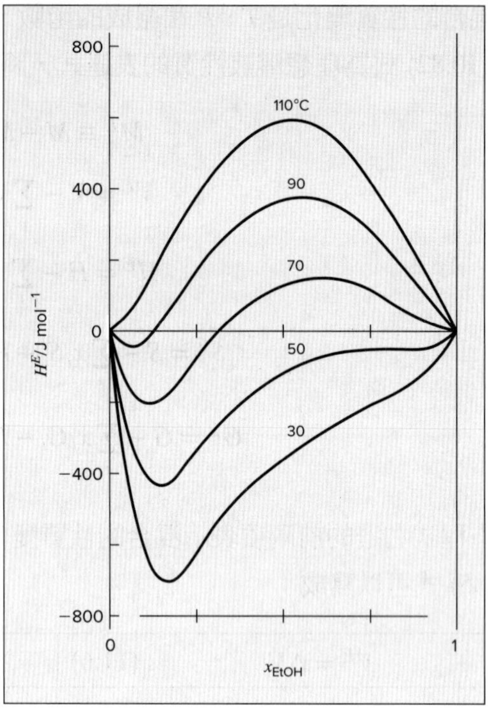

圖 11.3 說明在 50°C 和大氣壓下，六種二成分液體系統的 ΔG、ΔH 和 $T\Delta S$ 隨組成的變化。相同系統的 G^E、H^E 和 TS^E 值如圖 10.3 所示。與過剩性質一樣，混合的性質變化表現出不同的行為，但大多數系統具有下列共同的特徵：

1. 對於純物種，每個 ΔM 為零。
2. 混合的吉布斯能量變化 ΔG 恆為負值。
3. 混合的熵變化 ΔS 為正值。

特徵 1 來自 (11.1) 式。特徵 2 是要求在指定的 T 和 P 下，吉布斯能量在平衡狀態有最小值，如第 12.4 節所述。特徵 3 反映混合的熵變化為負值是異常的事實；它不是熱力學第二定律的結果，只是不允許與外界隔離 (isolated) 的系統其混合的熵變化為負值。在恆定 T 和 P 下，某些特殊類型的混合物的 ΔS 為負值，不過此情況並沒有表示在圖 11.3 中。

對於二成分系統，部分過剩性質可由 (10.15) 式和 (10.16) 式得到，其中 $M = M^E$。因此，

$\bar{M}_1^E = M^E + (1 - x_1)\dfrac{dM^E}{dx_1}$　(11.14)	$\bar{M}_2^E = M^E - x_1\dfrac{dM^E}{dx_1}$　(11.15)

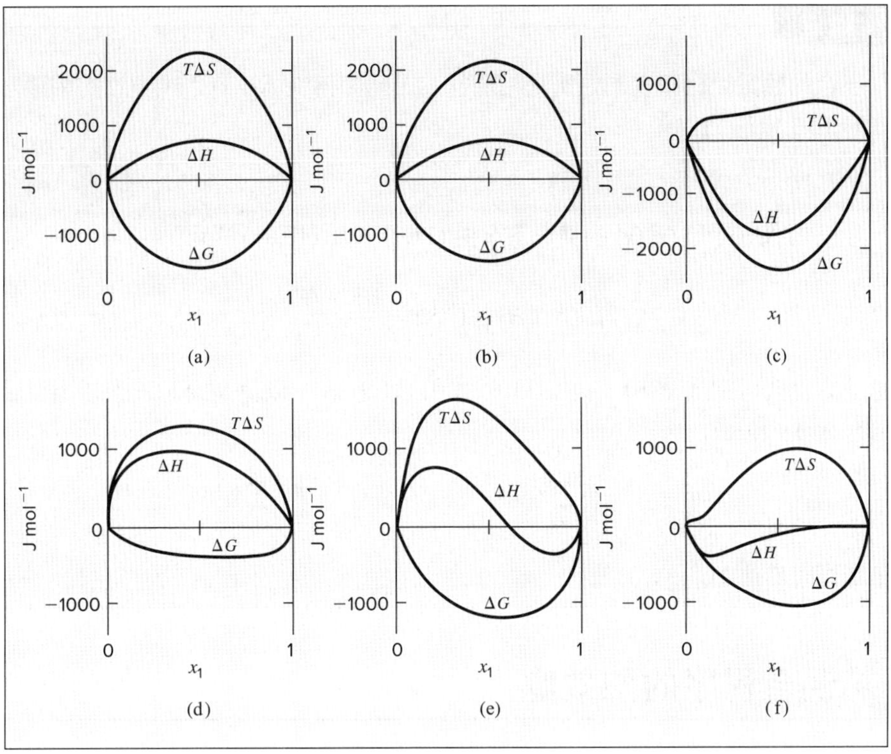

▶圖 11.3 六種二成分液體系統在 50°C 下混合的性質變化：(a) 氯仿(1) / 正庚烷(2)；(b) 丙酮(1) / 甲醇(2)；(c) 丙酮(1) / 氯仿(2)；(d) 乙醇(1) / 正庚烷(2)；(e) 乙醇(1) / 氯仿(2)；(f) 乙醇(1) / 水 (2)。

例 11.1

在固定的 T 和 P 下，液體物質 1 和 2 的混合熱可表示為：

$$\Delta H = x_1x_2(40x_1 + 20x_2)$$

試將 $\bar{H}_1^E$ 和 $\bar{H}_2^E$ 表示為 x_1 的函數。

解

我們首先認識到混合熱等於混合物的過剩焓 [(11.7) 式]，所以我們有

$$H^E = x_1x_2(40x_1 + 20x_2)$$

消去 x_2，將所得結果微分，可得下列兩個方程式：

$H^E = 20x_1 - 20x_1^3 \qquad (A)$	$\dfrac{dH^E}{dx_1} = 20 - 60x_1^2 \qquad (B)$

將上式代入 (11.14) 式和 (11.15) 式，其中以 H^E 取代 M^E，可得：

$$\bar{H}_1^E = 20 - 60x_1^2 + 40x_1^3 \quad 且 \quad \bar{H}_2^E = 40x_1^3$$

例 11.2

混合的性質變化和過剩性質是相關的，證明如何從 $\Delta H(x)$ 和 $G^E(x)$ 的相關數據得到圖 10.3 與圖 11.3。

解

在已知 $\Delta H(x)$ 和 $G^E(x)$ 的情況下，由 (11.7) 式和 (10.86) 式可得：

$$H^E = \Delta H \quad \text{且} \quad S^E = \frac{H^E - G^E}{T}$$

由這些方程式可完成圖 10.3。由 (11.8) 式和 (11.9) 式，以及 S^E 和 G^E 可求出混合的性質變化 ΔS 和 ΔG：

$$\Delta S = S^E - R\sum_i x_i \ln x_i \qquad \Delta G = G^E + RT\sum_i x_i \ln x_i$$

由這些可完成圖 11.3。

11.2 混合程序的熱效應

根據 (11.1) 式定義的混合熱為：

$$\Delta H = H - \sum_i x_i H_i \tag{11.16}$$

(11.16) 式可求得純物種在恆定 T 和 P 下，混合形成 1 莫耳 (或單位質量) 溶液時的焓變化。二成分系統的數據最常見，其中針對 H 求解的 (11.16) 式變為：

$$H = x_1 H_1 + x_2 H_2 + \Delta H \tag{11.17}$$

經由上式，可從純物種 1 和 2 的焓數據和混合熱，計算二成分混合物的焓值。

混合熱的數據通常僅在有限的溫度下可用。若已知純物種和混合物的熱容量，則可計算其他溫度的混合熱，其方法類似於從 25°C 的標準反應熱計算在高溫下的標準反應熱。

混合熱在許多方面與反應熱類似。當發生化學反應時，由於組成原子的化學重排，產物的能量不同於相同 T 和 P 的反應物的能量。當形成混合物時，由於分子之間相互作用的變化，發生類似的能量變化；也就是說，反應熱是由**分子內相互作用** (intramolecular interactions) 的變化引起的，而混合熱是由**分子間相互作用** (intermolecular interactions) 的變化引起的。分子內相互作用 (化學鍵) 通常比分子間相互作用 (由靜電相互作用、凡得瓦力等引起) 強很多，因此，反應熱通常遠大於混合熱。當溶液中的分子間相互作用與純成分中的分子間相互作用大不相同時，則產生大的混合熱，例子包括具有氫鍵相互作用的系統和含有在溶液中解離的電解質的系統。

焓 / 濃度圖

焓 / 濃度 (H–x) 圖 [(enthalpy/concentration (H–x) diagram] 是表示二成分溶液的焓數據的有用方法。在固定壓力下 (通常為 1 標準大氣壓)，對於一系列等溫線，將焓繪為組成 (莫耳分率或質量分率) 的函數。(11.17) 式直接適用於每條等溫線：

$$H = x_1 H_1 + x_2 H_2 + \Delta H$$

溶液的 H 值不僅取決於混合熱，還取決於純物種的焓 H_1 和 H_2。一旦對於每條等溫線建立這些值，則 H 對於所有溶液都是固定的，因為 ΔH 對於所有組成和溫度具有唯一且可測量的值。由於絕對焓是未知的，因此純物種的焓的零點可任意選定，這建立了圖的**基礎**。製備具有許多等溫線的完整 H–x 圖是一項主要任務，有少數已發表。[2] 圖 11.4 顯示硫酸(1) / 水(2) 混合物的簡化 H–x 圖，只有三條等溫線。[3] 此圖的基礎是在 298.15 K 下純物種的 $H = 0$，並且組成和焓都是以質量為基準。

焓 / 濃度圖的有用特徵是，由兩種其他溶液絕熱混合形成的所有溶液，可由位於直線上連接代表初始溶液的點來表示。說明如下。

令下標 a 和 b 表示兩個初始二成分溶液，分別由 n_a 和 n_b 莫耳或單位質量組成。設下標 c 表示由溶液 a 和 b 的絕熱混合得到的最終溶液，其中 $\Delta H^t = Q = 0$，總能量平衡為：

$$(n_a + n_b)H_c = n_a H_a + n_b H_b$$

在焓 / 濃度圖上，這些溶液由指定為 a、b 和 c 的點表示，我們的目的是證明點 c 位於通過點 a 和點 b 的直線上。對於通過點 a 和點 b 的線，

$$H_a = m x_{1a} + k \qquad 且 \qquad H_b = m x_{1b} + k$$

將這些表達式代入前面的物質平衡式，可得：

$$\begin{aligned}(n_a + n_b)H_c &= n_a(m x_{1a} + k) + n_b(m x_{1b} + k)\\ &= m(n_a x_{1a} + n_b x_{1b}) + (n_a + n_b)k\end{aligned}$$

2　例如，參見 D. Green and R. H. Perry, eds., *Perry's Chemical Engineers' Handbook*, 8th ed., pp. 2–220, 2–267, 2–285, 2–323, 2–403, 2–409, McGraw-Hill, New York, 2008. 只有第一個是 SI 單位。

3　使用 F. Zeleznik, *J. Phys. Chem. Ref. Data*, vol. 20, pp. 1157–1200. 1991 的數據建構而成。注意，250 K 等溫線中大部分實際上低於冷凍曲線，因此代表亞穩態液態溶液。

▶圖 11.4 $H_2SO_4(1)/H_2O(2)$ 的 H–x 圖。此圖的基準是 298.15 K 的純物種 $H = 0$。

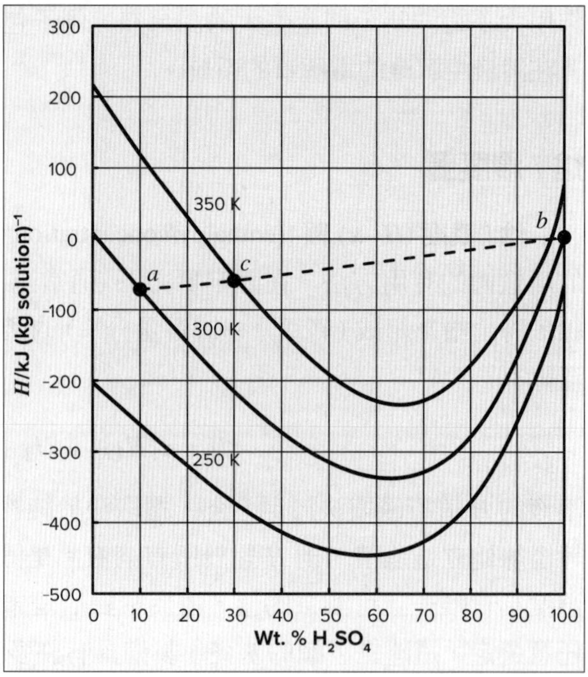

由物種 1 的物質平衡，

$$(n_a + n_b)x_{1c} = n_a x_{1a} + n_b x_{1b}$$

組合此式與前一式，化簡之後可得：

$$H_c = m x_{1c} + k$$

證明點 c 與點 a 和點 b 位於同一直線上。當兩種溶液絕熱混合時，此特性可用於以圖形方式估算最終溫度。這種圖形估算如圖 11.4 所示，將 300 K (點 a) 的 10 wt% H_2SO_4 與 300 K (點 b) 的純 H_2SO_4 以 3.5:1 的比例混合，得到 30 wt% H_2SO_4 溶液 (點 c)。由圖可知，絕熱混合後的溫度接近 350 K。

因為純物種焓 H_1 和 H_2 是任意的，當僅考慮單一等溫線時，它們可以設定為零，在這種情況下，(11.17) 式變為：

$$H = \Delta H = H^E$$

然後，$H^E - x$ 圖用作單一溫度的焓 / 濃度圖。文獻中有許多這樣的單溫圖，它們通常伴隨著代表曲線的方程式。例如圖 11.5，顯示 25°C 下硫酸 / 水的數據。同樣地，$x_{H_2SO_4}$ 是硫酸的質量分率，H^E 是以單位質量為基準。

圖 11.5 中所示的等溫線可由下式表示：

$$H^E = \left(-735.3 - 824.5x_1 + 195.2x_1^2 - 914.6x_1^3\right)x_1(1 - x_1) \qquad (A)$$

與圖上的點相鄰的數字來自此式。此式的形式是過剩性質的典型模式：乘以 x_1 和 x_2 的組成多項式。乘積 x_1x_2 可確保兩個純成分的過剩性質變為零。此外，它將採用對稱拋物線的形式，在 $x_1 = 0.5$ 時具有最大值或最小值。乘以 x_1 的多項式可縮放並偏置對稱拋物線。

一個簡單的問題是，當純水與 90% 硫酸水溶液連續混合稀釋至 50% 時，必須除去多少熱量以恢復到初始溫度 (25°C)。可以使用通常的質量和能量平衡進行計算，我們以 1 kg 的 50% 酸為基礎。如果 m_a 是 90% 酸的質量，則酸的質量平衡為 $0.9m_a = 0.5$，$m_a = 0.5556$。假設動能和位能變化可以忽略不計，這個程序的能量平衡是最終和最初的焓之間的差值：

$$Q = H_f^E - (H_a^E)(m_a) = -303.3 - (-178.7)(0.5556) = -204.0 \text{ kJ}$$

其中焓值如圖 11.5 所示。

另一種方法是用圖 11.5 中的兩條直線表示，第一條用於絕熱混合純水和 90% 酸水溶液以形成 50% 溶液。此溶液的焓在連接代表未混合物種的線上位於 $x_{H_2SO_4} = 0.5$ 處。該線是直接比例，其中 $H^E = (-178.7/0.9)(0.5) = -99.3$。 此時的溫度遠高於 25°C，垂直線表示冷卻至 25°C，$Q = \Delta H^E = -303.3 - (-99.3) = -204.0$ kJ。因為最初的步驟是絕熱的，此冷卻步驟給出此程序的總熱傳，顯示從系統中去除了 204 kJ·kg^{-1}。像這樣只有一條等溫線的圖，無法直接獲得絕熱混合時的溫度升高，但若知道最終溶液的近似熱容量則可以估算。

(*A*) 式可用於 (11.14) 式和 (11.15) 式，以產生 25°C 的部分過剩焓 $\bar{H}^E_{H_2SO_4}$ 和 $\bar{H}^E_{H_2O}$ 的值。這產生圖 11.6 所示的結果，其中所有值均以單位質量為基礎。這

▶**圖 11.5** $H_2SO_4(1)/H_2O(2)$ 在 25°C 的過剩焓。

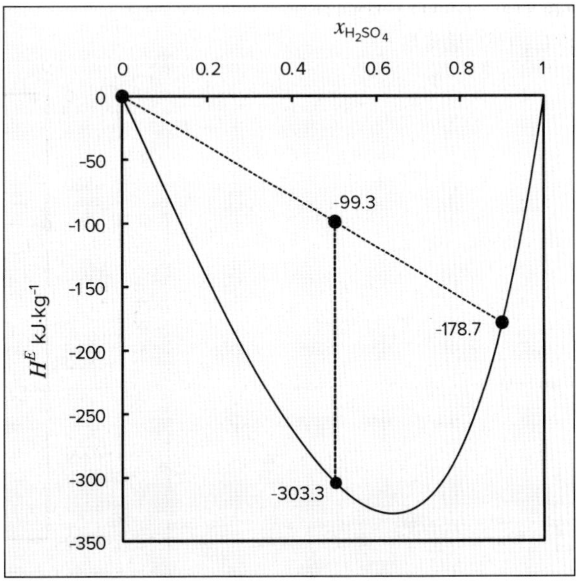

兩條曲線完全不對稱，這是 H^E 曲線偏斜性質的結果。在高濃度的 H_2SO_4 中，$\bar{H}^E_{H_2O}$ 達到高的值，實際上無限稀釋值接近水的潛熱。這就是當向純硫酸中加入水時，等溫混合需要非常高的熱移除率的原因。在通常情況下，熱傳速率遠遠不夠，並且所產生的溫度升高導致局部沸騰和濺射。當酸加入水中時不會出現這個問題，因為 $\bar{H}^E_{H_2SO_4}$ 小於水的無限稀釋值的三分之一。

溶解熱

當固體或氣體溶解在液體中時，其熱效應稱為**溶解熱** (heat of solution)，並且是基於 1 mol 溶質的溶解。若物種 1 是溶質，則 x_1 是每莫耳溶液的溶質莫耳數。因為 ΔH 是每莫耳溶液的熱效應，$\Delta H/x_1$ 是每莫耳溶質的熱效應。因此，

$$\widetilde{\Delta H} = \frac{\Delta H}{x_1}$$

其中 $\widetilde{\Delta H}$ 是基於 1 mol 溶質的溶解熱。

溶解程序可方便地用類似於化學反應方程式的物理變化方程式表示。當 1 mol LiCl(*s*) 與 12 mol $H_2O(l)$ 混合時，此程序可以表示為：

$$\text{LiCl}(s) + 12\text{H}_2\text{O}(l) \rightarrow \text{LiCl}(12\text{H}_2\text{O})$$

其中 $\text{LiCl}(12\text{H}_2\text{O})$ 表示 1 mol LiCl 溶解在 12 mol H_2O 中的溶液。在 25°C 和 1 bar 下，此程序的溶解熱為 $\widetilde{\Delta H} = -33{,}614$ J。這意味著 1 mol LiCl 在 12 mol H_2O 中的焓比 1 mol 純 LiCl(*s*) 和 12 mol 純 $H_2O(l)$ 的總焓低 33,614 J。諸如此類

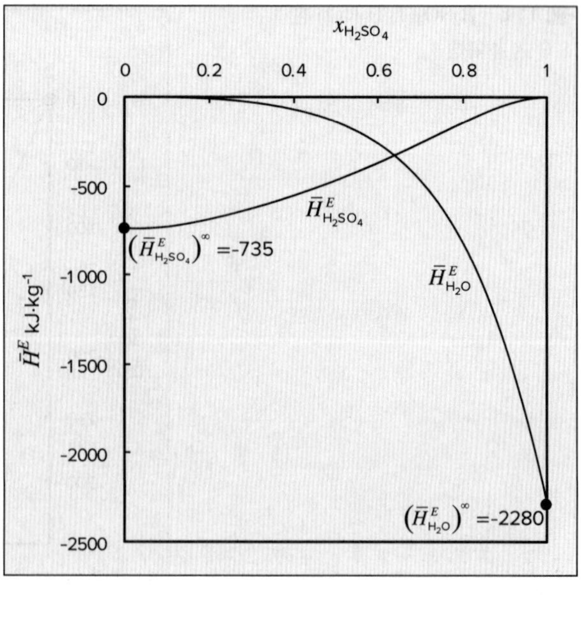

▶圖 11.6 $H_2SO_4(1)/H_2O(2)$ 在 25°C 的部分過剩焓。

物理變化的方程式很容易與化學反應方程式相結合。這在以下例題中說明，其結合剛才所描述的溶解程序。

例 11.3

計算在 25°C 下 LiCl 在 12 mol H_2O 中的生成熱。

解

本題所述為 1 mol LiCl 的組成元素與 12 mol H_2O 形成溶液的程序，表示此程序的方程式如下：

$$\begin{array}{rl} \text{Li} + \frac{1}{2}\text{Cl}_2 \rightarrow \text{LiCl}(s) & \Delta H^\circ_{298} = -408{,}610 \text{ J} \\ \text{LiCl}(s) + 12\text{H}_2\text{O}(l) \rightarrow \text{LiCl}(12\text{H}_2\text{O}) & \Delta\widetilde{H}_{298} = -33{,}614 \text{ J} \\ \hline \text{Li}+\frac{1}{2}\text{Cl}_2 + 12\text{H}_2\text{O}(l) \rightarrow \text{LiCl}(12\text{H}_2\text{O}) & \Delta H^\circ_{298} = -442{,}224 \text{ J} \end{array}$$

第一個反應描述由元素形成 LiCl(s) 的化學變化，伴隨此反應的焓變化是 LiCl(s) 在 25°C 的標準生成熱；第二個反應表示 1 mol LiCl(s) 溶解在 12 mol $H_2O(l)$ 中的物理變化，而焓變化是溶解熱。整體焓變化，−442,224 J，是 LiCl 在 12 mol H_2O 中的生成熱。這些數據不包括 H_2O 的生成熱。

通常不直接列出溶解熱，但必須由剛才說明計算的反向由生成熱求得。典型的是 1 mol LiCl 的生成熱數據：[4]

LiCl(s)	−408,610 J
LiCl · $H_2O(s)$	−712,580 J
LiCl · 2 $H_2O(s)$	−1,012,650 J
LiCl · 3 $H_2O(s)$	−1,311,300 J
LiCl 溶於 3 mol H_2O	− 429,366 J
LiCl 溶於 5 mol H_2O	−436,805 J
LiCl 溶於 8 mol H_2O	−440,529 J
LiCl 溶於 10 mol H_2O	−441,579 J
LiCl 溶於 12 mol H_2O	−442,224 J
LiCl 溶於 15 mol H_2O	−442,835 J

可以很容易地從這些數據計算出溶解熱。表示 1 mol LiCl(s) 在 5 mol $H_2O(l)$ 中溶解的反應可如下獲得：

4 "The NBS Tables of Chemical Thermodynamic Properties," *J. Phys. Chem. Ref. Data*, vol. 11, suppl. 2, pp. 2–291 and 2–292, 1982.

$$\begin{array}{lr} \text{Li} + \frac{1}{2}\text{Cl}_2 + 5\text{H}_2\text{O}(l) \rightarrow \text{LiCl}(5\text{H}_2\text{O}) & \Delta H^\circ_{298} = -436{,}805\ \text{J} \\ \text{LiCl}(s) \rightarrow \text{Li} + \frac{1}{2}\text{Cl}_2 & \Delta H^\circ_{298} = 408{,}610\ \text{J} \\ \hline \text{LiCl}(s) + 5\text{H}_2\text{O}(l) \rightarrow \text{LiCl}(5\text{H}_2\text{O}) & \widetilde{\Delta H}_{298} = -28{,}195\ \text{J} \end{array}$$

由列出的數據可以計算各種水量下的溶解熱，然後將所得結果以每莫耳溶質的溶解熱 $\widetilde{\Delta H}$ 對每莫耳溶質的溶劑莫耳數 $\tilde{n}$ 作圖。其中組成變數 $\tilde{n} \equiv n_2/n_1$，其與 x_1 的關係為：

$$\tilde{n} = \frac{x_2(n_1+n_2)}{x_1(n_1+n_2)} = \frac{1-x_1}{x_1} \quad \text{因此} \quad x_1 = \frac{1}{1+\tilde{n}}$$

所以 1 mol 溶液的混合熱 ΔH，和 1 mol 溶質的溶解熱 $\widetilde{\Delta H}$ 的關係為：

$$\widetilde{\Delta H} = \frac{\Delta H}{x_1} = \Delta H(1+\tilde{n}) \quad \text{或} \quad \Delta H = \frac{\widetilde{\Delta H}}{1+\tilde{n}}$$

圖 11.7 顯示在 25°C 下，$LiCl(s)$ 和 $HCl(g)$ 溶於水中的 $\widetilde{\Delta H}$ 對 $\tilde{n}$ 的曲線圖。這種形式的數據可應用於求解實際問題。

因為固體中的水合水 (water of hydration) 是化合物的組成部分，所以水合鹽 (hydrated salt) 的生成熱包括水合水的生成熱。1 mol $LiCl \cdot 2H_2O(s)$ 溶於 8 mol H_2O，產生 1 mol LiCl 在 10 mol 水中的溶液，以 $LiCl(10H_2O)$ 表示。這個程序的方程式為：

$$\begin{array}{lr} \text{Li} + \frac{1}{2}\text{Cl}_2 + 10\text{H}_2\text{O}(l) \rightarrow \text{LiCl}(10\text{H}_2\text{O}) & \Delta H^\circ_{298} = -441{,}579\ \text{J} \\ \text{LiCl} \cdot 2\text{H}_2\text{O}(s) \rightarrow \text{Li} + \frac{1}{2}\text{Cl}_2 + 2\text{H}_2 + \text{O}_2 & \Delta H^\circ_{298} = 1{,}012{,}650\ \text{J} \\ 2\text{H}_2 + \text{O}_2 \rightarrow 2\text{H}_2\text{O}(l) & \Delta H^\circ_{298} = (2)(-285{,}830)\ \text{J} \\ \hline \text{LiCl} \cdot 2\text{H}_2\text{O}(s) + 8\text{H}_2\text{O}(l) \rightarrow \text{LiCl}(10\text{H}_2\text{O}) & \widetilde{\Delta H}_{298} = -589\ \text{J} \end{array}$$

例 11.4

在大氣壓下操作的單效蒸發器，將 15% (重量百分比) 的 LiCl 溶液濃縮至 40%。進料在 25°C 下以 2 $kg \cdot s^{-1}$ 的流率進入蒸發器。40% LiCl 溶液的正常沸點約為 132°C，其比熱估算為 2.72 $kJ \cdot kg^{-1} \cdot {}^\circ C^{-1}$。蒸發器的熱傳速率是多少？

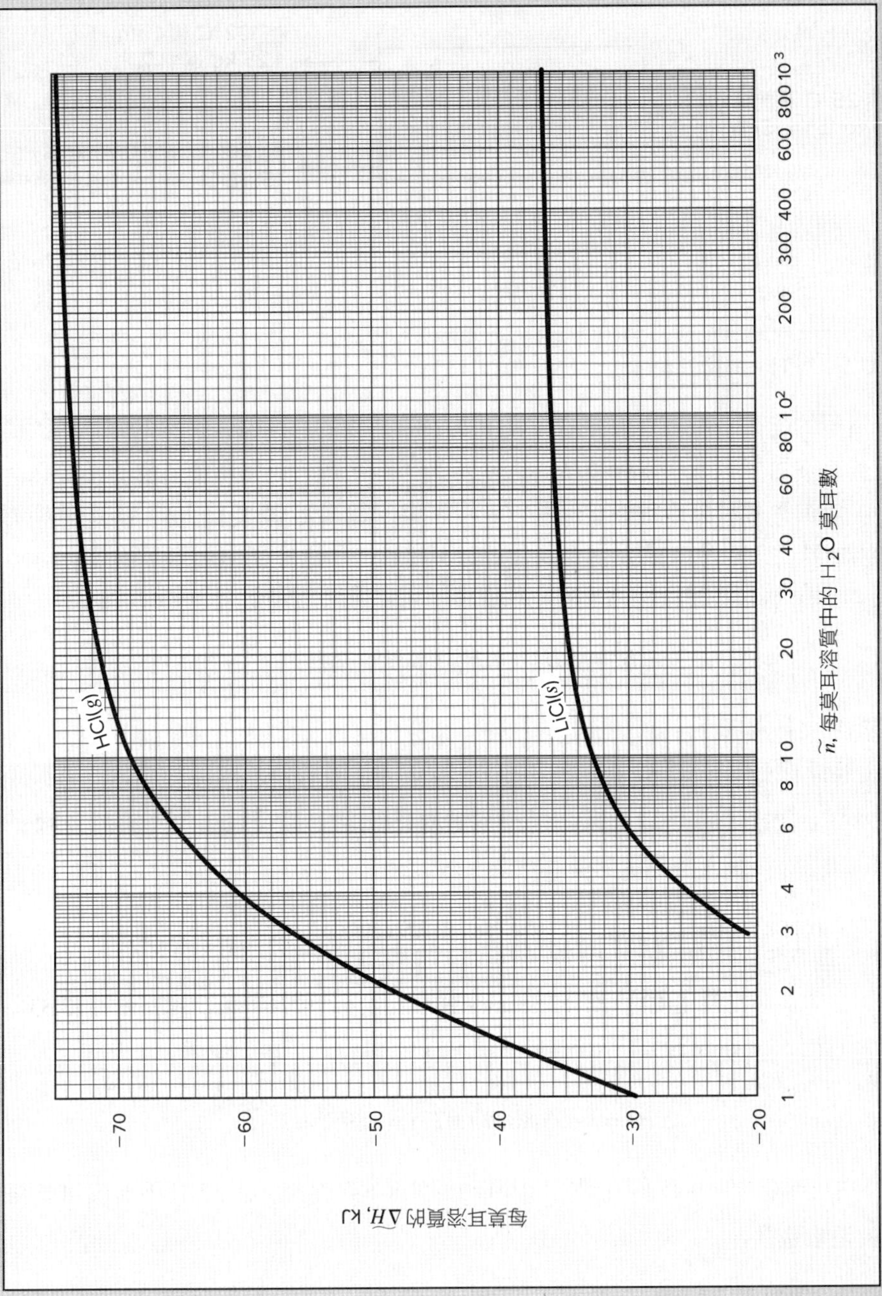

▶圖 11.7 在 25°C 的溶解熱 (基於 "The NBS Tables of Chemical Thermodynamic Properties," *J. Phys. Chem. Ref Datd*, vol. 11, suppl. 2, 1982 的數據)。

解

每秒進入蒸發器的 2 kg 15% LiCl 溶液由 0.30 kg LiCl 和 1.70 kg H_2O 組成。由質量平衡顯示蒸發了 1.25 kg 的 H_2O，並產生 0.75 kg 的 40% LiCl 溶液。此程序由圖 11.8 表示。

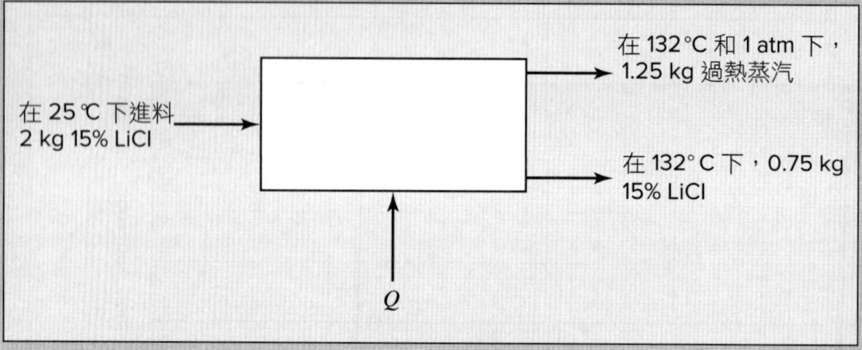

▶圖 11.8 例 11.4 的程序。

此流程的能量平衡為 $\Delta H^t = Q$，其中 ΔH^t 是產物的總焓減去進料的總焓，因此問題化簡為從可用數據中求得 ΔH^t。因為焓是狀態函數，可選擇最方便的路徑來計算 ΔH^t，無須參考蒸發器中的實際路徑。可獲得的數據是 25°C 時 LiCl 在 H_2O 中的溶解熱 (圖 11.7)，以及依據圖 11.9 所示的計算路徑，可直接使用這些溶解熱。

圖 11.9 所示的各個步驟的焓變化加成後，可求得總焓變化：

$$\Delta H^t = \Delta H_a^t + \Delta H_b^t + \Delta H_c^t + \Delta H_d^t$$

個別的焓變化計算如下：

- ΔH_a^t：此步驟包括在 25°C 下，將 2 kg 的 15% LiCl 溶液分離成其純成分。對於這種「分離」程序，其熱效應與相應的混合程序相同，但符號相反。對於 2 kg 的 15% LiCl 溶液，進入的物質的莫耳數為：

$$\frac{(0.15)(2000)}{42.39} = 7.077 \text{ mol LiCl} \qquad \frac{(0.85)(2000)}{18.015} = 94.366 \text{ mol } H_2O$$

  因此，此溶液每莫耳 LiCl 含有 13.33 mol H_2O。從圖 11.7 可得，對於 $\tilde{n} = 13.33$，每莫耳 LiCl 的溶解熱為 −33,800 J。對於 2 kg 溶液的「分離」程序，

$$\Delta H_a^t = (+33{,}800)(7.077) = 239{,}250 \text{ J}$$

- ΔH_b^t：在此步驟中，0.45 kg 的水與 0.30 kg 的 LiCl(s) 混合，在 25°C 下形成 40% 溶液。此溶液包括：

$$0.30 \text{ kg} \rightarrow 7.077 \text{ mol LiCl} \qquad \text{和} \qquad 0.45 \text{ kg} \rightarrow 24.979 \text{ mol } H_2O$$

  因此，最終溶液每莫耳 LiCl 含有 3.53 mol H_2O。從圖 11.7 查出，對於 $\tilde{n} = 3.53$，每莫耳 LiCl 的溶解熱為 −23,260 J。因此，

$$\Delta H_b^t = (-23{,}260)(7.077) = -164{,}630 \text{ J}$$

- ΔH_c^t：對於此步驟，將 0.75 kg 的 40% LiCl 溶液從 25°C 加熱至 132°C。因為 C_P 是

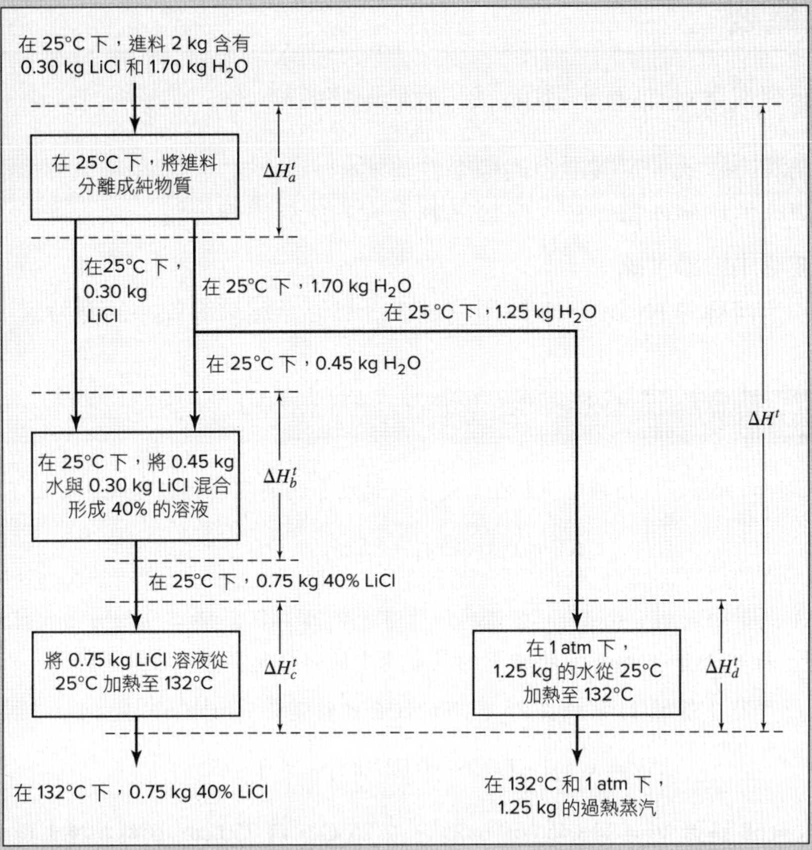

▶**圖 11.9** 例 11.4 的程序計算路徑。

常數，$\Delta H_c^t = mC_P\Delta T$，所以，

$$\Delta H_c^t = (0.75)(2.72)(132 - 25) = 218.28 \text{ kJ} = 218{,}280 \text{ J}$$

- ΔH_d^t：在此步驟中，將液態水蒸發並加熱至 132°C。焓變化可由蒸汽表中查出：

$$\Delta H_d^t = (1.25)(2740.3 - 104.8) = 3294.4 \text{ kJ} = 3{,}294{,}400 \text{ J}$$

將單個焓變化相加可得：

$$\begin{aligned}\Delta H &= \Delta H_a^t + \Delta H_b^t + \Delta H_c^t + \Delta H_d^t \\ &= 239{,}250 - 164{,}630 + 218{,}280 + 3{,}294{,}400 = 3{,}587{,}300 \text{ J}\end{aligned}$$

因此，所需的熱傳速率為 3587.3 kJ·s^{-1}。雖然水的蒸發焓主導總熱量需求，但是與初始和最終濃度下溶解熱差相關的熱效應是不可忽略的。雖然水的蒸發焓主導整體熱量需求，但在初始濃度和最終濃度下與溶解熱差相關的熱效應是不可忽略的。

11.3 概要

在研究本章 (包括章末習題) 後，我們應該能夠：

- 用詞語和方程式，定義混合的標準性質變化。
- 根據混合的相應性質變化，計算過剩性質和部分過剩性質。
- 解釋並應用焓濃度圖。
- 了解制定溶解熱的慣例，並使用它們來計算混合和溶解程序的熱效應。

11.4 習題

11.1. 在 25°C 和大氣壓下，物種 1 和 2 的二成分液體混合物的混合體積變化，可由下式表示：

$$\Delta V = x_1 x_2(45x_1 + 25x_2)$$

其中 ΔV 的單位為 $cm^3 \cdot mol^{-1}$。在這些條件下，$V_1 = 110$ 且 $V_2 = 90\ cm^3 \cdot mol^{-1}$。在給定條件下，計算含有 40 mol-% 物種 1 的混合物中的部分莫耳體積 $\bar{V}_1$ 和 $\bar{V}_2$。

11.2. 乙醇(1) / 甲基丁基醚(2) 系統在 25°C 下的混合體積變化 ($cm^3 \cdot mol^{-1}$)，可由下式表示：

$$\Delta V = x_1 x_2[-1.026 + 0.0220(x_1 - x_2)]$$

假設 $V_1 = 58.63$ 且 $V_2 = 118.46\ cm^3 \cdot mol^{-1}$，在 25°C 下將 750 cm^3 的純物種 1 與 1500 cm^3 的純物種 2 混合時，形成多少體積的混合物？若形成的混合物為理想溶液，則其體積為何？

11.3. 若 $LiCl \cdot 2H_2O(s)$ 和 $H_2O(l)$ 在 25°C 下等溫混合，形成每莫耳 LiCl 含 10 mol 水的溶液，則每莫耳溶液的熱效應是多少？

11.4. 若在含有 1 mol HCl 和 4.5 mol H_2O 的 HCl 水溶液中，在 25°C 的恆溫下吸收額外的 1 mol $HCl(g)$，則熱效應為何？

11.5. 在 25°C 的等溫程序中，將 20 kg 的 $LiCl(s)$ 加入到 125 kg 含有 10 wt-% LiCl 的水溶液中時，熱效應是多少？

11.6. 將 10°C 的冷水與 25°C、20 mol% 的 $LiCl/H_2O$ 溶液，絕熱混合形成 25°C 的 $LiCl/H_2O$ 溶液，所形成的溶液其組成為何？

11.7. 將 25°C、25 mol% 的 $LiCl/H_2O$ 溶液與 5°C 的冷水混合，形成 25°C、20 mol% 的 $LiCl/H_2O$ 溶液。每莫耳最終溶液的熱效應是多少焦耳？

11.8. 由下列六種不同的混合程序製備 20 mol% 的 $LiCl/H_2O$ 溶液：

(a) 將 $LiCl(s)$ 與 $H_2O(l)$ 混合。

(b) 將 $H_2O(l)$ 與 25 mol% 的 $LiCl/H_2O$ 溶液混合。

(c) 將 $LiCl \cdot H_2O(s)$ 與 $H_2O(l)$ 混合。

(d) 將 $LiCl(s)$ 與 10 mol% $LiCl/H_2O$ 溶液混合。

(e) 將 25 mol% 的 $LiCl/H_2O$ 溶液與 10 mol% 的 $LiCl/H_2O$ 溶液混合。

(f) 將 $LiCl \cdot H_2O(s)$ 與 10 mol% $LiCl/H_2O$ 溶液混合。

所有情況下的混合均為等溫，溫度為 25°C。針對每種情況，求出最終溶液的熱效應 $J \cdot mol^{-1}$。

11.9. 在 25°C 下，將質量流率為 12 $kg \cdot s^{-1}$ 的 $Cu(NO_3)_2 \cdot 6H_2O$ 和 15 $kg \cdot s^{-1}$ 的水送入槽中，在該槽中進行混合。所得溶液通過熱交換器，將其溫度調節至 25°C。熱交換器中的熱傳速率是多少？

- 對於 $Cu(NO_3)_2$，$\Delta H^\circ_{f298} = -302.9$ kJ。
- 對於 $Cu(NO_3)_2 \cdot 6H_2O$，$\Delta H^\circ_{f298} = -2110.8$ kJ。
- 在 25°C 下，1 mol $Cu(NO_3)_2$ 在水中的溶解熱為 −47.84 kJ，此值與 $\tilde{n}$ 無關。

11.10. 在 25°C 下，LiCl 在水中的液態溶液含有 1 mol LiCl 和 7 mol 水。若 1 mol 的 $LiCl \cdot 3H_2O(s)$ 在此溶液中恆溫溶解，則熱效應是多少？

11.11. 某人需要將 $LiCl \cdot 2H_2O(s)$ 與水混合來形成 LiCl 水溶液。混合在絕熱條件下發生，並且溫度維持在 25°C 沒有變化。計算最終溶液中 LiCl 的莫耳分率。

11.12. 來自標準局的數據 (*J. Phys. Chem. Ref. Data*, vol. 11, suppl. 2, 1982)，可知在 25°C 及下列各情況下，1 mol 的 $CaCl_2$ 在水中的生成熱為：

$CaCl_2$ 溶於 10 mol H_2O	−862.74 kJ
$CaCl_2$ 溶於 15 mol H_2O	−867.85 kJ
$CaCl_2$ 溶於 20 mol H_2O	−870.06 kJ
$CaCl_2$ 溶於 25 mol H_2O	−871.07 kJ
$CaCl_2$ 溶於 50 mol H_2O	−872.91 kJ
$CaCl_2$ 溶於 100 mol H_2O	−873.82 kJ
$CaCl_2$ 溶於 300 mol H_2O	−874.79 kJ
$CaCl_2$ 溶於 500 mol H_2O	−875.13 kJ
$CaCl_2$ 溶於 1000 mol H_2O	−875.54 kJ

根據這些數據，繪出 25°C 時 $CaCl_2$ 在水中的溶解熱 $\widetilde{\Delta H}$，對水與 $CaCl_2$ 莫耳比 $\tilde{n}$ 的曲線圖。

11.13. 某液態溶液含有 1 mol $CaCl_2$ 和 25 莫耳水。使用習題 11.12 中的數據，計算在該溶液中，等溫溶解額外的 1 mol $CaCl_2$ 時的熱效應。

11.14. 將固體 $CaCl_2 \cdot 6H_2O$ 和液態水，在 25°C 的連續程序中絕熱混合，形成 15 wt% $CaCl_2$ 的鹽水。使用習題 11.12 中的數據，計算形成的鹽水溶液溫度。在 25°C 下，15 wt% $CaCl_2$ 水溶液的比熱為 3.28 $kJ \cdot kg^{-1} \cdot {}^\circ C^{-1}$。

11.15. 考慮 1 mol 溶質 (物種 1) 的溶解熱 $\widetilde{\Delta H}$，對每莫耳溶質的溶劑莫耳數 $\tilde{n}$，在恆定 T 和 P 下的關係圖。圖 11.4 是這種圖的一個例子。在此圖中橫坐標為線性，而不是對數刻度。令 $\widetilde{\Delta H}$ 對 $\tilde{n}$ 的曲線的切線交縱軸於點 I。

(a) 證明特定點的切線斜率等於溶液中溶劑的部分過剩焓，其中組成由 $\tilde{n}$ 表示；即證明：

$$\frac{d\widetilde{\Delta H}}{d\tilde{n}} = \bar{H}_2^E$$

(b) 證明截距 I 等於在同一溶液中溶質的部分過剩焓；即證明：

$$I = \bar{H}_1^E$$

11.16. 假設某特定溶質(1) / 溶劑(2) 系統的 ΔH 可由下式表示：

$$\Delta H = x_1 x_2 (A_{21} x_1 + A_{12} x_2) \qquad (A)$$

根據此式，將 $\widetilde{\Delta H}$ 對 $\tilde{n}$ 作圖。將 (A) 式改寫成 $\widetilde{\Delta H}\,(\tilde{n})$ 的形式，然後證明：

(a) $\lim\limits_{\tilde{n}\to 0} \widetilde{\Delta H} = 0$

(b) $\lim\limits_{\tilde{n}\to \infty} \widetilde{\Delta H} = A_{12}$

(c) $\lim\limits_{\tilde{n}\to 0} d\widetilde{\Delta H}/d\tilde{n} = A_{21}$

11.17. 若在溫度 t_0 下的混合熱為 ΔH_0，並且在溫度 t 下相同溶液的混合熱為 ΔH，證明這兩種混合熱的關係為：

$$\Delta H = \Delta H_0 + \int_{t_0}^{t} \Delta C_P \, dt$$

其中 ΔC_P 是 (11.1) 式定義的混合的熱容量變化。

習題 11.18 到習題 11.30 的溶解熱數據可以從圖 11.4 中獲得。

11.18. 在 300 K 的等溫程序中，將 75 kg H_2SO_4 與 175 kg 含有 25 wt% H_2SO_4 的水溶液混合時，熱效應為多少？

11.19. 對於在 350 K 下 50 wt% 的 H_2SO_4 水溶液，其過剩焓 H^E 是多少 kJ·kg^{-1}？

11.20. 某單效蒸發器將 20 wt% 的 H_2SO_4 水溶液濃縮至 70 wt%。進料速率為 15 kg·s^{-1}，進料溫度為 300 K。蒸發器保持在 10 kPa 的絕對壓力，在此壓力下，70 wt% H_2SO_4 的沸點為 102°C。蒸發器中的熱傳速率是多少？

11.21. 25°C 足夠量的 $SO_3(l)$ 與 25°C 的 H_2O 反應，得到 60°C 的 50 wt% H_2SO_4 溶液時，熱效應為多少？

11.22. 70°C 且質量為 70 kg 15 wt% 的 H_2SO_4 水溶液，在大氣壓下與 38°C 且質量為 110 kg 80 wt% H_2SO_4 混合。在此程序中，從系統傳遞 20,000 kJ 的熱量，求形成的溶液溫度。

11.23. 一個向大氣開放的絕熱槽，在 290 K 時含有 750 kg 40 wt% 的硫酸。利用注入 1 bar 的飽和蒸汽將其加熱至 350 K，蒸汽在此程序中完全冷凝，需要多少蒸汽？槽中 H_2SO_4 的最終濃度是多少？

11.24. 將 3 bar 的飽和蒸汽節流至 1 bar，並在流動程序中與 300 K 的 45 wt% 硫酸絕熱混合，蒸汽冷凝並將硫酸的溫度升高至 350 K。每一磅質量的硫酸流入時，需要多少蒸汽？高溫酸液的濃度是多少？

11.25. 300 K 的 35 wt% H_2SO_4 水溶液的混合熱 ΔH 為多少 kJ·kg^{-1}？

11.26. 若將 300 K 的純 H_2SO_4 液體，絕熱加入到 300 K 的純液態水中，以形成 40 wt% 的溶液，則溶液的最終溫度是多少？

11.27. 溫度為 300 K 且含有 1 kg mol H_2SO_4 和 7 kg mol H_2O 的液態溶液，吸收 300 K 的 0.5 kg mol $SO_3(g)$，形成更濃的硫酸溶液。如果程序是等溫的，計算熱傳量。

11.28. 對於 300 K 的 65 wt% H_2SO_4 溶液，計算水中硫酸的混合熱 ΔH，以及 H_2SO_4 和 H_2O 的部分比焓。

11.29. 建議利用在 280 K 的冷水中稀釋，來冷卻在 330 K 的 75 wt% 硫酸溶液。計算在冷卻到 330 K 以下之前，必須加到 1 kg 75 wt% 酸中的水量。

11.30. 將以下液體 (均在大氣壓和 300 K) 混合：25 kg 純水、40 kg 純硫酸和 75 kg 的 25 wt% 硫酸。

(a) 如果在 300 K 等溫混合，會釋放多少熱量？

(b) 混合程序分兩步驟進行：首先，將純硫酸和 25 wt% 的溶液混合，並提取 (a) 部分的總熱量；其次，絕熱地加入純水。在第一步驟中形成的中間溶液的溫度是多少？

11.31. 利用加入 10 mol% 的 HCl 水溶液，中和大量極稀薄的 NaOH 水溶液。若槽保持在 25°C 和 1(atm) 並中和反應完成，估算每莫耳 NaOH 中和的熱效應。數據：

- 對於 NaCl，$\lim_{\tilde{n}\to\infty} \widetilde{\Delta H} = 3.88 \text{ kJ·mol}^{-1}$
- 對於 NaOH，$\lim_{\tilde{n}\to\infty} \widetilde{\Delta H} = -44.50 \text{ kJ·mol}^{-1}$

11.32. 利用加入 10 mol% 的 NaOH 水溶液，中和大量極稀薄的 HCl 水溶液。若槽保持在 25°C 和 1(atm)，並且中和反應完成，估算每莫耳 HCl 中和的熱效應。

- 對於 $NaOH(9H_2O)$，$\widetilde{\Delta H} = 45.26 \text{ kJ·mol}^{-1}$
- 對於 NaCl，$\lim_{\tilde{n}\to\infty} \widetilde{\Delta H} = 3.88 \text{ kJ·mol}^{-1}$

11.33. (a) 將 (10.15) 式和 (10.16) 式應用於過剩性質，證明對於二成分系統下式成立：

$$\bar{M}_1^E = x_2^2\left(X + x_1\frac{dX}{dx_1}\right) \quad 且 \quad \bar{M}_2^E = x_1^2\left(X - x_2\frac{dX}{dx_1}\right)$$

其中
$$X \equiv \frac{M^E}{x_1 x_2}$$

(b) 由下列 $H_2SO_4(l)/H_2O(2)$ 系統在 25°C 的混合熱數據，計算 $H^E/(x_1x_2)$、$\bar{H}_1^E$ 和 $\bar{H}_2^E$ 的值，並在單一圖上繪製。

x_1	$-\Delta H/\text{kJ·kg}^{-1}$
0.10	73.27
0.20	144.21
0.30	208.64
0.40	262.83
0.50	302,84
0.60	323.31
0.70	320.98
0.80	279.58
0.85	237.25
0.90	178.87
0.95	100.71

$x_1 = H_2SO_4$ 的質量分率

參考這些圖，解釋為什麼稀釋硫酸是將酸加到水中，而不是將水加到酸中。

11.34. 在 25°C 下，將 90 wt% 的 H_2SO_4 水溶液在 6 小時內加入到含有 25°C、4000 kg 純水的槽中。槽中酸的最終濃度為 50 wt%。槽內有冷卻系統可連續冷卻以保持恆溫 25°C。由於冷卻系統設計用於恆定的熱傳速率，因此需要以可變速率添加酸。將瞬時 90% 硫酸的速率表示成時間的函數，並繪製該速率 ($kg{\cdot}s^{-1}$) 與時間的關係曲線。前述習題的數據可以適合於表示 $H^E/(x_1x_2)$ 作為 x_1 的函數的三次方程式，然後由該方程式導出 $\bar{H}_1^E$ 和 $\bar{H}_2^E$ 的表達式。

11.35. 將 (5.36) 式和 (5.37) 式適當地應用於混合程序，導出 ΔS^{id} 的 (11.12) 式。

11.36. 將溫度為 300 K，流率為 10,000 $kg{\cdot}h^{-1}$ 的 80 wt% H_2SO_4 水溶液，用 280 K 的冷水連續稀釋，得到溫度為 330 K 含有 50 wt% H_2SO_4 的股流。

(a) 冷水的質量流率為多少 $kg{\cdot}h^{-1}$？

(b) 混合程序中的熱傳速率是多少 $kJ{\cdot}h^{-1}$？熱量是加入或移出？

(c) 若是絕熱混合，則產物流的溫度是多少？假設入口條件和產物組成與 (b) 部分相同。

溶解熱數據參見圖 11.4。

Chapter 12

相平衡：簡介

相平衡分析為溶液熱力學框架的發展，以及用於該框架的混合物性質模型的建立提供主要動機。實際上，特定相化學物種的優先分離為幾乎所有物質分離和純化的工業程序提供基礎，從石油或酒精飲料的蒸餾，到藥物化合物的結晶，再到從發電廠污水中獲得二氧化碳。因此，相平衡問題的分析是化學工程師所期望的核心競爭力之一。本章著重於定性描述流體相之間的平衡。然後，第 13 章介紹汽 / 液平衡定量分析所需的工具。第 15 章更詳細地討論其他類型的相平衡。

12.1 平衡的本質

平衡是一種狀態，其中隔離系統的宏觀性質不隨時間發生變化。在平衡狀態下，可能導致變化的所有位勢都是恰好平衡的，因此系統中的任何變化都不存在驅動力。由緊密接觸的液相和汽相組成的隔離系統終於達到最終狀態，其中在系統內不存在發生變化的趨勢。溫度、壓力和相組成達到最終值，然後保持固定，系統處於平衡狀態。然而，在微觀層面，平衡狀態並非靜止的。在瞬間的相的分子與後來占據相同相的分子不同。分子不斷從一相傳遞到另一相。然而，分子在兩個方向上的平均通過速率是相同的，並且不會發生相之間的物質傳遞。在工程應用上，若假設系統達到平衡，而平衡可導致滿意精確的結果時，則這個假設是合理的。例如，在蒸餾塔的再沸器中，通常假設汽相和液相之間達到平衡。對於有限蒸發速率，這是近似值，但不會在工程計算中引入顯著誤差。

12.2 相律與 Duhem 定理

第 3.1 節中未證明的非反應系統的相律是應用代數規則產生的。因此，在平衡系統中，獨立變數的數目是內含變數的總數與變數間獨立方程式的數目之間的差。

含有 N 個化學物質和 π 個相的 PVT 平衡系統的內含 (intensive) 狀態，可用其溫度 T、壓力 P 和每相的 $N-1$ 個莫耳分率[1] 來描述。這些是相律中的變數，其數目是 $2+(N-1)(\pi)$。相的質量或數量不是相律中的變數，因為它們對系統的內含狀態沒有影響。

本章之後會清楚說明，對於存在的每對相，可以寫出一個獨立的相平衡方程式，連接每個 N 物種的內含變數，因此獨立相平衡方程式的數目是 $(\pi-1)(N)$。相律中變數的數目與連接這些變數的獨立方程式的數目之差值，是獨立變數的數目，稱為系統 F 的自由度，數目為：

$$F=2+(N-1)(\pi)-(\pi-1)(N)$$

化簡後，即得相律：

$$\boxed{F=2-\pi+N} \tag{3.1}$$

Duhem 定理 (Duhem's theorem) 是類似於相律的另一個定律，適用於平衡時封閉系統的外延狀態。當系統的外延狀態和內含狀態都固定時，系統的狀態被認為是完全確定，而描述該系統狀態的變數，不僅包含 $2+(N-1)\pi$ 個內含變數，而且包含 π 個外延變數，此外延變數是由相的質量 (或莫耳數) 表示。因此變數的總數是：

$$2+(N-1)\pi+\pi=2+N\pi$$

對於由特定數量的化學物質形成的封閉系統，可以對 N 種化學物質中的每一種寫出質量平衡方程式，可得 N 個方程式。這些方程式加上 $(\pi-1)N$ 相平衡方程式後，獨立方程式的數目等於：

$$(\pi-1)N+N=\pi N$$

因此，變數數目和方程式數目之間的差為：

$$2+N\pi-\pi N=2$$

1 只需要 $N-1$ 個莫耳分率，因為 $\sum_i x_i=1$。

在此結果的基礎上，Duhem 定理可敘述如下：

> **對於由已知量的規定化學物質形成的任何封閉系統，當任何兩個獨立變數固定時，平衡狀態可完全確定。**

受規範約束的兩個獨立變數通常可以是內含性質或外延性質。但是，由相律可求出獨立內含變數的數目。因此，當 $F = 1$ 時，兩個變數中的至少一個必須是外延性質，並且當 $F = 0$ 時，兩者必須是外延性質。

12.3 汽 / 液平衡：定性的行為

汽 / 液平衡 (VLE) 是液相和汽相共存的狀態。在這個定性討論中，我們將考慮限制在由兩種化學物質組成的系統中，因為更大複雜性的系統無法以圖形方式充分表示。

對於由兩種化學物質 ($N = 2$) 組成的系統，相律變為 $F = 4 - \pi$。因為必須至少有一個相 ($\pi = 1$)，所以要決定系統內含狀態，最多需要三個相律變數：P、T 和一個莫耳 (或質量) 分率。因此，系統的所有平衡狀態可以在 P-T- 組成的三維空間中表示。在此空間內，平衡狀態下一對共存的相，其狀態 ($F = 4 - 2 = 2$) 定義了曲面。VLE 表面的三維示意圖如圖 12.1 所示。

此圖示意性地顯示 P-T- 組成的曲面，其包含二成分系統的物種 1 和 2 的飽和蒸汽與飽和液體的平衡狀態。其中，物種 1 是「較輕」或更易揮發的物種。下曲面含有飽和蒸汽狀態；它是 P-T-y_1 曲面；上曲面含有飽和液態；它是 P-T-x_1 曲面。這些曲面沿著線 $RKAC_1$ 和 $UBHC_2$ 相交，它們代表純物種 1 和 2 的蒸汽壓對 T 的曲線。此外，下曲面和上曲面在純物種 1 和 2 的臨界點 C_1 和 C_2 之間的圖的頂部形成連續的圓形曲面；兩種物種的各種混合物的臨界點位於 C_1 和 C_2 之間曲面的圓形邊緣上的一條線上。這個臨界軌跡由汽相和液相平衡共存的點定義。由於開放端 (在低 T 和 P 處) 與由臨界軌跡和純成分蒸汽壓曲線形成的三個封閉邊緣的幾何特徵，這對曲面通常稱為「相包絡」。在相包絡內的點不存在穩定的單相。當 T、P 和整個組成對應於包絡內的點時，發生分離成汽相和液相，它們的組成分別落在系統 T 與 P 的下曲面和上曲面。

過冷液體區域位於圖 12.1 的上曲面之上；過熱蒸汽區域則位於下曲面下方。兩個曲面之間的內部空間是液相和汽相共存的區域。如果在點 F 表示的條件下以液體開始，並且在恆溫和恆定組成下沿著垂直線 FG 降低壓力，則第一個氣泡出現在位於上曲面的點 L 處。因此，L 稱為**泡點** (bubblepoint)，上曲面稱為泡

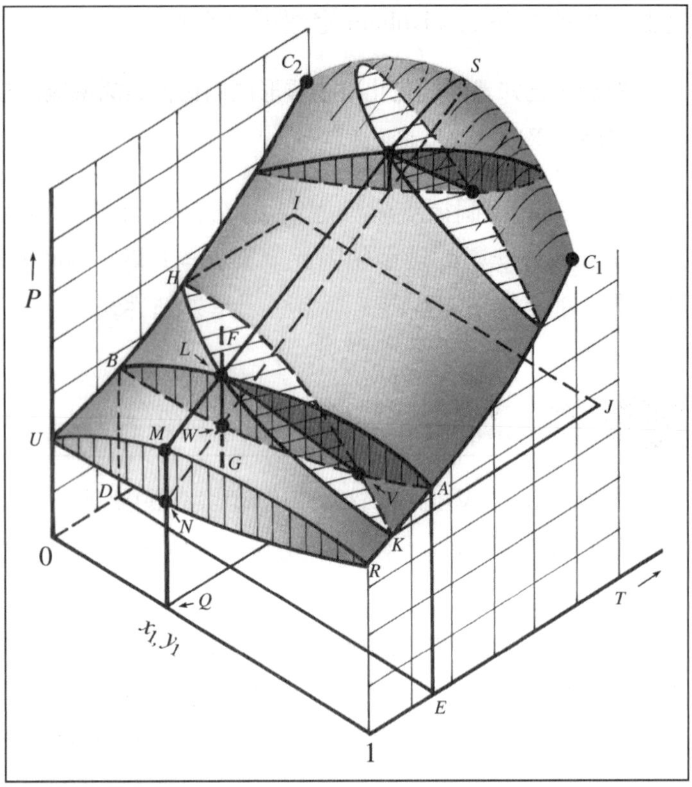

▶圖 12.1　汽 / 液平衡的 *PTxy* 圖。

點曲面。在點 *L* 與液體平衡的蒸汽泡的狀態，可由下曲面上的點表示，且和點 *L* 有相同的溫度與壓力。該點以 *V* 表示。線 *LV* 是**連接線** (tie line)，其連接平衡相的點。

隨著壓力沿線 *FG* 進一步減小，更多的液體蒸發，直到點 *W* 時完成蒸發程序。因此，*W* 位於下曲面上，並且表示具有混合物組成的飽和蒸汽狀態。因為 *W* 是最後一滴液體 (露水) 消失的點，所以稱為**露點** (dewpoint)，下曲面稱為露點曲面。壓力的持續降低，導致過熱蒸汽區域中蒸汽的膨脹。

由於如圖 12.1 所示的三維圖的複雜性，二成分 VLE 的詳細特徵通常由二維圖描繪，該二維圖顯示在切割三維圖的各個平面上看到的內容。三個主平面，每個垂直於一個坐標軸，如圖 12.1 所示。因此，垂直於溫度軸的垂直平面被概述為 *AEDBLA*。此平面上的曲線在恆溫 *T* 形成 P-x_1-y_1 相圖。如果來自幾個這樣的平面的線，投影在單一平行平面上，則獲得如圖 12.2(a) 的圖，它顯示三種不同溫度的 P-x_1-y_1 圖。T_a 表示由 *AEDBLA* 指出的圖 12.1 的部分。水平線是連接平衡相的組成的連接線。溫度 T_b 和 T_d 位於圖 12.1 中兩個純物種臨界溫度 C_1 和 C_2 之間。因此，這兩個溫度的曲線不會一直延伸到整個組成的範圍。混合臨界點用字母 *C* 表示，每個都是水平線接觸曲線的切點，這是因為所有連接平衡

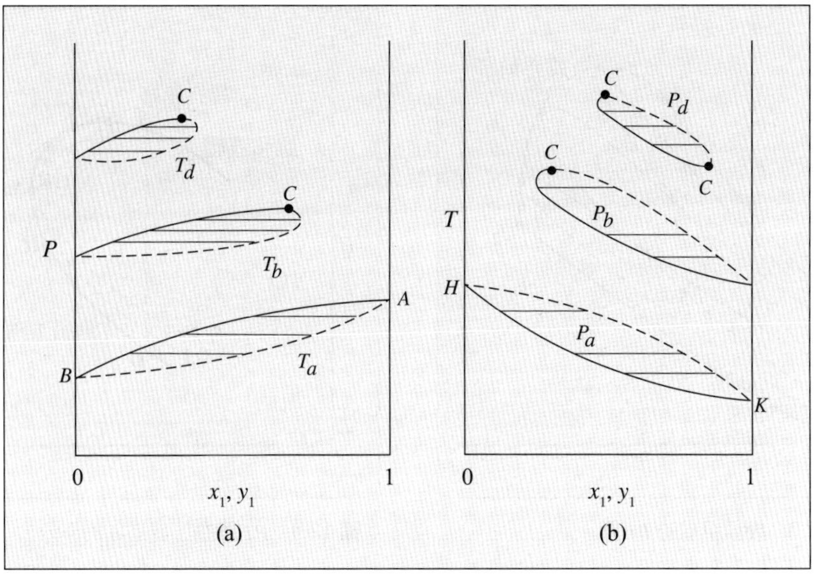

▶圖 12.2 (a) 三種溫度的 Pxy 圖；(b) 三種壓力的 Txy 圖。
—— 飽和液體 (泡點線)；- - - 飽和蒸汽 (露點線)

相的連接線是水平的，因此連接相同相 (臨界點的定義) 的連接線必須是切割圖形的最後一條線。

垂直於 P 軸穿過圖 12.1 的水平面以 $KJIHLK$ 表示。從上面看，該平面上的線代表 T-x_1-y_1 圖。當幾條壓力的線投影在平行平面上時，結果如圖 12.2(b) 所示。此圖類似於圖 12.2(a)，只是它代表三種恆壓 P_a、P_b 和 P_d 的相行為。P_a 代表 $KJIHLK$ 指出的圖 12.1 的部分。壓力 P_b 位於兩個純物種的臨界壓力點 C_1 和 C_2 之間。壓力 P_d 高於兩種純物種的臨界壓力；因此，T-x_1-y_1 圖形像「島」。這在 P-x_1-y_1 圖上 [圖 12.2(a)] 是不尋常的。注意，在 P-x_1-y_1 圖上，上面的曲線代表飽和液體，下面的曲線代表飽和蒸汽；但對於 T-x_1-y_1，上面的曲線代表飽和蒸汽，下面的曲線代表飽和液體。為避免混淆，必須牢記蒸汽在高溫 T 和低壓 P 下形成的事實。

其他可能的圖包括蒸汽莫耳分率 y_1 對液體莫耳分率 x_1 作圖，這些圖形可在如圖 12.2(a) 的恆溫 T 下求得，或在如圖 12.2(b) 的恆壓 P 下求得。這樣的圖可利用沒有關於 T 或 P 資訊的單一曲線來表示共存相，以進一步降低表示的維數，而不是作為限定二維區域的一對曲線。因此，它們傳遞的資訊少於 T-x_1-y_1 或 P-x_1-y_1 圖，但是在固定的 T 或 P 下，對於快速關聯相組成更為方便。

圖 12.1 中的第三個平面是垂直於組成軸的切面，通過 $SLMN$ 和點 Q。將來自幾條平行切面的線投影在平面上時，就會形成如圖 12.3 所示的圖。這是 PT 圖；線 UC_2 和線 RC_1 是純物種的蒸汽壓曲線，用與圖 12.1 相同的字母表示。對於具有固定總組成的系統，每個內環表示飽和液體與飽和蒸汽的 PT 行為。不同

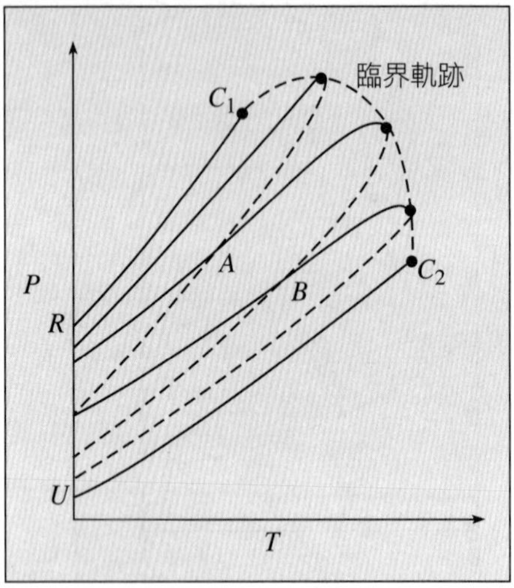

▶圖 12.3 幾種組成的 *PT* 圖。

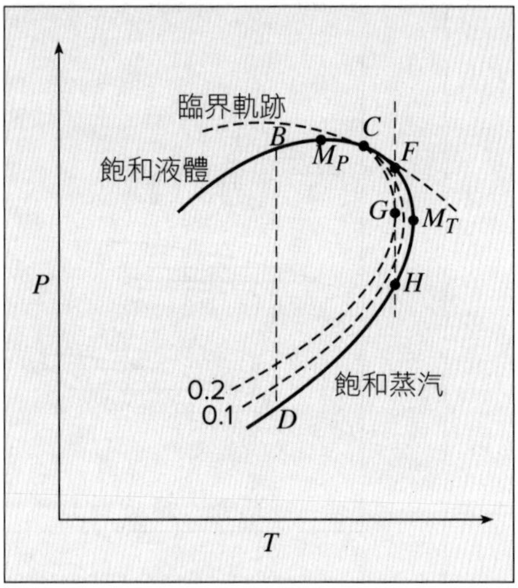

▶圖 12.4 *PT* 圖在臨界區域的部分。

的環代表不同的組成。顯然地，飽和液體的 *PT* 關係，不同於相同組成的飽和蒸汽的 *PT* 關係。這與純物種的行為形成鮮明對比，因為純物種的泡點和露點線是重合的。在圖 12.3 中的點 *A* 和點 *B*，飽和液體與飽和蒸汽線相交。在這些交點，一種組成的飽和液體與另一種組成的飽和蒸汽具有相同的 *T* 和 *P*，因此兩相處於平衡狀態。連接 *A* 和 *B* 處重合點的連接線垂直於 *PT* 平面，如圖 12.1 中所示的連接線 *LV*。

二成分混合物的臨界點和逆行凝結

二成分混合物的臨界點出現在圖 12.3 中環的鼻尖點與包絡曲線相切的位置；換句話說，包絡曲線是臨界點的軌跡。我們可以考慮兩條緊密相鄰的曲線，當它們的分離變得無限小時，其臨界點就相連而成為臨界軌跡曲線。圖 12.3 顯示環的鼻尖上臨界點的位置隨組成而變化。對於純物種，臨界點是汽相和液相可以共存的最高溫度和最高壓力；但對於混合物而言，通常都不是如此。因此，在某些條件下，由於壓力降低而發生冷凝程序。

考慮圖 12.4 中所示的單一 *PT* 環的鼻尖點放大圖。臨界點在點 *C*。最大壓力點和最高溫度點分別標示為 M_P 和 M_T。內部虛線表示在液相和汽相的兩相混合物中整個系統的液體分率。在臨界點 *C* 的左邊，沿著線 *BD* 降低壓力，伴隨著液體從泡點到露點的蒸發，如預期的那樣。然而，如果原始條件對應於點 *F*，即飽和蒸汽的狀態，則在壓力降低時發生液化，並在點 *G* 達到最大值，之後發生汽化，直到在點 *H* 達到露點。這種現象稱為**逆行凝結** (retrograde condensation)。在深層天然氣井的操作中，地下地層的壓力和溫度可能處於點 *F* 所代表的條件下，這一點非常重要。如果井口的壓力是點 G 的壓力，則來自井的產物是液體和蒸汽的平衡混合物。因為揮發性較低的物質在液相中濃縮，所以實現顯著的分離。在地層內部，隨著天然氣供應的減少，壓力會趨於下降。如果不加以防止，會導致形成液相並因此減少氣井的產量。因此，加壓是一種常見的做法；也就是說，貧氣 (已除去低揮發性物質的氣體) 返回地下儲層以維持高壓。

乙烷(1) / 正庚烷(2) 系統的 PT 圖如圖 12.5 所示，同一系統的幾個壓力的 y_1-x_1 圖如圖 12.6 所示。按照慣例，通常將 y_1 和 x_1 繪製成混合物中更易揮發的物質的莫耳分率。在給定壓力下，藉由蒸餾獲得的較易揮發的物質，其最大和最小濃度，可由適當的 y_1-x_1 曲線與對角線的交點表示，因為在這些點，蒸汽和液體具有相同的組成，它們實際上是混合物的臨界點，除非 $y_1 = x_1 = 0$ 或 $y_1 = x_1 = 1$。圖 12.6 中的點 A 表示在乙烷 / 正庚烷系統中，汽、液兩相可以共存的最大壓力下的汽相和液相的組成。該組成約為 77 mol-% 乙烷，壓力約為 87.1 bar。此點對應於圖 12.5 中的 M 點。Barr-David 編寫此系統的一套完整的相圖。[2]

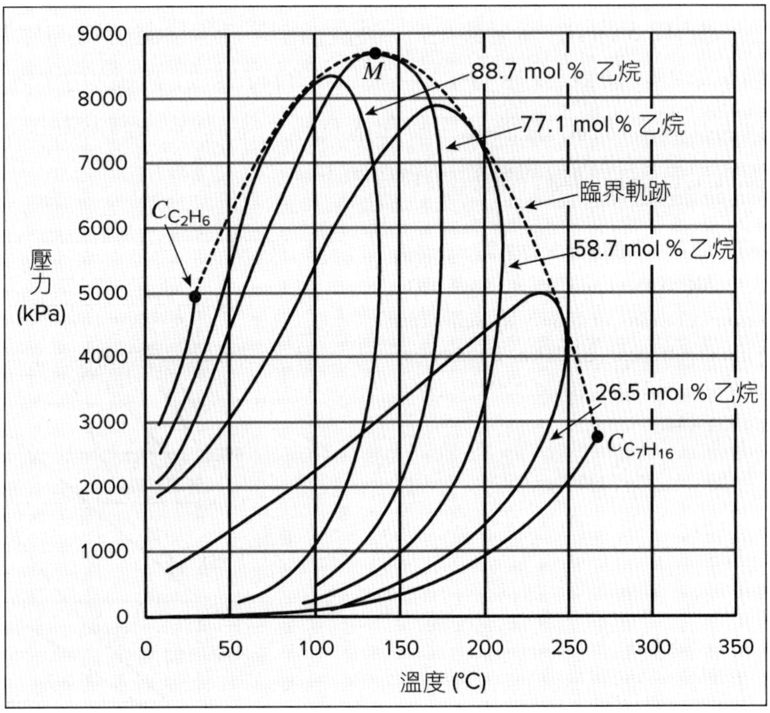

▶圖 12.5 乙烷 / 正庚烷的 PT 圖。(改編自 F. H. Barr-David, "Notes on phase relations of binary mixtures in the region of the critical point," *AIChE Journal*, vol. 2, Issue 3, September 1956, pp. 426-427.)

2 F. H. Barr-David, *AIChEJ*., vol. 2, p. 426, 1956.

▶圖 12.6 乙烷 / 正庚烷的 *yx* 圖。(改編自 F. H. Barr-David, "Notes on phase relations of binary mixtures in the region of the critical point," *AIChE Journal*, vol. 2, Issue 3, September 1956, pp. 426-427.)

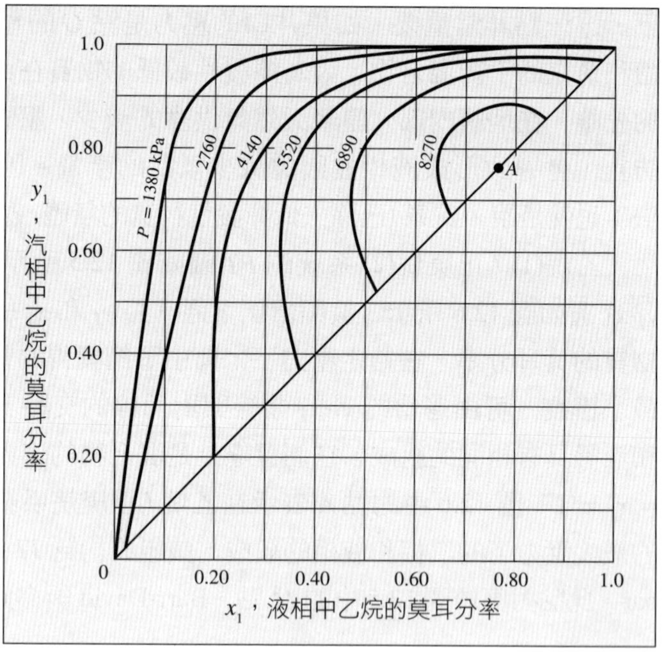

圖 12.5 的 *PT* 圖是典型的非極性物質如烴類混合物的相圖。圖 12.7 顯示一種非常不同類型系統的 *PT* 圖，即甲醇(1) / 苯(2) 系統的 *PT* 圖。由圖中曲線的性質可知，當物種的性質如甲醇和苯有極大差異時，要預測其相行為是多麼困難，特別是在混合物臨界點附近的條件下。

▶圖 12.7 甲醇 / 苯的 *PT* 圖。(改編自 J. M. Skaates and W. B. Kay, "The phase relations of binary systems that form azeotropes," *Chemical Engineering Science*, vol. 19, Issue 7, July 1964, pp.431-444.)

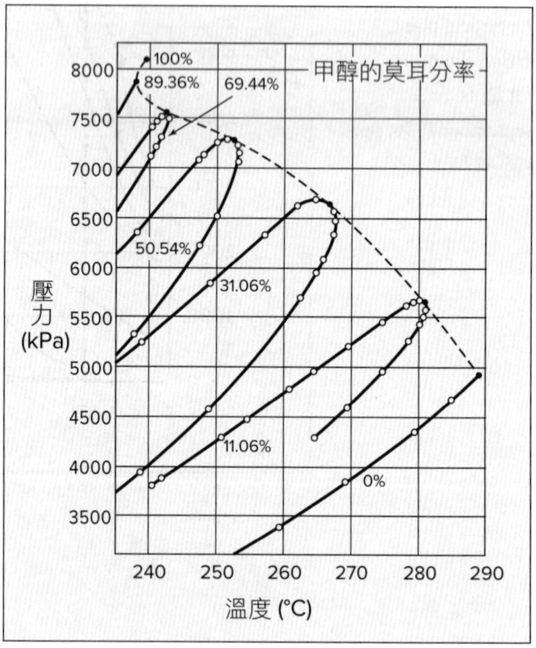

低壓汽 / 液平衡的例子

雖然臨界區域的 VLE 在石油和天然氣工業中具有相當重要的意義，但大多數化學程序都是在低壓下完成的。圖 12.8 和圖 12.9 顯示在遠離臨界區域的條件下的 *Pxy* 和 *Txy* 行為的常見類型。

圖 12.8(a) 顯示四氫呋喃(1) / 四氯化碳(2) 在 30°C 時的數據。當液相表現為理想溶液時，如第 10 章所定義，汽相表現為理想氣體狀態混合物，則稱系統遵循拉午耳定律 (Raoult's law)。如第 13 章所述，這是最簡單的汽 / 液平衡模型。對於遵循拉午耳定律的系統，P-x_1 或泡點曲線是連接純物種蒸汽壓的直線。在圖 12.8(a) 中，泡點曲線位於拉午耳定律行為的線性 P-x_1 關係的下方。當這種負偏差變得夠大時，亦即偏差程度較兩個純物種蒸汽壓之間的差異更大時，P-x_1 曲線呈現最小值，如圖 12.8(b) 所示的氯仿(1) / 四氫呋喃(2) 在 30°C 的系統。此圖顯示 P-y_1 曲線在同一點也具有最小值。因此，在 $x_1 = y_1$ 的點處，露點和泡點曲線與相同的水平線相切。具有這個組成的沸騰液體產生完全相同組成的蒸汽，因此液體在蒸發時組成不會改變。利用蒸餾不可能分離這種恆沸溶液。術語**共沸點** (azeotrope) 用於描述這種狀態。[3]

圖 12.8(c) 所示的呋喃(1) / 四氯化碳(2) 在 30°C 下的數據提供一個系統的例子，其中 P-x_1 曲線位於線性 P-x_1 關係之上。圖 12.8(d) 所示的系統在 65°C 下對於乙醇(1) / 甲苯(2) 顯示出與線性度的正偏差，其大到足以在 P-x_1 曲線中產生**最大值**。這種狀態是最大壓力共沸點。正如最小壓力共沸點一樣，平衡的汽相和液相具有相同的組成。

p-x_1 線性明顯的負偏差反映了相異分子間的吸引力比相似分子間的吸引力更強；相反地，對於相似分子間的吸引力大於相異分子間的吸引力，則得到明顯的正偏差。在後者情況下，相似分子之間的力可能很強，以至於不能完全互溶，然後系統在一系列組成上形成兩個獨立的液相，如本章後面所述。

因為蒸餾程序幾乎都是在恆壓下，而非在恆溫下進行的，所以在恆壓 P 下的 T-x_1-y_1 圖較具實用意義。圖 12.9 顯示在大氣壓下對應於如圖 12.8 的四個圖。注意，露點 (T-y_1) 曲線位於泡點 (T-x_1) 曲線之上。此外，圖 12.8(b) 的最小壓力共沸點表現為圖 12.9 (b) 中的最高溫度 (或最高沸點) 共沸點。圖 12.8(d) 和圖 12.9(d) 之間存在類似的對應關係。圖 12.10 顯示這四個系統在恆壓 P 下的 y_1-x_1 圖。曲線與圖的對角線相交的點表示共沸點，因為在這一點 $y_1 = x_1$。這種 yx 圖可用於蒸餾程序的定性分析。yx 曲線與對角線之間的間隔越大，分離越容易。檢查

3 這些狀態的資料彙編，可參見 J. Gmehling, J. Menke, J. Krafczyk, and K. Fischer, *Azeotropic Data*, 2nd ed., John Wiley & Sons, Inc., New York, 2004。

圖 12.10 的圖立即顯示利用蒸餾完全分離四氫呋喃 / 四氯化碳混合物和呋喃 / 四氯化碳混合物是可能的，並且呋喃 / 四氯化碳混合物的分離將更容易實現。同樣地，該圖顯示其他兩個形成共沸點的系統，而在該壓力下不能藉由蒸餾完全分離。

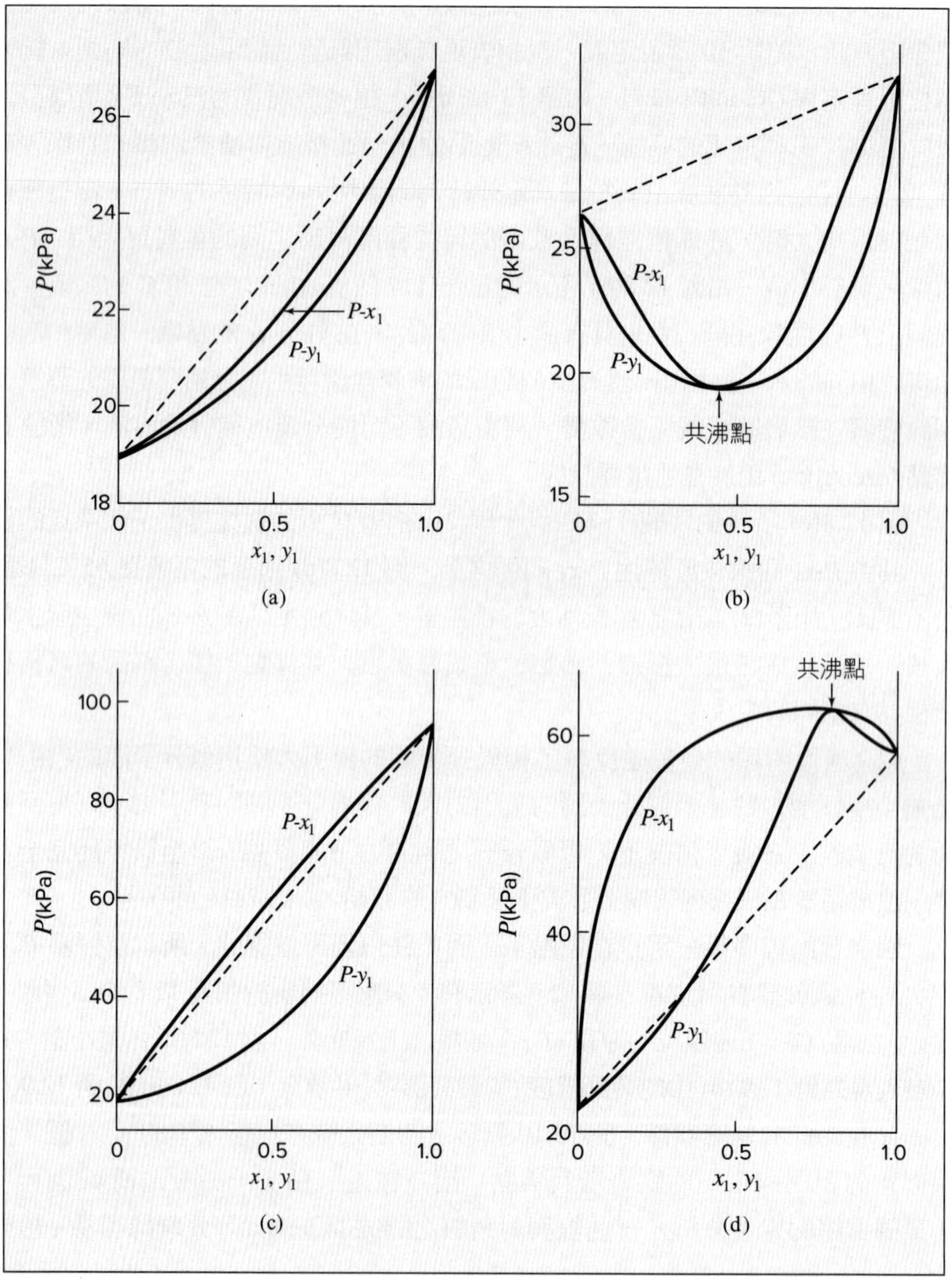

▶圖 12.8 恆溫 T 的 Pxy 圖：(a) 四氫呋喃(1) / 四氯化碳(2) 在 30°C；(b) 氯仿(1) / 四氫呋喃(2) 在 30°C；(c) 呋喃(1) / 四氯化碳(2) 在 30°C；(d) 乙醇(1) / 甲苯(2) 在 65°C。虛線表示拉午耳定律的 Px 關係。

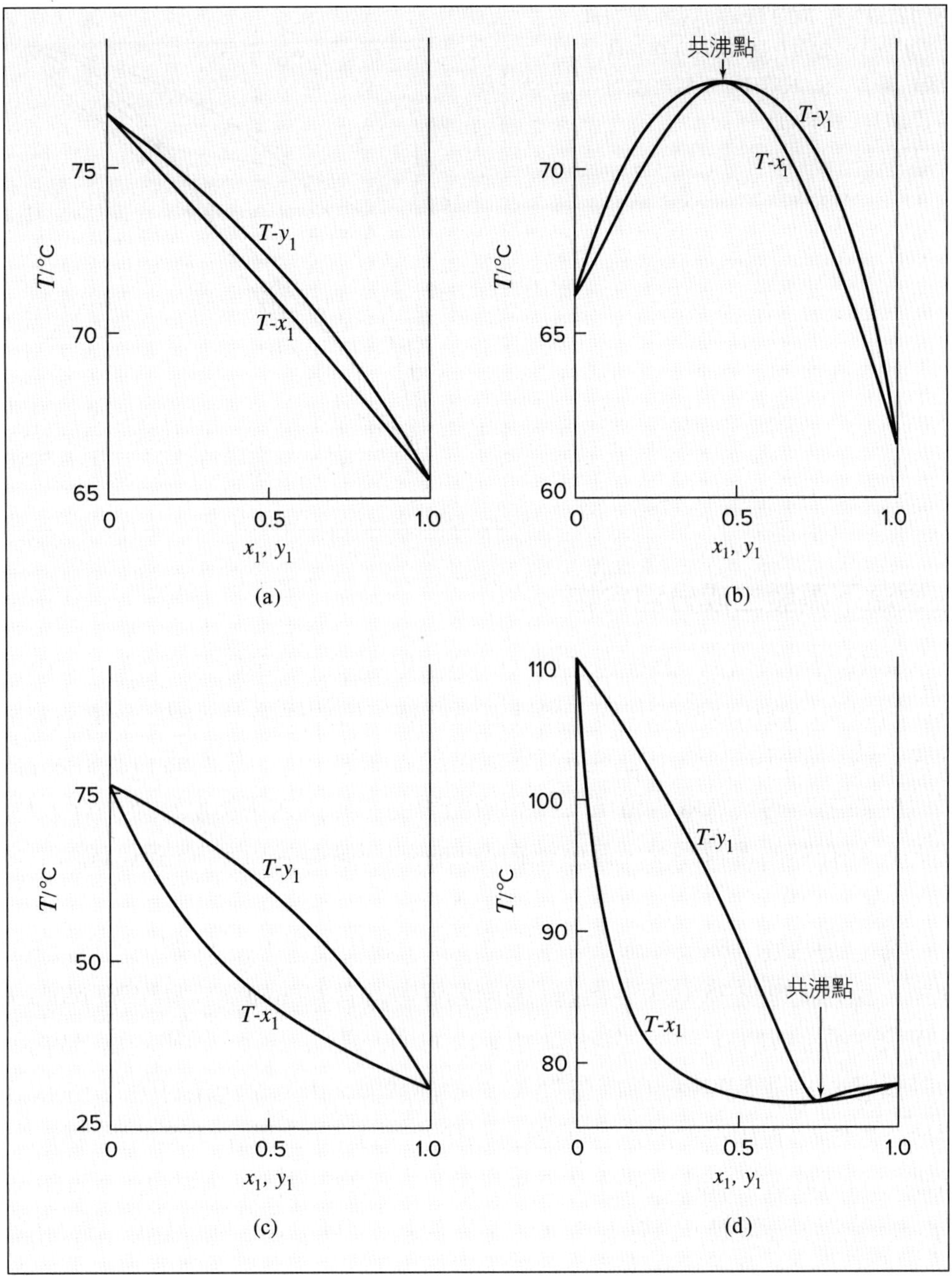

▶**圖 12.9** 在 101.3 kPa 的 *Txy* 圖：(a) 四氫呋喃(1) / 四氯化碳(2)；(b) 氯仿(1) / 四氫呋喃(2)；(c) 呋喃(1) / 四氯化碳(2)；(d) 乙醇(1) / 甲苯(2)。

▶圖 12.10 在 101.3 kPa 的 *yx* 曲線：(a) 四氫呋喃(1) / 四氯化碳(2)；(b) 氯仿(1) / 四氫呋喃(2)；(c) 呋喃(1) / 四氯化碳(2)；(d) 乙醇(1) / 甲苯(2)。

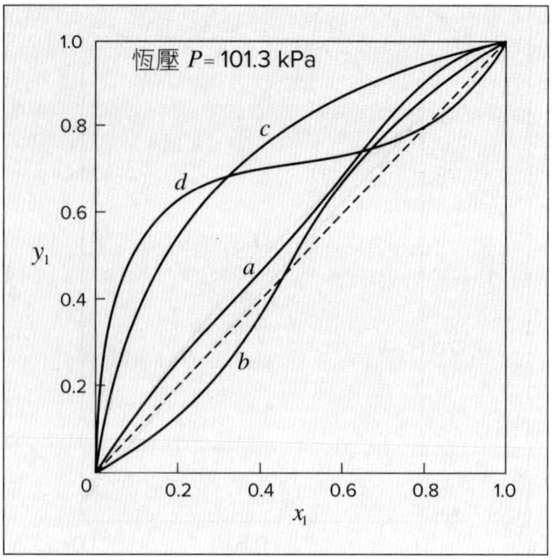

在恆溫下蒸發二成分混合物

圖 12.11 的 P-x_1-y_1 圖描述乙腈(1) / 硝基甲烷(2) 在 75°C 下的行為。標記為 P-x_1 的線表示飽和液體的狀態；過冷液體區域位於此線之上。標記為 P-y_1 的曲線表示飽和蒸汽的狀態；過熱蒸汽區域位於此曲線下方。位於飽和液體與飽和蒸汽曲線之間的點為兩相區域，飽和液體與飽和蒸汽在平衡狀態下共存。P-x_1 和 P-y_1 線在圖的邊緣相交，其中純物種的飽和液體與飽和蒸汽在蒸汽壓 P_1^{sat} 和 P_2^{sat} 共存。

為了說明此二成分系統中相行為的性質，我們遵循 P-x_1-y_1 圖上的恆溫膨脹程序。我們設想在 75°C 下，活塞 / 圓筒裝置中含有 60 mol% 乙腈和 40 mol% 硝基甲烷的過冷液體混合物。其狀態由圖 12.11 中的點 a 表示。緩慢地抽出活塞可以降低壓力，同時使系統保持在 75°C 的平衡狀態。因為系統是封閉的，所以總組成在整個程序中保持不變，並且整個系統的狀態落在從點 a 下降的垂直線上。當壓力達到點 b 的值時，系統是飽和液體且在蒸發的邊緣。壓力進一步微小降低，即產生蒸汽氣泡，由點 b' 表示。點 b 和點 b' 共同代表平衡狀態。點 b 是泡點，線 P-x_1 是泡點的軌跡。

隨著壓力的進一步降低，蒸汽量增加且液體量減少，兩相的狀態分別沿 $b'c$ 和 bc' 的路徑進行。從點 b 到點 c 的虛線表示兩相系統的總體狀態。最後，當接近點 c 時，由點 c' 表示的液相幾乎消失，僅留下液滴 (露水)。因此，點 c 是露點，P-y_1 曲線是露點的軌跡。一旦露水蒸發，在點 c 僅保留飽和蒸汽，而進一步降低壓力，則得到點 d 的過熱蒸汽。

▶圖 12.11 乙腈(1) / 硝基甲烷(2) 在 75°C 的 *Pxy* 圖。

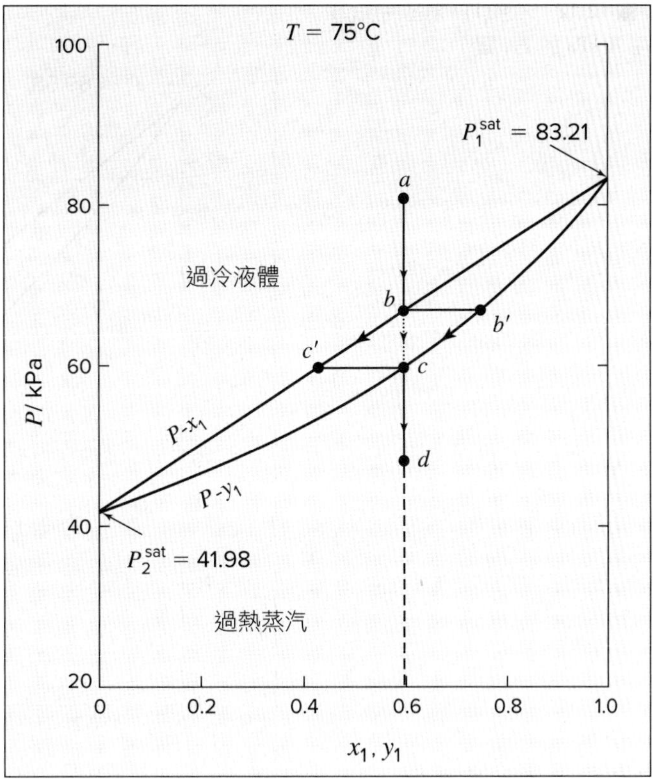

在此程序中，系統的體積首先在過冷液體區域中從點 *a* 到點 *b* 保持幾乎恆定。從點 *b* 到點 *c*，體積會急劇增加，但不會不連續。對於純物質，相變化會在單一壓力 (蒸汽壓) 下發生，但對於二成分混合物，它在一定壓力範圍內發生。最後，從點 *c* 到點 *d*，體積與壓力大致成反比。同樣地，在減壓期間保持恆溫所需的熱流在過冷液體區域中可以忽略不計，而在過熱蒸汽區域中則是小的，但是在點 *b* 和點 *c* 之間可能是相當大的，其中必須提供混合物的蒸發潛熱。

在恆壓下蒸發二成分混合物

圖 12.12 是在 70 kPa 的恆壓下相同系統的 T-x_1-y_1 圖。T-y_1 曲線表示飽和蒸汽的狀態，過熱蒸汽的狀態位於其上方。T-x_1 曲線表示飽和液體的狀態，過冷液體的狀態位於其下方。兩相區域位於這些曲線之間。

參考圖 12.12，考慮從點 *a* 的過冷液體狀態到點 *d* 的過熱蒸汽狀態的恆壓加熱過程。圖中所示的路徑是 60 mol% 乙腈的恆定總組成。由於從點 *a* 加熱到點 *b*，液體的溫度升高，其中出現第一個蒸汽泡。因此，點 *b* 是泡點，而 T-x_1 曲線是泡點的軌跡。

▶圖 12.12　乙腈(1) / 硝基甲烷(2) 在 70 kPa 的 Txy 圖。

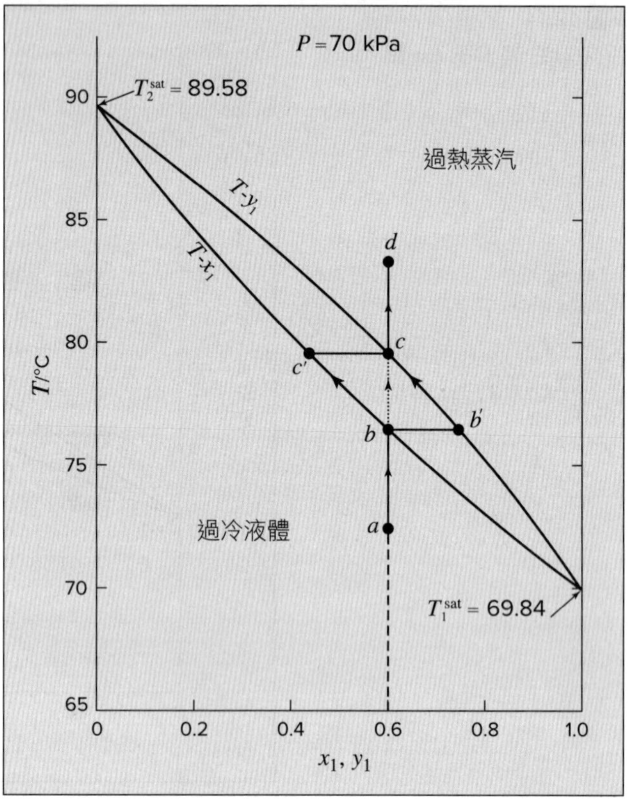

隨著溫度進一步升高，蒸汽量增加而液體量減少，兩相的狀態分別遵循路徑 $b'c$ 和 bc'。從點 b 到點 c 的虛線表示兩相系統的總體狀態。最後，當接近點 c 時，由點 c' 表示的液相幾乎消失，僅留下液滴 (露水)。因此，點 c 是露點，T-y_1 曲線是露點的軌跡。一旦露水蒸發，只剩下點 c 的飽和蒸汽，而進一步加熱將變成點 d 的過熱蒸汽。

在此程序中，體積和熱流的變化將類似於先前描述的恆溫蒸發變化，當穿過兩相區域時具有顯著的體積變化。在兩相區域的上方和下方，熱流和溫度變化將分別與蒸汽和液體的熱容量相關。在兩相區域內，表觀熱容量會高很多，因為它既包括提高兩相溫度所需的顯熱成分，又包括將物質從液相轉移到汽相所需的較大的潛熱成分。

12.4 平衡和相穩定性

在前面的討論中，我們假設存在單一液相。日常經驗告訴我們，這樣的假設並不一定成立；油醋沙拉醬就是一個不成立的典型例子。在這種情況下，利用液體分裂成兩個單獨的相來降低吉布斯能量，而單一相是不穩定的。在本節中，我們證明固定 T 和 P 處的封閉系統的平衡狀態，是使吉布斯能量最小化的平衡狀態，然後我們將此準則應用於相穩定性問題。

考慮一個包含任意數量物種的封閉系統，該系統由任意數量的相組成，其中溫度和壓力在空間上是均勻的 (儘管不一定是時間上不變的)。就相和化學反應之間的質量傳遞而言，該系統最初處於非平衡狀態。系統中發生的變化必然是不可逆的，它們使系統更接近平衡狀態。我們想像系統被放置在外界中，使得系統和外界始終處於熱和機械平衡狀態。然後可逆地完成熱交換和膨脹功。在這種情況下，外界的熵變化為：

$$dS_{\text{surr}} = \frac{dQ_{\text{surr}}}{T_{\text{surr}}} = -\frac{dQ}{T}$$

最後一項適用於系統，其熱傳 dQ 與 dQ_{surr} 的符號相反，並且系統 T 的溫度取代 T_{surr}，因為對於可逆熱傳，兩者必須有相同的值。第二定律要求：

$$dS^t + dS_{\text{surr}} \geq 0$$

其中 S^t 是系統的總熵。在重新排列時，組合這些表達式，可得：

$$dQ \leq TdS^t \tag{12.1}$$

應用第一定律，得到：

$$dU^t = dQ + dW = dQ - PdV^t$$

或

$$dQ = dU^t + PdV^t$$

將上式與 (12.1) 式組合，得到：

$$dU^t + PdV^t \leq TdS^t$$

或

$$\boxed{dU^t + PdV^t - TdS^t \leq 0} \tag{12.2}$$

因為這種關係僅涉及性質，所以必須滿足空間均勻 T 和 P 的任何封閉系統的狀態變化，而不限制其推導中假設的可逆性條件。不等式適用於非平衡狀態之間系統的每一次增量變化，它決定導致均衡的方向變化。等式適用於平衡狀態 (可逆程序) 之間的變化。

(12.2) 式非常廣泛，難以應用於實際問題；具有限制的版本較有用。例如：

$$(dU^t)_{S^t,V^t} \leq 0$$

下標是指性質保持不變。同理，對於以恆定 U^t 和 V^t 發生的程序，

$$(dS^t)_{U^t,V^t} \geq 0$$

孤立的 (isolated) 系統必然受限於恆定的內能和體積，並且對於這樣的系統，它直接遵循第二定律，即最後的方程式成立。

如果一個程序被限制在恆定 T 和 P 處發生，則 (12.2) 式可寫成：

$$dU^t_{T,P} + d(PV^t)_{T,P} - d(TS^t)_{T,P} \leq 0$$

或
$$d(U^t + PV^t - TS^t)_{T,P} \leq 0$$

根據吉布斯能量的定義 [(6.4) 式]，

$$G^t = H^t - TS^t = U^t + PV^t - TS^t$$

因此，
$$\boxed{(dG^t)_{T,P} \leq 0} \tag{12.3}$$

在 (12.2) 式的特例中，這是最有用的，因為易於測量和控制的 T 與 P 比其他如在 U^t 和 V^t 中的變數，更方便地保持不變。[4]

(12.3) 式顯示在恆定 T 和 P 下發生的所有不可逆程序，都在導致系統的吉布斯能量減小的方向上進行。因此：

封閉系統的平衡狀態是關於給定 T 和 P 的所有可能變化中，總吉布斯能量最小的狀態。

這個平衡準則提供確定平衡狀態的一般方法。我們寫出 G^t 的表達式作為幾個相中物種的莫耳數的函數，然後在質量和元素守恆的限制下，找到最小化 G^t 的莫耳數的一組值。此方法可用於相平衡、化學反應平衡，或組合相與化學反應平衡的問題，而它對於複雜的平衡問題最有用。

(12.3) 式提供一個必須滿足任何單一相的準則，此單一相對於分成兩相是穩定的。它要求平衡狀態的吉布斯能量是在給定 T 和 P 下的所有可能變化的最小值。因此，例如，當在恆定 T 和 P 下發生兩種液體混合時，總吉布斯能量必須減小，因為混合狀態必須是相對於未混合狀態的較低吉布斯能量之一。結果是：

$$G^t \equiv nG < \sum_i n_i G_i \qquad \text{由此} \qquad G < \sum_i x_i G_i$$

或
$$G - \sum_i x_i G_i < 0 \qquad (\text{恆溫 } T\text{、恆壓 } P)$$

4 儘管 T 和 P 在實驗工作中最容易保持不變，但在分子模擬研究中，其他變數對通常更容易保持不變。

根據 (11.1) 式的定義，左邊的量是混合的吉布斯 - 能量變化。因此，$\Delta G < 0$。如第 11.1 節所述，混合的吉布斯能量變化必須為負，二成分系統的 G 對 x_1 的關係曲線必須如圖 12.13 的曲線之一所示。然而，關於曲線 II，還有一個考慮因素。如果當發生混合時，系統可以經由形成兩相而不是經由形成單相來實現較低的吉布斯能量值，則系統分成兩相。這實際上是在圖 12.13 的曲線 II 上的點 α 和點 β 之間表示的情況，因為連接點 α 和點 β 的直虛線，表示由不同比例的組成 x_1^α 和 x_1^β 的兩相形成的狀態範圍的 G 的總值。因此，在點 α 和點 β 之間的實曲線不能表示相分離的穩定相。α 和 β 之間的平衡狀態由兩相組成。

這些考慮導致以下單相二成分系統的穩定性準則，其中 $\Delta G \equiv G - x_1 G_1 - x_2 G_2$：

在固定的溫度和壓力下，若且唯若 ΔG 及其一階和二階導數是 x_1 的連續函數且二階導數為正時，單相二成分混合物是穩定的。

因此，
$$\frac{d^2 \Delta G}{dx_1^2} > 0 \qquad (\text{恆溫 } T\text{、恆壓 } P)$$

且
$$\frac{d^2 (\Delta G/RT)}{dx_1^2} > 0 \qquad (\text{恆溫 } T\text{、恆壓 } P) \tag{12.4}$$

這個要求有很多結果。對於二成分系統，將 (11.9) 式重新排列後變為：

$$\frac{\Delta G}{RT} = x_1 \ln x_1 + x_2 \ln x_2 + \frac{G^E}{RT}$$

▶**圖 12.13** 混合的吉布斯能量變化。曲線 I，完全互溶；曲線 II，α 和 β 之間的兩相。

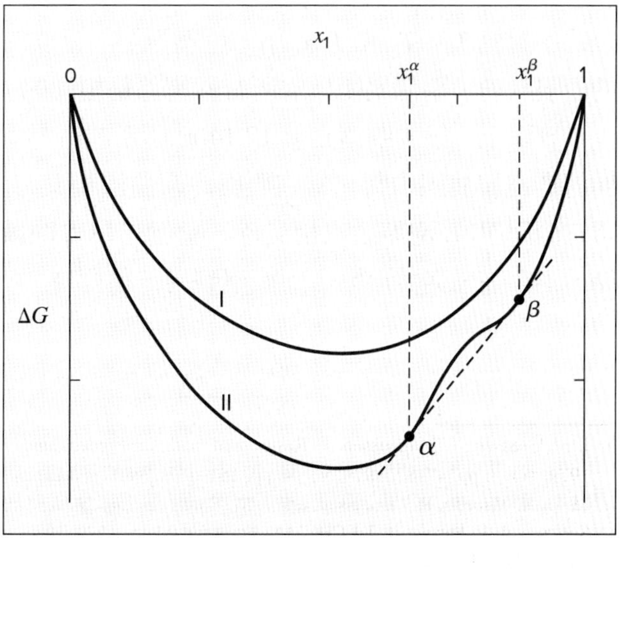

由此
$$\frac{d(\Delta G/RT)}{dx_1} = \ln x_1 - \ln x_2 + \frac{d(G^E/RT)}{dx_1}$$

且
$$\frac{d^2(\Delta G/RT)}{dx_1^2} = \frac{1}{x_1 x_2} + \frac{d^2(G^E/RT)}{dx_1^2}$$

因此，穩定性要求：

$$\frac{d^2(G^E/RT)}{dx_1^2} > -\frac{1}{x_1 x_2} \qquad (\text{恆溫 } T\text{、恆壓 } P) \tag{12.5}$$

液 / 液平衡

對於恆壓的情況，或當壓力效應可忽略不計時，二成分液 / 液 (LLE) 可方便地顯示在**溶解度圖** (solubility diagram) 上，即 T 對 x_1 的圖。圖 12.14 顯示三種類型的二成分溶解度圖。首先，圖 12.14(a)，顯示定義「島」的曲線 [**雙節曲線** (bimoday curves)]。它們代表共存相的組成：α 相的曲線 UAL (富含物種 2)，β 相的曲線 UBL (富含物種 1)。特定 T 的平衡組成 x_1^α 和 x_1^β 由水平連接線與雙節曲線的交點定義。在每個溫度下，這些組成是 ΔG 對 x_1 曲線的曲率改變符號的。在這些組成之間，它是向下凹 (負的二階導數)；在它們之外，它是向上凹。在這些點，曲率為零；它們是 ΔG 對 x_1 曲線的反曲點。溫度 T_L 是**下共溶溫度** (lower consolute temperature)，或**下臨界溶解溫度** (lower critical solution temperature, LCST)；溫度 T_U 是**上共溶溫度** (upper consolute temperature)，或**上臨界溶解溫度** (upper critical solution temperature, UCST)。在 T_L 和 T_U 之間的溫度下，LLE 是可能的；對於 $T < T_L$ 和 $T > T_U$，可獲得全部組成的單一液相。共溶點是兩相平衡的極限狀態，兩個平衡相的所有性質都是相同的。

實際上，很少觀察到圖 12.14(a) 所示的行為；對於另一個相變化，LLE 雙節曲線經常被曲線中斷。當它們與冷凍曲線相交時，只存在 UCST [圖 12.14(b)]；當它們與 VLE 泡點曲線相交時，僅存在 LCST [圖 12.14(c)]；當它們與兩者相交時，不存在任何共溶點，而觀察到另一種行為。[5]

5 J. M. Srensen, T. Magnussen, P. Rasmussen, and Aa. Fredenslund, *Fluid Phase Equilibria*, vol. 2, pp. 297–309, 1979; vol. 3, pp. 47–82, 1979; vol. 4, pp. 151–163, 1980. 對 LLE 進行全面討論。大量的數據彙編包括 W. Arlt, M. E. A. Macedo, P. Rasmussen, and J. M. Sørensen. *Liquid-Liquid Equilibrium Data Collection*, Chemistry Data Series, vol. V, Parts 1–4, DECHEMA, Frankfurt/Main, 1979–1987, 以及 IUPAC-NIST 溶解度數據庫，可從 http://srdata.nist.gov/solubility 線上獲得。

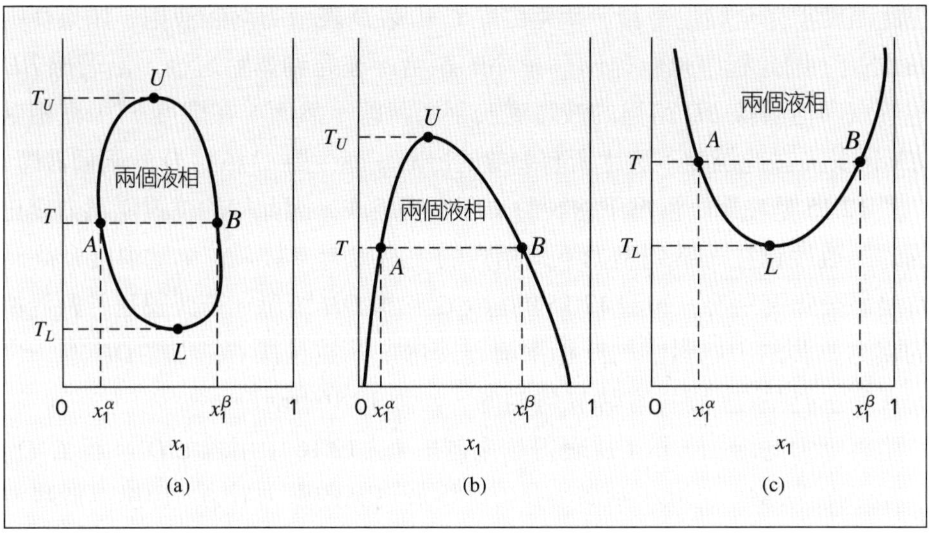

▶**圖 12.14** 三種恆壓液 / 液溶解度圖。

12.5 汽 / 液 / 液平衡

如上一節所述，表示 LLE 的雙節曲線可與 VLE 泡點曲線相交，這引起汽 / 液 / 液平衡 (VLLE) 現象。兩個液相和一個汽相平衡的二成分系統只有 (由相律) 一個自由度。因此，對於給定的壓力，所有三相的溫度和組成都是固定的。在溫度 / 組成圖上，表示三相平衡狀態的點落在 T^* 的水平線上。在圖 12.15 中，點 C 和點 D 代表兩個液相，點 E 代表汽相。如果將更多的物質添加到總體組成位於點 C 和點 D 之間的系統中，並且如果保持三相平衡壓力，則相律要求相的溫度和組成不變。然而，相的相對量自身調整以反映系統總組成的變化。

在圖 12.15 中高於 T^* 的溫度下，系統可以是單一液相，兩相 (液相和汽相) 或單一氣相取決於總組成。在區域 α 中，系統是單一液體，富含物種 2；在區域 β 中，它是單一液體，富含物種 1。在區域 $\alpha - V$ 中，液體和蒸汽處於平衡狀態。各相的狀態落在線 AC 和線 AE 上。在區域 $\beta - V$ 中，由 BD 和線 BE 描述的液相和汽相在平衡狀態下存在。最後，在指定為 V 的區域中，系統是單一汽相。在三相溫度 T^* 以下，系統完全是液體，具有第 12.4 節中描述的特徵；這是 LLE 的區域。

當蒸汽在恆壓下冷卻時，它沿著圖 12.15 中以垂直線表示的路徑。圖 12.15 中顯示幾條這樣的線。如果從點 k 開始，則蒸汽首先在線 BE 處達到其露點，然後在線 BD 處達到其泡點，其中完全凝結成單一液相 β，這與物種完全互溶時發生的程序相同。如果從點 n 開始，則在達到溫度 T^* 之前不會發生蒸汽冷凝，然後在此溫度下完全發生冷凝，產生由點 C 和點 D 表示的兩個液相。如果從中間點 m 開始，則此程序是上述兩個程序的組合。在達到露點之後，沿著線 BE 路徑的蒸汽與沿著線 BD 路徑的液體處於平衡狀態。然而，在溫度 T^*，汽相處於點 E。因此，在此溫度下發生所有剩餘的冷凝，產生點 C 和點 D 的兩種液體。

圖 12.15 是在單一恆壓下繪製的；平衡相組成，因此線的位置隨壓力變化，但圖的一般性質在一系列壓力下是相同的。對於大多數系統，當溫度升高時，物質變得彼此更易溶，如圖 12.15 的線 CG 和線 DH 所示。若此圖是針對連續較高的壓力繪製的，則對應的三相平衡溫度增加，並且線 CG 和線 DH 進一步延伸，直到它們在液 / 液共溶點 M 處相遇，如圖 12.16 所示。

隨著壓力的增加，線 CD 變得越來越短 (圖 12.16 中用線 $C'D'$ 和線 $C''D''$ 表示)，直到在點 M，它減小到微小長度。對於更高的壓力 (P_4)，溫度高於臨界溶解溫度，則只有一個液相。該圖表示兩相 VLE，具有圖 12.9(d) 的形式，表現出最小沸點的共沸點。

對於中間壓力範圍，與兩個液相平衡的汽相具有不在兩種液體的組成之間。這在圖 12.16 中以 P_3 的曲線說明，此曲線終止於 A'' 和 B''。與 C'' 和 D'' 的兩種液體平衡的蒸汽在點 F。此外，此系統表現出共沸點，如點 J 所示。

並非所有系統的行為都與前面段落中描述得相同。有時從未達到上臨界溶解溫度，因為首先達到蒸汽 / 液體臨界溫度。在其他情況下，液體溶解度隨著溫度的升高而降低。在這種情況下，除非首先出現固相，否則存在下臨界溶解溫度，還有一些系統表現出上下臨界溶解溫度。[6]

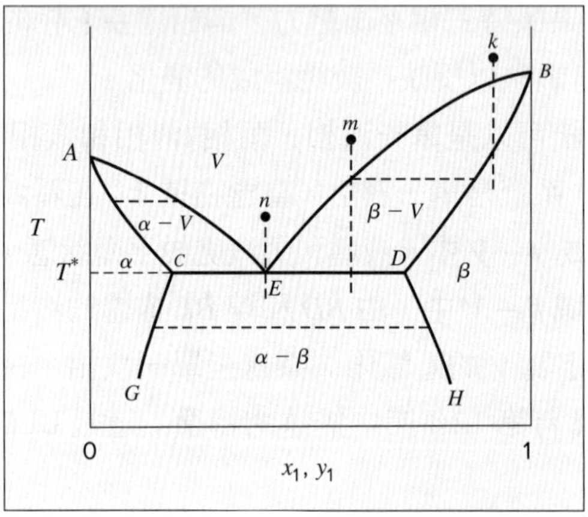

▶圖 12.15　展示 VLLE 的二成分系統在恆壓 P 的 Txy 圖。

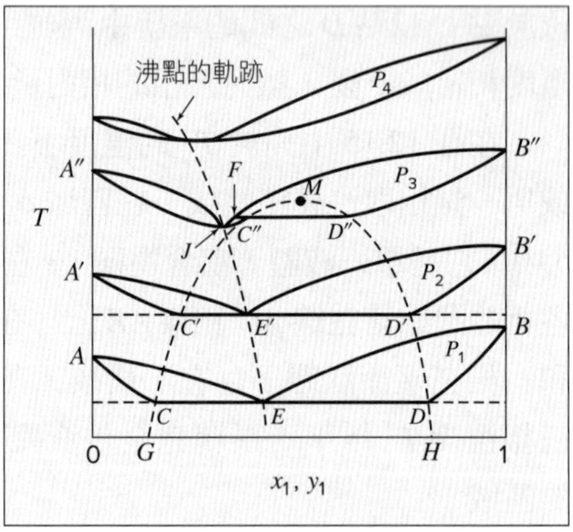

▶圖 12.16　幾種壓力的 Txy 圖。

6　對於二成分液相行為的全面討論，參見 J. S. Rowlinson and F. L. Swinton, *Liquids and Liquid Mixtures*, 3d ed., Butterworth Scientific, London, 1982.

圖 12.17 是在恆溫 T 繪製的相圖，對應於圖 12.15 的恆壓 P 圖。在其上，我們將三相平衡壓力定為 P^*，將三相平衡蒸汽組成定為 y_1^*，並將貢獻於汽 / 液 / 液平衡狀態的兩個液相的組成定為 x_1^α 和 x_1^β。分隔三個液相區的相界是溶解度。

雖然沒有兩種液體是完全不互溶的，但在某些例子下，這種情況非常接近，以至於完全不互溶的假設不會導致許多工程目的之明顯錯誤。不互溶系統的相特徵可由圖 12.18(a) 的溫度 / 組成圖說明。該圖是圖 12.15 的特殊情況，其中相 α 是純物種 2，相 β 是純物種 1。因此圖 12.15 的線 ACG 和線 BDH 變為圖 12.18(a) 中的 $x_1 = 0$ 和 $x_1 = 1$ 的垂直線。

▶圖 12.17 兩種部分互溶液體在恆溫 T 的 Pxy 圖。

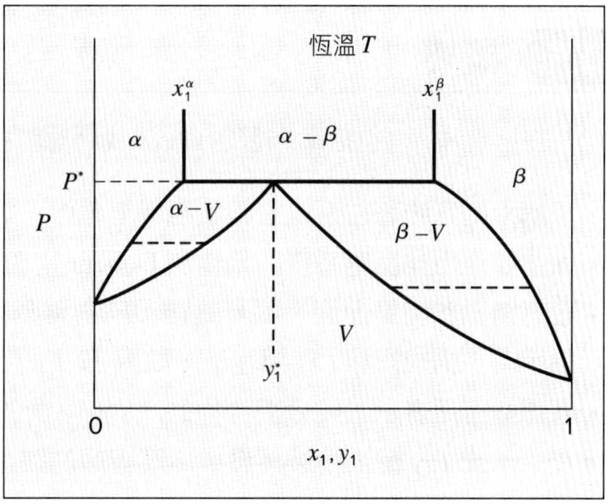

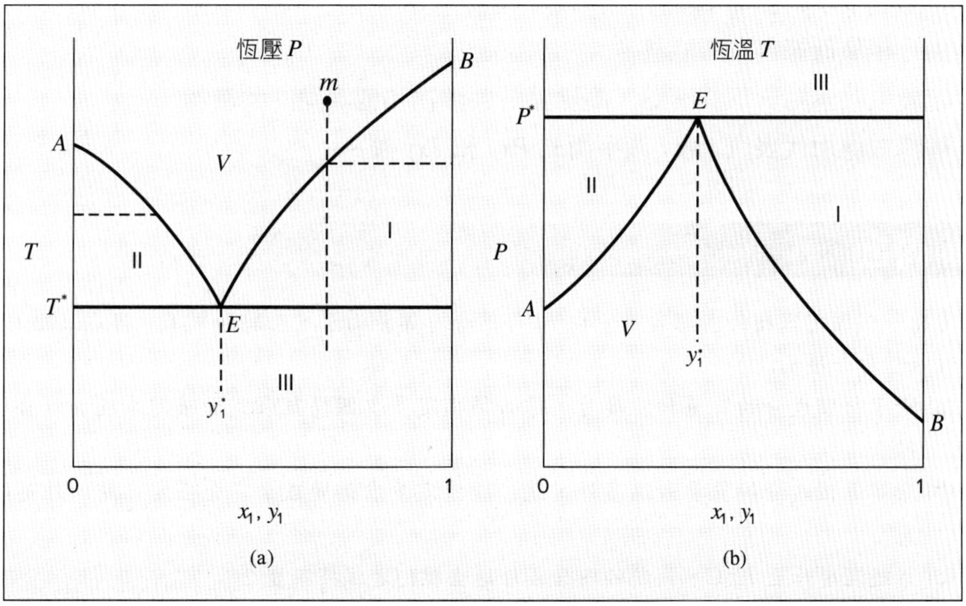

▶圖 12.18 不互溶液體的兩成分系統。(a) Txy 圖；(b) Pxy 圖。

在區域 I 中，用線 *BE* 表示組成的汽相與純液體物種 1 平衡。同理，在區域 II 中，組成位於線 *AE* 的汽相與純液體物種 2 平衡。液 / 液平衡存在於區域 III，其中兩相是物種 1 和 2 的純液體。如果從點 *m* 開始冷卻蒸汽混合物，則恆定組成路徑由圖中所示的垂直線表示。在露點，此線穿過線 *BE*，純液體物種 1 開始冷凝。溫度進一步降低至 T^* 會導致純物種 1 的持續冷凝；汽相組成沿著線 *BE* 前進，直到達到點 *E*。在這裡，剩餘的蒸汽在溫度 T^* 冷凝，產生兩個液相：一個是純物種 1；另一個是純物種 2。除了最初冷凝的是純物種 2 外，在點 *E* 左邊進行的類似程序是相同的。不互溶系統的恆溫相圖，如圖 12.18(b) 所示。

12.6 概要

在研究本章 (包括章末習題) 後，我們應該能夠：

- 理解平衡意味著在系統宏觀狀態淨變化中，缺乏驅動力。
- 陳述並應用非反應系統的相律和 Duhem 定理。
- 確定露點和泡點曲面、臨界軌跡和純物質蒸汽壓力曲線，此曲線在 *PTxy* 圖中顯示時，構成汽相 / 液相包絡，如圖 12.1 所示。
- 解釋並應用表示二成分混合物的汽 / 液平衡的 *Pxy*、*Txy*、*PT* 和 *yx* 圖。
- 在 *Pxy* 或 *Txy* 圖上繪製蒸發或冷凝程序的路徑。
- 理解吉布斯能量的最小化是在固定 *T* 和 *P* 下，封閉系統平衡的一般準則。
- 認識到 ΔG 對 x_1 曲線的正曲率是相穩定性的準則，因為負曲率意味著可以經由分相降低總吉布斯能量。
- 定義上共溶點、下共溶點、高沸點的共沸物和低沸點的共沸物。
- 解釋並應用代表汽 / 液 / 液平衡的 *Pxy* 和 *Txy* 圖。

12.7 習題

12.1. 考慮一個固定容積的密閉容器，在 70°C 下含有等量的水、乙醇和甲苯。存在三相 (兩種液體和一種蒸汽)。

(a) 除了每個成分的質量和溫度外，還必須指定多少個變數來完全確定系統的內含狀態？

(b) 除了每個成分的質量和溫度外，還必須指定多少個變數來完全確定系統的外延狀態？

(c) 系統溫度升至 72°C，系統的內含或外延坐標何者保持不變？

12.2. 考慮汽 / 液平衡的二成分 (兩個物種) 系統，列舉可以固定的所有內含變數的組合，以完全指定系統的內含狀態。

習題 12.3 到習題 12.8 涉及圖 12.19 中所示的 70°C 下乙醇(1) / 乙酸乙酯(2) 的圖。

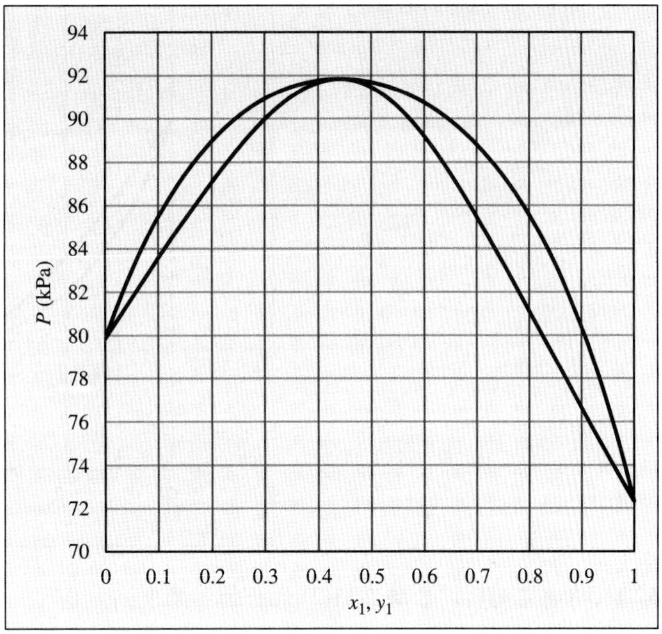

▶圖 12.19　乙醇(1) / 乙酸乙酯(2) 在 70°C 的汽 / 液平衡的 *Pxy* 圖。

12.3. 測得在 70°C 下乙醇和乙酸乙酯的混合物上方的壓力為 86 kPa，液相和汽相的可能組成是什麼？

12.4. 測得在 70°C 下乙醇和乙酸乙酯的混合物上方的壓力為 78 kPa，液相和汽相的可能組成是什麼？

12.5. 考慮乙醇(1) / 乙酸乙酯(2) 混合物，其中 $x_1 = 0.70$，最初在 70°C 和 100 kPa。隨著壓力逐漸降低至 70 kPa，描述相和相組成的演變。

12.6. 考慮乙醇(1) / 乙酸乙酯(2) 混合物，其中 $x_1 = 0.80$，最初在 70°C 和 80 kPa。隨著壓力逐漸增加到 100 kPa，描述相和相組成的演變。

12.7. 乙醇(1) / 乙酸乙酯(2) 系統的共沸物組成是什麼？這會被稱為高沸點或低沸點的共沸物嗎？

12.8. 考慮最初在 70°C 和 86 kPa 下含有 1 mol 純乙酸乙酯的密閉容器。想像一下，在恆定的溫度和壓力下緩慢加入純乙醇，直至容器含有 1 mol 乙酸乙酯和 9 mol 乙醇。描述在此程序中，相和相組成的演變。評論實施這一程序的實際可行性，需要什麼樣的設備？在此程序中，系統總體積如何變化？系統體積達到最大值時的組成是多少？

習題 12.9 到習題 12.14 涉及圖 12.20 中所示的乙醇(1) / 乙酸乙酯(2) 的 *Txy* 圖。

12.9. 將乙醇和乙酸乙酯的混合物在密閉系統中在 100 kPa 下加熱至 74°C 的溫度，並且觀察到存在兩相，液相和汽相的可能組成是什麼？

12.10. 將乙醇和乙酸乙酯的混合物在密閉系統中在 100 kPa 下加熱至 77°C 的溫度，並且觀察到存在兩相，液相和汽相的可能組成是什麼？

▶圖 12.20 乙醇(1) / 乙酸乙酯(2) 在 100 kPa 的汽 / 液平衡的 Txy 圖。

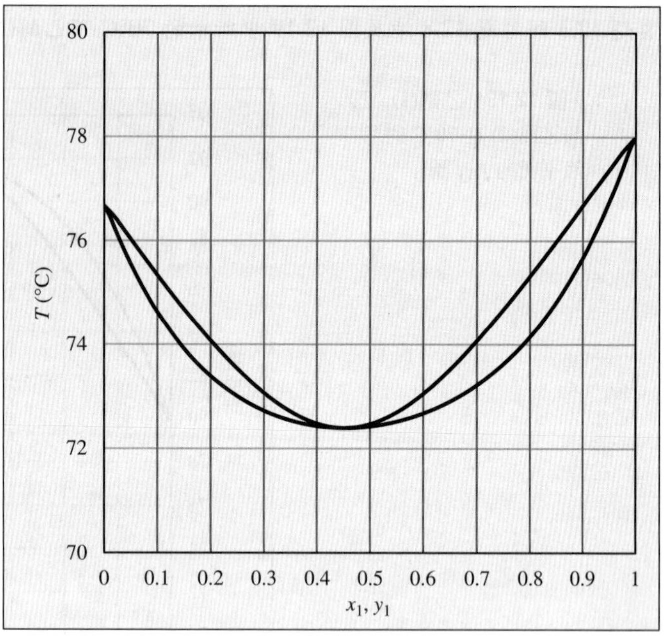

12.11. 考慮乙醇(1) / 乙酸乙酯(2) 混合物，其中 $x_1 = 0.70$，最初在 70°C 和 100 kPa，描述隨著溫度逐漸升高到 80°C，相和相組成的演變。

12.12. 考慮乙醇(1) / 乙酸乙酯(2) 混合物，其中 $x_1 = 0.20$，最初在 70°C 和 100 kPa，描述隨著溫度逐漸升高到 80°C，相和相組成的演變。

12.13. 考慮乙醇(1) / 乙酸乙酯(2) 混合物，其中 $x_1 = 0.20$，最初在 80°C 和 100 kPa，描述溫度逐漸降至 70°C 時，相和相組成的演變。

12.14. 考慮乙醇(1) / 乙酸乙酯(2) 混合物，其中 $x_1 = 0.80$，最初在 80°C 和 100 kPa，描述溫度逐漸降至 70°C 時，相和相組成的演變。

12.15. 考慮最初在 74°C 和 100 kPa 下含有 1 mol 純乙酸乙酯的密閉容器，想像一下，在恆定的溫度和壓力下緩慢加入純乙醇，直至容器含有 1 mol 乙酸乙酯和 9 mol 乙醇。描述在此程序中，相和相組成的演變。評論實施這一程序的實際可行性，需要什麼樣的設備？在此程序中，系統總體積如何變化？系統體積達到最大值時的組成是多少？

習題 12.16 到習題 12.21 涉及圖 12.21 所示的 50°C 下氯仿(1) / 四氫呋喃(2) 的 Pxy 圖。

12.16. 測得在 50°C 下氯仿和四氫呋喃的混合物上方的壓力為 62 kPa，液相和汽相的可能組成是什麼？

12.17. 測得在 50°C 下氯仿和四氫呋喃的混合物上方的壓力為 52 kPa，液相和汽相的可能組成是什麼？

12.18. 考慮氯仿(1) / 四氫呋喃(2) 混合物，其中 $x_1 = 0.80$，最初在 50°C 和 70 kPa，描述隨著壓力逐漸降低至 50 kPa，相和相組成的演變。

12.19. 考慮氯仿(1) / 四氫呋喃(2) 混合物，其中 $x_1 = 0.90$，最初在 50°C 和 50 kPa，描述隨著壓力逐漸增加到 70 kPa，相和相組成的演變。

▶圖 12.21 氯仿(1) / 四氫呋喃(2) 在 50°C 的汽 / 液平衡的 *Pxy* 圖。

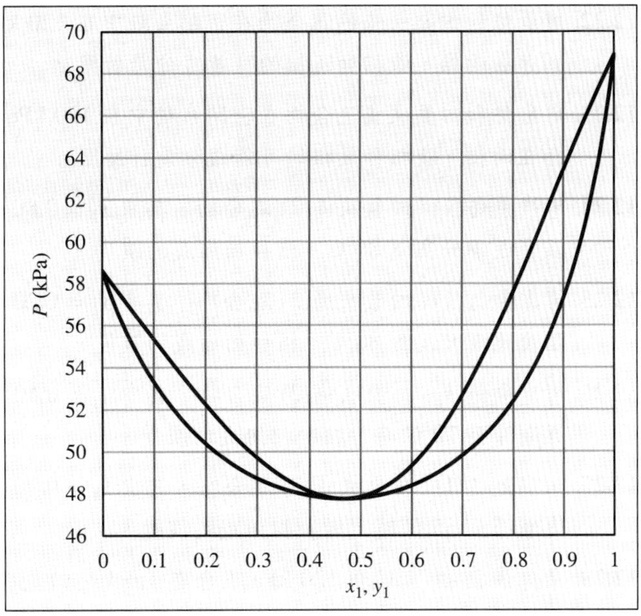

12.20. 氯仿(1) / 四氫呋喃(2) 系統的共沸物組成是什麼？這會被稱為高沸點或低沸點的共沸物嗎？

12.21. 考慮最初在 50°C 和 52 kPa 下含有 1 mol 四氫呋喃的密閉容器。想像一下，在恆定的溫度和壓力下緩慢加入純氯仿，直至容器中含有 1 mol 四氫呋喃和 9 mol 氯仿。描述在此程序中，相和相組成的演變。評論實施這一程序的實際可行性，需要什麼樣的設備？在此程序中，系統總體積如何變化？系統體積達到最大值時的組成是多少？

習題 12.22 到習題 12.28 涉及圖 12.22 所示的 120 kPa 下氯仿(1) / 四氫呋喃(2) 的 *Txy* 圖。

▶圖 12.22 氯仿(1) / 四氫呋喃(2) 在 120 kPa 的汽 / 液平衡的 *Txy* 圖。

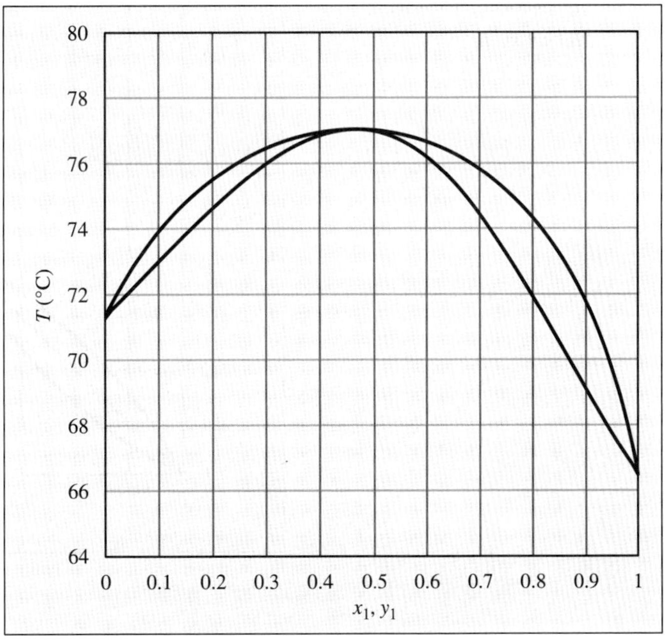

12.22. 將氯仿和四氫呋喃的混合物在密閉系統中在 120 kPa 下加熱至 75°C 的溫度，並且觀察到存在兩相，液相和汽相的可能成分是什麼？

12.23. 將氯仿和四氫呋喃混合物在密閉系統中在 120 kPa 下加熱至 70°C 的溫度，並且觀察到存在兩相。液相和氣相的可能成分是什麼？

12.24. 考慮氯仿(1) / 四氫呋喃(2) 混合物，其中 $x_1 = 0.80$，最初在 70°C 和 120 kPa。描述隨著溫度逐漸升高到 80°C，相和相組成的演變。

12.25. 考慮氯仿(1) / 四氫呋喃(2) 混合物，其中 $x_1 = 0.20$，最初在 70°C 和 120 kPa。描述隨著溫度逐漸升高到 80°C，相和相組成的演變。

12.26. 考慮氯仿(1) / 四氫呋喃(2) 混合物，其中 $x_1 = 0.10$，最初在 80°C 和 120 kPa。描述溫度逐漸降至 70°C 時，相和相組成的演變。

12.27. 考慮氯仿(1) / 四氫呋喃(2) 混合物，其中 $x_1 = 0.90$，最初在 76°C 和 120 kPa。描述溫度逐漸降至 66°C 時，相和相組成的演變。

12.28. 考慮最初在 74°C 和 120 kPa 下含有 1mol 純四氫呋喃的密閉容器。想像一下，在恆定的溫度和壓力下緩慢加入純氯仿，直至容器中含有 1 mol 四氫呋喃和 9 mol 氯仿。描述在此程序中，相和相組成的演變。評論實施這一程序的實際可行性，需要什麼樣的設備？在此程序中，系統總體積如何變化？系統體積達到最大值時的組成是多少？

習題 12.29 到習題 12.33 涉及圖 12.23 中提供的 xy 圖。此圖顯示在 1 bar 的恆壓下乙醇(1) / 乙酸乙酯(2) 和氯仿(1) / 四氫呋喃(2) 的 xy 曲線。曲線是故意未標記的。讀者應參考圖 12.19 到圖 12.22 推斷出哪一條曲線是哪一對物質的。

▶圖 12.23 乙醇(1) / 乙酸乙酯(2) 和氯仿(1) 四氫呋喃(2) 在 1 bar 的恆壓下的 xy 圖。

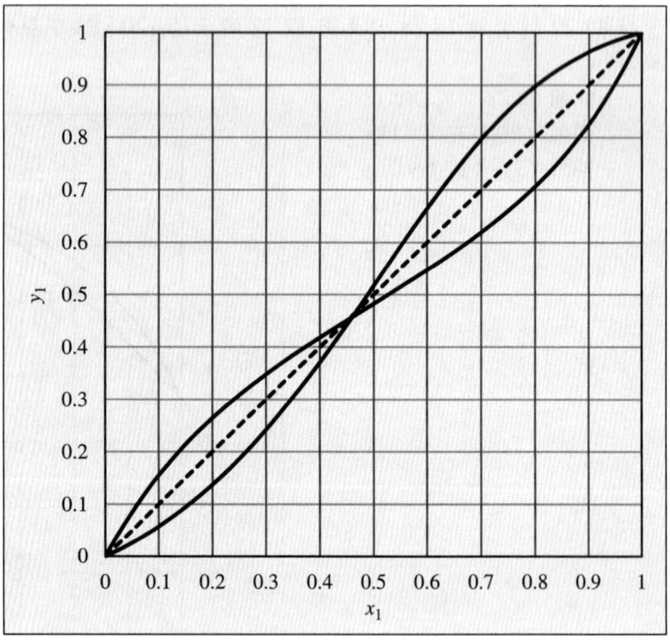

12.29. 在 $P = 1$ bar 下，與下列組成的液相乙醇(1) / 乙酸乙酯(2) 混合物平衡的汽相組成是多少？

(a) $x_1 = 0.1$；(b) $x_1 = 0.2$；(c) $x_1 = 0.3$；(d) $x_1 = 0.45$；(e) $x_1 = 0.6$；(f) $x_1 = 0.8$；(g) $x_1 = 0.9$

12.30. 在 $P = 1$ bar 下，與下列組成的汽相乙醇(1) / 乙酸乙酯(2) 混合物平衡的液相組成是多少？

(a) $y_1 = 0.1$；(b) $y_1 = 0.2$；(c) $y_1 = 0.3$；(d) $y_1 = 0.45$；(e) $y_1 = 0.6$；(f) $y_1 = 0.8$；(g) $y_1 = 0.9$

12.31. 在 $P = 1$ bar 下，與下列組成的液相氯仿(1) / 四氫呋喃(2) 混合物平衡的汽相組成是多少？

(a) $x_1 = 0.1$；(b) $x_1 = 0.2$；(c) $x_1 = 0.3$；(d) $x_1 = 0.45$；(e) $x_1 = 0.6$；(f) $x_1 = 0.8$；(g) $x_1 = 0.9$

12.32. 在 $P = 1$ bar 下，與下列組成的氣相氯仿(1) / 四氫呋喃(2) 混合物平衡的液相組成是多少？

(a) $y_1 = 0.1$；(b) $y_1 = 0.2$；(c) $y_1 = 0.3$；(d) $y_1 = 0.45$；(e) $y_1 = 0.6$；(f) $y_1 = 0.8$；(g) $y_1 = 0.9$

12.33. 考慮二成分液體混合物，其過剩吉布斯能量由 $G^E/RT = Ax_1x_2$ 給出。若液 / 液平衡是可能的，則 A 的最小值是多少？

12.34. 考慮二成分液體混合物，其過剩吉布斯能量由 $G^E/RT = Ax_1x_2(x_1 + 2x_2)$ 給出。若液 / 液平衡是可能的，則 A 的最小值是多少？

12.35. 考慮二成分混合物，其過剩吉布斯能量由 $G^E/RT = 2.6x_1x_2$ 給出。對於以下總組成的每一種，確定是否存在一個或兩個液相。如果存在兩個液相，求出它們的組成和每相存在的量 (相分率)。

(a) $z_1 = 0.2$；(b) $z_1 = 0.3$；(c) $z_1 = 0.5$；(d) $z_1 = 0.7$；(e) $z_1 = 0.8$

12.36. 考慮二成分混合物，其過剩吉布斯能量由 $G^E/RT = 2.1x_1x_2(x_1 + 2x_2)$ 給出。對於以下總組成中的每一種，確定是否存在一個或兩個液相。如果存在兩個液相，求出它們的組成和每相存在的量 (相分率)。

(a) $z_1 = 0.2$；(b) $z_1 = 0.3$；(c) $z_1 = 0.5$；(d) $z_1 = 0.7$；(e) $z_1 = 0.8$

Chapter 13

汽 / 液平衡的熱力學公式

本章的目的是將第 10 章中提出的溶液熱力學架構應用於汽 / 液平衡 (VLE) 的具體情況，如第 12 章中所介紹的定性。因為蒸餾作為分離和純化化學物質的實際重要性，所以 VLE 是研究最多的相平衡類型。分析 VLE 而開發的方法，對於液 / 液平衡 (LLE)、汽 / 液 / 液平衡 (VLLE)，以及第 15 章中考慮的組合相平衡和反應平衡的大多數分析提供基礎。

本章對 VLE 問題的分析先從汽相逸壓係數和液相活性係數方面，對這些問題提出一般的公式。對於低壓 VLE，氣相接近理想氣體狀態，此公式的簡化版本適用。對於這些情況，活性係數可直接從實驗 VLE 數據獲得，並適用於數學模型。最後，模型可用於預測未進行實驗的情況下的活性係數和 VLE 行為。因此，本章介紹的分析可用於真實物理系統行為的有效關聯和推廣。

具體來說，在本章中，我們將：

- 定義活性係數，並將它們與混合物的過剩吉布斯能量連結。
- 根據汽相逸壓係數和液相活性係數，制定相平衡的一般準則。
- 顯示這個一般性公式如何在適當的條件下，簡化為拉午耳定律或修正的拉午耳定律。
- 使用拉午耳定律及其修正版本進行泡點、露點和閃點的計算。
- 說明從實驗低壓 VLE 數據中提取活性係數和過剩吉布斯能量。
- 解決實驗得出的活性係數的熱力學一致性問題。
- 介紹幾種過剩吉布斯能量和活性係數模型，以及模型參數與實驗 VLE 數據的符合。
- 在需要完整的 γ/ϕ 公式的條件下，進行 VLE 計算。
- 證明剩餘性質和過剩性質也可以從立方狀態方程式中進行估算。
- 使用立方狀態方程式證明 VLE 問題的公式及其解。

在第 10 章中介紹 VLE 計算的基礎，其中 (10.39) 式顯示適用於純物種的平衡：

$$f_i^v = f_i^l = f_i^{\text{sat}} \tag{10.39}$$

而 (10.48) 式顯示適用於混合物中的物種平衡：

$$\hat{f}_i^v = \hat{f}_i^l \qquad (i = 1, 2, \ldots, N) \tag{10.48}$$

我們還回顧了逸壓係數的定義，如 (10.34) 式和 (10.52) 式所示。我們可以從後者寫出汽相中物種 i 的逸壓係數：

$$\hat{f}_i^v = \hat{\phi}_i^v y_i P \tag{13.1}$$

對於液相，可寫出類似的方程式，但是這個相通常以不同方式處理。

13.1 過剩吉布斯能量和活性係數

基於 (10.8) 式，$\bar{G}_i = \mu_i$，(10.46) 式可寫為：

$$\bar{G}_i = \Gamma_i(T) + RT \ln \hat{f}_i$$

對於理想溶液，根據 (10.83) 式，變成：

$$\bar{G}_i^{id} = \Gamma_i(T) + RT \ln x_i f_i$$

由上二式的差，

$$\bar{G}_i - \bar{G}_i^{id} = RT \ln \frac{\hat{f}_i}{x_i f_i}$$

以部分吉布斯能量寫出的 (10.88) 式，顯示上式的左邊是部分過剩吉布斯能量 $\bar{G}_i^E$；右邊出現的無因次比 $\hat{f}_i / x_i f_i$ 是溶液中物種 i 的**活性係數** (activity coefficient)，以符號 γ_i 表示。因此，根據**定義**，

$$\boxed{\gamma_i \equiv \frac{\hat{f}_i}{x_i f_i}} \tag{13.2}$$

因此，

$$\boxed{\bar{G}_i^E = RT \ln \gamma_i} \tag{13.3}$$

這些方程式建立活性係數的熱力學基礎。與 (10.51) 式的比較顯示，(13.3) 式中 $\ln \gamma_i$ 與 $\bar{G}_i^E$ 的關係，正如 (10.51) 式中 $\ln \hat{\phi}_i$與 $\bar{G}_i^R$ 的關係。對於理想溶液，$\bar{G}_i^E = 0$，因此 $\gamma_i^{id} = 1$。

利用 (13.3) 式引入活性係數，可以得到 (10.89) 式的另一種形式：

$$d\left(\frac{nG^E}{RT}\right) = \frac{nV^E}{RT}dP - \frac{nH^E}{RT^2}dT + \sum_i \ln \gamma_i \, dn_i \tag{13.4}$$

這個一般性方程式無法直接實際應用，但是可使用受限形式，由觀察可寫出下列公式：

$$\frac{V^E}{RT} = \left[\frac{\partial(G^E/RT)}{\partial P}\right]_{T,x} \tag{13.5}$$

$$\frac{H^E}{RT} = -T\left[\frac{\partial(G^E/RT)}{\partial T}\right]_{P,x} \tag{13.6}$$

$$\ln \gamma_i = \left[\frac{\partial(nG^E/RT)}{\partial n_i}\right]_{P,T,n_j} \tag{13.7}$$

(13.5) 式到 (13.7) 式類似於 (10.57) 式到 (10.59) 式的剩餘性質。雖然基本剩餘性質關係從其與實驗 *PVT* 數據和狀態方程式的直接關係中得出其有用性，但基本的過剩性質關係也是有用的，因為 V^E、H^E 和 γ_i 都是易由實驗得到的。活性係數可以從汽 / 液平衡數據中找到，如第 13.5 節所述，而 V^E 和 H^E 可由物質的混合實驗求出，如第 11 章所述。

(13.7) 式證明 $\ln \gamma_i$ 是 G^E/RT 的部分性質。它類似於 (10.59) 式所表示的 $\ln \hat{\phi}_i$ 與 G^R/RT 的關係。類似於 (13.5) 式和 (13.6) 式的部分性質是：

$$\left(\frac{\partial \ln \gamma_i}{\partial P}\right)_{T,x} = \frac{\bar{V}_i^E}{RT} \tag{13.8}$$

$$\left(\frac{\partial \ln \gamma_i}{\partial T}\right)_{P,x} = -\frac{\bar{H}_i^E}{RT^2} \tag{13.9}$$

這些方程式可計算壓力和溫度對活性係數的影響。

由於 $\ln \gamma_i$ 是 G^E/RT 的部分性質，因此可得以下形式的求和關係式和 Gibbs/Duhem 方程式：

$$\frac{G^E}{RT} = \sum_i x_i \ln \gamma_i \tag{13.10}$$

$$\sum_i x_i \, d\ln \gamma_i = 0 \quad (\text{恆溫 } T\text{、恆壓 } P) \tag{13.11}$$

正如 (10.54) 式的基本性質關係，從 G/RT 表示為 T、P 和組成函數的規範狀態方程式，提供完整的性質資訊，所以基本剩餘性質關係，(10.55) 式或 (10.56) 式，也可以從 PVT 狀態方程式、PVT 數據或廣義 PVT 關聯式提供完整的剩餘性質資訊。但是，欲獲取完整的性質資訊，除了 PVT 數據外，還需要構成該系統的物種的理想氣體狀態熱容量。在完全類比上，若將 G^E/RT 的方程式表示為其規範變數 T、P 和組成函數時，則基本過剩性質關係，(13.4) 式，可提供完整的過剩性質資訊。然而，這個公式表示的性質資訊不如剩餘性質公式，因為它沒有告訴我們關於純成分化學物質的性質。

13.2 VLE 的 γ/ϕ 公式

重新排列活性係數的定義 (13.2) 式，並對於液相中的物種 i，寫出活性係數：

$$\hat{f}_i^l = x_i \gamma_i^l f_i^l$$

將此式的 $\hat{f}_i^l$ 及 (13.1) 式中的 $\hat{f}_i^v$ 代入 (10.48) 式中，得到：

$$y_i \hat{\phi}_i^v P = x_i \gamma_i^l f_i^l \qquad (i = 1, 2, \ldots, N) \tag{13.12}$$

將 (13.12) 式轉換為操作公式需要為 $\hat{\phi}_i^v$、γ_i^l 和 f_i^l 開發合適的表達式。利用 (10.44) 式消去純物種性質 f_i^l 是有幫助的：

$$f_i^l = \phi_i^{sat} P_i^{sat} \exp \frac{V_i^l (P - P_i^{sat})}{RT} \tag{10.44}$$

結合上式與 (13.12) 式，可得：

$$\boxed{y_i \Phi_i P = x_i \gamma_i P_i^{sat} \qquad (i = 1, 2, \ldots, N)} \tag{13.13}$$

其中

$$\Phi_i \equiv \frac{\hat{\phi}_i^v}{\phi_i^{sat}} \exp\left[-\frac{V_i^l (P - P_i^{sat})}{RT}\right]$$

在 (13.13) 式中，γ_i 為液相性質。因為 Poynting 因子 (由指數表示) 在低壓到中壓下與 1 相差幾千分之幾，所以將它省略而造成的誤差可忽略不計，我們採用這種簡化來產生常用的操作方程式：

$$\Phi_i \equiv \frac{\hat{\phi}_i^v}{\phi_i^{sat}} \tag{13.14}$$

純物種 i 的蒸汽壓最常由 (6.90) 式給出，Antoine 方程式：

$$\ln P_i^{\text{sat}} = A_i - \frac{B_i}{T + C_i} \tag{13.15}$$

VLE 的 γ/ϕ 公式出現在幾種變化中，取決於 Φ_i 和 γ_i 的處理。

熱力學在汽 / 液平衡計算中的應用，以找到平衡狀態下的溫度、壓力和相組成為目標。的確，熱力學對於這些數據系統性的關聯、擴展、推廣、估算和解釋提供數學架構。此外，它是分子物理學和統計力學的各種理論的預測可以應用於實際目的之手段。對於系統在汽 / 液平衡中的行為，如果沒有模式，這一切都無法實現。已經考慮兩個最簡單的模式是汽相的理想氣體狀態和液相的理想溶液。這些結合在最簡單的汽 / 液平衡處理中，即所謂的拉午耳定律。它絕不是熱力學第一和第二定律的普遍意義上的「定律」，但它確實在合理的極限內成立。

13.3 簡化：拉午耳定律、修正的拉午耳定律與亨利定律

圖 13.1 顯示一種容器中蒸汽混合物和液態溶液以汽 / 液平衡共存。若假設汽相處於理想氣體狀態而液相處於理想溶液，則 (13.13) 式中的 Φ_i 和 γ_i 都趨近於 1，這個方程式簡化為最簡單的形式，即拉午耳定律：[1]

$$\boxed{y_i P = x_i P_i^{\text{sat}} \qquad (i = 1, 2, \ldots, N)} \tag{13.16}$$

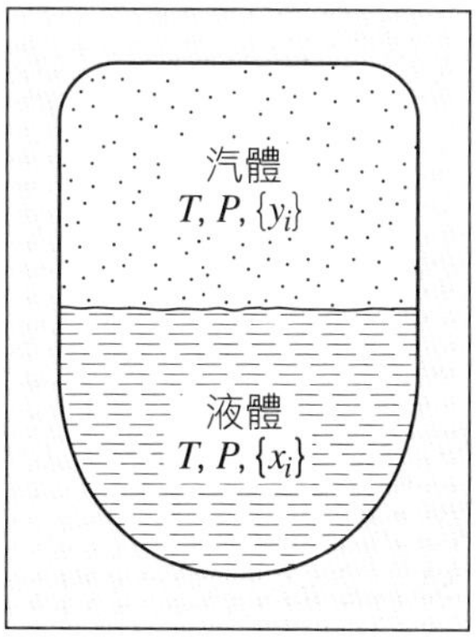

▶圖 13.1 VLE 的示意圖。在整個容器中溫度 T 和壓力 P 是均勻的，並且可以使用適當的儀器進行測量。可以取出汽體和液體樣品進行分析，這提供了汽體 $\{y_i\}$ 中的莫耳分率和液體 $\{x_i\}$ 中的莫耳分率的實驗值。

1 Francois Marie Raoult (1830–1901)，法國化學家，參見 https://en.wikipedia.org/wiki/François-Marie_Raoult。

其中 x_i 是液相莫耳分率，y_i 是汽相莫耳分率，P_i^{sat} 是系統溫度下純物種 i 的蒸汽壓。乘積 y_iP 是物種 i 在汽相中的**分壓** (partial pressure)。注意，在這裡存在的唯一熱力學函數是純物種 i 的蒸汽壓，顯示它在 VLE 計算中的首要重要性。

假設汽相處於理想氣體狀態意味著拉午耳定律只適用於低壓到中壓。假設液相處於理想溶液意味著僅當構成該系統的物種在化學上相似時，拉午耳定律才能成立。正如理想氣體狀態可以作為真實氣體行為在比較上所採用的標準一樣，理想溶液也可以作為真實溶液在比較上所採用的標準。當液相中的分子物種在大小上沒有太大差異，並且具有相同的化學性質時，則近似於理想溶液。因此，鄰 -、間 - 和對 - 二甲苯異構體的混合物，就非常接近理想溶液行為。同源系列的相鄰成員的混合物也是如此，例如，正己烷 / 正庚烷、乙醇 / 丙醇和苯 / 甲苯；其他例子則是丙酮 / 乙腈和乙腈 / 硝基甲烷。由後一種系統構成的圖 12.11 和圖 12.12 用來表示拉午耳定律。

由 (13.16) 式表示的 VLE 的簡單模式提供對少部分系統的實際行為之實際描述。然而，它可作為複雜系統的比較標準。拉午耳定律的局限性在於它只能應用於已知蒸汽壓的物質，這要求每個物種都是「次臨界的」(subcritical)，即低於其臨界溫度的溫度。拉午耳定律不適用於溫度超過混合物中一種或多種物質的臨界溫度。

應用拉午耳定律於露點和泡點計算

儘管 VLE 問題具有其他變數組合，但工程所關心的集中在露點和泡點計算上，其中有四種類型：

泡點壓力：已知 $\{x_i\}$ 和 T，計算 $\{y_i\}$ 和 P
露點壓力：已知 $\{y_i\}$ 和 T，計算 $\{x_i\}$ 和 P
泡點溫度：已知 $\{x_i\}$ 和 P，計算 $\{y_i\}$ 和 T
露點溫度：已知 $\{y_i\}$ 和 P，計算 $\{x_i\}$ 和 T

在每種情況下，名稱表示要計算的量：泡點 (汽相) 或露點 (液相) 組成，以及 P 或 T。因此，必須指定汽相或液相組成以及 P 或 T，因此固定 $1 + (N - 1)$ 或 N 個內含變數，即相律 [(3.1) 式] 應用於汽 / 液平衡所需的自由度 F 的數目。

因為 $\sum_i y_i = 1$，所以可對所有物種求和後，(13.16) 式變成：

$$P = \sum_i x_i P_i^{\text{sat}} \tag{13.17}$$

此方程式可直接應用於泡點計算，其中汽相組成為未知數。對於二成分系統，$x_2 = 1 - x_1$，

$$P = P_2^{\text{sat}} + (P_1^{\text{sat}} - P_2^{\text{sat}})x_1 \tag{13.18}$$

在恆溫下 P 對 x_1 的曲線是連接在 $x_1 = 0$ 處的 P_2^{sat} 與在 $x_1 = 1$ 處的 P_1^{sat} 的直線。圖 12.11 對於乙腈(1) / 硝基甲烷(2) 的 Pxy 圖示出這種線性關係。

對於溫度為 75°C 的此系統，純物種蒸汽壓為 $P_1^{\text{sat}} = 83.21$ kPa，$P_2^{\text{sat}} = 41.98$ kPa。將這些值及 x_1 的值代入 (13.18) 式中，可以容易地進行泡點 P 計算，結果可計算 P-x_1 關係。y_1 的對應值可以從 (13.16) 式中求得：

$$y_1 = \frac{x_1 P_1^{\text{sat}}}{P}$$

下表顯示計算結果。這些是用於建構圖 12.11 的 P-x_1-y_1 圖的值：

x_1	y_1	P/kPa	x_1	y_1	P/kPa
0.0	0.0000	41.98	0.6	0.7483	66.72
0.2	0.3313	50.23	0.8	0.8880	74.96
0.4	0.5692	58.47	1.0	1.0000	83.21

當 P 固定時，溫度隨 x_1 和 y_1 變化，溫度範圍受飽和溫度 t_1^{sat} 和 t_2^{sat} 的限制，在此溫度下純物種的蒸汽壓等於 P。這些溫度可由 Antoine 方程式求出：

$$t_i^{\text{sat}} = \frac{B_i}{A_i - \ln P} - C_i$$

對於 $P = 70$ kPa 的乙腈(1) / 硝基甲烷(2)，圖 12.12 顯示這些值為 $t_1^{\text{sat}} = 69.84$°C，$t_2^{\text{sat}} = 89.58$°C。

此系統的圖 12.12 的結構基於泡點 T 計算，其不如泡點 P 計算直接。我們無法直接求解溫度，因為它隱藏在蒸汽壓方程式中。在這種情況下，需要疊代或試誤法。對於二成分系統和給定的 x_1 值，當在正確的溫度下估算蒸汽壓時，(13.18) 式必須給出指定的壓力。最直觀的程序只是在 T 的試驗值下進行計算，直到產生正確的 P 值。目標是 (13.18) 式中 P 的已知值，並且經由改變 T 得到它。使用手動計算器制定一個方便的策略來尋找正確的最終答案並不困難。當改變單個 T 以找到所需的 P 值時，Microsoft Excel 的目標搜尋功能也可以非常有效地完成工作，規劃求解功能則可對許多組成同時完成。[2]

2 有關的例子，參見線上學習中心，http://highered.mheducation.com:80/sites/1259696529。

修正的拉午耳定律

令 (13.13) 式中的 γ_i 和 Φ_i 均為 1 時，可得拉午耳定律。對於低壓到中壓，這通常是合理的。然而，修正的拉午耳定律為了正確估算活性係數 γ_i，因此考慮液相偏離理想溶液行為，產生更合理和廣泛適用的 VLE 行為描述：

$$\boxed{y_i P = x_i \gamma_i P_i^{\text{sat}} \qquad (i = 1, 2, \ldots, N)} \tag{13.19}$$

該方程式提供在低壓到中壓下，各種系統的 VLE 行為之完全令人滿意的表示。

因為 $\sum_i y_i = 1$，所以 (13.19) 式可對所有物種求和而得到：

$$P = \sum_i x_i \gamma_i P_i^{\text{sat}} \tag{13.20}$$

或者可由 (13.19) 式解出 x_i，在這種情況下，對所有物種求和可得：

$$P = \frac{1}{\sum_i y_i / \gamma_i P_i^{\text{sat}}} \tag{13.21}$$

使用修正的拉午耳定律進行泡點和露點計算，只比使用拉午耳定律所做的相同計算複雜一點。特別是泡點壓力計算是直截了當的，因為指定的液相組成可立即計算活性係數。露點壓力計算需要疊代求解程序，因為需要未知的液相組成來計算活性係數。由於活性係數及蒸汽壓隨溫度而變，使得泡點和露點溫度計算進一步複雜化，但仍然可以採用與拉午耳定律計算相同的疊代或試誤法。

例 13.1

對於甲醇(1) / 乙酸甲酯(2)，以下方程式提供活性係數的合理關聯式：

$$\ln \gamma_1 = A x_2^2 \quad \ln \gamma_2 = A x_1^2 \quad 其中\ A = 2.771 - 0.00523T$$

此外，以下 Antoine 方程式提供蒸汽壓：

$$\ln P_1^{\text{sat}} = 16.59159 - \frac{3643.31}{T - 33.424} \qquad \ln P_2^{\text{sat}} = 14.25326 - \frac{2665.54}{T - 53.424}$$

其中 T 的單位為 K，蒸汽壓的單位為 kPa。假設 (13.19) 式可適用，計算：

(a) $T = 318.15$ K、$x_1 = 0.25$ 時的 P 和 $\{y_i\}$。

(b) $T = 318.15$ K、$y_1 = 0.60$ 時的 P 和 $\{x_i\}$。

(c) $P = 101.33$ kPa、$x_1 = 0.85$ 時的 T 和 $\{y_i\}$。

(d) $P = 101.33$ kPa、$y_1 = 0.40$ 時的 T 和 $\{x_i\}$。

(e) $T = 318.15$ K 的共沸壓力和共沸組成。

解

在 (a) 到 (d) 的露點和泡點計算中，關鍵是活性係數隨 T 和 x_1 的變化。在 (a) 中，已知兩個值，可直接求解。在 (b) 中，僅給出 T，利用試誤法求解，改變 x_1 以重現給定的 y_1 值。在 (c) 中，僅給出 x_1，改變 T 以重現給定的 P 值。在 (d) 中，T 和 x_1 為未知，並且兩者交替變化，即 T 產生 P，x_1 產生 y_1，使用 Microsoft Excel 的目標搜尋功能可以輕鬆地自動進行試誤計算。

(a) 泡點壓力計算。對於 $T = 318.15$ K，由 Antoine 方程式可得 $P_1^{sat} = 44.51$，$P_2^{sat} = 65.64$kPa。由活性係數可由已知的關聯式計算而得，$A = 1.107$，$\gamma_1 = 1.864$，$\gamma_2 = 1.072$。利用 (13.20) 式，求出 $P = 73.50$ kPa，並利用 (13.19) 式，求出 $y_1 = 0.282$。

(b) 露點壓力計算。由於與 (a) 的溫度 T 相同，所以 P_1^{sat}、P_2^{sat} 和 A 的值保持不變。此時液相組成在試誤法計算中為未知，但是要用它來計算活性係數，由 (13.21) 式計算 P，由 (13.19) 式計算 y_1，目的是重現給定值 $y_1 = 0.6$，這導致最終值：

$$P = 62.59 \text{ kPa} \qquad x_1 = 0.8169 \qquad \gamma_1 = 1.0378 \qquad \gamma_2 = 2.0935$$

(c) 泡點溫度計算。從已知壓力求得純物種的飽和溫度作為 T 的合理起始值。Antoine 方程式解出 T：

$$T_i^{sat} = \frac{B_i}{A_i - \ln P} - C_i$$

利用 $P = 101.33$ kPa 可得：$T_1^{sat} = 337.71$ 和 $T_2^{sat} = 330.08$ K。由莫耳分率平均值求出初始溫度 T：

$$T = (0.85)(337.71) + (0.15)(330.08) = 336.57 \text{ K}$$

由此溫度 T 求出 A、γ_1、γ_2 與 $\alpha \equiv P_1^{sat}/P_2^{sat}$ 的值，並且利用 (13.20) 式求出新的 P_1^{sat} 值：

$$P_1^{sat} = \frac{P}{x_1}\gamma_1 + x_2\frac{\gamma_2}{\alpha}$$

對成分 1，由 Antoine 方程式求出新的 T：

$$T = \frac{A_1}{B_1} - \ln P_1^{sat} - C_1$$

重複上述步驟，可得：

$$T = 331.20 \text{ K} \qquad P_1^{sat} = 77.99 \text{ kPa} \qquad P_2^{sat} = 105.35 \text{ kPa}$$
$$A = 1.0388 \qquad \gamma_1 = 1.0236 \qquad \gamma_2 = 2.1182$$

汽相莫耳分率為：

$$y_1 = \frac{x_1\gamma_1 P_1^{sat}}{P} = 0.670 \qquad \text{且} \qquad y_2 = 1 - y_1 = 0.330$$

(d) 露點溫度計算。因為 $P = 101.33$ kPa，所以飽和溫度與 (c) 部分的飽和溫度相同，未知溫度 T 的初始值可由飽和溫度莫耳分率平均值求得：

$$T = (0.40)(337.71) + (0.60)(330.08) = 333.13 \text{ K}$$

因為液相組成未知，所以活度係數初始值可令 $\gamma_1 = \gamma_2 = 1$。進行疊代計算。首先利用 Antoine 方程式，在 $T = 333.13$ K 時，計算 A、P_1^{sat}、P_2^{sat} 及 $\alpha \equiv P_1^{sat}/P_2^{sat}$。由 (13.19) 式計算 x_1，由關聯式計算 γ_1、γ_2，再由 (13.21) 式求出新的 P_1^{sat}，即：

$$P_1^{sat} = P(\frac{y_1}{\gamma_1} + \frac{y_2\alpha}{\gamma_2})$$

對成分 1，由 Antoine 方程式求出新的 T：

$$T = \frac{B_1}{A_1} - \ln P_1^{sat} - C_1$$

重複上述步驟，可得以下最終值：

$T = 326.70$ K	$P_1^{sat} = 64.63$ kPa	$P_2^{sat} = 89.94$ kPa
$A = 1.0624$	$\gamma_1 = 1.3628$	$\gamma_2 = 1.2523$
$x_1 = 0.4602$	$x_2 = 0.5398$	

(e) 首先確定在給定溫度下是否存在共沸物。利用**相對揮發度** (relative volatility) 的定義來促進這種計算：

$$\boxed{\alpha_{12} \equiv \frac{y_1/x_1}{y_2/x_2}} \tag{13.22}$$

在共沸物 $y_1 = x_1$，$y_2 = x_2$，且 $\alpha_{12} = 1$。通常，由 (13.19) 式，

$$\frac{y_i}{x_i} = \frac{\gamma_i P_i^{sat}}{P}$$

因此，

$$\alpha_{12} = \frac{\gamma_i P_1^{sat}}{\gamma_2 P_2^{sat}} \tag{13.23}$$

由活性係數的關聯式可知，當 $x_1 = 0$ 時，$\gamma_2 = 1$，且 $\gamma_1 = \exp(A)$；當 $x_1 = 1$ 時，$\gamma_1 = 1$，且 $\gamma_2 = \exp(A)$。因此，在極限情況下，

$$(\alpha_{12})_{x_1=0}=\frac{P_1^{\text{sat}}\exp(A)}{P_2^{\text{sat}}} \qquad 且 \qquad (\alpha_{12})_{x_1=1}=\frac{P_1^{\text{sat}}}{P_2^{\text{sat}}\exp(A)}$$

在此溫度時的 P_1^{sat}、P_2^{sat} 和 A 的值可由 (a) 部分得知。因此，α_{12} 的極限值為 $(\alpha_{12})_{x_1=0}=2.052$ 且 $(\alpha_{12})_{x_1=1}=0.224$。一個極限值大於 1，而另一個極限值小於 1。因此，確實存在共沸物，因為 α_{12} 是 x_1 的連續函數且必須在某個中間組成通過 1.0 的值。

對於共沸物，$\alpha_{12}=1$，所以 (13.23) 式變成：

$$\frac{\gamma_1^{\text{az}}}{\gamma_2^{\text{az}}}=\frac{P_2^{\text{sat}}}{P_1^{\text{sat}}}=\frac{65.65}{44.51}=1.4747$$

$\ln\gamma_1$ 和 $\ln\gamma_2$ 的關聯式之間的差值為：

$$\ln\frac{\gamma_1}{\gamma_2}=Ax_2^2-Ax_1^2=A(x_2-x_1)(x_2+x_1)=A(x_2-x_1)=A(1-2x_1)$$

因此，若 x_1 值恰可使上式的活性係數比值為 1.4747 時；亦即，當

$$\ln\frac{\gamma_1}{\gamma_2}=\ln 1.4747=0.388$$

則為共沸物的組成，解出 $x_1^{\text{az}}=0.325$。對於這個 x_1 值，$\gamma_1^{\text{az}}=1.657$。因為 $x_1^{\text{az}}=y_1^{\text{az}}$，所以 (13.19) 式變為：

$$P^{\text{az}}=\gamma_1^{\text{az}}P_1^{\text{sat}}=(1.657)(44.51)$$

因此，$P^{\text{az}}=73.76\text{ kPa} \quad x_1^{\text{az}}=y_1^{\text{az}}=0.325$

活性係數是溫度和液相組成的函數，並且最終它們的相關性是基於實驗。因此，檢查一組 VLE 實驗數據和這些數據所隱含的活性係數是有益的。表 13.1 給出這樣的數據集。

汽 / 液平衡的準則是物種 i 的逸壓在兩相中是相同的。若汽相處於理想氣體狀態，則逸壓等於分壓，並且

$$\hat{f}_i^l=\hat{f}_i^v=y_iP$$

物種 i 的液相逸壓從無限稀釋 ($x_i=y_i\rightarrow 0$) 的零增加到純物種 i 的 P_i^{sat}。表 13.1 中的甲基乙基酮(1) / 甲苯(2) 系統在 50°C 時的數據說明這一點。[3] 前三行列出

3 M. Diaz Peña, A. Crespo Colin, and A. Compostizo, *J. Chem. Thermodyn.*, vol. 10, pp. 337–341, 1978.

➡ **表 13.1** 甲基乙基酮(1) / 甲苯(2) 在 50°C 下的 VLE 數據

P/kPa	x_1	y_1	$\hat{f}_1^l = y_1P$	$\hat{f}_2^l = y_2P$	γ_1	γ_2
12.30 (P_2^{sat})	0.0000	0.0000	0.000	12.300 (P_2^{sat})		1.000
15.51	0.0895	0.2716	4.212	11.298	1.304	1.009
18.61	0.1981	0.4565	8.496	10.114	1.188	1.026
21.63	0.3193	0.5934	12.835	8.795	1.114	1.050
24.01	0.4232	0.6815	16.363	7.697	1.071	1.078
25.92	0.5119	0.7440	19.284	6.636	1.044	1.105
27.96	0.6096	0.8050	22.508	5.542	1.023	1.135
30.12	0.7135	0.8639	26.021	4.099	1.010	1.163
31.75	0.7934	0.9048	28.727	3.023	1.003	1.189
34.15	0.9102	0.9590	32.750	1.400	0.997	1.268
36.09 (P_1^{sat})	1.0000	1.0000	36.090 (P_1^{sat})	0.000	1.000	

P-x_1-y_1 實驗數據，第 4 行和第 5 行顯示 $\hat{f}_1^l = y_1P$ 及 $\hat{f}_2^l = y_2P$。這些逸壓數據在圖 13.2 中以實線繪製。圖中的虛線為 (10.83) 式的呈現，Lewis/Randall 規則表示理想溶液的逸壓與組成的關係：

$$\hat{f}_i^{id} = x_i f_i^l \tag{10.83}$$

儘管圖 13.2 是從一組特定的數據得出，但也說明在恆溫 T 下二成分液態溶液的 $\hat{f}_1^l$ 和 $\hat{f}_2^l$ 與 x_1 關係的一般性質。平衡壓力 P 隨組成而變化，但其對 $\hat{f}_i^l$ 和 $\hat{f}_2^l$ 的液相值可忽略不計。因此，對於在恆定 T 和 P 的二成分溶液中的物種 i (i = 1, 2) 而言，在恆定 T 和 P 下的曲線看起來是相同的，如圖 13.3 所示。

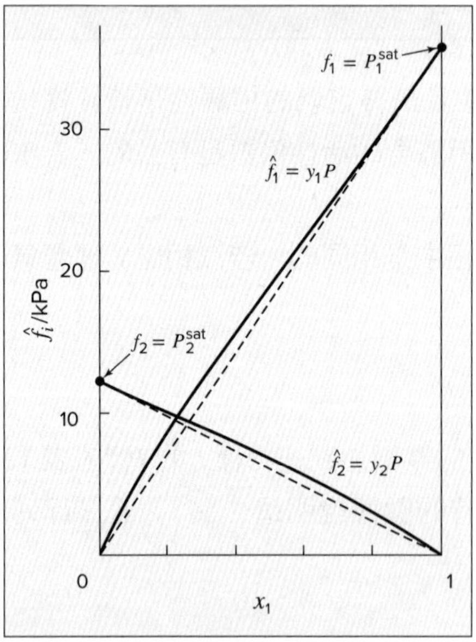

▶**圖 13.2** 甲基乙基酮(1) / 甲苯(2) 在 50°C 的逸壓。虛線表示 Lewis/Randall 規則。

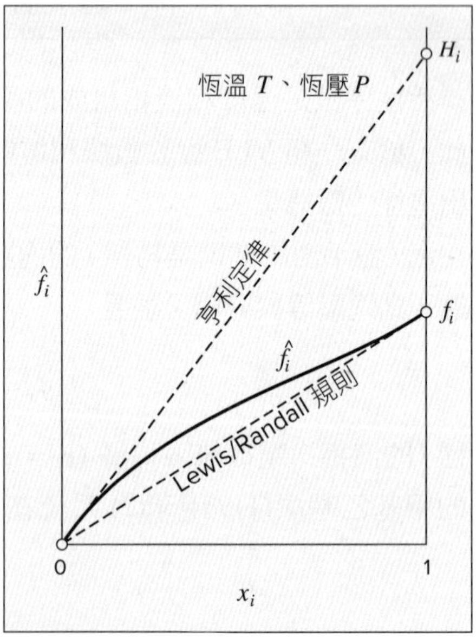

▶**圖 13.3** 二成分溶液中物種 i 的液相逸壓與組成的關係。

圖 13.3 中下方的虛線表示 Lewis/Randall 規則，是理想溶液行為的特徵。它提供 $\hat{f}_i^l$ 隨組成變化的最簡單模型，可作為真實行為的比較標準。實際上，(13.2) 式定義的活性係數，已將這種比較形式化：

$$\gamma_i \equiv \frac{\hat{f}_i^l}{x_i f_i^l} = \frac{\hat{f}_i^l}{\hat{f}_i^{id}}$$

因此，溶液中物種的活性係數是其真實逸壓與 Lewis/Randall 規則在相同 T、P 和組成下給出的值之比。為了計算 γ_i 的實驗值，以可測量的量取代 $\hat{f}_i^l$ 和 $\hat{f}_i^{id}$。

$$\gamma_i = \frac{y_i P}{x_i f_i^l} = \frac{y_i P}{x_i P_i^{sat}} \qquad (i = 1, 2, \ldots, N) \tag{13.24}$$

這是對修正的拉午耳定律 (13.19) 式的重述，並且足以滿足目前的用途，利用此式可從低壓 VLE 實驗數據快速地計算活性係數，計算所得的值列於表 13.1 的最後兩行。

圖 13.4 顯示基於 50°C 下六個二成分系統的實驗測量的 $\ln \gamma_i$ 的曲線圖，說明觀察到的各種行為。注意，在每種情況下，當 $x_i \to 1$ 時，$\ln \gamma_i \to 0$，斜率為零。

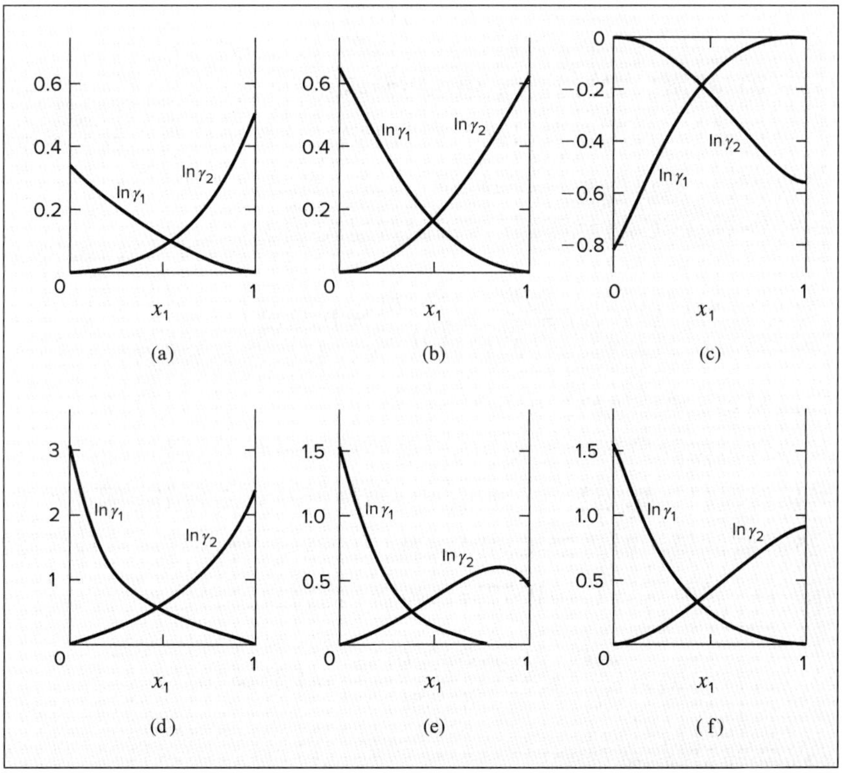

▶圖 13.4　六種二成分液體系統在 50°C 的活性係數：(a) 氯仿(1) / 正庚烷(2)；(b) 丙酮(1) / 甲醇(2)；(c) 丙酮(1) / 氯仿(2)；(d) 乙醇(1) / 正庚烷(2)；(e) 乙醇(1) / 氯仿(2)；(f) 乙醇(1) / 水(2)。

通常 (但不總是) 無限稀釋活性係數是一個極值。將這些圖與圖 10.3 進行比較顯示，ln γ_i 通常具有與 G^E 相同的符號；也就是說，在大部分組成範圍內，正 G^E 意味著活性係數大於 1，而負 G^E 意味著活性係數小於 1。

亨利定律

圖 13.2 和圖 13.3 中的實線表示 $\hat{f}_i^l$ 的實驗值，在 $x_i = 1$ 時與 Lewis/Randall 規則線相切。這是 Gibbs/Duhem 方程式的結果，隨後會予以證明。在另一個極限，當 $x_i \to 0$ 時，$\hat{f}_i^l$ 趨近於零。因此，$\hat{f}_i^l / x_i$ 在此極限中是不確定的，但可利用 L'Hôpital 法則得到：

$$\lim_{x \to 0} \frac{\hat{f}_i^l}{x_i} = \left(\frac{d\hat{f}_i^l}{dx_i} \right)_{x_i = 0} \equiv \mathcal{H}_i \tag{13.25}$$

(13.25) 式將**亨利常數** (Henry's constant) $\mathcal{H}_i$ 定義為 $\hat{f}_i^l$ 對 x_i 作圖所得曲線在 $x_i = 0$ 時的極限斜率。如圖 13.3 所示，這是在 $x_i = 0$ 的切線斜率。這個切線方程式表達了**亨利定律** (Henry's law)。

$$\boxed{\hat{f}_i^l = x_i \mathcal{H}_i} \tag{13.26}$$

適用於 $x_i \to 0$ 的極限，對於小的 x_i 值也近似成立。

對於與液態水平衡的空氣系統，將拉午耳定律應用於水，可求得空氣中水蒸汽的莫耳分率，假設水基本上是純水。因此，對於水 (物種 2)，拉午耳定律變為 $y_2 P = P_2^{\text{sat}}$。在 25°C 和大氣壓下，由此方程式可得：

$$y_2 = \frac{P_2^{\text{sat}}}{P} = \frac{3.166}{101.33} = 0.0312$$

其中壓力以 kPa 為單位，P_2^{sat} 可由蒸汽表查出。

使用亨利定律計算溶解在水中的空氣的莫耳分率，在此施加夠低的壓力，以使汽相處於理想氣體狀態。$\mathcal{H}_i$ 的值來自實驗，表 13.2 列出溶解在水中的少量氣體在 25°C 時的值。對於 25°C 和大氣壓下的空氣 / 水系統，亨利定律適用於空氣 (物種 1)，其中 $y_1 = 1 - 0.0312 = 0.9688$，可得：

$$x_1 = \frac{y_1 P}{\mathcal{H}_1} = \frac{(0.9688)(1.0133)}{72{,}950} = 1.35 \times 10^{-5}$$

此結果證明水接近純水的假設。

➡ **表 13.2** 在 25°C 時氣體溶於水中的亨利常數

氣體	**$\mathcal{H}$/bar**
乙炔	1,350
空氣	72,950
二氧化碳	1,670
一氧化碳	54,600
乙烷	30,600
乙烯	11,550
氦	126,600
氫	71,600
硫化氫	550
甲烷	41,850
氮	87,650
氧氣	44,380

例 13.2

假設碳酸水僅含有 CO_2(1) 和 H_2O(2)，若罐內的壓力為 5 bar，則在 25°C 下密封的「蘇打」罐中，計算汽相和液相的組成。

解

期望液相幾乎是純水，汽相幾乎是純 CO_2，對於 CO_2 (物種 1)，我們應用亨利定律；對於水 (物種 2)，我們應用拉午耳定律：

$$y_1 P = x_1 \mathcal{H}_1 \qquad\qquad y_2 P = x_2 P_2^{\text{sat}}$$

由於汽相幾乎是純 CO_2，我們得到的液相 CO_2 莫耳分率為：

$$x_1 = \frac{y_1 P}{\mathcal{H}_1} \approx \frac{P}{\mathcal{H}_1} = \frac{5}{1670} = 0.0030$$

同理，由於液相幾乎是純水，我們有：

$$y_2 = \frac{x_2 P_2^{\text{sat}}}{P} \approx \frac{P_2^{\text{sat}}}{P}$$

由蒸汽表中，在 25°C 時水的蒸汽壓為 3.166 kPa 或 0.0317 bar。因此，$y_2 = 0.0317/5 = 0.0063$。與我們的預期一致，液相為 99.7% 的水，汽相為 99.4% 的 CO_2。

亨利定律可經由 Gibbs/Duhem 方程式與 Lewis/Randall 規則相關。對於二成分液態溶液，將 (10.14) 式中的 $\bar{M}_i$ 以 $\bar{G}_i^l = \mu_i^l$ 取代，可得：

$$x_1 \, d\mu_1^l + x_2 \, d\mu_2^l = 0 \qquad (\text{恆溫 } T\text{、恆壓 } P \text{ 下})$$

在恆定 T 和 P 下，將 (10.46) 式微分可得：$d\mu_i^l = RTd\ln\hat{f}_i^l$。則上式為

$$x_1 d\ln\hat{f}_1^l + x_2 d\ln\hat{f}_2^l = 0 \qquad (\text{恆溫 } T\text{、恆壓 } P \text{ 下})$$

上式除以 dx_1 可得：

$$x_1\frac{d\ln\hat{f}_1^l}{dx_1} + x_2\frac{d\ln\hat{f}_2^l}{dx_1} = 0 \quad (\text{恆溫 } T\text{、恆壓 } P \text{ 下}) \tag{13.27}$$

這是 Gibbs/Duhem 方程式的一種特殊形式。將上式第二項的 dx_1 改為 $-dx_2$，則會產生：

$$x_1\frac{d\ln\hat{f}_1^l}{dx_1} = x_2\frac{d\ln\hat{f}_2^l}{dx_2} \qquad \text{或} \qquad \frac{d\hat{f}_1^l/dx_1}{\hat{f}_1^l/x_1} = \frac{d\hat{f}_2^l/dx_2}{\hat{f}_2^l/x_2}$$

在 $x_1 \to 1$ 和 $x_2 \to 0$ 的極限時，

$$\lim_{x_1\to 1}\frac{d\hat{f}_1^l/dx_1}{\hat{f}_1^l/x_1} = \lim_{x_2\to 0}\frac{d\hat{f}_2^l/dx_2}{\hat{f}_2^l/x_2}$$

因為當 $x_1 = 1$ 時 $\hat{f}_1^l = f_1^l$，所以上式可重寫為：

$$\frac{1}{f_1^l}\left(\frac{d\hat{f}_1^l}{dx_1}\right)_{x_1=1} = \frac{\left(d\hat{f}_2^l/dx_2\right)_{x_2=0}}{\lim\limits_{x_2\to 0}\left(\hat{f}_2^l/x_2\right)}$$

根據 (13.25) 式，上式右邊的分子和分母是相等的，因此：

$$\left(\frac{d\hat{f}_1^l}{dx_1}\right)_{x_1=1} = f_1^l \tag{13.28}$$

此式為應用於真實溶液時 Lewis/Randall 規則的精確表達式。它還暗示當 $x_i \approx 1$ 時，由 (10.83) 式可求得 $\hat{f}_i^l$ 的近似值：$\hat{f}_i^l \approx \hat{f}_i^{id} = x_i f_i^l$。

在二成分溶液中，當一成分趨近於無限稀釋時，此成分適用亨利定律，且由 Gibbs/Duhem 方程式可證明，趨近於純物種的另一成分適用 Lewis/Randall 規則。

圖 13.3 所示的逸壓是對 Lewis/Randall 規則的理想性具有正偏差的物種。負偏差不太常見，但也有觀察到；此時，$\hat{f}_i^l$ 對 x_i 的曲線位於 Lewis/Randall 線的下方。在圖 13.5 中，丙酮的逸壓顯示為在 50°C 下兩種不同二成分液態溶液的組成函數。當第二物種是甲醇時，丙酮表現出與理想性的正偏差；當第二物種是氯仿時，偏差是負的。無論第二物種的特性如何，純丙酮的逸壓 $f_{\text{丙酮}}$ 當然是相同的。然而，由兩條虛線的斜率表示的亨利常數，對於這兩種情況有很大差異。

▶**圖 13.5**　在 50°C 時，兩種二成分液態溶液中丙酮的逸壓與組成的關係。

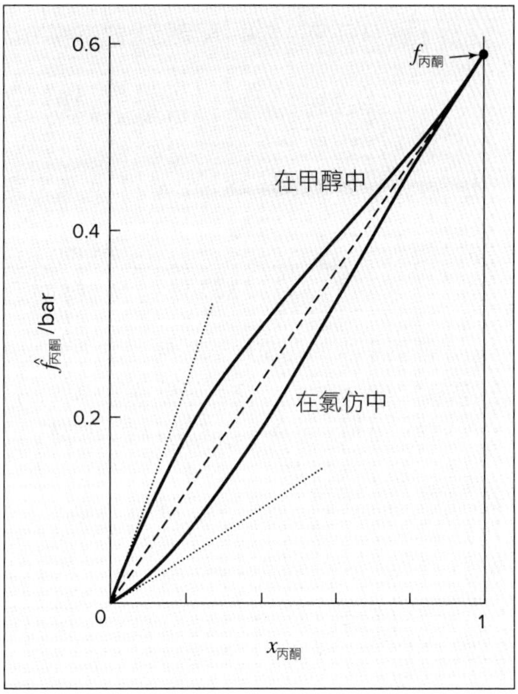

例 13.3

霧由半徑約為 10^{-6} m 的球形水滴組成。由於表面張力，使得水滴的內壓大於外壓。對於水滴半徑 r 和表面張力 σ，水滴中的內壓大於外壓 $\delta P = 2\sigma/r$。這增加在相同條件下，水滴中水的逸壓高於大量水的逸壓。因此，它傾向於使霧蒸發。然而，可以藉由降低溫度或藉由大氣污染物的溶解來抵消逸壓的增加。在相同溫度下，相對於大量水，欲使霧穩定，試求：

(a) 所需的最小溫度降低。

(b) 霧滴所需的大氣污染物的最低濃度。

解

(a) 在 25°C 時，純水的表面張力為 0.0694 N·m^{-1}，且

$$\delta P = \frac{(2)(0.0694)}{10^{-6}} = 0.1338 \times 10^6 \text{ Pa} \quad 或 \quad 1.388 \text{ bar}$$

兩個一般方程式適用於由壓力變化引起的吉布斯能量的等溫變化。首先將逸壓的定義 (10.31) 式微分，其次將 (6.11) 式限定為恆溫：

$$dG_i = RTd\ln f_i \quad (恆溫\ T) \qquad 且 \qquad dG_i = V_i dP \quad (恆溫\ T)$$

結合這些方程式可得：

$$d\ln f_i = \frac{V_i}{RT}dP \quad (恆溫\ T)$$

由於水的莫耳體積幾乎不受壓力的影響，因此積分可得：

$$\delta \ln f_{H_2O} = \frac{V_{H_2O}}{RT}\delta P \quad (\text{恆溫 } T)$$

由於水的莫耳體積為 18 cm^3·mol^{-1}，壓力變化為 1.388 bar，因此

$$\delta \ln f_{H_2O} = \frac{(18\ \text{cm}^3\cdot\text{mol})(1.388\ \text{bar})}{(83.14\ \text{cm}^3\cdot\text{bar}\cdot\text{mol}^{-1}\cdot\text{K}^{-1})\ (298\ \text{K})} = 0.00101$$

這是霧滴中水的逸壓超過相同溫度下大量水的逸壓的量。因此霧不穩定，並且利用蒸發消散。然而，充分降低霧的溫度會降低霧滴的逸壓，足以穩定霧。

將 (10.31) 式減去相同方程式的理想氣體狀態形式 (其中 $f_i = P$)，得出溫度對逸壓的影響的方程式。因此

$$G_i - G_i^{ig} = RT \ln f_i - RT \ln P$$

求解 $\ln f_i$ 可得：

$$\ln f_i = \frac{G_i}{RT} - \frac{G_i^{ig}}{RT} + \ln P$$

在恆壓 P 下，上式對 T 微分可得：

$$\left(\frac{\partial \ln f_i}{\partial T}\right)_P = \left(\frac{\partial (G_i/RT)}{\partial T}\right)_P - \left(\frac{\partial G_i^{ig}/RT}{\partial T}\right)_P$$

利用 (6.39) 式取代右邊的偏導數得到：

$$\left(\frac{\partial \ln f_i}{\partial T}\right)_P = \frac{-H_i}{RT^2} + \frac{H_i^{ig}}{RT^2} = \frac{-H_i^R}{RT^2}$$

這裡的剩餘焓大約是 25°C 時水蒸發潛熱的負值；因此，

$$-H_i^R = 2442.3\ \text{J}\cdot\text{g}^{-1} \times 18\ \text{g}\cdot\text{mol}^{-1} = 43{,}960\ \text{J}\cdot\text{mol}^{-1}$$

$$\left(\frac{\partial \ln f_{H_2O}}{\partial T}\right)_P = \frac{43{,}960\ \text{J}\cdot\text{mol}^{-1}}{(8.314\ \text{J}\cdot\text{mol}^{-1}\cdot\text{K}^{-1})(298\ \text{K})^2} = 0.0595\ \text{K}^{-1}$$

對於小的溫差，$\delta \ln f_{H_2O} \approx 0.0595\ \delta T$。為了求得抵消水滴中逸壓增加的 δT，我們將此逸壓差設定為 −0.00101，即逸壓增加的負值。因此，

$$0.0595\ \delta T = -0.00101 \qquad \text{且} \qquad \delta T = -0.017\ \text{K}$$

這是相對於大量水，使霧穩定所需的最小溫度降低。

(b) 霧滴中水的逸壓也因雜質 (如大氣污染物) 的溶解而降低。然後霧滴成為以水為主要成分的溶液，它們的逸壓為 f_{H_2O}。由於水的莫耳分率接近 1，Lewis/Randall 規

則提供極好的近似，$f_{H_2O} = f_{H_2O} x_{H_2O}$。由雜質溶解產生的水的逸壓變化是：

$$\delta f_{H_2O} = \hat{f}_{H_2O} - f_{H_2O} = f_{H_2O} x_{H_2O} - f_{H_2O} = f_{H_2O}(x_{H_2O} - 1) = -f_{H_2O} x_{雜質}$$

或

$$x_{雜質} = \frac{-\delta f_{H_2O}}{f_{H_2O}} \approx -\delta \ln f_{H_2O}$$

這個數再次等於由表面張力引起的逸壓增加的負值。因此，

$$x_{雜質} = 0.00101$$

相對於大量水，僅需 0.1% 的雜質即可穩定霧。

13.4 液相活性係數的關聯式

液相活性係數 γ_i 在 VLE 的 γ/ϕ 公式中發揮至關重要的作用，它們與過剩吉布斯能量直接相關。一般來說，G^E/RT 是 T、P 和組成的函數，但對於低壓到中壓的液體，它是 P 的非常弱的函數。因此，它隨壓力的變化通常可忽略，對於在恆溫 T 下的應用，過剩吉布斯能量僅作為組成的函數處理：

$$\frac{G^E}{RT} = g(x_1, x_2, \ldots, x_n) \qquad (\text{恆溫 } T)$$

Redlich/Kister 展開

對於二成分系統 (物種 1 和 2)，最常選擇由方程式表示的數是 $G \equiv G^E/(x_1 x_2 RT)$，其可以表示為 x_1 的冪級數：

$$Y \equiv \frac{G^E}{x_1 x_2 RT} = a + bx_1 + cx_1^2 + \cdots \qquad (\text{恆溫 } T)$$

因為 $x_2 = 1 - x_1$，莫耳分率 x_1 用作單一獨立變數。具有某些優點的等效冪級數被稱為 Redlich/Kister 展開：[4]

$$Y = A_0 + \sum_{n=1}^{a} A_n z^n \tag{13.29}$$

其中根據定義，$z \equiv x_1 - x_2 = 2x_1 - 1$，$a$ 是冪級數的階數，參數 A_n 是溫度的函數。

4 O. Redlich, A. T. Kister, and C. E. Turnquist, *Chem. Eng. Progr. Symp. Ser. No.* 2, vol. 48, pp. 49–61, 1952.

活性係數的表達式可以從 (10.15) 式和 (10.16) 式中求得，其中以 G^E/RT 代替 M^E。

$\dfrac{\bar{G}_1^E}{RT} = \dfrac{G^E}{RT} + x_2 \dfrac{d(G^E/RT)}{dx_1}$ (13.30)	$\dfrac{\bar{G}_2^E}{RT} = \dfrac{G^E}{RT} - x_1 \dfrac{d(G^E/RT)}{dx_1}$ (13.31)

由 (13.3) 式可知，$\ln \gamma_i = \bar{G}_i^E/RT$。此外，$G^E/RT = x_1x_2Y$，且

$$\frac{d(G^E/RT)}{dx_1} = x_1x_2\frac{dY}{dx_1} + Y(x_2 - x_1)$$

將這些方程式代入 (13.30) 式和 (13.31) 式中可得：

$\ln \gamma_1 = x_2^2\left(Y + x_1\dfrac{dY}{dx_1}\right)$ (13.32)	$\ln \gamma_2 = x_1^2\left(Y - x_2\dfrac{dY}{dx_1}\right)$ (13.33)

其中 Y 可由 (13.29) 式求得，且

$$\frac{dY}{dx_1} = \sum_{n=1}^{a} nA_n z^{n-1} \tag{13.34}$$

對於無限稀釋值，由 (13.32) 式和 (13.33) 式可得：

$$\ln \gamma_1^\infty = Y(x_1 = 0, x_2 = 1, z = -1) = A_0 + \sum_{n=1}^{a} A_n(-1)^n \tag{13.35}$$

$$\ln \gamma_2^\infty = Y(x_1 = 1, x_2 = 0, z = 1) = A_0 + \sum_{n=1}^{a} A_n \tag{13.36}$$

在應用中，適當截取這些級數，而在文獻中常截取至 $a \le 5$。

當所有參數都為零時，$\ln \gamma_1 = 0$，$\ln \gamma_2 = 0$，$\gamma_1 = \gamma_2 = 1$。這些是理想溶液的值，它們代表過剩吉布斯能量為零的極限情況。

如果除 A_0 以外的所有參數均為零，則 $Y = A_0$，而 (13.32) 式和 (13.33) 式簡化為：

$\ln \gamma_1 = A_0x_2^2$ (13.37)	$\ln \gamma_2 = A_0x_1^2$ (13.38)

這些關係的對稱性是顯而易見的。活性係數的無限稀釋值是 $\ln \gamma_1^\infty = \ln \gamma_2^\infty = A_0$。

最廣為人知的是雙參數截取：

$$Y = A_0 + A_1(x_1 - x_2) = A_0 + A_1(2x_1 - 1)$$

其中 Y 對 x_1 而言是線性的。此式的另一種形式來自定義 $A_0 + A_1 = A_{21}$ 和 $A_0 - A_1 = A_{12}$。消去參數 A_0 和 A_1，以 A_{21} 和 A_{12} 表示，我們得到：

$$\frac{G^E}{RT} = (A_{21}x_1 + A_{12}x_2)x_1x_2 \tag{13.39}$$

$$\boxed{\ln\gamma_1 = x_2^2[A_{12} + 2(A_{21} - A_{12})x_1]} \tag{13.40}$$

$$\boxed{\ln\gamma_2 = x_1^2[A_{21} + 2(A_{12} - A_{21})x_2]} \tag{13.41}$$

這些稱為 **Margules** [5] **方程式** (Margules equations)。對於無限稀釋的極限條件，它們意味著：

$$\ln\gamma_1^\infty = A_{12} \qquad \text{和} \qquad \ln\gamma_2^\infty = A_{21}$$

van Laar 方程式

當倒數表達式 x_1x_2RT/G^E 表示為 x_1 的線性函數時，會產生另一個眾所周知的方程式：

$$\frac{x_1x_2}{G^E/RT} = A' + B'(x_1 - x_2) = A' + B'(2x_1 - 1)$$

這也可以寫成：

$$\frac{x_1x_2}{G^E/RT} = A'(x_1 + x_2) + B'(x_1 - x_2) = (A' + B')x_1 + (A' - B')x_2$$

當新的參數由方程式 $A' + B' = 1/A'_{21}$ 和 $A' - B' = 1/A'_{12}$ 定義時，得到一個等價形式：

$$\frac{x_1x_2}{G^E/RT} = \frac{x_1}{A'_{21}} + \frac{x_2}{A'_{12}} = \frac{A'_{12}x_1 + A'_{21}x_2}{A'_{12}A'_{21}}$$

或

$$\frac{x_1x_2}{G^E/RT} = \frac{x_1}{A'_{21}} + \frac{x_2}{A'_{12}} = \frac{A'_{12}x_1 + A'_{21}x_2}{A'_{12}A'_{21}} \tag{13.42}$$

此式隱含的活性係數為：

5 Max Margules (1856–1920)，奧地利氣象學家及物理學家，參見 http://en.wikipedia.org/wiki/Max_Margules。

$\ln \gamma_1 = A'_{12}\left(1 + \dfrac{A'_{12}x_1}{A'_{21}x_2}\right)^{-2}$ (13.43)	$\ln \gamma_2 = A'_{21}\left(1 + \dfrac{A'_{21}x_2}{A'_{12}x_1}\right)^{-2}$ (13.44)

這些是 van Laar [6] 方程式。當 $x_1 = 0$ 時，$\ln \gamma_1^\infty = A'_{12}$；當 $x_2 = 0$ 時，$\ln \gamma_2^\infty = A'_{21}$。

Redlich/Kister 展開式和 van Laar 方程式是基於有理函數的一般處理特例，即基於多項式的比給出的 $G^E/(x_1x_2RT)$ 方程式。[7] 它們為二成分系統的 VLE 數據擬合提供極大的靈活性。然而，它們的理論基礎不足，因此無法為多成分系統的擴展提供合理的依據。此外，它們不包含其參數隨溫度的變化，儘管這可以在特定的基礎上提供。

局部組成模型

液態溶液行為的分子熱力學理論發展通常基於**局部組成** (local composition) 的概念。在液態溶液中，假定不同於整個混合物組成的局部組成解釋由分子大小和分子間力的差異，引起的短程有序和非隨機分子位向。這個概念是由 G. M. Wilson 於 1964 年提出的，其發表的溶液行為模式稱為 Wilson 方程式。[8] 此方程式在 VLE 數據關聯式方面的成功促使替代局部組成模式的發展，最值得注意的是 Renon 和 Prausnitz 的 NRTL (**N**on-**R**andom-**T**wo-**L**iquid) 方程式，以及 Abrams 和 Prausnitz[9] 的 UNIQUAC (**UNI**versal **QUA**si-**C**hemical) 方程式。[10] 基於 UNIQUAC 方程式的另一個重要發展是 UNIFAC 方法，[11] 其中，活性係數是由構成溶液分子的各組貢獻計算而得。

Wilson 方程式。如同 Margules 和 van Laar 方程式，Wilson 方程式僅包含二成分系統的兩個參數 (Λ_{12} 和 Λ_{21})。可寫成：

$$\frac{G^E}{RT} = -x_1 \ln(x_1 + x_2\Lambda_{12}) - x_2 \ln(x_2 + x_1\Lambda_{21}) \tag{13.45}$$

6 Johannes Jacobus van Laar (1860–1938)，荷蘭物理化學家，參見 Dutch physical chemist; see http://en.wikipedia.org/wiki/Johannes_van_Laar。

7 H. C. Van Ness and M. M. Abbott, *Classical Thermodynamics of Nonelectrolyte Solutions: With Applications to Phase Equilibria*, Sec. 5–7, McGraw-Hill, New York, 1982.

8 G. M. Wilson, *J. Am. Chem. Soc*, vol. 86, pp. 127–130, 1964.

9 H. Renon and J. M. Prausnitz, *AIChE J.*, vol. 14, p. 135–144, 1968.

10 D. S. Abrams and J. M. Prausnitz, *AIChE J.*, vol. 21, p. 116–128, 1975.

11 UNIQUAC 官能團活性係數；由 Aa. Fredenslund, R. L. Jones, and J. M. Prausnitz, *AIChE J.*, vol. 21, p. 1086–1099, 1975 提出；在專著 Aa. Fredenslund, J. Gmehling, and P. Rasmussen, *Vapor-Liquid Equilibrium Using UNIFAC*, Elsevier, Amsterdam, 1977 中詳細探討。

$$\ln \gamma_1 = -\ln(x_1 + x_2\Lambda_{12}) + x_2\left(\frac{\Lambda_{12}}{x_1 + x_2\Lambda_{12}} - \frac{\Lambda_{21}}{x_2 + x_1\Lambda_{21}}\right) \tag{13.46}$$

$$\ln \gamma_2 = -\ln(x_2 + x_1\Lambda_{21}) - x_1\left(\frac{\Lambda_{12}}{x_1 + x_2\Lambda_{12}} - \frac{\Lambda_{21}}{x_2 + x_1\Lambda_{21}}\right) \tag{13.47}$$

對於無限稀釋，這些方程式變為：

$$\ln \gamma_1^\infty = -\ln \Lambda_{12} + 1 - \Lambda_{21} \qquad \text{且} \qquad \ln \gamma_2^\infty = -\ln \Lambda_{21} + 1 - \Lambda_{12}$$

注意，Λ_{12} 和 Λ_{21} 必須為正數。

NRTL 方程式。此式包含二成分系統的三個參數，並可寫成：

$$\frac{G^E}{x_1 x_2 RT} = \frac{G_{21}\tau_{21}}{x_1 + x_2 G_{21}} + \frac{G_{12}\tau_{12}}{x_2 + x_1 G_{12}} \tag{13.48}$$

$$\ln \gamma_1 = x_2^2\left[\tau_{21}\left(\frac{G_{21}}{x_1 + x_2 G_{21}}\right)^2 + \frac{G_{12}\tau_{12}}{(x_2 + x_1 G_{12})^2}\right] \tag{13.49}$$

$$\ln \gamma_2 = x_1^2\left[\tau_{12}\left(\frac{G_{12}}{x_2 + x_1 G_{12}}\right)^2 + \frac{G_{21}\tau_{21}}{(x_1 + x_2 G_{21})^2}\right] \tag{13.50}$$

此處，
$$G_{12} = \exp(-\alpha\tau_{12}) \qquad G_{21} = \exp(-\alpha\tau_{21})$$

且
$$\tau_{12} = \frac{b_{12}}{RT} \qquad \tau_{21} = \frac{b_{21}}{RT}$$

其中 α、b_{12} 和 b_{21} 是特定物種對的特定參數與組成和溫度無關。活性係數的無限稀釋值可由下式求得：

$$\ln \gamma_1^\infty = \tau_{21} + \tau_{12}\exp(-\alpha\tau_{12}) \qquad \text{且} \qquad \ln \gamma_2^\infty = \tau_{12} + \tau_{21}\exp(-\alpha\tau_{21})$$

UNIQUAC 方程式和 UNIFAC 方法是更複雜的模式，在附錄 G 中進行討論。

多成分系統

局部組成模式在數據擬合方面的靈活性有限，但它們足以滿足大多數工程目的。此外，它們可以隱含地推廣到多成分系統，而不引入超出描述組成二成分系統所需的任何參數。例如，多成分系統的 Wilson 方程式為：

$$\frac{G^E}{RT} = -\sum_i x_i \ln\left(\sum_j x_j \Lambda_{ij}\right) \tag{13.51}$$

$$\ln \gamma_i = 1 - \ln\left(\sum_j x_j \Lambda_{ij}\right) - \sum_k \frac{x_k \Lambda_{ki}}{\sum_j x_j \Lambda_{kj}} \tag{13.52}$$

其中當 $i = j$ 時，$\Lambda_{ij} = 1$ 等。所有指標均指同一物種，並且對所有物種求總和。對於每個 ij 對，有兩個參數，因為 $\Lambda_{ij} \neq \Lambda_{ji}$。對於三成分系統，三個 ij 對與參數 Λ_{12}、Λ_{21}；Λ_{13}；Λ_{31}；和 Λ_{23}、Λ_{32}，相關聯。

參數隨溫度的變化可由下式得知：

$$\Lambda_{ij} = \frac{V_j}{V_i} \exp\frac{-a_{ij}}{RT} \qquad (i \neq j) \tag{13.53}$$

其中 V_j 和 V_i 是純液體 j 與 i 在溫度 T 的莫耳體積，a_{ij} 是與組成和溫度無關的常數。因此，Wilson 方程式與所有其他局部組成模式一樣，已經內置參數的近似溫度相關性。此外，所有參數都是從二成分 (與多成分相比) 系統的數據中求得的。這使得局部組成模式的參數計算成為可管理比例的任務。

13.5 將活性係數模式擬合到 VLE 數據

在表 13.3 中，前三行重複表 13.1 的 P-x_1-y_1 數據，用於甲基乙基酮(1) / 甲苯(2) 系統。這些數據點也以圓圈顯示於圖 13.6(a) 中。$\ln \gamma_1$ 和 $\ln \gamma_2$ 的值列於第 4 行與第 5 行，並由圖 13.6(b) 的空心正方形和三角形表示。對於二成分系統，根據 (13.10) 式，將它們組合成：

$$\boxed{\frac{G^E}{RT} = x_1 \ln \gamma_1 + x_2 \ln \gamma_2} \tag{13.54}$$

然後將如此計算的 G^E/RT 的值除以 x_1x_2 以得到 $G^E/(x_1x_2RT)$ 的值；兩組數值列於表 13.3 的第 6 行和第 7 行，並在圖 13.6(b) 中以實心圓圈表示。

四個熱力學函數 $\ln \gamma_1$、$\ln \gamma_2$、G^E/RT 和 $G^E/(x_1x_2RT)$ 是液相的性質。圖 13.6(b) 顯示在特定溫度下，特定二成分系統的實驗值如何隨組成變化。此圖描述具有下列性質的系統特徵：

$$\gamma_i \geq 1 \qquad 且 \qquad \ln\gamma_i \geq 0 \quad (i = 1, 2)$$

在這種情況下，液相顯示出與拉午耳定律行為的正偏差。這也可以在圖 13.6(a) 中看到，其中 P-x_1 數據點都位於表示拉午耳定律的虛線上方。

因為物種變為純物種時，溶液中物種的活性係數變為 1，所以當 $x_i \to 1$ 時，每個 $\ln \gamma_i$ $(i = 1, 2)$ 趨近於零。這在圖 13.6(b) 中是很明顯的。在另一個極限，當

表 13.3 甲基乙基酮(1) / 甲苯(2) 在 50°C 的 VLE 數據

P/kPa	x_1	y_1	$\ln \gamma_1$	$\ln \gamma_2$	G^E/RT	$G^E/(x_1x_2RT)$
12.30 (P_2^{sat})	0.0000	0.0000		0.000	0.000	
15.51	0.0895	0.2716	0.266	0.009	0.032	0.389
18.61	0.1981	0.4565	0.172	0.025	0.054	0.342
21.63	0.3193	0.5934	0.108	0.049	0.068	0.312
24.01	0.4232	0.6815	0.069	0.075	0.072	0.297
25.92	0.5119	0.7440	0.043	0.100	0.071	0.283
27.96	0.6096	0.8050	0.023	0.127	0.063	0.267
30.12	0.7135	0.8639	0.010	0.151	0.051	0.248
31.75	0.7934	0.9048	0.003	0.173	0.038	0.234
34.15	0.9102	0.9590	−0.003	0.237	0.019	0.227
36.09 (P_1^{sat})	1.0000	1.0000	0.000		0.000	

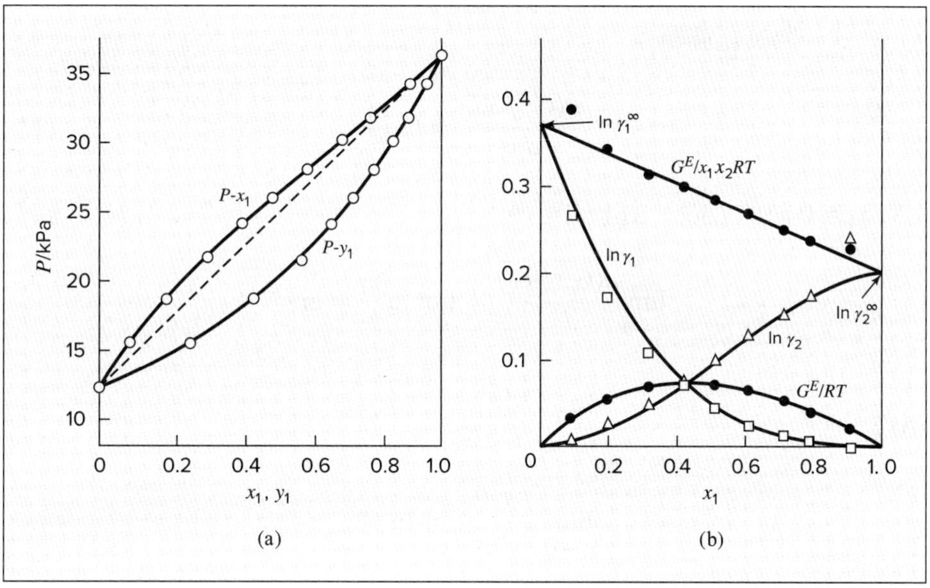

圖 13.6 在 50°C 下的甲基乙基酮(1) / 甲苯(2) 系統。(a) Pxy 數據及其關聯性；(b) 液相性質及其關聯性。

$x_i \to 0$ 時，物種 i 變為無限稀釋，$\ln \gamma_i$ 趨近於有限值，即 $\ln \gamma_i^\infty$。在 $x_1 \to 0$ 的極限下，(13.54) 式的無因次過剩吉布斯能量 G^E/RT 變為：

$$\lim_{x_1 \to 0} \frac{G^E}{RT} = (0) \ln \gamma_1^\infty + (1)(0) = 0$$

對於 $x_2 \to 0$ ($x_1 \to 1$) 亦可獲得相同的結果。因此，G^E/RT (和 G^E) 的值在 $x_1 = 0$ 和 $x_1 = 1$ 時均為零。

$G^E/(x_1x_2RT)$ 在 $x_1 = 0$ 和 $x_1 = 1$ 時變得不確定，因為 G^E 在兩個極限中均為零，乘積 x_1x_2 也是如此。對於 $x_1 \to 0$，應用 L'Hôpital 法則可得：

$$\lim_{x_1\to 0}\frac{G^E}{x_1x_2RT}=\lim_{x_1\to 0}\frac{G^E/RT}{x_1}=\lim_{x_1\to 0}\frac{d(G^E/RT)}{dx_1} \tag{A}$$

最後一項的導數可由 (13.54) 式對 x_1 的微分求得：

$$\frac{d(G^E/RT)}{dx_1}=x_1\frac{d\ln\gamma_1}{dx_1}+\ln\gamma_1+x_2\frac{d\ln\gamma_2}{dx_1}-\ln\gamma_2 \tag{B}$$

上式中最後一項的負號來自 $dx_2/dx_1=-1$，因為 $x_1+x_2=1$。寫出二成分系統的 Gibbs/Duhem 方程式，即 (13.11) 式，再除以 dx_1 可得：

$$\boxed{x_1\frac{d\ln\gamma_1}{dx_1}+x_2\frac{d\ln\gamma_2}{dx_1}=0 \qquad \text{(恆溫、恆壓)}} \tag{13.55}$$

代入 (*B*) 式，將其化簡為：

$$\frac{d(G^E/RT)}{dx_1}=\ln\frac{\gamma_1}{\gamma_2} \tag{13.56}$$

應用於 $x_1=0$ 時的極限，由上式可得：

$$\lim_{x_1\to 0}\frac{d(G^E/RT)}{dx_1}=\lim_{x_1\to 0}\ln\frac{\gamma_1}{\gamma_2}=\ln\gamma_1^\infty$$

由 (*A*) 式可得，

$$\lim_{x_1\to 0}\frac{G^E}{x_1x_2RT}=\ln\gamma_1^\infty$$

同理，

$$\lim_{x_1\to 1}\frac{G^E}{x_1x_2RT}=\ln\gamma_2^\infty$$

因此，$G^E/(x_1x_2RT)$ 的極限值等於無限稀釋溶液中 $\ln\gamma_1$ 和 $\ln\gamma_2$ 的極限。此結果如圖 13.6(b) 所示。

這些結果取決於恆溫、恆壓下的 (13.11) 式。儘管表 13.3 的數據是在恆溫 *T* 下所得，但是壓力 *P* 並非恆定，而由變數 *P* 引入的誤差可忽略，因為對於低壓到中壓的系統，液相活性係數幾乎與 *P* 無關。

(13.11) 式對圖 13.6(b) 的性質有進一步的影響。將此式改寫為：

$$\frac{d\ln\gamma_1}{dx_1}=-\frac{x_2}{x_1}\frac{d\ln\gamma_2}{dx_1}$$

它要求 $\ln\gamma_1$ 曲線的斜率與 $\ln\gamma_2$ 曲線的斜率符號相反。此外，當 $x_2\to 0$ (和 $x_1\to 1$) 時，$\ln\gamma_1$ 曲線的斜率為零。同理，當 $x_1\to 0$ 時，$\ln\gamma_2$ 曲線的斜率為零。因此在 $x_i=1$ 時，每個 $\ln\gamma_i$ $(i=1, 2)$ 曲線的值為零，且具有零斜率。

數據簡化

在圖 13.6(b) 所示的點集合中，$G^E/(x_1x_2RT)$ 的點最符合簡單的數學關係。因此，直線對於這組點提供合理的近似，並且利用以下方程式給出這種線性關係的數學表達式：

$$\frac{G^E}{x_1x_2RT}=A_{21}x_1+A_{12}x_2$$

其中 A_{21} 和 A_{12} 是任何特定應用中的常數。這是由 (13.39) 式給出的 Margules 方程式，具有由 (13.40) 式和 (13.41) 式給出的活性係數的對應表達式。

對於此處考慮的甲基乙基酮 / 甲苯系統，圖 13.6(b) 中 G^E/RT、1ln γ_1 和 ln γ_2 的曲線，可以用 (13.39) 式、(13.40) 式和 (13.41) 式表示，其中：

$$A_{12}=0.372 \quad \text{和} \quad A_{21}=0.198$$

這些常數可由代表 $G^E/(x_1x_2RT)$ 數據點的直線在 $x_1=0$ 和 $x_1=1$ 處的截距值。

這裡將一組 VLE 數據簡化為無因次過剩吉布斯能量的簡單數學方程式：

$$\frac{G^E}{RT}=(0.198x_1+0.372x_2)x_1x_2$$

此式簡明地儲存數據集的資訊。實際上，ln γ_1 和 ln γ_2 的 Margules 方程式可建構原始 P-x_1-y_1 數據集的相關性。對於二成分系統的物種 1 和 2，(13.19) 式可寫成：

$$y_1P=x_1\gamma_1P_1^{\text{sat}} \quad \text{和} \quad y_2P=x_2\gamma_2P_2^{\text{sat}}$$

將二式相加可得，

$$\boxed{P=x_1\gamma_1P_1^{\text{sat}}+x_2\gamma_2P_2^{\text{sat}}} \tag{13.57}$$

因此，

$$\boxed{y_1=\frac{x_1\gamma_1P_1^{\text{sat}}}{x_1\gamma_1P_1^{\text{sat}}+x_2\gamma_2P_2^{\text{sat}}}} \tag{13.58}$$

由 (13.40) 式和 (13.41) 式及甲基乙基酮(l) / 甲苯(2) 系統中求得的 A_{12} 和 A_{21}，可求出 γ_1 和 γ_2 的值，而與 P_1^{sat} 和 P_2^{sat} 的實驗值進行組合，在不同的 x_1 值下，利用 (13.57) 式和 (13.58) 式，計算 P 和 y_1。結果用圖 13.6(a) 的實線表示，它代表計算的 P-x_1 和 P-y_1 關係。它們清楚地提供實驗數據點的充分關聯性。

表 13.4 列出第二組 P-x_1-y_1 數據，對於在 50°C 下的氯仿(1) /1,4- 二噁烷(2)，[12] 以及相關熱力學函數的值。圖 13.7(a) 和圖 13.7(b) 將所有實驗值顯示為點。此

12 M. L. McGlashan and R. P. Rastogi, *Trans. Faraday Soc*, vol. 54, p. 496, 1958.

系統顯示與拉午耳定律行為的負偏差；γ_1 和 γ_2 小於 1，並且 $\ln\gamma_1$、$\ln\gamma_2$、G^E/RT 和 $G^E/(x_1x_2RT)$ 的值為負。此外，圖 13.7(a) 中的 P-x_1 數據點都位於代表拉午耳定律行為的虛線下方。$G^E/(x_1x_2RT)$ 的數據點是以 Margules 方程式關聯，在這種情況下使用參數：

$$A_{12} = -0.72 \qquad \text{且} \qquad A_{21} = -1.27$$

➡ **表 13.4** 氯仿(1) / 1, 4- 二噁烷(2) 在 50°C 的 VLE 數據

P/kPa	x_1	y_1	$\ln\gamma_1$	$\ln\gamma_2$	G^E/RT	$G^E/(x_1x_2RT)$
15.79 (P_2^{sat})	0.0000	0.0000		0.000	0.000	
17.51	0.0932	0.1794	–0.722	0.004	–0.064	–0.758
18.15	0.1248	0.2383	–0.694	–0.000	–0.086	–0.790
19.30	0.1757	0.3302	–0.648	–0.007	–0.120	–0.825
19.89	0.2000	0.3691	–0.636	–0.007	–0.133	–0.828
21.37	0.2626	0.4628	–0.611	–0.014	–0.171	–0.882
24.95	0.3615	0.6184	–0.486	–0.057	–0.212	–0.919
29.82	0.4750	0.7552	–0.380	–0.127	–0.248	–0.992
34.80	0.5555	0.8378	–0.279	–0.218	–0.252	–1.019
42.10	0.6718	0.9137	–0.192	–0.355	–0.245	–1.113
60.38	0.8780	0.9860	–0.023	–0.824	–0.120	–1.124
65.39	0.9398	0.9945	–0.002	–0.972	–0.061	–1.074
69.36 (P_1^{sat})	1.0000	1.0000	0.000		0.000	

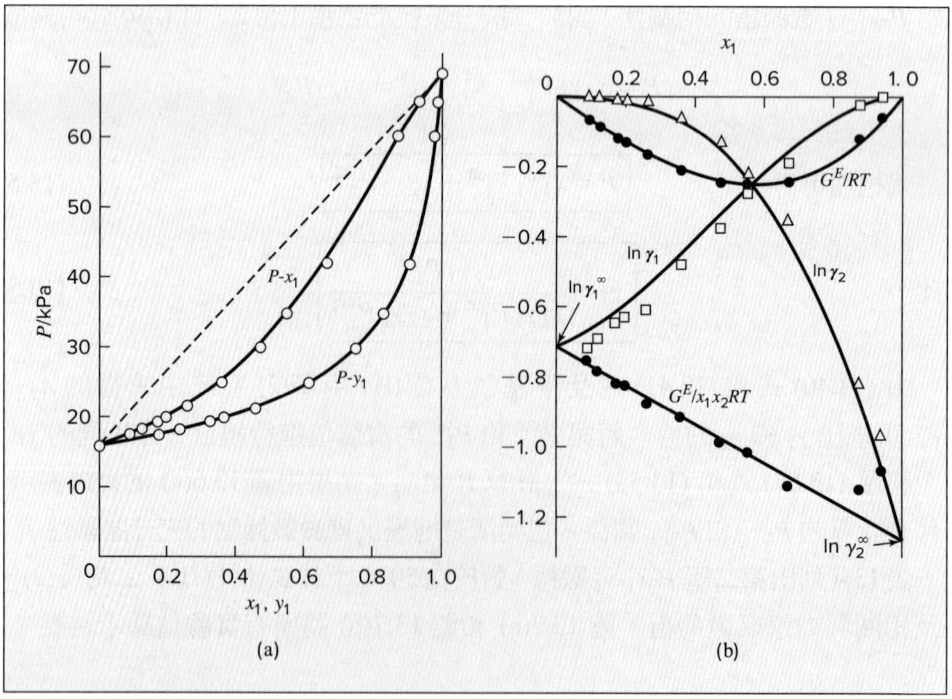

▶**圖 13.7** 在 50°C 下的氯仿(1) /1, 4 二噁烷(2) 系統。(a) Pxy 數據及其關聯性；(b) 液相性質及其關聯性。

由 (13.39) 式、(13.40) 式、(13.41) 式、(13.57) 式 和 (13.58) 式 計 算 的 G^E/RT、$\ln \gamma_1$、$\ln \gamma_2$、P 和 y_1 的值，在圖 13.7(a) 和圖 13.7(b) 中分別顯示出這些量的曲線。實驗所得的 P-x_1-y_1 數據再次被充分關聯。儘管這裡給出兩組 VLE 數據的 Margules 方程式提供的關聯式是令人滿意的，但它們並不完美。兩個可能的原因是，首先，Margules 方程式並不精確適合數據集；第二，P-x_1-y_1 數據本身有系統誤差，因此它們不符合 Gibbs/Duhem 方程式的要求。

我們假設在應用 Margules 方程式時，$G^E/(x_1x_2RT)$ 的實驗點與繪製的直線的偏差是由數據中的隨機誤差引起的。實際上，除了一些數據點之外，直線確實提供極好的相關性。僅在圖的邊緣才有顯著的偏差，而這些偏差已減少，因為當接近圖的邊緣時，誤差界限迅速變寬。在 $x_1 \to 0$ 和 $x_1 \to 1$ 的極限，$G^E/(x_1x_2RT)$ 變得不確定；實驗上，這意味著這些值受到無限誤差的影響，無法衡量。然而，存在這樣的可能性：關聯式將得到改善，$G^E/(x_1x_2RT)$ 點由適當的曲線而不是直線表示。找到最能代表數據的關聯式是一個試驗程序。

熱力學一致性

Gibbs/Duhem 方程式，(13.55) 式，對活性係數施加限制，而這些活性係數可能不滿足從 P-x_1-y_1 數據導出的一組實驗值。$\ln \gamma_1$ 和 $\ln \gamma_2$ 的實驗值與 (13.54) 式組合，可得到 G^E/RT 的值，此程序與 Gibbs/Duhem 方程式無關。另一方面，Gibbs/Duhem 方程式隱含在 (13.7) 式中，並且從這個方程式導出的活性係數必須遵循 Gibbs/Duhem 方程式。除非實驗值也滿足 Gibbs/Duhem 方程式，否則導出的這些活性係數不可能與實驗值一致，利用 (13.57) 式和 (13.58) 式計算的 P-x_1-y_1 關聯式也不能與這些實驗值一致。如果實驗數據與 Gibbs/Duhem 方程不一致，則由於數據中的系統誤差，它們必然是不正確的。因為 G^E/RT 的關聯式對導出的活性係數施加**一致性**，所以可精確重現不一致的 P-x_1-y_1 數據的關聯式並不存在。

我們現在的目的是開發一個簡單的測試，以確保 P-x_1-y_1 數據集的 Gibbs/Duhem 方程式的**一致性**。利用 (13.54) 式計算出實驗值，此實驗值以 * 表示，而將 (13.54) 式改寫為：

$$\left(\frac{G^E}{RT}\right)^* = x_1 \ln \gamma_1^* + x_2 \ln \gamma_2^*$$

微分可得：

$$\frac{d\left(G^E/RT\right)^*}{dx_1} = x_1 \frac{d \ln \gamma_1^*}{dx_1} + \ln \gamma_1^* + x_2 \frac{d \ln \gamma_2^*}{dx_1} - \ln \gamma_2^*$$

或
$$\frac{d(G^E/RT)^*}{dx_1}=\ln\frac{\gamma_1^*}{\gamma_2^*}+x_1\frac{d\ln\gamma_1^*}{dx_1}+x_2\frac{d\ln\gamma_2^*}{dx_1}$$

將 (13.56) 式減去上式，而 (13.56) 式中的值是由如 Margules 方程式的關聯式求得：

$$\frac{d(G^E/RT)}{dx_1}-\frac{d(G^E/RT)^*}{dx_1}=\ln\frac{\gamma_1}{\gamma_2}-\ln\frac{\gamma_1^*}{\gamma_2^*}-\left(x_1\frac{d\ln\gamma_1^*}{dx_1}+x_2\frac{d\ln\gamma_2^*}{dx_1}\right)$$

類似項之間的差值是**殘差** (residual)，其可以用 δ 符號表示。因此上式變為：

$$\frac{d\,\delta(G^E/RT)}{dx_1}=\delta\ln\frac{\gamma_1}{\gamma_2}-\left(x_1\frac{d\ln\gamma_1^*}{dx_1}+x_2\frac{d\ln\gamma_2^*}{dx_1}\right)$$

若減少數據集以使 G^E/RT 中的殘差分散為零，則導數 $d\,\delta(G^E/RT)/dx_1$ 實際上為零，上式變為：

$$\boxed{\delta\ln\frac{\gamma_1}{\gamma_2}=x_1\frac{d\ln\gamma_1^*}{dx_1}+x_2\frac{d\ln\gamma_2^*}{dx_1}}\tag{13.59}$$

上式的右邊正好是 Gibbs/Duhem 方程式的量，若數據合乎一致性，則 (13.55) 式的量必為零。因此，左邊的殘差可以直接衡量與 Gibbs/Duhem 方程式的偏差。殘差偏離零多少，是數據集偏離一致性程度的衡量標準。[13]

例 13.4

Maripuri 和 Ratcliff [14] 發表在 65°C 下二乙基酮(1) / 正己烷(2) 的 VLE 數據，在表 13.5 前三行中列出，簡化這組數據。

解

表 13.5 最後三行所表示的實驗值 $\ln\gamma_1^*$、$\ln\gamma_2^*$ 和 $(G^E/(x_1x_2RT))^*$，是由 (13.24) 式和 (13.54) 式根據數據計算。所有數值均顯示為圖 13.8(a) 和圖 13.8(b) 中的點。這裡的目的是找到 G^E/RT 的方程式，它提供適當的數據關聯式。雖然圖 13.8(b) 中 $(G^E/(x_1x_2RT))^*$ 的數據點有些分散，但它們足以定義一條直線：

$$\frac{G^E}{x_1x_2RT}=0.70x_1+1.35x_2$$

---

13 此測試和 VLE 數據縮減的其他方面由 H. C. Van Ness, *J. Chem. Thermodyn.*, vol. 27, pp. 113–134, 1995; *Pure & Appl. Chem.*, vol. 67, pp. 859–872, 1995 處理。亦可參見 P. T. Eubank, B. G. Lamonte, and J. F. Javier Alvarado, *J. Chem. Eng. Data,* vol. 45, pp. 1040–1048,

14 V. C. Maripuri and G. A. Ratcliff, *J. Appl. Chem. Biotechnol.*, vol. 22, pp. 899–903, 1972.

這是 Margules 方程式，其中 $A_{21} = 0.70$，$A_{12} = 1.35$。利用 (13.40) 式和 (13.41) 式可算出 $\ln \gamma_1$ 與 $\ln \gamma_2$ 的值，而利用 (13.57) 式和 (13.58) 式可算出 P 與 y_1。這些結果，如圖 13.8(a) 和圖 13.8(b) 的實線所示，這些實線顯然不代表數據的良好關聯式。

困難在於數據與 Gibbs/Duhem 方程式不一致；也就是說，表 13.5 中由實驗值計算的 $\ln \gamma_1^*$ 和 $\ln \gamma_2^*$ 與 (13.55) 式不一致。然而，從關聯式導出的 $\ln \gamma_1$ 和 $\ln \gamma_2$ 的值遵循

表 13.5　二乙基酮(1) / 正己烷(2) 在 65°C 的 VLE 數據

P/kPa	x_1	y_1	$\ln\gamma_1^*$	$\ln\gamma_2^*$	$\left(\dfrac{G^E}{x_1x_2RT}\right)^*$
90.15 (P_2^{sat})	0.000	0.000		0.000	
91.78	0.063	0.049	0.901	0.033	1.481
88.01	0.248	0.131	0.472	0.121	1.114
81.67	0.372	0.182	0.321	0.166	0.955
78.89	0.443	0.215	0.278	0.210	0.972
76.82	0.508	0.248	0.257	0.264	1.043
73.39	0.561	0.268	0.190	0.306	0.977
66.45	0.640	0.316	0.123	0.337	0.869
62.95	0.702	0.368	0.129	0.393	0.993
57.70	0.763	0.412	0.072	0.462	0.909
50.16	0.834	0.490	0.016	0.536	0.740
45.70	0.874	0.570	0.027	0.548	0.844
29.00 (P_1^{sat})	1.000	1.000	0.000		

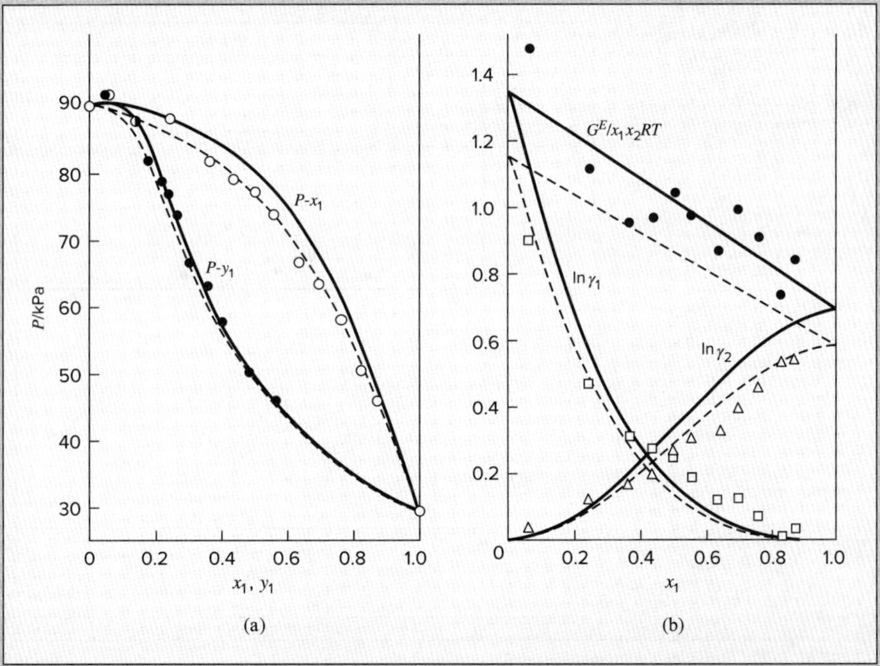

圖 13.8　在 65°C 下的二乙基酮(1) / 正己烷(2) 系統。(a) Pxy 數據及其關聯性；(b) 液相性質及其關聯性。

這個方程式；因此，實驗值和導出值不可能一致，並且得到的關聯式不能提供完整的 P-x_1-y_1 數據集的精確表示。

應用由 (13.59) 式表示的一致性測試，需要計算殘差 $\delta(G^E/RT)$ 和 $\delta\ln(\gamma_1/\gamma_2)$，將求出的這些值對 x_1 作圖，如圖 13.9 所示。如測試所要求的，殘差 $\delta(G^E/RT)$ 分布在零的附近，[15] 但殘差 $\delta\ln(\gamma_1/\gamma_2)$ 顯示數據無法滿足 Gibbs/Duhem 方程式。此殘差的平均絕對值小於 0.03 表示高度一致性的數據；平均絕對值小於 0.10 可能是可以接受的。這裡考慮的數據集顯示平均絕對偏差約為 0.15，因此包含顯著誤差。雖然無法確定誤差所在的位置，但 y_1 的值通常最為可疑。

剛剛描述的方法產生偏離實驗值的關聯式。另一種方法是僅處理 P-x_1 數據；這是可能的，因為 P-x_1-y_1 數據集包含的資訊多於必要的資訊。此程序需使用計算機，但原理很簡單。假設 Margules 方程式適合於數據，則僅搜索參數 A_{12} 和 A_{21} 的值，利用 (13.57) 式計算壓力，使其盡可能接近測量值。無論假設的關聯式如何，這種方法都適用，稱為 Barker 方法。[16] 應用於目前的數據集，可得參數：

$$A_{21} = 0.596 \quad \text{且} \quad A_{12} = 1.153$$

在 (13.39) 式、(13.40) 式、(13.41) 式、(13.57) 式和 (13.58) 式中使用這些參數，產生由圖 13.8(a) 和圖 13.8(b) 的虛線描述的結果。雖然此關聯式不完全精確，但它清楚地提供 P-x_1-y_1 實驗數據的較好整體表示。但是請注意，它必然會對實驗得到的 $\ln\gamma_1$、$\ln\gamma_2$ 和 $(G^E/(x_1x_2RT))$ 提供更差的擬合。該擬合程序忽略了汽相組成數據，從中可計算自實驗所得出的活性係數。

▶**圖 13.9** 二乙基酮(1) / 正己烷(2) 在 65°C 的數據一致性測試。

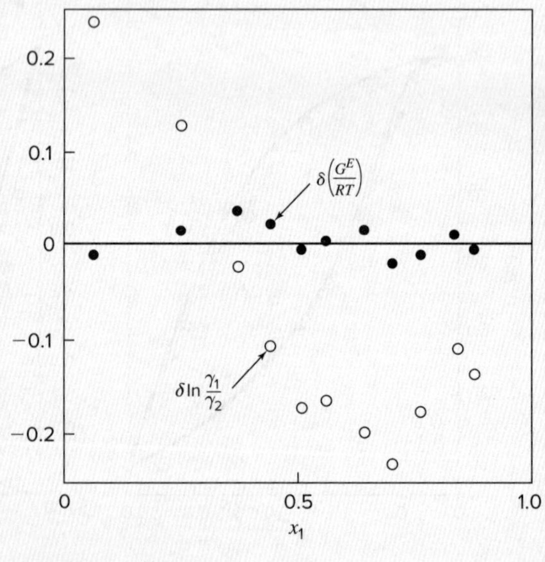

15 用於確定 G^E/RT 關聯式的簡單程序可利用回歸程序稍微得到改善，此回歸程序確定 A_{21} 和 A_{12} 的值以最小化殘差 $\delta(G^E/RT)$ 的平方和。

16 J. A. Barker, *Austral. J. Chem.*, vol. 6, pp. 207–210, 1953.

汽相逸壓係數的納入

假設汽相處於理想氣體狀態的低壓限制並不總是可能的，或甚至是不可取的，實際程序通常在高壓下操作以增加產量或容量。在這種情況下，可在高壓下獲取實驗數據，以增加它們與程序條件的相關性。

在中壓 (3.36) 式中，P 中的兩項維里展開式通常足以用於性質計算。(13.14) 式中所需的逸壓係數由 (10.64) 式給出，這裡寫成：

$$\hat{\phi}_i^v = \exp\frac{P}{RT}\left[B_{ii} + \frac{1}{2}\sum_j\sum_k y_j y_k(2\delta_{ji} - \delta_{jk})\right] \tag{13.60}$$

其中 $\delta_{ji} \equiv 2B_{ji} - B_{jj} - B_{ii}$ $\delta_{jk} \equiv 2B_{jk} - B_{jj} - B_{kk}$

具有 $\delta_{ii} = 0$、$\delta_{jj} = 0$ 等，以及 $\delta_{ij} = \delta_{ji}$ 等。維里係數的值來自廣義關聯式，例如由 (10.69) 式到 (10.74) 式表示。純 i 如飽和蒸汽 ϕ_i^{sat} 的逸壓係數可從 (13.60) 式得到，其中 δ_{ji} 和 δ_{jk} 設定為零：

$$\phi_i^{\text{sat}} = \exp\frac{B_{ii}P_i^{\text{sat}}}{RT} \tag{13.61}$$

(13.14) 式、(13.60) 式和 (13.61) 式的組合可得：

$$\Phi_i = \exp\frac{B_{ii}(P - P_i^{\text{sat}}) + \frac{1}{2}P\sum_j\sum_k y_j y_k(2\delta_{ji} - \delta_{jk})}{RT} \tag{13.62}$$

對於由物種 1 和 2 組成的二成分系統，上式變為：

$$\Phi_1 = \exp\frac{B_{11}(P - P_1^{\text{sat}}) + Py_2^2\delta_{12}}{RT} \tag{13.63}$$

$$\Phi_2 = \exp\frac{B_{22}(P - P_2^{\text{sat}}) + Py_1^2\delta_{12}}{RT} \tag{13.64}$$

在一組中壓 VLE 數據的減少中，包含經由 (13.63) 式和 (13.64) 式估算的 Φ_1 與 Φ_2 是直截了當的，因為在這種情況下，每個數據點的 T、P 和 y_1 的值是已知的。在估算 Φ_i 之後，在每個數據點處，活性係數可從以下公式計算：

$$\gamma_i = \frac{y_i\Phi_i P}{x_i P_i^{\text{sat}}} \tag{13.65}$$

然後經由 (13.54) 式組合這些實驗得出的活性係數，並且像往常一樣擬合到過剩吉布斯能量模式。

另一方面，包含汽相逸壓係數對泡點計算和閃蒸計算帶來重大的新複雜性，因為在這些情況下，汽相組成是未知的。當不包括汽相逸壓係數時，可以直接進行泡點壓力計算，而不需要任何疊代求解程序。但是，包含汽相逸壓係數，所有類型的泡點、露點和閃點計算需要疊代求解。

將數據外插到更高的溫度

文獻中提供大量的液相過剩性質數據，適用於溫度接近 30°C 且溫度稍高的二成分系統。有效利用這些數據將 G^E 關聯式擴展到更高的溫度，對於將它們用於工程設計計算至關重要。過剩性質隨溫度的變化的關鍵關係是 (10.89) 式，在恆定 P 和 x 下寫成：

$$d\left(\frac{G^E}{RT}\right) = -\frac{H^E}{RT^2}dT \qquad (\text{恆定 } P\text{、}x)$$

和 (2.20) 式的過剩性質類比：

$$dH^E = C_P^E\,dT \qquad (\text{恆定 } P\text{、}x)$$

將這些方程式中的第一個從 T_0 積分到 T 可得：

$$\frac{G^E}{RT} = \left(\frac{G^E}{RT}\right)_{T_0} - \int_{T_0}^{T} \frac{H^E}{RT^2}dT \tag{13.66}$$

同理，第二個方程式可以從 T_1 積分到 T：

$$H^E = H_1^E + \int_{T_1}^{T} C_P^E\,dT \tag{13.67}$$

此外，

$$dC_P^E = \left(\frac{\partial C_P^E}{\partial T}\right)_{P,x} dT$$

從 T_2 積分到 T 可得：

$$C_P^E = C_{P_2}^E + \int_{T_2}^{T} \left(\frac{\partial C_P^E}{\partial T}\right)_{P,\,x} dT$$

將上式與 (13.66) 式和 (13.67) 式組合可得：

$$\begin{aligned}\frac{G^E}{RT} = \left(\frac{G^E}{RT}\right)_{T_0} - \left(\frac{H^E}{RT}\right)_{T_1}\left(\frac{T}{T_0} - 1\right)\frac{T_1}{T} \\ - \frac{C_{P_2}^E}{R}\left[\ln\frac{T}{T_0} - \left(\frac{T}{T_0} - 1\right)\frac{T_1}{T}\right] - J\end{aligned} \tag{13.68}$$

其中
$$J \equiv \int_{T_0}^{T} \frac{1}{RT^2} \int_{T_1}^{T} \int_{T_2}^{T} \left(\frac{\partial C_P^E}{\partial T} \right)_{P,x} dT\,dT\,dT$$

這個一般方程式利用在溫度 T_0 的過剩吉布斯能量數據、在 T_1 的過剩焓 (混合熱) 數據，以及在 T_2 的過剩熱容量數據。

積分 J 的估算需要 C_P^E 對溫度變化的資訊。由於過剩熱容量數據的相對缺乏，通常假設該性質是恆定的，與 T 無關。在這種情況下，積分 J 為零，並且 T_0 和 T_1 越接近 T，這個假設的影響越小。如果沒有關於 C_P^E 的資訊，並且僅在單一溫度下可獲得過剩的焓數據，則必須假設過剩的熱容量為零。在這種情況下，僅保留 (13.68) 式右邊的前兩項，並且隨著 T 增加，它變得更不精確。

由於 G^E 數據的雙參數關聯式的參數與活性係數的無限稀釋值直接相關，因此我們對 (13.68) 式的主要興趣是，它在一個組成物種的無限稀釋下應用於二成分系統。為此，我們將 (13.68) 式除以乘積 x_1x_2。對於與 T 無關的 C_P^E (因此 $J = 0$)，它變為：

$$\frac{G^E}{x_1x_2RT} = \left(\frac{G^E}{x_1x_2RT}\right)_{T_0} - \left(\frac{H^E}{x_1x_2RT}\right)_{T_1}\left(\frac{T}{T_0} - 1\right)\frac{T_1}{T} - \frac{C_P^E}{x_1x_2R}\left[\ln\frac{T}{T_0} - \left(\frac{T}{T_0} - 1\right)\frac{T_1}{T}\right]$$

如第 13.5 節所示，
$$\left(\frac{G^E}{x_1x_2RT}\right)_{x_i=0} = \ln \gamma_i^\infty$$

因此適用於物種 i 的無限稀釋的前述方程式可寫成：

$$\ln \gamma_i^\infty = (\ln \gamma_i^\infty)_{T_0} - \left(\frac{H^E}{x_1x_2RT}\right)_{T_1, x_i=0}\left(\frac{T}{T_0} - 1\right)\frac{T_1}{T} - \left(\frac{C_P^E}{x_1x_2R}\right)_{x_i=0}\left[\ln\frac{T}{T_0} - \left(\frac{T}{T_0} - 1\right)\frac{T_1}{T}\right] \tag{13.69}$$

乙醇(1) / 水(2) 二成分系統的數據提供具體的說明。在基礎溫度 T_0 為 363.15 K (90°C) 時，Pemberton 和 Mash [17] 的 VLE 數據產生無限稀釋活性係數的準確值：

$$(\ln \gamma_1^\infty)_{T_0} = 1.7720 \text{ 和 } (\ln \gamma_2^\infty)_{T_0} = 0.9042$$

J. A. Larkin [18] 在 110°C 下的過剩焓數據的關聯式得到以下值：

---

17 R. C. Pemberton and C. J. Mash, *Int. DATA Series, Ser. B* , vol. 1, p. 66, 1978.

18 如 *Heats of Mixing Data Collection*, Chemistry Data Series, vol. Ill, part 1, pp. 457–459, DECHEMA, Frankfurt/Main, 1984 中所述。

$$\left(\frac{H^E}{x_1x_2RT}\right)_{T_1,x_1=0} = -0.0598 \qquad 和 \qquad \left(\frac{H^E}{x_1x_2RT}\right)_{T_1,x_2=0} = 0.6735$$

對於 50°C 到 110°C 的溫度範圍內的過剩焓的關聯式，可得 $C_P^E/(x_1x_2R)$ 的無限稀釋值，其幾乎恆定且等於

$$\left(\frac{C_P^E}{x_1x_2R}\right)_{x_1=0} = 13.8 \quad 和 \quad \left(\frac{C_P^E}{x_1x_2R}\right)_{x_2=0} = 7.2$$

對於大於 90°C 的溫度，可以用這些數據直接應用 (13.69) 式來估算 $\ln\gamma_1^\infty$ 和 $\ln\gamma_2^\infty$。van Laar 方程式 [(13.43) 式和 (13.44) 式] 在這裡是合適的，其參數與無限稀釋活性係數直接相關：

$$A'_{12} = \ln\gamma_1^\infty \qquad 且 \qquad A'_{21} = \ln\gamma_2^\infty$$

這些數據可利用 90°C 與兩個較高溫度 423.15 K 和 473.15 K (150°C 和 200°C) 的狀態方程式預測 VLE，其中測量的 VLE 數據由 Barr-David 和 Dodge 給出。[19] Pemberton 和 Mash 報告乙醇和水在 90°C 時的純物種蒸汽壓，但 Barr-David 和 Dodge (150°C 和 200°C) 的數據不包括這些值。因此，它們是根據可靠的關聯式計算的。計算結果基於 Peng/Robinson 狀態方程式，參見表 13.6。所示的是三個溫度下的 van Laar 參數 A'_{12} 和 A'_{21} 的值、純物種蒸汽壓 P_1^{sat} 和 P_2^{sat}、狀態方程式參數 b_i 和 q_i，以及 P 和 y_1 的計算值與實驗值之間的均方根 (RMS) 偏差。

對於 90°C 示出的 RMS % δP 小的數值，表示 van Laar 方程式對於 VLE 數據的關聯式的適合性，以及狀態方程式再現數據的能力。利用 γ/ϕ 程序將這些數據與 van Laar 方程式直接擬合，得到 RMS % $\delta P = 0.19$。[20] 在 150°C 和 200°C

表 13.6 乙醇(1) / 水(2) 的 VLE 結果

T °C	A'_{12}	A'_{21}	P_1^{sat} bar	P_2^{sat} bar	q_1	q_2	RMS % δP	RMS δy_1
90	1.7720	0.9042	1.5789	0.7012	12.0364	15.4551	0.29	*****
150	1.7356	0.7796	9.825	4.760	8.8905	12.2158	2.54	0.005
200	1.5204	0.6001	29.861	15.547	7.0268	10.2080	1.40	0.005
			$b_1 = 54.0645$		$b_2 = 18.9772$			

***** 未測量汽相組成

19 F. H. Barr-David and B. F. Dodge, *J. Chem. Eng. Data,* vol. 4, pp. 107–121, 1959.

20 據報導 *Vapor-Liquid Equilibrium Data Collection*, Chemistry Data Series, vol. 1, part 1a, p. 145, DECHEMA, Frankfurt/Main, 1981.

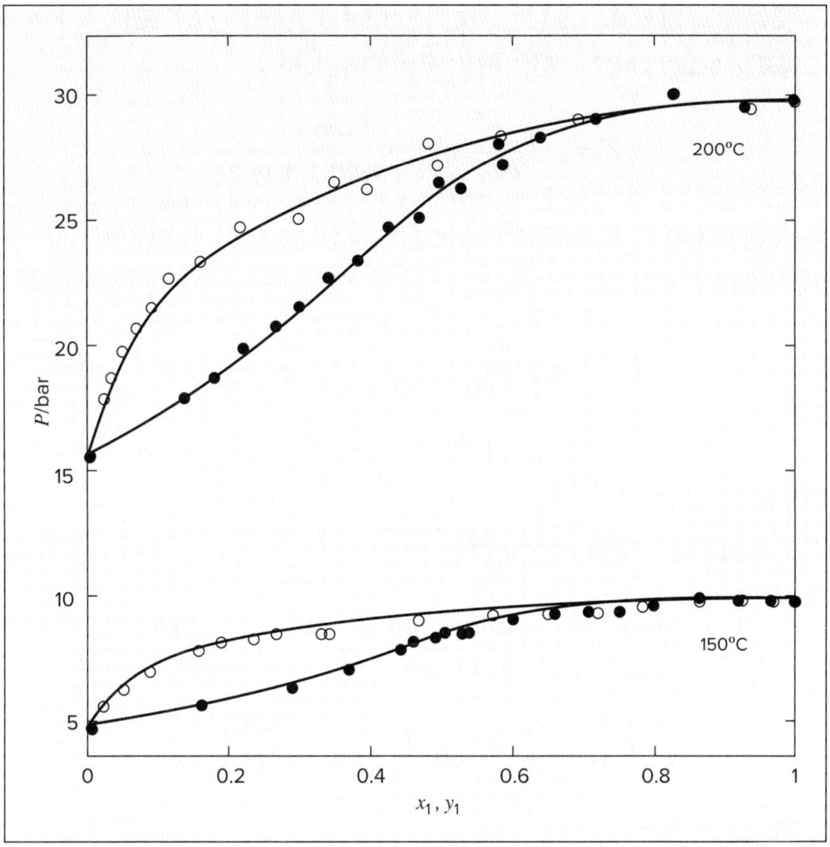

▶圖 13.10 乙醇(1) / 水(2) 的 *Pxy* 圖。線代表預測值；點是實驗值。

的結果僅基於純物種的蒸汽氣壓數據和較低溫度下的混合物數據。預測質量由圖 13.13 的 *P-x-y* 圖表示，其也反映數據的不確定性。

13.6 立方狀態方程式的剩餘性質

在第 6.3 節中，我們利用維里狀態方程式及廣義關聯式來處理剩餘性質的計算，但是當時並沒有將此計算擴展到立方狀態方程式。立方狀態方程式的關鍵區別特徵是，它們處理汽相和液相性質的能力。如本章所述，這種能力在 VLE 計算的背景下最有價值。因此，在本節中首先處理來自立方狀態方程式的剩餘性質計算，然後在第 13.7 節中，說明如何使用它們來進行相平衡計算。

有些普遍性的結果遵循通用立方狀態方程式：

$$P = \frac{RT}{V-b} - \frac{a(T)}{(V+\varepsilon b)(V+\sigma b)} \tag{3.41}$$

(6.58) 式到 (6.60) 式與壓力顯式狀態方程式相容。我們只需要改寫 (3.41) 式來得

到 Z，密度 ρ 作為自變數。因此，我們將 (3.41) 式除以 ρRT 並代入 $V = 1/\rho$。由 (3.47) 式得知 $q \equiv a(T)/bRT$，經代數化簡後的結果是：

$$Z = \frac{1}{1-\rho b} - q\frac{\rho b}{(1+\varepsilon\rho b)(1+\sigma\rho b)}$$

在 (6.58) 式到 (6.60) 式中，估算積分所需的兩個量 $Z - 1$ 和 $(\partial Z/\partial T)_\rho$ 很容易從這個方程式中獲得：

$$Z - 1 = \frac{\rho b}{1-\rho b} - q\frac{\rho b}{(1+\varepsilon\rho b)(1+\sigma\rho b)}$$
$$\left(\frac{\partial Z}{\partial T}\right)_\rho = -\left(\frac{dq}{dT}\right)\frac{\rho b}{(1+\varepsilon\rho b)(1+\sigma\rho b)} \tag{13.70}$$

(6.58) 式到 (6.60) 式的積分現在估算如下：

$$\int_0^\rho (Z-1)\frac{d\rho}{\rho} = \int_0^\rho \frac{\rho b}{1-\rho b}\frac{d(\rho b)}{\rho b} - q\int_0^\rho \frac{d(\rho b)}{(1+\varepsilon\rho b)(1+\sigma\rho b)}$$
$$\int_0^\rho \left(\frac{\partial Z}{\partial T}\right)_\rho \frac{d\rho}{\rho} = -\frac{dq}{dT}\int_0^\rho \frac{d(\rho b)}{(1+\varepsilon\rho b)(1+\sigma\rho b)}$$

這兩個方程式簡化為：

$$\int_0^\rho (Z-1)\frac{d\rho}{\rho} = -\ln(1-\rho b) - qI \qquad \int_0^\rho \left(\frac{\partial Z}{\partial T}\right)_\rho \frac{d\rho}{\rho} = -\frac{dq}{dT}I$$

其中根據定義， $I \equiv \int_0^\rho \frac{d(\rho b)}{(1+\varepsilon\rho b)(1+\sigma\rho b)}$ (恆溫 T)

估算這個積分有兩種情況：

情況 I：$\varepsilon \neq \sigma$

$$I = \frac{1}{\sigma-\varepsilon}\ln\left(\frac{1+\sigma\rho b}{1+\varepsilon\rho b}\right) \tag{13.71}$$

當消去 ρ 而以 Z 呈現時，應用這個方程式和隨後的方程式會更簡單。將 (3.46) 式 β 的定義，$\beta \equiv bP/RT$ 與 $Z \equiv P/\rho RT$ 結合起來，可得 $\rho b = \beta/Z$。因此：

$$I = \frac{1}{\sigma-\varepsilon}\ln\left(\frac{Z+\sigma\beta}{Z+\varepsilon\beta}\right) \tag{13.72}$$

情況 II：$\varepsilon = \sigma$

$$I = \frac{\rho b}{1+\varepsilon\rho b} = \frac{\beta}{Z+\varepsilon\beta}$$

這裡唯一考慮適用於情況 II 的方程式是凡得瓦方程式，這個方程式 $\varepsilon = 0$，可化簡為 $I = \beta/Z$。

經由積分的計算，(6.58) 式到 (6.60) 式可化簡為：

$$\frac{G^R}{RT} = Z - 1 - \ln[(1 - \rho b)Z] - qI \tag{13.73}$$

或

$$\boxed{\frac{G^R}{RT} = Z - 1 - \ln(Z - \beta) - qI} \tag{13.74}$$

$$\frac{H^R}{RT} = Z - 1 + T\left(\frac{dq}{dT}\right)I = Z - 1 + T_r\left(\frac{dq}{dT_r}\right)I$$

且

$$\frac{S^R}{R} = \ln(Z - \beta) + \left(q + T_r\frac{dq}{dT_r}\right)I$$

$T_r\dfrac{dq}{dT_r}$ 很容易從 (3.51) 式中求得：

$$T_r\frac{dq}{dT_r} = \left[\frac{d\ln\alpha(T_r)}{d\ln T_r} - 1\right]q$$

將上式代入前兩個方程式中可得：

$$\boxed{\frac{H^R}{RT} = Z - 1 + \left[\frac{d\ln\alpha(T_r)}{d\ln T_r} - 1\right]qI} \tag{13.75}$$

$$\boxed{\frac{S^R}{R} = \ln(Z - \beta) + \frac{d\ln\alpha(T_r)}{d\ln T_r}qI} \tag{13.76}$$

在應用這些方程式之前，必須以狀態方程式本身來求得 Z，對於汽相或液相，通常分別以 (3.48) 式或 (3.49) 式的形式寫出。

例 13.5

由 Redlich/Kwong 方程式，在 500 K 和 50 bar 下，求出正丁烷氣體的剩餘焓 H^R 和剩餘熵 S^R 的值。

解

對於已知的條件：

$$T_r = \frac{500}{425.1} = 1.176 \qquad P_r = \frac{50}{37.96} = 1.317$$

利用 (3.50) 式，以及表 3.1 中的 Redlich/Kwong 方程式的 Ω，

$$\beta = \Omega\frac{P_r}{T_r} = \frac{(0.08664)(1.317)}{1.176} = 0.09703$$

對於 Ψ 和 Ω 的值，以及表 3.1 中的表達式 $\alpha(T_r) = T_r^{-1/2}$，由 (3.51) 式可得：

$$q = \frac{\Psi\alpha(T_r)}{\Omega T_r} = \frac{0.42748}{(0.08664)(1.176)^{1.5}} = 3.8689$$

將這些 β 和 q 的值及 $\varepsilon = 0$ 和 $\sigma = 1$ 代入 (3.48) 式，將其化簡為：

$$Z = 1 + 0.09703 - (3.8689)(0.09703)\frac{Z - 0.09703}{Z(Z + 0.09703)}$$

這個方程式的疊代解得到 $Z = 0.6850$。 因此：

$$I = \ln\frac{Z+\beta}{Z} = 0.13247$$

由於 $\ln\alpha(T_r) = -\frac{1}{2}\ln T_r$，我們得 $\frac{d\ln\alpha(T_r)}{d\ln T_r} = -\frac{1}{2}$，(13.75) 式和 (13.76) 式變為：

$$\frac{H^R}{RT} = 0.6850 - 1 + (-0.5 - 1)(3.8689)(0.13247) = -1.0838$$

$$\frac{S^R}{R} = \ln(0.6850 - 0.09703) - (0.5)(3.8689)(0.13247) = -0.78735$$

因此，

$$H^R = (8.314)(500)(-1.0838) = -4505\ \text{J·mol}^{-1}$$

$$S^R = (8.314)(-0.78735) = -6.546\ \text{J·mol}^{-1}\text{·K}^{-1}$$

將這些結果與表 13.7 中的其他計算結果進行比較。

表 13.7 正丁烷在 500 K 和 50 bar 下的 Z、H^R 和 S^R 的值

方法	Z	H^R J·mol^{-1}	S^R J·mol^{-1}·K^{-1}
vdW 方程式	0.6608	–3937	–5.424
RK 方程式	0.6850	–4505	–6.546
SRK 方程式	0.7222	–4824	–7.413
PR 方程式	0.6907	–4988	–7.426
Lee/Kesler†	0.6988	–4966	–7.632
Handbook‡	0.7060	–4760	–7.170

† 在第 6.7 節中描述。

‡ 值取自 Table 2–240, p. 2–223, *Chemical Engineers' Handbook*, 7th ed., D. Green and R. H. Perry (eds.), McGraw-Hill, New York, 1997。

13.7 VLE 來自立方狀態方程式

如第 10.6 節所示，當每個物種的逸壓在所有相都相同時，相同 T 和 P 的相處於平衡狀態。 對於 VLE，這個要求可寫成：

$$\hat{f}_i^v = \hat{f}_i^l \qquad (i = 1, 2, \ldots, N) \tag{10.48}$$

另一種形式來自於引入由 (10.52) 式定義的逸壓係數：

$$y_i \hat{\phi}_i^v P = x_i \hat{\phi}_i^l P$$

或

$$\boxed{y_i \hat{\phi}_i^v = x_i \hat{\phi}_i^l \qquad (i = 1, 2, \ldots, N)} \tag{13.77}$$

上式具有使用立方狀態方程式估算的逸壓係數，其應用將在以下各節中介紹。

純物種的蒸汽壓

雖然純物種 P_i^{sat} 的蒸汽壓需要進行實驗測量，但它們也隱含在立方狀態方程式中。實際上，用於 VLE 計算的立方狀態方程式的最簡單應用，是在給定溫度 T 下求得純物種的蒸汽壓。

圖 3.9 標記為 $T_2 < T_c$ 的次臨界 PV 等溫線在此重現為圖 13.11。由立方狀態方程式生成，它由三個部分組成。左邊非常陡峭的部分 (rs) 是液體的特徵；在 $P \to \infty$ 的極限時，莫耳體積 V 接近常數 b [(3.41) 式]。右邊 (tu) 具有緩慢向下傾斜的區段是蒸汽的特徵；當 $P \to 0$ 時，莫耳體積 V 趨近於無窮大。中間段 (st) 包含最小值 (注意，這裡 $P < 0$) 和最大值，提供從液體到蒸汽的平滑相變，但沒有物理意義。從液體到蒸汽的實際相變發生在沿著水平線的蒸汽壓下，如同連接點 M 和點 W。

對於純物種 i，(13.77) 式可簡化為 (10.41) 式， $\phi_i^v = \phi_i^l$ 可以寫成：

$$\ln \phi_i^l - \ln \phi_i^v = 0 \tag{13.78}$$

純液體或蒸汽的逸壓係數是其溫度和壓力的函數。對於飽和液體或蒸汽，平衡壓力為 P_i^{sat}，而 (13.78) 式隱含地表示函數關係，

$$g(T, P_i^{sat}) = 0 \qquad \text{或} \qquad P_i^{sat} = f(T)$$

如圖 13.11 所示，對於 $P = 0$ 和 $P = P'$ 之間的指定壓力，由立方狀態方程式產生的等溫線具有三個體積根。最小根位於左線段上且是類似液體的體積，如在點 M；最大根位於右線段上且是類似蒸汽的體積，例如在點 W。

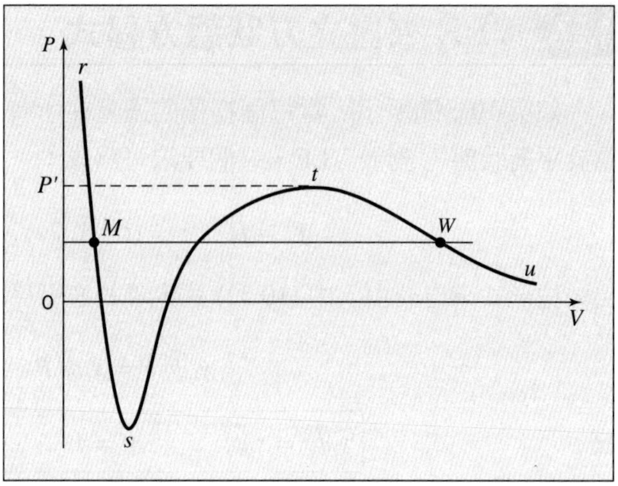

▶圖 13.11 純流體的 PV 圖上，$T < T_c$ 的等溫線。

如果這些點位於蒸汽壓，則 M 表示飽和液體，W 表示飽和蒸汽，並且它們以相平衡存在。

位於中線段的根沒有物理意義。

專為 VLE 計算而開發的兩個廣泛使用立方狀態方程式為 Soave/Redlich/Kwong (SRK) 方程式[21] 和 Peng/Robinson (PR) 方程式，[22] 兩者都是通用立方狀態方程式，(3.41) 式的特例。狀態方程參數與相無關，並且根據 (3.44) 式到 (3.47) 式，可將它們列於下式：

$a_i(T) = \Psi \dfrac{\alpha(T_{r_i}) R^2 T_{c_i}^2}{P_{c_i}}$ (13.79)	$b_i = \Omega \dfrac{RT_{c_i}}{P_{c_i}}$ (13.80)
$\beta_i \equiv \dfrac{b_i P}{RT}$ (13.81)	$q_i \equiv \dfrac{a_i(T)}{b_i RT}$ (13.82)

將純物種 i 作為蒸汽寫出，(3.48) 式變為：

$$Z_i^v = 1 + \beta_i - q_i\beta_i \frac{Z_i^v - \beta_i}{\left(Z_i^v + \varepsilon\beta_i\right)\left(Z_i^v + \sigma\beta_i\right)} \tag{13.83}$$

針對純物種 i 作為液體，(3.49) 式可寫成：

21 G. Soave, *Chem. Eng. Sci.*, vol. 27, pp. 1197–1203, 1972.

22 D.-Y. Peng and D. B. Robinson, *Ind. Eng. Chem. Fundam.*, vol. 15, pp. 59–64, 1976.

$$Z_i^l = \beta_i + \left(Z_i^l + \varepsilon\beta_i\right)\left(Z_i^l + \sigma\beta_i\right)\left(\frac{1+\beta_i - Z_i^l}{q_i\beta_i}\right) \tag{13.84}$$

ε、σ、Ψ 和 Ω 及 $\alpha(T_{ri})$ 的表達式對於狀態方程式是特定的，並且對於幾個典型的立方狀態方程式，表 3.1 中給出這些值。

在第 13.6 節和第 10.5 節中，我們開發以下兩種關係：

$$\frac{G_i^R}{RT} = Z_i - 1 - \ln(Z_i - \beta_i) - q_i I_i \tag{13.74}$$

$$\frac{G_i^R}{RT} = \ln\phi_i \tag{10.33}$$

將兩式合併：

$$\ln\phi_i = Z_i - 1 - \ln(Z_i - \beta_i) - q_i I_i \tag{13.85}$$

因此，$\ln\phi_i$ 的值由狀態方程式表示。在 (13.85) 式中，q_i 可由 (13.82) 式得知，而 I_i 由 (13.72) 式得知。對於給定的 T 和 P，圖 13.11 中的點 W 的汽相值 Z_i^v 由 (13.83) 式給出，並且在點 M 的液相值 Z_i^l 由 (13.84) 式給出。然後利用 (13.85) 式求出 $\ln\phi_i^l$ 和 $\ln\phi_i^v$ 的值。當它們滿足 (13.77) 式時，則 P 是溫度 T 下的蒸汽壓 P_i^{sat}，M 和 W 代表狀態方程式所表示的飽和液體與蒸汽的狀態。求解的方法可以利用試驗、疊代或適當的非線性代數方程式求解演算法。表 13.8 列出 8 個方程式和 8 個未知數。

表 13.8 計算蒸汽壓的方程式

未知數：P_i^{sat}、β_i、Z_i^l、Z_i^v、I_i^l、I_i^v、$\ln\phi_i^l$ 及 $\ln\phi_i^v$

$$\beta_i \equiv \frac{b_i P_i^{sat}}{RT}$$

$$Z_i^l = \beta_i + (Z_i^l + \varepsilon\beta_i)(Z_i^l + \sigma\beta_i)\left(\frac{1+\beta_i - Z_i^l}{q_i\beta_i}\right)$$

$$Z_i^v = 1 + \beta_i - q_i\beta_i\frac{Z_i^v - \beta_i}{\left(Z_i^v + \varepsilon\beta_i\right)\left(Z_i^v + \sigma\beta_i\right)}$$

$$I_i^l = \frac{1}{\sigma - \varepsilon}\ln\frac{Z_i^l + \sigma\beta_i}{Z_i^l + \varepsilon\beta_i} \qquad I_i^v = \frac{1}{\sigma - \varepsilon}\ln\frac{Z_i^v + \sigma\beta_i}{Z_i^v + \varepsilon\beta_i}$$

$$\ln\phi_i^l = Z_i^l - 1 - \ln(Z_i^l - \beta_i) - q_i I_i^l$$

$$\ln\phi_i^v = Z_i^v - 1 - \ln(Z_i^v - \beta_i) - q_i I_i^v$$

$$\ln\phi_i^v = \ln\phi_i^l$$

剛剛描述的純物種蒸汽壓的計算可以反過來，以允許在溫度 T 下從已知的蒸汽壓 P_i^{sat} 估算狀態方程式參數。因此，可以對純物種 i 的每個相寫出 (13.85) 式，並且根據 (13.77) 式組合。求解 q_i，得到的結果是：

$$q_i = \frac{Z_i^v - Z_i^l + \ln\dfrac{Z_i^l - \beta_i}{Z_i^v - \beta_i}}{I_i^v - I_i^l} \tag{13.86}$$

其中 $\beta_i \equiv b_i P_i^{sat}/RT$。對於 PR 方程式和 SRK 方程式，由 (13.72) 式，對於純物種 i 的 I_i 可寫成：

$$I_i = \frac{1}{\sigma - \varepsilon}\ln\frac{Z_i + \sigma\beta_i}{Z_i + \varepsilon\beta_i}$$

此式產生 I_i^v，其中 Z_i^v 可由 (13.83) 式得知，也產生 I_i^l，其中 Z_i^l 來自 (13.84) 式。然而，Z_i^v 和 Z_i^l 的方程式中含有欲求的數 q_i。因此，需要求解八個方程式中的八個未知數。q_i 的初始值由 (13.79) 式、(13.80) 式和 (13.82) 式的廣義關聯式提供。

混合物 VLE

寫出混合物的狀態方程式，其基本假設是它與純物種的形式完全相同。因此，針對混合物，沒有下標的 (13.83) 式和 (13.84) 式變為：

蒸汽：
$$Z^v = 1 + \beta^v - q^v\beta^v\frac{Z^v - \beta^v}{(Z^v + \varepsilon\beta^v)(Z^v + \sigma\beta^v)} \tag{13.87}$$

液體：
$$Z^l = \beta^l + \left(Z^l + \varepsilon\beta^l\right)\left(Z^l + \sigma\beta^l\right)\left(\frac{1 + \beta^l - Z^l}{q^l\beta^l}\right) \tag{13.88}$$

其中 β_1、β_v、q^l 和 q^v 用於混合物，定義如下：

$\beta^p \equiv \dfrac{b^p P}{RT} \qquad (p = l, v) \qquad (13.89)$	$q^p \equiv \dfrac{a^p}{b^p RT} \qquad (p = l, v) \qquad (13.90)$

複雜性是混合物參數 a^p 和 b^p，因此 β^p 和 q^p 是組成函數。汽 / 液平衡的系統通常由具有不同組成的兩相組成。由這兩種固定組成的狀態方程式產生的 PV 等溫線在圖 13.12 中由兩條相似的線表示：液相組成的實線和汽相組成的虛線。它們彼此移位，因為兩種組成的狀態方程式參數不同。然而，每條線包括三個區段，如圖 13.11 的等溫線所描述的。因此，我們區分表徵完整線的組成和與等溫線的區段相關的所有相同組成的相。

每條線在其左邊段上包含代表飽和液體的泡點與在其右邊段上代表飽和蒸汽的相同成分的露點。[23] 因為給定線的這些點是相同的組成，它們不代表平衡相且不處於相同的壓力。(參見圖 12.3，對於給定的恆定組成迴路和給定的 T，飽和液體與飽和蒸汽處於不同的壓力。)

對於泡點 P 計算，溫度和液體組成是已知的，並且確定液相 (實線) 組成的 PV 等溫線的位置。然後，泡點 P 計算找到第二 (虛線) 線的組成，該線在其蒸汽段上包含露點 D，此露點 D 的壓力與實線液體段上的泡點 B 的壓力相同。此壓力是相平衡壓力，虛線的組成是平衡蒸汽的組成。這種平衡條件如圖 13.12 所示，其中泡點 B 和露點 D 在相同 T 的等溫線上處於相同的 P，但代表液體和蒸汽在平衡狀態下的不同組成。

由於沒有既定的理論規定狀態方程式參數隨組成改變的形式，因此提出經驗**混合規則** (mixing rule) 將混合物參數與純物種參數聯繫起來。最簡單的實際表達式是參數 b 的線性混合規則和參數 a 的二次混合規則：

$b = \sum_i x_i b_i$ (13.91)	$a = \sum_i \sum_j x_i x_j a_{ij}$ (13.92)

其中 $a_{ij} = a_{ji}$。這裡使用一般的莫耳分率變數 x_i，因為這些混合規則適用於液體和蒸汽混合物。a_{ij} 有兩種類型：純物種參數 (下標重複，如 a_{11}) 和交互參數 (下標不同，如 a_{12})。參數 b_i 適用於純物種 i。交互參數 a_{ij} 通常利用組合規則 (combining rule) 從純物種參數來估算，例如，幾何平均規則：

$$a_{ij} = (a_i a_j)^{1/2} \tag{13.93}$$

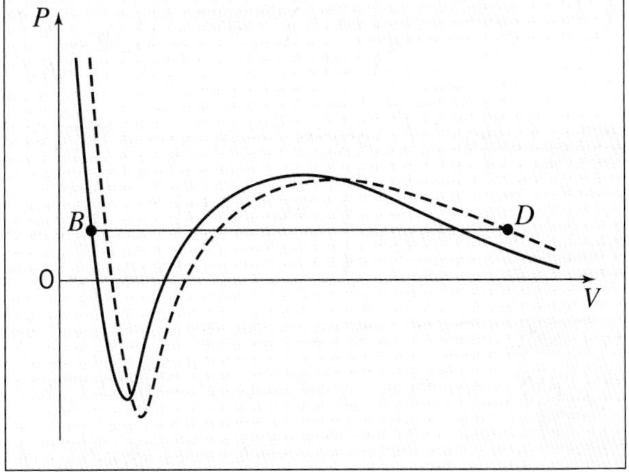

▶**圖 13.12** 對於兩種不同組成的混合物，在相同的 T 有兩條 PV 等溫線。實線是液相組成，虛線是汽相組成。點 B 代表具有液相組成的泡點；點 D 代表具有汽相組成的露點。當這些點處於相同的 P (如圖所示)，它們表示平衡狀態。

23 注意圖 13.12 中的泡點 B 和露點 D 在不同的線上。

這些方程式稱為凡得瓦規則，僅根據純成分物種的參數估算混合物參數。雖然僅由簡單和化學相似的分子組成的混合物能夠滿足它們，但它們可直接計算，說明如何解決複雜的 VLE 問題。

對於將狀態方程式應用於混合物也很實用的是**部分狀態方程式參數**，定義如下：

$\bar{a}_i \equiv \left[\dfrac{\partial(na)}{\partial n_i}\right]_{T,n_j}$ (13.94)	$\bar{b}_i \equiv \left[\dfrac{\partial(nb)}{\partial n_i}\right]_{T,n_j}$ (13.95)	$\bar{q}_i \equiv \left[\dfrac{\partial(nq)}{\partial n_i}\right]_{T,n_j}$ (13.96)

由於狀態方程式參數至多是溫度和組成的函數，因此這些定義符合 (10.7) 式。它們是一般方程式，無論混合物參數隨組成而變，所採用的特定混合或組合規則如何都是成立的。

$\hat{\phi}_i^l$ 和 $\hat{\phi}_i^v$ 的值隱含在狀態方程式中，並且利用 (13.77) 式，它們可計算混合物 VLE。同樣的基本原理適用於純物種 VLE，但計算更複雜。對於 T、P 和 $\{x_i\}$ 的 $\hat{\phi}_i^l$ 函數，以及 T、P 和 $\{y_i\}$ 的 $\hat{\phi}_i^v$ 函數，(13.72) 式表示 $2N$ 個變數之間的 N 個關係，此 $2N$ 個變數為 T、P、$N-1$ 個液相莫耳分率 (x_i) 和 $N-1$ 個汽相莫耳分率 (y_i)。因此，這些變數的 N 的指定，通常是 T 或 P 以及液相或汽相組成，允許我們利用泡點 P、露點 P、泡點 T 和露點 T 計算求解剩餘的 N 個變數。

一般立方狀態方程式的逸壓係數

立方狀態方程式給出 Z 作為自變數 T 和 ρ (或 V) 的函數。對於 VLE 計算，逸壓係數 $\hat{\phi}_i$ 的表達式必須由適合於這些變數的方程式給出。這種方程式的推導從 (10.56) 式開始，其中 V^R 以 (6.40) 式的 $V^R = RT(Z-1)/P$ 取代，對於混合物：

$$d\left(\frac{nG^R}{RT}\right) = \frac{n(Z-1)}{P}dP - \frac{nH^R}{RT^2}dT + \sum_i \ln\hat{\phi}_i dn_i$$

上式除以 dn_i 且 T、$n/\rho\ (= nV)$ 和 $n_j\ (j \neq i)$ 恆定，可得：

$$\ln\hat{\phi}_i = \left[\frac{\partial(nG^R/RT)}{\partial n_i}\right]_{T,\,n/\rho,\,n_j} - \frac{n(Z-1)}{P}\left(\frac{\partial P}{\partial n_i}\right)_{T,\,n/\rho,\,n_j} \tag{13.97}$$

為了簡化表示法，以下的偏導數是在沒有下標的情況下寫出的，並且它們處於恆定的 T、n/ρ 和 n_j。因此，由 $P = (nZ)RT/(n/\rho)$，

$$\frac{\partial P}{\partial n_i} = \frac{RT}{n/\rho}\frac{\partial(nZ)}{\partial n_i} = \frac{P}{nZ}\frac{\partial(nZ)}{\partial n_i} \tag{13.98}$$

結合 (13.97) 式和 (13.98) 式可得：

$$\ln \hat{\phi}_i = \frac{\partial(nG^R/RT)}{\partial n_i} - \left(\frac{Z-1}{Z}\right)\frac{\partial(nZ)}{\partial n_i} = \frac{\partial(nG^R/RT)}{\partial n_i} - \frac{\partial(nZ)}{\partial n_i} + \frac{1}{Z}\left(n\frac{\partial Z}{\partial n_i} + Z\right)$$

將 (13.73) 式乘以 n，並進行微分，可得上式右邊的第一項：

$$\frac{nG^R}{RT} = nZ - n - n\ln[(1-\rho b)Z] - (nq)I$$

$$\frac{\partial(nG^R/RT)}{\partial n_i} = \frac{\partial(nZ)}{\partial n_i} - 1 - \ln[(1-\rho b)Z] - n\left[\frac{\partial \ln(1-\rho b)}{\partial n_i} + \frac{\partial \ln Z}{\partial n_i}\right] - nq\frac{\partial I}{\partial n_i} - I\bar{q}_i$$

其中使用 (13.96) 式。$\ln \hat{\phi}_i$ 的方程式現在變為：

$$\ln \hat{\phi}_i = \frac{\partial(nZ)}{\partial n_i} - 1 - \ln[(1-\rho b)Z] - n\frac{\partial \ln(1-\rho b)}{\partial n_i}$$
$$- \frac{n}{Z}\frac{\partial Z}{\partial n_i} - nq\frac{\partial I}{\partial n_i} - I\bar{q}_i - \frac{\partial(nZ)}{\partial n_i} + \frac{1}{Z}\left(n\frac{\partial Z}{\partial n_i} + Z\right)$$

上式可化簡為：

$$\ln \hat{\phi}_i = \frac{n}{1-\rho b}\frac{\partial(\rho b)}{\partial n_i} - nq\frac{\partial I}{\partial n_i} - \ln[(1-\rho b)Z] - \bar{q}_i I$$

剩下的就是計算兩個偏導數。首先是：

$$\frac{\partial(\rho b)}{\partial n_i} = \frac{\partial\left(\dfrac{nb}{n/\rho}\right)}{\partial n_i} = \frac{\rho}{n}\bar{b}_i$$

第二個是 (13.71) 式的微分。經過代數化簡後，得到：

$$\frac{\partial I}{\partial n_i} = \frac{\partial(\rho b)}{\partial n_i}\frac{1}{(1+\sigma\rho b)(1+\varepsilon\rho b)} = \frac{\bar{b}_i}{nb}\frac{\rho b}{(1+\sigma\rho b)(1+\varepsilon\rho b)}$$

將這些導數代入前面 $\ln \hat{\phi}_i$ 的方程式中，將其化簡為：

$$\ln \hat{\phi}_i = \frac{\bar{b}_i}{b}\left[\frac{\rho b}{1-\rho b} - q\frac{\rho b}{(1+\varepsilon\rho b)(1+\sigma\rho b)}\right] - \ln[(1-\rho b)Z] - \bar{q}_i I$$

由 (13.70) 式可知，上式中括號內的項是 $Z-1$。因此，

$$\ln \hat{\phi}_i = \frac{\bar{b}_i}{b}(Z-1) - \ln[(1-\rho b)Z] - \bar{q}_i I$$

此外， $\beta \equiv \dfrac{bP}{RT}$ 且 $Z \equiv \dfrac{P}{\rho RT}$； 可得 $\rho b = \dfrac{\beta}{Z}$

因此，
$$\ln\hat{\phi}_i = \frac{\bar{b}_i}{b}(Z-1) - \ln(Z-\beta) - \bar{q}_i I$$

因為經驗證明 (13.91) 式是參數 b 的可接受混合規則，所以這裡採用它。因此，

$$nb = \sum_i n_i b_i$$

且
$$\bar{b}_i \equiv \left[\frac{\partial(nb)}{\partial n_i}\right]_{T,n_j} = \left[\frac{\partial(n_i b_i)}{\partial n_i}\right]_{T,n_j} + \sum_j \left[\frac{\partial(n_j b_j)}{\partial n_i}\right]_{T,n_j} = b_i$$

因此 $\ln\hat{\phi}_i$ 的方程式可寫成：

$$\boxed{\ln\hat{\phi}_i = \frac{b_i}{b}(Z-1) - \ln(Z-\beta) - \bar{q}_i I} \tag{13.99}$$

其中 I 可利用 (13.72) 式計算。對於純物種 i 的特殊情況，上式變為：

$$\boxed{\ln\phi_i = Z_i - 1 - \ln(Z_i - \beta_i) - q_i I_i} \tag{13.100}$$

這些方程式的應用需要經由狀態方程式事先計算 Z。

參數 q 與參數 a 和 b 的關係為 (13.90) 式。將這個方程式微分，可求得部分參數 $\bar{q}_i$ 與 $\bar{a}_i$ 和 $\bar{b}_i$ 的關係，由於：

$$nq = \frac{n(na)}{RT(nb)}$$

因此，
$$\bar{q}_i \equiv \left[\frac{\partial(nq)}{\partial n_i}\right]_{T,n_j} = q\left(1 + \frac{\bar{a}_i}{a} - \frac{\bar{b}_i}{b}\right) = q\left(1 + \frac{\bar{a}_i}{a} - \frac{b_i}{b}\right) \tag{13.101}$$

三個部分參數中的任何兩個形成一個獨立對，其中任何一個都可以從另外兩個中求得。[24]

例 13.6

在 200 K 和 30 bar 下，N_2(1) 和 CH_4(2) 的蒸汽混合物含有 40 mol% 的 N_2。利用 (13.99) 式和 Redlich/Kwong 狀態方程式，計算混合物中氮與甲烷的逸壓係數。

解

對於 Redlich/Kwong 方程式，$\varepsilon = 0$ 且 $\sigma = 1$，(13.87) 式變為：

$$Z = 1 + \beta - q\beta\frac{Z-\beta}{Z(Z+\beta)} \tag{A}$$

24 因為 q, a 和 b 不是線性關聯，$\bar{q}_i \neq \bar{a}_i/\bar{b}_i RT$。

其中 β 和 q 可由 (13.89) 式和 (13.90) 式得知。這裡省略了上標，因為所有計算都是針對汽相的。對於參數 $a(T)$ 和 b，最常用於 Redlich/Kwong 方程式的混合規則是 (13.91) 式到 (13.93) 式。 對於二成分混合物，它們變為：

$$a = y_1^2 a_1 + 2y_1 y_2 \sqrt{a_1 a_2} + y_2^2 a_2 \tag{B}$$

$$b = y_1 b_1 + y_2 b_2 \tag{C}$$

對於 Redlich/Kwong 方程式，在 (B) 式中，a_1 和 a_2 是由 (13.79) 式給出的純物種參數：

$$a_i = 0.42748 \frac{T_{r_i}^{-1/2}(83.14)^2 T_{c_i}^2}{P_{c_i}} \text{ bar·cm}^6\text{·mol}^{-2} \tag{D}$$

在 (C) 式中，b_1 和 b_2 是純物種參數，由 (13.80) 式給出：

$$b_i = 0.08664 \frac{83.14\, T_{c_i}}{P_{c_i}} \text{ cm}^3\text{·mol}^{-1} \tag{E}$$

附錄 B 表 B.1 中氮和甲烷的臨界常數，以及 (D) 式和 (E) 式 中 b_i 式 a_i 的計算值為：

	T_{c_i}/K	T_{r_i}	P_{c_i}/bar	b_i	$10^{-5}a_i$
N_2(1)	126.2	1.5848	34.00	26.737	10.995
CH_4(2)	190.6	1.0493	45.99	29.853	22.786

由 (B) 式、(C) 式和 (13.90) 式，混合參數是：

$$a = 17.560 \times 10^5 \text{ bar·cm}^6\text{·mol}^{-2} \qquad b = 28.607 \text{ cm}^3\text{·mol}^{-1} \qquad q = 3.6916$$

(A) 式變為：

$$Z = 1 + \beta - 3.6916 \frac{\beta(Z-\beta)}{Z(Z+\beta)} \qquad \text{而} \qquad \beta = 0.051612$$

其中 β 來自 (13.89) 式。解出 $Z = 0.85393$。此外，(13.72) 式簡化為：

$$I = \ln \frac{Z+\beta}{Z} = 0.05868$$

將 (13.94) 式應用於 (B) 式得到：

$$\bar{a}_1 = \left[\frac{\partial(na)}{\partial n_1}\right]_{T,n_2} = 2y_1 a_1 + 2y_2\sqrt{a_1 a_2} - a$$

$$\bar{a}_2 = \left[\frac{\partial(na)}{\partial n_2}\right]_{T,n_1} = 2y_2 a_2 + 2y_1\sqrt{a_1 a_2} - a$$

應用 (13.95) 式於 (C) 式，

$$\bar{b}_1 = \left[\frac{\partial(nb)}{\partial n_1}\right]_{T,n_2} = b_1 \qquad \bar{b}_2 = \left[\frac{\partial(nb)}{\partial n_2}\right]_{T,n_1} = b_2$$

因此，由 (13.101) 式：

$$\bar{q}_1 = q\left(\frac{2y_1a_1 + 2y_2\sqrt{a_1a_2}}{a} - \frac{b_1}{b}\right) \tag{F}$$

$$\bar{q}_2 = q\left(\frac{2y_2a_2 + 2y_1\sqrt{a_1a_2}}{a} - \frac{b_2}{b}\right) \tag{G}$$

將數值代入這些方程式，並且代入 (13.99) 式，可得到以下結果：

	$\bar{q}_i$	$\ln\hat{\phi}_i$	$\hat{\phi}_i$
$N_2(1)$	2.39194	−0.05664	0.94493
$CH_4(2)$	4.55795	−0.19966	0.81901

$\hat{\phi}_i$ 的值與例 10.7 中的值相當吻合。

(13.77) 式和 (13.99) 式提供混合物 VLE 的計算基礎，但是它們包含許多混合物參數 (如 a^l、b^v) 和最初可能未知的熱力學函數 (如 Z^l、Z^v) 。因此，計算成為求解與未知數的數目相等的聯立方程式之一。可用的方程式分為幾類：液相、汽相的混合和組合規則與參數方程式，以及平衡和相關方程式。已經提供所有這些參數式和方程式，但為方便起見，它們在表 13.9 中進行分類。假設所有純物種參數 (如 a_i 和 b_i) 都是已知，並且指定溫度 T 或壓力 P 以及液相或汽相組成。除了 N 個主要未知數 (T 或 P 以及液相或汽相組成) 外，表 13.9 還列舉 $12 + 4N$ 個輔助變數和總共 $12 + 5N$ 個方程式。

直接且稍微直觀的求解程序可使用 (13.77) 式，重寫成 $y_i = K_i x_i$。 因為 $\sum_i y_i = 1$，

$$\sum_i K_i x_i = 1 \tag{13.102}$$

其中 K_i，即 K 值，由下式給出：

$$K_i = \frac{\hat{\phi}_i^l}{\hat{\phi}_i^v} \tag{13.103}$$

因此，對於液相組成是已知的泡點計算，問題是求得滿足 (13.102) 式的 K 值集。

➡ **表 13.9** 基於狀態方程式的 VLE 計算

A. 混合和組合規則。液相。

$$a^l = \sum_i \sum_j x_i x_j (a_i a_j)^{1/2}$$

$$b^l = \sum_i x_i b_i$$

2 個方程式；2 個變數：a^l, b^l

B. 混合和組合規則。汽相。

$$a^v = \sum_i \sum_j y_i y_j (a_i a_j)^{1/2}$$

$$b^v = \sum_i y_i b_i$$

2 個方程式；2 個變數：a^v, b^v

C. 無因次參數。液相。

$$\beta^l = b^l P/(RT) \qquad q^l = a^l/(b^l RT)$$

$$\bar{q}_i^l = q^l\left(1 + \frac{\bar{a}_i^l}{a^l} - \frac{b_i}{b^l}\right) \qquad (i = 1, 2, \ldots, N)$$

2 + N 方程式；2 + N 個變數：$b^l, q^l, \{\bar{q}_i^l\}$

D. 無因次參數。汽相。

$$\beta^v = b^v P/(RT) \qquad q^v = a^v/(b^v RT)$$

$$\bar{q}_i^v = q^v\left(1 + \frac{\bar{a}_i^v}{a^v} - \frac{b_i}{b^v}\right) \qquad (i = 1, 2, \ldots, N)$$

2 + N 方程式；2 + N 個變數：$b^v, q^v, \{\bar{q}_i^v\}$

E. 平衡和相關方程式。

$$y_i \hat{\phi}_i^v = x_i \hat{\phi}_i^l \qquad (i = 1, 2, \ldots, N)$$

$$\ln \hat{\phi}_i^l = \frac{b_i}{b^l}(Z^l - 1) - \ln(Z^l - \beta^l) - \bar{q}_i^l I^l \qquad (i = 1, 2, \ldots, N)$$

$$\ln \hat{\phi}_i^v = \frac{b_i}{b^v}(Z^v - 1) - \ln(Z^v - \beta^v) - \bar{q}_i^v I^v \qquad (i = 1, 2, \ldots, N)$$

$$Z^p = 1 + \beta^p - q^p \beta^p \frac{Z^p - \beta^p}{(Z + \epsilon\beta^p)(Z + \sigma\beta^p)} \quad (p = v, l)$$

$$I^p = \frac{1}{\sigma - \epsilon}\ln\left(\frac{Z^p + \sigma\beta^p}{Z^p + \epsilon\beta^p}\right) \quad (p = v, l)$$

4 + 3N 方程式；4 + 2N 個變數 $\{\hat{\phi}_i^v\}, \{\hat{\phi}_i^l\}, I^l, Z^l, I^v, Z^v$

例 13.7

在 37.78°C 開發甲烷(1) / 正丁烷(2) 二成分系統的 Pxy 圖。根據 (13.91) 式到 (13.93) 式給出的混合規則，基於 Soave/Redlich/Kwong 方程式，進行基本計算。為了比較在此溫度下的實驗數據，可參考由 Sage 等人提供的文獻。[25]

解

這裡的程序是對每個實驗數據點進行泡點 P 計算。對於每次計算，需要 P 和 y_1 的估算值來啟動疊代。這些估算值由實驗數據提供。在沒有這樣的數據的情況下，可能需要若干試驗來找到疊代程序收斂的值。

純物種參數 a_i 和 b_i 來自 (13.79) 式與 (13.80) 式，常數和 $\alpha(T_r)$ 的表達式來自表 3.1。溫度為 310.93 K [37.78°C]，而臨界常數和 ω_i 來自表 B.1，提供以下純物種的值作為計算：

	T_{c_i}/K	T_{r_i}	ω_i	$\alpha(T_r)$	P_{c_i}/bar	b_i	$10^{-6}a_i$
CH_4(1)	190.6	1.6313	0.012	0.7425	45.99	29.853	1.7331
n-C_4H_{10}(2)	425.1	0.7314	0.200	1.2411	37.96	80.667	17.458

b_i 的單位是 $cm^3 \cdot mol^{-1}$，a_i 的單位是 $bar \cdot cm^6 \cdot mol^{-2}$。

注意，本題的溫度高於甲烷的臨界溫度。因此，對於溫度 T_b，Pxy 圖將是圖 12.2(a) 所示的類型。表 3.1 中給出的 $\alpha(T_r)$ 其方程式是基於蒸汽壓數據，該數據僅延伸到臨界溫度。但是，它們可適用於臨界溫度以上的溫度。

這裡採用的混合規則與例 13.6 中的相同，其中方程式 (B)、(C)、(F) 和 (G) 給出汽相的混合物參數。當應用於液相時，以 x_i 取代 y_i 為莫耳分率變數：

$$a^l = x_1^2 a_1 + 2x_1x_2\sqrt{a_1a_2} + x_2^2 a_2 \qquad b^l = x_1b_1 + x_2b_2$$

$$\bar{q}_1^l = q^l\left(\frac{2x_1a_1 + 2x_2\sqrt{a_1a_2}}{a^l} - \frac{b_1}{b^l}\right) \qquad \bar{q}_2^l = q^l\left(\frac{2x_2a_2 + 2x_1\sqrt{a_1a_2}}{a^l} - \frac{b_2}{b^l}\right)$$

其中 q^l 可由 (13.90) 式得知。

對於 SRK 方程式，$\varepsilon = 0$ 且 $\sigma = 1$；(13.83) 式和 (13.84) 式化簡為：

$$Z^l = \beta^l + Z^l(Z^l + \beta^l)\left(\frac{1 + \beta^l - Z^l}{q^l\beta^l}\right) \qquad Z^v = 1 + \beta^v - q^v\beta^v\frac{Z^v - \beta^v}{Z^v(Z^v + \beta^v)}$$

其中 β^l、β^v、q^l 及 q^v 由 (13.89) 式和 (13.90) 式給出。第一組泡點 P 計算是針對假定壓力進行的。對於給定的液相組成和假定的汽相組成，Z^l 和 Z^v 的值由前面的方程式確定，而逸壓係數 $\hat{\phi}_i^l$ 和 $\hat{\phi}_i^v$ 可由 (13.99) 式計算而得。K_1 和 K_2 的值來自 (13.103) 式。沒有 $y_1 + y_2 = 1$ 的限制，並且不太可能滿足 (13.102) 式。在這種情況下，K_1x_1

25 B. H. Sage, B. L. Hicks, and W. N. Lacey, *Industrial and Engineering Chemistry*, vol. 32, pp. 1085–1092, 1940.

$+ K_2x_2 \neq 1$，並且下一次疊代的新蒸汽組成是由下列的歸一化方程式給出：

$$y_1 = \frac{K_1x_1}{K_1x_1 + K_2x_2} \quad \text{其中 } y_2 = 1 - y_1$$

這個新的蒸汽組成可重新估算 $\{\hat{\phi}_i^v\}$、$\{K_i\}$ 和 $\{K_ix_i\}$。若總和 $K_1x_1 + K_2x_2$ 已經改變，則可找到新的蒸汽組成，然後做一序列的重複計算。繼續疊代得到所有數的穩定值。若總和 $K_1x_1 + K_2x_2$ 不是 1，則假設的壓力不正確，必須根據某種合理的方案進行調整。當 $\sum_i K_i x_i > 1$ 時，P 太低；當 $\sum_i K_ix_i < 1$ 時，P 太高，然後用新的壓力 P 重複整個疊代程序。最後計算的 y_i 值用於 $\{y_i\}$ 的初始估算。此程序一直持續到 $K_1x_1 + K_2x_2 = 1$。當然，利用能夠求解表 13.9 中給出方程組任何其他方法都可以獲得相同的結果，其中 P、y_1 和 y_2 作為未知數。

所有計算的結果可用圖 13.13 的實線表示，以點顯示實驗值。實驗壓力和計算壓力之間的均方根百分比差為 3.9%，實驗和計算 y 值之間的均方根偏差為 0.013。基於 (13.91) 式和 (13.92) 式的簡單混合規則，這些結果代表表現出適度且表現良好的偏離理想溶液行為的系統，例如，對於由烴和低溫流體組成的系統。

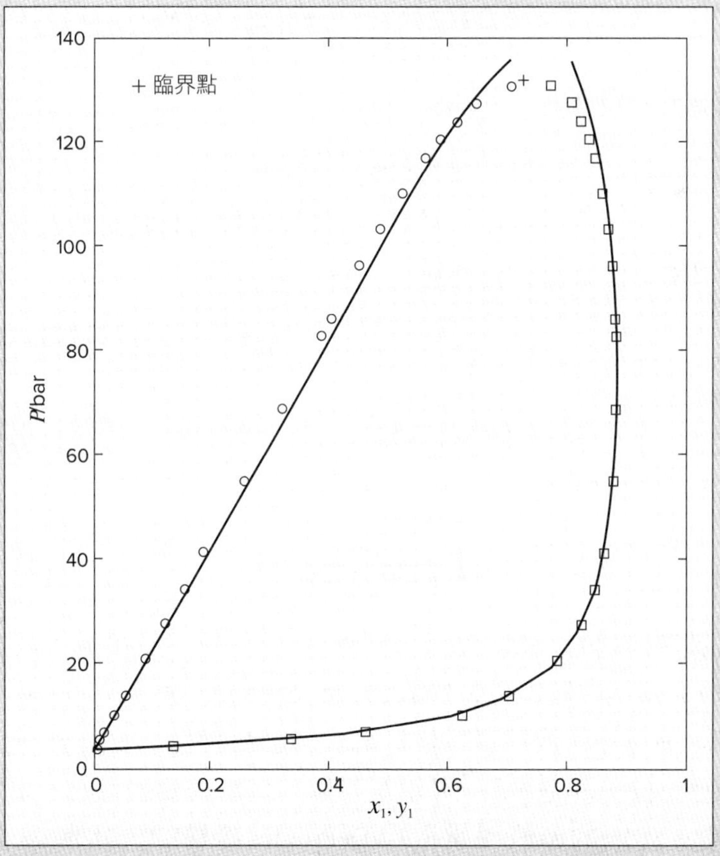

圖 13.13　甲烷(1) / 正丁烷在 37.8°C (100°F) 的 Pxy 圖。線表示來自基於 SRK 方程式的泡點 P 計算的值；點是實驗值。

13.8 閃蒸計算

在前面各節中，我們將重點放在泡點和露點計算上，這些算法在實際上是常見的計算方法，它們為建構 VLE 的相圖提供基礎。也許更重要的 VLE 應用是閃蒸計算 (flash calculation)。該名稱源於這樣的事實：當壓力降低到泡點壓力以下時，壓力等於或大於其泡點壓力的液體「閃蒸」或部分蒸發，產生平衡的蒸汽和液體的兩相系統。我們這裡只考慮 *P*、*T*- 閃蒸指的是在已知的 *T*、*P* 和總體組成下，構成平衡的兩相系統的汽相和液相的數量與組成的任何計算。這使得已知的問題在 Duhem 定理的基礎上確定，因為兩個獨立變數 (*T* 和 *P*) 被指定用於具有固定總體組成的系統，即由給定質量的非反應化學物質形成的系統。

考慮含有 1 莫耳非反應性化學物質的系統，其總組成由莫耳分率 $\{z_i\}$ 表示。設 $\mathcal{L}$ 為具有莫耳分率 $\{x_i\}$ 的液體莫耳數，設 $\mathcal{V}$ 為蒸汽莫耳數，莫耳分率為 $\{y_i\}$。質量平衡方程式為：

$$\mathcal{L} + \mathcal{V} = 1$$

$$z_i = x_i\mathcal{L} + y_i\mathcal{V} \qquad (i = 1, 2, \ldots, N)$$

結合這些方程式，消去 $\mathcal{L}$，可得：

$$z_i = x_i(1 - \mathcal{V}) + y_i\mathcal{V} \tag{13.104}$$

如前一節 ($K_i \equiv y_i/x_i$) 中所定義的 *K* 值，在閃蒸計算上有其便利之處。將 $x_i = y_i/K_i$ 代入 (13.104) 式，並求解 y_i 得到：

$$y_i = \frac{z_i K_i}{1 + \mathcal{V}(K_i - 1)} \qquad (i = 1, 2, \ldots, N) \tag{13.105}$$

因為 $\sum_i y_i = 1$，將上式對所有物種求和，可得一個單獨的方程式，其中對於已知的 *K* 值，唯一未知的是 $\mathcal{V}$。

$$\sum_i \frac{z_i K_i}{1 + \mathcal{V}(K_i - 1)} = 1 \tag{13.106}$$

求解 *P*、*T*- 閃蒸問題的一般方法是找到滿足這個方程式的 0 到 1 之間的 $\mathcal{V}$ 值。注意，$\mathcal{V} = 1$ 是這個方程式的當然解 (trivial solution)。這樣做了以後，從 (13.105) 式獲得汽相莫耳分率，液相莫耳分率從 $x_i = y_i/K_i$ 獲得，並由 $\mathcal{L} = 1 - \mathcal{V}$ 求出 $\mathcal{L}$。當可以應用拉午耳定律時，*K* 值是常數，這是直截了當的，如下例所示。從資料上看，輕烴的 *K* 值通常取自 DePriester 建構的一組圖表，因此稱為 DePriester 圖表。這些類似地提供一組恆定的 *K* 值，用於前面的計算。[26]

26 C. L. DePriester, *Chem. Eng. Progr. Symp. Ser. No.* 7, vol. 49, p. 42, 1953.

例 13.8

丙酮(1) / 乙腈(2) / 硝基甲烷(3) 的系統在 80°C 和 110 kPa 下具有總組成 $z_1 = 0.45$，$z_2 = 0.35$，$z_3 = 0.20$。假設拉午耳定律適用於此系統，計算 $\mathcal{L}$、$\mathcal{V}$、$\{x_i\}$ 和 $\{y_i\}$。純物種在 80°C 時的蒸汽壓為：

$$P_1^{sat} = 195.75 \qquad P_2^{sat} = 97.84 \qquad P_3^{sat} = 50.32 \text{ kPa}$$

解

首先，使用 $\{z_i\} = \{x_i\}$ 進行泡點 P 計算，以求得 P_{bubl}：

$$P_{bubl} = x_1 P_1^{sat} + x_2 P_2^{sat} + x_3 P_3^{sat}$$
$$P_{bubl} = (0.45)(195.75) + (0.35)(97.84) + (0.20)(50.32) = 132.40 \text{ kPa}$$

接下來，使用 $\{z_i\} = \{y_i\}$ 進行露點 P 計算，以找到 P_{dew}：

$$P_{dew} = \frac{1}{y_1/P_1^{sat} + y_2/P_2^{sat} + y_3/P_3^{sat}} = 101.52 \text{ kPa}$$

因為給定壓力位於 P_{bubl} 和 P_{dew} 之間，所以系統處於兩相區域，並且可以進行閃蒸計算。

根據拉午耳定律 (13.16) 式，我們得到 $K_i = y_i / x_i = P_i^{sat}/P$，其中：

$$K_1 = 1.7795 \qquad K_2 = 0.8895 \qquad K_3 = 0.4575$$

將已知值代入 (13.106) 式可得：

$$\frac{(0.45)(0.7795)}{1 + 0.7795\mathcal{V}} + \frac{(0.35)(0.8895)}{1 - 0.1105\mathcal{V}} + \frac{(0.20)(0.4575)}{1 - 0.5425\mathcal{V}} = 1$$

對 $\mathcal{V}$ 進行試誤法或疊代求解，然後估算其他未知數，得到：

$$\mathcal{V} = 0.7364 \text{ mol} \qquad \mathcal{L} = 1 - \mathcal{V} = 0.2636 \text{ mol}$$

$$y_1 = \frac{(0.45)(1.7795)}{1 + (0.7795)(0.7634)} = 0.5087 \qquad y_2 = 0.3389 \qquad y_3 = 0.1524$$

$$x_1 = \frac{y_1}{K_1} = \frac{0.5087}{1.7795} = 0.2859 \qquad x_2 = 0.3810 \qquad x_3 = 0.3331$$

令人欣慰的是，$\sum_i x_i = \sum_i y_i = 1$。

無論存在的物種數量如何，前述例子的程序都適用。然而，對於使用拉午耳定律進行二成分閃蒸計算的簡單情況，顯式解是可能的。在這種情況下，我們有：

$$P = x_1 P_1^{sat} + x_2 P_2^{sat} = x_1 P_1^{sat} + (1 - x_1) P_2^{sat}$$

解出 x_1 得到：

$$x_1 = \frac{P - P_2^{\text{sat}}}{P_1^{\text{sat}} - P_2^{\text{sat}}}$$

在 x_1 已知的情況下，其餘變數立即遵循拉午耳定律 [(13.16) 式] 和總質量平衡 [(13.104) 式]。

當 K 值不是常數時，一般方法與例 13.8 中的相同，但需要額外的疊代解。在前面的處理中，我們解出 y_i 得到 (13.105) 式。相反地，如果我們使用 $y_i = K_i x_i$ 消去 y_i，我們獲得另一種表達方式：

$$x_i = \frac{z_i}{1 + \mathcal{V}(K_i - 1)} \qquad (i = 1, 2, \ldots, N) \tag{13.107}$$

因為兩組莫耳分率的總和必須為 1，$\sum_i x_i = \sum_i y_i = 1$。因此，如果我們將 (13.105) 式對所有物種求和，並從該總和中減去 1，則差值 F_y 為零：

$$F_y = \sum_i \frac{z_i K_i}{1 + \mathcal{V}(K_i - 1)} - 1 = 0 \tag{13.108}$$

類似處理 (13.107) 式，產生的差值 F_x 也是零：

$$F_x = \sum_i \frac{z_i}{1 + \mathcal{V}(K_i - 1)} - 1 = 0 \tag{13.109}$$

對於已知的 T、P 和總組成，P、T- 閃蒸問題可以利用找到使得 F_y 或 F_x 等於零的值來求解。應用一般求解程序 [27] 更方便的函數是 $F \equiv F_y - F_x$：

$$F = \sum_i \frac{z_i(K_i - 1)}{1 + \mathcal{V}(K_i - 1)} = 0 \tag{13.110}$$

從這個函數的導數中，可以明顯看出它的優點：

$$\frac{dF}{d\mathcal{V}} = -\sum_i \frac{z_i(K_i - 1)^2}{[1 + \mathcal{V}(K_i - 1)]^2} \tag{13.111}$$

因為 $dF/d\mathcal{V}$ 是負的，所以 F 對 $\mathcal{V}$ 的關係是單調的。使得這種形式的方程式非常適合以牛頓法 (附錄 H) 求解。牛頓法第 n 次疊代的方程式 (H.1) 式變為：

$$F + \left(\frac{dF}{d\mathcal{V}}\right)\Delta\mathcal{V} = 0 \tag{13.112}$$

27 H. H. Rachford, Jr., and J. D. Rice, *J. Petrol. Technol.*, vol. 4(10), sec. 1, p. 19 and sec. 2, p. 3, October 1952.

其中 $\Delta\mathcal{V} \equiv \mathcal{V}_{n+1} - \mathcal{V}_n$，$F$ 和 $(dF/d\mathcal{V})$ 由 (13.110) 式與 (13.111) 式求出。在這些方程式中，對於 VLE 的一般 γ/ϕ 公式，K 值來自 (13.13) 式，寫出：

$$K_i = \frac{y_i}{x_i} = \frac{\gamma_i P_i^{\text{sat}}}{\Phi_i P} \qquad (i = 1, 2, \ldots, N) \tag{13.113}$$

其中 Φ_i 由 (13.14) 式給出。K 值包含所有熱力學資訊，並且以複雜的方式與 T、P、$\{y_i\}$ 和 $\{x_i\}$ 相關。因為是對 $\{y_i\}$ 和 $\{x_i\}$ 求解，所以 P、T- 閃蒸計算不可避免地需要疊代求解。即使在我們可以假設 $\Phi_i = 1$ 的低壓下，仍然是這種情況，因為活性係數還是取決於未知的 $\{x_i\}$。

通常在閃蒸計算之前，以執行泡點 P 計算和露點 P 計算來進行。如果給定壓力低於指定 T 和 $\{z_i\}$ 的 P_{dew}，則系統以過熱蒸汽存在，並且不能進行閃蒸計算；同理，如果給定壓力高於指定 T 和 $\{z_i\}$ 的 P_{bubl}，則系統是過冷液體，可能沒有閃蒸計算。若對於指定的 T 和 $\{z_i\}$，指定的 P 落在 P_{dew} 和 P_{bubl} 之間，則系統以蒸汽和液體的平衡混合物存在，我們可以繼續進行閃蒸計算。初步露點 P 和泡點 P 計算的結果，然後提供 $\{\gamma_i\}$、$\{\hat{\phi}_i\}$ 及 $\mathcal{V}$ 的有用的初始估算。對於露點，$\mathcal{V} = 1$，計算出 P_{dew}、$\gamma_{i,\,\text{dew}}$ 和 $\hat{\phi}_{i,\,\text{dew}}$ 的值；對於泡點，$\mathcal{V} = 0$，計算出 P_{bubl}、$\gamma_{i,\,\text{bubl}}$ 和 $\hat{\phi}_{i,\,\text{bubl}}$ 的值。最簡單的方法是相對於 P 在露點和泡點之間線性插值：

$$\mathcal{V} = \frac{P_{\text{bubl}} - P}{P_{\text{bubl}} - P_{\text{dew}}}$$

$$\gamma_i = \gamma_{i,\text{dew}} + (\gamma_{i,\text{bubl}} - \gamma_{i,\text{dew}})\frac{P - P_{\text{dew}}}{P_{\text{bubl}} - P_{\text{dew}}}$$

$$\hat{\phi}_i = \hat{\phi}_{i,\text{dew}} + (\hat{\phi}_{i,\text{bubl}} - \hat{\phi}_{i,\text{dew}})\frac{P - P_{\text{dew}}}{P_{\text{bubl}} - P_{\text{dew}}}$$

利用 γ_i 和 $\hat{\phi}_i$ 的這些初始值，現在可以從 (13.113) 式計算 K_i 的初始值。使用這些值與 (13.110) 式和 (13.111) 式一起應用牛頓法，疊代 (13.112) 式以獲得 $\mathcal{V}$ 的解。然後按照例 13.8 進行計算 $\mathcal{L}$、$\{x_i\}$ 和 $\{y_i\}$。計算的組成用於獲得 $\{\gamma_i\}$ 和 $\{\hat{\phi}_i\}$ 的新估算，從中計算新的 K 值。重複此程序，直到從一次疊代到下一次疊代的 $\{x_i\}$ 和 $\{y_i\}$ 的變化可忽略不計。可以應用相同的基本程序，對兩相應用三次狀態方程式計算 K 值，如 (13.103) 式所示。

13.9 概要

在研究本章 (包括章末問題) 後，我們應該能夠：

- 了解過剩吉布斯能量與活性係數之間的關係。
- 說明並解釋以下五種 VLE 計算：
  - 泡點壓力 (BUBL *P*) 計算
  - 露點壓力 (DEW *P*) 計算
  - 泡點溫度 (BUBL *T*) 計算
  - 露點溫度 (DEW *T*) 計算
  - *P*、*T*- 閃蒸計算
- 使用以下 VLE 公式執行五種類型的 VLE 計算：
  - 拉午耳定律
  - 修正的拉午耳定律，具有活性係數
  - 完整的 γ/ϕ 公式
  - 應用於液相和汽相的立方狀態方程式
- 陳述並應用亨利定律。
- 由低壓 VLE 數據，計算液相逸壓、活性係數和過剩吉布斯能量。
- 將過剩吉布斯能量擬合到模式中，包括 Margules 方程式、van Laar 方程式和 Wilson 方程式。
- 估算一組低壓二成分 VLE 數據的熱力學一致性。
- 直接對 *P* 對 x_1 數據擬合活性係數模式，包括 Margules 方程式、van Laar 方程式和 Wilson 方程式。
- 由下列方程式計算活性係數和過剩性質：
  - Margules 方程式
  - van Laar 方程式
  - Wilson 方程式
  - NRTL 方程式
- 從立方狀態方程式計算純物種和混合物的剩餘性質與逸壓，並在 VLE 計算中使用它們。

13.10 習題

求解本章的某些習題需要蒸汽壓作為溫度的函數。附錄 B 的表 B.2 列出 Antoine 方程式的參數值，可以從中計算出這些參數值。

13.1. 假設拉午耳定律成立，對苯(1) / 甲苯(2) 系統進行以下計算：

(a) 已知 $x_1 = 0.33$ 和 $T = 100°C$，求 y_1 和 P。

(b) 已知 $y_1 = 0.33$ 且 $T = 100°C$，求 x_1 和 P。

(c) 已知 $x_1 = 0.33$ 和 $P = 120$ kPa，求 y_1 和 T。

(d) 已知 $y_1 = 0.33$ 和 $P = 120$ kPa，求 x_1 和 T。

(e) 已知 $T = 105°C$ 和 $P = 120$ kPa，求 x_1 和 y_1。

(f) 對於 (e) 部分，若苯的總莫耳分率是 $z_1 = 0.33$，則兩相系統中汽相的莫耳分率是多少？

(g) 為什麼在上述的 (或計算的) 條件下。拉午耳定律很可能成為該系統極佳的 VLE 模型？

13.2. 假設拉午耳定律成立，求下列各系統在 90°C 的 Pxy 圖，以及在 90 kPa 的 txy 圖：

(a) 苯(1) / 乙苯(2)；(b)1- 氯丁烷(1) / 氯苯(2)。

13.3. 假設拉午耳定律適用於正戊烷(1) / 正庚烷(2) 系統，

(a) 在 $t = 55°C$ 且 $P = \frac{1}{2}(P_1^{sat} + P_2^{sat})$ 時，x_1 和 y_1 的值是多少？對於這些條件，將系統中蒸汽的分率對總組成 z_1 作圖。

(b) 對於 $t = 55°C$ 和 $z_1 = 0.5$，將 P、x_1 和 y_1 對 $\mathcal{V}$ 作圖。

13.4. 對於以下情況，重做習題 13.3：

(a) $t = 65°C$；(b) $t = 75°C$；(c) $t = 85°C$；(d) $t = 95°C$。

13.5. 證明：當液 / 汽平衡系統滿足拉午耳定律時，不會有共沸點。

13.6. 在以下二成分液 / 汽系統中，哪些可以用拉午耳定律作近似模擬？不可使用者原因為何？可利用表 B.1 (附錄 B)。

(a) 1(atm) 下的苯 / 甲苯。

(b) 在 25 bar 下的正己烷 / 正庚烷。

(c) 200 K 時的氫 / 丙烷。

(d) 在 100°C 下的異辛烷 / 正辛烷。

(e) 1 bar 的水 / 正癸烷。

13.7. 某單級液 / 汽分離器，將苯(1) / 乙苯(2) 分離為具有以下平衡組成的相。對於其中一組，求分離器中的 T 和 P。需要哪些額外資訊才能進行計算離開分離器的液體和蒸汽的相對量？假設拉午耳定律適用。

(a) $x_1 = 0.35$，$y_1 = 0.70$。

(b) $x_1 = 0.35$，$y_1 = 0.725$。

(c) $x_1 = 0.35$，$y_1 = 0.75$。

(d) $x_1 = 0.35$，$y_1 = 0.775$。

13.8. 計算習題 13.7 的所有四個部分，並比較結果。各情況下所需的溫度和壓力差別很大，討論各種溫度和壓力在製程上可能產生的影響。

13.9. 將含有等莫耳的苯(1)、甲苯(2) 和乙苯(3) 的混合物，在 T 和 P 下進行閃蒸。對於下列情況，計算液相和汽相的平衡莫耳分率 $\{x_i\}$ 和 $\{y_i\}$，以及汽相占整個系統的莫耳分率 $\mathcal{V}$。假設拉午耳定律適用。

(a) $T = 110°C$，$P = 90$ kPa。

(b) $T = 110°C$，$P = 100$ kPa。

(c) $T = 110°C$，$P = 110$ kPa。

(d) $T = 110°C$，$P = 120$ kPa。

13.10. 計算習題 13.9 的所有四個部分，並比較結果，討論呈現的任何趨勢。

13.11. 將莫耳分率為 z_1 的二成分混合物在 T 和 P 下進行閃蒸。對於以下各部分，計算形成的液相和汽相的平衡莫耳分率 x_1 和 y_1、汽相占系統的莫耳分率 $\mathcal{V}$，以及物種 1 在汽相中的回收分率 R (定義為物種 1 在汽相中的莫耳數與在進料的莫耳數的比) 。假設拉午耳定律適用。

(a) 丙酮(1) / 乙腈(2)，$z_1 = 0.75$，$T = 340$ K，$P = 115$ kPa。

(b) 苯(1) / 乙苯(2)，$z_1 = 0.50$，$T = 100°C$，$P = 0.75$(atm)。

(c) 乙醇(1) /1- 丙醇(2)，$z_1 = 0.25$，$T = 360$ K，$P = 0.80$(atm)。

(d) 1- 氯丁烷(1) / 氯苯(2)，$z_1 = 0.50$，$T = 125°C$，$P = 1.75$ bar。

13.12. 與大氣中水分含量有關的濕度，可由理想氣體定律和適用於水的拉午耳定律得出的方程式精確求出。

(a) 絕對濕度 h 定義為每單位質量的乾燥空氣中所含水蒸汽的質量。證明它可表示為：

$$h = \frac{\mathcal{M}_{H_2O}}{\mathcal{M}_{air}} \frac{p_{H_2O}}{P - p_{H_2O}}$$

其中 $\mathcal{M}$ 代表莫耳質量，p_{H_2O} 是水蒸汽的分壓，即 $p_{H_2O} = y_{H_2O}P$。

(b) 飽和濕度 h^{sat} 定義為空氣與大量純水平衡時的 h 值。證明它可表示為：

$$h^{sat} = \frac{\mathcal{M}_{H_2O}}{\mathcal{M}_{air}} \frac{p_{H_2O}^{sat}}{P - p_{H_2O}^{sat}}$$

其中 $p_{H_2O}^{sat}$ 是外界溫度下水的蒸汽壓。

(c) 百分比濕度定義為 h 與其飽和值的比值，以百分比表示；另一方面，相對濕度定義為空氣中水蒸汽的分壓與其蒸汽壓之比，以百分比表示。這兩個數量之間有什麼關係？

13.13. 主要含有物質 2 (但 $x_2 \neq 1$) 的濃縮二成分溶液與含有物質 1 和 2 的汽相達成平衡。此兩相系統的壓力為 1 bar，溫度為 25°C。在此溫度下，$\mathcal{H}_1 = 200$ bar，$P_2^{sat} = 0.10$ bar。計算 x_1 和 y_1，說明並證明所有的假設。

13.14. 空氣較二氧化碳價格低廉且無毒，為什麼它不是製造蘇打水和 (廉價) 冒泡香檳的首選氣體？表 13.2 提供有用的數據。

13.15. 氦氣可作為深海潛水員的呼吸介質，為什麼？表 13.2 提供有用的數據。

13.16. 物種 1 和 2 的二成分系統由在溫度 T 的平衡汽相與液相組成。系統中物種 1 的總莫

耳分率為 $z_1 = 0.65$。在溫度 T 時，$\ln \gamma_1 = 0.67x_2^2$；$\ln \gamma_2 = 0.67x_1^2$；$P_1^{sat} = 32.27$ kPa；且 $P_2^{sat} = 73.14$ kPa。假設 (13.19) 式適用，

(a) 在給定的 T 和 z_1，兩相可共存的壓力範圍為何？

(b) 當液相莫耳分率 $x_1 = 0.75$ 時，壓力 P 是多少？汽相莫耳分率是多少？

(c) 證明此系統是否具有共沸點。

13.17. 對於 343.15 K 的乙酸乙酯(1) / 正庚烷(2) 系統，$\ln \gamma_1 = 0.95x_2^2$；$\ln \gamma_2 = 0.95x_1^2$；$P_1^{sat} = 79.80$ kPa；且 $P_2^{sat} = 40.50$ kPa。假設 (13.19) 式適用，

(a) 計算 $T = 343.15$ K、$x_1 = 0.05$ 時的泡點壓力 P。

(b) 計算 $T = 343.15$ K、$y_1 = 0.05$ 時的露點壓力 P。

(c) 在 $T = 343.15$ K 時，共沸點的組成和壓力是多少？

13.18. 環己酮(1) / 苯酚(2) 的液體混合物 (其中 $x_1 = 0.6$) 在 144°C 下與其蒸汽平衡。根據以下資訊，計算平衡壓力 P 和蒸汽組成 y_1：

- $\ln \gamma_1 = Ax_2^2$，$\ln \gamma_2 = Ax_1^2$
- 在 144°C 時，$P_1^{sat} = 75.20$ kPa，$P_2^{sat} = 31.66$ kPa
- 此系統在 144°C 下形成共沸點，其中 $x_1^{az} = y_1^{az} = 0.294$。

13.19. 物種 1 和 2 的二成分系統，由在溫度 T 下平衡的汽相和液相組成，其中 $\ln \gamma_1 = 1.8x_2^2$，$\ln \gamma_2 = 1.8x_1^2$，$P_1^{sat} = 1.24$ bar，$P_2^{sat} = 40.50$ kPa。假設 (13.19) 式成立，

(a) 當此兩相系統可以與 $x_1 = 0.65$ 的液相共存時，總莫耳分率 z_1 的範圍為何？

(b) 在此範圍內的壓力 P 和汽相莫耳分率 y_1 是多少？

(c) 在溫度 T 下，共沸點的壓力和組成是多少？

13.20. 對於丙酮(1) / 甲醇(2) 系統，將 $z_1 = 0.25$ 和 $z_2 = 0.75$ 的蒸汽混合物在兩相區域中冷卻至溫度 T，並在 1 bar 的壓力下流入分離室。如果液相產物的組成是 $x_1 = 0.175$，則所需的 T 值是多少？y_1 的值是多少？對於此系統的液體混合物，$\ln \gamma_1 = 0.64x_2^2$ 和 $\ln \gamma_2 = 0.64x_1^2$。

13.21. 以下是經驗法則：對於低壓 VLE 的二成分系統，對應於等莫耳液體混合物的平衡汽相莫耳分率 y_1 約為：

$$y_1 = \frac{P_1^{sat}}{P_1^{sat} + P_2^{sat}}$$

P_i^{sat} 是純物種的蒸汽壓。顯然地，如果拉午耳定律適用，這個方程式是成立的。證明它對於由 (13.19) 式描述的 VLE 也是成立的，其中 $\ln \gamma_1 = Ax_2^2$ 且 $\ln \gamma_2 = Ax_1^2$。

13.22. 某程序流包含輕物種 1 和重物種 2。經由單級液 / 汽分離裝置，可獲得幾乎是純物種 2 的液體。平衡組成的規格為：$x_1 = 0.002$，$y_1 = 0.950$。使用下面的數據，計算分離器的 T(K) 和 P (bar)。假設 (13.19) 式適用；由計算所得的 P 驗證這個假設。數據：

對於液相，

$$\ln\gamma_1 = 0.93x_2^2$$
$$\ln\gamma_2 = 0.93x_1^2$$
$$\ln P_i^{sat}/\text{bar} = A_i - \frac{B_i}{T/\text{K}}$$

$A_1 = 10.08$，$B_1 = 2572.0$，$A_2 = 11.63$，$B_2 = 6254.0$

13.23. 如果系統達到 VLE，則至少有一個 K 值必須大於 1.0，且至少一個必須小於 1.0。對此觀察，請給予證明。

13.24. 二成分系統的閃蒸計算比一般多成分系統簡單，因為二成分的平衡組成與總組成無關。證明對於 VLE 中的二成分系統，

$$x_1 = \frac{1-K_2}{K_1-K_2} \qquad y_1 = \frac{K_1(1-K_2)}{K_1-K_2}$$
$$\mathcal{V} = \frac{z_1(K_1-K_2)-(1-K_2)}{(K_1-1)(1-K_2)}$$

13.25. NIST Chemistry WebBook 發表嚴格估算的亨利常數，適用於 25°C 水中的選定化合物。在此用 k_{Hi} 表示亨利常數，在 VLE 方程式中：

$$m_i = k_{Hi}y_iP$$

其中 m_i 是溶質 i 的液相重量莫耳濃度，表示為 mol i/kg 溶劑。

(a) 導出 k_{Hi} 與 $\mathcal{H}_i$ 的代數關係，其中 $\mathcal{H}_i$ 為滿足 (13.26) 式的亨利常數。假設 x_i「很小」。

(b) 由 NIST Chemistry WebBook 發表，在 25°C 時，CO_2 在 H_2O 中的 k_{Hi} 值為 0.034 mol·kg^{-1}·bar^{-1}，則對應的 $\mathcal{H}_i$ 是多少 bar？將其與表 13.2 中給出的值進行比較，表 13.2 來自不同的來源。

13.26. (a) 將含有等莫耳量的丙酮(1) 和乙腈(2) 的進料節流至壓力 P 與溫度 T。若 $T=$ 50°C，則形成兩相 (液體和蒸汽) 的壓力範圍為多少 (atm)？假設拉午耳定律適用。

(b) 將含有等莫耳量的丙酮 (1) 和乙腈(2) 的進料節流至壓力 P 和溫度 T。若 $P = 0.5$ (atm)，則形成兩相 (液體和蒸汽) 的溫度範圍為多少 (°C)？假設拉午耳定律適用。

13.27. 將苯(1) 和甲苯(2) 的二成分混合物閃蒸至 75 kPa 和 90°C。分析來自分離器的流出液體和蒸汽得到：$x_1 = 0.1604$，$y_1 = 0.2919$。操作人員評論說產物是「不合規格的」，而你被要求診斷問題。

(a) 驗證出口流不是二成分平衡。

(b) 驗證可能是漏出的空氣進入分離器。

13.28. 10 kmol·hr^{-1} 的硫化氫氣體與純氧進行燃燒反應，純氧以特殊單位的化學計量。反應物在 25°C 和 1(atm) 下以氣體形式進入。產物以汽相與液相兩股流離開反應器，且均在 70°C 和 1(atm) 下保持平衡，其中液相為純水，而飽和汽相為 H_2O 和 SO_2的混合蒸汽。

(a) 汽相產物的組成 (莫耳分率) 是多少？

(b) 兩種產物流的流率 (kmol·hr^{-1}) 是多少？

13.29. 生理學研究表明，潮濕空氣的中性舒適度 (NCL) 對應於每千克乾空氣約 0.01 kg H_2O 的絕對濕度。

(a) NCL 中 H_2O 的汽相莫耳分率是多少？

(b) 在此濕度及 $P = 1.01325$ bar 壓力下，NCL 的 H_2O 分壓是多少？

(c) 在此濕度及 $P = 1.01325$ bar 壓力下，NCL 的露點溫度 (°F) 是多少？

13.30. 工業除濕機可接受 50 kmol·hr^{-1} 的潮濕空氣，露點為 20°C。離開除濕機的調節空氣的露點溫度為 10°C。在這種穩定流動程序中，除去液態水的速率 (kg·hr^{-1}) 是多少？假設 P 恆定為 1(atm)。

13.31. 適合拉午耳定律的二成分汽 / 液平衡系統，共沸是不可能的。對於真實系統 ($\gamma_i \neq 1$ 的系統)，在 P_i^{sat} 相等的溫度下，共沸是不可避免的。這樣的溫度稱為 Bancroft 點。並非所有二成分系統都有這樣的點。使用附錄 B 的表 B.2 作為資源，找出具有 Bancroft 點的三個二成分系統，並確定 T 和 P 坐標。基本規則：Bancroft 點必須位於 Antoine 方程式的有效溫度範圍內。

13.32. 以下是甲醇(1) / 水(2) 系統在 333.15 K 的一組 VLE 數據：

P/kPa	x_1	y_1	P/kPa	x_1	y_1
19.953	0.0000	0.0000	60.614	0.5282	0.8085
39.223	0.1686	0.5714	63.998	0.6044	0.8383
42.984	0.2167	0.6268	67.924	0.6804	0.8733
48.852	0.3039	0.6943	70.229	0.7255	0.8922
52.784	0.3681	0.7345	72.832	0.7776	0.9141
56.652	0.4461	0.7742	84.562	1.0000	1.0000

摘自K. Kurihara et al., *J. Chem. Eng. Data*, vol. 40, pp. 679–684, 1995.

(a) 基於 (13.24) 式的計算，求出 Margules 方程式的參數值，以提供 G^E/RT 與數據的最佳擬合，並在 Pxy 圖上，將實驗點與從關聯式確定的曲線進行比較。

(b) 對 van Laar 方程式重複 (a) 的計算。

(c) 對 Wilson 方程式重複 (a) 的計算。

(d) 使用 Barker 方法，求出 Margules 方程式的參數值，以提供 P–x_1 數據的最佳擬合。將殘差 δP 和 δy_1 對 x_1 作圖。

(e) 對 van Laar 方程式重複 (d) 的計算。

(f) 對 Wilson 方程式重複 (d) 的計算。

13.33. 若 (13.24) 式對二成分系統中的等溫 VLE 成立，證明：

$$\left(\frac{dP}{dx_1}\right)_{x_1=0} \geq -P_2^{sat} \qquad \left(\frac{dP}{dx_1}\right)_{x_1=1} \leq P_1^{sat}$$

13.34. 以下是丙酮(1) / 甲醇(2) 系統在 55°C 時的一組 VLE 數據：

P/kPa	x_1	y_1	P/kPa	x_1	y_1
68.728	0.0000	0.0000	97.646	0.5052	0.5844
72.278	0.0287	0.0647	98.462	0.5432	0.6174
75.279	0.0570	0.1295	99.811	0.6332	0.6772
77.524	0.0858	0.1848	99.950	0.6605	0.6926
78.951	0.1046	0.2190	100.278	0.6945	0.7124
82.528	0.1452	0.2694	100.467	0.7327	0.7383
86.762	0.2173	0.3633	100.999	0.7752	0.7729
90.088	0.2787	0.4184	101.059	0.7922	0.7876
93.206	0.3579	0.4779	99.877	0.9080	0.8959
95.017	0.4050	0.5135	99.799	0.9448	0.9336
96.365	0.4480	0.5512	96.885	1.0000	1.0000

摘自 D. C. Freshwater and K. A. Pike, *J. Chem. Eng. Data*, vol. 12, pp. 179–183, 1967.

(a) 基於 (13.24) 式的計算，求出 Margules 方程的參數值，以提供 G^E/RT 與數據的最佳擬合，並在 Pxy 圖上，將實驗點與從關聯式確定的曲線進行比較。

(b) 對 van Laar 方程式重複 (a) 的計算。

(c) 對 Wilson 方程式重複 (a) 的計算。

(d) 使用 Barker 方法，找到 Margules 方程式的參數值，以提供 P–x_1 數據的最佳擬合。將殘差 δP 和 δy_1 對 x_1 作圖。

(e) 對 van Laar 方程式重複 (d) 的計算。

(f) 對 Wilson 方程式重複 (d) 的計算。

13.35. 由化學性質不太相似的液體組成的二成分系統，其過剩吉布斯能量可表示為：

$$G^E/RT = Ax_1x_2$$

其中 A 只是溫度的函數。對於這樣的系統，經常觀察到純物種的蒸汽壓比值在相當大的溫度範圍內幾乎恆定。令此比值為 r，並確定 A 值的範圍，將其表示為 r 的函數，其中不存在共沸物。假設汽相是理想氣體。

13.36. 對於 50°C 的乙醇(1) / 氯仿(2) 系統，活性係數顯示出相對於組成的內部極值 [參見圖 13.4(e)]。

(a) 證明 van Laar 方程式無法表示這種行為。

(b) 雙參數 Margules 方程式可以表示這種行為，但僅適用於 A_{21}/A_{12} 的特定範圍。這些特定範圍是什麼？

13.37. 甲基第三丁基醚(1) / 二氯甲烷(2) 在 308.15 K 的 VLE 數據如下：

P/kPa	x_1	y_1	P/kPa	x_1	y_1
85.265	0.0000	0.0000	59.651	0.5036	0.3686
83.402	0.0330	0.0141	56.833	0.5749	0.4564
82.202	0.0579	0.0253	53.689	0.6736	0.5882
80.481	0.0924	0.0416	51.620	0.7676	0.7176
76.719	0.1665	0.0804	50.455	0.8476	0.8238
72.422	0.2482	0.1314	49.926	0.9093	0.9002
68.005	0.3322	0.1975	49.720	0.9529	0.9502
65.096	0.3880	0.2457	49.624	1.0000	1.0000

摘自 F. A. Mato, C. Berro, and A. Péneloux, *J. Chem. Eng. Data*, vol. 36, pp. 259–262, 1991.

這些數據可經由三參數 Margules 方程式 [(13.39) 式的延伸] 得到良好的關聯：

$$\frac{G^E}{RT} = (A_{21}x_1 + A_{12}x_2 - Cx_1x_2)x_1x_2$$

由此式可得下列表達式：

$$\ln\gamma_1 = x_2^2\left[A_{12} + 2(A_{21} - A_{12} - C)x_1 + 3Cx_1^2\right]$$
$$\ln\gamma_2 = x_1^2\left[A_{21} + 2(A_{12} - A_{21} - C)x_2 + 3Cx_2^2\right]$$

(a) 基於 (13.24) 式的計算，求出參數 A_{12}、A_{21} 和 C 的值，以便對數據提供最佳的 G^E/RT 擬合。

(b) 將 $\ln\gamma_1$、$\ln\gamma_2$ 和 $G^E/(x_1x_2RT)$ 對 x_1 作圖，顯示由關聯式計算的值和實驗值。

(c) 繪出 Pxy 圖 [參見圖 13.8(a)]，將實驗數據與 (a) 中關聯式計算的值進行比較。

(d) 繪出一致性測試圖，如圖 13.9 所示。

(e) 使用 Barker 方法，求出提供 P–x_1 數據最佳擬合的參數 A_{12}、A_{21} 和 C 的值，將殘差 δP 和 δy_1 對 x_1 作圖。

13.38. 類似於 (10.15) 式和 (10.16) 式的方程式適用於過剩性質。因為 $\ln\gamma_i$ 是相對於 G^E/RT 的部分性質，所以可以在二成分系統中，對於 $\ln\gamma_1$ 和 $\ln\gamma_2$ 寫出這些類似的方程式。

(a) 寫出這些方程式，並將它們應用於 (13.42) 式，以證明確實可求得 (13.43) 式和 (13.44) 式。

(b) 另一種方法是應用 (13.7) 式。由此方法，證明 (13.43) 式和 (13.44) 式可再次求得。

13.39. 以下是根據 VLE 數據求得的二成分液體系統的一組活性係數數據：

x_1	γ_1	γ_2	x_1	γ_1	γ_2
0.0523	1.202	1.002	0.5637	1.120	1.102
0.1299	1.307	1.004	0.6469	1.076	1.170
0.2233	1.295	1.006	0.7832	1.032	1.298
0.2764	1.228	1.024	0.8576	1.016	1.393
0.3482	1.234	1.022	0.9388	1.001	1.600
0.4187	1.180	1.049	0.9813	1.003	1.404
0.5001	1.129	1.092			

檢查這些實驗值顯示其中有誤差，但問題是它們是否一致，由此判斷數據平均而言是否正確。

(a) 求出 G^E/RT 的實驗值，並將它們與 $\ln\gamma_1$ 和 $\ln\gamma_2$ 的實驗值一起繪製在同一圖上。

(b) 求出 G^E/RT 隨組成而變的關聯式，並利用此關聯式，繪出 (a) 部分圖形的三條曲線。

(c) 將例 13.4 中描述的一致性測試應用於這些數據，並得出關於該測試的結論。

13.40. 以下是在 45°C 下，乙腈(1) / 苯(2) 系統的 VLE 數據：

P/kPa	x_1	y_1	P/kPa	x_1	y_1
29.819	0.0000	0.0000	36.978	0.5458	0.5098
31.957	0.0455	0.1056	36.778	0.5946	0.5375
33.553	0.0940	0.1818	35.792	0.7206	0.6157
35.285	0.1829	0.2783	34.372	0.8145	0.6913
36.457	0.2909	0.3607	32.331	0.8972	0.7869
36.996	0.3980	0.4274	30.038	0.9573	0.8916
37.068	0.5069	0.4885	27.778	1.0000	1.0000

摘自 I. Brown and F. Smith, *Austr al. J. Chem.*, vol. 8, p. 62, 1955.

這些數據可利用三參數 Margules 方程式得到良好的關聯 (參見習題 13.37)。

(a) 基於 (13.24) 式的計算，求出參數 A_{12}、A_{21} 和 C 的值，這些參數可以使 G^E/RT 最適合數據。

(b) 將 $\ln\gamma_1$、$\ln\gamma_2$ 和 G^E/x_1x_2RT 對 x_1 作圖，顯示由關聯式計算的值與實驗值。

(c) 繪出 Pxy 圖 [參見圖 13.8(a)]，將實驗數據與 (a) 中關聯式計算的值進行比較。

(d) 如圖 13.9，繪出一致性測試圖。

(e) 使用 Barker 方法，求出提供 P–x_1 數據最佳擬合的參數 A_{12}、A_{21} 和 C 的值，將殘差 δP 和 δy_1 對 x_1 作圖。

13.41. 一種不尋常的低壓 VLE 行為是雙共沸點 (double azeotropy)，其中露點和泡點曲線是 S 形的，因此在不同的組成下產生最小壓力和最大壓力共沸點。假設 (13.57) 式適用，確定在什麼情況下可能發生雙共沸點。

13.42. 證明以下適用於等莫耳二成分液體混合物的經驗法則：

$$\frac{G^E}{RT}(\text{等莫耳}) \approx \frac{1}{8}\ln(\gamma_1^\infty \gamma_2^\infty)$$

習題 13.43 到習題 13.54 需要用於液相活性係數的 Wilson 或 NRTL 方程式的參數值。表 13.10 給出兩個方程式的參數值。附錄 B 的表 B.2 給出計算蒸汽壓的 Antoine 方程式。

13.43. 對於表 13.10 中列出的二成分系統之一，基於 (13.19) 式和 Wilson 方程式，作出 $t = 60$°C 的 Pxy 圖。

13.44. 對於表 13.10 中列出的二成分系統之一，基於 (13.19) 式和 Wilson 方程式，作出 $P = 101.33$ kPa 的 txy 圖。

13.45. 對於表 13.10 中列出的二成分系統之一，基於 (13.19) 式和 NRTL 方程式，作出 $t = 60$°C 的 Pxy 圖。

13.46. 對於表 13.10 中列出的二成分系統之一，基於 (13.19) 式和 NRTL 方程式，作出 $P = 101.33$ kPa 的 txy 圖。

13.47. 對於表 13.10 中列出的二成分系統之一，基於 (13.19) 式和 Wilson 方程式，進行以下計算：

(a) 泡點壓力計算：$t = 60°C$，$x_1 = 0.3$。

(b) 露點壓力計算：$t = 60°C$，$y_1 = 0.3$。

(c) P、T- 閃蒸計算：$t = 60°C$，$P = \frac{1}{2}(P_{\text{bubble}} + P_{\text{dew}})$，$z_1 = 0.3$。

(d) 若在 $t = 60°C$ 時存在共沸物，求出 P^{az} 和 $x_1^{az} = yx_1^{az}$。

13.48. 利用 NRTL 方程式重做習題 13.47。

表 13.10 Wilson 和 NRTL 方程式的參數值

參數 a_{12}, a_{21}, b_{12} 和 b_{21} 的單位為 cal·mol^{-1}，以及 V_1 和 V_2 的單位為 cm^3·mol^{-1}

系統	V_1 V_2	Wilson 方程式 a_{12}	 a_{21}	NRTL 方程式 b_{12}	 b_{21}	 α
丙酮(1) 水(2)	74.05 18.07	291.27	1448.01	631.05	1197.41	0.5343
甲醇(1) 水(2)	40.73 18.07	107.38	469.55	−253.88	845.21	0.2994
1-丙醇(1) 水(2)	75.14 18.07	775.48	1351.90	500.40	1636.57	0.5081
水(1) 1,4-二噁烷(2)	18.07 85.71	1696.98	−219.39	715.96	548.90	0.2920
甲醇(1) 乙腈(2)	40.73 66.30	504.31	196.75	343.70	314.59	0.2981
丙酮(1) 甲醇(2)	74.05 40.73	−161.88	583.11	184.70	222.64	0.3084
乙酸甲酯(1) 甲醇(2)	79.84 40.73	−31.19	813.18	381.46	346.54	0.2965
甲醇(1) 苯(2)	40.73 89.41	1734.42	183.04	730.09	1175.41	0.4743
乙醇(1) 甲苯(2)	58.68 106.85	1556.45	210.52	713.57	1147.86	0.5292

該值是 Gmehling et al., *Vapor-Liquid Equilibrium Data Collection,* Chemistry Data Series, vol. I, parts la, 1b, 2c, and 2e, DECHEMA, Frankfurt/Main, 1981–1988 建議的值。

13.49. 對於表 13.10 中列出的二成分系統之一，基於 (13.19) 式和 Wilson 方程式，進行以下計算：

(a) 泡點溫度計算：$P = 101.33$ kPa，$x_1 = 0.3$。

(b) 露點溫度計算：$P = 101.33$ kPa，$y_1 = 0.3$。

(c) P、T - 閃蒸計算：$P = 101.33$ kPa，$T = 1/2(T_{\text{bubble}} + T_{\text{dew}})$，$z_1 = 0.3$。

(d) 若在 $P = 101.33$ kPa 時存在共沸物，求出 T^{az} 和 $x_1^{az} = y_1^{az}$。

13.50. 利用 NRTL 方程式重做 13.49 題。

13.51. 對於丙酮(1) / 甲醇(2) / 水(3) 系統，基於 (13.19) 式和 Wilson 方程式，進行以下計算：

(a) 泡點壓力計算：$t = 65°C$，$x_1 = 0.3$，$x_2 = 0.4$。

(b) 露點壓力計算：$t = 65°C$，$y_1 = 0.3$，$y_2 = 0.4$。

(c) P、T- 閃蒸計算：$t = 65°C$，$P = \frac{1}{2}(P_{\text{bubble}} + P_{\text{dew}})$，$z_1 = 0.3$，$z_2 = 0.4$。

13.52. 利用 NRTL 方程式重做習題 13.51。

13.53. 對於丙酮(1) / 甲醇(2) / 水(3) 系統，基於 (13.19) 式和 Wilson 方程式，進行以下計算：

(a) 泡點溫度計算：$P = 101.33$ kPa，$x_1 = 0.3$，$x_2 = 0.4$。

(b) 露點溫度計算：$P = 101.33$ kPa，$y_1 = 0.3$，$y_2 = 0.4$。

(c) P、T- 閃蒸計算：$P = 101.33$ kPa，$T = \frac{1}{2}(T_{\text{bubble}} + T_{\text{dew}})$，$z_1 = 0.3$，$z_2 = 0.2$。

13.54. 利用 NRTL 方程式重做習題 13.53。

13.55. 在給定的 T 和 P，二成分液體混合物中的物種 1 和 2 的活性係數表達式如下：

$$\ln \gamma_1 = x_2^2 (0.273\ 0.096x_1) \quad \ln \gamma_2 = x_1^2 (0.\ 273 - 0.096x_2)$$

(a) 求出 G^E/RT 的表達式。

(b) 根據 (a) 的結果，求出 $\ln \gamma_1$ 和 $\ln \gamma_2$ 的表達式。

(c) 將 (b) 的結果與題目所給的 $\ln \gamma_1$ 和 $\ln \gamma_2$ 進行比較。討論任何差異。題目所給的表達式是否正確？

13.56. 已知二成分液體系統中 $\ln \gamma_1$ 的關聯式。對於這些情況之一，可利用對 Gibbs/Duhem 方程式 [(13.11) 式] 進行積分來求得 $\ln \gamma_2$ 的對應方程式。對應的 G^E/RT 為何？注意，根據定義，當 $x_i = 1$ 時，$\gamma_i = 1$。

(a) $\ln \gamma_1 = Ax_2^2$。

(b) $\ln \gamma_1 = x_2^2 (A + Bx_2)$。

(c) $\ln \gamma_1 = x_2^2 (A + Bx_2 + Cx_2^2)$。

13.57. 某儲槽中含有重質有機液體。化學分析顯示該液體含有 600 ppm (以莫耳計) 的水。建議在恆定大氣壓下將水槽中的水煮沸，將水的濃度降至 50 ppm。因為水比有機物輕，所以蒸汽中會富含水；連續除去蒸汽有助於減少系統中的水含量。估計沸騰過程中有機物的損失百分比 (以莫耳計)。評論提案的合理性。

提示：指定水(1) / 有機物(2) 系統，並對水及水 + 有機物進行非穩態莫耳平衡。陳述所有假設。

數據：T_{n_2} = 有機物的正常沸點 = 130°C。

在 130°C 時，水在液相中的 $\gamma_1^\infty = 5.8$。

13.58. 通常在常溫 T 或常壓 P 下測量二成分 VLE 數據。對於求出液相 G^E 的關聯式，為何使用等溫數據較為適宜？

13.59. 考慮二成分混合物的 G^E/RT 的以下模式：

$$\frac{G^E}{x_1 x_2 RT} = \left(x_1 A_{21}^k + x_2 A_{12}^k\right)^{1/k}$$

這個方程式實際上代表 G^E/RT 的兩個參數表達式。若指定 k，則 A_{12} 和 A_{21} 成為自由參數。

(a) 求任意 k 的 $\ln\gamma_1$ 和 $\ln\gamma_2$ 的一般表達式。

(b) 對於任意 k，證明 $\ln\gamma_1^\infty = A_{12}$ 且 $\ln\gamma_2^\infty = A_{21}$。

(c) 在 k 等於 $-\infty$、-1、0、$+1$ 和 $+\infty$ 的情況下，將模式特殊化，其中哪兩種情況會產生相似的結果？

13.60. 呼吸分析儀可測量從肺呼出的氣體中酒精的體積百分比。經標定與血液中酒精的體積百分比有關。使用 VLE 概念來建立這兩個量之間的近似關係。需要許多假設；陳述並證明其合理性。

13.61. 表 13.10 列出丙酮(1) / 甲醇(2) 系統的 Wilson 方程式的參數值。在 50°C 下估算 $\ln\gamma_1^\infty$ 和 $\ln\gamma_2^\infty$ 的值。並與圖 13.4(b) 提出的值進行比較。用 NRTL 方程式重做此題。

13.62. 對於二成分系統，由 G^E/RT 的 Wilson 方程式，導出 H^E 的表達式。證明過剩熱容量 C_P^E 必為正值。回想一下，Wilson 參數與 T 有關，符合 (13.53) 式。

13.63. 在 25°C 下，有一組 P-x_1-y_1 數據點適用於二成分系統。根據數據估算：

(a) 等莫耳混合液在 25°C 的總壓和汽相組成。

(b) 在 25°C 下是否可能發生共沸點。

數據：在 25°C 下，$P_1^{sat} = 183.4$ 且 $P_2^{sat} = 96.7$ kPa

當 $x_1 = 0.253$ 時，$y_1 = 0.456$ 且 $P = 139.1$ kPa

13.64. 在 35°C 下，有一組 P–x_1 數據點適用於二成分系統。根據數據估算：

(a) y_1 的對應值。

(b) 等莫耳混合液在 35°C 的總壓。

(c) 在 35°C 下是否可能發生共沸點。

數據：在 25°C 下，$P_1^{sat} = 120.2$ 且 $P_2^{sat} = 73.9$ kPa

當 $x_1 = 0.389$ 時，$P = 108.6$ kPa

13.65. 在 55°C 下，氯仿(1) / 乙醇(2) 系統的過剩吉布斯能量可由 Margules 方程式表示，$G^E/RT = (1.42x_1 + 0.59x_2)x_1x_2$。55°C 時，氯仿和乙醇的蒸汽壓分別為 $P_1^{sat} = 82.37$ 和 $P_2^{sat} = 37.31$ kPa。

(a) 假定 (13.19) 式成立，在 55°C 下對 0.25、0.50 和 0.75 的液相莫耳分率進行泡點壓力 P 計算。

(b) 為了進行比較，使用 (13.13) 式和 (13.14) 式重複計算，其中維里係數：$B_{11} = -963$，$B_{22} = -1523$，且 $B_{12} = 52$ $cm^3{\cdot}mol^{-1}$。

13.66. 求出由 (3.38) 式描述的二成分氣體混合物的 $\hat{\phi}_1$ 和 $\hat{\phi}_2$ 的表達式。B 的混合規則可由 (10.62) 式得知。C 的混合規則由以下一般公式給出：

$$C = \sum_i \sum_j \sum_k y_i y_j y_k C_{ijk}$$

帶有相同下標的 C_S 不論順序如何都相等。對於二成分混合物，上式變為：

$$C = y_1^3 C_{111} + 3y_1^2 y_2 C_{112} + 3y_1 y_2^2 C_{122} + y_2^3 C_{222}$$

13.67. 由甲烷(1) 和輕油(2) 在 200 K 和 30 bar 下形成的系統，是由包含 95 mol% 甲烷的汽相和包含油和溶解的甲烷的液相組成。甲烷的逸壓由亨利定律給出，其中亨利常數為 $\mathcal{H}_1 = 200$ bar。敘述任何假設，估算液相中甲烷的平衡莫耳分率。200 K 時，純甲烷的第二維里係數為 $-105\ \text{cm}^3\cdot\text{mol}^{-1}$。

13.68. 使用 (13.13) 式簡化以下等溫數據集之一，並將結果與應用 (13.19) 式獲得的結果進行比較。回想一下，簡化意味著發展出 G^E/RT 作為組成的函數的表達式。

(a) 50°C 時的甲基乙基酮(1) / 甲苯(2)：表 13.1。

(b) 55°C 時的丙酮(1) / 甲醇(2)：習題 13.34。

(c) 35°C 時的甲基第三丁基醚(1) / 二氯甲烷(2)：習題 13.37。

(d) 45°C 時的乙腈(1) / 苯(2)：習題 13.40。

第二維里係數數據如下：

	部分 (a)	部分 (b)	部分 (c)	部分 (d)
$B_{11}/\text{cm}^3\cdot\text{mol}^{-1}$	−1840	−1440	−2060	−4500
$B_{12}/\text{cm}^3\cdot\text{mol}^{-1}$	−1800	−1150	−860	−1300
$B_{22}/\text{cm}^3\cdot\text{mol}^{-1}$	−1150	−1040	−790	−1000

13.69. 對於以下物質之一，在兩個溫度下：$T = T_n$ (正常沸點)，$T = 0.85T_c$，根據 Redlich/Kwong 方程式計算 P^{sat}/bar。對於第二個溫度，請將你的結果與文獻中的值 (如 Perry's Chemical Engineers' Handbook) 進行比較，討論你的結果。

(a) 乙炔；(b) 氬；(c) 苯；(d) 正丁烷；(e) 一氧化碳；(f) 正癸烷；(g) 乙烯；(h) 正庚烷；(i) 甲烷；(j) 氮

13.70. 對於下列方程式之一：(a) Soave/Redlich/Kwong 方程式；(b) Peng/Robinson 方程式，重做習題 13.69。

13.71. 違反拉午耳定律的主要原因是液相非理想性 ($\gamma_i \neq 1$)，但是汽相非理想性 ($\hat{\phi}_i \neq 1$) 也會發揮作用。考慮一種特殊情況，其中液相是理想溶液，而汽相是由 (3.36) 式描述的非理想氣體混合物。證明在恆溫下偏離拉午耳定律可能為負。清楚說明任何假設和近似值。

13.72. 計算下列方程式所隱含的離心係數 ω 的數值：

(a) 凡得瓦方程式。

(b) Redlich/Kwong 方程式。

13.73. 相對揮發度 α_{12} 通常用於涉及二成分 VLE 的應用中。特別是 (參見例 13.1)，它是估算二成分共沸可能性的基礎。(a) 根據 (13.13) 式和 (13.14) 式求出 α_{12} 的表達式。(b) 求出組成極限 $x_1 = y_1 = 0$ 和 $x_1 = y_1 = 1$ 的表達式。與修正後的拉午耳定律 (13.19) 式獲得的結果進行比較。結果之間的差異反映汽相非理想性的影響。(c) 進一步將 (b) 部分的結果用於汽相是真實氣體的理想溶液的情況。

13.74. 儘管優選等溫 VLE 數據來提取活性係數，但文獻中仍存在大量的良好等壓數據。對於二成分等壓 T-x_1-y_1 數據集，可以經由 (13.13) 式提取 γ_i 的點值：

$$\gamma_i(x, T_k) = \frac{y_i \Phi_i(T_k, P, y)P}{x_i P_i^{\text{sat}}(T_k)}$$

其中 γ_i 隨 x 和 T 而變；隨壓力的變化通常可忽略不計。符號 T_k 強調溫度在整個組成範圍內隨數據點而變化，並且計算出的活性係數是在不同的溫度下。但是，VLE 數據簡化和關聯的通常目標是為了在單一溫度下為 G^E/RT 開發一個合適的表達式。需要一種程序來將每個活性係數校正為接近數據集平均值的 T。如果在此 T 或附近可獲得 $H^E(x)$ 的關聯式，證明可利用以下表達式估算校正為 T 的 γ_i 值：

$$\gamma_i(x, T) = \gamma_i(x, T_k) \exp\left[\frac{-\bar{H}_i^E}{RT}\left(\frac{T}{T_k} - 1\right)\right]$$

13.75. VLE 的 γ/ϕ 表達式中各項的相對貢獻是什麼？解決這個問題的一種方法是經由 (13.19) 式計算單個二成分 VLE 數據點的活性係數：

$$\gamma_i = \underbrace{\frac{y_i P}{x_i P_i^{\text{sat}}}}_{\text{(A)}} \cdot \underbrace{\frac{\hat{\phi}_i}{\phi_i^{\text{sat}}}}_{\text{(B)}} \cdot \underbrace{\frac{f_i^{\text{sat}}}{f_i}}_{\text{(C)}}$$

(A) 項是根據修正後的拉午耳定律得出的值；(B) 項解釋汽相的非理想性；(C) 項是 Poynting 因子 [參見 (10.44) 式]。對於 318.15 K 的丁腈(1) / 苯(2) 系統，使用以下單點數據估算 $i = 1$ 和 $i = 2$ 的所有項。討論所得的結果。

VLE 數據：$P = 0.20941$ bar，$x_1 = 0.4819$，$y_1 = 0.1813$。

輔助數據：$P_1^{\text{sat}} = 0.07287$ 和 $P_2^{\text{sat}} = 0.29871$ bar

$B_{11} = -7993$，$B_{22} = -1247$，$B_{12} = -208\,9\ \text{cm}^3\cdot\text{mol}^{-1}$

$V_{11} = 90$，$V_{21} = 92\ \text{cm}^3\cdot\text{mol}^{-1}$

13.76. 在 100°C 下，對以下標識的系統之一繪出 P-x_1-y_1 圖。活性係數是基於 Wilson 方程式，(13.45) 式到 (13.47) 式。使用兩個程序：(i) 修正的拉午耳定律 (13.19) 式，及 (ii) γ/ϕ 方法 (13.13) 式，其中 Φ_i 由 (13.14) 式給出。將兩個程序的結果繪製在同一張圖上。比較並討論它們。

數據來源：對於 P_i^{sat} 使用表 B.2。對於汽相非理想性，請使用第 3 章中的資料；假設汽相是 (大約) 理想溶液。每個系統都給出 Wilson 方程式的估計參數。

(a) 苯(1) / 四氯化碳(2)：$\Lambda_{12} = 1.0372$，$\Lambda_{21} = 0.8637$

(b) 苯(1) / 環己烷(2)：$\Lambda_{12} = 1.0773$，$\Lambda_{21} = 0.7100$

(c) 苯(1) / 正庚烷(2)：$\Lambda_{12} = 1.2908$，$\Lambda_{21} = 0.5011$

(d) 苯(1) / 正己烷(2)：$\Lambda_{12} = 1.3684$，$\Lambda_{21} = 0.4530$

(e) 四氯化碳(1) / 環己烷(2)：$\Lambda_{12} = 1.1619$，$\Lambda_{21} = 0.7757$

(f) 四氯化碳(1) / 正庚烷(2)：$\Lambda_{12} = 1.5410$，$\Lambda_{21} = 0.5197$

(g) 四氯化碳(1) / 正己烷(2)：$\Lambda_{12} = 1.2839$，$\Lambda 21 = 0.6011$

(h) 環己烷(1) / 正庚烷(2)：$\Lambda_{12} = 1.2996$，$\Lambda_{21} = 0.7046$

(i) 環己烷(1) / 正己烷(2)：$\Lambda_{12} = 1.4187$，$\Lambda_{21} = 0.5901$

Chapter 14

化學反應平衡

經由化學反應將原料轉化為價值更高的產品是一個主要產業，利用化學合成可以得到大量的商業產品。硫酸、氨、乙烯、丙烯、磷酸、氯、硝酸、尿素、苯、甲醇、乙醇和乙二醇，都是全球每年生產數十億公斤產品的例子。這些產品又用於纖維、油漆、清潔劑、塑料、橡膠、紙張和肥料等的大規模生產。由化學反應生產的其他產品，範圍從藥物到加強微電子和電信產業的一系列無機材料。儘管這些產品的產量比我們提到的大宗化學品小，但它們對經濟和社會影響卻很大。顯然地，化學工程師必須熟悉化學反應器的設計、分析和操作。

化學反應速率和平衡轉化率都與溫度、壓力和反應物的組成有關。通常，使用合適的催化劑才能達到合理的反應速率。例如，二氧化硫氧化成三氧化硫的反應，可用五氧化二釩為催化劑，在約 300°C 時可得到可觀的反應速率，且反應速率隨溫度的升高而增加。若僅要求速率，則可以在最高實際溫度下操作反應器。然而，二氧化硫到三氧化硫的平衡轉化率隨溫度升高而降低，約從 520°C 的 90% 降低至 680°C 的 50%。這些值代表最大可能的轉化率，而與催化劑或反應速率無關。顯然在出於商業目的開發化學反應時，必須同時考慮平衡和反應速率。儘管反應速率不受熱力學處理的影響，但反應平衡卻很容易受影響。因此，本章的主要目標是將反應系統的平衡組成與其溫度、壓力和初始組成聯繫起來。

許多工業反應並沒有達到平衡；此時反應器設計通常基於反應速率或其他考慮因素，例如熱傳和質傳速率。但是，操作條件的選擇仍可能受到平衡狀態的影響。而且平衡狀態對衡量程序提出改進參考。同樣地，化學平衡的考慮因素通常決定對新程序的研究是否值得。例如，如果熱力學分析表明在平衡狀態下只能獲得 20% 的產率，並且若要使該程序具有經濟上的吸引力，則需要 50% 的產率，就沒有必要進一步分析。另一方面，若平衡產率為 80%，則可能需要進一步研究反應速率和程序的其他方面。

第 14.1 節處理反應化學計量學，其中我們將反應混合物的組成與發生的每個化學反應的單一反應坐標變數相關聯。然後在第 14.2 節介紹化學反應平衡的準則。第 14.3 節定義平衡常數，第 14.4 節和第 14.5 節考慮平衡常數隨溫度的變化與估算。第 14.6 節推導平衡常數與組成之間的關係。第 14.7 節討論單一反應的平衡轉化率的計算。第 14.8 節，在反應系統的上下文中重新考慮相律。第 14.9 節處理多重反應的平衡。[1] 最後，第 14.10 節，對燃料電池做入門簡介。

14.1 反應坐標

如第 4.6 節所述，一般化學反應為：

$$|\nu_1|A_1 + |\nu_2|A_2 + \cdots \rightarrow |\nu_3|A_3 + |\nu_4|A_4 + \cdots \tag{14.1}$$

其中 $|\nu_i|$ 是化學計量係數，A_i 代表化學式。符號 ν_i 本身稱為化學計量數，根據第 4.6 節的符號規定，其為：

產物為正值 (+)　　且　　反應物為負值 (–)

因此，對於反應，　　$CH_4 + H_2O \rightarrow CO + 3H_2$

化學計量數為：

$$\nu_{CH_4} = -1 \qquad \nu_{H_2O} = -1 \qquad \nu_{CO} = 1 \qquad \nu_{H_2} = 3$$

不參與反應的物種 (即惰性物種) 的化學計量數為零。

如 (14.1) 式表示的反應，物質莫耳數的變化與化學計量數成正比。因此，對於上述的反應，若 0.5 mol 的 CH_4 由反應消失，則 0.5 mol 的 H_2O 也消失；同時形成 0.5 mol 的 CO 和 1.5 mol 的 H_2。應用於微量反應，此原理提供以下方程式：

$$\frac{dn_2}{\nu_2} = \frac{dn_1}{\nu_1} \qquad \frac{dn_3}{\nu_3} = \frac{dn_1}{\nu_1} \qquad \text{等}$$

以上的等式可延續至包括所有物種。由這些方程式的比較得出：

$$\frac{dn_1}{\nu_1} = \frac{dn_2}{\nu_2} = \frac{dn_3}{\nu_3} = \frac{dn_4}{\nu_4} = \cdots$$

1 對於全面討論化學反應平衡參見 W. R. Smith and R. W. Missen, *Chemical Reaction Equilibrium Analysis*, John Wiley & Sons, New York, 1982。

所有項均相等，它們可以由代表反應量的單一數量共同標識。因此，$d\varepsilon$ 代表反應進行程度的單一變數，可由下式**定義**：

$$\boxed{\frac{dn_1}{\nu_1} = \frac{dn_2}{\nu_2} = \frac{dn_3}{\nu_3} = \frac{dn_4}{\nu_4} = \cdots \equiv d\varepsilon} \tag{14.2}$$

因此，將微分變化量 dn_i 與 $d\varepsilon$ 相連接的一般關係為：

$$\boxed{dn_i = \nu_i \, d\varepsilon \qquad (i = 1, 2, \ldots, N)} \tag{14.3}$$

這個稱為**反應坐標** (reaction coordinate) 的新變數 ε，表示反應發生的程度。[2] (14.3) 式定義相對於莫耳數變化的 ε 變化。ε 本身的定義取決於特定的應用，對於反應之前的系統初始狀態，將其設置為零。因此，將 (14.3) 式從初始未反應狀態 (其中 $\varepsilon = 0$ 且 $n_i = n_{i_0}$) 積分到任意反應量：

$$\int_{n_{i_0}}^{n_i} dn_i = \nu_i \int_0^{\varepsilon} d\varepsilon$$

或

$$n_i = n_{i_0} + \nu_i \varepsilon \qquad (i = 1, 2, \ldots, N) \tag{14.4}$$

對所有物種求總和，可得：

$$n = \sum_i n_i = \sum_i n_{i_0} + \varepsilon \sum_i \nu_i$$

或

$$n = n_0 + \nu\varepsilon$$

其中

$$n \equiv \sum_i n_i \qquad n_0 \equiv \sum_i n_{i_0} \qquad \nu \equiv \sum_i \nu_i$$

因此，物質的莫耳分率 y_i 與 ε 的關係為：

$$\boxed{y_i = \frac{n_i}{n} = \frac{n_{i_0} + \nu_i \varepsilon}{n_0 + \nu\varepsilon}} \tag{14.5}$$

在以下的例子中說明此方程式的應用。

例 14.1

在最初由 2 mol CH_4、1 mol H_2O、1 mol CO 和 4 mol H_2 組成的系統中發生以下反應：

$$CH_4 + H_2O \rightarrow CO + 3H_2$$

---

2 反應坐標 ε 被賦予各種名稱，包括進展程度、反應程度和進度變數。

求莫耳分率 y_i 與 ε 的關係式。

解

對於反應，
$$\nu = \sum_i \nu_i = -1 - 1 + 1 + 3 = 2$$

各物質的初始莫耳數為已知，因此

$$n_0 = \sum_i n_{i_0} = 2 + 1 + 1 + 4 = 8$$

由 (14.5) 式得知：

$$y_{CH_4} = \frac{2-\varepsilon}{8+2\varepsilon} \qquad y_{H_2O} = \frac{1-\varepsilon}{8+2\varepsilon}$$

$$y_{CO} = \frac{1+\varepsilon}{8+2\varepsilon} \qquad y_{H_2} = \frac{4+3\varepsilon}{8+2\varepsilon}$$

例 14.2

考慮一個最初只含有 n_0 mol 水蒸汽的容器。如果發生如下式的分解反應：

$$H_2O \rightarrow H_2 + \tfrac{1}{2}O_2$$

求每種化學物質的莫耳數和莫耳分率與反應坐標 ε 相關的表達式。

解

對於給定的反應，$\nu = -1 + 1 + \frac{1}{2} = \frac{1}{2}$。應用 (14.4) 式和 (14.5) 式得到：

$$n_{H_2O} = n_0 - \varepsilon \qquad y_{H_2O} = \frac{n_0 - \varepsilon}{n_0 + \frac{1}{2}\varepsilon}$$

$$n_{H_2} = \varepsilon \qquad y_{H_2} = \frac{\varepsilon}{n_0 + \frac{1}{2}\varepsilon}$$

$$n_{O_2} = \tfrac{1}{2}\varepsilon \qquad y_{O_2} = \frac{\frac{1}{2}\varepsilon}{n_0 + \frac{1}{2}\varepsilon}$$

水蒸汽的分解率為：

$$\frac{n_0 - n_{H_2O}}{n_0} = \frac{n_0 - (n_0 - \varepsilon)}{n_0} = \frac{\varepsilon}{n_0}$$

因此，當 $n_0 = 1$ 時，ε 即表示水蒸汽的分解率。

ν_i 是無單位的純數字；(14.3) 式因此要求 ε 以莫耳表示，這導致**反應莫耳數**的概念，即 ε 的變化為 1 mol。當 $\Delta\varepsilon = 1$ mol 時，反應進行到使每種反應物和產物的莫耳數變化等於其化學計量數的程度。

多重反應的化學計量

當兩個或多個獨立反應同時進行時，我們以第二個下標 (此處用 j 表示) 用作反應指數，然後將單獨的反應坐標 ε_j 應用於每個反應。化學計量數具有雙下標以識別其與物種和反應兩者的關聯。因此，$\nu_{i,j}$ 表示反應 j 中物種 i 的化學計量數。由於物種 n_i 的莫耳數可能會因幾次反應而發生變化，因此類似於 (14.3) 式的一般方程式包括下列總和：

$$dn_i = \sum_j \nu_{i,j} d\varepsilon_j \qquad (i = 1, 2, \ldots, N)$$

從 $n_i = n_{i_0}$ 和 $\varepsilon_j = 0$ 積分到任意的 n_i 和 ε_j 可得：

$$n_i = n_{i_0} + \sum_j \nu_{i,j}\varepsilon_j \qquad (i = 1, 2, \ldots, N) \tag{14.6}$$

對所有物種求和可得：

$$n = \sum_i n_{i_0} + \sum_i \sum_j \nu_{i,j}\varepsilon_j = n_0 + \sum_j \left(\sum_i \nu_{i,j} \right) \varepsilon_j$$

對應於單一反應的總化學計量數 ν ($\equiv \sum_i \nu_i$) 的定義，我們有以下定義：

$$\nu_j \equiv \sum_i \nu_{i,j} \qquad \text{因此} \qquad n = n_0 + \sum_j \nu_j \varepsilon_j$$

結合上式與 (14.6) 式，可得莫耳分率為：

$$y_i = \frac{n_{i_0} + \sum_j \nu_{i,j}\varepsilon_j}{n_0 + \sum_j \nu_j \varepsilon_j} \qquad (i = 1, 2, \ldots, N) \tag{14.7}$$

例 14.3

考慮一個發生以下反應的系統：

$$CH_4 + H_2O \rightarrow CO + 3H_2 \tag{1}$$

$$CH_4 + 2H_2O \rightarrow CO_2 + 4H_2 \tag{2}$$

其中數字 (1) 和 (2) 表示反應指數 j 的值。如果最初有 2 mol CH_4 和 3 mol H_2O，試將 y_i 表示為 ε_1 和 ε_2 的函數。

解

化學計量數 $\nu_{i,j}$ 可按如下方式排列：

$i =$	CH_4	H_2O	CO	CO_2	H_2	
j						ν_j
1	−1	−1	1	0	3	2
2	−1	−2	0	1	4	2

應用 (14.7) 式可得：

$$y_{CH_4} = \frac{2 - \varepsilon_1 - \varepsilon_2}{5 + 2\varepsilon_1 + 2\varepsilon_2} \qquad y_{CO} = \frac{\varepsilon_1}{5 + 2\varepsilon_1 + 2\varepsilon_2}$$

$$y_{H_2O} = \frac{3 - \varepsilon_1 - 2\varepsilon_2}{5 + 2\varepsilon_1 + 2\varepsilon_2} \qquad y_{CO_2} = \frac{\varepsilon_2}{5 + 2\varepsilon_1 + 2\varepsilon_2}$$

$$y_{H_2} = \frac{3\varepsilon_1 + 4\varepsilon_2}{5 + 2\varepsilon_1 + 2\varepsilon_2}$$

系統的組成是獨立變數 ε_1 和 ε_2 的函數。

14.2 平衡標準在化學反應中的應用

在第 12.4 節中，我們證明在不可逆程序中，恆溫 T 和恆壓 P 下封閉系統的總吉布斯能量必然減小，並且當達到平衡狀態時，G^t 達到最小值。在這種平衡狀態下，

$$(dG^t)_{T,P} = 0 \tag{12.3}$$

因此，如果化學物種的混合物不處於化學平衡狀態，則在恆溫 T 和恆壓 P 下發生的任何反應都會降低系統的總吉布斯能量。單一化學反應的這種現象如圖 14.1 所示，該圖顯示 G^t 對反應坐標 ε 的示意圖。由於 ε 是表示反應進行程度的單一變數，它表示系統的組成，因此恆溫 T 和恆壓 P 下的總吉布斯能量由 ε 確定。沿著圖 14.1 中曲線的箭頭表示由於反應而發生的 $(G^t)_{T,P}$ 的變化方向。反應坐標的平衡值 ε_e 在曲線的最小值位置。(12.3) 式的含義是化學反應的微量改變可以在平衡狀態下發生，而不會引起系統的總吉布斯能量發生變化。

圖 14.1 指出已知溫度和壓力下，平衡狀態的兩個明顯特徵：

- 總吉布斯能量 G^t 是最小值。
- 其微分為零。

這些都可以作為平衡的準則。因此，我們可以將 G^t 表示為 ε 的函數，並求得使 G^t 為最小值的 ε，或者我們可以微分該表達式，令其等於零，然後求解 ε。後面

▶圖 14.1 總吉布斯能量隨反應坐標變化的示意圖。

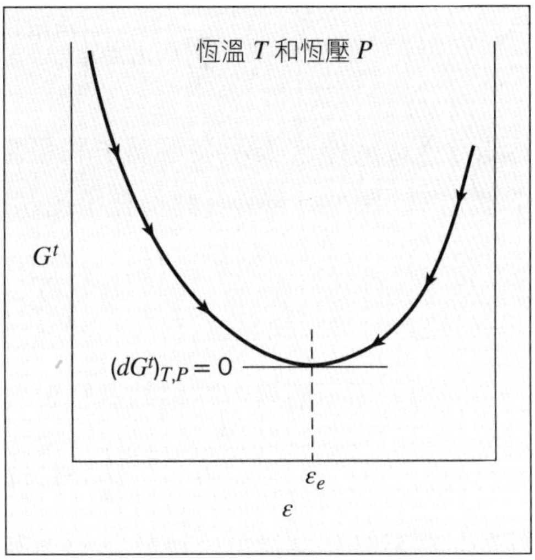

的程序幾乎常用於單一反應 (圖 14.1)，它導出平衡常數，如下一節所述。儘管導出平衡常數的方法也可以應用於多個反應，但是直接最小化 G^t 通常更方便。第 14.9 節中考慮直接最小化方法。

儘管平衡表達式是在恆溫 T 和恆壓 P 的封閉系統導出的，但它們的應用並不侷限於實際封閉且沿著恆溫 T 和恆壓 P 的路徑達到平衡狀態的系統。一旦達到平衡狀態，就不會再發生變化，並且系統繼續以恆溫 T 和恆壓 P 處於此狀態，與實際上如何獲得此狀態無關。一旦知道在給定的 T 和 P 下存在平衡狀態，就適用此準則。

14.3 標準吉布斯能量變化和平衡常數

將平衡準則應用於化學反應的下一步是將平衡時最小化的吉布斯能量與反應坐標聯繫起來。(10.2) 式是單相系統的基本性質關係，它提供吉布斯能量全微分的表達式：

$$d(nG) = (nV)dP - (nS)dT + \sum_i \mu_i \, dn_i \tag{10.2}$$

如果在封閉系統中由於單一化學反應而導致莫耳數 n_i 發生變化，則由 (14.3) 式可知，每個 dn_i 可以用 $\nu_i \, d\varepsilon$ 代替，因此 (10.2) 式變為：

$$d(nG) = (nV)dP - (nS)dT + \sum_i \nu_i \mu_i \, d\varepsilon$$

由於 nG 是狀態函數，上式右邊是正合微分表達式；因此，

$$\sum_i \nu_i \mu_i = \left[\frac{\partial(nG)}{\partial \varepsilon}\right]_{T,P} = \left[\frac{\partial(G^t)}{\partial \varepsilon}\right]_{T,P}$$

因此，$\sum \nu_i \mu_i$ 通常表示在恆溫 T 和恆壓 P 下，系統的總吉布斯能量對反應坐標的變化率。圖 14.1 顯示，此值在平衡狀態下為零。因此，化學反應平衡的準則是：

$$\boxed{\sum_i \nu_i \mu_i = 0} \tag{14.8}$$

回想一下，溶液中物種的逸壓定義：

$$\mu_i = \Gamma_i(T) + RT \ln \hat{f}_i \tag{10.46}$$

此外，對於在相同溫度下處於其**標準狀態** (standard state)[3] 的純物種 i，(10.31) 式可寫成：

$$G_i^\circ = \Gamma_i(T) + RT \ln f_i^\circ$$

這兩個方程式的差為：

$$\mu_i - G_i^\circ = RT \ln \frac{\hat{f}_i}{f_i^\circ} \tag{14.9}$$

結合 (14.8) 式與 (14.9) 式以消去 μ_i，可得到化學反應的平衡狀態：

$$\sum_i \nu_i [G_i^\circ + RT \ \ln(\hat{f}_i / f_i^\circ)] = 0$$

或

$$\sum_i \nu_i G_i^\circ + RT \ \sum_i \ln(\hat{f}_i / f_i^\circ)^{\nu_i} = 0$$

或

$$\ln \prod_i (\hat{f}_i / f_i^\circ)^{\nu_i} = \frac{-\sum_i \nu_i G_i^\circ}{RT}$$

其中 $\prod_i$ 表示對所有物種 i 的連乘積。以指數形式表示，上式變為：

$$\boxed{\prod_i (\hat{f}_i / f_i^\circ)^{\nu_i} = K} \tag{14.10}$$

K 的**定義**及其對數分別為：

$K \equiv \exp\left(\frac{-\Delta G^\circ}{RT}\right)$ (14.11a)	$\ln K = \frac{-\Delta G^\circ}{RT}$ (14.11b)

3 標準狀態在第 4.3 節中介紹和討論。

依此**定義**可知，

$$\Delta G^\circ \equiv \sum_i \nu_i G_i^\circ \tag{14.12}$$

因為 G_i° 是在固定壓力下處於標準狀態的純物種 i 的性質，所以它僅與溫度有關。因此由 (14.12) 式可知，ΔG° 是溫度的函數，而 K 也僅是溫度的函數。

> **儘管 K 與溫度有關，但 K 仍被稱為反應的平衡常數。ΔG° 稱為反應的標準吉布斯能量變化。**

(14.10) 式中的逸壓比提供平衡狀態與單一物種的標準狀態之間的聯繫，假定標準狀態有可用的數據，如第 14.5 節所述。標準狀態是任意的，但它們必須始終處於平衡溫度 T 下。對於參與反應的所有物種，選擇的標準狀態不必相同。但是，對於特定物種，由 G_i° 表示的標準狀態必須與該物種的逸壓 f_i° 的標準狀態相同。

(14.12) 式中的函數 $\Delta G^\circ \equiv \sum_i \nu_i G_i^\circ$ 是指在標準狀態下產物和反應物的吉布斯能量之間的差 (按其化學計量係數加權)，該標準狀態是指在系統溫度及標準壓力下的純物種。因此，一旦確定溫度，對於給定的反應，ΔG° 的值是固定的，並且與壓力和組成無關。**反應的其他標準性質變化**也可以做類似定義。因此，對於一般性質 M：

$$\Delta M^\circ \equiv \sum_i \nu_i M_i^\circ$$

據此，ΔH° 由 (4.15) 式定義，ΔC_P° 由 (4.17) 式定義。對於給定的反應，這些量僅是溫度的函數，並且它們以類似於純物種的性質關係的方程式相互關聯。

例如，標準反應熱與標準吉布斯能量變化之間的關係，可以從對處於標準狀態的物種 i 寫出的 (6.39) 式中得出：

$$H_i^\circ = -RT^2 \frac{d(G_i^\circ/RT)}{dT}$$

在這裡全導數是合適的，因為標準狀態下的性質僅是溫度的函數。上式兩邊乘以 ν_i，並對所有物種求和，可得：

$$\sum_i \nu_i H_i^\circ = -RT^2 \frac{d\left(\sum_i \nu_i G_i^\circ/RT\right)}{dT}$$

根據 (4.15) 式 和 (14.12) 式的定義，上式可寫為：

$$\Delta H^\circ = -RT^2 \frac{d(\Delta G^\circ/RT)}{dT} \tag{14.13}$$

14.4 溫度對平衡常數的影響

因為標準狀態的溫度是混合物的平衡溫度，所以反應的標準性質變化 (例如 ΔG° 和 ΔH°) 隨平衡溫度而變化。ΔG° 隨 T 的變化可由 (14.13) 式得知，將 (14.13) 式重寫為：

$$\frac{d(\Delta G^\circ/RT)}{dT}=\frac{-\Delta H^\circ}{RT^2}$$

由 (14.11b) 式可知：

$$\boxed{\frac{d\ln K}{dT}=\frac{\Delta H^\circ}{RT^2}} \tag{14.14}$$

(14.14) 式描述溫度對平衡常數的影響，並因此對平衡轉化率的影響。如果 ΔH° 為負，即反應放熱，則平衡常數隨溫度升高而減小；反之，對於吸熱反應，K 隨溫度 T 的上升而增加。

如果假設反應的標準焓變 (熱) ΔH° 與 T 無關，則 (14.14) 式從特定溫度 T' 積分到任意溫度 T，可得到下列簡單的結果：

$$\ln\frac{K}{K'}=-\frac{\Delta H^\circ}{R}\left(\frac{1}{T}-\frac{1}{T'}\right) \tag{14.15}$$

此近似方程式表示，$\ln K$ 與絕對溫度的倒數的關係圖是一條直線。圖 14.2 是許多常見反應的 $\ln K$ 與 $1/T$ 的關係圖，圖形顯示近似線性。因此，(14.15) 式對平衡常數數據的內插和外推提供合理準確的關係。

溫度對平衡常數的影響的嚴謹推導是基於吉布斯能量的定義，對於標準狀態的化學物質，吉布斯能量為：

$$G_i^\circ=H_i^\circ-TS_i^\circ$$

上式乘以 ν_i，並對所有物種求和，可得：

$$\sum_i \nu_i G_i^\circ=\sum_i \nu_i H_i^\circ-T\sum_i \nu_i S_i^\circ$$

採用反應的標準性質變化的定義，上式可寫為：

$$\Delta G^\circ=\Delta H^\circ-T\Delta S^\circ \tag{14.16}$$

標準反應熱與溫度的關係為：

$$\Delta H^\circ=\Delta H_0^\circ+R\int_{T_0}^{T}\frac{\Delta C_P^\circ}{R}dT \tag{4.19}$$

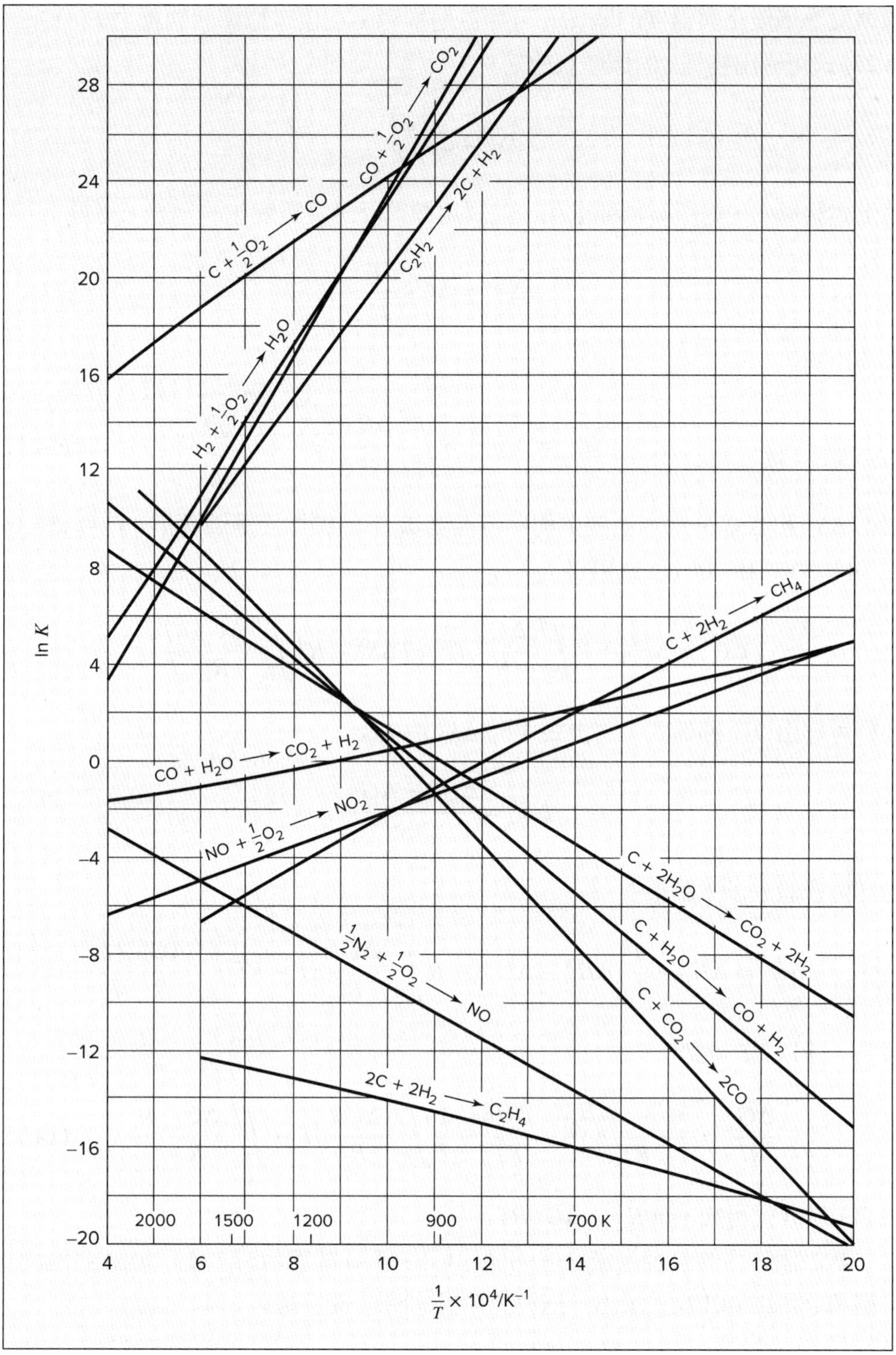

▶圖 14.2 平衡常數與溫度的關係。

標準反應熵變化與溫度的關係，可類似地推導。在恆定標準狀態壓力 P° 下，由 (6.22) 式可寫出物種 i 的標準狀態熵：

$$dS_i^\circ = C_{P_i}^\circ \frac{dT}{T}$$

將上式乘以 ν_i，對所有物種求和，並調用標準反應性質變化的定義，可得：

$$d\Delta S^\circ = \Delta C_P^\circ \frac{dT}{T}$$

積分得到：

$$\Delta S^\circ = \Delta S_0^\circ + R\int_{T_0}^{T} \frac{\Delta C_P^\circ}{R}\frac{dT}{T} \tag{14.17}$$

其中 ΔS° 和 ΔS_0° 分別為溫度 T 與參考溫度 T_0 下的標準反應熵變化。結合 (14.16) 式、(4.19) 式和 (14.17) 式可得：

$$\Delta G^\circ = \Delta H_0^\circ + R\int_{T_0}^{T} \frac{\Delta C_P^\circ}{R} dT - T\Delta S_0^\circ - RT\int_{T_0}^{T} \frac{\Delta C_P^\circ}{R}\frac{dT}{T}$$

我們可經由以下關係式，將上式中的 ΔS_0° 消去：

$$\Delta S_0^\circ = \frac{\Delta H_0^\circ - \Delta G_0^\circ}{T_0}$$

這樣做會產生以下結果：

$$\Delta G^\circ = \Delta H_0^\circ - \frac{T}{T_0}(\Delta H_0^\circ - \Delta G_0^\circ) + R\int_{T_0}^{T} \frac{\Delta C_P^\circ}{R} dT - RT\int_{T_0}^{T} \frac{\Delta C_P^\circ}{R}\frac{dT}{T}$$

最後，除以 RT 得到：

$$\frac{\Delta G^\circ}{RT} = \frac{\Delta G_0^\circ - \Delta H_0^\circ}{RT_0} + \frac{\Delta H_0^\circ}{RT} + \frac{1}{T}\int_{T_0}^{T} \frac{\Delta C_P^\circ}{R} dT - \int_{T_0}^{T} \frac{\Delta C_P^\circ}{R}\frac{dT}{T} \tag{14.18}$$

由 (14.11b) 式可知，$\ln K = -\Delta G^\circ/RT$。

當每個物種的熱容量隨溫度的變化可由 (4.4) 式表示時，(14.18) 式右邊的第一個積分可由 (4.19) 式求出，出於計算目的將它表示為：

$$\int_{T_0}^{T} \frac{\Delta C_P^\circ}{R} dT = \mathrm{IDCPH(T0, T;DA, DB, DC, DD)}$$

其中 D 表示 Δ。同理，第二個積分可類比於 (5.11) 式求出：

$$\int_{T_0}^{T} \frac{\Delta C_P^\circ}{R} \frac{dT}{T} = \Delta A \ln \frac{T}{T_0} + \left[\Delta B + \left(\Delta C + \frac{\Delta D}{T_0^2 T^2}\right)\left(\frac{T+T_0}{2}\right)\right](T - T_0) \tag{14.19}$$

積分是利用與 (5.11) 式給出的形式完全相同的函數來求值的，因此相同的電腦程式可用於估算任一個積分，唯一的區別只是函數的名稱，在這裡我們使用：IDCPS(T0, T;DA, DB, DC, DD)。根據定義，

$$\int_{T_0}^{T} \frac{\Delta C_P^\circ}{R} \frac{dT}{T} = \text{IDCPS(T0, T; DA, DB, DC, DD)}$$

因此，在任何溫度下，都可以根據參考溫度 (通常為 298.15 K) 下的標準反應熱和標準反應吉布斯能量變化，以及標準計算程序估算的兩個函數，輕鬆計算出 (14.18) 式給出的 $\Delta G^\circ/RT$ (= –ln K)。

可以重新組織前面的方程式，將 K 分解為三項，每一項代表其值的基本貢獻：

$$K = K_0 K_1 K_2 \tag{14.20}$$

第一個因子 K_0 表示參考溫度 T_0 時的平衡常數：

$$K_0 \equiv \exp\left(\frac{-\Delta G_0^\circ}{RT_0}\right) \tag{14.21}$$

第二個因子 K_1 是一個乘數，它考慮溫度的主要影響，因此當假定反應熱與溫度無關時，乘積 K_0K_1 是溫度 T 時的平衡常數：

$$K_1 \equiv \exp\left[\frac{\Delta H_0^\circ}{RT_0}\left(1 - \frac{T_0}{T}\right)\right] \tag{14.22}$$

第三個因子 K_2 解釋 ΔH° 隨溫度變化而產生較小的溫度影響：

$$K_2 \equiv \exp\left(-\frac{1}{T}\int_{T_0}^{T} \frac{\Delta C_P^\circ}{R} dT + \int_{T_0}^{T} \frac{\Delta C_P^\circ}{R} \frac{dT}{T}\right) \tag{14.23}$$

利用 (4.4) 式給出的熱容量，可以將 K_2 的表達式簡化為：

$$K_2 = \exp\left\{\Delta A\left[\ln\frac{T}{T_0} - \frac{T-T_0}{T}\right] + \frac{1}{2}\Delta B\frac{(T-T_0)^2}{T} + \frac{1}{6}\Delta C\frac{(T-T_0)^2\,(T+2T_0)}{T} + \frac{1}{2}\Delta D\frac{(T-T_0)^2}{T^2T_0^2}\right\} \tag{14.24}$$

14.5 平衡常數的計算

在標準參考文獻中列出許多**生成反應**的 ΔG° 值。[4] 這些列出的 ΔG_f° 值不是實驗測量值，而是由 (14.16) 式計算而得的。

ΔS_f° 的計算可以基於第 5.9 節中討論的熱力學第三定律。由 (5.35) 式求出參與反應物種的絕對熵，再將值組合後可得 ΔS_f° 的值。熵 (和熱容量) 通常也可以將統計力學應用於由光譜測量，或由計算量子化學方法獲得的分子結構數據來確定。[5]

附錄 C 的表 C.4 列出數量有限的化合物的 $\Delta H_{f_{298}}^\circ$ 值，這些都是溫度在 298.15 K 下的數值，同一表中列出 $\Delta H_{f_{298}}^\circ$ 的值也是如此。根據生成反應計算其他反應的 ΔG° 值，與根據生成反應計算其他反應的 ΔH° 值完全相同 (第 4.4 節)。在更廣泛的資料庫中，給出一定溫度範圍內的 ΔG_f° 和 ΔH_f° 值，而不僅僅是在 298.15 K。在缺乏數據的情況下，可以使用估算方法，這些可參考 Poling、Prausnitz 和 O'Connell 的著作。[6]

例 14.4

根據附錄 C 中列出的數據，計算乙烯在 145°C 和 320°C 時，汽相水合反應的平衡常數。

解

首先，計算下列反應的 ΔA、ΔB、ΔC 和 ΔD 的值：

$$C_2H_4(g) + H_2O(g) \rightarrow C_2H_5OH(g)$$

Δ 的含義為：$\Delta = (C_2H_5OH) - (C_2H_4) - (H_2O)$。因此，根據表 C.1 的熱容量數據：

$$\Delta A = 3.518 - 1.424 - 3.470 = -1.376$$
$$\Delta B = (20.001 - 14.394 - 1.450) \times 10^{-3} = 4.157 \times 10^{-3}$$
$$\Delta C = (-6.002 + 4.392 - 0.000) \times 10^{-6} = -1.610 \times 10^{-6}$$
$$\Delta D = (-0.000 - 0.000 - 0.121) \times 10^5 = -0.121 \times 10^5$$

從表 C.4 的生成熱和吉布斯能量生成數據，可求得水合反應在 298.15 K 時的 $\Delta H_{f_{298}}^\circ$

4 例如，"TRC Thermodynamic Tables–Hydrocarbons" and "TRC Thermodynamic Tables–Non-hydrocarbons," serial publications of the Thermodynamics Research Center, Texas A & M Univ. System, College Station, Texas; "The NBS Tables of Chemical Thermodynamic Properties," *J. Physical and Chemical Reference Data*, vol. 11, supp. 2, 1982.

5 K. S. Pitzer, *Thermodynamics*, 3d ed., chap. 5, McGraw-Hill, New York, 1995.

6 B. E. Poling, J. M. Prausnitz, and J. P. O'Connell, *The Properties of Gases and Liquids*, 5th ed., chap. 3, McGraw-Hill, New York, 2001.

和 ΔG°_{298} 值：

$$\Delta H^\circ_{298} = -235{,}100 - 52{,}510 - (-241{,}818) = -45{,}792 \text{ J·mol}^{-1}$$

$$\Delta G^\circ_{298} = -168{,}490 - 68{,}460 - (-228{,}572) = -8378 \text{ J·mol}^{-1}$$

當 $T = 145 + 273.15 = 418.15$ K 時，(14.18) 式中的積分值為：

IDCPH(298.15, 418.15; –1.376, 4.157E-3, –1.610E-6, –0.121E + 5) = –23.121

IDCPS(298.15, 418.15; –1.376, 4.157E-3, –1.610E-6, –0.121E + 5) = –0.0692

對於 298.15 的參考溫度，將上列數值代入 (14.18) 式可得：

$$\frac{\Delta G^\circ_{418}}{RT} = \frac{-8378 + 45{,}792}{(8.314)(298.15)} + \frac{-45{,}792}{(8.314)(418.15)} + \frac{-23.121}{418.15} + 0.0692 = 1.9356$$

當 $T = 320 + 273.15 = 593.15$ K 時，

IDCPH(298.15, 593.15; -1.376, 4.157E 3, -1.610E-6, -0.121E+5) = 22.632

IDCPS(298.15, 593.15; -1.376, 4.157E-3, -1.610E-6, -0.121E+5) = 0.0173

因此，

$$\frac{\Delta G^\circ_{593}}{RT} = \frac{-8378 + 45{,}792}{(8.314)(298.15)} + \frac{-45{,}792}{(8.314)(593.15)} + \frac{22.632}{593.15} - 0.0173 = 5.8286$$

最後，

$$@\ 418.15\text{ K:}\quad \ln K = -1.9356 \quad 且 \quad K = 1.443 \times 10^{-1}$$

$$@\ 593.15\text{ K:}\quad \ln K = -5.8286 \quad 且 \quad K = 2.942 \times 10^{-3}$$

應用 (14.21) 式、(14.22) 式和 (14.24) 式，可得此例的另一解法。由 (14.21) 式知，

$$K_0 = \exp\frac{8378}{(8.314)(298.15)} = 29.366$$

此外，

$$\frac{\Delta H^\circ_0}{RT_0} = \frac{-45{,}792}{(8.314)(298.15)} = -18.473$$

使用這些值，可以輕鬆獲得以下結果：

T/K	K_0	K_1	K_2	K
298.15	29.366	1	1	29.366
418.15	29.366	4.985×10^{-3}	0.9860	1.443×10^{-1}
593.15	29.366	1.023×10^{-4}	0.9794	2.942×10^{-3}

顯然地，K_1 的影響遠大於 K_2。這是一個典型的結果，並且與圖 14.2 上所有的線幾乎都是線性的結果一致。

14.6 平衡常數與組成的關係

氣相反應

氣體的標準狀態是在 1 bar 的標準狀態壓力 P° 下純氣體的理想氣體狀態。因為每一理想氣體物質的逸壓等於其壓力，$f_i^\circ = P^\circ$，因此對於氣相反應，$\hat{f}_i/f_i^\circ = \hat{f}_i/P^\circ$，而 (14.10) 式變為：

$$\prod_i \left(\frac{\hat{f}_i}{P^\circ}\right)^{\nu_i} = K \tag{14.25}$$

平衡常數 K 僅與溫度有關，但逸壓也是壓力和組成的函數。(14.25) 式將 K 與真實平衡混合物中反應物種的逸壓聯繫起來。這些逸壓反映平衡混合物的非理想性，它們是溫度、壓力和組成的函數。這意味著對於固定的溫度，處於平衡狀態的組成必須隨壓力變化，以使 $\prod_i(\hat{f}_i/P^\circ)^{\nu_i}$ 保持恆定。

逸壓與逸壓係數的關係為 (10.52) 式：

$$\hat{f}_i = \hat{\phi}_i y_i P$$

將此式代入 (14.25) 式，可以得到一個平衡表達式，可以更清楚地顯示壓力和組成的關係：

$$\boxed{\prod_i (y_i \hat{\phi}_i)^{\nu_i} = \left(\frac{P}{P^\circ}\right)^{-\nu} K} \tag{14.26}$$

其中 $\nu \equiv \sum_i \nu_i$ 且 P° 是標準狀態壓力 1 bar，其單位與 P 相同。消去上式中的 $\{y_i\}$，以利於反應坐標 ε_e 的平衡值。然後，對於固定溫度，(14.26) 式將 ε_e 與 P 關聯。原則上，指定壓力後可求解 ε_e。但是，由於 $\hat{\phi}_i$ 與組成有關，亦即與 ε_e 有關，而使問題複雜化。第 10.6 節和第 10.7 節的方法可以應用於計算 $\hat{\phi}_i$ 值，例如應用 (10.64) 式。由於計算的複雜性，所以使用疊代程序，在起始時設定 $\hat{\phi}_i = 1$。一旦計算出初始 $\{y_i\}$ 值，就對 $\{\hat{\phi}_i\}$ 進行估算，然後重複此程序，直到收斂為止。

若假設平衡混合物是**理想溶液** (ideal solution)，則每個 $\hat{\phi}_i$ 可被純物種 i 在 T 和 P 下的逸壓係數 ϕ_i 取代 [(10.84) 式]。在這種情況下，(14.26) 式變為：

$$\boxed{\prod_i (y_i \phi_i)^{\nu_i} = \left(\frac{P}{P^\circ}\right)^{-\nu} K} \tag{14.27}$$

一旦指定平衡 T 和 P，就可以根據廣義關聯式對純物種的每個 ϕ_i 進行估算。

對於夠低的壓力或夠高的溫度，平衡混合物基本上表現為理想氣體。在這種情況下，每個 $\hat{\phi}_i = 1$，並且 (14.26) 式簡化為：

$$\prod_i (y_i)^{\nu_i} = \left(\frac{P}{P^\circ}\right)^{-\nu} K \tag{14.28}$$

在這個方程式中，溫度、壓力和組成相關的項是不同且獨立的，在 ε_e、T 或 P 中，若給定任意兩個，則另外一個的求解都很簡單。

儘管 (14.28) 式僅適用於理想氣體狀態下混合物中發生的反應，但我們可以從中得出一些通常是正確的結論：

- 根據 (14.14) 式，溫度對平衡常數 K 的影響，由 ΔH° 的符號確定。因此，當 ΔH° 為正值時，即標準反應為吸熱時，T 的增加導致 K 的增加。(14.28) 式顯示，在恆壓 P 下，K 的增加導致 $\prod_i (y_i)^{\nu_i}$ 的增加；這意味著反應平衡朝產物的方向移動，因此 ε_e 增加。反之，當 ΔH° 為負值時，即標準反應為放熱時，T 的增加會導致 K 的減少，亦即在恆壓 P 下，$\prod_i (y_i)^{\nu_i}$ 的減少；這意味著反應平衡向反應物移動，並使 ε_e 減少。
- (14.28) 式顯示，當總化學計量數 ν ($\equiv \sum_i \nu_i$) 為負時，在恆溫 T 下 P 的增加導致 $\prod_i (y_i)^{\nu_i}$ 的增加，意味著反應平衡向產物移動，而使 ε_e 增加；若 ν 為正值，則在恆溫 T 下，P 的增加會導致 $\prod_i (y_i)^{\nu_i}$ 減小，反應平衡向反應物移動，而使 ε_e 減少。

液相反應

對於液相中發生的反應，我們回到：

$$\prod_i (\hat{f}_i / f_i^\circ)^{\nu_i} = K \tag{14.10}$$

通常液體的標準狀態是在系統溫度和 1 bar 下的純液體 i，其逸壓為 f_i°。

根據定義活性係數的 (13.2) 式，

$$\hat{f}_i = \gamma_i x_i f_i$$

其中 f_i 是純液體 i 在平衡混合物的溫度和壓力下的逸壓。逸壓比現在可以表示為：

$$\frac{\hat{f}_i}{f_i^\circ} = \frac{\gamma_i x_i f_i}{f_i^\circ} = \gamma_i x_i \left(\frac{f_i}{f_i^\circ}\right) \tag{14.29}$$

因為液體的逸壓是壓力的弱函數，所以通常將 f_i / f_i° 之比值視為 1。但是，它很容易估算。對於純液體 i，寫出兩次 (10.31) 式，首先在溫度 T 和壓力 P 下寫出，然後在相同的溫度 T，但在標準狀態壓力 P° 下寫出。這兩個方程式之間的差是：

$$G_i - G_i^\circ = RT \ln \frac{f_i}{f_i^\circ}$$

將 (6.11) 式在恆溫 T 積分，使純液體 i 的狀態從 P° 轉變為 P，可得：

$$G_i - G_i^\circ = \int_{P^\circ}^{P} V_i \, dP$$

結果是，

$$G_i - G_i^\circ = \int_{P^\circ}^{P} V_i \, dP$$

因為對於液體 (和固體)，V_i 隨壓力的變化很小，所以通常從 P° 到 P 的積分，假設 V_i 是常數，是一個很好的近似值。由此積分得到：

$$\ln \frac{f_i}{f_i^\circ} = \frac{V_i(P - P^\circ)}{RT} \tag{14.30}$$

使用 (14.29) 式和 (14.30) 式，我們現在可以將 (14.10) 式寫為：

$$\boxed{\prod_i (x_i \gamma_i)^{\nu_i} = K \exp\left[\frac{(P^\circ - P)}{RT} \sum_i (\nu_i V_i)\right]} \tag{14.31}$$

除高壓外，指數項的值都接近於 1，可以省略。因此，

$$\prod_i (x_i \gamma_i)^{\nu_i} = K \tag{14.32}$$

唯一的問題是求活性係數。可以應用諸如 Wilson 方程式 [(13.45) 式] 或 UNIFAC 方法 (附錄 G) 求活性係數，組成可以利用複雜的疊代電腦程式從 (14.32) 式中求得。但是，液體混合物的實驗研究比較容易，它可取代 (14.32) 式的應用。

如果平衡混合物是理想溶液，則 γ_i 為 1，並且 (14.32) 式變為：

$$\prod_i (x_i)^{\nu_i} = K \tag{14.33}$$

這種簡單的關係稱為**質量作用定律** (law of mass action)。由於液體通常形成非理想溶液，因此在許多情況下可以預期 (14.33) 式會產生較差的結果。

對於高濃度物種，方程式$\hat{f}_i/f_i = x_i$通常幾乎是正確的。正如第 13.3 節中所討論的，當物種的濃度趨近於$x_i = 1$時，Lewis/Randall 規則 [(10.83) 式] 成立。對於水溶液中濃度低的物種，因為在這種情況下，$\hat{f}_i/f_i$通常不等於x_i，所以已廣泛採用不同的方法。此方法是基於對溶質使用虛擬的或假想的標準狀態，即假設溶質可遵守亨利定律至重量莫耳濃度m為 1 的狀態。[7] 應用此假設，亨利定律可表示為：

$$\hat{f}_i = k_i m_i \tag{14.34}$$

對於濃度接近零的物種此式成立。這種假設狀態如圖 14.3 所示。在原點處與曲線相切的虛線表示亨利定律，它在重量莫耳濃度遠小於 1 的情況下成立。但是，若溶質遵循亨利定律至重量莫耳濃度為 1 mol/kg，則可以計算出溶質的性質，並且這種假想的狀態通常可以作為溶質的標準狀態。

標準狀態的逸壓是

$$\hat{f}_i^\circ = k_i m_i^\circ = k_i \times 1 = k_i$$

因此，對於濃度低到足以滿足亨利定律的任何物種，

$$\hat{f}_i = k_i m_i = \hat{f}_i^\circ m_i$$

亦即

$$\frac{\hat{f}_i}{\hat{f}_i^\circ} = m_i \tag{14.35}$$

▶圖 14.3 稀釋水溶液的替代標準狀態。

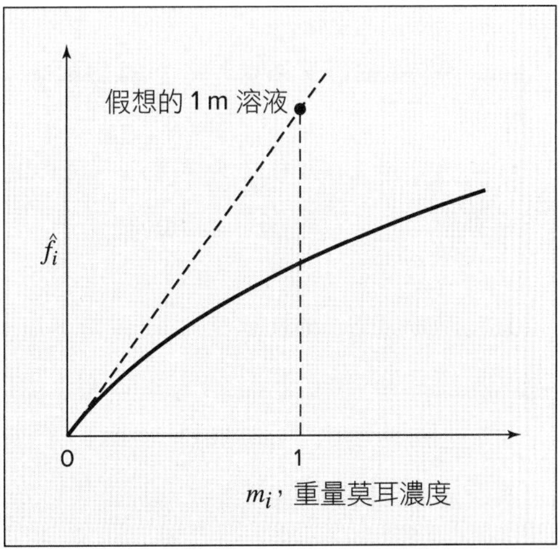

7 重量莫耳濃度是溶質濃度的量度，表示為每千克溶劑中所含溶質的莫耳數。

對於亨利定律至少近似成立的情況下，此標準狀態的優點是，它提供逸壓和濃度之間的非常簡單的關係。它的範圍通常不會擴展到 1 m。在極少數情況下，標準狀態是溶質的真實狀態。僅當 1 m 溶液的標準狀態的 ΔG° 數據可求得時，此標準狀態才有用。否則，平衡常數不能由 (14.11) 式估算。

14.7 單一反應的平衡轉化

假設單一反應在**均勻相**系統中發生，並且已知平衡常數。在這種情況下，如果相假定處於理想氣體狀態 [(14.28) 式]，或可以將其視為理想溶液 [(14.27) 式或 (14.33) 式]，則在平衡狀態下相組成的計算就很簡單。當理想狀態的假設不合理時，氣相反應的問題仍然可以利用計算機求解狀態方程式。對於存在多個相的**異相**系統，問題更加複雜，需要附加第 10.6 節中提出的相平衡準則。在平衡時，無論是經由相之間的質傳還是經由化學反應，都不會有變化發生。在下文中，我們主要以舉例的方式介紹進行平衡計算有用的程序，首先討論單相反應，其次討論異相反應。

單相反應

以下例子說明前面各節中導出的方程式的應用。

例 14.5

水煤氣變換反應：

$$CO(g) + H_2O(g) \rightarrow CO_2(g) + H_2(g)$$

在以下列舉的情況下進行，計算每種情況下反應的蒸汽分率。假設混合物為理想氣體。

(a) 反應物由 1 mol H_2O 蒸汽和 1 mol CO 組成。溫度為 1100 K，壓力為 1 bar。

(b) 除壓力為 10 bar 外，與 (a) 相同。

(c) 除了反應物中含有 2 mol N_2 外，與 (a) 相同。

(d) 反應物是 2 mol H_2O 和 1 mol CO，其他情況與 (a) 相同。

(e) 反應物是 1 mol H_2O 和 2 mol CO，其他情況與 (a) 相同。

(f) 初始混合物由 1 mol H_2O、1 mol CO 和 1 mol 的 CO_2 組成，其他情況與 (a) 相同。

(g) 除溫度為 1650 K 外，與 (a) 相同。

解

(a) 對於給定的反應在 1100 K 下進行，$10^4/T = 9.05$，由圖 14.2 查得，此時 $\ln K = 0$，

$K=1$。對於此反應，$\nu=\sum_i \nu_i = 1+1-1-1=0$。因為可以將反應混合物視為理想氣體，所以適用 (14.28) 式，此時它變為：

$$\frac{y_{H_2} y_{CO_2}}{y_{CO} y_{H_2O}} = K = 1 \qquad (A)$$

由 (14.5) 式可知，

$$y_{CO} = \frac{1-\varepsilon_e}{2} \qquad y_{H_2O} = \frac{1-\varepsilon_e}{2} \qquad y_{CO_2} = \frac{\varepsilon_e}{2} \qquad y_{H_2} = \frac{\varepsilon_e}{2}$$

將這些值代入 (A) 式可得：

$$\frac{\varepsilon_e^2}{(1-\varepsilon_e)^2} = 1 \qquad \text{由此} \qquad \varepsilon_e = 0.5$$

因此，反應的蒸汽分率為 0.5。

(b) 因為 $\nu = 0$，所以壓力的增加對理想氣體的反應沒有影響，ε_e 仍然是 0.5。

(c) N_2 不參與反應，僅用作稀釋劑。它使初始莫耳數 n_0 從 2 增加到 4，所以莫耳分率都減半。但是，(A) 式不變，並且簡化為與以前相同的表達式。因此，ε_e 仍為 0.5。

(d) 在這種情況下，處於平衡狀態的莫耳分率為：

$$y_{CO} = \frac{1-\varepsilon_e}{3} \qquad y_{H_2O} = \frac{2-\varepsilon_e}{3} \qquad y_{CO_2} = \frac{\varepsilon_e}{3} \qquad y_{H_2} = \frac{\varepsilon_e}{3}$$

而 (A) 式變為：

$$\frac{\varepsilon_e^2}{(1-\varepsilon_e)(2-\varepsilon_e)} = 1 \qquad \text{由此} \qquad \varepsilon_e = 0.667$$

因此，反應的蒸汽分率為 0.667/2 = 0.333。

(e) 此時 y_{CO} 和 y_{H_2O} 的表達式互換，但平衡方程式仍與 (d) 相同。因此 $\varepsilon_e = 0.667$，反應的蒸汽分率為 0.667。

(f) 在這種情況下，(A) 式變為：

$$\frac{\varepsilon_e(1+\varepsilon_e)}{(1-\varepsilon_e)^2} = 1 \qquad \text{由此} \qquad \varepsilon_e = 0.333$$

反應的蒸汽分率為 0.333。

(g) 在 1650 K 時，$10^4/T = 6.06$，從圖 14.2 查得，$\ln K = -1.15$，$K = 0.316$。因此 (A) 式變為：

$$\frac{\varepsilon_e^2}{(1-\varepsilon_e)^2} = 0.316 \qquad \text{由此} \qquad \varepsilon_e = 0.36$$

反應是放熱的，反應程度隨溫度升高而降低。

例 14.6

在初始蒸汽與乙烯莫耳比為 5，且在 250°C 和 35 bar 下進行氣相水合的情況下，估算乙烯轉化成乙醇的最大轉化率。

解

例 14.4 處理此反應的 K 的計算。在 250°C 或 523.15 K 的溫度，由計算可得：

$$K = 10.02 \times 10^{-3}$$

適當的平衡表達式為 (14.26) 式。此方程式需要估算平衡混合物中的物質的逸壓係數。這可以用 (10.64) 式完成。但是，由於逸壓係數是組成的函數，因此計算涉及疊代。為了說明，我們在這裡假設反應混合物可視為理想溶液。使用 (10.64) 式的混合逸壓係數，此計算也將用作更嚴格計算的第一次疊代。在理想溶液行為的假設下，(14.26) 式簡化為 (14.27) 式，其中需要反應混合物中純氣體在平衡 T 和 P 下的逸壓係數。因為 $\nu = \sum_i \nu_i = -1$，此式變為：

$$\frac{y_{EtOH}\phi_{EtOH}}{y_{C_2H_4}\phi_{C_2H_4}y_{H_2O}\phi_{H_2O}} = \left(\frac{P}{P^\circ}\right)(10.02 \times 10^{-3}) \tag{A}$$

基於 (10.68) 式和 (3.61) 式和 (3.62) 式的結合，計算所得的值可表示為：

$$\text{PHIB(TR,PR,OMEGA)} = \phi_i$$

將計算的結果總結如下表：

	T_{c_i}/K	P_{c_i}/bar	ω_i	T_{r_i}	P_{r_i}	B^0	B^1	ϕ_i
C_2H_4	282.3	50.40	0.087	1.853	0.694	–0.074	0.126	0.977
H_2O	647.1	220.55	0.345	0.808	0.159	–0.511	–0.281	0.887
乙醇	513.9	61.48	0.645	1.018	0.569	–0.327	–0.021	0.827

臨界數據和 ω_i 值均來自附錄 B。在所有情況下，溫度和壓力均為 523.15 K 與 35 bar。將 ϕ_i 和 (P/P°) 的值代入 (A) 式可得：

$$\frac{y_{EtOH}}{y_{C_2H_4}y_{H_2O}} = \frac{(0.977)(0.887)}{(0.827)}(35)(10.02 \times 10^{-3}) = 0.367 \tag{B}$$

由 (14.5) 式可知，

$$y_{C_2H_4} = \frac{1-\varepsilon_e}{6-\varepsilon_e} \qquad y_{H_2O} = \frac{5-\varepsilon_e}{6-\varepsilon_e} \qquad y_{EtOH} = \frac{\varepsilon_e}{6-\varepsilon_e}$$

將它們代入 (B) 式得到：

$$\frac{\varepsilon_e(6-\varepsilon_e)}{(5-\varepsilon_e)(1-\varepsilon_e)} = 0.367 \qquad \text{或} \qquad \varepsilon_e^2 - 6.000\varepsilon_e + 1.342 = 0$$

此二次方程式較小的根為 $\varepsilon_e = 0.233$。由於較大的根大於 1，對應於乙烯的負莫耳分率，因此它並不是物理上可能的結果。因此，在所述條件下，乙烯轉化成乙醇的最大轉化率為 23.3%。為了在不假設氣體形成理想溶液的情況下進行更嚴格的計算，接下來將從 (10.64) 式估算混合物的逸壓係數，使用 (*B*) 式中的結果，並計算新的 ε_e 值，然後進行疊代直到 ε_e 的值停止更改為止。但是，這在實作中不太必要。

在此反應中，升高溫度降低了 *K*，因此降低轉化率。增加壓力會增加轉化率。因此，出於平衡考慮，建議操作壓力應盡可能高 (必須受凝結限制)，溫度應盡可能低。但是，即使使用已知的最佳催化劑，合理反應速率的最低溫度約為 150°C。在這種情況下，平衡速率和反應速率都會影響反應程序的商業可行性。

平衡轉化率是溫度 *T*、壓力 *P* 和進料 *a* 中蒸汽與乙烯之比的函數。這三個變數的影響如圖 14.4 所示。圖中的曲線來自類似本例中所示的計算，不同的是，使用 *K* 作為 *T* 的函數的關係較不精確。比較不同壓力下的曲線族，以及在給定壓力下不同蒸汽 / 乙烯比率的曲線，可以說明增加 *P* 或 *a* 如何允許在更高的 *T* 下達到給定的平衡乙烯轉化率。

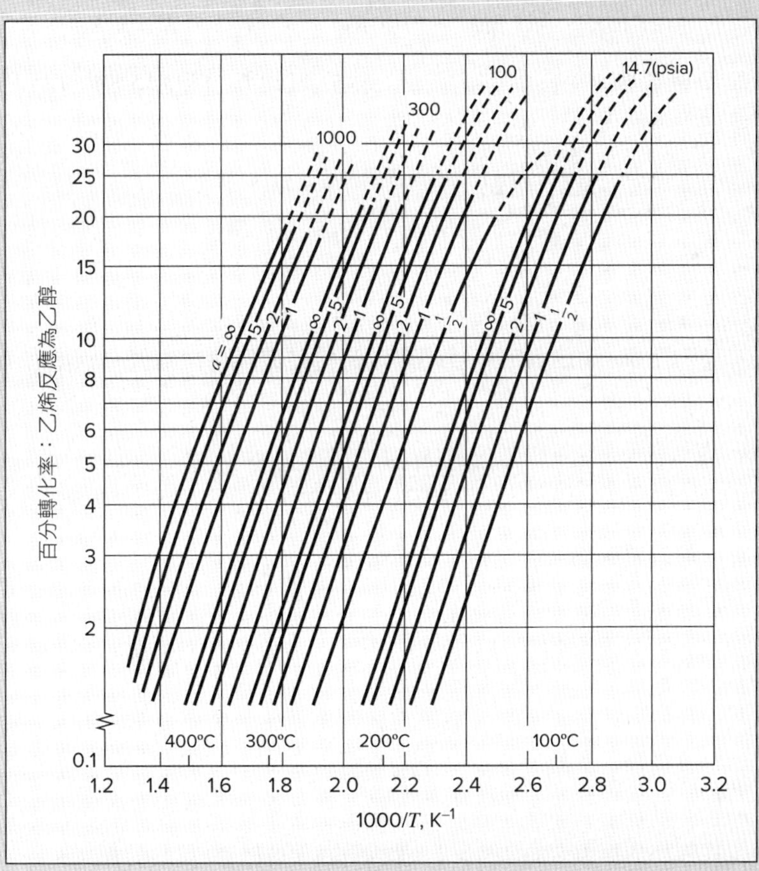

圖 14.4 乙烯經汽相反應為乙醇的平衡轉化率。在此，*a* = 莫耳水 / 莫耳乙烯。虛線表示水的凝結。此數據是基於方程式 $\ln K = 5200/T - 15.0$。

例 14.7

在實驗室研究中，乙炔在 1120°C 和 1 bar 下，經催化反應氫化為乙烯。如果進料是等莫耳的乙炔和氫氣的混合物，平衡時產物的組成為何？

解

將下列的兩個生成反應相加，可獲得所需的反應：

$$C_2H_2 \rightarrow 2C + H_2 \quad \text{(I)}$$

$$2C + 2H_2 \rightarrow C_2H_4 \quad \text{(II)}$$

反應 (I) 和 (II) 的總和為氫化反應：

$$C_2H_2 + H_2 \rightarrow C_2H_4$$

此外，

$$\Delta G^\circ = \Delta G_{\text{I}}^\circ + \Delta G_{\text{II}}^\circ$$

由 (14.11b) 式可知，

$$-RT\ln K = -RT\ln K_{\text{I}} - RT\ln K_{\text{II}} \qquad \text{或} \qquad K = K_{\text{I}}K_{\text{II}}$$

反應 (I) 和 (II) 的數據，可由圖 14.2 查出。對於 1120°C (1393.15 K)，$10^4/T = 7.18$，從圖中可讀取以下數值：

$$\ln K_{\text{I}} = 12.9 \qquad K_{\text{I}} = 4.0 \times 10^5$$

$$\ln K_{\text{II}} = -12.9 \qquad K_{\text{II}} = 2.5 \times 10^{-6}$$

因此，

$$K = K_{\text{I}}\,K_{\text{II}} = 1.0$$

在此高溫和 1 bar 的壓力下，我們可以假設氣體為理想氣體。應用 (14.28) 式可得：

$$\frac{y_{C_2H_4}}{y_{H_2}y_{C_2H_2}} = 1$$

若起初各有一莫耳反應物，則由 (14.5) 式可得：

$$y_{H_2} = y_{C_2H_2} = \frac{1-\varepsilon_e}{2-\varepsilon_e} \qquad \text{且} \qquad y_{C_2H_4} = \frac{\varepsilon_e}{2-\varepsilon_e}$$

因此，

$$\frac{\varepsilon_e(2-\varepsilon_e)}{(1-\varepsilon_e)^2} = 1$$

此二次方程式較小的根 (較大的根 > 1，對應於反應物的負莫耳分率) 為 $\varepsilon_e = 0.293$。

氣體產物的平衡組成為：

$$y_{H_2} = y_{C_2H_2} = \frac{1-0.293}{2-0.293} = 0.414 \qquad \text{且} \qquad y_{C_2H_4} = \frac{0.293}{2-0.293} = 0.172$$

例 14.8

在 100°C 和大氣壓下，乙酸與乙醇在液相中根據下列反應進行酯化，生成乙酸乙酯和水：

$$CH_3\,COOH(l) + C_2H_5OH(l) \rightarrow CH_3COOC_2H_5(l) + H_2O(l)$$

如果最初乙酸和乙醇各為 1 mol，則在平衡時估算反應混合物中乙酸乙酯的莫耳分率。

解

液態乙酸、乙醇和水的 $\Delta H^\circ_{f_{298}}$ 和 $\Delta G^\circ_{f_{298}}$ 的數據，可由表 C.4 查出。對於液態乙酸乙酯，相應的值為：

$$\Delta H^\circ_{f_{298}} = -480{,}000\,\text{J} \qquad 且 \qquad \Delta G^\circ_{f_{298}} = -332{,}200\,\text{J}$$

因此，該反應的 ΔH°_{298} 和 ΔG°_{298} 的值是：

$$\Delta H^\circ_{298} = -480{,}000 - 285{,}830 + 484{,}500 + 277{,}690 = -3640\,\text{J}$$

$$\Delta G^\circ_{298} = -332{,}200 - 237{,}130 + 389{,}900 + 174{,}780 = -4650\,\text{J}$$

由 (14.11b) 式可得，

$$\ln K_{298} = \frac{-\Delta G^\circ_{298}}{RT} = \frac{4650}{(8.314)(298.15)} = 1.8759 \quad 或 \quad K_{298} = 6.5266$$

對於從 298.15 到 373.15 K 的小溫度變化，可由 (14.15) 式估算 K 值。因此，

$$\ln\frac{K_{373}}{K_{298}} = \frac{-\Delta H^\circ_{298}}{R}\left(\frac{1}{373.15} - \frac{1}{298.15}\right)$$

或

$$\ln\frac{K_{373}}{6.5266} = \frac{3640}{8.314}\left(\frac{1}{373.15} - \frac{1}{298.15}\right) = -0.2951$$

$$K_{373} = (6.5266)(0.7444) = 4.8586$$

對於給定的反應，由 (14.5) 式中用 x 代替 y，可得：

$$x_{\text{AcH}} = x_{\text{EtOH}} = \frac{1-\varepsilon_e}{2} \qquad x_{\text{EtAc}} = x_{H_2O} = \frac{\varepsilon_e}{2}$$

由於壓力低，(14.32) 式可適用。在這種複雜系統中缺乏活性係數數據的情況下，我們假設反應物種形成理想溶液。此時可應用 (14.33) 式，得到：

$$K = \frac{x_{\text{EtAc}}x_{H_2O}}{x_{\text{AcH}}x_{\text{EtOH}}}$$

因此，

$$4.8586 = \left(\frac{\varepsilon_e}{1-\varepsilon_e}\right)^2$$

解出：

$$\varepsilon_e = 0.6879 \qquad 且 \qquad x_{\mathrm{EtAc}} = 0.6879/2 = 0.344$$

即使理想溶液的假設可能是不真實的，但結果卻與實驗非常吻合。在實驗室得到的結果，乙酸乙酯的平衡莫耳分率約為 0.33。

例 14.9

在絕熱反應器中，在 1 bar 的壓力下，用 20% 的過量空氣將 SO_2 氣相氧化為 SO_3。假設反應物在 25°C 進入，並且在出口處達到平衡，計算反應器中產物的組成和溫度。

解

反應為：

$$SO_2 + \tfrac{1}{2}O_2 \rightarrow SO_3$$

其中 $\Delta H^\circ_{298} = -98{,}890 \qquad \Delta G^\circ_{298} = -70{,}866\ \mathrm{J\ mol^{-1}}$

以一莫耳 SO_2 進入反應器為基礎，

$$\text{進入反應器的 } O_2 \text{ 莫耳數} = (0.5)(1.2) = 0.6$$

$$\text{進入反應器的 } N_2 \text{ 莫耳數} = (0.6)\,(79/21) = 2.257$$

應用 (14.4) 式可求得產物中物種的數量：

$$\begin{aligned} SO_2 \text{ 莫耳數} &= 1 - \varepsilon_e \\ O_2 \text{ 莫耳數} &= 0.6 - 0.5\varepsilon_e \\ SO_3 \text{ 莫耳數} &= \varepsilon_e \\ N_2 \text{ 莫耳數} &= 2.257 \\ \hline \text{總莫耳數} &= 3.857 - 0.5\varepsilon_e \end{aligned}$$

若要求解 ε_e 和溫度，則必須寫出兩個方程式，它們是能量平衡式和平衡方程式。對於能量平衡，我們按照例 4.7 寫出：

$$\Delta H^\circ_{298}\,\varepsilon_e + \Delta H^\circ_P = \Delta H = 0 \tag{A}$$

其中所有焓均基於進入反應器的 1 mol SO_2。產物從 298.15 K 加熱到 T 的焓變化為：

$$\Delta H^\circ_P = \langle C^\circ_P \rangle_H (T - 298.15) \tag{B}$$

其中 $\langle C^\circ_P \rangle$ 定義為產物的平均總熱容量：

$$\langle C^\circ_P \rangle_H \equiv \sum_i n_i \langle C^\circ_{P_i} \rangle_H$$

表 C.1 中的數據提供 $\langle C^\circ_{P_i} \rangle$ 值：

SO_2：MCPH(298.15, *T*; 5.699, 0.801E-3, 0.0,-1.015E+5)
O_2：MCPH(298.15, *T*; 3.639, 0.506E-3, 0.0,-0.227E+5)
SO_3：MCPH(298.15, *T*; 8.060, 1.056E-3, 0.0,-2.028E+5)
N_2：MCPH(298.15, *T*; 3.280, 0.593E-3, 0.0,0.040E+5)

結合 (*A*) 式和 (*B*) 式可得：

$$\Delta H^\circ_{298}\,\varepsilon_e + \langle C^\circ_P \rangle_H (T - 298.15) = 0$$

解出 T 得到：

$$T = \frac{-\Delta H^\circ_{298}\,\varepsilon_e}{\langle C^\circ_P \rangle_H} + 298.15 \tag{C}$$

在平衡狀態的溫度和壓力下，假設氣體為理想氣體是完全合理的，因此平衡常數可由 (14.28) 式表示，此時它變為：

$$K = \left(\frac{\varepsilon_e}{1-\varepsilon_e}\right)\left(\frac{3.857 - 0.5\varepsilon_e}{0.6 - 0.5\varepsilon_e}\right)^{0.5} \tag{D}$$

因為 $-\ln K = \Delta G^\circ/RT$，所以 (14.18) 式可寫為：

$$-\ln K = \frac{\Delta G^\circ_0 - \Delta H^\circ_0}{RT_0} + \frac{\Delta H^\circ_0}{RT} + \frac{1}{T}\int_{T_0}^{T}\frac{\Delta C^\circ_P}{R}dT - \int_{T_0}^{T}\frac{\Delta C^\circ_P}{R}\frac{dT}{T}$$

將數值代入上式可得：

$$\ln K = -11.3054 + \frac{11{,}894.4}{T} - \frac{1}{T}(\text{IDCPH}) + \text{IDCPS} \tag{E}$$

IDCPH = IDCPH(298.15, *T*; 0.5415, 0.002E-3, 0.0, -0.8995E+5)

IDCPS = IDCPS(298.15, *T*; 0.5415, 0.002E-3, 0.0, -0.8995E+5)

這些用於計算積分值的表達式中，參數 ΔA、ΔB、ΔC 和 ΔD 是根據表 C.1 中的數據計算而得。

求解 ε_e 和 T 且可快速收斂的疊代方法如下：

1. 假設一個初始溫度 T。
2. 在此 T 值下計算 IDCPH 和 IDCPS。
3. 利用試誤法，由 (*E*) 式解出 K，並由 (*D*) 式解出 ε_e。
4. 計算 $\langle C^\circ_P \rangle_H$，並由 (*C*) 式解出 T。
5. 求出剛計算出的 T 值和初始溫度值的算術平均，並作為新的 T 值；返回步驟 2。

由此方法可得收斂值 $\varepsilon_e = 0.77$ 和 $T = 855.7$ K。組成為：

$$y_{SO_2} = \frac{1-0.77}{3.857-(0.5)(0.77)} = \frac{0.23}{3.472} = 0.0662$$

$$y_{O_2} = \frac{0.6-(0.5)(0.77)}{3.472} = \frac{0.215}{3.472} = 0.0619$$

$$y_{SO_3} = \frac{0.77}{3.472} = 0.2218 \qquad y_{N_2} = \frac{2.257}{3.472} = 0.6501$$

異相系統中的反應

當液相和氣相都存在於反應物種的平衡混合物中時，必須滿足汽 / 液平衡的準則 (10.48) 式及化學反應平衡方程式。例如，假設氣體 A 與液態水 B 反應形成水溶液 C。有幾種處理方法認為該反應在氣相中發生，並且在各相之間進行質量傳遞以維持相平衡。在這種情況下，平衡常數可根據 ΔG° 數據算出，其中氣體物種的標準狀態為 1 bar 下的理想氣體狀態和反應溫度。或認為反應發生在液相中，在這種情況下，ΔG° 是基於液體物種的標準狀態。最後，反應可以寫成：

$$A(g) + B(l) \rightarrow C(aq)$$

此時，ΔG° 值適用於混合標準狀態：C 為理想 1m 水溶液中的溶質，B 為 1 bar 時的純液體，A 為 1 bar 時的純理想氣體。對於標準狀態的選擇，由 (14.10) 式給出的組成和平衡常數之間的關係變為：

$$\frac{\hat{f}_C/f_C^\circ}{(\hat{f}_B/f_B^\circ)(\hat{f}_A/f_A^\circ)} = \frac{m_C}{(\gamma_B x_B)(\hat{f}_A/P^\circ)} = K$$

第二項是因為 (14.35) 式可應用於物種 C，(14.29) 式可應用於 B，其中 $f_B/f_B^\circ = 1$，以及氣相中物種 A 的 $f_A^\circ = P^\circ$。由於 K 取決於標準狀態，因此 K 的值不同於其他標準狀態選擇所產生的值。但是，只要亨利定律適用於溶液中的 C 物種，則選擇其他標準狀態仍可求得相同的平衡組成。實際上，選擇特定標準狀態可以簡化計算或產生更準確的結果，因為它可以對數據作最佳的利用。在以下例子中說明異相反應計算所需的性質。

例 14.10

乙烯與水在 200°C 和 34.5 bar 下反應生成乙醇，在此情況下，液相和汽相均存在，試計算液相和汽相的組成。藉由在 34.5 bar 的壓力下將反應容器連接至乙烯源，而將反應容器保持在 34.5 bar。假設沒有其他反應發生。

解

根據相律 (第 14.8 節)，系統的自由度為 2。因此，固定 T 和 P 就固定系統的內含狀態，而與反應物的初始量無關。不需使用質量平衡方程式，並且不需使用組成與反應坐標的關係式。但是必須採用相平衡關係式，並提供足夠數目的方程式，以求解未知的組成。

解決此問題最方便的方法是將化學反應視為發生在汽相中。因此，

$$C_2H_4(g) + H_2O(g) \rightarrow C_2H_5OH(g)$$

其中標準狀態是 1 bar 下的純理想氣體狀態。對於此標準狀態，平衡表達式為 (14.25) 式，其在此情況下變為：

$$K = \frac{\hat{f}_{\text{EtOH}}}{\hat{f}_{C_2H_4}\,\hat{f}_{H_2O}}P^\circ \qquad (A)$$

其中標準狀態壓力 P° 為 1 bar (或以適當單位表示)。例 14.4 的結果提供 $\ln K$ 為 T 的函數的一般表達式。在 200°C (473.15 K) 時，由此式得到：

$$\ln K = -3.473 \qquad K = 0.0310$$

現在的任務是將相平衡方程式 $\hat{f}_i^v = \hat{f}_i^l$，合併到 (A) 式中，並將逸壓與組成相關聯，以便可輕鬆求解方程式。(A) 式可以寫成：

$$K = \frac{\hat{f}^v_{\text{EtOH}}}{\hat{f}^v_{C_2H_4}\hat{f}^v_{H_2O}}P^\circ = \frac{\hat{f}^l_{\text{EtOH}}}{\hat{f}^v_{C_2H_4}\hat{f}^l_{H_2O}}P^\circ \qquad (B)$$

液相逸壓與活性係數的關係式為 (13.2) 式，而汽相逸壓與逸壓係數的關係式為 (10.52) 式：

$\hat{f}_i^l = x_i\gamma_i f_i^l \quad (C)$	$\hat{f}_i^v = y_i\hat{\phi}_i P \quad (D)$

利用 (C) 式和 (D) 式消去 (B) 式中的逸壓可得：

$$K = \frac{x_{\text{EtOH}}\gamma_{\text{EtOH}}f^l_{\text{EtOH}}P^\circ}{(y_{C_2H_4}\hat{\phi}_{C_2H_4}P)(x_{H_2O}\gamma_{H_2O}f^l_{H_2O})} \qquad (E)$$

逸壓 f_i^l 是在系統溫度和壓力下的純液體 i 的逸壓。但是，壓力對液體的逸壓影響很小，並且可以近似為 $f_i^l = f_i^{\text{sat}}$；因此由 (10.40) 式可得：

$$f_i^l = \phi_i^{\text{sat}} P_i^{\text{sat}} \qquad (F)$$

在這個方程式中，ϕ_i^{sat} 是純飽和液體或蒸汽的逸壓係數，它是在系統的溫度，以及

純物種 i 的蒸汽壓 P_i^{sat} 下求得。假設汽相是理想溶液，則可以用 $\phi_{C_2H_4}$ 代替 $\hat{\phi}_{C_2H_4}$，其中 $\phi_{C_2H_4}$ 是純乙烯在系統 T 和 P 下的逸壓係數。將此項以及 (F) 式代入 (E) 式後可得：

$$K = \frac{x_{EtOH}\gamma_{EtOH}\phi^{sat}_{EtOH}P^{sat}_{EtOH}P^{\circ}}{(y_{C_2H_4}\hat{\phi}_{C_2H_4}P)(x_{H_2O}\gamma_{H_2O}\phi^{sat}_{H_2O}P^{sat}_{H_2O})} \tag{G}$$

其中標準狀態壓力 P° 為 1 bar，與 P 的單位相同。

除 (G) 式外，以下表達式適用。因為 $\sum_i y_i = 1$，

$$y_{C_2H_4} = 1 - y_{EtOH} - y_{H_2O} \tag{H}$$

由汽 / 液平衡關係 $\hat{f}_i^v = \hat{f}_i^l$，我們可用 x_{EtOH} 和 x_{H_2O}，從 (H) 式中消去 y_{EtOH} 和 y_{H_2O}。上式與 (C) 式、(D) 式和 (F) 式結合可得：

$$y_i = \frac{\gamma_i x_i \phi_i^{sat} P_i^{sat}}{\phi_i P} \tag{I}$$

其中 ϕ_i 替代 $\hat{\phi}_i$，因為假設汽相是理想溶液。由 (H) 式和 (I) 式可得：

$$y_{C_2H_4} = 1 - \frac{x_{EtOH}\gamma_{EtOH}\phi^{sat}_{EtOH}P^{sat}_{EtOH}}{\phi_{EtOH}P} - \frac{x_{H_2O}\gamma_{H_2O}\phi^{sat}_{H_2O}P^{sat}_{H_2O}}{\phi_i P} \tag{J}$$

因為乙烯比乙醇或水的揮發性大很多，所以我們可假設 $x_{C_2H_4} = 0$。因此，

$$x_{H_2O} = 1 - x_{EtOH} \tag{K}$$

(G) 式、(J) 式和 (K) 式是求解問題的基礎。這些方程式中的主要變數為：x_{H_2O}、x_{EtOH} 和 $y_{C_2H_4}$。其他各項為已知或可由數據的關聯式求得。P_i^{sat} 的值為：

$$P^{sat}_{H_2O} = 15.55 \qquad P^{sat}_{EtOH} = 30.22 \text{ bar}$$

從 (10.68) 式表示的廣義關聯式與 (3.61) 式和 (3.62) 式給出的 B^0 與 B^1 可以求得 ϕ_i^{sat} 和 ϕ_i。計算結果用 PHIB(TR, PR, OMEGA) 表示。在 T = 473.15K、P = 34.5 bar 及由附錄 B 查出臨界數據和離心係數的情況下，計算得出：

	T_{c_i}/K	P_{c_i}/bar	ω_i	T_{r_i}	P_{r_i}	$P_{r_i}^{sat}$	B^0	B^1	ϕ_i	ϕ_i^{sat}
EtOH	513.9	61.48	0.645	0.921	0.561	0.492	–0.399	–0.104	0.753	0.780
H_2O	647.1	220.55	0.345	0.731	0.156	0.071	–0.613	–0.502	0.846	0.926
C_2H_4	282.3	50.40	0.087	1.676	0.685		–0.102	0.119	0.963	

將求得的值代入 (G) 式、(J) 式和 (K) 式中，並將這三個方程式簡化為：

$$K=\frac{0.0493x_{EtOH}\gamma_{EtOH}}{y_{C_2H_4}x_{H_2O}\gamma_{H_2O}} \tag{L}$$

$$y_{C_2H_4}=1-0.907x_{EtOH}\gamma_{EtOH}-0.493x_{H_2O}\gamma_{H_2O} \tag{M}$$

$$x_{H_2O}=1-x_{EtOH} \tag{K}$$

剩下尚未確定的熱力學性質是 γ_{H_2O} 和 γ_{EtOH}。由於乙醇和水所形成的液態溶液具有高度非理想行為，這些活性係數必須從實驗數據求得。Otsuki 和 Williams 從 VLE 測量中獲得所需數據。[8] 從他們對乙醇 / 水系統的實驗結果中，可以估算出 200°C 時的 γ_{H_2O} 和 γ_{EtOH} 的值。(壓力對液體活性係數的影響很小。)

上述三個方程式的求解程序如下：

1. 假設 x_{EtOH} 的值，並由 (*K*) 式計算 x_{H_2O}。
2. 根據所引用參考文獻中的數據計算 γ_{H_2O} 和 γ_{EtOH}。
3. 由 (*M*) 式計算 $y_{C_2H_4}$。
4. 由 (*L*) 式計算 *K*，並與根據標準反應數據求得的值 0.0310 進行比較。
5. 如果這兩個值一致，則 x_{EtOH} 的假定值正確；如果它們不合，則採用新的 x_{EtOH} 值並重複該程序。

若 $x_{EtOH}=0.06$，則由 (*K*) 式可得 $x_{H_2O}=0.94$，從引用的參考文獻中可求出，

$$\gamma_{EtOH}=3.34 \qquad 且 \qquad \gamma_{H_2O}=1.00$$

由 (*M*) 式可得：

$$y_{C_2H_4}=1-(0.907)(3.34)(0.06)-(0.493)(1.00)(0.94)=0.355$$

由 (*L*) 式得到的 *K* 值是：

$$K=\frac{(0.0493)(0.06)(3.34)}{(0.355)(0.94)(1.00)}=0.0296$$

此結果與從標準反應數據中得到的值 0.0310 很接近，使得進一步的計算毫無意義，並且液相組成基本上與假設相同 ($x_{EtOH}=0.06$，$x_{H_2O}=0.94$)。剩下的汽相組成 y_{H_2O} 或 y_{EtOH} 可由 (*I*) 式求出 ($y_{C_2H_4}$ 已經確定為 0.356)。所有結果列於下表。

	x_i	y_i
EtOH	0.060	0.180
H_2O	0.940	0.464
C_2H_4	0.000	0.356
	$\sum_i x_i=1.000$	$\sum_i y_i=1.000$

如果沒有其他反應發生，這些結果是實際值的合理近似值。

8 H. Otsuki and F. C. Williams, *Chem. Engr. Progr. Symp. Series No*. 6, vol. 49, pp. 55–67, 1953.

14.8 反應系統的相律和 Duhem 定理

如第 3.1 節和第 12.2 節所述，對於 π 相和 N 個化學物種的非反應系統，其相律 (適用於內含性質) 為：

$$F = 2 - \pi + N$$

對於發生化學反應的系統，上式必須修正。相律中的變數並未改變：溫度、壓力和各相中的 $N - 1$ 個莫耳分率。這些變數的總數為 $2 + (N - 1)(\pi)$。相平衡方程式與以前相同，它們的數目為 $(\pi - 1)(N)$ 個。但是，(14.8) 式提供每個獨立反應一個平衡時必須滿足的關係。因為 μ_i 是溫度、壓力和相組成的函數，(14.8) 式表示連接相律變數間的關係。若在平衡系統中有 r 個獨立化學反應，則共有 $(\pi - 1)(N) + r$ 個與相律變數有關的獨立方程式。計算變數數目與方程式數目之間的差，可得：

$$F = [2 + (N - 1)(\pi)] - [(\pi - 1)(N) + r]$$

或

$$\boxed{F = 2 - \pi + N - r} \tag{14.36}$$

這是反應系統的相律。

應用中唯一剩下的問題是確定獨立化學反應的數目。可有系統地執行以下操作：

- 對於系統中的每種化合物，從其**組成元素** (consituent elements) 寫出生成化學方程式。
- 結合這些方程式，以便從中消去所有不被認為是系統中的元素。系統的程序是選擇一個方程式，並結合其他方程式以消去特定元素。然後重複此程序，從新的方程組中消去另一個元素。對每個被消去的元素都依此操作進行 [(參見例 14.11(d)]，而通常消去一個元素時，將減少一個方程式，但是也可能同時消去兩個或多個元素。

由此簡化程序得出的 r 個方程式是系統中存在的 N 個物種的獨立反應式。可能有多個這樣的反應式組，必須依簡化程序的執行方式而定，但所得到的獨立反應個數 r 都是相等的。簡化程序還確保以下關係：

$$r \geq \text{系統中化合物數} - \text{不以元素形式出現的元素數目}$$

在上述討論中，僅考慮相平衡和化學反應平衡方程式作為相互關聯的相律變數。但是，在某些情況下，可能會在系統上施加特殊的限制，亦即在 (14.36) 式加上特殊限制條件。若因特殊限制而產生的方程式的數目為 s，則必須修正

(14.36) 式以考慮這些附加方程式。我們得到相律的更一般形式是：

$$\boxed{F = 2 - \pi + N - r - s} \tag{14.37}$$

例 14.11 說明如何將 (14.36) 式和 (14.37) 式應用於特定的系統。

例 14.11

計算以下各系統的自由度 F。

(a) 由兩種可互溶的非反應物種組成的系統，在汽 / 液平衡狀態下形成共沸物。

(b) 由 $CaCO_3$ 部分分解至真空中所形成的系統。

(c) 由 NH_4Cl 部分分解至真空中所形成的系統。

(d) 由化學平衡的氣體 CO、CO_2、H_2、H_2O 和 CH_4 組成的系統。

解

(a) 此系統由兩相的兩個非反應物種組成。若無共沸物，則適用 (14.36) 式：

$$F = 2 - \pi + N - r = 2 - 2 + 2 - 0 = 2$$

這是二成分 VLE 通常的結果。但是，對系統施加共沸物的特殊限制。提供一個方程式，$x_1 = y_1$，在推導 (14.36) 式時並未考慮。因此，我們應用 (14.37) 式，令 $s = 1$，可得 $F = 1$。如果系統是共沸物，則可以任意指定一個相律變數 T、P 或 $x_1 (= y_1)$。

(b) 此時只有一個化學反應：

$$CaCO_3(s) \rightarrow CaO(s) + CO_2(g)$$

所以 r =1。有三種化學物種及三個相：固態 $CaCO_3$、固態 CaO 和氣態 CO_2。可能有人認為，$CaCO_3$ 的分解反應已形成一種特殊限制。事實並非如此，因為在上述反應式中，無法寫出連接相律變數的方程式。因此，

$$F = 2 - \pi + N - r - s = 2 - 3 + 3 - 1 - 0 = 1$$

有一個單一的自由度。因此，$CaCO_3$ 在固定的 T 下施加固定的分解壓力。

(c) 此時的化學反應是：

$$NH_4Cl(s) \rightarrow NH_3(g) + HCl(g)$$

在這種情況下，系統中含有三種物種，但只有兩相：固體 NH_4Cl，以及 NH_3 與 HCl 的氣體混合物。另外，有一個特殊的限制，因為此系統由 NH_4Cl 分解形成。這意味著氣相中含有等莫耳的 NH_3 和 HCl。因此，可以寫出一個連接相律變數的特殊方程式 : $y_{NH_3} = y_{HC_l} (= 0.5)$。應用 (14.37) 式可得：

$$F = 2 - \pi + N - r - s = 2 - 2 + 3 - 1 - 1 = 1$$

此系統只有一個自由度。此結果與 (b) 部分的結果相同，並且根據經驗，NH_4Cl 在給定溫度下具有給定的分解壓力。(b) 與 (c) 的結果，是在兩種截然不同的情況下求得的。

(d) 此系統含有五種物種，全部在一個氣相中。沒有特殊限制。只有 r 有待確定。化合物的生成反應為：

$C+\frac{1}{2}O_2 \to CO \quad (A)$	$C+O_2 \to CO_2 \quad (B)$
$H_2+\frac{1}{2}O_2 \to H_2O \quad (C)$	$C+2H_2 \to CH_4 \quad (D)$

消去系統中不存在的元素 C 和 O_2 可得兩個方程式。以下列方式求得這一對方程式。首先結合 (B) 式與 (A) 式，然後結合 (B) 式與 (D) 式，從方程組中消去 C。產生的兩個反應式為：

由 (B) 式和 (A) 式： $$CO+\frac{1}{2}O_2 \to CO_2 \qquad (E)$$

由 (B) 式和 (D) 式： $$CH_4+O_2 \to 2H_2+CO_2 \qquad (F)$$

(C) 式、(E) 式和 (F) 式是新集合，現在我們首先結合 (C) 式與 (E) 式，然後結合 (C) 式與 (F) 式，以消去 O_2，可得：

由 (C) 式和 (E) 式： $$CO_2+H_2 \to CO+H_2O \qquad (G)$$

由 (C) 式和 (F) 式： $$CH_4+2H_2O \to CO_2+4H_2 \qquad (H)$$

(G) 式和 (H) 式為一個獨立的集合，表示 $r = 2$。使用不同的消去程序可以產生其他成對的方程式，但始終只有兩個方程式。

應用 (14.37) 式可得：

$$F=2-\pi+N-r-s=2-1+5-2-0=4$$

這結果意味著只要不另外設定其他條件，就可以自由指定這五個化學物種的平衡混合物中的四個相律變數，例如 T、P 和兩個莫耳分率。換句話說，不需加上特別的限制，例如系統是由給定數量的 CH_4 和 H_2O 所形成。這個特別的限制經由質量平衡式將自由度降低到兩個。(Duhem 定理；參見以下段落。)

非反應系統的 Duhem 定理已在第 12.2 節中說明。它指出由給定質量的特定化學物種形成的任何封閉系統，指定任意兩個獨立變數，即可完全確定平衡狀態 (外延和內含性質)。此定理給出完全確定系統狀態的獨立變數的數目與連接這些變數的獨立方程式數目之間的差：

$$[2+(N-1)(\pi)+\pi]-[(\pi-1)(N)+N]=2$$

當發生化學反應時，對於每一個獨立反應，新的變數 ε_j 被引入到質量平衡方程式中。此外，對於每個獨立反應，可寫出一個新的平衡關係 [(14.8) 式]。因此，當化學反應平衡加在相平衡上時，會出現 r 個新變數，並且可以寫出 r 個新方程式。因此，變數數目和方程式數目之間的差沒有變化，如最初所述的 Duhem 定理適用於反應系統和非反應系統。

大多數化學反應平衡的問題，可利用 Duhem 定理使它們具有確定性。通常的問題是，在指定兩個變數 T 和 P 時，從固定數量的反應物種的初始狀態，求出達到平衡的系統組成。

14.9 多重反應的平衡

當反應系統中的平衡狀態取決於兩個或多個獨立的化學反應時，可以利用推廣的單一反應開發的方法來找到平衡組成。首先必須求出一組獨立的反應，如第 14.8 節所述。對於每個獨立的反應，都有一個與第 14.1 節處理一致的反應坐標。另外，對於每一反應 j，必須計算其單獨的平衡常數，(14.10) 式變為：

$$\prod_i \left(\frac{\hat{f}_i}{f_i^\circ}\right)^{\nu_{i,j}} = K_j \tag{14.38}$$

其中 $$K_j \equiv \exp\left(\frac{-\Delta G_j^\circ}{RT}\right) \qquad (j = 1, 2, \ldots, r)$$

對於氣相反應，(14.38) 式可寫為下列形式：

$$\prod_i \left(\frac{\hat{f}_i}{P^\circ}\right)^{\nu_{i,j}} = K_j \tag{14.39}$$

若平衡混合物處於理想氣體狀態，則

$$\prod_i (y_i)^{\nu_{i,j}} = \left(\frac{P}{P^\circ}\right)^{-\nu_j} K_j \tag{14.40}$$

對於 r 個獨立的反應，有 r 個這種獨立的方程式，$\{y_i\}$ 可由 (14.7) 式，以 r 個反應坐標 ε_j 消去。然後，針對 r 個反應坐標同時求解方程組，如以下例子所示。

例 14.12

純正丁烷的原料在 750 K 和 1.2 bar 下裂解以生產烯烴。在此狀態下，只有下列兩個反應具有良好的平衡轉化率：

$$C_4H_{10} \rightarrow C_2H_4 + C_2H_6 \quad \text{(I)}$$

$$C_4H_{10} \rightarrow C_3H_6 + CH_4 \quad \text{(II)}$$

若這些反應達到平衡，則產物的組成為何？

根據附錄 C 的數據和例 14.4 中所示的程序，可知 750 K 時的平衡常數為：

$$K_I = 3.856 \qquad \text{和} \qquad K_{II} = 268.4$$

解

在例 14.3 中導出產物組成與反應坐標相關的方程式。以 1 mol 正丁烷進料為基礎，這些方程式變為：

$$y_{C_4H_{10}} = \frac{1 - \varepsilon_I - \varepsilon_{II}}{1 + \varepsilon_I + \varepsilon_{II}}$$

$$y_{C_2H_4} = y_{C_2H_6} = \frac{\varepsilon_I}{1 + \varepsilon_I + \varepsilon_{II}} \qquad y_{C_3H_6} = y_{CH_4} = \frac{\varepsilon_{II}}{1 + \varepsilon_I + \varepsilon_{II}}$$

由 (14.40) 式，可得平衡關係式為：

$$\frac{y_{C_2H_4} y_{C_2H_6}}{y_{C_4H_{10}}} = \left(\frac{P}{P^\circ}\right)^{-1} K_I \qquad \frac{y_{C_3H_6} y_{CH_4}}{y_{C_4H_{10}}} = \left(\frac{P}{P^\circ}\right)^{-1} K_{II}$$

結合這些平衡方程式與莫耳分率方程式，得到：

$$\frac{\varepsilon_I^2}{(1 - \varepsilon_I - \varepsilon_{II})(1 + \varepsilon_I + \varepsilon_{II})} = \left(\frac{P}{P^\circ}\right)^{-1} K_I \tag{A}$$

$$\frac{\varepsilon_{II}^2}{(1 - \varepsilon_I - \varepsilon_{II})(1 + \varepsilon_I + \varepsilon_{II})} = \left(\frac{P}{P^\circ}\right)^{-1} K_{II} \tag{B}$$

將 (*B*) 式除以 (*A*) 式，並求解 ε_{II} 可得：

$$\varepsilon_{II} = \kappa \varepsilon_I \tag{C}$$

其中

$$\kappa \equiv \left(\frac{K_{II}}{K_I}\right)^{1/2} \tag{D}$$

結合 (*A*) 式和 (*C*) 式以消去 ε_{II}，然後解出 ε_I 得到：

$$\varepsilon_I = \left[\frac{K_I(P^\circ/P)}{1 + K_I(P^\circ/P)(\kappa + 1)^2}\right]^{1/2} \tag{E}$$

將數值代入 (*D*) 式、(*E*) 式和 (*C*) 式中，可得：

$$\kappa = \left(\frac{268.4}{3.856}\right)^{1/2} = 8.343$$

$$\varepsilon_{I} = \left[\frac{(3.856)(1/1.2)}{1 + (3.856)(1/1.2)(9.343)^2}\right]^{1/2} = 0.1068$$

$$\varepsilon_{II} = (8.343)(0.1068) = 0.8914$$

這些反應坐標的氣體產物組成為：

$$y_{C_4H_{10}} = 0.0010 \qquad y_{C_2H_4} = y_{C_2H_6} = 0.0534 \qquad y_{C_3H_6} = y_{CH_4} = 0.4461$$

對於這種簡單的反應，可求得解析解，但這是不尋常的。在大多數情況下，多重反應平衡問題的求解需要數值方法。

例 14.13

蒸汽和空氣進入煤氣化爐中的煤床 (假定為純碳)，並產生含有 H_2、CO、O_2、H_2O、CO_2 和 N_2 的氣流。若進入氣化爐的進料由 1 mol 的蒸汽和 2.38 mol 的空氣組成，則在 P = 20 bar 及 1000、1100、1200、1300、1400 和 1500 K 各溫度下，計算氣流的平衡組成。下表列出可用數據。

	ΔG_f°/J·mol^{-1}		
T/K	**H_2O**	**CO**	**CO_2**
1000	−192,420	−200,240	−395,790
1100	−187,000	−209,110	−395,960
1200	−181,380	−217,830	−396,020
1300	−175,720	−226,530	−396,080
1400	−170,020	−235,130	−396,130
1500	−164,310	−243,740	−396,160

解

進入煤床的進料由 1 mol 蒸汽和 2.38 mol 空氣組成，空氣中含有：

$$O_2：(0.21)(2.38) = 0.5 \text{ mol} \quad N_2：(0.79)(2.38) = 1.88 \text{ mol}$$

處於平衡狀態的物種為 C、H_2、CO、O_2、H_2O、CO_2 和 N_2。化合物的生成反應為：

$$H_2 + \tfrac{1}{2}O_2 \rightarrow H_2O \quad \text{(I)}$$

$$C + \tfrac{1}{2}O_2 \rightarrow CO \quad \text{(II)}$$

$$C + O_2 \rightarrow CO_2 \quad \text{(III)}$$

由於氫、氧和碳元素均存在於系統中，因此這是三個獨立的反應。

除了碳以外，所有物種均以氣體形式存在，而碳是純固相。在平衡表達式 (14.38) 式中，純碳的逸壓比為 $\hat{f}_C / f_C^\circ = f_C / f_C^\circ$，即 20 bar 下碳的逸壓除以 1 bar 下碳的逸壓。因為壓力對固體逸壓的影響很小，所以可假設該比值為 1。因此碳的逸壓比為 $\hat{f}_C / f_C^\circ = 1$，並可從平衡表達式中省略。假設其餘的物種是理想氣體，(14.40) 式僅針對氣相，它為反應 (I) 至 (III) 提供以下平衡表達式：

$$K_I = \frac{y_{H_2O}}{y_{O_2}^{1/2} y_{H_2}} \left(\frac{P}{P^\circ}\right)^{-1/2} \qquad K_{II} = \frac{y_{CO}}{y_{O_2}^{1/2}} \left(\frac{P}{P^\circ}\right)^{-1/2} \qquad K_{III} = \frac{y_{CO_2}}{y_{O_2}}$$

這三個反應的反應坐標分別為 ε_I、ε_{II} 和 ε_{III}。對於初始狀態，

$$n_{H_2} = n_{CO} = n_{CO_2} = 0 \qquad n_{H_2O} = 1$$

$$n_{O_2} = 0.5 \qquad n_{N_2} = 1.88$$

此外，由於僅考慮氣相物質，所以

$$\nu_I = -\frac{1}{2} \qquad \nu_{II} = \frac{1}{2} \qquad \nu_{III} = 0$$

將 (14.7) 式應用於每個物種可得：

$$y_{H_2} = \frac{-\varepsilon_I}{3.38 + (\varepsilon_{II} - \varepsilon_I)/2} \qquad y_{CO} = \frac{\varepsilon_{II}}{3.38 + (\varepsilon_{II} - \varepsilon_I)/2}$$

$$y_{O_2} = \frac{\frac{1}{2}(1 - \varepsilon_I - \varepsilon_{II}) - \varepsilon_{III}}{3.38 + (\varepsilon_{II} - \varepsilon_I)/2} \qquad y_{H_2O} = \frac{1 + \varepsilon_I}{3.38 + (\varepsilon_{II} - \varepsilon_I)/2}$$

$$y_{CO_2} = \frac{\varepsilon_{III}}{3.38 + (\varepsilon_{II} - \varepsilon_I)/2} \qquad y_{N_2} = \frac{1.88}{3.38 + (\varepsilon_{II} - \varepsilon_I)/2}$$

將這些 y_i 表達式代入平衡方程式中可得：

$$K_I = \frac{(1 + \varepsilon_I)(2n)^{1/2}(P/P^\circ)^{-1/2}}{(1 - \varepsilon_I - \varepsilon_{II} - 2\varepsilon_{III})^{1/2}(-\varepsilon_I)}$$

$$K_{II} = \frac{\sqrt{2}\varepsilon_{II}(P/P^\circ)^{1/2}}{(1 - \varepsilon_I - \varepsilon_{II} - 2\varepsilon_{III})^{1/2} n^{1/2}}$$

$$K_{III} = \frac{2\varepsilon_{III}}{(1 - \varepsilon_I - \varepsilon_{II} - 2\varepsilon_{III})}$$

其中

$$n \equiv 3.38 + \frac{\varepsilon_{II} - \varepsilon_I}{2}$$

K_j 可由 (14.11) 式計算而得，其數值非常大。例如，在 1500 K 時，

$$\ln K_I = \frac{-\Delta G_I^\circ}{RT} = \frac{164{,}310}{(8.314)(1500)} = 13.2 \qquad K_I \sim 10^6$$

$$\ln K_{II} = \frac{-\Delta G^\circ_{II}}{RT} = \frac{243{,}740}{(8.314)(1500)} = 19.6 \qquad K_{II} \sim 10^8$$

$$\ln K_{III} = \frac{-\Delta G^\circ_{III}}{RT} = \frac{396{,}160}{(8.314)(1500)} = 31.8 \qquad K_{III} \sim 10^{14}$$

當每個 K_j 很大時，每個平衡方程式的分母中的數 $1-\varepsilon_I-\varepsilon_{II}-2\varepsilon_{III}$ 必須接近零。這意味著平衡混合物中氧氣的莫耳分率非常小。針對實際目的，不存在氧氣。

因此，我們可從生成反應中消去 O_2 來重新提出問題。為此，首先將 (I) 式與 (II) 式合併，然後與 (III) 式合併，由此可得兩個方程式：

$$C + CO_2 \rightarrow 2CO \qquad (a)$$

$$H_2O + C \rightarrow H_2 + CO \qquad (b)$$

相對應的平衡方程式為：

$$K_a = \frac{y_{CO}^2}{y_{CO_2}}\left(\frac{P}{P^\circ}\right) \qquad K_b = \frac{y_{H_2}y_{CO}}{y_{H_2O}}\left(\frac{P}{P^\circ}\right)$$

進料中含有 1 mol H_2、0.5 mol O_2 和 1.88 mol N_2。由於已從反應方程組中消去 O_2，因此我們用 0.5 mol 的 CO_2 代替進料中 0.5 mol 的 O_2。此為假設 0.5 mol O_2 與碳的預先反應形成一定數量的 CO_2。因此進料中包含 1 mol H_2、0.5 mol CO_2 和 1.88 mol N_2，並將 (14.7) 式應用於 (*a*) 式和 (*b*) 式可得：

$$y_{H_2} = \frac{\varepsilon_b}{3.38+\varepsilon_a+\varepsilon_b} \qquad y_{CO} = \frac{2\varepsilon_a+\varepsilon_b}{3.38+\varepsilon_a+\varepsilon_b}$$

$$y_{H_2O} = \frac{1-\varepsilon_b}{3.38+\varepsilon_a+\varepsilon_b} \qquad y_{CO_2} = \frac{0.5-\varepsilon_a}{3.38+\varepsilon_a+\varepsilon_b}$$

$$y_{N_2} = \frac{1.88}{3.38+\varepsilon_a+\varepsilon_b}$$

因為 y_i 的值必須介於 0 和 1 之間，所以由上述左邊兩式和右邊兩式可知：

$$0 \le \varepsilon_b \le 1 \qquad -0.5 \le \varepsilon_a \le 0.5$$

結合 y_i 的表達式與平衡方程式，可得：

$$K_a = \frac{(2\varepsilon_a+\varepsilon_b)^2}{(0.5-\varepsilon)(3.38+\varepsilon_a+\varepsilon_b)}\left(\frac{P}{P^\circ}\right) \qquad (A)$$

$$K_b = \frac{\varepsilon_b(2\varepsilon_a+\varepsilon_b)}{(1-\varepsilon_b)(3.38+\varepsilon_a+\varepsilon_b)}\left(\frac{P}{P^\circ}\right) \qquad (B)$$

對於在 1000 **K** 下的反應 (*a*)，

$$\Delta G^\circ_{1000} = 2(-200{,}240) - (-395{,}790) = -4690\ \text{J}\cdot\text{mol}^{-1}$$

並由 (14.11) 式，

$$\ln K_a = \frac{4690}{(8.314)(1000)} = 0.5641 \qquad K_a = 1.758$$

同理，對於反應 (*b*)，

$$\Delta G^\circ_{1000} = (-200{,}240) - (-192{,}420) = -7820\ \text{J}\cdot\text{mol}^{-1}$$

且

$$\ln K_b = \frac{7820}{(8.314)(1000)} = 0.9406 \qquad K_b = 2.561$$

具有 K_a 和 K_b 的這些值且 $(P/P^\circ) = 20$ 的方程式 (*A*) 式和 (*B*) 式構成未知數 ε_a 和 ε_b 的兩個非線性方程式。可以為它們的求解設計一個臨時的疊代法，但是牛頓的求解非線性方程組的方法很有吸引力。此法在附錄 H 中描述並可應用於此例。下表列出所有溫度下的計算結果。

T/K	K_a	K_b	ε_a	ε_b
1000	1.758	2.561	−0.0506	0.5336
1100	11.405	11.219	0.1210	0.7124
1200	53.155	38.609	0.3168	0.8551
1300	194.430	110.064	0.4301	0.9357
1400	584.85	268.76	0.4739	0.9713
1500	1514.12	583.58	0.4896	0.9863

利用已經給出的方程式，計算平衡混合物中物質的莫耳分率 y_i 的值。所有這些計算的結果如下表所示，並在圖 14.5 中以圖形方式顯示。

T/K	y_{H_2}	y_{CO}	y_{H_2O}	y_{CO_2}	y_{N_2}
1000	0.138	0.112	0.121	0.143	0.486
1100	0.169	0.226	0.068	0.090	0.447
1200	0.188	0.327	0.032	0.040	0.413
1300	0.197	0.378	0.014	0.015	0.396
1400	0.201	0.398	0.006	0.005	0.390
1500	0.203	0.405	0.003	0.002	0.387

在較高的溫度下，ε_a 和 ε_b 的值趨近於其上限值 0.5 與 1.0，表明反應 (*a*) 和 (*b*) 幾乎為完全反應。在更高溫度下，甚至更趨近於這些極限值，此時 CO_2 和 H_2O 的莫耳分率趨近於零，並且對於產物中各物種的組成為：

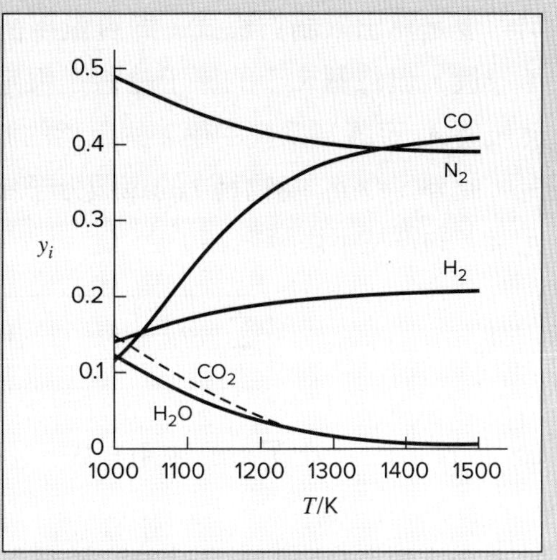

▶圖 14.5 例 14.3 中氣體產物的平衡組成。

$$y_{H_2} = \frac{1}{3.38 + 0.5 + 1.0} = 0.205$$

$$y_{CO} = \frac{1 + 1}{3.38 + 0.5 + 1.0} = 0.410$$

$$y_{N_2} = \frac{1.88}{3.38 + 0.5 + 1.0} = 0.385$$

我們在此假設煤層具有足夠的深度，以使氣體在與白熾碳接觸時達到平衡。但若氧氣和蒸汽的供給速率過高，則反應可能無法達到平衡，或在氣體離開煤層後才達到平衡。在這種情況下，碳不會處於平衡狀態，問題必須重新制定。

儘管可以很容易求解前面例子中的 (*A*) 式和 (*B*) 式，但是平衡常數的解法不適用於標準化，無法編寫用於計算機求解的通用程式。在第 14.2 節中提到的另一種平衡準則是基於在平衡狀態下，系統的總吉布斯能量具有最小值，如圖 14.1 所示。將此準則應用於多重反應，則此準則是計算機求解多重反應平衡的基礎。

單相系統的總吉布斯能量如 (10.2) 式所示：

$$(G^t)_{T,P} = g(n_1, n_2, n_3, \ldots n_N)$$

問題是要找到一組 $\{n_i\}$，在指定的 T 和 P 範圍內使 G^t 最小，並且要滿足質量平衡。此問題的標準求解是基於 Lagrange 乘數 (Lagrange multiplier) 法。氣相反應的程序如下：

1. 第一步是寫出限制方程式，即質量平衡式。儘管反應分子物種在封閉系統中不守恆，但每個元素的原子總數是恆定的。令下標 k 表示一個特定的原子。然後將 A_k 定義為系統中第 k 個元素的原子質量總數，它由系統的初始結構決定。此外，令 a_{ik} 為物種 i 的每個分子中第 k 個元素的原子數。然後對於每一元素 k 的質量平衡可寫為：

$$\boxed{\sum_i n_i a_{ik} = A_k \qquad (k = 1, 2, \ldots, w)} \tag{14.41}$$

或
$$\sum_i n_i a_{ik} - A_k = 0 \qquad (k = 1, 2, \ldots, w)$$

其中 w 是組成系統的不同元素的總數。

2. 其次，我們將 Lagrange 乘數 λ_k 引入每個元素，方法是將每一元素的平衡式乘以其 λ_k：

$$\lambda_k\left(\sum_i n_i a_{ik} - A_k\right) = 0 \qquad (k = 1, 2, \ldots, w)$$

對所有的 k 求和，可得：

$$\sum_k \lambda_k\left(\sum_i n_i a_{ik} - A_k\right) = 0$$

3. 將上式與 G^t 相加，形成新函數 F。因此，

$$F = G^t + \sum_k \lambda_k\left(\sum_i n_i a_{ik} - A_k\right)$$

此新函數與 G^t 相同，因為上式右邊第二項為零。但是，F 和 G^t 對 n_i 的偏導數是不同的，因為函數 F 包含質量平衡的限制。

4. F (和 G^t) 的最小值出現在所有偏導數 $\left(\frac{\partial F}{\partial n_i}\right)_{T,P,n_j}$ 均為零時。因此，我們對上式求偏微分，並將得到的導數令為零：

$$\left(\frac{\partial F}{\partial n_i}\right)_{T,P,n_j} = \left(\frac{\partial G^t}{\partial n_i}\right)_{T,P,n_j} + \sum_k \lambda_k a_{ik} = 0 \qquad (i = 1, 2, \ldots, N)$$

由於上式右邊的第一項是化勢的定義 [參見 (10.1) 式]，所以此式可寫成：

$$\mu_i + \sum_k \lambda_k a_{ik} = 0 \qquad (i = 1, 2, \ldots, N) \tag{14.42}$$

將化勢用逸壓表示，由 (14.9) 式可知：

$$\mu_i = G_i^\circ + RT\ln(\hat{f}_i/f_i^\circ)$$

對於氣相反應且標準狀態為 1 bar 的純理想氣體，則上式為：

$$\mu_i = G_i^\circ + RT\ln(\hat{f}_i/P^\circ)$$

若將處於標準狀態的所有元素的 G_i° 設定為零，則對化合物而言，G_i° 等於生成物種 i 的標準吉布斯能量的變化量，亦即 $G_i^\circ = \Delta G_{f_i}^\circ$。此外，亦可由 (10.52) 式的 $\hat{f}_i = y_i\hat{\phi}_i P$，以逸壓係數取代逸壓。經由這些代換，$\mu_i$ 的方程式變為：

$$\mu_i = \Delta G_{f_i}^\circ + RT\ln\left(\frac{y_i\hat{\phi}_i P}{P^\circ}\right)$$

與 (14.42) 式結合，可得：

$$\boxed{\Delta G_{f_i}^\circ + RT\ln\left(\frac{y_i\hat{\phi}_i P}{P^\circ}\right) + \sum_k \lambda_k a_{ik} = 0 \qquad (i = 1, 2, \ldots, N)} \tag{14.43}$$

注意，P° 為 1 bar，以壓力單位表示。若物種 i 是元素，則 $\Delta G_{f_i}^\circ$ 為零。(14.43) 式代表 N 個平衡方程式，每個化學物種一個，而 (14.41) 式代表 w 個質量平衡方程式，每個元素一個，總共 $N + w$ 個方程式。這些方程式中有 N 個未知數 n_i (注意 $y_i = n_i/\sum_i n_i$)，以及 w 個 λ_k，總共 $N + w$ 個未知數。因此，方程式的數目足以計算所有未知數。

前面的討論假定每個 $\hat{\phi}_i$ 是已知。若相是理想氣體，則對於每一物種，$\hat{\phi}_i = 1$；若相是理想溶液，則 $\hat{\phi}_i = \phi_i$，並且至少可以估算求值。對於真實氣體，$\hat{\phi}_i$ 是 $\{y_i\}$ 的函數，此函數要由計算求得。因此，必須使用疊代程序。對於所有 i，以 $\hat{\phi}_i = 1$ 開始計算。然後，求解方程式可得初始 $\{y_i\}$ 值。對於低壓或高溫，此結果通常是足夠的。在不令人滿意的情況下，可將狀態方程式與計算出的 $\{y_i\}$ 一起使用，以得到新的且更接近正確的 $\{\hat{\phi}_i\}$ 值，以供在 (14.43) 式中使用。如此可求出一組新的 $\{y_i\}$。重複此程序，直到經過連續的疊代，$\{y_i\}$ 都不會產生顯著的變化為止。所有的計算都非常適合計算機求解，包括由 (10.64) 式計算 $\{\hat{\phi}_i\}$。

在上述步驟中，涉及化學反應的問題不直接包含在任何方程式中。但是，一組物種的選擇完全等同於物種之間一組獨立反應的選擇。無論如何，必須始終假設一組物種或等效的一組獨立反應，而不同的假設會產生不同的結果。

例 14.14

計算含有物種 CH_4、H_2O、CO、CO_2 和 H_2 的氣相系統在 1000 K 和 1 bar 下的平衡組成。在初始未反應的狀態下，系統中有 2 mol 的 CH_4 和 3 mol 的 H_2O。$\Delta G^\circ_{f_i}$ 在 1000 K 時的值為：

$$\Delta G^\circ_{f\,CH_4} = 19{,}720\ \text{J·mol}^{-1}\ \Delta G^\circ_{f\,H_2O} = -192{,}420\ \text{J·mol}^{-1}$$

$$\Delta G^\circ_{f\,CO} = -200{,}240\ \text{J·mol}^{-1}\ \Delta G^\circ_{f\,CO_2} = -395{,}790\ \text{J·mol}^{-1}$$

解

由初始的莫耳數，可求得所需的 A_k 值，而 a_{ik} 的值直接來自該物種的化學式。這些如下表所示。

	元素 k		
	碳	**氧**	**氫**
	A_k = 系統中 k 的原子質量數		
	$A_C = 2$	**$A_O = 3$**	**$A_H = 14$**
物種 i	**a_{ik} = 每個 i 分子的 k 原子數**		
CH_4	$a_{CH_4,C} = 1$	$a_{CH_4,O} = 0$	$a_{CH_4,H} = 4$
H_2O	$a_{H_2O,C} = 0$	$a_{H_2O,O} = 1$	$a_{H_2O,H} = 2$
CO	$a_{CO,C} = 1$	$a_{CO,O} = 1$	$a_{CO,H} = 0$
CO_2	$a_{CO_2,C} = 1$	$a_{CO_2,O} = 2$	$a_{CO_2,H} = 0$
H_2	$a_{H_2,C} = 0$	$a_{H_2,O} = 0$	$a_{H_2,H} = 2$

在 1 bar 和 1000 K 的條件下，理想氣體的假設是合理的，並且每個 $\hat{\phi}_i$ 都是 1。因為 $P = 1$ bar，所以 $P/P^\circ = 1$，並且 (14.43) 式可寫為：

$$\frac{\Delta G^\circ_{f_i}}{RT} + \ln\frac{n_i}{\sum_i n_i} + \sum_k \frac{\lambda_k}{RT} a_{ik} = 0$$

這五個物種的五個方程式變為：

$$CH_4:\quad \frac{19{,}720}{RT} + \ln\frac{n_{CH_4}}{\sum_i n_i} + \frac{\lambda_C}{RT} + \frac{4\lambda_H}{RT} = 0$$

$$H_2O:\quad \frac{-192{,}420}{RT} + \ln\frac{n_{H_2O}}{\sum_i n_i} + \frac{2\lambda_H}{RT} + \frac{\lambda_O}{RT} = 0$$

$$CO:\quad \frac{-200{,}240}{RT} + \ln\frac{n_{CO}}{\sum_i n_i} + \frac{\lambda_C}{RT} + \frac{\lambda_O}{RT} = 0$$

$$CO_2: \quad \frac{-395{,}790}{RT} + \ln\frac{n_{CO_2}}{\sum_i n_i} + \frac{\lambda_C}{RT} + \frac{2\lambda_O}{RT} = 0$$

$$H_2: \quad \ln\frac{n_{H_2}}{\sum_i n_i} + \frac{2\lambda_H}{RT} = 0$$

三個原子平衡方程式 [(14.41) 式] 和 $\sum_i n_i$ 的方程式為：

$$C: \quad n_{CH_4} + n_{CO} + n_{CO_2} = 2$$

$$H: \quad 4n_{CH_4} + 2n_{H_2O} + 2n_{H_2} = 14$$

$$O: \quad n_{H_2O} + n_{CO} + 2n_{CO_2} = 3$$

$$\sum_i n_i = n_{CH_4} + n_{H_2O} + n_{CO} + n_{CO_2} + n_{H_2}$$

在 $RT = 8314$ J mol^{-1} 的情況下，以計算機求解這 9 個方程式[9] 得到以下結果 ($y_i = n_i / \sum_i n_i$)：

$$y_{CH_4} = 0.0196$$

$$y_{H_2O} = 0.0980 \qquad \frac{\lambda_C}{RT} = 0.7635$$

$$y_{CO} = 0.1743 \qquad \frac{\lambda_O}{RT} = 25.068$$

$$y_{CO_2} = 0.0371 \qquad \frac{\lambda_H}{RT} = 0.1994$$

$$y_{H_2} = 0.6710$$

λ_k / RT 的值無關緊要，但基於完整性考慮，將它們包括在內。

14.10 燃料電池

燃料電池是指燃料被電化學氧化以產生電力的裝置。它具有電池的某些特性，因為由兩個被電解質隔開的電極組成。但是，反應物不是儲存在電池中，而是連續地進料，並且反應產物被連續取出。因此，燃料電池沒有初始電荷，並且在操作中也不會損失電荷。只要提供燃料和氧氣，它就能以連續流動的方式操作，並產生穩定的電流。與傳統的燃燒燃料和經由熱機提取機械功為發電機供電的程序相比，燃料電池提供一種更有效的方法，可將經由燃料氧化而獲得的化學能轉化為電能。在本章中，它們提供一個受外部約束 (由燃料電池驅動的電路) 影響化學反應平衡的有趣例子。

9 有關此問題的範例計算機代碼，參見線上學習中心，網址為 http://highered.mheducation.com:80/sites/1259696529。

在燃料電池中，如氫、甲烷、丁烷、甲醇等的燃料與陽極或燃料電極緊密接觸，而氧氣 (通常在空氣中) 與陰極或氧電極緊密接觸。半電池反應發生在每個電極上，它們的總和是整體反應。有幾種類型的燃料電池，每種燃料電池都具有特定類型的電解質。[10]

以氫氣為燃料操作的電池是最簡單的裝置，它們可用於說明基本原理。圖 14.6 是氫 / 氧燃料電池的示意圖。當電解質呈酸性時 [如圖 14.6(a)]，在氫電極 (陽極) 上發生的半電池反應為：

$$H_2 \rightarrow 2H^+ + 2e^-$$

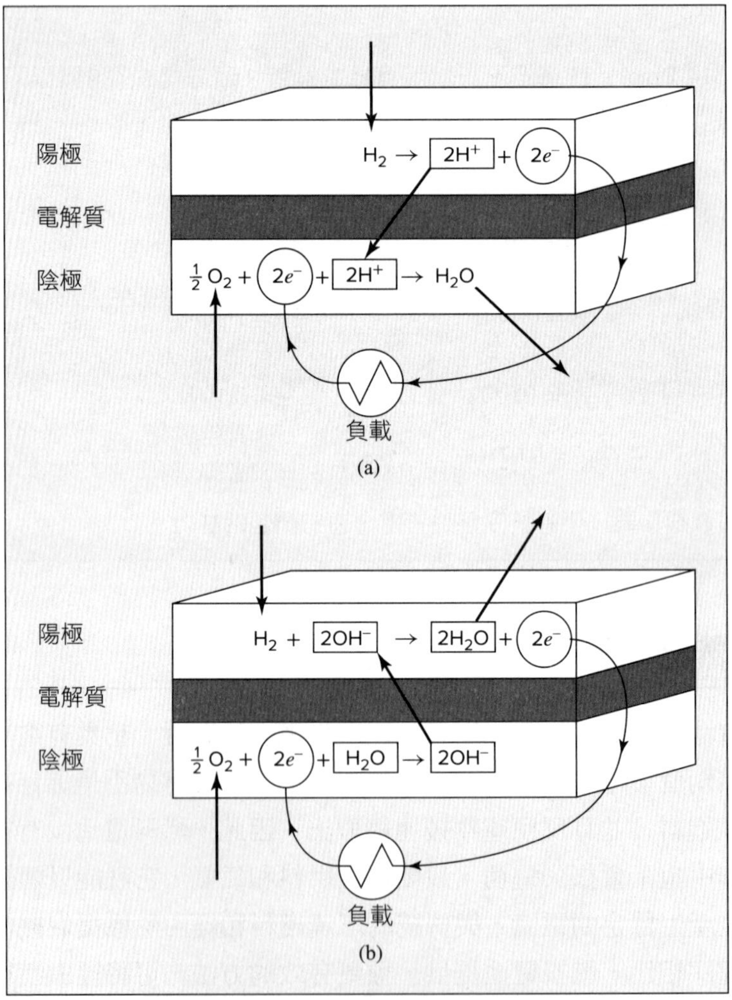

▶圖 14.6　燃料電池的示意圖。(a) 酸性電解質；(b) 鹼性電解質。

10 各種類型燃料電池的構造細節及其操作的詳盡說明，參見 J. Larminie and A. Dicks, *Fuel Cell Systems Explained*, 2nd ed., Wiley, 2003. See also R. O'Hayre, S.-W. Cha, W. Colella, and F. B. Prinz, *Fuel Cell Fundamentals*, 3rd ed., Wiley, 2016。

氧電極 (陰極) 上的是：

$$\frac{1}{2}O_2 + 2e^- + 2H^+ \rightarrow H_2O(g)$$

當電解質為鹼性時 [如圖 14.6(b)]，陽極的半電池反應為：

$$H_2 + 2OH^- \rightarrow 2H_2O(g) + 2e^-$$

在陰極則為：

$$\frac{1}{2}O_2 + 2e^- + H_2O(g) \rightarrow 2OH^-$$

無論哪一種情況，半電池反應的總和是電池的整體反應：

$$H_2 + \frac{1}{2}O_2 \rightarrow H_2O(g)$$

當然，這是氫的**燃燒反應** (combustion reaction)，但是在電池中不會發生傳統意義上的燃燒。

在兩種電池中，帶負電 (e^-) 的電子在陽極釋出，在外部電路中產生電流，並在陰極上被吸收。電解質不允許電子通過，但是它提供離子從一個電極遷移到另一個電極的路徑。使用酸性電解質時，質子 (H^+) 從陽極遷移到陰極，而帶有鹼性電解質的氫氧離子 (OH^-) 從陰極遷移到陽極。

對於許多實際應用，最令人滿意的氫 / 氧燃料電池是以固體聚合物作為酸性電解質。因為它非常薄且可傳導 H^+ 離子或質子，所以稱為質子交換膜。膜的每一面均與多孔電極結合，該電極上裝有電催化劑，例如細分的鉑。多孔電極為反應提供非常大的表面積，並容納氫和氧擴散到電池中，水蒸汽從電池中擴散出來。電池可以堆疊並串聯連接，以製造具有所需端子電動勢的非常緊緻的單元。它們通常在接近 60°C 時操作。

由於燃料電池的操作是一個穩定的程序，因此第一定律採用以下形式：

$$\Delta H = Q + W_{\text{elect}}$$

其中省略位能和動能項，而軸功已由電功代替。若電池以可逆且等溫操作，則

$$Q = T\Delta S \qquad \text{且} \qquad \Delta H = T\Delta S + W_{\text{elect}}$$

因此，可逆電池的電功為：

$$W_{\text{elect}} = \Delta H - T\Delta S = \Delta G \tag{14.44}$$

其中 Δ 表示反應的性質變化。等溫操作下所需傳遞至外界的熱為：

$$Q = \Delta H - \Delta G \tag{14.45}$$

參考圖 14.6(a)，我們注意到，對於每消耗一個氫分子，就有兩個電子傳遞到外部電路。基於 1 mol 的 H_2，在電極之間傳遞的電荷 (q) 為：

$$q = 2N_A(-e) \text{ 庫侖}$$

其中 $-e$ 是每一個電子的電荷，N_A 是亞佛加厥常數。因為乘積 N_Ae 是法拉第常數 F, $q = -2F$。[11] 因此，電功就是所傳遞的電荷與電池電動勢 (E，用伏特表示) 的乘積：

$$W_{\text{elect}} = -2FE \text{ 焦耳}$$

可逆電池的電動勢為：

$$E = \frac{-W_{\text{elect}}}{2F} = \frac{-\Delta G}{2F} \tag{14.46}$$

這些方程式可應用於以純 H_2 和純 O_2 為反應物、純 H_2O 蒸汽為產物，在 25°C 和 1 bar 下操作的氫 / 氧燃料電池。若假定這些物種是理想氣體，則反應為 $H_2O(g)$ 在 298.15 K 的標準形成反應值，由表 C.4 可得下列數值：

$$\Delta H = \Delta H^\circ_{f_{298}} = -241{,}818 \text{ J·mol}^{-1} \qquad \text{且} \qquad \Delta G = \Delta G^\circ_{f_{298}} = -228{,}572 \text{ J·mol}^{-1}$$

由 (14.44) 式到 (14.46) 式可得：

$$W_{\text{elect}} = -228{,}572 \text{ J·mol}^{-1} \qquad Q = -13{,}246 \text{ J·mol}^{-1} \qquad E = 1.184 \text{ 伏特}$$

若如常見的情況下，空氣是氧氣的來源，則電池將在空氣中氧氣的分壓下接收氧氣。因為理想氣體的焓與壓力無關，所以電池反應的焓變化不變。但是，反應的吉布斯能量變化受到影響。由 (10.24) 式可知，

$$G_i^{ig} - \bar{G}_i^{ig} = -RT \ln y_i$$

因此，以生成的 1 mol H_2O 為基礎，

$$\begin{aligned} \Delta G &= \Delta G^\circ_{f_{298}} + (0.5)\left(G^{ig}_{O_2} - \bar{G}^{ig}_{O_2}\right) \\ &= \Delta G^\circ_{f_{298}} + 0.5RT \ln y_{O_2} \\ &= 228{,}572 - (0.5)(8.314)(298.15)(\ln 0.21) = -226{,}638 \text{ J·mol}^{-1} \end{aligned}$$

由 (14.44) 式到 (14.46) 式可得：

$$W_{\text{elect}} = -226{,}638 \text{ J·mol}^{-1} \qquad Q = -15{,}180 \text{ J·mol}^{-1} \qquad E = 1.174 \text{ 伏特}$$

---

11 法拉第常數等於 96,485 C·mol^{-1}。

使用空氣而不是純氧氣不會顯著降低可逆電池的電動勢或功輸出。

反應的焓和吉布斯能量的變化為溫度的函數，可由 (4.19) 式和 (14.18) 式求出。對於 60°C (333.15 K) 的電池溫度，這些方程式中的積分計算如下：

$$\int_{298.15}^{333.15} \frac{\Delta C_P^\circ}{R} dT = \text{IDCPH}(298.15, 333.15; -1.5985, 0.775\text{E-3}, 0.0, 0.1515\text{E+5})$$

$$= -42.0472$$

$$\int_{298.15}^{333.15} \frac{\Delta C_P^\circ}{R} \frac{dT}{T} = \text{IDCPS}(298.15, 333.15; -1.5985, 0.775\text{E-3}, 0.0, 0.1515\text{E+5})$$

$$= -0.13334$$

由 (4.19) 式和 (14.18) 式可得：

$$\Delta H_{f_{333}}^\circ = -242{,}168 \text{ J·mol}^{-1} \qquad \text{且} \qquad \Delta G_{f_{333}}^\circ = -226{,}997 \text{ J·mol}^{-1}$$

當電池在 1 bar 下操作且從空氣中抽出氧氣時，$\Delta H = \Delta H_{f_{333}}^\circ$，並且

$$\Delta G = -226{,}997 - (0.5)(8.314)(333.15)(\ln 0.21) = -224{,}836 \text{ J·mol}^{-1}$$

由 (14.44) 式到 (14.46) 式可得：

$$W_{\text{elect}} = -224{,}836 \text{ J·mol}^{-1} \qquad Q = -17{,}332 \text{ J·mol}^{-1} \qquad E = 1.165 \text{ 伏特}$$

因此，電池在 60°C 而不是 25°C 的溫度下操作，只會使可逆電池的電壓和功輸出降低很小。

由可逆電池的這些計算可知，輸出的電功超過燃料實際燃燒所釋放的熱量 (ΔH) 的 90% 以上。若將這些熱量提供給在實際溫度水平下操作的卡諾熱機，則很小的一部分將轉化為功。燃料電池的可逆操作意味著外部電路可以精確平衡其電動勢，而使其電流輸出可以忽略不計。在合理負載下的實際操作中，內部不可逆性不可避免地會降低電池的電動勢，並降低電池的電功，同時增加傳遞到外界的熱。氫 / 氧燃料電池的電動勢通常為 0.6 到 0.7 伏特，輸出的功接近於燃料熱值的 50%。然而，燃料電池的不可逆性遠小於燃料燃燒和由實際熱機產生功的不可逆性。燃料電池還有其他優點，即簡單、清潔、安靜的操作方式，以及可直接產生電能。除氫以外的燃料也可用於燃料電池，但是它們需要開發有效的催化劑。例如，甲醇根據以下方程式在質子交換膜燃料電池的陽極反應：

$$CH_3OH + H_2O \rightarrow 6H^+ + 6e^- + CO_2$$

由氧氣生成水蒸汽的反應，通常發生在陰極。

14.11 概要

在研究本章 (包括章末問題) 後，我們應該能夠：

- 定義單一反應的反應坐標或多個反應的多個反應坐標，並根據反應坐標寫出物質濃度。
- 了解相對於變化，吉布斯能量最小化是化學反應平衡的一般準則。
- 定義反應的標準吉布斯能量和平衡常數。
- 根據熱力學數據表，計算反應的標準吉布斯能量和平衡常數。
- 了解大多數反應平衡隨溫度的變化是以 $d(\ln K)/dT = -\Delta H°/(RT^2)$ 表示，這意味著 $\ln K$ 對 $1/T$ 作圖所得的曲線非常接近線性。
- 使用熱容量積分及標準生成焓和生成吉布斯能量 (或標準熵)，計算任意溫度下的反應平衡常數。
- 求解經歷一種或多種化學反應的混合氣體的平衡組成。
  - 處於理想氣體狀態。
  - 適度偏離理想氣體狀態的情況下，使用純成分逸壓係數。
  - 在與理想氣體狀態偏差較大的情況下，使用混合逸壓係數。
- 求解經歷一個或多個化學反應的液體混合物的平衡組成，包括非理想溶液，其中處理必須包括活性係數。
- 採用 Lagrange 乘數法處理多重反應平衡。
- 建立結合相平衡和反應平衡問題的方程式，並從概念上理解如何求解該問題。
- 解釋燃料電池的操作，並計算給定燃料 / 氧化劑組合產生的最大電動勢和功。

14.12 習題

14.1. 將下列反應物種的莫耳分率，表示為反應坐標的函數：

(a) 最初含有 2 mol NH_3 和 5 mol O_2 的系統，並進行下列反應：

$$4NH_3(g) + 5O_2(g) \rightarrow 4NO(g) + 6H_2O(g)$$

(b) 最初含有 3 mol H_2S 和 5 mol O_2 的系統，並進行下列反應：

$$2H_2S(g) + 3O_2(g) \rightarrow 2H_2O(g) + 2SO_2(g)$$

(c) 最初含有 3 mol NO_2、4 mol NH_3 和 1 mol N_2 的系統，並進行下列反應：

$$6NO_2(g) + 8NH_3(g) \rightarrow 7N_2(g) + 12H_2O(g)$$

14.2. 最初含有 2 mol C_2H_4 和 3 mol O_2 的系統，並進行下列反應：

$$C_2H_4(g) + \frac{1}{2}O_2(g) \rightarrow \langle(CH_2)_2\rangle O(g)$$
$$C_2H_4(g) + 3O_2(g) \rightarrow 2CO_2(g) + 2H_2O(g)$$

將反應物種的莫耳分率，表示為這兩個反應的反應坐標的函數。

14.3. 最初由 2 mol CO_2、5 mol H_2 和 1 mol CO 形成的系統經歷以下反應：

$$CO_2(g) + 3H_2(g) \rightarrow CH_3OH(g) + H_2O(g)$$
$$CO_2(g) + H_2(g) \rightarrow CO(g) + H_2O(g)$$

將反應物種的莫耳分率，表示為這兩個反應的反應坐標的函數。

14.4. 考慮水煤氣變換反應：

$$H_2(g) + CO_2(g) \rightarrow H_2O(g) + CO(g)$$

在高溫和低壓至中壓下，反應物質形成理想氣體混合物。由 (10.27) 式：

$$G = \sum_i y_i G_i + RT \sum_i y_i \ln y_i$$

當元素在其標準狀態下的吉布斯能量設為零時，則每一物種的 $G_i = \Delta G^\circ_{f_i}$，並且：

$$G = \sum_i y_i \Delta G^\circ_{f_i} + RT \sum_i y_i \ln y_i \qquad (A)$$

在第 14.2 節開始，我們注意到 (12.3) 式是平衡的準則。在 T 和 P 為恆定的情況下，應用於水煤氣變換反應，此方程式變為：

$$dG^t = d(nG) = ndG + Gdn = 0 \qquad n\frac{dG}{d\varepsilon} + G\frac{dn}{d\varepsilon} = 0$$

但是，此處 $dn/d\varepsilon = 0$。因此，平衡準則變為：

$$\frac{dG}{d\varepsilon} = 0 \qquad (B)$$

一旦 y_i 被消去則 (A) 式將 G 與 ε 關聯。例 14.13 給出各化合物的 $\Delta G^\circ_{f_i}$ 的數據。對於 1000 K 的溫度 (反應不受 P 影響) 和 1 mol H_2 和 1 mol CO_2 的進料：

(a) 應用 (B) 式求出 ε 的平衡值。

(b) 將 G 對 ε 作圖，並標示出在 (a) 中求出 ε 的平衡值的位置。

14.5. 在下列各溫度下，重做習題 14.4：

(a) 1100K；(b) 1200K；(c) 1300K。

14.6. 使用平衡常數的方法，驗證在以下情況之一中求得的 ε 值：

(a) 習題 14.4；(b) 習題 14.5(a)；(c) 習題 14.5(b)；(d) 習題 14.5(c)。

14.7. 對於習題 4.23 中 (a)、(f)、(i)、(n)、(r)、(t)、(u)、(x) 和 (y) 部分給出的反應之一，導出反應的標準吉布斯能量變化 ΔG° 隨溫度變化的一般方程式。

14.8. 對於理想氣體，可以針對 T 和 P 對 ε_e 的影響建立精確的數學表達式。為簡潔起見，令 $\prod_i (y_i)^{\nu_i} \equiv K_y$，則：

$$\left(\frac{\partial \varepsilon_e}{\partial T}\right)_P = \left(\frac{\partial K_y}{\partial T}\right)_P \frac{d\varepsilon_e}{dK_y} \qquad 且 \qquad \left(\frac{\partial \varepsilon_e}{\partial P}\right)_T = \left(\frac{\partial K_y}{\partial P}\right)_T \frac{d\varepsilon_e}{dK_y}$$

利用 (14.28) 式和 (14.14) 式證明：

(a) $\left(\frac{\partial \varepsilon_e}{\partial T}\right)_P = \frac{K}{RT^2}\frac{d\varepsilon_e}{dK_y}\Delta H^\circ$

(b) $\left(\frac{\partial \varepsilon_e}{\partial P}\right)_T = \frac{K_y}{P}\frac{d\varepsilon_e}{dK_y}(-\nu)$

(c) $d\varepsilon_e/dK_y$ 恆為正。(注意：證明倒數是正的也許更容易。)

14.9. 氨氣的合成反應為：

$$\tfrac{1}{2}N_2(g) + \tfrac{3}{2}H_2(g) \rightarrow NH_3(g)$$

以 0.5 mol N_2 和 1.5 mol H_2 作為初始反應物，並假設平衡混合物為理想氣體，證明：

$$\varepsilon_e = 1 - \left(1 + 1.299K\frac{P}{P^\circ}\right)^{-1/2}$$

14.10. 彼得、保羅和瑪麗為熱力學班上的同學，他們欲求出下列氣相反應，在特定的 T 和 P 及給定的初始反應物量的平衡組成：

$$2NH_3 + 3NO \rightarrow 3H_2O + \tfrac{5}{2}N_2 \qquad (A)$$

每個人以不同的方式正確求解問題。瑪麗以反應 (*A*) 式為基礎求解，喜歡整數的保羅將反應 (*A*) 式乘以 2：

$$4NH_3 + 6NO \rightarrow 6H_2O + 5N_2 \qquad (B)$$

彼得以逆向反應求解：

$$3H_2O + \tfrac{5}{2}N_2 \rightarrow 2NH_3 + 3NO \qquad (C)$$

寫出三個反應的化學平衡方程式，表明平衡常數之間的關係，並證明為什麼彼得、保羅和瑪麗都得到相同的結果。

14.11. 以下反應在 500°C 和 2 bar 下達到平衡：

$$4HCl(g) + O_2(g) \rightarrow 2H_2O(g) + 2Cl_2(g)$$

若系統最初每莫耳氧氣含有 5 mol HCl，則平衡狀態下的系統組成為何？假設氣體為理想氣體。

14.12. 以下反應在 650°C 和大氣壓下達到平衡：

$$N_2(g) + C_2H_2(g) \rightarrow 2HCN(g)$$

若系統最初是氮和乙炔的等莫耳混合物，則平衡狀態下的系統組成為何？壓力加倍會有什麼效果？假設氣體為理想氣體。

14.13. 以下反應在 350°C 和 3 bar 下達到平衡：

$$CH_3CHO(g) + H_2(g) \rightarrow C_2H_5OH(g)$$

若系統最初每莫耳乙醛含有 1.5 mol H_2，則平衡狀態下的系統組成為何？將壓力降低到 1 bar 會有什麼效果？假設氣體為理想氣體。

14.14. 以下反應是將苯乙烯氫化成乙苯，在 650°C 和大氣壓下達到平衡：

$$C_6H_5CH{:}CH_2(g) + H_2(g) \rightarrow C_6H_5.C_2H_5(g)$$

若系統最初每莫耳苯乙烯 ($C_6H_5CH{:}CH_2$) 含有 1.5 mol H_2，則平衡狀態下系統的組成為何？假設氣體為理想氣體。

14.15. 來自硫燃燒器的氣流由 15-mol-% 的 SO_2、20-mol-% 的 O_2 和 65-mol-% 的 N_2 組成。此氣流在 1 bar 和 480°C 下進入催化轉化器，在此 SO_2 進一步氧化為 SO_3。假設反應達到平衡，必須從轉化器中除去多少熱量以維持等溫狀態？根據 1 mol 的進入氣體求解。

14.16. 對於裂解反應，

$$C_3H_8(g) \rightarrow C_2H_4(g) + CH_4(g)$$

在 300 K 時，平衡轉化率可以忽略不計，但在高於 500 K，則平衡轉化率會變得很可觀。對於 1 bar 的壓力，計算：

(a) 丙烷在 625 K 的轉化分率。

(b) 轉化分率為 85% 時的溫度。

14.17. 乙烯是由乙烷脫氫製得的。若進料中每莫耳乙烷中含有 0.5 mol 的蒸汽 (一種惰性稀釋劑)，並且若反應在 1100 K 和 1 bar 下達到平衡，則無水條件下氣體產物的組成為何？

14.18. 1,3- 丁二烯的生產可以藉由 1- 丁烯的脫氫進行：

$$C_2H_5CH{:}CH_2(g) \rightarrow H_2C{:}CHHC{:}CH_2(g) + H_2(g)$$

蒸汽的引入抑制副反應。若在 950 K 和 1 bar 下達到平衡，並且反應器產物含有 10-mol-% 的 1,3- 丁二烯，計算：

(a) 氣體產物中其他物種的莫耳分率。

(b) 進料中所需蒸汽的莫耳分率。

14.19. 1,3- 丁二烯的生產可以藉由正丁烷的脫氫進行：

$$C_4H_{10}(g) \rightarrow H_2C{:}CHHC{:}CH_2(g) + 2H_2(g)$$

蒸汽的引入抑制副反應。若在 925 K 和 1 bar 下達到平衡，並且反應器產物含有 12-mol-% 的 1,3- 丁二烯，計算：

(a) 氣體產物中其他物種的莫耳分率。

(b) 進料中所需蒸汽的莫耳分率。

14.20. 對於氨的合成反應，

$$\frac{1}{2}N_2(g) + \frac{3}{2}H_2 \rightarrow NH_3(g)$$

在 300 K 時，氨的平衡轉化率很大，但轉化率隨著 T 的升高而迅速降低。但是，只有

在較高溫度下，反應速率才變得可觀。對於依化學計量比例的氫和氮的進料混合物，

(a) 在 1 bar 和 300 K 下，氨的平衡莫耳分率是多少？

(b) 在 1 bar 的壓力下，氨的平衡莫耳分率在什麼溫度下等於 0.50？

(c) 假設平衡混合物為理想氣體，在 100 bar 的壓力下，氨的平衡莫耳分率在什麼溫度下等於 0.50？

(d) 假設平衡混合物是理想氣體溶液，在 100 bar 的壓力下，氨的平衡莫耳分率在什麼溫度下等於 0.50？

14.21. 對於甲醇合成反應，

$$CO(g) + 2H_2(g) \rightarrow CH_3OH(g)$$

在 300 K 時，甲醇的平衡轉化率很大，但轉化率隨著 T 的升高而迅速降低。但是，只有在較高溫度下，反應速率才變得可觀。對於依化學計量比例的一氧化碳和氫氣的進料混合物，

(a) 在 1 bar 和 300 K 下，甲醇的平衡莫耳分率是多少？

(b) 在 1 bar 的壓力下，甲醇的平衡莫耳分率在什麼溫度下等於 0.50 ？

(c) 假設平衡混合物是理想氣體，在 100 bar 的壓力下，甲醇的平衡莫耳分率在什麼溫度下等於 0.50？

(d) 假設平衡混合物是理想氣體溶液，在 100 bar 的壓力下，甲醇的平衡莫耳分率在什麼溫度下等於 0.50？

14.22. 石灰石 ($CaCO_3$) 加熱分解，生成生石灰 (CaO) 和二氧化碳，在何種溫度下石灰石的分解壓力為 1(atm)？

14.23. 氯化銨 [$NH_4Cl(s)$] 加熱分解，生成氨和鹽酸的氣體混合物。氯化銨在何溫度下具有 1.5 bar 的分解壓力？對於 $NH_4Cl(s)$，$\Delta H^\circ_{f_{298}} = -314{,}430$ J·mol^{-1} 且 $\Delta G^\circ_{f_{298}} = -202{,}870$ J·mol^{-1}。

14.24. 化學反應系統在氣相中含有以下物質：NH_3、NO、NO_2、O_2 和 H_2O。導出此系統的獨立反應，此系統的自由度是多少？

14.25. 空氣中污染物 NO 和 NO_2 的相對組成受下列反應控制，

$$NO + \tfrac{1}{2}O_2 \rightarrow NO_2$$

對於在 25°C 和 1.0133 bar 下含有 21-mol-% O_2 的空氣，若兩種氮的氧化物總濃度為 5 ppm，則 NO 的濃度為多少 ppm？

14.26. 考慮在壓力為 1 bar 且空氣過量 25% 的情況下，氣相中乙烯氧化為環氧乙烷。若反應物在 25°C 進入此程序，則反應絕熱地進行而達到平衡，並且沒有副反應，計算反應器中產物的組成和溫度。

14.27. 炭黑是由甲烷分解產生的：

$$CH_4(g) \rightarrow C(s) + 2H_2(g)$$

在 650°C 和 1 bar 下達到平衡時，

(a) 若純甲烷進入反應器，則氣相的組成為何？甲烷分解的分率為何？

(b) 若進料是甲烷和氮氣的等莫耳混合物，請重複 (a) 部分的計算。

14.28. 考慮下列反應：

$$\tfrac{1}{2}N_2(g) + \tfrac{1}{2}O_2(g) \rightarrow NO(g)$$

$$\tfrac{1}{2}N_2(g) + O_2(g) \rightarrow NO_2(g)$$

如果這些反應在 2000 K 和 200 bar 於內燃機中燃燒後達到平衡，燃燒產物中氮與氧的莫耳分率分別為 0.70 和 0.05，試估算 NO 和 NO_2 的莫耳分率。

14.29. 煉油廠通常同時需要處理 H_2S 和 SO_2，以下反應表明可立即消去這兩種物質的方法：

$$2H_2S(g) + SO_2(g) \rightarrow 3S(s) + 2H_2O(g)$$

對於化學計量比例的反應物，如果反應在 450°C 和 8 bar 下達到平衡，試估算各反應物的轉化率。

14.30. 氣體 N_2O_4 和 NO_2 經由以下反應達到平衡：$N_2O_4 \rightarrow 2NO_2$。

(a) 若 $T = 350$ K 和 $P = 5$ bar，計算平衡混合物中這些物質的莫耳分率。假設氣體為理想氣體。

(b) 如果在 (a) 部分的條件下，N_2O_4 和 NO_2 的平衡混合物流經節流閥而達到 1 bar 的壓力，並流經恢復其初始溫度的熱交換器，假設在最終狀態下再次達到化學平衡，則熱交換量為多少？基於混合物相當於 1 mol N_2O_4 而進行計算，即將所有的 NO_2 都是視為 N_2O_4。

14.31. 液相中發生以下異構化反應：A → B，其中 A 和 B 是可互溶的液體，且 $G^E/RT = 0.1x_Ax_B$。若 $\Delta G^\circ_{298} = -1000$ J，則混合物在 25°C 時的平衡組成是多少？若假設 A 和 B 形成理想溶液，則會引入多少誤差？

14.32. 氫氣可以藉由蒸汽與「水氣」的反應產生，「水氣」是等莫耳的 H_2 和 CO 的混合物，可經由蒸汽與煤的反應獲得。與蒸汽混合的「水氣」通過催化劑，並由以下反應將 CO 轉化為 CO_2：

$$H_2O(g) + CO(g) \rightarrow H_2(g) + CO_2(g)$$

隨後，未反應的水被冷凝，而二氧化碳被吸收，留下的產物大部分為氫。平衡條件為 1 bar 和 800 K。

(a) 在高於 1 bar 的壓力下進行反應是否有任何優勢？

(b) 增加平衡溫度會增加 CO 的轉化率嗎？

(c) 對於給定的平衡條件，計算在冷卻至 20°C 後生成僅含 2-mol-% CO 的氣體產物所需的蒸汽與「水氣」(H_2 + CO) 的莫耳比，其中未反應的 H_2O 實際上是全部冷凝。

(d) 在平衡狀況下，經由下列反應生成固態碳是否有危險？

$$2CO(g) \rightarrow CO_2(g) + C(s)$$

14.33. 甲醇合成反應器的進料氣體由 75-mol-% H_2、15-mol-% CO、5-mol-% CO_2 和 5-mol-% N_2 組成。相對於下列反應，系統於 550 K 和 100 bar 下達到平衡：

$$2H_2(g) + CO(g) \rightarrow CH_3OH(g) \qquad H_2(g) + CO_2(g) \rightarrow CO(g) + H_2O(g)$$

假設氣體為理想氣體，計算平衡混合物的組成。

14.34. 「合成氣」可以利用甲烷與蒸汽的催化重整來產生。反應是：

$$CH_4(g) + H_2O(g) \rightarrow CO(g) + 3H_2(g) \qquad CO(g) + H_2O(g) \rightarrow CO_2(g) + H_2(g)$$

假設兩個反應在 1 bar 和 1300 K 下均達到平衡。

(a) 在高於 1 bar 的壓力下進行反應會更好嗎？

(b) 在低於 1300 K 的溫度下進行反應會更好嗎？

(c) 如果進料由等莫耳的蒸汽和甲烷的混合物組成，估算合成氣中氫與一氧化碳的莫耳比。

(d) 若進料中的蒸汽與甲烷的莫耳比為 2，重複 (c) 部分的計算。

(e) 與 (c) 部分相比，如何改變進料組成以使合成氣中氫與一氧化碳的比值更低？

(f) 在 (c) 部分的情況下，依據 $2CO \rightarrow C + CO_2$ 的反應而產生碳沉積會有危險嗎？在 (d) 部分的情況下又如何？如果有危險，應如何改變進料以防止碳沉積？

14.35. 考慮氣相異構化反應：A → B。

(a) 假設為理想氣體，從 (14.28) 式導出系統的化學反應平衡方程式。

(b) 由 (a) 部分的結果可知，平衡態具有一個自由度，但相律卻表示有兩個自由度，請解釋兩者的差異。

14.36. 在氣相和液相都存在的條件下，發生低壓氣相異構化反應 A → B。

(a) 證明平衡態是單變數的。

(b) 假設指定 T，如何計算 x_A、y_A 和 P？仔細陳述並證明所有假設。

14.37. 用平衡常數的方法建立求解例 14.14 所需的方程式。驗證你的方程式產生的平衡組成與該例中給出的相同。

14.38. 反應平衡計算可用於估算烴原料的組成。一種標識為「芳香族 C8」的特殊原料，可以在 500 K 下作為低壓氣體獲得。原則上，它可以含有 C_8H_{10} 異構體：鄰二甲苯 (OX)、間二甲苯 (MX)、對二甲苯 (PX) 和乙苯 (EB)。假設氣體混合物在 500 K 和低壓下達到平衡，估算每種物質的數量。以下是一組獨立的反應 (為什麼？)：

OX → MX (I)	OX → PX (II)	OX → EB (III)

(a) 對於集合的每個方程式寫出反應平衡方程式，明確陳述任何假設。

(b) 求解方程組，以獲得與平衡常數 K_{I}、K_{II}、K_{III} 有關的四種物質的平衡汽相莫耳分率的代數表達式。

(c) 使用以下數據，求出 500 K 時的平衡常數的數值，明確陳述所有假設。

(d) 計算四種物質的莫耳分率。

物種	$\Delta H^\circ_{f_{298}}$ / J·mol^{-1}	$\Delta G^\circ_{f_{298}}$ / J·mol^{-1}
OX(g)	19,000	122,200
MX(g)	17,250	118,900
PX(g)	17,960	121,200
EB(g)	29,920	130,890

14.39. 在 25°C 和 101.33 kPa 下，環氧乙烷蒸汽和液態水反應生成含有乙二醇 (1,2- 乙二醇) 的液體溶液：

$$\langle(CH_2)_2\rangle O + H_2O \rightarrow CH_2OH.CH_2OH$$

如果環氧乙烷與水的初始莫耳比為 3.0，請估算環氧乙烷反應成乙二醇的平衡轉化率。

在平衡狀態下，系統由處於平衡狀態的液體和蒸汽組成，系統的內含狀態由 T 和 P 的規範確定。因此，必須首先確定相組成，而與反應物的比例無關，然後可將這些結果應用於質量平衡方程式中以求得平衡轉化率。

選擇水和乙二醇的標準狀態為 1 bar 的純液體，而環氧乙烷則為 1 bar 的純理想氣體。假設液相中的水的活性係數為 1，而氣相為理想氣體。液相中環氧乙烷的分壓為：

$$p_i/\text{kPa} = 415\,x_i$$

乙二醇在 25°C 的蒸汽壓太低，以致於其在汽相中的濃度可以忽略不計。

14.40. 在化學反應工程中，當發生多個反應時，有時會使用特殊的產物分布量測。其中兩個是產率 (yield)Y_j 和選擇性 (selectivity)$S_{j/k}$。我們採用以下定義 [12]：

$$Y_j \equiv \frac{\text{期望的產物 } j \text{ 生成的莫耳數}}{\text{不會產生副反應且完全消耗限制反應物物種而生成的 } j \text{ 的莫耳數}}$$

$$S_{j/k} \equiv \frac{\text{期望的產物 } j \text{ 生成的莫耳數}}{\text{不期望的產物 } k \text{ 形成的莫耳數}}$$

對於任何特定的應用，產率和選擇性可以與成分速率和反應坐標有關。對於雙反應，可以從 Y_j 和 $S_{j/k}$ 中找到兩個反應坐標，從而可以寫出通常的質量平衡方程式。

考慮氣相反應：

$$A + B \rightarrow C \quad (I) \qquad\qquad A + C \rightarrow D \quad (II)$$

在此，C 是期望的產物，並且 D 是不期望的副產物。若流入穩定流反應器的進料含有 10 kmol·h^{-1} 的 A 和 15 kmol·h^{-1} 的 B，且若 $Y_C = 0.40$、$S_{C/D} = 2.0$，則使用反應坐標計算產物流率和產物組成 (莫耳分率)。

14.41. 使用反應坐標可求解以下涉及化學反應計量的問題。

(a) 氣相反應器的進料包括 50 kmol·h^{-1} 的物種 A 和 50 kmol·h^{-1} 的物種 B。發生兩個獨

12 R. M. Felder, R. W. Rousseau, and L. G. Bullard, *Elementary Principles of Chemical Processes*, 4th ed., Sec. 4.6d, Wiley, New York, 2015.

立的反應：

$$A + B \rightarrow C \quad (I) \qquad\qquad A + C \rightarrow D \quad (II)$$

氣態流出物的分析顯示莫耳分率 $y_A = 0.05$，$y_B = 0.10$。

(i) 反應器的出料速率是多少 $kmol \cdot h^{-1}$？

(ii) 出料的莫耳分率 y_C 和 y_D 是多少？

(b) 進入氣相反應器的進料包括 40 $kmol \cdot h^{-1}$ 的物種 A 和 40 $kmol \cdot h^{-1}$ 的物種 B。發生兩個獨立的反應：

$$A + B \rightarrow C \quad (I) \qquad\qquad A + 2B \rightarrow D \quad (II)$$

氣態流出物的分析顯示莫耳分率：$y_C = 0.52$ 和 $y_D = 0.04$。計算出料中所有物種的流率 ($kmol \cdot h^{-1}$)。

(c) 氣相反應器的進料為 100 $kmol \cdot h^{-1}$ 的純物種 A。發生兩個獨立的反應：

$$A \rightarrow B + C \quad (I) \qquad\qquad A + B \rightarrow D \quad (II)$$

反應 (I) 產生有價值的物種 C 和副產物 B。副反應 (II) 產生副產物 D，氣態流出物的分析顯示莫耳分率 $y_C = 0.30$，$y_D = 0.10$。計算出料中所有物質的流率 ($kmol \cdot h^{-1}$)。

(d) 氣相反應器的進料為 100 $kmol \cdot h^{-1}$，其中包含 40 mol-% 的物種 A 和 60 mol-% 的 B 物種。發生兩個獨立的反應：

$$A + B \rightarrow C \quad (I) \qquad\qquad A + B \rightarrow D + E \quad (II)$$

氣態流出物的分析顯示莫耳分率 $y_C = 0.25$，$y_D = 0.20$。計算：

(i) 出料中所有物種的流率為多少 $kmol \cdot h^{-1}$。

(ii) 出料中所有物種的莫耳分率。

14.42. 以下是工業安全經驗法則：ΔG_f° 為正值的化合物必須小心處理和存放，請說明。

14.43. 反應的兩個重要類別是氧化反應和裂解反應，一種是吸熱，另一種是放熱。何者是吸熱？何者是放熱？哪種反應 (氧化或裂解) 的平衡轉化率會隨溫度 T 的增加而增加？

14.44. 氣相反應的標準反應熱 ΔH° 與標準狀態壓力 P° 的選擇無關。(為什麼？) 但是，這種反應的 ΔG° 的數值確實取決於 P°。傳統的 P° 有兩種選擇：1 bar (本書採用的基準) 和 1.01325 bar。說明如何將氣相反應的 ΔG° 從基於 $P^\circ = 1$ bar 的值轉換為基於 $P^\circ =$ 1.01325 bar 的值。

14.45. 乙烯經由氣相反應產生乙醇：

$$C_2H_4(g) + H_2O(g) \rightarrow C_2H_5OH(g)$$

反應條件是 400 K 和 2 bar。

(a) 計算此反應在 298.15 K 時的平衡常數 K。

(b) 計算此反應在 400 K 時的 K 值。

(c) 對於僅含乙烯和 H_2O 的等莫耳進料，計算平衡時氣體混合物的組成，陳述所有假設。

(d) 對於與 (c) 部分相同的進料，但 $P = 1$ bar，則平衡時乙醇的莫耳分率會更高還是更低？請說明。

14.46. NIST Chemistry WebBook 網站是化合物生成數據的良好來源，它提供 ΔH_f° 的值，但沒有 ΔG_f°的值，而列出化合物和元素的絕對標準熵 S° 的值。為了說明 NIST 數據的使用，以 H_2O_2 為例。Chemistry WebBook 提供的值如下：

- $\Delta H_f^\circ[H_2O_2(g)] = 136.1064\ \text{J·mol}^{-1}$
- $S^\circ[H_2O_2(g)] = 232.95\ \text{J·mol}^{-1}\text{·K}^{-1}$
- $S^\circ[H_2(g)] = 130.680\ \text{J·mol}^{-1}\text{·K}^{-1}$
- $S^\circ[O_2(g)]= 205.152\ \text{J·mol}^{-1}\text{·K}^{-1}$

所有數據均針對 298.15 K 和 1 bar 的理想氣體狀態。計算 $H_2O_2(g)$ 的 $\Delta G_{f_{298}}^\circ$ 的值。

14.47. 試劑級的液相化學藥品通常含有雜質異構體，因此會對蒸汽壓產生影響。這可以藉由相平衡 / 反應平衡分析來量化。考慮一個含有異構體 A 和 B 的汽 / 液平衡系統，且在低壓下反應 A → B 也處於平衡狀態。

(a) 對於液相反應，請根據 P_A^{sat}、P_B^{sat} 和 K^l 確定 P 的表達式 (「混合蒸汽壓」)，其中 K^l 為反應平衡常數。檢查極限值 $K^l = 0$ 和 $K^l = \infty$ 的結果。

(b) 對於氣相反應，重複 (a) 部分。在此，反應平衡常數可設為 K^v。

(c) 若保持平衡，則假定反應是在一相中發生還是在另一相中發生都沒有區別。因此，(a) 和 (b) 的結果必相等。利用這個想法由純物種的蒸汽壓求出 K^l 和 K^v 之間的關係。

(d) 為什麼理想氣體和理想溶液的假設既合理又審慎？

(e) 由 (a) 和 (b) 的結果可知 P 僅與 T 有關，證明這符合相律。

14.48. 裂解丙烷是生產輕質烯烴的途徑。假設在穩定流反應器中發生兩個裂化反應：

$$C_3H_8(g) \rightarrow C_3H_6(g) + H_2(g) \qquad \text{(I)}$$

$$C_3H_8(g) \rightarrow C_2H_4(g) + CH_4(g) \qquad \text{(II)}$$

若兩個反應均在 1.2 bar 及下列溫度下達到平衡，則計算產物的組成：

(a) 750 K；(b) 1000 K；(c) 1250 K。

14.49. 下列氣相異構化反應，在 425 K 和 15 bar 達到平衡：

$$n\text{-}C_4H_{10}(g) \rightarrow iso\text{-}C_4H_{10}(g)$$

利用以下兩種方法，估算平衡混合物的組成：

(a) 假設為理想氣體混合物。

(b) 假設為理想溶液，其中狀態方程式為 (3.36) 式。

比較並討論結果。

數據：對於異丁烷，$\Delta H_{f_{298}}^\circ = -134{,}180\ \text{J·mol}^{-1}$; $\Delta G_{f_{298}}^\circ = -20{,}760\ \text{J·mol}^{-1}$

Chapter 15

相平衡主題

在第 12 章和第 13 章中，我們概括地介紹相平衡，但是主要關注於汽 / 液平衡。長期以來，化學工程師認為 VLE 是最重要的相平衡類型，因為在化學工業中蒸餾作為一種分離方法是非常普遍的，但其他各種相平衡在化學工程中也很重要。本章更一般地討論相平衡，並以單節講述液 / 液、汽 / 液 / 液、固 / 液、固 / 汽、吸附和滲透平衡。在每種情況下，我們旨在提供足以開始處理實際問題的定性介紹和定量架構，並對這些主題更專業的研究奠定基礎。

15.1 液 / 液平衡

第 12.4 節介紹單一液相穩定性的準則和液 / 液平衡的一般特徵。該節的主要結果是單相二成分系統的以下穩定性準則，其中混合時吉布斯能量的變化為 $\Delta G \equiv G - x_1G_1 - x_2G_2$：

在固定的溫度和壓力下，若且唯若 ΔG 及其一階和二階導數是 x_1 的連續函數且二階導數為正時，單相二成分混合物才是穩定的。

因此，
$$\frac{d^2\Delta G}{dx_1^2} > 0 \qquad (\text{恆溫 } T\text{、恆壓 } P)$$

且
$$\boxed{\frac{d^2(\Delta G/RT)}{dx_1^2} > 0 \qquad (\text{恆溫 } T\text{、恆壓 } P)} \tag{12.4}$$

該準則最容易在過剩吉布斯能量的活性係數公式中應用。對於二成分混合物 (13.10) 式為：

$$\frac{G^E}{RT} = x_1 \ln\gamma_1 + x_2 \ln\gamma_2$$

且
$$\frac{d(G^E/RT)}{dx_1} = \ln\gamma_1 - \ln\gamma_2 + x_1\frac{d\ln\gamma_1}{dx_1} + x_2\frac{d\ln\gamma_2}{dx_1}$$

根據 (13.11) 式，Gibbs/Duhem 方程式的活性係數形式最後兩項相加為零；因此：

$$\frac{d(G^E/RT)}{dx_1} = \ln\gamma_1 - \ln\gamma_2$$

Gibbs/Duhem 方程式的第二次微分和第二次應用可得：

$$\frac{d^2(G^E/RT)}{dx_1^2} = \frac{d\ln\gamma_1}{dx_1} - \frac{d\ln\gamma_2}{dx_1} = \frac{1}{x_2}\frac{d\ln\gamma_1}{dx_1}$$

上式與 (12.5) 式結合可得：

$$\frac{d\ln\gamma_1}{dx_1} > -\frac{1}{x_1} \qquad (\text{恆溫 } T\text{、恆壓 } P)$$

這是穩定性的另一個條件。它等效於 (12.4) 式，並可由 (12.4) 式導出。其他穩定性準則直接遵循，例如，

$$\frac{d\hat{f}_1}{dx_1} > 0 \qquad\qquad \frac{d\mu_1}{dx_1} > 0$$

物種 2 的後三個穩定性條件同樣可以寫出，因此對於二成分混合物中的任何一種：

$$\boxed{\frac{d\ln\gamma_i}{dx_i} > -\frac{1}{x_i} \quad (\text{恆溫 } T\text{、恆壓 } P)} \tag{15.1}$$

$\dfrac{d\hat{f}_i}{dx_i} > 0$ (恆溫 T、恆壓 P) (15.2)	$\dfrac{d\mu_i}{dx_i} > 0$ (恆溫 T、恆壓 P) (15.3)

例 15.1

穩定性準則適用於特定相，它們可應用於相平衡的問題，在相平衡中，其中所關注的相 (如液體混合物) 與另一相 (如蒸汽混合物) 處於平衡狀態。考慮在夠低的壓力下二成分等溫汽 / 液平衡，可將汽相視為理想氣體混合物。液相穩定性對等溫 *Pxy* 圖 (如圖 12.8) 的特徵有何含義？

解

首先關注液相。將 (15.2) 式應用於物種 1，

$$\frac{d\hat{f}_1}{dx_1} = \hat{f}_1 \frac{d \ln \hat{f}_1}{dx_1} > 0$$

由於 $\hat{f}_1$ 不為負，因此

$$\frac{d \ln \hat{f}_1}{dx_1} > 0$$

同理，將 (15.2) 式應用於物種 2，而 $dx_2 = -dx_1$：

$$\frac{d \ln \hat{f}_2}{dx_1} < 0$$

組合上面兩個不等式可得：

$$\frac{d \ln \hat{f}_1}{dx_1} - \frac{d \ln \hat{f}_2}{dx_1} > 0 \qquad (\text{恆溫 } T\text{、恆壓 } P) \tag{A}$$

這是此分析第一部分的基礎。因為對於理想氣體混合物，$\hat{f}_i^v = y_i P$，對於 VLE，因為 $\hat{f}_i^l = \hat{f}_i^v$，所以 (A) 式的左邊可以寫成：

$$\frac{d \ln \hat{f}_1}{dx_1} - \frac{d \ln \hat{f}_2}{dx_1} = \frac{d \ln y_1 P}{dx_1} - \frac{d \ln y_2 P}{dx_1} = \frac{d \ln y_1}{dx_1} - \frac{d \ln y_2}{dx_1}$$

$$= \frac{1}{y_1}\frac{dy_1}{dx_1} - \frac{1}{y_2}\frac{dy_2}{dx_1} = \frac{1}{y_1}\frac{dy_1}{dx_1} + \frac{1}{y_2}\frac{dy_1}{dx_1} = \frac{1}{y_1 y_2}\frac{dy_1}{dx_1}$$

因此，由 (A) 式得到：

$$\frac{dy_1}{dx_1} > 0 \tag{B}$$

這是二成分 VLE 的基本特徵。注意，儘管對於等溫 VLE，P 並非恆定，但 (A) 式仍然成立，因為它的應用是對壓力不敏感的液相。

此分析的第二部分是基於 Gibbs/Duhem 方程式 (13.27) 式的逸壓形式，再將其應用於液相：

$$x_1 \frac{d \ln \hat{f}_1}{dx_1} + x_2 \frac{d \ln \hat{f}_2}{dx_1} = 0 \qquad (\text{恆溫 } T\text{、恆壓 } P) \tag{13.27}$$

注意，由於液相性質對壓力不敏感，因此這裡將 P 限制為恆壓沒有意義。對於低壓 VLE，當 $\hat{f}_i = y_i P$ 時，

$$x_1 \frac{d \ln y_1 P}{dx_1} + x_2 \frac{d \ln y_2 P}{dx_1} = 0$$

$$\frac{1}{P}\frac{dP}{dx_1} = \frac{(y_1 - x_1)}{y_1 y_2}\frac{dy_1}{dx_1} \tag{C}$$

因為由 (B) 式可知 $dy_1/dx_1 > 0$，所以 (C) 式的 dP/dx_1 的符號與 $y_1 - x_1$ 的符號相同。

此分析的最後部分僅基於數學，根據數學，在恆溫 T，

$$\frac{dP}{dy_1} = \frac{dP/dx_1}{dy_1/dx_1} \qquad (D)$$

但是由 (B) 式，$dy_1/dx_1 > 0$。因此，dP/dy_1 與 dP/dx_1 的符號相同。

總而言之，穩定性要求意味著在恆溫下二成分系統中的 VLE 具有以下特點：

$$\boxed{\frac{dy_1}{dx_1} > 0 \qquad \frac{dP}{dx_1}\text{、}\frac{dP}{dy_1}\text{ 及 }(y_1 - x_1)\text{ 具有相同的符號}}$$

在 $y_1 = x_1$ 的共沸物中，

$$\frac{dP}{dx_1} = 0 \qquad \text{且} \qquad \frac{dP}{dy_1} = 0$$

儘管是針對低壓條件導出的，但這些結果普遍成立，如圖 12.8 的 VLE 數據所示。

如果將許多化學物種混合在一起以形成一定組成範圍內的單一液相，將無法滿足 (12.4) 式的穩定性準則，因此這樣的系統在該組成範圍內分為兩個不同組成的液相。如果各相在熱力學平衡狀態，則此現象就是*液 / 液平衡* (LLE) 的一個例子，這對工業操作 (如溶劑萃取) 很重要。

LLE 的平衡準則與 VLE 的平衡準則相同，即在兩相中每種化學物質的 T、P 和逸壓 $\hat{f}_i$ 均一。對於在均一 T 和 P 的 N 個物種系統中的 LLE，我們用上標 α 和 β 表示液相，並且將平衡準則寫為：

$$\hat{f}_i^\alpha = \hat{f}_i^\beta \qquad (i = 1, 2, \ldots, N)$$

隨著活性係數的引入，變為：

$$x_i^\alpha \gamma_i^\alpha f_i^\alpha = x_i^\beta \gamma_i^\beta f_i^\beta$$

如果每個純物種在系統溫度下均以液體形式存在，則 $f_i^\alpha = f_i^\beta = f_i$；因此，

$$\boxed{x_i^\alpha \gamma_i^\alpha = x_i^\beta \gamma_i^\beta \qquad (i = 1, 2, \ldots, N)} \qquad (15.4)$$

在 (15.4) 式，活性係數 γ_i^α 和 γ_i^β 源自相同的函數 G^E/RT；因此它們在函數上是相同的，數學上的區別僅在於它們所適用的莫耳分率。對於含有 N 個化學物種的液 / 液系統：

$$\gamma_i^\alpha = \gamma_i(x_1^\alpha, x_2^\alpha, \ldots, x_{N-1}^\alpha, T, P) \qquad (15.5a)$$

$$\gamma_i^\beta = \gamma_i(x_1^\beta, x_2^\beta, \ldots, x_{N-1}^\beta, T, P) \tag{15.5b}$$

根據 (15.4) 式和 (15.5) 式，可以用 $2N$ 個內含變數 (每個相的 T、P 和 $N-1$ 個獨立莫耳分率) 寫出 N 個平衡方程式。因此，LLE 平衡方程式的求解需要對 N 個內含變數的數值進行事先指定。這符合相律，(3.1) 式，因為 $F = 2 - \pi + N = 2 - 2 + N = N$。對於 VLE 可獲得相同的結果，而對平衡狀態沒有特殊限制。

在 LLE 的一般描述中，可以考慮任何數目的物質，且壓力可能是一個重要的變數。我們在這裡處理一個較簡單 (但很重要) 的特殊情況，即在恆壓下或在壓力對活性係數的影響可以忽略的情況下的二成分 LLE。每相只有一個獨立的莫耳分率，由 (15.4) 式可得：

$x_1^\alpha \gamma_1^\alpha = x_1^\beta \gamma_1^\beta$ (15.6a)	$(1 - x_1^\alpha)\gamma_2^\alpha = \left(1 - x_1^\beta\right)\gamma_2^\beta$ (15.6b)

其中

$\gamma_i^\alpha = \gamma_i(x_1^\alpha, T)$ (15.7a)	$\gamma_i^\beta = \gamma_i(x_1^\beta, T)$ (15.7b)

使用兩個方程式和三個變數 (x_1^α、x_1^β 和 T)，固定其中一個變數可以求解 (15.6) 式的其餘兩個變數。因為熱力學函數 $\ln \gamma_i$ 比 γ_i 較為常用，所以 (15.6) 式的應用通常需要重新排列：

$\ln\dfrac{\gamma_1^\alpha}{\gamma_1^\beta} = \ln\dfrac{x_1^\beta}{x_1^\alpha}$ (15.8a)	$\ln\dfrac{\gamma_2^\alpha}{\gamma_2^\beta} = \ln\dfrac{1 - x_1^\beta}{1 - x_1^\alpha}$ (15.8b)

例 15.2

建立適用於二成分 LLE 極限情況的方程式，在這種情況下，物種 1 中的 α 相及物種 2 中的 β 相皆非常稀釋。

解

對於上述情況，良好地近似為

$$\gamma_1^\alpha \simeq \gamma_1^\infty \qquad \gamma_2^\alpha \simeq 1 \qquad \gamma_1^\beta \simeq 1 \qquad \gamma_2^\beta \simeq \gamma_2^\infty$$

代入平衡方程式，(15.6) 式，可得：

$$x_1^\alpha \gamma_1^\infty \simeq x_1^\beta \quad 且 \quad 1 - x_1^\alpha \simeq \left(1 - x_1^\beta\right)\gamma_2^\infty$$

求解莫耳分率產生近似表達式：

$x_1^\alpha = \dfrac{\gamma_2^\infty - 1}{\gamma_1^\infty \gamma_2^\infty - 1}$ (A)	$x_1^\beta = \dfrac{\gamma_1^\infty(\gamma_2^\infty - 1)}{\gamma_1^\infty \gamma_2^\infty - 1}$ (B)

另外，求解無限稀釋活性係數可得：

$\gamma_1^\infty = \dfrac{x_1^\beta}{x_1^\alpha}$ (C)	$\gamma_2^\infty = \dfrac{1 - x_1^\alpha}{1 - x_1^\beta}$ (D)

(*A*) 式和 (*B*) 式根據 G^E/RT 的兩參數表達式提供平衡組成數量級估計，其中 γ_i^∞ 通常以簡單的方式與參數相關。而 (*C*) 式和 (*D*) 式提供與可測平衡組成有關的 γ_i^∞ 的簡單顯式表達式。(*C*) 式和 (*D*) 式顯示，與理想溶液行為的正偏差會促進 LLE：

$$\gamma_1^\infty \simeq \frac{1}{x_1^\alpha} > 1 \quad 且 \quad \gamma_2^\infty \simeq \frac{1}{x_2^\beta} > 1$$

二成分 LLE 的極端例子是兩個物種完全不互溶。當 $x_1^\alpha = x_2^\beta = 0$ 時，γ_1^β 和 γ_2^α 為 1，因此 (15.6) 式要求：

$$\gamma_1^\alpha = \gamma_2^\beta = \infty$$

嚴格來說，沒有兩種液體是完全不互溶的。但是，實際溶解度可能很小 (如對於某些碳氫化合物 / 水系統而言)，因此理想化 $x_1^\alpha = x_2^\beta = 0$ 為實際計算提供合適的近似值 (例 15.7)。

例 15.3

能夠預測 LLE 的 G^E/RT 的最簡單表達式是：

$$\frac{G^E}{RT} = Ax_1x_2 \tag{A}$$

推導將此方程式應用於 LLE 所得到的方程式。

解

給定方程式隱含的活性係數為：

$$\ln\gamma_1 = Ax_2^2 = A(1 - x_1)^2 \qquad 且 \qquad \ln\gamma_2 = Ax_1^2$$

將這兩個表達式用於 α 相和 β 相，並將它們與 (15.8) 式結合，可以得到：

$$A\left[(1 - x_1^\alpha)^2 - (1 - x_1^\beta)^2\right] = \ln\frac{x_1^\beta}{x_1^\alpha} \tag{B}$$

$$A\left[(x_1^\alpha)^2 - (x_1^\beta)^2\right] = \ln\frac{1 - x_1^\beta}{1 - x_1^\alpha} \tag{C}$$

給定參數 A 的值，可以求得 x_1^α 和 x_1^β 的平衡組成作為 (*B*) 式和 (*C*) 式的解。

由 (*A*) 式表示的溶解度曲線關於 $x_1 = 0.5$ 是對稱的，從 x_1^α 和 x_1^β 在 (*B*) 式和 (*C*) 式中以完全相同的形式出現這一事實可以推斷出這一點，這種對稱性可以表示為：

$$x_1^\beta = 1 - x_1^\alpha \tag{D}$$

將 (*D*) 式代入 (*B*) 式和 (*C*) 式，可將它們都簡化為相同的方程式：

$$A(1 - 2x_1) = \ln\frac{1 - x_1}{x_1} \tag{E}$$

這意味著關於 $x_1 = 0.5$ 的推斷對稱性是正確的。當 $A > 2$ 時，此方程式具有三個實根：$x_1 = 1/2$、$x_1 = r$ 和 $x_1 = 1 - r$，其中 $0 < r < 1/2$。後兩個根是平衡組成 (x_1^α 和 x_1^β)，而第一個根是當然解 (trivial solution)。對於 $A < 2$，只有當然解存在；值 $A = 2$ 對應於一個共溶點 (consolute point)，其中三個根均收斂於 0.5。表 15.1 顯示對於各種 x_1^α ($= 1 - x_1^\beta$) 值，根據 (*E*) 式計算的 A 值。特別注意 x_1^α 對 A 從其極限值 2 小幅增加的敏感性。

表 15.1 由 (*A*) 式表示的液 / 液平衡組成

A	x_1^α	A	x_1^α
2.0000	0.50	2.4780	0.15
2.0067	0.45	2.7465	0.10
2.0273	0.40	3.2716	0.05
2.0635	0.35	4.6889	0.01
2.1182	0.30	5.3468	0.005
2.1972	0.25	6.9206	0.001
2.3105	0.20	7.6080	0.0005

溶解度曲線的實際形狀取決於 G^E/RT 隨溫度的變化。假設 (*A*) 式中參數 A 隨溫度的變化如下所示：

$$A = \frac{a}{T} + b - c\ln T \tag{F}$$

其中 a、b 和 c 是常數。從表 10.1，我們有

$$H^E = -RT^2\left[\frac{\partial(G^E/RT)}{\partial T}\right]_{P,x}$$

將上式應用於 (*A*) 式顯示，(*F*) 式使過剩焓 H^E 是 T 的線性函數，並且過剩熱容量 C_P^E 與 T 無關：

$$H^E = R(a + cT)x_1x_2 \tag{G}$$

$$C_P^E = \left(\frac{\partial H^E}{\partial T}\right)_{P,x} = Rcx_1x_2 \tag{H}$$

過剩焓和 A 的溫度函數式直接相關。

從 (F) 式，

$$\frac{dA}{dT} = -\frac{1}{T^2}(a + cT)$$

將上式與 (G) 式組合，可得：

$$\frac{dA}{dT} = -\frac{H^E}{x_1x_2RT^2}$$

因此，dA/dT 對於吸熱系統為負 (H^E 為正)，對於放熱系統為正 (H^E 為負)。dA/dT 在共溶點的負值表示 UCST，因為隨著 T 的增加 A 減小到 2.0；反之，正值表示 LCST，因為隨著 T 的減小，A 減小至 2.0。因此，由 (A) 式和 (F) 式描述的系統如果在共溶點吸熱，則顯示 UCST，如果在共溶點放熱，則顯示 LCST。對於固定點 ($A = 2$)，(F) 式可寫為：

$$T \ln T = \frac{a}{c} - \left(\frac{2-b}{c}\right)T \tag{I}$$

根據 a、b 和 c 的值，上式具有零、一或兩個溫度根。

考慮由 (A) 式和 (F) 式描述的假想二成分系統，並且 LLE 在 250 K 到 450 K 的溫度範圍內獲得。令 $c = 3.0$ 使過剩熱容量為正，而與 T 無關，根據 (H) 式，最大值 (在 $x_1 = x_2 = 0.5$) 為 6.24 J mol^{-1} K^{-1}。對於第一種情況，令

$$A = \frac{-975}{T} + 22.4 - 3 \ln T$$

此處，(I) 式具有兩個根，分別對應於 LCST 和 UCST：

$$T_L = 272.9 \qquad \text{和} \qquad T_U = 391.2 \text{ K}$$

在圖 15.1(a) 中繪製 A 值與 T 的關係，而溶解度曲線 [來自 (E) 式] 則如圖 15.1(b) 所示——這種封閉的溶解度迴路是圖 12.14(a) 所示的類型。它要求在可能存在 LLE 的溫度區間內 H^E 改變符號。

第二種情況，令

$$A = \frac{-540}{T} + 21.1 - 3 \ln T$$

在此，(I) 式在 250 K 到 450 K 的溫度範圍內只有一個根。它是 UCST，$T_U = 346.0$ K，因為 (G) 式在此溫度下產生正 H^E。圖 15.2 顯示 A 值和相應的溶解度曲線。

最後，令

$$A = \frac{-1500}{T} + 23.9 - 3 \ln T$$

這種情況類似於第二種情況，只有一個 T (339.7 K) 可以在所考慮的溫度範圍內求解方程式 (I)。但這是 LCST，因為 H^E 現在是負數。A 的值和溶解度曲線如圖 15.3 所示。

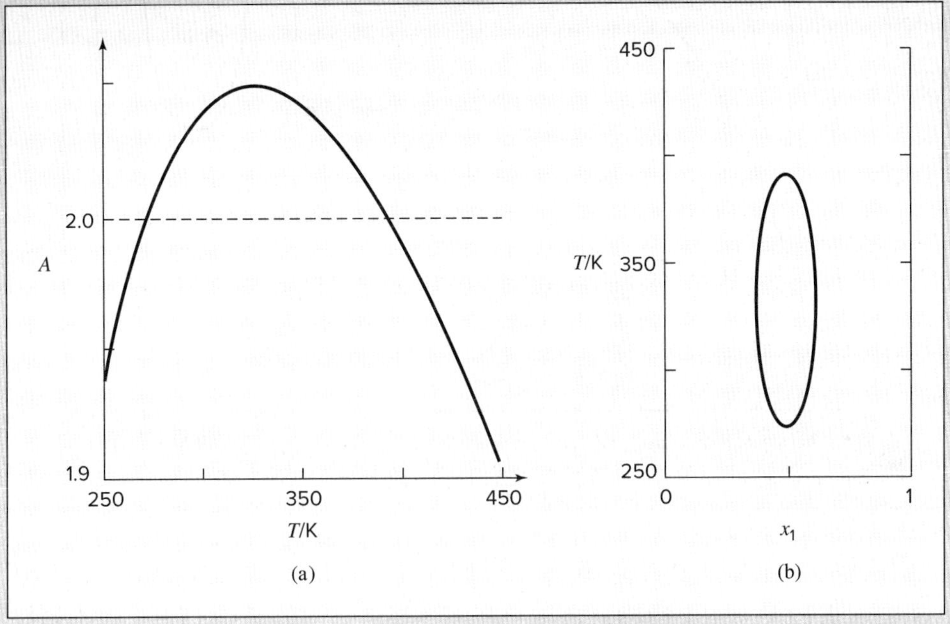

圖 15.1 (a) A 對 T；(b) 由 $G^E/RT = Ax_1 x_2$ 所描述的二成分系統的溶解度圖，其中 $A = -975/T + 22.4 - 3 \ln T$。這是一個 H^E 變號的例子。

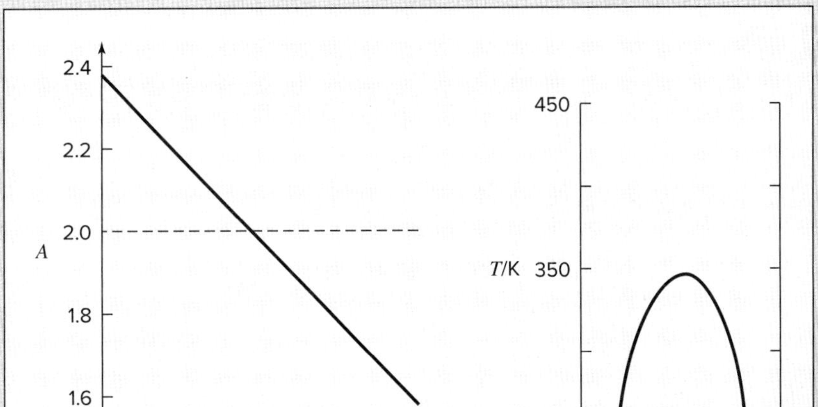

圖 15.2 (a) A 對 T；(b) 由 $G^E/RT = Ax_1x_2$ 所描述的二成分系統的溶解度圖，其中 $A = -540/T + 21.1 - 3 \ln T$。在此例中，$H^E$ 為正，且不變號。

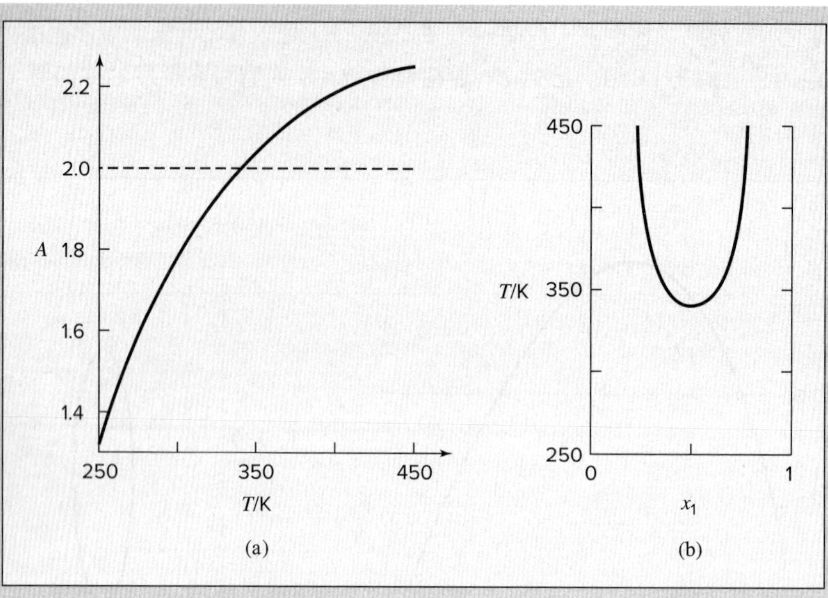

圖 15.3 (a) A 對 T；(b) 由 $G^E/RT = Ax_1x_2$ 所描述的二成分系統的溶解度圖，其中 $A = -1500/T + 23.9 - 3\ln T$。在此情況下，$H^E$ 為負，且不變號。

例 15.3 以「強力」方式證明，對於 $A < 2$ 的值，無法由表達式 $G^E/RT = Ax_1x_2$ 來預測 LLE。如果目標只是確定在何種條件下可能發生 LLE，而不是找到共存相的組成，則可以援引第 12.4 節的穩定性準則，並確定在什麼條件下可以滿足它們。

例 15.4

如果液相的 $G^E/RT = Ax_1x_2$，則利用穩定性分析證明可以預測 $A \geq 2$ 的 LLE。

解

應用穩定性準則需要計算導數：

$$\frac{d^2(G^E/RT)}{dx_1^2} = \frac{d^2(Ax_1x_2)}{dx_1^2} = -2A$$

因此，穩定性要求：
$$2A < \frac{1}{x_1x_2}$$

當 $x_1 = x_2 = 1/2$ 時，此不等式右邊的最小值為 4；因此，$A < 2$ 可使單相混合物在整個組成範圍內保持穩定；反之，若 $A > 2$，則由 $G^E/RT = Ax_1x_2$ 描述的二成分混合物會在組成範圍的某些部分形成兩個液相。

例 15.5

G^E/RT 的某些表達式不能表示 LLE。一個例子是 Wilson 方程式：

$$\frac{G^E}{RT} x_1 \ln(x_1 + x_2\Lambda_{12}) - x_2 \ln(x_2 + x_1\Lambda_{21}) \qquad (13.45)$$

證明對於 Λ_{12}、Λ_{21} 和 x_1 的所有值均滿足穩定性準則。

解

對於物種 1，不等式 (15.1) 式的等價形式為：

$$\frac{d\ln(x_1\gamma_1)}{dx_1} > 0 \qquad (A)$$

對於 Wilson 方程式，$\ln\gamma_1$ 由 (13.46) 式給出。將 $\ln x_1$ 加入該方程式的兩邊可得：

$$\ln(x_1\gamma_1) = -\ln\left(1 + \frac{x_2}{x_1}\Lambda_{12}\right) + x_2\left(\frac{\Lambda_{12}}{x_1 + x_2\Lambda_{12}} - \frac{\Lambda_{21}}{x_2 + x_1\Lambda_{21}}\right)$$

因此

$$\frac{d\ln(x_1\gamma_1)}{dx_1} = \frac{x_2\Lambda_{21}^2}{x_1(x_1 + x_2\Lambda_{12})^2} + \frac{\Lambda_{21}^2}{(x_2 + x_1\Lambda_{21})^2}$$

上式右邊的所有數均為正，因此對於所有 x_1 及所有非零 Λ_{12} 和 Λ_{21}。[1] 都滿足 (A) 式，因此滿足不等式 (15.1)，且無法用 Wilson 方程式表示 LLE。

15.2 汽 / 液 / 液平衡 (VLLE)

如第 12.4 節所述，代表 LLE 的雙結點曲線可以與 VLE 泡點曲線相交。這會引起汽 / 液 / 液平衡 (VLLE) 現象，如圖 12.15 到圖 12.18 所示。對於三相處於平衡狀態的二成分系統，相律告訴我們僅剩一個自由度。因此，在給定的溫度 T，處於平衡狀態的兩個二成分液相具有固定的蒸汽壓；在給定的壓力 P，它們具有固定的沸點溫度。

對於部分可互溶系統，汽相和液相的組成處於平衡狀態，其計算方法與可互溶系統相同。在單一液體與其蒸汽達到平衡的區域中，VLE 計算如第 13 章所述。由於有限的互溶性意味著高度非理想的行為，因此排除液相理想狀態的任何一般假設。即使亨利定律 (適用於無限稀釋的物種) 和拉午耳定律 (適用於接近純物種) 的組合也不是很有用，因為它們都只在很小的組成範圍內近似實際行為。因此，G^E 很大，其隨組成的變化通常不能用簡單的方程式充分表示。但是，NRTL 和 UNIQUAC 方程式及 UNIFAC 方法 (附錄 G) 通常可以為活性係數提供合適的關聯式。

1 因為 $\Lambda_{12} = \Lambda_{21} = 0$ 產生 γ_1^∞ 和 γ_2^∞ 的無窮大值，所以 Λ_{12} 和 Λ_{21} 都是正定 (positive definite)。

例 15.6

已經發表乙醚(1) / 水(2) 系統在 35°C 下仔細平衡測量的結果。[2] 討論此系統的相平衡數據的相關性和行為。

解

此系統的 *Pxy* 行為如圖 15.4 所示，其中隨著稀醚區域中液相醚濃度的增加，壓力迅速升高。在醚莫耳分率僅為 0.0117 時達到三相壓力 $P^* = 104.6$ kPa。此處，y_1 也非常迅速地增加到其三相值 $y_1^* = 0.946$。另一方面，在稀水區域，變化率很小，如圖 15.4(b) 中的放大比例所示。

圖 15.4 中的曲線提供 VLE 數據的極佳相關性。它們來自 *BUBL P* 的計算，該計算是使用四參數修正的 Margules 方程式的過剩吉布斯能量和活性係數進行的：

$$\frac{G^E}{x_1 x_2 RT} = A_{21}x_1 + A_{12}x_2 - Q$$

$$\ln \gamma_1 = x_2^2\left[A_{12} + 2(A_{21} - A_{12})x_1 - Q - x_1\frac{dQ}{dx_1}\right]$$

$$\ln \gamma_2 = x_1^2\left[A_{21} + 2(A_{12} - A_{21})x_2 - Q + x_2\frac{dQ}{dx_1}\right]$$

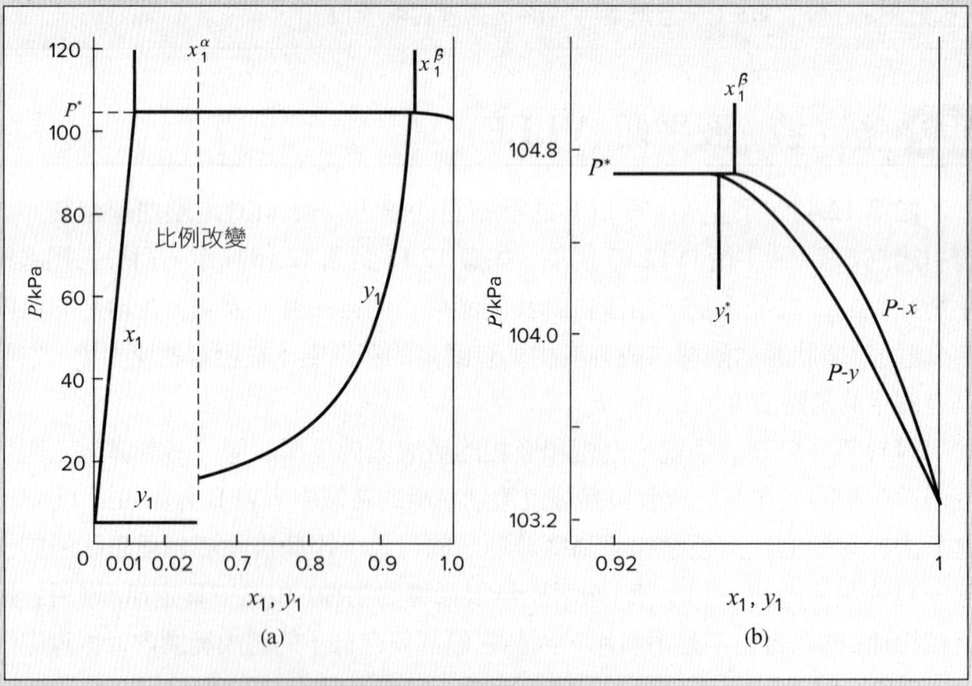

圖 15.4 (a) 乙醚(1) / 水(2) 在 35°C 的 *Pxy* 圖；(b) 富含乙醚區域的詳細資訊。

2 M. A. Villaman, A. J. Allawi, and H. C. Van Ness, *J. Chem. Eng. Data*, vol. 29, pp. 431–435, 1984.

$$Q = \frac{\alpha_{12}x_1\alpha_{21}x_2}{\alpha_{12}x_1 + \alpha_{21}x_2} \qquad \frac{dQ}{dx_1} = \frac{\alpha_{12}\alpha_{21}\left(\alpha_{21}x_2^2 - \alpha_{12}x_1^2\right)}{(\alpha_{12}x_1 + \alpha_{21}x_2)^2}$$

$$A_{21} = 3.35629 \qquad A_{12} = 4.62424 \qquad \alpha_{12} = 3.78608 \qquad \alpha_{21} = 1.81775$$

計算 *BUBL P* 還需要 Φ_1 和 Φ_2 的值，這些值來自 (13.63) 式和 (13.64) 式，其中維里係數為：

$$B_{11} = -996 \qquad B_{22} = -1245 \qquad B_{12} = -567 \text{ cm}^3\cdot\text{mol}^{-1}$$

此外，純物種在 35°C 的蒸汽壓為：

$$P_1^{\text{sat}} = 103.264 \qquad P_2^{\text{sat}} = 5.633 \text{ kPa}$$

液相的高度非理想性由稀物質的活性係數值表示，乙醚的活性係數範圍從 $x_1^\alpha = 0.0117$ 時的 $\gamma_1 = 81.8$ 到 $x_1 = 0$ 時的 $\gamma_i^\infty = 101.9$，而水從 $x_1^\beta = 0.9500$ 時的 $\gamma_2 = 19.8$ 到 $x_1 = 1$ 時的 $\gamma_2^\infty = 28.7$。

修正後的拉午耳定律表達式 (13.19) 式提供對低壓 VLLE 現象的熱力學見解。 對於溫度 T 和三相平衡壓力 P^*，修正後的拉午耳定律適用於每個液相：

$$x_i^\alpha \gamma_i^\alpha P_i^{\text{sat}} = y_i^* P^* \qquad \text{且} \qquad x_i^\beta \gamma_i^\beta P_i^{\text{sat}} = y_i^* P^*$$

這些方程式中隱含的是 (15.4) 式的 LLE 要求。因此，對於一個二成分系統，可以寫出四個方程式：

$x_1^\alpha \gamma_1^\alpha P_1^{\text{sat}} = y_1^* P^*$ (*A*)	$x_1^\beta \gamma_1^\beta P_1^{\text{sat}} = y_1^* P^*$ (*B*)
$x_2^\alpha \gamma_2^\alpha P_2^{\text{sat}} = y_2^* P^*$ (*C*)	$x_2^\beta \gamma_2^\beta P_2^{\text{sat}} = y_2^* P^*$ (*D*)

所有這些方程式都是正確的，但是其中兩個比其他更受青睞。考慮 $y_1^* P^*$ 的表達式：

$$x_1^\alpha \gamma_1^\alpha P_1^{\text{sat}} = x_1^\beta \gamma_1^\beta P_1^{\text{sat}} = y_1^* P^*$$

對於兩種完全不互溶的物種，

$$x_1^\alpha \to 0 \qquad \gamma_1^\alpha \to \gamma_1^\infty \qquad x_1^\beta \to 1 \qquad \gamma_1^\beta \to 1$$

因此，

$$(0)(\gamma_1^\infty) P_1^{\text{sat}} = P_1^{\text{sat}} = y_1^* P^*$$

這個方程式意味著 $\gamma_1^\infty \to \infty$；類似的推導可證明，$\gamma_2^\infty \to \infty$。因此，選擇既不包含 γ_1^α 也不包含 γ_2^β 的 (*B*) 式和 (*C*) 式作為更有用的表達式。將它們相加可得三相壓力：

$$P^* = x_1^\beta \gamma_1^\beta P_1^{sat} + x_2^\alpha \gamma_2^\alpha P_2^{sat} \tag{15.9}$$

此外，三相蒸汽的組成可由 (B) 式得知：

$$y_1^* = \frac{x_1^\beta \gamma_1^\beta P_1^{sat}}{P^*} \tag{15.10}$$

對於 35°C 的乙醚(l) / 水(2) 系統 (例 15.6)，G^E/RT 的關聯式提供以下值：

$$\gamma_1^\beta = 1.0095 \qquad \gamma_2^\alpha = 1.0013$$

這些可利用 (15.9) 式和 (15.10) 式計算 P^* 和 y_1^*：

$$P^* = (0.9500)(1.0095)(103.264) + (0.9883)(1.0013)(5.633) = 104.6 \text{ kPa}$$

且
$$y_1^* = \frac{(0.9500)(1.0095)(103.264)}{104.6} = 0.946$$

儘管沒有兩種液體是完全不互溶的，但在某些情形下非常接近這種狀況，因此完全不互溶的假設不會導致明顯誤差。圖 12.18 的溫度 / 組成圖說明不互溶系統的相特性。不互溶系統的數值計算特別簡單，原因如下：

$$x_2^\alpha = 1 \qquad \gamma_2^\alpha = 1 \qquad x_1^\beta = 1 \qquad \gamma_1^\beta = 1$$

因此，由 (15.9) 式給出的三相平衡壓力 P^* 為：

$$P^* = P_1^{sat} + P_2^{sat}$$

將此方程式和 $x_1^\beta = \gamma_1^\beta = 1$ 代入 (15.10) 式可得：

$$y_1^* = \frac{P_1^{sat}}{P_1^{sat} + P_2^{sat}}$$

對於蒸汽與純液體 1 處於平衡狀態的區域 I，(13.19) 式變為：

$$y_1(\text{I})P = P_1^{sat} \quad 或 \quad y_1(\text{I}) = \frac{P_1^{sat}}{P}$$

同理，對於蒸汽與純液體 2 處於平衡狀態的區域 II，

$$y_2(\text{II})P = [1 - y_1(\text{II})]P = P_2^{sat} \quad 或 \quad y_1(\text{II}) = 1 - \frac{P_2^{sat}}{P}$$

例 15.7

根據下表中的蒸汽壓數據，在 101.33 kPa (1 atm) 的壓力下，作出苯(1) / 水(2) 系統的溫度 / 組成數據表。

t/°C	P_1^{sat}/kPa	P_2^{sat}/kPa	$P_1^{sat}+P_2^{sat}$
60	52.22	19.92	72.14
70	73.47	31.16	104.63
75	86.40	38.55	124.95
80	101.05	47.36	148.41
80.1	101.33	47.56	148.89
90	136.14	70.11	206.25
100.0	180.04	101.33	281.37

解

假設苯和水與液體完全不互溶。然後，三相平衡溫度 t^* 估算為：

$$P(t^*) = P_1^{sat} + P_2^{sat} = 101.33 \text{ kPa}$$

蒸汽壓表的最後一欄顯示 t^* 在 60°C 到 70°C 之間，由內插法可得 $t^* = 69.0$°C。在此溫度下，再用內插法得到：$P_1^{sat}(t^*) = 71.31$ kPa。因此，

$$y_1^* = \frac{P_1^{sat}}{P_1^{sat}+P_2^{sat}} = \frac{71.31}{101.33} = 0.704$$

對於汽 / 液平衡的兩個區域，如圖 12.18(a) 所示。

$$y_1(\text{I}) = \frac{P_1^{sat}}{P} = \frac{P_1^{sat}}{101.33}$$

且
$$y_1(\text{II}) = 1 - \frac{P_2^{sat}}{P} = 1 - \frac{P_2^{sat}}{101.33}$$

在多個溫度下，應用這些方程式得出的結果彙整於下表所示。

t/°C	y_1(II)	y_1(I)
100	0.000	-
90	0.308	-
80.1	0.531	1.000
80	0.533	0.997
75	0.620	0.853
70	0.693	0.725
69.0	0.704	0.704

15.3 固 / 液平衡 (SLE)

涉及固態和液態的相行為，是化學和材料工程許多方面重要的分離程序 (如結晶) 的基礎。實際上，對於表現出固 / 固、固 / 液和固 / 固 / 液平衡的系統，觀察到各式各樣的二成分相行為。我們在這裡開發嚴格的固 / 液平衡 (SLE) 公式，並提出對兩種極限行為的應用分析。綜合討論可參考其他的文獻。[3]

代表 SLE 的基礎是：

$$\hat{f}_i^l = \hat{f}_i^s \quad (\text{全部 } i)$$

其中理解 T 和 P 的一致性。與 LLE 一樣，每個 $\hat{f}_i$ 都被消去，以求活性係數。因此，

$$x_i \gamma_i^l f_i^l = z_i \gamma_i^s f_i^s \quad (\text{全部 } i)$$

其中 x_i 和 z_i 分別是物種 i 在液體與固體溶液中的莫耳分率。亦即，

$$x_i \gamma_i^l = z_i \gamma_i^s \psi_i \ (\text{全部 } i) \tag{15.11}$$

其中

$$\psi_i \equiv f_i^s / f_i^l \tag{15.12}$$

上式右邊將 ψ_i 定義為系統的 T 和 P 處的逸壓比，可以用擴展形式表示：

$$\frac{f_i^s(T,P)}{f_i^l(T,P)} = \frac{f_i^s(T,P)}{f_i^s(T_{m_i},P)} \cdot \frac{f_i^s(T_{m_i},P)}{f_i^l(T_{m_i},P)} \cdot \frac{f_i^l(T_{m_i},P)}{f_i^l(T,P)}$$

其中 T_{m_i} 是純物種 i 的熔點 (「凝固點」)，即純物種 SLE 發生的溫度。因此，右邊的第二個比是 1，因為在純物種 i 的熔點下 $f_i^l = f_i^s$。因此，

$$\psi_i = \frac{f_i^s(T,P)}{f_i^s(T_{m_i},P)} \cdot \frac{f_i^l(T_{m_i},P)}{f_i^l(T,P)} \tag{15.13}$$

根據 (15.13) 式，要估算 ψ_i，需要溫度對逸壓影響的表達式。由 (10.33) 式，其中 $\phi_i = f_i / P$，

$$\ln \frac{f_i}{P} = \frac{G_i^R}{RT} \qquad\qquad \ln f_i = \frac{G_i^R}{RT} + \ln P$$

3 參見如 R. T. DeHoff, *Thermodynamics in Materials Science*, chaps. 9 and 10, McGraw-Hill, New York, 1993. A data compilation is given by 數據彙編可由 H. Knapp, M. Teller, and R. Langhorst, *Solid-Liquid Equilibrium Data Collection*,Chemistry Data Series, vol. VIII, DECHEMA, Frankfurt/Main, 1987 得知。

因此，
$$\left(\frac{\partial \ln f_i}{\partial T}\right)_P = \left[\frac{\partial(G_i^R/RT)}{\partial T}\right]_P = -\frac{H_i^R}{RT^2}$$

其中第二等式來自 (10.58) 式。上式從 T_{m_i} 積分到 T 可得：

$$\frac{f_i(T,P)}{f_i(T_{m_i},P)} = \exp\int_{T_{m_i}}^{T} -\frac{H_i^R}{RT^2}dT \tag{15.14}$$

(15.14) 式分別應用於固相和液相。將所得的表達式代入 (15.13) 式，然後由下列恆等式化簡：

$$-(H_i^{R,s} - H_i^{R,l}) = -[(H_i^s - H_i^{ig}) - (H_i^l - H_i^{ig})] = H_i^l - H_i^s$$

得到精確的表達式：

$$\psi_i = \exp\int_{T_{m_i}}^{T} \frac{H_i^l - H_i^s}{RT^2}dT \tag{15.15}$$

積分的計算如下：

$$H_i(T) = H_i(T_{m_i}) + \int_{T_{m_i}}^{T} C_{P_i}dT$$

且
$$C_{P_i}(T) = C_{P_i}(T_{m_i}) + \int_{T_{m_i}}^{T}\left(\frac{\partial C_{P_i}}{\partial T}\right)_P dT$$

因此，對於一個相，

$$H_i(T) = H_i(T_{m_i}) + C_{P_i}(T_{m_i})(T - T_{m_i}) + \int_{T_{m_i}}^{T}\int_{T_{m_i}}^{T}\left(\frac{\partial C_{P_i}}{\partial T}\right)_P dTdT \tag{15.16}$$

將 (15.16) 式分別應用於固相和液相，並計算 (15.15) 式所需的積分，得到：

$$\int_{T_{m_i}}^{T}\frac{H_i^l - H_i^s}{RT^2}dT = \frac{\Delta H_i^{sl}}{RT_{m_i}}\left(\frac{T - T_{m_i}}{T}\right) + \frac{\Delta C_{P_i}^{sl}}{R}\left[\ln\frac{T}{T_{m_i}} - \left(\frac{T - T_{m_i}}{T}\right)\right] + I \tag{15.17}$$

其中積分 I 定義為：

$$I \equiv \int_{T_{m_i}}^{T}\frac{1}{RT^2}\int_{T_{m_i}}^{T}\int_{T_{m_i}}^{T}\left[\frac{\partial(C_{P_i}^l - C_{P_i}^s)}{\partial T}\right]_P dT\,dT\,dT$$

在 (15.17) 式中，ΔH_i^{sl} 是熔化的焓變 (「熔化熱」)，而 ΔC_{Pi}^{sl} 是熔化的熱容量改變。兩種量均在熔化溫度 T_{m_i} 下計算。

(15.11) 式、(15.15) 式和 (15.17) 式對於固 / 液平衡問題的求解提供形式基礎。 (15.17) 式的完整嚴格度很難維持。為了發展，壓力已經作為熱力學變數傳遞。然而，其效果很少包含在工程應用中。由 I 表示的三重積分是一個二階貢獻，通常被忽略。熔化的熱容量變化可能很大，但並非總是可用的。此外，包含涉及 ΔC_{Pi}^{sl} 的項幾乎不會增加對 SLE 的定性理解。假設 I 和 ΔC_{Pi}^{sl} 可忽略不計，則由 (15.15) 式和 (15.17) 式可得：

$$\psi_i = \exp\frac{\Delta H_i^{sl}}{RT_{m_i}}\left(\frac{T - T_{m_i}}{T}\right) \tag{15.18}$$

利用 (15.18) 式給出的 ψ_i，形成 SLE 問題所需的是關於活性係數 γ_i^l 和 γ_i^s 隨溫度和組成變化的一組陳述。在一般情況下，這需要液體和固體溶液的 $G^E(T,$ 組成) 的代數表達式。考慮兩種極限特殊情況：

I. 假設兩相都具有理想溶液行為，即對於所有 T 和組成，令 $\gamma_i^l = 1$ 且 $\gamma_i^s = 1$。
II. 假定液相具有理想溶液行為 ($\gamma_i^l = 1$)，並且對於固態的所有物質都完全不互溶 (即令 $z_i\gamma_i^s = 1$)。

下面考慮這兩種情況，僅限於二成分系統。

情況 I

由 (15.11) 式得出的兩個平衡方程式為：

$x_1 = z_1\psi_1$ (15.19a)	$x_2 = z_2\psi_2$ (15.19b)

其中 ψ_1 和 ψ_2 由 (15.18) 式給出，其中 $i = 1, 2$。因為 $x_2 = 1 - x_1$ 和 $z_2 = 1 - z_1$，所以可以求解 (15.19) 式得到 x_1 和 z_1 為 ψ_i 的顯式函數，因此得到 T 的顯式函數：

$x_1 = \dfrac{\psi_1(1 - \psi_2)}{\psi_1 - \psi_2}$ (15.20)	$z_1 = \dfrac{1 - \psi_2}{\psi_1 - \psi_2}$ (15.21)

以及

$\psi_1 = \exp\dfrac{\Delta H_1^{sl}}{RT_{m_1}}\left(\dfrac{T - T_{m_1}}{T}\right)$ (15.22a)	$\psi_2 = \exp\dfrac{\Delta H_2^{sl}}{RT_{m_2}}\left(\dfrac{T - T_{m_2}}{T}\right)$ (15.22b)

檢查這些結果可驗證對於 $T = T_{m_i}$，$x_i = z_i = 1$。此外，分析表明 x_i 和 z_i 都隨 T 單調變化。因此，由 (15.19) 式描述系統顯示出透鏡狀的 SLE 圖，如圖 15.5(a) 所示，其中上線是凝固曲線，下線是熔融曲線。液體溶液區域位於凝固曲線上方，而固體溶液區域位於熔融曲線下方。展示這種類型圖的系統的例子包括從低溫的氮氣 / 一氧化碳到高溫的銅 / 鎳。此圖與圖 12.12 的比較顯示，情況 I-SLE 行為類似於 VLE 的拉午耳定律行為。對導致 (15.19) 式和 (13.16) 式的假設進行比較，可以證實這一類比。與拉午耳定律一樣，(15.19) 式很少描述實際系統的行為，但這是一個重要的極限情況，它可以作為標準而將觀察到的 SLE 與之進行比較。

情況 II

由 (15.11) 式得出的兩個平衡方程式如下：

$x_1 = \psi_1$ (15.23)	$x_2 = \psi_2$ (15.24)

其中 ψ_1 和 ψ_2 由 (15.22) 式給出作為溫度的函數。因此 x_1 和 x_2 也是溫度的函數，並且 (15.23) 和 (15.24) 式僅同時適用於 $\psi_1 + \psi_2 = 1$，而 $x_1 + x_2 = 1$ 的特定溫度，這是**共晶溫度** (eutectic temperature) T_e。因此，存在三種不同的平衡情況：(15.23) 式單獨適用、(15.24) 式單獨適用，以及在 T_e 同時適用的特殊情況。

- 僅 (15.23) 式適用。根據這個方程式和 (15.22a) 式，

$$x_1 = \exp\frac{\Delta H_1^{sl}}{RT_{m_1}}\left(\frac{T - T_{m_1}}{T}\right) \tag{15.25}$$

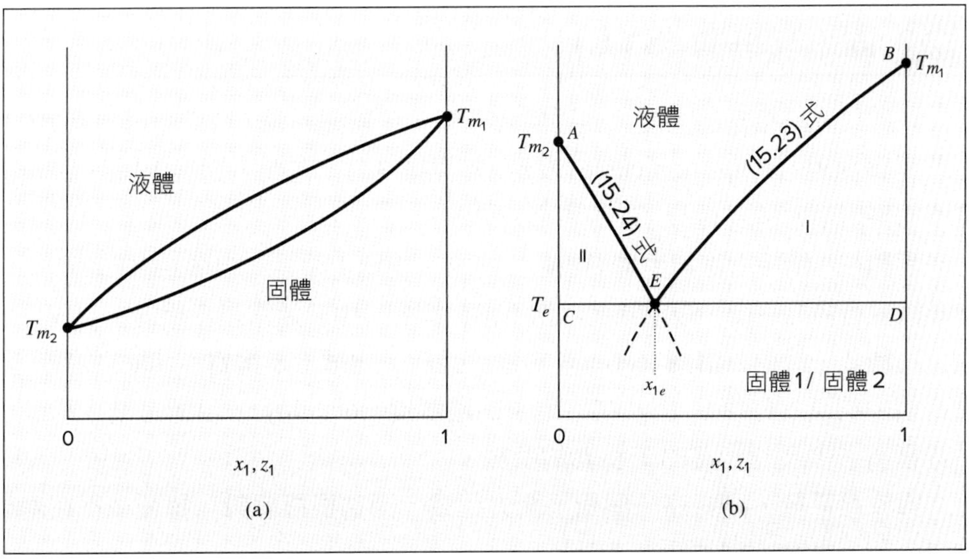

▶圖 15.5 Txz 圖。(a) 情況 I，理想液體和固體溶液；(b) 情況 II，理想液體溶液；不互溶的固體。

此式僅於 $T = T_{m_1}$ (其中 $x_1 = 1$) 到 $T = T_e$ (其中 $x_1 = x_{1e}$) (共晶組成) 成立。因此，(15.25) 式適用於液體溶液與純物種 1 為固相平衡的情況。這由圖 15.5(b) 中的區域 I 表示，其中線 *BE* 給出的組成 x_1 的液體溶液與純固體 1 處於平衡狀態。

- 僅 (15.24) 式適用。由此式和 (15.22b) 式，$x_2 = 1 - x_1$：

$$x_1 = 1 - \exp\frac{\Delta H_2^{sl}}{RT_{m_2}}\left(\frac{T - T_{m_2}}{T}\right) \tag{15.26}$$

此式僅於 $T = T_{m_2}$ (其中 $x_1 = 0$) 到 $T = T_e$ (其中 $x_1 = x_{1e}$) (共晶組成) 成立。因此，(15.26) 式適用於液體溶液與純物種 2 為固相平衡的情況。這由圖 15.5(b) 中的區域 II 表示，其中線 *AE* 給出的組成 x_1 的液體溶液與純固體 2 處於平衡狀態。

- (15.23) 式和 (15.24) 式同時適用，並且因為它們都必須給出共晶組成 x_{1e}，因此令為相等。對於單一溫度 $T = T_e$，滿足下列的表達式：

$$\exp\frac{\Delta H_1^{sl}}{RT_{m_1}}\left(\frac{T - T_{m_1}}{T}\right) = 1 - \exp\frac{\Delta H_2^{sl}}{RT_{m_2}}\left(\frac{T - T_{m_2}}{T}\right) \tag{15.27}$$

T_e 代入 (15.25) 式或 (15.26) 式會產生共晶組成。坐標 T_e 和 x_{1e} 定義一種**共晶狀態** (eutectic state)，一種特殊的三相平衡狀態，沿著圖 15.5(b) 上的 *CED* 線分布，其組成 x_{1e} 的液體與純固體 1 和純固體 2 共存。這是一種固 / 固 / 液平衡狀態。在低於 T_e 的溫度下，兩種純的不互溶固體共存。

圖 15.5(b) 是情況 II 的相圖，與不互溶液體的圖 12.18(a) 完全類似，因為其生成方程式所基於的假設與相應 VLLE 假設的類似。

15.4 固 / 汽平衡 (SVE)

在低於其三相點的溫度，純固體會蒸發。純物種的固 / 汽平衡可利用 *PT* 圖上的**昇華曲線** (sublimation curve) 表示 (參見圖 3.1)。在此，對於 VLE，特定溫度下的平衡壓力稱為 (固 / 汽) 飽和壓力 P^{sat}。

我們在本節中考慮純固體 (物種 1) 與含有物種 1 和第二物種 (物種 2) 的二成分蒸汽混合物的平衡，假定該混合物不溶於固相。由於通常是汽相的主要成分，因此物種 2 一般稱為**溶劑** (solvent) 物種。因此，物種 1 是**溶質** (solute) 物種，其在汽相中的莫耳分率 y_1 是其在溶劑中的**溶解度** (solubility)。目標是制定程序用於計算 y_1 作為蒸汽溶劑的 *T* 和 *P* 的函數。

對於此系統，只能寫一個相平衡方程式，因為根據假設，物種 2 不在兩相之間分布。固體是純物種 1。因此，

$$f_1^s = \hat{f}_1^v$$

在符號上有少許變化，純液體的 (10.44) 式在這裡適用：

$$f_1^s = \phi_1^{\text{sat}} P_1^{\text{sat}} \exp \frac{V_1^s(P - P_1^{\text{sat}})}{RT}$$

其中 P_1^{sat} 是溫度 T 時的固 / 汽飽和壓力，V_1^s 是固體的莫耳體積。對於汽相，由 (10.52) 式，

$$\hat{f}_1^v = y_1 \hat{\phi}_1 P$$

結合前面的三個方程式，並求解 y_1 可得：

$$y_1 = \frac{P_1^{\text{sat}}}{P} F_1 \tag{15.28}$$

其中

$$F_1 \equiv \frac{\phi_1^{\text{sat}}}{\hat{\phi}_1} \exp \frac{V_1^s(P - P_1^{\text{sat}})}{RT} \tag{15.29}$$

函數 F_1 經由 ϕ_1^{sat} 反映汽相非理想狀態，並由指數 Poynting 因子反映壓力對固體逸壓的影響。對於夠低的壓力，兩種影響都可以忽略不計，在這種情況下，$F_1 \approx 1$ 且 $y_1 \approx P_i^{\text{sat}}/P$。在中壓和高壓下，汽相非理想性變得顯著，而對於非常高的壓力，即使是 Poynting 因子也不能忽略。因為通常 F_1 大於 1，有時則將其稱為「增強因子」，為所以根據 (15.28) 式，它導致的固體溶解度大於沒有這些壓力誘導效應時觀察到的固體溶解度。

高壓下固體溶解度的估算

在高於溶劑臨界值的溫度和壓力下的溶解度，在超臨界分離程序中具有重要的應用。例如，從咖啡豆中提取咖啡因，從重質石油餾分中分離瀝青質。對於典型的固 / 汽平衡 (SVE) 問題，固 / 汽飽和壓力 P_1^{sat} 非常小，並且飽和蒸汽對於實用目的是理想氣體。因此，在此壓力下，純溶質蒸汽的 ϕ_1^{sat} 接近於 1。此外，除了系統壓力 P 的值非常低之外，固體溶解度 y_1 很小，並且 $\hat{\phi}_1$ 可以用溶質在無限稀釋時的汽相逸壓係數 $\hat{\phi}_1^{\infty}$ 來近似。最後，由於 P_1^{sat} 非常小，因此當 Poynting 因子很重要時，在任何壓力下，Poynting 因子中的壓力差 $P - P_1^{\text{sat}}$ 幾乎等於 P。使用這些合理的近似值，(15.29) 式可簡化為：

$$F_1 = \frac{1}{\hat{\phi}_1^{\infty}} \exp \frac{PV_1^s}{RT} \tag{15.30}$$

上式為適用於許多工程應用的表達式。在此式中，P_1^{sat} 和 V_1^s 是純物種性質，可以在手冊中找到，也可以根據適當的相關性進行估算。另一方面，必須根據適用於高壓蒸汽混合物的 PVT 狀態方程式來計算 $\hat{\phi}_1^\infty$。

立方狀態方程式，例如 Soave/Redlich/Kwong (SRK) 和 Peng/Robinson (PR) 方程式，通常對於這種計算是令人滿意的。在第 13.7 節中開發的 $\hat{\phi}_i$ 的 (13.99) 式，適用於此處，但在計算 $\bar{q}_i$ 時使用了針對交互參數 a_{ij} 的稍微修正的組合規則。因此，(13.93) 式替換為：

$$a_{ij} = (1 - l_{ij})(a_i a_j)^{1/2} \tag{15.31}$$

必須從實驗數據中為每個 ij 對 ($i \neq j$) 找到附加的二成分相互作用參數 l_{ij}。按照慣例，$l_{ij} = l_{ji}$ 且 $l_{ii} = l_{jj} = 0$。

應用 (13.94) 式和 (13.92) 式中的 a 可以找到部分參數 $\bar{a}_i$：

$$\bar{a}_i = -a + 2\sum_j y_j a_{ji}$$

將此表達式代入 (13.101) 式，可得：

$$\bar{q}_i = q\left(\frac{2\sum_j y_j a_{ji}}{a} - \frac{b_i}{b}\right) \tag{15.32}$$

其中 b 與 q 由 (13.91) 式和 (13.90) 式給出。

對於在二成分系統中無限稀釋的物種 1，「混合物」是純物種 2。在這種情況下，由 (13.99) 式、(15.31) 式和 (15.32) 式可得 $\hat{\phi}_1^\infty$ 的表達式：

$$\ln \hat{\phi}_1^\infty = \frac{b_1}{b_2}(Z_2 - 1) - \ln(Z_2 - \beta_2) - q_2\left[2(1 - l_{12})\left(\frac{a_1}{a_2}\right)^{1/2} - \frac{b_1}{b_2}\right] I_2 \tag{15.33}$$

其中由 (13.72) 式，
$$I_2 = \frac{1}{\sigma - \epsilon} \ln \frac{Z_2 + \sigma\beta_2}{Z_2 + \epsilon\beta_2}$$

(15.33) 式與 (13.81) 式和 (13.83) 式結合使用，它們提供與特定 T 和 P 對應的 β_2 和 Z_2 值。

例如，考慮在 35℃ (308.15 K) 和最高 300 bar 時的壓力下，萘(1) 在二氧化碳(2) 中的溶解度的計算。嚴格來說，這不是固 / 汽平衡，因為 CO_2 的臨界溫度為 31.1℃，但是本節的發展仍然成立。

以 (15.30) 式為基礎，其中 $\hat{\phi}_1^\infty$ 是根據 (15.33) 式確定，而狀態方程式為 SRK。對於 35℃ 的固態萘，

$$P_1^{\rm sat} = 2.9 \times 10^{-4} \text{ bar} \qquad 且 \qquad V_1^s = 125 \text{ cm}^3\cdot\text{mol}^{-1}$$

(15.33) 式和 (13.83) 式在分配值 $\sigma = 1$ 和 $\varepsilon = 0$ 時成為 SRK 表達式。計算參數 a_1、a_2、b_1 和 b_2 需要 T_c、P_c 和 ω 的值，這些值可在附錄 B 中找到。因此由 (13.79) 式和 (13.80) 式可得：

$$a_1 = 7.299 \times 10^7 \text{ bar}\cdot\text{cm}^6\cdot\text{mol}^{-2} \qquad b_1 = 133.1 \text{ cm}^3\cdot\text{mol}^{-1}$$
$$a_2 = 3.664 \times 10^6 \text{ bar}\cdot\text{cm}^6\cdot\text{mol}^{-2} \qquad b_2 = 29.68 \text{ cm}^3\cdot\text{mol}^{-1}$$

由 (13.82) 式，
$$q_2 = \frac{a_2}{b_2RT} = 4.819$$

利用這些值，(15.33) 式、(13.81) 式和 (13.83) 式變為：

$$\ln\hat{\phi}_1^\infty = 4.485(Z_2 - 1) - \ln(Z_2 - \beta_2) + [21.61 - 43.02(1 - l_{12})]\ln\frac{Z_2 + \beta_2}{Z_2} \tag{A}$$

$$\beta_2 = 1.1585 \times 10^{-3}P \qquad (P/\text{bar}) \tag{B}$$

$$Z_2 = 1 + \beta_2 - 4.819\beta_2\frac{Z_2 - \beta_2}{Z_2(Z_2 + \beta_2)} \tag{C}$$

為了求得給定的 l_{12} 和 P 的 $\hat{\phi}_1^\infty$，首先要使用 (*B*) 式求 β_2，並求解 (*C*) 式的 Z_2。將這些值代入 (*A*) 式得到 $\hat{\phi}_1^\infty$。例如，對於 $P = 200$ bar 和 $l_{12} = 0$，由 (B) 式得到 $\beta_2 = 0.2317$，並求解 (*C*) 式產生 $Z_2 = 0.4426$。由 (*A*) 式，得到 $\hat{\phi}_1^\infty = 4.74 \times 10^{-5}$。這個小的值由 (15.30) 式可得到大的增強因子 F_1。

Tsekhanskaya 等人 [4] 發表萘在 35°C 和高壓下，在二氧化碳中的溶解度數據，如圖 15.6 中的圓圈所示。隨著壓力接近臨界值 (CO_2 為 73.83 bar)，溶解度的急劇增加是超臨界系統的典型特徵。為了進行比較，顯示在各種假設下基於 (15.28) 式和 (15.30) 式的計算結果。最低的曲線表示「理想溶解度」 $P_1^{\rm sat}/P$，增強因子 F_1 為 1。虛線曲線包含 Poynting 效應，這在較高壓力下很明顯。最上面的曲線包括 Poynting 效應及 $\hat{\phi}_1^\infty$，它是根據 (15.33) 式用 SRK 常數和 $l_{12} = 0$ 估算的；這種純預測性的結果捕獲數據的總體趨勢，但它高估高壓下的溶解度。數據的關聯式要求交互參數為非零值；l_{12} 值 $= 0.088$ 產生如圖 15.6 所示的半定量表示，如自上而下的第二條曲線。

4 Y. V. Tsekhanskaya, M. B. Iomtev, and E. V. Mushkina, *Russian J. Phys. Chem.*, vol. 38, pp. 1173–1176, 1964.

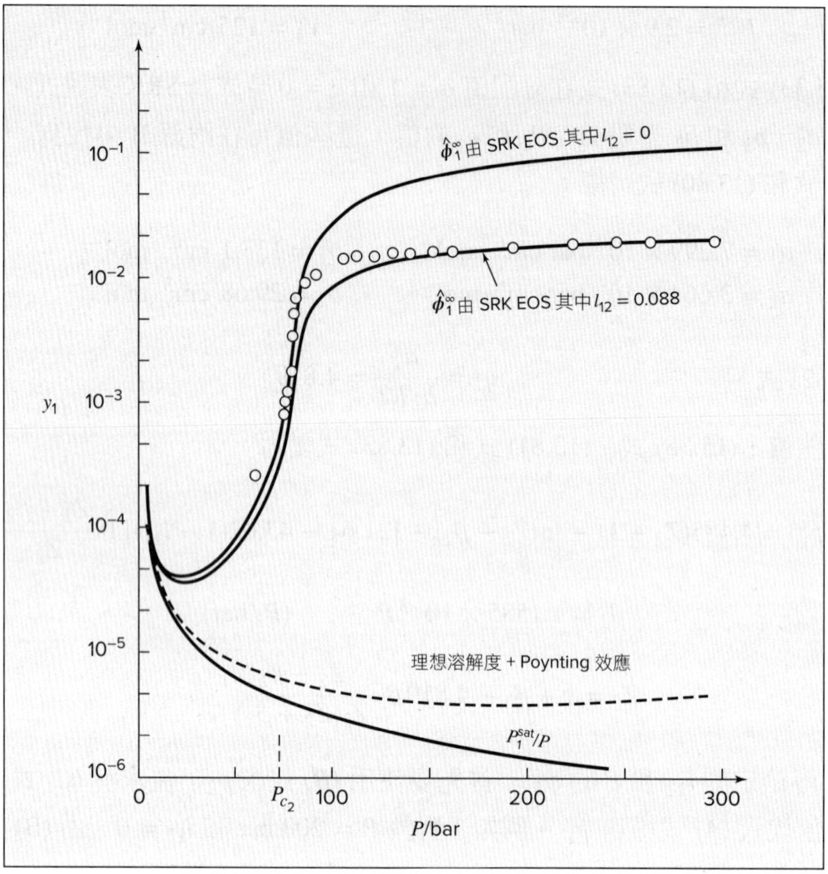

▶**圖 15.6** 在 35°C，萘(1) 在二氧化碳(2) 中的溶解度。圓圈是數據。在標記的各種假設下，根據 (15.28) 式和 (15.30) 式計算曲線。

15.5 氣體在固體上的平衡吸附

某些多孔固體將大量分子結合到其表面的程序稱為吸附，它不僅用作分離程序，而且還是催化反應過程的重要部分。作為分離程序，吸附最常用於從流體中去除低濃度雜質和污染物。它也是色譜的基礎。在表面催化反應中，第一步通常是反應物種的吸附；最後一步通常是反向程序，即產物物種的脫附。

由於大多數工業上重要的反應都是催化反應，因此吸附在反應工程中扮演根本性的作用。

吸附表面的性質是吸附的決定因素。為了用作**吸附劑** (adsorbent)，固體必須具有大的單位質量表面積 (高達每克 1500 平方公尺的比表面積並不少見)。這可以經由多孔固體來實現，例如活性炭、矽膠、氧化鋁、沸石和金屬有機框架 (MOF)，所有這些都包含許多直徑僅幾分之一奈米的空腔或孔。這種固體的表面在原子和分子的長度尺度上必然是不規則的，它們呈現出特別吸引分子吸附的**位點** (site)。如果這些位點彼此靠近，則被吸附的分子可能會彼此相互作用；如果它們充分分散，則吸附的分子可能僅與這些位點相互作用。取決於將它們結合到位點的力的強度，這些**被吸附** (adsorbate) 分子可以是移動的或固定在適當的位置。相對弱的靜電和凡得瓦相互作用有利於被吸附分子的遷移，並導致**物理吸附** (physical adsorption)。另一方面，更強的準化學力可以利用**化學吸附** (chemisorption) 作用將分子固定在表面上。儘管可以用幾種方式對吸附進行分類，但通常是物理吸附和化學吸附之間的區別。基於結合力的強度，這種劃分是藉由吸附熱的大小在實驗上觀察到的。

在氣體吸附中，吸附在固體表面上的分子數取決於氣相中的狀況。對於非常低的壓力，相對較少的分子被吸附，並且僅覆蓋固體表面的一小部分。當氣體壓力在給定溫度下增加時，表面覆蓋率會增加。當所有位點都被占據時，被吸附的分子稱為形成**單層** (monolayer)。壓力的進一步增加促進**多層** (multilayer) 吸附。在某些情況下，當空位保留在另一部分上時，多層吸附可能會在多孔固體的一部分上發生。

固體表面的複雜性，尤其是最受實際關注的高表面積多孔材料的複雜性，限制分子層次的吸附程序的理解。但是，它們並不能阻止對吸附平衡的精確熱力學描述的發展，該描述既適用於物理吸附，也適用於化學吸附，並且同樣適用於單層和多層吸附。熱力學架構獨立於材料行為的任何特定理論或經驗描述。但是在應用中，這樣的描述是必不可少的，有意義的結果需要適當的行為模型。

氣體 / 被吸附物平衡的熱力學處理在許多方面類似於汽 / 液平衡的熱力學處理。但是，熱力學方程式所適用的系統定義提出一個問題。固體吸附劑的力場會影響相鄰氣相的性質，但其作用會隨著距離的增加而迅速降低。因此，氣體的特性在固體的緊鄰區域急劇變化表面，但它們不會連續變化。存在變化區域，該變化區域包含氣體性質的梯度，但是無法精確地確定進入氣相的距離，此距離受固體的影響。

由 J. W. Gibbs 創立的結構可以避免此問題。想像一下，氣相性質沒有改變地延伸到固體表面。然後，可以將實際性質和未變性質之間的差異歸因於數學表面，將其視為具有自身熱力學性質的二維相。這不僅提供精確定義的表面相來說明界面區域的奇異點，還從三維氣相中提取它們，因此也可以對其進行精確處理。儘管受到其力場的影響，該固體仍被認為是惰性的，並且不參與氣體 / 被吸附物的平衡。因此，出於熱力學分析的目的，被吸附物被視為一個二維相，因為它與氣相處於平衡狀態，因此被視為開放系統。

(10.2) 式給出 PVT 開放系統的基本性質關係：

$$d(nG) = (nV)dP - (nS)dT + \sum_i \mu_i \, dn_i$$

對於二維相可以寫一個類似的方程式。主要的差異在於壓力和莫耳體積不是二維相的適當變數。用**散布壓力** (spreading pressure) Π 代替壓力，用**莫耳面積** (molar area) a 代替莫耳體積：

$$d(nG) = (na)d\Pi - (nS)dT + \sum_i \mu_i \, dn_i \qquad (15.34)$$

此方程式是根據單位質量 (通常為克或千克) 的固體吸附劑寫出的。因此，n 是**比** (specific) 吸附量，即每單位質量吸附劑的吸附物莫耳數。此外，面積 A 定義為比表面積，即**每單位質量吸附劑** (per unit mass of adsorbent) 的面積，特定吸附劑的數量。莫耳面積 $a \equiv A/n$ 為每莫耳被吸附物的表面積。

散布壓力是壓力的二維類比，類似於表面張力，具有每單位長度的力單位。可以將其表示為表面的平面上的力，必須垂直於邊緣的每個單位長度，以防止表面擴散，即使其保持機械平衡。無須直接進行實驗測量，必須進行計算，這使吸附相平衡的處理更加複雜化。

由於散布壓力增加一個額外的變數，因此氣體 / 被吸附物平衡的自由度數可由相律的變化形式求出。對於氣體 / 被吸附物平衡，$\pi = 2$；因此，

$$F = N - \pi + 3 = N - 2 + 3 = N + 1$$

因此，對於純物種的吸附，

$$F = 1 + 1 = 2$$

並且兩個相律變數，例如 T 和 P 或 T 和 n，必須獨立固定以建立平衡狀態。注意，惰性固相既不計為相，也不計為物種。

回憶一下吉布斯能量的求和關係，其關係式為 (10.8) 式和 (10.12) 式：

$$nG = \sum_i n_i \mu_i$$

微分可得：

$$d(nG) = \sum_i \mu_i \, dn_i + \sum_i n_i \, d\mu_i$$

與 (15.34) 式比較顯示：

$$(nS)dT - (na)d\Pi + \sum_i n_i \, d\mu_i = 0$$

或

$$SdT - ad\Pi + \sum_i x_i d\mu_i = 0$$

這是被吸附物的 Gibbs/Duhem 方程式。將其限制為恆溫會產生**吉布斯吸附等溫線** (Gibbs adsorption isotherm)：

$$-a\,d\Pi + \sum_i x_i\,d\mu_i = 0 \qquad (\text{恆溫 } T) \tag{15.35}$$

被吸附物和氣體之間的平衡條件假定兩相的溫度相同，並要求：

$$\mu_i = \mu_i^g$$

其中 μ_i^g 表示氣相化勢。對於平衡狀況的改變，

$$d\mu_i = d\mu_i^g$$

如果氣相是**理想氣體** (通常的假設)，則在恆定溫度下將 (10.29) 式微分可得：

$$d\mu_i^g = RT\,d\ln(y_i P)$$

將最後兩個方程式與吉布斯吸附等溫線結合起來，得到：

$$-\frac{a}{RT}d\Pi + d\ln P + \sum_i x_i\,d\ln y_i = 0 \qquad (\text{恆溫 } T) \tag{15.36}$$

其中 x_i 和 y_i 分別代表被吸附物與氣相莫耳分率。

純氣體吸附

純氣體吸附實驗研究的基礎是在 n 的恆溫下進行測量，n 是被吸附氣體的莫耳數，它是氣相壓力 P 的函數。每組數據代表純氣體在特定固體吸附劑上的**吸附等溫線** (adsorption isotherm)。Valenzuela 和 Myers 總結可用的數據。[5] 此類數據的相關性需要 n 與 P 之間的解析關係，並且這種關係應與 (15.36) 式一致。

對於純化學物種而言，此方程式變為：

$$\frac{a}{RT}d\Pi = d\ln P \ (\text{恆溫 } T) \tag{15.37}$$

被吸附物的壓縮係數類比由以下方程式定義：

$$z \equiv \frac{\Pi a}{RT} \tag{15.38}$$

在恆溫 T 下微分可得：

5 D. P. Valenzuela and A. L. Myers, *Adsorption Equilibrium Data Handbook*, Prentice Hall, Englewood Cliffs, NJ, 1989.

$$dz = \frac{\Pi}{RT}da + \frac{a}{RT}d\Pi$$

用 (15.37) 式代替最後一項，並根據 (15.38) 式 z/a 消去 Π/RT，得到：

$$-d\ln P = z\frac{da}{a} - dz$$

將 $a = A/n$ 和 $da = -Adn/n^2$ 代入得到：

$$-d\ln P = -z\frac{dn}{n} - dz$$

將 dn/n 加入方程式的兩邊並重新排列，

$$d\ln\frac{n}{P} = (1-z)\frac{dn}{n} - dz$$

從 $P = 0$ (其中 $n = 0$ 和 $z = 1$) 積分到 $P = P$ 和 $n = n$ 得到：

$$\ln\frac{n}{P} - \ln\lim_{P\to 0}\frac{n}{P} = \int_0^n (1-z)\frac{dn}{n} + 1 - z$$

當 $n \to 0$ 且 $P \to 0$ 時，n/P 的極限值必須由實驗數據外插求得。將 L'Hôpital 法則應用於此極限可得：

$$\lim_{P\to 0}\frac{n}{P} = \lim_{P\to 0}\frac{dn}{dP} \equiv k$$

因此，當 $P \to 0$ 時，k 被定義為等溫線的極限斜率，並且稱為吸附的亨利常數，它只是給定吸附劑和被吸附物的溫度的函數，並且是特定吸附劑和特定被吸附物之間相互作用的特徵。

因此，前面的方程式可以寫成：

$$\ln\frac{n}{kP} = \int_0^n (1-z)\frac{dn}{n} + 1 - z$$

或
$$n = kP\ \exp\left[\int_0^n (1-z)\frac{dn}{n} + 1 - z\right] \tag{15.39}$$

吸附的莫耳數 n 與氣相壓力 P，包括被吸附物可壓縮係數 z 之間的這種一般關係，可用吸附物的狀態方程式表示。最簡單的此類方程式是理想氣體類比 $z = 1$，在這種情況下，由 (15.39) 式可得 $n = kP$，這是吸附的亨利定律。

專門針對吸附物開發一種狀態方程式，稱為理想晶格氣體方程式：[6]

$$z = -\frac{m}{n}\ln\left(1 - \frac{n}{m}\right)$$

其中 m 是一個常數。此方程式基於以下假設：吸附劑的表面是能量等效位點的二維晶格，每個位點都可以結合被吸附物分子，並且結合的分子彼此不相互作用。 因此，此模式的成立僅限於單層覆蓋。將此式代入 (15.39) 式並積分，可得 **Langmuir 等溫線** (Langmuir isotherm)：[7]

$$n = \left(\frac{m-n}{m}\right)kP$$

求解 n 得到：

$$n = \frac{mP}{\frac{m}{k} + P} \tag{15.40}$$

或者，

$$n = \frac{kbP}{b + P} \tag{15.41}$$

其中 $b \equiv m/k$，k 是亨利常數。注意，當 $P \to 0$ 時，n/P 適當地接近 k。在另一種極端情況下，當 $P \to \infty$ 時，n 接近 m，即特定吸附量的飽和值，代表整個單層覆蓋。

基於與理想晶格氣體方程式相同的假設，Langmuir 在 1918 年推導 (15.40) 式，指出在平衡狀態下，氣體分子的吸附速率和脫附速率必須相同。[8] 對於單層吸附，位點的數量可分為占有分率 θ 和空缺分率 $1-\theta$。根據定義，

$$\theta \equiv \frac{n}{m} \qquad \text{且} \qquad 1-\theta = \frac{m-n}{m}$$

其中 m 是完整單層覆蓋的 n 值。在假定的條件下，吸附速率與分子撞擊表面上未被占據的位點的速率成正比，這又與壓力和未占據表面位點的分率 $1-\theta$ 成正比。脫附速率與位點的占據分率 θ 成正比。令兩個速率相等可得：

$$\kappa P\frac{m-n}{m} = \kappa'\frac{n}{m}$$

---

6 參見如 T. L. Hill, *An Introduction to Statistical Mechanics*, sec. 7–1, Addison-Wesley, Reading, MA, 1960, reprinted by Dover, 1987.

7 Irving Langmuir (1881-1957)，第二位獲得諾貝爾化學獎的美國人，因其在表面化學領域的貢獻而獲獎。參見 http://www.nobelprize.org/nobel_prizes/chemistry/laureates/1932/ and http://en.wikipedia.org/wiki/Irving_Langmuir。

8 I. Langmuir, *J. Am. Chem.* Soc., vol. 40, p. 1361, 1918.

其中 κ 和 κ' 是比例 (速率) 常數，求解 n 並重新排列可得：

$$n = \frac{\kappa m P}{\kappa P + \kappa'} = \frac{mP}{\frac{1}{K} + P}$$

其中 $K \equiv \kappa/\kappa'$ 是正向和反向吸附速率常數的比，是常規的吸附平衡常數。該方程式中的第二個等式等於 (15.40) 式，它表明吸附平衡常數等於亨利常數除以 m，即 $K = k/m$。

因為在低表面覆蓋率下可以滿足其假設，所以 Langmuir 等溫線始終在 $\theta \to 0$ 和 $n \to 0$ 時成立。即使這些假設在較高的表面覆蓋率下變得不切實際，Langmuir 等溫線可以為 n 與 P 數據提供近似的總體擬合；但是，它不會導致 m 的合理值。

將 $a = A/n$ 代入 (15.37) 式可得：

$$\frac{A\,d\Pi}{RT} = n\,d\ln P$$

在恆溫下從 $P = 0$ (其中 $\Pi = 0$) 積分到 $P = P$ 和 $\Pi = \Pi$ 得到：

$$\frac{\Pi A}{RT} = \int_0^P \frac{n}{P} dP \tag{15.42}$$

此方程式是估算散布壓力的唯一方法。可以將實驗數據藉由數值或圖形進行積分，也可以將數據擬合為等溫線的方程式。例如，如果被積分項 n/P 由 (15.41) 式給出 Langmuir 等溫線，則：

$$\frac{\Pi A}{RT} = kb \ln \frac{P + b}{b} \tag{15.43}$$

對 $n \to 0$ 成立的方程式。

尚無導致吸附等溫線的狀態方程式，該等溫線通常適合從零到完全單層覆蓋整個 n 範圍內的實驗數據。可以實際使用的等溫線通常是 Langmuir 等溫線的三參數經驗擴展。以 Toth 方程式舉例如下：[9]

$$n = \frac{mP}{(b + P^t)^{1/t}} \tag{15.44}$$

它將指數 (t) 加入成為第三個參數，且於 $t = 1$ 時簡化為 Langmuir 方程式。當 (15.42) 式的被積分項由 Toth 方程式和大多數其他三參數方程式表示時，其積

9 J. Toth, *Adsorption. Theory, Modelling, and Analysis*, Dekker, New York, 2002.

分需要數值方法。而且這些方程式的經驗元素經常引入奇異性，這使得它們在 $P \to 0$ 的極限內表現不正確。因此，對於 Toth 方程式 ($t < 1$)，二階導數 d^2n/dP^2 在此極限下趨近於 $-\infty$，從而得出該公式計算的亨利常數太大。然而，Toth 方程式經常實際用作吸附等溫線。但這種方法並不一定合適，正如 Suzuki 所討論的，還使用了許多其他吸附等溫線。[10] 其中，Freundlich 方程式，

$$\theta = \frac{n}{m} = \alpha P^{1/\beta} \qquad (\beta > 1) \tag{15.45}$$

是兩參數 (α 和 β) 等溫線，通常可以成功地使 θ 的中低值實驗數據產生關聯。

例 15.8

Nakahara 等人[11] 發表吸附在 50°C 的碳分子篩 ($A = 650\ m^2 \cdot g^{-1}$) 上的乙烯的數據。這些數據在圖 15.7 中以實心圓表示，由成對的值 (P, n) 組成，其中 P 是平衡氣體壓力，單位為 kPa，n 是每千克吸附劑的被吸附物莫耳數。數據顯示的趨勢是在低至中等表面覆蓋率下在異質吸附劑上進行物理吸附的典型趨勢，使用這些數據以數值方法說明純氣體吸附的概念。

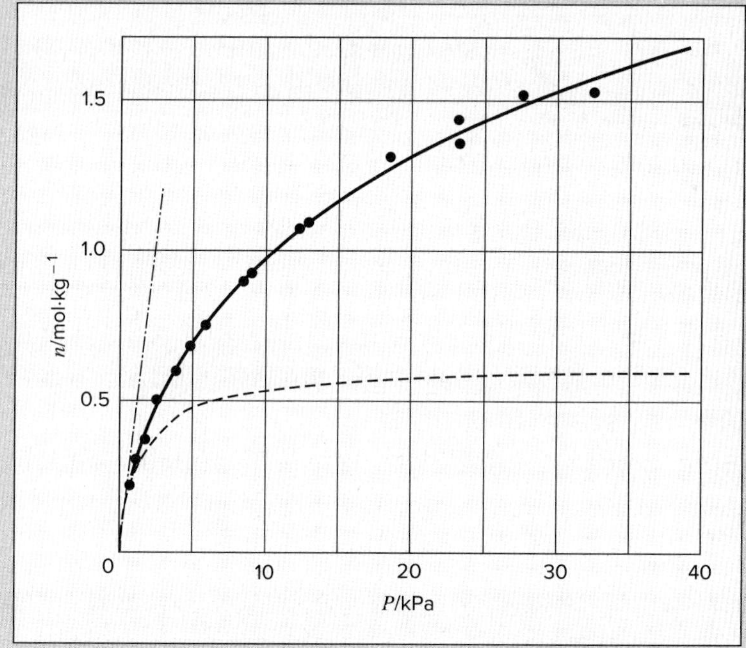

▶圖 15.7 在 50°C 的碳分子篩上乙烯的吸附等溫線。
說明：• 實驗數據；-•-•-• 亨利定律；——— Toth 方程式；
--- Langmuir 方程式 $n \to 0$

10 M. Suzuki, *Adsorption Engineering*, pp. 35–51, Elsevier, Amsterdam, 1990.

11 T. Nakahara, M. Hirata, and H. Mori, *J. Chem. Eng. Data*, vol. 27, pp. 317–320, 1982.

解

圖 15.7 中的實線表示藉由 (15.44) 式的 Toth 方程式與數據的曲線擬合，其參數值由 Valenzuela 和 Myers (同上) 提出：

$$m = 4.7087 \qquad b = 2.1941 \qquad t = 0.3984$$

這些意味著亨利常數的表觀值：

$$k(\text{Toth}) = \lim_{P\to\infty}\frac{n}{P} = \frac{m}{b^{1/t}} = 0.6551\ \text{mol·kg}^{-1}\text{·kPa}^{-1}$$

正如所顯示的，儘管擬合的整體品質非常好，但是我們將證明亨利常數的值太大。

當 n/P (而不是 n) 被認為是因變數，而 n (而不是 P) 是自變數時，則有助於從吸附等溫線中提取亨利常數。以這種形式繪製的數據如圖 15.8 所示。在此圖上，亨利常數是外插的截距：

$$k = \lim_{P\to 0}\frac{n}{P} = \lim_{n\to 0}\frac{n}{P}$$

其中第二個等式遵循第一個等式，因為當 $P \to 0$ 時 $n \to 0$。在這種情況下，利用 n 的三次多項式擬合所有 n/P 數據，對截距 (並因此對 k) 進行估算：

$$\frac{n}{P} = C_0 + C_1 n + C_2 n^2 + C_3 n^3$$

估算的參數為：

$$C_0 = 0.4016 \qquad C_1 = -0.6471 \qquad C_2 = -0.4567 \qquad C_3 = -0.1200$$

因此，

$$k = C_0 = 0.4016\ \text{mol·kg}^{-1}\text{·kPa}^{-1}$$

將 n/P 以三次多項式表示，在圖 15.8 中顯示為實線，外插截距 ($C_0 = k = 0.4016$) 用空心圓表示。為了進行比較，虛線是由 Toth 方程式給出的 n/P 曲線的低 n 部分。顯然在此圖中外插截距 k (Toth) 太高，這個數字超出比例。Toth 方程式無法在 n 或 P 的極低值下提供準確的吸附行為。

另一方面，Langmuir 方程式適用於夠小的 n 或 P。將 (15.41) 式重新排列可得：

$$\frac{n}{P} = k - \frac{1}{b}n$$

這顯示 Langmuir 方程式意味著 n/P 隨 n 線性變化。因此，在 nP 對 n 的關係圖中，與「真實」等溫線的極限切線表示小 n 情況下等溫線的 Langmuir 近似值，如圖 15.7 和圖 15.8 中的虛線所示，其方程式為：

$$\frac{n}{P} = 0.4016 - 0.6471n$$

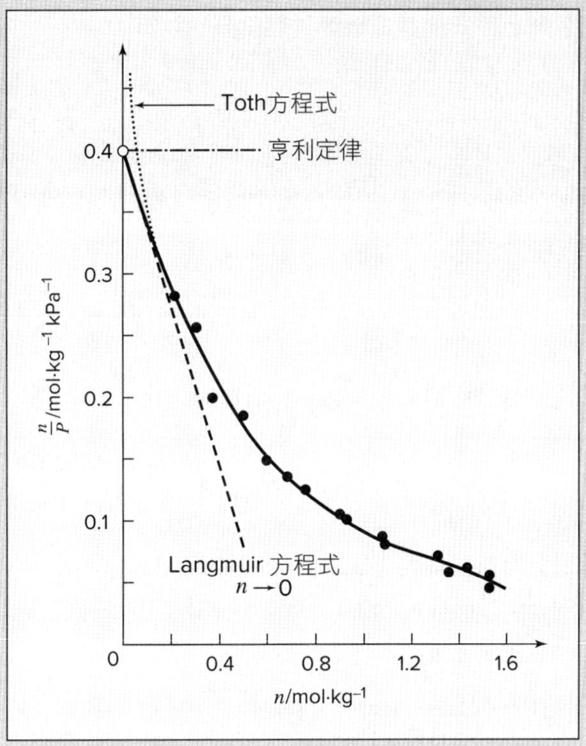

▶**圖 15.8** 在 50°C，碳分子篩上乙烯的 n/P 對 n 的圖。
說明：• 實驗數據；——— n/P 對 n 的三次多項式擬合；- - - - - Langmuir 方程式 $n \to 0$；·········· 亨利定律；–·–·–·– 小 n 的 Toth 方程式

或等效地

$$n = \frac{0.6206P}{1.5454 + P}$$

圖 15.7 和圖 15.8 顯示，亨利定律 (由點線表示) 和 Langmuir 方程式的極限形式在此例中分別提供實際等溫線的上限與下限。當擬合所有實驗數據時，Langmuir 等溫線會在圖 15.7 中產生一條曲線 (未顯示)，該曲線與數據相當符合，但不如三參數 Toth 表達式。

單物種吸附數據的經驗關聯式既不需要散布壓力也不需要吸附狀態方程式。然而，一組 (n, P) 數據暗示吸附相的狀態方程式，因此暗示散布壓力 Π 和吸附的莫耳之間的關係。由 (15.42) 式，

$$\frac{\Pi A}{RT} = \int_0^P \frac{n}{P} dP = \int_0^n \frac{n}{P} \frac{dP}{dn} dn$$

(15.38) 式可寫成：

$$z = \frac{\Pi A}{nRT}$$

因此，

$$z = \frac{1}{n} \int_0^P \frac{n}{P} dP = \frac{1}{n} \int_0^n \frac{n}{P} \frac{dP}{dn} dn$$

求解 z 和 Π 的數值取決於對積分的計算：

$$I \equiv \int_0^P \frac{n}{P} dP = \int_0^n \frac{n}{P} \frac{dP}{dn} dn$$

形式的選擇取決於 P 或 n 何者是自變數。Toth 方程式將被積分項 n/P 作為 P 的函數，因此：

$$I(\text{Toth}) = \int_0^P \frac{m dP}{(b + P^t)^{1/t}}$$

三次多項式將 n/P 作為 n 的函數，因此，

$$I(\text{立方}) = \int_0^n \left(\frac{C_0 - C_2 n^2 - 2C_3 n^3}{C_0 + C_1 n + C_2 n^2 + C_3 n^3} \right) dn$$

可利用這兩個表達式計算 $z(n)$ 和 $\Pi(n)$，作為本例中呈現的關聯式的結果。因此，對於 $n = 1\ \text{mol·kg}^{-1}$ 和 $A = 650\ \text{m}^2\text{·g}^{-1}$，Toth 方程式和三次多項方程式均得到 $z = 1.69$。根據這個結果，

$$\Pi = \frac{nRT}{A} z = \frac{1\ \text{mol·kg}^{-1} \times 83.14\ \text{cm}^3\text{·bar·mol}^{-1}\text{·K}^{-1} \times 323.15\ \text{K}}{650{,}000\ \text{m}^2\text{·kg}^{-1}}$$
$$\times\ 1.69 \times 10^{-6} \text{m}^3\text{·cm}^{-3} \times 10^5 \text{N·m}^{-2}\text{·bar}^{-1}$$
$$= 6.99 \times 10^{-3}\ \text{N·m}^{-1} = 6.99\ \text{mN·m}^{-1} = 6.99\ \text{dyn·cm}^{-1}$$

吸附劑的吸附能力直接取決於其比表面積 A，但是確定這些大的值並不是一件容易的事。此方法由吸附程序本身提供。基本觀念是測量在完全單層覆蓋下吸附的氣體量，並將吸附的分子數乘以單一分子所占的面積。這個程序有兩個困難：首先是檢測完整單層覆蓋點的問題；其次，我們發現不同的氣體作為被吸附物，測量面積是不同的。第二種問題通常採用氮氣作為標準被吸附物來解決。該程序是在壓力不超過其蒸汽壓 l(atm) 下，測量 N_2 在其正常沸點 (−195.8°C) 下的 (物理) 吸附。結果是一條曲線，最初在低 P 時看起來如圖 15.7 所示。當單層覆蓋幾乎完成時，多層吸附開始，曲線改變方向，隨著壓力的增加，n 會更快地增加。最後，當壓力接近 l(atm)(N_2 被吸附物的蒸汽壓) 時，由於吸附劑孔隙中的凝結，曲線變得幾乎垂直。問題在於確定曲線上代表完整單層覆蓋的點。通常的程序是將 Brunauer/Emmett/Teller (BET) 方程式 (即 Langmuir 等溫線到多層吸附的兩參數擴展) 擬合為 n 對 P 數據。由此可以確定 m 的值。[12] 一旦知道 m，

12 J. M. Smith, *Chemical Kinetics*, 3d ed., sec. 8–1, McGraw-Hill, New York, 1981.

再乘以亞佛加厥數，並乘以一個被吸附的 N_2 分子 (16.2 Å^2) 所占的面積即可得出表面積。此方法具有不確定性，特別是對於其孔中可能含有未吸附分子的分子篩而言，但它是描述和比較吸附容量的有用且廣泛使用的工具。

吸附熱

關於純化學物質相變潛熱的第 6.5 節 Clapeyron 方程式，也適用於純氣體吸附平衡。但是，這裡的兩相平衡壓力不僅取決於溫度，而且取決於表面覆蓋率或吸附量，因此吸附的類比方程式可寫為：

$$\left(\frac{\partial P}{\partial T}\right)_n = \frac{\Delta H^{av}}{T\Delta V^{av}} \tag{15.46}$$

其中下標 n 表示導數是在恆定的吸附量下計算；上標 av 表示**脫附** (desorption) 的性質變化，即汽相和吸附相性質之間的差。$\Delta H^{av} \equiv H^{v} - H^{a}$ 定義為**等位吸附熱** (isosteric heat of adsorption)，通常為正數。[13] 吸附熱是指示吸附分子與吸附劑表面結合力強度的有用指標，因此，它的大小通常可以用來區分物理吸附和化學吸附。

吸附熱隨表面覆蓋率的變化，以大多數固體表面的高能異質性為基礎。要占據表面上的第一個位點，是那些最強烈地吸引被吸附分子且具有最大能量放的位點。因此，吸附熱通常隨表面覆蓋率而降低。一旦所有位點都被占據並且開始多層吸附，主導力就變成被吸附物分子之間的力，對於次臨界物質，吸附熱的降低接近汽化熱。

在推導 Langmuir 等溫線時，假定所有吸附位點的能量相等，這意味著吸附熱與表面覆蓋率無關。這部分解釋 Langmuir 等溫線無法在廣泛的表面覆蓋範圍內提供與大多數實驗數據的緊密擬合。Freundlich 等溫線 (15.45) 式表示吸附熱隨表面覆蓋率呈對數下降。

如同 Clausius/Clapeyron 方程式的發展 (例 6.6)，如果在低壓條件下，假設氣相是理想的，並且被吸附物的體積與氣相體積相比可忽略不計，則 (15.46) 式變為：

$$\left(\frac{\partial \ln P}{\partial T}\right)_n = \frac{\Delta H^{av}}{RT^2} \tag{15.47}$$

---

13 也使用其他定義不同的吸附熱，但等排熱是最常見的，它是吸附塔上進行能量平衡所需的熱量。

應用此方程式需要在多個溫度下測量等溫線，例如圖 15.7 中 50°C 的等溫線。交叉繪圖可得出恆定 n 下 P 與 T 關係的集合，從中可以獲得 (15.47) 式的偏導數的值。對於化學吸附，ΔH^{av} 值通常在 60 到 170 kJ·mol^{-1} 之間。對於物理吸附則較小。例如，在非常低的覆蓋率下，氮和正丁烷在 5A 沸石上的物理吸附的測量值分別為 18.0 與 43.1 kJ·mol^{-1}。[14]

混合氣體吸附

混合氣體吸附的處理類似於 VLE 的 γ/φ 公式 (第 13.2 節)。用上標 g 表示氣相性質，重寫定義逸壓的 (10.31) 式和 (10.46) 式：

$G_i^g = \Gamma_i^g(T) + RT \ln f_i^g$ (15.48)	$\mu_i^g = \Gamma_i^g(T) + RT \ln \hat{f}_i^g$ (15.49)

注意，根據 (10.32) 式和 (10.53) 式：

$$\lim_{P\to 0} \frac{f_i^g}{P} = 1 \qquad \text{且} \qquad \lim_{P\to 0} \frac{\hat{f}_i^g}{y_i P} = 1$$

對於被吸附物，類似的方程式為：

$G_i = \Gamma_i(T) + RT \ln f_i$ (15.50)	$\mu_i = \Gamma_i(T) + RT \ln \hat{f}_i$ (15.51)

其中
$$\lim_{\Pi\to 0} \frac{f_i}{\Pi} = 1 \qquad \text{且} \qquad \lim_{\Pi\to 0} \frac{\hat{f}_i}{x_i \Pi} = 1$$

對於純氣體 / 被吸附物的平衡，可以令吉布斯能量 (15.48) 式和 (15.50) 式相等：

$$\Gamma_i^g(T) + RT \ln f_i^g = \Gamma_i(T) + RT \ln f_i$$

整理可得：

$$\frac{f_i}{f_i^g} = \exp\left[\frac{\Gamma_i^g(T) + \Gamma_i(T)}{RT}\right] \equiv F_i(T) \tag{15.52}$$

當 P 和 Π 都趨近於零時，f_i / f_i^g 的極限值可用於估算 $F_i(T)$：

14 N. Hashimoto and J. M. Smith, *Ind. Eng. Chem. Fund.*, vol. 12, p. 353, 1973.

$$\lim_{\substack{P\to 0\\ \Pi\to 0}} \frac{f_i}{f_i^g} = \lim_{\substack{P\to 0\\ \Pi\to 0}} \frac{\Pi}{P} = \lim_{\substack{n_i\to 0\\ P\to 0}} \frac{n_i}{P} \lim_{\substack{\Pi\to 0\\ n_i\to 0}} \frac{\Pi}{n_i}$$

最後一項的第一個極限是亨利常數 k_i；第二個極限可由 (15.48) 式求出，寫成 $\Pi/n_i = z_i RT/A$；因此，

$$\lim_{\substack{\Pi\to 0\\ n_i\to 0}} \frac{\Pi}{n_i} = \frac{RT}{A}$$

結合 (15.52) 式，由這些方程式可得：

$F_i(T) = \dfrac{k_i RT}{A}$ (15.53)	$f_i = \dfrac{k_i RT}{A} f_i^g$ (15.54)

同理，令 (15.49) 式和 (15.51) 式相等可得：

$$\Gamma_i^g(T) + RT \ln \hat{f}_i^g = \Gamma_i(T) + RT \ln \hat{f}_i$$

因此
$$\frac{\hat{f}_i}{\hat{f}_i^g} = \exp\left[\frac{\Gamma_i^g(T) + \Gamma_i(T)}{RT}\right] \equiv F_i(T)$$

然後由 (15.53) 式，可得
$$\hat{f}_i = \frac{k_i RT}{A} \hat{f}_i^g \tag{15.55}$$

這些方程式表明，逸壓相等不是氣體 / 被吸附物平衡的適當準則。從以下事實也可以看出這一點：氣相逸壓的單位是壓力的單位，而被吸附物逸壓的單位是散布壓力的單位。在大多數應用中，逸壓以比率顯示，而係數 $k_i\ RT/A$ 抵消。然而，指出化勢相等而不是逸壓相等是相平衡的基本準則是有啟發性的。

混合氣體被吸附物的組成物種的活性係數可由以下方程式定義：

$$\gamma_i \equiv \frac{\hat{f}_i}{x_i f_i^\circ}$$

其中 $\hat{f}_i$ 和 $\hat{f}_i^\circ$ 在相同的 T 和散布壓力 Π 下估算。度符號 (°) 表示在混合物的散佈壓力下純 i 的平衡吸附值。用 (15.54) 式和 (15.55) 式替換逸壓得到：

$$\gamma_i = \frac{\hat{f}_i^g(P)}{x_i f_i^g(P_i^\circ)}$$

在括號中所示的壓力下計算逸壓，其中 P 是平衡混合氣體壓力，P_i° 是產生相同散布壓力的平衡純氣體壓力。如果消去氣相逸壓而改為逸度係數

[(10.34) 式和 (10.52) 式]，則：

$$\gamma_i = \frac{y_i \hat{\phi}_i P}{x_i \phi_i P_i^\circ} \tag{15.56}$$

或

$$y_i \hat{\phi}_i P = x_i \phi_i P_i^\circ \gamma_i$$

通常假設氣相是理想的；逸壓係數則為 1：

$$y_i P = x_i P_i^\circ \gamma_i \tag{15.57}$$

這些方程式提供根據混合氣體吸附數據計算活性係數的方法；或者，如果可以預測 γ_i 值，則可以計算出被吸附物組成。特別是如果混合氣體被吸附物形成理想溶液，則 $\gamma = 1$，得出的方程式是拉午耳定律的吸附類比：

$$y_i P = x_i P_i^\circ \tag{15.58}$$

當 $P \to 0$，且在亨利定律為適當近似的壓力範圍內，上式成立。

(15.42) 式不僅適用於純氣體吸附，而且適用於恆定組成氣體混合物的吸附。在亨利定律成立的情況下應用，可得：

$$\frac{\Pi A}{RT} = kP \tag{15.59}$$

其中 k 是混合氣體亨利常數。在相同的散布壓力下，對於純物種 i 的吸附，上式變為：

$$\frac{\Pi A}{RT} = k_i P_i^\circ$$

將這兩式與 (15.58) 式結合可以得到：

$$y_i k_i = x_i k$$

對所有 i 求和，

$$k = \sum_i y_i k_i \tag{15.60}$$

在這兩個方程式之間消去 k 可得：

$$x_i = \frac{y_i k_i}{\sum_i y_i k_i} \tag{15.61}$$

這個僅需要純氣體吸附數據的簡單方程式，提供當 $P \to 0$ 時的被吸附物組成。

對於理想吸附溶液，類比於 (10.81) 式的體積，

$$a = \sum_i x_i a_i^\circ$$

其中，a 是混合氣體被吸附物的莫耳面積，a_i° 是在相同溫度和散布壓力下純氣體被吸附物的莫耳面積。因為 $a = A/n$ 且 $a_i^\circ = A/n_i^\circ$，這個方程式可以寫成：

$$\frac{1}{n} = \sum_i \frac{x_i}{n_i^\circ}$$

或

$$n = \frac{1}{\sum_i (x_i/n_i^\circ)} \tag{15.62}$$

其中，n 是混合氣體吸附物的特定數量，n_i° 是在相同散布壓力下純 i 吸附物的特定數量。**混合氣體被吸附物** (mixed-gas adsorbate) 中物種 i 的數量當然為 $n_i = x_i n$。

理想吸附溶液理論 (ideal-adsorbed-solution theory)[15] 對混合氣體吸附平衡的預測是基於 (15.58) 式和 (15.62) 式。以下是該程序的簡要概述。由於有 $N+1$ 個自由度，因此 T 和 P 及氣相組成都必須被指定。溶液用於被吸附物的組成和特定的吸附量。在從零到產生混合氣體被吸附物散布壓力的值的壓力範圍內，必須知道每種純物種的吸附等溫線。為了說明，我們假設 (15.41) 式，Langmuir 等溫線，適用於每個純物種，並寫成：

$$n_i^\circ = \frac{k_i b_i P_i^\circ}{b_i + P_i^\circ} \tag{A}$$

(15.43) 式的反函數提供 P_i° 的表達式，其產生的 P_i° 值對應於混合氣體被吸附物的散布壓力：

$$P_i^\circ = b_i\left(\exp\frac{\psi}{k_i b_i} - 1\right) \tag{B}$$

其中

$$\psi \equiv \frac{\Pi A}{RT}$$

以下步驟構成一個求解程序：

- 從亨利定律方程式中可以找到 ψ 的初始估計。將 ψ 的定義與 (15.59) 式和 (15.60) 式結合可得：

15 A. L. Myers and J. M. Prausnitz, *AIChE J.*, vol. 11, pp. 121–127, 1965; D. P. Valenzuela and A. L. Myers, *op. cit.*

$$\psi = P\sum_i y_i k_i$$

- 利用 ψ 的估計值，利用 (B) 式計算每個物種 i 的 P_i°，利用 (A) 式計算每個物種 i 的 n_i°。
- 可以證明 ψ 中的誤差近似為：

$$\delta\psi = \frac{P\sum_i \frac{y_i}{P_i^\circ} - 1}{P\sum_i \frac{y_i}{P_i^\circ n_i^\circ}}$$

此外，隨著 $\delta\psi$ 的減小，近似值變得越來越精確。如果 $\delta\psi$ 小於某個預設公差 (如 $\delta\psi < \psi \times 10^{-7}$)，則計算進入最後一步； 如果不是，則確定新值 $\psi = \psi + \delta\psi$，計算返回上一步驟。

- 利用 (15.58) 式計算每個物種 i 的 x_i：

$$x_i = \frac{y_i P}{P_i^\circ}$$

利用 (15.62) 式計算吸收的特定量。

使用 Langmuir 等溫線會讓該計算方案看起來非常簡單，因為可以直接求解 P_i°(步驟 2)。但大多數吸附等溫線的方程式較難處理，並且此計算必須以數值方式進行。這將顯著增加計算工作，而不會更改一般程序。

當特定吸附量小於單層覆蓋的飽和度值的三分之一時，利用理想吸附溶液理論進行的吸附平衡預測通常令人滿意。在較高的吸附量下，由於被吸附物分子大小的差異和吸附劑的異質性，會導致理想狀態產生明顯的負偏差，然後必須求助於 (15.57) 式。困難在於獲得活性係數的值，活性係數的值是散布壓力和溫度的強函數。這與液相的活性係數形成對比，液相的活性係數在大多數應用中對壓力不敏感。Talu 等人對該主題進行研究。[16]

15.6 滲透平衡和滲透壓

地球上大部分的水都以海水的形式存在於海洋中。在某些地區，這是作為公共和商業用途的淡水最終來源。海水轉化為淡水需要從含有溶解的溶質物種的水溶液中分離出或多或少的純淨水。從前這是藉由蒸餾實現的，但是近年來

16 O. Talu, J. Li, and A. L. Myers, *Adsorption*, vol. 1, pp. 103–112, 1995.

反滲透 (reverse osmosis) 的方法已經超過蒸餾，並且全世界大多數海水淡化能力都包括反滲透設施。對滲透分離的理解核心是滲透平衡和滲透壓的概念，這是本節的主題。

考慮圖 15.9 所示的理想物理情況。腔室由剛性的半透性隔板 (膜) 分為兩個隔室。左隔室包含二成分溶質(l) / 溶劑(2) 混合液，右隔室包含純溶劑；隔板僅可滲透溶劑 2。溫度始終一致且恆定，但是可移動的活塞允許獨立調節兩個隔室中的壓力。

假設兩個隔室中的壓力相同：$P' = P$。這意味著唯一的分布物種 (溶劑) 的逸壓 $\hat{f}_2$ 不等式，可由 (15.2) 式得知，

$$\frac{d\hat{f}_2}{dx_2} > 0 \qquad (\text{恆溫 } T\text{、恆壓 } P)$$

意思是

$$\hat{f}_2(T, P' = P, x_2 < 1) < \hat{f}_2(T, P, x_2 = 1) \equiv f_2(T, P)$$

因此，如果 $P' = P$，則左室中的溶劑逸壓小於右室中的溶劑逸壓。溶劑逸壓的差表示質傳的驅動力，溶劑從右向左擴散通過隔板。

當壓力 P' 增加到適當值 P^* 時建立平衡，使得

$$\hat{f}_2(T, P' = P^*, x_2 < 1) = f_2(T, P)$$

壓力差 $\Pi \equiv P^* - P$ 是溶液的**滲透壓** (osmotic pressure)，由物種 2 的平衡方程式隱式定義，縮寫為：

$$\hat{f}_2(P + \Pi, x_2) = f_2(P) \tag{15.63}$$

(15.63) 式是開發滲透壓 Π 的明確表達式的基礎。利用下列恆等式：

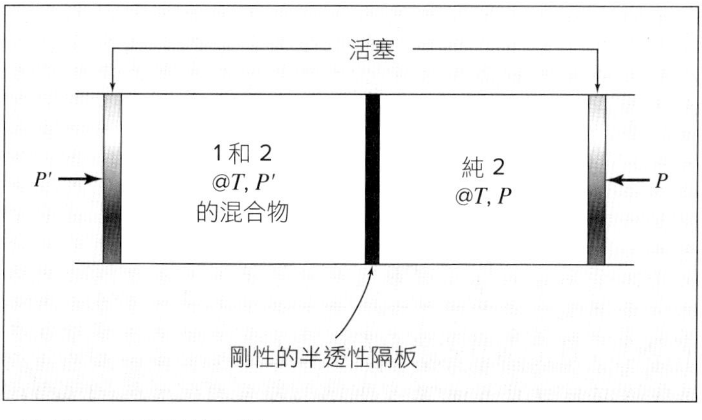

▶圖 15.9 理想的滲透系統。

$$\hat{f}_2(P+\Pi, x_2) \equiv f_2(P) \cdot \frac{\hat{f}_2(P, x_2)}{f_2(P)} \cdot \frac{\hat{f}_2(P+\Pi, x_2)}{\hat{f}_2(P, x_2)} \tag{15.64}$$

由 (13.2) 式可知，右邊的第一個比為：

$$\frac{\hat{f}_2(P, x_2)}{f_2(P)} = x_2\gamma_2$$

其中 γ_2 是混合物在壓力 P 下溶劑的活性係數。第二個比是 Poynting 因子，在此表示壓力對溶液中物種的逸壓的影響。可以從 (10.46) 式輕鬆求得此因子的表達式：

$$\left(\frac{\partial \ln \hat{f}_i}{\partial P}\right)_{T,x} = \frac{1}{RT}\left(\frac{\partial \mu_i}{\partial P}\right)_{T,x}$$

由 (10.18) 式和 (10.8) 式，
$$\left(\frac{\partial \mu_i}{\partial P}\right)_{T,x} = \bar{V}_i$$

因此，對於溶劑物種 2，
$$\left(\frac{\partial \ln \hat{f}_2}{\partial P}\right)_{T,x} = \frac{\bar{V}_2}{RT}$$

因此，
$$\frac{\hat{f}_2(P+\Pi, x_2)}{\hat{f}_2(P, x_2)} = \exp\int_P^{P+\Pi} \frac{\bar{V}_2}{RT} dP$$

(15.64) 式因此變為：

$$\hat{f}(P+\Pi, x_2) = x_2\gamma_2\, f_2(P) \exp\int_P^{P+\Pi} \frac{\bar{V}_2}{RT} dP$$

結合 (15.63) 式可得：

$$x_2\gamma_2 \exp\int_P^{P+\Pi} \frac{\bar{V}_2}{RT} dP = 1$$

或
$$\boxed{\int_P^{P+\Pi} \frac{\bar{V}_2}{RT} dP = -\ln(x_2\gamma_2)} \tag{15.65}$$

(15.65) 式是精確的；Π 的運算式遵循有理逼近。

如果我們忽略壓力對 $\bar{V}_2$ 的影響，則積分變為 $\Pi\bar{V}_2/RT$。求解 Π 得到：

$$\Pi = -\frac{RT}{\bar{V}_2}\ln(x_2\gamma_2) \tag{15.66}$$

此外，若溶液中的溶質 1 充分稀釋，則

$$\bar{V}_2 \approx V_2 \qquad \gamma_2 \approx 1 \qquad \text{且} \qquad \ln(x_2\gamma_2) \approx \ln(1 - x_1) \approx -x_1$$

利用這些近似，(15.66) 式變為：

$$\Pi = \frac{x_1 RT}{V_2} \tag{15.67}$$

(15.67) 式稱為 van't Hoff 公式。[17]

當物種 1 是非電解質時，(15.65) 式成立。 如果溶質是含有 m 離子的強 (完全解離) 電解質，則右邊為：

$$-\ln\left(x_2^m \gamma_2\right)$$

而 van't Hoff 方程式變成：

$$\Pi = \frac{m x_1 RT}{V_2}$$

即使對於非常稀釋的溶液，滲透壓也可能很大。考慮在 25°C 含有莫耳分率 $x_1 = 0.001$ 的非電解質溶質物種的水溶液，則：

$$\Pi = 0.001 \times \frac{1}{18.02}\frac{\text{mol}}{\text{cm}^3} \times 83.14\frac{\text{bar}\cdot\text{cm}^3}{\text{mol}\cdot\text{K}} \times 298.15\ \text{K} = 1.38\ \text{bar}$$

參考圖 15.9，這意味著對於純溶劑壓力 $P = 1$ bar，溶液上的壓力 P' 必須為 2.38 bar，以防止溶劑從右向左擴散，即建立**滲透平衡** (osmotic equilibrium)。[18] 壓力 P' 大於此值，使：

$$\hat{f}_2(P', x_2) > f_2(P)$$

並且存在將水 (溶劑) 從左向右傳遞的驅動力。該觀察結果是反滲透程序的動機，其中藉由施加足夠的壓力來提供溶劑 (通常為水) 與溶液的分離，以提供溶劑通過膜傳遞所需的驅動力，而該膜僅對溶劑具有滲透性。最小壓力差 (溶液壓力對純溶劑壓力) 是滲透壓 Π。

17 Jacobus Henricus van't Hoff (1852–1911)，荷蘭化學家，於 1901 年獲得第一屆諾貝爾化學獎。參見 http://www.nobelprize.org/nobel_prizes/chemistry/laureates/1901/ and http://en.wikipedia.org/wiki/Jacobus_Henricus_van_'t_Hoff.

18 注意，與傳統的相平衡不同，由於剛性的半滲透性隔膜施加特殊的約束，因此滲透平衡的壓力是不相等的。

在實用上，明顯大於 Π 的壓差用於驅動反滲透。例如，海水的滲透壓約為 25 bar，但採用 50 到 80 bar 的工作壓力以提高淡水的回收率。這種分離的特徵在於，它們僅需要機械動力即可將溶液泵送到適當的壓力水平。這與蒸餾形成對比，在蒸餾中，蒸汽是通常的能源。Perry 和 Green 對反滲透進行簡要概述。[19]

15.7 概要

在研究本章 (包括章末習題) 後，我們應該能夠：

- 了解並解釋 LLE、VLLE、SLE 和 SVE 相圖。
- 應用均勻相穩定性的準則，確定特定過剩吉布斯能量模式描述的液體混合物，是否會針對特定的整體組成分成多個相。
- 使用活性係數模式描述兩種液相，來求解二成分 LLE 問題。
- 評估特定的過剩吉布斯能量模式能否預測 LLE，如果可以，則預測參數值的範圍。
- 使用純物種蒸汽壓數據，對於具有 VLLE 的兩種不互溶液體的系統，建構 *Txy* 相圖。
- 對於二成分 SLE 的極限情況，建構 *Txz* 圖，其中液相形成理想溶液而固體 (I) 形成理想溶液或 (II) 包含兩個純成分。
- 分析與高壓蒸汽或超臨界流體相平衡的純成分固體的 SVE，以估計固體的溶解度。
- 在氣體吸附在固體上的情況下，解釋散布壓力的概念。
- 採用並解釋常見的氣體吸附等溫線，例如吸附的亨利定律、Langmuir 等溫線、Toth 等溫線和 Freundlich 等溫線。
- 使用常見的等溫線之一，計算給定條件下的散布壓力。
- 解釋吸附熱的測量，並在 Clapeyron 方程式的上下文中，將其應用於氣體吸附。
- 認識到混合氣體吸附的熱力學處理的複雜性，並求解理想條件下的混合氣體吸附問題。
- 解釋滲透壓的概念及其與反滲透分離程序的關係。
- 計算電解質和非電解質的稀釋系統的滲透壓。

19 R. H. Perry and D. Green, Perry's Chemical Engineers' Handbook, 8th ed., pp. 20–36—20–40 and 20–45—20–50, McGraw-Hill, New York, 2008.

15.8 習題

15.1. 對於等莫耳二成分混合物，G^E 的絕對上限為 $G^E = RT\ln 2$，導出這個結果，含 N 物質的等莫耳混合物的對應上限是什麼？

15.2. 二成分液體系統在 25°C 時具有 LLE。在 25°C 下，從以下每組互溶性數據中，計算 Margules 方程式中的參數 A_{12} 和 A_{21}：

(a) $x_1^\alpha = 0.10$，$x_1^\beta = 0.90$；(b) $x_1^\alpha = 0.20$，$x_1^\beta = 0.90$；(c) $x_1^\alpha = 0.10$，$x_1^\beta = 0.80$。

15.3. 將方程式改為 van Laar 方程式，重做習題 15.2。

15.4. 考慮由 (3.36) 式和 (10.62) 式描述的二成分汽相混合物。在什麼條件下 (極不可能)，混合物會分裂成兩個不互溶的汽相？

15.5. 圖 15.1、圖 15.2 和圖 15.3 是基於例 15.3 的 (*A*) 式和 (*F*) 式，其中假設 C_P^E 為正，並由 $C_P^E/R = 3\,x_1x_2$ 給出。繪製以下情況的對應圖，其中假設 C_P^E 為負。

(a) $A = \dfrac{975}{T} - 18.4 + 3\ln T$

(b) $A = \dfrac{540}{T} - 17.1 + 3\ln T$

(c) $A = \dfrac{1500}{T} - 19.9 + 3\ln T$

15.6. 建議在二成分系統中，進行液相 / 液相分離時，G^E 的值至少為 0.5 RT。對此陳述，請提供一些理由。

15.7. 由於實用目的，純液體物種 2 和 3 彼此不互溶。液體物種 1 可溶於液體 2 和液體 3。液體 1、2 和 3 中的每莫耳一起搖動以形成兩種液相的平衡混合物：含有物種 1 和 2 的 α 相，以及含有物種 1 和 3 的 β 相。如果在實驗溫度下，相的過剩吉布斯能量由下式給出，則物種 1 在 α 和 β 相中的莫耳分率是多少？

$$\frac{(G^E)^\alpha}{RT} = 0.4x_1^\alpha x_2^\alpha \qquad \text{且} \qquad \frac{(G^E)^\beta}{RT} = 0.8x_1^\beta x_3^\beta$$

15.8. 例 15.5 證明 G^E 的 Wilson 方程式不能表示 LLE，證明 Wilson 方程式的簡單修正：

$$G^E/RT = -C[x_1\ln(x_1 + x_2\Lambda_{12}) + x_2\ln(x_2 + x_1\Lambda_{21})]$$

可以表示 LLE。在此，C 為常數。

15.9. 壓力約為 1600 kPa 的六氟化硫 SF_6 蒸汽用作電力傳輸系統的大型主斷路器中的電介質。SF_6 和 H_2O 作為液體基本上是不互溶的，因此必須在蒸汽 SF_6 中指定夠低的水分含量，這樣如果在寒冷的天氣中發生冷凝，則系統中不會先形成液態水相。為了進行初步確定，假設可以將汽相視為理想氣體，並繪出在 1600 kPa 下 $H_2O(1)/SF_6(2)$ 的相圖 [如圖 12.18(a)]，其組成範圍內的水含量高達百萬分之 1000 (以莫耳計)。蒸汽壓的近似方程式為：

$$\ln P_1^{sat}/\text{kPa} = 19.1478 - \frac{5363.70}{T/\text{K}} \qquad \ln P_2^{sat}/\text{kPa} = 14.6511 - \frac{2048.97}{T/\text{K}}$$

15.10. 在例 15.2 中，從 LLE 平衡方程式得出合理性參數，以證明與理想溶液行為的正偏差有利於液 / 液相分離。

(a) 使用二成分穩定性準則之一得出同樣的結論。

(b) 從原理上說，表現出與理想性負偏差的系統是否有可能形成兩個液相？

15.11. 甲苯(1) 和水(2) 本質上不互溶為液體。計算露點溫度和當這些物質的莫耳分率為 $z_1 = 0.2$ 和 $z_1 = 0.7$ 的蒸汽混合物在 101.33 kPa 的恆壓下冷卻時形成的第一滴液體的成分。每種情況下的泡點溫度和最後一滴蒸汽的成分是什麼？有關蒸汽壓方程式，參見表 B.2。

15.12. 正庚烷(1) 和水(2) 本質上不互溶為液體。在 100°C 和 101.33 kPa 下，含有 65-mol-% 水的蒸汽混合物，在恆壓下緩慢冷卻，直到完全冷凝。繪製一個顯示溫度對庚烷在剩餘蒸汽中平衡莫耳分率關係的程序圖。有關蒸汽壓方程式，參見表 B.2。

15.13. 考慮物種 1 和 2 的二成分系統，其中液相表現出部分互溶性。在互溶性區域中，特定溫度下的過量吉布斯能量可用以下方程式表示：

$$G^E/RT = 2.25\,x_1 x_2$$

此外，純物種的蒸汽壓為：

$$P_1^{sat} = 75\ \text{kPa} \qquad \text{且} \qquad P_2^{sat} = 110\ \text{kPa}$$

對低壓 VLE 作通常的假設，在給定溫度下對此系統繪出一個 Pxy 圖。

15.14. 水(l) / 正戊烷(2) / 正庚烷(3) 的系統在 101.33 kPa 和 100°C 下以蒸汽存在，莫耳分率為 $z_1 = 0.45$、$z_2 = 0.30$、$z_3 = 0.25$。將系統在恆壓下緩慢冷卻，直到將其完全冷凝成水相和煙相。假設這兩種液相是不互溶的，汽相是理想氣體，並且碳氫化合物遵循拉午耳定律，計算：

(a) 混合物的露點溫度和第一滴冷凝液的組成。

(b) 第二液相出現的溫度及其初始組成。

(c) 泡點溫度和最後汽泡的組成。

有關蒸汽壓方程式，參見表 B.2。

15.15. 莫耳分率改為 $z_1 = 0.32$、$z_2 = 0.45$、$z_3 = 0.23$，請重做上題。

15.16. SLE 的情況 I 行為 (第 15.4 節) 具有 VLE 的類比，請進行類比。

15.17. 關於 SLE 的情況 II 行為的斷言 (第 15.4 節) 是條件 $z_i\gamma_i^s = 1$ 對應於固態中所有物種的完全不互溶，證明這一點。

15.18. 使用第 15.4 節的結果來制定以下 (近似) 經驗法則：

(a) 固體在液體溶劑中的溶解度隨 T 的增加而增加。

(b) 固體在液體溶劑中的溶解度與溶劑物種的特性無關。

(c) 在具有大致相同的熔化熱的兩種固體中，熔點較低的固體在給定的 T 下更易溶於給定的液體溶劑。

(d) 在具有相似熔點的兩種固體中，具有較小熔化熱的固體在給定的 T 下更易溶於給定的液體溶劑。

15.19. 在高達 300 bar 的壓力和 80°C 的溫度下估算萘(1) 在二氧化碳(2) 中的溶解度。使用第 15.4 節中描述的程序，其中 $l_{12} = 0.088$。將結果與圖 15.6 所示的結果進行比較。討論任何差異。在 80°C 時的 $P_1^{sat} = 0.0102$ bar。

15.20. 在高達 300 bar 的壓力和 35°C 的溫度下估算萘(1) 在氮氣(2) 中的溶解度。使用第 15.4 節中描述的程序，其中 $l_{12} = 0$。將結果與圖 15.6 所示的萘 / CO_2 系統在 35°C 且 $l_{12} = 0$ 的結果進行比較，討論任何差異。

15.21. 圖 15.6 所示的高壓 SVE 的定性特徵由氣體的狀態方程式確定。這些特徵在多大程度上可以用壓力的兩項維里方程式 (3.36) 式表示？

15.22. 純物種吸附的 UNILAN 方程式為：

$$n = \frac{m}{2s}\ln\left(\frac{c + Pe^{s}}{c + Pe^{-s}}\right)$$

$$z = (1 - bn)^{-1}$$

其中 m、s 和 c 為正經驗常數。

(a) 證明當 $s = 0$ 時，UNILAN 方程式可簡化為 Langmuir 等溫線。

(提示：請應用 L'Hôpital 法則。)

(b) 證明 UNILAN 方程式的亨利常數 k 為：

$$k(\text{UNILAN}) = \frac{m}{cs}\sinh s$$

(c) 檢查 UNILAN 方程式在零壓力 ($P \to 0$，$n \to 0$) 下的詳細行為。

15.23. 在例 15.8 中，從 n/P 對 n 的多項式曲線擬合中求得吸附的亨利常數 k，該常數被確定為 n/P 對 n 的圖上的截距。另一種方法是基於 $\ln(P/n)$ 對 n 的圖。假設被吸附物的狀態方程式為 n 的冪級數：$z = 1 + Bn + Cn^2 + \cdots$。說明如何從 $\ln(P/n)$ 對 n 的圖 (或多項式曲線擬合) 中求出 k 和 B 的值。[提示：從 (15.39) 式開始。]

15.24. 在 (15.39) 式的發展中，假設氣相是理想的，$Z = 1$。假設真實氣相為 $Z = Z(T, P)$。求出適合於真實 (非理想) 氣相而類比於 (15.39) 式的表達式。[提示：從 (15.35) 式開始。]

15.25. 使用例 15.8 中的結果，對碳分子篩上吸附的乙烯，繪製 Π 對 n 和 z 對 n 的圖。討論作圖。

15.26. 假設吸附物的狀態方程式為 $z = (1 - bn)^{-1}$，其中 b 為常數，找到隱含的吸附等溫線，並證明在什麼條件下可將其簡化為 Langmuir 等溫線。

15.27. 假設吸附物的狀態方程式為 $z = 1 + \beta n$，其中 β 僅是 T 的函數，找到隱含的吸附等溫線，並證明在什麼條件下可將其簡化為 Langmuir 等溫線。

15.28. 在第 15.5 節末，利用理想吸附溶液理論預測吸附平衡，推導程序在步驟 3 中所得的結果。

15.29. 考慮一個包含溶質物種 1 和混合溶劑 (物種 2 和 3) 的三元系統。假設：

$$\frac{G^E}{RT} = A_{12}x_1x_2 + A_{13}x_1x_3 + A_{23}x_2x_3$$

證明混合溶劑中物質 1 的亨利常數 $\mathcal{H}_1$ 與純溶劑中物質 1 的亨利常數 $\mathcal{H}_{1,2}$ 和 $\mathcal{H}_{1,3}$ 的關係式為：

$$\ln \mathcal{H}_1 = x_2' \ln \mathcal{H}_{1,2} + x_3' \ln \mathcal{H}_{1,3} - A_{23}x_2'x_3'$$

其中 x_2' 和 x_3' 是無溶質的莫耳分率：

$$x_2' \equiv \frac{x_2}{x_2 + x_3} \qquad\qquad x_3' \equiv \frac{x_3}{x_2 + x_3}$$

15.30. 原則上，對於特定溫度，二成分液體系統可能會顯示一個以上的 LLE 區域。例如，溶解度圖可能有兩個由均勻相隔開的部分互溶性的並排「島」。在這種情況下，恆溫 T 下的 ΔG 對 x_1 曲線圖會是如何？提示：有關顯示正常 LLE 行為的混合物，參見圖 12.13。

15.31. $\bar{V}_2 = V_2$ 時，滲透壓的 (15.66) 式可以表示為 x_1 的冪級數：

$$\frac{\Pi V_2}{x_1 RT} = 1 + Bx_1 + Cx_1^2 + \cdots$$

讓人想起 (3.33) 式和 (3.34) 式，此級數稱為**滲透維里展開** (osmotic virial expansion)。證明第二滲透維里係數 B 為：

$$B = \frac{1}{2}\left[1 - \left(\frac{d^2 \ln \gamma_2}{dx_1^2}\right)_{x_1=0}\right]$$

理想溶液的 B 為何？若 $G^E = Ax_1x_2$，則 B 為何？

15.32. 液體程序進料流 F 包含 99 mol-% 的物種 1 和 1 mol-% 的雜質 (物質 2)。藉由在混合器 / 沉降器中使進料流與物種 3 的純液態溶劑 S 接觸，可將雜質含量降低至 0.1 mol-%。物種 1 和 3 本質上是不互溶的。由於「良好的化學反應」，預計該物種 2 將選擇性地濃縮在溶劑相中。

(a) 用下面已知的方程式，計算所需的溶劑對進料的比 n_S/n_F。

(b) 離開混合器 / 沉降器的溶劑相中雜質的莫耳分率 x_2 是多少？

(c) 這裡化學反應的「良好」是什麼？關於液相非理想性，對於提議的操作而言，什麼是「不良」化學反應？

已知：　　$G_{12}^E/RT = 1.5x_1x_2$　　$G_{23}^E/RT = -0.8x_2x_3$

15.33. 在 25°C 下，正己烷在水中的溶解度為 2 ppm (莫耳基準)，水在正己烷中的溶解度為 520 ppm。估算兩相中兩個物種的活性係數。

15.34. 二成分液體混合物在 298 K 只能部分互溶。若要藉由升高溫度使混合物均勻，則 H^E 的符號必須是什麼？

15.35. 二成分液體系統的**旋節線曲線** (spinodal curve) 是滿足下式的狀態軌跡：

$$\frac{d^2(\Delta G/RT)}{dx_1^2} = 0 \text{ (恆溫 } T\text{、恆壓 } P)$$

因此，就液 / 液分離而言，其將穩定性區域與不穩定區域分開。對於給定的 T，通常有兩個旋節線組成 (如果有的話)。它們在共溶溫度下是相同的。在圖 12.13 的曲線 II 上，它們是 x_1^α 和 x_1^β 之間的一對組成，對應於零曲率。

假設液體混合物由對稱方程式描述：

$$\frac{G^E}{RT} = A(T)x_1x_2$$

(a) 求出旋節線組成為 $A(T)$ 的函數表達式。

(b) 假設 $A(T)$ 是用於生成圖 15.2 的表達式。在單一圖上繪製溶解度曲線和旋節線線，請討論。

15.36. 液體溶液行為的兩個特殊模型是**常規溶液** (regular solution) ($S^E = 0$) 和**無熱溶液** (athermal solution) ($H^E = 0$)。

(a) 忽略 G^E 隨 P 的變化，證明對於常規溶液，

$$\frac{G^E}{RT} = \frac{F_R(x)}{RT}$$

(b) 忽略 G^E 隨 P 的變化，證明對於無熱溶液：

$$\frac{G^E}{RT} = F_A(x)$$

(c) 假設 G^E/RT 用下列的對稱方程式描述：

$$\frac{G^E}{RT} = A(T)x_1x_2$$

從 (a) 和 (b) 部分，我們得出結論：

$$\frac{G^E}{RT} = \frac{\alpha}{RT}x_1x_2 \quad \text{(常規)} \qquad (A)$$

$$\frac{G^E}{RT} = \beta x_1 x_2 \qquad (無熱) \qquad (B)$$

其中 α 和 β 是常數。(*A*) 式和 (*B*) 式對於 LLE 的預測溶解度圖的形狀有何含義？從 (*A*) 式中求出共溶溫度的表達式，並證明它必須是較高的共溶溫度。

提示：對於數值指引，參見例 15.3。

15.37. 許多流體可以用作超臨界分離程序的溶劑 (第 15.4 節)，但是最受歡迎的兩個選擇似乎是二氧化碳和水。為什麼？討論使用 CO_2 與 H_2O 作為超臨界溶劑的利弊。

Chapter 16

程序的熱力學分析

本章的目的是提供一個從熱力學角度分析實際過程的程序，它是第 5.7 節和第 5.8 節中介紹的**理想功**和**損失功**概念的擴展。

真正的不可逆程序適合熱力學分析。這種分析的目的是確定能源的使用或生產效率，並定量顯示程序中每個步驟效率低下的影響。在任何製造程序中，能源成本都是值得關注的，任何嘗試降低能源需求的第一步，就是確定程序不可逆性在何處及在多大程度上浪費能源。由於它們在工業實用中占主導地位，因此本章的討論僅限於穩態流動程序。

16.1 穩態流動程序的熱力學分析

大多數涉及流體的工業程序都包含多個步驟，然後分別對每個步驟進行損失功的計算。由 (5.29) 式，

$$\dot{W}_{\text{lost}} = T_\sigma \dot{S}_G$$

對於單一外界溫度 T_σ，將程序的各個步驟相加可得：

$$\Sigma \dot{W}_{\text{lost}} = T_\sigma \Sigma \dot{S}_G$$

將前一個方程式除以後者得到：

$$\frac{\dot{W}_{\text{lost}}}{\Sigma \dot{W}_{\text{lost}}} = \frac{\dot{S}_G}{\Sigma \dot{S}_G}$$

因此，對損失功進行分析，方法是計算每個損失功占總數的分率，此法與熵生成率分析相同，亦即將每個單獨的熵生成項表示為所有熵生成項之和的分率。回想一下這些方程式中的所有項都是正的。

損失功或熵生成分析的替代方法是功分析。為此，(5.26) 式變為：

$$\Sigma \dot{W}_{\text{lost}} = \dot{W}_s - \dot{W}_{\text{ideal}} \tag{16.1}$$

對於需要功的程序，所有這些功均為正，並且 $\dot{W}_s > \dot{W}_{\text{ideal}}$。因此上式可寫成：

$$\boxed{\dot{W}_s = \dot{W}_{\text{ideal}} + \Sigma \dot{W}_{\text{lost}}} \tag{16.2}$$

功分析將右邊每個單獨的功表示為 $\dot{W}_s$ 的一部分。

對於產生功的程序，$\dot{W}_s$ 和 $\dot{W}_{\text{ideal}}$ 為負，且 $|\dot{W}_{\text{ideal}}| > |\dot{W}_s|$。因此，(16.1) 式最好寫成：

$$\boxed{|\dot{W}_{\text{ideal}}| = |\dot{W}_s| + \Sigma \dot{W}_{\text{lost}}} \tag{16.3}$$

功分析將右邊每個單獨的功表示為 $|\dot{W}_{\text{ideal}}|$ 的一部分。如果程序效率低以致 $\dot{W}_{\text{ideal}}$ 為負，則無法進行這種分析，表明該程序應產生功；但 $\dot{W}_s$ 為正，表明該程序實際上需要功。損失功或熵生成的分析是可能的。

例 16.1

實際蒸汽發電廠的操作條件已於例 8.1 中的 (b) 和 (c) 部分描述。此外，在熔爐 / 鍋爐單元中會產生蒸汽，在此程序中，甲烷與 25% 的過量空氣完全燃燒生成二氧化碳和水。離開爐子的煙道氣溫度為 460 K，且 $T_\sigma = 298.15$ K。對發電廠進行熱力學分析。

解

發電廠的流程圖如圖 16.1 所示。蒸汽循環中關鍵點的條件和性質，取自例 8.1，如下：

點	蒸汽的狀態	t/°C	P/kPa	H/kJ·kg^{-1}	S/kJ·kg^{-1}·K^{-1}
1	過冷液體	45.83	8600	203.4	0.6580
2	過熱蒸氣	500	8600	3391.6	6.6858
3	濕蒸汽，$x = 0.9378$	45.83	10	2436.0	7.6846
4	飽和液體	45.83	10	191.8	0.6493

由於蒸汽經過循環程序，因此計算理想功時必須考慮的唯一變化是通過爐子的氣體的變化。發生的反應是：

$$CH_4 + 2O_2 \rightarrow CO_2 + 2H_2O$$

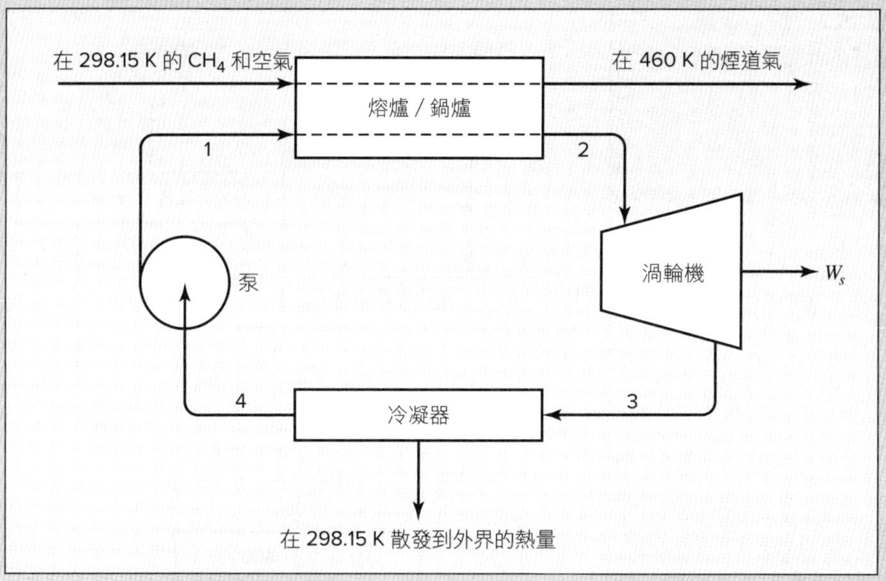

圖 16.1 例 16.1 的發電廠流程。

對於此反應，表 C.4 中的數據給出：

$$\Delta H^\circ_{298} = -393{,}509 + (2)(-241{,}818) - (-74{,}520) = -802{,}625 \text{ J}$$
$$\Delta G^\circ_{298} = -394{,}359 + (2)(-228{,}572) - (-50{,}460) = -801{,}043 \text{ J}$$

因此，
$$\Delta S^\circ_{298} = \frac{\Delta H^\circ_{298} - \Delta G^\circ_{298}}{298.15} = -5.306 \text{ J K}^{-1}$$

基於 1 mol 的甲烷與 25% 的過量空氣燃燒，進入爐子的空氣包含：

O_2： (2)(1.25) = 2.5 mol

N_2： (2.5)(79/21) = 9.405 mol

總計： 11.905 mol 空氣

甲烷完全燃燒後，煙道氣含有：

CO_2：	1 mol	$y_{CO_2} = 0.0775$
H_2O：	2 mol	$y_{H_2O} = 0.1550$
O_2：	0.5 mol	$y_{O_2} = 0.0387$
N_2：	9.405 mol	$y_{N_2} = 0.7288$
總計：	12.905 mol 煙道氣	$\sum y_i = 1.0000$

爐中發生的狀態變化是從大氣壓力和外界溫度 298.15 K 的甲烷與空氣到大氣壓力和 460 K 的煙道氣，對於這種狀態變化，計算出 ΔH 和 ΔS 的路徑如圖 16.2 所示。此處理想氣體的假設是合理的，並且是計算圖 16.2 所示四個步驟中每個步驟的 ΔH 和 ΔS 的基礎。

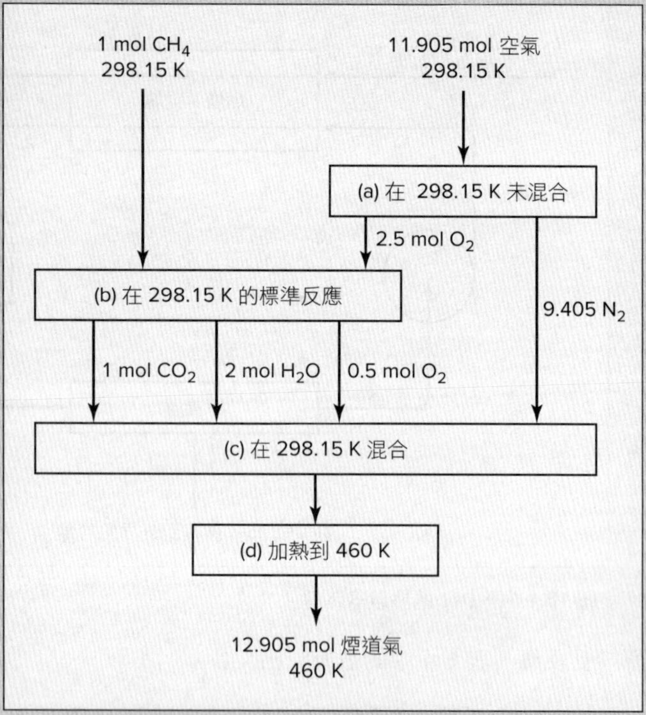

▶ **圖 16.2** 例 16.1 燃燒程序的計算路徑。

步驟 a：對於未混合的進入空氣，改變 (11.11) 式和 (11.12) 式的符號，可得：

$$\Delta H_a = 0$$
$$\Delta S_a = nR\sum_i y_i \ln y_i$$
$$= (11.905)(8.314)(0.21 \ln 0.21 + 0.79 \ln 0.79) = -50.870 \text{ J·K}^{-1}$$

步驟 b：對於 298.15 K 的標準反應，

$$\Delta H_b = \Delta H^\circ_{298} = -802{,}625 \text{ J} \qquad \Delta S_b = \Delta S^\circ_{298} = -5.306 \text{ J·K}^{-1}$$

步驟 c：為了混合形成煙道氣，

$$\Delta H_c = 0$$
$$\Delta S_c = -nR\sum_i y_i \ln y_i$$
$$= -(12.905)(8.314)(0.0775 \ln 0.0775 + 0.1550 \ln 0.1550 + 0.0387 \ln 0.0387 + 0.7288 \ln 0.7288) = 90.510 \text{ J·K}^{-1}$$

步驟 d：對於加熱步驟，利用表 C.1 中的數據，由 (4.9) 式和 (5.13) 式計算 298.15 到 460 K 之間的平均熱容量。結果總結如下，其中單位為 J·mol^{-1}·K^{-1}：

	$\langle C_p\rangle_H$	$\langle C_p\rangle_S$
CO_2	41.649	41.377
H_2O	34.153	34.106
N_2	29.381	29.360
O_2	30.473	0.997

每個單獨的熱容量乘以煙道氣中該物種的莫耳數，然後將所有物種的乘積相加，可得 12.905 mol 混合物的總平均熱容量：

$$\langle C_P^t \rangle_H = 401.520 \qquad 且 \qquad \langle C_P^t \rangle_S = 400.922 \text{ J·K}^{-1}$$

因此，

$$\Delta H_d = \langle C_P^t \rangle_H (T_2 - T_1) = (401.520)(460 - 298.15) = 64{,}986 \text{ J}$$

$$\Delta S_d = \langle C_P^t \rangle_S \ln \frac{T_2}{T_1} = 400.922 \ln \frac{460}{298.15} = 173.852 \text{ J·K}^{-1}$$

對於整個程序，在燃燒 1 mol CH_4 的基礎上，

$$\Delta H = \sum_i \Delta H_i = 0 - 802{,}625 + 0 + 64{,}986 = -737{,}639 \text{ J}$$

$$\Delta S = \sum_i \Delta S_i = -50.870 - 5.306 + 90.510 + 173.852 = 208.186 \text{ J·K}^{-1}$$

因此，　$\Delta H = -737.64$ kJ　　$\Delta S = 0.2082$ kJ·K^{-1}

例 8.1 中求得的蒸汽速率為 $\dot{m} = 84.75$ kg·s^{-1}。熔爐 / 鍋爐單元的能量平衡，其中熱量從燃燒氣體傳遞到蒸汽，可以計算進入的甲烷速率 $\dot{n}_{CH_4}$：

$$(84.75)(3391.6 - 203.4) + \dot{n}_{CH_4}(-737.64) = 0$$

因此，　$\dot{n}_{CH_4} = 366.30$ mol·s^{-1}

此程序的理想功可由 (5.21) 式求出：

$$\dot{W}_{ideal} = 366.30[-737.64 - (298.15)(0.2082)] = -292.94 \times 10^3 \text{ kJ·s}^{-1}$$

或　$\dot{W}_{ideal} = -292.94 \times 10^3$ kW

用 (5.17) 式計算發電廠四個單元中每個單元的熵產生率，然後用 (5.29) 式求出損失功。

- 熔爐 / 鍋爐：我們假設沒有熱量從熔爐 / 鍋爐傳遞到外界；因此，$\dot{Q} = 0$。$\Delta(S\dot{m})_{fs}$ 只是兩個流的熵變化乘以它們的速率之和：

$$\dot{S}_G = (366.30)(0.2082) + (84.75)(6.6858 - 0.6580) = 587.12 \text{ kJ·s}^{-1}\text{·K}^{-1}$$

或　$\dot{S}_G = 587.12$ kW·K^{-1}

並且　$\dot{W}_{lost} = T_\sigma \dot{S}_G = (298.15)(587.12) = 175.05 \times 10^3$ kW

- 渦輪機：用於絕熱操作，

$$\dot{S}_G = (84.75)(7.6846 - 6.6858) = 84.65 \text{ kW·K}^{-1}$$

而　$\dot{W}_{lost} = (298.15)(84.65) = 25.24 \times 10^3$ kW

- 冷凝器：冷凝器在 298.15 K 將熱量從冷凝蒸汽傳遞到外界，其熱量與例 8.1 中所述相同：

$$\dot{Q}(\text{冷凝器}) = -190.2 \times 10^3 \text{ kJ}\cdot\text{s}^{-1}$$

因此 $$\dot{S}_G = (84.75)(0.6493 - 7.6846) + \frac{190{,}200}{298.15} = 41.69 \text{ kW}\cdot\text{K}^{-1}$$

並且 $$\dot{W}_{\text{lost}} = (298.15)(41.69) = 12.32 \times 10^3 \text{ kW}$$

- 泵：由於泵絕熱操作，

$$\dot{S}_G = (84.75)(0.6580 - 0.6493) = 0.74 \text{ kW}\cdot\text{K}^{-1}$$

並且 $$\dot{W}_{\text{lost}} = (298.15)(0.74) = 0.22 \times 10^3 \text{ kW}$$

熵生成分析為：

	kW·K^{-1}	**$\sum\dot{S}_G$ 的百分比**
$\dot{S}_G$(熔爐/鍋爐)	587.12	82.2
$\dot{S}_G$(渦輪機)	84.65	11.9
$\dot{S}_G$(冷凝器)	41.69	5.8
$\dot{S}_G$(泵)	0.74	0.1
$\sum\dot{S}_G$	714.20	100.0

按照 (16.3) 式進行功分析：

$$|\dot{W}_{\text{ideal}}| = |\dot{W}_s| + \Sigma\dot{W}_{\text{lost}}$$

此分析的結果為：

	kW	**$\lvert\dot{W}_{\text{ideal}}\rvert$ 的百分比**
$\lvert\dot{W}_s\rvert$ (從例 8.1)	80.00×10^3	27.3($=\eta_t$)
$\dot{W}_{\text{lost}}$ (熔爐/鍋爐)	175.05×10^3	59.8
$\dot{W}_{\text{lost}}$ (渦輪機)	25.24×10^3	8.6
$\dot{W}_{\text{lost}}$ (冷凝器)	12.43×10^3	4.2
$\dot{W}_{\text{lost}}$ (泵)	0.22×10^3	0.1
$\lvert\dot{W}_{\text{ideal}}\rvert$	292.94×10^3	100.0

發電廠的熱力學效率為 27.3%，效率低的主要根源是熔爐 / 鍋爐。燃燒程序本身是該單元中大部分熵產生的原因，其餘部分是跨越有限溫差熱傳的結果。

例 16.2

甲烷在簡單的 Linde 系統中液化，如圖 16.3 所示。甲烷在 1 bar 和 300 K 進入壓縮機，壓縮到 60 bar 後將其冷卻回 300 K。產物是 1 bar 的飽和液態甲烷。未液化的甲烷也是在 1 bar 下通過熱交換器返回，並在其中被高壓甲烷加熱到 295 K。對於進入壓縮機的每公斤甲烷，假設有 5 kJ 的熱量流入熱交換器。洩漏到液化器其他部分的熱量可以忽略不計。對外界溫度為 $T_\sigma = 300$ K 的程序進行熱力學分析。

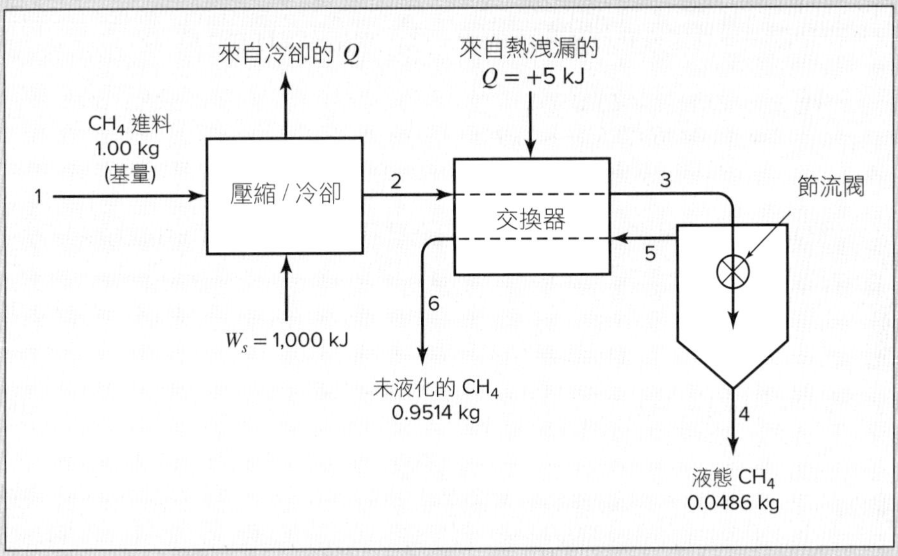

圖 16.3 例 16.2 的 Linde 液化系統。

解

假設在三段機中進行 1 到 60 bar 的甲烷壓縮，中間冷卻和後冷卻至 300 K，壓縮機效率為 75%。該壓縮的實際功估計為每千克甲烷 1000 kJ。甲烷液化的分率 z 可由能量平衡來計算：

$$H_4 z + H_6(1 - z) - H_2 = Q$$

其中 Q 是外界的熱洩漏。求解 z 可得：

$$z = \frac{H_6 - H_2 - Q}{H_6 - H_4} = \frac{1188.9 - 1140.0 - 5}{1188.9 - 285.4} = 0.0486$$

對於相同的操作條件，但無熱洩漏，可以將此結果與例 9.3 中獲得的 0.0541 的值進行比較。

下表提供程序中各個關鍵點的性質，這些性質均可用標準方法計算得出。此處使用的數據來自 Perry 和 Green。[1] 所有計算的基礎是進入程序的 1 kg 甲烷，所有速率均以此基礎表示。

1 R. H. Perry and D. Green, *Perry's Chemical Engineers' Handbook*, 7th ed., pp. 2-251 and 2-253, McGraw-Hill, New York, 1997.

點	CH_4 的狀態	T/K	P/bar	$H/kJ\cdot kg^{-1}$	$S/kJ\cdot kg^{-1}\cdot K^{-1}$
1	過熱蒸汽	300.0	1	1198.8	11.629
2	過熱蒸汽	300.0	60	1140.0	9.359
3	過熱蒸汽	207.1	60	772.0	7.798
4	飽和液體	111.5	1	285.4	4.962
5	飽和液體	111.5	1	796.9	9.523
6	過熱蒸汽	295.0	1	1188.9	11.589

理想功取決於通過液化器的甲烷的總變化。應用 (5.21) 式可得：

$$\begin{aligned}\dot{W}_{\text{ideal}} &= \Delta(H\dot{m})_{\text{fs}} - T_\sigma \Delta(S\dot{m})_{\text{fs}} \\ &= [(0.0486)(285.4) + (0.9514)(1188.9) - 1198.8] \\ &\quad -(300)[(0.0486)(4.962) + (0.9514)(11.589) - 11.629] = 53.8 \text{ kJ}\end{aligned}$$

利用 (5.28) 式和 (5.29) 式計算程序的每個單獨步驟的熵生成率和功損失。

- 壓縮 / 冷卻：此步驟的熱傳由能量平衡求出：

$$\begin{aligned}\dot{Q} &= \Delta H - \dot{W}_s = (H_2 - H_1) - \dot{W}_s \\ &= (1140.0 - 1999.8) - 1000 \\ &= -1059.8 \text{ kJ}\end{aligned}$$

因此，

$$\begin{aligned}\dot{S}_G &= S_2 - S_1 - \frac{\dot{Q}}{T_\sigma} \\ &= 9.359 - 11.629 + \frac{1059.8}{300} \\ &= 1.2627 \text{ kJ}\cdot\text{kg}^{-1}\cdot\text{K}^{-1}\end{aligned}$$

$$\dot{W}_{\text{lost}} = (300)(1.2627) = 378.8 \text{ kJ}\cdot\text{kg}^{-1}$$

- 熱交換器：$\dot{Q}$ 等於熱洩漏，

$$\dot{S}_G = (S_6 - S_5)(1 - z) + (S_3 - S_2)(1) - \frac{\dot{Q}}{T_\sigma}$$

因此，

$$\begin{aligned}\dot{S}_G &= (11.589 - 9.523)(0.9514) + (7.798 - 9.359) - \frac{5}{300} \\ &= 0.3879 \text{ kJ}\cdot\text{kg}^{-1}\cdot\text{K}^{-1}\end{aligned}$$

$$\dot{W}_{\text{lost}} = (300)(0.3879) = 116.4 \text{ kJ}\cdot\text{kg}^{-1}$$

- 節流：對於節流和分離器的絕熱操作，

$$\begin{aligned}\dot{S}_G &= S_4 z + S_5(1 - z) - S_3 \\ &= (4.962)(0.0486) + (9.523)(0.9514) - 7.798 \\ &= 1.5033 \text{ kJ}\cdot\text{kg}^{-1}\cdot\text{K}^{-1}\end{aligned}$$

$$\dot{W}_{\text{lost}} = (300)(1.5033) = 451.0 \text{ kJ}\cdot\text{kg}^{-1}$$

熵生成分析為：

	$kJ \cdot kg^{-1} \cdot K^{-1}$	$\sum \dot{S}_G$ 的百分比
$\dot{S}_G$(壓縮/冷卻)	1.2627	40.0
$\dot{S}_G$(交換器)	0.3879	12.3
$\dot{S}_G$(節流)	1.5033	47.7
$\sum \dot{S}_G$	3.1539	100.0

基於 (16.2) 式的功分析為：

	$kW \cdot kg^{-1}$	$\dot{W}_s$ 的百分比
$\dot{W}_{ideal}$	53.8	5.4 ($=\eta_t$)
$\dot{W}_{lost}$(壓縮/冷卻)	378.8	37.9
$\dot{W}_{lost}$(交換器)	116.4	11.6
$\dot{W}_{lost}$(節流)	451.0	45.1
$\dot{W}_s$	1000.0	100.0

最大的損失發生在節流步驟中。用渦輪機代替這種高度不可逆的程序會大幅提高效率。當然，這也將導致設備的資金成本顯著增加。

從節能的角度來看，程序的熱力學效率應盡可能高，並且熵的生成或損失的功應盡可能低。最終設計在很大程度上取決於經濟因素，而能源成本是一個重要因素。特定程序的熱力學分析顯示主要低效率的位置，因此可以更改或替換程序中的某些設備或步驟以取得優勢。但是，這種分析並未暗示可能進行的更改性質。它僅表明本設計浪費能源並且有改進的空間。化學工程師的功能之一是嘗試設計更好的程序，並運用獨創性來降低營運成本及資本支出。當然可以對每個新設計的程序確定已進行哪些改進的分析。

16.2 概要

在研究本章 (包括章末習題) 後，我們應該能夠：

- 如例 16.1 和例 16.2 所示的，對穩流程序進行逐步的熱力學分析。
- 確定每個程序步驟對程序的熵生成總速率的貢獻。
- 將每個程序步驟的貢獻分配給該程序的總損失功，以確定提高整個程序的熱力學效率的最佳機會。

16.3 習題

16.1. 工廠在 21℃ 的溫度下取水，將其冷卻至 0℃，然後在此溫度下冷凍，產生 0.5 kgs^{-1} 的冰。散熱溫度為 21℃。水的熔化熱為 333.5 $kJ \cdot kg^{-1}$。

(a) 這個程序的 $\dot{W}_{ideal}$ 是多少？

(b) 在 0 到 21℃ 之間操作的單卡諾熱泵的功率要求是多少？這個程序的熱力學效率是多少？它的不可逆特徵是什麼？

(c) 如果使用理想四氟乙烷蒸汽壓縮製冷循環，功率要求是多少？這裡理想的含義是等熵壓縮，冷凝器中的冷卻水速率無限，蒸發器和冷凝器中的最小熱傳驅動力為 0℃。這個程序的熱力學效率是多少？其不可逆的特徵是什麼？

(d) 壓縮機效率為 75%，蒸發器和冷凝器的最小溫差為 5℃，冷凝器中冷卻水的溫升為 10℃ 的四氟乙烷蒸汽壓縮循環的功率要求是多少？對這一程序進行熱力學分析。

16.2. 考慮穩態流程序，其中發生以下氣相反應：$CO + \frac{1}{2}O_2 \rightarrow CO_2$。外界為 300 K。

(a) 當反應物以純一氧化碳和含有化學計量的氧氣的空氣進入程序時，W_{ideal} 為多少？其中兩者是在 25℃ 和 1 bar 的壓力下，且完全燃燒的產物都在相同條件下離開程序。

(b) 整個程序與 (a) 中的程序完全相同，但此處的 CO 在 1 bar 的絕熱反應器中燃燒。將煙道氣冷卻至 25℃ 的程序中的 W_{ideal} 是多少？整個程序的不可逆特徵是什麼？它的熱力學效率是多少？熵增加多少？

16.3. 工廠中有 2700 kPa 的飽和蒸汽可用，但這種蒸汽用處不大，而是需要 1000 kPa 的蒸汽。還可以提供 275 kPa 的飽和蒸汽。建議使用將 2700 kPa 的蒸汽膨脹到 1000 kPa 的功，將 275 kPa 的蒸汽壓縮到 1000 kPa，然後將 1000 kPa 的兩個股流混合。計算在每個初始壓力下必須提供蒸汽的速率，以提供足夠的 1000 kPa 蒸汽，以便在凝結成飽和液體時釋放 300 $kJ \cdot s^{-1}$ 的熱量。

(a) 如果該程序以完全可逆的方式進行。

(b) 如果高壓蒸汽在效率為 78% 的渦輪機中膨脹，而低壓蒸汽在效率為 75% 的機器中被壓縮，對此程序進行熱力學分析。

16.4. 對例 9.1(b) 的製冷循環進行熱力學分析。

16.5. 對習題 9.9 之一所述的製冷循環進行熱力學分析，假設製冷效果使儲熱器保持在溫度比蒸發溫度高 5℃，而 T_σ 比冷凝溫度低 5℃。

16.6. 對習題 9.12 第一段中描述的製冷循環進行熱力學分析。假設製冷效果使儲熱器保持在溫度比蒸發溫度高 5℃，而 T_σ 比冷凝溫度低 5℃。

16.7. 膠體溶液在 100℃ 進入單效蒸發器。水從溶液中蒸發，在 100℃ 下產生更濃的溶液和 0.5 $kg \cdot s^{-1}$ 的蒸汽。蒸汽被壓縮並送至蒸發器的加熱盤管，以提供其操作所需的熱量。對於整個蒸發器盤管，最小的傳熱驅動力為 10℃，為了達到 75% 的壓縮機效率和絕熱操作，蒸汽離開蒸發器加熱線圈的狀態是什麼？對於 300 K 的外界溫度，請對此程序進行熱力學分析。

16.8. 對習題 8.9 中描述的程序進行熱力學分析，$T_\sigma = 27$℃。

16.9. 對例 9.3 中描述的程序進行熱力學分析，$T_\sigma = 295$ K。

Appendix A

換算係數與氣體常數

由於標準參考書中所含的數據，其單位均不相同，因此我們在表 A.1 和表 A.2 中列出換算係數與氣體常數，以幫助將值從某組單位轉換為另一組。括號內的文字是與 SI 系統無關的單位。注意以下定義：

(ft) ≡ 美制定義的呎 ≡ 0.3048 m

(in) ≡ 美制定義的吋 ≡ 0.0254 m

(gal) ≡ 美制液體加侖 ≡ 231 $(\text{in})^3$

(lb_m) ≡ 美制定義的磅質量 (avoirdupois)

≡ 0.45359237 kg

(lb_f) ≡ 使 $1(\text{lb}_\text{m})$ 產生 32.1740 $(\text{ft})\cdot\text{s}^{-2}$ 加速度的力

(atm) ≡ 標準大氣壓 ≡ 101,325 Pa

(psia) ≡ 每平方吋所承受的磅力的絕對壓力

(torr) ≡ 在 0°C 和標準重力下由 1 mm 汞柱施加的壓力

(cal) ≡ 熱化學卡

(Btu) ≡ 國際蒸汽表中的英國熱量單位

(lb mole) ≡ 以磅為質量單位的莫耳量

(R) ≡ 以 Rankines 為單位的絕對溫度

表 A.1 的換算係數，是針對 SI 系統的單一基本或導出單位而列出的。給定數量的其他各單位間的轉換，可由以下例子所示：

$$1 \text{ bar} = 0.986923 \text{ (atm)} = 750.061 \text{ (torr)}$$

因此

$$1 \text{ (atm)} = \frac{750.061}{0.986923} = 760.00 \text{ (torr)}$$

➡ **表 A.1** 換算係數

量	換算
長度	$1\ \text{m} = 100\ \text{cm}$ $= 3.28084\ (\text{ft}) = 39.3701\ (\text{in})$
質量	$1\ \text{kg} = 10^3\ \text{g}$ $= 2.20462\ (\text{lb}_\text{m})$
力	$1\ \text{N} = 1\ \text{kg·m·s}^{-2}$ $= 10^5\ (\text{dyne})$ $= 0.224809\ (1\text{b}_\text{f})$
壓力	$1\ \text{bar} = 10^5\ \text{kg·m}^{-1}\text{·s}^{-2} = 10^5\ \text{N·m}^{-2}$ $= 10^5\ \text{Pa} = 10^2\ \text{kPa}$ $= 10^6\ (\text{dyne})\text{·cm}^{-2}$ $= 0.986923\ (\text{atm})$ $= 14.5038\ (\text{psia})$ $= 750.061\ (\text{torr})$
體積	$1\ \text{m}^3 = 10^6\ \text{cm}^3 = 10^3\ \text{liters}$ $= 35.3147\ (\text{ft})^3$ $= 264.172\ (\text{gal})$
密度	$1\ \text{g·cm}^{-3} = 10^3\ \text{kg·m}^{-3}$ $= 62.4278\ (\text{lb}_\text{m})(\text{ft})^{-3}$
能量	$1\ \text{J} = 1\ \text{kg·m}^2\text{·s}^{-2} = 1\ \text{N·m}$ $= 1\ \text{m}^3\text{·Pa} = 10^{-5}\ \text{m}^3\text{·bar} = 10\ \text{cm}^3\text{·bar}$ $= 9.86923\ \text{cm}^3\text{·(atm)}$ $= 10^7\ (\text{dyne})\text{·cm} = 10^7\ (\text{erg})$ $= 0.239006\ (\text{cal})$ $= 5.12197 \times 10^{-3}\ (\text{ft})^3(\text{psia}) = 0.737562\ (\text{ft})(\text{lb}_\text{f})$ $= 9.47831 \times 10^{-4}\ (\text{Btu}) = 2.77778 \times 10^{-7}\ \text{kW·h}$
功率	$1\ \text{kW} = 10^3\ \text{W} = 10^3\ \text{kg·m}^2\text{·s}^{-3} = 10^3\ \text{J·s}^{-1}$ $= 239.006\ (\text{cal})\text{·s}^{-1}$ $= 737.562\ (\text{ft})(\text{lb}_\text{f})\text{·s}^{-1}$ $= 0.947831\ (\text{Btu})\text{·s}^{-1}$ $= 1.34102\ (\text{hp})$

➡ **表 A.2** 氣體常數的值

$$
\begin{aligned}
R &= 8.314\ \text{J·mol}^{-1}\text{·K}^{-1} = 8.314\ \text{m}^3\text{·Pa·mol}^{-1}\text{·K}^{-1} \\
&= 83.14\ \text{cm}^3\text{·bar·mol}^{-1}\text{·K}^{-1} = 8314\ \text{cm}^3\text{·kPa·mol}^{-1}\text{·K}^{-1} \\
&= 82.06\ \text{cm}^3\text{·(atm)·mol}^{-1}\text{·K}^{-1} = 62{,}356\ \text{cm}^3\text{·(torr)·mol}^{-1}\text{·K}^{-1} \\
&= 1.987\ (\text{cal})\text{·mol}^{-1}\text{·K}^{-1} = 1.986\ (\text{Btu})(\text{lb mole})^{-1}(\text{R})^{-1} \\
&= 0.7302\ (\text{ft})^3(\text{atm})(\text{lb mol})^{-1}(\text{R})^{-1} = 10.73\ (\text{ft})^3(\text{psia})(\text{lb mol})^{-1}(\text{R})^{-1} \\
&= 1545\ (\text{ft})(\text{lb}_\text{f})(\text{lb mol})^{-1}(\text{R})^{-1}
\end{aligned}
$$

Appendix B

純物種的性質

表 B.1 純物種的特性

此處列出的各種化學物種的值分別為莫耳質量 (分子量)、離心係數 ω、臨界溫度 T_c、臨界壓力 P_c、臨界壓縮係數 Z_c、臨界莫耳體積 V_c 和正常沸點 T_n。摘自 Project 801, DIPPR®, Design Institute for Physical Property Data of the American Institute of Chemical Engineers，經許可複製。目前此數據庫的完整版本，包含 2278 個化學物種的 34 個恆定性質和 15 個溫度相關的熱力學與輸送性質，並且會定期添加新物種。

表 B.1 純物種的特性

	分子量	ω	T_c/K	P_c/bar	Z_c	V_c $cm^3 \cdot mol^{-1}$	T_n/K
甲烷	16.043	0.012	190.6	45.99	0.286	98.6	111.4
乙烷	30.070	0.100	305.3	48.72	0.279	145.5	184.6
丙烷	44.097	0.152	369.8	42.48	0.276	200.0	231.1
正丁烷	58.123	0.200	425.1	37.96	0.274	255.	272.7
正戊烷	72.150	0.252	469.7	33.70	0.270	313.	309.2
正己烷	86.177	0.301	507.6	30.25	0.266	371.	341.9
正庚烷	100.204	0.350	540.2	27.40	0.261	428.	371.6
正辛烷	114.231	0.400	568.7	24.90	0.256	486.	398.8
正壬烷	128.258	0.444	594.6	22.90	0.252	544.	424.0
正癸烷	142.285	0.492	617.7	21.10	0.247	600.	447.3
異丁烷	58.123	0.181	408.1	36.48	0.282	262.7	261.4
異辛烷	114.231	0.302	544.0	25.68	0.266	468.	372.4

➡ **表 B.1** 純物種的特性 (續)

	分子量	ω	T_c/K	P_c/bar	Z_c	V_c cm^3·mol^{-1}	T_n/K
環戊烷	70.134	0.196	511.8	45.02	0.273	258.	322.4
環己烷	84.161	0.210	553.6	40.73	0.273	308.	353.9
甲基環戊烷	84.161	0.230	532.8	37.85	0.272	319.	345.0
甲基環己烷	98.188	0.235	572.2	34.71	0.269	368.	374.1
乙烯	28.054	0.087	282.3	50.40	0.281	131.	169.4
丙烯	42.081	0.140	365.6	46.65	0.289	188.4	225.5
1- 丁烯	56.108	0.191	420.0	40.43	0.277	239.3	266.9
順-2- 丁烯	56.108	0.205	435.6	42.43	0.273	233.8	276.9
反式-2- 丁烯	56.108	0.218	428.6	41.00	0.275	237.7	274.0
1- 己烯	84.161	0.280	504.0	31.40	0.265	354.	336.3
異丁烯	56.108	0.194	417.9	40.00	0.275	238.9	266.3
1,3- 丁二烯	54.092	0.190	425.2	42.77	0.267	220.4	268.7
環己烯	82.145	0.212	560.4	43.50	0.272	291.	356.1
乙炔	26.038	0.187	308.3	61.39	0.271	113.	189.4
苯	78.114	0.210	562.2	48.98	0.271	259.	353.2
甲苯	92.141	0.262	591.8	41.06	0.264	316.	383.8
乙苯	106.167	0.303	617.2	36.06	0.263	374.	409.4
異丙苯	120.194	0.326	631.1	32.09	0.261	427.	425.6
鄰二甲苯	106.167	0.310	630.3	37.34	0.263	369.	417.6
間二甲苯	106.167	0.326	617.1	35.36	0.259	376.	412.3
對二甲苯	106.167	0.322	616.2	35.11	0.260	379.	411.5
苯乙烯	104.152	0.297	636.0	38.40	0.256	352.	418.3
萘	128.174	0.302	748.4	40.51	0.269	413.	491.2
聯苯	154.211	0.365	789.3	38.50	0.295	502.	528.2
甲醛	30.026	0.282	408.0	65.90	0.223	115.	254.1
乙醛	44.053	0.291	466.0	55.50	0.221	154.	294.0
乙酸甲酯	74.079	0.331	506.6	47.50	0.257	228.	330.1
乙酸乙酯	88.106	0.366	523.3	38.80	0.255	286.	350.2
丙酮	58.080	0.307	508.2	47.01	0.233	209.	329.4
甲基乙基酮	72.107	0.323	535.5	41.50	0.249	267.	352.8
乙醚	74.123	0.281	466.7	36.40	0.263	280.	307.6
甲基叔丁基醚	88.150	0.266	497.1	34.30	0.273	329.	328.4
甲醇	32.042	0.564	512.6	80.97	0.224	118.	337.9
乙醇	46.069	0.645	513.9	61.48	0.240	167.	351.4
1- 丙醇	60.096	0.622	536.8	51.75	0.254	219.	370.4
1- 丁醇	74.123	0.594	563.1	44.23	0.260	275.	390.8
1- 己醇	102.177	0.579	611.4	35.10	0.263	381.	430.6
2- 丙醇	60.096	0.668	508.3	47.62	0.248	220.	355.4
苯酚	94.113	0.444	694.3	61.30	0.243	229.	455.0

表 B.1　純物種的特性 (續)

	分子量	ω	T_c/K	P_c/bar	Z_c	V_c $cm^3 \cdot mol^{-1}$	T_n/K
乙二醇	62.068	0.487	719.7	77.00	0.246	191.0	470.5
醋酸	60.053	0.467	592.0	57.86	0.211	179.7	391.1
正丁酸	88.106	0.681	615.7	40.64	0.232	291.7	436.4
苯甲酸	122.123	0.603	751.0	44.70	0.246	344.	522.4
乙腈	41.053	0.338	545.5	48.30	0.184	173.	354.8
甲胺	31.057	0.281	430.1	74.60	0.321	154.	266.8
乙胺	45.084	0.285	456.2	56.20	0.307	207.	289.7
硝基甲烷	61.040	0.348	588.2	63.10	0.223	173.	374.4
四氯化碳	153.822	0.193	556.4	45.60	0.272	276.	349.8
氯仿	119.377	0.222	536.4	54.72	0.293	239.	334.3
二氯甲烷	84.932	0.199	510.0	60.80	0.265	185.	312.9
氯甲烷	50.488	0.153	416.3	66.80	0.276	143.	249.1
氯乙烷	64.514	0.190	460.4	52.70	0.275	200.	285.4
氯苯	112.558	0.250	632.4	45.20	0.265	308.	404.9
四氟乙烷	102.030	0.327	374.2	40.60	0.258	198.0	247.1
氬	39.948	0.000	150.9	48.98	0.291	74.6	87.3
氪	83.800	0.000	209.4	55.02	0.288	91.2	119.8
氙	131.30	0.000	289.7	58.40	0.286	118.0	165.0
氦	4.003	−0.390	5.2	2.28	0.302	57.3	4.2
氫	2.016	−0.216	33.19	13.13	0.305	64.1	20.4
氧	31.999	0.022	154.6	50.43	0.288	73.4	90.2
氮	28.014	0.038	126.2	34.00	0.289	89.2	77.3
空氣†	28.851	0.035	132.2	37.45	0.289	84.8	
氯	70.905	0.069	417.2	77.10	0.265	124.	239.1
一氧化碳	28.010	0.048	132.9	34.99	0.299	93.4	81.7
二氧化碳	44.010	0.224	304.2	73.83	0.274	94.0	
二硫化碳	76.143	0.111	552.0	79.00	0.275	160.	319.4
硫化氫	34.082	0.094	373.5	89.63	0.284	98.5	212.8
二氧化硫	64.065	0.245	430.8	78.84	0.269	122.	263.1
三氧化硫	80.064	0.424	490.9	82.10	0.255	127.	317.9
一氧化氮	30.006	0.583	180.2	64.80	0.251	58.0	121.4
一氧化二氮	44.013	0.141	309.6	72.45	0.274	97.4	184.7
氯化氫	36.461	0.132	324.7	83.10	0.249	81.	188.2
氰化氫	27.026	0.410	456.7	53.90	0.197	139.	298.9
水	18.015	0.345	647.1	220.55	0.229	55.9	373.2
氨	17.031	0.253	405.7	112.80	0.242	72.5	239.7
硝酸	63.013	0.714	520.0	68.90	0.231	145.	356.2
硫酸	98.080	. . .	924.0	64.00	0.147	177.	610.0

† $y_{N_2} = 0.79$ 和 $y_{O_2} = 0.21$ 的偽參數。參見 (6.78) 式到 (6.80) 式。

表 B.2 純物種蒸汽壓的 Antoine 方程式常數

表 B.2 純物種的 Antoine 蒸汽壓方程式的常數

$$\ln P^{sat}/\text{kPa} = \text{A} - \frac{B}{t/°\text{C} + C}$$

(ΔH_n) 為正常沸點下的汽化潛熱；(t_n) 為正常沸點

		方程式的參數			溫度範圍	ΔH_n	
名稱	化學式	A[†]	B	C	°C	kJ/mol	t_n/°C
丙酮	C_3H_6O	14.3145	2756.22	228.060	−26—77	29.10	56.2
乙酸	$C_2H_4O_2$	15.0717	3580.80	224.650	24—142	23.70	117.9
乙腈*	C_2H_3N	14.8950	3413.10	250.523	−27—81	30.19	81.6
苯	C_6H_6	13.7819	2726.81	217.572	6—104	30.72	80.0
異丁烷	C_4H_{10}	13.8254	2181.79	248.870	−83—7	21.30	−11.9
正丁烷	C_4H_{10}	13.6608	2154.70	238.789	−73—19	22.44	−0.5
1- 丁醇	$C_4H_{10}O$	15.3144	3212.43	182.739	37—138	43.29	117.6
2- 丁醇*	$C_4H_{10}O$	15.1989	3026.03	186.500	25—120	40.75	99.5
異丁醇	$C_4H_{10}O$	14.6047	2740.95	166.670	30—128	41.82	107.8
叔丁醇	$C_4H_{10}O$	14.8445	2658.29	177.650	10—101	39.07	82.3
四氯化碳	CCl_4	14.0572	2914.23	232.148	−14—101	29.82	76.6
氯苯	C_6H_5Cl	13.8635	3174.78	211.700	29—159	35.19	131.7
1- 氯丁烷	C_4H_9Cl	13.7965	2723.73	218.265	−17—79	30.39	78.5
氯仿	$CHCl_3$	13.7324	2548.74	218.552	−23—84	29.24	61.1
環己烷	C_6H_{12}	13.6568	2723.44	220.618	9—105	29.97	80.7
環戊烷	C_5H_{10}	13.9727	2653.90	234.510	−35—71	27.30	49.2
正癸烷	$C_{10}H_{22}$	13.9748	3442.76	193.858	65—203	38.75	174.1
二氯甲烷	CH_2Cl_2	13.9891	2463.93	223.240	−38—60	28.06	39.7
乙醚	$C_4H_{10}O$	14.0735	2511.29	231.200	−43—55	26.52	34.4
1,4- 二噁烷	$C_4H_8O_2$	15.0967	3579.78	240.337	20—105	34.16	101.3
正二十烷	$C_{20}H_{42}$	14.4575	4680.46	132.100	208—379	57.49	343.6
乙醇	C_2H_6O	16.8958	3795.17	230.918	3—96	38.56	78.2
乙苯	C_8H_{10}	13.9726	3259.93	212.300	33—163	35.57	136.2
乙二醇*	$C_2H_6O_2$	15.7567	4187.46	178.650	100—222	50.73	197.3
正庚烷	C_7H_{16}	13.8622	2910.26	216.432	4—123	31.77	98.4
正己烷	C_6H_{14}	13.8193	2696.04	224.317	−19—92	28.85	68.7
甲醇	CH_4O	16.5785	3638.27	239.500	−11—83	35.21	64.7
乙酸甲酯	$C_3H_6O_2$	14.2456	2662.78	219.690	−23—78	30.32	56.9
甲基乙基酮	C_4H_8O	14.1334	2838.24	218.690	−8—103	31.30	79.6
硝基甲烷*	CH_3NO_2	14.7513	3331.70	227.600	56—146	33.99	101.2
正壬烷	C_9H_{20}	13.9854	3311.19	202.694	46—178	36.91	150.8
異辛烷	C_8H_{18}	13.6703	2896.31	220.767	2—125	30.79	99.2
正辛烷	C_8H_{18}	13.9346	3123.13	209.635	26—152	34.41	125.6
正戊烷	C_5H_{12}	13.7667	2451.88	232.014	−45—58	25.79	36.0
苯酚	C_6H_6O	14.4387	3507.80	175.400	80—208	46.18	181.8
1- 丙醇	C_3H_8O	16.1154	3483.67	205.807	20—116	41.44	97.2
2- 丙醇	C_3H_8O	16.6796	3640.20	219.610	8—100	39.85	82.2

表 B.2 純物種的 Antoine 蒸汽壓方程式的常數 (續)

名稱	化學式	方程式的參數 A†	B	C	溫度範圍 °C	ΔH_n kJ/mol	t_n/°C
甲苯	C_7H_8	13.9320	3056.96	217.625	13—136	33.18	110.6
水	H_2O	16.3872	3885.70	230.170	0—200	40.66	100.0
鄰二甲苯	C_8H_{10}	14.0415	3358.79	212.041	40—172	36.24	144.4
間二甲苯	C_8H_{10}	14.1387	3381.81	216.120	35—166	35.66	139.1
對二甲苯	C_8H_{10}	14.0579	3331.45	214.627	35—166	35.67	138.3

數據來源主要基於 B. E. Poling, J. M. Prausnitz, and J. P. O'Connell, *The Properties of Gases and Liquids*, 5th ed., App. A, McGraw-Hill, New York, 2001.

*Antoine 參數改編自 J. Gmehling, U. Onken, and W. Arlt, *Vapor-Liquid Equilibrium Data Collection*, Chemistry Data Series, vol. I, parts 1–8, DECHEMA, Frankfurt/Main, 1974–1990.

† 調整 Antoine 參數 *A* 以符合列出的 t_n 值。

Appendix C

熱容量與生成性質變化

➡ **表 C.1**　理想氣體狀態下氣體的熱容量 †

方程式$C_P^{ig}/R = A + BT + CT^2 + DT^{-2}$中的常數，其中$T$ (K) 從 298 K 到T_{max}

化學物種		T_{max}	$C_{P_{298}}^{ig}/R$	A	$10^3 B$	$10^6 C$	$10^{-5} D$
烷烴：							
甲烷	CH_4	1500	4.217	1.702	9.081	−2.164	......
乙烷	C_2H_6	1500	6.369	1.131	19.225	−5.561	......
丙烷	C_3H_8	1500	9.011	1.213	28.785	−8.824	......
正丁烷	C_4H_{10}	1500	11.928	1.935	36.915	−11.402	......
異丁烷	C_4H_{10}	1500	11.901	1.677	37.853	−11.945	......
正戊烷	C_5H_{12}	1500	14.731	2.464	45.351	−14.111	......
正己烷	C_6H_{14}	1500	17.550	3.025	53.722	−16.791	......
正庚烷	C_7H_{16}	1500	20.361	3.570	62.127	−19.486	......
正辛烷	C_8H_{18}	1500	23.174	4.108	70.567	−22.208	......
1- 烯烴：							
乙烯	C_2H_4	1500	5.325	1.424	14.394	−4.392	......
丙烯	C_3H_6	1500	7.792	1.637	22.706	−6.915	......
1- 丁烯	C_4H_8	1500	10.520	1.967	31.630	−9.873	......
1- 戊烯	C_5H_{10}	1500	13.437	2.691	39.753	−12.447	......
1- 己烯	C_6H_{12}	1500	16.240	3.220	48.189	−15.157	......
1- 庚烯	C_7H_{14}	1500	19.053	3.768	56.588	−17.847	......
1- 辛烯	C_8H_{16}	1500	21.868	4.324	64.960	−20.521	......
其他有機物：							
乙醛	C_2H_4O	1000	6.506	1.693	17.978	−6.158	......
乙炔	C_2H_2	1500	5.253	6.132	1.952	......	−1.299
苯	C_6H_6	1500	10.259	−0.206	39.064	−13.301	......
1,3- 丁二烯	C_4H_6	1500	10.720	2.734	26.786	−8.882	......
環己烷	C_6H_{12}	1500	13.121	−3.876	63.249	−20.928	......
乙醇	C_2H_6O	1500	8.948	3.518	20.001	−6.002	......
乙苯	C_8H_{10}	1500	15.993	1.124	55.380	−18.476	......
環氧乙烷	C_2H_4O	1000	5.784	−0.385	23.463	−9.296	......
甲醛	CH_2O	1500	4.191	2.264	7.022	−1.877	......
甲醇	CH_4O	1500	5.547	2.211	12.216	−3.450	......
苯乙烯	C_8H_8	1500	15.534	2.050	50.192	−16.662	......
甲苯	C_7H_8	1500	12.922	0.290	47.052	−15.716	......
其他無機物：							
空氣		2000	3.509	3.355	0.575	......	−0.016
氨	NH_3	1800	4.269	3.578	3.020	......	−0.186
溴	Br_2	3000	4.337	4.493	0.056	......	−0.154
一氧化碳	CO	2500	3.507	3.376	0.557	......	−0.031
二氧化碳	CO_2	2000	4.467	5.457	1.045	......	−1.157
二硫化碳	CS_2	1800	5.532	6.311	0.805	......	−0.906
氯	Cl_2	3000	4.082	4.442	0.089	......	−0.344
氫氣	H_2	3000	3.468	3.249	0.422	......	0.083
硫化氫	H_2S	2300	4.114	3.931	1.490	......	−0.232
氯化氫	HCl	2000	3.512	3.156	0.623	......	0.151
氰化氫	HCN	2500	4.326	4.736	1.359	......	−0.725
氮氣	N_2	2000	3.502	3.280	0.593	......	0.040
一氧化二氮	N_2O	2000	4.646	5.328	1.214	......	−0.928
一氧化氮	NO	2000	3.590	3.387	0.629	......	0.014
二氧化氮	NO_2	2000	4.447	4.982	1.195	......	−0.792
四氧化二氮	N_2O_4	2000	9.198	11.660	2.257	......	−2.787
氧氣	O_2	2000	3.535	3.639	0.506	......	−0.227
二氧化硫	SO_2	2000	4.796	5.699	0.801	......	−1.015
三氧化硫	SO_3	2000	6.094	8.060	1.056	......	−2.028
水	H_2O	2000	4.038	3.470	1.450	......	0.121

†選自 H. M. Spencer, *Ind. Eng. Chem.*, vol. 40, pp. 2152–2154, 1948; K. K. Kelley, *U.S. Bur. Mines Bull. 584*, 1960; L. B. Pankratz, *U.S. Bur. Mines Bull. 672*, 1982.

表 C.2 固體的熱容量[†]

方程式 $C_P/R = A + BT + DT^{-2}$ 中的常數，其中 T(K) 從 298 K 到 T_{max}

化學物種	T_{max}	$C^{ig}_{P_{298}}/R$	A	$10^3 B$	$10^{-5} D$
CaO	2000	5.058	6.104	0.443	−1.047
$CaCO_3$	1200	9.848	12.572	2.637	−3.120
$Ca(OH)_2$	700	11.217	9.597	5.435	......
CaC_2	720	7.508	8.254	1.429	−1.042
$CaCl_2$	1055	8.762	8.646	1.530	−0.302
C (石墨)	2000	1.026	1.771	0.771	−0.867
Cu	1357	2.959	2.677	0.815	0.035
CuO	1400	5.087	5.780	0.973	−0.874
Fe(α)	1043	3.005	−0.111	6.111	1.150
Fe_2O_3	960	12.480	11.812	9.697	−1.976
Fe_3O_4	850	18.138	9.594	27.112	0.409
FeS	411	6.573	2.612	13.286	......
I_2	386.8	6.929	6.481	1.502	......
LiCl	800	5.778	5.257	2.476	−0.193
NH_4Cl	458	10.741	5.939	16.105	......
Na	371	3.386	1.988	4.688	......
NaCl	1073	6.111	5.526	1.963	......
NaOH	566	7.177	0.121	16.316	1.948
$NaHCO_3$	400	10.539	5.128	18.148	......
S (斜方形)	368.3	3.748	4.114	−1.728	−0.783
SiO_2 (石英)	847	5.345	4.871	5.365	−1.001

[†]選自 K. K. Kelley, *U.S. Bur. Mines Bull. 584*, 1960; L. B. Pankratz, *U.S. Bur. Mines Bull. 672*, 1982.

表 C.3 液體的熱容量[†]

方程式 $C_P/R = A + BT + CT^2$ 中的常數，其中 T 從 273.15 到 373.15 K

化學物種	$C^{ig}_{P_{298}}/R$	A	$10^3 B$	$10^6 C$
氨水	.718	22.626	−100.75	192.71
苯胺	23.070	15.819	29.03	−15.80
苯	16.157	−0.747	67.96	−37.78
1,3- 丁二烯	14.779	22.711	−87.96	205.79
四氯化碳	15.751	21.155	−48.28	101.14
氯苯	18.240	11.278	32.86	−31.90
氯仿	13.806	19.215	−42.89	83.01
環己烷	18.737	−9.048	141.38	−161.62
乙醇	13.444	33.866	−172.60	349.17
環氧乙烷	10.590	21.039	−86.41	172.28
甲醇	9.798	13.431	−51.28	131.13
正丙醇	16.921	41.653	−210.32	427.20
三氧化硫	30.408	−2.930	137.08	−84.73
甲苯	18.611	15.133	6.79	16.35
水	9.069	8.712	1.25	−0.18

[†]根據 J. W. Miller, Jr., G. R. Schorr, and C. L. Yaws, *Chem. Eng.*, vol. 83(23), p. 129, 1976.

表 C.4　298.15 K 時的標準生成焓和吉布斯能量 †

單位：焦耳 / 每莫耳生成的物質

化學物種		狀態 (附註 2)	$\Delta H^\circ_{f_{298}}$ (附註 1)	$\Delta G^\circ_{f_{298}}$ (附註 1)
烷烴：				
甲烷	CH_4	(*g*)	−74,520	−50,460
乙烷	C_2H_6	(*g*)	−83,820	−31,855
丙烷	C_3H_8	(*g*)	−104,680	−24,290
正丁烷	C_4H_{10}	(*g*)	−125,790	−16,570
正戊烷	C_5H_{12}	(*g*)	−146,760	−8,650
正己烷	C_6H_{14}	(*g*)	−166,920	150
正庚烷	C_7H_{16}	(*g*)	−187,780	8,260
正辛烷	C_8H_{18}	(*g*)	−208,750	16,260
1-烯烴：				
乙烯	C_2H_4	(*g*)	52,510	68,460
丙烯	C_3H_6	(*g*)	19,710	62,205
1- 丁烯	C_4H_8	(*g*)	−540	70,340
1- 戊烯	C_5H_{10}	(*g*)	−21,280	78,410
1- 己烯	C_6H_{12}	(*g*)	−41,950	86,830
1- 庚烯	C_7H_{14}	(*g*)	−62,760	
其他有機物：				
乙醛	C_2H_4O	(*g*)	−166,190	−128,860
乙酸	$C_2H_4O_2$	(*l*)	−484,500	−389,900
乙炔	C_2H_2	(*g*)	227,480	209,970
苯	C_6H_6	(*g*)	82,930	129,665
苯	C_6H_6	(*l*)	49,080	124,520
1,3- 丁二烯	C_4H_6	(*g*)	109,240	149,795
環己烷	C_6H_{12}	(*g*)	−123,140	31,920
環己烷	C_6H_{12}	(*l*)	−156,230	26,850
1,2- 乙二醇	$C_2H_6O_2$	(*l*)	−454,800	−323,080
環己烷	C_2H_6O	(*g*)	−235,100	−168,490
乙醇	C_2H_6O	(*l*)	−277,690	−174,780
乙醇	C_8H_{10}	(*g*)	29,920	130,890
環氧乙烷	C_2H_4O	(*g*)	−52,630	−13,010
甲醛	CH_2O	(*g*)	−108,570	−102,530
甲醇	CH_4O	(*g*)	−200,660	−161,960
甲醇	CH_4O	(*l*)	−238,660	−166,270
甲基環己烷	C_7H_{14}	(*g*)	−154,770	27,480
甲基環己烷	C_7H_{14}	(*l*)	−190,160	20,560
苯乙烯	C_8H_8	(*g*)	147,360	213,900
甲苯	C_7H_8	(*g*)	50,170	122,050
甲苯	C_7H_8	(*l*)	12,180	113,630

表 C.4 298.15 K 時的標準生成焓和吉布斯能量 †(續)

化學物種		狀態 (附註 2)	$\Delta H^\circ_{f_{298}}$ (附註 1)	$\Delta G^\circ_{f_{298}}$ (附註 1)
其他無機物：				
氨	NH_3	(*g*)	−46,110	−16,400
氨	NH_3	(*aq*)		−26,500
電石	CaC_2	(*s*)	−59,800	−64,900
碳酸鈣	$CaCO_3$	(*s*)	−1,206,920	−1,128,790
氯化鈣	$CaCl_2$	(*s*)	−795,800	−748,100
氯化鈣	$CaCl_2$	(*aq*)		−8,101,900
氯化鈣	$CaCl_2 \cdot 6H_2O$	(*s*)	−2,607,900	
氯化鈣	$Ca(OH)_2$	(*s*)	−986,090	−898,490
氫氧化鈣	$Ca(OH)_2$	(*aq*)		−868,070
氫氧化鈣	CaO	(*s*)	−635,090	−604,030
氧化鈣	CO_2	(*g*)	−393,509	−394,359
二氧化碳	CO	(*g*)	−110,525	−137,169
一氧化碳	HCl	(*g*)	−92,307	−95,299
鹽酸	HCN	(*g*)	135,100	124,700
氰化氫	H_2S	(*g*)	−20,630	−33,560
硫化氫	FeO	(*s*)	−272,000	
氧化鐵	Fe_2O_3	(*s*)	−824,200	−742,200
氧化鐵(磁鐵礦)	Fe_3O_4	(*s*)	−1,118,400	−1,015,400
硫化鐵(黃鐵礦)	FeS_2	(*s*)	−178,200	−166,900
氯化鋰	$LiCl$	(*s*)	−408,610	
氯化鋰	$LiCl \cdot H_2O$	(*s*)	−712,580	
氯化鋰	$LiCl \cdot 2H_2O$	(*s*)	−1,012,650	
氯化鋰	$LiCl \cdot 3H_2O$	(*s*)	−1,311,300	
硝酸	HCN_3	(*l*)	−174,100	−80,710
硝酸	HNO_3	(*aq*)		−111,250
氮氧化物	NO	(*g*)	90,250	86,550
	NO_2	(*g*)	33,180	51,310
	N_2O	(*g*)	82,050	104,200
	N_2O_4	(*g*)	9,160	97,540
碳酸鈉	Na_2CO_3	(*s*)	−1,130,680	−1,044,440
碳酸鈉	$Na_2CO_3 \cdot 10H_2O$	(*s*)	−4,081,320	
氯化鈉	$NaCl$	(*s*)	−411,153	−384,138
氯化鈉	$NaCl$	(*aq*)		−393,133
氫氧化鈉	$NaOH$	(*s*)	−425,609	−379,494
氫氧化鈉	$NaOH$	(*aq*)		−419,150
二氧化硫	SO_2	(*g*)	−296,830	−300,194
三氧化硫	SO_3	(*g*)	−395,720	−371,060
三氧化硫	SO_3	(*l*)	−441,040	
硫酸	H_2SO_4	(*l*)	−813,989	−690,003
硫酸	H_2SO_4	(*aq*)		−744,530
水	H_2O	(*g*)	−241,818	−228,572
水	H_2O	(*l*)	−285,830	−237,129

†摘自 *TRC Thermodynamic Tables—Hydrocarbons*, Thermodynamics Research Center, Texas A & M Univ. System, College Station, TX; "The NBS Tables of Chemical Thermodynamic Properties," *J. Phys. and Chem. Reference Data*, vol. 11, supp. 2, 1982.

附註

1. 標準生成變化量 $\Delta H^\circ_{f_{298}}$ 和 $\Delta G^\circ_{f_{298}}$ 是當 1 mol 上列化合物在 298.15 K (25°C) 處於標準狀態時，由其元素生成的變化量。
2. 標準狀態：(a) 氣體 (*g*)：1 bar 和 25°C 的純理想氣體；(b) 液體 (*l*) 和固體 (*s*)：在 1 bar 和 25°C 下的純物質；(c) 水溶液 (*aq*) 中的溶質：在 1 bar 和 25°C 下假想的 1 molal 理想水溶液中的溶質。

表 C.5 零離子強度下稀釋水溶液中的物質，在 298.15 K 時的標準生成焓和吉布斯能量 †

單位：焦耳 / 每莫耳生成的物質

化學物種		$\Delta H^\circ_{f_{298}}$	$\Delta G^\circ_{f_{298}}$
Acetaldehyde	C_2H_4O	−212.2	−139.0
Acetate	$C_2H_2O_2^-$	−486.0	−369.3
Acetic acid	$C_2H_3O_2$	−485.8	−396.5
Acetone	C_3H_6O	−221.7	−159.7
Adenosine	$C_{10}H_{13}N_5O_4$	−621.3	−194.5
Adenosine cation	$C_{10}H_{14}N_5O_4^+$	−637.7	−214.3
Adenosine 5′ diphosphate (ADP)	$C_{10}H_{12}N_5O_{10}P_2^{3-}$	−2626.5	−1906.1
	$C_{10}H_{13}N_5O_{10}P_2^{2-}$	−2620.9	−1947.1
	$C_{10}H_{14}N_5O_{10}P_2^-$	−2638.5	−1972.0
Adenosine 5′ monophosphate (AMP)	$C_{10}H_{12}N_5O_{10}P^{2-}$	−1635.4	−1040.5
	$C_{10}H_{13}N_5O_{10}P^-$	−1630.0	−1078.9
	$C_{10}H_{14}N_5O_7P$	−1648.1	−1101.6
Adenosine 5′ triphosphate (ATP)	$C_{10}H_{12}N_5O_{13}P_3^{4-}$	−3619.2	−2768.1
	$C_{10}H_{13}N_5O_{13}P_3^{3-}$	−3612.9	−2811.5
	$C_{10}H_{14}N_5O_{13}P_3^{2-}$	−3627.9	−2838.2
Alanine	$C_3H_7NO_2$	−554.8	−371.0
Ammonia	NH_3	−80.3	−26.5
Ammonium	NH_4^+	−132.5	−79.3
D-arabinose	$C_5H_{10}O_5$	−1043.8	−742.2
L-asparagine	$C_4H_8N_2O_3$	−766.1	−525.9
L-aspartate	$C_4H_7NO_4$	−943.4	−695.9
Citrate	$C_6H_5O_7^{3-}$	−1515.1	−1162.7
	$C_6H_6O_7^{2-}$	−1518.5	−1199.2
	$C_6H_7O_7^-$	−1520.9	−1226.3
Carbon dioxide	CO_2	−413.8	−386.0
Carbonate	CO_3^{-2}	−677.1	−527.8
Bicarbonate	CHO_3^-	−692.0	−586.8
Carbonic acid	CH_2O_3	−694.9	−606.3

表 C.5 零離子強度下稀釋水溶液中的物質，在 298.15 K 時的標準生成焓和吉布斯能量 †(續)

化學物種		$\Delta H^\circ_{f_{298}}$	$\Delta G^\circ_{f_{298}}$
Carbon monoxide	CO	−121.0	−119.9
Ethanol	C_2H_6O	−288.3	−181.6
Ethyl acetate	$C_4H_8O_2$	−482.0	−337.7
Formate	CHO_2^-	−425.6	−351.0
D-fructose	$C_6H_{12}O_6$	−1259.4	−915.5
D-fructose 6-phosphate	$C_6H_{11}O_9P^{2-}$	−2267.7*	−1760.8
	$C_6H_{12}O_9P^-$	−2265.9*	−1796.6
D-fructose 1,6-biphosphate	$C_6H_{11}O_{12}P_2^{3-}$	−3320.1*	−2639.4
	$C_6H_{12}O_{12}P_2^{2-}$	−3318.3*	−2673.9
Fumarate	$C_4H_2O_4^{2-}$	−777.4	−601.9
	$C_4H_3O_4^-$	−774.5	−628.1
	$C_4H_4O_4$	−774.9	−645.8
D-galactose	$C_6H_{12}O_6$	−1255.2	−908.9
D-glucose	$C_6H_{12}O_6$	−1262.2	−915.9
D-glucose 6-phosphate	$C_6H_{11}O_9P^{2-}$	−2276.4	−1763.9
	$C_6H_{12}O_9P^-$	−2274.6	−1800.6
L-glutamate	$C_5H_8NO_4^-$	−979.9	−697.5
L-glutamine	$C_5H_{10}N_2O_3$	−805.0	−528.0
Glycerol	$C_3H_8O_3$	−676.6	−497.5
Glycine	$C_2H_5NO_2$	−523.0	−379.9
Glycylglycine	$C_4H_8N_2O_3$	−734.3	−520.2
Hydrogen	H_2	−4.2	17.6
Hydrogen peroxide	H_2O_2	−191.2	−134.0
Hydrogen ion (Note 2)	H^+	0.0	0.0
Indole	C_8H_7N	97.5	223.8
Lactate	$C_3H_5O_3^-$	−686.6	−516.7
Lactose	$C_{12}H_{22}O_{11}$	−2233.1	−1567.3
L-leucine	$C_6H_{13}NO_2$	−643.4	−352.3
Maltose	$C_{12}H_{22}O_{11}$	−2238.1	−1574.7
D-mannose	$C_6H_{12}O_6$	−1258.7	−910.0
Methane	CH_4	−89.0	−34.3
Methanol	CH_4O	−245.9	−175.3
Methylammonium	CH_6N^+	−124.9	−39.9
Nitrogen	N_2	−10.5	18.7
Nicotinamide-adenine dinucleotide (ox)	NAD^+ (附註 2)	0.0	0.0
Nicotinamide-adenine dinucleotide (red)	NADH (附註 2)	−31.9	22.7
Nicotinamide-adenine dinucleotide phosphate (ox)	$NADP^+$(附註 2)	0.0	−835.2

➡ 表 C.5　零離子強度下稀釋水溶液中的物質，在 298.15 K 時的標準生成焓和吉布斯能量 †(續)

化學物種		$\Delta H^\circ_{f_{298}}$	$\Delta G^\circ_{f_{298}}$
Nicotinamide-adenine dinucleotide phosphate (red)	NADPH (附註 2)	−29.2	−809.2
Oxygen	O_2	−11.7	16.4
Oxalate	$C_2O_4^{2-}$	−825.1	−673.9
Hydrogen phosphate	HPO_4^{2-}	−1299.0	−1096.1
Dihydrogen phosphate	$H_2PO_4^-$	−1302.6	−1137.3
2-propanol	C_3H_8O	−330.8	−185.2
Pyrophosphate	$P_2O_7^{4-}$	−2293.5	−1919.9
	$HP_2O_7^{3-}$	−2294.9	−1973.9
	$H_2P_2O_7^{2-}$	−2295.4	−2012.2
	$H_3P_2O_7^-$	−2290.4	−2025.1
	$H_4P_2O_7$	−2281.2	−2029.9
Pyruvate	$C_3H_3O_3^-$	−596.2	−472.3
D-ribose	$C_5H_{10}O_5$	−1034.0	−738.8
D-ribose 5-phosphate	$C_5H_9O_8P^{2-}$	−2041.5	−1582.6
	$C_5H_{10}O_8P^-$	−2030.2	−1620.8
D-ribulose	$C_5H_{10}O_5$	−1023.0	−735.9
L-sorbose	$C_6H_{12}O_6$	−1263.3	−912.0
Succinate	$C_4H_4O_4^{2-}$	−908.7	−690.4
	$C_4H_5O_4^-$	−908.8	−722.6
	$C_4H_6O_4$	−912.2	−746.6
Sucrose	$C_{12}H_{22}O_{11}$	−2199.9	−1564.7
L-tryptophan	$C_{11}H_{12}N_2O_2$	−405.2	−114.7
Urea	CH_4N_2O	−317.7	−202.8
L-valine	$C_5H_{11}NO_2$	−612.0	−358.7
D-xylose	$C_5H_{10}O_5$	−1045.9	−750.5
D-xylulose	$C_5H_{10}O_5$	−1029.7	−746.2

*使用 R. N.Goldberg, Y. B. Tewari, and T. N. Bhat, *Thermodynamics of Enzyme Catalyzed Reactions*, NIST Standard Reference Database 74, http://xpdb.nist.gov/enzyme_thermodynamics.

†來自 Robert A. Alberty, *Thermodynamics of Biochemical Reactions*, Wiley-Interscience, Hoboken, NJ, USA, 2003. Table 3.2, pp. 52–55 and Table 8.2, p. 151.

附註

1. 標準生成變化量 $\Delta H^\circ_{f_{298}}$ 和 $\Delta G^\circ_{f_{298}}$ 是當 1 mol 上列化合物在 298.15 K (25°C) 處於標準狀態時，由其元素生成的變化量。除非附註 2 中另有說明。
2. 此表中使用的約定是 H^+ 和氧化的 nicotinamide-adenine dinucleotide (NAD^-_{ox}) 的 $\Delta G^\circ_{f_{298}} = \Delta H^\circ_{f_{298}} = 0$。對於後者和其他 NAD 物種，沒有提供分子式，因為它們的性質是相對於此規定，而不是相對於其標準狀態下的元素計算的。

Appendix D

Lee/Kesler 廣義關聯表

Lee/Kesler 表是經 “A Generalized Thermodynamic Correlation Based on Three-Parameter Corresponding States,” by Byung Ik Lee and Michael G. Kesler, *AIChE J.*, **21,** 510–527 (1975) 的許可而改編和發表的。斜體的數字是液相性質。

表

表 D.1 至表 D.4 壓縮係數的關聯

表 D.5 至表 D.8 剩餘焓的關聯

表 D.9 至表 D.12 剩餘熵的關聯

表 D.13 至表 D.16 逸壓係數的關聯

表 D.1　Z^0 的值

$P_r =$ T_r	**0.0100**	**0.0500**	**0.1000**	**0.2000**	**0.4000**	**0.6000**	**0.8000**	**1.0000**
0.30	*0.0029*	*0.0145*	*0.0290*	*0.0579*	*0.1158*	*0.1737*	*0.2315*	0.2892
0.35	*0.0026*	*0.0130*	*0.0261*	*0.0522*	*0.1043*	*0.1564*	*0.2084*	0.2604
0.40	*0.0024*	*0.0119*	*0.0239*	*0.0477*	*0.0953*	*0.1429*	*0.1904*	0.2379
0.45	*0.0022*	*0.0110*	*0.0221*	*0.0442*	*0.0882*	*0.1322*	*0.1762*	0.2200
0.50	*0.0021*	*0.0103*	*0.0207*	*0.0413*	*0.0825*	*0.1236*	*0.1647*	0.2056
0.55	0.9804	*0.0098*	*0.0195*	*0.0390*	*0.0778*	*0.1166*	*0.1553*	0.1939
0.60	0.9849	*0.0093*	*0.0186*	*0.0371*	*0.0741*	*0.1109*	*0.1476*	0.1842
0.65	0.9881	0.9377	*0.0178*	*0.0356*	*0.0710*	*0.1063*	*0.1415*	0.1765
0.70	0.9904	0.9504	0.8958	*0.0344*	*0.0687*	*0.1027*	*0.1366*	0.1703
0.75	0.9922	0.9598	0.9165	*0.0336*	*0.0670*	*0.1001*	*0.1330*	0.1656
0.80	0.9935	0.9669	0.9319	0.8539	*0.0661*	*0.0985*	*0.1307*	0.1626
0.85	0.9946	0.9725	0.9436	0.8810	*0.0661*	*0.0983*	*0.1301*	0.1614
0.90	0.9954	0.9768	0.9528	0.9015	0.7800	*0.1006*	*0.1321*	0.1630
0.93	0.9959	0.9790	0.9573	0.9115	0.8059	0.6635	*0.1359*	0.1664
0.95	0.9961	0.9803	0.9600	0.9174	0.8206	0.6967	*0.1410*	0.1705
0.97	0.9963	0.9815	0.9625	0.9227	0.8338	0.7240	0.5580	0.1779
0.98	0.9965	0.9821	0.9637	0.9253	0.8398	0.7360	0.5887	0.1844
0.99	0.9966	0.9826	0.9648	0.9277	0.8455	0.7471	0.6138	0.1959
1.00	0.9967	0.9832	0.9659	0.9300	0.8509	0.7574	0.6355	0.2901
1.01	0.9968	0.9837	0.9669	0.9322	0.8561	0.7671	0.6542	0.4648
1.02	0.9969	0.9842	0.9679	0.9343	0.8610	0.7761	0.6710	0.5146
1.05	0.9971	0.9855	0.9707	0.9401	0.8743	0.8002	0.7130	0.6026
1.10	0.9975	0.9874	0.9747	0.9485	0.8930	0.8323	0.7649	0.6880
1.15	0.9978	0.9891	0.9780	0.9554	0.9081	0.8576	0.8032	0.7443
1.20	0.9981	0.9904	0.9808	0.9611	0.9205	0.8779	0.8330	0.7858
1.30	0.9985	0.9926	0.9852	0.9702	0.9396	0.9083	0.8764	0.8438
1.40	0.9988	0.9942	0.9884	0.9768	0.9534	0.9298	0.9062	0.8827
1.50	0.9991	0.9954	0.9909	0.9818	0.9636	0.9456	0.9278	0.9103
1.60	0.9993	0.9964	0.9928	0.9856	0.9714	0.9575	0.9439	0.9308
1.70	0.9994	0.9971	0.9943	0.9886	0.9775	0.9667	0.9563	0.9463
1.80	0.9995	0.9977	0.9955	0.9910	0.9823	0.9739	0.9659	0.9583
1.90	0.9996	0.9982	0.9964	0.9929	0.9861	0.9796	0.9735	0.9678
2.00	0.9997	0.9986	0.9972	0.9944	0.9892	0.9842	0.9796	0.9754
2.20	0.9998	0.9992	0.9983	0.9967	0.9937	0.9910	0.9886	0.9865
2.40	0.9999	0.9996	0.9991	0.9983	0.9969	0.9957	0.9948	0.9941
2.60	1.0000	0.9998	0.9997	0.9994	0.9991	0.9990	0.9990	0.9993
2.80	1.0000	1.0000	1.0001	1.0002	1.0007	1.0013	1.0021	1.0031
3.00	1.0000	1.0002	1.0004	1.0008	1.0018	1.0030	1.0043	1.0057
3.50	1.0001	1.0004	1.0008	1.0017	1.0035	1.0055	1.0075	1.0097
4.00	1.0001	1.0005	1.0010	1.0021	1.0043	1.0066	1.0090	1.0115

➡ 表 D.2 z^1 的值

P_r =	0.0100	0.0500	0.1000	0.2000	0.4000	0.6000	0.8000	1.0000
T_r								
0.30	*−0.0008*	*−0.0040*	*−0.0081*	*−0.0161*	*−0.0323*	*−0.0484*	*−0.0645*	−0.0806
0.35	*−0.0009*	*−0.0046*	*−0.0093*	*−0.0185*	*−0.0370*	*−0.0554*	*−0.0738*	−0.0921
0.40	*−0.0010*	*−0.0048*	*−0.0095*	*−0.0190*	*−0.0380*	*−0.0570*	*−0.0758*	−0.0946
0.45	*−0.0009*	*−0.0047*	*−0.0094*	*−0.0187*	*−0.0374*	*−0.0560*	*−0.0745*	−0.0929
0.50	*−0.0009*	*−0.0045*	*−0.0090*	*−0.0181*	*−0.0360*	*−0.0539*	*−0.0716*	−0.0893
0.55	−0.0314	*−0.0043*	*−0.0086*	*−0.0172*	*−0.0343*	*−0.0513*	*−0.0682*	−0.0849
0.60	−0.0205	*−0.0041*	*−0.0082*	*−0.0164*	*−0.0326*	*−0.0487*	*−0.0646*	−0.0803
0.65	−0.0137	−0.0772	*−0.0078*	*−0.0156*	*−0.0309*	*−0.0461*	*−0.0611*	−0.0759
0.70	−0.0093	−0.0507	−0.1161	*−0.0148*	*−0.0294*	*−0.0438*	*−0.0579*	−0.0718
0.75	−0.0064	−0.0339	−0.0744	*−0.0143*	*−0.0282*	*−0.0417*	*−0.0550*	−0.0681
0.80	−0.0044	−0.0228	−0.0487	−0.1160	*−0.0272*	*−0.0401*	*−0.0526*	−0.0648
0.85	−0.0029	−0.0152	−0.0319	−0.0715	*−0.0268*	*−0.0391*	*−0.0509*	−0.0622
0.90	−0.0019	−0.0099	−0.0205	−0.0442	−0.1118	*−0.0396*	*−0.0503*	−0.0604
0.93	−0.0015	−0.0075	−0.0154	−0.0326	−0.0763	−0.1662	*−0.0514*	−0.0602
0.95	−0.0012	−0.0062	−0.0126	−0.0262	−0.0589	−0.1110	*−0.0540*	−0.0607
0.97	−0.0010	−0.0050	−0.0101	−0.0208	−0.0450	−0.0770	−0.1647	−0.0623
0.98	−0.0009	−0.0044	−0.0090	−0.0184	−0.0390	−0.0641	−0.1100	−0.0641
0.99	−0.0008	−0.0039	−0.0079	−0.0161	−0.0335	−0.0531	−0.0796	−0.0680
1.00	−0.0007	−0.0034	−0.0069	−0.0140	−0.0285	−0.0435	−0.0588	−0.0879
1.01	−0.0006	−0.0030	−0.0060	−0.0120	−0.0240	−0.0351	−0.0429	−0.0223
1.02	−0.0005	−0.0026	−0.0051	−0.0102	−0.0198	−0.0277	−0.0303	−0.0062
1.05	−0.0003	−0.0015	−0.0029	−0.0054	−0.0092	−0.0097	−0.0032	0.0220
1.10	0.0000	0.0000	0.0001	0.0007	0.0038	0.0106	0.0236	0.0476
1.15	0.0002	0.0011	0.0023	0.0052	0.0127	0.0237	0.0396	0.0625
1.20	0.0004	0.0019	0.0039	0.0084	0.0190	0.0326	0.0499	0.0719
1.30	0.0006	0.0030	0.0061	0.0125	0.0267	0.0429	0.0612	0.0819
1.40	0.0007	0.0036	0.0072	0.0147	0.0306	0.0477	0.0661	0.0857
1.50	0.0008	0.0039	0.0078	0.0158	0.0323	0.0497	0.0677	0.0864
1.60	0.0008	0.0040	0.0080	0.0162	0.0330	0.0501	0.0677	0.0855
1.70	0.0008	0.0040	0.0081	0.0163	0.0329	0.0497	0.0667	0.0838
1.80	0.0008	0.0040	0.0081	0.0162	0.0325	0.0488	0.0652	0.0814
1.90	0.0008	0.0040	0.0079	0.0159	0.0318	0.0477	0.0635	0.0792
2.00	0.0008	0.0039	0.0078	0.0155	0.0310	0.0464	0.0617	0.0767
2.20	0.0007	0.0037	0.0074	0.0147	0.0293	0.0437	0.0579	0.0719
2.40	0.0007	0.0035	0.0070	0.0139	0.0276	0.0411	0.0544	0.0675
2.60	0.0007	0.0033	0.0066	0.0131	0.0260	0.0387	0.0512	0.0634
2.80	0.0006	0.0031	0.0062	0.0124	0.0245	0.0365	0.0483	0.0598
3.00	0.0006	0.0029	0.0059	0.0117	0.0232	0.0345	0.0456	0.0565
3.50	0.0005	0.0026	0.0052	0.0103	0.0204	0.0303	0.0401	0.0497
4.00	0.0005	0.0023	0.0046	0.0091	0.0182	0.0270	0.0357	0.0443

表 D.3 Z^0 的值

$P_r =$	1.0000	1.2000	1.5000	2.0000	3.0000	5.0000	7.0000	10.000
T_r								
0.30	0.2892	0.3479	0.4335	0.5775	0.8648	1.4366	2.0048	2.8507
0.35	0.2604	0.3123	0.3901	0.5195	0.7775	1.2902	1.7987	2.5539
0.40	0.2379	0.2853	0.3563	0.4744	0.7095	1.1758	1.6373	2.3211
0.45	0.2200	0.2638	0.3294	0.4384	0.6551	1.0841	1.5077	2.1338
0.50	0.2056	0.2465	0.3077	0.4092	0.6110	1.0094	1.4017	1.9801
0.55	0.1939	0.2323	0.2899	0.3853	0.5747	0.9475	1.3137	1.8520
0.60	0.1842	0.2207	0.2753	0.3657	0.5446	0.8959	1.2398	1.7440
0.65	0.1765	0.2113	0.2634	0.3495	0.5197	0.8526	1.1773	1.6519
0.70	0.1703	0.2038	0.2538	0.3364	0.4991	0.8161	1.1341	1.5729
0.75	0.1656	0.1981	0.2464	0.3260	0.4823	0.7854	1.0787	1.5047
0.80	0.1626	0.1942	0.2411	0.3182	0.4690	0.7598	1.0400	1.4456
0.85	0.1614	0.1924	0.2382	0.3132	0.4591	0.7388	1.0071	1.3943
0.90	0.1630	0.1935	0.2383	0.3114	0.4527	0.7220	0.9793	1.3496
0.93	0.1664	0.1963	0.2405	0.3122	0.4507	0.7138	0.9648	1.3257
0.95	0.1705	0.1998	0.2432	0.3138	0.4501	0.7092	0.9561	1.3108
0.97	0.1779	0.2055	0.2474	0.3164	0.4504	0.7052	0.9480	1.2968
0.98	0.1844	0.2097	0.2503	0.3182	0.4508	0.7035	0.9442	1.2901
0.99	0.1959	0.2154	0.2538	0.3204	0.4514	0.7018	0.9406	1.2835
1.00	0.2901	0.2237	0.2583	0.3229	0.4522	0.7004	0.9372	1.2772
1.01	0.4648	0.2370	0.2640	0.3260	0.4533	0.6991	0.9339	1.2710
1.02	0.5146	0.2629	0.2715	0.3297	0.4547	0.6980	0.9307	1.2650
1.05	0.6026	0.4437	0.3131	0.3452	0.4604	0.6956	0.9222	1.2481
1.10	0.6880	0.5984	0.4580	0.3953	0.4770	0.6950	0.9110	1.2232
1.15	0.7443	0.6803	0.5798	0.4760	0.5042	0.6987	0.9033	1.2021
1.20	0.7858	0.7363	0.6605	0.5605	0.5425	0.7069	0.8990	1.1844
1.30	0.8438	0.8111	0.7624	0.6908	0.6344	0.7358	0.8998	1.1580
1.40	0.8827	0.8595	0.8256	0.7753	0.7202	0.7761	0.9112	1.1419
1.50	0.9103	0.8933	0.8689	0.8328	0.7887	0.8200	0.9297	1.1339
1.60	0.9308	0.9180	0.9000	0.8738	0.8410	0.8617	0.9518	1.1320
1.70	0.9463	0.9367	0.9234	0.9043	0.8809	0.8984	0.9745	1.1343
1.80	0.9583	0.9511	0.9413	0.9275	0.9118	0.9297	0.9961	1.1391
1.90	0.9678	0.9624	0.9552	0.9456	0.9359	0.9557	1.0157	1.1452
2.00	0.9754	0.9715	0.9664	0.9599	0.9550	0.9772	1.0328	1.1516
2.20	0.9856	0.9847	0.9826	0.9806	0.9827	1.0094	1.0600	1.1635
2.40	0.9941	0.9936	0.9935	0.9945	1.0011	1.0313	1.0793	1.1728
2.60	0.9993	0.9998	1.0010	1.0040	1.0137	1.0463	1.0926	1.1792
2.80	1.0031	1.0042	1.0063	1.0106	1.0223	1.0565	1.1016	1.1830
3.00	1.0057	1.0074	1.0101	1.0153	1.0284	1.0635	1.1075	1.1848
3.50	1.0097	1.0120	1.0156	1.0221	1.0368	1.0723	1.1138	1.1834
4.00	1.0115	1.0140	1.0179	1.0249	1.0401	1.0747	1.1136	1.1773

表 D.4 z^1 的值

$P_r =$ / T_r	1.0000	1.2000	1.5000	2.0000	3.0000	5.0000	7.0000	10.000
0.30	−0.0806	−0.0966	−0.1207	−0.1608	−0.2407	−0.3996	−0.5572	−0.7915
0.35	−0.0921	−0.1105	−0.1379	−0.1834	−0.2738	−0.4523	−0.6279	−0.8863
0.40	−0.0946	−0.1134	−0.1414	−0.1879	−0.2799	−0.4603	−0.6365	−0.8936
0.45	−0.0929	−0.1113	−0.1387	−0.1840	−0.2734	−0.4475	−0.6162	−0.8608
0.50	−0.0893	−0.1069	−0.1330	−0.1762	−0.2611	−0.4253	−0.5831	−0.8099
0.55	−0.0849	−0.1015	−0.1263	−0.1669	−0.2465	−0.3991	−0.5446	−0.7521
0.60	−0.0803	−0.0960	−0.1192	−0.1572	−0.2312	−0.3718	−0.5047	−0.6928
0.65	−0.0759	−0.0906	−0.1122	−0.1476	−0.2160	−0.3447	−0.4653	−0.6346
0.70	−0.0718	−0.0855	−0.1057	−0.1385	−0.2013	−0.3184	−0.4270	−0.5785
0.75	−0.0681	−0.0808	−0.0996	−0.1298	−0.1872	−0.2929	−0.3901	−0.5250
0.80	−0.0648	−0.0767	−0.0940	−0.1217	−0.1736	−0.2682	−0.3545	−0.4740
0.85	−0.0622	−0.0731	−0.0888	−0.1138	−0.1602	−0.2439	−0.3201	−0.4254
0.90	−0.0604	−0.0701	−0.0840	−0.1059	−0.1463	−0.2195	−0.2862	−0.3788
0.93	−0.0602	−0.0687	−0.0810	−0.1007	−0.1374	−0.2045	−0.2661	−0.3516
0.95	−0.0607	−0.0678	−0.0788	−0.0967	−0.1310	−0.1943	−0.2526	−0.3339
0.97	−0.0623	−0.0669	−0.0759	−0.0921	−0.1240	−0.1837	−0.2391	−0.3163
0.98	−0.0641	−0.0661	−0.0740	−0.0893	−0.1202	−0.1783	−0.2322	−0.3075
0.99	−0.0680	−0.0646	−0.0715	−0.0861	−0.1162	−0.1728	−0.2254	−0.2989
1.00	−0.0879	−0.0609	−0.0678	−0.0824	−0.1118	−0.1672	−0.2185	−0.2902
1.01	−0.0223	−0.0473	−0.0621	−0.0778	−0.1072	−0.1615	−0.2116	−0.2816
1.02	−0.0062	−0.0227	−0.0524	−0.0722	−0.1021	−0.1556	−0.2047	−0.2731
1.05	0.0220	0.1059	0.0451	−0.0432	−0.0838	−0.1370	−0.1835	−0.2476
1.10	0.0476	0.0897	0.1630	0.0698	−0.0373	−0.1021	−0.1469	−0.2056
1.15	0.0625	0.0943	0.1548	0.1667	0.0332	−0.0611	−0.1084	−0.1642
1.20	0.0719	0.0991	0.1477	0.1990	0.1095	−0.0141	−0.0678	−0.1231
1.30	0.0819	0.1048	0.1420	0.1991	0.2079	0.0875	0.0176	−0.0423
1.40	0.0857	0.1063	0.1383	0.1894	0.2397	0.1737	0.1008	0.0350
1.50	0.0854	0.1055	0.1345	0.1806	0.2433	0.2309	0.1717	0.1058
1.60	0.0855	0.1035	0.1303	0.1729	0.2381	0.2631	0.2255	0.1673
1.70	0.0838	0.1008	0.1259	0.1658	0.2305	0.2788	0.2628	0.2179
1.80	0.0816	0.0978	0.1216	0.1593	0.2224	0.2846	0.2871	0.2576
1.90	0.0792	0.0947	0.1173	0.1532	0.2144	0.2848	0.3017	0.2876
2.00	0.0767	0.0916	0.1133	0.1476	0.2069	0.2819	0.3097	0.3096
2.20	0.0719	0.0857	0.1057	0.1374	0.1932	0.2720	0.3135	0.3355
2.40	0.0675	0.0803	0.0989	0.1285	0.1812	0.2602	0.3089	0.3459
2.60	0.0634	0.0754	0.0929	0.1207	0.1706	0.2484	0.3009	0.3475
2.80	0.0598	0.0711	0.0876	0.1138	0.1613	0.2372	0.2915	0.3443
3.00	0.0535	0.0672	0.0828	0.1076	0.1529	0.2268	0.2817	0.3385
3.50	0.0497	0.0591	0.0728	0.0949	0.1356	0.2042	0.2584	0.3194
4.00	0.0443	0.0527	0.0651	0.0849	0.1219	0.1857	0.2378	0.2994

➡ 表 D.5　$(H^R)^0/RT_c$ 的值

$P_r =$	0.0100	0.0500	0.1000	0.2000	0.4000	0.6000	0.8000	1.0000
T_r								
0.30	*−6.045*	*−6.043*	*−6.040*	*−6.034*	*−6.022*	*−6.011*	*−5.999*	−5.987
0.35	*−5.906*	*−5.904*	*−5.901*	*−5.895*	*−5.882*	*−5.870*	*−5.858*	−5.845
0.40	*−5.763*	*−5.761*	*−5.757*	*−5.751*	*−5.738*	*−5.726*	*−5.713*	−5.700
0.45	*−5.615*	*−5.612*	*−5.609*	*−5.603*	*−5.590*	*−5.577*	*−5.564*	−5.551
0.50	*−5.465*	*−5.463*	*−5.459*	*−5.453*	*−5.440*	*−5.427*	*−5.414*	−5.401
0.55	−0.032	*−5.312*	*−5.309*	*−5.303*	*−5.290*	*−5.278*	*−5.265*	−5.252
0.60	−0.027	*−5.162*	*−5.159*	*−5.153*	*−5.141*	*−5.129*	*−5.116*	−5.104
0.65	−0.023	−0.118	*−5.008*	*−5.002*	*−4.991*	*−4.980*	*−4.968*	−4.956
0.70	−0.020	−0.101	−0.213	*−4.848*	*−4.838*	*−4.828*	*−4.818*	−4.808
0.75	−0.017	−0.088	−0.183	*−4.687*	*−4.679*	*−4.672*	*−4.664*	−4.655
0.80	−0.015	−0.078	−0.160	−0.345	*−4.507*	*−4.504*	*−4.499*	−4.494
0.85	−0.014	−0.069	−0.141	−0.300	*−4.309*	*−4.313*	*−4.316*	−4.316
0.90	−0.012	−0.062	−0.126	−0.264	−0.596	*−4.074*	*−4.094*	−4.108
0.93	−0.011	−0.058	−0.118	−0.246	−0.545	−0.960	*−3.920*	−3.953
0.95	−0.011	−0.056	−0.113	−0.235	−0.516	−0.885	*−3.763*	−3.825
0.97	−0.011	−0.054	−0.109	−0.225	−0.490	−0.824	−1.356	−3.658
0.98	−0.010	−0.053	−0.107	−0.221	−0.478	−0.797	−1.273	−3.544
0.99	−0.010	−0.052	−0.105	−0.216	−0.466	−0.773	−1.206	−3.376
1.00	−0.010	−0.051	−0.103	−0.212	−0.455	−0.750	−1.151	−2.584
1.01	−0.010	−0.050	−0.101	−0.208	−0.445	−0.721	−1.102	−1.796
1.02	−0.010	−0.049	−0.099	−0.203	−0.434	−0.708	−1.060	−1.627
1.05	−0.009	−0.046	−0.094	−0.192	−0.407	−0.654	−0.955	−1.359
1.10	−0.008	−0.042	−0.086	−0.175	−0.367	−0.581	−0.827	−1.120
1.15	−0.008	−0.039	−0.079	−0.160	−0.334	−0.523	−0.732	−0.968
1.20	−0.007	−0.036	−0.073	−0.148	−0.305	−0.474	−0.657	−0.857
1.30	−0.006	−0.031	−0.063	−0.127	−0.259	−0.399	−0.545	−0.698
1.40	−0.005	−0.027	−0.055	−0.110	−0.224	−0.341	−0.463	−0.588
1.50	−0.005	−0.024	−0.048	−0.097	−0.196	−0.297	−0.400	−0.505
1.60	−0.004	−0.021	−0.043	−0.086	−0.173	−0.261	−0.350	−0.440
1.70	−0.004	−0.019	−0.038	−0.076	−0.153	−0.231	−0.309	−0.387
1.80	−0.003	−0.017	−0.034	−0.068	−0.137	−0.206	−0.275	−0.344
1.90	−0.003	−0.015	−0.031	−0.062	−0.123	−0.185	−0.246	−0.307
2.00	−0.003	−0.014	−0.028	−0.056	−0.111	−0.167	−0.222	−0.276
2.20	−0.002	−0.012	−0.023	−0.046	−0.092	−0.137	−0.182	−0.226
2.40	−0.002	−0.010	−0.019	−0.038	−0.076	−0.114	−0.150	−0.187
2.60	−0.002	−0.008	−0.016	−0.032	−0.064	−0.095	−0.125	−0.155
2.80	−0.001	−0.007	−0.014	−0.027	−0.054	−0.080	−0.105	−0.130
3.00	−0.001	−0.006	−0.011	−0.023	−0.045	−0.067	−0.088	−0.109
3.50	−0.001	−0.004	−0.007	−0.015	−0.029	−0.043	−0.056	−0.069
4.00	−0.000	−0.002	−0.005	−0.009	−0.017	−0.026	−0.033	−0.041

表 D.6 $(H^R)^1/RT_c$ 的值

$P_r =$ T_r	10.0100	0.0500	0.1000	0.2000	0.4000	0.6000	0.8000	1.0000
0.30	*−11.098*	*−11.096*	*−11.095*	*−11.091*	*−11.083*	*−11.076*	*−11.069*	−11.062
0.35	*−10.656*	*−10.655*	*−10.654*	*−10.653*	*−10.650*	*−10.646*	*−10.643*	−10.640
0.40	*−10.121*	*−10.121*	*−10.121*	*−10.120*	*−10.121*	*−10.121*	*−10.121*	−10.121
0.45	*−9.515*	*−9.515*	*−9.516*	*−9.517*	*−9.519*	*−9.521*	*−9.523*	−9.525
0.50	*−8.868*	*−8.869*	*−8.870*	*−8.872*	*−8.876*	*−8.880*	*−8.884*	−8.888
0.55	−0.080	*−8.211*	*−8.212*	*−8.215*	*−8.221*	*−8.226*	*−8.232*	−8.238
0.60	−0.059	*−7.568*	*−7.570*	*−7.573*	*−7.579*	*−7.585*	*−7.591*	−7.596
0.65	−0.045	−0.247	*−6.949*	*−6.952*	*−6.959*	*−6.966*	*−6.973*	−6.980
0.70	−0.034	−0.185	−0.415	*−6.360*	*−6.367*	*−6.373*	*−6.381*	−6.388
0.75	−0.027	−0.142	−0.306	*−5.796*	*−5.802*	*−5.809*	*−5.816*	−5.824
0.80	−0.021	−0.110	−0.234	−0.542	*−5.266*	*−5.271*	*−5.278*	−5.285
0.85	−0.017	−0.087	−0.182	−0.401	*−4.753*	*−4.754*	*−4.758*	−4.763
0.90	−0.014	−0.070	−0.144	−0.308	−0.751	*−4.254*	*−4.248*	−4.249
0.93	−0.012	−0.061	−0.126	−0.265	−0.612	−1.236	*−3.942*	−3.934
0.95	−0.011	−0.056	−0.115	−0.241	−0.542	−0.994	*−3.737*	−3.712
0.97	−0.010	−0.052	−0.105	−0.219	−0.483	−0.837	−1.616	−3.470
0.98	−0.010	−0.050	−0.101	−0.209	−0.457	−0.776	−1.324	−3.332
0.99	−0.009	−0.048	−0.097	−0.200	−0.433	−0.722	−1.154	−3.164
1.00	−0.009	−0.046	−0.093	−0.191	−0.410	−0.675	−1.034	−2.471
1.01	−0.009	−0.044	−0.089	−0.183	−0.389	−0.632	−0.940	−1.375
1.02	−0.008	−0.042	−0.085	−0.175	−0.370	−0.594	−0.863	−1.180
1.05	−0.007	−0.037	−0.075	−0.153	−0.318	−0.498	−0.691	−0.877
1.10	−0.006	−0.030	−0.061	−0.123	−0.251	−0.381	−0.507	−0.617
1.15	−0.005	−0.025	−0.050	−0.099	−0.199	−0.296	−0.385	−0.459
1.20	−0.004	−0.020	−0.040	−0.080	−0.158	−0.232	−0.297	−0.349
1.30	−0.003	−0.013	−0.026	−0.052	−0.100	−0.142	−0.177	−0.203
1.40	−0.002	−0.008	−0.016	−0.032	−0.060	−0.083	−0.100	−0.111
1.50	−0.001	−0.005	−0.009	−0.018	−0.032	−0.042	−0.048	−0.049
1.60	−0.000	−0.002	−0.004	−0.007	−0.012	−0.013	−0.011	−0.005
1.70	−0.000	−0.000	−0.000	−0.000	0.003	0.009	0.017	0.027
1.80	0.000	0.001	0.003	0.006	0.015	0.025	0.037	0.051
1.90	0.001	0.003	0.005	0.011	0.023	0.037	0.053	0.070
2.00	0.001	0.003	0.007	0.015	0.030	0.047	0.065	0.085
2.20	0.001	0.005	0.010	0.020	0.040	0.062	0.083	0.106
2.40	0.001	0.006	0.012	0.023	0.047	0.071	0.095	0.120
2.60	0.001	0.006	0.013	0.026	0.052	0.078	0.104	0.130
2.80	0.001	0.007	0.014	0.028	0.055	0.082	0.110	0.137
3.00	0.001	0.007	0.014	0.029	0.058	0.086	0.114	0.142
3.50	0.002	0.008	0.016	0.031	0.062	0.092	0.122	0.152
4.00	0.002	0.008	0.016	0.032	0.064	0.096	0.127	0.158

表 D.7 $(H^R)^0/RT_c$ 的值

$P_r =$	1.0000	1.2000	1.5000	2.0000	3.0000	5.0000	7.0000	10.000
T_r								
0.30	−5.987	−5.975	−5.957	−5.927	−5.868	−5.748	−5.628	−5.446
0.35	−5.845	−5.833	−5.814	−5.783	−5.721	−5.595	−5.469	−5.278
0.40	−5.700	−5.687	−5.668	−5.636	−5.572	−5.442	−5.311	−5.113
0.45	−5.551	−5.538	−5.519	−5.486	−5.421	−5.288	−5.154	−5.950
0.50	−5.401	−5.388	−5.369	−5.336	−5.279	−5.135	−4.999	−4.791
0.55	−5.252	−5.239	−5.220	−5.187	−5.121	−4.986	−4.849	−4.638
0.60	−5.104	−5.091	−5.073	−5.041	−4.976	−4.842	−4.794	−4.492
0.65	−4.956	−4.949	−4.927	−4.896	−4.833	−4.702	−4.565	−4.353
0.70	−4.808	−4.797	−4.781	−4.752	−4.693	−4.566	−4.432	−4.221
0.75	−4.655	−4.646	−4.632	−4.607	−4.554	−4.434	−4.393	−4.095
0.80	−4.494	−4.488	−4.478	−4.459	−4.413	−4.303	−4.178	−3.974
0.85	−4.316	−4.316	−4.312	−4.302	−4.269	−4.173	−4.056	−3.857
0.90	−4.108	−4.118	−4.127	−4.132	−4.119	−4.043	−3.935	−3.744
0.93	−3.953	−3.976	−4.000	−4.020	−4.024	−3.963	−3.863	−3.678
0.95	−3.825	−3.865	−3.904	−3.940	−3.958	−3.910	−3.815	−3.634
0.97	−3.658	−3.732	−3.796	−3.853	−3.890	−3.856	−3.767	−3.591
0.98	−3.544	−3.652	−3.736	−3.806	−3.854	−3.829	−3.743	−3.569
0.99	−3.376	−3.558	−3.670	−3.758	−3.818	−3.801	−3.719	−3.548
1.00	−2.584	−3.441	−3.598	−3.706	−3.782	−3.774	−3.695	−3.526
1.01	−1.796	−3.283	−3.516	−3.652	−3.744	−3.746	−3.671	−3.505
1.02	−1.627	−3.039	−3.422	−3.595	−3.705	−3.718	−3.647	−3.484
1.05	−1.359	−2.034	−3.030	−3.398	−3.583	−3.632	−3.575	−3.420
1.10	−1.120	−1.487	−2.203	−2.965	−3.353	−3.484	−3.453	−3.315
1.15	−0.968	−1.239	−1.719	−2.479	−3.091	−3.329	−3.329	−3.211
1.20	−0.857	−1.076	−1.443	−2.079	−2.801	−3.166	−3.202	−3.107
1.30	−0.698	−0.860	−1.116	−1.560	−2.274	−2.825	−2.942	−2.899
1.40	−0.588	−0.716	−0.915	−1.253	−1.857	−2.486	−2.679	−2.692
1.50	−0.505	−0.611	−0.774	−1.046	−1.549	−2.175	−2.421	−2.486
1.60	−0.440	−0.531	−0.667	−0.894	−1.318	−1.904	−2.177	−2.285
1.70	−0.387	−0.446	−0.583	−0.777	−1.139	−1.672	−1.953	−2.091
1.80	−0.344	−0.413	−0.515	−0.683	−0.996	−1.476	−1.751	−1.908
1.90	−0.307	−0.368	−0.458	−0.606	−0.880	−1.309	−1.571	−1.736
2.00	−0.276	−0.330	−0.411	−0.541	−0.782	−1.167	−1.411	−1.577
2.20	−0.226	−0.269	−0.334	−0.437	−0.629	−0.937	−1.143	−1.295
2.40	−0.187	−0.222	−0.275	−0.359	−0.513	−0.761	−0.929	−1.058
2.60	−0.155	−0.185	−0.228	−0.297	−0.422	−0.621	−0.756	−0.858
2.80	−0.130	−0.154	−0.190	−0.246	−0.348	−0.508	−0.614	−0.689
3.00	−0.109	−0.129	−0.159	−0.205	−0.288	−0.415	−0.495	−0.545
3.50	−0.069	−0.081	−0.099	−0.127	−0.174	−0.239	−0.270	−0.264
4.00	−0.041	−0.048	−0.058	−0.072	−0.095	−0.116	−0.110	−0.061

表 D.8 $(H^R)^1/RT_c$ 的值

$P_r =$ T_r	1.0000	1.2000	1.5000	2.0000	3.0000	5.0000	7.0000	10.000
0.30	−11.062	−11.055	−11.044	−11.027	−10.992	−10.935	−10.872	−10.781
0.35	−10.640	−10.637	−10.632	−10.624	−10.609	−10.581	−10.554	−10.529
0.40	−10.121	−10.121	−10.121	−10.122	−10.123	−10.128	−10.135	−10.150
0.45	−9.525	−9.527	−9.531	−9.537	−9.549	−9.576	−9.611	−9.663
0.50	−8.888	−8.892	−8.899	−8.909	−8.932	−8.978	−9.030	−9.111
0.55	−8.238	−8.243	−8.252	−8.267	−8.298	−8.360	−8.425	−8.531
0.60	−7.596	−7.603	−7.614	−7.632	−7.669	−7.745	−7.824	−7.950
0.65	−6.980	−6.987	−6.997	−7.017	−7.059	−7.147	−7.239	−7.381
0.70	−6.388	−6.395	−6.407	−6.429	−6.475	−6.574	−6.677	−6.837
0.75	−5.824	−5.832	−5.845	−5.868	−5.918	−6.027	−6.142	−6.318
0.80	−5.285	−5.293	−5.306	−5.330	−5.385	−5.506	−5.632	−5.824
0.85	−4.763	−4.771	−4.784	−4.810	−4.872	−5.000	−5.149	−5.358
0.90	−4.249	−4.255	−4.268	−4.298	−4.371	−4.530	−4.688	−4.916
0.93	−3.934	−3.937	−3.951	−3.987	−4.073	−4.251	−4.422	−4.662
0.95	−3.712	−3.713	−3.730	−3.773	−3.873	−4.068	−4.248	−4.497
0.97	−3.470	−3.467	−3.492	−3.551	−3.670	−3.885	−4.077	−4.336
0.98	−3.332	−3.327	−3.363	−3.434	−3.568	−3.795	−3.992	−4.257
0.99	−3.164	−3.164	−3.223	−3.313	−3.464	−3.705	−3.909	−4.178
1.00	−2.471	−2.952	−3.065	−3.186	−3.358	−3.615	−3.825	−4.100
1.01	−1.375	−2.595	−2.880	−3.051	−3.251	−3.525	−3.742	−4.023
1.02	−1.180	−1.723	−2.650	−2.906	−3.142	−3.435	−3.661	−3.947
1.05	−0.877	−0.878	−1.496	−2.381	−2.800	−3.167	−3.418	−3.722
1.10	−0.617	−0.673	−0.617	−1.261	−2.167	−2.720	−3.023	−3.362
1.15	−0.459	−0.503	−0.487	−0.604	−1.497	−2.275	−2.641	−3.019
1.20	−0.349	−0.381	−0.381	−0.361	−0.934	−1.840	−2.273	−2.692
1.30	−0.203	−0.218	−0.218	−0.178	−0.300	−1.066	−1.592	−2.086
1.40	−0.111	−0.115	−0.128	−0.070	−0.044	−0.504	−1.012	−1.547
1.50	−0.049	−0.046	−0.032	0.008	0.078	−0.142	−0.556	−1.080
1.60	−0.005	0.004	0.023	0.065	0.151	0.082	−0.217	−0.689
1.70	0.027	0.040	0.063	0.109	0.202	0.223	0.028	−0.369
1.80	0.051	0.067	0.094	0.143	0.241	0.317	0.203	−0.112
1.90	0.070	0.088	0.117	0.169	0.271	0.381	0.330	0.092
2.00	0.085	0.105	0.136	0.190	0.295	0.428	0.424	0.255
2.20	0.106	0.128	0.163	0.221	0.331	0.493	0.551	0.489
2.40	0.120	0.144	0.181	0.242	0.356	0.535	0.631	0.645
2.60	0.130	0.156	0.194	0.257	0.376	0.567	0.687	0.754
2.80	0.137	0.164	0.204	0.269	0.391	0.591	0.729	0.836
3.00	0.142	0.170	0.211	0.278	0.403	0.611	0.763	0.899
3.50	0.152	0.181	0.224	0.294	0.425	0.650	0.827	1.015
4.00	0.158	0.188	0.233	0.306	0.442	0.680	0.874	1.097

➡ 表 D.9　$(S^R)^0/R$ 的值

P_r =	**0.0100**	**0.0500**	**0.1000**	**0.2000**	**0.4000**	**0.6000**	**0.8000**	**1.0000**
T_r								
0.30	*−11.614*	*−10.008*	*−9.319*	*−8.635*	*−7.961*	*−7.574*	*−7.304*	−7.099
0.35	*−11.185*	*−9.579*	*−8.890*	*−8.205*	*−7.529*	*−7.140*	*−6.869*	−6.663
0.40	*−10.802*	*−9.196*	*−8.506*	*−7.821*	*−7.144*	*−6.755*	*−6.483*	−6.275
0.45	*−10.453*	*−8.847*	*−8.157*	*−7.472*	*−6.794*	*−6.404*	*−6.132*	−5.924
0.50	*−10.137*	*−8.531*	*−7.841*	*−7.156*	*−6.479*	*−6.089*	*−5.816*	−5.608
0.55	−0.038	*−8.245*	*−7.555*	*−6.870*	*−6.193*	*−5.803*	*−5.531*	−5.324
0.60	−0.029	*−7.983*	*−7.294*	*−6.610*	*−5.933*	*−5.544*	*−5.273*	−5.066
0.65	−0.023	−0.122	*−7.052*	*−6.368*	*−5.694*	*−5.306*	*−5.036*	−4.830
0.70	−0.018	−0.096	−0.206	*−6.140*	*−5.467*	*−5.082*	*−4.814*	−4.610
0.75	−0.015	−0.078	−0.164	*−5.917*	*−5.248*	*−4.866*	*−4.600*	−4.399
0.80	−0.013	−0.064	−0.134	−0.294	*−5.026*	*−4.694*	*−4.388*	−4.191
0.85	−0.011	−0.054	−0.111	−0.239	*−4.785*	*−4.418*	*−4.166*	−3.976
0.90	−0.009	−0.046	−0.094	−0.199	−0.463	*−4.145*	*−3.912*	−3.738
0.93	−0.008	−0.042	−0.085	−0.179	−0.408	−0.750	*−3.723*	−3.569
0.95	−0.008	−0.039	−0.080	−0.168	−0.377	−0.671	*−3.556*	−3.433
0.97	−0.007	−0.037	−0.075	−0.157	−0.350	−0.607	−1.056	−3.259
0.98	−0.007	−0.036	−0.073	−0.153	−0.337	−0.580	−0.971	−3.142
0.99	−0.007	−0.035	−0.071	−0.148	−0.326	−0.555	−0.903	−2.972
1.00	−0.007	−0.034	−0.069	−0.144	−0.315	−0.532	−0.847	−2.178
1.01	−0.007	−0.033	−0.067	−0.139	−0.304	−0.510	−0.799	−1.391
1.02	−0.006	−0.032	−0.065	−0.135	−0.294	−0.491	−0.757	−1.225
1.05	−0.006	−0.030	−0.060	−0.124	−0.267	−0.439	−0.656	−0.965
1.10	−0.005	−0.026	−0.053	−0.108	−0.230	−0.371	−0.537	−0.742
1.15	−0.005	−0.023	−0.047	−0.096	−0.201	−0.319	−0.452	−0.607
1.20	−0.004	−0.021	−0.042	−0.085	−0.177	−0.277	−0.389	−0.512
1.30	−0.003	−0.017	−0.033	−0.068	−0.140	−0.217	−0.298	−0.385
1.40	−0.003	−0.014	−0.027	−0.056	−0.114	−0.174	−0.237	−0.303
1.50	−0.002	−0.011	−0.023	−0.046	−0.094	−0.143	−0.194	−0.246
1.60	−0.002	−0.010	−0.019	−0.039	−0.079	−0.120	−0.162	−0.204
1.70	−0.002	−0.008	−0.017	−0.033	−0.067	−0.102	−0.137	−0.172
1.80	−0.001	−0.007	−0.014	−0.029	−0.058	−0.088	−0.117	−0.147
1.90	−0.001	−0.006	−0.013	−0.025	−0.051	−0.076	−0.102	−0.127
2.00	−0.001	−0.006	−0.011	−0.022	−0.044	−0.067	−0.089	−0.111
2.20	−0.001	−0.004	−0.009	−0.018	−0.035	−0.053	−0.070	−0.087
2.40	−0.001	−0.004	−0.007	−0.014	−0.028	−0.042	−0.056	−0.070
2.60	−0.001	−0.003	−0.006	−0.012	−0.023	−0.035	−0.046	−0.058
2.80	−0.000	−0.002	−0.005	−0.010	−0.020	−0.029	−0.039	−0.048
3.00	−0.000	−0.002	−0.004	−0.008	−0.017	−0.025	−0.033	−0.041
3.50	−0.000	−0.001	−0.003	−0.006	−0.012	−0.017	−0.023	−0.029
4.00	−0.000	−0.001	−0.002	−0.004	−0.009	−0.013	−0.017	−0.021

➡ 表 D.10 $(S^R)^1/R$ 的值

$P_r =$	0.0100	0.0500	0.1000	0.2000	0.4000	0.6000	0.8000	1.0000
T_r								
0.30	*−16.782*	*−16.774*	*−16.764*	*−16.744*	*−16.705*	*−16.665*	*−16.626*	−16.586
0.35	*−15.413*	*−15.408*	*−15.401*	*−15.387*	*−15.359*	*−15.333*	*−15.305*	−15.278
0.40	*−13.990*	*−13.986*	*−13.981*	*−13.972*	*−13.953*	*−13.934*	*−13.915*	−13.896
0.45	*−12.564*	*−12.561*	*−12.558*	*−12.551*	*−12.537*	*−12.523*	*−12.509*	−12.496
0.50	*−11.202*	*−11.200*	*−11.197*	*−11.092*	*−11.082*	*−11.172*	*−11.162*	−11.153
0.55	−0.115	*−9.948*	*−9.946*	*−9.942*	*−9.935*	*−9.928*	*−9.921*	−9.914
0.60	−0.078	*−8.828*	*−8.826*	*−8.823*	*−8.817*	*−8.811*	*−8.806*	−8.799
0.65	−0.055	−0.309	*−7.832*	*−7.829*	*−7.824*	*−7.819*	*−7.815*	−7.510
0.70	−0.040	−0.216	−0.491	*−6.951*	*−6.945*	*−6.941*	*−6.937*	−6.933
0.75	−0.029	−0.156	−0.340	*−6.173*	*−6.167*	*−6.162*	*−6.158*	−6.155
0.80	−0.022	−0.116	−0.246	−0.578	*−5.475*	*−5.468*	*−5.462*	−5.458
0.85	−0.017	−0.088	−0.183	−0.400	*−4.853*	*−4.841*	*−4.832*	−4.826
0.90	−0.013	−0.068	−0.140	−0.301	−0.744	*−4.269*	*−4.249*	−4.238
0.93	−0.011	−0.058	−0.120	−0.254	−0.593	−1.219	*−3.914*	−3.894
0.95	−0.010	−0.053	−0.109	−0.228	−0.517	−0.961	*−3.697*	−3.658
0.97	−0.010	−0.048	−0.099	−0.206	−0.456	−0.797	−1.570	−3.406
0.98	−0.009	−0.046	−0.094	−0.196	−0.429	−0.734	−1.270	−3.264
0.99	−0.009	−0.044	−0.090	−0.186	−0.405	−0.680	−1.098	−3.093
1.00	−0.008	−0.042	−0.086	−0.177	−0.382	−0.632	−0.977	−2.399
1.01	−0.008	−0.040	−0.082	−0.169	−0.361	−0.590	−0.883	−1.306
1.02	−0.008	−0.039	−0.078	−0.161	−0.342	−0.552	−0.807	−1.113
1.05	−0.007	−0.034	−0.069	−0.140	−0.292	−0.460	−0.642	−0.820
1.10	−0.005	−0.028	−0.055	−0.112	−0.229	−0.350	−0.470	−0.577
1.15	−0.005	−0.023	−0.045	−0.091	−0.183	−0.275	−0.361	−0.437
1.20	−0.004	−0.019	−0.037	−0.075	−0.149	−0.220	−0.286	−0.343
1.30	−0.003	−0.013	−0.026	−0.052	−0.102	−0.148	−0.190	−0.226
1.40	−0.002	−0.010	−0.019	−0.037	−0.072	−0.104	−0.133	−0.158
1.50	−0.001	−0.007	−0.014	−0.027	−0.053	−0.076	−0.097	−0.115
1.60	−0.001	−0.005	−0.011	−0.021	−0.040	−0.057	−0.073	−0.086
1.70	−0.001	−0.004	−0.008	−0.016	−0.031	−0.044	−0.056	−0.067
1.80	−0.001	−0.003	−0.006	−0.013	−0.024	−0.035	−0.044	−0.053
1.90	−0.001	−0.003	−0.005	−0.010	−0.019	−0.028	−0.036	−0.043
2.00	−0.000	−0.002	−0.004	−0.008	−0.016	−0.023	−0.029	−0.035
2.20	−0.000	−0.001	−0.003	−0.006	−0.011	−0.016	−0.021	−0.025
2.40	−0.000	−0.001	−0.002	−0.004	−0.008	−0.012	−0.015	−0.019
2.60	−0.000	−0.001	−0.002	−0.003	−0.006	−0.009	−0.012	−0.015
2.80	−0.000	−0.001	−0.001	−0.003	−0.005	−0.008	−0.010	−0.012
3.00	−0.000	−0.001	−0.001	−0.002	−0.004	−0.006	−0.008	−0.010
3.50	−0.000	−0.000	−0.001	−0.001	−0.003	−0.004	−0.006	−0.007
4.00	−0.000	−0.000	−0.001	−0.001	−0.002	−0.003	−0.005	−0.006

➧ 表 D.11　$(S^R)^0/R$ 的值

$P_r =$ T_r	1.0000	1.2000	1.5000	2.0000	3.0000	5.0000	7.0000	10.000
0.30	−7.099	−6.935	−6.740	−6.497	−6.180	−5.847	−5.683	−5.578
0.35	−6.663	−6.497	−6.299	−6.052	−5.728	−5.376	−5.194	−5.060
0.40	−6.275	−6.109	−5.909	−5.660	−5.330	−4.967	−4.772	−4.619
0.45	−5.924	−5.757	−5.557	−5.306	−4.974	−4.603	−4.401	−4.234
0.50	−5.608	−5.441	−5.240	−4.989	−4.656	−4.282	−4.074	−3.899
0.55	−5.324	−5.157	−4.956	−4.706	−4.373	−3.998	−3.788	−3.607
0.60	−5.066	−4.900	−4.700	−4.451	−4.120	−3.747	−3.537	−3.353
0.65	−4.830	−4.665	−4.467	−4.220	−3.892	−3.523	−3.315	−3.131
0.70	−4.610	−4.446	−4.250	−4.007	−3.684	−3.322	−3.117	−2.935
0.75	−4.399	−4.238	−4.045	−3.807	−3.491	−3.138	−2.939	−2.761
0.80	−4.191	−4.034	−3.846	−3.615	−3.310	−2.970	−2.777	−2.605
0.85	−3.976	−3.825	−3.646	−3.425	−3.135	−2.812	−2.629	−2.463
0.90	−3.738	−3.599	−3.434	−3.231	−2.964	−2.663	−2.491	−2.334
0.93	−3.569	−3.444	−3.295	−3.108	−2.860	−2.577	−2.412	−2.262
0.95	−3.433	−3.326	−3.193	−3.023	−2.790	−2.520	−2.362	−2.215
0.97	−3.259	−3.188	−3.081	−2.932	−2.719	−2.463	−2.312	−2.170
0.98	−3.142	−3.106	−3.019	−2.884	−2.682	−2.436	−2.287	−2.148
0.99	−2.972	−3.010	−2.953	−2.835	−2.646	−2.408	−2.263	−2.126
1.00	−2.178	−2.893	−2.879	−2.784	−2.609	−2.380	−2.239	−2.105
1.01	−1.391	−2.736	−2.798	−2.730	−2.571	−2.352	−2.215	−2.083
1.02	−1.225	−2.495	−2.706	−2.673	−2.533	−2.325	−2.191	−2.062
1.05	−0.965	−1.523	−2.328	−2.483	−2.415	−2.242	−2.121	−2.001
1.10	−0.742	−1.012	−1.557	−2.081	−2.202	−2.104	−2.007	−1.903
1.15	−0.607	−0.790	−1.126	−1.649	−1.968	−1.966	−1.897	−1.810
1.20	−0.512	−0.651	−0.890	−1.308	−1.727	−1.827	−1.789	−1.722
1.30	−0.385	−0.478	−0.628	−0.891	−1.299	−1.554	−1.581	−1.556
1.40	−0.303	−0.375	−0.478	−0.663	−0.990	−1.303	−1.386	−1.402
1.50	−0.246	−0.299	−0.381	−0.520	−0.777	−1.088	−1.208	−1.260
1.60	−0.204	−0.247	−0.312	−0.421	−0.628	−0.913	−1.050	−1.130
1.70	−0.172	−0.208	−0.261	−0.350	−0.519	−0.773	−0.915	−1.013
1.80	−0.147	−0.177	−0.222	−0.296	−0.438	−0.661	−0.799	−0.908
1.90	−0.127	−0.153	−0.191	−0.255	−0.375	−0.570	−0.702	−0.815
2.00	−0.111	−0.134	−0.167	−0.221	−0.625	−0.497	−0.620	−0.733
2.20	−0.087	−0.105	−0.130	−0.172	−0.251	−0.388	−0.492	−0.599
2.40	−0.070	−0.084	−0.104	−0.138	−0.201	−0.311	−0.399	−0.496
2.60	−0.058	−0.069	−0.086	−0.113	−0.164	−0.255	−0.329	−0.416
2.80	−0.048	−0.058	−0.072	−0.094	−0.137	−0.213	−0.277	−0.353
3.00	−0.041	−0.049	−0.061	−0.080	−0.116	−0.181	−0.236	−0.303
3.50	−0.029	−0.034	−0.042	−0.056	−0.081	−0.126	−0.166	−0.216
4.00	−0.021	−0.025	−0.031	−0.041	−0.059	−0.093	−0.123	−0.162

表 D.12 $(S^R)^1/R$ 的值

P_r = T_r	1.0000	1.2000	1.5000	2.0000	3.0000	5.0000	7.0000	10.000
0.30	−16.586	−16.547	−16.488	−16.390	−16.195	−15.837	−15.468	−14.925
0.35	−15.278	−15.251	−15.211	−15.144	−15.011	−14.751	−14.496	−14.153
0.40	−13.896	−13.877	−13.849	−13.803	−13.714	−13.541	−13.376	−13.144
0.45	−12.496	−12.482	−12.462	−12.430	−12.367	−12.248	−12.145	−11.999
0.50	−11.153	−11.143	−11.129	−11.107	−11.063	−10.985	−10.920	−10.836
0.55	−9.914	−9.907	−9.897	−9.882	−9.853	−9.806	−9.769	−9.732
0.60	−8.799	−8.794	−8.787	−8.777	−8.760	−8.736	−8.723	−8.720
0.65	−7.810	−7.807	−7.801	−7.794	−7.784	−7.779	−7.785	−7.811
0.70	−6.933	−6.930	−6.926	−6.922	−6.919	−6.929	−6.952	−7.002
0.75	−6.155	−6.152	−6.149	−6.147	−6.149	−6.174	−6.213	−6.285
0.80	−5.458	−5.455	−5.453	−5.452	−5.461	−5.501	−5.555	−5.648
0.85	−4.826	−4.822	−4.820	−4.822	−4.839	−4.898	−4.969	−5.082
0.90	−4.238	−4.232	−4.230	−4.236	−4.267	−4.351	−4.442	−4.578
0.93	−3.894	−3.885	−3.884	−3.896	−3.941	−4.046	−4.151	−4.300
0.95	−3.658	−3.647	−3.648	−3.669	−3.728	−3.851	−3.966	−4.125
0.97	−3.406	−3.391	−3.401	−3.437	−3.517	−3.661	−3.788	−3.957
0.98	−3.264	−3.247	−3.268	−3.318	−3.412	−3.569	−3.701	−3.875
0.99	−3.093	−3.082	−3.126	−3.195	−3.306	−3.477	−3.616	−3.796
1.00	−2.399	−2.868	−2.967	−3.067	−3.200	−3.387	−3.532	−3.717
1.01	−1.306	−2.513	−2.784	−2.933	−3.094	−3.297	−3.450	−3.640
1.02	−1.113	−1.655	−2.557	−2.790	−2.986	−3.209	−3.369	−3.565
1.05	−0.820	−0.831	−1.443	−2.283	−2.655	−2.949	−3.134	−3.348
1.10	−0.577	−0.640	−0.618	−1.241	−2.067	−2.534	−2.767	−3.013
1.15	−0.437	−0.489	−0.502	−0.654	−1.471	−2.138	−2.428	−2.708
1.20	−0.343	−0.385	−0.412	−0.447	−0.991	−1.767	−2.115	−2.430
1.30	−0.226	−0.254	−0.282	−0.300	−0.481	−1.147	−1.569	−1.944
1.40	−0.158	−0.178	−0.200	−0.220	−0.290	−0.730	−1.138	−1.544
1.50	−0.115	−0.130	−0.147	−0.166	−0.206	−0.479	−0.823	−1.222
1.60	−0.086	−0.098	−0.112	−0.129	−0.159	−0.334	−0.604	−0.969
1.70	−0.067	−0.076	−0.087	−0.102	−0.127	−0.248	−0.456	−0.775
1.80	−0.053	−0.060	−0.070	−0.083	−0.105	−0.195	−0.355	−0.628
1.90	−0.043	−0.049	−0.057	−0.069	−0.089	−0.160	−0.286	−0.518
2.00	−0.035	−0.040	−0.048	−0.058	−0.077	−0.136	−0.238	−0.434
2.20	−0.025	−0.029	−0.035	−0.043	−0.060	−0.105	−0.178	−0.322
2.40	−0.019	−0.022	−0.027	−0.034	−0.048	−0.086	−0.143	−0.254
2.60	−0.015	−0.018	−0.021	−0.028	−0.041	−0.074	−0.120	−0.210
2.80	−0.012	−0.014	−0.018	−0.023	−0.025	−0.065	−0.104	−0.180
3.00	−0.010	−0.012	−0.015	−0.020	−0.031	−0.058	−0.093	−0.158
3.50	−0.007	−0.009	−0.011	−0.015	−0.024	−0.046	−0.073	−0.122
4.00	−0.006	−0.007	−0.009	−0.012	−0.020	−0.038	−0.060	−0.100

表 D.13　ϕ^0 的值

$P_r =$	**0.0100**	**0.0500**	**0.1000**	**0.2000**	**0.4000**	**0.6000**	**0.8000**	**1.0000**
T_r								
0.30	*0.0002*	*0.0000*	*0.0000*	*0.0000*	*0.0000*	*0.0000*	*0.0000*	0.0000
0.35	*0.0034*	*0.0007*	*0.0003*	*0.0002*	*0.0001*	*0.0001*	*0.0001*	0.0000
0.40	*0.0272*	*0.0055*	*0.0028*	*0.0014*	*0.0007*	*0.0005*	*0.0004*	0.0003
0.45	*0.1321*	*0.0266*	*0.0135*	*0.0069*	*0.0036*	*0.0025*	*0.0020*	0.0016
0.50	*0.4529*	*0.0912*	*0.0461*	*0.0235*	*0.0122*	*0.0085*	*0.0067*	0.0055
0.55	0.9817	*0.2432*	*0.1227*	*0.0625*	*0.0325*	*0.0225*	*0.0176*	0.0146
0.60	0.9840	*0.5383*	*0.2716*	*0.1384*	*0.0718*	*0.0497*	*0.0386*	0.0321
0.65	0.9886	0.9419	*0.5212*	*0.2655*	*0.1374*	*0.0948*	*0.0738*	0.0611
0.70	0.9908	0.9528	0.9057	*0.4560*	*0.2360*	*0.1626*	*0.1262*	0.1045
0.75	0.9931	0.9616	0.9226	*0.7178*	*0.3715*	*0.2559*	*0.1982*	0.1641
0.80	0.9931	0.9683	0.9354	0.8730	*0.5445*	*0.3750*	*0.2904*	0.2404
0.85	0.9954	0.9727	0.9462	0.8933	*0.7534*	*0.5188*	*0.4018*	0.3319
0.90	0.9954	0.9772	0.9550	0.9099	0.8204	*0.6823*	*0.5297*	0.4375
0.93	0.9954	0.9795	0.9594	0.9183	0.8375	0.7551	*0.6109*	0.5058
0.95	0.9954	0.9817	0.9616	0.9226	0.8472	0.7709	*0.6668*	0.5521
0.97	0.9954	0.9817	0.9638	0.9268	0.8570	0.7852	0.7112	0.5984
0.98	0.9954	0.9817	0.9638	0.9290	0.8610	0.7925	0.7211	0.6223
0.99	0.9977	0.9840	0.9661	0.9311	0.8650	0.7980	0.7295	0.6442
1.00	0.9977	0.9840	0.9661	0.9333	0.8690	0.8035	0.7379	0.6668
1.01	0.9977	0.9840	0.9683	0.9354	0.8730	0.8110	0.7464	0.6792
1.02	0.9977	0.9840	0.9683	0.9376	0.8770	0.8166	0.7551	0.6902
1.05	0.9977	0.9863	0.9705	0.9441	0.8872	0.8318	0.7762	0.7194
1.10	0.9977	0.9886	0.9750	0.9506	0.9016	0.8531	0.8072	0.7586
1.15	0.9977	0.9886	0.9795	0.9572	0.9141	0.8730	0.8318	0.7907
1.20	0.9977	0.9908	0.9817	0.9616	0.9247	0.8892	0.8531	0.8166
1.30	0.9977	0.9931	0.9863	0.9705	0.9419	0.9141	0.8872	0.8590
1.40	0.9977	0.9931	0.9886	0.9772	0.9550	0.9333	0.9120	0.8892
1.50	1.0000	0.9954	0.9908	0.9817	0.9638	0.9462	0.9290	0.9141
1.60	1.0000	0.9954	0.9931	0.9863	0.9727	0.9572	0.9441	0.9311
1.70	1.0000	0.9977	0.9954	0.9886	0.9772	0.9661	0.9550	0.9462
1.80	1.0000	0.9977	0.9954	0.9908	0.9817	0.9727	0.9661	0.9572
1.90	1.0000	0.9977	0.9954	0.9931	0.9863	0.9795	0.9727	0.9661
2.00	1.0000	0.9977	0.9977	0.9954	0.9886	0.9840	0.9795	0.9727
2.20	1.0000	1.0000	0.9977	0.9977	0.9931	0.9908	0.9886	0.9840
2.40	1.0000	1.0000	1.0000	0.9977	0.9977	0.9954	0.9931	0.9931
2.60	1.0000	1.0000	1.0000	1.0000	1.0000	0.9977	0.9977	0.9977
2.80	1.0000	1.0000	1.0000	1.0000	1.0000	1.0000	1.0023	1.0023
3.00	1.0000	1.0000	1.0000	1.0000	1.0023	1.0023	1.0046	1.0046
3.50	1.0000	1.0000	1.0000	1.0023	1.0023	1.0046	1.0069	1.0093
4.00	1.0000	1.0000	1.0000	1.0023	1.0046	1.0069	1.0093	1.0116

➡表 D.14 ϕ^1 的值

$P_r =$	**0.0100**	**0.0500**	**0.1000**	**0.2000**	**0.4000**	**0.6000**	**0.8000**	**1.0000**
T_r								
0.30	*0.0000*	*0.0000*	*0.0000*	*0.0000*	*0.0000*	*0.0000*	*0.0000*	0.0000
0.35	*0.0000*	*0.0000*	*0.0000*	*0.0000*	*0.0000*	*0.0000*	*0.0000*	0.0000
0.40	*0.0000*	*0.0000*	*0.0000*	*0.0000*	*0.0000*	*0.0000*	*0.0000*	0.0000
0.45	*0.0002*	*0.0002*	*0.0002*	*0.0002*	*0.0002*	*0.0002*	*0.0002*	0.0002
0.50	*0.0014*	*0.0014*	*0.0014*	*0.0014*	*0.0014*	*0.0014*	*0.0013*	0.0013
0.55	0.9705	*0.0069*	*0.0068*	*0.0068*	*0.0066*	*0.0065*	*0.0064*	0.0063
0.60	0.9795	*0.0227*	*0.0226*	*0.0223*	*0.0220*	*0.0216*	*0.0213*	0.0210
0.65	0.9863	0.9311	*0.0572*	*0.0568*	*0.0559*	*0.0551*	*0.0543*	0.0535
0.70	0.9908	0.9528	0.9036	*0.1182*	*0.1163*	*0.1147*	*0.1131*	0.1116
0.75	0.9931	0.9683	0.9332	*0.2112*	*0.2078*	*0.2050*	*0.2022*	0.1994
0.80	0.9954	0.9772	0.9550	0.9057	*0.3302*	*0.3257*	*0.3212*	0.3168
0.85	0.9977	0.9863	0.9705	0.9375	*0.4774*	*0.4708*	*0.4654*	0.4590
0.90	0.9977	0.9908	0.9795	0.9594	0.9141	*0.6323*	*0.6250*	0.6165
0.93	0.9977	0.9931	0.9840	0.9705	0.9354	0.8953	*0.7227*	0.7144
0.95	0.9977	0.9931	0.9885	0.9750	0.9484	0.9183	*0.7888*	0.7797
0.97	1.0000	0.9954	0.9908	0.9795	0.9594	0.9354	0.9078	0.8413
0.98	1.0000	0.9954	0.9908	0.9817	0.9638	0.9440	0.9225	0.8729
0.99	1.0000	0.9954	0.9931	0.9840	0.9683	0.9528	0.9332	0.9036
1.00	1.0000	0.9977	0.9931	0.9863	0.9727	0.9594	0.9440	0.9311
1.01	1.0000	0.9977	0.9931	0.9885	0.9772	0.9638	0.9528	0.9462
1.02	1.0000	0.9977	0.9954	0.9908	0.9795	0.9705	0.9616	0.9572
1.05	1.0000	0.9977	0.9977	0.9954	0.9885	0.9863	0.9840	0.9840
1.10	1.0000	1.0000	1.0000	1.0000	1.0023	1.0046	1.0093	1.0163
1.15	1.0000	1.0000	1.0023	1.0046	1.0116	1.0186	1.0257	1.0375
1.20	1.0000	1.0023	1.0046	1.0069	1.0163	1.0280	1.0399	1.0544
1.30	1.0000	1.0023	1.0069	1.0116	1.0257	1.0399	1.0544	1.0716
1.40	1.0000	1.0046	1.0069	1.0139	1.0304	1.0471	1.0642	1.0815
1.50	1.0000	1.0046	1.0069	1.0163	1.0328	1.0496	1.0666	1.0865
1.60	1.0000	1.0046	1.0069	1.0163	1.0328	1.0496	1.0691	1.0865
1.70	1.0000	1.0046	1.0093	1.0163	1.0328	1.0496	1.0691	1.0865
1.80	1.0000	1.0046	1.0069	1.0163	1.0328	1.0496	1.0666	1.0840
1.90	1.0000	1.0046	1.0069	1.0163	1.0328	1.0496	1.0666	1.0815
2.00	1.0000	1.0046	1.0069	1.0163	1.0304	1.0471	1.0642	1.0815
2.20	1.0000	1.0046	1.0069	1.0139	1.0304	1.0447	1.0593	1.0765
2.40	1.0000	1.0046	1.0069	1.0139	1.0280	1.0423	1.0568	1.0716
2.60	1.0000	1.0023	1.0069	1.0139	1.0257	1.0399	1.0544	1.0666
2.80	1.0000	1.0023	1.0069	1.0116	1.0257	1.0375	1.0496	1.0642
3.00	1.0000	1.0023	1.0069	1.0116	1.0233	1.0352	1.0471	1.0593
3.50	1.0000	1.0023	1.0046	1.0023	1.0209	1.0304	1.0423	1.0520
4.00	1.0000	1.0023	1.0046	1.0093	1.0186	1.0280	1.0375	1.0471

表 D.15 ϕ^0 的值

$P_r =$	1.0000	1.2000	1.5000	2.0000	3.0000	5.0000	7.0000	10.000
T_r								
0.30	0.0000	0.0000	0.0000	0.0000	0.0000	0.0000	0.0000	0.0000
0.35	0.0000	0.0000	0.0000	0.0000	0.0000	0.0000	0.0000	0.0000
0.40	0.0003	0.0003	0.0003	0.0002	0.0002	0.0002	0.0002	0.0003
0.45	0.0016	0.0014	0.0012	0.0010	0.0008	0.0008	0.0009	0.0012
0.50	0.0055	0.0048	0.0041	0.0034	0.0028	0.0025	0.0027	0.0034
0.55	0.0146	0.0127	0.0107	0.0089	0.0072	0.0063	0.0066	0.0080
0.60	0.0321	0.0277	0.0234	0.0193	0.0154	0.0132	0.0135	0.0160
0.65	0.0611	0.0527	0.0445	0.0364	0.0289	0.0244	0.0245	0.0282
0.70	0.1045	0.0902	0.0759	0.0619	0.0488	0.0406	0.0402	0.0453
0.75	0.1641	0.1413	0.1188	0.0966	0.0757	0.0625	0.0610	0.0673
0.80	0.2404	0.2065	0.1738	0.1409	0.1102	0.0899	0.0867	0.0942
0.85	0.3319	0.2858	0.2399	0.1945	0.1517	0.1227	0.1175	0.1256
0.90	0.4375	0.3767	0.3162	0.2564	0.1995	0.1607	0.1524	0.1611
0.93	0.5058	0.4355	0.3656	0.2972	0.2307	0.1854	0.1754	0.1841
0.95	0.5521	0.4764	0.3999	0.3251	0.2523	0.2028	0.1910	0.2000
0.97	0.5984	0.5164	0.4345	0.3532	0.2748	0.2203	0.2075	0.2163
0.98	0.6223	0.5370	0.4529	0.3681	0.2864	0.2296	0.2158	0.2244
0.99	0.6442	0.5572	0.4699	0.3828	0.2978	0.2388	0.2244	0.2328
1.00	0.6668	0.5781	0.4875	0.3972	0.3097	0.2483	0.2328	0.2415
1.01	0.6792	0.5970	0.5047	0.4121	0.3214	0.2576	0.2415	0.2500
1.02	0.6902	0.6166	0.5224	0.4266	0.3334	0.2673	0.2506	0.2582
1.05	0.7194	0.6607	0.5728	0.4710	0.3690	0.2958	0.2773	0.2844
1.10	0.7586	0.7112	0.6412	0.5408	0.4285	0.3451	0.3228	0.3296
1.15	0.7907	0.7499	0.6918	0.6026	0.4875	0.3954	0.3690	0.3750
1.20	0.8166	0.7834	0.7328	0.6546	0.5420	0.4446	0.4150	0.4198
1.30	0.8590	0.8318	0.7943	0.7345	0.6383	0.5383	0.5058	0.5093
1.40	0.8892	0.8690	0.8395	0.7925	0.7145	0.6237	0.5902	0.5943
1.50	0.9141	0.8974	0.8730	0.8375	0.7745	0.6966	0.6668	0.6714
1.60	0.9311	0.9183	0.8995	0.8710	0.8222	0.7586	0.7328	0.7430
1.70	0.9462	0.9354	0.9204	0.8995	0.8610	0.8091	0.7907	0.8054
1.80	0.9572	0.9484	0.9376	0.9204	0.8913	0.8531	0.8414	0.8590
1.90	0.9661	0.9594	0.9506	0.9376	0.9162	0.8872	0.8831	0.9057
2.00	0.9727	0.9683	0.9616	0.9528	0.9354	0.9183	0.9183	0.9462
2.20	0.9840	0.9817	0.9795	0.9727	0.9661	0.9616	0.9727	1.0093
2.40	0.9931	0.9908	0.9908	0.9886	0.9863	0.9931	1.0116	1.0568
2.60	0.9977	0.9977	0.9977	0.9977	1.0023	1.0162	1.0399	1.0889
2.80	1.0023	1.0023	1.0046	1.0069	1.0116	1.0328	1.0593	1.1117
3.00	1.0046	1.0069	1.0069	1.0116	1.0209	1.0423	1.0740	1.1298
3.50	1.0093	1.0116	1.0139	1.0186	1.0304	1.0593	1.0914	1.1508
4.00	1.0116	1.0139	1.0162	1.0233	1.0375	1.0666	1.0990	1.1588

表 D.16 ϕ^1 的值

$P_r =$ T_r	1.0000	1.2000	1.5000	2.0000	3.0000	5.0000	7.0000	10.000
0.30	0.0000	0.0000	0.0000	0.0000	0.0000	0.0000	0.0000	0.0000
0.35	0.0000	0.0000	0.0000	0.0000	0.0000	0.0000	0.0000	0.0000
0.40	0.0000	0.0000	0.0000	0.0000	0.0000	0.0000	0.0000	0.0000
0.45	0.0002	0.0002	0.0002	0.0002	0.0001	0.0001	0.0001	0.0001
0.50	0.0013	0.0013	0.0013	0.0012	0.0011	0.0009	0.0008	0.0006
0.55	0.0063	0.0062	0.0061	0.0058	0.0053	0.0045	0.0039	0.0031
0.60	0.0210	0.0207	0.0202	0.0194	0.0179	0.0154	0.0133	0.0108
0.65	0.0536	0.0527	0.0516	0.0497	0.0461	0.0401	0.0350	0.0289
0.70	0.1117	0.1102	0.1079	0.1040	0.0970	0.0851	0.0752	0.0629
0.75	0.1995	0.1972	0.1932	0.1871	0.1754	0.1552	0.1387	0.1178
0.80	0.3170	0.3133	0.3076	0.2978	0.2812	0.2512	0.2265	0.1954
0.85	0.4592	0.4539	0.4457	0.4325	0.4093	0.3698	0.3365	0.2951
0.90	0.6166	0.6095	0.5998	0.5834	0.5546	0.5058	0.4645	0.4130
0.93	0.7145	0.7063	0.6950	0.6761	0.6457	0.5916	0.5470	0.4898
0.95	0.7798	0.7691	0.7568	0.7379	0.7063	0.6501	0.6026	0.5432
0.97	0.8414	0.8318	0.8185	0.7998	0.7656	0.7096	0.6607	0.5984
0.98	0.8730	0.8630	0.8492	0.8298	0.7962	0.7379	0.6887	0.6266
0.99	0.9036	0.8913	0.8790	0.8590	0.8241	0.7674	0.7178	0.6546
1.00	0.9311	0.9204	0.9078	0.8872	0.8531	0.7962	0.7464	0.6823
1.01	0.9462	0.9462	0.9333	0.9162	0.8831	0.8241	0.7745	0.7096
1.02	0.9572	0.9661	0.9594	0.9419	0.9099	0.8531	0.8035	0.7379
1.05	0.9840	0.9954	1.0186	1.0162	0.9886	0.9354	0.8872	0.8222
1.10	1.0162	1.0280	1.0593	1.0990	1.1015	1.0617	1.0186	0.9572
1.15	1.0375	1.0520	1.0814	1.1376	1.1858	1.1722	1.1403	1.0864
1.20	1.0544	1.0691	1.0990	1.1588	1.2388	1.2647	1.2474	1.2050
1.30	1.0715	1.0914	1.1194	1.1776	1.2853	1.3868	1.4125	1.4061
1.40	1.0814	1.0990	1.1298	1.1858	1.2942	1.4488	1.5171	1.5524
1.50	1.0864	1.1041	1.1350	1.1858	1.2942	1.4689	1.5740	1.6520
1.60	1.0864	1.1041	1.1350	1.1858	1.2883	1.4689	1.5996	1.7140
1.70	1.0864	1.1041	1.1324	1.1803	1.2794	1.4622	1.6033	1.7458
1.80	1.0839	1.1015	1.1298	1.1749	1.2706	1.4488	1.5959	1.7620
1.90	1.0814	1.0990	1.1272	1.1695	1.2618	1.4355	1.5849	1.7620
2.00	1.0814	1.0965	1.1220	1.1641	1.2503	1.4191	1.5704	1.7539
2.20	1.0765	1.0914	1.1143	1.1535	1.2331	1.3900	1.5346	1.7219
2.40	1.0715	1.0864	1.1066	1.1429	1.2190	1.3614	1.4997	1.6866
2.60	1.0666	1.0814	1.1015	1.1350	1.2023	1.3397	1.4689	1.6482
2.80	1.0641	1.0765	1.0940	1.1272	1.1912	1.3183	1.4388	1.6144
3.00	1.0593	1.0715	1.0889	1.1194	1.1803	1.3002	1.4158	1.5813
3.50	1.0520	1.0617	1.0789	1.1041	1.1561	1.2618	1.3614	1.5101
4.00	1.0471	1.0544	1.0691	1.0914	1.1403	1.2303	1.3213	1.4555

Appendix E

蒸汽表

插值

當需要的值介於表中所列值之間時，必須進行插值。如果欲求的 M 是單一獨立變數 X 的函數，並且如果適用線性插值 (如飽和蒸汽表中所示)，則 M 和 X 的對應差之間存在直接正比關係。當 (X, M) 介於兩個給定值 (X_1, M_1) 和 (X_2, M_2) 之間，則：

$$M = \left(\frac{X_2 - X}{X_2 - X_1}\right)M_1 + \left(\frac{X - X_1}{X_2 - X_1}\right)M_2 \tag{E.1}$$

例如，在 140.8°C 時飽和蒸汽的焓，介於表 E.1 的下列值之間：

t	H
$t_1 = 140°C$	$H_1 = 2733.1\ kJ\cdot kg^{-1}$
$t = 140.8°C$	$H = ?$
$t_2 = 142°C$	$H_2 = 2735.6\ kJ\cdot kg^{-1}$

令 $M = H$ 和 $t = X$，將這些值代入 (E.1) 式可得：

$$H = \frac{1.2}{2}(2733.1) + \frac{0.8}{2}(2735.6) = 2734.1\ kJ\cdot kg^{-1}$$

當 M 是兩個獨立變數 X 和 Y 的函數，並且如在過熱蒸汽表中所示，線性插值是適當的，則需要雙重線性插值。如下表所示，欲求自變數 X 和 Y 下的 M 值：

	X_1	X	X_2
Y_1	$M_{1,1}$		$M_{1,2}$
Y		$M = ?$	
Y_2	$M_{2,1}$		$M_{2,2}$

M 的給定值之間的雙線性插值可表示為：

$$M = \left[\left(\frac{X_2 - X}{X_2 - X_1}\right)M_{1,1} + \left(\frac{X - X_1}{X_2 - X_1}\right)M_{1,2}\right]\frac{Y_2 - Y}{Y_2 - Y_1} + \left[\left(\frac{X_2 - X}{X_2 - X_1}\right)M_{2,1} + \left(\frac{X - X_1}{X_2 - X_1}\right)M_{2,2}\right]\frac{Y - Y_1}{Y_2 - Y_1} \tag{E.2}$$

例 E.1

從蒸汽表中的數據，求：

a. 在 816 kPa 和 512°C 下的過熱蒸汽的比容。

b. 在 $P = 2950$ kPa 和 $H = 3150.6$ kJ·kg^{-1} 時，過熱蒸汽的溫度和比熵。

解

(a) 下表列出表 E.2 中與已知條件相鄰的過熱蒸汽的比容：

***P*/kPa**	***t* = 500°C**	***t* = 512°C**	***t* = 550°C**
800	443.17		472.49
816		$V = ?$	
825	429.65		458.10

令 $M = V$，$X = t$ 和 $Y = P$，將數值代入 (E1.2) 中可得：

$$V = \left[\frac{38}{50}(443.17) + \frac{12}{50}(472.49)\right]\frac{9}{25} + \left[\frac{38}{50}(429.65) + \frac{12}{50}(458.10)\right]\frac{16}{25} = 441.42 \text{ cm}^3\text{·g}^{-1}$$

(b) 下表列出表 E.2 中與已知條件相鄰的過熱蒸汽的焓數據：

***P*/kPa**	**t_1 = 350°C**	***t* = ?**	**t_2 = 375°C**
2900	3119.7		3177.4
2950	H_{t_1}	$H = 3150.6$	H_{t_2}
3000	3117.5		3175.6

此時，直接使用 (E.2) 式並不方便。因此，對於 $P = 2950$ kPa，先由 $t_1 = 350$°C 進行線性插值求得 H_{t_1}，再由 $t_2 = 375$°C 進行線性插值求出 H_{t_2}，兩次應用 (E.1) 式，第一次在 t_1 進行，第二次在 t_2 進行，並令 $M = H$ 且 $X = P$：

$$H_{t_1} = \frac{50}{100}(3119.7) + \frac{50}{100}(3117.5) = 3118.6$$

$$H_{t_2} = \frac{50}{100}(3177.4) + \frac{50}{100}(3175.6) = 3176.5$$

在 (E.1) 式中，令 $M = t$ 和 $X = H$，進行第三次線性插值可得：

$$t = \frac{3176.5 - 3150.6}{3176.5 - 3118.6}(350) + \frac{3150.6 - 3118.6}{3176.5 - 3118.6}(375) = 363.82°\text{C}$$

在此溫度下，現在可以建構一個熵值表：

P/kPa	**t = 350°C**	**t = 363.82°C**	**t = 375°C**
2900	6.7654		6.8563
2950		$S = ?$	
3000	6.7471		6.8385

應用 (E.2) 式，且令 $M = S$、$X = t$ 和 $Y = P$ 可得：

$$S = \left[\frac{11.18}{25}(6.7654) + \frac{13.82}{25}(6.8563)\right]\frac{50}{100}$$

$$+\left[\frac{11.18}{25}(6.7471) + \frac{13.82}{25}(6.8385)\right]\frac{50}{100} = 6.8066\ \text{kJ}\cdot\text{mol}^{-1}$$

作為驗算，可以應用 (E.2) 式，其中 $M = H$、$X = t$、$Y = P$，進而確認產生 $H = 3150.6\ \text{kJ}\cdot\text{kg}^{-1}$。

蒸汽表

表 E.1 飽和蒸汽的性質

表 E.2 過熱蒸汽的性質

這些表是由程式產生，[1] 根據 "The 1976 International Formulation Committee Formulation for Industrial Use: A Formulation of the Thermodynamic Properties of Ordinary Water Substance," 發表於 *ASME Steam Tables*, 4th ed., App. I, pp. 11–29, The Am. Soc. Mech. Engrs., New York, 1979。這些表已成為 30 年的全球標準，完全足以用於教學目的。但是，它們已被 "International Association for the Properties of Water and Steam Industrial Formulation 1997 for the Thermodynamic Properties of Water and Steam." 所取代。這些表和其他較新的表，可參見 A. H. Harvey and W. T. Parry, "Keep Your Steam Tables Up to Date," *Chemical Engineering Progress*, vol. 95, no. 11, p. 45, Nov. 1999。

1　我們非常感謝 Charles Muckenfuss、Debra L. Sauke 和 Eugene N. Dorsi 教授的貢獻，他們的努力產生導出這些表的計算機程式。

表 E.1 飽和蒸汽的性質

V= 比容 $cm^3 \cdot g^{-1}$
U= 比內能 $kJ \cdot k \cdot g^{-1}$
H= 比焓 $kJ \cdot kg^{-1}$
S= 比熵 $kJ \cdot kg^{-1} \cdot K^{-1}$

			比體積 V			內能 U			焓 H			熵 S		
t (°C)	T (K)	P (kPa)	飽和液體	evap.	飽和蒸汽	飽和液體	evap.	飽和蒸汽	飽和液體	evap.	飽和蒸汽	飽和液體	evap.	飽和蒸汽
0	273.15	0.611	1.000	206300.	206300.	−0.04	2375.7	2375.6	−0.04	2501.7	2501.6	0.0000	9.1578	9.1578
0.01	273.16	0.611	1.000	206200.	206200.	0.00	2375.6	2375.6	0.00	2501.6	2501.6	0.0000	9.1575	9.1575
1	274.15	0.657	1.000	192600.	192600.	4.17	2372.7	2376.9	4.17	2499.2	2503.4	0.0153	9.1158	9.1311
2	275.15	0.705	1.000	179900.	179900.	8.39	2369.9	2378.3	8.39	2496.8	2505.2	0.0306	9.0741	9.1047
3	276.15	0.757	1.000	168200.	168200.	12.60	2367.1	2379.7	12.60	2494.5	2507.1	0.0459	9.0326	9.0785
4	277.15	0.813	1.000	157300.	157300.	16.80	2364.3	2381.1	16.80	2492.1	2508.9	0.0611	8.9915	9.0526
5	278.15	0.872	1.000	147200.	147200.	21.01	2361.4	2382.4	21.01	2489.7	2510.7	0.0762	8.9507	9.0269
6	279.15	0.935	1.000	137800.	137800.	25.21	2358.6	2383.8	25.21	2487.4	2512.6	0.0913	8.9102	9.0014
7	280.15	1.001	1.000	129100.	129100.	29.41	2355.8	2385.2	29.41	2485.0	2514.4	0.1063	8.8699	8.9762
8	281.15	1.072	1.000	121000.	121000.	33.60	2353.0	2386.6	33.60	2482.6	2516.2	0.1213	8.8300	8.9513
9	282.15	1.147	1.000	113400.	113400.	37.80	2350.1	2387.9	37.80	2480.3	2518.1	0.1362	8.7903	8.9265
10	283.15	1.227	1.000	106400.	106400.	41.99	2347.3	2389.3	41.99	2477.9	2519.9	0.1510	8.7510	8.9020
11	284.15	1.312	1.000	99910.	99910.	46.18	2344.5	2390.7	46.19	2475.5	2521.7	0.1658	8.7119	8.8776
12	285.15	1.401	1.000	93830.	93840.	50.38	2341.7	2392.1	50.38	2473.2	2523.6	0.1805	8.6731	8.8536
13	286.15	1.497	1.001	88180.	88180.	54.56	2338.9	2393.4	54.57	2470.8	2525.4	0.1952	8.6345	8.8297
14	287.15	1.597	1.001	82900.	82900.	58.75	2336.1	2394.8	58.75	2468.5	2527.2	0.2098	8.5963	8.8060
15	288.15	1.704	1.001	77980.	77980.	62.94	2333.2	2396.2	62.94	2466.1	2529.1	0.2243	8.5582	8.7826
16	289.15	1.817	1.001	73380.	73380.	67.12	2330.4	2397.6	67.13	2463.8	2530.9	0.2388	8.5205	8.7593
17	290.15	1.936	1.001	69090.	69090.	71.31	2327.6	2398.9	71.31	2461.4	2532.7	0.2533	8.4830	8.7363
18	291.15	2.062	1.001	65090.	65090.	75.49	2324.8	2400.3	75.50	2459.0	2534.5	0.2677	8.4458	8.7135
19	292.15	2.196	1.002	61340.	61340.	79.68	2322.0	2401.7	79.68	2456.7	2536.4	0.2820	8.4088	8.6908
20	293.15	2.337	1.002	57840.	57840.	83.86	2319.2	2403.0	83.86	2454.3	2538.2	0.2963	8.3721	8.6684
21	294.15	2.485	1.002	54560.	54560.	88.04	2316.4	2404.4	88.04	2452.0	2540.0	0.3105	8.3356	8.6462
22	295.15	2.642	1.002	51490.	51490.	92.22	2313.6	2405.8	92.23	2449.6	2541.8	0.3247	8.2994	8.6241
23	296.15	2.808	1.002	48620.	48620.	96.40	2310.7	2407.1	96.41	2447.2	2543.6	0.3389	8.2634	8.6023
24	297.15	2.982	1.003	45920.	45930.	100.6	2307.9	2408.5	100.6	2444.9	2545.5	0.3530	8.2277	8.5806
25	298.15	3.166	1.003	43400.	43400.	104.8	2305.1	2409.9	104.8	2442.5	2547.3	0.3670	8.1922	8.5592
26	299.15	3.360	1.003	41030.	41030.	108.9	2302.3	2411.2	108.9	2440.2	2549.1	0.3810	8.1569	8.5379
27	300.15	3.564	1.003	38810.	38810.	113.1	2299.5	2412.6	113.1	2437.8	2550.9	0.3949	8.1218	8.5168
28	301.15	3.778	1.004	36730.	36730.	117.3	2296.7	2414.0	117.3	2435.4	2552.7	0.4088	8.0870	8.4959
29	302.15	4.004	1.004	34770.	34770.	121.5	2293.8	2415.3	121.5	2433.1	2554.5	0.4227	8.0524	8.4751

30	303.15	4.241	1.004	32930.	32930.	125.7	2291.0	2416.7	125.7	2430.7	2556.4	0.4365	8.0180	8.4546
31	304.15	4.491	1.005	31200.	31200.	129.8	2288.2	2418.0	129.8	2428.3	2558.2	0.4503	7.9839	8.4342
32	305.15	4.753	1.005	29570.	29570.	134.0	2285.4	2419.4	134.0	2425.9	2560.0	0.4640	7.9500	8.4140
33	306.15	5.029	1.005	28040.	28040.	138.2	2282.6	2420.8	138.2	2423.6	2561.8	0.4777	7.9163	8.3939
34	307.15	5.318	1.006	26600.	26600.	142.4	2279.7	2422.1	142.4	2421.2	2563.6	0.4913	7.8828	8.3740
35	308.15	5.622	1.006	25240.	25240.	146.6	2276.9	2423.5	146.6	2418.8	2565.4	0.5049	7.8495	8.3543
36	309.15	5.940	1.006	23970.	23970.	150.7	2274.1	2424.8	150.7	2416.4	2567.2	0.5184	7.8164	8.3348
37	310.15	6.274	1.007	22760.	22760.	154.9	2271.3	2426.2	154.9	2414.1	2569.0	0.5319	7.7835	8.3154
38	311.15	6.624	1.007	21630.	21630.	159.1	2268.4	2427.5	159.1	2411.7	2570.8	0.5453	7.7509	8.2962
39	312.15	6.991	1.007	20560.	20560.	163.3	2265.6	2428.9	163.3	2409.3	2572.6	0.5588	7.7184	8.2772
40	313.15	7.375	1.008	19550.	19550.	167.4	2262.8	2430.2	167.5	2406.9	2574.4	0.5721	7.6861	8.2583
41	314.15	7.777	1.008	18590.	18590.	171.6	2259.9	2431.6	171.6	2404.5	2576.2	0.5854	7.6541	8.2395
42	315.15	8.198	1.009	17690.	17690.	175.8	2257.1	2432.9	175.8	2402.1	2577.9	0.5987	7.6222	8.2209
43	316.15	8.639	1.009	16840.	16840.	180.0	2254.3	2434.2	180.0	2399.7	2579.7	0.6120	7.5905	8.2025
44	317.15	9.100	1.009	16040.	16040.	184.2	2251.4	2435.6	184.2	2397.3	2581.5	0.6252	7.5590	8.1842
45	318.15	9.582	1.010	15280.	15280.	188.3	2248.6	2436.9	188.4	2394.9	2583.3	0.6383	7.5277	8.1661
46	319.15	10.09	1.010	14560.	14560.	192.5	2245.7	2438.3	192.5	2392.5	2585.1	0.6514	7.4966	8.1481
47	320.15	10.61	1.011	13880.	13880.	196.7	2242.9	2439.6	196.7	2390.1	2586.9	0.6645	7.4657	8.1302
48	321.15	11.16	1.011	13230.	13230.	200.9	2240.0	2440.9	200.9	2387.7	2588.6	0.6776	7.4350	8.1125
49	322.15	11.74	1.012	12620.	12620.	205.1	2237.2	2442.3	205.1	2385.3	2590.4	0.6906	7.4044	8.0950
50	323.15	12.34	1.012	12040.	12050.	209.2	2234.3	2443.6	209.3	2382.9	2592.2	0.7035	7.3741	8.0776
51	324.15	12.96	1.013	11500.	11500.	213.4	2231.5	2444.9	213.4	2380.5	2593.9	0.7164	7.3439	8.0603
52	325.15	13.61	1.013	10980.	10980.	217.6	2228.6	2446.2	217.6	2378.1	2595.7	0.7293	7.3138	8.0432
53	326.15	14.29	1.014	10490.	10490.	221.8	2225.8	2447.6	221.8	2375.7	2597.5	0.7422	7.2840	8.0262
54	327.15	15.00	1.014	10020.	10020.	226.0	2222.9	2448.9	226.0	2373.2	2599.2	0.7550	7.2543	8.0093
55	328.15	15.74	1.015	9577.9	9578.9	230.2	2220.0	2450.2	230.2	2370.8	2601.0	0.7677	7.2248	7.9925
56	329.15	16.51	1.015	9157.7	9158.7	234.3	2217.2	2451.5	234.4	2368.4	2602.7	0.7804	7.1955	7.9759
57	330.15	17.31	1.016	8758.7	8759.8	238.5	2214.3	2452.8	238.5	2365.9	2604.5	0.7931	7.1663	7.9595
58	331.15	18.15	1.016	8379.8	8380.8	242.7	2211.4	2454.1	242.7	2363.5	2606.2	0.8058	7.1373	7.9431
59	332.15	19.02	1.017	8019.7	8020.8	246.9	2208.6	2455.4	246.9	2361.1	2608.0	0.8184	7.1085	7.9269
60	333.15	19.92	1.017	7677.5	7678.5	251.1	2205.7	2456.8	251.1	2358.6	2609.7	0.8310	7.0798	7.9108
61	334.15	20.86	1.018	7352.1	7353.2	255.3	2202.8	2458.1	255.3	2356.2	2611.4	0.8435	7.0513	7.8948
62	335.15	21.84	1.018	7042.7	7043.7	259.4	2199.9	2459.4	259.5	2353.7	2613.2	0.8560	7.0230	7.8790
63	336.15	22.86	1.019	6748.2	6749.3	263.6	2197.0	2460.7	263.6	2351.3	2614.9	0.8685	6.9948	7.8633
64	337.15	23.91	1.019	6468.0	6469.0	267.8	2194.1	2462.0	267.8	2348.8	2616.6	0.8809	6.9667	7.8477
65	338.15	25.01	1.020	6201.3	6202.3	272.0	2191.2	2463.2	272.0	2346.3	2618.4	0.8933	6.9388	7.8322
66	339.15	26.15	1.020	5947.2	5948.2	276.2	2188.3	2464.5	276.2	2343.9	2620.1	0.9057	6.9111	7.8168
67	340.15	27.33	1.021	5705.2	5706.2	280.4	2185.4	2465.8	280.4	2341.4	2621.8	0.9180	6.8835	7.8015
68	341.15	28.56	1.022	5474.6	5475.6	284.6	2182.5	2467.1	284.6	2338.9	2623.5	0.9303	6.8561	7.7864
69	342.15	29.84	1.022	5254.8	5255.8	288.8	2179.6	2468.4	288.8	2336.4	2625.2	0.9426	6.8288	7.7714

➡ 表 E.1 飽和蒸汽的性質 (續)

t (°C)	T (K)	P (kPa)	比體積 V 飽和液體	比體積 V evap.	比體積 V 飽和蒸汽	內能 U 飽和液體	內能 U evap.	內能 U 飽和蒸汽	焓 H 飽和液體	焓 H evap.	焓 H 飽和蒸汽	熵S 飽和液體	熵S evap.	熵S 飽和蒸汽
70	343.15	31.16	1.023	5045.2	5046.3	292.9	2176.7	2469.7	293.0	2334.0	2626.9	0.9548	6.8017	7.7565
71	344.15	32.53	1.023	4845.4	4846.4	297.1	2173.8	2470.9	297.2	2331.5	2628.6	0.9670	6.7747	7.7417
72	345.15	33.96	1.024	4654.7	4655.7	301.3	2170.9	2472.2	301.4	2329.0	2630.3	0.9792	6.7478	7.7270
73	346.15	35.43	1.025	4472.7	4473.7	305.5	2168.0	2473.5	305.5	2326.5	2632.0	0.9913	6.7211	7.7124
74	347.15	36.96	1.025	4299.0	4300.0	309.7	2165.1	2474.8	309.7	2324.0	2633.7	1.0034	6.6945	7.6979
75	348.15	38.55	1.026	4133.1	4134.1	313.9	2162.1	2476.0	313.9	2321.5	2635.4	1.0154	6.6681	7.6835
76	349.15	40.19	1.027	3974.6	3975.7	318.1	2159.2	2477.3	318.1	2318.9	2637.1	1.0275	6.6418	7.6693
77	350.15	41.89	1.027	3823.3	3824.3	322.3	2156.3	2478.5	322.3	2316.4	2638.7	1.0395	6.6156	7.6551
78	351.15	43.65	1.028	3678.6	3679.6	326.5	2153.3	2479.8	326.5	2313.9	2640.4	1.0514	6.5896	7.6410
79	352.15	45.47	1.029	3540.3	3541.3	330.7	2150.4	2481.1	330.7	2311.4	2642.1	1.0634	6.5637	7.6271
80	353.15	47.36	1.029	3408.1	3409.1	334.9	2147.4	2482.3	334.9	2308.8	2643.8	1.0753	6.5380	7.6132
81	354.15	49.31	1.030	3281.6	3282.6	339.1	2144.5	2483.5	339.1	2306.3	2645.4	1.0871	6.5123	7.5995
82	355.15	51.33	1.031	3160.6	3161.6	343.3	2141.5	2484.8	343.3	2303.8	2647.1	1.0990	6.4868	7.5858
83	356.15	53.42	1.031	3044.8	3045.8	347.5	2138.6	2486.0	347.5	2301.2	2648.7	1.1108	6.4615	7.5722
84	357.15	55.57	1.032	2933.9	2935.0	351.7	2135.6	2487.3	351.7	2298.6	2650.4	1.1225	6.4362	7.5587
85	358.15	57.80	1.033	2827.8	2828.8	355.9	2132.6	2488.5	355.9	2296.1	2652.0	1.1343	6.4111	7.5454
86	359.15	60.11	1.033	2726.1	2727.2	360.1	2129.7	2489.7	360.1	2293.5	2653.6	1.1460	6.3861	7.5321
87	360.15	62.49	1.034	2628.8	2629.8	364.3	2126.7	2490.9	364.3	2290.9	2655.3	1.1577	6.3612	7.5189
88	361.15	64.95	1.035	2535.4	2536.5	368.5	2123.7	2492.2	368.5	2288.4	2656.9	1.1693	6.3365	7.5058
89	362.15	67.49	1.035	2446.0	2447.0	372.7	2120.7	2493.4	372.7	2285.8	2658.5	1.1809	6.3119	7.4928
90	363.15	70.11	1.036	2360.3	2361.3	376.9	2117.7	2494.6	376.9	2283.2	2660.1	1.1925	6.2873	7.4799
91	364.15	72.81	1.037	2278.0	2279.1	381.1	2114.7	2495.8	381.1	2280.6	2661.7	1.2041	6.2629	7.4670
92	365.15	75.61	1.038	2199.2	2200.2	385.3	2111.7	2497.0	385.4	2278.0	2663.4	1.2156	6.2387	7.4543
93	366.15	78.49	1.038	2123.5	2124.5	389.5	2108.7	2498.2	389.6	2275.4	2665.0	1.2271	6.2145	7.4416
94	367.15	81.46	1.039	2050.9	2051.9	393.7	2105.7	2499.4	393.8	2272.8	2666.6	1.2386	6.1905	7.4291
95	368.15	84.53	1.040	1981.2	1982.2	397.9	2102.7	2500.6	398.0	2270.2	2668.1	1.2501	6.1665	7.4166
96	369.15	87.69	1.041	1914.3	1915.3	402.1	2099.7	2501.8	402.2	2267.5	2669.7	1.2615	6.1427	7.4042
97	370.15	90.94	1.041	1850.0	1851.0	406.3	2096.6	2503.0	406.4	2264.9	2671.3	1.2729	6.1190	7.3919
98	371.15	94.30	1.042	1788.3	1789.3	410.5	2093.6	2504.1	410.6	2262.2	2672.9	1.2842	6.0954	7.3796
99	372.15	97.76	1.043	1729.0	1730.0	414.7	2090.6	2505.3	414.8	2259.6	2674.4	1.2956	6.0719	7.3675

100	373.15	101.33	1.044	1672.0	1673.0	419.0	2087.5	2506.5	419.1	2256.9	2676.0	1.3069	6.0485	7.3554
102	375.15	108.78	1.045	1564.5	1565.5	427.4	2081.4	2508.8	427.5	2251.6	2679.1	1.3294	6.0021	7.3315
104	377.15	116.68	1.047	1465.1	1466.2	435.8	2075.3	2511.1	435.9	2246.3	2682.2	1.3518	5.9560	7.3078
106	379.15	125.04	1.049	1373.1	1374.2	444.3	2069.2	2513.4	444.4	2240.9	2685.3	1.3742	5.9104	7.2845
108	381.15	133.90	1.050	1287.9	1288.9	452.7	2063.0	2515.7	452.9	2235.4	2688.3	1.3964	5.8651	7.2615
110	383.15	143.27	1.052	1208.9	1209.9	461.2	2056.8	2518.0	461.3	2230.0	2691.3	1.4185	5.8203	7.2388
112	385.15	153.16	1.054	1135.6	1136.6	469.6	2050.6	2520.2	469.8	2224.5	2694.3	1.4405	5.7758	7.2164
114	387.15	163.62	1.055	1067.5	1068.5	478.1	2044.3	2522.4	478.3	2219.0	2697.2	1.4624	5.7318	7.1942
116	389.15	174.65	1.057	1004.2	1005.2	486.6	2038.1	2524.6	486.7	2213.4	2700.2	1.4842	5.6881	7.1723
118	391.15	186.28	1.059	945.3	946.3	495.0	2031.8	2526.8	495.2	2207.9	2703.1	1.5060	5.6447	7.1507
120	393.15	198.54	1.061	890.5	891.5	503.5	2025.4	2529.0	503.7	2202.2	2706.0	1.5276	5.6017	7.1293
122	395.15	211.45	1.062	839.4	840.5	512.0	2019.1	2531.1	512.2	2196.6	2708.8	1.5491	5.5590	7.1082
124	397.15	225.04	1.064	791.8	792.8	520.5	2012.7	2533.2	520.7	2190.9	2711.6	1.5706	5.5167	7.0873
126	399.15	239.33	1.066	747.3	748.4	529.0	2006.3	2535.3	529.2	2185.2	2714.4	1.5919	5.4747	7.0666
128	401.15	254.35	1.068	705.8	706.9	537.5	1999.9	2537.4	537.8	2179.4	2717.2	1.6132	5.4330	7.0462
130	403.15	270.13	1.070	667.1	668.1	546.0	1993.4	2539.4	546.3	2173.6	2719.9	1.6344	5.3917	7.0261
132	405.15	286.70	1.072	630.8	631.9	554.5	1986.9	2541.4	554.8	2167.8	2722.6	1.6555	5.3507	7.0061
134	407.15	304.07	1.074	596.9	598.0	563.1	1980.4	2543.4	563.4	2161.9	2725.3	1.6765	5.3099	6.9864
136	409.15	322.29	1.076	565.1	566.2	571.6	1973.8	2545.4	572.0	2155.9	2727.9	1.6974	5.2695	6.9669
138	411.15	341.38	1.078	535.3	536.4	580.2	1967.2	2547.4	580.5	2150.0	2730.5	1.7182	5.2293	6.9475
140	413.15	361.38	1.080	507.4	508.5	588.7	1960.6	2549.3	589.1	2144.0	2733.1	1.7390	5.1894	6.9284
142	415.15	382.31	1.082	481.2	482.3	597.3	1953.9	2551.2	597.7	2137.9	2735.6	1.7597	5.1499	6.9095
144	417.15	404.20	1.084	456.6	457.7	605.9	1947.2	2553.1	606.3	2131.8	2738.1	1.7803	5.1105	6.8908
146	419.15	427.09	1.086	433.5	434.6	614.4	1940.5	2554.9	614.9	2125.7	2740.6	1.8008	5.0715	6.8723
148	421.15	451.01	1.089	411.8	412.9	623.0	1933.7	2556.8	623.5	2119.5	2743.0	1.8213	5.0327	6.8539
150	423.15	476.00	1.091	391.4	392.4	631.6	1926.9	2558.6	632.1	2113.2	2745.4	1.8416	4.9941	6.8358
152	425.15	502.08	1.093	372.1	373.2	640.2	1920.1	2560.3	640.8	2106.9	2747.7	1.8619	4.9558	6.8178
154	427.15	529.29	1.095	354.0	355.1	648.9	1913.2	2562.1	649.4	2100.6	2750.0	1.8822	4.9178	6.8000
156	429.15	557.67	1.098	336.9	338.0	657.5	1906.3	2563.8	658.1	2094.2	2752.3	1.9023	4.8800	6.7823
158	431.15	587.25	1.100	320.8	321.9	666.1	1899.3	2565.5	666.8	2087.7	2754.5	1.9224	4.8424	6.7648
160	433.15	618.06	1.102	305.7	306.8	674.8	1892.3	2567.1	675.5	2081.3	2756.7	1.9425	4.8050	6.7475
162	435.15	650.16	1.105	291.3	292.4	683.5	1885.3	2568.8	684.2	2074.7	2758.9	1.9624	4.7679	6.7303
164	437.15	683.56	1.107	277.8	278.9	692.1	1878.2	2570.4	692.9	2068.1	2761.0	1.9823	4.7309	6.7133
166	439.15	718.31	1.109	265.0	266.1	700.8	1871.1	2571.9	701.6	2061.4	2763.1	2.0022	4.6942	6.6964
168	441.15	754.45	1.112	252.9	254.0	709.5	1863.9	2573.4	710.4	2054.7	2765.1	2.0219	4.6577	6.6796

➡ 表 E.1 飽和蒸汽的性質 (續)

			比體積 V			內能 U			焓 H			熵 S		
t (°C)	T (K)	P (kPa)	飽和液體	evap.	飽和蒸汽	飽和液體	evap.	飽和蒸汽	飽和液體	evap.	飽和蒸汽	飽和液體	evap.	飽和蒸汽
170	443.15	792.02	1.114	241.4	242.6	718.2	1856.7	2574.9	719.1	2047.9	2767.1	2.0416	4.6214	6.6630
172	445.15	831.06	1.117	230.6	231.7	727.0	1849.5	2576.4	727.9	2041.1	2769.0	2.0613	4.5853	6.6465
174	447.15	871.60	1.120	220.3	221.5	735.7	1842.2	2577.8	736.7	2034.2	2770.9	2.0809	4.5493	6.6302
176	449.15	913.68	1.122	210.6	211.7	744.4	1834.8	2579.3	745.5	2027.3	2772.7	2.1004	4.5136	6.6140
178	451.15	957.36	1.125	201.4	202.5	753.2	1827.4	2580.6	754.3	2020.2	2774.5	2.1199	4.4780	6.5979
180	453.15	1002.7	1.128	192.7	193.8	762.0	1820.0	2581.9	763.1	2013.1	2776.3	2.1393	4.4426	6.5819
182	455.15	1049.6	1.130	184.4	185.5	770.8	1812.5	2583.2	772.0	2006.0	2778.0	2.1587	4.4074	6.5660
184	457.15	1098.3	1.133	176.5	177.6	779.6	1804.9	2584.5	780.8	1998.8	2779.6	2.1780	4.3723	6.5503
186	459.15	1148.8	1.136	169.0	170.2	788.4	1797.3	2585.7	789.7	1991.5	2781.2	2.1972	4.3374	6.5346
188	461.15	1201.0	1.139	161.9	163.1	797.2	1789.7	2586.9	798.6	1984.2	2782.8	2.2164	4.3026	6.5191
190	463.15	1255.1	1.142	155.2	156.3	806.1	1782.0	2588.1	807.5	1976.7	2784.3	2.2356	4.2680	6.5036
192	465.15	1311.1	1.144	148.8	149.9	814.9	1774.2	2589.2	816.5	1969.3	2785.7	2.2547	4.2336	6.4883
194	467.15	1369.0	1.147	142.6	143.8	823.8	1766.4	2590.2	825.4	1961.7	2787.1	2.2738	4.1993	6.4730
196	469.15	1428.9	1.150	136.8	138.0	832.7	1758.6	2591.3	834.4	1954.1	2788.4	2.2928	4.1651	6.4578
198	471.15	1490.9	1.153	131.3	132.4	841.6	1750.6	2592.3	843.4	1946.4	2789.7	2.3117	4.1310	6.4428
200	473.15	1554.9	1.156	126.0	127.2	850.6	1742.6	2593.2	852.4	1938.6	2790.9	2.3307	4.0971	6.4278
202	475.15	1621.0	1.160	121.0	122.1	859.5	1734.6	2594.1	861.4	1930.7	2792.1	2.3495	4.0633	6.4128
204	477.15	1689.3	1.163	116.2	117.3	868.5	1726.5	2595.0	870.5	1922.8	2793.2	2.3684	4.0296	6.3980
206	479.15	1759.8	1.166	111.6	112.8	877.5	1718.3	2595.8	879.5	1914.7	2794.3	2.3872	3.9961	6.3832
208	481.15	1832.6	1.169	107.2	108.4	886.5	1710.1	2596.6	888.6	1906.6	2795.3	2.4059	3.9626	6.3686
210	483.15	1907.7	1.173	103.1	104.2	895.5	1701.8	2597.3	897.7	1898.5	2796.2	2.4247	3.9293	6.3539
212	485.15	1985.2	1.176	99.09	100.26	904.5	1693.5	2598.0	906.9	1890.2	2797.1	2.4434	3.8960	6.3394
214	487.15	2065.1	1.179	95.28	96.46	913.6	1685.1	2598.7	916.0	1881.8	2797.9	2.4620	3.8629	6.3249
216	489.15	2147.5	1.183	91.65	92.83	922.7	1676.6	2599.3	925.2	1873.4	2798.6	2.4806	3.8298	6.3104
218	491.15	2232.4	1.186	88.17	89.36	931.8	1668.0	2599.8	934.4	1864.9	2799.3	2.4992	3.7968	6.2960
220	493.15	2319.8	1.190	84.85	86.04	940.9	1659.4	2600.3	943.7	1856.2	2799.9	2.5178	3.7639	6.2817
222	495.15	2409.9	1.194	81.67	82.86	950.1	1650.7	2600.8	952.9	1847.5	2800.5	2.5363	3.7311	6.2674
224	497.15	2502.7	1.197	78.62	79.82	959.2	1642.0	2601.2	962.2	1838.7	2800.9	2.5548	3.6984	6.2532
226	499.15	2598.2	1.201	75.71	76.91	968.4	1633.1	2601.5	971.5	1829.8	2801.4	2.5733	3.6657	6.2390
228	501.15	2696.5	1.205	72.92	74.12	977.6	1624.2	2601.8	980.9	1820.8	2801.7	2.5917	3.6331	6.2249

230	503.15	2797.6	1.209	70.24	71.45	986.9	1615.2	2602.1	990.3	1811.7	2802.0	2.6102	3.6006	6.2107
232	505.15	2901.6	1.213	67.68	68.89	996.2	1606.1	2602.3	999.7	1802.5	2802.2	2.6286	3.5681	6.1967
234	507.15	3008.6	1.217	65.22	66.43	1005.4	1597.0	2602.4	1009.1	1793.2	2802.3	2.6470	3.5356	6.1826
236	509.15	3118.6	1.221	62.86	64.08	1014.8	1587.7	2602.5	1018.6	1783.8	2802.3	2.6653	3.5033	6.1686
238	511.15	3231.7	1.225	60.60	61.82	1024.1	1578.4	2602.5	1028.1	1774.2	2802.3	2.6837	3.4709	6.1546
240	513.15	3347.8	1.229	58.43	59.65	1033.5	1569.0	2602.5	1037.6	1764.6	2802.2	2.7020	3.4386	6.1406
242	515.15	3467.2	1.233	56.34	57.57	1042.9	1559.5	2602.4	1047.2	1754.9	2802.0	2.7203	3.4063	6.1266
244	517.15	3589.8	1.238	54.34	55.58	1052.3	1549.9	2602.2	1056.8	1745.0	2801.8	2.7386	3.3740	6.1127
246	519.15	3715.7	1.242	52.41	53.66	1061.8	1540.2	2602.0	1066.4	1735.0	2801.4	2.7569	3.3418	6.0987
248	521.15	3844.9	1.247	50.56	51.81	1071.3	1530.5	2601.8	1076.1	1724.9	2801.0	2.7752	3.3096	6.0848
250	523.15	3977.6	1.251	48.79	50.04	1080.8	1520.6	2601.4	1085.8	1714.7	2800.4	2.7935	3.2773	6.0708
252	525.15	4113.7	1.256	47.08	48.33	1090.4	1510.6	2601.0	1095.5	1704.3	2799.8	2.8118	3.2451	6.0569
254	527.15	4253.4	1.261	45.43	46.69	1100.0	1500.5	2600.5	1105.3	1693.8	2799.1	2.8300	3.2129	6.0429
256	529.15	4396.7	1.266	43.85	45.11	1109.6	1490.4	2600.0	1115.2	1683.2	2798.3	2.8483	3.1807	6.0290
258	531.15	4543.7	1.271	42.33	43.60	1119.3	1480.1	2599.3	1125.0	1672.4	2797.4	2.8666	3.1484	6.0150
260	533.15	4694.3	1.276	40.86	42.13	1129.0	1469.7	2598.6	1134.9	1661.5	2796.4	2.8848	3.1161	6.0010
262	535.15	4848.8	1.281	39.44	40.73	1138.7	1459.2	2597.8	1144.9	1650.4	2795.3	2.9031	3.0838	5.9869
264	537.15	5007.1	1.286	38.08	39.37	1148.5	1448.5	2597.0	1154.9	1639.2	2794.1	2.9214	3.0515	5.9729
266	539.15	5169.3	1.291	36.77	38.06	1158.3	1437.8	2596.1	1165.0	1627.8	2792.8	2.9397	3.0191	5.9588
268	541.15	5335.5	1.297	35.51	36.80	1168.2	1426.9	2595.0	1175.1	1616.3	2791.4	2.9580	2.9866	5.9446
270	543.15	5505.8	1.303	34.29	35.59	1178.1	1415.9	2593.9	1185.2	1604.6	2789.9	2.9763	2.9541	5.9304
272	545.15	5680.2	1.308	33.11	34.42	1188.0	1404.7	2592.7	1195.4	1592.8	2788.2	2.9947	2.9215	5.9162
274	547.15	5858.7	1.314	31.97	33.29	1198.0	1393.4	2591.4	1205.7	1580.8	2786.5	3.0131	2.8889	5.9019
276	549.15	6041.5	1.320	30.88	32.20	1208.0	1382.0	2590.1	1216.0	1568.5	2784.6	3.0314	2.8561	5.8876
278	551.15	6228.7	1.326	29.82	31.14	1218.1	1370.4	2588.6	1226.4	1556.2	2782.6	3.0499	2.8233	5.8731
280	553.15	6420.2	1.332	28.79	30.13	1228.3	1358.7	2587.0	1236.8	1543.6	2780.4	3.0683	2.7903	5.8586
282	555.15	6616.1	1.339	27.81	29.14	1238.5	1346.8	2585.3	1247.3	1530.8	2778.1	3.0868	2.7573	5.8440
284	557.15	6816.6	1.345	26.85	28.20	1248.7	1334.8	2583.5	1257.9	1517.8	2775.7	3.1053	2.7241	5.8294
286	559.15	7021.8	1.352	25.93	27.28	1259.0	1322.6	2581.6	1268.5	1504.6	2773.2	3.1238	2.6908	5.8146
288	561.15	7231.5	1.359	25.03	26.39	1269.4	1310.2	2579.6	1279.2	1491.2	2770.5	3.1424	2.6573	5.7997
290	563.15	7446.1	1.366	24.17	25.54	1279.8	1297.7	2577.5	1290.0	1477.6	2767.6	3.1611	2.6237	5.7848
292	565.15	7665.4	1.373	23.33	24.71	1290.3	1284.9	2575.3	1300.9	1463.8	2764.6	3.1798	2.5899	5.7697
294	567.15	7889.7	1.381	22.52	23.90	1300.9	1272.0	2572.9	1311.8	1449.7	2761.5	3.1985	2.5560	5.7545
296	569.15	8118.9	1.388	21.74	23.13	1311.5	1258.9	2570.4	1322.8	1435.4	2758.2	3.2173	2.5218	5.7392
298	571.15	8353.2	1.396	20.98	22.38	1322.2	1245.6	2567.8	1333.9	1420.8	2754.7	3.2362	2.4875	5.7237

➡ 表 E.1 飽和蒸汽的性質 (續)

			比體積 V			內能 U			焓 H			熵 S		
t (°C)	T (K)	P (kPa)	飽和液體	evap.	飽和蒸汽	飽和液體	evap.	飽和蒸汽	飽和液體	evap.	飽和蒸汽	飽和液體	evap.	飽和蒸汽
300	573.15	8592.7	1.404	20.24	21.65	1333.0	1232.0	2565.0	1345.1	1406.0	2751.0	3.2552	2.4529	5.7081
302	575.15	8837.4	1.412	19.53	20.94	1343.8	1218.3	2562.1	1356.3	1390.9	2747.2	3.2742	2.4182	5.6924
304	577.15	9087.3	1.421	18.84	20.26	1354.8	1204.3	2559.1	1367.7	1375.5	2743.2	3.2933	2.3832	5.6765
306	579.15	9342.7	1.430	18.17	19.60	1365.8	1190.1	2555.9	1379.1	1359.8	2739.0	3.3125	2.3479	5.6604
308	581.15	9603.6	1.439	17.52	18.96	1376.9	1175.6	2552.5	1390.7	1343.9	2734.6	3.3318	2.3124	5.6442
310	583.15	9870.0	1.448	16.89	18.33	1388.1	1161.0	2549.1	1402.4	1327.6	2730.0	3.3512	2.2766	5.6278
312	585.15	10142.1	1.458	16.27	17.73	1399.4	1146.0	2545.4	1414.2	1311.0	2725.2	3.3707	2.2404	5.6111
314	587.15	10420.0	1.468	15.68	17.14	1410.8	1130.8	2541.6	1426.1	1294.1	2720.2	3.3903	2.2040	5.5943
316	589.15	10703.0	1.478	15.09	16.57	1422.3	1115.2	2537.5	1438.1	1276.8	2714.9	3.4101	2.1672	5.5772
318	591.15	10993.4	1.488	14.53	16.02	1433.9	1099.4	2533.3	1450.3	1259.1	2709.4	3.4300	2.1300	5.5599
320	593.15	11289.1	1.500	13.98	15.48	1445.7	1083.2	2528.9	1462.6	1241.1	2703.7	3.4500	2.0923	5.5423
322	595.15	11591.0	1.511	13.44	14.96	1457.5	1066.7	2524.3	1475.1	1222.6	2697.6	3.4702	2.0542	5.5244
324	597.15	11899.2	1.523	12.92	14.45	1469.5	1049.9	2519.4	1487.7	1203.6	2691.3	3.4906	2.0156	5.5062
326	599.15	12213.7	1.535	12.41	13.95	1481.7	1032.6	2514.3	1500.4	1184.2	2684.6	3.5111	1.9764	5.4876
328	601.15	12534.8	1.548	11.91	13.46	1494.0	1014.8	2508.8	1513.4	1164.2	2677.6	3.5319	1.9367	5.4685
330	603.15	12862.5	1.561	11.43	12.99	1506.4	996.7	2503.1	1526.5	1143.6	2670.2	3.5528	1.8962	5.4490
332	605.15	13197.0	1.575	10.95	12.53	1519.1	978.0	2497.0	1539.9	1122.5	2662.3	3.5740	1.8550	5.4290
334	607.15	13538.3	1.590	10.49	12.08	1531.9	958.7	2490.6	1553.4	1100.7	2654.1	3.5955	1.8129	5.4084
336	609.15	13886.7	1.606	10.03	11.63	1544.9	938.9	2483.7	1567.2	1078.1	2645.3	3.6172	1.7700	5.3872
338	611.15	14242.3	1.622	9.58	11.20	1558.1	918.4	2476.4	1581.2	1054.8	2636.0	3.6392	1.7261	5.3653
340	613.15	14605.2	1.639	9.14	10.78	1571.5	897.2	2468.7	1595.5	1030.7	2626.2	3.6616	1.6811	5.3427
342	615.15	14975.5	1.657	8.71	10.37	1585.2	875.2	2460.5	1610.0	1005.7	2615.7	3.6844	1.6350	5.3194
344	617.15	15353.5	1.676	8.286	9.962	1599.2	852.5	2451.7	1624.9	979.7	2604.7	3.7075	1.5877	5.2952
346	619.15	15739.3	1.696	7.870	9.566	1613.5	828.9	2442.4	1640.2	952.8	2593.0	3.7311	1.5391	5.2702
348	621.15	16133.1	1.718	7.461	9.178	1628.1	804.5	2432.6	1655.8	924.8	2580.7	3.7553	1.4891	5.2444

350	623.15	16535.1	1.741	7.058	8.799	1643.0	779.2	2422.2	1671.8	895.9	2567.7	3.7801	1.4375	5.2177
352	625.15	16945.5	1.766	6.654	8.420	1659.4	751.5	2410.8	1689.3	864.2	2553.5	3.8071	1.3822	5.1893
354	627.15	17364.4	1.794	6.252	8.045	1676.3	722.4	2398.7	1707.5	830.9	2538.4	3.8349	1.3247	5.1596
356	629.15	17792.2	1.824	5.850	7.674	1693.4	692.2	2385.6	1725.9	796.2	2522.1	3.8629	1.2654	5.1283
358	631.15	18229.0	1.858	5.448	7.306	1710.8	660.5	2371.4	1744.7	759.9	2504.6	3.8915	1.2037	5.0953
360	633.15	18675.1	1.896	5.044	6.940	1728.8	627.1	2355.8	1764.2	721.3	2485.4	3.9210	1.1390	5.0600
361	634.15	18901.7	1.917	4.840	6.757	1738.0	609.5	2347.5	1774.2	701.0	2475.2	3.9362	1.1052	5.0414
362	635.15	19130.7	1.939	4.634	6.573	1747.5	591.2	2338.7	1784.6	679.8	2464.4	3.9518	1.0702	5.0220
363	636.15	19362.1	1.963	4.425	6.388	1757.3	572.1	2329.3	1795.3	657.8	2453.0	3.9679	1.0338	5.0017
364	637.15	19596.1	1.988	4.213	6.201	1767.4	552.0	2319.4	1806.4	634.6	2440.9	3.9846	0.9958	4.9804
365	638.15	19832.6	2.016	3.996	6.012	1778.0	530.8	2308.8	1818.0	610.0	2428.0	4.0021	0.9558	4.9579
366	639.15	20071.6	2.046	3.772	5.819	1789.1	508.2	2297.3	1830.2	583.9	2414.1	4.0205	0.9134	4.9339
367	640.15	20313.2	2.080	3.540	5.621	1801.0	483.8	2284.8	1843.2	555.7	2399.0	4.0401	0.8680	4.9081
368	641.15	20557.5	2.118	3.298	5.416	1813.8	457.3	2271.1	1857.3	525.1	2382.4	4.0613	0.8189	4.8801
369	642.15	20804.4	2.162	3.039	5.201	1827.8	427.9	2255.7	1872.8	491.1	2363.9	4.0846	0.7647	4.8492
370	643.15	21054.0	2.214	2.759	4.973	1843.6	394.5	2238.1	1890.2	452.6	2342.8	4.1108	0.7036	4.8144
371	644.15	21306.4	2.278	2.446	4.723	1862.0	355.3	2217.3	1910.5	407.4	2317.9	4.1414	0.6324	4.7738
372	645.15	21561.6	2.364	2.075	4.439	1884.6	306.6	2191.2	1935.6	351.4	2287.0	4.1794	0.5446	4.7240
373	646.15	21819.7	2.496	1.588	4.084	1916.0	238.9	2154.9	1970.5	273.5	2244.0	4.2325	0.4233	4.6559
374	647.15	22080.5	2.843	0.623	3.466	1983.9	95.7	2079.7	2046.7	109.5	2156.2	4.3493	0.1692	4.5185
374.15	647.30	22120.0	3.170	0.000	3.170	2037.3	0.0	2037.3	2107.4	0.0	2107.4	4.4429	0.0000	4.4429

➡ **表 E.2** 過熱蒸汽的性質

P/kPa (t^{sat}/°C)		飽和液體	飽和蒸汽	溫度：t°C (溫度：T kelvins) 75 (348.15)	100 (373.15)	125 (398.15)	150 (423.15)	175 (448.15)	200 (473.15)	225 (498.15)	250 (523.15)
1 (6.98)	V	1.000	129200.	160640.	172180.	183720.	195270.	206810.	218350.	229890.	241430.
	U	29.334	2385.2	2480.8	2516.4	2552.3	2588.5	2624.9	2661.7	2698.8	2736.3
	H	29.335	2514.4	2641.5	2688.6	2736.0	2783.7	2831.7	2880.1	2928.7	2977.7
	S	0.1060	8.9767	9.3828	9.5136	9.6365	9.7527	9.8629	9.9679	10.0681	10.1641
10 (45.83)	V	1.010	14670.	16030.	17190.	18350.	19510.	20660.	21820.	22980.	24130.
	U	191.822	2438.0	2479.7	2515.6	2551.6	2588.0	2624.5	2661.4	2698.6	2736.1
	H	191.832	2584.8	2640.0	2687.5	2735.2	2783.1	2831.2	2879.6	2928.4	2977.4
	S	0.6493	8.1511	8.3168	8.4486	8.5722	8.6888	8.7994	8.9045	9.0049	9.1010
20 (60.09)	V	1.017	7649.8	8000.0	8584.7	9167.1	9748.0	10320.	10900.	11480.	12060.
	U	251.432	2456.9	2478.4	2514.6	2550.9	2587.4	2624.1	2661.0	2698.3	2735.8
	H	251.453	2609.9	2638.4	2686.3	2734.2	2782.3	2830.6	2879.2	2928.0	2977.1
	S	0.8321	7.9094	7.9933	8.1261	8.2504	8.3676	8.4785	8.5839	8.6844	8.7806
30 (69.12)	V	1.022	5229.3	5322.0	5714.4	6104.6	6493.2	6880.8	7267.5	7653.8	8039.7
	U	289.271	2468.6	2477.1	2513.6	2550.2	2586.8	2623.6	2660.7	2698.0	2735.6
	H	289.302	2625.4	2636.8	2685.1	2733.3	2781.6	2830.0	2878.7	2927.6	2976.8
	S	0.9441	7.7695	7.8024	7.9363	8.0614	8.1791	8.2903	8.3960	8.4967	8.5930
40 (75.89)	V	1.027	3993.4	......	4279.2	4573.3	4865.8	5157.2	5447.8	5738.0	6027.7
	U	317.609	2477.1	......	2512.6	2549.4	2586.2	2623.2	2660.3	2697.7	2735.4
	H	317.650	2636.9	......	2683.8	2732.3	2780.9	2829.5	2878.2	2927.2	2976.5
	S	1.0261	7.6709	......	7.8009	7.9268	8.0450	8.1566	8.2624	8.3633	8.4598
50 (81.35)	V	1.030	3240.2	......	3418.1	3654.5	3889.3	4123.0	4356.0	4588.5	4820.5
	U	340.513	2484.0	......	2511.7	2548.6	2585.6	2622.7	2659.9	2697.4	2735.1
	H	340.564	2646.0	......	2682.6	2731.4	2780.1	2828.9	2877.7	2926.8	2976.1
	S	1.0912	7.5947	......	7.6953	7.8219	7.9406	8.0526	8.1587	8.2598	8.3564
75 (91.79)	V	1.037	2216.9	......	2269.8	2429.4	2587.3	2744.2	2900.2	3055.8	3210.9
	U	384.374	2496.7	......	2509.2	2546.7	2584.2	2621.6	2659.0	2696.7	2734.5
	H	384.451	2663.0	......	2679.4	2728.9	2778.2	2827.4	2876.6	2925.8	2975.3
	S	1.2131	7.4570	......	7.5014	7.6300	7.7500	7.8629	7.9697	8.0712	8.1681
100 (99.63)	V	1.043	1693.7	......	1695.5	1816.7	1936.3	2054.7	2172.3	2289.4	2406.1
	U	417.406	2506.1	......	2506.6	2544.8	2582.7	2620.4	2658.1	2695.9	2733.9
	H	417.511	2675.4	......	2676.2	2726.5	2776.3	2825.9	2875.4	2924.9	2974.5
	S	1.3027	7.3598	......	7.3618	7.4923	7.6137	7.7275	7.8349	7.9369	8.0342

101.325 (100.00)	V	1.044	1673.0	......	1673.0	1792.7	1910.7	2027.7	2143.8	2259.3	2374.5
	U	418.959	2506.5	......	2506.5	2544.7	2582.6	2620.4	2658.1	2695.9	2733.9
	H	419.064	2676.0	......	2676.0	2726.4	2776.2	2825.8	2875.3	2924.8	2974.5
	S	1.3069	7.3554	......	7.3554	7.4860	7.6075	7.7213	7.8288	7.9308	8.0280
125 (105.99)	V	1.049	1374.6	......	......	1449.1	1545.6	1641.0	1735.6	1829.6	1923.2
	U	444.224	2513.4	......	......	2542.9	2581.2	2619.3	2657.2	2695.2	2733.3
	H	444.356	2685.2	......	......	2724.0	2774.4	2824.4	2874.2	2923.9	2973.7
	S	1.3740	7.2847	......	......	7.3844	7.5072	7.6219	7.7300	7.8324	7.9300
150 (111.37)	V	1.053	1159.0	......	......	1204.0	1285.2	1365.2	1444.4	1523.0	1601.3
	U	466.968	2519.5	......	......	2540.9	2579.7	2618.1	2656.3	2694.4	2732.7
	H	467.126	2693.4	......	......	2721.5	2772.5	2822.9	2872.9	2922.9	2972.9
	S	1.4336	7.2234	......	......	7.2953	7.4194	7.5352	7.6439	7.7468	7.8447
175 (116.06)	V	1.057	1003.34	......	......	1028.8	1099.1	1168.2	1236.4	1304.1	1371.3
	U	486.815	2524.7	......	......	2538.9	2578.2	2616.9	2655.3	2693.7	2732.1
	H	487.000	2700.3	......	......	2719.0	2770.5	2821.3	2871.7	2921.9	2972.0
	S	1.4849	7.1716	......	......	7.2191	7.3447	7.4614	7.5708	7.6741	7.7724
200 (120.23)	V	1.061	885.44	......	......	897.47	959.54	1020.4	1080.4	1139.8	1198.9
	U	504.489	2529.2	......	......	2536.9	2576.6	2615.7	2654.4	2692.9	2731.4
	H	504.701	2706.3	......	......	2716.4	2768.5	2819.8	2870.5	2920.9	2971.2
	S	1.5301	7.1268	......	......	7.1523	7.2794	7.3971	7.5072	7.6110	7.7096
225 (123.99)	V	1.064	792.97	......	......	795.25	850.97	905.44	959.06	1012.1	1064.7
	U	520.465	2533.2	......	......	2534.8	2575.1	2614.5	2653.5	2692.2	2730.8
	H	520.705	2711.6	......	......	2713.8	2766.5	2818.2	2869.3	2919.9	2970.4
	S	1.5705	7.0873	......	......	7.0928	7.2213	7.3400	7.4508	7.5551	7.6540
250 (127.43)	V	1.068	718.44	......	......	......	764.09	813.47	861.98	909.91	957.41
	U	535.077	2536.8	......	......	......	2573.5	2613.3	2652.5	2691.4	2730.2
	H	535.343	2716.4	......	......	......	2764.5	2816.7	2868.0	2918.9	2969.6
	S	1.6071	7.0520	......	......	......	7.1689	7.2886	7.4001	7.5050	7.6042
275 (130.60)	V	1.071	657.04	......	......	......	693.00	738.21	782.55	826.29	869.61
	U	548.564	2540.0	......	......	......	2571.9	2612.1	2651.6	2690.7	2729.6
	H	548.858	2720.7	......	......	......	2762.5	2815.1	2866.8	2917.9	2968.7
	S	1.6407	7.0201	......	......	......	7.1211	7.2419	7.3541	7.4594	7.5590
300 (133.54)	V	1.073	605.56	......	......	......	633.74	675.49	716.35	756.60	796.44
	U	561.107	2543.0	......	......	......	2570.3	2610.8	2650.6	2689.9	2729.0
	H	561.429	2724.7	......	......	......	2760.4	2813.5	2865.5	2916.9	2967.9
	S	1.6716	6.9909	......	......	......	7.0771	7.1990	7.3119	7.4177	7.5176

表 E.2 過熱蒸汽的性質 (續)

P/kPa (t^{sat}/°C)		飽和液體	飽和蒸汽	溫度：t°C (溫度：T kelvins) 300 (573.15)	350 (623.15)	400 (673.15)	450 (723.15)	500 (773.15)	550 (823.15)	600 (873.15)	650 (923.15)
1 (6.98)	V	1.000	129200.	264500.	287580.	310660.	333730.	356810.	379880.	402960.	426040.
	U	29.334	2385.2	2812.3	2889.9	2969.1	3049.9	3132.4	3216.7	3302.6	3390.3
	H	29.335	2514.4	3076.8	3177.5	3279.7	3383.6	3489.2	3596.5	3705.6	3816.4
	S	0.1060	8.9767	10.3450	10.5133	10.6711	10.8200	10.9612	11.0957	11.2243	11.3476
10 (45.83)	V	1.010	14670.	26440.	28750.	31060.	33370.	35670.	37980.	40290.	42600.
	U	191.822	2438.0	2812.2	2889.8	2969.0	3049.8	3132.3	3216.6	3302.6	3390.3
	H	191.832	2584.8	3076.6	3177.3	3279.6	3383.5	3489.1	3596.5	3705.5	3816.3
	S	0.6493	8.1511	9.2820	9.4504	9.6083	9.7572	9.8984	10.0329	10.1616	10.2849
20 (60.09)	V	1.017	7649.8	13210.	14370.	15520.	16680.	17830.	18990.	20140.	21300.
	U	251.432	2456.9	2812.0	2889.6	2968.9	3049.7	3132.3	3216.5	3302.5	3390.2
	H	251.453	2609.9	3076.4	3177.1	3279.4	3383.4	3489.0	3596.4	3705.4	3816.2
	S	0.8321	7.9094	8.9618	9.1303	9.2882	9.4372	9.5784	9.7130	9.8416	9.9650
30 (69.12)	V	1.022	5229.3	8810.8	9581.2	10350.	11120.	11890.	12660.	13430.	14190.
	U	289.271	2468.6	2811.8	2889.5	2968.7	3049.6	3132.2	3216.5	3302.5	3390.2
	H	289.302	2625.4	3076.1	3176.9	3279.3	3383.3	3488.9	3596.3	3705.4	3816.2
	S	0.9441	7.7695	8.7744	8.9430	9.1010	9.2499	9.3912	9.5257	9.6544	9.7778
40 (75.89)	V	1.027	3993.4	6606.5	7184.6	7762.5	8340.1	8917.6	9494.9	10070.	10640.
	U	317.609	2477.1	2811.6	2889.4	2968.6	3049.5	3132.1	3216.4	3302.4	3390.1
	H	317.650	2636.9	3075.9	3176.8	3279.1	3383.1	3488.8	3596.2	3705.3	3816.1
	S	1.0261	7.6709	8.6413	8.8100	8.9680	9.1170	9.2583	9.3929	9.5216	9.6450
50 (81.35)	V	1.030	3240.2	5283.9	5746.7	6209.1	6671.4	7133.5	7595.5	8057.4	8519.2
	U	340.513	2484.0	2811.5	2889.2	2968.5	3049.4	3132.0	3216.3	3302.3	3390.1
	H	340.564	2646.0	3075.7	3176.6	3279.0	3383.0	3488.7	3596.1	3705.2	3816.0
	S	1.0912	7.5947	8.5380	8.7068	8.8649	9.0139	9.1552	9.2898	9.4185	9.5419
75 (91.79)	V	1.037	2216.9	3520.5	3829.4	4138.0	4446.4	4754.7	5062.8	5370.9	5678.9
	U	384.374	2496.7	2811.0	2888.9	2968.2	3049.2	3131.8	3216.1	3302.2	3389.9
	H	384.451	2663.0	3075.1	3176.1	3278.6	3382.7	3488.4	3595.8	3705.0	3815.9
	S	1.2131	7.4570	8.3502	8.5191	8.6773	8.8265	8.9678	9.1025	9.2312	9.3546
100 (99.63)	V	1.043	1693.7	2638.7	2870.8	3102.5	3334.0	3565.3	3796.5	4027.7	4258.8
	U	417.406	2506.1	2810.6	2888.6	2968.0	3049.0	3131.6	3216.0	3302.0	3389.8
	H	417.511	2675.4	3074.5	3175.6	3278.2	3382.4	3488.1	3595.6	3704.8	3815.7
	S	1.3027	7.3598	8.2166	8.3858	8.5442	8.6934	8.8348	8.9695	9.0982	9.2217

101.325 (100.00)	V	1.044	1673.0	2604.2	2833.2	3061.9	3290.3	3518.7	3746.9	3975.0	4203.1
	U	418.959	2506.5	2810.6	2888.5	2968.0	3048.9	3131.6	3215.9	3302.0	3389.8
	H	419.064	2676.0	3074.4	3175.6	3278.2	3382.3	3488.1	3595.6	3704.8	3815.7
	S	1.3069	7.3554	8.2105	8.3797	8.5381	8.6873	8.8287	8.9634	9.0922	9.2156
125 (105.99)	V	1.049	1374.6	2109.7	2295.6	2481.2	2666.5	2851.7	3036.8	3221.8	3406.7
	U	444.224	2513.4	2810.2	2888.2	2967.7	3048.7	3131.4	3215.8	3301.9	3389.7
	H	444.356	2685.2	3073.9	3175.2	3277.8	3382.0	3487.9	3595.4	3704.6	3815.5
	S	1.3740	7.2847	8.1129	8.2823	8.4408	8.5901	8.7316	8.8663	8.9951	9.1186
150 (111.37)	V	1.053	1159.0	1757.0	1912.2	2066.9	2221.5	2375.9	2530.2	2684.5	2838.6
	U	466.968	2519.5	2809.7	2887.9	2967.4	3048.5	3131.2	3215.6	3301.7	3389.5
	H	467.126	2693.4	3073.3	3174.7	3277.5	3381.7	3487.6	3595.1	3704.4	3815.3
	S	1.4336	7.2234	8.0280	8.1976	8.3562	8.5056	8.6472	8.7819	8.9108	9.0343
175 (116.06)	V	1.057	1003.34	1505.1	1638.3	1771.1	1903.7	2036.1	2168.4	2300.7	2432.9
	U	486.815	2524.7	2809.3	2887.5	2967.1	3048.3	3131.0	3215.4	3301.6	3389.4
	H	487.000	2700.3	3072.7	3174.2	3277.1	3381.4	3487.3	3594.9	3704.2	3815.1
	S	1.4849	7.1716	7.9561	8.1259	8.2847	8.4341	8.5758	8.7106	8.8394	8.9630
200 (120.23)	V	1.061	885.44	1316.2	1432.8	1549.2	1665.3	1781.2	1897.1	2012.9	2128.6
	U	504.489	2529.2	2808.8	2887.2	2966.9	3048.0	3130.8	3215.3	3301.4	3389.2
	H	504.701	2706.3	3072.1	3173.8	3276.7	3381.1	3487.0	3594.7	3704.0	3815.0
	S	1.5301	7.1268	7.8937	8.0638	8.2226	8.3722	8.5139	8.6487	8.7776	8.9012
225 (123.99)	V	1.064	792.97	1169.2	1273.1	1376.6	1479.9	1583.0	1686.0	1789.0	1891.9
	U	520.465	2533.2	2808.4	2886.9	2966.6	3047.8	3130.6	3215.1	3301.2	3389.1
	H	520.705	2711.6	3071.5	3173.3	3276.3	3380.8	3486.8	3594.4	3703.8	3814.8
	S	1.5705	7.0873	7.8385	8.0088	8.1679	8.3175	8.4593	8.5942	8.7231	8.8467
250 (127.43)	V	1.068	718.44	1051.6	1145.2	1238.5	1331.5	1424.4	1517.2	1609.9	1702.5
	U	535.077	2536.8	2808.0	2886.5	2966.3	3047.6	3130.4	3214.9	3301.1	3389.0
	H	535.343	2716.4	3070.9	3172.8	3275.9	3380.4	3486.5	3594.2	3703.6	3814.6
	S	1.6071	7.0520	7.7891	7.9597	8.1188	8.2686	8.4104	8.5453	8.6743	8.7980
275 (130.60)	V	1.071	657.04	955.45	1040.7	1125.5	1210.2	1294.7	1379.0	1463.3	1547.6
	U	548.564	2540.0	2807.5	2886.2	2966.0	3047.3	3130.2	3214.7	3300.9	3388.8
	H	548.858	2720.7	3070.3	3172.4	3275.5	3380.1	3486.2	3594.0	3703.4	3814.4
	S	1.6407	7.0201	7.7444	7.9151	8.0744	8.2243	8.3661	8.5011	8.6301	8.7538
300 (133.54)	V	1.073	605.56	875.29	953.52	1031.4	1109.0	1186.5	1263.9	1341.2	1418.5
	U	561.107	2543.0	2807.1	2885.8	2965.8	3047.1	3130.0	3214.5	3300.8	3388.7
	H	561.429	2724.7	3069.7	3171.9	3275.2	3379.8	3486.0	3593.7	3703.2	3814.2
	S	1.6716	6.9909	7.7034	7.8744	8.0338	8.1838	8.3257	8.4608	8.5898	8.7135

表 E.2 過熱蒸汽的性質 (續)

溫度：t°C (溫度：T kelvins)

P/kPa (t^{sat}/°C)		飽和液體	飽和蒸汽	150 (423.15)	175 (448.15)	200 (473.15)	220 (493.15)	240 (513.15)	260 (533.15)	280 (553.15)	300 (573.15)
325 (136.29)	V	1.076	561.75	583.58	622.41	660.33	690.22	719.81	749.18	778.39	807.47
	U	572.847	2545.7	2568.7	2609.6	2649.6	2681.2	2712.7	2744.0	2775.3	2806.6
	H	573.197	2728.3	2758.4	2811.9	2864.2	2905.6	2946.6	2987.5	3028.2	3069.0
	S	1.7004	6.9640	7.0363	7.1592	7.2729	7.3585	7.4400	7.5181	7.5933	7.6657
350 (138.87)	V	1.079	524.00	540.58	576.90	612.31	640.18	667.75	695.09	722.27	749.33
	U	583.892	2548.2	2567.1	2608.3	2648.6	2680.4	2712.0	2743.4	2774.8	2806.2
	H	584.270	2731.6	2756.3	2810.3	2863.0	2904.5	2945.7	2986.7	3027.6	3068.4
	S	1.7273	6.9392	6.9982	7.1222	7.2366	7.3226	7.4045	7.4828	7.5581	7.6307
375 (141.31)	V	1.081	491.13	503.29	537.46	570.69	596.81	622.62	648.22	673.64	698.94
	U	594.332	2550.6	2565.4	2607.1	2647.7	2679.6	2711.3	2742.8	2774.3	2805.7
	H	594.737	2734.7	2754.1	2808.6	2861.7	2903.4	2944.8	2985.9	3026.9	3067.8
	S	1.7526	6.9160	6.9624	7.0875	7.2027	7.2891	7.3713	7.4499	7.5254	7.5981
400 (143.62)	V	1.084	462.22	470.66	502.93	534.26	558.85	583.14	607.20	631.09	654.85
	U	604.237	2552.7	2563.7	2605.8	2646.7	2678.8	2710.6	2742.2	2773.7	2805.3
	H	604.670	2737.6	2752.0	2807.0	2860.4	2902.3	2943.9	2985.1	3026.2	3067.2
	S	1.7764	6.8943	6.9285	7.0548	7.1708	7.2576	7.3402	7.4190	7.4947	7.5675
425 (145.82)	V	1.086	436.61	441.85	472.47	502.12	525.36	548.30	571.01	593.54	615.95
	U	613.667	2554.8	2562.0	2604.5	2645.7	2678.0	2709.9	2741.6	2773.2	2804.8
	H	614.128	2740.3	2749.8	2805.3	2859.1	2901.2	2942.9	2984.3	3025.5	3066.6
	S	1.7990	6.8739	6.8965	7.0239	7.1407	7.2280	7.3108	7.3899	7.4657	7.5388
450 (147.92)	V	1.088	413.75	416.24	445.38	473.55	495.59	517.33	538.83	560.17	581.37
	U	622.672	2556.7	2560.3	2603.2	2644.7	2677.1	2709.2	2741.0	2772.7	2804.4
	H	623.162	2742.9	2747.7	2803.7	2857.8	2900.2	2942.0	2983.5	3024.8	3066.0
	S	1.8204	6.8547	6.8660	6.9946	7.1121	7.1999	7.2831	7.3624	7.4384	7.5116
475 (149.92)	V	1.091	393.22	393.31	421.14	447.97	468.95	489.62	510.05	530.30	550.43
	U	631.294	2558.5	2558.6	2601.9	2643.7	2676.3	2708.5	2740.4	2772.2	2803.9
	H	631.812	2745.3	2745.5	2802.0	2856.5	2899.1	2941.1	2982.7	3024.1	3065.4
	S	1.8408	6.8365	6.8369	6.9667	7.0850	7.1732	7.2567	7.3363	7.4125	7.4858
500 (151.84)	V	1.093	374.68	……	399.31	424.96	444.97	464.67	484.14	503.43	522.58
	U	639.569	2560.2	……	2600.6	2642.7	2675.5	2707.8	2739.8	2771.7	2803.5
	H	640.116	2747.5	……	2800.3	2855.1	2898.0	2940.1	2981.9	3023.4	3064.8
	S	1.8604	6.8192	……	6.9400	7.0592	7.1478	7.2317	7.3115	7.3879	7.4614

	V	1.095	357.84	......	379.56	404.13	423.28	442.11	460.70	479.11	497.38
525	*U*	647.528	2561.8	......	2599.3	2641.6	2674.6	2707.1	2739.2	2771.2	2803.0
(153.69)	*H*	648.103	2749.7	......	2798.6	2853.8	2896.8	2939.2	2981.1	3022.7	3064.1
	S	1.8790	6.8027	......	6.9145	7.0345	7.1236	7.2078	7.2879	7.3645	7.4381
	V	1.097	342.48	......	361.60	385.19	403.55	421.59	439.38	457.00	474.48
550	*U*	655.199	2563.3	......	2598.0	2640.6	2673.8	2706.4	2738.6	2770.6	2802.6
(155.47)	*H*	655.802	27517	......	2796.8	2852.5	2895.7	2938.3	2980.3	3022.0	3063.5
	S	1.8970	6.7870	......	6.8900	7.0108	7.1004	7.1849	7.2653	7.3421	7.4158
	V	1.099	328.41	......	345.20	367.90	385.54	402.85	419.92	436.81	453.56
575	*U*	662.603	2564.8	......	2596.6	2639.6	2672.9	2705.7	2738.0	2770.1	2802.1
(157.18)	*H*	663.235	2753.6	......	2795.1	2851.1	2894.6	2937.3	2979.5	3021.3	3062.9
	S	1.9142	6.7720	......	6.8664	6.9880	7.0781	7.1630	7.2436	7.3206	7.3945
	V	1.101	315.47	......	330.16	352.04	369.03	385.68	402.08	418.31	434.39
600	*U*	669.762	2566.2	......	2595.3	2638.5	2672.1	2705.0	2737.4	2769.6	2801.6
(158.84)	*H*	670.423	2755.5	......	2793.3	2849.7	2893.5	2936.4	2978.7	3020.6	3062.3
	S	1.9308	6.7575	......	6.8437	6.9662	7.0567	7.1419	7.2228	7.3000	7.3740
	V	1.103	303.54	......	316.31	337.45	353.83	369.87	385.67	401.28	416.75
625	*U*	676.695	2567.5	......	2593.9	2637.5	2671.2	2704.2	2736.8	2769.1	2801.2
(160.44)	*H*	677.384	2757.2	......	2791.6	2848.4	2892.3	2935.4	2977.8	3019.9	3061.7
	S	1.9469	6.7437	......	6.8217	6.9451	7.0361	7.1217	7.2028	7.2802	7.3544
	V	1.105	292.49	......	303.53	323.98	339.80	355.29	370.52	385.56	400.47
650	*U*	683.417	2568.7	......	2592.5	2636.4	2670.3	2703.5	2736.2	2768.5	2800.7
(161.99)	*H*	684.135	2758.9	......	2789.8	2847.0	2891.2	2934.4	2977.0	3019.2	3061.0
	S	1.9623	6.7304	......	6.8004	6.9247	7.0162	7.1021	7.1835	7.2611	7.3355
	V	1.106	282.23	......	291.69	311.51	326.81	341.78	356.49	371.01	385.39
675	*U*	689.943	2570.0	......	2591.1	2635.4	2669.5	2702.8	2735.6	2768.0	2800.3
(163.49)	*H*	690.689	2760.5	......	2788.0	2845.6	2890.1	2933.5	2976.2	3018.5	3060.4
	S	1.9773	6.7176	......	6.7798	6.9050	6.9970	7.0833	7.1650	7.2428	7.3173
	V	1.108	272.68	......	280.69	299.92	314.75	329.23	343.46	357.50	371.39
700	*U*	696.285	2571.1	......	2589.7	2634.3	2668.6	2702.1	2735.0	2767.5	2799.8
(164.96)	*H*	697.061	2762.0	......	2786.2	2844.2	2888.9	2932.5	2975.4	3017.7	3059.8
	S	1.9918	6.7052	......	6.7598	6.8859	6.9784	7.0651	7.1470	7.2250	7.2997
	V	1.110	263.77	......	270.45	289.13	303.51	317.55	331.33	344.92	358.36
725	*U*	702.457	2572.2	......	2588.3	2633.2	2667.7	2701.3	2734.3	2767.0	2799.3
(166.38)	*H*	703.261	2763.4	......	2784.4	2842.8	2887.7	2931.5	2974.6	3017.0	3059.1
	S	2.0059	6.6932	......	6.7404	6.8673	6.9604	7.0474	7.1296	7.2078	7.2827

➡ **表 E.2** 過熱蒸汽的性質 (續)

				溫度：t°C (溫度：T kelvins)							
P/kPa (t^{sat}/°C)		飽和液體	飽和蒸汽	**325 (598.15)**	**350 (623.15)**	**400 (673.15)**	**450 (723.15)**	**500 (773.15)**	**550 (823.15)**	**600 (873.15)**	**650 (923.15)**
	V	1.076	561.75	843.68	879.78	951.73	1023.5	1095.0	1166.5	1237.9	1309.2
325	U	572.847	2545.7	2845.9	2885.5	2965.5	3046.9	3129.8	3214.4	3300.6	3388.6
(136.29)	H	573.197	2728.3	3120.1	3171.4	3274.8	3379.5	3485.7	3593.5	3702.9	3814.1
	S	1.7004	6.9640	7.7530	7.8369	7.9965	8.1465	8.2885	8.4236	8.5527	8.6764
	V	1.079	524.00	783.01	816.57	883.45	950.11	1016.6	1083.0	1149.3	1215.6
350	U	583.892	2548.2	2845.6	2885.1	2965.2	3046.6	3129.6	3214.2	3300.5	3388.4
(138.87)	H	584.270	2731.6	3119.6	3170.9	3274.4	3379.2	3485.4	3593.3	3702.7	3813.9
	S	1.7273	6.9392	7.7181	7.8022	7.9619	8.1120	8.2540	8.3892	8.5183	8.6421
	V	1.081	491.13	730.42	761.79	824.28	886.54	948.66	1010.7	1072.6	1134.5
375	U	594.332	2550.6	2845.2	2884.8	2964.9	3046.4	3129.4	3214.0	3300.3	3388.3
(141.31)	H	594.737	2734.7	3119.1	3170.5	3274.0	3378.8	3485.1	3593.0	3702.5	3813.7
	S	1.7526	6.9160	7.6856	7.7698	7.9296	8.0798	8.2219	8.3571	8.4863	8.6101
	V	1.084	462.22	684.41	713.85	772.50	830.92	889.19	947.35	1005.4	1063.4
400	U	604.237	2552.7	2844.8	2884.5	2964.6	3046.2	3129.2	3213.8	3300.2	3388.2
(143.62)	H	604.670	2737.6	3118.5	3170.0	3273.6	3378.5	3484.9	3592.8	3702.3	3813.5
	S	1.7764	6.8943	7.6552	7.7395	7.8994	8.0497	8.1919	8.3271	8.4563	8.5802
	V	1.086	436.61	643.81	671.56	726.81	781.84	836.72	891.49	946.17	1000.8
425	U	613.667	2554.8	2844.4	2884.1	2964.4	3045.9	3129.0	3213.7	3300.0	3388.0
(145.82)	H	614.128	2740.3	3118.0	3169.5	3273.3	3378.2	3484.6	3592.5	3702.1	3813.4
	S	1.7990	6.8739	7.6265	7.7109	7.8710	8.0214	8.1636	8.2989	8.4282	8.5520
	V	1.088	413.75	607.73	633.97	686.20	738.21	790.07	841.83	893.50	945.10
450	U	622.672	2556.7	2844.0	2883.8	2964.1	3045.7	3128.8	3213.5	3299.8	3387.9
(147.92)	H	623.162	2742.9	3117.5	3169.1	3272.9	3377.9	3484.3	3592.3	3701.9	3813.2
	S	1.8204	6.8547	7.5995	7.6840	7.8442	7.9947	8.1370	8.2723	8.4016	8.5255
	V	1.091	393.22	575.44	600.33	649.87	699.18	748.34	797.40	846.37	895.27
475	U	631.294	2558.5	2843.6	2883.4	2963.8	3045.4	3128.6	3213.3	3299.7	3387.7
(149.92)	H	631.812	2745.3	3116.9	3168.6	3272.5	3377.6	3484.0	3592.1	3701.7	3813.0
	S	1.8408	6.8365	7.5739	7.6585	7.8189	7.9694	8.1118	8.2472	8.3765	8.5004
	V	1.093	374.68	546.38	570.05	617.16	664.05	710.78	757.41	803.95	850.42
500	U	639.569	2560.2	2843.2	2883.1	2963.5	3045.2	3128.4	3213.1	3299.5	3387.6
(151.84)	H	640.116	2747.5	3116.4	3168.1	3272.1	3377.2	3483.8	3591.8	3701.5	3812.8
	S	1.8604	6.8192	7.5496	7.6343	7.7948	7.9454	8.0879	8.2233	8.3526	8.4766

525 (153.69)	V	1.095	357.84	520.08	542.66	587.58	632.26	676.80	721.23	765.57	809.85
	U	647.528	2561.8	2842.8	2882.7	2963.2	3045.0	3128.2	3213.0	3299.4	3387.5
	H	648.103	2749.7	3115.9	3167.6	3271.7	3376.9	3483.5	3591.6	3701.3	3812.6
	S	1.8790	6.8027	7.5264	7.6112	7.7719	7.9226	8.0651	8.2006	8.3299	8.4539
550 (155.47)	V	1.097	342.48	496.18	517.76	560.68	603.37	645.91	688.34	730.68	772.96
	U	655.199	2563.3	2842.4	2882.4	2963.0	3044.7	3128.0	3212.8	3299.2	3387.3
	H	655.802	2751.7	3115.3	3167.2	3271.3	3376.6	3483.2	3591.4	3701.1	3812.5
	S	1.8970	6.7870	7.5043	7.5892	7.7500	7.9008	8.0433	8.1789	8.3083	8.4323
575 (157.18)	V	1.099	328.41	474.36	495.03	536.12	576.98	617.70	658.30	698.83	739.28
	U	662.603	2564.8	2842.0	2882.1	2962.7	3044.5	3127.8	3212.6	3299.1	3387.2
	H	663.235	2753.6	3114.8	3166.7	3271.0	3376.3	3482.9	3591.1	3700.9	3812.3
	S	1.9142	6.7720	7.4831	7.5681	7.7290	7.8799	8.0226	8.1581	8.2876	8.4116
600 (158.84)	V	1.101	315.47	454.35	474.19	513.61	552.80	591.84	630.78	669.63	708.41
	U	669.762	2566.2	2841.6	2881.7	2962.4	3044.3	3127.6	3212.4	3298.9	3387.1
	H	670.423	2755.5	3114.3	3166.2	3270.6	3376.0	3482.7	3590.9	3700.7	3812.1
	S	1.9308	6.7575	7.4628	7.5479	7.7090	7.8600	8.0027	8.1383	8.2678	8.3919
625 (160.44)	V	1.103	303.54	435.94	455.01	492.89	530.55	568.05	605.45	642.76	680.01
	U	676.695	2567.5	2841.2	2881.4	2962.1	3044.0	3127.4	3212.2	3298.8	3386.9
	H	677.384	2757.2	3113.7	3165.7	3270.2	3375.6	3482.4	3590.7	3700.5	3811.9
	S	1.9469	6.7437	7.4433	7.5285	7.6897	7.8408	7.9836	8.1192	8.2488	8.3729
650 (161.99)	V	1.105	292.49	418.95	437.31	473.78	510.01	546.10	582.07	617.96	653.79
	U	683.417	2568.7	2840.9	2881.0	2961.8	3043.8	3127.2	3212.1	3298.6	3386.8
	H	684.135	2758.9	3113.2	3165.3	3269.8	3375.3	3482.1	3590.4	3700.3	3811.8
	S	1.9623	6.7304	7.4245	7.5099	7.6712	7.8224	7.9652	8.1009	8.2305	8.3546
675 (163.49)	V	1.106	282.23	403.22	420.92	456.07	491.00	525.77	560.43	595.00	629.51
	U	689.943	2570.0	2840.5	2880.7	2961.6	3043.6	3127.0	3211.9	3298.5	3386.7
	H	690.689	2760.5	3112.6	3164.8	3269.4	3375.0	3481.8	3590.2	3700.1	3811.6
	S	1.9773	6.7176	7.4064	7.4919	7.6534	7.8046	7.9475	8.0833	8.2129	8.3371
700 (164.96)	V	1.108	272.68	388.61	405.71	439.64	473.34	506.89	540.33	573.68	606.97
	U	696.285	2571.1	2840.1	2880.3	2961.3	3043.3	3126.8	3211.7	3298.3	3386.5
	H	697.061	2762.0	3112.1	3164.3	3269.0	3374.7	3481.6	3589.9	3699.9	3811.4
	S	1.9918	6.7052	7.3890	7.4745	7.6362	7.7875	7.9305	8.0663	8.1959	8.3201
725 (166.38)	V	1.110	263.77	375.01	391.54	424.33	456.90	489.31	521.61	553.83	585.99
	U	702.457	2572.2	2839.7	2880.0	2961.0	3043.1	3126.6	3211.5	3298.1	3386.4
	H	703.261	2763.4	3111.5	3163.8	3268.7	3374.3	3481.3	3589.7	3699.7	3811.2
	S	2.0059	6.6932	7.3721	7.4578	7.6196	7.7710	7.9140	8.0499	8.1796	8.3038

表 E.2 過熱蒸汽的性質 (續)

P/kPa (t^{sat}/°C)		飽和液體	飽和蒸汽	175 (448.15)	200 (473.15)	220 (493.15)	240 (513.15)	260 (533.15)	280 (553.15)	300 (573.15)	325 (598.15)
				溫度：t°C (溫度：T kelvins)							
750 (167.76)	V	1.112	255.43	260.88	279.05	293.03	306.65	320.01	333.17	346.19	362.32
	U	708.467	2573.3	2586.9	2632.1	2666.8	2700.6	2733.7	2766.4	2798.9	2839.3
	H	709.301	2764.8	2782.5	2841.4	2886.6	2930.6	2973.7	3016.3	3058.5	3111.0
	S	2.0195	6.6817	6.7215	6.8494	6.9429	7.0303	7.1128	7.1912	7.2662	7.3558
775 (169.10)	V	1.113	247.61	251.93	269.63	283.22	296.45	309.41	322.19	334.81	350.44
	U	714.326	2574.3	2585.4	2631.0	2665.9	2699.8	2733.1	2765.9	2798.4	2838.9
	H	715.189	2766.2	2780.7	2840.0	2885.4	2929.6	2972.9	3015.6	3057.9	3110.5
	S	2.0328	6.6705	6.7031	6.8319	6.9259	7.0137	7.0965	7.1751	7.2502	7.3400
800 (170.41)	V	1.115	240.26	243.53	260.79	274.02	286.88	299.48	311.89	324.14	339.31
	U	720.043	2575.3	2584.0	2629.9	2665.0	2699.1	2732.5	2765.4	2797.9	2838.5
	H	720.935	2767.5	2778.8	2838.6	2884.2	2928.6	2972.1	3014.9	3057.3	3109.9
	S	2.0457	6.6596	6.6851	6.8148	6.9094	6.9976	7.0807	7.1595	7.2348	7.3247
825 (171.69)	V	1.117	233.34	235.64	252.48	265.37	277.90	290.15	302.21	314.12	328.85
	U	725.625	2576.2	2582.5	2628.8	2664.1	2698.4	2731.8	2764.8	2797.5	2838.1
	H	726.547	2768.7	2776.9	2837.1	2883.1	2927.6	2971.2	3014.1	3056.6	3109.4
	S	2.0583	6.6491	6.6675	6.7982	6.8933	6.9819	7.0653	7.1443	7.2197	7.3098
850 (172.94)	V	1.118	226.81	228.21	244.66	257.24	269.44	281.37	293.10	304.68	319.00
	U	731.080	2577.1	2581.1	2627.7	2663.2	2697.6	2731.2	2764.3	2797.0	2837.7
	H	732.031	2769.9	2775.1	2835.7	2881.9	2926.6	2970.4	3013.4	3056.0	3108.8
	S	2.0705	6.6388	6.6504	6.7820	6.8777	6.9666	7.0503	7.1295	7.2051	7.2954
875 (174.16)	V	1.120	220.65	221.20	237.29	249.56	261.46	273.09	284.51	295.79	309.72
	U	736.415	2578.0	2579.6	2626.6	2662.3	2696.8	2730.6	2763.7	2796.5	2837.3
	H	737.394	2771.0	2773.1	2834.2	2880.7	2925.6	2969.5	3012.7	3055.3	3108.3
	S	2.0825	6.6289	6.6336	6.7662	6.8624	6.9518	7.0357	7.1152	7.1909	7.2813
900 (175.36)	V	1.121	214.81	......	230.32	242.31	253.93	265.27	276.40	287.39	300.96
	U	741.635	2578.8	......	2625.5	2661.4	2696.1	2729.9	2763.2	2796.1	2836.9
	H	742.644	2772.1	......	2832.7	2879.5	2924.6	2968.7	3012.0	3054.7	3107.7
	S	2.0941	6.6192	......	6.7508	6.8475	6.9373	7.0215	7.1012	7.1771	7.2676
925 (176.53)	V	1.123	209.28	......	223.73	235.46	246.80	257.87	268.73	279.44	292.66
	U	746.746	2579.6	......	2624.3	2660.5	2695.3	2729.3	2762.6	2795.6	2836.5
	H	747.784	2773.2	......	2831.3	2878.3	2923.6	2967.8	3011.2	3054.1	3107.2
	S	2.1055	6.6097	......	6.7357	6.8329	6.9231	7.0076	7.0875	7.1636	7.2543

950	V	1.124	204.03	......	217.48	228.96	240.05	250.86	261.46	271.91	284.81
(177.67)	U	751.754	2580.4	......	2623.2	2659.5	2694.6	2728.7	2762.1	2795.1	2836.0
	H	752.822	2774.2	......	2829.8	2877.0	2922.6	2967.0	3010.5	3053.4	3106.6
	S	2.1166	6.6005	......	6.7209	6.8187	6.9093	6.9941	7.0742	7.1505	7.2413
975	V	1.126	199.04	......	211.55	222.79	233.64	244.20	254.56	264.76	277.35
(178.79)	U	756.663	2581.1	......	2622.0	2658.6	2693.8	2728.0	2761.5	2794.6	2835.6
	H	757.761	2775.2	......	2828.3	2875.8	2921.6	2966.1	3009.7	3052.8	3106.1
	S	2.1275	6.5916	......	6.7064	6.8048	6.8958	6.9809	7.0612	7.1377	7.2286
1000	V	1.127	194.29	......	205.92	216.93	227.55	237.89	248.01	257.98	270.27
(179.88)	U	761.478	25819	......	2620.9	2657.7	2693.0	2727.4	2761.0	2794.2	2835.2
	H	762.605	2776.2	......	2826.8	2874.6	2920.6	2965.2	3009.0	3052.1	3105.5
	S	2.1382	6.5828	......	6.6922	6.7911	6.8825	6.9680	7.0485	7.1251	7.2163
1050	V	1.130	185.45	......	195.45	206.04	216.24	226.15	235.84	245.37	257.12
(182.02)	U	770.843	2583.3	......	2618.5	2655.8	2691.5	2726.1	2759.9	2793.2	2834.4
	H	772.029	2778.0	......	2823.8	2872.1	2918.5	2963.5	3007.5	3050.8	3104.4
	S	2.1588	6.5659	......	6.6645	6.7647	6.8569	6.9430	7.0240	7.1009	7.1924
1100	V	1.133	177.38	......	185.92	196.14	205.96	215.47	224.77	233.91	245.16
(184.07)	U	779.878	2584.5	......	2616.2	2653.9	2689.9	2724.7	2758.8	2792.2	2833.6
	H	781.124	2779.7	......	2820.7	2869.6	2916.4	2961.8	3006.0	3049.6	3103.3
	S	2.1786	6.5497	......	6.6379	6.7392	6.8323	6.9190	7.0005	7.0778	7.1695
1150	V	1.136	169.99	......	177.22	187.10	196.56	205.73	214.67	223.44	234.25
(186.05)	U	788.611	2585.8	......	2613.8	2651.9	2688.3	2723.4	2757.7	2791.3	2832.8
	H	789.917	2781.3	......	2817.6	2867.1	2914.4	2960.0	3004.5	3048.2	3102.2
	S	2.1977	6.5342	......	6.6122	6.7147	6.8086	6.8959	6.9779	7.0556	7.1476
1200	V	1.139	163.20	......	169.23	178.80	187.95	196.79	205.40	213.85	224.24
(187.96)	U	797.064	2586.9	......	2611.3	2650.0	2686.7	2722.1	2756.5	2790.3	2832.0
	H	798.430	2782.7	......	2814.4	2864.5	2912.2	2958.2	3003.0	3046.9	3101.0
	S	2.2161	6.5194	......	6.5872	6.6909	6.7858	6.8738	6.9562	7.0342	7.1266
1250	V	1.141	156.93	......	161.88	171.17	180.02	188.56	196.88	205.02	215.03
(189.81)	U	805.259	2588.0	......	2608.9	2648.0	2685.1	2720.8	2755.4	2789.3	2831.1
	H	806.685	2784.1	......	2811.2	2861.9	2910.1	2956.5	3001.5	3045.6	3099.9
	S	2.2338	6.5050	......	6.5630	6.6680	6.7637	6.8523	6.9353	7.0136	7.1064
1300	V	1.144	151.13	......	155.09	164.11	172.70	180.97	189.01	196.87	206.53
(191.61)	U	813.213	2589.0	......	2606.4	2646.0	2683.5	2719.4	2754.3	2788.4	2830.3
	H	814.700	2785.4	......	2808.0	2859.3	2908.0	2954.7	3000.0	3044.3	3098.8
	S	2.2510	6.4913	......	6.5394	6.6457	6.7424	6.8316	6.9151	6.9938	7.0869

➡ **表 E.2** 過熱蒸汽的性質 (續)

P/kPa (t^{sat}/°C)		飽和液體	飽和蒸汽	溫度：t°C (溫度：T kelvins) 350 (623.15)	375 (648.15)	400 (673.15)	450 (723.15)	500 (773.15)	550 (833.15)	600 (873.15)	650 (923.15)
750	V	1.112	255.43	378.31	394.22	410.05	441.55	472.90	504.15	535.30	566.40
(167.76)	U	708.467	2573.3	2879.6	2920.1	2960.7	3042.9	3126.3	3211.4	3298.0	3386.2
	H	709.301	2764.8	3163.4	3215.7	3268.3	3374.0	3481.0	3589.5	3699.5	3811.0
	S	2.0195	6.6817	7.4416	7.5240	7.6035	7.7550	7.8981	8.0340	8.1637	8.2880
775	V	1.113	247.61	365.94	381.35	396.69	427.20	457.56	487.81	517.97	548.07
(169.10)	U	714.326	2574.3	2879.3	2919.8	2960.4	3042.6	3126.1	3211.2	3297.8	3386.1
	H	715.189	2766.2	3162.9	3215.3	3267.9	3373.7	3480.8	3589.2	3699.3	3810.9
	S	2.0328	6.6705	7.4259	7.5084	7.5880	7.7396	7.8827	8.0187	8.1484	8.2727
800	V	1.115	240.26	354.34	369.29	384.16	413.74	443.17	472.49	501.72	530.89
(170.41)	U	720.043	2575.3	2878.9	2919.5	2960.2	3042.4	3125.9	3211.0	3297.7	3386.0
	H	720.935	2767.5	3162.4	3214.9	3267.5	3373.4	3480.5	3589.0	3699.1	3810.7
	S	2.0457	6.6596	7.4107	7.4932	7.5729	7.7246	7.8678	8.0038	8.1336	8.2579
825	V	1.117	233.34	343.45	357.96	372.39	401.10	429.65	458.10	486.46	514.76
(171.69)	U	725.625	2576.2	2878.6	2919.1	2959.9	3042.2	3125.7	3210.8	3297.5	3385.8
	H	726.547	2768.7	3161.9	3214.5	3267.1	3373.1	3480.2	3588.8	3698.8	3810.5
	S	2.0583	6.6491	7.3959	7.4786	7.5583	7.7101	7.8533	7.9894	8.1192	8.2436
850	V	1.118	226.81	333.20	347.29	361.31	389.20	416.93	444.56	472.09	499.57
(172.94)	U	731.080	2577.1	2878.2	2918.8	2959.6	3041.9	3125.5	3210.7	3297.4	3385.7
	H	732.031	2769.9	3161.4	3214.0	3266.7	3372.7	3479.9	3588.5	3698.6	3810.3
	S	2.0705	6.6388	7.3815	7.4643	7.5441	7.6960	7.8393	7.9754	8.1053	8.2296
875	V	1.120	220.65	323.53	337.24	350.87	377.98	404.94	431.79	458.55	485.25
(174.16)	U	736.415	2578.0	2877.9	2918.5	2959.3	3041.7	3125.3	3210.5	3297.2	3385.6
	H	737.394	2771.0	3161.0	3213.6	3266.3	3372.4	3479.7	3588.3	3698.4	3810.2
	S	2.0825	6.6289	7.3676	7.4504	7.5303	7.6823	7.8257	7.9618	8.0917	8.2161
900	V	1.121	214.81	314.40	327.74	341.01	367.39	393.61	419.73	445.76	471.72
(175.36)	U	741.635	2578.8	2877.5	2918.2	2959.0	3041.4	3125.1	3210.3	3297.1	3385.4
	H	742.644	2772.1	3160.5	3213.2	3266.0	3372.1	3479.4	3588.1	3698.2	3810.0
	S	2.0941	6.6192	7.3540	7.4370	7.5169	7.6689	7.8124	7.9486	8.0785	8.2030
925	V	1.123	209.28	305.76	318.75	331.68	357.36	382.90	408.32	433.66	458.93
(176.53)	U	746.746	2579.6	2877.2	2917.9	2958.8	3041.2	3124.9	3210.1	3296.9	3385.3
	H	747.784	2773.2	3160.0	3212.7	3265.6	3371.8	3479.1	3587.8	3698.0	3809.8
	S	2.1055	6.6097	7.3408	7.4238	7.5038	7.6560	7.7995	7.9357	8.0657	8.1902

950	V	1.124	204.03	297.57	310.24	322.84	347.87	372.74	397.51	422.19	446.81
(177.67)	U	751.754	2580.4	2876.8	2917.6	2958.5	3041.0	3124.7	3209.9	3296.7	3385.1
	H	752.822	2774.2	3159.5	3212.3	3265.2	3371.5	3478.8	3587.6	3697.8	3809.6
	S	2.1166	6.6005	7.3279	7.4110	7.4911	7.6433	7.7869	7.9232	8.0532	8.1777
975	V	1.126	199.04	289.81	302.17	314.45	338.86	363.11	387.26	411.32	435.31
(178.79)	U	756.663	2581.1	2876.5	2917.3	2958.2	3040.7	3124.5	3209.8	3296.6	3385.0
	H	757.761	2775.2	3159.0	3211.9	3264.8	3371.1	3478.6	3587.3	3697.6	3809.4
	S	2.1275	6.5916	7.3154	7.3986	7.4787	7.6310	7.7747	7.9110	8.0410	8.1656
1000	V	1.127	194.29	282.43	294.50	306.49	330.30	353.96	377.52	400.98	424.38
(179.88)	U	761.478	2581.9	2876.1	2917.0	2957.9	3040.5	3124.3	3209.6	3296.4	3384.9
	H	762.605	2776.2	3158.5	3211.5	3264.4	3370.8	3478.3	3587.1	3697.4	3809.3
	S	2.1382	6.5828	7.3031	7.3864	7.4665	7.6190	7.7627	7.8991	8.0292	8.1537
1050	V	1.130	185.45	268.74	280.25	291.69	314.41	336.97	359.43	381.79	404.10
(182.02)	U	770.843	2583.3	2875.4	2916.3	2957.4	3040.0	3123.9	3209.2	3296.1	3384.6
	H	772.029	2778.0	3157.6	3210.6	3263.6	3370.2	3477.7	3586.6	3697.0	3808.9
	S	2.1588	6.5659	7.2795	7.3629	7.4432	7.5958	7.7397	7.8762	8.0063	8.1309
1100	V	1.133	177.38	256.28	267.30	278.24	299.96	321.53	342.98	364.35	385.65
(184.07)	U	779.878	2584.5	2874.7	2915.7	2956.8	3039.6	3123.5	3208.9	3295.8	3384.3
	H	781.124	2779.7	3156.6	3209.7	3262.9	3369.5	3477.2	3586.2	3696.6	3808.5
	S	2.1786	6.5497	7.2569	7.3405	7.4209	7.5737	7.7177	7.8543	7.9845	8.1092
1150	V	1.136	169.99	244.91	255.47	265.96	286.77	307.42	327.97	348.42	368.81
(186.05)	U	788.611	2585.8	2874.0	2915.1	2956.2	3039.1	3123.1	3208.5	3295.5	3384.1
	H	789.917	2781.3	3155.6	3208.9	3262.1	3368.9	3476.6	3585.7	3696.2	3808.2
	S	2.1977	6.5342	7.2352	7.3190	7.3995	7.5525	7.6966	7.8333	7.9636	8.0883
1200	V	1.139	163.20	234.49	244.63	254.70	274.68	294.50	314.20	333.82	353.38
(187.96)	U	797.064	2586.9	2873.3	2914.4	2955.7	3038.6	3122.7	3208.2	3295.2	3383.8
	H	798.430	2782.7	3154.6	3208.0	3261.3	3368.2	3476.1	3585.2	3695.8	3807.8
	S	2.2161	6.5194	7.2144	7.2983	7.3790	7.5323	7.6765	7.8132	7.9436	8.0684
1250	V	1.141	156.93	224.90	234.66	244.35	263.55	282.60	301.54	320.39	339.18
(189.81)	U	805.259	2588.0	2872.5	2913.8	2955.1	3038.1	3122.3	3207.8	3294.9	3383.5
	H	806.685	2784.1	3153.7	3207.1	3260.5	3367.6	3475.5	3584.7	3695.4	3807.5
	S	2.2338	6.5050	7.1944	7.2785	7.3593	7.5128	7.6571	7.7940	7.9244	8.0493
1300	V	1.144	151.13	216.05	225.46	234.79	253.28	271.62	289.85	307.99	326.07
(191.61)	U	813.213	2589.0	2871.8	2913.2	2954.5	3037.7	3121.9	3207.5	3294.6	3383.2
	H	814.700	2785.4	3152.7	3206.3	3259.7	3366.9	3475.0	3584.3	3695.0	3807.1
	S	2.2510	6.4913	7.1751	7.2594	7.3404	7.4940	7.6385	7.7754	7.9060	8.0309

表 E.2 過熱蒸汽的性質 (續)

P/kPa (t^{sat}/°C)		飽和液體	飽和蒸汽	溫度：t°C (溫度：T kelvins) 200 (473.15)	225 (498.15)	250 (523.15)	275 (548.15)	300 (573.15)	325 (598.15)	350 (623.15)	375 (648.15)
1350 (193.35)	V	1.146	145.74	148.79	159.70	169.96	179.79	189.33	198.66	207.85	216.93
	U	820.944	2589.9	2603.9	2653.6	2700.1	2744.4	2787.4	2829.5	2871.1	2912.5
	H	822.491	2786.6	2804.7	2869.2	2929.5	2987.1	3043.0	3097.7	3151.7	3205.4
	S	2.2676	6.4780	6.5165	6.6493	6.7675	6.8750	6.9746	7.0681	7.1566	7.2410
1400 (195.04)	V	1.149	140.72	142.94	153.57	163.55	173.08	182.32	191.35	200.24	209.02
	U	828.465	2590.8	2601.3	2651.7	2698.6	2743.2	2786.4	2828.6	2870.4	2911.9
	H	830.074	2787.8	2801.4	2866.7	2927.6	2985.5	3041.6	3096.5	3150.7	3204.5
	S	2.2837	6.4651	6.4941	6.6285	6.7477	6.8560	6.9561	7.0499	7.1386	7.2233
1450 (196.69)	V	1.151	136.04	137.48	147.86	157.57	166.83	175.79	184.54	193.15	201.65
	U	835.791	2591.6	2598.7	2649.7	2697.1	2742.0	2785.4	2827.8	2869.7	2911.3
	H	837.460	2788.9	2798.1	2864.1	2925.5	2983.9	3040.3	3095.4	3149.7	3203.6
	S	2.2993	6.4526	6.4722	6.6082	6.7286	6.8376	6.9381	7.0322	7.1212	7.2061
1500 (198.29)	V	1.154	131.66	132.38	142.53	151.99	161.00	169.70	178.19	186.53	194.77
	U	842.933	2592.4	2596.1	2647.7	2695.5	2740.8	2784.4	2826.9	2868.9	2910.6
	H	844.663	2789.9	2794.7	2861.5	2923.5	2982.3	3038.9	3094.2	3148.7	3202.8
	S	2.3145	6.4406	6.4508	6.5885	6.7099	6.8196	6.9207	7.0152	7.1044	7.1894
1550 (199.85)	V	1.156	127.55	127.61	137.54	146.77	155.54	164.00	172.25	180.34	188.33
	U	849.901	2593.2	2593.5	2645.8	2694.0	2739.5	2783.4	2826.1	2868.2	2910.0
	H	851.694	2790.8	2791.3	2858.9	2921.5	2980.6	3037.6	3093.1	3147.7	3201.9
	S	2.3292	6.4289	6.4298	6.5692	6.6917	6.8022	6.9038	6.9986	7.0881	7.1733
1600 (201.37)	V	1.159	123.69	......	132.85	141.87	150.42	158.66	166.68	174.54	182.30
	U	856.707	2593.8	......	2643.7	2692.4	2738.3	2782.4	2825.2	2867.5	2909.3
	H	858.561	2791.7	......	2856.3	2919.4	2979.0	3036.2	3091.9	3146.7	3201.0
	S	2.3436	6.4175	......	6.5503	6.6740	6.7852	6.8873	6.9825	7.0723	7.1577
1650 (202.86)	V	1.161	120.05	......	128.45	137.27	145.61	153.64	161.44	169.09	176.63
	U	863.359	2594.5	......	2641.7	2690.9	2737.1	2781.3	2824.4	2866.7	2908.7
	H	865.275	2792.6	......	2853.6	2917.4	2977.3	3034.8	3090.8	3145.7	3200.1
	S	2.3576	6.4065	......	6.5319	6.6567	6.7687	6.8713	6.9669	7.0569	7.1425
1700 (204.31)	V	1.163	116.62	......	124.31	132.94	141.09	148.91	156.51	163.96	171.30
	U	869.866	2595.1	......	2639.6	2689.3	2735.8	2780.3	2823.5	2866.0	2908.0
	H	871.843	2793.4	......	2851.0	2915.3	2975.6	3033.5	3089.6	3144.7	3199.2
	S	2.3713	6.3957	......	6.5138	6.6398	6.7526	6.8557	6.9516	7.0419	7.1277

1750 (205.72)	V	1.166	113.38	......	120.39	128.85	136.82	144.45	151.87	159.12	166.27
	U	876.234	2595.7	......	2637.6	2687.7	2734.5	2779.3	2822.7	2865.3	2907.4
	H	878.274	2794.1	......	2848.2	2913.2	2974.0	3032.1	3088.4	3143.7	3198.4
	S	2.3846	6.3853	......	6.4961	6.6233	6.7368	6.8405	6.9368	7.0273	7.1133
1800 (207.11)	V	1.168	110.32	......	116.69	124.99	132.78	140.24	147.48	154.55	161.51
	U	882.472	2596.3	......	2635.5	2686.1	2733.3	2778.2	2821.8	2864.5	2906.7
	H	884.574	2794.8	......	2845.5	2911.0	2972.3	3030.7	3087.3	3142.7	3197.5
	S	2.3976	6.3751	......	6.4787	6.6071	6.7214	6.8257	6.9223	7.0131	7.0993
1850 (208.47)	V	1.170	107.41	......	113.19	121.33	128.96	136.26	143.33	150.23	157.02
	U	888.585	2596.8	......	2633.3	2684.4	2732.0	2777.2	2820.9	2863.8	2906.1
	H	890.750	2795.5	......	2842.8	2908.9	2970.6	3029.3	3086.1	3141.7	3196.6
	S	2.4103	6.3651	......	6.4616	6.5912	6.7064	6.8112	6.9082	6.9993	7.0856
1900 (209.80)	V	1.172	104.65	......	109.87	117.87	125.35	132.49	139.39	146.14	152.76
	U	894.580	2597.3	......	2631.2	2682.8	2730.7	2776.2	2820.1	2863.0	2905.4
	H	896.807	2796.1	......	2840.0	2906.7	2968.8	3027.9	3084.9	3140.7	3195.7
	S	2.4228	6.3554	......	6.4448	6.5757	6.6917	6.7970	6.8944	6.9857	7.0723
1950 (211.10)	V	1.174	102.031	......	106.72	114.58	121.91	128.90	135.66	142.25	148.72
	U	900.461	2597.7	......	2629.0	2681.1	2729.4	2775.1	2819.2	2862.3	2904.8
	H	902.752	2796.7	......	2837.1	2904.6	2967.1	3026.5	3083.7	3139.7	3194.8
	S	2.4349	6.3459	......	6.4283	6.5604	6.6772	6.7831	6.8809	6.9725	7.0593
2000 (212.37)	V	1.177	99.536	......	103.72	111.45	118.65	125.50	132.11	138.56	144.89
	U	906.236	2598.2	......	2626.9	2679.5	2728.1	2774.0	2818.3	2861.5	2904.1
	H	908.589	2797.2	......	2834.3	2902.4	2965.4	3025.0	3082.5	3138.6	3193.9
	S	2.4469	6.3366	......	6.4120	6.5454	6.6631	6.7696	6.8677	6.9596	7.0466
2100 (214.85)	V	1.181	94.890	......	98.147	105.64	112.59	119.18	125.53	131.70	137.76
	U	917.479	2598.9	......	2622.4	2676.1	2725.4	2771.9	2816.5	2860.0	2902.8
	H	919.959	2798.2	......	2828.5	2897.9	2961.9	3022.2	3080.1	3136.6	3192.1
	S	2.4700	6.3187	......	6.3802	6.5162	6.6356	6.7432	6.8422	6.9347	7.0220
2200 (217.24)	V	1.185	90.652	......	93.067	100.35	107.07	113.43	119.53	125.47	131.28
	U	928.346	2599.6	......	2617.9	2672.7	2722.7	2769.7	2814.7	2858.5	2901.5
	H	930.953	2799.1	......	2822.7	2893.4	2958.3	3019.3	3077.7	3134.5	3190.3
	S	2.4922	6.3015	......	6.3492	6.4879	6.6091	6.7179	6.8177	6.9107	6.9985
2300 (219.55)	V	1.189	86.769	......	88.420	95.513	102.03	108.18	114.06	119.77	125.36
	U	938.866	2600.2	......	2613.3	2669.2	2720.0	2767.6	2812.9	2857.0	2900.2
	H	941.601	2799.8	......	2816.7	2888.9	2954.7	3016.4	3075.3	3132.4	3188.5
	S	2.5136	6.2849	......	6.3190	6.4605	6.5835	6.6935	6.7941	6.8877	6.9759

表 E.2 過熱蒸汽的性質 (續)

P/kPa (t^{sat}/°C)		飽和液體	飽和蒸汽	溫度：t°C (溫度：T kelvins) 400 (673.15)	425 (698.15)	450 (723.15)	475 (748.15)	500 (773.15)	550 (823.15)	600 (873.15)	650 (923.15)
1350 (193.35)	V	1.146	145.74	225.94	234.88	243.78	252.63	261.46	279.03	296.51	313.93
	U	820.944	2589.9	2953.9	2995.5	3037.2	3079.2	3121.5	3207.1	3294.3	3383.0
	H	822.491	2786.6	3259.0	3312.6	3366.3	3420.2	3474.4	3583.8	3694.5	3806.8
	S	2.2676	6.4780	7.3221	7.4003	7.4759	7.5493	7.6205	7.7576	7.8882	8.0132
1400 (195.04)	V	1.149	140.72	217.72	226.35	234.95	243.50	252.02	268.98	285.85	302.66
	U	828.465	2590.8	2953.4	2994.9	3036.7	3078.7	3121.1	3206.8	3293.9	3382.7
	H	830.074	2787.8	3258.2	3311.8	3365.6	3419.6	3473.9	3583.3	3694.1	3806.4
	S	2.2837	6.4651	7.3045	7.3828	7.4585	7.5319	7.6032	7.7404	7.8710	7.9961
1450 (196.69)	V	1.151	136.04	210.06	218.42	226.72	234.99	243.23	259.62	275.93	292.16
	U	835.791	2591.6	2952.8	2994.4	3036.2	3078.3	3120.7	3206.4	3293.6	3382.4
	H	837.460	2788.9	3257.4	3311.1	3365.0	3419.0	3473.3	3582.9	3693.7	3806.1
	S	2.2993	6.4526	7.2874	7.3658	7.4416	7.5151	7.5865	7.7237	7.8545	7.9796
1500 (198.29)	V	1.154	131.66	202.92	211.01	219.05	227.06	235.03	250.89	266.66	282.37
	U	842.933	2592.4	2952.2	2993.9	3035.8	3077.9	3120.3	3206.0	3293.3	3382.1
	H	844.663	2789.9	3256.6	3310.4	3364.3	3418.4	3472.8	3582.4	3693.3	3805.7
	S	2.3145	6.4406	7.2709	7.3494	7.4253	7.4989	7.5703	7.7077	7.8385	7.9636
1550 (199.85)	V	1.156	127.55	196.24	204.08	211.87	219.63	227.35	242.72	258.00	273.21
	U	849.901	2593.2	2951.7	2993.4	3035.3	3077.4	3119.8	3205.7	3293.0	3381.9
	H	851.694	2790.8	3255.8	3309.7	3363.7	3417.8	3472.2	3581.9	3692.9	3805.3
	S	2.3292	6.4289	7.2550	7.3336	7.4095	7.4832	7.5547	7.6921	7.8230	7.9482
1600 (201.37)	V	1.159	123.69	189.97	197.58	205.15	212.67	220.16	235.06	249.87	264.62
	U	856.707	2593.8	2951.1	2992.9	3034.8	3077.0	3119.4	3205.3	3292.7	3381.6
	H	858.561	2791.7	3255.0	3309.0	3363.0	3417.2	3471.7	3581.4	3692.5	3805.0
	S	2.3436	6.4175	7.2394	7.3182	7.3942	7.4679	7.5395	7.6770	7.8080	7.9333
1650 (202.86)	V	1.161	120.05	184.09	191.48	198.82	206.13	213.40	227.86	242.24	256.55
	U	863.359	2594.5	2950.5	2992.3	3034.3	3076.5	3119.0	3205.0	3292.4	3381.3
	H	865.275	2792.6	3254.2	3308.3	3362.4	3416.7	3471.1	3581.0	3692.1	3804.6
	S	2.3576	6.4065	7.2244	7.3032	7.3794	7.4531	7.5248	7.6624	7.7934	7.9188
1700 (204.31)	V	1.163	116.62	178.55	185.74	192.87	199.97	207.04	221.09	235.06	248.96
	U	869.866	2595.1	2949.9	2991.8	3033.9	3076.1	3118.6	3204.6	3292.1	3381.0
	H	871.843	2793.4	3253.5	3307.6	3361.7	3416.1	3470.6	3580.5	3691.7	3804.3
	S	2.3713	6.3957	7.2098	7.2887	7.3649	7.4388	7.5105	7.6482	7.7793	7.9047

1750 (205.72)	V	1.166	113.38	173.32	180.32	187.26	194.17	201.04	214.71	228.28	241.80
	U	876.234	2595.7	2949.3	2991.3	3033.4	3075.7	3118.2	3204.3	3291.8	3380.8
	H	878.274	2794.1	3252.7	3306.9	3361.1	3415.5	3470.0	3580.0	3691.3	3803.9
	S	2.3846	6.3853	7.1955	7.2746	7.3509	7.4248	7.4965	7.6344	7.7656	7.8910
1800 (207.11)	V	1.168	110.32	168.39	175.20	181.97	188.69	195.38	208.68	221.89	235.03
	U	882.472	2596.3	2948.8	2990.8	3032.9	3075.2	3117.8	3203.9	3291.5	3380.5
	H	884.574	2794.8	3251.9	3306.1	3360.4	3414.9	3469.5	3579.5	3690.9	3803.6
	S	2.3976	6.3751	7.1816	7.2608	7.3372	7.4112	7.4830	7.6209	7.7522	7.8777
1850 (208.47)	V	1.170	107.41	163.73	170.37	176.96	183.50	190.02	202.97	215.84	228.64
	U	888.585	2596.8	2948.2	2990.3	3032.4	3074.8	3117.4	3203.6	3291.1	3380.2
	H	890.750	2795.5	3251.1	3305.4	3359.8	3414.3	3468.9	3579.1	3690.4	3803.2
	S	2.4103	6.3651	7.1681	7.2474	7.3239	7.3980	7.4698	7.6079	7.7392	7.8648
1900 (209.80)	V	1.172	104.65	159.30	165.78	172.21	178.59	184.94	197.57	210.11	222.58
	U	894.580	2597.3	2947.6	2989.7	3031.9	3074.3	3117.0	3203.2	3290.8	3380.0
	H	896.807	2796.1	3250.3	3304.7	3359.1	3413.7	3468.4	3578.6	3690.0	3802.8
	S	2.4228	6.3554	7.1550	7.2344	7.3109	7.3851	7.4570	7.5951	7.7265	7.8522
1950 (211.10)	V	1.174	102.031	155.11	161.43	167.70	173.93	180.13	192.44	204.67	216.83
	U	900.461	2597.7	2947.0	2989.2	3031.5	3073.9	3116.6	3202.9	3290.5	3379.7
	H	902.752	2796.7	3249.5	3304.0	3358.5	3413.1	3467.8	3578.1	3689.6	3802.5
	S	2.4349	6.3459	7.1421	7.2216	7.2983	7.3725	7.4445	7.5827	7.7142	7.8399
2000 (212.37)	V	1.177	99.536	151.13	157.30	163.42	169.51	175.55	187.57	199.50	211.36
	U	906.236	2598.2	2946.4	2988.7	3031.0	3073.5	3116.2	3202.5	3290.2	3379.4
	H	908.589	2797.2	3248.7	3303.3	3357.8	3412.5	3467.3	3577.6	3689.2	3802.1
	S	2.4469	6.3366	7.1296	7.2092	7.2859	7.3602	7.4323	7.5706	7.7022	7.8279
2100 (214.85)	V	1.181	94.890	143.73	149.63	155.48	161.28	167.06	178.53	189.91	201.22
	U	917.479	2598.9	2945.3	2987.6	3030.0	3072.6	3115.3	3201.8	3289.6	3378.9
	H	919.959	2798.2	3247.1	3301.8	3356.5	3411.3	3466.2	3576.7	3688.4	3801.4
	S	2.4700	6.3187	7.1053	7.1851	7.2621	7.3365	7.4087	7.5472	7.6789	7.8048
2200 (217.24)	V	1.185	90.652	137.00	142.65	148.25	153.81	159.34	170.30	181.19	192.00
	U	928.346	2599.6	2944.1	2986.6	3029.1	3071.7	3114.5	3201.1	3289.0	3378.3
	H	930.953	2799.1	3245.5	3300.4	3355.2	3410.1	3465.1	3575.7	3687.6	3800.7
	S	2.4922	6.3015	7.0821	7.1621	7.2393	7.3139	7.3862	7.5249	7.6568	7.7827
2300 (219.55)	V	1.189	86.769	130.85	136.28	141.65	146.99	152.28	162.80	173.22	183.58
	U	938.866	2600.2	2942.9	2985.5	3028.1	3070.8	3113.7	3200.4	3288.3	3377.8
	H	941.601	2799.8	3243.9	3299.0	3353.9	3408.9	3464.0	3574.8	3686.7	3800.0
	S	2.5136	6.2849	7.0598	7.1401	7.2174	7.2922	7.3646	7.5035	7.6355	7.7616

➡ 表 E.2 過熱蒸汽的性質 (續)

P/kPa (t^{sat}/°C)		飽和液體	飽和蒸汽	溫度：t°C (溫度：T kelvins) 225 (498.15)	250 (523.15)	275 (548.15)	300 (573.15)	325 (598.15)	350 (623.15)	375 (648.15)	400 (673.15)
2400	V	1.193	83.199	84.149	91.075	97.411	103.36	109.05	114.55	119.93	125.22
(221.78)	U	949.066	2600.7	2608.6	2665.6	2717.3	2765.4	2811.1	2855.4	2898.8	2941.7
	H	951.929	2800.4	2810.6	2884.2	2951.1	3013.4	3072.8	3130.4	3186.7	3242.3
	S	2.5343	6.2690	6.2894	6.4338	6.5586	6.6699	6.7714	6.8656	6.9542	7.0384
2500	V	1.197	79.905	80.210	86.985	93.154	98.925	104.43	109.75	114.94	120.04
(223.94)	U	958.969	2601.2	2603.8	2662.0	2714.5	2763.1	2809.3	2853.9	2897.5	2940.6
	H	961.962	2800.9	2804.3	2879.5	2947.4	3010.4	3070.4	3128.2	3184.8	3240.7
	S	2.5543	6.2536	6.2604	6.4077	6.5345	6.6470	6.7494	6.8442	6.9333	7.0178
2600	V	1.201	76.856	......	83.205	89.220	94.830	100.17	105.32	110.33	115.26
(226.04)	U	968.597	2601.5	......	2658.4	2711.7	2760.9	2807.4	2852.3	2896.1	2939.4
	H	971.720	2801.4	......	2874.7	2943.6	3007.4	3067.9	3126.1	3183.0	3239.0
	S	2.5736	6.2387	......	6.3823	6.5110	6.6249	6.7281	6.8236	6.9131	6.9979
2700	V	1.205	74.025	......	79.698	85.575	91.036	96.218	101.21	106.07	110.83
(228.07)	U	977.968	2601.8	......	2654.7	2708.8	2758.6	2805.6	2850.7	2894.8	2938.2
	H	981.222	2801.7	......	2869.9	2939.8	3004.4	3065.4	3124.0	3181.2	3237.4
	S	2.5924	6.2244	......	6.3575	6.4882	6.6034	6.7075	6.8036	6.8935	6.9787
2800	V	1.209	71.389	......	76.437	82.187	87.510	92.550	97.395	102.10	106.71
(230.05)	U	987.100	2602.1	......	2650.9	2705.9	2756.3	2803.7	2849.2	2893.4	2937.0
	H	990.485	2802.0	......	2864.9	2936.0	3001.3	3062.8	3121.9	3179.3	3235.8
	S	2.6106	6.2104	......	6.3331	6.4659	6.5824	6.6875	6.7842	6.8746	6.9601
2900	V	1.213	68.928	......	73.395	79.029	84.226	89.133	93.843	98.414	102.88
(231.97)	U	996.008	2602.3	......	2647.1	2702.9	2754.0	2801.8	2847.6	2892.0	2935.8
	H	999.524	2802.2	......	2859.9	2932.1	2998.2	3060.3	3119.7	3177.4	3234.1
	S	2.6283	6.1969	......	6.3092	6.4441	6.5621	6.6681	6.7654	6.8563	6.9421
3000	V	1.216	66.626	......	70.551	76.078	81.159	85.943	90.526	94.969	99.310
(233.84)	U	1004.7	2602.4	......	2643.2	2700.0	2751.6	2799.9	2846.0	2890.7	2934.6
	H	1008.4	2802.3	......	2854.8	2928.2	2995.1	3057.7	3117.5	3175.6	3232.5
	S	2.6455	6.1837	......	6.2857	6.4228	6.5422	6.6491	6.7471	6.8385	6.9246
3100	V	1.220	64.467	......	67.885	73.315	78.287	82.958	87.423	91.745	95.965
(235.67)	U	1013.2	2602.5	......	2639.2	2697.0	2749.2	2797.9	2844.3	2889.3	2933.4
	H	1017.0	2802.3	......	2849.6	2924.2	2991.9	3055.1	3115.4	3173.7	3230.8
	S	2.6623	6.1709	......	6.2626	6.4019	6.5227	6.6307	6.7294	6.8212	6.9077

3200 (237.45)	V	1.224	62.439	……	65.380	70.721	75.593	80.158	84.513	88.723	92.829
	U	1021.5	2602.5	……	2635.2	2693.9	2746.8	2796.0	2842.7	2887.9	2932.1
	H	1025.4	2802.3	……	2844.4	2920.2	2988.7	3052.5	3113.2	3171.8	3229.2
	S	2.6786	6.1585	……	6.2398	6.3815	6.5037	6.6127	6.7120	6.8043	6.8912
3300 (239.18)	V	1.227	60.529	……	63.021	68.282	73.061	77.526	81.778	85.883	89.883
	U	1029.7	2602.5	……	2631.1	2690.8	2744.4	2794.0	2841.1	2886.5	2930.9
	H	1033.7	2802.3	……	2839.0	2916.1	2985.5	3049.9	3110.9	3169.9	3227.5
	S	2.6945	6.1463	……	6.2173	6.3614	6.4851	6.5951	6.6952	6.7879	6.8752
3400 (240.88)	V	1.231	58.728	……	60.796	65.982	70.675	75.048	79.204	83.210	87.110
	U	1037.6	2602.5	……	2626.9	2687.7	2741.9	2792.0	2839.4	2885.1	2929.7
	H	1041.8	2802.1	……	2833.6	2912.0	2982.2	3047.2	3108.7	3168.0	3225.9
	S	2.7101	6.1344	……	61951	6.3416	6.4669	6.5779	6.6787	6.7719	6.8595
3500 (242.54)	V	1.235	57.025	……	58.693	63.812	68.424	72.710	76.776	80.689	84.494
	U	1045.4	2602.4	……	2622.7	2684.5	2739.5	2790.0	2837.8	2883.7	2928.4
	H	1049.8	2802.0	……	2828.1	2907.8	2979.0	3044.5	3106.5	3166.1	3224.2
	S	2.7253	6.1228	……	6.1732	6.3221	6.4491	6.5611	6.6626	6.7563	6.8443
3600 (244.16)	V	1.238	55.415	……	56.702	61.759	66.297	70.501	74.482	78.308	82.024
	U	1053.1	2602.2	……	2618.4	2681.3	2737.0	2788.0	2836.1	2882.3	2927.2
	H	1057.6	28017	……	2822.5	2903.6	2975.6	3041.8	3104.2	3164.2	3222.5
	S	2.7401	6.1115	……	61514	6.3030	6.4315	6.5446	6.6468	6.7411	6.8294
3700 (245.75)	V	1.242	53.888	……	54.812	59.814	64.282	68.410	72.311	76.055	79.687
	U	1060.6	2602.1	……	2614.0	2678.0	2734.4	2786.0	2834.4	2880.8	2926.0
	H	1065.2	2801.4	……	2816.8	2899.3	2972.3	3039.1	3102.0	3162.2	3220.8
	S	2.7547	6.1004	……	6.1299	6.2841	6.4143	6.5284	6.6314	6.7262	6.8149
3800 (247.31)	V	1.245	52.438	……	53.017	57.968	62.372	66.429	70.254	73.920	77.473
	U	1068.0	2601.9	……	2609.5	2674.7	2731.9	2783.9	2832.7	2879.4	2924.7
	H	1072.7	2801.1	……	2811.0	2895.0	2968.9	3036.4	3099.7	3160.3	3219.1
	S	2.7689	6.0896	……	6.1085	6.2654	6.3973	6.5126	6.6163	6.7117	6.8007
3900 (248.84)	V	1.249	51.061	……	51.308	56.215	60.558	64.547	68.302	71.894	75.372
	U	1075.3	2601.6	……	2605.0	2671.4	2729.3	2781.9	2831.0	2877.9	2923.5
	H	1080.1	2800.8	……	2805.1	2890.6	2965.5	3033.6	3097.4	3158.3	3217.4
	S	2.7828	6.0789	……	6.0872	6.2470	6.3806	6.4970	6.6015	6.6974	6.7868
4000 (250.33)	V	1.252	49.749	……	54.546	58.833	62.759	66.446	69.969	73.376	
	U	1082.4	2601.3	……	2668.0	2726.7	2779.8	2829.3	2876.5	2922.2	
	H	1087.4	2800.3	……	2886.1	2962.0	3030.8	3095.1	3156.4	3215.7	
	S	2.7965	6.0685	……	6.2288	6.3642	6.4817	6.5870	6.6834	6.7733	

表 E.2 過熱蒸汽的性質 (續)

P/kPa (t^{sat}/°C)		飽和液體	飽和蒸汽	溫度：t°C (溫度：T kelvins) 425 (698.15)	450 (723.15)	475 (748.15)	500 (773.15)	525 (798.15)	550 (823.15)	600 (873.15)	650 (923.15)
2400 (221.78)	V	1.193	83.199	130.44	135.61	140.73	145.82	150.88	155.91	165.92	175.86
	U	949.066	2600.7	2984.5	3027.1	3069.9	3112.9	3156.1	3199.6	3287.7	3377.2
	H	951.929	2800.4	3297.5	3352.6	3407.7	3462.9	3518.2	3573.8	3685.9	3799.3
	S	2.5343	6.2690	7.1189	7.1964	7.2713	7.3439	7.4144	7.4830	7.6152	7.7414
2500 (223.94)	V	1.197	79.905	125.07	130.04	134.97	139.87	144.74	149.58	159.21	168.76
	U	958.969	2601.2	2983.4	3026.2	3069.0	3112.1	3155.4	3198.9	3287.1	3376.7
	H	961.962	2800.9	3296.1	3351.3	3406.5	3461.7	3517.2	3572.9	3685.1	3798.6
	S	2.5543	6.2536	7.0986	7.1763	7.2513	7.3240	7.3946	7.4633	7.5956	7.7220
2600 (226.04)	V	1.201	76.856	120.11	124.91	129.66	134.38	139.07	143.74	153.01	162.21
	U	968.597	2601.5	2982.3	3025.2	3068.1	3111.2	3154.6	3198.2	3286.5	3376.1
	H	971.720	2801.4	3294.6	3349.9	3405.3	3460.6	3516.2	3571.9	3684.3	3797.9
	S	2.5736	6.2387	7.0789	7.1568	7.2320	7.3048	7.3755	7.4443	7.5768	7.7033
2700 (228.07)	V	1.205	74.025	115.52	120.15	124.74	129.30	133.82	138.33	147.27	156.14
	U	977.968	2601.8	2981.2	3024.2	3067.2	3110.4	3153.8	3197.5	3285.8	3375.6
	H	981.222	2801.7	3293.1	3348.6	3404.0	3459.5	3515.2	3571.0	3683.5	3797.1
	S	2.5924	6.2244	7.0600	7.1381	7.2134	7.2863	7.3571	7.4260	7.5587	7.6853
2800 (230.05)	V	1.209	71.389	111.25	115.74	120.17	124.58	128.95	133.30	141.94	150.50
	U	987.100	2602.1	2980.2	3023.2	3066.3	3109.6	3153.1	3196.8	3285.2	3375.0
	H	990.485	2802.0	3291.7	3347.3	3402.8	3458.4	3514.1	3570.0	3682.6	3796.4
	S	2.6106	6.2104	7.0416	7.1199	7.1954	7.2685	7.3394	7.4084	7.5412	7.6679
2900 (231.97)	V	1.213	68.928	107.28	111.62	115.92	120.18	124.42	128.62	136.97	145.26
	U	996.008	2602.3	2979.1	3022.3	3065.5	3108.8	3152.3	3196.1	3284.6	3374.5
	H	999.524	2802.2	3290.2	3346.0	3401.6	3457.3	3513.1	3569.1	3681.8	3795.7
	S	2.6283	6.1969	7.0239	7.1024	7.1780	7.2512	7.3222	7.3913	7.5243	7.6511
3000 (233.84)	V	1.216	66.626	103.58	107.79	111.95	116.08	120.18	124.26	132.34	140.36
	U	1004.7	2602.4	2978.0	3021.3	3064.6	3107.9	3151.5	3195.4	3284.0	3373.9
	H	1008.4	2802.3	3288.7	3344.6	3400.4	3456.2	3512.1	3568.1	3681.0	3795.0
	S	2.6455	6.1837	7.0067	7.0854	7.1612	7.2345	7.3056	7.3748	7.5079	7.6349
3100 (235.67)	V	1.220	64.467	100.11	104.20	108.24	112.24	116.22	120.17	128.01	135.78
	U	1013.2	2602.5	2976.9	3020.3	3063.7	3107.1	3150.8	3194.7	3283.3	3373.4
	H	1017.0	2802.3	3287.3	3343.3	3399.2	3455.1	3511.0	3567.2	3680.2	3794.3
	S	2.6623	6.1709	6.9900	7.0689	7.1448	7.2183	7.2895	7.3588	7.4920	7.6191

3200 (237.45)	V	1.224	62.439	96.859	100.83	104.76	108.65	112.51	116.34	123.95	131.48
	U	1021.5	2602.5	2975.9	3019.3	3062.8	3106.3	3150.0	3193.9	3282.7	3372.8
	H	1025.4	2802.3	3285.8	3342.0	3398.0	3454.0	3510.0	3566.2	3679.3	3793.6
	S	2.6786	6.1585	6.9738	7.0528	7.1290	7.2026	7.2739	7.3433	7.4767	7.6039
3300 (239.18)	V	1.227	60.529	93.805	97.668	101.49	105.27	109.02	112.74	120.13	127.45
	U	1029.7	2602.5	2974.8	3018.3	3061.9	3105.5	3149.2	3193.2	3282.1	3372.3
	H	1033.7	2802.3	3284.3	3340.6	3396.8	3452.8	3509.0	3565.3	3678.5	3792.9
	S	2.6945	6.1463	6.9580	7.0373	7.1136	7.1873	7.2588	7.3282	7.4618	7.5891
3400 (240.88)	V	1.231	58.728	90.930	94.692	98.408	102.09	105.74	109.36	116.54	123.65
	U	1037.6	2602.5	2973.7	3017.4	3061.0	3104.6	3148.4	3192.5	3281.5	3371.7
	H	1041.8	2802.1	3282.8	3339.3	3395.5	3451.7	3507.9	3564.3	3677.7	3792.1
	S	2.7101	6.1344	6.9426	7.0221	7.0986	7.1724	7.2440	7.3136	7.4473	7.5747
3500 (242.54)	V	1.235	57.025	88.220	91.886	95.505	99.088	102.64	106.17	113.15	120.07
	U	1045.4	2602.4	2972.6	3016.4	3060.1	3103.8	3147.7	3191.8	3280.8	3371.2
	H	1049.8	2802.0	3281.3	3338.0	3394.3	3450.6	3506.9	3563.4	3676.9	3791.4
	S	2.7253	6.1228	6.9277	7.0074	7.0840	7.1580	7.2297	7.2993	7.4332	7.5607
3600 (244.16)	V	1.238	55.415	85.660	89.236	92.764	96.255	99.716	103.15	109.96	116.69
	U	1053.1	2602.2	2971.5	3015.4	3059.2	3103.0	3146.9	3191.1	3280.2	3370.6
	H	1057.6	2801.7	3279.8	3336.6	3393.1	3449.5	3505.9	3562.4	3676.1	3790.7
	S	2.7401	6.1115	6.9131	6.9930	7.0698	7.1439	7.2157	7.2854	7.4195	7.5471
3700 (245.75)	V	1.242	53.888	83.238	86.728	90.171	93.576	96.950	100.30	106.93	113.49
	U	1060.6	2602.1	2970.4	3014.4	3058.2	3102.1	3146.1	3190.4	3279.6	3370.1
	H	1065.2	2801.4	3278.4	3335.3	3391.9	3448.4	3504.9	3561.5	3675.2	3790.0
	S	2.7547	6.1004	6.8989	6.9790	7.0559	7.1302	7.2021	7.2719	7.4061	7.5339
3800 (247.31)	V	1.245	52.438	80.944	84.353	87.714	91.038	94.330	97.596	104.06	110.46
	U	1068.0	2601.9	2969.3	3013.4	3057.3	3101.3	3145.4	3189.6	3279.0	3369.5
	H	1072.7	2801.1	3276.8	3333.9	3390.7	3447.2	3503.8	3560.5	3674.4	3789.3
	S	2.7689	6.0896	6.8849	6.9653	7.0424	7.1168	7.1888	7.2587	7.3931	7.5210
3900 (248.84)	V	1.249	51.061	78.767	82.099	85.383	88.629	91.844	95.033	101.35	107.59
	U	1075.3	2601.6	2968.2	3012.4	3056.4	3100.5	3144.6	3188.9	3278.3	3369.0
	H	1080.1	2800.8	3275.3	3332.6	3389.4	3446.1	3502.8	3559.5	3673.6	3788.6
	S	2.7828	6.0789	6.8713	6.9519	7.0292	7.1037	7.1759	7.2459	7.3804	7.5084
4000 (250.33)	V	1.252	49.749	76.698	79.958	83.169	86.341	89.483	92.598	98.763	104.86
	U	1082.4	2601.3	2967.0	3011.4	3055.5	3099.6	3143.8	3188.2	3277.7	3368.4
	H	1087.4	2800.3	3273.8	3331.2	3388.2	3445.0	3501.7	3558.6	3672.8	3787.9
	S	2.7965	6.0685	6.8581	6.9388	7.0163	7.0909	7.1632	7.2333	7.3680	7.4961

表 E.2 過熱蒸汽的性質 (續)

P/kPa (t^{sat}/°C)		飽和液體	飽和蒸汽	溫度：t°C (溫度：T kelvins) 260 (533.15)	275 (548.15)	300 (573.15)	325 (598.15)	350 (623.15)	375 (648.15)	400 (673.15)	425 (698.15)
4100	V	1.256	48.500	50.150	52.955	57.191	61.057	64.680	68.137	71.476	74.730
(251.80)	U	1089.4	2601.0	2624.6	2664.5	2724.0	2777.7	2827.6	2875.0	2920.9	2965.9
	H	1094.6	2799.9	2830.3	2881.6	2958.5	3028.0	3092.8	3154.4	3214.0	3272.3
	S	2.8099	6.0583	6.1157	6.2107	6.3480	6.4667	6.5727	6.6697	6.7600	6.8450
4200	V	1.259	47.307	48.654	51.438	55.625	59.435	62.998	66.392	69.667	72.856
(253.24)	U	1096.3	2600.7	2620.4	2661.0	2721.4	2775.6	2825.8	2873.6	2919.7	2964.8
	H	1101.6	2799.4	2824.8	2877.1	2955.0	3025.2	3090.4	3152.4	3212.3	3270.8
	S	2.8231	6.0482	6.0962	6.1929	6.3320	6.4519	6.5587	6.6563	6.7469	6.8323
4300	V	1.262	46.168	47.223	49.988	54.130	57.887	61.393	64.728	67.942	71.069
(254.66)	U	1103.1	2600.3	2616.2	2657.5	2718.7	2773.4	2824.1	2872.1	2918.4	2963.7
	H	1108.5	2798.9	2819.2	2872.4	2951.4	3022.3	3088.1	3150.4	3210.5	3269.3
	S	2.8360	6.0383	6.0768	6.1752	6.3162	6.4373	6.5450	6.6431	6.7341	6.8198
4400	V	1.266	45.079	45.853	48.601	52.702	56.409	59.861	63.139	66.295	69.363
(256.05)	U	1109.8	2599.9	2611.8	2653.9	2716.0	2771.3	2822.3	2870.6	2917.1	2962.5
	H	1115.4	2798.3	2813.6	2867.8	2947.8	3019.5	3085.7	3148.4	3208.8	3267.7
	S	2.8487	6.0286	6.0575	6.1577	6.3006	6.4230	6.5315	6.6301	6.7216	6.8076
4500	V	1.269	44.037	44.540	47.273	51.336	54.996	58.396	61.620	64.721	67.732
(257.41)	U	1116.4	2599.5	2607.4	2650.3	2713.2	2769.1	2820.5	2869.1	2915.8	2961.4
	H	1122.1	2797.7	2807.9	2863.0	2944.2	3016.6	3083.3	3146.4	3207.1	3266.2
	S	2.8612	6.0191	6.0382	6.1403	6.2852	6.4088	6.5182	6.6174	6.7093	6.7955
4600	V	1.272	43.038	43.278	46.000	50.027	53.643	56.994	60.167	63.215	66.172
(258.75)	U	1122.9	2599.1	2602.9	2646.6	2710.4	2766.9	2818.7	2867.6	2914.5	2960.3
	H	1128.8	2797.0	2802.0	2858.2	2940.5	3013.7	3080.9	3144.4	3205.3	3264.7
	S	2.8735	6.0097	6.0190	6.1230	6.2700	6.3949	6.5050	6.6049	6.6972	6.7838
4700	V	1.276	42.081	……	44.778	48.772	52.346	55.651	58.775	61.773	64.679
(260.07)	U	1129.3	2598.6	……	2642.9	2707.6	2764.7	2816.9	2866.1	2913.2	2959.1
	H	1135.3	2796.4	……	2853.3	2936.8	3010.7	3078.5	3142.3	3203.6	3263.1
	S	2.8855	6.0004	……	6.1058	6.2549	6.3811	6.4921	6.5926	6.6853	6.7722
4800	V	1.279	41.161	……	43.604	47.569	51.103	54.364	57.441	60.390	63.247
(261.37)	U	1135.6	2598.1	……	2639.1	2704.8	2762.5	2815.1	2864.6	2911.9	2958.0
	H	1141.8	2795.7	……	2848.4	2933.1	3007.8	3076.1	3140.3	3201.8	3261.6
	S	2.8974	5.9913	……	6.0887	6.2399	6.3675	6.4794	6.5805	6.6736	6.7608

	V	1.282	40.278	......	42.475	46.412	49.909	53.128	56.161	59.064	61.874
4900	U	1141.9	2597.6	......	2635.2	2701.9	2760.2	2813.3	2863.0	2910.6	2956.9
(262.65)	H	1148.2	2794.9	......	2843.3	2929.3	3004.8	3073.6	3138.2	3200.0	3260.0
	S	2.9091	5.9823	......	6.0717	6.2252	6.3541	6.4669	6.5685	6.6621	6.7496
	V	1.286	39.429	......	41.388	45.301	48.762	51.941	54.932	57.791	60.555
5000	U	1148.0	2597.0	......	2631.3	2699.0	2758.0	2811.5	2861.5	2909.3	2955.7
(263.91)	H	1154.5	2794.2	......	2838.2	2925.5	3001.8	3071.2	3136.2	3198.3	3258.5
	S	2.9206	5.9735	......	6.0547	6.2105	6.3408	6.4545	6.5568	6.6508	6.7386
	V	1.289	38.611	......	40.340	44.231	47.660	50.801	53.750	56.567	59.288
5100	U	1154.1	2596.5	......	2627.3	2696.1	2755.7	2809.6	2860.0	2908.0	2954.5
(265.15)	H	1160.7	2793.4	......	2833.1	2921.7	2998.7	3068.7	3134.1	3196.5	3256.9
	S	2.9319	5.9648	......	6.0378	6.1960	6.3277	6.4423	6.5452	6.6396	6.7278
	V	1.292	37.824	......	39.330	43.201	46.599	49.703	52.614	55.390	58.070
5200	U	1160.1	2595.9	......	2623.3	2693.1	2753.4	2807.8	2858.4	2906.7	2953.4
(266.37)	H	1166.8	2792.6	......	2827.8	2917.8	2995.7	3066.2	3132.0	3194.7	3255.4
	S	2.9431	5.9561	......	6.0210	6.1815	6.3147	6.4302	6.5338	6.6287	6.7172
	V	1.296	37.066	......	38.354	42.209	45.577	48.647	51.520	54.257	56.897
5300	U	1166.1	2595.3	......	2619.2	2690.1	2751.0	2805.9	2856.9	2905.3	2952.2
(267.58)	H	1172.9	2791.7	......	2822.5	2913.8	2992.6	3063.7	3129.9	3192.9	3253.8
	S	2.9541	5.9476	......	6.0041	6.1672	6.3018	6.4183	6.5225	6.6179	6.7067
	V	1.299	36.334	......	37.411	41.251	44.591	47.628	50.466	53.166	55.768
5400	U	1171.9	2594.6	......	2615.0	2687.1	2748.7	2804.0	2855.3	2904.0	2951.1
(268.76)	H	1178.9	2790.8	......	2817.0	2909.8	2989.5	3061.2	3127.8	3191.1	3252.2
	S	2.9650	5.9392	......	5.9873	6.1530	6.2891	6.4066	6.5114	6.6072	6.6963
	V	1.302	35.628	......	36.499	40.327	43.641	46.647	49.450	52.115	54.679
5500	U	1177.7	2594.0	......	2610.8	2684.0	2746.3	2802.1	2853.7	2902.7	2949.9
(269.93)	H	1184.9	2789.9	......	2811.5	2905.8	2986.4	3058.7	3125.7	3189.3	3250.6
	S	2.9757	5.9309	......	5.9705	6.1388	6.2765	6.3949	6.5004	6.5967	6.6862
	V	1.306	34.946	......	35.617	39.434	42.724	45.700	48.470	51.100	53.630
5600	U	1183.5	2593.3	......	2606.5	2680.9	2744.0	2800.2	2852.1	2901.3	2948.7
(271.09)	H	1190.8	2789.0	......	2805.9	2901.7	2983.2	3056.1	3123.6	3187.5	3249.0
	S	2.9863	5.9227	......	5.9537	6.1248	6.2640	6.3834	6.4896	6.5863	6.6761
	V	1.309	34.288	......	34.761	38.571	41.838	44.785	47.525	50.121	52.617
5700	U	1189.1	2592.6	......	2602.1	2677.8	2741.6	2798.3	2850.5	2899.9	2947.5
(272.22)	H	1196.6	2788.0	......	2800.2	2897.6	2980.0	3053.5	3121.4	3185.6	3247.5
	S	2.9968	5.9146	......	5.9369	6.1108	6.2516	6.3720	6.4789	6.5761	6.6663

➡ 表 E.2　過熱蒸汽的性質 (續)

P/kPa (t^{sat}/°C)		飽和液體	飽和蒸汽	溫度：t°C (溫度：T kelvins) 450 (723.15)	475 (748.15)	500 (773.15)	525 (798.15)	550 (823.15)	575 (848.15)	600 (873.15)	650 (923.15)
	V	1.256	48.500	77.921	81.062	84.165	87.236	90.281	93.303	96.306	102.26
4100	U	1089.4	2601.0	3010.4	3054.6	3098.8	3143.0	3187.5	3232.1	3277.1	3367.9
(251.80)	H	1094.6	2799.9	3329.9	3387.0	3443.9	3500.7	3557.6	3614.7	3671.9	3787.1
	S	2.8099	6.0583	6.9260	7.0037	7.0785	7.1508	7.2210	7.2893	7.3558	7.4842
	V	1.259	47.307	75.981	79.056	82.092	85.097	88.075	91.030	93.966	99.787
4200	U	1096.3	2600.7	3009.4	3053.7	3097.9	3142.3	3186.8	3231.5	3276.5	3367.3
(253.24)	H	1101.6	2799.4	3328.5	3385.7	3442.7	3499.7	3556.7	3613.8	3671.1	3786.4
	S	2.8231	6.0482	6.9135	6.9913	7.0662	7.1387	7.2090	7.2774	7.3440	7.4724
	V	1.262	46.168	74.131	77.143	80.116	83.057	85.971	88.863	91.735	97.428
4300	U	1103.1	2600.3	3008.4	3052.8	3097.1	3141.5	3186.0	3230.8	3275.8	3366.8
(254.66)	H	1108.5	2798.9	3327.1	3384.5	3441.6	3498.6	3555.7	3612.9	3670.3	3785.7
	S	2.8360	6.0383	6.9012	6.9792	7.0543	7.1269	7.1973	7.2658	7.3324	7.4610
	V	1.266	45.079	72.365	75.317	78.229	81.110	83.963	86.794	89.605	95.177
4400	U	1109.8	2599.9	3007.4	3051.9	3096.3	3140.7	3185.3	3230.1	3275.2	3366.2
(256.05)	H	1115.4	2798.3	3325.8	3383.3	3440.5	3497.6	3554.7	3612.0	3669.5	3785.0
	S	2.8487	6.0286	6.8892	6.9674	7.0426	7.1153	7.1858	7.2544	7.3211	7.4498
	V	1.269	44.037	70.677	73.572	76.427	79.249	82.044	84.817	87.570	93.025
4500	U	1116.4	2599.5	3006.3	3050.9	3095.4	3139.9	3184.6	3229.5	3274.6	3365.7
(257.41)	H	1122.1	2797.7	3324.4	3382.0	3439.3	3496.6	3553.8	3611.1	3668.6	3784.3
	S	2.8612	6.0191	6.8774	6.9558	7.0311	7.1040	7.1746	7.2432	7.3100	7.4388
	V	1.272	43.038	69.063	71.903	74.702	77.469	80.209	82.926	85.623	90.967
4600	U	1122.9	2599.1	3005.3	3050.0	3094.6	3139.2	3183.9	3228.8	3273.9	3365.1
(258.75)	H	1128.8	2797.0	3323.0	3380.8	3438.2	3495.5	3552.8	3610.2	3667.8	3783.6
	S	2.8735	6.0097	6.8659	6.9444	7.0199	7.0928	7.1636	7.2323	7.2991	7.4281
	V	1.276	42.081	67.517	70.304	73.051	75.765	78.452	81.116	83.760	88.997
4700	U	1129.3	2598.6	3004.3	3049.1	3093.7	3138.4	3183.1	3228.1	3273.3	3364.6
(260.07)	H	1135.3	2796.4	3321.6	3379.5	3437.1	3494.5	3551.9	3609.3	3667.0	3782.9
	S	2.8855	6.0004	6.8545	6.9332	7.0089	7.0819	7.1527	7.2215	7.2885	7.4176
	V	1.279	41.161	66.036	68.773	71.469	74.132	76.768	79.381	81.973	87.109
4800	U	1135.6	2598.1	3003.3	3048.2	3092.9	3137.6	3182.4	3227.4	3272.7	3364.0
(261.37)	H	1141.8	2795.7	3320.3	3378.3	3435.9	3493.4	3550.9	3608.5	3666.2	3782.1
	S	2.8974	5.9913	6.8434	6.9223	6.9981	7.0712	7.1422	7.2110	7.2781	7.4072

	V	1.282	40.278	64.615	67.303	69.951	72.565	75.152	77.716	80.260	85.298
4900	U	1141.9	2597.6	3002.3	3047.2	3092.0	3136.8	3181.7	3226.8	3272.0	3363.5
(262.65)	H	1148.2	2794.9	3318.9	3377.0	3434.8	3492.4	3549.9	3607.6	3665.3	3781.4
	S	2.9091	5.9823	6.8324	6.9115	6.9874	7.0607	7.1318	7.2007	7.2678	7.3971
	V	1.286	39.429	63.250	65.893	68.494	71.061	73.602	76.119	78.616	83.559
5000	U	1148.0	2597.0	3001.2	3046.3	3091.2	3136.0	3181.0	3226.1	3271.4	3362.9
(263.91)	H	1154.5	2794.2	3317.5	3375.8	3433.7	3491.3	3549.0	3606.7	3664.5	3780.7
	S	2.9206	5.9735	6.8217	6.9009	6.9770	7.0504	7.1215	7.1906	7.2578	7.3872
	V	1.289	38.611	61.940	64.537	67.094	69.616	72.112	74.584	77.035	81.888
5100	U	1154.1	2596.5	3000.2	3045.4	3090.3	3135.3	3180.2	3225.4	3270.8	3362.4
(265.15)	H	1160.7	2793.4	3316.1	3374.5	3432.5	3490.3	3548.0	3605.8	3663.7	3780.0
	S	2.9319	5.9648	6.8111	6.8905	6.9668	7.0403	7.1115	7.1807	7.2479	7.3775
	V	1.292	37.824	60.679	63.234	65.747	68.227	70.679	73.108	75.516	80.282
5200	U	1160.1	2595.9	2999.2	3044.5	3089.5	3134.5	3179.5	3224.7	3270.2	3361.8
(266.37)	H	1166.8	2792.6	3314.7	3373.3	3431.4	3489.3	3547.1	3604.9	3662.8	3779.3
	S	2.9431	5.9561	6.8007	6.8803	6.9567	7.0304	7.1017	7.1709	7.2382	7.3679
	V	1.296	37.066	59.466	61.980	64.452	66.890	69.300	71.687	74.054	78.736
5300	U	1166.1	2595.3	2998.2	3043.5	3088.6	3133.7	3178.8	3224.1	3269.5	3361.3
(267.58)	H	1172.9	2791.7	3313.3	3372.0	3430.2	3488.2	3546.1	3604.0	3662.0	3778.6
	S	2.9541	5.9476	6.7905	6.8703	6.9468	7.0206	7.0920	7.1613	7.2287	7.3585
	V	1.299	36.334	58.297	60.772	63.204	65.603	67.973	70.320	72.646	77.248
5400	U	1171.9	2594.6	2997.1	3042.6	3087.8	3132.9	3178.1	3223.4	3268.9	3360.7
(268.93)	H	1178.9	2790.8	3311.9	3370.8	3429.1	3487.2	3545.1	3603.1	3661.2	3777.8
	S	2.9650	5.9392	6.7804	6.8604	6.9371	7.0110	7.0825	7.1519	7.2194	7.3493
	V	1.302	35.628	57.171	59.608	62.002	64.362	66.694	69.002	71.289	75.814
5500	U	1177.7	2594.0	2996.1	3041.7	3086.9	3132.1	3177.3	3222.7	3268.3	3360.2
(269.93)	H	1184.9	2789.9	3310.5	3369.5	3427.9	3486.1	3544.2	3602.2	3660.4	3777.1
	S	2.9757	5.9309	6.7705	6.8507	6.9275	7.0015	7.0731	7.1426	7.2102	7.3402
	V	1.306	34.946	56.085	58.486	60.843	63.165	65.460	67.731	69.981	74.431
5600	U	1183.5	2593.3	2995.0	3040.7	3086.1	3131.3	3176.6	3222.0	3267.6	3359.6
(271.09)	H	1190.8	2789.0	3309.1	3368.2	3426.8	3485.1	3543.2	3601.3	3659.5	3776.4
	S	2.9863	5.9227	6.7607	6.8411	6.9181	6.9922	7.0639	7.1335	7.2011	7.3313
	V	1.309	34.288	55.038	57.403	59.724	62.011	64.270	66.504	68.719	73.096
5700	U	1189.1	2592.6	2994.0	3039.8	3085.2	3130.5	3175.9	3221.3	3267.0	3359.1
(272.22)	H	1196.6	2788.0	3307.7	3367.0	3425.6	3484.0	3542.2	3600.4	3658.7	3775.7
	S	2.9968	5.9146	6.7511	6.8316	6.9088	6.9831	7.0549	7.1245	7.1923	7.3226

表 E.2 過熱蒸汽的性質 (續)

P/kPa (t^{sat}/°C)		飽和液體	飽和蒸汽	280 (553.15)	290 (563.15)	300 (573.15)	325 (598.15)	350 (623.15)	375 (648.15)	400 (673.15)	425 (698.15)
				溫度：t°C (溫度：T kelvins)							
5800 (273.35)	V	1.312	33.651	34.756	36.301	37.736	40.982	43.902	46.611	49.176	51.638
	U	1194.7	2591.9	2614.4	2645.7	2674.6	2739.1	2796.3	2848.9	2898.6	2946.4
	H	1202.3	2787.0	2816.0	2856.3	2893.5	2976.8	3051.0	3119.3	3183.8	3245.9
	S	3.0071	5.9066	5.9592	6.0314	6.0969	6.2393	6.3608	6.4683	6.5660	6.6565
5900 (274.46)	V	1.315	33.034	33.953	35.497	36.928	40.154	43.048	45.728	48.262	50.693
	U	1200.3	2591.1	2610.2	2642.1	2671.4	2736.7	2794.4	2847.3	2897.2	2945.2
	H	1208.0	2786.0	2810.5	2851.5	2889.3	2973.6	3048.4	3117.1	3182.0	3244.3
	S	3.0172	5.8986	5.9431	6.0166	6.0830	6.2272	6.3496	6.4578	6.5560	6.6469
6000 (275.55)	V	1.319	32.438	33.173	34.718	36.145	39.353	42.222	44.874	47.379	49.779
	U	1205.8	2590.4	2605.9	2638.4	2668.1	2734.2	2792.4	2845.7	2895.8	2944.0
	H	1213.7	2785.0	2804.9	2846.7	2885.0	2970.4	3045.8	3115.0	3180.1	3242.6
	S	3.0273	5.8908	5.9270	6.0017	6.0692	6.2151	6.3386	6.4475	6.5462	6.6374
6100 (276.63)	V	1.322	31.860	32.415	33.962	35.386	38.577	41.422	44.048	46.524	48.895
	U	1211.2	2589.6	2601.5	2634.6	2664.8	2731.7	2790.4	2844.1	2894.5	2942.8
	H	1219.3	2783.9	2799.3	2841.8	2880.7	2967.1	3043.1	3112.8	3178.3	3241.0
	S	3.0372	5.8830	5.9108	5.9869	6.0555	6.2031	6.3277	6.4373	6.5364	6.6280
6200 (277.70)	V	1.325	31.300	31.679	33.227	34.650	37.825	40.648	43.248	45.697	48.039
	U	1216.6	2588.8	2597.1	2630.8	2661.5	2729.2	2788.5	2842.4	2893.1	2941.6
	H	1224.8	2782.9	2793.5	2836.8	2876.3	2963.8	3040.5	3110.6	3176.4	3239.4
	S	3.0471	5.8753	5.8946	5.9721	6.0418	6.1911	6.3168	6.4272	6.5268	6.6188
6300 (278.75)	V	1.328	30.757	30.962	32.514	33.935	37.097	39.898	42.473	44.895	47.210
	U	1221.9	2588.0	2592.6	2626.9	2658.1	2726.7	2786.5	2840.8	2891.7	2940.4
	H	1230.3	2781.8	2787.6	2831.7	2871.9	2960.4	3037.8	3108.4	3174.5	3237.8
	S	3.0568	5.8677	5.8783	5.9573	6.0281	6.1793	6.3061	6.4172	6.5173	6.6096
6400 (279.79)	V	1.332	30.230	30.265	31.821	33.241	36.390	39.170	41.722	44.119	46.407
	U	1227.2	2587.2	2587.9	2623.0	2654.7	2724.2	2784.4	2839.1	2890.3	2939.2
	H	1235.7	2780.6	2781.6	2826.6	2867.5	2957.1	3035.1	3106.2	3172.7	3236.2
	S	3.0664	5.8601	5.8619	5.9425	6.0144	6.1675	6.2955	6.4072	6.5079	6.6006
6500 (280.82)	V	1.335	29.719	......	31.146	32.567	35.704	38.465	40.994	43.366	45.629
	U	1232.5	2586.3	......	2619.0	2651.2	2721.6	2782.4	2837.5	2888.9	2938.0
	H	1241.1	2779.5	......	2821.4	2862.9	2953.7	3032.4	3103.9	3170.8	3234.5
	S	3.0759	5.8527	......	5.9277	6.0008	6.1558	6.2849	6.3974	6.4986	6.5917

6600	V	1.338	29.223	......	30.490	31.911	35.038	37.781	40.287	42.636	44.874
(281.84)	U	1237.6	2585.5	......	2614.9	2647.7	2719.0	2780.4	2835.8	2887.5	2936.7
	H	1246.5	2778.3	......	2816.1	2858.4	2950.2	3029.7	3101.7	3168.9	3232.9
	S	3.0853	5.8452	......	5.9129	5.9872	6.1442	6.2744	6.3877	6.4894	6.5828
6700	V	1.342	28.741	......	29.850	31.273	34.391	37.116	39.601	41.927	44.141
(282.84)	U	1242.8	2584.6	......	2610.8	2644.2	2716.4	2778.3	2834.1	2886.1	2935.5
	H	1251.8	2777.1	......	2810.8	2853.7	2946.8	3027.0	3099.5	3167.0	3231.3
	S	3.0946	5.8379	......	5.8980	5.9736	6.1326	6.2640	6.3781	6.4803	6.5741
6800	V	1.345	28.272	......	29.226	30.652	33.762	36.470	38.935	41.239	43.430
(283.84)	U	1247.9	2583.7	......	2606.6	2640.6	2713.7	2776.2	2832.4	2884.7	2934.3
	H	1257.0	2775.9	......	2805.3	2849.0	2943.3	3024.2	3097.2	3165.1	3229.6
	S	3.1038	5.8306	......	5.8830	5.9599	6.1211	6.2537	6.3686	6.4713	6.5655
7000	V	1.351	27.373	......	28.024	29.457	32.556	35.233	37.660	39.922	42.068
(285.79)	U	1258.0	2581.8	......	2597.9	2633.2	2708.4	2772.1	2829.0	2881.8	2931.8
	H	1267.4	2773.5	......	2794.1	2839.4	2936.3	3018.7	3092.7	3161.2	3226.3
	S	3.1219	5.8162	......	5.8530	5.9327	6.0982	6.2333	6.3497	6.4536	6.5485
7200	V	1.358	26.522	......	26.878	28.321	31.413	34.063	36.454	38.676	40.781
(287.70)	U	1267.9	2579.9	......	2589.0	2625.6	2702.9	2767.8	2825.6	2878.9	2929.4
	H	1277.6	2770.9	......	2782.5	2829.5	2929.1	3013.1	3088.1	3157.4	3223.0
	S	3.1397	5.8020	......	5.8226	5.9054	6.0755	6.2132	6.3312	6.4362	6.5319
7400	V	1.364	25.715	......	25.781	27.238	30.328	32.954	35.312	37.497	39.564
(289.57)	U	1277.6	2578.0	......	2579.7	2617.8	2697.3	2763.5	2822.1	2876.0	2926.9
	H	1287.7	2768.3	......	2770.5	2819.3	2921.8	3007.4	3083.4	3153.5	3219.6
	S	3.1571	5.7880	......	5.7919	5.8779	6.0530	6.1933	6.3130	6.4190	6.5156
7600	V	1.371	24.949	......	......	26.204	29.297	31.901	34.229	36.380	38.409
(291.41)	U	1287.2	2575.9	......	......	2609.7	2691.7	2759.2	2818.6	2873.1	2924.3
	H	1297.6	2765.5	......	......	2808.8	2914.3	3001.6	3078.7	3149.6	3216.3
	S	3.1742	5.7742	......	......	5.8503	6.0306	6.1737	6.2950	6.4022	6.4996
7800	V	1.378	24.220	......	......	25.214	28.315	30.900	33.200	35.319	37.314
(293.21)	U	1296.7	2573.8	......	......	2601.3	2685.9	2754.8	2815.1	2870.1	2921.8
	H	1307.4	2762.8	......	......	2798.0	2906.7	2995.8	3074.0	3145.6	3212.9
	S	3.1911	5.7605	......	......	5.8224	6.0082	6.1542	6.2773	6.3857	6.4839
8000	V	1.384	23.525	......	......	24.264	27.378	29.948	32.222	34.310	36.273
(294.97)	U	1306.0	2571.7	......	......	2592.7	2679.9	2750.3	2811.5	2867.1	2919.3
	H	1317.1	2759.9	......	......	2786.8	2899.0	2989.9	3069.2	3141.6	3209.5
	S	3.2076	5.7471	......	......	5.7942	5.9860	6.1349	6.2599	6.3694	6.4684

➡ 表 E.2 過熱蒸汽的性質 (續)

P/kPa (t^{sat}/°C)		飽和液體	飽和蒸汽	溫度：t°C (溫度：T kelvins) 450 (723.15)	475 (748.15)	500 (773.15)	525 (798.15)	550 (823.15)	575 (848.15)	600 (873.15)	650 (923.15)
5800 (273.35)	V	1.312	33.651	54.026	56.357	58.644	60.896	63.120	65.320	67.500	71.807
	U	1194.7	2591.9	2992.9	3038.8	3084.4	3129.8	3175.2	3220.7	3266.4	3358.5
	H	1202.3	2787.0	3306.3	3365.7	3424.5	3483.0	3541.2	3599.5	3657.9	3775.0
	S	3.0071	5.9066	6.7416	6.8223	6.8996	6.9740	7.0460	7.1157	7.1835	7.3139
5900 (274.46)	V	1.315	33.034	53.048	55.346	57.600	59.819	62.010	64.176	66.322	70.563
	U	1200.3	2591.1	2991.9	3037.9	3083.5	3129.0	3174.4	3220.0	3265.7	3357.9
	H	1208.0	2786.0	3304.9	3364.4	3423.3	3481.9	3540.3	3598.6	3657.0	3774.3
	S	3.0172	5.8986	6.7322	6.8132	6.8906	6.9652	7.0372	7.1070	7.1749	7.3054
6000 (275.55)	V	1.319	32.438	52.103	54.369	56.592	58.778	60.937	63.071	65.184	69.359
	U	1205.8	2590.4	2990.8	3036.9	3082.6	3128.2	3173.7	3219.3	3265.1	3357.4
	H	1213.7	2785.0	3303.5	3363.2	3422.2	3480.8	3539.3	3597.7	3656.2	3773.5
	S	3.0273	5.8908	6.7230	6.8041	6.8818	6.9564	7.0285	7.0985	7.1664	7.2971
6100 (276.63)	V	1.322	31.860	51.189	53.424	55.616	57.771	59.898	62.001	64.083	68.196
	U	1211.2	2589.6	2989.8	3036.0	3081.8	3127.4	3173.0	3218.6	3264.5	3356.8
	H	1219.3	2783.9	3302.0	3361.9	3421.0	3479.8	3538.3	3596.8	3655.4	3772.8
	S	3.0372	5.8830	6.7139	6.7952	6.8730	6.9478	7.0200	7.0900	7.1581	7.2889
6200 (277.70)	V	1.325	31.300	50.304	52.510	54.671	56.797	58.894	60.966	63.018	67.069
	U	1216.6	2588.8	2988.7	3035.0	3080.9	3126.6	3172.2	3218.0	3263.8	3356.3
	H	1224.8	2782.9	3300.6	3360.6	3419.9	3478.7	3537.4	3595.9	3654.5	3772.1
	S	3.0471	5.8753	6.7049	6.7864	6.8644	6.9393	7.0116	7.0817	7.1498	7.2808
6300 (278.75)	V	1.328	30.757	49.447	51.624	53.757	55.853	57.921	59.964	61.986	65.979
	U	1221.9	2588.0	2987.7	3034.1	3080.1	3125.8	3171.5	3217.3	3263.2	3355.7
	H	1230.3	2781.8	3299.2	3359.3	3418.7	3477.7	3536.4	3595.0	3653.7	3771.4
	S	3.0568	5.8677	6.6960	6.7778	6.8559	6.9309	7.0034	7.0735	7.1417	7.2728
6400 (279.79)	V	1.332	30.230	48.617	50.767	52.871	54.939	56.978	58.993	60.987	64.922
	U	1227.2	2587.2	2986.6	3033.1	3079.2	3125.0	3170.8	3216.6	3262.6	3355.2
	H	1235.7	2780.6	3297.7	3358.0	3417.6	3476.6	3535.4	3594.1	3652.9	3770.7
	S	3.0664	5.8601	6.6872	6.7692	6.8475	6.9226	6.9952	7.0655	7.1337	7.2649
6500 (280.82)	V	1.335	29.719	47.812	49.935	52.012	54.053	56.065	58.052	60.018	63.898
	U	1232.5	2586.3	2985.5	3032.2	3078.3	3124.2	3170.0	3215.9	3261.9	3354.6
	H	1241.1	2779.5	3296.3	3356.8	3416.4	3475.6	3534.4	3593.2	3652.1	3770.0
	S	3.0759	5.8527	6.6786	6.7608	6.8392	6.9145	6.9871	7.0575	7.1258	7.2572

	V	1.338	29.223	47.031	49.129	51.180	53.194	55.179	57.139	59.079	62.905
6600	U	1237.6	2585.5	2984.5	3031.2	3077.4	3123.4	3169.3	3215.2	3261.3	3354.1
(281.84)	H	1246.5	2778.3	3294.9	3355.5	3415.2	3474.5	3533.5	3592.3	3651.2	3769.2
	S	3.0853	5.8452	6.6700	6.7524	6.8310	6.9064	6.9792	7.0497	7.1181	7.2495
	V	1.342	28.741	46.274	48.346	50.372	52.361	54.320	56.254	58.168	61.942
6700	U	1242.8	2584.6	2983.4	3030.3	3076.6	3122.6	3168.6	3214.5	3260.7	3353.5
(282.84)	H	1251.8	2777.1	3293.4	3354.2	3414.1	3473.4	3532.5	3591.4	3650.4	3768.5
	S	3.0946	5.8379	6.6616	6.7442	6.8229	6.8985	6.9714	7.0419	7.1104	7.2420
	V	1.345	28.272	45.539	47.587	49.588	51.552	53.486	55.395	57.283	61.007
6800	U	1247.9	2583.7	2982.3	3029.3	3075.7	3121.8	3167.8	3213.9	3260.0	3353.0
(283.84)	H	1257.0	2775.9	3292.0	3352.9	3412.9	3472.4	3531.5	3590.5	3649.6	3767.8
	S	3.1038	5.8306	6.6532	6.7361	6.8150	6.8907	6.9636	7.0343	7.1028	7.2345
	V	1.351	27.373	44.131	46.133	48.086	50.003	51.889	53.750	55.590	59.217
7000	U	1258.0	2581.8	2980.1	3027.4	3074.0	3120.2	3166.3	3212.5	3258.8	3351.9
(285.79)	H	1267.4	2773.5	3289.1	3350.3	3410.6	3470.2	3529.6	3588.7	3647.9	3766.4
	S	3.1219	5.8162	6.6368	6.7201	6.7993	6.8753	6.9485	7.0193	7.0880	7.2200
	V	1.358	26.522	42.802	44.759	46.668	48.540	50.381	52.197	53.991	57.527
7200	U	1267.9	2579.9	2978.0	3025.4	3072.2	3118.6	3164.9	3211.1	3257.5	3350.7
(287.70)	H	1277.6	2770.9	3286.1	3347.7	3408.2	3468.1	3527.6	3586.9	3646.2	3764.9
	S	3.1397	5.8020	6.6208	6.7044	6.7840	6.8602	6.9337	7.0047	7.0735	7.2058
	V	1.364	25.715	41.544	43.460	45.327	47.156	48.954	50.727	52.478	55.928
7400	U	1277.6	2578.0	2975.8	3023.5	3070.4	3117.0	3163.4	3209.8	3256.2	3349.6
(289.57)	H	1287.7	2768.3	3283.2	3345.1	3405.9	3466.0	3525.7	3585.1	3644.5	3763.5
	S	3.1571	5.7880	6.6050	6.6892	6.7691	6.8456	6.9192	6.9904	7.0594	7.1919
	V	1.371	24.949	40.351	42.228	44.056	45.845	47.603	49.335	51.045	54.413
7600	U	1287.2	2575.9	2973.6	3021.5	3068.7	3115.4	3161.9	3208.4	3254.9	3348.5
(291.41)	H	1297.6	2765.5	3280.3	3342.5	3403.5	3463.8	3523.7	3583.3	3642.9	3762.1
	S	3.1742	5.7742	6.5896	6.6742	6.7545	6.8312	6.9051	6.9765	7.0457	7.1784
	V	1.378	24.220	39.220	41.060	42.850	44.601	46.320	48.014	49.686	52.976
7800	U	1296.7	2573.8	2971.4	3019.6	3066.9	3113.8	3160.4	3207.0	3253.7	3347.4
(293.21)	H	1307.4	2762.8	3277.3	3339.8	3401.1	3461.7	3521.7	3581.5	3641.2	3760.6
	S	3.1911	5.7605	6.5745	6.6596	6.7402	6.8172	6.8913	6.9629	7.0322	7.1652
	V	1.384	23.525	38.145	39.950	41.704	43.419	45.102	46.759	48.394	51.611
8000	U	1306.0	2571.7	2969.2	3017.6	3065.1	3112.2	3158.9	3205.6	3252.4	3346.3
(294.97)	H	1317.1	2759.9	3274.3	3337.2	3398.8	3459.5	3519.7	3579.7	3639.5	3759.2
	S	3.2076	5.7471	6.5597	6.6452	6.7262	6.8035	6.8778	6.9496	7.0191	7.1523

➡ 表 E.2 過熱蒸汽的性質 (續)

P/kPa (t^{sat}/°C)		飽和液體	飽和蒸汽	溫度：t°C (溫度：T kelvins) 300 (573.15)	320 (593.15)	340 (613.15)	360 (633.15)	380 (653.15)	400 (673.15)	425 (698.15)	450 (723.15)
8200 (296.70)	V	1.391	22.863	23.350	25.916	28.064	29.968	31.715	33.350	35.282	37.121
	U	1315.2	2569.5	2583.7	2657.7	2718.5	2771.5	2819.5	2864.1	2916.7	2966.9
	H	1326.6	2757.0	2775.2	2870.2	2948.6	3017.2	3079.5	3137.6	3206.0	3271.3
	S	3.2239	5.7338	5.7656	5.9288	6.0588	6.1689	6.2659	6.3534	6.4532	6.5452
8400 (298.39)	V	1.398	22.231	22.469	25.058	27.203	29.094	30.821	32.435	34.337	36.147
	U	1324.3	2567.2	2574.4	2651.1	2713.4	2767.3	2816.0	2861.1	2914.1	2964.7
	H	1336.1	2754.0	2763.1	2861.6	2941.9	3011.7	3074.8	3133.5	3202.6	3268.3
	S	3.2399	5.7207	5.7366	5.9056	6.0388	6.1509	6.2491	6.3376	6.4383	6.5309
8600 (300.06)	V	1.404	21.627	......	24.236	26.380	28.258	29.968	31.561	33.437	35.217
	U	1333.3	2564.9	......	2644.3	2708.1	2763.1	2812.4	2858.0	2911.5	2962.4
	H	1345.4	2750.9	......	2852.7	2935.0	3006.1	3070.1	3129.4	3199.1	3265.3
	S	3.2557	5.7076	......	5.8823	6.0189	6.1330	6.2326	6.3220	6.4236	6.5168
8800 (301.70)	V	1.411	21.049	......	23.446	25.592	27.459	29.153	30.727	32.576	34.329
	U	1342.2	2562.6	......	2637.3	2702.8	2758.8	2808.8	2854.9	2908.9	2960.1
	H	1354.6	2747.8	......	2843.6	2928.0	3000.4	3065.3	3125.3	3195.6	3262.2
	S	3.2713	5.6948	......	5.8590	5.9990	6.1152	6.2162	6.3067	6.4092	6.5030
9000 (303.31)	V	1.418	20.495	......	22.685	24.836	26.694	28.372	29.929	31.754	33.480
	U	1351.0	2560.1	......	2630.1	2697.4	2754.4	2805.2	2851.8	2906.3	2957.8
	H	1363.7	2744.6	......	2834.3	2920.9	2994.7	3060.5	3121.2	3192.0	3259.2
	S	3.2867	5.6820	......	5.8355	5.9792	6.0976	6.2000	6.2915	6.3949	6.4894
9200 (304.89)	V	1.425	19.964	......	21.952	24.110	25.961	27.625	29.165	30.966	32.668
	U	1359.7	2557.7	......	2622.7	2691.9	2750.0	2801.5	2848.7	2903.6	2955.5
	H	1372.8	2741.3	......	2824.7	2913.7	2988.9	3055.7	3117.0	3188.5	3256.1
	S	3.3018	5.6694	......	5.8118	5.9594	6.0801	6.1840	6.2765	6.3808	6.4760
9400 (306.44)	V	1.432	19.455	......	21.245	23.412	25.257	26.909	28.433	30.212	31.891
	U	1368.2	2555.2	......	2615.1	2686.3	2745.6	2797.8	2845.5	2900.9	2953.2
	H	1381.7	2738.0	......	2814.8	2906.3	2983.0	3050.7	3112.8	3184.9	3253.0
	S	3.3168	5.6568	......	5.7879	5.9397	6.0627	6.1681	6.2617	6.3669	6.4628
9600 (307.97)	V	1.439	18.965	......	20.561	22.740	24.581	26.221	27.731	29.489	31.145
	U	1376.7	2552.6	......	2607.3	2680.5	2741.0	2794.1	2842.3	2898.2	2950.9
	H	1390.6	2734.7	......	2804.7	2898.8	2977.0	3045.8	3108.5	3181.3	3249.9
	S	3.3315	5.6444	......	5.7637	5.9199	6.0454	6.1524	6.2470	6.3532	6.4498

9800 (309.48)	*V*	1.446	18.494	......	19.899	22.093	23.931	25.561	27.056	28.795	30.429
	U	1385.2	2550.0	......	2599.2	2674.7	2736.4	2790.3	2839.1	2895.5	2948.6
	H	1399.3	2731.2	......	2794.3	2891.2	2971.0	3040.8	3104.2	3177.7	3246.8
	S	3.3461	5.6321	......	5.7393	5.9001	6.0282	6.1368	6.2325	6.3397	6.4369
10000 (310.96)	*V*	1.453	18.041	......	19.256	21.468	23.305	24.926	26.408	28.128	29.742
	U	1393.5	2547.3	......	2590.9	2668.7	2731.8	2786.4	2835.8	2892.8	2946.2
	H	1408.0	2727.7	......	2783.5	2883.4	2964.8	3035.7	3099.9	3174.1	3243.6
	S	3.3605	5.6198	......	5.7145	5.8803	6.0110	6.1213	6.2182	6.3264	6.4243
10200 (312.42)	*V*	1.460	17.605	......	18.632	20.865	22.702	24.315	25.785	27.487	29.081
	U	1401.8	2544.6	......	2582.3	2662.6	2727.0	2782.6	2832.6	2890.0	2943.9
	H	1416.7	2724.2	......	2772.3	2875.4	2958.6	3030.6	3095.6	3170.4	3240.5
	S	3.3748	5.6076	......	5.6894	5.8604	5.9940	6.1059	6.2040	6.3131	6.4118
10400 (313.86)	*V*	1.467	17184	......	18.024	20.282	22.121	23.726	25.185	26.870	28.446
	U	1410.0	25418	......	2573.4	2656.3	2722.2	2778.7	2829.3	2887.3	2941.5
	H	1425.2	2720.6	......	2760.8	2867.2	2952.3	3025.4	3091.2	3166.7	3237.3
	S	3.3889	5.5955	......	5.6638	5.8404	5.9769	6.0907	6.1899	6.3001	6.3994
10600 (315.27)	*V*	1.474	16.778	......	17.432	19.717	21.560	23.159	24.607	26.276	27.834
	U	1418.1	2539.0	......	2564.1	2649.9	2717.4	2774.7	2825.9	2884.5	2939.1
	H	1433.7	2716.9	......	2748.9	2858.9	2945.9	3020.2	3086.8	3163.0	3234.1
	S	3.4029	5.5835	......	5.6376	5.8203	5.9599	6.0755	6.1759	6.2872	6.3872
10800 (316.67)	*V*	1.481	16.385	......	16.852	19.170	21.018	22.612	24.050	25.703	27.245
	U	1426.2	2536.2	......	2554.5	2643.4	2712.4	2770.7	2822.6	2881.7	2936.7
	H	1442.2	2713.1	......	2736.5	2850.4	2939.4	3014.9	3082.3	3159.3	3230.9
	S	3.4167	5.5715	......	5.6109	5.8000	5.9429	6.0604	6.1621	6.2744	6.3752
11000 (318.05)	*V*	1.489	16.006	......	16.285	18.639	20.494	22.083	23.512	25.151	26.676
	U	1434.2	2533.2	......	2544.4	2636.7	2707.4	2766.7	2819.2	2878.9	2934.3
	H	1450.6	2709.3	......	2723.5	2841.7	2932.8	3009.6	3077.8	3155.5	3227.7
	S	3.4304	5.5595	......	5.5835	5.7797	5.9259	6.0454	6.1483	6.2617	6.3633
11200 (319.40)	*V*	1.496	15.639	......	15.726	18.124	19.987	21.573	22.993	24.619	26.128
	U	1442.1	2530.3	......	2533.8	2629.8	2702.2	2762.6	2815.8	2876.0	2931.8
	H	1458.9	2705.4	......	2710.0	2832.8	2926.1	3004.2	3073.3	3151.7	3224.5
	S	3.4440	5.5476	......	5.5553	5.7591	5.9090	6.0305	6.1347	6.2491	6.3515
11400 (320.74)	*V*	1.504	15.284	......	......	17.622	19.495	21.079	22.492	24.104	25.599
	U	1450.0	2527.2	......	......	2622.7	2697.0	2758.4	2812.3	2873.1	2929.4
	H	1467.2	2701.5	......	......	2823.6	2919.3	2998.7	3068.7	3147.9	3221.2
	S	3.4575	5.5357	......	......	5.7383	5.8920	6.0156	6.1211	6.2367	6.3399

表 E.2 過熱蒸汽的性質 (續)

				溫度：t°C (溫度：T kelvins)							
P/kPa (t^{sat}/°C)		飽和液體	飽和蒸汽	475 (748.15)	500 (773.15)	525 (798.15)	550 (823.15)	575 (848.15)	600 (873.15)	625 (898.15)	650 (923.15)
	V	1.391	22.863	38.893	40.614	42.295	43.943	45.566	47.166	48.747	50.313
8200	U	1315.2	2569.5	3015.6	3063.3	3110.5	3157.4	3204.3	3251.1	3298.1	3345.2
(296.70)	H	1326.6	2757.0	3334.5	3396.4	3457.3	3517.8	3577.9	3637.9	3697.8	3757.7
	S	3.2239	5.7338	6.6311	6.7124	6.7900	6.8646	6.9365	7.0062	7.0739	7.1397
	V	1.398	22.231	37.887	39.576	41.224	42.839	44.429	45.996	47.544	49.076
8400	U	1324.3	2567.2	3013.6	3061.6	3108.9	3155.9	3202.9	3249.8	3296.9	3344.1
(298.39)	H	1336.1	2754.0	3331.9	3394.0	3455.2	3515.8	3576.1	3636.2	3696.2	3756.3
	S	3.2399	5.7207	6.6173	6.6990	6.7769	6.8516	6.9238	6.9936	7.0614	7.1274
	V	1.404	21.627	36.928	38.586	40.202	41.787	43.345	44.880	46.397	47.897
8600	U	1333.3	2564.9	3011.6	3059.8	3107.3	3154.4	3201.5	3248.5	3295.7	3342.9
(300.06)	H	1345.4	2750.9	3329.2	3391.6	3453.0	3513.8	3574.3	3634.5	3694.7	3754.9
	S	3.2557	5.7076	6.6037	6.6858	6.7639	6.8390	6.9113	6.9813	7.0492	7.1153
	V	1.411	21.049	36.011	37.640	39.228	40.782	42.310	43.815	45.301	46.771
8800	U	1342.2	2562.6	3009.6	3058.0	3105.6	3152.9	3200.1	3247.2	3294.5	3341.8
(301.70)	H	1354.6	2747.8	3326.5	3389.2	3450.8	3511.8	3572.4	3632.8	3693.1	3753.4
	S	3.2713	5.6948	6.5904	6.6728	6.7513	6.8265	6.8990	6.9692	7.0373	7.1035
	V	1.418	20.495	35.136	36.737	38.296	39.822	41.321	42.798	44.255	45.695
9000	U	1351.0	2560.1	3007.6	3056.1	3104.0	3151.4	3198.7	3246.0	3293.3	3340.7
(303.31)	H	1363.7	2744.6	3323.8	3386.8	3448.7	3509.8	3570.6	3631.1	3691.6	3752.0
	S	3.2867	5.6820	6.5773	6.6600	6.7388	6.8143	6.8870	6.9574	7.0256	7.0919
	V	1.425	19.964	34.298	35.872	37.405	38.904	40.375	41.824	43.254	44.667
9200	U	1359.7	2557.7	3005.6	3054.3	3102.3	3149.9	3197.3	3244.7	3292.1	3339.6
(304.89)	H	1372.8	2741.3	3321.1	3384.4	3446.5	3507.8	3568.8	3629.5	3690.0	3750.5
	S	3.3018	5.6694	6.5644	6.6475	6.7266	6.8023	6.8752	6.9457	7.0141	7.0806
	V	1.432	19.455	33.495	35.045	36.552	38.024	39.470	40.892	42.295	43.682
9400	U	1368.2	2555.2	3003.5	3052.5	3100.7	3148.4	3195.9	3243.4	3290.9	3338.5
(306.44)	H	1381.7	2738.0	3318.4	3381.9	3444.3	3505.9	3566.9	3627.8	3688.4	3749.1
	S	3.3168	5.6568	6.5517	6.6352	6.7146	6.7906	6.8637	6.9343	7.0029	7.0695
	V	1.439	18.965	32.726	34.252	35.734	37.182	38.602	39.999	41.377	42.738
9600	U	1376.7	2552.6	3001.5	3050.7	3099.0	3146.9	3194.5	3242.1	3289.7	3337.4
(307.97)	H	1390.6	2734.7	3315.6	3379.5	3442.1	3503.9	3565.1	3626.1	3686.9	3747.6
	S	3.3315	5.6444	6.5392	6.6231	6.7028	6.7790	6.8523	6.9231	6.9918	7.0585

9800	V	1.446	18.494	31.988	33.491	34.949	36.373	37.769	39.142	40.496	41.832
(309.48)	U	1385.2	2550.0	2999.4	3048.8	3097.4	3145.4	3193.1	3240.8	3288.5	3336.2
	H	1399.3	2731.2	3312.9	3377.0	3439.9	3501.9	3563.3	3624.4	3685.3	3746.2
	S	3.3461	5.6321	6.5268	6.6112	6.6912	6.7676	6.8411	6.9121	6.9810	7.0478
10000	V	1.453	18.041	31.280	32.760	34.196	35.597	36.970	38.320	39.650	40.963
(310.96)	U	1393.5	2547.3	2997.4	3047.0	3095.7	3143.9	3191.7	3239.5	3287.3	3335.1
	H	1408.0	2727.7	3310.1	3374.6	3437.7	3499.8	3561.4	3622.7	3683.8	3744.7
	S	3.3605	5.6198	6.5147	6.5994	6.6797	6.7564	6.8302	6.9013	6.9703	7.0373
10200	V	1.460	17.605	30.599	32.058	33.472	34.851	36.202	37.530	38.837	40.128
(312.42)	U	1401.8	2544.6	2995.3	3045.2	3094.0	3142.3	3190.3	3238.2	3286.1	3334.0
	H	1416.7	2724.2	3307.4	3372.1	3435.5	3497.8	3559.6	3621.0	3682.2	3743.3
	S	3.3748	5.6076	6.5027	6.5879	6.6685	6.7454	6.8194	6.8907	6.9598	7.0269
10400	V	1.467	17.184	29.943	31.382	32.776	34.134	35.464	36.770	38.056	39.325
(313.86)	U	1410.0	2541.8	2993.2	3043.3	3092.4	3140.8	3188.9	3236.9	3284.8	3332.9
	H	1425.2	2720.6	3304.6	3369.7	3433.2	3495.8	3557.8	3619.3	3680.6	3741.8
	S	3.3889	5.5955	6.4909	6.5765	6.6574	6.7346	6.8087	6.8803	6.9495	7.0167
10600	V	1.474	16.778	29.313	30.732	32.106	33.444	34.753	36.039	37.304	38.552
(315.27)	U	1418.1	2539.0	2991.1	3041.4	3090.7	3139.3	3187.5	3235.6	3283.6	3331.7
	H	1433.7	2716.9	3301.8	3367.2	3431.0	3493.8	3555.9	3617.6	3679.1	3740.4
	S	3.4029	5.5835	6.4793	6.5652	6.6465	6.7239	6.7983	6.8700	6.9394	7.0067
10800	V	1.481	16.385	28.706	30.106	31.461	32.779	34.069	35.335	36.580	37.808
(316.67)	U	1426.2	2536.2	2989.0	3039.6	3089.0	3137.8	3186.1	3234.3	3282.4	3330.6
	H	1442.2	2713.1	3299.0	3364.7	3428.8	3491.8	3554.1	3615.9	3677.5	3738.9
	S	3.4167	5.5715	6.4678	6.5542	6.6357	6.7134	6.7880	6.8599	6.9294	6.9969
11000	V	1.489	16.006	28.120	29.503	30.839	32.139	33.410	34.656	35.882	37.091
(318.05)	U	1434.2	2533.2	2986.9	3037.7	3087.3	3136.2	3184.7	3233.0	3281.2	3329.5
	H	1450.6	2709.3	3296.2	3362.2	3426.5	3489.7	3552.2	3614.2	3675.9	3737.5
	S	3.4304	5.5595	6.4564	6.5432	6.6251	6.7031	6.7779	6.8499	6.9196	6.9872
11200	V	1.496	15.639	27.555	28.921	30.240	31.521	32.774	34.002	35.210	36.400
(319.40)	U	1442.1	2530.3	2984.8	3035.8	3085.6	3134.7	3183.3	3231.7	3280.0	3328.4
	H	1458.9	2705.4	3293.4	3359.7	3424.3	3487.7	3550.4	3612.5	3674.4	3736.0
	S	3.4440	5.5476	6.4452	6.5324	6.6147	6.6929	6.7679	6.8401	6.9099	6.9777
11400	V	1.504	15.284	27.010	28.359	29.661	30.925	32.160	33.370	34.560	35.733
(320.74)	U	1450.0	2527.2	2982.6	3033.9	3083.9	3133.1	3181.9	3230.4	3278.8	3327.2
	H	1467.2	2701.5	3290.5	3357.2	3422.1	3485.7	3548.5	3610.8	3672.8	3734.6
	S	3.4575	5.5357	6.4341	6.5218	6.6043	6.6828	6.7580	6.8304	6.9004	6.9683

Appendix F

熱力學圖

圖 F.1 甲烷

圖 F.2 1,1,1,2- 四氟乙烷 (HFC-134a)

圖 F.3 蒸汽的 Mollier (*HS*) 圖

NIST Chemistry WebBook (http://webbook.nist.gov/chemistry/fluid/) 提供這三種物質和超過 70 種其他純流體 (包括永久性氣體、製冷劑和輕質烴) 的廣泛熱力學數據，此類數據對於建構本節中所示的圖提供基礎。

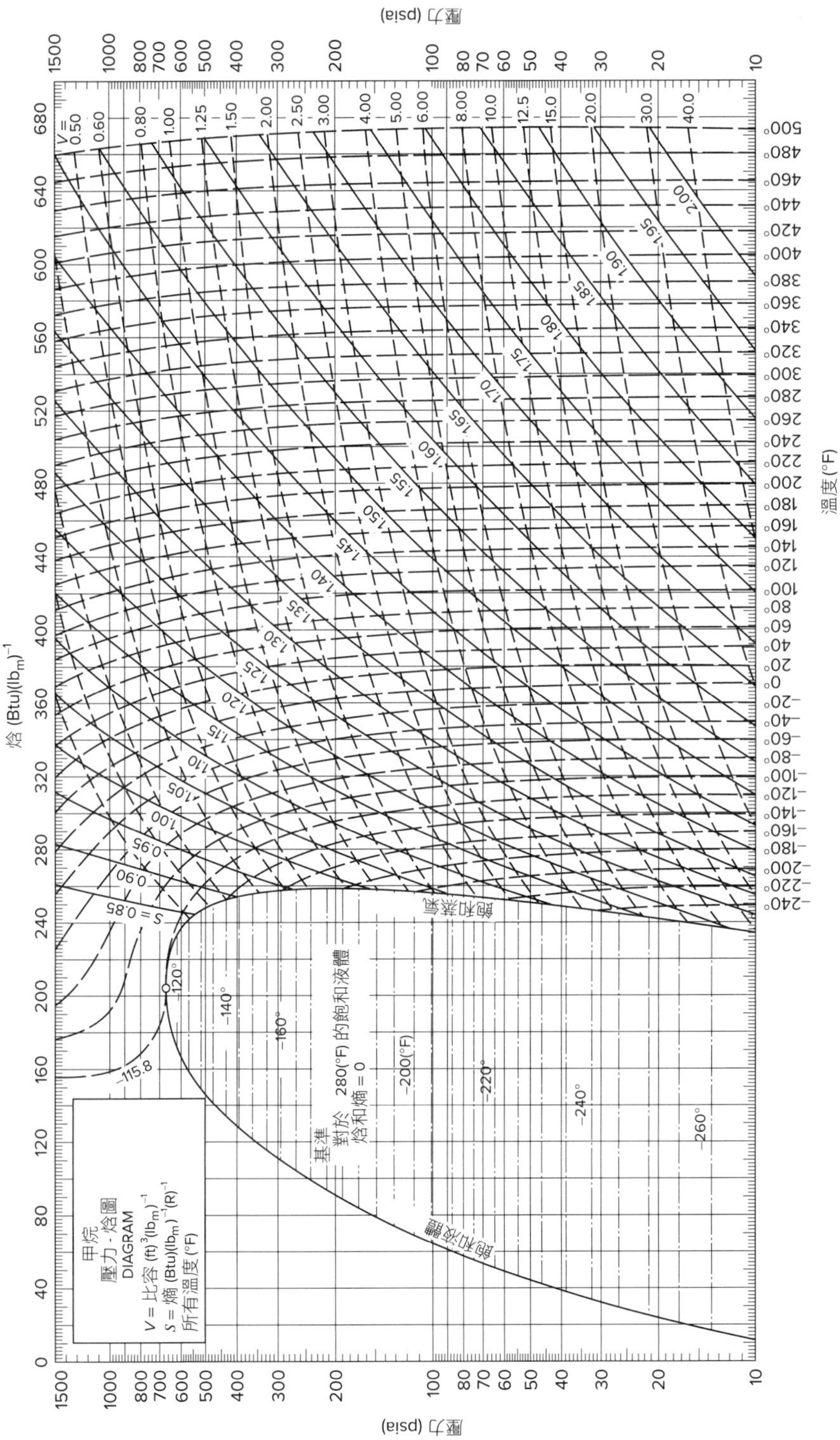

資料來源：C. S. Matthe ws and C. O. Hurd, Trans. AIChE, vol. 42, 1946, pp. 55–78.

▶圖 F.1　甲烷的 *PH* 圖。

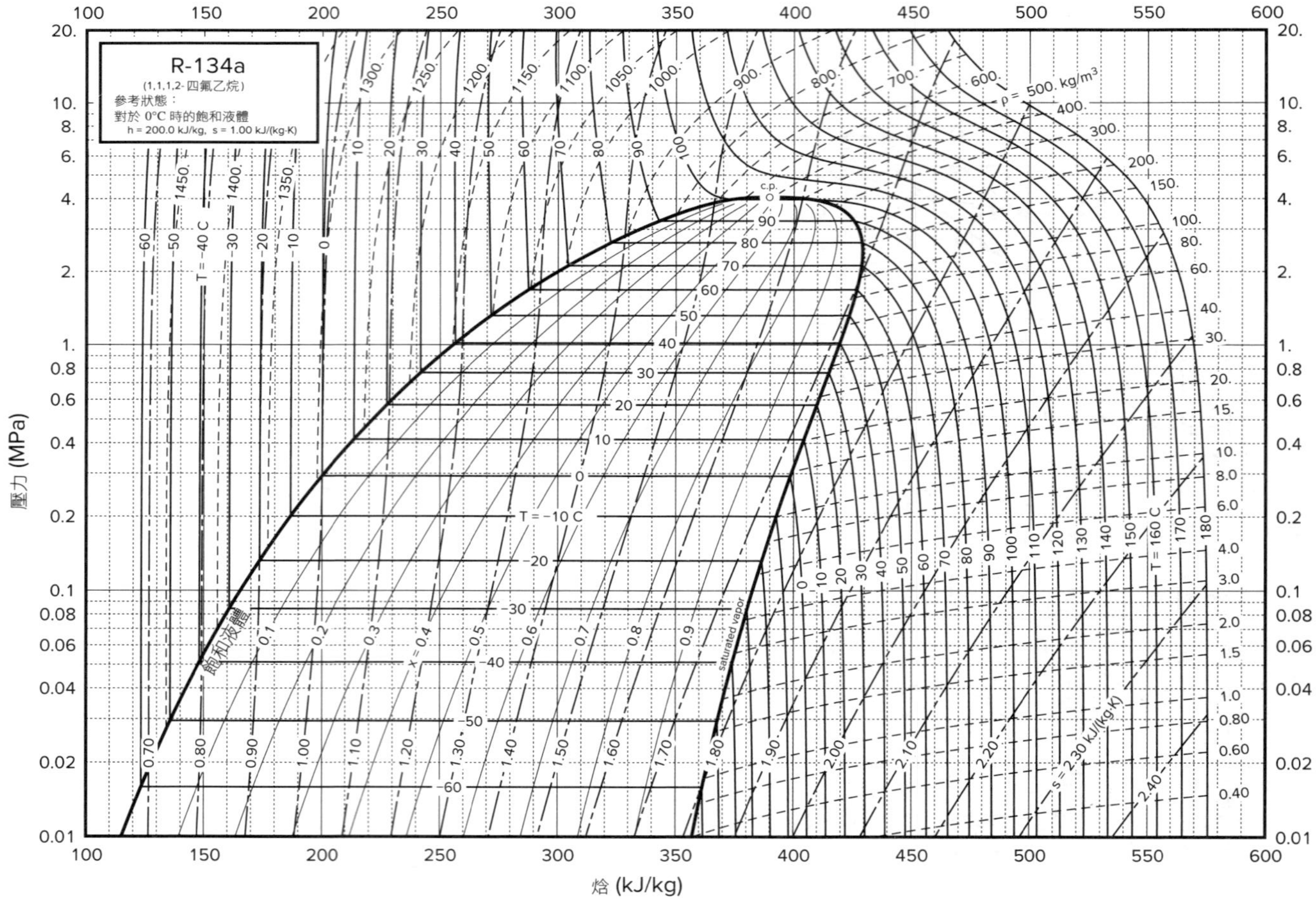

資料來源：Green, Don W., and Perry, Robert H. Perry's Chemical Engineers' Handbook (8th Edition). Blac McGr klick, OH, USA: McGraw-Hill Professional Publishing, 2007.

▶圖 F.2　四氟乙烷 (HFC-134a) 的 *PH* 圖。

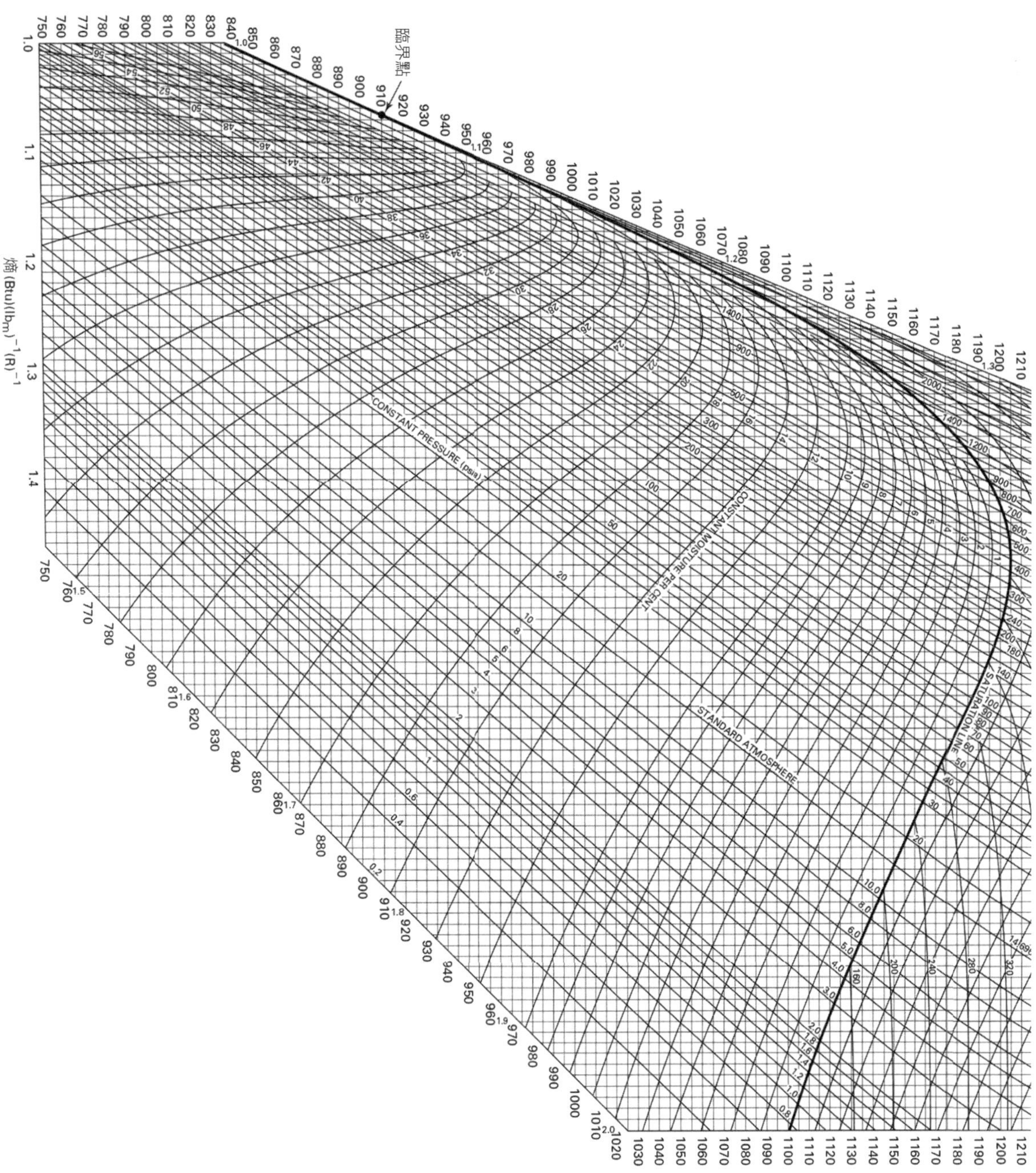

▶**圖** F.3　蒸汽的 Mollier (*HS*) 圖。

蒸汽的 Mollier 圖

經 “Steam Tables:
Properties of Saturated and Superheated Steam,”
copyright 1940, Combustion Engineering, Inc. 許可轉載

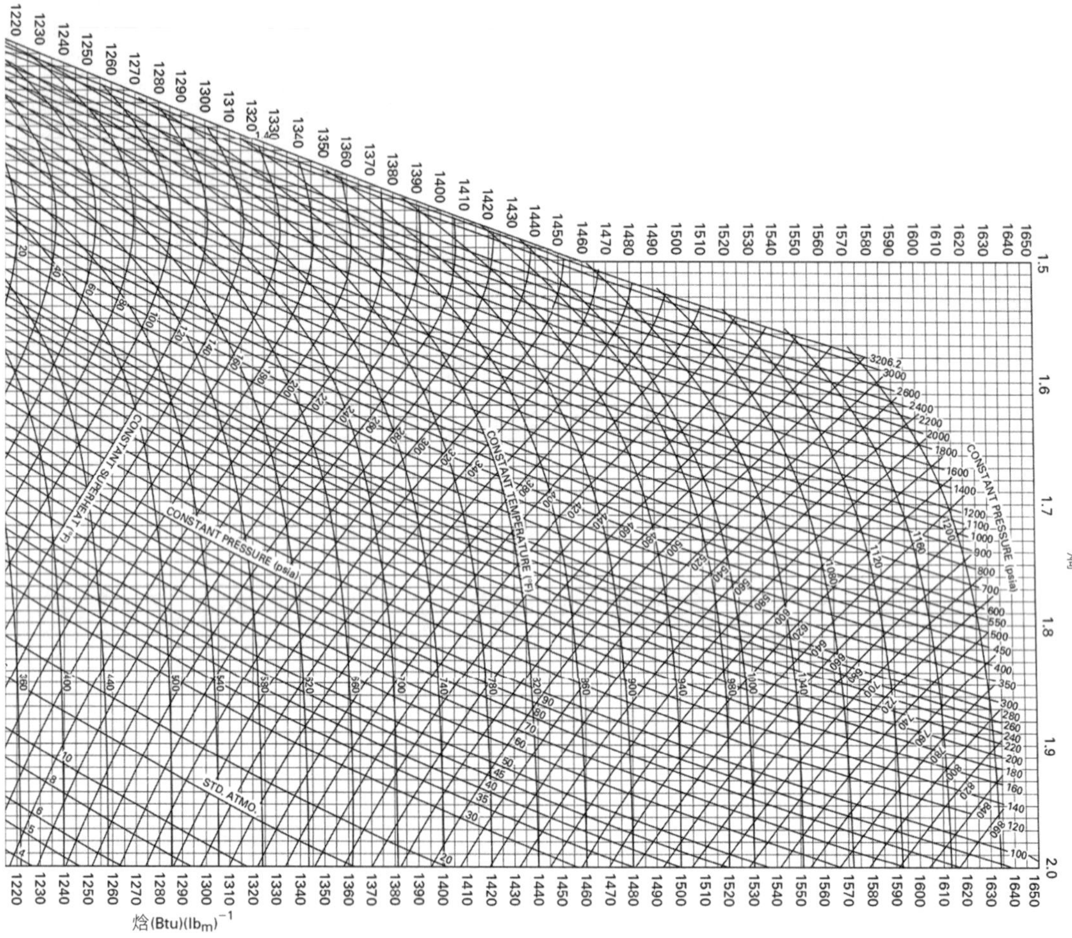

Appendix G

UNIFAC 方法

UNIQUAC 方程式[1] 將 $g \equiv G^E/RT$ 視為兩個部分的總和：其中一個組合 (combinatorial) 項 g^C 考慮分子大小和形狀差異；一個剩餘 (residual) 項 g^R (不是第 6.2 節中定義的剩餘性質) 考慮分子交互作用：

$$g \equiv g^C + g^R \tag{G.1}$$

函數 g^C 僅包含純物種參數，而函數 g^R 中每對分子包含兩個二成分參數。對於多成分系統，

$$g^C = \sum_i x_i \ln \frac{\Phi_i}{x_i} + 5\sum_i q_i x_i \ln \frac{\theta_i}{\Phi_i} \tag{G.2}$$

$$g^R = -\sum_i q_i x_i \ln\left(\sum_j \theta_j \tau_{ji}\right) \tag{G.3}$$

其中

$$\Phi_i \equiv \frac{x_i r_i}{\sum_j x_j r_j} \tag{G.4}$$

$$\theta_i \equiv \frac{x_i q_i}{\sum_j x_j q_j} \tag{G.5}$$

下標 i 標識物種，而 j 是虛擬指標；所有總和都涵蓋所有物種。注意，$\tau_{ji} \neq \tau_{ij}$；但是，當 $i = j$ 時，$\tau_{ii} = \tau_{jj} = 1$。在這些方程式中，$r_i$ (相對分子體積) 和 q_i (相對分子表面積) 是純物種參數。溫度對 g 的影響可由 (G.3) 式的相互作用參數 τ_{ji} 表示，這些參數與溫度有關：

$$\tau_{ji} = \exp\frac{-(u_{ji} - u_{ii})}{RT} \tag{G.6}$$

因此，UNIQUAC 方程式的參數為 $(u_{ji} - u_{ii})$ 的值。

---

1 D. S. Abrams and J. M. Prausnitz, *AIChE J.*, vol. 21, pp. 116–128, 1975.

將 (13.7) 式應用於 UNIQUAC 方程式的 g [(G.1) 式到 (G.3) 式]，可求得 $\ln\gamma_i$ 的表達式。結果可由以下方程式表示：

$$\ln\gamma_i = \ln\gamma_i^C + \ln\gamma_i^R \tag{G.7}$$

$$\ln\gamma_i^C = 1 - J_i + \ln J_i - 5q_i\left(1 - \frac{J_i}{L_i} + \ln\frac{J_i}{L_i}\right) \tag{G.8}$$

$$\ln\gamma_i^R = q_i\left(1 - \ln s_i - \sum_j \theta_j \frac{\tau_{ij}}{s_j}\right) \tag{G.9}$$

除了 (G.5) 式和 (G.6) 式，

$$J_i = \frac{r_i}{\sum_j r_j x_j} \tag{G.10}$$

$$L_i = \frac{q_i}{\sum_j q_j x_j} \tag{G.11}$$

$$S_i = \tau_{li}\sum_l \theta_l \tag{G.12}$$

下標 i 再次標識物種，而 j 和 l 是虛擬指標。所有總和都涵蓋所有物種，對於 $i = j$，則 $\tau_{ij} = 1$。參數 (u_{ij} _u_{jj}) 的值，可利用二成分 VLE 數據的回歸求得，並由 Gmehling 等人提出 [2]。

用於估算活性係數的 UNIFAC 方法 [3]，取決於以下概念：將液體混合物視為形成分子的結構單元的溶液，而不是分子本身的溶液。這些結構單元稱為**次官能基** (subgroup)，表 G.1 的第 2 行列出其中一些次官能基。編號為 k 的數字標識每個次官能基。相對體積 R_k 和相對表面積 Q_k 是次官能基的性質，其值在表 G.1 的第 4 行和第 5 行中列出。此表中的第 6 行和第 7 行是分子物種及其組成次官能基的例子。當一個分子可以由多於一組的次官能基構成時，含有最少數目的不同次官能基的組合就是正確的組合。UNIFAC 方法的最大優勢是相對較少的次官能基結合形成非常多的分子。

活性係數不僅取決於次官能基性質 R_k 和 Q_k，還取決於次官能基之間的交互作用。在這裡，類似的次官能基被分配給一個主官能基，如表 G.1 的前兩行所示。主官能基的名稱，例如「CH2」、「ACH」等僅是描述性的。屬於同一主

2 J. Gmehling, U. Onken, and W. Arlt, *Vapor-Liquid Equilibrium Data Collection*, Chemistry Data Series, vol. I, parts 1–8 and supplements, DECHEMA, Frankfurt/Main, 1974–1999.

3 Aa. Fredenslund, R. L. Jones, and J. M. Prausnitz, *AIChE J.*, vol. 21, pp. 1086–1099, 1975.

表 G.1　UNIFAC-VLE 次官能基參數 †

主官能基	次官能基	k	R_k	Q_k	分子的例子及其所包含的官能基	
1「CH_2」	H_3	1	0.9011	0.848	正丁烷：	$2CH_3$、$2CH_2$
	CH_2	2	0.6744	0.540	異丁烷：	$3CH_3$、1CH
	CH	3	0.4469	0.228	2,2- 二甲基：	
	C	4	0.2195	0.000	丙烷：	$4CH_3$、1C
3「ACH」(AC = aromatic carbon)	ACH	10	0.5313	0.400	苯：	6ACH
4「$ACCH_2$」	$ACCH_3$	12	1.2663	0.968	甲苯：	5ACH、$1ACCH_3$
	$ACCH_2$	13	1.0396	0.660	乙苯：	$1CH_3$、5ACH、$1ACCH_2$
5「OH」	OH	15	1.0000	1.200	乙醇：	$1CH_3$、1CH、$1OH_2$
7「H_2O」	H_2O	17	0.9200	1.400	水：	$1H_2O$
9「CH_2 CH」	CO_3CO	19	1.6724	1.488	丙酮：	$1CH_3CO$、$1CH_3$
	CH_2CO	20	1.4457	1.180	3- 戊酮：	$2CH_3$、$1CHCO_2$、$1CH_2$
13「CH_2O」	CH_3O	25	1.1450	1.088	二甲醚：	$1CH_3$、$1CH_3O$
	CH_2O	26	0.9183	0.780	乙醚：	$2CH_3$、$1CH_2$、$1CH_2O$
	CH–O	27	0.6908	0.468	二異丙醚：	$4CH_3$、1CH、1CH–O
15「CNH」	CH_3NH	32	1.4337	1.244	二甲胺：	$1CH_3$、$1CH_3NH$
	CH_2NH	33	1.2070	0.936	二乙胺：	$2CH_3$、$1CH_2$、$1CH_2NH$
	CHNH	34	0.9795	0.624	二異丙胺：	$4CH_3$、1CH、1CHNH
19「CCN」	CH_3CN	41	1.8701	1.724	乙腈：	$1CH_3CN$
	CH_2CN	42	1.6434	1.416	丙腈：	$1CH_3$、$1CH_2CN$

†H. K. Hansen, P. Rasmussen, Aa. Fredenslund, M. Schiller, and J. Gmehling, *IEC Research*, vol. 30, pp. 2352–2355, 1991.

官能基的所有次官能基在交互方面均被視為相同。因此，描述官能基交互作用的參數由成對的主官能基識別。表 G.2 列出一些參數 a_{mk} 的值。

UNIFAC 方法基於 UNIQUAC 方程式，其活性係數可由 (G.7) 式給出。當應用於官能基的溶液時，(G.8) 式和 (G.9) 式可寫為：

$$\ln \gamma_i^C = 1 - J_i + \ln J_i - 5q_i\left(1 - \frac{J_i}{L_i} + \ln \frac{J_i}{L_i}\right) \tag{G.13}$$

$$\ln \gamma_i^R = q_i\left[1 - \sum_k \left(\theta_k \frac{\beta_{ik}}{s_k} - e_{ki} \ln \frac{\beta_{ik}}{s_k}\right)\right] \tag{G.14}$$

➡ 表 G.2 UNIFAC-VLE 交互作用參數，a_{mk}，單位為 K[†]

		1	3	4	5	7	9	13	15	19
1	CH2	0.00	61.13	76.50	986.50	1318.00	476.40	251.50	255.70	597.00
3	ACH	−11.12	0.00	167.00	636.10	903.80	25.77	32.14	122.80	212.50
4	ACCH2	−69.70	−146.80	0.00	803.20	5695.00	−52.10	213.10	−49.29	6096.00
5	OH	156.40	89.60	25.82	0.00	353.50	84.00	28.06	42.70	6.712
7	H2O	300.00	362.30	377.60	−229.10	0.00	−195.40	540.50	168.00	112.60
9	CH2CO	26.76	140.10	365.80	164.50	472.50	0.00	−103.60	−174.20	481.70
13	CH2O	83.36	52.13	65.69	237.70	−314.70	191.10	0.00	251.50	−18.51
15	CNH	65.33	−22.31	223.00	−150.00	−448.20	394.60	−56.08	0.00	147.10
19	CCN	24.82	−22.97	−138.40	185.40	242.80	−287.50	38.81	−108.50	0.00

[†]H. K. Hansen, P. Rasmussen, Aa. Fredenslund, M. Schiller, and J. Gmehling, *IEC Research*, vol. 30, pp. 2352–2355, 1991.

其中 J 與 L 仍由 (G.10) 式和 (G.11) 式給出。此外，以下定義適用：

$$r_i = \sum_k v_k^{(i)} R_k \tag{G.15}$$

$$q_i = \sum_k v_k^{(i)} Q_k \tag{G.16}$$

$$e_{ki} = \frac{v_k^{(i)} Q_k}{q_i} \tag{G.17}$$

$$\beta_{ik} = \sum_m e_{mi} \tau_{mk} \tag{G.18}$$

$$\theta_k = \frac{\sum_i x_i q_i e_{ki}}{\sum_j x_j q_j} \tag{G.19}$$

$$s_k = \sum_m \theta_m \tau_{mk} \tag{G.20}$$

$$\tau_{mk} = \exp\frac{-a_{mk}}{T} \tag{G.21}$$

下標 i 標識一個物種，而 j 是遍及所有物種的虛擬指標。下標 k 標識次官能基，而 m 是所有次官能基的虛擬指標。$v_k^{(i)}$ 是物種 i 的分子中，類型 k 的次官能基數目。次官能基參數 R_k 和 Q_k，以及官能基交互作用參數 a_{mk} 的值來自文獻中的列表。表 G.1 和表 G.2 列出一些參數值。保留完整表格的編號。[4]

此處所列的 UNIFAC 方法的方程式，以便於計算機程式設計的形式給出。在下面的例子中，我們藉由一系列手算來展示它們的應用。

例 G.1

對於 308.15 K 的二成分系統二乙胺(1) / 正庚烷(2)，當 $x_1 = 0.4$ 和 $x_2 = 0.6$ 時，求 γ_1 和 γ_2。

解

所涉及的次官能基可由下列化學式表示：

$$CH_3 - CH_2NH - CH_2 - CH_3\ (1) / CH_3 - (CH_2)_5 - CH_3\ (2)$$

4 H. K. Hansen, P. Rasmussen, Aa. Fredenslund, M. Schiller, and J. Gmehling, IEC Research, vol. 30, pp. 2352–2355, 1991.

下表顯示次官能基，其標識號 k，參數 R_k 和 Q_k 的值 (來自表 G.1)，以及各分子中各次官能基的數目：

	k	R_k	Q_k	$\nu_k^{(1)}$	$\nu_k^{(2)}$
CH_3	1	0.9011	0.848	2	2
CH_2	2	0.6744	0.540	1	5
CH_2NH	33	1.2070	0.936	1	0

由 (G.15) 式，

$$r_1 = (2)(0.9011) + (1)(0.6744) + (1)(1.2070) = 3.6836$$

同理，

$$r_2 = (2)(0.9011) + (5)(0.6744) = 5.1742$$

以類似的方式，由 (G.16) 式，

$$q_1 = 3.1720 \qquad 且 \qquad q_2 = 4.3960$$

r_i 和 q_i 值是分子的性質，與組成無關。將已知值代入 (G.17) 式，可求得下表 的 e_{ki}：

	e_{ki}	
k	$i = 1$	$i = 2$
1	0.5347	0.3858
2	0.1702	0.6142
33	0.2951	0.0000

從表 G.2 中可求得以下交互作用參數：

$$a_{1,1} = a_{1,2} = a_{2,1} = a_{2,2} = a_{33,33} = 0 \text{ K}$$
$$a_{1,33} = a_{2,33} = 255.7 \text{ K}$$
$$a_{33.1} = a_{33.2} = 65.33 \text{ K}$$

將這些值代入 (G.21) 式，在 $T = 308.15$ K，得到：

$$\tau_{1,1} = \tau_{1,2} = \tau_{2,1} = \tau_{2,2} = \tau_{33,33} = 1$$
$$\tau_{1,33} = \tau_{2,33} = 0.4361$$
$$\tau_{33,1} = \tau_{33,2} = 0.8090$$

應用 (G.18) 式可求出下表中的 β_{ik} 值：

	β_{ik}		
i	$k = 1$	$k = 2$	$k = 33$
1	0.9436	0.9436	0.6024
2	1.0000	1.0000	0.4360

將這些結果代入 (G.19) 式產生：

$$\theta_1 = 0.4342 \qquad \theta_2 = 0.4700 \qquad \theta_{33} = 0.0958$$

且由 (G.20) 式可得：

$$s_1 = 0.9817 \qquad s_2 = 0.9817 \qquad s_{33} = 0.4901$$

現在可以計算活性係數。由 (G.13) 式，

$$\ln \gamma_1^C = -0.0213 \qquad \text{且} \qquad \ln \gamma_2^C = -0.0076$$

且由 (G.14) 式，

$$\ln \gamma_1^R = 0.1463 \qquad \text{且} \qquad \ln \gamma_2^R = 0.0537$$

最後，由 (G.7) 式可得：

$$\gamma_1 = 1.133 \qquad \text{且} \qquad \ln \gamma_2^R = 0.0537$$

Appendix H

牛頓法

牛頓法是代數方程式數值解的程序，適用於含 M 個變數的 M 個方程式，其中 M 為任意值。

首先考慮單一方程式 $f(X) = 0$，其中 $f(X)$ 是單一變數 X 的函數。我們的目的是求此方程式的根，即求出使方程式等於零的 X 值。一個簡單的函數如圖 H.1 所示。函數的單一根在曲線與 X 軸的交點處。如果不可能直接求根，[1] 則採用數值程序，例如牛頓法。

牛頓法的應用如圖 H.1 所示。在任意值 $X = X_0$ 附近，可以利用在 $X = X_0$ 處繪製的切線來近似函數 $f(X)$。切線方程式可由下列線性關係表示：

$$g(X) = f(X_0) + \left[\frac{df(X)}{dX}\right]_{X=X_0}(X - X_0)$$

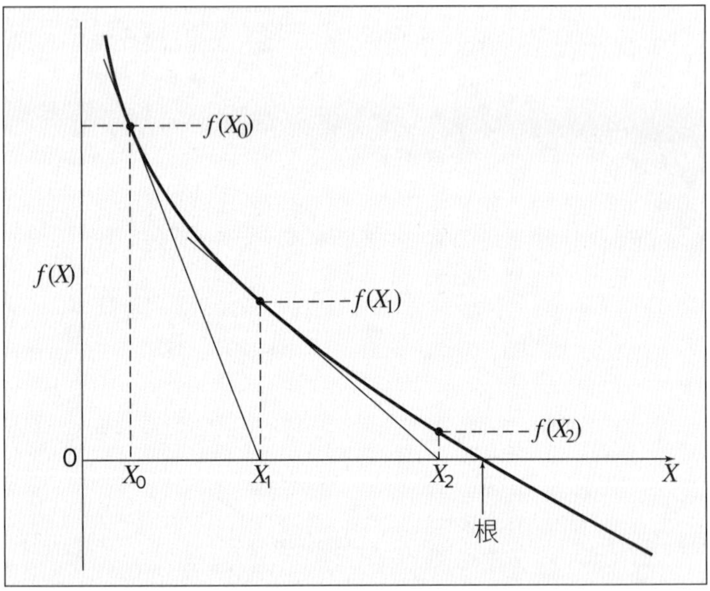

▶圖 H.1　應用牛頓法於單一函數。

1　例如，當 $e^X + X^2 + 10 = 0$ 時。

其中 $g(X)$ 是 X 處的縱坐標值，如圖 H.1 所示。利用令 $g(X) = 0$ 並求解 X 可以找到該方程式的根，如圖 H.1 所示，此根為 X_1。因為實際函數不是線性的，所以它不是 $f(X) = 0$ 的根，但是它比起始值 X_0 離 $f(X) = 0$ 的根更近。函數 $f(X)$ 現在可由第二條切線近似，重複上述程序，在 $X = X_1$ 作曲線的切線，求出線性近似的根 X_2，此值更接近 $f(X) = 0$ 的根。可以利用連續線性逼近原始函數來盡可能接近 $f(X) = 0$ 的根。

疊代的一般公式為：

$$f(X_n) + \left[\frac{df(X)}{dX}\right]_{X=X_n} \Delta X_n = 0 \tag{H.1}$$

其中

$$\Delta X_n \equiv X_{n+1} - X_n \qquad \text{或} \qquad X_{n+1} = X_n + \Delta X_n$$

(H.1) 式可用於連續疊代 ($n = 0, 1, 2, \ldots$)，並求得連續的 ΔX_n 和 $f(X_n)$ 值。此程序從初始值 X_0 開始，一直持續到 ΔX_n 或 $f(X_n)$ 趨近於零或小於某預設的誤差值。

牛頓法很容易擴展到聯立方程式的求解。對於兩個未知數的兩個方程式，令 $f_{\text{I}} \equiv f_{\text{I}}(X_{\text{I}}, X\text{II})$ 和 $f_{\text{II}} \equiv f_{\text{II}}(X_{\text{I}}, X_{\text{II}})$ 代表兩個函數，其值取決於兩個變數 X_{I} 和 X_{II}。我們的目的是找到兩個函數均為零的 X_{I} 和 X_{II} 的值。類似於 (H.1) 式，我們可寫出：

$$f_{\text{I}} + \left(\frac{\partial f_{\text{I}}}{\partial X_{\text{I}}}\right)\Delta X_{\text{I}} + \left(\frac{\partial f_{\text{I}}}{\partial X_{\text{II}}}\right)\Delta X_{\text{II}} = 0 \tag{H.2a}$$

$$f_{\text{II}} + \left(\frac{\partial f_{\text{II}}}{\partial X_{\text{I}}}\right)\Delta X_{\text{I}} + \left(\frac{\partial f_{\text{II}}}{\partial X_{\text{II}}}\right)\Delta X_{\text{II}} = 0 \tag{H.2b}$$

這些方程式與 (H.1) 式的不同之處在於，單個導數被兩個偏導數代替，反映每個函數隨兩個變數的變化率。對於 n 次疊代，根據給定的表達式在 $X = X_n$ 處估算兩個函數 f_{I} 和 f_{II} 及其導數，同時利用 (H.2a) 式和 (H.2b) 式聯立求解 ΔX_{I} 與 ΔX_{II}。再以下式求出新的 X_{I} 和 X_{II}，適用於下一次疊代：

$$X_{\text{I}_{n+1}} = X_{\text{I}_n} + \Delta X_{\text{I}_n} \qquad \text{且} \qquad X_{\text{II}_{n+1}} = X_{\text{II}_n} + \Delta X_{\text{II}_n}$$

基於 (H.2) 式的疊代程序從 X_{I} 和 X_{II} 的起始值開始，一直持續到增量 $\Delta X_{\text{I}n}$ 和 $\Delta X_{\text{II}n}$ 或 f_{I} 和 f_{II} 的計算值趨近於零為止。

(H.2) 式可以推廣到適用於 M 個未知數的 M 個方程組。每次疊代的結果是：

$$f_k + \sum_{J=\text{I}}^{M}\left(\frac{\partial f_k}{\partial X_J}\right)\Delta X_J = 0 \qquad (K = \text{I}, \text{II}, \ldots, M) \tag{H.3}$$

且

$$X_{J_{n+1}} = X_{J_n} + \Delta X_{J_n} \qquad (J = \text{I, II}, \ldots, M)$$

牛頓法非常適合應用於多項反應的平衡。作為說明，對於 $T = 1000$ K 的情況，我們求解例 14.13 的 (*A*) 式和 (*B*) 式。根據這些方程式與 1000 K 時所得的 K_a 和 K_b 的值及 $P/P° = 20$，我們得到下列函數：

$$f_a = 4.0879\ \varepsilon_b^2 + \varepsilon_b^2 + 4.0879\ \varepsilon_a\varepsilon_b + 0.2532\ \varepsilon_a - 0.0439\ \varepsilon_b - 0.1486 \qquad (A)$$

和

$$f_b = 1.2805\ \varepsilon_b^2 + 2.12805\ \varepsilon_a\varepsilon_b - 0.12805\ \varepsilon_a + 0.3048\ \varepsilon_b - 0.4328 \qquad (B)$$

此時 (H.2) 式可寫為：

$$f_a + \left(\frac{\partial f_a}{\partial \varepsilon_a}\right)\Delta\varepsilon_a + \left(\frac{\partial f_a}{\partial \varepsilon_b}\right)\Delta\varepsilon_b = 0 \qquad (C)$$

$$f_b + \left(\frac{\partial f_b}{\partial \varepsilon_a}\right)\Delta\varepsilon_a + \left(\frac{\partial f_b}{\partial \varepsilon_b}\right)\Delta\varepsilon_b = 0 \qquad (D)$$

選擇 ε_a 和 ε_b 的起始值來啟動求解程序。從 (*A*) 式和 (*B*) 式可求出 f_a 和 f_b 及它們的導數。將這些值代入 (*C*) 式和 (*D*) 式可得兩個線性方程式，可解出未知數 $\Delta\varepsilon_a$ 和 $\Delta\varepsilon_b$。由這些產生新的 ε_a 和 ε_b 值，以執行第二次疊代。該程序一直持續到 $\Delta\varepsilon_a$ 和 $\Delta\varepsilon_b$ 或 f_a 和 f_b 趨近於零為止。

將 $\varepsilon_a = 0.1$ 和 $\varepsilon_b = 0.7$ 設為初始值，[2] 我們從 (*A*) 式和 (*B*) 式求出 f_a 和 f_b 及它們的導數的初始值：

$$f_a = 0.6630 \qquad \left(\frac{\partial f_a}{\partial \varepsilon_a}\right) = 3.9230 \qquad \left(\frac{\partial f_b}{\partial \varepsilon_b}\right) = 1.7648$$

$$f_b = 0.4695 \qquad \left(\frac{\partial f_b}{\partial \varepsilon_a}\right) = 1.3616 \qquad \left(\frac{\partial f_b}{\partial \varepsilon_b}\right) = 2.0956$$

將這些值代入 (*C*) 式和 (*D*) 式可得：

$$0.6630 + 3.9230\Delta\varepsilon_a + 1.7648\Delta\varepsilon_b = 0$$
$$0.4695 + 1.3616\Delta\varepsilon_a + 2.0956\Delta\varepsilon_b = 0$$

滿足這些方程式的增量值為：

$$\Delta\varepsilon_a = -0.0962 \qquad \text{且} \qquad \Delta\varepsilon_b = -0.1614$$

因此，

2 這些都在例 14.13 中 $-0.5 \le \varepsilon_a \le 0.5$ 和 $0 \le \varepsilon_b \le 1.0$ 的範圍內。

$$\varepsilon_a = 0.1 - 0.0962 = 0.0038 \qquad 且 \qquad \varepsilon_b = 0.7 - 0.1614 = 0.5386$$

這些值是第二次疊代的基礎，並且程序繼續進行，得出如下結果：

n	ε_a	ε_b	$\Delta\varepsilon_a$	$\Delta\varepsilon_b$
0	0.1000	0.7000	−0.0962	−0.1614
1	0.0038	0.5386	−0.0472	−0.0094
2	−0.0434	0.5292	−0.0071	0.0043
3	−0.0505	0.5335	−0.0001	0.0001
4	−0.0506	0.5336	0.0000	0.0000

收斂顯然是迅速的。此外，任何合理的起始值都會得到相同的收斂結果。

當一個或多個函數具有極值時，牛頓法會產生收斂問題。對於圖 H.2 中單一方程式的情況進行說明。該函數在點 A 和點 B 有兩個根。若應用牛頓法，且 X 的起始值小於 a，則 X 值的很小範圍會在每個根上產生收斂，但是對於大多數值，它不會收斂，也找不到根。若 X 的起始值在 a 和 b 之間，則只有在值足夠接近 A 時，才會在根 A 上收斂。X 的起始值在 b 的右邊，則在根 B 上收斂。在這種情況下，可以利用試誤法或利用繪製函數以確定其行為後，再尋找合適的起始值。

▶圖 H.2　求解具有極值的函數的根。

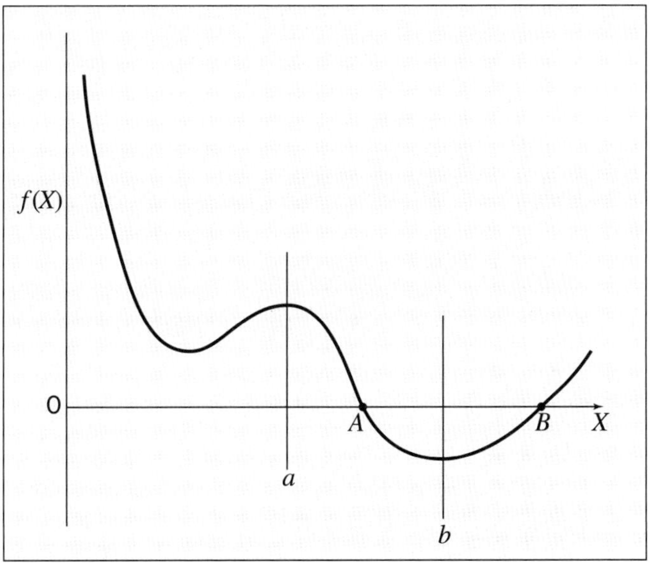

索引

Duhem 定理　Duhem's theorem　404
Langmuir 等溫線　Langmuir isotherm　591
Lewis/Randall 規則　Lewis/Randall rule　369
Margules 方程式　Margules equations　451
NRTL 方程式　NRTL equation　453
PVT 狀態方程式　equation of state　69
Trouton 法則　Trouton's rule　134
Wilson 方程式　Wilson equation　452

一畫

一般的立方狀態方程式　generic cubic equation of state　92

三畫

三參數對應狀態關聯式　three-parameter corresponding-states correlations　98
上共溶溫度　upper consolute temperature　420
上臨界溶解溫度　upper critical solution temperature, UCST　420
下共溶溫度　lower consolute temperature　420
下臨界溶解溫度　lower critical solution temperature, LCST　420
千克　kilogram, kg　4
千帕　kilopascal　4

四畫

不可逆　irreversible　32
不可壓縮流體　incompressible fluid　71, 204
不變的　invariant　64
內能　internal energy　22
分子內相互作用　intramolecular interactions　388
分子間相互作用　intermolecular interactions　388
分壓　partial pressure　436
化勢　chemical potential　331
化學吸附　chemisorption　587
反滲透　reverse osmosis　603
反應坐標　reaction coordinate　505
反應熱　heat of reaction　125, 136
反轉曲線　inversion curve　264
比　specific　6, 24
牛頓　newton　4

五畫

卡路里　caloric　15
卡諾方程式　Carnot's equation　167
卡諾熱機　Carnot engine　166
可逆性　reversibility　32
可逆等溫　reversible isothermal　168
可逆絕熱　reversible adiabatic　168
可逆熱泵　heat pump　168
外界　surroundings　3, 22

平均熱容量 mean heat capacity 131, 174
平衡 equilibrium 27
正合微分表達式 exact differential expression 202
生成 formation 138

六畫

交叉係數 cross coefficient 360
亥姆霍茲能量 Helmholtz energy 200
共沸點 azeotrope 411
共晶狀態 eutectic state 582
共晶溫度 eutectic temperature 581
再生循環 regenerative cycle 292
冰點 ice point 7
吉布斯吸附等溫線 Gibbs adsorption isotherm 589
吉布斯定理 Gibbs's theorem 346
吉布斯能量 Gibbs energy 200
因次 dimension 3
多層 multilayer 587
米 meter, m 4
自由度 degrees of freedom 64

七畫

串級 cascade 317
亨利定律 Henry's law 444
亨利常數 Henry's constant 444
位能 potential energy 12
位點 site 587
克 gram, g 4
冷凍 refrigeration 311
吸附等溫線 adsorption isotherm 589
吸附劑 adsorbent 586
吸熱 endothermic 385
宏觀 macroscopic 3
宏觀坐標 macroscopic coordinates 3
局部組成 local composition 452
每單位質量吸附劑 per unit mass of adsorbent 588
系統 system 22

八畫

並流 concurrent 185
函數 function 1
性能係數 coefficient of performance 169
放熱 exothermic 385
昇華曲線 sublimation curve 65, 582
泡點 bubblepoint 405
物理吸附 physical adsorption 587
狀態 state 3
狀態方程式 equations of state 63
狀態函數 state function 28
表壓 gauge pressure 8

九畫

封閉 closed 23
度 degree 7
活性係數 activity coefficient 432
流體區域 fluid region 66
相 phase 64
相對揮發度 relative volatility 440
秒 second, s 4
衍生單位 derived units 4
重量 weight 4

十畫

原始的 primitive 3
容量 capacity 38
效率 efficiency 34
朗肯循環 Rankine cycle 288
能量 energy 1
逆行凝結 retrograde condensation 408

逆流　countercurrent　185
閃蒸　flash　261
馬克士威關係　Maxwell relation　202

十一畫

乾度　quality　233
動能　kinetic energy　11
國際單位制　Système International, SI　4
基本性質關係　fundamental property relation　200
基本剩餘性質關係　fundamental residual-property relation　211
基本過剩性質關係　fundamental excess-property relation　370
控制表面　control surface　44
控制體積　control volume　44
混合氣體被吸附物　mixed-gas adsorbate　601
混合焓變化　enthalpy change of mixing　348
混合規則　mixing rule　360, 475
混合熱　heat of mixing　384
混合熵變化　entropy change of mixing　348
焓　enthalpy　21
焓 / 濃度 $H-x$ 圖　[enthalpy/concentration $H-x$ diagram]　389
理想功　ideal work　181
理想吸附溶液理論　ideal-adsorbed-solution theory　601
理想氣體　ideal gas　72
理想氣體定律　ideal gas law　72
理想氣體狀態　ideal-gas state　73
理想氣體溫標　ideal-gas temperature scale　85
理想溶液　ideal solution　518
理想溶液模型　ideal-solution model　331
累積　accumulation　45
組成元素　consituent elements　534
統計力學　statistical mechanics　3
統計熱力學　statistical thermodynamics　3, 190
脫附　desorption　597
莫耳　molar/mole/mol　4, 6, 24
莫耳面積　molar area　588
莫耳質量　molar mass, M　6
被吸附　adsorbate　587
規範　canonical　332
通用氣體常數　universal gas constant　85
連接線　tie line　406
連續方程式　continuity equation　45
部分性質　partial property　331
部分剩餘吉布斯能量　partial residual Gibbs energy　357
部分剩餘性質　partial residual property　356

十二畫

凱氏溫標　Kelvin scale　4
剩餘吉布斯能量　residual Gibbs energy　350
單層　monolayer　587
散布壓力　spreading pressure　588
殘差　residual　460
無限小　infinitesimal　32
焦耳　joule, J　4
等位吸附熱　isosteric heat of adsorption　597
等溫　isothermal　136
等熵　isentropic　171
絕對溫標　absolute scale　7
絕對壓力　absolute pressure　8

絕熱 adiabatic 136
虛擬對比參數 pseudoreduced parameters 224
虛擬臨界參數 pseudocritical parameter 224
超臨界的 supercritical 67
逸壓 fugacity 331
逸壓係數 fugacity coefficient 350
開放 open 23

十三畫

微觀 microscopic 3
損失功 lost work 184
溶解度 solubility 582
溶解度圖 solubility diagram 420
溶解熱 heat of solution 392
溶質 solute 582
溶劑 solvent 582
節流程序 throttling process 83, 261
過剩 excess 369
過剩性質 excess property 331

十四畫

對比溫度 reduced temperature 95
對比壓力 reduced pressure 95
滲透平衡 osmotic equilibrium 605
滲透壓 osmotic pressure 603
熔解曲線 fusion curve 65
維里係數 virial coefficient 87
維里展開式 virial expansion 87
蒸汽表 steam tables 51
蒸汽壓 vapor pressure 65
蒸汽點 steam point 7
蒸發曲線 vaporization curve 65

十五畫

標準大氣壓 standard atmosphere 8
標準反應熱 standard heats of reaction 136
標準生成熱 standard heats of formation 138
標準狀態 standard state 136, 510
標準狀態壓力 standard-state pressure 136
潛 latent 125
潛熱 latent heat 133
熱力學第一和第二定律 First and Second Laws of Thermodynamics 1
熱容量 heat capacity 38
熱效應 heat effects 125
熱源 heat reservoir 164
熵 entropy 2
熵生成 entropygeneration 176
熵生成率 rate of entropy generation 177
質量作用定律 law of mass action 520

十六畫以上

機械可逆 mechanically reversible 34
燃料電池 fuel cell 286
燃燒反應 combustion reaction 549
燃燒熱 heats of combustion 136
壓力顯式 pressure explicit 216
壓縮係數 compressibility factor 86
雙節曲線 bimoday curves 420
離心係數 acentric factor 97
穩態 steady state 49
穩態 steady-state 45
露點 dewpoint 406
響應函數 response function 335
驅動力 driving force 16
顯熱 sensible 125
體積顯式 volume explicit 216